U0354116

"十二五" 国家重点出版物出版规划项目
中国科学技术研究领域高端学术成果出版工程

# 湿地生态系统
# 碳、氮、硫、磷生物地球化学过程

刘景双 等 著

中国科学技术大学出版社

## 内容简介

本书系统地研究了湿地生态系统碳、氮、硫、磷的生物地球化学过程，从各生源要素的生物累积，非生物环境因子影响，碳、氮、硫、磷的释放特征，非生物环境因子与各生源要素的耦合关系，以及生物库、大气库、土壤库和水环境中生源要素的平衡状况等方面，系统地揭示了三江平原湿地生态系统物质循环过程及其影响因素，建立了碳、氮、硫、磷的循环模式。在研究方法上大量采用野外现场模拟试验方法，集成创新了多种采样方法、观测方法、生物过程控制方法、同位素标记法等野外试验技术，所获数据均为第一手观测数据，更接近自然实际，其结果更具代表性和指导性。

本书可供地理科学、湿地科学、生态学、环境科学与工程、土壤学、资源科学等专业的科技工作者与管理人员学习、参考，也可作为上述专业本科生、研究生的教学参考书。

**图书在版编目(CIP)数据**

湿地生态系统碳、氮、硫、磷生物地球化学过程/刘景双等著. —合肥：中国科学技术大学出版社，2013.12

“十二五”国家重点出版物出版规划项目：中国科学技术研究领域高端学术成果出版工程

ISBN 978-7-312-03159-5

Ⅰ.湿…　Ⅱ.刘…　Ⅲ.沼泽化地—生态系统—生物地球化学—研究　Ⅳ.①P941.78 ②P593

中国版本图书馆 CIP 数据核字(2013)第 309445 号

**出版**　中国科学技术大学出版社
　　安徽省合肥市金寨路 96 号，邮编：230026
　　http://press.ustc.edu.cn
**印刷**　合肥晓星印刷有限责任公司
**发行**　中国科学技术大学出版社
**经销**　全国新华书店
**开本**　787 mm×1092 mm　1/16
**印张**　36
**字数**　705 千
**版次**　2013 年 12 月第 1 版
**印次**　2013 年 12 月第 1 次印刷
**定价**　98.00 元

# 前言

湿地是地球表面重要的生态系统，具有独特的功能而不可替代，与森林、草地、农田、海洋等生态系统共同维系着地球表层的生态平衡，是生物多样性最丰富和高生产力的生态系统，是大气圈、水圈、土壤圈、生物圈能量和物质交换的最敏感地带，是处于水陆交错地区的独特生态系统，并有其独特的形成、发育、演化规律和特殊的结构与功能。湿地类型较多，系统内所发生的物理过程、化学过程和生物过程，以及结构与功能差异较大，其中沼泽湿地是最具代表性的一类，它不仅具备典型湿地的形成特点，即具有湿生植物、水成土壤和水的特点，而且系统内所进行的生物地球化学过程复杂，特别是维持生态系统平衡与稳定的生源要素碳、氢（水）、氧、氮、硫和磷，以及各种生命必需元素在土壤、水、植物，以及大气间进行的迁移、转化和能量交换过程更具特殊性。因此研究沼泽湿地生态系统碳、氮、硫和磷的生物地球化学过程是认知湿地形成演化规律和服务功能的理论基础，是制定湿地保护措施、维持湿地系统稳定和恢复受损湿地技术的需求，对湿地学科体系的建设具有重要理论意义。

本书系统地阐述了典型沼泽湿地系统水通量与水平衡的基本规律，揭示了区域水文变化驱动下植被的生态过程、优势群落变化与水文条件变化的关系，物种密度和植物多样性指数与水文条件的关系，建立了湿地系统的水平衡模型。

通过野外试验，揭示了植物残体与根系的分解规律及其与主要环境因子的关系，明确了分解过程中碳、氮、硫和磷的释放规律及其与主要影响因素的耦合机理，查明了植物 C/N、C/S 和 C/P 在诸元素归还过程中的重要作用，界定了沼泽湿地枯落物分解释放碳、氮、硫和磷的阈值。

依据研究区域的气候特点，对比研究了生长季和非生长季温室气体（$CO_2$、$CH_4$、$N_2O$）和 $H_2S$、COS 的排放规律，证明了非生长季沼泽湿地排放温室气体的事实，并估算了非生长季 $CO_2$ 和 $CH_4$ 的排放量，以及在年度中所占的排放比例。

计算了沼泽湿地系统中植物不同器官、土壤和水体中碳、氮、硫和磷的储量;分析了典型区域沼泽湿地系统碳、氮、硫和磷的累积状态;明确了沼泽湿地系统碳、氮、硫和磷的迁移过程,以及环境要素与人为因素对碳、氮、硫和磷迁移的影响强度与机理;通过定量外源氮、硫、磷输入模拟试验,验证了不同量的氮、硫、磷与湿地植物生物量的关系;利用同位素$^{15}$N示踪技术明确了氮在植物、土壤、水体中的赋存比例和向大气释放的特征;阐明了湿地系统生源要素碳、氮、硫和磷的生物地球化学过程与气温、水文、植被、土壤、生物等环境要素的关系;构建了沼泽湿地系统碳、氮、硫和磷的循环模式,揭示了物质的循环过程与规律。

由此认为,湿地生物地球化学过程将成为湿地环境功能和服务功能评价、湿地系统健康与稳定诊断、退化湿地系统生态修复的重要基础理论。

本书总结的研究成果是在我所带历届博士研究生以及合作伙伴的共同努力下完成的。他们的部分博士论文和研究成果是本书写作的基础。本书由刘景双策划、统稿与定稿。第一章、第二章、第十二章由刘景双撰写,第三章由栾兆擎、王金达、胡金明撰写,第四章由杨继松、王洋撰写,第五章由孙志高、赵光影、刘景双撰写,第六章由李新华、于君宝撰写,第七章由秦胜金、王洋、刘景双撰写,第八章由于君宝、宋长春、窦金鑫撰写,第九章由王洋、王国平、王金达撰写,第十章由周旺明、王国平撰写,第十一章由宋长春、刘景双撰写。

本书的研究得到中国科学院知识创新工程重要方向项目"三江平原典型沼泽湿地系统物质循环研究"(KZCX3-SW-332)和"典型湿地物质循环过程及其环境效应研究"(KZCX3-SW-309)、国家自然科学基金重大计划项目"非生长季三江平原沼泽湿地系统温室气体排放研究"(90211003)的支持,特此感谢!在此还要感谢中国科学院东北地理与农业生态研究所分析测试中心、中国科学院三江平原沼泽湿地生态试验站的同志在设备保障、样品分析和野外采样等工作上给予的大力支持。

由于本书涉及的湿地系统比较复杂,研究内容和要素较多,可借鉴的湿地系统生物地球化学过程研究成果不多,又由于作者水平有限,书中存在不当之处在所难免,诚恳希望读者予以指正,以便进一步完善和补充。

刘景双

2012 年 12 月

# 目　录

# 第一章 绪 论

## 第一节 问题提出

随着社会经济的发展，人类对其周围环境的作用和影响越来越大，到20世纪下半叶，全球环境问题不断突显，以气候变暖为标志的全球变化及其对人类生存环境的严重影响引起了国际社会和科学界的广泛关注。20世纪80年代以来，国际地圈生物圈计划(IGBP)以及其他许多的国际全球科研计划针对人类活动引起的一系列全球变化，例如温室效应、臭氧层破坏、土地退化、海平面升高等进行了研究(叶笃正等，2003)。陆地生态系统特别是“全球变化与陆地生态系统”“生物圈的水循环”“土地利用/覆盖变化”等研究内容，是国际全球变化的重要研究领域，这不仅因为陆地生态系统(含湿地生态系统)是人类赖以生存与发展的基础，而且陆地生态系统还与引起全球变化的气体，主要是$CO_2$、$CH_4$、$N_2O$等温室气体密切相关。以生产力为标志的陆地生态系统包括湿地生态系统已经并将继续受到全球变化(气候、大气成分的变化)的影响，而陆地生态系统包括湿地生态系统又通过其结构和功能的变化反作用于气候系统。因此，陆地生态系统不仅是评价生态系统结构和功能协调性及其与环境相互作用的重要部分，而且直接与全球变化的关键科学问题——碳循环、水循环、食物安全密切相关，这些问题已经成为全球变化与陆地生态系统包括湿地生态系统关系研究的核心问题。

边缘效应普遍存在于自然界和人类社会发展中的各个领域。在自然界，这些边缘效应发生的地区，往往是全球变化响应的敏感地区。在区域尺度上，这些边缘地区同时也是最脆弱、最敏感地区(王如松、马世骏，1985 )。湿地是典型的水陆交互作用的过渡地带，也属于全球变化响应的敏感地区。湿地生态系统是地球陆地生态系统的重要组成部分,在维护区域生态平衡和保护生物多样性等方面具有重要作用。一方面,湿地生态系统作为地球生物圈中的一个关键环节,积极参与全球生态系统的物质流动和能量交换过程,湿地生态系统的破坏将影响或干扰区域生态平衡,形成恶性循环,加快全球变化的脚步;另一方面,以全球变暖为先驱的全球变化对于湿地这一水陆交互生态系统的影响也是明显的,使得许多湿地类型(如红树林、珊瑚礁、泥炭冻层湿地等)成为全球气候变暖的敏感指标。

湿地是具有多层次、多功能的复杂生态系统。湿地功能能否正常发挥,主要取决于湿地的稳定性,只有稳定的湿地生态系统才能彰显出其综合功能。稳定的湿地生态系统首先表现在结构上的稳定,在生物与生物之间,生物与环境之间,环境各组分之间保持相对稳定的合理结构;其次是系统功能的稳定,表现为系统不断与外部环境进行物质和能量交换过程中保持物质输入与输出的平衡等。在所有影响湿地生态系统结构、功能和过程的因素中,水分和营养物质是关键控制因素。水文过程和营养物质如碳、氮、硫、磷等的循环作为湿地生态系统物质流动的重要组成部分,对湿地生态系统内水环境、土壤环境、生物环境产生明显影响,对湿地生态系统的演化和健康起着决定性作用,影响着湿地生态系统的稳定性和生态功能效应。因此,深入研究湿地生态系统水文过程和碳、氮、硫、磷等物质的循环规律、驱动力及生态环境效应机理,对湿地保护及其风险管理具有重要的科学意义。

湿地作为介于陆地与水体间过渡的一种生态类型,有其独特的形成、发育和演化规律,既具有水生态系统属性,又具有陆地生态系统属性,它在诸多方面依赖于相邻生态系统与其发生物质和能量交换,为此也影响邻近生态系统的组成和功能(Mitsch W. J., Gosselink J.G., 2000)。湿地与相邻生态系统之间进行物质交换主要通过气象、水文和生物等过程来实现,而这些过程又经常处于激烈的变动之中,在人类活动及全球变化的影响下,湿地生态系统的变化更为强烈和复杂。首先,湿地生态系统对气候变化更为敏感,气候变化影响着湿地水文、生物地球化学过程、植物群落演替及生态功能等。气候变暖引起湿地水温和土温升高,影响湿地的能量平衡;气候变暖导致降水分布不均,湿地退化、面积萎缩。其次,人类活动干扰了湿地生态系统正常的水分循环与物质循环过程,从而对湿地生态系统产生重大影响(Raiesi F.,2006)。同时,湿地开垦为农田后,其土壤水文和氧化-还原条件发生较大变化,植物残体及沉积泥炭的分解速率提高,$CO_2$、$CH_4$、$N_2O$ 等温室气体的释放量增加,改变了湿地生态系统碳、氮、硫、磷及水循环模式,进而影响湿地生态系统的稳定性和生态效应(Mitsch W. J.,1994)。

湿地中的物质循环过程制约和控制着湿地生态系统多项界面之间的物质和能量交换,以及不同营养元素储存库间物质的流动。不仅影响区域物质的输移、能量流动，而且影响湿地的生产过程。湿地作为主要营养元素（碳、氮、硫、磷）的源/汇或调节器，可以延缓或遏制环境恶化趋势。研究湿地环境中碳、氮、硫、磷等营养物质的生物地球化学循环过程驱动机制及其生态效应，对于研究全球变化，应对全球变暖，确保湿地生态系统稳定性，保护人类生存环境，促进社会经济可持续发展，具有重要的理论和实践意义。

中国湿地类型多样，分布广泛，面积各异，从内陆到沿海，从农村到城镇都有分布。湿地是重要的国土资源和自然资源，是一种多功能的生态系统，是陆地生态系统的重要组成部分，湿地与人类的生存、繁衍、发展息息相关。湿地问题是关系我国乃至世界各国社会经济发展的重大资源环境问题之一。同时，陆地生态系统包括湿地生态系统在内的碳、氮、硫、磷循环研究是预测未来大气中二氧化碳和其他温室气体含量，认识大气圈与生物圈相互作用等科学问题的关键，也是认识地球表层生态系统的水循环、养分循环和生物多样性变化的基础。进一步研究和认识土地利用/管理方式变化如何影响土壤有机碳组分动态（张金波，2006），土壤有机碳组分变化对土壤总有机碳动态的贡献，以及何种有机碳组分对评价土壤碳库的动态最有效，这对认识和评价不同土地利用/管理方式的土壤有机碳动态和固碳潜力，揭示土壤有机碳源/汇转化动态过程及机理，以及预测土壤质量的变化趋势都有重要理论意义。另外，提出合理土地利用/管理方式，对减少农业土壤碳排放，恢复和提高土壤碳储量，大大降低$CO_2$等温室气体的排放速率，延缓全球气候变暖，实现土地的可持续利用也具有重要实践意义。

中国是世界上湿地分布最广的国家之一，并且有独特的青藏高原湿地。从寒温带到热带，从沿海到内陆，从平原到高原，都有广泛分布的湿地，人工湿地和自然湿地的总面积约为6600万$hm^2$，居世界第四位。人工湿地以稻田为主，总面积约3800万$hm^2$。自然湿地主要包括沼泽、泥炭地、浅水湖泊、河流河滩地、海岸滩涂和盐沼等，总面积2500万$hm^2$，其中沼泽湿地面积约为940万$hm^2$，占自然湿地总面积的38%（赵魁义，1999）。位于黑龙江、松花江和乌苏里江下游地区的三江平原是我国最大的淡水沼泽湿地分布区，占全国湿地总面积的9.55%，在我国湿地中具有很强的典型性和代表性。由于自然湿地是全球大气中碳、氮、硫、磷最主要的自然源/汇，沼泽湿地又是自然湿地中最重要的类型之一，为此，选择三江平原湿地作为研究区域，研究三江平原沼泽湿地碳、氮、硫、磷的生物地球化学过程和特征以及主要环境影响因子，对于认识沼泽湿地碳、氮、硫、磷地理分异和探讨我国湿地生态系统碳、氮、硫、磷的源/汇转化规律及对全球变化的响应和贡献具有重要的科学价值。

总之，全球变化研究水平在某种程度上已成为一个国家整体科学水平的重要标志之一。在我国开展全球变化及其区域响应研究也是国家“十一五”规划中“坚持实施可持续发展战略，使人口增长、资源开发、生态建设、环境保护与经济增长相协调”重要原则的体现。区域研究是了解全球环境变化的重要途径，只有通过结合自身特点的区域环境变化的集成研究，才能更好地、较为透彻地解决全球变化的实际应用问题（李家洋等，2006）。我国的全球变化研究应充分发挥已有的学术优势，针对湿地这一独特的地域特征，选择能够带动区域整体环境研究的核心科学问题，围绕全球变化及其区域响应，揭示我国对全球变化的响应与影响，剖析湿地环境变化的自然和人文因素。三江平原是我国典型的沼泽湿地，面积大，范围广，且开发年限较短，其环境中碳、氮、硫、磷等生源要素的生物地球化学循环及对全球变化的响应和环境影响，将为我国研究湿地区域在全球变化背景下的合理发展提供对策和决策依据，有望在湿地生物地球化学研究方面在国际上取得创新成果。

## 第二节　湿地系统碳、氮、硫、磷生物地球化学过程研究现状综述

### 一、湿地中的碳、氮、硫、磷与全球变化

湿地环境中碳、氮、硫、磷等生源要素的生物地球化学循环是地球表层系统的主要构成部分，它涉及地表环境中物质的交换、运移和转化的过程，是地球表层运动和生命过程的主要营力。各种迹象表明，人类社会活动正在干扰或改变这一循环系统，导致了地球环境自然生态平衡的破坏，产生一系列严重的生态和环境问题。系统深入地研究碳、氮、硫、磷等的生物地球化学过程和全球/区域 $CO_2$、$N_2O$ 等温室气体以及人类活动对其的影响，可以揭示引起全球变化的一些根本原因，认识区域尺度环境要素的相互作用以及对全球变化的可能响应。全球变化研究的本质在于预测全球变化及其对人类生存环境的影响，提出适应与减缓全球变化的对策，其中湿地环境中碳、氮、硫、磷浓度的变化与全球变化的关系密不可分。湿地作为四大陆地生态系统之一，在过去5000～10000年内一直被认为是大气中 $CO_2$ 的重要碳“汇”（Frolking，et al. Modeling northern peatland decomposition and peat accumulation [J]. Ecosystem，2001(4)：479-498），在陆地及全球碳循环中起着重要作用，并表现出较高的敏感性。湿地是陆地生态系统中最重要的碳库之一，有机质不完全分解导致湿地环境中碳和营养物质的累积。众所周知，“温室效应”导致地球变暖（包括湿地在内），

气候变暖加速湿地生物地球化学反应，这将促进湿地环境中碳的释放，进一步提高大气中 $CO_2$ 的浓度。由于人类活动干扰和破坏湿地生态系统的稳定性，特别是湿地开垦成农田后，使湿地水文特征发生显著变化，湿地排水变为旱田，土壤有机质加速矿化，同时也加速碳、氮、硫、磷的释放，使湿地由温室气体的汇转为源，成为温室气体重要的释放源，温室气体浓度的增加引起全球气候变暖，反过来又对湿地产生重要影响。气候变化可以改变地区降水量和蒸发的类型，特别是气温和降水量变化的速率影响着与湿地相关联的气候带和生物物种变化。据估算结果，其变化速率将超过生态系统构成种群的适应能力，因此将使湿地变为不稳定，存在种群毁灭的可能性（崔保山，杨志峰.湿地学[M].北京：北京师范大学出版社，2006）。许多事实已表明，湿地中有很多种群已经灭绝或者濒临灭绝，破坏了湿地碳、氮、硫、磷等的生物地球化学平衡，进而促进了湿地由温室气体的汇转为源，成为温室气体重要的释放源，加速了全球变暖的速度。

湿地中碳、氮、硫、磷是湿地生态系统植物光合作用和初级生产力形成过程中最受限制的营养元素，特别是氮、磷等营养元素作为湿地生态系统营养水平的指示剂之一，常常是湿地生态系统最主要的限制性营养成分，其含量高低直接影响着湿地系统的生产力（Mistch, et al.,2000 ）。仅就湿地小循环而言，植物通过从土壤中吸收大量的氮营养以维持自身生长的需要，在此过程中又会有相当数量的 NPP（植被净初级生产力）以枯落物的形式归还地表，形成以有机碳/氮等为主体的土壤碳/氮库，再经过矿化作用变为植物可利用的营养成分（氮、硫、磷等），支持植物生长。同时，湿地常年积水或季节干湿交替的环境条件还为硝化与反硝化提供了良好的反应环境。而硝化与反硝化作用又是导致氮气体（$N_2$、$N_2O$）损失的重要机制（韩兴国等，1999），其作用的强度直接影响着 $N_2O$ 的释放量。$N_2O$ 作为温室气体的重要组成成分有着巨大的环境效应（IPCC，2001），其在过去 100 年中对全球温室效应的“贡献”达 4%～7%（Bouwman A. F.,1990）。据文献报道，$N_2O$ 的 GWP（全球变暖潜势）是 $CO_2$ 的 250 倍，$N_2O$ 的寿命是已知温室气体中最长的，其寿命长达 150 年，所以它对全球环境的影响也是长期的和潜在的（Prinn R., Cunnold D., Rasmussen R.,1990）。$N_2O$ 在进入平流层后最后被光解为 $N_2$ 和 NO，而 NO 又是导致酸雨发生和臭氧层破坏的直接原因（王少彬，1994）。据研究，$N_2O$ 增加一倍将导致全球气温升高 0.44 ℃，臭氧量减少 10%，从而使紫外线向地球的辐射增加 20%（Crutzen P. J., et al.,1997）。由此可见，$N_2O$ 与全球三大大气环境问题——全球变暖、臭氧层破坏和酸沉降息息相关。20 世纪 80 年代以来，由于 $CO_2$ 等温室气体浓度的增加而引起的全球气温升高，主要是人类活动的强度不断加大而致。Hansen（1999）认为有 99%的证据表明，现今全球变暖是人类活动导致温室气体浓度持续增加而造成的。其中 $CO_2$ 和 $CH_4$ 等是碳在自然界许多碳库之间的循环过程即碳循环中最主要的传输形式。碳以 $CO_2$ 和 $CH_4$ 形式在各个库——大气、海洋(包括海洋生物)、土壤和陆地生物群落之间进行循环。由于人类活动加剧,含碳、氮等的温室气体增加而导致了全球气温升高这一现象的发生。

## 二、湿地碳、氮、硫、磷的自然生态平衡

在原始自然条件下,由于未受或少受人类活动影响,湿地生态系统保持相对稳定,湿地环境既是碳、氮、硫、磷的存储库(汇),也是它们的释放源,源/汇转化的强度不大,基本保持自然生态平衡。人类活动对湿地土壤、大气和水生态系统产生高度干扰和破坏,湿地环境中碳、氮、硫、磷源/汇转化的强度增大,碳、氮、硫、磷的释放(源)量逐渐增大,而存储(汇)量逐渐减少,乃至消失,失去湿地生态系统的功能。湿地作为陆地和水域的过渡地带,湿地水文、化学和生物过程处于激烈的变动中,是典型的脆弱生态系统。在全球变化及人类活动的影响下,湿地生态系统的变化更为强烈和复杂。湿地生态系统对气候变化的响应尤为敏感。由于气候变暖和人类活动增强,全球湿地面积正经历一个迅速减少的过程。气候变暖导致降水分布不均,湿地区域降水量剧减,湿地水源减少,湿地地表水位降低,积水面积缩小。湿地土壤变干,引起湿地水温和土温升高,将影响湿地的能量平衡和物质交换过程,影响湿地生态系统生物演替、温室气体源/汇转化强度及生物地球化学过程。特别是人类活动加剧,干扰了湿地生态系统正常的水循环以及有机物质和无机物质的循环过程。如湿地开垦成农田后,土壤水文条件和氧化-还原条件发生较大变化,植物残体及沉积物泥炭的分解速率提高,碳($CO_2$、$CH_4$)、氮($N_2O$)等温室气体的释放量增加(Mitsch, 1994),改变了湿地生态系统碳、氮、硫、磷等营养物质的循环模式和自然生态平衡,进而影响和破坏湿地生态系统的稳定性,湿地进一步退化,甚至消失。有研究表明,湿地土壤从自然植被向农田转变初期的5~7年,土壤有机质损失速度较快,15~20年后土壤有机质损失趋于平衡,并在20~50年内达到一个新的平衡水平(Shepherd, et al., 2001;宋长春等,2004)。为了减缓温室气体的排放,保护人类生存环境,不少国家的政府和企业在科学研究的基础上采取各种有效的环保措施,减少 $CO_2$、$CH_4$、$N_2O$ 等温室气体的排放。近期研究表明,采取保护性耕作措施(秸秆还田、免耕、退耕还林等)后,可使农田土壤碳库逐步恢复,甚至超过垦前水平。美国农田从1950年以来(Schlesinger, 1999),加拿大农田从1990年以来(Lal, 2002),由于实施保护性耕作等措施,农田土壤开始呈现碳汇效应,减少了碳的排放。Lal 认为60%~70%已经损耗的碳可通过采取合理的土地利用/管理方式重新固定。由此可见,农田土壤是地球

表层最大的有机碳库，在全球碳循环中起着关键作用。不合理的土地利用/管理方式导致土壤有机碳损失和温室气体排放量增加，使农田土壤成为有机碳和温室气体的释放源。而实施科学利用土地和保护性耕作，又使农田土壤变成有机碳库和储存$CO_2$、$CH_4$、$N_2O$等温室气体的汇（杨学明等，2000，2003）。总之，人类正以不同的土地利用/管理方式，如保护湿地环境，实施保护性耕作，退耕还林还草，恢复和提高湿地土壤和农田土壤储存碳、氮的能力，通过对局地生态系统的强烈影响，干扰土壤碳库的动态，促进全球温室气体的收支趋于平衡。

地球表层系统的变化最近已经完全超越了至少过去50万年自然变率的范围。人类极大地改变着地球表层系统，特别是影响着地球陆地、海洋、海岸及大气，生物多样性，水循环和生物地球化学循环，其改变的速率公认超出自转速率，有些甚至还在加速之中。人类驱动的变化使得地球表层系统的变化更加复杂化，地球表层系统正在发生变化的性质、幅度和速度都是前所未有的，并正处在一种没有过往情景可资类比的运行状态。例如2006年大气中$CO_2$浓度是至今60万年甚至2000万年以来最高的时期，比工业革命前高$100\times10^{-6}$。2000～2005年间，大气中$CO_2$浓度每年增长$2.05\times10^{-6}$。1990～1999年，大气中$CO_2$浓度每年增长$1.49\times10^{-6}$。1980～1989年，大气中$CO_2$浓度每年增长$1.58\times10^{-6}$。1970～1979年，大气中$CO_2$浓度每年增长$1.25\times10^{-6}$。预计未来几十年内$CO_2$排放量依然处于迅速增长时期（葛全胜等，2007）。目前来看，海洋、湿地、森林等无疑都是大的碳汇。根据现在了解的二氧化碳源/汇情况进行估计，碳源比碳汇大$120\times10^{-6}$～$180\times10^{-6}$吨/年。由于人类活动的加强，大气中$CO_2$浓度每年增长的速度逐年提高。庄亚辉(1997)认为地球表层系统还存在遗漏的碳汇(The missing carbon sink)，有可能确有未知的碳汇，也有可能还有未知的碳源。每年碳源量比碳汇量大可能是由于碳的源汇通量测算不准。在自然界中，有的物质如生物质燃烧不仅是含碳气体的释放源，也是重要的碳汇。Kuhlbusch、Crutzen(1995)指出任何燃烧过程总有一部分生物质经干馏变为黑炭。而黑炭属于元素碳或石墨碳，不能被微生物降解，甚至在340℃纯氧中也很稳定。许多人在计算燃烧释放的含碳气体时，常常忘记了它也是碳汇。另外，除了众所周知的干湿沉降外，还有一类鲜为人知的氮、硫的汇，即云雾小水滴经碰撞被湿地植物和森林植物所截留，这些现象往往容易被忽略，一般来说，它们都不被计算在内（庄亚辉，1997）。因此，导致地球表层生态系统，特别是陆地生态系统碳源汇不平衡，往往造成碳源量大于碳汇量。与此同时，人类也以不同的土地利用/管理方式影响着湿地系统碳、氮、硫、磷的源、汇。

## 三、人类活动对湿地环境碳、氮、硫、磷的影响

### (一)土地利用/管理方式的变化对湿地环境碳、氮、硫、磷的影响

20世纪80年代以来,人类活动诱发的全球性气候变暖问题逐渐成为国际科学界研究的热点。以全球变化为核心的资源与环境问题促使科技、经济、社会、政治等各界人士试图从全球的观点来理解人类生存环境的变化以及这种变化对人类发展的影响。近半个世纪以来,森林被滥伐与破坏,水土流失,草原退化,湖泊/水库萎缩,湿地环境恶化,农业开发及农业活动中化学肥料大量使用,导致陆地生态系统中氮含量相应增加,给陆地生态系统的诸多过程带来了一系列的变化。如生态系统中碳的累积与重新分配,生态系统生产力及各种生物学性状的变化,地-气界面之间物质交换的变化等。陆地生态系统碳循环是全球变化研究的重要组成部分,随着大气中 $CO_2$ 浓度的升高,导致全球气候变化加速。研究表明,氮素可能会成为湿地生态系统初级生产力的一个限制性因素(Markus,et al.,2000),尤其是在有机质含量丰富的泥炭沼泽里,氮素是主要的限制性因素,适量的养分增加可促进植物生长,而养分过量则会限制植物的生长。当植物叶片氮含量超过一定限度时,光合速率反而下降,高氮水平会降低碳的同化能力及湿地碳的存储(汇)能力。但在高的氮沉降区,溶解性有机碳浓度随着氮利用率的升高、生物活动的加强而增强(Bauer, et al., 2004)。从水溶性有机碳被矿化与否和微生物量固定/代谢物释放过程,可以解释输入无机氮对水溶性有机碳没有影响或水溶性有机碳含量增加的现象,其重要原因就是土地利用/管理方式的变化。湿地开垦农田主要通过对湿地水文的影响,改变地表水与地下水的赋存条件、流动模式及土壤水分含量状况,从而影响碳、氮的循环过程与营养物质的输入和输出,并使湿地碳、氮的"源-汇"过程发生转变。湿地农田化导致土壤矿化趋势增加,大量的土壤有机质被分解矿化,土壤供氮能力和氮的可利用性降低,加速了氮素的损失(Angela, et al., 2006),湿地中 $CO_2$、$CH_4$、$N_2O$ 等温室气体排放量增加,使湿地由碳、氮的汇转为碳、氮的源。

土地利用/覆盖变化(LUCC)已经是除了工业化之外,人类对自然生态系统的最大影响因素,对于土地利用/覆盖变化影响的研究实际上就是对人类与土地关系的探讨(Lambin,et al.,2001)。陆地生态系统包括湿地生态系统的碳、氮循环及储量变化与土地类型、自然特性、土地利用/管理方式密切相关。不合理的土地开垦与利用、森林乱砍滥伐、湿地破坏等导致土壤有机碳、有机氮大量损失,土壤有机质含量降低,引起土壤肥力和土壤持水能力下降,侵蚀作用增强,影响地表水水质,同时也导致温室

气体排放量增加(史培军等,2000)。目前,由人类活动引起的气候变暖是最重大的全球性环境问题之一,由于温室气体包括$CO_2$、$CH_4$、$N_2O$等浓度增加而导致全球大气平均温度升高。湿地是陆地表层生态系统中最重要的碳库之一,有机质不完全分解导致湿地环境中碳和营养物质的累积。众所周知,"温室效应"导致地球变暖(包括湿地在内),气候变暖加速湿地生物地球化学反应,这将促进湿地环境中碳、氮向大气中的释放,进一步提高地球表层大气中$CO_2$浓度,促进地球表层气温升高。在2000年发表的IPCC第三次报告书中,根据近年来各国科学家的大量研究,对于过去50年以来的全球变暖主要是由人类活动而引起的这一事实,已经得到了新的更准确的证据,并且将1995年发表的IPCC第二次报告书中对于21世纪全球大气平均气温升高的预测值1.0～3.5℃修正为1.4～5.8℃(王德宣,2003)。其次"温室效应"导致海平面的上升,科学家估计,目前海平面高度正以每10年6 cm的速度上升。自工业化以来,温室气体特别是$CO_2$和$CH_4$的大气浓度在不断增加。$CH_4$是仅次于$CO_2$的最主要的温室气体。冰芯资料表明,在1800年以前的至少2000年内,$CH_4$在大气中的浓度大约是0.8 ppm,自那以后它的浓度已经翻了一番多。目前大气中$CH_4$的浓度是1.75 ppm,并以平均每年1%左右的速率在增加。虽然$CH_4$在大气中的浓度远小于$CO_2$(后者为350 ppm,前者为不到2 ppm),但其"温室效应"却绝不可忽略,这是因为一个$CH_4$分子的增温效应是一个$CO_2$分子的7.5倍(Houghton,1996)。湿地生态系统包括自然湿地和人工湿地(主要指稻田)。自然湿地是大气中碳、氮、硫、磷最主要的自然源,例如自然湿地$CH_4$全球年排放估计值是100～200 Tg,而目前广泛研究的稻田$CH_4$全球年排放估计值是20～150 Tg。据报道,自1950年以来,全世界的森林已损失过半,而且毁林规模越来越大,目前森林减少的速度已从10年前的0.6%上升到1.2%左右。森林面积的减少,降低了其对地表土壤的保护能力,使土壤遭受侵蚀(风蚀和水蚀),地表径流量的增加引发了经常性的大洪水,洪水夹杂着大量的沉积物冲向下游,缩小了水库、湖泊、沼泽的寿命。同时地表径流的增加也意味着地表水下渗减少,地下水难以得到补给,暴雨后河流干枯,水位下降。另一方面,森林大幅度减少也使旱灾进一步增多,使湿地面积不断退缩(崔保山、杨志峰,2006)。在过去150年中,土地利用/管理方式的改变(由自然生态系统向人工生态系统的转换)已经导致了大约相当于同期化石燃料燃烧向大气中释放的$CO_2$净通量(Houghton, Skole, 1990)。目前,土地利用变化释放$CO_2$的量约为化石燃料燃烧释放量的30%,其中约有50 PgC来自农田土壤有机碳的矿化(Paustian,et al., 1997)。有人估计,土壤有机碳10%的变化,其数量相当于人类活动30年排放的$CO_2$的量(Kirschbaum, 2000)。多数研究表明,随着土地利用的变化,土壤水溶性有机碳有明显变化。森林沼泽或草地转为农田,土壤水溶性有机碳含量明显降低,随着耕作年数的增加,水溶性有机碳减少的趋势更明显。Saggar 等(2001)研究耕作对土壤生物性质和有机碳动态的影响时发现,垦殖 25 年后,土壤有机碳减少 60%,微生物量碳减少 83%,微生物熵变小,微生物熵比微生物量变化更明显。土地利用/管理方式对土壤有机碳的影响很大,森林沼泽土轻组有机碳含量均比耕作土壤高,开垦 18 年后土壤总有机碳减少了 40%～60%,而轻组有机碳减少了 73%～95%,重组有机碳比例增加(Freixo,et al.,2002)。土地利用主要是通过影响土壤轻组有机碳来影响土壤碳平衡,轻组有机碳是土壤有机碳动态的敏感指标,长期耕作土壤中,轻组有机碳含量随着耕作减少,而重组碳变化很小。据研究,在过去 200 年里,随着全球农业用地面积的不断增加,引起土壤有机碳储量不断减少,而进入大气中的碳不断增加,使得农业土壤成为大气中 $CO_2$ 的源,极大影响到大气中 $CO_2$ 的浓度和全球碳平衡。

$N_2O$ 是湿地土壤向大气输出的另一重要温室气体。湿地也是温室气体 $N_2O$ 的源/汇。全球变暖趋势的增强,使得温室气体排放的研究备受关注。对湿地 $N_2O$ 释放产生影响的主要有沼泽排水、开垦、人为氮输入和土地利用方式的改变等,人类活动对湿地的干预严重影响了其自身的水热条件、化学反应条件和氮素物质基础等,进而对地-气物质交换过程产生重要影响。Jukka 等(1999)对北方未开垦的和已开垦的湿地泥炭沼泽冬季 $N_2O$ 释放的研究表明,已开垦的沼泽地的 $N_2O$ 释放量较大,而未开垦的沼泽地几乎没有 $N_2O$ 的排放。他还发现未排干的沼泽地没有 $N_2O$ 的释放,但在一些养分充足的地方,地下水位下降促使了 $N_2O$ 的产生,排干后 $N_2O$ 上升了 28.96 $mgN \cdot m^{-2} \cdot a^{-1}$。人为氮输入主要指农业施肥活动和农业排水对湿地 $N_2O$ 释放的影响,这种影响极为明显。黄斌等(2000)的研究结果表明,施肥可显著提高稻田土壤的 $N_2O$ 释放量,且使用硫酸铵释放的 $N_2O$ 比使用尿素高得多。Maljanen 等(2003)对芬兰东部不同土地利用方式下的森林湿地(22 年前为白桦林,已部分开垦为耕地,种植大麦和牧草)进行了研究,耕地的 $N_2O$ 年释放量(8.3～11.0 $kg/(hm^2 \cdot a)$)为毗邻林地(4.2 $kg/(hm^2 \cdot a)$)的两倍多,裸地(无植被生长,但经常翻耕)的 $N_2O$ 年释放量(6.5～7.1 $kg/(hm^2 \cdot a)$)也明显低于耕地。

Aneja 等研究了美国卡罗莱纳州北部的一个淡水沼泽,发现其主要释放 $H_2S$, 其次是 DMS、COS、$CS_2$ 和 DMDS。湿地土壤以淹水或间歇式淹水为特征,淹水条件的变化造成其氧化-还原环境的交替,这种变化影响到湿地生态系统中硫的存在形态,进而影响到硫在整个湿地生态系统中的迁移转化。在淹水和还原条件下形成厌氧环境,硫酸盐还原细菌可以和产生 $CH_4$ 的细菌竞争有机物和 $H_2$,从而对 $CH_4$ 的产生和释放造成很大影响。人类活动对湿地土壤硫的产生和释放的影响较大,Melillo 和 Steudldler(1989)向森林土壤添加氮肥,发现 COS 和 $CS_2$ 的年释放速率增加。Kanda 等(1992)研究了施加肥料对水稻田含硫气体释放的影响,发现施加有机肥料和化学肥料的硫释放量＞施加有机肥料或化学肥料的硫释放量＞不施加肥料的硫释放量。在不同的土壤类型中，DMS的释放率为：矿质土＞水稻土＞非氮土，COS的释放率为：水稻土＞非氮土＞矿质土。如果湿地开垦成农田，在作物生长的条件下，特别是旱田形成氧化环境，有利于有机硫的矿化。湿地土地利用方式改变后各有机磷组分含量均大幅下降，其中稳定态有机磷 HCl－P 在各土壤磷库中所占比重最小但降幅最大。弃耕后土壤有机磷略有恢复，但十分缓慢。

### （二）污染物排放对湿地环境中碳、氮、硫、磷浓度变化的影响

在人类活动干扰下，大量污染物进入湿地系统，使湿地系统中的碳、氮、硫、磷浓度发生了显著变化。

湿地处于低洼地区，且是地表径流特别是农田径流的汇水区。它具有净化和降解环境污染物的功能，但是由周围注入的点源污染源和非点源农田径流带来了大量的污染物、沉积物、有毒物质，以及硫化物、氮化物、有机物、悬浮物等，当污染物负荷超过湿地水体的自净能力时，就不同程度地污染了湿地环境。湿地水文特征的变化使湿地水体更易遭受污染，频繁的洪水和水土流失给湿地带来大量的泥沙沉积物，过量的泥沙淤积不但可能改变湿地的地貌和土壤成分，甚至可能最终填没湿地。许多湿地接纳了大量的来自城市污水和农田径流中的 $BOD_5$、COD和有机农药，无机污染物主要是氰化物、硫化物，以及重金属汞、铬和铅等（崔保山、杨志峰，2006）。造成湿地水体和土壤严重污染，其中一些水生物死亡，种类减少。破坏了湿地自然生态平衡，干扰了湿地环境中碳、氮、硫、磷的源/汇转化规律。城市污水和农田径流带来的污染导致湿地土壤的物理、化学和生物特征发生了显著变化，土壤物理黏度降低，侵湿能力降低，吸附能力减弱，微生物的分解能力下降，土壤降解污染物的速度放慢，储存的养分（碳、氮、硫、磷）减少。同时，湿地水文条件的变化如排水等，也使土壤干燥度增加，喜湿植物群落破坏，使湿地土壤持水能力降低，土壤水分减少，水热条件和通气性改变，土壤中好氧微生物增加，活性增强，加速了有机质分解和养分转化，土壤和植物残体中碳、氮、硫、磷的释放速度加快，土壤储汇碳、氮、硫、磷的能力降低。

由于工业污染释放大量的氮氧化物（$NO_x$）和硫化物（$SO_2$、$H_2S$）等污染了大气环境，使大气降水的酸度小于5.6，引起酸雨或酸沉降。酸雨或酸沉降对湿地生态系统的危害主要涉及水环境和土壤的酸化，特别是对于静止水体的湖泊湿地影响更为严重，例如在北欧的瑞典已有1/4的湖泊受酸雨影响，其中1100个湖泊中鱼类、水生昆虫等生物量大大减少，2000多个湖泊水生生物完全灭绝（崔保山、杨志峰，2006）。由此可见，由于 $NO_x$ 和 $SO_2$ 的释放而造成的酸雨或酸沉降对生态与环境的危害特别是对湖泊湿地的影响是严重的，破坏了湖泊湿地的生态平衡，进而破坏了湖泊湿地环境

中碳、氮、硫、磷的自然生态平衡和源/汇转化规律。

## 四、当前湿地科学领域研究的主要科学问题

### （一）湿地水文条件是湿地中碳、氮、硫、磷生物地球化学循环的控制因素

湿地水文是维系整个湿地生态系统稳定和功能的必要条件，也是湿地环境中碳、氮、硫、磷自然生态平衡和源/汇转化的控制性因素。由于其水文条件的特殊性，湿地对气候变化及人类活动扰动较为敏感。水文条件是影响湿地生境及功能的关键因子，水位波动幅度和持续时间等对植被组成、植物群落演替和分布范围有显著影响，不同类型湿地生态系统中，持续淹水、季节性淹水及周期性干旱等过程对湿地物种的存活类型和数量、新生物种的入侵产生选择和限制，对湿地发育趋势起重要作用(Cooper, et al., 2006)。同时，水位条件还可以限制湿地植物生理生态过程及生产力的形成，干扰植物生理和光合作用，特别是在淹水及干湿交替环境条件下影响植物生理和光合作用特征的变化。湿地的水量和水质是湿地水生态系统相互作用的两个方面，水量、水质以及湿地土壤条件又共同影响着湿地植被结构、物种组成及其生产量。水文特征变化以及外源性营养物质和污染物不断输入会改变湿地水体的水质状况，影响到湿地水生物种类、数量和湿地生态系统的功能(Runet,et al.,2003)，从而影响湿地生态系统中碳、氮、硫、磷的浓度变化及碳、氮、硫、磷的源/汇转化速率。湿地中营养物质的输入和富集能使湿地生态系统原生植被和优势植物种发生改变，过多的营养物质导致原生植物和敏感植物之间相互取代，群落组成和优势种等生态学特征都有不同程度的变化(Miao,et al.,2000)。营养物质通过地表径流不断输入对湿地植物生物量、物种组成，以及植物对氮、磷的吸收影响尤为明显，其中磷的负荷能改变沼泽湿地植物群落组成和结构，磷的不断累积决定着湿地植物群落和生态系统对磷的响应水平(Chiang,et al.,2000)。目前关于景观尺度上湿地植被动态与水动力过程的耦合关系，水文调节过程及洪泛过程对湿地的影响，流域湿地植被分布与水资源优化调配，水文过程对湿地环境中碳、氮、硫、磷的浓度变化及碳、氮、硫、磷的源/汇转化速率的影响等的相关研究已成为该领域的研究热点。

### （二）湿地中碳、氮、硫、磷的生物地球化学循环及驱动因子

湿地中碳、氮、硫、磷等营养物质的生物地球化学循环影响和控制着区域物质的输移、能量流动和湿地生产过程。而湿地中碳、氮、硫、磷等营养物质的储存与转化又受湿地水文过程的控制，同时与土壤水热条件变化密切相关。水循环制约了湿地氧

化还原的条件，地形地貌决定了水循环状况，颗粒沉积物、有机质碳/氮的迁移与累积，植被类型与土壤有机碳库有直接关系，水环境对碳、氮、硫、磷的生物地球化学过程有重要影响(Patricia,2002)。已有研究结果表明，盐沼中大约有50%的碳、氮等再矿化是在硫酸盐还原时发生的，盐沼沉积物中硫酸盐的减少对碳的再矿化具有重要影响，铁还原作用对碳、氮等的转化具有重要作用(Johanna, et al.,2004)。溶解性有机碳、氮是受水文和人类活动扰动后变化较明显的变量，对湿地热量收支平衡也起着重要的作用，干旱条件会减少溶解性有机质的输出并增加其在湿地中的滞留时间，影响水体的浊度和透明度等，从而改变湿地水生态系统。在湿地碳、氮、硫、磷的生物地球化学循环研究中，目前多数研究集中于湿地生态系统碳平衡和泥炭与大气间的气态碳交换(Wieder,2001)，其中，$CO_2$的固定与排放、有机碳的累积/矿化过程是研究最为广泛的关键环节，水文过程及农业活动等都会造成湿地由贫营养化向富营养化的转换，以及好氧呼吸和厌氧呼吸的交替变化，对碳、氮、硫、磷等营养物质的生物地球化学过程产生较大影响，湿地根际土壤微生态系统碳循环及土壤酶对碳循环的影响研究也日益受到国内外学者的重视(Johanna, et al.,2004)。湿地氮的生物地球化学过程不但可影响湿地生态系统自身的调节机制，而且在环境介质中氮的特殊动力学过程也与一系列全球环境问题息息相关，全球变化问题的产生反过来又对湿地演化、物种分布以及生物多样性等产生深远影响。当前碳、氮、硫、磷的生物地球化学循环是SCOPE和IGBP等国际研究计划的重要组成部分，也是当今国际环境与生态领域优先研究的重要内容之一。

### （三）湿地中碳、氮、硫、磷等浓度变化对全球变化的响应

在区域环境变化条件下，湿地和水生态系统能作为营养物(氮、硫、磷等)和其他化学污染物的汇、源或传输载体，例如河滨、湖、海岸湿地对水质和生态系统的生产力有明显影响，这些功能通过生态系统生物地球化学过程包括湿地土壤、水体和沉积物的物理、化学、生物过程来完成，即由湿地生态系统的生物地球化学过程来完成碳、氮、硫、磷等物质的汇、源及转化过程。湿地生态系统的生物地球化学过程对全球变化既有影响和贡献又有响应表现，全球变化的加剧对湿地中碳、氮、硫、磷的生物地球化学过程即营养物质的输入和输出有重要影响。

湿地生态系统作为独特的生态系统，其在沉积物、储存养分以及不同养分循环中具有非常大的功能，如湿地土壤含有大量未被分解的有机物质，起着碳库的作用。湿地类型的多样性决定了其排放的温室气体也有多种($CO_2$、$CH_4$、$N_2O$、$SO_2$、$O_3$等)，它们对全球变化贡献较为突出。同时，湿地中碳、氮、硫、磷等营养物质的浓度变化对全球变化也有明显的响应。一方面，随着人类活动强度增加和全球变化不断增强，特

别是20世纪以来,湿地面积萎缩和环境质量下降的速度加快,湿地水体可能由贫营养化转为富营养化状态;另一方面,由于全球变化加剧,湿地的水文过程、土壤过程和生物过程都有显著反应和响应。这些都成为湿地碳、氮、硫、磷等营养物质生物地球化学领域的重要研究内容。

### (四) 湿地中碳、氮、硫、磷生物地球化学模型的发展

在生物地球化学研究中被广泛采用的方法有3类:实验法、观测法和模型法。虽然实验法和观测法是客观地研究生态环境问题形成机制和影响后果的主要手段,但模型依然有不可替代的作用。生物地球化学模型采用数学模型来研究化学物质从环境到生物然后再回到环境的生物地球化学循环过程,是生态系统物质循环的重要研究方法。

在森林、农田和草地生态系统中,已成功开发了一些生物地球化学模型,并通过了实践的验证,是比较可信的,如农田生态系统的CENTURY模型、DNDC模型等,森林生态系统的TEM模型、EPPML模型等,草地生态系统的CENTURY模型等。但有关湿地生物地球化学模型研究较少。

湿地生态系统在影响碳的动力学上有独特的性质。如:高的水位和水位的波动是影响有机质分解、植物C的固定还有其他的湿地生物地球化学过程的主导因子。一些研究表明:在沼泽湿地,水位或温度的少许变化能改变土壤有机物质分解或植物的生长而影响碳的平衡。因此,定量研究湿地生物地球化学过程对评价气候变化的影响和湿地管理是必要的,而模型在研究大尺度生态环境问题中发挥着重要的作用。

现在很少有湿地的模型能够综合考虑湿地生态系统的主要过程。Li等为了模拟土壤的厌氧环境,底物的浓度,C、N气体的排放、氧化和转化,通过详细计算而修改了DNDC模型,但这仅针对水稻田。这个模型已被国内外研究者验证和应用。Zhang和Li等在借鉴DNDC模型的基础上,对水文学模型(Flatwoods)和森林生物地球化学模型(PnET-N-DNDC)进行整合,开发了Wetland-DNDC模型(湿地反硝化分解模型)。Wetland-DNDC模型设计的主要目标是预测湿地生态系统中水文、土壤生物地球化学过程和动植物生长对C、N气体释放的影响。该模型能以一天为步长模拟一年到几十年时间长度。这种时间尺度允许我们直接利用野外观测资料去验证模型,并且回答气候变化和管理设施问题。该模型主要借鉴了PnET-N-DNDC模型,而PnET-N-DNDC模型是模拟高原森林湿地生态系统中C、N动态和痕量气体排放的模型。

Zhang等人利用该模型对北美三个湿地进行模拟研究的结果表明:该模型能很好地预测水文的动态变化、土壤温度、$CH_4$排放、净生态系统生产力(NEP)和碳的年

固定量。他们同时对一些影响因子进行了敏感分析，结果表明最敏感的因子包括温度、水分流失参数、起始土壤碳的含量和植物的光合能力。NEP 和 $CH_4$的排放与这些输入变量是敏感的。Li 等对美国明尼苏达州和佛罗里达州的两个森林湿地进行了模拟研究，他们假想时间长度为 150 年，在森林砍伐、排干和修复三种不同的管理方式下，对湿地碳交换、甲烷排放和氧化亚氮排放进行研究。结果表明：① 由于气候环境改变导致全球变暖，在相同的管理条件下其结果也是不同的；② 甲烷和氧化亚氮的排放在碳的保持中扮演着重要的角色。

湿地生态系统是陆地生态系统和水生态系统的重要组成部分，在维护区域生态平衡和保护生物多样性等方面具有重要作用。而随着人类对资源环境开发力度的加强，人类活动已成为影响湿地中元素迁移、转化和循环的重要外营力。在全球环境问题日益加剧、人类对环境质量更加关注的背景下，3S（RS，遥感；GIS，地理信息系统；GPS，全球定位系统）技术的广泛应用为湿地生物地球化学的研究提供了新的契机，使湿地营养元素生物地球化学过程研究进入一个新的发展阶段。

目前，有关湿地在营养物质的迁移与循环过程中所起的功能和角色的认知还有待完善，机制的识别和生态模型的研究还不足。营养元素的迁移和循环研究中，模型定量化研究是发展的趋势。今后湿地生物地球化学的研究重点必将转移到生物地球化学循环的机理与模型、湿地水陆相互作用界面过程、湿地生物地球化学效应及优化调控和风险管理等的研究；逐步从定性研究转向定量模型化研究；从湿地系统内部过程的孤立研究转向湿地与周边环境相互作用和耦合的研究；从温室气体排放分布与季节动态研究转向温室气体浓度变化对全球气候的贡献和影响研究；外营力变化对湿地系统的影响机理和湿地系统对全球环境的作用和反馈功能，特别是全球氮污染的加剧，使得湿地氮、磷等营养物质的生物地球化学研究成为重中之重（Liu J. S.，2005）。

## 第三节 研究内容和研究方法

### 一、研究内容

**1. 典型沼泽湿地水系统碳、氮、硫、磷的迁移转化过程研究**

研究沼泽湿地系统水平衡与水通量的动态变化，湿地水系统中碳、氮、硫、磷的时空分布，以水为载体的沼泽湿地碳、氮、磷的输入、输出过程，沼泽湿地水系统氮、磷丰度变化及其影响因素，植物优势种变化、群落组成与氮、磷的关系。

**2. 典型沼泽湿地植物-土壤系统碳、氮、硫、磷的累积与释放过程研究**

研究典型沼泽湿地生态系统中碳、氮、硫、磷的时空分布和累积，不同土壤和植被类型植物NPP的年季动态变化规律，温度、水位、pH、Eh等对碳、氮、磷在植物体中累积的影响，植物残体分解对系统碳、氮、磷循环的影响，土壤有机碳对氮、磷迁移转化的影响，不同水位条件C/N、N/P的变化与湿地植物吸收氮、磷效率的关系，自然条件与人类干扰条件下沼泽湿地碳、氮、磷循环的对比研究。

**3. 湿地环境中碳、氮、硫、磷的循环模式和源与汇转换的趋势预测**

研究各湿地类型及分室碳、氮、硫、磷的分配、储存、释放源；各湿地类型碳、氮、硫、磷的输入量和输出量；大气-水界面、大气-植物界面、大气-土壤界面、水-土壤界面、土壤-植物界面碳、氮、硫、磷的交换过程；各湿地类型环境中N/C、N/P、C/S、C/P的变化特征及其动态耦合关系。根据湿地环境中碳、氮、硫、磷的源与汇转换的条件和过程，建立湿地环境中碳、氮、硫、磷的源与汇转换趋势模型，并对湿地环境中碳、氮、硫、磷的源与汇转换进行预测评价。

**4. 人类活动对湿地环境中碳、氮、硫、磷变化的影响**

人类活动的强度增大是湿地环境中碳、氮、硫、磷变化的主要影响因素。主要研究人类活动对湿地水文条件的影响，人类活动对湿地植物生态特征的影响，主要是湿地植物丰富度、植物生物量、植物演化系列的变化，人类活动中土地利用格局变化的影响，主要是不同开垦年限和退耕还湿或退耕还林（弃耕）等变化对湿地环境中碳、氮、硫、磷浓度变化的影响以及土地利用结构的变化对湿地环境中碳、氮、硫、磷迁移转化的影响。另外，点源污染和非点源污染对湿地环境，特别是对水环境的影响很严重，对湿地中碳、氮、硫、磷浓度变化的影响也是不能忽视的。

**5. 湿地环境中碳、氮、硫、磷浓度变化的生态效应及湿地保护与风险管理研究**

研究外源性氮、磷的输入对植物生长和生物量的影响，外源性氮、磷的输入对植物物种丰富度的影响，外源性氮、磷的输入对植物密度和多样性的影响。进行湿地植物生态位与生态系统稳定性分析，探讨湿地生态景观的演变过程及发展趋势。进一步识别影响湿地环境碳、氮、硫、磷平衡的主要风险因子及主要风险因子的暴露途径，湿地退化对碳、氮、硫、磷暴露的影响。提出维持、恢复和重建沼泽湿地系统稳定的水量与水质调控措施与沼泽湿地风险管理模式。

## 二、研究方法

湿地生物地球化学循环研究的是湿地生物有机体及其产物与周围环境之间反复

不断进行物质和能量交换的过程，即以生物体与无机环境界面之间的物质与能量交换为基础，生物体从环境中吸收新鲜物质和能量进行新陈代谢，再将新陈代谢的废物归还给环境的过程。研究湿地碳、氮、硫、磷的生物地球化学循环不仅涉及生物地球化学，而且涉及地学、生态学、化学、环境科学、生物学及系统科学等内容和研究方法。为此，采用了地学、生态学、化学、生物地球化学、环境模拟和计算机模拟、数学模型法、系统动态学、统计预测等先进的研究手段和方法进行三江平原湿地生物地球化学研究。

**1. 典型沼泽湿地水系统水文过程研究**

采用野外监测与室内分析相结合的方法，对生长季内典型沼泽湿地系统的降水、蒸发、地表水位波动等水文过程和要素进行监测，在此基础上分析典型沼泽湿地水文循环及其与外部环境水量的交换过程，计算湿地水文平衡，进而阐明典型沼泽湿地的水文过程与机理。

通过对典型沼泽湿地的实地观测、室内模拟试验和自动气象站观测数据的计算与分析，研究典型沼泽湿地系统大气湿沉降氮、磷、硫的输入动态及影响因素，并估算其年沉降量。

通过野外定位观测和水位模拟试验，研究水位条件与湿地植物群落生态特征的相互关系以及湿地植物群落对水位条件变化的响应。

试验采用野外定位监测，于2004～2006年的生长季进行。选取三江平原典型沼泽湿地，每月对不同植被群落沼泽水中的碳、氮、磷含量进行监测。同时采集农田排水、接收农田排水的沼泽水，进行碳、氮、磷含量的测定以进行对比。揭示沼泽湿地水体营养物质的空间分布特征和季节变化，研究农田排水对沼泽水体中营养物质的影响。

选取三江平原主要河流挠力河、别拉洪河和浓江河为研究对象（图1.1），于2005年5～9月在各河流上、中、下游定点采集水样，测定TOC、TN、$NH_4^+$、$NO_3^-$、TP、$PO_4^{3-}$等指标。揭示三江平原河流营养物质的空间分布特征和季节变化规律，估算河流营养元素的断面通量。

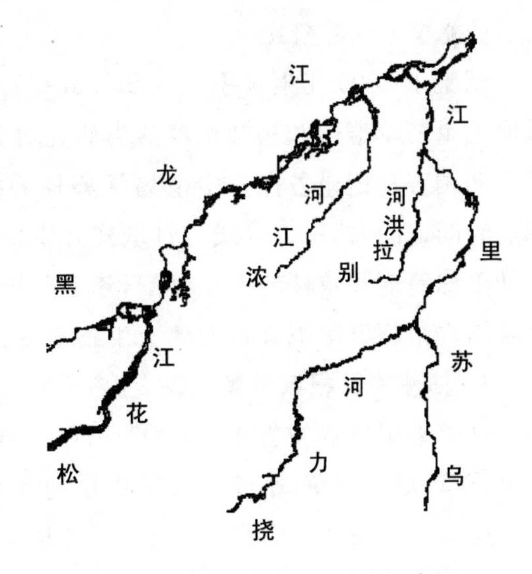

图1.1 三江平原水系分布示意图

**2. 典型沼泽湿地植物生物量动态及碳、氮、硫、磷累积动态**

2003～2005年于生长季测定植物的生物量，地上生物量采用收获法，地下生物量采用挖掘法，采集的植物样品经处理后测定其碳、氮、硫、磷含量。研究典型沼泽湿地系统不同类型植被NPP的年季动态变化规律以及碳、氮、硫、磷在植物不同器官的累积特征和动态变化。

**3. 不同水位和氮、磷、硫输入对植物生物量及碳、氮、硫、磷生物累积的影响**

试验于2004～2005年的生长季进行，共设4组水位处理：W1：－10 cm；W2：0 cm；W3：＋5 cm；W4：－5 cm→0 cm→＋5 cm。W1、W2、W3分别模拟不同稳定水位条件，W4模拟波动水位条件（－5 cm→0 cm→＋5 cm，一个周期为7～10 d）。磷设置8个处理，硫设置3个处理。通过控制水位和碳、氮、硫营养水平，揭示水位和外源营养元素输入对植物生物量及碳、氮、硫、磷累积的影响。

**4. 不同水位条件下沼泽湿地植物群落的生态特征研究**

通过野外定位观测和水位模拟试验，研究水位条件与湿地植物群落生态特征的相互关系以及湿地植物群落对水位条件变化的响应。

（1）植物生态特征野外观测

试验于2005年生长季进行。选择代表不同水文条件的小叶章湿地、毛果苔草湿地、漂筏苔草－毛果苔草湿地三种样地，观测项目主要包括湿地植物生物量、种群高度、种群密度，湿地土壤温度、容重，降水量和湿地水位变化等。生物量采用收获法。植物生长季(5～9月份)每10天测定一次。

（2）模拟试验研究

试验于2005年生长季采用50 cm×50 cm×100 cm人工水位控制试验箱进行。选取毛果苔草群落和小叶章群落为研究对象，分别设5组水分处理。试验过程中，每月定期调查和记录各样方中植物优势种的种类组成及数量特征，生长旺盛缩短记录间隔时间。同时，每半月或每月从样方中采集一定数量的小叶章和毛果苔草植株，测量其单株高度和单株地上生物量，建立起地上生物量估算的季节动态模型，用以估算试验箱内植物群落优势种的地上生物量变化。

**5. 枯落物及根系分解试验**

试验采用分解袋法并于2003～2005年进行。在三江平原生态试验站原位投放毛果苔草、漂筏苔草、小叶章沼泽化草甸和小叶章湿草甸四种植被类型的分解袋，每年采样12次，采样时同步测定水位、气温、地温、pH和Eh等主要环境因子。取样后，先测定枯落物及根系失重率，样品经处理后测定碳、氮、硫、磷含量。研究湿地枯落物及根系分解过程中碳、氮、硫、磷的归还动态及影响因素，揭示植物残体分解对湿地系统碳、氮、硫、磷循环的影响。

6. 外源氮对湿地枯落物分解的影响

试验于 2005 年进行。野外采集湿地枯落物，经烘干等处理后，取 2 g 放入培养瓶中，用 4 mL 稀释 10 倍的湿地水样接种，25 ℃温度条件下预培养 2 天，然后进行培养试验。试验分为有积水和无积水两种处理，每种处理分 3 个水平。在培养的 84 天内，每隔 14 天以 $NH_4NO_3$ 水溶液的形式输入氮。固定 3 个重复，每周测定一次 $CO_2$ 释放量，测定时，密封培养瓶 8 小时，采集 30 mL 气体，用 HP4890 气相色谱仪分析 $CO_2$ 浓度。培养的第 2、4、6、8、12 周，每个水平取 3 个重复，测定水浸提的 DOC 含量和枯落物失重量。通过计算和分析，揭示外源氮输入对枯落物分解过程的影响程度。

7. 沼泽湿地温室气体的原位观测

试验采用静态箱-气相色谱法，于 2002～2005 年进行。采用静态明暗箱法研究沼泽湿地-大气 $CO_2$ 的净交换(NEE)，在此基础上建立起估算沼泽湿地-大气 $CO_2$ 净交换(NEE)的经验模型，并采用涡相关法直接测定 NEE 对建立的经验模型进行验证。研究湿地和农田 $CH_4$、$CO_2$、$N_2O$ 的通量特征及影响因素，确定湿地的源/汇功能。

8. 水分条件对沼泽湿地系统温室气体释放的影响

试验于 2004 年生长季进行。在沼泽化草甸小叶章群落内，将直径为 20 cm 的 PVC 管打入沉积层中，并安置控制水管，用来进行水位控制和测量水位。安装前 PVC 管内植物体均已割除。设对照一组，对照组管壁上开有若干小孔，以使管内水位与管外持平。隔周采集各控制管内气体，分析 $CO_2$、$CH_4$、$NO_2$ 浓度，计算其释放速率。采气时，PVC 管管口密封，于 0 min、15 min、30 min 时分别抽取管内气体，采集完毕打开密封盖，并同步测定水位、气温、管内温度、不同深度地温(地表、5 cm、10 cm、20 cm)。PVC 管内的水位通过控制水管抽取和加入原位沼泽水进行控制。设计控制水位：5～20 cm(AW)，－20～－40 cm(BW)，0～－27 cm(CW，对照)。由此研究水分条件对沼泽湿地 $CH_4$、$CO_2$、$N_2O$ 释放的影响。

9. 氮输入对沼泽湿地系统温室气体排放及 $CO_2$ 净交换量的影响

试验于 2004～2005 年进行。在试验区内根据不同目的分别布置空白对照和 3 个施氮水平(2 $gN/m^2$、4 $gN/m^2$ 和 10 $gN/m^2$)，试验点周围用 PVC 板进行防护(深入土壤 50 cm)，以防止氮的流失和对周围环境的影响，每个点设 3 个重复，定期测定土壤溶解有机碳(DOC)、$NH_4^+$-N、$NO_3^-$-N、微生物碳等。采用遮光密闭箱采样-气相色谱分析方法观测植物-土壤系统温室气体排放通量，每周测定一次，在氮输入初期观测加密，观测时地表植物不被扰动，气体样品 24 h 内在实验室用 HP4890 气相色谱仪进行分析。用静态暗箱-气相色谱法测定生态系统总呼吸(包括植物、根系、土壤微生物呼吸 3 部分)，计算 $CO_2$ 水平，揭示氮输入对湿地系统温室气体排放及 $CO_2$ 净交换量的影响程度。

**10. 水位和氮输入对碳过程的影响**

2004 年 6 月采用原状土盆栽试验，按照试验设计进行水位及营养水平控制，共设 4 组水位处理，每组水位处理系列分别设 3 个加氮处理：N0——对照；N1——施加 1 倍氮（3.133 g$NH_4Cl$/桶）；N2——施加 2 倍氮（6.266 g$NH_4Cl$/桶）。施加的氮以水溶液形式在初期一次加入。通过模拟试验，探讨水位和营养状况对 NPP、土壤呼吸速率和 DOC 的影响。

**11. 土壤有机碳的矿化过程**

试验采用密闭系统培养碱液吸收法，研究湿地土壤有机碳的矿化特征，探讨温度、水分条件对矿化的影响。

**12. 土壤剖面间隙水中水溶性有机碳、氮的监测**

试验于 2004 年生长季进行。在沼泽湿地中布置 4 个土壤剖面采样点，每个采样点分 5 cm、10 cm、15 cm、20 cm、25 cm、30 cm、40 cm、45 cm 层埋设内径 2 mm 不锈钢管，不锈钢管下端有一排 0.2 mm 小孔，定期采集土壤间隙水，水样冷藏后送回实验室检测，其中 DOC 及 DIC 采用日本产 TOC-$V_{CPH}$仪测定，$NH_4^+$-N、$NH_3^-$-N 及 TN 用元素流动分析仪测定。

**13. 湿地土壤中无机氮的物理运移**

研究湿地土壤中无机氮的物理运移规律及其主要驱动因素：① 试验采用水平扩散率仪法，研究无机氮（铵态氮和硝态氮）的水平运移。② 试验采用人工模拟土柱装置，研究无机氮（铵态氮和硝态氮）的垂直运移。

**14. 湿地土壤氮素净矿化/硝化作用试验**

试验采用 PVC 管顶盖埋管培育法，研究湿地土壤氮素净矿化/硝化速率动态及其主要驱动因素，估算土壤氮素的年净矿化/硝化量。

**15. 湿地土壤硝化/反硝化作用与 $N_2O$ 排放的关系**

试验采用乙炔抑制原状土柱培养法，研究湿地土壤硝化/反硝化作用与 $N_2O$ 排放的关系，揭示其主要驱动因素。

**16. 湿地土壤磷的分级，土壤磷的吸附/解吸试验**

试验采用改进的 Hedley 土壤磷素分级方法，于 2004 年 6～12 月对湿地土壤磷素进行分级提取，揭示湿地土壤磷的存在形态、空间分布和季节动态。于 2004～2005 年分别开展了原状土壤的持续解吸试验、不同土壤对磷的吸附试验、不同初始磷酸盐浓度下土壤对磷的吸附试验、不同土壤对外源磷的解吸试验以及冻融条件下磷的吸附/解吸试验。

**17. 湿地土壤硫的分级，有机硫的矿化试验，$SO_4^{2-}$ 的吸附/解吸试验，含硫气体**

**释放试验**

土壤中的无机硫采用单孝全等的连续分级萃取技术，按分离步骤的不同分为水溶性硫、吸附性硫、盐酸可溶性硫和盐酸挥发性硫（硫化物硫），然后用硫酸钡比浊法测定。土壤中的有机硫采用 Johnson (1982) 的方法，分为酯键硫、碳键硫和未知态硫。

有机硫的矿化试验采用密闭系统培养法，揭示湿地土壤有机硫的矿化特征，探讨温度、水分对有机硫矿化的影响。$SO_4^{2-}$ 的吸附/解吸试验采用吸附试验和解吸试验，研究湿地土壤 $SO_4^{2-}$ 的吸附/解吸特征及其主要影响因素，明确土壤对外源硫的固持能力。含硫气体释放试验采用静态箱法，气体分析采用低温吸附－热解吸气相色谱法，研究沼泽湿地系统含硫气体的释放通量及特征，揭示环境因素对含硫气体释放的影响。

# 参考文献

[1] Aneja V P, Farwell S O, Robinson E, et al. Emission survey of biogenic sulfur flux from terrestrial surface[J]. Air Pollution Control Association, 1981, 31: 256-258.

[2] Angela B H, Amanda L M, Dan J P. Land use effects on gross nitrogen mineralization, nitrification and $N_2O$ emissions in ephemeral wetlands[J]. Soil Biology and Biochemistry, 2006, 38 (12), 3398-3406.

[3] Bauer G A, Bazzaz F A, Minocha R, et al. Effects of chronic N additions on tissue chemistry, photosynthetic capacity, and carbon sequestration potential of a red pine ( Pinus resinosa Ait) [J]. Forest Ecology and Management, 2004, 196(1), 173-186.

[4] Bouwman A F. Conclusions and recommendation of the Conference Working Groups [M]. Chichester: John Wiley & Sons, 1990.

[5] Chiang D, Craft C B, Rogers D W, et al. Effects of 4 years of nitrogen and phosphorus additions on Everglades plant communities[J]. Aquatic Botany, 2000, 68: 61-78.

[6] Cooper D J, Sanderson J S, Stannard D I, et al. Effect of long-term water table drawdown on evapotranspiration and vegetation in an arid region phreatophte community[J]. Hydrology, 2006, 325(1-4): 21-34.

[7] Crutzen P J, et al. Effects of nitrogen fertilizers and combustion in the stratospheric ozone layer [J]. AMBIO, 1997, 6: 112-117.

[8] 崔保山，杨志峰. 湿地学[M]. 北京：北京师范大学出版社，2006.

[9] Freixo A A, Machado P L, Santos H P, et al. Soil organic carbon and fractions of a Rhodic Ferralsol under the influence of tillage and crop rotation systems in southern Brazil[J]. Soil & Tillage Research, 2002, 64: 221-230.

[10] Frolking, et al. Modeling northern peatland decomposition and peat accumulation[J]. Ecosystem, 2001, 4: 479-498.

[11] 葛全胜，王芳，陈泮勤，等. 全球变化研究进展和趋势[J]. 地球科学进展，2007，22(4)：417-427.

[12] 韩兴国，等. 生物地球化学概论[M]. 北京：高等教育出版社，Heidelberg: Springer-verlag, 1999.

[13] Hansen J, Ruedy R, Glascoe J, et al. GISS analysis of surface temperature change[J]. Geophys. Res., 1999, 104(D24): 30997-31022.

[14] Houghton J, et al. Climate Change 1995: The Science of Climate change[M]. Cambridge: Cambridge University Press, 1996.

[15] Houghton R A, Skole D L. Carbon[C]// Turner B L, et al. The Earth as Transformed by Human Action. Cambridge: Cambridge University Press, 1990: 393-408.

[16] 黄斌，陈冠雄，Oswald V C. 长效碳酸氢铵对土壤硝化-反硝化过程和 $N_2O$ 与 NO 排放的影响[J]. 应用生态学报，2000，11(1)：73-78.

[17] IPCC. IPCC Guidelines for National Greenhouse Gas Inventories[R]. Reference Manual, 2001.

[18] Johnson C M, Nishita H. Microestimation of sulfur in plant materials, soil and irrigation waters [J]. Analytical Chemistry, 1982, 24: 736-742.

[19] Johanna V W, David E, Megonigal J P. Geochemical control of microbial Fe(Ⅲ) reduction potential in wetland: comparison of the rhizosphere to non-rhizosphere soil [J]. FEMS Microbiology Ecology, 2004, 48: 89-100.

[20] Jukka A L M, Sanna S, Hannu N, et al. Winter $CO_2$, $CH_4$ and $N_2O$ fluxes on some natural and drained boreal peatlands[J]. Biogeochemistry, 1999, 44: 163-186.

[21] Kirschbaum M U F. Will changes in soil organic carbon act as a positive or negative feedback on global warming[J]. Biogeochemistry, 2000, 48(1): 21-51.

[22] Kuhlbusch T A, Crutzen P J. Toward a global estimate of black carbon in residues of vegetable fires representing a sink of atmospheric carbon dioxide and a source of oxygen[J]. Global Biogeochemical Cycles, 1995, 9(4): 491-501.

[23] Lal R. Soil dynamics in cropland and rangeland[J]. Environmental Pollution, 2002, 116: 353-362.

[24] Lambin E F, Turner B L, Geist H J, et al. The cause of land use and land-cover change: moving beyond the myths[J]. Global Environmental Change, 2001, 11: 261-269.

[25] Li C S. Modelling trace gas emissions from agricultural ecosystems[J]. Nutrient Cycling in Agroecosystem, 2000, 58: 258-276.

[26] 李家洋，陈泮勤，马柱国，等. 区域研究：全球变化研究的重要途径[J]. 地球科学进展，2006，21(5)：441-410.

[27] Liu J S. 湿地生态地球化学研究概述[J]. 湿地科学，2005. 3(4)：302-309.

[28] Maljanen M, Liikanen A, Silvola J, et al. Nitrous oxide emissions from boreal organic soil under

different land use[J]. Soil Biology & Biochemistry, 2003, 35: 1-12.

[29] Markus D, Daniel S, et al. Yield response of lolium perenne swards to free air and $CO_2$ enrichment increased over six years in high N input system on fertile soil[J]. Global Change Biology, 2000, 6: 805-816.

[30] Melillio J M, Steudldler P A. The effect of nitrogen fertilization on the COS and $CS_2$ emission from temperate forest soils[J]. Atmospheric Chemistry, 1989, 9(4): 411-418.

[31] Miao S L, Newman S, Sklar F H. Effects of habitat nutrients and seed sources on growth and expansion of Typha domingensis[J]. Aquatic Botany, 2000, 68: 297-311.

[32] Mitsch W J. Global wetlands: old and new[M]. Amsterdam: Elsevier Netherlands, 1994.

[33] Mitsch W J, Gosselink J G. Wetlands[M]. New York: Van Nostrand Reinhold Company Inc., 2000: 89-125.

[34] Patricia A M, Stephen E C, Jaclynne D, et al. Hydrochemical controls on the variation in chemical characteristics of natural organic matter at a small freshwater wetland[J]. Chemical Geology, 2002, 187: 59-77.

[35] Paustian K, et al. Agricultural soil as a C sink to offset $CO_2$ emissions[J]. Soil Use Management, 1997, 267: 1117-1123.

[36] Prinn R, Cunnold D, Rasmussen R. Atmospheric emissions and trends of nitrous oxide deduced from ten years of ALE_GAGE data[J]. J. of Geophy. Res., 1990, 95(D11): 18369-18385.

[37] Runet R C, Astin K B, Dartiguelongue S, et al. The role of a floodplain in regulating aquifer recharge during a flood event of the River Adour in Southwest France[J]. Wetlands, 2003, 23: 190-199.

[38] Saggar S, Yeates G W, Shepherd T G. Cultivation effects on soil biological properties, microfauna and organic matter dynamics in Eutric Gleysol and Gleyic Luvisol soil in New Zealand[J]. Soil and Tillage Research, 2001, 58: 55-68.

[39] Schlesinger W H. Carbon sequestration in soils[J]. Science, 1999, 284: 2095.

[40] 史培军,宫鹏,李晓兵,等.土地利用/覆盖变化研究的方法和实践[M].北京:科学出版社,2000.

[41] 宋长春,王毅勇,阎百兴,等.沼泽湿地开垦后土壤水热条件变化与碳、氮动态[J].环境科学,2004,25(3):168-172.

[42] Spepherd T G, Saggar S, Newman R H, et al. Tillage induced changes in soil structure and soil organic matter fractions[J]. Aust. J. Soil Res., 2001.

[43] 王德宣.典型沼泽湿地 $CH_4$ 排放及其主要环境影响因素分析[D].北京:中国科学院研究生院博士学位论文,2003.

[44] 王如松,马世骏.边缘效应及其在经济生态学中的应用[J].生态学杂志,1985,2:40-44.

[45] 王少彬.大气中氧化亚氮的源、汇和环境效应[J].环境保护,1994,4:23-27.

[46] Wieder R K. Past, present and future peat carbon balance: An empirical model based on $^{210}Pb$-dated cores[J]. Ecological Application, 2001, 11: 327-342.

[47] 杨学明.农业土壤固定有机碳[J].土壤与环境,2000,9(4):311-315.

[48] 杨学明,张晓平,方华军.农业土壤固碳对缓解全球变暖的意义[J].地理科学,2003,23(1):101-106.
[49] 叶笃正,等.全球变化科学领域的若干研究进展[J].大气科学,2003,27(4):435-450.
[50] 张金波.三江平原湿地垦殖和利用方式对土壤碳组分的影响[D].北京:中国科学院研究生院博士学位论文,2006.
[51] Zhang Y,Li C S,Trettin C C,et al. An integrated model of soil,hydrology,and vegetation for carbon dynamics in wetland ecosystems[J].Global Biogeochemical Cycles,2002,16.
[52] 赵魁义.中国沼泽志[M].北京:科学出版社,1999:159-160.
[53] 庄亚辉.全球生物地球化学循环研究的进展[J].地学前缘,1997,4(1-2):163-168.

# 第二章　三江平原自然与社会环境概况

## 第一节　地理位置及分布范围

三江平原位于中国的东北隅，黑龙江省东北部，地理坐标为 N 43°49′55″～48°27′40″，E 129°11′20″～135°05′26″。三江平原是由黑龙江、松花江和乌苏里江冲积而形成的低平原。该区西起小兴安岭，东至乌苏里江，北起黑龙江，南至兴凯湖，总面积 10.89 万 $km^2$（图 2.1）。

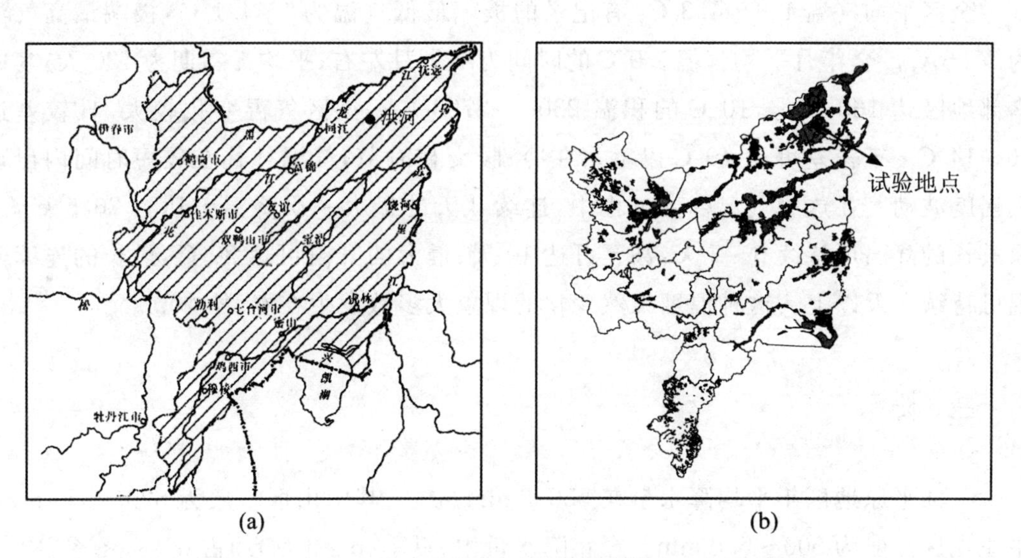


图 2.1　三江平原地理位置(a)及沼泽湿地分布(b)示意图

# 第二节 气候特征

## 一、太阳辐射量

三江平原地区的太阳辐射年总量在4200～4900 MJ/m$^2$，平均4600 MJ/m$^2$左右，总变化趋势是从南向北逐渐减少，平原大于山区，日平均气温稳定通过0℃初终间的太阳总辐射量为3.1～3.5 kJ/m$^2$，一般在3.2～3.3 kJ/m$^2$。辐射量以6月最高，为0.6 kJ/m$^2$，12月最低，为0.1 kJ/m$^2$；春季月总量高于秋季。该区全年有效辐射量为1700～2000 MJ/m$^2$。季节总辐射量以春季最大，夏、秋季次之，冬季最小(刘兴土、马学惠，2002)。

## 二、气温

全区平均气温1.4～4.3℃，有记录的极端最低气温为-44.1℃，极端最高气温为37.6℃。全年月平均气温≥0℃的时间为7个月左右；平均无霜期为130天，其中南部地区达160天；≥10℃的积温2300～2700℃。该区气温变化较大，日较差达10～14℃，年较差可达40℃以上。在冷、暖交替时节，气温往往在较短时间内出现大幅度波动。在这些气温剧变过程中，连续3天的最大一次降温曾达到26.5℃，一次最长的降温可持续6～7天，甚至可达10天；最大的升温可达20℃，最长的连续升温可持续7天以上。这种温度骤然变化的现象大多数发生在春、秋季节。

## 三、降水

三江平原地区年平均降水量在556.2 mm左右，其中山区一般为520～550 mm，平原地区一般为500～550 mm。全年降水量中，夏季(6～8月)约占60%，冬季(12月～次年2月)占4%左右，春、秋季分别占13%和23%左右；7月份的降水量最大，为100～150 mm，1月份最少，仅2～10 mm。全区日平均降水量在0.1 mm、5 mm、10 mm、25 mm及50 mm以上的日数分别为20天、30天、15天、3～5天及1天左右。全区夏季降水强度最大；春、秋季次之，其中秋季降水强度比春季大；冬季降水强度最小。1日间最大降水量一般在50～100 mm，其中张广才岭、完达山及挠力河流域超过100 mm；10分钟最大降水量多出现在7月或8月；宝清县一带1分钟最大降水量在25 mm以上，其他地区多在15～20 mm（阎敏华，2001）。

## 四、日照时数

三江平原地区年平均日照时数在1800～2300 h，一般在2000 h左右。平均日照时数的季节变化，以夏季变化幅度最大，春、秋季次之。

## 五、风

本区冬季多为南风、西风和西北风；春季多为西北风、西南风和西风；夏季多南风或偏南风及东北风；秋季则盛行西北风、西风和西南风。全年平均风速在2.6～4.2 m/s，其中，冬季全区平均风速在2.1～5.5 m/s；春季平均风速大于4 m/s，是全年风速最大的季节；夏季平均风速2.7～3.2 m/s，为最小季节；秋季平均风速2.6～4.2 m/s，接近全年平均水平。

## 六、主要气候灾害

三江平原地区的主要气候灾害包括低温灾害，旱涝灾害，大风、冰雹和霜冻灾害。

低温灾害主要发生在鹤岗至双鸭山一线。根据对农作物危害的症状及其机制，本区低温上的冷害类型，可划分为延迟型冷害和障碍型冷害（刘兴土、马学惠，1997）。

本区的旱涝灾害比较频繁。根据资料统计，1949～2000年，三江平原共出现干旱年份20次，其中，旱年春、夏两季共出现15次，占总数的75%。春夏连续干旱的次数也较多，达5次，危害也较大。涝年共出现17次，其中夏涝的次数出现最多，达12次，占71%。夏秋涝的危害最大。如1981年是全区1949年以来洪涝灾害最严重的一年。这一年的6～8月全区平均降水量近500 mm，相当于常年全年的降水量，洪水淹没及内涝总面积达407.5万 $hm^2$，受灾耕地面积188.7万 $hm^2$，占耕地总面积的51.2%，其中绝产面积112万 $hm^2$，全年平均粮食单产802.5 kg/$hm^2$，减产50%以上。全区的夏涝中心分布在萝北、鹤岗一带；而秋涝则以虎林、密山、饶河居多。从总体上看，三江平原地区旱涝年份出现的频率为73%，即平均每4年中有3年出现旱灾或涝灾，而且涝灾出现的频率一般高于旱灾。

三江平原地区是黑龙江省大风发生的高频区，其西南部和东北部大风日数居全省之首。如依兰、佳木斯、桦南和北兴农场一带，每年5级以上大风日数达130～140天，8级大风的日数为50～70天；同江、建三江、勤得利、八五九农场一带，5级以上大风日数在110天以上，八五九农场达164天，8级大风日数45～63天。

全区冰雹灾害多发生在春末夏初和秋季，往往使局部地区损失巨大。历年冰雹发生次数平均为0.7～3.1次，其中成灾冰雹每10年中就有4次，以北兴农场、绥滨为最多，兴凯湖农场、虎林为最少。一次冰雹天气可波及3个县(市)，最多可达8～11个，成灾冰雹带长几千米至数十千米，宽3～5 km，成灾雹块直径8～10 mm。1981年佳木斯地区11个县(市)的5.53万 $hm^2$ 农作物遭受雹灾，绝产5万 $hm^2$。

表2.1为三江平原地区霜冻的地理分布。本区轻霜冻平均初日一般在9月下旬，山区和沿江风口区发生较早，如穆棱、萝北等地可提前到9月中旬。轻霜冻的平均终日一般在5月中旬，部分山区和沿江风口区在5月下旬，虎林、鹤岗等地较早，可在5月上旬。重霜冻的平均初日在10月上旬，比轻霜冻晚7天左右，部分山区和沿江风口可在9月下旬。重霜冻平均终日一般在5月上旬，比轻霜冻早10天左右，部分山区和沿江风口区在5月中旬，仅个别地方终止于4月下旬。全区无重霜冻期时间大多在140～160天。严重的霜冻可造成农作物大面积减产。

**表2.1 三江平原霜冻初日、终日日期和无霜冻期**

| 地区 | 重霜冻(最低气温≤0 ℃) | | | 轻霜冻(最低气温0～2 ℃) | | |
|---|---|---|---|---|---|---|
| | 初日(日/月) | 终日(日/月) | 无霜冻期(天) | 初日(日/月) | 终日(日/月) | 无霜冻期(天) |
| 抚远 | 5/10 | 3/5 | 154 | 28/9 | 13/5 | 137 |
| 同江 | 4/10 | 12/5 | 144 | 27/9 | 22/5 | 127 |
| 萝北 | 25/9 | 14/5 | 133 | 18/9 | 24/5 | 116 |
| 鹤岗 | 5/10 | 30/4 | 157 | 28/9 | 10/5 | 140 |
| 绥滨 | 3/10 | 8/5 | 147 | 26/9 | 18/5 | 130 |
| 富锦 | 5/10 | 3/5 | 154 | 28/9 | 13/5 | 137 |
| 桦川 | 3/10 | 8/5 | 147 | 26/9 | 18/5 | 130 |
| 佳木斯 | 1/10 | 8/5 | 145 | 24/9 | 18/5 | 128 |
| 饶河 | 29/9 | 18/5 | 133 | 22/9 | 28/5 | 116 |
| 汤原 | 30/9 | 11/5 | 141 | 23/9 | 21/5 | 124 |
| 集贤 | 4/10 | 1/5 | 155 | 27/9 | 11/5 | 138 |
| 双鸭山 | 4/10 | 4/5 | 152 | 27/9 | 14/5 | 135 |
| 宝清 | 4/10 | 4/5 | 152 | 27/9 | 14/5 | 135 |

续表

| 地区 | 重霜冻（最低气温≤0 ℃） | | | 轻霜冻（最低气温 0～2 ℃） | | |
|---|---|---|---|---|---|---|
| | 初日（日/月） | 终日（日/月） | 无霜冻期（天） | 初日（日/月） | 终日（日/月） | 无霜冻期（天） |
| 依兰 | 1/10 | 7/5 | 146 | 24/9 | 17/5 | 129 |
| 桦南 | 30/9 | 8/5 | 144 | 23/9 | 18/5 | 127 |
| 勃利 | 3/10 | 1/5 | 154 | 26/9 | 11/5 | 137 |
| 虎林 | 5/10 | 28/4 | 159 | 28/9 | 5/5 | 142 |
| 密山 | 2/10 | 3/5 | 151 | 25/9 | 13/5 | 134 |
| 鸡西 | 2/10 | 4/5 | 150 | 25/9 | 14/5 | 133 |
| 鸡东 | 1/10 | 5/5 | 148 | 24/9 | 15/5 | 131 |
| 穆棱 | 22/9 | 16/5 | 128 | 15/9 | 26/5 | 111 |

注：引自刘兴土等，《三江平原自然环境变化与生态保育》，2002。

# 第三节 水 环 境

## 一、地表水资源特征

### 1. 河川径流量

三江平原地区江河纵横，现有大小河流 190 余条，主要江河 20 条，总流程 5418 km，流域面积 94524 km$^2$。这些江河分属于黑龙江、松花江和乌苏里江三大水系。全区年平均降水总量 575.67 亿 m$^3$，多年平均径流深 124.4 mm，平均径流总量 128.75 亿 m$^3$；其中 6～9 月径流量占全年的 70.6%，而 11 月～次年 3 月的径流量不足年径流总量的 5%。年平均入境水资源量为 2634.24 亿 m$^3$，其主要来源于国际界河，如黑龙江和乌苏里江，入境水量分别为 1474.82 亿 m$^3$ 和 555.88 亿 m$^3$；有些则是区域边界直接入境的江河水量，包括松花江、汤旺河及巴兰河，水量分别为 542.70 亿 m$^3$、54.30 亿 m$^3$ 及6.56 亿 m$^3$。丰富的入境水资源，增加了本区地表水量，而且还可以补充地下水，调节气候，为农业灌溉提供充足的水源（陈刚起，1997）。

### 2. 湖泊和沼泽水资源

全区处于黑龙江、乌苏里江和松花江中下游地区，地势平坦低洼，湖泊、水库（塘坝）、天然泡沼星罗棋布，如著名的兴凯湖、大力加湖和蛤蟆通水库等，总水域面积

4414.70 km²。还有集中连片分布的沼泽。

兴凯湖是中国东北最大的国际界湖，长 91.3 km，最大宽度 62.5 km，总面积 4380 km²，其中中国境内面积 1080 km²。该湖水位 69.00 m，平均水深 6.28 m，总蓄水量 275.10 亿 m³；集水面积 5.6 万 km²，年入湖地表径流量 16.00 亿 m³，入湖地下径流量约 10.80 亿 m³；湖面年降水量 28.70 亿 m³。

小兴凯湖呈长条形，长度 34.0 km，最大宽度 5.5 km，平均宽度 4.0 km，水域面积 136.0 km²。湖水最大深度为 2.0 m，平均水深 1.65 m，总蓄水量 2.25 亿 m³。主要补给水源为湖面降水和地表径流。

蛤蟆通水库位于挠力河支流蛤蟆通河的中上游，宝清县八五二农场境内，1979 年建成蓄水，宜渔水域面积 12.53 km²，集水面积 505 km²，平均水深 5.0 m，是一座以灌溉、防洪、养鱼为主的丘陵型大型水库。库区年径流总量 0.97 亿 m³，总库容 1.63 亿 m³，水域总面积 17.6 km²。该水库是三江平原重要的渔业生产基地之一。

三江平原地区低山丘陵区面积占 38.8%，平原占 61.2%。平原中湿地面积 1.48 万 km²，占平原总面积的 22.2%，是中国淡水沼泽集中分布区。沼泽是一种有别于湖泊、河流的特殊水体。它生长着繁茂的沼生和湿生植物，具有海绵状结构的草根层和泥炭层，常常含有饱和水分，而且地表还经常保持 5～10 cm 的积水层。据估算，全区的沼泽湿地含有 34.83 亿 m³ 的水量。在以往的水资源考察中，这部分水量未进行单独计算，但是因为它占据着大面积土地资源，又有着许多特殊的生态、环境方面的功能，同时，这部分水资源也是本区不可忽视的可供河川径流调蓄的淡水资源，所以必须对沼泽湿地加以重点保护。

三江平原地区的地表水资源具有如下特点。首先，山区多于平原，呈现一定的空间分布。山区地表水资源量为 70.4 亿 m³，占地表水资源总量的 55%，其中有两个明显的高值区，分别为小兴安岭和完达山东部，中心部分的径流深度都大于 300 mm。山区面积较小，且都是林区，农业用水极少。平原地区地表水资源量为 58.35 亿 m³，占地表水资源总量的 45%。有三个明显的低值区，分别为三江平原腹地、倭肯河下游平原和穆棱-兴凯平原，其中心部位的径流深度在 50～100 mm 之间。平原地区面积大，是农业生产的主要区域。其次，年内分配十分不均衡，不均衡程度山区大于平原。该区属温带湿润半湿润大陆性季风气候，降水量地表水资源年内分配不均匀，从连续最大四个月的径流百分比看，山区的集中程度大于平原区。山区因坡陡流急，河水陡涨陡降，连续四个月径流出现的时间几乎与降水同步，多出现在 5～8 月或 6～9 月，所占比例为 55%～70%。如张广才岭和老爷岭就出现在 5～8 月，所占比例为 65%；完达山出现在 6～9 月，所占比例为 55%～70%。平原地区则因河槽的调蓄作用，特别是河滩沼泽的调蓄作用，使年径流过程大大均匀化，连续最大四个月径流出现的时间也大大后延，多出现在8～11月，延迟达两个月，而且所占年径流量的比例只有52%。三是多年变化与气候同步，有连续丰水期和连续少水期交替出现的规律，山区年际变化小而平原变化较大。根据兴凯湖1914～1997年系列资料分析，有23～28年的周期，其中，1926年、1945年、1979年为最低值。饶河站1946～1982年的系列资料中，有26～28年的周期。在大约30年的大周期中，有8～10年丰、枯交替的小周期。全区在1956～1982年的系列资料中，1956～1965年为丰水期，1966～1970年为枯水期，1971～1974年转为丰水期，1975～1979年复转为枯水期。三江平原这种连续丰、枯年份交替出现的规律，突出了平原地区广泛分布的沼泽的特殊水文效应，使得平原区河川径流的年际变化明显增大(陈刚起、张文芬，1988)。平原地区的变差系数$C_0$值都在0.8以上，有的沼泽性河流甚至高达0.95。如典型的沼泽性河流之一别拉洪河，农牧区发源于沼泽，又穿行于沼泽，该河流丰水期的1957年，年径流量为12.91亿$m^3$，而枯水期的1977年，年径流量仅为0.368亿$m^3$，二者相差34倍。丰水年的径流系数为0.24，枯水年的径流系数为0.035，前者几乎是后者的7倍。山区河流尽管年内分配不如平原区均匀，但年际变化却比平原地区小得多，山区的变差系数$C_0$值仅在0.6左右。

**3. 地表水环境化学特征**

三江平原受欧亚大陆季风气候和沼泽环境的综合影响，区内气候湿润，湿润指数在0.9～1.2，沼生植被茂密。天然降水的矿化度相当低，一般在5～30 mg/L，$HCO_3^-$、$Ca^{2+}$、$Mg^{2+}$、$K^+$、$Na^+$等主要离子一般均小于10 mg/L，且年际变化不大。其他环境化学元素的含量也都较低。区内东半部的沼泽性河流和天然泡沼均发育在黏土层上，其水源主要由降水和地表径流补给，水环境主要离子组成与降水相似，90%以上的水域矿化度小于100 mg/L，属于重碳酸盐型软水或极软水，其中别拉洪河、浓江、鸭绿河等不同江段的水环境，其水化学成分变化甚微。除耗氧量、总腐殖酸含量较高外，其他化学成分如微量元素、有机氮、细菌等含量均很低(表2.2)。上述水环境均是较好的供水水源。

三江平原东半部的沼泽湿地主要由降水和地表径流补给，而西半部潜水区及三大江河滩地上的沼泽则有地下水参与补给。这一地区的沼泽水环境中$HCO_3^-$占阴离子的80%以上，$SO_4^{2-}$及$Cl^-$的含量很少；$Ca^{2+}$占阳离子的40%～60%。沼泽水环境中的$Ca^{2+}$、$K^+$、$Na^+$等主要离子含量与矿化度一般存在正相关关系。主要由降水和地表径流补给的沼泽湿地，其主要离子含量、矿化度与降水密切相关，并随着降水的多少而增减。一般沼泽水环境中的微量元素含量很低，但其耗氧量、总腐殖酸、氟、锰、细菌等含量偏高(表2.2、表2.3)，故此类水不宜作为饮用水水源。

**表 2.2　三江平原降水、地表水环境水化学元素含量**

单位:mg/L

| 采样地点 | 水源 | $Fe^{3+}$ | $Fe^{2+}$ | $Mn^{2+}$ | $NH_4^+$ | $NO_3^-$ | $NO_2^-$ | $F^-$ | $I^-$ | COD | 总腐殖酸 |
|---|---|---|---|---|---|---|---|---|---|---|---|
| 前进农场 | 降水 | 0.00 | 0.00 | <0.01 | 0.00 | 0.00 | 0.00 | 0.05 | 0.20 | 1.34 | 0.38 |
| | 农田积水 | 0.03 | 0.00 | 0.01 | 0.00 | 5.00 | 0.00 | 0.30 | 0.30 | 6.62 | 9.31 |
| | 农田积水 | 0.00 | 0.00 | <0.01 | 0.04 | 5.00 | 0.00 | 0.35 | 0.25 | 13.39 | 10.96 |
| | 沼泽水 | 0.02 | 0.02 | <0.01 | 0.12 | 0.50 | 0.00 | 0.80 | 0.00 | 36.00 | 14.90 |
| | 沼泽水 | 0.02 | 0.02 | <0.01 | 0.00 | 0.00 | 0.00 | 0.75 | 0.00 | 18.45 | 4.60 |
| | 沼泽水 | 0.02 | 0.00 | <0.01 | 0.00 | 0.00 | 0.00 | 0.30 | 0.10 | 6.54 | 0.65 |
| 别拉洪河 | 河水 | 0.08 | 0.00 | <0.01 | 0.00 | 0.10 | 0.00 | 0.20 | 0.00 | 15.45 | 3.05 |
| 沃绿兰河 | 河水 | 0.02 | 0.00 | 0.01 | 0.00 | 0.01 | 0.01 | 0.30 | 0.00 | 13.25 | 9.44 |
| 乌苏里江 | 河水 | 0.12 | 0.00 | <0.01 | 0.00 | 0.00 | 0.00 | 0.40 | 0.00 | 12.22 | 11.84 |

注:引自中国科学院长春地理研究所,《中国沼泽研究》,1988。

**表 2.3　三江平原降水、地表水环境微量元素及细菌含量**

单位:μg/L

| 采样地点 | 水源 | $Cu^{2+}$ | $Pb^{2+}$ | $Cd^{2+}$ | $Zn^{2+}$ | $Mo^{6+}$ | $Se^{4+}$ | 总 Hg | α-666 | δ-666 | 细菌总群数 | 大肠菌群 |
|---|---|---|---|---|---|---|---|---|---|---|---|---|
| 前进农场 | 降水 | 7.00 | 9.00 | <0.05 | 75.00 | 0.22 | 0.02 | 0.02 | 1.82 | 7.90 | 245 | <9 |
| | 农田积水 | 9.00 | 10.00 | <0.05 | 10.00 | 2.00 | 0.11 | 0.02 | 1.75 | 7.90 | 27350 | 9.5 |
| | 农田积水 | 5.00 | 5.00 | <0.05 | 40.00 | 0.08 | 0.20 | 0.03 | 0.91 | 7.70 | 24100 | 960 |
| | 沼泽水 | 2.00 | 2.00 | <0.05 | 17.00 | 1.60 | 0.08 | 0.05 | 3.54 | 8.00 | 1650 | 18 |
| | 沼泽水 | 1.00 | 1.00 | <0.05 | 15.00 | 0.48 | 0.11 | 0.05 | 1.75 | 4.60 | 10440 | 22 |
| | 沼泽水 | 1.00 | 2.00 | <0.05 | 9.00 | 0.51 | 0.05 | 0.03 | 6.02 | — | 138 | <9 |
| 别拉洪河 | 河水 | 1.00 | 2.00 | <0.05 | 11.00 | 0.33 | 0.13 | 0.22 | 1.79 | — | 95 | <9 |
| 沃绿兰河 | 河水 | 1.00 | 1.00 | <0.05 | 32.00 | 0.17 | 0.05 | 0.05 | — | — | 148 | <9 |
| 乌苏里江 | 河水 | 1.00 | 1.00 | <0.05 | 13.00 | 0.91 | 0.08 | 0.02 | — | — | — | — |

注:引自中国科学院长春地理研究所,《中国沼泽研究》,1988。表中“细菌总群数”和“大肠菌群”单位为“个/mL”。

## 二、地下水环境

### 1. 地下水资源量

根据对该区 61369 $km^2$ 面积地下水资源量的计算,三江平原范围内的平原地区地下水资源量为 51.22 亿 $m^3/a$。其中:降水入渗补给量为 30.40 亿 $m^3/a$(占地下水资源总量的 59.4%);山前侧渗补给量为 3.99 亿 $m^3/a$(占地下水资源总量的 7.8%);地表水体入渗补给量为 16.83 亿 $m^3/a$(占地下水资源总量的 32.8%)。山前台地地下水资源总量为3.04亿$m^3/a$。其中:降水入渗补给量为2.92亿$m^3/a$(占地下水资源总量的96%);地表水体入渗补给量为0.12亿$m^3/a$(占地下水资源总量的4%)。低山丘陵区的水资源总量为17.84亿$m^3/a$。其中:河川径流量为13.82亿$m^3/a$(占水资源总量的77.5%);河床潜水及山前侧向流出量为3.99亿$m^3/a$(占水资源总量的22.3%);山前潜水出露量为0.03亿$m^3/a$(占水资源总量的0.2%)。

上述数据表明,三江平原地区的地下水资源丰富,尤以沼泽集中连片、水网遍布的平原地区为最。但随着地下水资源的大量开采利用,地下水位下降,从而改变了地表水与地下水的平衡关系,导致地表水对地下水补给范围扩大和补给量增加(王春鹤等,1988)。

从空间分布来看,山区和平原地区的地下水资源量分别占地下水资源总量的26%及74%,这种分布特点恰恰与地表水资源量的空间分布相反。因此,平原地区的农业用水,应充分利用这种地表水与地下水资源量分布的互补性。

**2. 地下水化学特征**

根据三江平原地区474个水样监测统计,87%以上属于重碳酸盐型水,极少数为氯化物型水,未见硫酸盐型水。东半部微承压水区,从西南向东北,顺着地下水流向,地势更加低洼平坦,黏土层逐渐增厚,湿润程度逐渐增加,沼生植被更加茂密,沼泽率和沼泽化程度逐渐增加。总体来看,随着沼泽化程度的加重,由于水分循环交替作用微弱、离子吸附与交换作用、地表层土壤自净作用等,使得单一的$HCO_3^-$型地下水沿着流向,其矿化度及$HCO_3^-$、$Ca^{2+}$、$Na^+$等离子含量逐渐降低。前进农场以东的重沼泽地区,地下水矿化度小于0.2 g/L,硬度小于2德国度(1德国度=0.35663毫克当量/升)。地下水的温度、矿化度、总碱度、总硬度、铁、锰、pH等,在垂直方向上的差异性,表现为下部高于上部。地下水中的矿化度和$HCO_3^-$、$Cl^-$、$Ca^{2+}$、$Mg^{2+}$、$K^+$、$Na^+$等离子含量与pH等年际间虽略有变化,但变化不明显。

三江平原地区受水文地质条件和沼泽环境的影响,地下水所受蒸发浓缩作用的影响相当微弱,因而地下水中化学元素含量相当低。特别是东半部微承压水地区,地下水环境中化学元素含量更低,矿化度一般在0.1~0.3 g/L。根据本区的具体情况,可将这些低矿化度的地下水划分为微矿化度水、弱矿化度水、低矿化度水和中矿化度水。在上述474个水样中,矿化度<0.1 g/L的微矿化度水有34个,占7.17%;属于0.101~0.2 g/L、0.201~0.3 g/L、0.301~0.4 g/L及0.401~0.5 g/L的弱矿化度水的水样分别为185个、166个、52个和13个,分别占39.03%、35.02%、10.97%及2.74%;属于0.501~0.7 g/L及0.701~1.0 g/L的低矿化度水的水样分别为12个和9个,分别占2.53%及1.90%;而>1.0 g/L的中矿化度水只有3个,占0.64%。可见,本区小于0.5 g/L的微、弱矿化度水占95%以上,中矿化度水仅占0.64%。地下水环境除耗氧量、铁、总腐殖酸含量偏高外,其他化学元素含量、有机氯、细菌指数等均很低,符合饮用水和农业灌溉标准。

**3. 农田、沼泽对地下水环境的影响**

本区内大面积的农田和沼泽湿地对地下水环境的影响,一般是通过农田积水及沼泽水为媒介,将可溶性污染物带入地下含水层。对大量农田水、沼泽水和地下水的测试结果表明,农田水和沼泽水的矿化度,$HCO_3^-$、$Ca^{2+}$、$Mg^{2+}$、$Na^+$、$Fe^{3+}$等主要离子的含量均比地下水背景值低,但 $NH_4^+$、$NO_3^-$、$NO_2^-$、耗氧量、总腐殖酸等指标则高于地下水环境背景值。分别将农田水和沼泽水按不同比例同地下水直接混合,反复进行模拟试验,结果表明:混合水的化学成分随着混合比例的不同而有所差别。总的来看,与地下水环境背景值相比,混合水的 $HCO_3^-$、$Ca^{2+}$、$Mg^{2+}$、$K^+$、$Na^+$ 和 $Fe^{3+}$ 含量明显减少,矿化度、硬度、总碱度等明显降低,而且减少与降低的变化趋势同农田水或沼泽水的混入量成正相关。仅就这些成分而言,农田水或沼泽水混入,对地下水起着稀释和淡化作用。然而,混合水中 $NH_4^+$、$NO_3^-$、$NO_2^-$、耗氧量、总腐殖酸等指标仍比地下水高,其中 $NH_4^+$-N 含量超过饮用水标准的 4.8 倍,$NO_2^-$-N 含量接近饮用水标准,$NO_3^-$-N 含量和耗氧量均未超过饮用水标准(在饮用水标准中,对腐殖酸含量未做规定)。对超标和接近标准的两个因子进行污染指数计算,其结果表明:农田积水及沼泽水与地下水直接混合后,可对地下水水质造成轻度污染。

实际上,在三江平原的东半部,很少有农田和沼泽水直接与地下基层水混合的情况。这一区域地表有 3~17 m 厚的黏土层,沼泽水、农田积水都要经过黏土层向下渗透,才能到达地下含水层。在渗透途中,有害污染物通过黏土层的吸附、淋滤及离子交换等作用,其含量必将大大减小。三江平原的西半部以及三大江河的江滩地沼泽,虽然与潜水存在水力联系,但也要经过较深厚的土壤层的淋滤、吸附及离子交换作用,对地下水的影响比直接混合轻得多。综上所述可见,三江平原大面积的农田、沼泽湿地一般不会污染地下水,只有极个别地段对地下水有轻微影响。

## 第四节　湿地土壤环境

### 一、土壤理化性质

三江平原地区的沼泽土壤主要有草甸沼泽土、腐殖质沼泽土、淤泥沼泽土和泥炭沼泽土(张养贞,1988)。沼泽土壤剖面结构,通常表层有 40～60 cm 的草根层,呈海绵状结构,泥炭沼泽土下为 5～20 cm 的泥炭层;泥炭土下有 50 cm 以上的泥炭层,而其他沼泽土壤下部有 5 cm 左右的腐殖质层,再下为不透水的黏土和亚黏土组成的潜育层和母质层。沼泽土壤的容重和体积质量一般比矿质土小。表层草根层容重多为 0.1～0.8 $Mg/m^3$,体积质量为 1.56～2.40 $kg/m^3$,孔隙度很大,多为 80%～90%。其中泥炭土、泥炭沼泽巨大的持水性是沼泽土壤的另一个重要特征。本区泥炭层的饱和持水率(占干土重的比例)多在 500%～800%,高者可达 900%。草根层的持水率稍低些,一般在 300%～800%,低者也达到 250%。土壤的持水率与容重成负相关,容重越小,其持水率反而越高。此外,土壤持水率的大小还与土壤中植物残体组成、泥炭分解程度有密切关系(王毅勇等,2001)。

热容量和导热率决定着土壤温度的变化状况及热量传递到土壤下层的速率和深度。沼泽土壤表层容重小、孔隙少,故干燥时的热容量很低,约 687 $kJ/(m^3 \cdot ℃)$。但因占 70%～80%的孔隙中经常充满水分,水的热容量较大,所以沼泽土壤的热容量随着含水量的增加而增大。通过观测和计算,腐殖质沼泽土壤草根层的热容量为 3520 $kJ/(m^3 \cdot ℃)$,腐殖质层为 2090 $kJ/(m^3 \cdot ℃)$。一般矿质土壤的导热率为 13～21 $kJ/(m^3 \cdot ℃)$,而风干泥炭的导热率仅为 1 $kJ/(m^3 \cdot ℃)$。当泥炭被水饱和时,导热率也只有 5 $kJ/(m^3 \cdot ℃)$。本区沼泽土壤多数虽无巨厚的泥炭层,但草根层与泥炭层的性质相近,沼泽土壤的导热率也很低。

根据七虎林河八道亮子附近泥炭沼泽土、潜育草甸土、麦茬伏翻地土壤温度的实测资料,以及对建三江农场腐殖质沼泽土和潜育白浆土土壤温度的观测结果,沼泽土壤的温度变化有如下特点。一是沼泽土壤温度的日较差比其他土壤都小。在地表,沼泽土温度的日变化为 13～15 ℃,潜育白浆土则达 22 ℃以上;距地表 5 cm 深度处,沼泽土壤温度日较差仅 3 ℃左右,潜育白浆土则达 7～8 ℃;距地表 10 cm 深度处,沼泽土壤温度日较差不超过 1.5 ℃,而潜育白浆土仍为 4～5 ℃,比沼泽土 5 cm 深度处的日温差还要大。二是夏天沼泽土壤的温度较其他土壤低。如观测到沼泽土壤表面最高温度仅 30 ℃左右,而相邻的潜育白浆土则达 35～41 ℃。泥炭沼泽土壤表层温度,比潜育草甸土和麦茬伏翻地都低。三是和其他土壤相比,沼泽土壤表层的温度受天气状况的影响较小。

反映土壤化学性质的指标主要包括有机质和矿物质含量,土壤吸附性能与酸碱度以及氮、磷、钾含量及其有效性等。沼泽土壤中的有机质是草根层、泥炭层和腐殖质的主要成分。它由分解、未分解和部分腐殖化的植物残体组成。沼泽土壤的有机质含量高于其他土壤,并随着沼泽土壤种类的不同而不同,变化幅度较大。一般来说,泥炭沼泽土和泥炭土中泥炭层的有机质含量最多,一般为 50%～70%,个别可达

80%；腐殖质沼泽土和草甸沼泽土表层的有机质含量次之，一般为 10%～30%（表 2.4）。腐殖酸是有机质的重要组成部分，本区泥炭中腐殖酸含量达 20%～50%。腐殖酸的含量与有机质含量成正相关关系。

**表 2.4 三江平原沼泽土壤的有机质和矿物质元素含量**

| 土壤类型 | 深度(cm) | 有机质(%) | 灰分总量(%) | 矿物质组成部分(%) | | | | | | |
|---|---|---|---|---|---|---|---|---|---|---|
| | | | | $SiO_2$ | $Fe_2O_3$ | $Al_2O_3$ | $TiO_2$ | $MnO_2$ | CaO | MgO |
| 草甸沼泽土 | 11～15 | — | 53.52 | 39.41 | 4.54 | 10.79 | 0.74 | 0.06 | 1.84 | 2.26 |
| | 15～24 | 19.95 | 80.05 | 59.32 | 4.99 | 15.42 | 0.98 | 0.03 | 1.19 | 1.93 |
| | 30～40 | 17.54 | 82.46 | 53.41 | 11.26 | 17.31 | 0.90 | 0.06 | 1.24 | 2.52 |
| | 50～60 | 13.15 | 86.85 | 61.05 | 6.78 | 16.74 | 0.95 | 0.05 | 1.46 | 2.62 |
| | 80～120 | 10.17 | 89.83 | 62.67 | 6.69 | 15.42 | 0.93 | 0.05 | 1.51 | 2.53 |
| | 120～130 | 7.01 | 82.99 | 64.01 | 6.45 | 13.49 | 1.06 | 0.13 | 1.64 | 2.77 |
| | 130～160 | 5.31 | — | 68.82 | 5.11 | 14.49 | 0.88 | 0.07 | 1.62 | 2.26 |
| 腐殖质沼泽土 | 20～56 | 16.04 | 73.04 | 41.00 | 2.81 | 23.43 | 0.51 | 0.56 | 2.55 | 2.18 |
| | 56～68 | 9.85 | 68.06 | 47.32 | 3.15 | 11.50 | 0.59 | 0.36 | 3.30 | 1.94 |
| | 68～91 | 1.64 | 95.89 | 65.40 | 4.25 | 20.13 | 0.87 | 0.41 | 2.42 | 2.41 |
| | 91～120 | 1.46 | 91.08 | 55.84 | 13.49 | 17.92 | 0.79 | — | 1.64 | 1.40 |
| | 120～187 | 0.14 | 94.08 | 62.59 | 7.65 | 17.40 | 0.79 | — | 1.65 | 4.00 |
| 泥炭沼泽土 | 0～10 | 71.13 | 28.87 | 20.52 | 3.65 | 3.19 | 0.35 | 0.04 | 1.16 | 1.18 |
| | 35～45 | 85.78 | 14.72 | 9.77 | 1.85 | 0.97 | 0.31 | 0.07 | 1.65 | 0.90 |
| | 45～55 | 60.14 | 39.86 | 29.63 | 3.16 | 5.55 | 0.52 | 0.05 | 1.46 | 1.51 |
| | 65～75 | 13.02 | 86.98 | 63.86 | 4.50 | 11.79 | 0.95 | 0.05 | 1.47 | 2.35 |
| | 90～100 | 10.08 | 89.12 | 63.04 | 7.13 | 16.44 | 1.08 | 0.06 | 1.32 | 2.60 |
| 泥炭土 | 20～40 | 78.12 | 21.88 | 13.28 | 2.07 | 2.48 | 0.24 | 0.17 | 1.54 | 0.93 |
| | 40～60 | 79.23 | 20.77 | 12.15 | 2.27 | 2.03 | 0.32 | 0.14 | 1.64 | 0.93 |
| | 80～100 | 67.06 | 32.94 | 23.22 | 2.09 | 4.47 | 0.39 | 0.10 | 1.65 | 1.08 |
| | 120～140 | 64.40 | 35.60 | 26.47 | 2.87 | 5.06 | 0.38 | 0.16 | 1.62 | 1.11 |
| | 200～240 | 9.18 | 90.82 | 54.31 | 9.49 | 12.51 | 0.71 | 0.54 | 1.61 | 2.18 |

注：引自中国科学院长春地理研究所，《中国沼泽研究》，1998。

沼泽土壤的矿物质包括植物有机残体的灰分和土壤矿质部分。本区沼泽土壤大部分没有泥炭累积，矿物质含量都比较高，一般在70%～80%（以烘干重百分数计），即使是泥炭沼泽土和泥炭土，其矿物质含量也多在20%以上。在各类矿物质中，以二氧化硅所占比例最大，在腐殖质和潜育层中，含量在60%以上；在草根层和泥炭层中，随着有机质含量的增加，二氧化硅含量则显著减少，在有机质含量达到70%时，二氧化硅含量大多降到20%以下。倍半氧化物的含量也随着有机质的增加而减少，其中氧化铝减少得更明显，在泥炭中，氧化铝的含量仅为1%～3%，在草根层和泥炭层中的含量为2%～4%。氧化钙是土壤的主要营养元素之一，其含量的多少对土壤反应和团粒结构的形成均有重要意义。本区沼泽土壤中氧化钙的含量较少，仅占1%～3%。

本区沼泽土壤的代换能力较强，阳离子代换量多在30～70 cmol/kg。盐基代换量也较高，一般为20～40 cmol/kg。其原因是：沼泽土壤中含有大量的腐殖质，一般腐殖质的代换量可达200～400 cmol/kg；其次是土壤颗粒组成中的黏粒所占比例较大，黏粒的比表面积大，所以其土壤代换能力也较强（表2.5）。代换性盐基中以钙为最多，一般在15～30 cmol/kg；其次是镁，但不超过10 cmol/kg。代换性钾、钠甚微。各类沼泽土壤的盐基饱和度不尽相同，草甸沼泽土最高，达80%，盐基接近饱和；腐殖质沼泽土次之，为70%～80%，仅个别层次饱和度较低；泥炭沼泽土的盐基饱和度较上述土壤低，为50%～70%。土壤盐基饱和度一般与土壤渍水程度有关。

三江平原地区的沼泽土壤多呈微酸性至中性反应。pH在5.5～7.0之间，且自上而下逐渐增大，底部土壤多呈中性反应。这显然是由沼泽土壤形成过程所决定的。同时，沼泽土壤中氮、磷、钾的含量也很不平衡，差异明显。因氮素大多存在于有机质中，所以含量相对较丰富。草根层和泥炭层的全氮含量在1%以上，高者可达2%；腐殖质层的全氮含量为0.5%左右，均高于其他土壤。磷和钾的含量则较低。表层土壤的全磷含量多在0.2%～0.3%之间，下层在0.1%以下。全钾的含量不足1.5%，特别是泥炭层中钾的含量更低，仅为0.5%～0.8%，相当于一般土壤含钾量的1/3～1/2。

由于地表积水或土壤水分饱和，原始状态下的沼泽土壤多处在还原环境，有机质和矿物质的分解作用都很缓慢，所以氮、磷、钾的有效性均很低。但是，当土壤水分未达到饱和时，氮素则迅速分解，变为水解氮，从而使土壤中有效性氮的含量大大提高，有的高达2 g/kg以上。近年来，三江平原气候干旱，使土壤中的水解氮大量释放出来，磷和钾的有效性则仍较低。因此，开垦沼泽土壤时，必须施磷肥、钾肥，这样才能使氮、磷、钾的比例关系得到调节（刘景双等，2000）。

表 2.5 三江平原沼泽土壤的代换性和酸碱度

| 土壤类型 | 深度(cm) | pH | 代换性盐基(cmol/kg) | | | | 代换量(cmol/kg) | 盐基饱和度(%) |
|---|---|---|---|---|---|---|---|---|
| | | | $K^+ + Na^+$ | $Ca^{2+}$ | $Mg^{2+}$ | 总量 | | |
| 草甸沼泽土 | 10~19 | 6.2 | 1.72 | 18.13 | 6.21 | 26.06 | 31.95 | 81.6 |
| | 19~31 | 6.1 | 4.31 | 16.09 | 2.55 | 22.95 | 27.15 | 84.5 |
| | 66~86 | 6.8 | 3.33 | 14.27 | 1.99 | 19.59 | 19.73 | 99.4 |
| | 116~126 | 7.0 | — | — | — | 22.78 | 28.53 | 95.6 |
| 腐殖质沼泽土 | 0~20 | 6.0 | — | 15.82 | 4.65 | 31.11 | 35.72 | 87.1 |
| | 20~35 | 6.8 | 0.62 | 16.56 | 6.54 | 23.72 | 26.74 | 88.7 |
| | 35~55 | 6.5 | 0.51 | 13.49 | 8.38 | 20.38 | 21.93 | 92.9 |
| | 55~175 | 7.2 | 1.23 | 18.63 | 7.95 | 27.81 | 28.01 | 99.9 |
| 泥炭沼泽土 | 0~26 | 7.0 | — | 24.06 | 7.44 | 37.05 | 77.84 | 47.7 |
| | 26~60 | 5.9 | — | 12.45 | 3.96 | 20.13 | 32.47 | 61.8 |
| | 60~120 | 6.0 | — | 8.08 | 3.33 | 14.21 | 43.92 | 32.4 |
| 泥炭土 | 0~10 | 5.5 | 0.15 | 32.80 | 5.27 | 42.55 | 47.80 | 62.7 |
| | 35~45 | 5.7 | 0.33 | 43.69 | 9.77 | 55.74 | 79.30 | 70.3 |
| | 50~55 | 5.8 | 0.22 | 40.26 | 10.08 | 51.39 | 91.75 | 56.0 |
| | 65~75 | 6.0 | 0.53 | 22.08 | 6.29 | 30.09 | 35.62 | 92.4 |
| | 90~110 | 5.5 | 0.76 | 16.85 | 7.84 | 30.09 | 56.03 | 53.8 |

注:引自中国科学院长春地理研究所,《中国沼泽研究》,1988。

洪河农场开垦前土壤有机质的储量为 127500 kg/$hm^2$,到 1998 年春,已降到 89600 kg/$hm^2$。

土壤表层全氮含量的变化与有机质的变化很相似,在开垦的初期下降幅度很大,以后逐渐减小。开垦前,氮的总储量为 4687.5 kg/$hm^2$,1998 年春为3024 kg/$hm^2$。

磷的含量在开垦前较低,垦前总储量为 855 kg/$hm^2$,而且有从地势高到地势低逐渐减少的趋势,白浆土的磷含量高于沼泽土。随着耕作年限的增加,大量磷肥的施用,土壤表层的全磷含量逐渐增加,所有农田土壤中表层的磷含量也趋于平衡。1998 年春,农田土壤中磷的储量为 1618 kg/$hm^2$。

三江平原是土壤钾含量相对较丰富的地区,开垦前表层土壤钾的储量为 20580 kg/$hm^2$,所以观测地块在开垦后的很长时间没有施用过钾肥。1994 年以后,随着大面积种植水稻,钾肥才开始大量施用。目前,农田土壤 0~20 cm 土层中,全钾含量略有下降，但 20～30 cm 深度处有明显增加的趋势。该层是犁底层，土壤紧实，而且受人为活动的影响较少，所以沉积了较多的钾。1998 年春测定，钾的储量为 19560 $kg/hm^2$（表 2.6）。

**表 2.6　三江平原沼泽土壤营养元素含量**

| 土壤类型 | 深度(cm) | C/N | 全量（%） | | | 速效性（mg/kg） | |
|---|---|---|---|---|---|---|---|
| | | | N | $P_2O_5$ | $K_2O$ | N | $P_2O_5$ |
| 草甸沼泽土 | 0～15 | 26∶1 | 1.03 | 0.27 | 1.30 | 10.99 | 10.73 |
| | 15～27 | 30∶1 | 0.35 | 0.19 | 2.16 | 52.02 | 10.51 |
| | 27～44 | — | 0.13 | 0.20 | 2.09 | 29.79 | 10.94 |
| 腐殖质沼泽土 | 0～15 | 21∶1 | 0.96 | 0.33 | 1.40 | 124.46 | 11.07 |
| | 15～35 | 30∶1 | 0.29 | 0.14 | 2.12 | 33.58 | 6.41 |
| | 35～65 | — | 0.06 | 0.11 | 2.40 | 9.17 | 6.10 |
| 泥炭沼泽土 | 0～26 | 18∶1 | 1.85 | 0.30 | — | 177.80 | — |
| | 26～60 | 13∶1 | 0.27 | 0.14 | — | 16.19 | — |
| | 60～120 | 15∶1 | 0.06 | 0.38 | — | 0.83 | 2.26 |
| 泥炭土 | 0～10 | 25∶1 | 1.69 | 0.34 | 0.78 | 208.60 | 15.19 |
| | 35～45 | 25∶1 | 1.95 | 0.23 | 0.45 | 249.20 | 2.36 |
| | 50～55 | 22∶1 | 1.58 | 0.25 | 0.96 | 164.10 | 4.90 |
| | 65～75 | 13∶1 | 0.57 | 0.09 | 2.33 | — | — |

注：引自中国科学院长春地理研究所，《中国沼泽研究》，1988。

## 二、湿地开垦前后土壤养分变化

根据杨青等(1998)在三江平原洪河农场对典型湿地土壤的实测资料，开垦前，白浆土和沼泽土的养分主要累积于土壤的表层 8～15 cm 处，表层土壤有机质的含量大多数在 10%以上，有的可达 20%以上。黑土层(包括草根层的中下部分)的有机质含量大多数在 6%左右。全氮的含量，表层在 0.4%左右，黑土层大多数在 0.35%左右。全磷的含量都比较低，其中，含量少于 0.04%的土壤占 56%，含量在 0.04%～0.07%之间的占 27.1%。全钾的含量很高，上、下层的含量相差不大，多数在 1.2%～2.0%之间，下层全钾的含量稍高于表层(表 2.7 )。

表 2.7 开垦前后草甸沼泽土壤剖面养分含量

| 土地利用类型 | 剖面深度（cm） | pH | 有机质（%） | 全氮 | 全磷 | 全钾 | 速氮 | 速磷 | 速钾 |
|---|---|---|---|---|---|---|---|---|---|
| | | | | (g/kg) | | | (mg/kg) | | |
| 未开垦 | 0～15 | 4.13 | 11.70 | 3.90 | 1.53 | 12.37 | 19.32 | 27.41 | 40.15 |
| | 15～30 | 5.79 | 0.81 | 0.80 | 0.17 | 14.85 | 3.02 | 2.30 | 21.15 |
| | 30～45 | 5.80 | 1.01 | 0.80 | 0.26 | 14.11 | 4.24 | 1.20 | 22.93 |
| 开垦20年 | 0～15 | 5.48 | 4.59 | 1.40 | 0.72 | 3.51 | 65.52 | 40.01 | 72.22 |
| | 15～30 | 5.89 | 5.59 | 1.27 | 0.77 | 4.45 | 57.12 | 19.27 | 140.57 |
| | 30～45 | 6.23 | 1.69 | 0.52 | 0.48 | 7.55 | 23.52 | 10.76 | 196.68 |

注:引自杨青等,《三江平原典型洼地开垦前后土壤养分变化特点》,《地球科学进展》,1998,17(增刊)。

在三江平原地区,原始湿地的开垦,首先是从高处到低处,从林地到草地,经过放火烧荒、挖渠排水、深翻土地等几个主要的过程。这些过程对湿地来说,是一个翻天覆地的变化:把一个多样性的世界,变成了一个单一的世界。由于大环境的改变,湿地的水平衡和养分循环也发生了很大的变化。烧荒、排水、深翻土地、耕作施肥等人为活动的影响,使湿地土壤表层的有机质含量在开垦后的一两年时间里下降速度很快,以后逐渐减慢,随之土壤养分储量也明显减少(表 2.8)。

表 2.8 三江平原湿地土壤开垦前后养分储量

单位:kg/hm²

| 时间 | 有机质 | 全氮 | 全磷 | 全钾 |
|---|---|---|---|---|
| 1980 | 127500 | 4687.5 | 855 | 8575 |
| 1998 | 89600 | 3034.0 | 1618 | 8150 |

注:引自杨青等,《三江平原典型洼地开垦前后土壤养分变化特点》,《地球科学进展》,1998,17(增刊)。

## 三、主要湿地的土壤质量变化趋势

经过多年来的开发,三江平原目前已有耕地 367.8 万 $hm^2$,成为中国重要的商品粮豆生产基地。由于一些地方种植与养地结合,所以这种大规模的开发并未使土地质量严重下降。以洪河农场为例,该农场是三江平原典型的化肥农业,全部施用化肥,而且随着开垦种植年限的增加,化肥的投入量也在不断上升。如化肥投入量 1980 年平均为 75 $kg/hm^2$,到 1997 年达到 300 $kg/hm^2$(刘兴土,1988)。

在化肥施用量增加的同时,还重视了秸秆的还田利用。1994 年以前,秸秆还田的面积和还田量都为 100%。同时由于经常出现涝灾,许多耕地不能耕种或弃耕,因此耕地可以得到休耕，所以，1994年以前农田有机质的还田量是很高的。目前大豆秸秆年均产量为5700 kg/hm$^2$，小麦秸秆产量平均为5400 kg/hm$^2$。大豆秸秆的含氮量为1.3%，含磷量为0.3%，含钾量为0.5%；小麦秸秆的含氮量为0.5%，含磷量为0.2%，含钾量为0.6%（平均数）。以此来计算，平均每年秸秆还田量2790 kg/hm$^2$（1988年标准），其中氮的归还量为29.1 kg/hm$^2$，磷归还量为1.125 kg/hm$^2$，钾的归还量为14.85 kg/hm$^2$。正是秸秆还田的作用，才使得湿地土壤在开垦后近20年的时间里，一直保持着相当高的土壤肥力水平。

但是，三江平原的农业开发，特别是早期由于重开荒轻治理，旱年开涝年撂，垦殖与培肥脱节，工程不配套等，仍然造成了土壤质量的明显下降。本区草甸土是大面积开荒的主要对象，在耕地土壤中占有最大的比重，为36.92%。草甸土质地差异很大，黏质草甸土在湿耕条件下易于黏朽，物理性质变坏，雨季土壤水分过多或积水成涝。盐化草甸土开垦后也有盐化变化，除pH有所上升外，表层土壤有机质含量由开垦前的98.97 g/kg下降到21.23 g/kg。另外，土壤中营养元素氮、磷的含量也有降低趋势，只有钾的含量变化不明显（表2.9）。

**表2.9　虎林县月牙自然保护区潜育草甸土开垦前后肥力变化**

单位：g/kg

| 开垦年限 | 层次(cm) | pH | 有机质 | 全氮 | 全磷 | 全钾 | 速效氮 | 速效磷 | 速效钾 |
|---|---|---|---|---|---|---|---|---|---|
| 开垦前 | 0～25 | 5.46 | 98.97 | 6.05 | 12.73 | 58.58 | 8.48 | 0.12 | 2.19 |
| | 25～40 | 5.82 | 8.14 | 0.94 | 10.49 | 68.47 | 1.18 | 0.18 | 1.21 |
| 开垦5年 | 0～26 | 5.45 | 46.47 | 3.03 | 10.16 | 71.32 | 3.24 | 0.11 | 2.41 |
| | 26～40 | 5.85 | 3.73 | 0.88 | 8.76 | 71.78 | 1.01 | 0.05 | 1.12 |
| 开垦15年 | 0～28 | 5.65 | 34.05 | 2.82 | 10.46 | 80.81 | 2.94 | 0.07 | 1.15 |
| | 28～40 | 5.98 | 4.72 | 0.76 | 5.74 | 92.36 | 0.84 | 0.04 | 1.72 |
| 开垦25年 | 0～27 | — | 21.26 | 1.44 | 8.70 | 68.02 | 3.15 | 0.07 | 0.66 |
| | 27～40 | — | 8.44 | 0.74 | 6.90 | 69.45 | 1.51 | 0.03 | 0.61 |

注：引自刘兴土等，《三江平原大面积开荒对自然环境影响及区域生态环境保护》，《地理科学》，2000，20(1)。

开荒后，三江平原盐化草甸土面积有所扩展。20世纪50年代初，盐化草甸土和潜育盐化草甸土仅在友谊农场场部一带呈斑块状分布，开垦后面积有所扩大，1975年已达6.67万hm$^2$，且盐分有向表层积聚的趋势。二九一农场的盐化草甸土和盐化潜育草甸土、盐化草甸沼泽土面积占耕地面积的58.5%，pH为7.5～9.0，现有盐斑面积占耕地面积的3%～5%。

白浆土占耕地总面积的30.47%，仅次于草甸土。由于白浆土表层仅有10～20

cm 的黑土层，亚表层下为贫瘠易板结的白浆层，因此，白浆土的自然肥力不及草甸土，并且开垦后在人为因素影响下，肥力逐渐减退。开垦初期土壤有机质、腐殖质、易氧化有机质的下降速率较快，开垦 15 年后下降变得缓慢。另外，土壤全氮的含量随着开垦年限的增加而下降，但随着土壤熟化，水解氮含量有一定增加。

随着开垦与种植年限的增加，新技术、新农药、化肥增效剂、叶面肥、种衣剂、生物菌肥等的再现，小麦的种植面积在减少，大豆连作面积逐渐增加，水稻的种植面积不断扩大，各地秸秆还田数量越来越少，土壤有机质的下降速率加快，土壤养分的流失也在增加。宝清县东升乡草甸沼泽土的有机质含量在开垦前为 70～80 g/kg，随着开垦年限的增加，有机质含量在逐年减少，平均每年下降 0.13%。另外，土壤中的主要营养元素氮、磷、钾的含量也有所降低。根据荒地与开垦 30 年的耕地养分的测试资料，氮、磷、钾含量的下降速率分别为 0.008%、0.002%及 0.012%。

1990 年，三江平原地区农药的用量平均在 1.55 $kg/hm^2$，1994 年增至 2.08 $kg/hm^2$，每年增加 0.13 $kg/hm^2$。虽然都采用高效低毒、低残留农药，半衰期一般不超过半年，但是其中有些农药所含杂质或代谢物的毒性却很强。因此，大剂量施用时产生的直接污染、非有效成分的伴随污染和短期残留污染等问题，仍对本区的农业土壤环境构成威胁。1990 年，本区化肥的平均用量为 64.8 $kg/hm^2$，1994 年增至 120.6 $kg/hm^2$。虽然低于全国水平，但化肥用量逐年增长。施用的氮肥有 20% 以氨($NH_3$)或 $NO_3^-$ 形式残留于土壤中；磷肥中有害物质如氟化物累积在人体内也危害健康。

胡金明等(1999)曾对三江平原地区的土壤质量动态变化进行了研究，结果表明：不同地区不同土壤类型开垦后质量均有所下降，但其原因各有差别。暗棕壤弃耕地主要分布在山前倾斜平原和平原残丘、岗地上，开垦后受风蚀和水蚀的影响，土壤机械组成变粗，表层土壤变薄，加之多年粗放耕作，致使土壤肥力减退。白浆土分布的地貌部位差异较大，岗地白浆土的退化主要是受水蚀和用养失调的影响。其中，草甸白浆土和潜育白浆土的退化，则主要是受不合理的耕作制度和只用地而不养地做法的影响所致。草甸土是三江平原最主要的耕作土壤，其分布的地势较低，潜水位较高，易受渍涝，受湿耕湿种的影响，土壤结构恶化，加之疏干排水，表层土壤中的腐殖质分解加快，随着开垦年限的增加，用养失调，土地仍呈退化趋势，有些地方的草甸土开垦后还可发生次生盐渍化。沼泽土是在常年积水或土壤长期过湿的条件下形成的，其退化原因与草甸土类似；但沼泽土开垦后土壤水分明显减少，由嫌气环境变化为好气环境，植物残体分解加快，尽管开垦后土壤容重增加，孔隙度、水稳性团粒含量下降，土壤物理性状发生退化，但因速效性养分含量提高，使开垦初期的土壤质量指数略大于荒地土壤质量指数。随着沼泽土壤开垦年限的增长，若不注意土壤培肥和改良，仍会发生退化。该研究指出：三江平原大面积开荒后，土壤环境呈退化趋势，耕地土壤的质量指数一般都比荒地土壤低，而且开垦年限越久，土壤质量指数就越低，退化越严重。同时认为土壤发生退化的主要原因是大面积开荒而导致的土壤侵蚀加剧和不合理的耕作制度，但对不同的土壤类型、不同的地形条件，二者的作用程度不尽相同。

## 第五节　湿地生物环境

### 一、沼泽植被

#### 1. 植被形成的环境条件

三江平原是中新生代的大面积沉陷地区，海拔高度一般在40～60 m，西部略高，在70 m左右，最低的抚远三角洲仅34 m。平原坡降很小，一般在1/100～1/5000。构成平原主体的地貌类型是一级堆积阶地和高、低河漫滩，这为本区约占全部植被面积4/5的沼泽化草甸沼泽植被的发育与形成，提供了良好的地貌条件，使之成为我国沼泽化草甸和沼泽植被分布集中的地区之一。区内降水量充沛，其中植物生长发育最旺盛季节6～8月份降雨量占全年的50%～70%。河流密布，河曲发育，水流不畅，排泄能力较差，无明显河床，呈现出沼泽性河流特征。进入雨季，则河流泛滥，河水漫溢，地表积水。沼泽土壤地表物质组成以第四纪黏土、亚黏土为主，渗透能力微弱，加之地表植物根系盘结深厚，从而阻碍了地表径流的排泄，使地表长期过湿或积水。上述这些环境特点，都为沼泽化草甸和沼泽植被的形成和发育提供了十分有利的条件。

上述自然环境条件的影响，不仅促进了三江平原沼泽湿地植被的形成和发育，而且也产出了独特的优势种类。据调查，构成三江平原湿地植被的优势种类为16种，其中70%以上是湿生和沼生植物。其中一些种类无性繁殖能力较强，植物体根茎发达，分蘖能力强，能不断分生出新的植株，如小叶章、漂筏苔草、芦苇等。漂筏苔草的根茎长度可达2 m以上。有些植物的根茎是密丛型的，如乌拉苔草、鼓囊苔草（*Carex schmidtii*）、灰脉苔草（*Carex appendiculata*）等往往形成塔头。另一些种类植株体通气组织发达，如毛果苔草、芦苇等主要优势植物的根、茎、叶的组织构造中，均存在较大的气腔，用来适应因积水或水分过多而导致空气不足的生态环境。另有少量种类属食虫植物，如小狸藻(*Utricularia intermedia*)、貉藻(*Aldrovanda vesiculosa*)。

**2. 植被类型与分布**

据调查(易富科等，1995，1988)，本区沼泽湿地植物有239种，隶属于70科，以多年生草本植物为主，有22种，其中种类最多的莎草科和禾本科，分别有7属37种和13属20种。依据组成植物群落优势种的生态与生物学特性，生活型以及与植被密切相关的地貌、土壤、水分状况等自然条件的差异，全区沼泽湿地植被可大致划分为2个植被类型(草甸植被和沼泽植被)、9个群系(包括小叶章草甸、灌丛草甸、小叶章-苔草沼泽化草甸、拂子茅-芦苇沼泽化草甸、水冬瓜沼泽化草甸、灰脉苔草沼泽、毛果苔草沼泽、漂筏苔草沼泽、乌拉苔草沼泽)、20个群丛(小叶章群丛、小叶章-杂类草群丛、丛桦杂类草群丛、沼柳-鼓囊苔草群丛、小叶章-芦苇-灰脉苔草群丛、小叶章-毛果苔草群丛、拂子茅-牛鞭草-芦苇群丛、水冬瓜-丛桦-沼柳群丛、灰脉苔草-小叶章群丛、灰脉苔草-乌拉苔草群丛、毛果苔草群丛、毛果苔草-芦苇群丛、毛果苔草-乌拉苔草群丛、毛果苔草-泥炭藓群丛、毛果苔草-漂筏苔草群丛、漂筏苔草群丛、漂筏苔草-大叶章群丛、漂筏苔草-狭叶甜茅群丛、芦苇-小叶章-毛果苔草群丛、芦苇-小叶章-狭叶甜茅群丛)。

沼泽化草甸和沼泽植被是本区湿地植被的主要类型，而沼泽化草甸又以小叶章-苔草群丛最为普遍。沼泽植被有4个群系、13个群丛，分别占44%和62%。毛果苔草沼泽是本区平原湿地的主要沼泽植被，分布范围广，面积大，占沼泽植被总面积的56.8%，其中地处三江平原腹地的别拉洪河中、上游地带分布最为集中。主要植被群丛的生物学特征如表2.10所示。

在三江平原的湿地植被中，草甸植被主要分布在地势稍高的地带。这里排水条件一般较好，土壤较深厚，所以目前大多数都已开发为农田。沼泽化草甸植被分布在高河漫滩上，有季节性积水。沼泽植被广泛分布在挠力河、别拉洪河、七星河、浓江河等河流内坦荡的低河漫滩上，阶地上的洼地也有零星分布。沼泽植物群落有队列式与同心圆式的分布特点，队列式分布多见于河流两侧。从别拉洪河的植物群落分布特征上看(崔保山、刘兴土，2001)，从河水中心向岸边因积水深浅和流动状况不同，依次为：漂筏苔草群落，其积水深度在30～90 cm，水流微弱，毛果苔草群落，在水深15 cm左右，最深不超过50 cm；再向外侧，随着水深变浅，沼泽植被群落呈同心圆向外更替，其中央部分为漂筏苔草群落，常伴生有睡菜、燕子花(*Irislaevigata*)等；向外依次是毛果苔草群落、具有塔头的乌拉苔草群落、小灌木越橘柳(*Salix myrtilloides*)和棉花莎草(*Eriophorum coreanum*)，沼苔草(*Carex limosa*)散生或伴生其中；最外部边缘地带是小叶章、苔草沼泽化草甸，虽然队列式和同心圆式分布形式不同，但其实质一样，这说明三江平原沼泽湿地的形成是以水体沼泽化过程为主的。

**表 2.10　三江平原主要沼泽植被群丛一般特征**

| 群丛类型 | 生态环境 | | | 植物种类组成 | | 覆盖率(%) | 平均高度(m) |
|---|---|---|---|---|---|---|---|
| | 地貌 | 土壤 | 水分 | 优势种 | 主要伴生植物 | | |
| 小叶章 | 高河漫滩、一级阶地 | 草甸土、潜育草甸白浆土 | 地表湿或季节性积水 | 小叶章 | 毛水苏、芦苇、千屈菜 | 92～95 | 0.8～1.1 |
| 小叶章-杂草 | 高河漫滩、一级阶地 | 草甸土、潜育草甸白浆土 | 地表湿润 | 小叶章、野豌豆 | 草玉梅、小白花地榆、马先蒿、莓叶萎陵菜 | 80～90 | 0.5～0.7 |
| 丛桦-杂草 | 山前坡地、岗平地 | 草甸白浆土、潜育草甸白浆土 | 地表湿润 | 丛桦、野豌豆、小叶章 | 小白花地榆、马先蒿、黄花菜 | 80～90 | 0.8～1.0 |
| 沼柳-鼓囊苔草 | 高河漫滩、低平地 | 潜育草甸土 | 季节性积水 | 小叶章-沼柳 | 鼓囊苔草、芦苇、柳叶秀线菊 | 80～90 | 0.6～1.7 |
| 小叶章-芦苇-灰脉苔草 | 高河漫滩、低平地 | 潜育草甸土 | 季节性积水 | 小叶章-芦苇 | 灰脉苔草、驴蹄草、小白花地榆 | 70～80 | 0.8～1.1 |
| 小叶章-毛果苔草 | 河漫滩 | 潜育草甸土 | 季节性积水 | 小叶章、毛果苔草 | 芦苇、苔草 | 70～80 | 0.5～0.8 |
| 拂子茅-牛鞭草-芦苇 | 低平地 | 潜育草甸土 | 地表过湿、常年积水 | 拂子茅、牛鞭草 | 芦苇、细叶地榆、黄莲花、千屈菜 | 80 | 0.6～0.8 |
| 水冬瓜-丛桦-沼柳 | 岗平地、一级阶地 | 潜育草甸白浆土、草甸白浆土 | 地表过湿 | 水冬瓜、丛桦、沼柳 | 柳叶秀线菊、野豌豆、砧草、蚊子草 | 70～80 | 1.0～1.5 |
| 灰脉苔草-小叶章 | 洼地边缘、河漫滩 | 草甸沼泽土 | 常年积水 | 灰脉苔草、小叶章 | 小狸藻、狭叶黑三棱、狭叶泽芹 | 60～70 | 0.5～0.8 |
| 灰脉苔草-乌拉苔草 | 林间洼地、洼地边缘 | 腐泥沼泽土 | 塔头间积水 | 灰脉苔草、乌拉苔草 | 柳叶秀线菊、越橘、小白花地榆 | 80 | 0.5～0.7 |
| 毛果苔草 | 低河漫滩、各种洼地 | 腐泥沼泽土、泥炭沼泽土 | 常年积水 | 毛果苔草 | 东北沼萎陵菜、睡菜、水木贼、小狸藻 | 60～80 | 0.5～0.8 |
| 毛果苔草-芦苇 | 洼地 | 腐泥沼泽土 | 常年积水 | 毛果苔草、芦苇 | 球尾草、驴蹄草、睡菜、小狸藻 | 60～70 | 0.5～0.8 |
| 毛果苔草-乌拉苔草 | 洼地边缘 | 腐泥沼泽土 | 常年积水 | 毛果苔草、乌拉苔草 | 沼泽草、棉花沙草、球尾草、驴蹄草 | 60～70 | 0.3～0.5 |

续表

| 群丛类型 | 生态环境 | | | 植物种类组成 | | 覆盖率(%) | 平均高度(m) |
|---|---|---|---|---|---|---|---|
| | 地貌 | 土壤 | 水分 | 优势种 | 主要伴生植物 | | |
| 毛果苔草-泥炭藓 | 洼地、牛轭湖 | 腐泥沼泽土 | 常年积水 | 毛果苔草、泥炭藓 | 沼泽草、睡菜、眼子菜、水木贼 | 60～70 | 0.3～0.5 |
| 毛果苔草-漂筏苔草 | 低河漫滩 | 腐泥沼泽土 | 常年积水 | 毛果苔草、漂筏苔草 | 水木贼、睡菜、小狸藻、驴蹄草 | 70～80 | 0.3～0.5 |
| 漂筏苔草 | 低河漫滩 | 腐泥沼泽土 | 常年积水 | 漂筏苔草 | 东北沼委陵菜、睡菜、狭叶甜茅 | 70～90 | 0.4～0.5 |
| 漂筏苔草-大叶章 | 低河漫滩 | 腐泥沼泽土 | 常年积水 | 漂筏苔草、大叶章 | 狭叶甜茅、槐叶萍、小狸藻、杉叶藻 | 80～90 | 0.4～0.7 |
| 漂筏苔草-狭叶甜茅 | 低河漫滩 | 腐泥沼泽土 | 常年积水 | 漂筏苔草、狭叶甜茅 | 小狸藻、睡菜 | 80～90 | 0.4～0.7 |
| 芦苇-小叶章-狭叶甜茅 | 河漫滩、湖滩 | 腐泥沼泽土 | 常年积水 | 芦苇 | 狭叶甜茅、槐叶萍、驴蹄草 | 70～80 | 1.5～2.0 |
| 芦苇-小叶章-毛果苔草 | 河漫滩、洼地滩 | 草甸沼泽土 | 常年积水 | 芦苇、小叶章 | 毛果苔草、驴蹄草、水木贼、毛水苏 | 80 | 0.6～0.8 |

注:根据中国科学院长春地理研究所著《中国沼泽研究》(1988)和陈宜瑜主编《中国湿地研究》(1995)等资料整理。

### 3. 环境变化对沼泽植被形成与发育的影响

如前所述,三江平原沼泽植被的形成依赖于自然环境,因此环境的变化也必然导致植被的发展,并按照一定的方向进行演替。由上述可知,河流和湖泊水体沼泽化是本区植被类型形成的主要因素。在湖泊周围和水流缓慢的河流岸边,以及牛轭湖和古河道都能看到这种演替过程。这些地方水不是很深,光照条件较好,水温适宜,是水生植物生长和发育的良好场所。最初发育的是眼子菜(*Potamogeton tepperi*)、貉藻、狐尾藻(*Myriophyllum verticillatum*)等沉水植物,水面上漂浮着睡莲(*Nymphaea tetragona*)、萍蓬草(*Nupar pumilum*)、菱(*Trapa* sp.)等。经过长期的生长发育,死亡的残体沉落于水底,使湖底与河床逐渐淤浅,于是某些挺水植物如菰(*Zizania*)、水芋(*Calla palustris*)、狭叶甜茅(*Glyceria spiculosa*)、水木贼(*Equisetum limosum*)等开始侵入,逐渐适应环境而生长。随着挺水植物的发展和累积,多种苔草及芦苇等沼泽植物逐渐侵入,并占据优势,从而发育成沼泽。小兴凯湖探底沼泽的形成就是通过上述过程完成的。

另据孢粉和泥炭残体的鉴定研究,在萝北三河的毛果苔草沼泽中,泥炭下层水生植物花粉种类较多，有沉水植物眼子菜、狐尾藻，浮水植物菱、莲叶莕菜（*Nymphoides peltatum*），挺水植物水木贼等。以苔草占优势，说明在水体沼泽化过程中，苔草群落逐渐代替了水生植物，成为主要的沼泽植被类型。在深层的淤泥质粉细砂中有螺类和贝壳，此属河湖相沉积物。表明现阶段该地毛果苔草沼泽是由河湖水体沼泽化形成的。

综上可见，三江平原植被是以沼泽湿地植被为中心进行演替的。当水分增加时，向水生植被方向演替；水分减少时，则又向草甸、灌丛方向演替。

## 二、水生生物

### 1. 鱼类

据资料统计，三江平原地区共有鱼类 7 目 17 科 59 属 82 种，约占黑龙江省鱼类总数的 78.1%。按照栖息环境的特点，可划分为三个生态类型：一是缓流或湖泊定居类型，如鲶（*Silurus asotus*）、鲤（*Cyprinus capio*）、鲫（*Carassius*）、麦穗鱼（*Pseudorasbora parva*）、葛氏鲈塘鳢（*Perccottus glenni*）等；二是江河洄游、半洄游类型，如草鱼（*Ctenopharyngodon idllus*）、大麻哈鱼（*Oncorhynchus keta*）、史氏鲟（*Acipenser*）、黑龙江鳇（*Huso dauricus*）等；三是冷水性溪流类型，如哲罗鱼（*Hucho taimen*）、细鳞鱼（*Brachymystax lenok*）等。从食性上看，本区鱼类主要分为 3 个类型：一是以动物性食物为主的肉食性鱼类，共计 51 种，占本区鱼类种数的 62.2%，如大麻哈鱼、哲罗鱼、细鳞鱼、黑斑狗鱼（*Esox reicherti*）、鲶鱼、江鳕（*Lota lata*）、葛氏鲈塘鳢、黑龙江杜父鱼（*Mesocottus haitej*）等；二是以水草和浮游植物为主要食物的植食性鱼类，共计 10 种，占本区鱼类种数的 12.2%，如草鱼、黑龙江花鳅（*Cobitis lutheri*）、泥鳅（*Misgurnus anguillicaudatus*）等；三是兼食动植物和底栖生物的杂食性鱼类，共计 21 种，占本区鱼类种数的 25.6%，如鲤、鲫、麦穗鱼和棒花鱼（*Abbottina rivularis*）等。从种类看，本区优势种类为鲤科鱼，在 82 种鱼类中，鲤科鱼有 48 种，占本区鱼类种数的 58.5%；其次为鳅科鱼类（6 种）、鲑科（5 种），其他各科种类均少于 4 种，有的科仅为 1 种或 2 种。根据鱼类区系复合体学说，三江平原鱼类区系属古北界黑龙江过渡区的黑龙江亚区，具有南北区错综复杂的特点，包含有寒带、亚寒带、温带以及亚热带的鱼类。本区共有土著鱼类 70 种，占本区鱼类种数的 85.4%。根据其起源、分布和生态习性，分成 6 个类群，即上新世第三纪区系类群、北极淡水区系类群、北方平原区系类群、北方山区区系类群、江河平原区系类群和亚热带平原区系类群。上新世第三纪区系类群形成于第三纪早期，在北半球温带地区，为第四纪冰川期后残留下来的鱼类，该鱼类适应在含氧量较少的水体中生活，有史氏鲟、黑龙江鳇、大麻哈鱼、泥鳅、鲶、鲤、鲫等 16 种，占土著鱼类种数的 22.9%。北极淡水区系类群形成于欧亚北部高寒地带的北冰洋沿岸，是一些耐严寒的种类，生活于山区水流急、水温低、含氧量高的溪流中，包括江鳕、乌苏里白鲑（*Coregonus ussuriensis*）和亚洲公鱼（*Hypomesus transpacificads*）等 5 种，占土著鱼类种数的 7.1%。北方平原区系类群形成于北半球北部亚寒带平原地区，属广氧型鱼类，对水中的溶解氧有很大的耐受力，有黑斑狗鱼、东北雅罗鱼（*Leuciscus waleckii*）和黑龙江花鳅等 8 种，占土著鱼类种数的 11.4%。北方山区区系类群形成于北半球亚寒带山麓地区，对水体中的溶解氧含量要求很高，属于高度喜氧型鱼类，鱼类体色与水质颜色相近，有哲罗鱼、细鳞鱼、黑龙江杜父鱼等 7 种，占土著鱼类种数的 10.0%。江河平原区系类群在第三纪形成于中国东部平原地区，多是一些适于开阔水域、中层环境生活的鱼类，对水环境溶解氧含量的要求较高，食性多样，有草鱼、黑龙江马口鱼（*Opsariichthys bidens*）和鳜鱼（*Siniperca chuatsi*）等 26 种，占土著鱼类种数的 37.1%。亚热带平原区系类群形成于秦岭以南的亚热带地区，多为适应高温、耐缺氧的种类，不善游泳，可以忍受暂时的离水，有黄颡鱼（*Pelteobagrus fulvidraco*）、光泽黄颡鱼（*Pelteobagrus nitidus*）和乌鳢（*Channa argus*）等 8 种，占土著鱼类种数的 11.4%。

**2. 底栖动物**

根据蛤蟆通水库 1996 年的调查结果，共发现底栖动物 42 种（含属，下同），其中水生昆虫 22 种，软体动物 13 种，寡毛类 4 种，其他 3 种。种类的划分以夏季为最多（36 种），秋季次之（26 种），春季 16 种，常年出现的种类 13 种。总密度平均为 315.5 个/$m^2$，其中水生昆虫占 50.8%，寡毛类占 45.4%，软体动物占 2.2%（腹足类占 1.7%，瓣鳃类占 0.5%），其他占 1.6%。底栖动物的分布特点是密度小、数量少但生物量大，这主要是由于大型的瓣鳃类个体生物量较大（151.3 g/个）所引起的。蛤蟆通水库底栖动物的蕴藏量为 2500.75 kg/$hm^2$，全库为 3130.2 t，其中软体动物 3083.2 t，其他 47.0 t（表 2.11）。

**表 2.11 三江平原蛤蟆通水库底栖动物现存量**

| | 密度（个/$m^2$） | 所占比例（%） | 生物量（g/$m^2$） | 所占比例（%） |
|---|---|---|---|---|
| 寡毛类 | 143.3 | 45.4 | 0.769 | 0.3 |
| 水生昆虫 | 160.4 | 50.8 | 2.727 | 1.1 |
| 腹足类 | 5.3 | 1.7 | 19.629 | 7.8 |
| 瓣鳃类 | 1.5 | 0.5 | 226.875 | 90.7 |
| 其他 | 5.0 | 1.6 | 0.065 | 0.1 |
| 合计 | 315.5 | 100 | 250.065 | 100 |

注：引自姜作发等，《蛤蟆通水库底栖动物》，《水产学杂志》，1996。

在蛤蟆通水库的底栖动物群落中，水生昆虫的优势种群主要是以红羽摇蚊(*Tendipusplumususus-reductus*)、背角无齿蚌(*Anodonta woodiana*)、中国圆田螺(*Cipangopaludinachinensis*)等为主要种类。季节变化为：红羽摇蚊、褶纹冠蚌、颤蚓在春、夏、秋三季都有出现；田螺在春、夏季较多；粗腹摇蚊、背角无齿蚌在夏、秋季较多。生物量、密度的季节变化是秋季＞夏季＞春季。秋季主要是以瓣鳃类为主，占99.6%，水生昆虫次之(0.3%)；夏季瓣鳃类占85.3%，腹足类占13.4%；春季腹足类占80.6%，水生昆虫占16.9%。生物量的季节变化随瓣鳃类、腹足类的生物量变化而变化(表2.12)。

**表2.12　三江平原蛤蟆通水库底栖动物季节变化**

| 季节 | 指标 | 寡毛类 | 水生昆虫 | 腹足类 | 瓣鳃类 | 其他 | 合计 |
|---|---|---|---|---|---|---|---|
| 春 | 密度(个/$m^2$) | 98.9 | 309.9 | 4.9 | — | 12.4 | 426.1 |
| | 生物量($g/m^2$) | 0.499 | 4.860 | 23.130 | — | 0.195 | 28.684 |
| 夏 | 密度(个/$m^2$) | 187.5 | 78.6 | 11.2 | 1.5 | 1.6 | 280.4 |
| | 生物量($g/m^2$) | 1.134 | 2.094 | 35.756 | 226.875 | 0.022 | 265.881 |
| 秋 | 密度(个/$m^2$) | 143.6 | 92.8 | — | 3.0 | 0.8 | 240.2 |
| | 生物量($g/m^2$) | 0.674 | 1.226 | — | 453.750 | 0.014 | 455.664 |
| 冬 | 密度(个/$m^2$) | 143.3 | 160.4 | 5.3 | 1.5 | 5.0 | 315.5 |
| | 生物量($g/m^2$) | 0.769 | 2.727 | 19.629 | 226.875 | 0.065 | 250.065 |

注：引自姜作发等，《蛤蟆通水库底栖动物》，《水产学杂志》，1996。

除受自然环境因素的影响外，生物环境的改变也往往使底栖动物的分布发生变化。蛤蟆通水库底栖动物中软体动物生物量占98.5%，这是由于该库属于丘陵型水库，库区的上游为浅水区、底质多泥底，水生植物丰富，有机碎屑较多等，都为大型软体动物的增殖提供了良好的生长环境，从而使得软体动物大多数分布在上库区的上游水域，形成其自然分布的特点。在其生物量中，水生昆虫、寡毛类及其他种类较低，仅占1.5%，比1984年的调查结果减少2.919 $g/m^2$，这可能与水库自1984年以来鱼种投放比例不合理有关。如1988年鲤、鲫鱼种的投放量占总放养量的90%，加之自然繁殖的鲤、鲫等底栖动物自然鱼类数量增多，而捕捞产量中底层鱼类仅占1%～2%。因此，底栖动物中的水生昆虫、寡毛类的密度和生物量大幅度下降，捕捞个体体重变小。如1984年捕捞的鲤鱼个体一般在0.5～0.75 kg，最大个体为3.0 kg，没有捕获青鱼。由此而导致水库中软体动物生物量大，水生昆虫、寡毛类等生物量下降。

### 3. 浮游生物

对宝清县原种场沼泽地池塘的调查结果，共发现浮游植物45种(含属，下同)，分属于蓝藻门(*Cyanophyta*)、绿藻门(*Chlorophyta*)、裸藻门(*Euglenophyta*)、金藻门(*Chrysophyta*)、隐藻门(*Cryptophyta*)和硅藻门(*Bacillariophyta*)。其中绿藻门最多,为30种;裸藻门5种;蓝藻门、硅藻门各为4种;金藻门和隐藻门各为1种。按照生物量,以绿藻门居首位,占总量的52.37%;蓝藻门的生物量次之,占24.90%;裸藻门、隐藻门、硅藻门和金藻门分别占9.48%、7.64%、3.84%和1.76%。在整个生长季节,绿藻门的种类在生物量和数量上都占优势,其次是蓝藻门。

上述沼泽地池塘水环境中,绿藻门的种类众多,其中四尾栅藻(*Scenedesmus quadricauda*)、硬弓形藻(*Schroederia robusta*)、新月鼓藻(*Closterium* sp.)、小球藻(*Chlorella*)、近膨胀鼓藻(*Closterium tumidum*)、盘星藻(*Pediastrum*)、韦氏藻(*Westella botryoides*)和四角藻(*Tetraedron*)为常见种类;集星藻(*Actinastrum*)、衣藻(*Chlamydomonas*)、卷曲纤维藻(*Ankistrodesmus convolutus*)、狭形纤维藻(*Ankistrodesmus angustus*)、腔球藻(*Coelosphaerium*)、韩氏集星藻(*Actinastrum hantzschii*)和双对栅列藻(*Scenedsmus bijuga*)等只出现在6、7月份;柯氏藻(*Chodatella*)、十字藻(*Crucigenia* sp.)、四星藻(*Tetrastrum*)、浮球藻(*Planktosphaeria gelotinosa*)、斜生栅列藻(*Scenedesmus obliquus*)、尖细栅列藻(*Scenedesmus acuminatus*)、四足十字藻(*Crucigenia tetrapedia*)、直角十字藻(*Crucigeniella rectangularis*)、微碱柯氏藻(*Chodatella cilliata*)、四角十字藻(*Crucigenia apiculata*)和四月藻(*Tetrallantos teiling*)只出现在8、9月份。蓝藻门中鞘丝藻(*Lyngbya*)和色球藻(*Chroococcus*)为最常见种类;蓝纤维藻(*Dactylococcopsis*)和鱼腥藻(*Anabaena*)只在6、7、8月份出现,9月份消失。裸藻门中尾裸藻(*Euglena oxyuris*)和剑尾陀螺藻(*Strombomonasensifera*)为常见种类;囊裸藻(*Trachelococcopsis enfifera*)、扁裸藻(*Phacus*)和鳞孔藻(*Lepocinclis*)只在7月下旬至9月末出现。金藻门的棕鞭藻(*Ochromonas*)和隐藻门的卵形隐藻(*Cryptomonas ovata*)为各自常见种类。

在上述沼泽池塘水体中共见到浮游动物28种(含属,下同),其中原生动物(*Protozoan*)占42.9%,轮虫(*Rotifera*)占25.0%,枝角类(*Cladocera*)占21.4%,桡足类(*Copepopa*)占10.7%。在原生动物种群中,砂壳虫(*Diffugia*)、焰毛虫(*Askenasia*)为常见种类;膜口虫(*Frontonia*)等种类一般出现在6、7月份。轮虫中针簇多肢轮虫(*Polyarthra trigla*)和盘状鞍甲轮虫(*Lepadella*)为常见种类;矩形臂尾轮虫(*Brachionus ledigi*)和晶囊轮虫(*Asplanchna*)只出现在6月份;龟甲轮虫(*Keratella*)出现在9月份;萼花臂尾轮虫(*Brachionus calycifiorus*)和长三肢轮虫(*Filinia longisela*)除8月外其他月份均有发现。枝角类动物中,裸腹蚤(*Moina*)为最常见种类;蚤状溞(*Daphnia pulex*)、长刺蚤(*Daphnia*)和秀体蚤(*Diaphnosoma*)在

6、7、8 月份都能看到，但 9 月份消失；象鼻蚤（*Bosmina*）只在 9 月份出现。桡足类动物中镖水蚤（*Diaptomidae*）为最常见种类；锯缘真剑水蚤（*Eucyclops serrulatus*）只出现在 6 月份；剑水蚤出现在 7、8、9 月份。

从表 2.13 可以看出，沼泽池塘水体浮游植物的生物量以 8、9 月份最高。这显然与此期间水温较高，鱼类生长值旺季，施肥和投饵较多，水质肥沃等因素有关。在整个生长期内的生物量平均为 8.13 mg/L，其中蓝藻和绿藻最高，二者合计约占总量的 76.3%。生长期内的生物量平均值为 3.55 mg/L。各月变化以 7 月份最高。不同月份构成生物量的优势种有所变化。同时构成浮游生物量的种类也存在各月的差别。如在原生动物中，6、7 月份以草履虫（*Paramecium*）为主，8 月份为游仆虫，9 月份则为砂壳虫。轮虫动物的各月份优势种，主要是针簇多肢轮虫和萼花臂尾轮虫。枝角类各月份的优势种是裸腹蚤和蚤状溞，其生物量呈规律性波动。桡足类以 7 月份和 9 月份的生物量为最高。

**表 2.13　三江平原沼泽地池塘水环境浮游生物的生物量**

单位：mg/L

| 测定时间 | 浮游动物 | | | | | 浮游植物 | | | | | | |
|---|---|---|---|---|---|---|---|---|---|---|---|---|
| 月-日 | 原生动物 | 轮虫 | 枝角类 | 桡足类 | 总量 | 蓝藻 | 绿藻 | 硅藻 | 裸藻 | 金藻 | 隐藻 | 总量 |
| 06-06 | 0.15 | 0.99 | 0.00 | 0.34 | 1.48 | 0.46 | 0.15 | 0.29 | 0.09 | 0.01 | 0.00 | 1.00 |
| 06-21 | 0.72 | 1.85 | 1.36 | 1.90 | 5.02 | 0.09 | 2.33 | 0.08 | 0.97 | 0.01 | 0.06 | 3.54 |
| 07-05 | 0.72 | 1.18 | 1.58 | 2.86 | 6.34 | 0.99 | 3.08 | 0.22 | 0.52 | 0.23 | 0.62 | 5.66 |
| 07-19 | 0.46 | 0.38 | 0.21 | 4.82 | 5.87 | 3.27 | 2.28 | 1.04 | 0.53 | 0.54 | 0.67 | 8.33 |
| 08-07 | 0.02 | 0.18 | 1.01 | 1.63 | 2.84 | 3.33 | 6.34 | 0.00 | 0.90 | 0.19 | 1.88 | 12.64 |
| 08-22 | 0.02 | 0.09 | 1.38 | 0.51 | 2.02 | 2.20 | 4.57 | 0.34 | 0.93 | 0.00 | 1.04 | 9.08 |
| 09-09 | 0.01 | 0.20 | 0.16 | 1.81 | 2.22 | 2.14 | 7.42 | 0.00 | 0.95 | 0.06 | 0.23 | 10.08 |
| 09-27 | 0.01 | 0.46 | 1.09 | 0.12 | 1.68 | 2.22 | 4.70 | 0.29 | 0.70 | 0.00 | 0.00 | 7.91 |

注：引自姜作发等，《蛤蟆通水库底栖动物》，《水产学杂志》，1996。

**4. 水生植被**

三江平原地区的水生植物，主要分布在江河、湖泊、水库的沿岸浅水沼泽地带以及重沼泽地的天然泡沼，包括挺水植物、沉水植物和漂浮植物。挺水植物的主要种类有芦苇、菖蒲（*Acorus calamus*）、菰（*Zizania*）、香蒲（*Typha orientalis*）、黑三棱（*Rhizoma scirpi*）、水葱（*Scirpus tebernaemontani*）和两栖蓼（*Ploygonum amphibium*）等。沉水植物主要为眼子菜、篦齿眼子菜（*Potamogeton pectinatus*）、菹草（*Potamogeton crispus*）、竹叶眼子菜（*Potamogeton malaianus*）、茨藻（*Najas marina*)、小茨藻(*Najas minor*)、小狐藻和穗状狐尾藻(*Myriophyllum spicatum*)。漂浮植物主要有东北菱(*Trapa mandshurica*)、睡莲、睡菜、荇菜、槐叶萍、莲(*Nelumbo nucifera*)和浮萍(*Lemna minor*)等。在上述水生植物中,芦苇、菖蒲等是重要的经济植物;大多数沉水植物和漂浮植物则是鱼类的优质饲料。

## 三、湿地野生动物

### 1. 两栖类和爬行类动物

三江平原地区的高寒气候条件,成为两栖类和爬行类动物向北分布的主要限制因子。本区湿地的两栖类和爬行类动物无论种类和数量均较少。三江平原大面积的湿地环境,为两栖类动物提供了丰富的天然饵料生物和良好的栖息生境,因而两栖类动物数量相对较多,但种类较少。据初步调查,本区湿地共有两栖类动物2目5科11种,其优势种类为黑龙江林蛙(*Rana amurensis*)、花背蟾蜍(*Bufo raddei*)和黑斑蛙(*Rana nigromaculata*)。目前共发现爬行类动物3目4科13种,其中常见种有龙江草蜥(*Takydromus amurensis*)、白条锦蛇(*Elaphe dione*)和日本蝮(*Agkistrodon blomhoffii ussurensis*)。

### 2. 鸟类

三江平原广阔的水域和沼泽,孕育了种类繁多的鸟类,特别是为水禽的栖息提供了有利的自然环境条件。本区湿地鸟类可分为水域鸟类、沼泽鸟类和草甸鸟类。

水域鸟类一般羽毛丰满、尾脂腺发达、脚呈蹼状、善于游泳、飞行速度快,包括雁形目、鸥形目、鹈形目等。优势种类有鸿雁(*Anser cygnoides*)、绿头鸭(*Anas crecca*)、针尾鸭(*Anas acuta*)、赤麻鸭(*Tadorna ferruginea*)、红头潜鸭(*Anthya ferina*)、凤头潜鸭(*Aythya fuligula*)、银鸥(*Larus argentatus*)、红嘴鸥(*Larus ridibundus*)、普通燕鸥(*Sterna hirundo*)等。还有国家一级重点保护鸟类中华秋沙鸭(*Mergus squamatus*),国家二级保护鸟类大天鹅(*Cygnus cygnus*)、小天鹅(*Cygnus columbianus*)、白额雁(*Anser albifrons*)及海鸬鹚(*Phalacrocorax pelagicus*)等。本区共有水域鸟类65种,占三江平原鸟类种数的20%,且均为非雀形目鸟类。

三江平原大面积的浅水沼泽及河滩地,为涉禽提供了良好的觅食环境。全区共记录沼泽鸟类71种,占三江平原鸟类种数的21.8%,其中非雀形目鸟类65种。此类群鸟多具有长喙、长颈、长腿,适合于在沙滩、浅水中觅食。包括鹳形目、鹤形目等鸟类。优势种有苍鹭(*Ardea cinerea*)、草鹭(*Ardea purpurea*)、凤头麦鸡(*Vanellus vanellus*)、白腰草鹬(*Tringa ochropus*)、黑翅长脚鹬(*Himantopus himantopus*)、针尾沙锥(*Gallinago stenura*)等。其中包括国家一级重点保护鸟类丹顶鹤(*Grus japonensis*)、白头鹤(*Grus monacha*)、东方白鹳(*Ciconia boyciana*)、黑鹳(*Ciconia nigra*)以及国家二级保护鸟类白琵鹭(*Platalea leucorodia*)、灰鹤(*Grus grus*)、白枕鹤(*Grus vipio*)、蓑羽鹤(*Anthropoides virgo*)等。此外,白尾鹞(*Circus cyaneus*)、白头鹞(*Circus aeruginosu*)、鹊鹞(*Circus malanoleucos*)以及雁鸭类等,一般也选择此环境筑巢繁殖与觅食。

区内大面积的草甸沼泽有利于草甸鸟类的栖息繁衍。此类群鸟类组成复杂,但以雀形目种类居多,而且大多数具有保护色。已记录有 26 种,占三江平原鸟类种数的 8%,其中非雀形目鸟类 10 种。

## 第六节　社会经济概况

### 一、区域开发概况

三江平原曾经是一片人迹罕至的原始湿地荒原,素有“棒打狍子瓢舀鱼,野鸡飞到饭锅里”的美誉。由于热量适中、水资源丰富、地势平坦、土壤肥力高、宜农荒地广、适宜大规模机械化作业等优势,是我国难得的耕地后备资源。自 20 世纪 50 年代以来,国家开始大规模开垦三江平原土地,不少缓坡岗地、沼泽地都被开垦为农田。解放初仅有耕地 78.7 万 $hm^2$,经过半个世纪的农业开发,现有耕地 470.9 万 $hm^2$,耕地增加了 392.2 万 $hm^2$。而实际上对三江平原的农业垦荒活动在清代就已经开始。进入 20 世纪 50 年代以后,随着人口的不断增加、经济的不断增长、粮食需求量的不断增大,三江平原的大面积垦荒开发活动进入了急速发展的时期,半个世纪以来共经历了 4 次大规模的开发高潮(刘兴土、马学惠,2000)。

第一次是从 1949 年至 1956 年,中国人民解放军 10 万转业官兵进入三江平原建场垦荒,加之当地与外地农民受政府垦荒政策的鼓励,也大批涌入三江平原垦荒。新垦荒地 6.67 万 $hm^2$,使耕地总面积由新中国成立之初的 78.6 万 $hm^2$ 增至 85.27 万 $hm^2$。土地垦殖率由 7.22%提高到 13.9%。

第二次是从 1956 年至 1958 年,三江平原土地开发再次掀起高潮,仅 1958 年新开荒地就有 23.06 万 $hm^2$。

第三次是从 1969 年至 1973 年,45 万知识青年进入三江平原,土地开垦又一次兴起,这是有史以来对三江平原土地开发速度最快、范围最广的一段时期,至 1975 年耕地面积达到 352.10 万 $hm^2$。

第四次开荒始于 1975 年，三江平原的土地开发开始纳入国家土地开发总体规划，改变了往日单纯追求扩大耕地面积、开垦沼泽湿地等荒地的开发方式，转变为农业综合开发，在开垦荒地的同时，注重发展林业与畜牧业，改造中低产田，实行"以稻治涝"，发展高产水田，致力于农业生产和生态环境的可持续发展。1975～1983 年，开荒面积达 97.80 万 $hm^2$。到 1994 年，耕地面积已达 457.24 万 $hm^2$。

经过大规模的开发，与 1949 年相比，三江平原湿地面积减少了 $3.86\times10^4$ $km^2$之多，目前仅有湿地 $1.48\times10^4$ $km^2$，若除去水域 $0.44\times10^4$ $km^2$，沼泽与沼泽化湿地面积仅为 $1.04\times10^4$ $km^2$，仅占区域总面积的 9.55%。大面积开垦导致了区域生态环境的变化，如湿地植被破坏，土壤肥力下降，土壤侵蚀与污染加剧，水环境质量与水文情势恶化，甚至对区域气候环境产生重要影响。

## 二、农业开发对湿地环境的影响

由于沼泽阻隔以及地处边陲，还有社会历史的原因，三江平原开发较晚。新中国成立前，这里到处是茫茫的草甸与沼泽荒原，素以"北大荒"著称于世。其自然景观受地貌结构及气候等条件的影响，表现出明显的规律性；平原周围的小兴安岭、完达山、老爷岭等山脉，分布着茂密的针阔叶混交林与针叶林；山前倾斜平原则生长着以柞、白桦（*Betula platyphylla*）、糠椴（*Tilia mndshurica*）为主的落叶阔叶林及部分草甸；平原广泛分布着沼泽、沼泽化草甸和草甸，其间也曾有不少阔叶林分布在零散的山前二级阶地、平缓的分水岭高地以及古河道的自然堤上。整个三江平原地区沼泽占总面积的 25%左右，沼泽化草甸约占 30%，草甸占 30%以上，森林占 8%以上，水域占 3%。20 世纪 50 年代以前，全区平原地带广泛分布着积水超过 1 m 深而不能通行的沼泽，沼泽中的小型湖泊星罗棋布。平原上的森林植被多为树龄达数十年而胸径达 30 cm 左右的柞、桦等阔叶林，富锦县的森林曾占土地面积的 15.9%，其他各县也都有呈岛状或条带状分布的大片森林。在上述环境中，野生动物资源丰富且具有特色。除黑熊（*Selenarctos thibetanus*）、野鹿（*Alces alces*）等常见动物外，尚有水獭（*Lutra lutra*）、水貂（*Mustela vison*）、赤狐（*Vulpes vulpes*）等多种珍贵毛皮兽和天鹅、丹顶鹤等珍禽；江河湖泊中鱼类也十分丰富。因此，当时的"北大荒"曾有"棒打狍子瓢舀鱼，野鸡飞到饭锅里"的民谚（刘兴土，1997）。

新中国成立前的三江平原虽然周围山地的森林遭受严重破坏，但开垦为耕地的面积较少，至 1949 年，该区耕地也仅占总面积的 3%左右，对草地的破坏尚不严重。从 20 世纪 50 年代中期开始，三江平原才进入迅速发展的大规模开发时期。从此，三江平原的面貌开始发生深刻的变化。由于缺乏统一的规划，一些地区也出现了不合理的开垦问题。如松花江北岸的萝北、绥滨一带，开垦了3.1万$hm^2$砂质棕壤，造成了局部沙化；1974年以来毁芦苇沼泽开荒2.7万$hm^2$，使芦苇面积迅速缩小；开垦时采用大面积烧荒，一场大火将一些地区长期累积下来的草根层和泥炭层化为灰烬，荒火过后，平原焦枯不堪。更为严重的是森林遭受破坏，拓荒所至，森林几乎砍伐殆尽。据1974年的调查资料，林地面积为5%，而开垦历史较久的集贤、富锦等地，还不足1%，变成了面积广大的无林原野。至20世纪80年代中期，这里的林地面积继续减少，如萝北水城子一带1500余公顷的森林，2～3年内全部被砍光。

大规模的农业开发给三江平原地区生态环境带来的影响是多方面的，其主要表现在以下几个方面：

开发导致气候趋干，旱灾增多。随着农业开发规模的不断扩大，降水量的总趋势呈逐年递减，如1975～1978年4年间，本区降水量比多年降水量平均减少120～180 mm。同西部的松嫩平原和中部半山区相比，三江平原是黑龙江省涝灾最重而旱灾最轻的地区。1949～1974年，该区旱年出现3次（其他两地区分别为19次和4次），而涝灾出现过12次（其他两地区分别为9次和5次），是黑龙江省旱年频率最低的地区。1975年以后，出现了连续四年干旱的现象，对农业生产危害极大。如1978年，红兴隆农场管理局统计，旱灾面积达20.7万$hm^2$，其中，友谊农场小麦平均单产仅502.5 $kg/hm^2$，绝产面积0.37万$hm^2$，占播种面积的23.6%。

河川径流量减少，地下水位下降。区内黑龙江、松花江和乌苏里江属于过境河流，其径流状况不取决于本区，而发源于该区的中、小河流则对本区的环境依赖性较大，因而对环境变化的反应也较为敏感。例如，发源于沼泽地的别拉洪河，1960～1980年的径流量明显减少。该河流集水面积达4340 $km^2$，1984～1988年的平均径流量连续小于2 $m^3/s$，年最大流量连续4年小于10 $m^3/s$。该河流1974～1978年的平均径流深度仅为正常径流深度的14.8%。平原上其他中小型河流的水量也都大幅度减小，汛期都没有供水，枯水期甚至断流。由于连续少雨，平原地区地下水位普遍下降。1960年萝北地区潜水水位为0～3 m，而80年代达到3～8 m，下降3～5 m。前进农场承压水的静止水位1974～1979年下降了2.63 m，而三江平原地区的地下水位年内变化幅度仅在0.5 m左右。

风蚀普遍。据史料记载，三江平原在开垦之前还没有发生过风蚀现象。开垦之后随着植被的破坏，风蚀明显加重。每逢春播季节，常常是烟尘弥漫，遮天蔽日。目前整个平原已有60%以上的耕地遭受不同程度的风蚀。尤其以垦殖较早、植被破坏严重的中部地区为甚。据不完全统计，目前全区严重风蚀的土地面积达34万$hm^2$。据二九〇农场统计，沙尘天气日数20世纪50年代仅发生过1次，60、70年代各有14

次;1971 年受风灾面积达 3.7 万 $hm^2$。宝泉岭农场管理局沿江 10 个农场的 20 万 $hm^2$ 农田,在 60～70 年代风蚀十分严重。1975 年 5 月 6 日至 9 日,三江平原曾出现连续 4 天的大风天气,受其影响,佳木斯、萝北、富锦和同江等地的最大风速达到 22.7～25.0 m/s,并伴有沙尘,地面能见度小于 500 m,天空呈黄褐色。受这次大风影响,宝泉岭农场管理局所辖范围内共刮失麦苗 2000 $hm^2$,沙埋麦苗 1000 $hm^2$,麦根吹露地表 6～7 万 $hm^2$,麦苗脱水面积 1.4 万 $hm^2$。集贤至前进农场沿途的许多公路侧沟被黑色的表土掩埋。风蚀导致土壤肥力迅速下降,棕壤和白浆土尤其明显(表 2.14)。

**表 2.14 三江平原风蚀土壤的肥力状况**

| 项 目 | 荒地土壤 | | 风蚀土壤 | | 风蚀严重的土壤 | |
|---|---|---|---|---|---|---|
| | 2～20 cm | 20～40 cm | 1～20 cm | 20～40 cm | 0～1 cm | 1～40 cm |
| 有机质(%) | 5.96 | 0.46 | 0.59 | 0.23 | 0.08 | 0.06 |
| 全 氮(%) | 0.20 | 0.04 | 0.05 | 0.02 | 0.02 | 0.02 |
| 全 磷(%) | 0.14 | 0.06 | 0.05 | 0.03 | 0.03 | 0.04 |
| 全 钾(%) | 2.94 | 3.09 | 2.99 | 3.20 | 3.65 | 2.89 |
| 速效氮(%) | 0.441 | 0.249 | 0.267 | 0.195 | 0.269 | 0.185 |
| 速效磷(%) | 0.191 | 0.065 | 0.013 | 0.008 | 0.026 | 0.022 |
| 速效钾(%) | 0.262 | 0.068 | 0.011 | 0.048 | 0.019 | 0.024 |

注:引自中国科学院长春地理研究所,《中国沼泽研究》,1988。

土壤局部沙化。随着风蚀的加剧,萝北、绥滨一带已出现局部沙化现象。该区主要由黑龙江冲积形成。一些略微突起的自然堤坝等正地貌单元,由于表层土壤逐年被风蚀掉,露出了冲积沙质体(当地称为"沙包"),出现流沙,而且流沙面积有逐年扩大的趋势。如军川农场 1970 年的流沙面积只有 1 $hm^2$,1979 年达 4 $hm^2$;10 队出现的流动沙丘有 75 处;11 队沙化土地面积已占全部耕地的 1/3。裸露较早的沙质体甚至发生移动,如该农场的一沙质体,1975～1988 年以来,已移动了约 60 cm,并在原来的位置上形成了深约 70 cm 的风蚀洼地。萝北县老龙岗、黑林子等地,原来生长有很好的柞杨桦林,黑土厚 18～20 cm,其下为中细沙。从 1956 年毁林开荒以来,有些地方黑土层已剥光,地面只有稀疏的狗尾草(*Setaria lutescens*)、马唐(*Digitaria linearis*)、苍耳(*Xanthium strumarium*)和猪毛菜(*Salsola collina*),局部地方已出现面积达几十公顷的流沙,成为掩埋周围农田的沙源。由于土壤的细颗粒物质被吹走而使其机械组成变粗,这是松花江以北土壤沙化的一种更普遍的形式。如二九〇农场的一片原始沼泽地,开垦前的表层土壤为中壤土质,黏粒含量为 23.23%,物理黏粒含量为 40.85%,开垦后由于风蚀的作用,黏粒含量降到 5.48%,物理黏粒含量降至

15.94%，砂粒含量由34.85%升至72.14%。土壤肥力下降明显(表2.15)。

**表 2.15　风蚀和沙化导致的土壤肥力下降**

| 采样地点 | | 层次(cm) | 有机质(g/kg) | 全氮(g/kg) | 全磷(g/kg) | 全钾(g/kg) | 速效氮(mg/kg) | 速效磷(mg/kg) | 速效钾(mg/kg) |
|---|---|---|---|---|---|---|---|---|---|
| 二九〇农场24队 | 荒地 | 0～20 | 59.50 | 2.00 | 1.40 | 29.40 | 440.90 | 191.00 | 262.00 |
| | | 20～40 | 4.60 | 0.40 | 0.60 | 30.90 | 249.40 | 65.70 | 68.00 |
| | 开垦30年 | 0～20 | 6.41 | 0.42 | 0.20 | 2.67 | 54.60 | 22.69 | 57.17 |
| | | 20～40 | 5.32 | 0.32 | 0.14 | 2.95 | 33.60 | 5.19 | 47.24 |
| | | 40以下 | 2.65 | 0.29 | 0.14 | 3.72 | 16.80 | 2.42 | 80.25 |
| 军川农场11队 | 荒地 | 0～15 | 27.02 | 0.66 | 0.38 | 3.25 | 134.40 | 10.93 | 76.24 |
| | | 15～35 | 4.18 | 0.25 | 0.17 | 2.85 | 33.60 | 9.08 | 49.24 |
| | | 35以下 | 2.00 | 0.17 | 0.15 | 2.36 | 16.80 | 14.26 | 49.30 |
| | 开垦30年 | 0～15 | 4.45 | 0.26 | 0.19 | 2.77 | 25.20 | 29.63 | 52.44 |
| | | 15～35 | 3.50 | 0.26 | 0.19 | 2.58 | 29.40 | 22.41 | 43.25 |
| | | 35以下 | 0.68 | 0.15 | 0.16 | 2.33 | 8.40 | 11.12 | 42.18 |

注：引自刘兴土等，《三江平原大面积开荒对自然环境影响及区域生态环境保护》，《地理科学》，2000，20(1)。

另外，大规模的农业开发还使土壤盐渍化面积扩大，水土流失增加。土壤盐渍化是气候干旱的产物。随着环境变干，三江平原草甸土的盐渍化现象有所发展(杨青等，2001)。在20世纪50年代初，盐渍化草甸土壤和潜育盐渍化草甸土仅在友谊农场场部的山前一带呈斑状分布。大面积开发后，这类土壤的面积有所扩展，1975年已达6.7万$hm^2$，占耕地面积的0.7%，而且盐分有向表层土壤集聚的趋势。如0～5 cm土层含盐量，开垦2年和9年的土壤分别为0.63 g/kg及1.22 g/kg；0～30 cm土层则分别为1.02 g/kg及1.72 g/kg。有的地方开垦年限较长的土地盐渍化程度逐渐由轻度向中度发展。

在山前倾斜平原和丘陵、低山以及平原上的阶地，开垦前有茂密的植被覆盖，因而水土流失较轻微，源于完达山区的挠力河河水清澈。但随着森林和草地的破坏，水土流失日趋严重，河水的含沙量增大。20世纪70年代，位于小兴安岭山前台地上的鹤岗市，1.4万$hm^2$土地面积中，有1.3万$hm^2$发生水土流失，占92.9%，每年平均流失土层5～10 cm。富锦市位于平原的中部地区，其东南侧乌尔虎力山附近有大片的二级阶地，历史上形成茂密的阔叶林，至20世纪70年代砍伐殆尽，垦殖30年的土壤表层黑土厚度由30 cm降至10 cm，新一代冲沟正在沿坡地发育，有的地方深度已达6～7 m，长约数百米。另据黑龙江省水土保持研究所调查，三江平原地区不同程度的水土流失面积计230万$hm^2$。据穆棱河水文站观测记录，1959～1962年，该河河水平均含砂量为 33.5 kg/m$^3$，1971～1975 年增加到 46.7 kg/m$^3$；穆棱河梨树站测定 20 年河床抬高 1.8 m。1997 年调查，富锦市临山村的那条 70 年代只有数百米长的侵蚀沟，目前长度已增加到 4200 m。

农业开发使生物赖以生存的生态环境遭受极大破坏，从而导致生物资源衰退，其中表现最明显的是鸟类和鱼类。1956 年以前的三江平原属于大面积开发前期，沼泽遍布，水草丰茂，人烟稀少，动物资源十分丰富。那时，湿地中鸟类繁多，数量较大，许多珍禽如鹤、鹳、天鹅等随处可见。1956～1978 年为开发初期，到 1974 年全区开发耕地面积由 1949 年的 78.6 万 hm$^2$ 增至 352.10 万 hm$^2$，占三江平原总面积的 22.09%。全区人口增至 608 万，且多集中在佳木斯、鹤岗、双鸭山等大中城市，农村及农场人口很少，对湿地的影响也较少，三江平原基本上保持着原始状态。在 1976 年黑龙江省组织的全省珍贵动物资源调查中，记录到在三江平原地区繁殖的大天鹅仍有数千只，丹顶鹤近千只。仅在洪河自然保护区就有 100 多对东方白鹳繁殖(表 2.16)，大天鹅数千只。在繁殖季节，数百只的雁鸭类繁殖种群仍随处可见。在未开发的地区，仍保持着原始的自然景观。1978～1985 年期间，随着机械化程度的提高，开发速度加快，到 1983 年，全区耕地面积达到 449.9 万 hm$^2$，占全区总面积的 41.3%。大部分轻沼泽和草甸被开垦成耕地，当时湿地面积仅余 2.276 万 hm$^2$，湿地面积减少了 55%，且严重破碎化。森林覆盖率也由 20 世纪 60 年代的 36.2%迅速下降到 1983 年的 23%。由于盲目开垦，自然环境发生了巨大变化，气候干旱严重，土壤风蚀加剧，导致大量的水土流失。但是，由于此时的全区人口只有 705 万，增长幅度不大，所以仍然有一些原始湿地得以保留，加之环境污染也较轻，交通不便，对资源的利用率较低，动物资源尚能维持一定水平。根据 1985 年进行的三江平原野生动物资源复查的结果，本区尚有繁殖的丹顶鹤 304 只，大天鹅 212 只，其他野生动物资源也较 70 年代末相对丰富。到了 1985～1996 年，由于昔日的国营农场开始实行土地承包，人口大量涌入，1990 年全区人口数量达到 810.5 万。人口的急剧增加，导致湿地开垦过度，人类活动频繁，环境污染加剧，原始景观消失，生物资源大量减少。如水禽数量急剧下降，与 60 年代相比较，减少了 90%以上。其中大天鹅由 1984 年的 212 只下降到 100 余只，东方白鹳的种群数量不足 50 只；1990 年调查全区丹顶鹤的数量为 100 只，而 1994 年航空调查结果，在全区仅见到 65 只；雁鸭类数量也减少了 90%以上，在繁殖季节仅能见到 30～50 只的小群体。虽然迁徙鸟类季节也偶尔能见到数万只的大种群，但兴凯湖自然保护区迁徙鸟类的数量也有下降的趋势，特别是雁类，1996 年春季仅见到 953 只。正是由于长期大规模的过度开发，造成鸟类等野生动物资源明显衰退。所以 1996～2000 年间全区开始对野生动物实施保护政策，这使得已衰退的资源又有所回升。1998 年洪河自然保护区东方白鹳的繁殖种群数量达到 30 只，夏季种群数量达 282

只。1999年秋季在长林岛和雁窝岛自然保护区统计到东方白鹳41只。2000年5月在胜利农场发现800多只的鸳鸯(*Aix galericulata*)迁徙种群。2000年在长林岛自然保护区和雁窝岛自然保护区共记录到丹顶鹤225只,白枕鹤416只,并在长林岛记录到我国最大的白枕鹤夏季种群和秋季种群,分别为52只(2000年6月)和93只(2000年10月)。2000年10月在雁窝岛自然保护区见到12000多只的灰雁秋季种群。这些都在说明,随着保护力度的不断加强,鸟类等野生动物资源正在恢复。

**表2.16　三江平原沼泽湿地东方白鹳数量**

单位:只

| 时间 | 洪河保护区 | 三江保护区 | 长林岛保护区 | 兴凯湖保护区 | 其他地区 | 合计 | 全省 |
|---|---|---|---|---|---|---|---|
| 1970年前 | 200～400 | 100～150 | 200～300 | 20～50 | 30～50 | 550～950 | 730～1220 |
| 1970～1980 | 100～200 | 30～50 | — | 10～20 | 30～50 | 170～320 | 280～470 |
| 1981～1985 | 30～40 | 30～40 | — | 6～10 | 8～10 | 74～100 | 120～170 |
| 1986～1990 | 6～10 | 4～6 | — | 4～8 | 8～10 | 22～34 | 50～60 |
| 1991～1995 | 10～20 | 4～6 | — | 8～10 | 8～10 | 30～46 | 50～70 |
| 1996～2000 | 20～30 | 6～10 | — | 6～8 | 8～10 | 40～58 | 80～100 |

注:引自刘兴土等,《三江平原自然环境变化与生态保育》,2002。

三江平原的大规模开发,对鱼类赖以生存的地表水环境的影响也是十分严重的。由于工、矿、企事业单位污水的无节制排放,本区污染较严重的河流有松花江干流、安邦河、倭肯河、穆棱河等。以有机农药,氰化物,硫化物以及汞、铬、镉、铜、铅等重金属污染为主。松花江水系每天接纳污水量达863万$m^3$,对鱼类资源的影响是十分明显的。由于江河水域污染,三江平原境内的松花江干流多次发生大量死鱼现象,在冰封期缺氧死鱼最多的地方达1106尾/$m^2$。20世纪70年代初,每年春季开江时都能捕到大量的本江段越冬鱼类。1977年以来,松花江下游开江时已无鱼可捕。过度开发、水域面积缩小、可供鱼类产卵繁殖与育肥的大面积沼泽消失、水质污染和生态破坏等原因,导致挠力河渔业资源严重退化。20世纪60年代挠力河分布鱼类8科20种,到了80年代减少到3科6种。据当地渔民反映,1961年在鱼丰亮子的老渔圈,3个人用了3昼夜通过手抄网捕捞鲜鱼5万余千克。挠力河流域1955年鱼产量650 t,1960年2063 t,占当时佳木斯地区的24%;1970年鱼产量1122 t,比1960年下降45.6%;1980年鱼产量685 t,比1970年下降38.9%;1986年仅为86 t,比1980年下降87.4%;进入90年代已经不能形成渔业产量。原来资源十分丰富的"挠力河红肚鲫鱼",目前已经绝迹。沿江各类废水的长期排放,已使黑龙江水质多种污染物指标超标,尤其是铜、铬、镉、汞等金属含量已超过两种特产鱼类——施氏鲟和黑龙江鳇的忍受范围。目前已发现部分较大个体因慢性中毒而死亡,急性中毒而死亡的鱼苗和幼鱼也偶有捕获。1996 年以来,每年春季解冻时,抚远江段捕获的狗鱼、雅罗鱼、大白鱼等上层鱼类,都有浓重的柴油、纸浆和农药味道,两种鲟鱼类也有异味。可见黑龙江的水质污染已达到一定程度,对鲟鱼类生存构成威胁。水质污染不仅直接致毒,还可造成亲鱼因无法顺利产卵而致病死亡,致胚胎畸形。松花江、嫩江、牡丹江等江河中两种鲟鱼类的绝迹,也跟这些水域的严重污染直接相关。

# 参考文献

[1] 陈刚起,马学慧.三江平原开垦前后下垫面及水平衡变化研究[J].地理科学,1997,17(增刊):427-433.

[2] 陈刚起,张文芬.三江平原沼泽对河川径流影响的初步探讨[C]//黄锡畴.中国沼泽研究.北京:科学出版社,1988:110-119.

[3] 崔保山,刘兴土.三江平原挠力河流域湿地生态特征变化研究[J].自然资源学报,2001,16(2):107-114.

[4] 胡金明,刘兴土.三江平原土壤质量变化评价与分析[J].地理科学,1999,19(5):417-421.

[5] 刘景双,孙雪利,于君宝.三江平原沼泽小叶章、毛果苔草枯落物中氮素变化分析[J].应用生态学报,2000,11(6):898-902.

[6] 刘兴土.松嫩-三江平原湿地资源与可持续利用[J].地理科学,1997,17(增刊):451-460.

[7] 刘兴土.三江平原湿地及其合理利用与保护[C]//陈宜瑜.中国湿地研究.长春:吉林科学技术出版社,1995:108-117.

[8] 刘兴土.三江平原沼泽辐射平衡与小气候基本特征[C]//黄锡畴.中国沼泽研究.北京:科学出版社,1988:101-109.

[9] 刘兴土,马学慧.三江平原自然环境变化与生态保育[M].北京:科学出版社,2002:83-17,132-150,205-237.

[10] 刘兴土,马学慧.三江平原大面积开荒对自然环境影响及区域生态环境保护[J].地理科学,2000,20(1):14-19.

[11] 王春鹤,曾建平,宋德人,等.三江平原沼泽湿地区环境水文地质初探[C]//黄锡畴.中国沼泽研究.北京:科学出版社,1988:126-134.

[12] 王毅勇,杨青,刘振乾.三江平原典型低湿地雨养农田水分特征[J].中国生态农业学报,2001,9(1):43-45.

[13] 阎敏华,邓伟,马学慧.大面积开荒扰动下的三江平原近 45 年气候变化[J].地理学报,2001,56

(2):159-170.

[14] 杨青,吕宪国,王毅勇.三江平原湿地农业的基本科学问题[J].中国生态农业学报,2001,9(1):58-60.

[15] 杨青,吕宪国.三江平原湿地生态系统土壤呼吸动态变化的初探[J].土壤通报,1999,30(6):254-256.

[16] 杨青,王毅勇,吕宪国,等.三江平原典型湿地开垦前后土壤养分变化特点[J].地理科学进展,1998,17(增刊):166-170.

[17] 易富科.三江平原湿地植被类型及其利用与保护[C]//陈宜瑜.中国湿地研究.长春:吉林科学技术出版社,1995:124-133.

[18] 易富科,李崇皓,赵魁义,等.三江平原植被类型的研究[C]//黄锡畴.中国沼泽研究.北京:科学出版社,1988:162-171.

[19] 张养贞.三江平原沼泽土壤的发生、性质与分类[C]//黄锡畴.中国沼泽研究.北京:科学出版社,1988:135-144.

# 第三章　湿地水文过程及其水环境中碳、氮、硫、磷的时空分布

## 第一节　典型沼泽湿地水文过程

沼泽湿地水文条件是决定和控制湿地中碳、氮、硫、磷迁移转化过程的主要影响因素，对生长季内典型沼泽湿地系统的降水、蒸散发、地表水位和地下水位波动等水文过程和要素进行监测，分析典型沼泽湿地水文循环及其与外部环境水量的交换过程，计算湿地水文平衡，进而阐明典型沼泽湿地的水文过程与机理。

### 一、降水

选择三江平原沼泽湿地生态试验站、洪河国家级自然保护区和建三江农垦管理局洪河农场作为研究对象，采用三地气象站自动记录和观测数据，进行统计计算和分析，阐明典型沼泽湿地水文循环、水文过程与机理。

图 3.1 为研究区沼泽湿地生长季内降水量的年际变化及季节变化。2002～2005 年生长季的降水量分别为 357.7 mm、204.0 mm、308.9 mm 和 343.8 mm，均低于本区多年平均值(449.9 mm)。从降水量季节分布来看，降水集中分布在 7、8 月份，此两月份内的降水量分别占整个生长季降水总量的 25.5% 和 32.5%。与各月份多年平均降水量相比，2002 年 6 月份及 2004 年 5 月份的降水偏多，其他年逐月降水量较多年平均降水量要低。

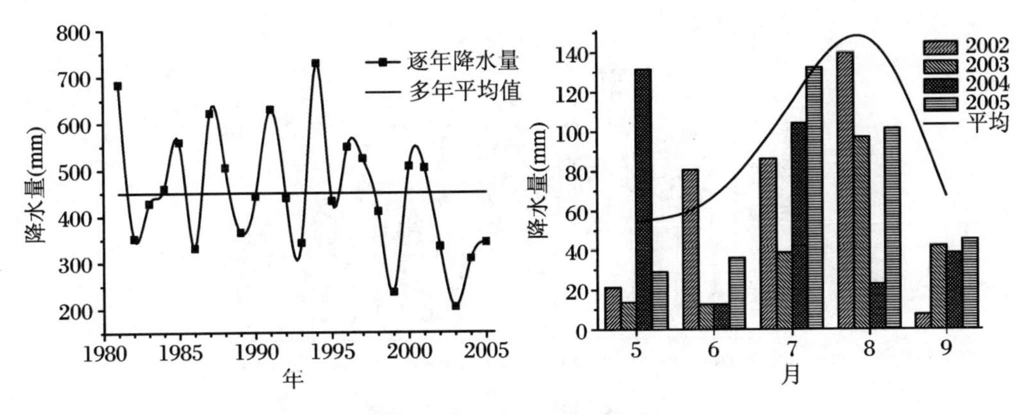


图 3.1 生长季沼泽湿地降水

## 二、蒸散发

### 1. 沼泽湿地蒸散发实测及计算对比

研究区内沼泽湿地植被为毛果苔草(*Carex lasiocarpa*),植被覆盖度介于 60%～90%之间。对三江平原沼泽湿地生态试验站实验场内植被覆盖度大于 60%的蒸发桶实测值取平均,其值代表一般植被覆盖状况下沼泽湿地蒸散发值,将结果与 Penman-Monteith 法蒸散发计算值进行对比,结果如图 3.2 所示。将洪河国家级自然保护区内 ETgage 蒸散发模拟值与利用同地点小气象站气象数据计算出的蒸散发值进行对比,结果如图 3.3 所示。

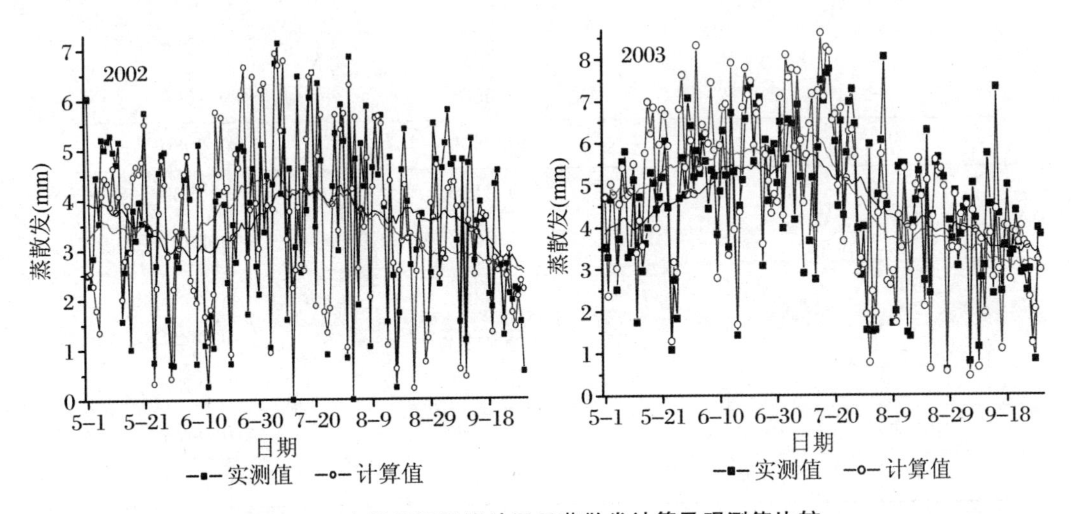


图 3.2 生长季沼泽湿地逐日蒸散发计算及观测值比较

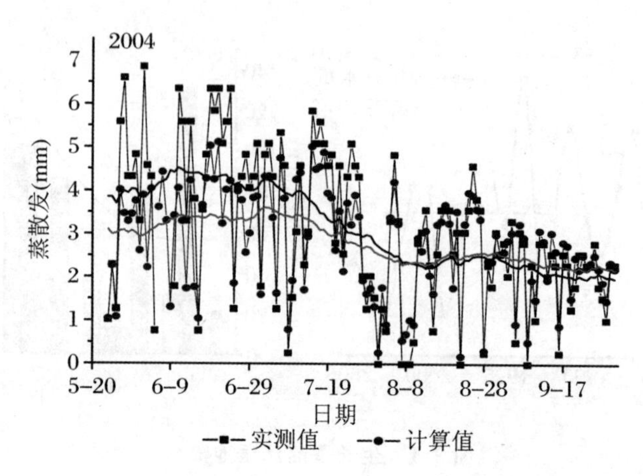


图 3.3 蒸散发 ETgage 监测值与计算值比较

通过对比可看出，利用 Penman-Monteith 法计算的结果与实测值较为接近。误差分析表明(表 3.1)，利用 Penman-Monteith 法计算的结果平均相对误差为 －0.0817，标准误差为 0.0779，因此，在相应气象数据能满足要求的条件下，利用 Penman-Monteith 法可以对沼泽湿地蒸散发进行较为准确的计算。

表 3.1 蒸散发计算对比结果

| 年 | 月 | 相对误差 | 标准误差 |
|---|---|---|---|
| 2002 | 5 | －0.0645 | 0.1121 |
| | 6 | －0.3645 | 0.1306 |
| | 7 | －0.2002 | 0.0615 |
| | 8 | －0.2002 | 0.0767 |
| | 9 | 0.0561 | 0.1090 |
| 平均 | | －0.0839 | 0.0980 |
| 2003 | 5 | －0.2196 | 0.0529 |
| | 6 | －0.0658 | 0.2003 |
| | 7 | －0.1307 | 0.0434 |
| | 8 | －0.0140 | 0.0920 |
| | 9 | 0.2003 | 0.0677 |
| 平均 | | －0.0796 | 0.0578 |
| 总平均 | | －0.0817 | 0.0779 |

**2. 典型沼泽湿地水文过程蒸散发季节变化**

沼泽湿地蒸散发的形成及蒸散发强度主要受三方面因素的影响。一是气象要素

(辐射、温度、湿度及风速),气象要素反映的是大气的蒸散发能力;二是土壤要素(土壤含水量、土壤导水率等);三是植被因素(植被类型、叶面积指数等)。随着这三方面要素的季节变化,沼泽湿地蒸散发也呈现出明显的季节动态变化(见图3.2、图3.3)。

图3.4为2002～2005年生长季沼泽湿地平均蒸散发的季节变化。2002年生长季初期,5月份平均日蒸散发为3.6 mm左右;6月份降水较多,受阴雨天气的影响,气温较低,相对湿度较高,阻碍了蒸散发的进行,因此,月蒸散发量要低于5月份;7～8月份,随着气温升高,降水减少,光热条件充足,植被生理活动逐渐加强,蒸散发开始回升,至7月下旬达最大值,日蒸散发量可大于5 mm;8月份之后,气温逐步降低,降水有所增加,植被生理活动逐渐减弱,因此,蒸散发逐渐降低,至9月份日蒸散发仅有3 mm左右,整个生长季蒸散发量为521.5 mm。2003年5月份,蒸散发为4 mm左右;6～7月份,气温升高,植被生理活动不断加强,蒸散发逐渐增加,至7月份达最大值,日蒸散发量大多高于5 mm;7～9月份,随着阴雨天气增多,辐射量和气温不断下降,蒸散发不断降低;9月份植被生理活动逐步进入凋萎期,日均蒸散发量仅为3.4 mm左右,生长季总蒸散发量为680.7 mm。2004年由于仪器故障,部分数据缺

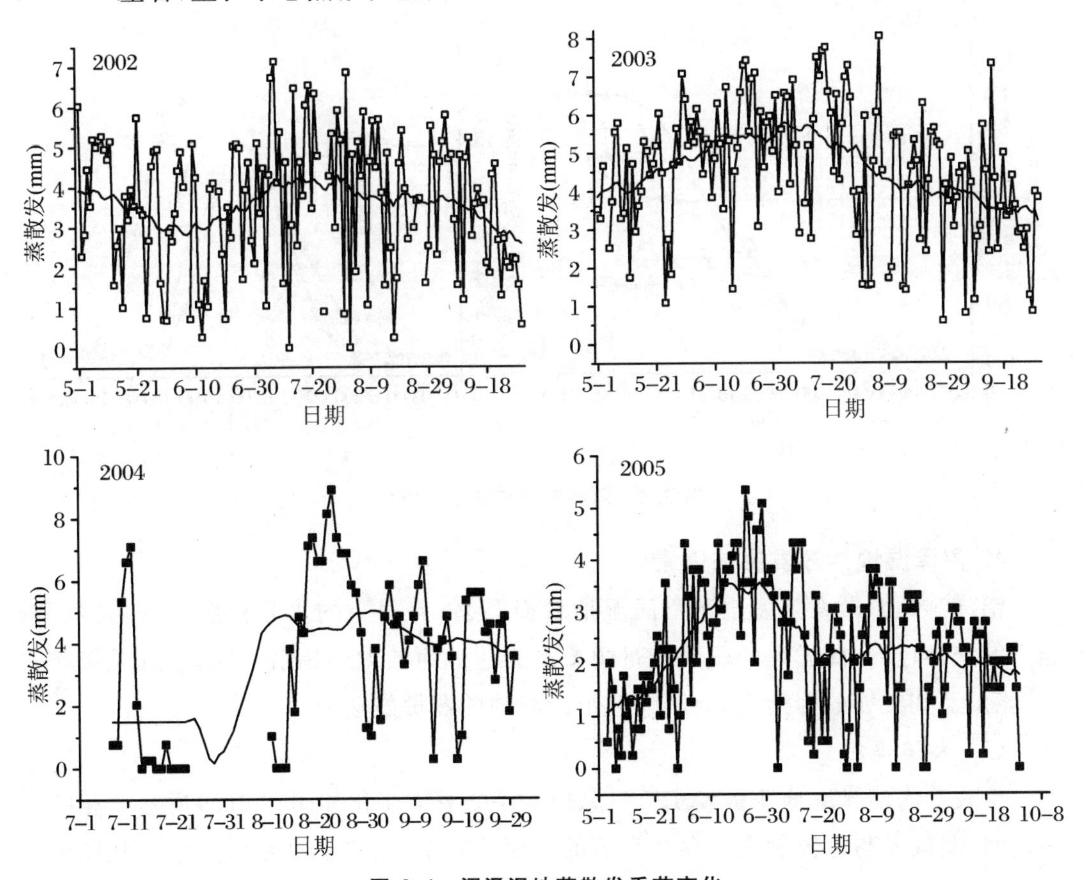


**图3.4　沼泽湿地蒸散发季节变化**

失，从总体趋势上看，沼泽湿地蒸散发在 8 月初期最大。2005 年 7 月份降水相对较多，受其影响，蒸散发在 6 月底出现最大值，整个生长季蒸散发量为 348 mm。从此可看出，沼泽湿地中由于供水条件充足，蒸散发量主要受光热条件的影响。

**3. 沼泽湿地蒸散发日变化**

在 2003 年生长季典型日利用 ETgage 及自动气象站对沼泽湿地每日逐时蒸散发进行模拟及分析，结果如图 3.5 所示。沼泽湿地蒸散发的日变化为典型的单峰曲线，总的趋势为清晨蒸散发强度很低，随后蒸散发速率不断升高，至 13:00～14:00 出现峰值；然后，随着太阳辐射减弱，气温降低，蒸发强度不断降低，20:00 左右降至最低点。以 2003 年 7 月 12 日为例，6:00 之前，蒸散发速率很低，仅有 0.15 mm/d 左右；随着太阳辐射的增加，气温逐渐升高，蒸散发也随之增加，9:00～14:00 期间蒸散发强度继续增加，至 14:00 达到最大值(14.84 mm/d)，之后逐渐降低，至 21:00 左右蒸散发降至最低值。其他月份内的日变化也呈现相同的变化趋势，均为早晚低、中午高的单峰曲线。很显然，沼泽湿地蒸散发日变化是气象要素(太阳辐射、气温等)日变化的综合反映。

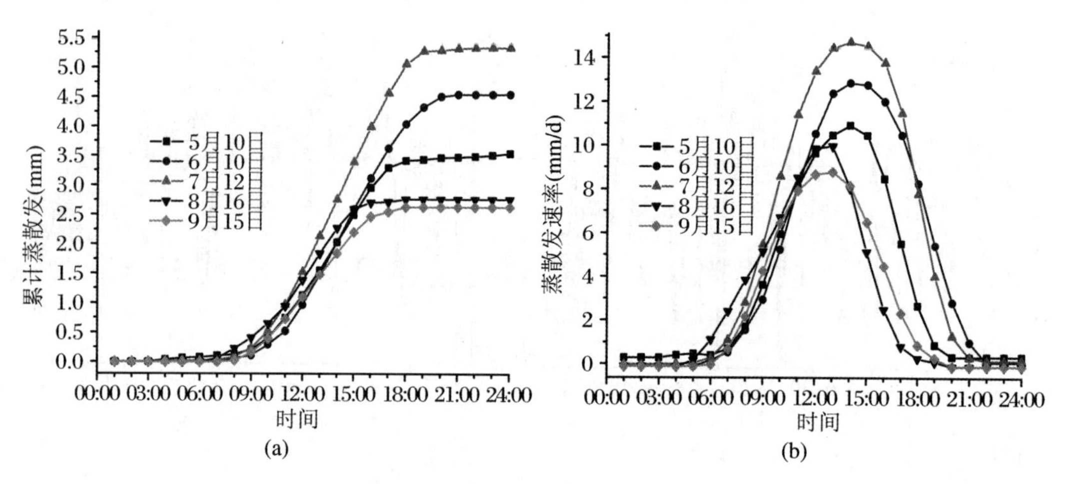


**图 3.5 沼泽湿地蒸散发日变化**

**4. 沼泽湿地蒸散发影响因素**

沼泽湿地蒸散发是发生于沼泽湿地表面-大气界面上的水分耗散过程，是物质、能量的交换过程，此过程的驱动能量主要是到达地面的太阳辐射。因此，凡是影响物质、能量及其交换的因素，都会影响到沼泽湿地的蒸散发速率。

(1) 太阳辐射

生长季内沼泽湿地蒸散发 $ET$ 与总辐射 $S$ 的季节变化如图 3.6(a)所示。相关分析表明，蒸散发与总辐射之间存在显著的正相关关系(相关系数为 0.698)。从图中可看出两者变动趋势大致相同，说明总辐射对蒸散发有重要影响。

从日变化过程上来看(图3.6(b)),两者的相关性更加明显。清晨日出前后,净辐射很小,此时蒸散发强度很低;随着净辐射的增强,蒸散发量也逐渐增大;午后,随着净辐射的减弱,蒸散发也逐渐降低;傍晚前后蒸散发已降至很低水平。相关分析表明,净辐射与蒸散发间呈密切正相关关系,相关系数达0.489,说明净辐射强烈影响着沼泽湿地表面-大气界面的水分传输。太阳辐射是沼泽湿地地表蒸散发的主要能量来源和驱动力,通过改变沼泽湿地生态系统热环境并提高地表温度,加剧水分扩散,增大沼泽湿地表面-大气界面水汽压差,最终促进沼泽湿地表面蒸散发。同时,从图中还可以看出,太阳净辐射峰值出现时间与蒸散发峰值出现时间并不同步,净辐射一般在中午前后(12:00左右)达到最大值,辐射到达沼泽湿地表面后,在沼泽湿地内进行热量的再分配,此过程持续到午后13:00~14:00,此时蒸散发达到最大值。因此,在时间上,蒸散发峰值出现时间要落后于净辐射峰值出现时间。

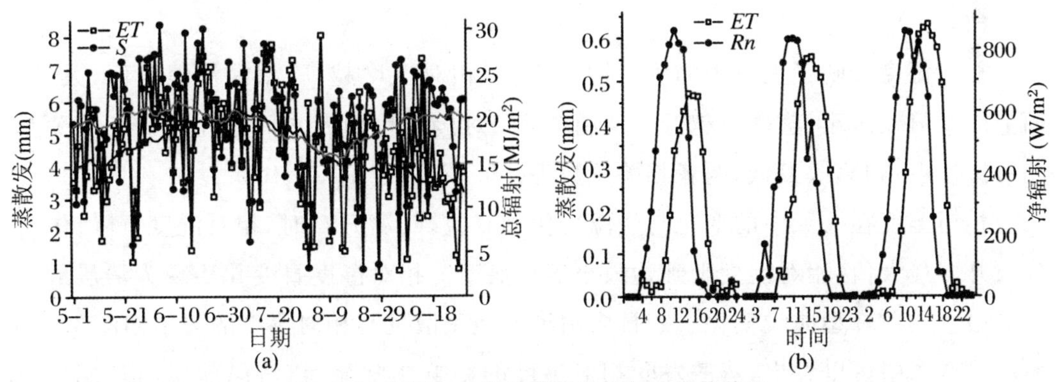


**图 3.6 沼泽湿地蒸散发与总辐射之间的关系**

(2) 温度

温度对沼泽湿地蒸散发的影响主要表现在温度越高,大气水势越低,沼泽湿地表面-大气界面上的水势差越大,同时温度高导致水的分子活性增加,有利于水分的汽化和散逸。

图3.7(a)为沼泽湿地蒸散发 $ET$、气温 $T$ 及沼泽湿地地表面温度 $T_s$ 的季节变化曲线,三者均在7月份达到最高值。相关分析表明蒸散发与气温之间的相关系数为0.371,与表面温度的相关系数为0.313,表明沼泽湿地的蒸散发受气温的影响程度比受地表温度的影响程度大。

图3.7(b)反映了沼泽湿地表面-大气界面水汽通量与大气温度、地表温度日变化之间的相关关系。各曲线均呈单峰型,且水汽通量大小变化与气温 $T$、表面温度 $T_s$ 的动态变化相一致。日出后不久,气温及地表温度较低,水汽通量也低;午后13:00~14:00,气温、地表温度在一天中达到最大,水汽通量也在此时段出现峰值。相关分析表明,地表蒸散发与大气温度、地表温度呈显著的正相关,且蒸散发与气温的相关系

数(0.658)大于蒸散发与沼泽湿地表面温度的相关系数(0.548)。综上所述,沼泽湿地蒸散发与其周围环境温度有很好的相关性,温度越高,蒸散发越强。

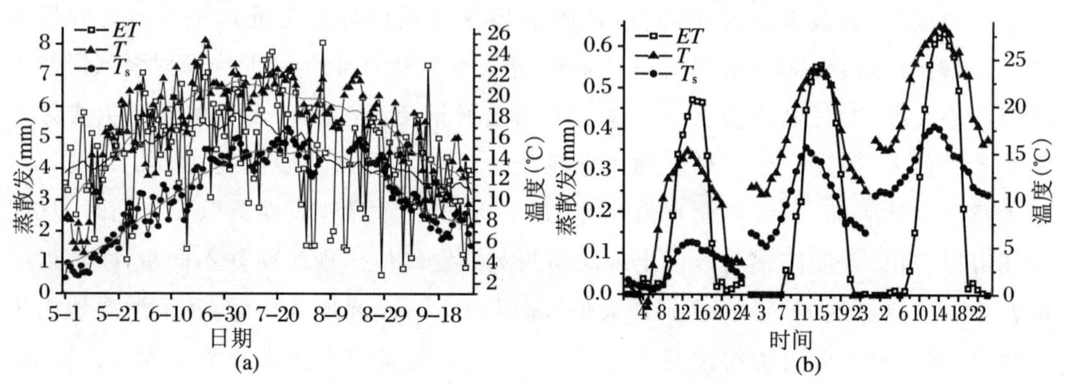


**图 3.7 沼泽湿地蒸散发与温度之间的关系**

(3) 相对湿度

相对湿度反映了大气中的水汽饱和程度,相对湿度越高,沼泽湿地表面-大气界面上的水势差越小,蒸散发越低。从图 3.8(a)可看出,两者之间存在着负相关关系,相对湿度高,则蒸散发低,两者相关系数为 - 0.429。

相对湿度在一天中的变化与气温变化相对应,气温升高时,相对湿度下降;午后,气温升至最大值,相对湿度则到达最小值。典型的相对湿度日变化表现为清晨最大、午后最小的单峰型曲线变化。一日内沼泽湿地蒸散发与相对湿度的关系如图 3.8(b)所示。从图中可以看出,蒸散发受相对湿度的影响非常显著,清晨前后,相对湿度较高,蒸散发最低,随着气温的升高,相对湿度不断下降,为蒸散发提供了条件,蒸散发不断增强;至午后 13:00～14:00,相对湿度达一日内最低值,蒸散发则达最高值;之后,随着气温的下降,相对湿度逐渐升高,蒸散发随之不断降低;晚间,相对湿度持续升高,蒸散发则达一日内最低值。相关分析表明,相对湿度与蒸散发之间呈显著负相

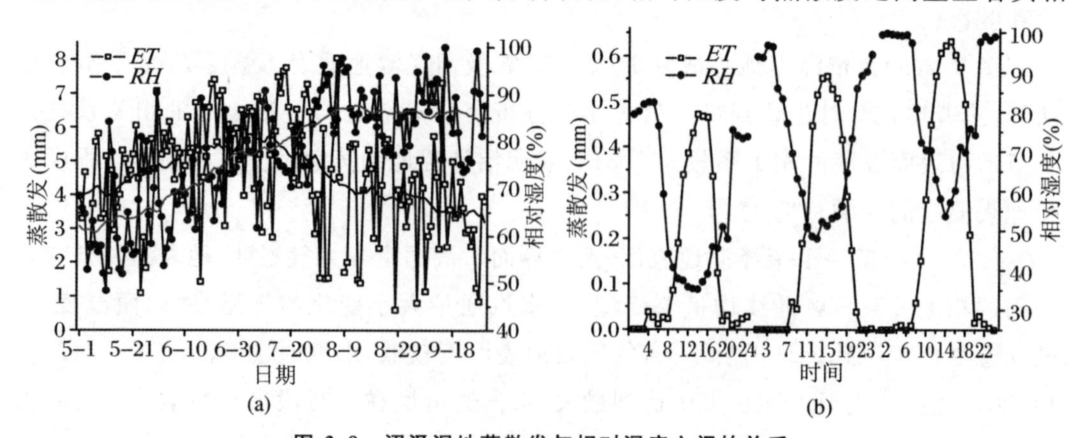


**图 3.8 沼泽湿地蒸散发与相对湿度之间的关系**

关关系(相关系数为 -0.652),说明相对湿度的变化在很大程度上限制着蒸散发的进行。

(4) 风速

由于风可以将近地表湿润的空气输送到别处,使附近干燥的空气过来加以补充,因此,风速对蒸散发起着促进和加速作用。从蒸散发及风速的季节变化上看(图 3.9(a)),两者存在一定的相关性,但相关分析表明两者相关系数仅有 0.068,说明与其他因素(如辐射、气温等)相比,风速不是影响沼泽湿地蒸散发季节变化的主要因素。

近地表的风速日变化情况取决于湍流交换的日变化特征。日间,由于湍流加强,地面风速增加,至午后达最大值,随后,随着湍流交换的不断减弱,风速不断降低,一直持续到夜间,入夜之后由于逆温的出现和不断加强,近地表趋于静风,这样的情况一直持续到翌日日出为止。日内风速与沼泽湿地蒸散发之间的相互关系如图 3.9(b) 所示,从图中可以看出,清晨风速较低,蒸散发也较低,随着风速的不断增加,蒸散发呈不断上升趋势,到午后 13:00～14:00 两者相继达最大值,之后,风速不断减弱,蒸散发也随之不断降低。相关分析表明,风速与蒸散发之间呈显著正相关关系(相关系数为 0.554),表明近地表风速对沼泽湿地蒸散发起较为显著的正效应。

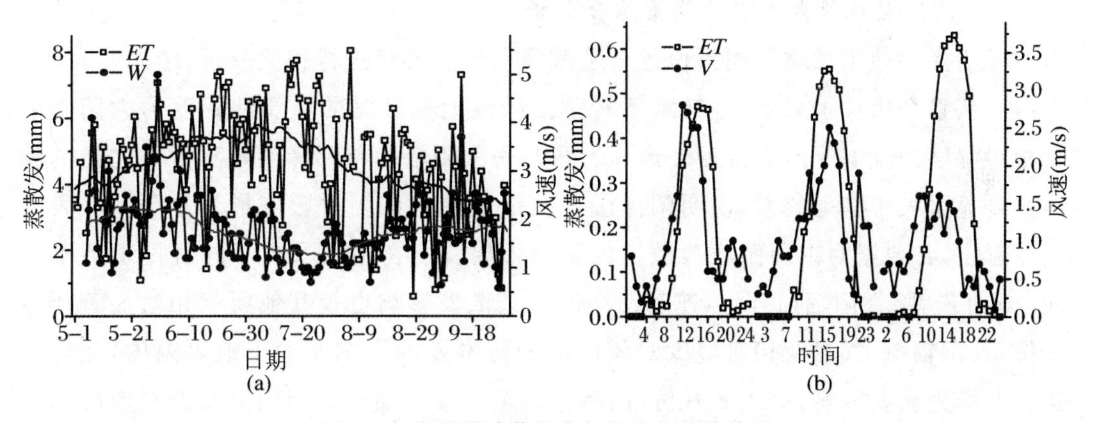


**图 3.9　沼泽湿地蒸散发与风速之间的关系**

(5) 植被

地表植被的蒸腾过程是地表-大气水汽通量的重要组成部分,此外,通过植被的遮蔽以及对风的阻力等作用,直接或间接地影响着地表-大气水汽通量。图 3.10 为生长季沼泽湿地植被毛果苔草叶面积指数 *LAI* 与沼泽湿地表面-大气界面水汽通量之间的相互关系图。从图中可以看出,随着沼泽湿地植被生理活动的不断加强,蒸散发不断增加。相关分析表明,沼泽湿地表面-大气界面水汽通量与沼泽湿地毛果苔草植被叶面积指数 *LAI* 间呈显著正相关关系(相关系数为 0.717)。

另外,从不同植被覆盖度的蒸发桶实测蒸散发来看,植被对沼泽湿地蒸散发的影响也是非常显著的。不同植被覆盖度的沼泽蒸散发如图 3.11 所示，可见随着植被覆盖度的增加，沼泽湿地蒸散发也随之增加。且植被覆盖度 50%条件下蒸散发及植被覆盖度 75%条件下蒸散发相差不大，但是植被覆盖度 90%情况下蒸散发要明显大于前两者，说明只有当植被覆盖达到一定数值后，蒸散发才会显著增加，这也说明了沼泽湿地植被在蒸散发中所起的重要作用。

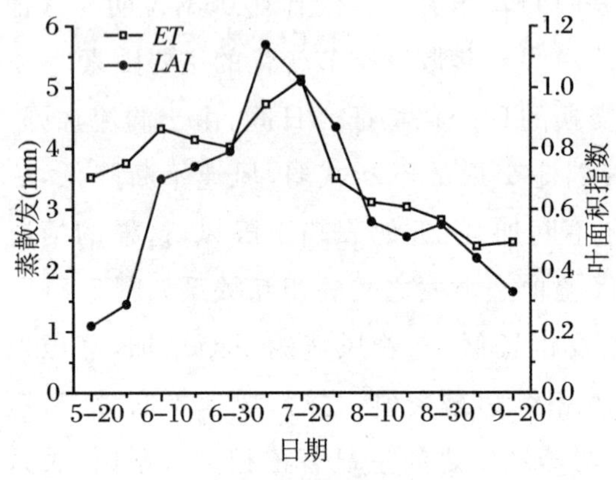


图 3.10 湿地蒸散发与植被叶面积指数关系

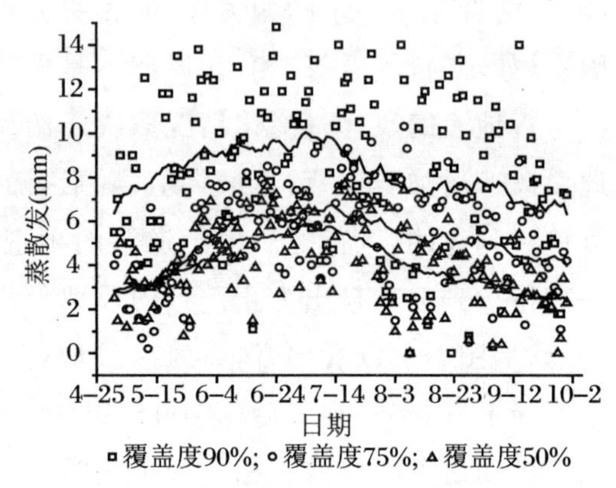


图 3.11 不同植被覆盖度的沼泽湿地蒸散发

(6) 沼泽湿地蒸散发影响要素综合分析

对沼泽湿地生长季不同月份逐日蒸散发及气象要素进行相关分析，结果如表 3.2 所示。从整个生长季来看，各气象要素对沼泽湿地蒸散发的重要性程度为太阳辐射＞相对湿度＞气温＞地表温度＞风速。各月份太阳辐射与沼泽湿地蒸散发之间的相关性要显著大于其他要素，说明沼泽湿地蒸散发受太阳辐射影响最为显著。从表中还可看出，各要素对沼泽湿地蒸散发的影响重要程度在生长季内不同月份也各不相同。5 月份，除太阳辐射外，风速对沼泽湿地蒸散发影响也较其他要素相对显著；6、7 月份，太阳辐射、气温及相对湿度对沼泽湿地蒸散发的影响要大于地表温度，此间风速也退居为次要因素；进入 8 月份，沼泽湿地蒸散发主要受太阳辐射及相对湿度的影响，而温度及风速对沼泽湿地蒸散发的影响不大；9 月份，风速又重新成为影响沼泽湿地蒸散发的第二重要因素。

表 3.2 各气象要素与沼泽湿地蒸散发之间的相关性分析

| 月份 | 辐射 | 气温 | 地表温度 | 相对湿度 | 风速 |
|---|---|---|---|---|---|
| 5 | 0.746 | 0.227 | 0.236 | −0.304 | 0.497 |
| 6 | 0.764 | 0.366 | 0.290 | −0.543 | 0.022 |
| 7 | 0.902 | 0.663 | 0.323 | −0.836 | −0.180 |
| 8 | 0.622 | 0.154 | 0.063 | −0.591 | −0.066 |
| 9 | 0.839 | −0.177 | −0.057 | −0.353 | 0.429 |
| 综合 | 0.698 | 0.371 | 0.313 | −0.429 | 0.068 |

## 三、沼泽湿地植被蒸腾

### 1. 沼泽湿地植被蒸腾量季节变化

沼泽湿地植被平均日蒸腾量表现出明显的季节变化过程(图 3.12,植被覆盖度>60%)。2002 年生长季初期,植被开始萌生,蒸腾量较低,加之 6 月份的降水作用,植被生理活动较弱,因此蒸腾量较 5 月份有所下降;6 月份至 7 月下旬,随着气温的不断升高,植被生长逐渐趋于旺盛,蒸腾量不断增加,至 7 月下旬达到最大值;进入 8 月份后,受阴雨天气的影响,植物蒸腾量逐渐停止升高,此趋势一直持续到 9 月上旬;后期,随着气温的降低,植被生理活动逐渐减弱直至停止,蒸腾量也随之不断降低。2003 年生长季初期,气温较低,植物处于生长活动相对较弱期,日蒸腾量较低,仅有 3 mm 左右;此后直到 7 月上旬,蒸腾量随着植被生理活动的不断加强而增加;7 月中旬至 8 月中旬,受阴雨天气的影响,植被蒸腾量有所下降;8 月中下旬略有增加;进入

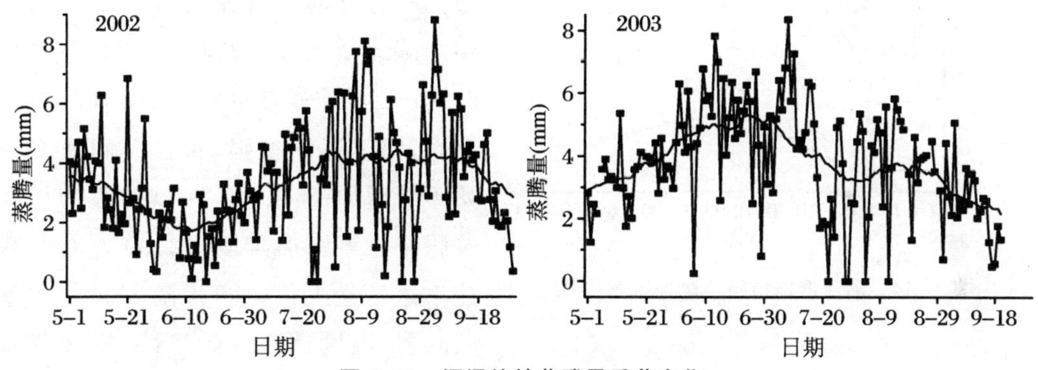


图 3.12　沼泽植被蒸腾量季节变化

9 月份之后,植被进入凋萎期,蒸腾量也随之不断降低。

植被蒸腾量 $T$ 在沼泽湿地蒸散发 $ET$ 中占有很大比重,对沼泽湿地水平衡起着重要作用,图 3.13 反映了沼泽湿地植被蒸腾作用过程在沼泽湿地表面-大气界面水分传输过程中的重要地位。从毛果苔草平均蒸腾量与同期平均蒸散发量的比值($T/ET$)来看,生长季初期,植被蒸腾量较低,反映在 $T/ET$ 值较低,沼泽湿地蒸散发中水面

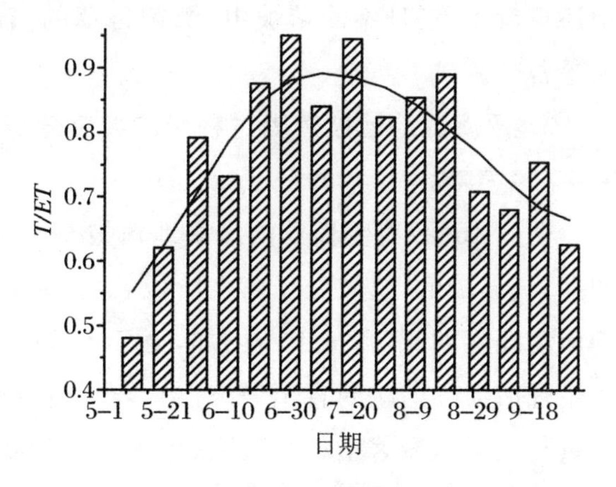


图 3.13　沼泽湿地植被蒸腾量与同期沼泽湿地蒸散发比值($T/ET$)季节变化

蒸发占主要地位;随着植被生理活动逐渐增强,蒸腾量不断增加,$T/ET$ 值也不断升高,7 月中下旬为植物蒸腾最旺盛时期,$T/ET$ 值达到最高值;8 月份为植被生育期,沼泽植被生理活动依然较强,蒸腾量继续保持在较高水平;进入 9 月份之后,随着蒸腾量不断下降,$T/ET$ 值也随之下降,由于此时水面蒸发亦处于最弱时期,与生长季初期相比,$T/ET$ 值要稍大。从整体上来看,7、8 月份植被蒸腾在沼泽湿地蒸散发中所占比重最高,对蒸散发起主要作用,此时段中的 $T/ET$ 值远远大于其他季节。这说明沼泽湿地植被的蒸腾过程在生长季沼泽湿地表面-大气界面水分交换过程中起着举足轻重的作用。

**2. 沼泽湿地植被蒸腾日变化**

于 2003 年 8 月 6 日采用离体称重法观测沼泽湿地植被蒸腾的日变化情况。选取小叶章、毛果苔草、漂筏苔草典型样方,采集植物叶片后每隔 2 h 进行一次称重,求算植被叶片蒸腾失水量,然后根据样方叶面积指数 $LAI$ 换算为对应沼泽湿地植被蒸腾量(图 3.14)。清晨 6:00～8:00,蒸腾量很低,随着气温的升高,辐射逐渐增强,植被蒸腾速率开始不断增加;8:00～12:00 时段为植被蒸腾量显著增加阶段,12:00 左右蒸腾速率达日最大值;此后,随着辐射的不断减弱,温度逐渐开始下降,植被蒸腾速率不断降低。从整体上看,一日内沼泽湿地植被蒸腾速率表现为单峰曲线。从图中还可看出,三种不同植被中,漂筏苔草的蒸腾速率最高,而小叶章蒸腾速率略大于毛果苔草。

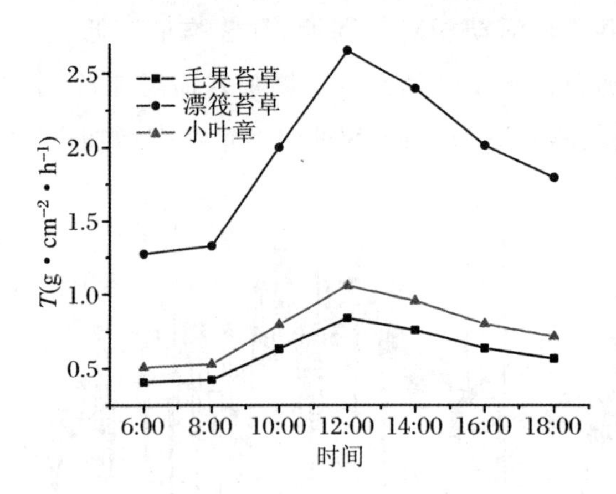


**图 3.14 沼泽湿地植被蒸腾速率日变化**

**3. 沼泽湿地植被蒸腾过程影响要素分析**

(1) 气温

图 3.15(a)为生长季沼泽湿地植被蒸腾量与白天平均气温的相互关系。生长季初期,气温较低,植被处于萌生阶段,蒸腾量较低;随着气温的不断升高,植被进入生理活动旺盛期,蒸腾量不断增加,至 7、8 月份达最大值;9 月份以后,气温逐渐降低,植被生理活动逐渐减弱直至最终停止,蒸腾量也随之逐渐降低。相关分析表明,植被蒸腾量与气温呈显著正相关关系(相关系数为 0.461)。

温度通过影响植物叶片内水汽扩散速率及叶-气界面阻力,从而影响植物的蒸腾速率。从一日内沼泽湿地植被蒸腾速率的变化情况来看,蒸腾量与气温之间亦存在显著的正相关关系，一日内两者均呈单峰曲线变化，且峰值出现时间都在正午前后(图 3.15(b))。相关分析表明蒸腾速率与温度呈显著正相关关系(相关系数为0.857)，说明沼泽湿地植被蒸腾速率受温度的影响非常显著。

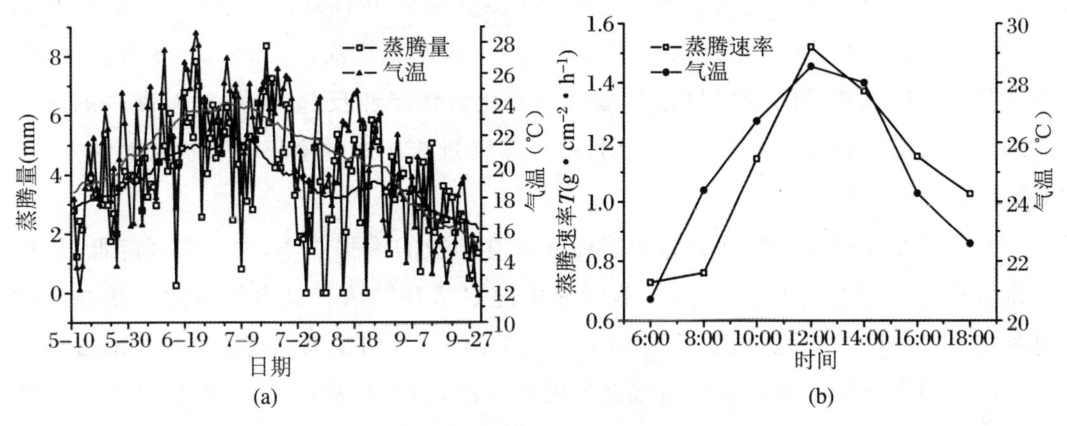


**图 3.15 沼泽湿地植被蒸腾与气温关系**

(2) 太阳辐射

生长季内沼泽湿地植被蒸腾量与日均净辐射量之间的关系如图 3.16(a)所示。整个生长季的净辐射变化表现为：生长季初期，净辐射量较大，7、8 月份，受阴雨天气的影响，净辐射稍有降低。从图中还可看出两者之间存在一定的相关性，但其变化趋势并不十分一致，说明植被蒸腾除受净辐射影响外，还与其他气象要素及植被本身生理特征有关。沼泽湿地植被由于供水条件充足，因此，在净辐射增加时，随着光合有效辐射的增加，气孔的开张度增大，蒸腾速率随之增加，这是植物体自身的生理特性所起的作用。从一日内植物体蒸腾速率与净辐射及光合有效辐射的日变化情况来看(图 3.16(b))，净辐射及光合有效辐射在中午达到最大，植被蒸腾速率与两者有一定相关性。相关分析表明，植被蒸腾速率与净辐射相关系数为 0.586，与光合有效辐射

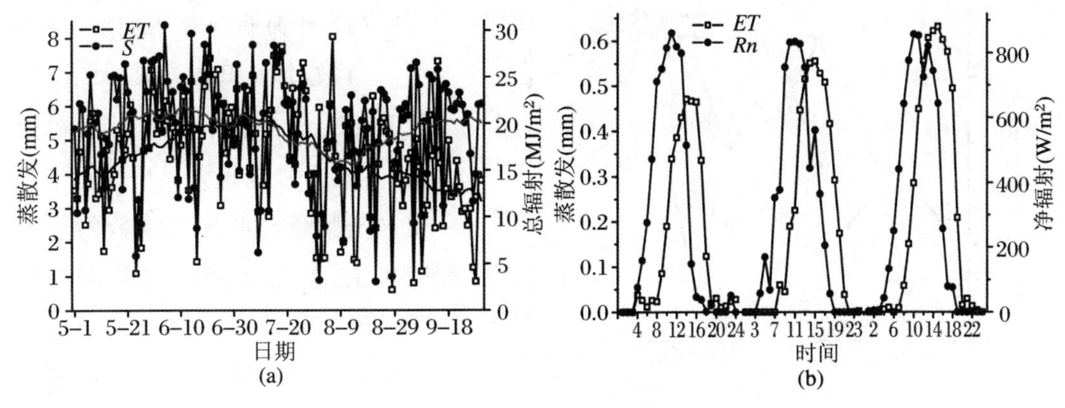


**图 3.16 沼泽湿地蒸散发与总辐射之间的关系**

相关系数为0.595。但从图中可看出三者变化趋势并非完全一致,说明沼泽湿地植被蒸腾过程中,其他气象要素的影响也非常显著。

(3) 相对湿度

相对湿度与沼泽湿地植被蒸腾之间的关系如图3.17(a)所示。生长季初期,相对湿度较低,由于此时植被生理活动刚开始进行,两者关系尚不显著,6~8月份期间,沼泽湿地植被蒸腾量的变化与相对湿度的变化大体呈相反趋势,相对湿度高的时段植被蒸腾量反而较低。相关分析表明,植被蒸腾量与相对湿度呈显著负相关关系(相关系数为-0.425)。

大气湿度通过影响气孔开张程度而影响着植被的蒸腾速率,大气湿度降低时,叶表面与空气中的水汽压梯度变大,蒸腾速率随之增高。从一日内沼泽湿地植被蒸腾速率及相对湿度的变化(图3.17(b))上可以看出,一日内植被蒸腾速率与相对湿度的变化正好相反。中午前后是相对湿度最低的时段,而对植被而言,此时段则为其蒸腾过程最旺盛的时期。蒸腾速率与相对湿度呈负相关关系(相关系数为-0.879),说明沼泽湿地内,相对湿度对植被蒸腾过程有极大的抑制作用。

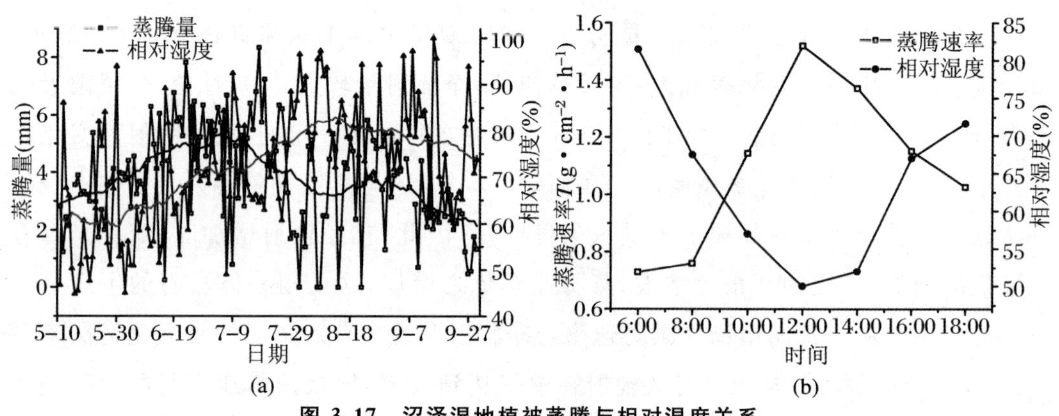


**图3.17 沼泽湿地植被蒸腾与相对湿度关系**

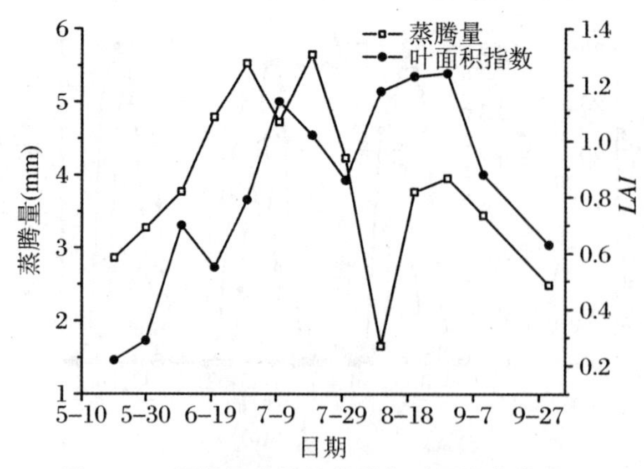


**图3.18 沼泽湿地植被蒸腾与叶面积指数关系**

(4) 叶面积指数 *LAI*

植被叶面积指数越大,即单位面积上的植被叶面积总和越大,其蒸腾量也越大。反映在沼泽植被蒸腾量与叶面积指数的季节变化上,就是蒸腾量随叶面积指数的增加而增加(图3.18)。叶面积指数在生长季初期较小,随着植被生理活动不断加强,叶片周长及面积不断增加，反映在叶面积指数上表现为 *LAI* 值不断升高；至 8 月下旬，叶面积指数达到最大值；8 月份后期，植被进入凋萎期，叶片逐渐凋萎枯落，叶面积指数随之下降。日蒸腾量也呈类似变化，两者均表现为两头低、中间高的不对称的钟形曲线。

## 四、沼泽湿地水面蒸发

### 1. 沼泽湿地水面蒸发季节变化

如图 3.19 所示为沼泽湿地水面蒸发实测值的逐日变化。研究时段内，沼泽湿地水面蒸发量季节变化不大，监测时段初期，由于风速较大，植被刚开始生长，沼泽湿地表面植被对风的阻力较小，近水面风速较高，直接到达水面的太阳辐射量较多，因此，蒸发量较大；6 月份受部分阴雨天气的影响，水面蒸发有所下降；7、8 月份沼泽湿地水面蒸发随温度升高而有所上升，但是受阴雨天气影响，日蒸发量变化幅度较大；9 月份沼泽湿地水面蒸发降至生长季最低值。从整体上看，沼泽湿地水面蒸发季节波动不大，这主要与沼泽湿地的小气候因素有关。

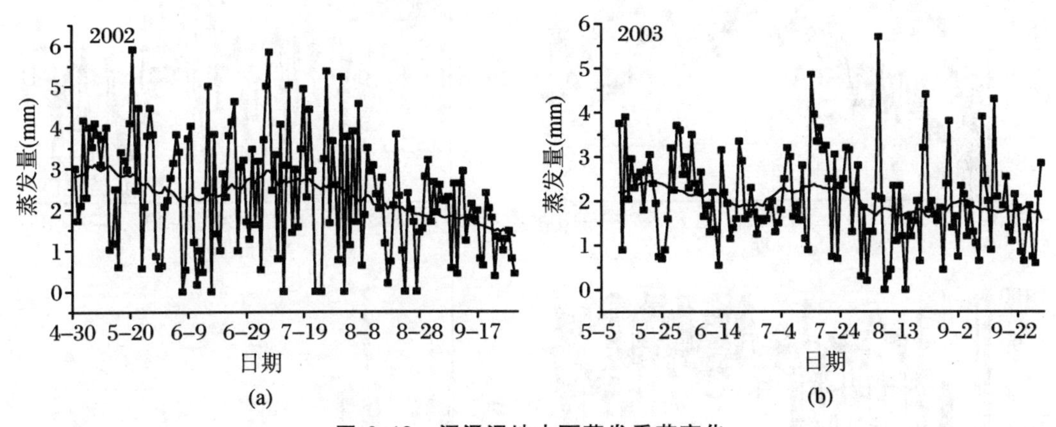


图 3.19　沼泽湿地水面蒸发季节变化

### 2. 沼泽湿地水面蒸发与裸地蒸发对比

为对比研究沼泽湿地水面蒸发与裸地蒸发的差异，在湿地附近选择了地势较高、场地空阔的气象场（内设 E601 蒸发器用于监测），代表下垫面较为干燥状况下的裸地。通过对比可以发现，沼泽湿地水面蒸发明显低于裸地蒸发（图 3.20）。产生这种差异的原因主要是由沼泽湿地自身的环境条件所决定的。沼泽湿地土壤冻层融化较其他类型土壤要延迟 1～2 个月，一般 8 月份左右冻层才完全融化，因此，与裸地相比，沼泽湿地表面温度低；由于沼泽湿地独特的土壤含水状况，其热容量较大，近表面气温日较差较小，空气湿度相对较高，植被的存在又降低了水面上方的风速（图

3.21)，因此，沼泽湿地水面蒸发比裸地低得多。

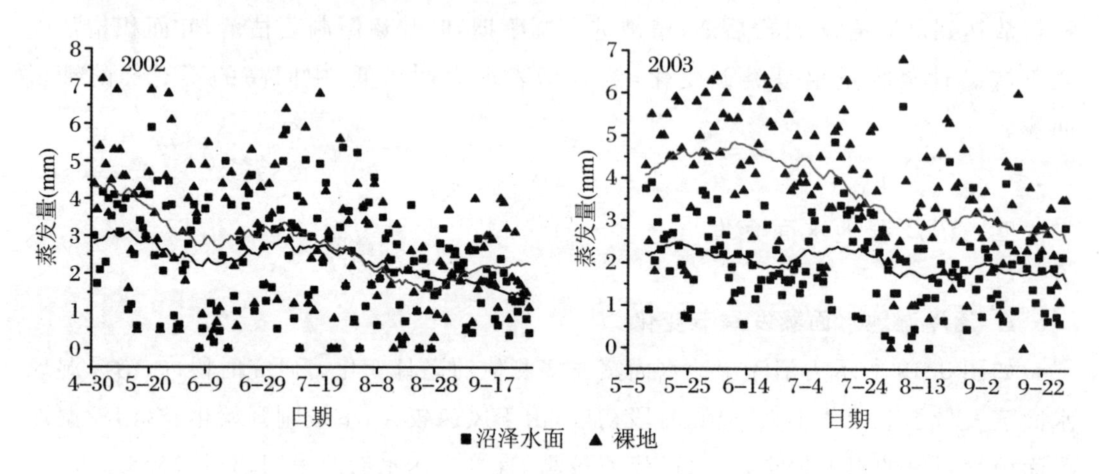


图 3.20 沼泽湿地水面蒸发与裸地蒸发对比

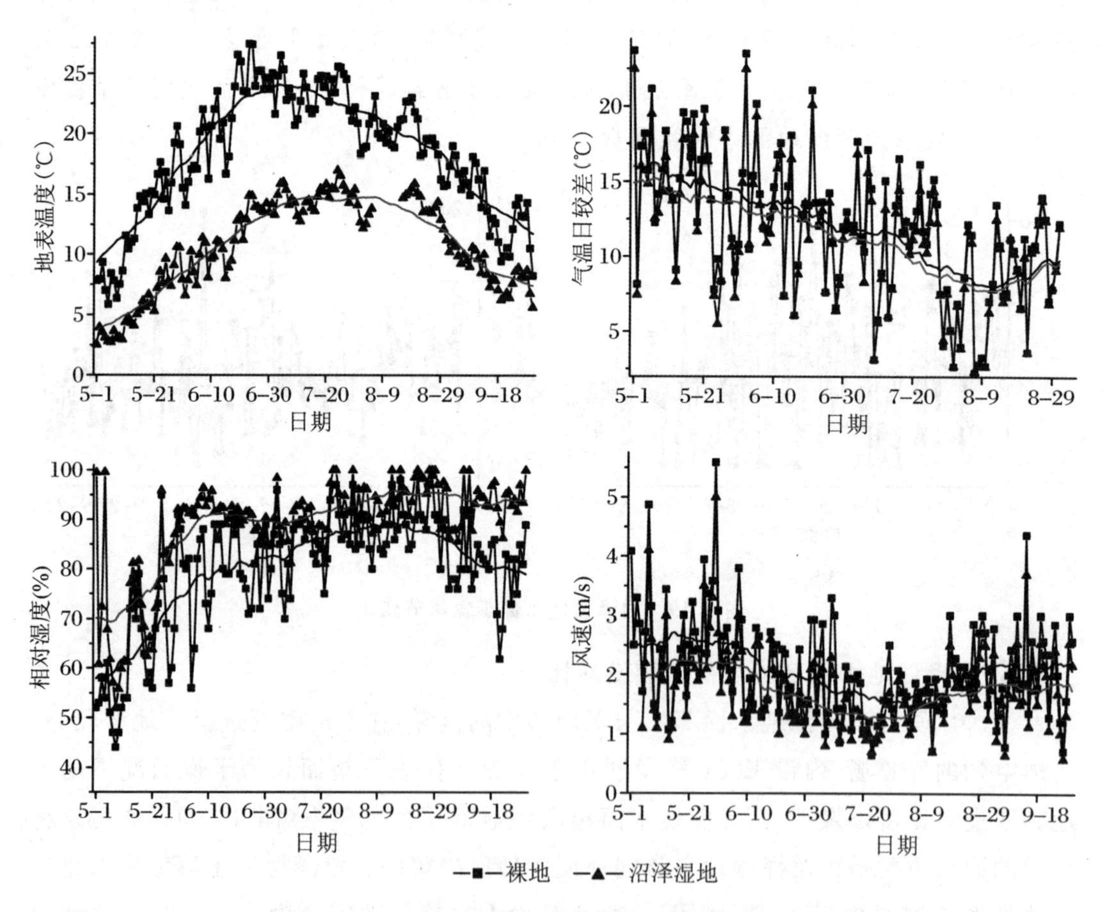


图 3.21 2003年沼泽湿地与裸地小气候要素比较

**3. Penman 法水面蒸发计算分析**

利用 Penman 水面蒸发模型，对研究时段内沼泽湿地水面蒸发进行计算，结果如图 3.22 所示。Penman 法计算结果较实测结果显著偏高，但两者变化趋势一致，在图上表现为近似平行的两条曲线。Penman 法计算结果反映的是一定气象条件下开阔水面的最大可能蒸发值，而对沼泽湿地而言，由于受地表植被对风速的阻力以及湿地的冷湿效应等影响，导致湿地水面蒸发要低得多。定义 $E$ 为沼泽湿地水面蒸发量，$E0$ 为利用 Penman 法计算的结果，根据对两者之间的数值分析，可以确定如下的换算关系：

$$E = 0.50891E0 - 0.17907$$

因此，在具备相关气象数据的前提下，即可利用 Penman 法对沼泽湿地水面日蒸发值进行简单的估算。

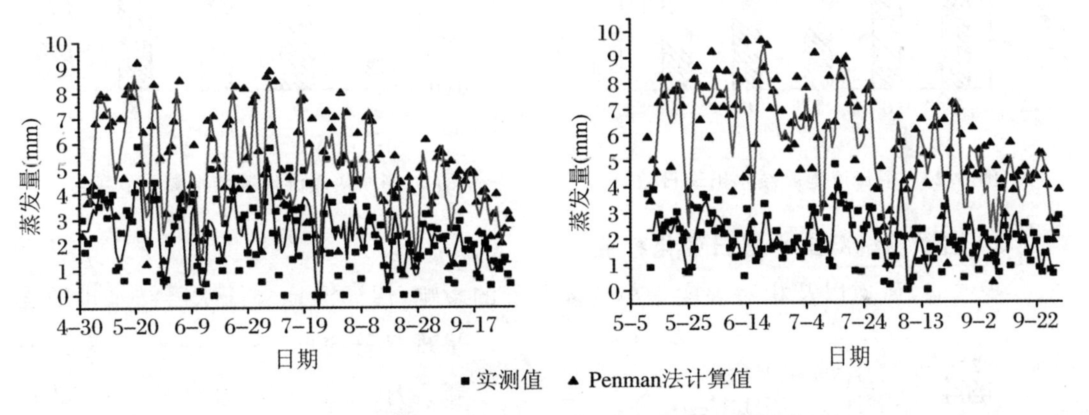


**图 3.22　沼泽湿地水面蒸发实测值与 Penman 法计算值比较**

## 五、沼泽湿地凝结水过程

**1. 凝结水出现天数的季节分布**

沼泽湿地中，由于水汽充足，近地表层空气相对湿度高，温度日较差大，风速较低，而且下垫面温度较低，具有冷源效应，夜间产生较强的冷辐射，使得低层空气温度下降，因此凝结水极易形成。对三江平原沼泽湿地实验场内多年凝结水出现日数进行统计分析，结果如图 3.23 所示。一年之中凝结水出现日数主要集中在 5～10 月份，5 月份多年平均凝结水出现日数为 14 天，6～9 月份凝结水出现日数较多，最多的可达 27 天，10 月份凝结水出现日数仅有 6 天，10 月份以后就开始有霜的出现，一直持续到次年的 4 月。6～9 月份为降水集中分布时段，集中了全年 72% 的降水，尽管此时段内温度日较差较小，但由于空气相对湿度高，晚间风速低，加之沼泽湿地的冷源效应，仍然有凝结水出现。

**2. 沼泽湿地凝结水量的季节变化**

图 3.24 为沼泽湿地凝结水凝结量的季节变化。从图中可以看出，5 月份凝结水量最低，日均凝结水凝结量仅有 0.025 mm；6～7 月份凝结水凝结量开始增加；至 8 月份达最大值，日均凝结水凝结量达 0.27 mm；9 月份，凝结水凝结量急剧下降，仅有 0.09 mm，但仍高于 5 月份。

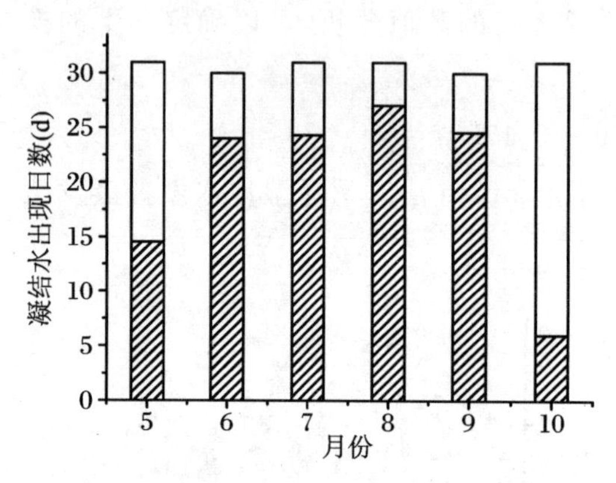


图 3.23 沼泽湿地凝结水出现日数

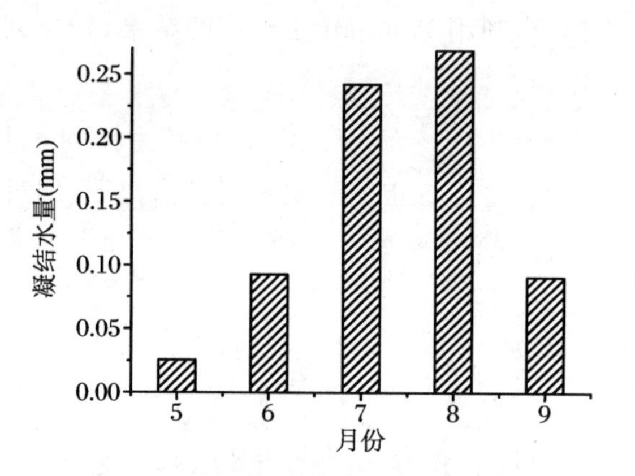


图 3.24 沼泽湿地凝结水量季节变化

**3. 沼泽湿地凝结水量日变化特征**

受气温、风速以及相对湿度等小气候要素的影响，沼泽湿地凝结水凝结量也随之呈现显著的日变化。图 3.25 为 2003 年 7 月 15 日～16 日以及 8 月 12 日～13 日的凝结水凝结量的变化过程。从图中可以看出，晚间 19:00 左右，凝结水开始产生，随着时间的推移，凝结量不断增加，至凌晨 5 时左右达到最大值，此后随着气温的逐渐升高，太阳辐射的不断增强，凝结量急剧降低，到上午 10:00 左右减少至 0 值。整个日变化过程表现为不对称的单峰型曲线。

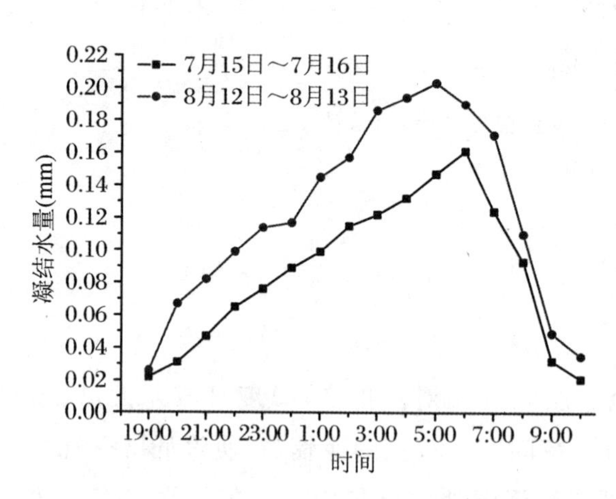


图 3.25 沼泽湿地凝结水量日变化

**4. 沼泽湿地凝结水形成机制分析**

凝结水是水汽凝结在温度较低的土壤上层和植物体表面而形成的液态水。产生凝结水的直接条件是水汽压 $e$ 等于或大于同温度下的饱和水汽压 $E$，即 $e \geqslant E$。此条件的发生有两种情况，一是在一定温度下水汽蒸发，空气中的水汽含量不断增加，$e$

值不断升高，当 $e$ 值升至该温度下的水汽压 $E$ 值时，凝结水即开始产生；另外一种情况是空气冷却，当一定水汽含量的空气冷却时，空气中水汽的绝对含量不变，但露点温度不断降低，当露点温度降至与之对应的 $E$ 等于空气中水汽绝对含量所对应的 $e$ 值时，凝结水开始产生。在三江平原地区，一般后一种情况比较常见。露就是近地层空气受到地面辐射冷却的影响而降温到露点以下时所含水汽的过饱和部分在地被物上凝结而成的液态水。受地表辐射冷却的影响，近地层空气降温到露点以下时，其中所含水汽的过饱和部分即在地被物上开始凝结，从而形成凝结水。Monteith 认为露在开始形成时，并不一定需要周围空气的相对湿度达到 100%，当相对湿度介于 91%～99% 时，只要地被物的表面温度比其周围的空气露点低，就可能有露形成（Monteith J. L., Roy Q. J., 1981）。图 3.26 为沼泽湿地 7 月 15 日午后～16 日上午时段近地表温度层结变化，从图中可以看出，16:00 之前，各高度的温度分布状况为 $T_{(0.5\,m)}>T_{(1\,m)}>T_{(2\,m)}>T_{(3\,m)}$；日落后地表层气温下降很快，然而各高度上的气温降低幅度并不一致，高度越高，温度降低得越慢，16:00～18:00 期间，逆温开始产生并不断发展；19:00 以后逆温层开始稳定，各高度上的温度分布状况为 $T_{(3\,m)}>T_{(2\,m)}>T_{(1\,m)}>T_{(0.5\,m)}$，且 2 m 和 3 m 高处气温相近，但与 0.5 m 和 1 m 高度上的气温差距逐渐加大，此时随着温度的降低，饱和水汽压 $E$ 也逐渐降低并低于同温度下的水汽压 $e$，此时即有凝结水的凝结过程发生，此过程一直持续到凌晨 4:00 以后，气温差距达到最大值；此后，近地表气温层结近似等温分布；清晨 5:00 之后，随着太阳辐射的增加，地表温度复又高于其他高度，气温层结再次发生逆转，之后随着气温的不断升高，饱和水汽压逐渐增大，沼泽湿地凝结水凝结量也随之逐渐降低直至为零。

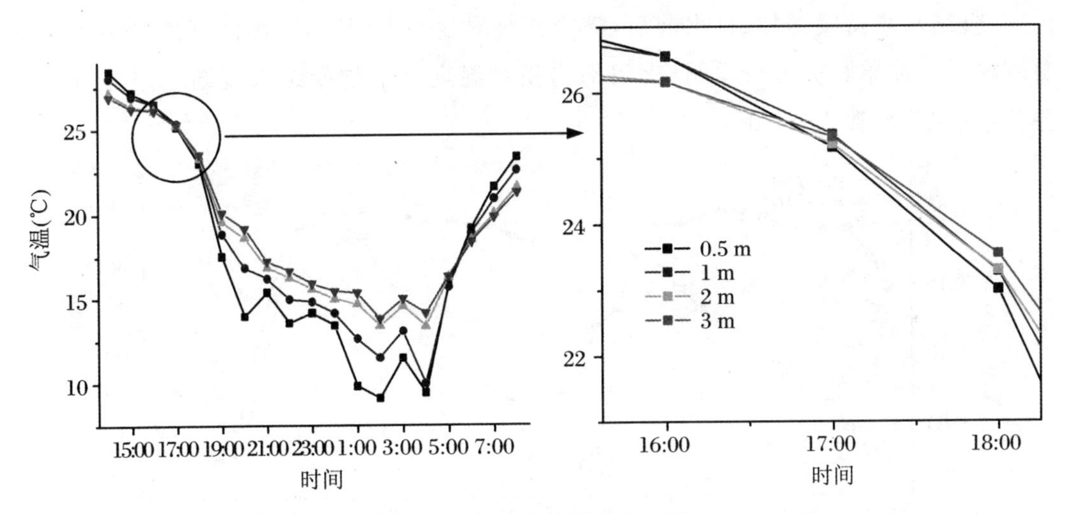


**图 3.26　近地表温度层结变化**

**5. 沼泽湿地凝结水量影响因素分析**

(1) 温度

图 3.27 为沼泽湿地凝结水凝结量与温度(气温及沼泽表面温度)之间的变化情况。简单相关分析表明,夜间逐时凝结水凝结量与同时期近地表(0.5 m)气温及表面温度显著负相关,且凝结水量与气温的相关系数(0.687)要大于与湿地表面温度的相关系数(0.63),因此,沼泽湿地中凝结水凝结量受气温的影响要比受地表温度的大。

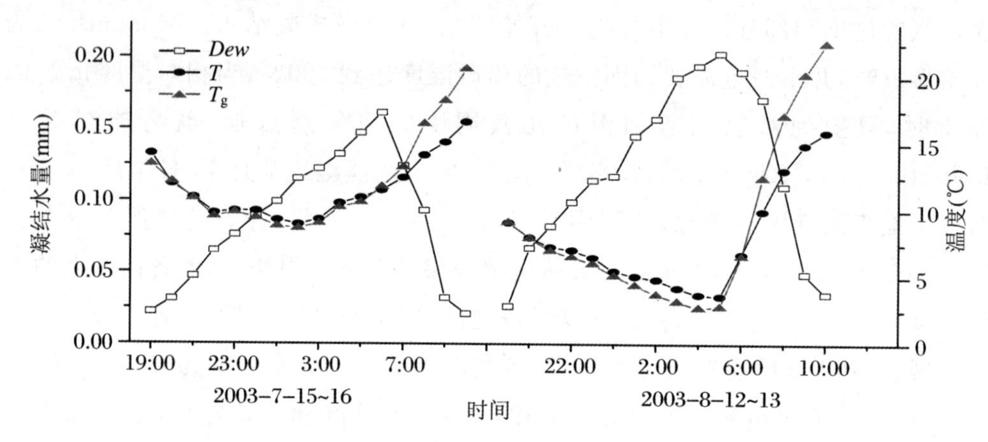


**图 3.27 沼泽湿地凝结水量与温度之间的关系**

(2) 相对湿度

相对湿度的大小决定了近地表大气中水汽相对含量的多少,因此,其大小直接影响着沼泽湿地凝结水凝结量。从图 3.28 可以看出,相对湿度与凝结水凝结量之间有简单的正相关关系。进入夜间以后,相对湿度较高,为凝结水凝结提供了充足的水分保证,凝结水量持续增加;日出前后,随着相对湿度的不断降低,沼泽湿地凝结水量也急剧降低。简单相关分析表明,夜间平均相对湿度与平均凝结水凝结量呈显著正相关关系(相关系数为 0.506)。

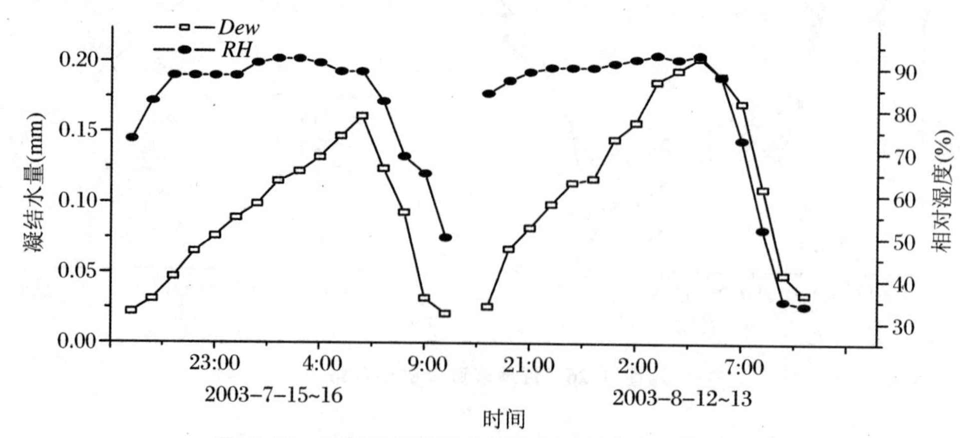


**图 3.28 沼泽湿地凝结水量与相对湿度之间的关系**

(3) 风速

微风可带走已产生水汽凝结的空气,并补充以水汽含量较高的空气,从而保证有足够多的水汽以供应凝结水形成。风速过大时,由于乱流太强,使近地表空气与上层较暖的空气发生强烈混合,导致近地表空气降温缓慢,不易形成露。风速对沼泽湿地凝结水量的影响如图 3.29 所示。夜间风速较弱,为凝结水凝结提供了充分条件,沼泽湿地凝结水增加很快,翌日上午,风速开始增加,凝结水凝结量不断降低。

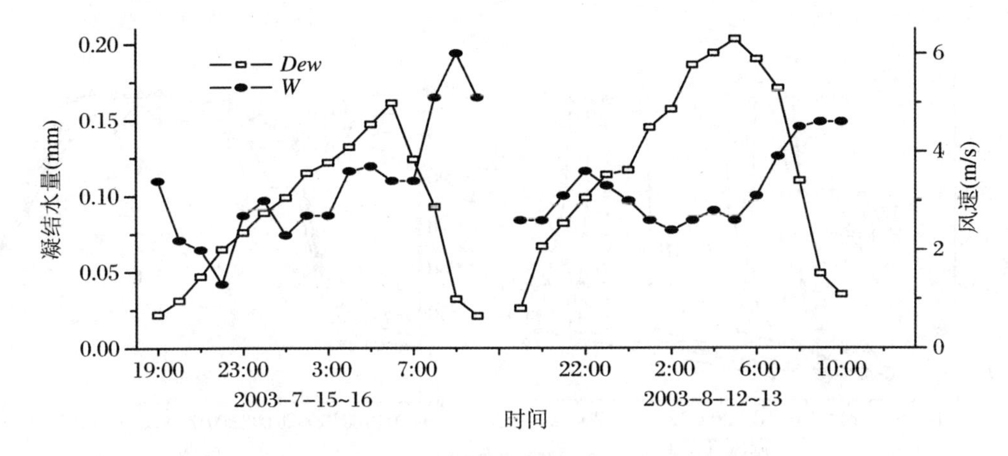


图 3.29 沼泽湿地凝结水量与风速之间的关系

(4) 地形

沼泽湿地由于地势低洼,近地表层大气湿度较大,夜间,邻近密度较大的冷空气也可从周围流过来,因此,较之其他高地,沼泽湿地更有利于凝结水的凝结。据阎百兴等(2004)研究,与农田生态系统相比,沼泽湿地生态系统冠层内的水汽凝结量要比农田生态系统大,而后者处于地势平坦、位置较高的地区。

(5) 高度

由于近地表大气层结中温度、相对湿度及风速等要素的综合影响,导致沼泽湿地生态系统内部不同高度上的凝结水凝结量有很大差异。图 3.30 给出了 2003 年 6~9 月份沼泽湿地地表、冠层及冠层以上各高度上的凝结水量。地表凝结水凝结量最低,冠层内凝结水量最大,冠层以上水汽凝结量介于两者之间。出现此种分异的原因与温度及相对湿度的

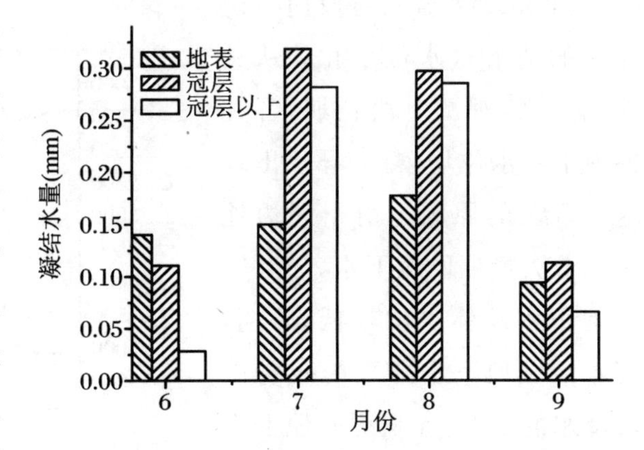


图 3.30 沼泽湿地内不同高度上的凝结水量

高度分布有关,以 7 月 15 日～16 日夜间为例,从该时段的温度层结图(图 3.31(a))和相对湿度变化图(图 3.31(b))上可以看出,夜间,沼泽湿地地表温度在 22:00 之前最低,22:00 后 0.5 m 和 1 m 高处气温开始低于地表温度;冠层上方(≥2 m 处)气温相对较高。相对湿度的变化与之相反,0.5 m 及 1 m 处相对湿度在夜间最高,3 m 处最低。以上两者决定了在沼泽湿地内部植被冠层高度最有利于凝结水的凝结及形成,反映在凝结水量随高度的变化上,表现为冠层＞冠层以上＞地表(图 3.30)。

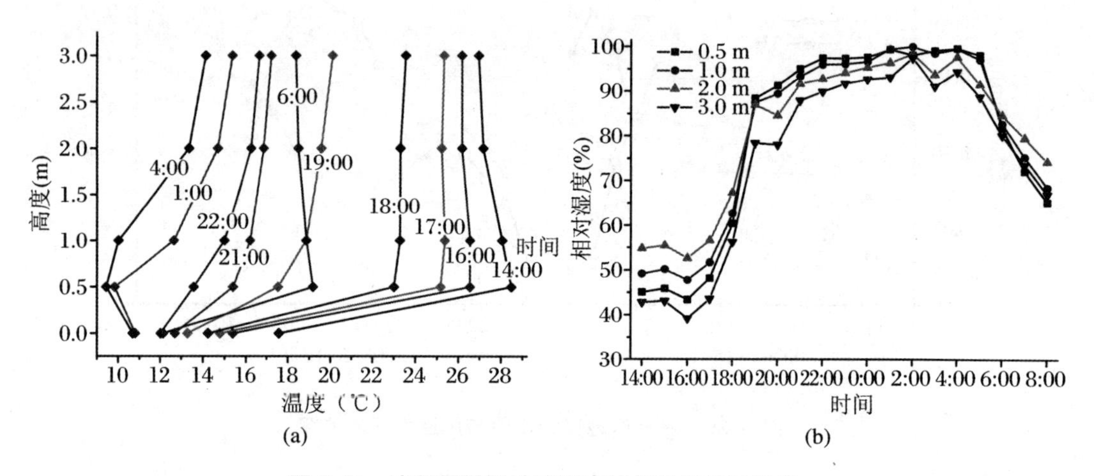


图 3.31 夜间沼泽湿地不同高度气温及相对湿度

## 六、沼泽湿地地下水过程分析

### 1. 研究区地下水水位动态变化

图 3.32 为监测时段内各观测井的地下水水位变化。从总体上来看,观测时段初期,各井的地下水水位均较低,导致出现这一现象的原因是由于周边地区农业大量抽取地下水,导致区域地下水总体水位较低;后期,随着区域地下水开采的减弱以及降水的增加,各观测井地下水水位不同程度地呈现上升趋势。从各观测井的变化趋势看,深层

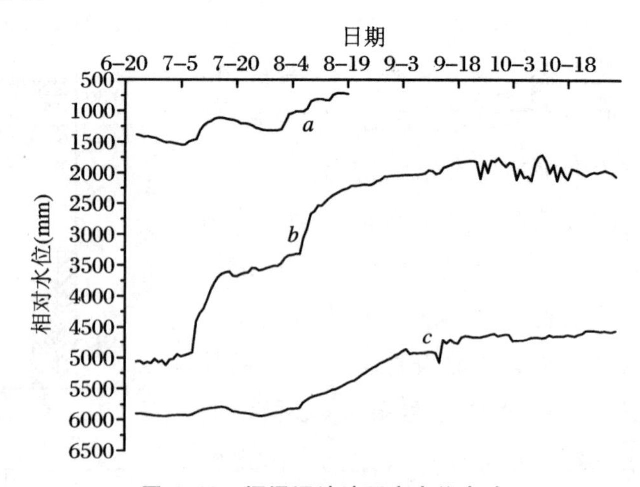


图 3.32 沼泽湿地地下水水位变动

曲线 $a$、$b$、$c$ 分别对应深度为 3 m、6 m、11.5 m 的观测井

地下水波动较小(曲线 $c$),水位在初期为 5.9 m 左右,监测时段末期仅升高 1.3 m 左右,其变动幅度较为平缓;与其相比,浅层地下水波动较大,从图中可看出,曲线 $a$ 及 $b$ 变化幅度均较前者显著,说明浅层地下水受外界因素影响较大。

**2. 研究区地下水水位影响因素分析**

由于研究区下层有厚达 5～7 m 的黏土层,导水率极弱,相当于一层隔水层,阻断了深层地下水与上层水分的水力联系,因此上层地下水的下渗量较小。研究时段初期至 8 月下旬,沼泽湿地无地表水,因此,浅层地下水的波动主要取决于沼泽湿地表面-大气界面水分交换,受降水影响最大。下面对它们之间的关系进行分析。

图 3.33 为监测时段内浅层地下水与累积降水量的变化情况。从图中可看出,浅层地下水受同期降水的影响非常明显。由于研究区内地表为导水率非常高的草根层,所以降水到达地表后,随即进入不饱和土壤中,并不断下渗,最终补给浅层地下水。相关分析表明,浅层地下水水位与累积降水量之间呈显著正相关关系(相关系数为 0.959)。

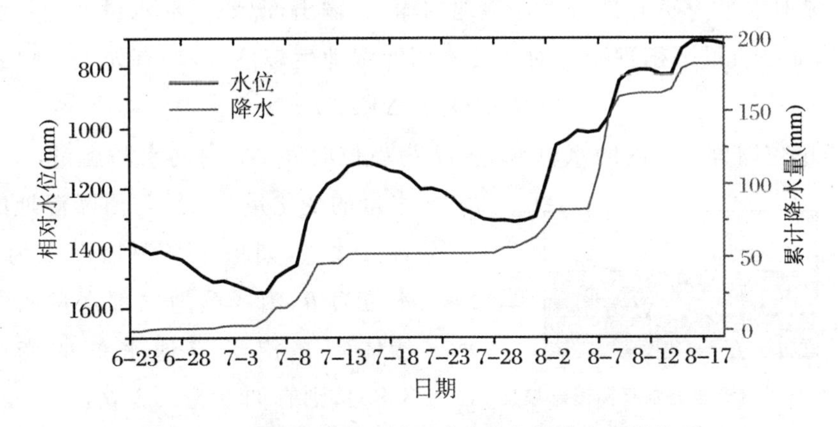


图 3.33　沼泽湿地浅层地下水水位与降水之间的关系

**3. 沼泽湿地地表水波动分析**

生长季沼泽湿地地表水水位波动如图 3.34 所示。洼地型沼泽湿地的水源补给主要来源于大气降水,由于上一年冬季降雪较多,水量较多,因此生长季初期沼泽湿地的地表水水位较高。蒸散发 *ET* 为沼泽湿地水量支出的主要途径,随着蒸散发的不断进行,加之大气降水补给相对较少,沼泽湿地水量不断损耗,水量的减少表现为沼泽湿地地表水水位的不断降低甚至明水面消失(2004 年研究区 1)。相对 2004 年,2005 年生长季 7～8 月份降水较多,因此,在沼泽湿地地表水水位波动上,表现为在 7 月份降低后,随着降水的增多,水位呈回升趋势,并随着蒸散发及降水平衡表现出相应的波动。

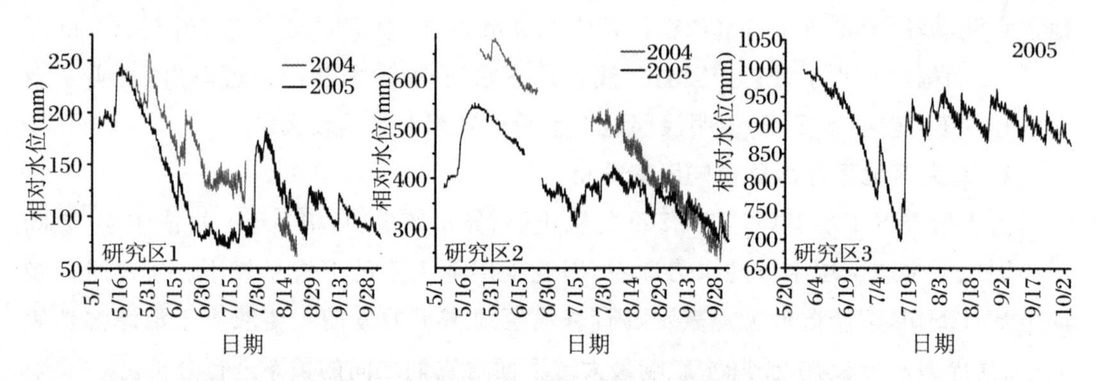


图 3.34 生长季沼泽湿地地表水水位波动

## 七、典型沼泽湿地水平衡研究

### 1. 沼泽湿地水平衡概念模型

沼泽湿地水平衡研究是对水在湿地的输入、输出，湿地内部水量变化过程的综合研究，其基础是质量平衡理论。对于任一沼泽湿地生态系统，均有如下方程成立：

$$I - O - \Delta V/\Delta t$$

式中，$I$ 为单位时间 $\Delta t$ 内的水输入量，$O$ 为单位时间 $\Delta t$ 内的水输出量，$\Delta V$ 为内部水量的变化量。$\Delta V$ 与沼泽湿地的水位有直接联系，如果定义湿地面积为 $A$，湿地水位为 $h$，沼泽湿地内部水量的变化量直接体现在沼泽湿地水位的变化上（图 3.35），则有如下关系成立：

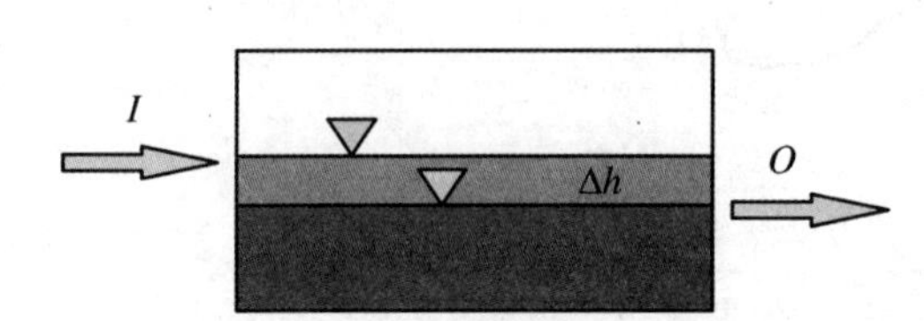


图 3.35 沼泽湿地水平衡概念模型

$$\Delta h = \Delta t(I - O)/A$$

### 2. 沼泽湿地水平衡基本要素分析

对于一典型湿地生态系统，其水输入方式主要包括降水、地表径流输入、地下水补给等要素，水输出则主要通过蒸散发、地表径流输出及向地下水的渗透排泄等方式（图 3.36）。因此，上述水量平衡方程可以表示为

$$P + G_{in} + S_{in} = ET + S_{out} + G_{out} + \Delta V$$

式中，$P$ 为降水量，$G_{in}$为地下水输入量，$S_{in}$为地表水输入量，$ET$ 为沼泽湿地蒸散发量，$G_{out}$为地下水输出量，$S_{out}$为地表水输出

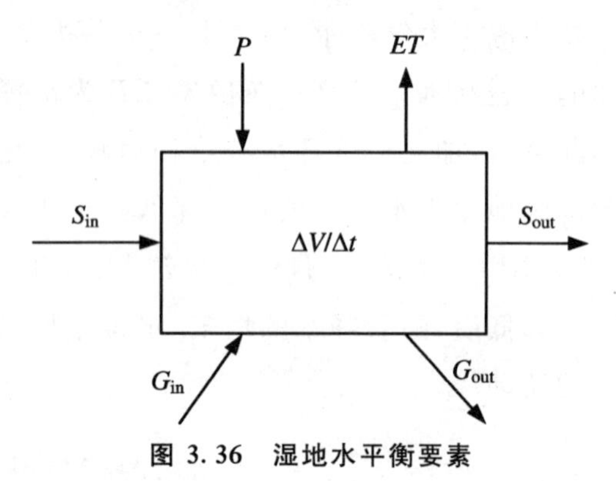


图 3.36 湿地水平衡要素

量，$\Delta V$ 为湿地水量的变化量。

**3. 典型沼泽湿地水量平衡分析**

(1) 研究方法

以三江平原沼泽湿地生态试验站实验场内沼泽湿地为例，该实验场为一人工闭合区，属相对独立的水系统，与外界水体无直接水文联系，研究区下覆较厚的黏土层，导水率极弱，阻断了沼泽湿地与地下水的水力联系。因此，该沼泽湿地水平衡要素较为简单，其水量平衡方程可简化为如下方程：

$$P + P_s = ET_G + \Delta V$$

式中，$P_s$ 为凝结水量，$ET_G$ 为研究区下垫面总蒸散发（包括沼泽湿地、沼泽化草甸及岛状林），其他符号意义同前。以实验场1∶5000 地形图为基础，利用 R2V 软件进行矢量化处理，矢量化结果输入 ARCVIEW 中进行等高线提取，在此基础上建立沼泽湿地地形 DEM（图 3.37）。

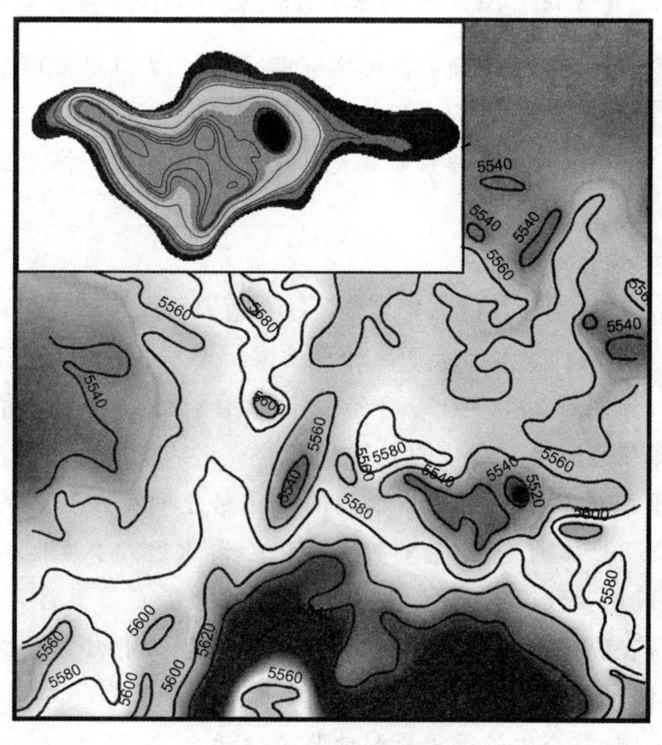


**图 3.37　研究区地势图**

将图形解译结果结合实地测量，对不同水位条件下相应水面面积、水量进行计算、校正，在此基础上对水位 $h$、淹没面积 $A$ 及水量 $V$ 进行回归分析，建立 $V-h$ 及 $A-h$ 函数关系（图 3.38）。

$A-h$ 函数关系为

$$A = 102.45921h^{2.51861}/(0.4552 + h^{2.51861}) \quad (R^2 = 0.9972)$$

$V-h$ 函数关系为

$$V = 163.332002h^{2.9046}/(4.3921 + h^{2.9046}) \quad (R^2 = 0.9998)$$

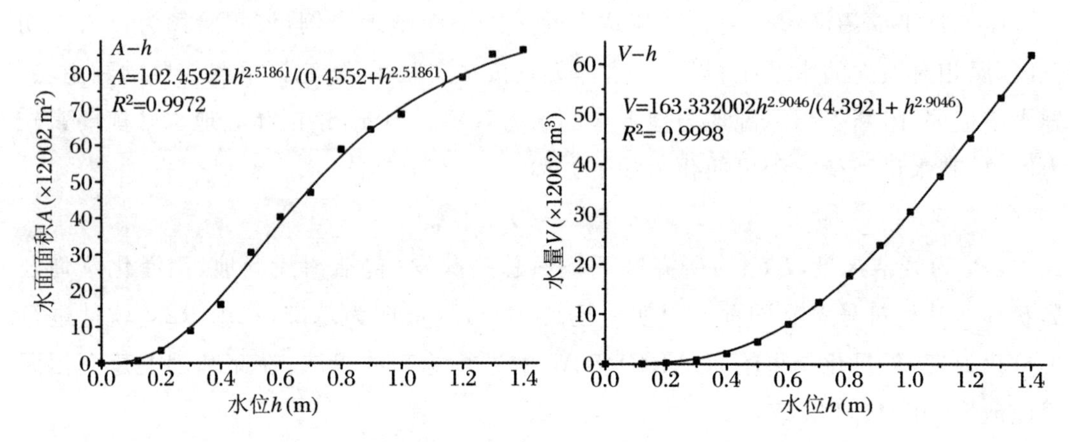


**图 3.38 沼泽湿地水面面积-水位、水量-水位关系曲线**

据分析，上述函数关系适合研究区的实际情况，以此为基础即可根据水位推算沼泽湿地水面淹没面积、沼泽湿地内水量值。

在确定关系后，根据水平衡要素监测及计算数据，即可对沼泽湿地进行水量平衡计算和分析。

(2) *沼泽湿地水平衡分析*

沼泽湿地中水量平衡计算值 $\Delta V$ 直接反映在地表水水位的变化量 $\Delta h$ 上，因此，一般研究中常用 $\Delta h$ 来代表湿地水平衡计算结果。根据 $V-h$ 函数，结合沼泽湿地水平衡计算方程，分别对 2002 年、2003 年生长季沼泽湿地水量平衡值 $\Delta V$ 及 $\Delta h$ 进行计算，并与沼泽湿地地表水水位的逐日变化量实测结果进行比较，结果如图 3.38 所示，可见水量平衡计算结果与实测水位的变化量之间存在明显的相关关系。以 2002 年为例(图 3.39)，6 月份，水量平衡值为正值(降水量大于蒸散发量)的时段与实测水位上升的时段相一致；而在降水相对较少时段，蒸散发量显著大于降水量，此时水量平衡为负值，表现在理论地表水水位呈现下降趋势，从图中可见两者的变化趋势具有显著的相关性。

以 2002 年为例，整个生长季沼泽湿地蒸散发耗水量 $ET = 427.8$ mm，降水输入 $P$(包括降雨及露水)共 357.7 mm，因此，根据水量平衡方程有 $\Delta V = -70$ mm。而生长季初期，地表水水位 $h_0$ 为 152 mm，计算时段末期，水位为 $h_t = 120$ mm，$\Delta h$ 为 $-32$ mm。根据 $V-h$ 及 $A-h$ 函数，求算湿地实际水量变化量折合深度为 51.88 mm，与 $\Delta V$ 较为接近，说明水量平衡计算结果较好。

从上面的分析可以看出，沼泽湿地水平衡有显著的季节变化，在研究时段内，整个生长季水分支出量要大于水分输入量，因此，整个沼泽湿地生态系统中的水量是趋于减少的，反映在水位变化上即为水位的降低甚至消失。研究时段内水平衡季节变化极不均匀，这主要是由于降水时间上的分布不均匀所造成的。

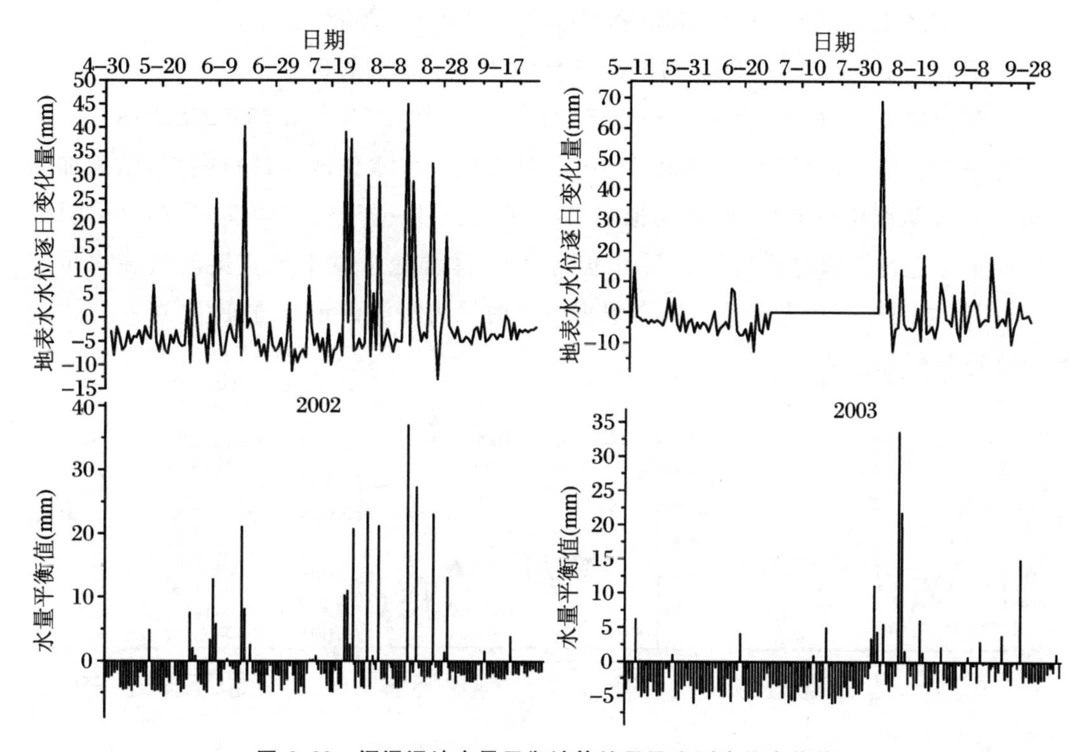


**图 3.39　沼泽湿地水量平衡计算结果及实测水位变化值**

## 八、沼泽湿地水位/水量模拟

对洼地型沼泽湿地而言，其中心地区季节性积水，周围由沟渠将其与外界隔离，因此可将其视为独立汇水区。研究区下覆厚度较大、透水性极差的黏土层，阻碍了地表水-地下水的水力联系，因此，可忽略地表水与地下水的水分交换。降水 $P$ 为主要水分补给途径，而蒸散发 $ET$ 则为主要水量支出途径。因此，其水量平衡方程可用下式表示：

$$P - ET = \Delta V$$

式中，$\Delta V$ 为沼泽湿地水量的变化量。由于沼泽湿地水量的变化直接反映在地表水位（$L$）的波动上，因此有

$$\Delta V = f(\Delta L)$$

于是可得

$$P - ET = f(\Delta L)$$

根据监测数据，建立水位逐日变化量（$\Delta L$）与水量收支平衡量（$P - ET$）函数如下：

研究区 1　$\Delta L = -15.18335e^{-(P-ET)/12.1304} + 15.7038$

研究区 2　$\Delta L = -35.51754e^{-(P-ET)/21.44248} + 34.57583$

研究区 3　$\Delta L = -4875980.76512e^{-(P-ET)/1966281.93893} + 4875979.82318$

利用上述模型，对研究区 2005 年 6～9 月份地表水水位波动进行模拟，结果如图 3.40 所示。从图中可看出，模型模拟结果较好，说明根据降水及同期蒸发资料，对沼泽湿地水位进行模拟是可行的。同时也证明，沼泽湿地水量平衡直接反映在水位波动上，两者之间存在特定函数关系。根据一定时段内沼泽湿地水位变化，可对其水量平衡进行分析和预测。

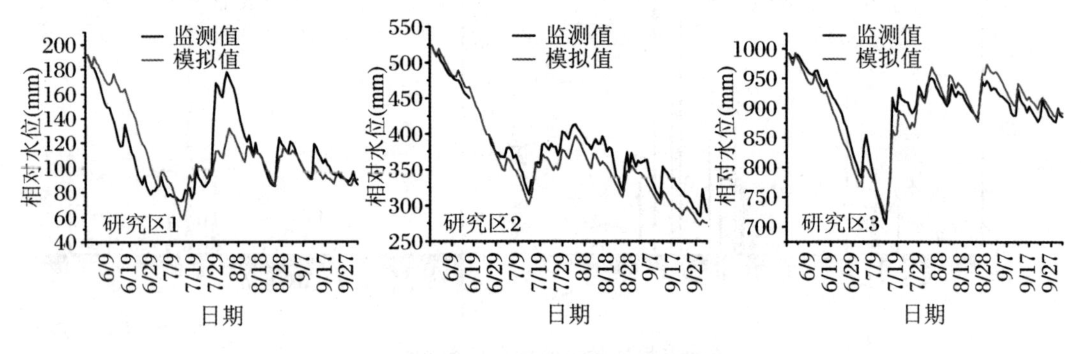


图 3.40　沼泽湿地地表水水位模拟

# 第二节　湿地水环境中碳、氮、磷的时空分布

## 一、沼泽湿地水体中碳、氮、磷的分布变化

### 1. 沼泽湿地水体中碳的分布变化

由图 3.41 可知，沼泽湿地（沼泽化草甸小叶章）水体中可溶性有机碳（DOC）含量在生长季（2004.5～2005.9）内呈现逐渐增加的趋势，峰值出现在 8 月份，达到 108.35 mg/L，明显高于区域内河流水中 DOC（7.33～14.28 mg/L）和降水中 DOC（14.20～80.78 mg/L）的含量。沼泽湿地水中 DOC 含量随时间的变化规律与降水频次和降

水量表现出相反的趋势，这可能与降水对沼泽湿地中的 DOC 具有稀释作用有关。沼泽水中 DOC 高于河流水和降水，主要原因是沼泽水处于相对封闭的碟形洼地，因蒸发作用强烈，使化学物质得到浓缩；另一方面，沼泽水对土壤、植物残体中可溶性有机碳具有较大的淋溶作用，从而导致沼泽水 DOC 含量明显增加。此外，相关分析结果(表 3.3)表明，沼泽水中 DOC 的含量与其中的 TN(总氮)、$NH_4^+$-N 在 $P<0.05$ 水平上显著相关，与 pH 在 $P<0.05$ 水平上显著相关。由此可以推测，如果对沼泽湿地进行排水疏浚，将会导致大量的营养物质损失，进而可引起沼泽湿地的退化。

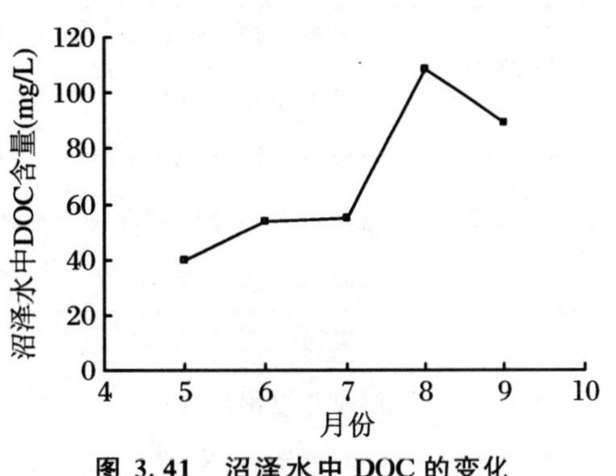

**图 3.41 沼泽水中 DOC 的变化**

**表 3.3 小叶章湿地沼泽水中 DOC 含量与氮、磷浓度及 pH 的 Pearson 相关系数**

| | TN | $NH_4^+$-N | $NO_3^-$-N | TP | $PO_4^{3-}$-P | pH |
|---|---|---|---|---|---|---|
| DOC | 0.933* | 0.891* | 0.147 | 0.769 | 0.670 | 0.963** |

注：*，$P<0.05$；**，$P<0.01$。

**2. 沼泽湿地水体中氮的分布变化**

从 2003 年 5 月采集的不同植被类型沼泽水样品分析结果(表 3.4)可以看出，不同形态的氮(TN、$NH_4^+$-N、$NO_3^-$-N)含量水平均表现为漂筏苔草沼泽水(PF)高于毛果苔草沼泽水(MG)，并且均以 $NH_4^+$-N 为主要存在形态。2004 年 7 月毛果苔草和漂筏苔草沼泽水中氮(除 $NO_3^-$-N 外)的分布规律与 2003 年 5 月的分布规律是一致的，即漂筏苔草沼泽水中相应形态的氮含量大于毛果苔草沼泽水。但 2004 年 7 月和 8 月不同植被类型沼泽湿地水体氮的分布模式完全相反，与 7 月份相比，8 月份不同湿地水中不同形态的氮(TN、$NH_4^+$-N、$NO_3^-$-N)含量水平表现为毛果苔草湿地>漂筏苔草湿地，也均以 $NH_4^+$-N 为主要存在形态。从表 3.4 还可以发现，与 7 月份相比，8 月份毛果苔草和小叶章沼泽水中各种形态氮(除毛果苔草沼泽水中的 $NH_4^+$-N 外)的浓度均显著升高，而漂筏苔草沼泽水则明显降低。这主要是由于 8 月份与 7 月份比较，沼泽水分状况发生了明显变化，8 月份由于降雨量和降雨频次很小，又因沼泽湿地的蒸发和植物蒸腾作用水位明显下降，沼泽水体中不同形态的氮被浓缩，从而导致 8 月份毛果苔草和小叶章沼泽水体中不同形态氮含量升高。与 7 月份相比，8 月份漂筏苔草沼泽水体中不同形态氮含量降低，其原因可能是 8 月份是漂筏苔草的生长旺季，由于植物吸收大量的氮从而导致水体中氮含量降低。

**表 3.4　2003～2004 年不同类型沼泽湿地水体中的氮、磷含量**

单位：mg/L

| 采样时间 | 沼泽类型 | TN | $NH_4^+$-N | $NO_3^-$-N | TP | $PO_4^{3-}$-P |
|---|---|---|---|---|---|---|
| 2003.5 | 毛果苔草沼泽(MG) | 2.81 | 0.46 | 0.24 | 0.10 | 0.039 |
| | 漂筏苔草沼泽(PF) | 3.33 | 1.32 | 0.49 | 0.19 | 0.086 |
| 2004.7 | 毛果苔草沼泽(MG) | 1.74 | 0.28 | 0.026 | 0.057 | 0.021 |
| | 漂筏苔草沼泽(PF) | 2.59 | 0.92 | 0.066 | 0.19 | 0.042 |
| | 小叶章沼泽(XYZ) | 2.13 | 1.05 | 0.012 | 0.099 | 0.009 |
| 2004.8 | 毛果苔草沼泽(MG) | 3.66 | 3.17 | 0.058 | 0.33 | 0.061 |
| | 漂筏苔草沼泽(PF) | 2.18 | 0.22 | 0.053 | 0.11 | 0.019 |
| | 小叶章沼泽(XYZ) | 4.48 | 1.83 | 0.029 | 0.38 | 0.041 |

从 2005 年不同植被类型沼泽水中氮的分析数据(表 3.5)可知，TN 在乌拉苔草(WL)、毛果苔草(MG)和漂筏苔草(PF)三种类型沼泽湿地水体中的含量变化不大，其中 $NO_3^-$-N 含量变化与 TN 类似，在三种类型湿地中差别不大，$NH_4^+$-N 表现为 MG>WL>PF，$NO_2^-$-N 表现为 PF>MG>WL。总体来看，差异并不显著，但在氮形态方面，三种类型湿地均以 $NH_4^+$-N 为主，$NO_3^-$-N 次之，$NO_2^-$-N 含量最低。

**表 3.5　2005 年不同沼泽湿地类型水体中的氮含量**

单位：mg/L

| 氮的形态 | 植被类型 | | |
|---|---|---|---|
| | 乌拉苔草(WL) | 毛果苔草(MG) | 漂筏苔草(PF) |
| TN | 3.85 | 3.25 | 3.49 |
| $NH_4^+$-N | 0.72 | 0.86 | 0.35 |
| $NO_3^-$-N | 0.054 | 0.043 | 0.048 |
| $NO_2^-$-N (μg/L) | 13.19 | 17.63 | 21.11 |

根据 2004 年和 2005 年的数据分析可知，沼泽湿地水中不同形态的氮(TN、$NH_4^+$-N、$NO_3^-$-N、$NO_2^-$-N)含量均高于研究区内的河流水和降水，并且均以 $NH_4^+$-N 的存在形态为主。不同植被类型沼泽湿地水体之间不同形态的氮含量虽然表现出一定的差异，但总体的差异并不显著。

沼泽湿地不同的积水状况导致分布着不同的植被类型。沼泽中心一般积水最深，分布着漂筏苔草，乌拉苔草沼泽积水一般较浅，而毛果苔草沼泽积水居中。不同的积水状况不仅表现在植被类型的差异上，而且也表现在沼泽水中氮素形态的时间变化上。

乌拉苔草沼泽水体中氮素形态的时间变化如图 3.42 所示。据图可知，TN 含量呈先增加后降低的趋势，并在 7 月出现最大峰值，达 5.443 mg/L。TN 反映的是无机氮和有机氮的综合结果，无机氮主要以 $NH_4^+$-N、$NO_3^-$-N、$NO_2^-$-N 的形态存在，其中以 $NH_4^+$-N 为主，$NO_3^-$-N 次之，$NO_2^-$-N 含量最低。$NH_4^+$-N 的变化趋势与 TN 类似，呈“A”字形，即从 5 月份开始逐渐增加，到 8 月份达到最大峰值，而后下降。湿地水体中不同形态氮的分布特征是土壤氮、降水氮、植物吸收以及不同氮形态之间转化的综合反映。$NH_4^+$-N 是植物生长的必需营养物质，从植物的萌发开始，便需要大量 $NH_4^+$-N 以保障植物的正常生长，直至植物成熟后需求量才有所降低。硝态氮也是植物极易吸收的氮素，从乌拉苔草沼泽水中 $NO_3^-$-N 的时间变化看，乌拉苔草在生长初期可能对 $NO_3^-$-N 的吸收量并不大，而后吸收量变大，后期因植物成熟吸收量再度降低。$NO_2^-$-N 是极不稳定的一种氮形态，极易被氧化而转化为 $NO_3^-$-N，是水体氧化还原环境的综合反应，这里反映出水体氧化还原条件的交叉变化。

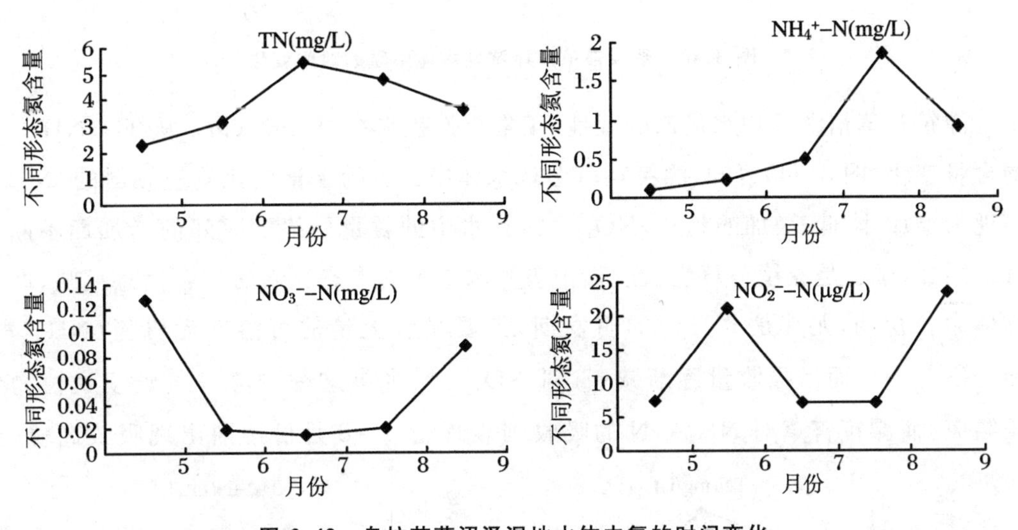


图 3.42　乌拉苔草沼泽湿地水体中氮的时间变化

毛果苔草是中等水位条件下的沼泽植被，常年处于淹水状态，毛果苔草沼泽水体氮的变化也是植物体生长氮素吸收和土壤可溶性氮的综合反映。从图 3.43 可知，沼泽水中 TN 和 $NH_4^+$-N 含量在 5～9 月的生长季基本呈“M”形变化，这可能与毛果苔草在生长过程中对水中 $NH_4^+$-N 的吸收存在较大差异有关。初期吸收最多，而后降低，然后吸收再增加(表现在水体中出现一个低值)，到 8 月吸收降到最低，同时在水体中达到一年的最大峰值(1.98 mg/L)。9 月份水中氮含量较低的原因可能是土壤、植物残体中可溶性 $NH_4^+$-N 减少或 $NH_4^+$-N 转变成 $NO_3^-$-N 所致，而 9 月份水中的 $NO_3^-$-N 含量达到最高值则可印证这一推测。毛果苔草湿地水中的 $NO_3^-$-N 含量基本表现为随时间的增加而增加，原因可能与毛果苔草对 $NO_3^-$-N 的吸收量从生长初期到7月份始终比较大,而8~9月份成熟后吸收量减少有关。$NO_2^-$-N虽然也能被植物吸收利用,但是极不稳定,易被氧化为$NO_3^-$-N,毛果苔草湿地是常年积水湿地,从水中的$NO_2^-$-N含量变化可以看出后期相对稳定的氧化还原环境。

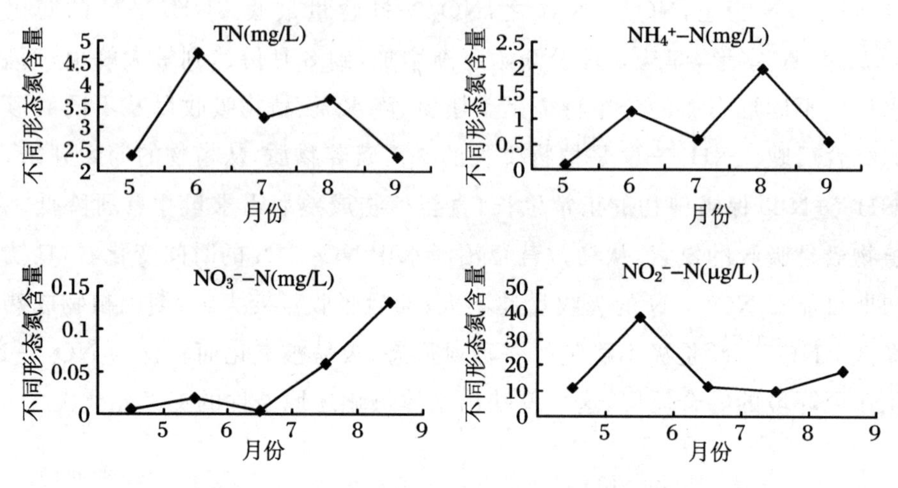


图 3.43 毛果苔草沼泽湿地水体中氮的时间变化

漂筏苔草沼泽是积水最深的湿地,正常年份积水在40~60 cm。从TN、$NH_4^+$-N的含量变化(图3.44)可知,漂筏苔草湿地水体中二者的含量变化均呈倾斜的"N"形,表现为增加-降低-增加的趋势;$NO_3^-$-N在水中的含量始终随时间的增加而不断上升。同样,这也是漂筏苔草生长过程中吸收水中不同形态氮素的综合信息反映,即植物体生长初期,尤其是5月份的萌发期,需要吸收大量的可溶性无机氮($NH_4^+$-N和$NO_3^-$-N),而后吸收量逐渐减弱,对$NO_3^-$-N来讲这种趋势一直延续到植物生长结束,而漂筏苔草对$NH_4^+$-N的吸收则表现为6~8月份逐渐出现吸收高峰,到

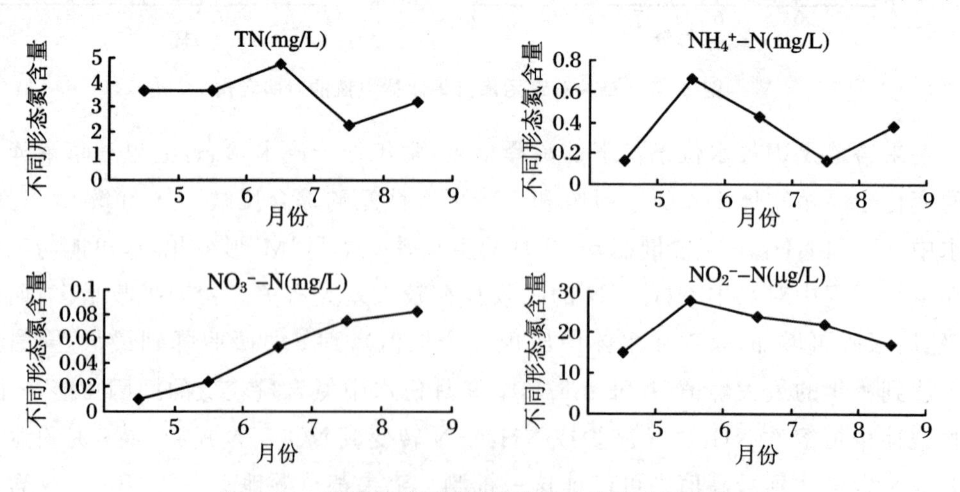


图 3.44 漂筏苔草沼泽湿地水体中氮的时间变化

8 月可能达到最大吸收峰值，此时水中的 $NH_4^+$-N 出现最低值(0.147 mg/L)，而后因植物成熟吸收量降低，表现为水中含量又逐渐增加，$NO_2^-$-N 含量的变化反映出后期比较稳定的氧化还原环境，$NO_3^-$-N 和 $NO_2^-$-N 的转化处于相对平衡状态。

**3. 沼泽湿地水体中磷的分布变化**

磷是湿地的重要营养物质之一。湿地水体中的总磷可分为有机磷和无机磷，无机磷中可溶性磷是易被植物吸收利用的主要形态，其中磷酸盐是植物可利用的重要的可溶性磷形态之一。湿地水体的 TP 含量介于 0.166～0.366 mg/L 之间，并因植被类型的不同而表现出一定的差异。从图 3.45 可知，TP 含量在不同植被类型湿地水体中的分布规律表现为 XYZ＞PF＞MG(2003～2004 年)；PF＞WL＞MG(2005 年)，可见中等水位条件下 TP 含量最低，但这种差别并不十分明显。可溶性 $PO_4^{3-}$-P 在不同年份和不同类型湿地水体中的含量占总磷的 10.4%～54.2%，并因积水环境的不同而表现出较好的分布规律，即积水越深，$PO_4^{3-}$-P 含量越高，而这可能是不同植被类型对磷吸收利用差异的结果。

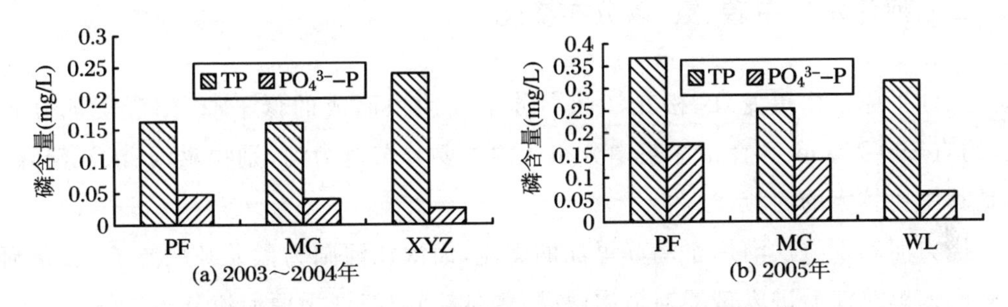


图 3.45 不同年份不同植被类型沼泽水体中磷含量比较

图 3.46 为不同植被类型沼泽湿地水体中总磷及可溶性磷酸盐磷随时间的变化规律。总体看，不同植被类型湿地水体中 TP 和 $PO_4^{3-}$-P 的变化规律基本趋于一致，仅在植物生长的个别时段有所差异。从乌拉苔草(WL)沼泽水体的变化看，TP 呈倾斜的"S"形，即植物萌发期水中 TP 较高，而后的 6 月份降至整个生长季的最低点(0.168 mg/L)，中期(7 月)达到最大峰值(0.478 mg/L)，之后的 8、9 月份逐渐下降。$PO_4^{3-}$-P 在乌拉苔草湿地水体中的平均含量(0.313 mg/L)占 TP 的 20%。$PO_4^{3-}$-P 是植物可直接利用的磷，在乌拉苔草湿地水体中其随时间的变化模式呈"W"形，这种趋势可能是植物在生长季吸收水中 $PO_4^{3-}$-P 的结果，即乌拉苔草在萌发期对 $PO_4^{3-}$-P 的吸收利用较低，而 6、8 月份对 $PO_4^{3-}$-P 的吸收利用达到峰值，7、9 月份与萌发初期类似，吸收较少，从而导致水体中 $PO_4^{3-}$-P 的含量与植物的吸收量呈现相反的变化趋势。漂筏苔草(PF)沼泽水体中 TP、$PO_4^{3-}$-P 含量的时间变化模式完全一致，均呈

"W"形。可见漂筏苔草对水中磷的吸收利用与乌拉苔草极其相似。

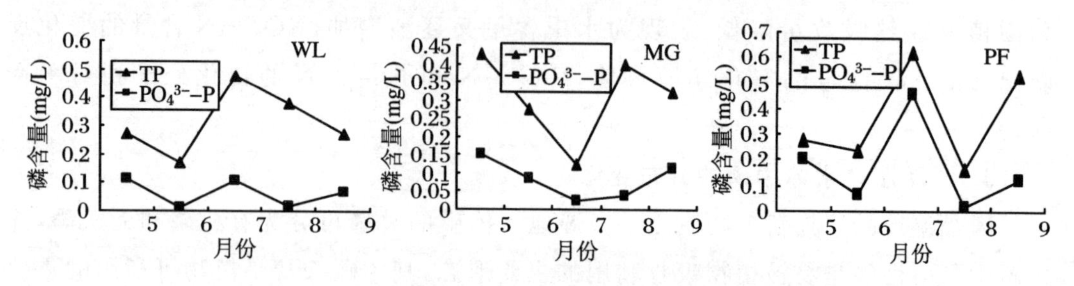


图 3.46 不同植被类型沼泽湿地水体中磷含量的时间变化

与乌拉苔草和漂筏苔草不同，毛果苔草湿地水体中 TP 含量随时间的变化呈"N"形，$PO_4^{3-}$-P 呈"U"形，这种变化趋势同样反映了毛果苔草在生长过程中对其所在的生长环境水体中磷的吸收利用的节律变化。在毛果苔草湿地水体中，$PO_4^{3-}$-P 占 TP 的比例较高，超过了 50%(54.21%)，而漂筏苔草湿地中这一比例接近 50%(47.46%)。

## 二、河流水体中碳、氮、磷分布变化

三江平原是由黑龙江、松花江和乌苏里江冲积而成的低平原，沼泽湿地分布广泛，约有 100 万 $hm^2$。在沼泽集中分布区内主要分布挠力河、别拉洪河、浓江河，挠力河是其中比较大的河流。

挠力河和别拉洪河属于乌苏里江的支流，而浓江河则为黑龙江的支流，三条河流最终汇入黑龙江后进入俄罗斯境内(称阿穆尔河)。三江平原河流分布见图 1.1。

**1. 河流水体中碳、氮、磷的含量特征**

从表 3.6 可知，三江平原河流总碳(TC)含量水平在 22.32～30.61 mg/L 之间，其中挠力河含量最高，达到 30.61 mg/L，浓江河最低，为 22.32 mg/L。无机碳(IC)也有类似的现象，即挠力河最高，浓江河最低，别拉洪河居中。但是，IC 占 TC 的比例有较大的差别，挠力河水体 IC 占 TC 的 67.36%，也就是说挠力河水体中的碳主要以无机碳的形式存在，为 30.62 mg/L，而别拉洪河和浓江河 IC 占 TC 的比例不足 50%，分别为 45.59%、41.45%。有机碳(TOC)在别拉洪河和浓江河的含量水平相当(分别为 13.00 mg/L、13.02 mg/L)，均高于挠力河水体(9.99 mg/L)。

总氮(TN)、总磷(TP)的含量水平分别在 0.97～1.21 mg/L 和 0.046～0.095 mg/L 之间，不同河流之间 TN、TP 的含量表现为挠力河＞浓江河＞别拉洪河，但其差别并不显著。河流水体中的无机磷主要以 $PO_4^{3-}$-P 的形态存在，其比例占总磷的 12.4%～18.2%。$NO_3^-$-N 占 TN 的 1.9%～6.5%，$NO_2^-$-N 占 0.1%左右。

表 3.6　三江平原沼泽集中分布区内主要河流碳、氮、磷含量

单位：mg/L

| 河流 | TC | TOC | IC | TN | $NH_4^+$-N | $NO_3^-$-N | $NO_2^-$-N (μg/L) | TP | $PO_4^{3-}$-P |
|---|---|---|---|---|---|---|---|---|---|
| 挠力河 | 30.61 | 9.99 | 20.62 | 1.21 | 0.22 | 0.054 | 2.91 | 0.095 | 0.0070 |
| 别拉洪河 | 24.06 | 13.00 | 11.06 | 0.97 | 0.12 | 0.019 | 2.22 | 0.046 | 0.0042 |
| 浓江河 | 22.23 | 13.02 | 9.22 | 1.18 | 0.15 | 0.076 | 6.76 | 0.064 | 0.0027 |

**2. 河流不同河段水体碳、氮、磷的含量差异**

挠力河是湿地分布区内比较大的河流，汇入的支流也比较多。从该河流不同河段碳的分布来看，TC、TOC、IC 的含量总体趋势是中游＞上游＞下游(图 3.47)。河流中这三种不同形态碳的来源一方面取决于降水中的碳含量，另一方面与所流经地区的环境有直接关系。挠力河中游水体 TC、TOC、IC 偏高的主要原因可能与中游地区的自然湿地被大面积开垦有关。湿地开垦为农田后，土壤侵蚀模数增大，土壤中的有机碳等物质可随土壤流失进入河流，从而导致河流中的碳及其相应组分含量升高。

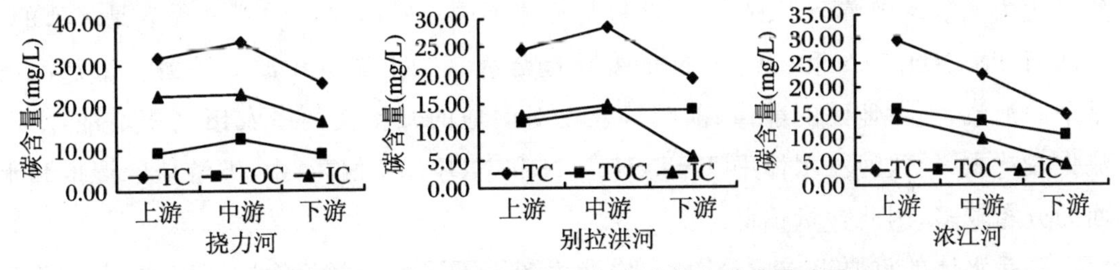


图 3.47　三江平原河流不同河段水体中碳含量差异

别拉洪河上、中、下游 TC、IC 的变化规律与挠力河类似，也是中游偏高，上、下游偏低。有机碳(TOC)在整个流域内变化不显著，可能与别拉洪河河流较短，且在下游河道不明显，沼泽分布广泛，从植物残体中淋溶出较多的有机碳有关。

浓江河流域上、中、下游水体中碳的分布表现为上游＞中游＞下游，这主要是由于在浓江河上游地区分布有前锋、前哨等农场，两岸农田相对于自然湿地土壤水土流失较严重，所以河流水体中的碳含量较高，与上游相比，中游地区河流两岸湿地分布较多，而下游地区则有较大的水面——大力加湖，所以中、下游受湿地的影响较大，含量逐渐下降。

从挠力河水体中不同形态氮含量的分布(图 3.48)来看，上游水体中的 TN 含量最低，为 0.7 mg/L，从上游至下游含量逐渐升高，到东安屯附近达到最大峰值 2.06 mg/L。这种分布规律的起因是河流上游接受农田排水很少，而到河流中、下游时，由于大面积湿地被开垦为农田，尤其是稻田，稻田排水进入河道，必然造成河流水中总氮含量的升高，此外，在河流下游存在网箱养鱼的现象，也可能造成河流污染。而

$NH_4^+$-N、$NO_3^-$-N 等可溶性氮含量从上游到下游逐渐下降，这可能是由河流本身上、下游水量多少造成的，同时也说明在 TN 的构成中有机氮占优势，并决定着 TN 的变化趋势。

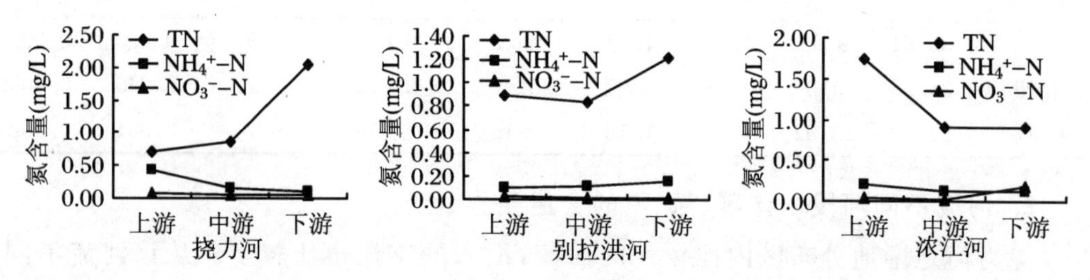


图 3.48 三江平原河流不同河段水体中氮含量差异

别拉洪河 TN 的变化表现为中游含量最低，为 0.83 mg/L，下游最高，达到 1.21 mg/L，上游居中，为 0.88 mg/L。别拉洪河属于平原河流，上游地区也处于平原区，自然湿地被大面积开垦为农田（如二道河子农场），因此受农田的影响上游含量很高，但从整个流域看，这种含量的差异并不显著。河水中可溶态的 $NH_4^+$-N、$NO_3^-$-N 含量变化为上游＞中游＞下游，这种趋势与河流不同河段内湿地的开垦程度是一致的。浓江河 TN、$NH_4^+$-N 和 $NO_3^-$-N 的变化趋势表现为上游＞中游＞下游。浓江河也是平原河流，上游地区的前锋、前哨等农场对湿地的开垦使两岸农田面积增加，水土流失较严重，导致河流水体中 TN、$NH_4^+$-N 和 $NO_3^-$-N 偏高，中、下游地区湿地和水面的分布较多，因此含量偏低。

磷是水体的重要组成成分，也是农业生产不可缺少的营养物质。因此，在农业开发比较发达的地区其河流水体中的磷浓度能反映农业生产活动的状况。从三江平原挠力河水体中磷的分布（图 3.49）看，对于 TP，中、上游差别不大，为 0.46～0.49 mg/L，而下游含量高出中、上游 3 倍多，达到 1.91 mg/L，河流下游如此高的含量可能是网箱养鱼投饵料的结果。而磷的可溶态 $PO_4^{3-}$-P 含量全流域变化不大。

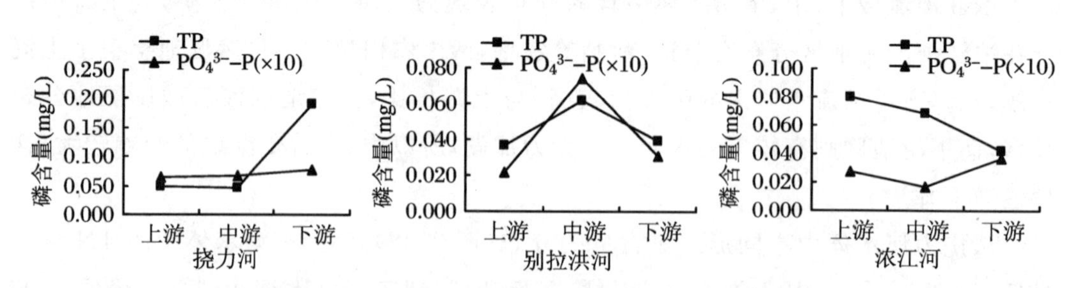


图 3.49 三江平原河流不同河段水体中磷含量差异

别拉洪河不同河段中 TP 和 $PO_4^{3-}$-P 的变化趋势与 TC、IC 的规律一致，与 TN 的变化相反，即中游偏高，上、下游偏低，这可能与别拉洪河中游地区的水田施用了过多的磷肥有关,从而导致 TP 和 $PO_4^{3-}$-P 偏高。浓江河 TP 含量表现为上游>中游>下游,与 TC 的变化规律完全一致,与 TN 类似。

**3. 河流水体碳、氮、磷含量的时间变化**

从时间变化(图 3.50)上看,挠力河水体 TC 和 IC 的变化趋势基本一致,即 5 月最低(17.1 mg/L),7、8 月较高,但含量差别不大,分别为 16.89 mg/L、17.93 mg/L。5 月份较低可能与该区农业生产活动刚刚开始,降雨量较小有关,7、8 月正值作物生长期,降雨量也相对增多,水土流失增强,从而导致 7、8 月河流水体 TC、IC 升高。TOC 在月份之间变化不明显,在 9.15～10.65 mg/L 范围内。

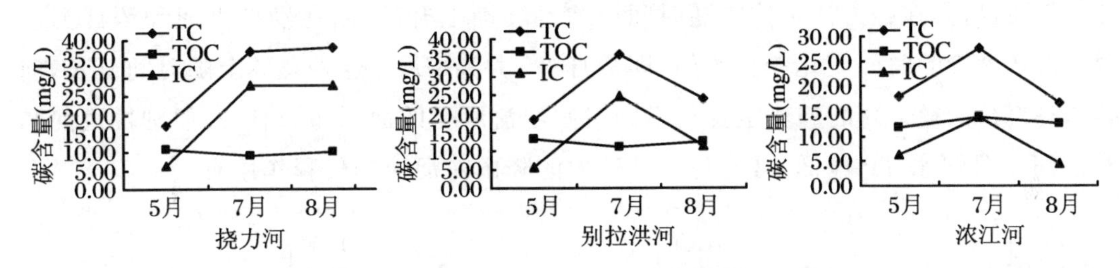


图 3.50　三江平原河流水体不同时间碳含量变化趋势

别拉洪河与浓江河水体中 TC、TOC 和 IC 的时间变化趋势基本一致,即 7 月到达最大峰值,而 5 月和 8 月相对较低。7 月份的降雨量最大,达 103.7 mm,此时产生的水土流失量最大,土壤中的碳被带入河流的概率增大,所以致使 7 月水中的 TC、IC 含量到达最大峰值。TOC 的变化与挠力河一样,月份之间差异不大。

总氮及可溶性无机氮在三江平原不同河流水体中随时间的变化趋势见图 3.51,由此可知,TN 含量在挠力河水中 7 月达到最高,为 2.36 mg/L,而 5、8 月含量较低。7 月的峰值可能与本月份该流域下游东安屯附近存在大面积网箱养鱼的氮污染(月均值 5.24 mg/L)而导致流域水体 TN 平均值升高有关,但是 7 月份河水中可溶态无机氮含量并不高,说明此时河流的 TN 主要以有机氮的形式存在。别拉洪河和浓江河水体中 TN 含量的时间变化趋势基本一致,即 5 月>7 月>8 月,这种变化趋势主要与 5 月份河水结冰刚刚融化,整个冬季河水累积的氮有关,7 月>8 月是 7 月、8 月降水的差异引起的土壤 TN 流失进入河流的差异造成的。

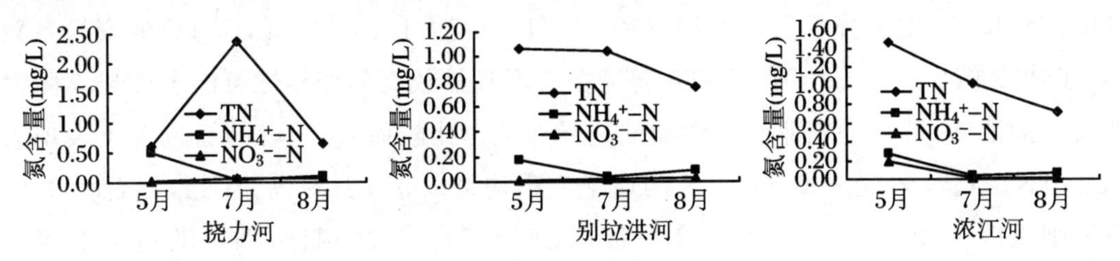


图 3.51　三江平原河流水体不同时间氮含量变化趋势

$NH_4^+$-N 含量在三条河流中随时间的变化极其相似，即 5 月＞8 月＞7 月，这种时间上的变化趋势与降水中 $NH_4^+$-N 的月均浓度变化趋势完全一致，可见降水对河流中 $NH_4^+$-N 的时间变化产生了重要影响，7 月、8 月低于 5 月可能是 7 月、8 月的降雨量大，对河流稀释的结果。$NO_3^-$-N 的变化整体上差别不大，仅在浓江河 5 月偏高，主要与 5 月降水有关。

从总氮和可溶性无机氮（$NH_4^+$-N）的时间变化趋势看，TN 的变化更多地依赖于土壤的流失状况，而 $NH_4^+$-N 则与降雨中 $NH_4^+$-N 含量的关系密切。

总磷及可溶性磷酸盐磷在三江平原河流水体中的时间变化趋势详见图 3.52。对于 TP 而言，其在挠力河水体中随时间增加呈逐渐上升趋势，在别拉洪河和浓江河水体中 TP 含量的时间变化趋势类似，即 7 月＞5 月＞8 月。这种总体上随时间延长，河流水体 TP 含量升高的趋势主要与不同时间河流所受的面源污染有关，但别拉洪河和浓江河 7 月河水 TP 偏低，可能与 7 月较大的降雨对河流的稀释作用有关。

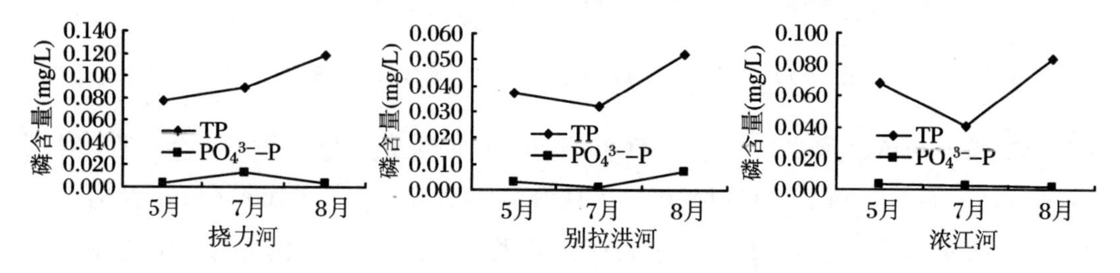


图 3.52 三江平原河流水体不同时间磷含量变化趋势

$PO_4^{3-}$-P 在不同的河流表现的趋势不一致，挠力河：7 月＞8 月＞5 月；别拉洪河：8 月＞5 月＞7 月；浓江河：5 月＞7 月＞8 月。这种随时间延长而呈现的复杂变化趋势解释起来比较困难，可能是降雨、水土流失、沼泽水的排入等综合作用的结果，这方面的科学问题还有待于进一步深入研究。

**4. 主要河流断面的 TC、TN 和 TP 通量**

选择三江平原水文监测资料较为系统的挠力河菜咀子水文站和别拉洪河别拉洪水文站来分别研究挠力河中游和别拉洪河下游 TC、TN 和 TP 的季节通量（表 3.7、表 3.8）。从表中可以看出，挠力河中游河水 TC、TN 和 TP 的通量在各月间差异明显，其中 TN 和 TP 的变异系数（59.99%和 54.34%）较大且比较接近，而 TC 的变异系数（41.64%）最小。河水的 TN 和 TP 通量在不同月份较高的变异性可能主要与不同时期人类的活动，特别是农业施肥活动的差异有关。比较而言，三者的通量大小表现为 TC＞TN＞TP。不同时期 TC、TN 的通量大小均是以 5、9 月较高，7 月最低，而 TP 的通量则是以 5 月最高，7 月次之，9 月最低（表 3.7）。与之相比，别拉洪河下游河水 TC、TN 和 TP 通量各月间的差异也极为明显，三者的变异系数也是以 TN 和 TP 的

(69.17%和61.65%)较大,而TC的(35.52%)最低。河水TN、TP通量的较高变异性可能也与不同时期河流中上游地区的人类活动有关。比较而言,三者的通量大小也表现为TC>TN>TP,并且不同时期三者的通量大小均是以5、9月较高,7月最低(表3.8)。

**表3.7 挠力河菜咀子站TC、TN、TP通量**

| 项目 | TC浓度(mg/L) | TN浓度(mg/L) | TP浓度(mg/L) | 流量*($m^3/s$) | TC通量(g/s) | TN通量(g/s) | TP通量(g/s) |
|---|---|---|---|---|---|---|---|
| 5月 | 21.43 | 0.772 | 0.036 | 53.22 | 1140.5 | 41.1 | 1.916 |
| 7月 | 36.56 | 0.906 | 0.073 | 13.05 | 477.1 | 11.8 | 0.953 |
| 9月 | 47.75 | 0.905 | 0.029 | 23.86 | 1139.3 | 21.6 | 0.692 |
| 均值 | 35.26 | 0.861 | 0.046 | 30.04 | 918.9 | 24.8 | 1.187 |
| 标准差 | 3.21 | 0.077 | 0.023 | 20.79 | 382.7 | 14.9 | 0.645 |
| 变异系数 | 9.11% | 8.94% | 50.00% | 69.19% | 41.64% | 59.99% | 54.34% |

注:*,多年月平均流量,资料来源于佳木斯水文局。

**表3.8 别拉洪河别拉洪站TC、TN、TP通量**

| 项目 | TC浓度(mg/L) | TN浓度(mg/L) | TP浓度(mg/L) | 流量*($m^3/s$) | TC通量(g/s) | TN通量(g/s) | TP通量(g/s) |
|---|---|---|---|---|---|---|---|
| 5月 | 19.37 | 1.210 | 0.039 | 4.78 | 92.72 | 5.79 | 0.187 |
| 7月 | 35.28 | 1.04 | 0.032 | 1.23 | 43.50 | 1.28 | 0.039 |
| 9月 | 19.61 | 0.690 | 0.042 | 4.13 | 81.11 | 2.85 | 0.174 |
| 均值 | 24.75 | 0.980 | 0.038 | 3.38 | 72.44 | 3.31 | 0.133 |
| 标准差 | 9.11 | 0.26 | 0.005 | 1.89 | 25.73 | 2.29 | 0.082 |
| 变异系数 | 36.83% | 27.04% | 13.16% | 55.89% | 35.52% | 69.17% | 61.65% |

注:*,多年月平均流量,资料来源于佳木斯水文局。

## 第三节 沼泽湿地水环境中氮、硫、磷的输入途径

### 一、沼泽湿地氮沉降

#### 1. 沼泽湿地氮输入的主要来源

三江平原沼泽湿地在生长季降水中各形态氮主要来自农业(种植大豆和水稻)施

肥活动的氨挥发，较高的氨挥发使得湿沉降中的 $NH_4^+$-N 浓度及其他形态氮的浓度均较高。非生长季降水中各形态氮主要来自：一是该区冬季取暖化石燃料和生物质燃料（用于日常生活和取暖的生物质燃料）的燃烧，大量化石燃料和生物质燃料的燃烧会导致大量 $NO_x$ 的产生和大气中颗粒物的增多，进而会造成降水中各形态氮的浓度均较高；二是该区农业大规模的秸秆焚烧活动。一般而言，该区的秸秆焚烧活动大多集中在每年的 9 月末至 11 月末以及第二年的 3～4 月，大规模的秸秆焚烧一方面会产生大量的 $NO_x$，另一方面秸秆焚烧产生的大量灰尘由于无法在短时间内扩散而积聚在大气中，降水的冲刷作用使其一部分回到地表，另一部分则溶解在雨水中，从而导致各形态氮的浓度均较高。

农田排水：农田排水是沼泽湿地水体中氮、磷的另一主要来源。三江平原沼泽湿地开垦后，对周围的湿地产生较大的影响，特别是稻田排水。稻田水（ST）中由于施用含氮、磷的化肥，其水中的 TN、TP 含量明显高于自然毛果苔草湿地（MG）、漂筏苔草湿地（PF）的水体（表 3.9、图 3.53），其中 TN 达到 8.88 mg/L，TP 达到 0.67 mg/L，TN 是自然湿地的 3.4～5.1 倍，TP 是自然湿地的 3.5～11.2 倍。从形态看，$PO_4^{3-}$-P 是自然湿地的 2.4～4.8 倍，$NH_4^+$-N 是自然湿地的 0.9～2.9 倍。与自然毛果苔草沼泽水（MG）相比，接受稻田排水的毛果苔草沼泽水（MGN）中的 TN、$NH_4^+$-N、TP 和 $PO_4^{3-}$-P 含量均较高，说明毛果苔草沼泽水已经受到农田排水的影响，其中 TN、$NH_4^+$-N 含量水平已接近自然毛果苔草沼泽水的 3 倍，TP、$PO_4^{3-}$-P 含量水平是自然毛果苔草沼泽水的 1.1～2.2 倍。漂筏苔草沼泽接受农田排水后，与自然漂筏苔草沼泽相比表现为 TN、$NH_4^+$-N 含量升高，为自然漂筏苔草沼泽水的 1.2～1.5 倍，可见漂筏苔草沼泽在接受农田排水后表现为氮（TN、$NH_4^+$-N）污染。然而磷（TP、$PO_4^{3-}$-P）在自然漂筏苔草湿地中含量高于接受农田排水的漂筏苔草沼泽水，这可能是由于农田水的排入使漂筏苔草生长加快（现场观察发现接受农田排水的漂筏长势要好于自然漂筏），进而对磷吸收增强所致。

**表 3.9 自然湿地与接受稻田排水湿地水中不同形态碳、氮、磷含量**

单位：mg/L

| | TN | $NH_4^+$-N | TP | $PO_4^{3-}$-P | TOC | TC | IC |
|---|---|---|---|---|---|---|---|
| 稻田水（ST） | 8.88 | 0.83 | 0.67 | 0.1 | 83.72 | 104.92 | 21.18 |
| 毛果＋排水（MGN） | 4.82 | 0.79 | 0.13 | 0.024 | 56.91 | 76.66 | 19.75 |
| 漂筏＋排水（PFN） | 3.78 | 1.12 | 0.17 | 0.028 | 55.07 | 64.31 | 9.23 |
| 自然毛果（MG） | 1.73 | 0.28 | 0.06 | 0.021 | — | — | — |
| 自然漂筏（PF） | 2.59 | 0.92 | 0.19 | 0.042 | — | — | — |

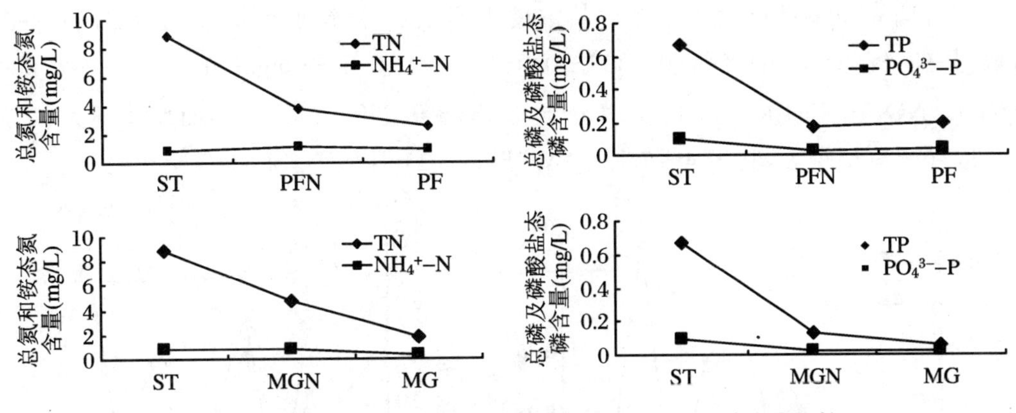


图 3.53　稻田水与稻田排水湿地、自然湿地水体氮、磷含量比较

从表 3.9 还可以看出，稻田水中的不同类型碳（TOC、TC、IC）均比接受农田排水湿地水中的相应形态碳含量高，而这主要是受稻田水中较高的不同形态碳含量影响的结果。相关分析发现，湿地水中的 TC、TN、TP 之间具有很好的正相关关系。

$NO_x$ 自然排放：三江平原地区大气中的 $NO_x$ 多以 $N_2O$、NO 和 $NO_2$ 等形态存在。湿地和农田有着相对较高的 $NO_x$ 自然排放量，而施肥活动又会导致其排放量的增加。目前该区研究较多的 $NO_x$ 主要为 $N_2O$。王毅勇等（2006）对该区湿地和农田生长季、非生长季 $N_2O$ 排放速率的研究表明（表 3.10），无论是湿地还是农田，其生长季的 $N_2O$ 排放速率均明显高于非生长季，其中积水沼泽和湿草甸在非生长季的 $N_2O$ 排放速率还为负值。这就在一定程度上说明生长季的 $N_2O$ 排放速率对于各类型湿地和农田的年 $N_2O$ 排放速率的贡献明显要高于非生长季。

表 3.10　三江平原湿地和农田 $N_2O$ 排放速率

| 类型 | 生长季 $N_2O$ 排放速率（mg/(m・h)） | 非生长季 $N_2O$ 排放速率（mg/(m・h)） | 年 $N_2O$ 排放速率（mg/(m・a)） |
|---|---|---|---|
| 积水沼泽（毛果苔草群落） | 0.025 | −0.013 | 53.928 |
| 湿草甸（小叶章群落） | 0.056 | −0.052 | 21.408 |
| 灌丛湿地 | 0.137 | 0.012 | 657.120 |
| 水稻田 | 0.023 | 0.008 | 136.320 |
| 大豆地 | 0.175 | 0.024 | 877.056 |

**2. 降水中氮浓度的时间变化**

由图 3.54 可以看出，$NH_4^+$-N 的浓度在 1～4 月呈递减趋势并于 4 月取得一年中的最低值（0.096 mg/L），之后其浓度骤然增加并分别于 5 月、8 月、10 月取得三次较为明显的峰值（1.599 mg/L、0.921 mg/L 和 3.77 mg/L），11～12 月，其浓度虽然较高但变化平缓。与之相似，$NO_2^-$-N 的浓度在 1～3 月也呈递减趋势并于 3 月取得一年中的最低值(0.0036 mg/L),之后其浓度迅速增加并分别于4～5月、8月、10～11月取得三次较为明显的峰值(0.0306～0.0320 mg/L、0.0569 mg/L 和 0.0194～0.0201 mg/L)。$NO_3^-$-N 的浓度在1～3月介于0.283～0.399 mg/L之间而变化不大,之后其浓度变化波动较大,其中4～7月呈"W"形,7～11月呈"V"形。

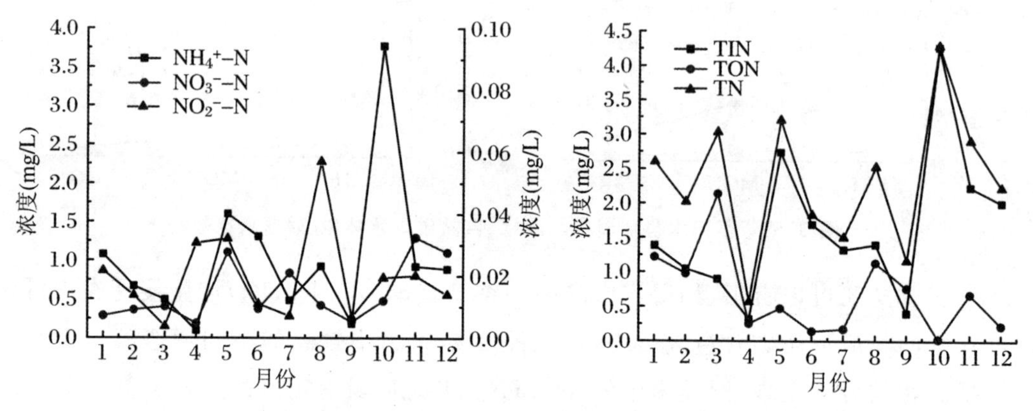


图 3.54 降水中不同形态氮的月均浓度变化

总无机氮 TIN 和 TN 的变化波动较大且趋势基本一致。1～5月,TN 的浓度变化呈"W"形并分别于1月、3月和5月取得三次较为明显的峰值(2.601 mg/L、3.033 mg/L 和 3.206 mg/L),TIN 的浓度变化呈"V"形并分别于1月和5月取得一年中的较大值(1.382 mg/L 和 2.735 mg/L),二者均于4月取得一年中的最低值(0.315 mg/L 和 0.568 mg/L)。5～10月,二者的浓度变化均呈"W"形并于10月取得一年中的最大值(4.267 mg/L 和 4.292 mg/L),10月之后,二者的浓度迅速递减但仍保持在较高水平上。总有机氮 TON 的浓度在1～4月均较高(0.976～2.136 mg/L)且其变化与 TN 较为一致;4～7月,其浓度介于0.174～0.470 mg/L之间而变化不大;7～12月,其浓度变化呈"M"形并分别于8～9月和11月取得两次较为明显的峰值(0.765～1.133 mg/L 和 0.676 mg/L)。

为了进一步探讨氮沉降在该区植物生长期与非生长期内的差异性,本书研究根据植物的生长节律,将全年划分为生长季(4月下旬至9月下旬)和非生长季(10月上旬至次年4月中旬)两个时间区间。比较而言,生长季各形态氮的月均浓度除个别月份较高外,其他各月总体上要低于非生长季的各月浓度。

**3. 降水中氮沉降量的时间变化**

图 3.55 为各形态氮沉降量的月变化。据此可知,各形态氮的沉降量均存在明显的月变化,其在各月间差异明显。具体来说,各形态氮的沉降量在一年中均出现2～4次较为明显的峰值。$NH_4^+$-N 和 $NO_3^-$-N 的三次明显峰值分别出现在5月、7～8月和10月,并以前两次峰值的沉降量较大。$NO_2^-$-N 的两次峰值出现在5月和7～8

月，并以7～8月的沉降量最大。与之相比，TIN、TON和TN分别于3月、5月、7～8月和10月出现四次峰值，但三者取得最大值的时间不同(5月、10月和8月)。就TN而言，其在四个时期的沉降量分别为0.743 kg/hm$^2$、2.052 kg/hm$^2$、4.037 kg/hm$^2$和1.248 kg/hm$^2$，共占全年沉降量的83.42%，而这四个时期的贡献率分别为7.67%、21.19%、41.68%和12.89%。从TN的组成来看，TIN和TON在这四个时期的沉降量分别为0.220 kg/hm$^2$、1.721 kg/hm$^2$、3.207 kg/hm$^2$、0.457 kg/hm$^2$和0.523 kg/hm$^2$、0.332 kg/hm$^2$、0.830 kg/hm$^2$、0.792 kg/hm$^2$，而四个时期的沉降总量分别占全年沉降量的57.86%和25.57%。就TIN的组成而言，$NH_4^+$-N和$NO_3^-$-N在5月、7～8月和10月三个时期的沉降量分别为1.006 kg/hm$^2$、1.623 kg/hm$^2$、0.257 kg/hm$^2$和0.695 kg/hm$^2$、1.513 kg/hm$^2$、0.197 kg/hm$^2$，而三个时期的沉降总量对于全年TIN和TN的贡献率分别为43.88%、36.57%和29.79%、24.82%。与之相比，$NO_2^-$-N在5月和7～8月两个时期的沉降量分别为0.020 kg/hm$^2$和0.071 kg/hm$^2$，而其对于全年TIN和TN的贡献率分别为1.39 %和0.95%。导致各形态氮沉降量出现三次明显峰值的原因主要与相应时期降水中各形态氮的月均浓度以及降雨量的大小有关。$NH_4^+$-N、$NO_3^-$-N和$NO_2^-$-N在5月、7～8月和10月的月均浓度和降雨量均较高，由此导致其沉降量出现明显峰值。TON、TIN和TN在3月、5月、7～8月和10月出现四次峰值的原因也主要与相应时期较高的月均浓度以及相对较高的降雨量有关。

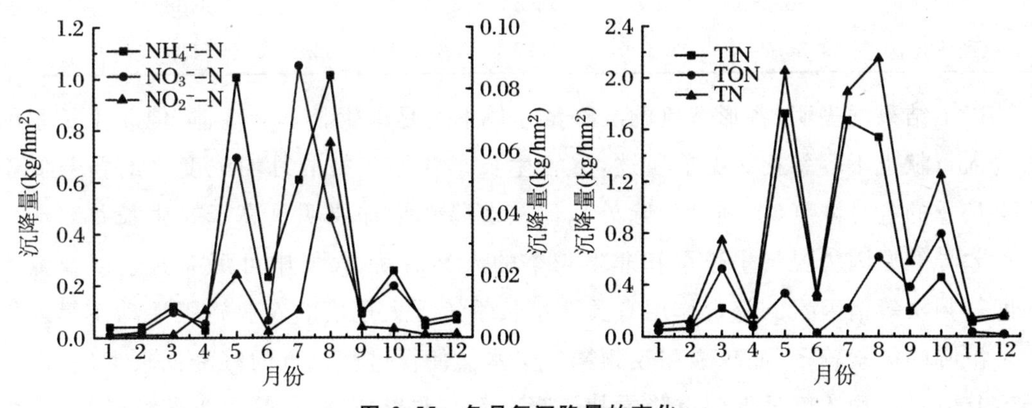


**图3.55 各月氮沉降量的变化**

若以生长季和非生长季为统计单位来计算各形态氮的沉降量，则两个时间区间内各形态氮的沉降量及其贡献率如表3.11所示。据此可知，生长季的TN沉降量为非生长季的3.19倍，说明生长季是氮沉降的重要时期，其沉降量为7.375 kg/hm$^2$，占全年的76.14%。非生长季的沉降量相对较低，仅为2.311 kg/hm$^2$，占全年的23.86%。由于TIN和TON的生长季/非生长季之值分别为6.83和1.11，而TIN/TON

之值在生长季和非生长季又分别为0.57和3.50,这就说明生长季是TIN和TON沉降的重要时期(分别为5.735 kg/hm$^2$和1.640 kg/hm$^2$),但各时间区间内TIN所占的比例存在明显差异,其对于各时间区间及全年的贡献率分别为77.76%、36.35%和59.21%、8.67%。而就TIN的各形态而言,$NH_4^+$-N、$NO_3^-$-N和$NO_2^-$-N生长季的沉降量均明显高于非生长季,分别为非生长季的6.61倍、6.92倍和15.14倍。比较而言,生长季与非生长季的氮沉降量均以$NH_4^+$-N最大,$NO_3^-$-N次之,$NO_2^-$-N最小,分别占各时间区间氮沉降总量的41.87%、34.44%、1.44%和20.21%、15.88%、0.30%,而其对于全年氮沉降量的贡献率分别为31.88%、26.22%、1.09%和4.82%、3.79%、0.07%。

**表3.11 生长季、非生长季和全年氮沉降量(kg/hm$^2$)及所占比例**

| 项目 | $NH_4^+$-N | $NO_3^-$-N | $NO_2^-$-N | TIN | TON | TN | TIN/TON |
|---|---|---|---|---|---|---|---|
| 非生长季 | 0.467 | 0.367 | 0.007 | 0.840 | 1.471 | 2.311 | 0.57 |
| 占非生长季比例 | 20.21% | 15.88% | 0.30% | 36.35% | 63.65% | 1% | — |
| 占全年比例 | 4.82% | 3.79% | 0.07% | 8.67% | 15.17% | 23.86% | — |
| 生长季 | 3.088 | 2.540 | 0.106 | 5.735 | 1.640 | 7.375 | 3.50 |
| 占生长季比例 | 41.87% | 34.44% | 1.44% | 77.76% | 22.24% | 1% | — |
| 占全年比例 | 31.88% | 26.22% | 1.09% | 59.21% | 16.93% | 76.14% | — |
| 生长季/非生长季 | 6.61 | 6.92 | 15.14 | 6.83 | 1.11 | 3.19 | — |
| 年沉降量 | 3.555 | 2.907 | 0.113 | 6.575 | 3.111 | 9.686 | 2.11 |
| 所占比例 | 36.70% | 30.01% | 1.17% | 67.88% | 32.19% | 1% | — |

以上结果均表明,各形态氮的沉降量总体上均是以生长季为主体,但非生长季的氮输入贡献也不容忽视。据前所述,尽管生长季各形态氮的月均浓度一般普遍低于非生长季的各月浓度(个别月份除外),但其沉降总量却要明显高于非生长季。产生这种差异的原因主要与生长季和非生长季的人类活动、大气中可沉降氮素以及降水强度和频次等诸因素的综合作用有关。生长季该区大规模的农业施肥活动使得大气中可沉降的氮素较多,而较强和较频繁的降水又使得这些氮素的沉降比较彻底,由此导致其氮素月均浓度虽低但沉降量却较高。而在非生长季,尽管由于秸秆焚烧、沙尘等产生的可沉降氮素也较为丰富,但由于此间相对较弱和较少的降水又使得这些氮素的沉降并不彻底,由此导致其氮素月均浓度虽高但沉降量却很低。此外,湿地和农田在生长季与非生长季$N_2O$排放速率的差异对于两个时间区间的氮沉降量也有着重要影响。生长季相对较高的$N_2O$排放速率可在一定程度上解释两个时间区间各形态氮沉降量的差异性。

对研究地区全年各形态氮沉降量的估算结果(表3.11)表明,TN的年沉降量为

9.686 kg/hm$^2$，TIN/TON 之值为 2.11，TIN 为沉降的主体，总量为 6.575 kg/hm$^2$，占 67.88%。TON 的降量相对较低，仅为 3.111 kg/hm$^2$，占 32.19%。在 TIN 中，$NH_4^+$-N 和 $NO_3^-$-N 又是 TIN 沉降的主体，其沉降量分别为 3.555 kg/hm$^2$ 和 2.907 kg/hm$^2$，分别占全年沉降量的 36.70% 和 30.01%。

**4. 氮沉降的生态效应**

Koerselman (1993) 和 Verhoeven(1993) 等对欧洲淡水沼泽植物体 N/P 值的研究发现，N/P<14，植物生长受 N 限制；N/P 介于 14～16 之间，则同时受 N、P 的限制；N/P>16，则受 P 限制。我们可将该结论引入到与其生态环境相似的三江平原地区淡水沼泽湿地系统的研究中，并用于讨论该区主要淡水湿地植被小叶章、毛果苔草和漂筏苔草的 N/P 值。结果表明，三种湿地植物 N/P 值的均值分别为 5.76、2.05 和 2.43，均低于 14，说明三者均受 N 素限制。同时，根据 Krupa(2001) 的研究结论，即湿地系统的氮沉降低于临界负荷点 5～10 kg/(hm$^2$ · a) 时，植物生长受 N 限制，该区的氮沉降量(9.686 kg/hm$^2$) 恰好落在该区间范围内，这又进一步说明氮素是该区湿地植被的主要限制因素。

据统计，该区 1990 年的化肥用量平均为 64.8 kg/hm$^2$，而 1994 年增至 120.6 kg/hm$^2$，其使用量正逐年增加。尽管各地化肥的施用量不尽一致，但总体上氮肥占 80%～90%，而磷肥占 5%～8%。由于 N 相对于 P 而言更容易从土壤中流失，所以降水中通常有很高的 N/P 值。图 3.56 为该区各月降水中 N/P 值的变化。据此可知，该区全年各月降水 N/P 值的均值均较高，介于 4.33～34.22 之间，而湿地土壤中的 N/P 值则介于 1.22～10.82 之间，均值为 3.81 ± 0.50($n$ = 35)。显然，各月降水中的 N/P 值均明显高出土壤和植物 N/P 值的数倍，这就说明湿地系统的降水输入是植物生长氮素的重要来源，它对于改变湿地环境的 N/P 值，刺激植物生长的生态意义重大。同时，从 N/P 值的季节分布来看，生长季除 4 月 (32.47 ± 14.65，$n$ = 10) 和 5 月 (32.92 ± 6.76，$n$ = 10) 的 N/P 值很高外，其他各月均较低，均值介于 6.85～15.32 之间，即便如此，该时段内降水的 N/P 值还是明显高于湿地植物和土壤的 N/P 值。又由于生长季是全年氮沉降的重要时期(为非生长季的 3.19 倍)，其 TN 沉降量占全年的 76.14%，这就充分说明生长季降水的氮输入对于此间植物生长有着直接的生态意义，而 4 月和 5 月降水中很高的 N/P 值(图 3.56) 和很高的氮输入量(2.216 kg/hm$^2$，占全年输入量的 22.88%) 又恰好为植物生长初期提供了大量营养。比较而言，非生长季许多月份降水中的 N/P 值明显要高于生长季，其均值介于 3.34～34.22 之间。此间的降水虽然会为湿地系统输入大量的氮素营养，但由于植物处于非生长期，所以其直接生态意义并不明显，但间接生态意义重大。由于这部分降水大多以积雪的形式累积下来，而这些积雪又大多在次年植物生长初期才开始融化，又由于植物生长初期需要大量的氮素营养，所以积雪的不断融化对于大量补充植物此间生长所需的养分有着非常重要的生态意义。可见，尽管非生长季的氮沉降比例与生长季相比相对较低，但其生态作用却不容忽视。

由于降水对湿地植物的生长有着直接和间接的生态意义，所以年降水量的多寡可在一定程度上反映氮沉降量的高低。图3.57为研究地区1984～2005年年降水量变化图。据图可知，该区的年降水量在总体上呈现出先增加后降低的趋势，而近几年特别是1999年以来，年降水量呈逐年递减趋势。这在一定程度上说明因降水而输入到湿地系统的氮素可能在逐年降低，而氮输入量的降低又会对湿地植物的生长产生重要影响，严重时可在一定程度上引起湿地的退化。因此，在探讨当前三江平原湿地退化问题时，除了应考虑湿地中人类活动的原因外，近年来大气氮沉降量的逐年降低也可能是导致其退化的重要自然因素，其作用不容忽视。

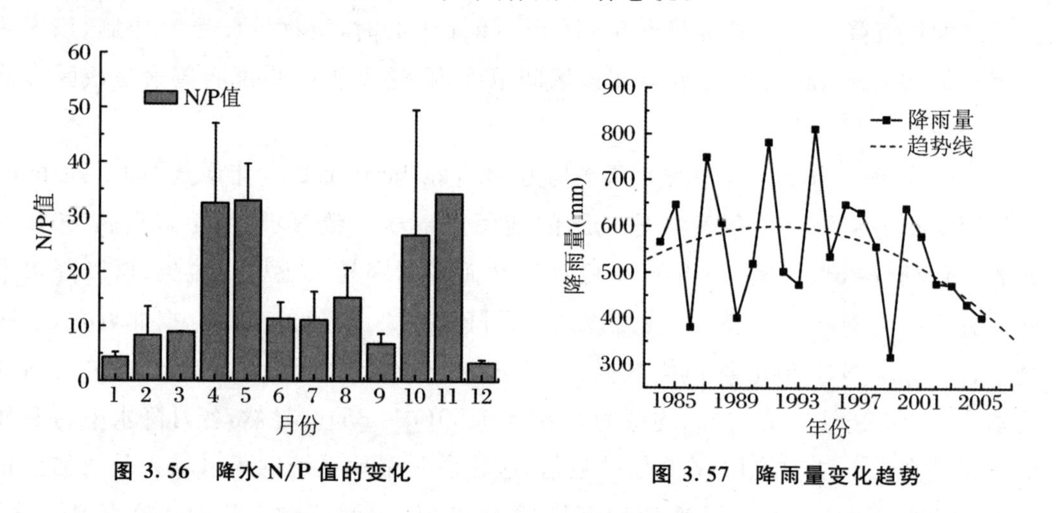


图3.56 降水N/P值的变化

图3.57 降雨量变化趋势

## 二、沼泽湿地磷沉降

### 1. 降水中磷浓度的时间变化

磷沉降的月均浓度变化如图3.58所示，其中TP月均浓度变化表现为双峰形，峰值分别出现在7月和10月，10月的峰值最大，达到3.81 mg/L。11月到次年2月，TP月均浓度基本在0.509～0.549 mg/L之间变化，次年的3月到6月浓度最低，变化范围在0.059～0.112 mg/L之间。$PO_4^{3-}$在研究时段内呈单峰变化，最大值出现时间与TP相同(10月)，浓度为1.728 mg/L，其他月份$PO_4^{3-}$的变化很小，尤其是在11月至次年6月的非生长季(9月末至次年4月中旬)和生长季初期，月均浓度变化极小，只有8月略有升高。

各次降水磷浓度是磷湿沉降月均浓度的重要影响因子。各次降水中磷的浓度变化(图 3.58)表明,TP 和 $PO_4^{3-}$ 的浓度变化除在 5 月末出现一次高值外,其他时段基本与月均浓度的变化趋势一致。TP 在 7 月末降水中有一次极高值,而 $PO_4^{3-}$ 并未出现这种现象,说明此次降水主要以颗粒态磷和有机磷等不溶的非活性磷为主,这种现象可能是由于某次偶然的天气事件等带来的含磷尘埃随雨水降落造成的。除 10 月外的其他月份,TP 和 $PO_4^{3-}$ 在各次降水中的含量变化很小,基本在 0～0.9 mg/L 和 0～0.48 mg/L 之间变化。

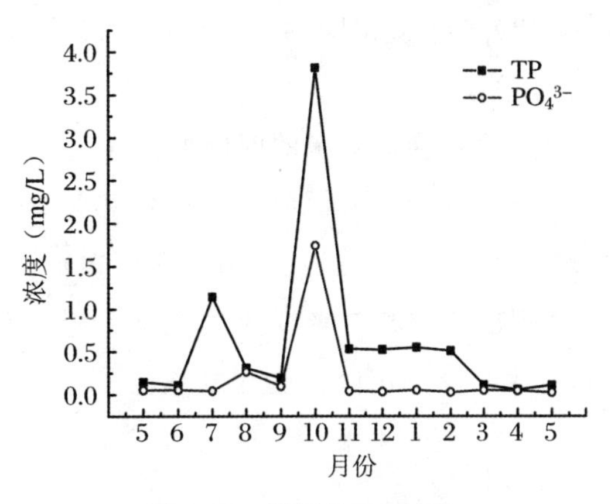

图 3.58　磷月均浓度变化

降水量和降水频次也是磷湿沉降的重要影响因素。一般来讲,降水量和降水频次与降水中磷的浓度成反比。在研究时段内,10 月的降水量(7 mm)和频次(6 次)都相对较少(图 3.59),因此造成 10 月磷沉降的浓度较高。7 月虽然降水量很高,但由于降水 TP 浓度出现一次极高值,使月均沉降浓度升高。大气运动可导致空气中元素含量变化。尤其是三江平原位于西风带向北太平洋输送尘埃的下方,在非生长季盛行西北风,冬季强劲的西北风携带大量尘埃最终随着降水沉降下来,加之本地区在秋收后一般要进行翻耕,而这时土壤还没有完全冻结,因此 11 月至次年 2 月翻耕后松弛的表层土壤也是大气中磷的重要来源,大气磷沉降以不可溶的颗粒态磷和有机磷为主,沉降中 $PO_4^{3-}$ 含量较低。3 月以后,土壤表面大多覆盖有冬季的积雪,土壤表面也已经冻结,大气中磷的来源减少,3 月至 6 月大气沉降中的 TP、$PO_4^{3-}$ 量均很低。5 月湿沉降中磷浓度年内变化有一个较高值可能与某两次降水间隔时间较长,使空气中磷累积量增多有关,而平均到月均浓度上则没有明显的浓度增高。

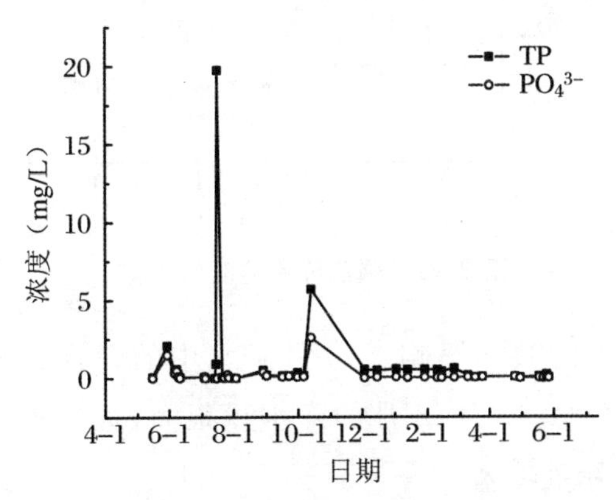

图 3.59　湿沉降磷浓度年内变化

**2. 降水中磷的组成**

$PO_4^{3-}$ 是磷沉降中活性最强的部分。如图 3.60 所示,$PO_4^{3-}$ 在全年磷沉降中所占的比重不大,但波动较大,全年变化范围为 3.698%～76.881%。全年比较发现,11 月到次年 2 月其沉降量较少,且此间其所占比重的变化也较低。4 月植物开始返青,

此间 $PO_4^{3-}$ 占湿沉降的比重呈现出较大波动，这种波动可能与当地生长季农业施肥活动有关。

**3. 降水磷沉降量的时间变化**

TP 和 $PO_4^{3-}$ 月沉降量的变化趋势基本相同，均为双峰形(图 3.61)。TP 的峰值出现在 7 月和 10 月，且峰值明显。$PO_4^{3-}$ 的峰值出现在 8 月和 10 月，但峰值不明显。11 月到次年 5 月二者变化均趋于平稳。TP 和 $PO_4^{3-}$ 的沉降量在生长季高于非生长季，且生长季的沉降量变化剧烈。

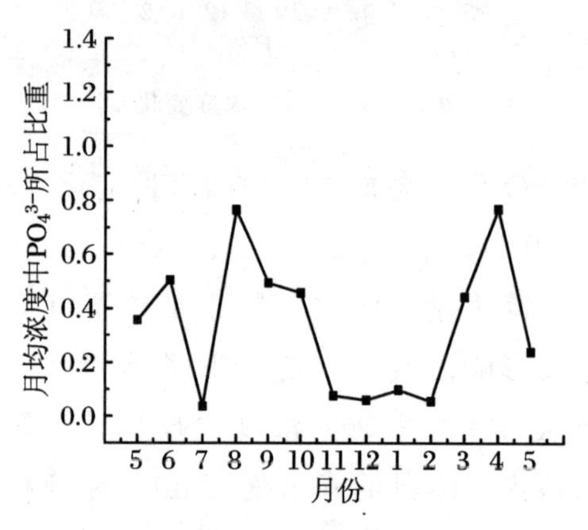


图 3.60 $PO_4^{3-}$ 占磷沉降的比重

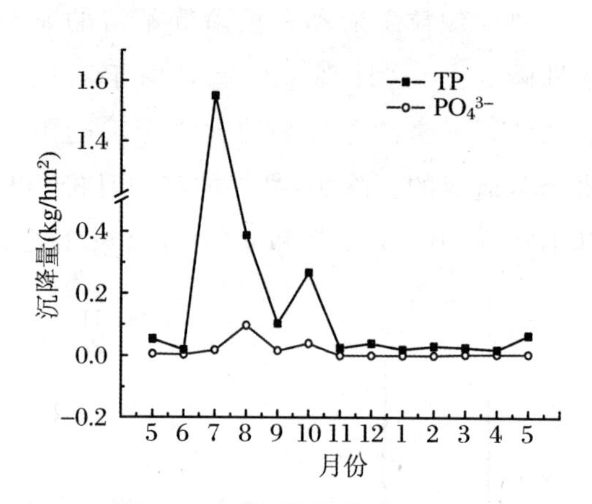


图 3.61 磷沉降量的时间变化

磷沉降量的变化受降水磷浓度和降水量的共同影响。10 月降水中的磷含量虽然很高，但由于降水量较小，故其总沉降量不大。7 月、8 月的降水量很大，且降水中磷浓度含量也较高，由此导致该时期的磷沉降量较大。

各季节磷沉降量的对比研究(表 3.12)表明，夏季是磷沉降的重要季节，其沉降量所占比重达 76.86%，秋季次之，为 15.55%。由于夏季是施肥等农业活动频繁的时段，因此施肥可能是影响磷沉降量的重要影响因素。另一方面，已有研究发现水稻田是 $PH_3$ 释放相对较多的区域，因此磷沉降量的变化也有可能与当地大面积水稻田中的 $PH_3$ 排放有关。

表 3.12 各季节 TP 沉降量及所占比重

| 时间 | 沉降量(kg/hm²) | 占全年比重(%) |
| --- | --- | --- |
| 春季(3～5 月) | 0.101 | 3.97 |
| 夏季(6～8 月) | 1.9566 | 76.86 |
| 秋季(9～11 月) | 0.396 | 15.55 |
| 冬季(12～2 月) | 0.092 | 3.62 |
| 全年 | 2.545 | 100 |

## 三、沼泽湿地硫沉降

### 1. 降水中 $SO_4^{2-}$ 浓度的时间变化

由图 3.62 可以看出，$SO_4^{2-}$ 的月均浓度变化呈双峰形。$SO_4^{2-}$ 的浓度在 1～3 月之间变化趋势比较平缓，浓度在 0.324～0.376 mg/L 之间，相差不大；4～6 月，$SO_4^{2-}$ 的浓度增加较快，并于 6 月达到最大值 3.91 mg/L；峰值过后，$SO_4^{2-}$ 的浓度迅速降低，并于 8 月降到最低(0.055 mg/L)；8～12 月，$SO_4^{2-}$ 的浓度呈倒“A”形变化，并于 10 月取得一年中的第二次较大值，其浓度为 1.37 mg/L。一年中，$SO_4^{2-}$ 月均浓度的变化可能与以下因素有关：

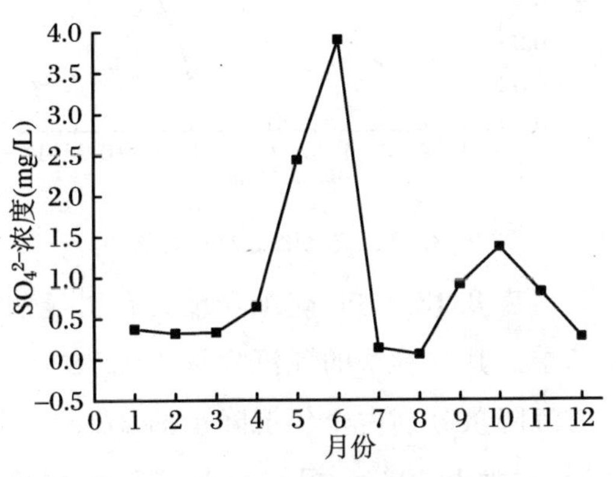


图 3.62 $SO_4^{2-}$ 月均浓度变化

其一，人类活动。其中包括两个方面，一方面，与当地大规模的秸秆焚烧活动有关。一般而言，该区的秸秆焚烧活动大多集中在每年的 9 月末至 11 月末以及第二年的 3～4 月，由于大量的秸秆被焚烧，大量的焚烧灰尘无法在短时间内扩散而积聚在大气中，而降水的冲刷作用使其一部分回到地表，另一部分则溶解在雨水中，从而导致 $SO_4^{2-}$ 浓度较高。另一方面，与该区冬季取暖化石燃料和生物质燃料的燃烧有关，大量化石燃料和生物质燃料的燃烧导致大气中颗粒物较多，进而造成降水中 $SO_4^{2-}$ 的浓度较高。其二，降水强度和频次。各月的降水强度和频次对于 $SO_4^{2-}$ 月均浓度的变化也有着非常重要的影响，一般而言，各形态 $SO_4^{2-}$ 月均浓度的变化随着降雨量和降水频次的增大而降低，其原因在于降水频次越小，可沉降硫在大气中积聚的时间越长，可沉降的硫素就越多，而较大和较频繁的降水会对大气中的硫素有一定的稀释作用。

图 3.62 给出了研究区春季(3～5 月)、夏季(6～8 月)、秋季(9～11 月)和冬季(12 月至次年 2 月)降水中 $SO_4^{2-}$ 月均浓度的变化。由图可知，$SO_4^{2-}$ 浓度具有明显的季节变化，表现为春季＞秋季＞夏季＞冬季，且夏季和冬季浓度相差不大。春季和秋季相对较高的 $SO_4^{2-}$ 浓度主要与该区的秸秆焚烧活动有关；夏季主要与较大降水量(占全年降水的 56.78%)和较高频次降水(37 次)的稀释作用有关；冬季主要与取暖所用化石燃料和生物质燃料的燃烧有关，但由于该区人口密度很低，使得取暖所用燃料燃烧对降水中 $SO_4^{2-}$ 浓度的影响不太明显。

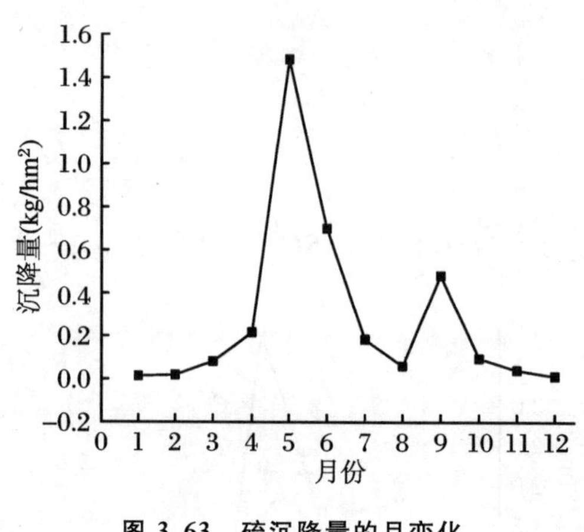


**图 3.63　硫沉降量的月变化**

**2. $SO_4^{2-}$ 沉降量的时间变化**

图 3.63 为 $SO_4^{2-}$ 沉降量的月变化图。由此图可知，$SO_4^{2-}$ 沉降量与月均浓度变化一致，也呈双峰形。1～2 月的沉降量变化不大；2～4 月的沉降量逐月增加，并于 5 月取得一年中的最大值(1.484 kg/hm²)；之后其沉降量开始逐渐降低，一直持续到 8 月；9 月，沉降量出现较大值，为 0.481 kg/hm²，之后又开始逐渐降低。

由表 3.13 可知，硫沉降量具有明显的季节变化趋势，表现为春季＞夏季＞秋季＞冬季。其中春季的硫沉降量为 1.782 kg/hm²，占全年沉降量的 52.56%；夏季和秋季的沉降量分别占全年沉降量的 27.84%和 18.20%；冬季在全年沉降量中所占的比例最小，为 1.40%。根据季节沉降量估算出三江平原地区全年硫沉降总量为 3.39 kg/hm²，即 0.339 g/m²。

**表 3.13　硫沉降量的季节变化**

| 季节 | 沉降量(kg/hm²) | 占总沉降量的比例(%) |
|---|---|---|
| 春季 | 1.782 | 52.56 |
| 夏季 | 0.944 | 27.84 |
| 秋季 | 0.617 | 18.20 |
| 冬季 | 0.047 | 1.40 |
| 全年 | 3.39 | 100 |

研究区大气湿沉降中 $SO_4^{2-}$ 月均浓度和硫沉降量具有明显的季节变化规律，主要与当地大规模的秸秆焚烧活动、降水强度及频次有关。

## 第四节　沼泽湿地水环境中氮、磷的输出途径

水是沼泽湿地系统的重要组成要素。对于三江平原沼泽湿地而言，主要是由于微地貌的变化差异导致积水条件的不同而形成沼泽，其中碟形洼地沼泽湿地在三江

平原具有一定的代表性。这种类型的沼泽湿地的水输入主要靠天然降水的补给，而水输出的重要途径就是蒸散发。所以，对于沼泽湿地系统，营养物质碳、氮、硫、磷随水分的输入主要是降水的输入，而这些物质几乎没有随水分的输出过程，蒸散发是水分损失的主要形式，而水中的碳、氮、硫、磷并没有减少，主要被沼泽湿地生物（含微生物、植物和动物）和土壤（含沉积物）所吸收和净化。

## 一、沼泽湿地对氮的净化吸收

试验过程中，通过对水样 $NH_4^+$-N 的分析测试，经 Origin 7.0 软件非线形回归统计分析，可初步得出毛果苔草沼泽对 $NH_4^+$-N 污染的指数净化过程（图 3.64）。整体来看，在污水的净化过程中，试验初期的净化速度较快，后随时间的延长，净化速度减慢，$NH_4^+$-N 含量变化不明显。不同氮肥处理下，随着氮含量的增加，湿地对 $NH_4^+$-N 的净化速度减慢，净化所需时间增加。在从 N4 到 N40 的氮肥处理下，湿地对水中 $NH_4^+$-N 的净化速度逐渐变慢，水中 $NH_4^+$-N 浓度分别在 20 天、45 天、55 天、65 天以后变化甚微。试验 30 天后，在从 N4 到 N40 四个处理下，沼泽湿地 $NH_4^+$-N 浓度分别降低 96%、83%、69%、56%，表明毛果苔草对水体中的无机氮有较强的吸收能力。

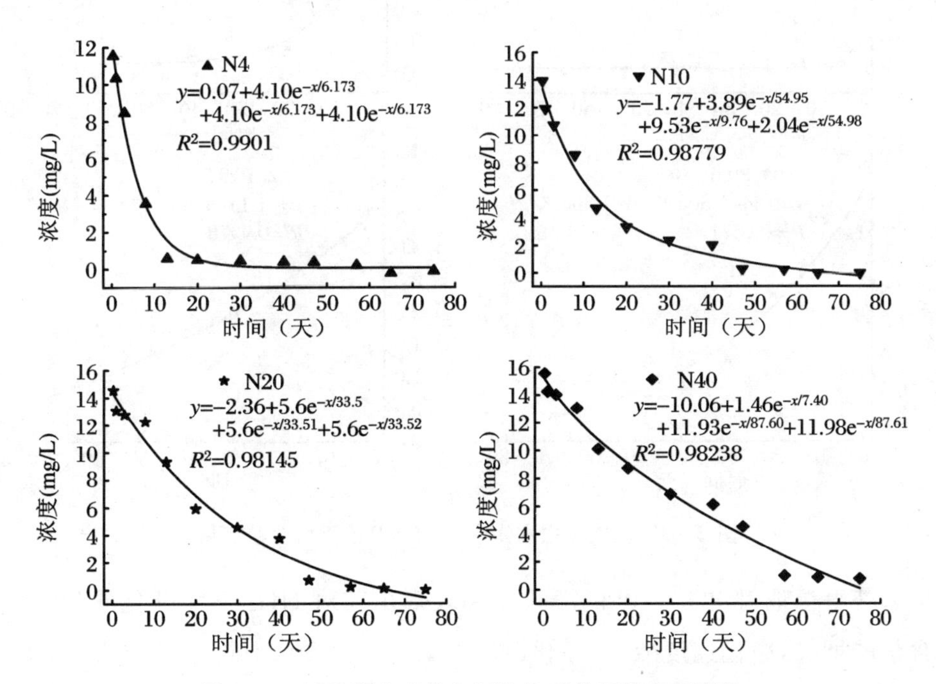


图 3.64　试验期内水体中 $NH_4^+$-N 的平均含量变化

$NH_4^+$-N 净化幅度与初期加入的氮肥呈负相关关系，即初期氮肥愈大，净化 $NH_4^+$-N 的幅度愈小，进而净化所需时间就愈长，说明随着农田排水中氮浓度的增加，湿地对其的净化能力是有限的，即有一个阈值，其净化作用发生在一定的时间范围内；氮浓度愈大，湿地净化 $NH_4^+$-N 所需要的时间就愈长，沼泽湿地系统的净化功能仍在继续，说明植物的吸收作用是一个长期的持续过程。湿地在净化污水的同时，由于水中氮浓度的升高，将直接影响沼泽湿地植物的生长，对植物生物量、高度等均有一定的影响。

## 二、沼泽湿地对磷的净化吸收

对试验过程水样中 $PO_4^{3-}$-P 进行分析测试，经 Origin 7.0 软件非线形回归统计分析，可得出毛果苔草湿地对 $PO_4^{3-}$-P 污染的指数净化过程（图 3.65）。

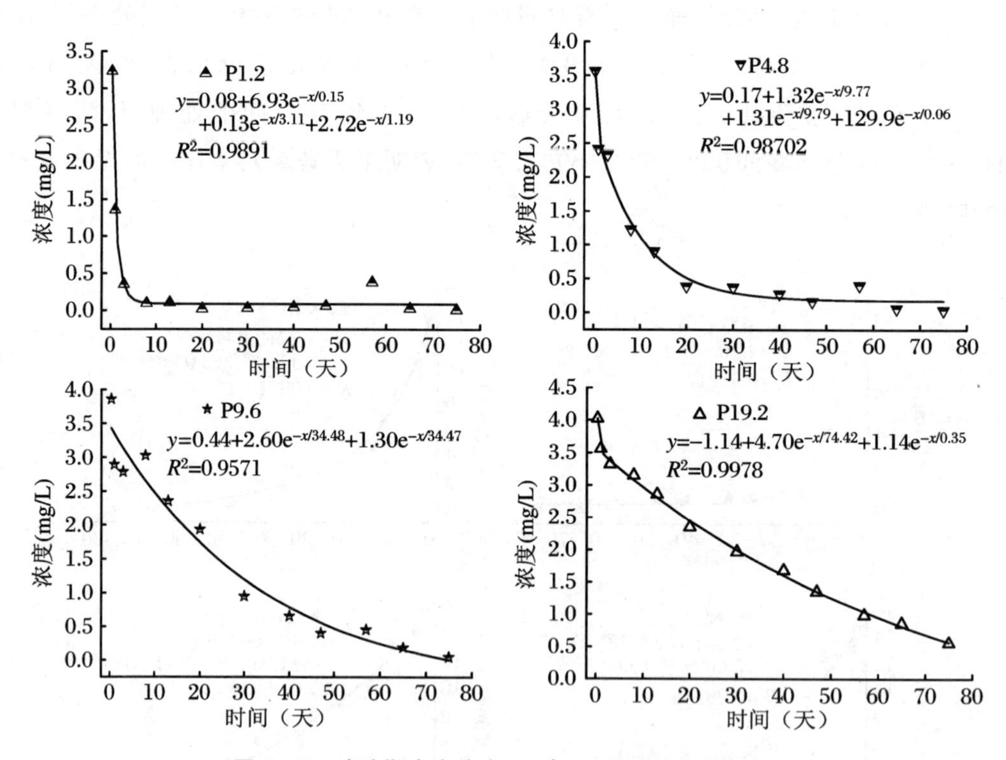


**图 3.65 试验期内水体中 $PO_4^{3-}$-P 的平均含量变化**

毛果苔草湿地对 $PO_4^{3-}$-P 的净化规律表现出与对 $NH_4^+$-N 净化的相似性。随着磷含量的增加，净化速度减慢，净化时间变长。经过 30 天试验，磷肥从 1.2 g/m$^2$ 到 19.2 g/m$^2$，沼泽湿地 $PO_4^{3-}$-P 的含量分别降低 99%、89%、75%、51%。在 P1.2 处理试验下，沼泽湿地的净化效果较好，表现出良好的净化功能，当然这可能与试验初期加入的磷含量比较低有关。

在整个试验过程中,毛果苔草湿地对水中$NH_4^+$-N、$PO_4^{3-}$-P的吸收净化均表现为明显的指数衰减趋势,这与刘振乾(2001)得出的毛果苔草湿地对污水中TN、TP的净化过程模型相一致。从图中可清晰地看出,曲线数值模拟较好。试验开始时,水体中的$NH_4^+$-N和$PO_4^{3-}$-P的浓度越高,被毛果苔草吸收去除的就越多,但是所需要的相应时间也越长。

湿地的整个净化过程中,是植物-土壤复合系统在起作用,并不是某一个因素在单独"工作"。植物是湿地中最重要的一种去污成分,用于湿地净化的植物通常是生长快、生物量大、吸收能力强的水生草本植物,如芦苇(*Phragmites*)、香蒲等。研究认为在香蒲和灯心草(*Juncus effusus*)湿地中是介质、水生植物和微生物三者共同在对污水的净化起作用。植物的生长状况直接影响到去除效果的好坏,在春季和夏季,植物生长迅速,生物量增加,对氮、磷的吸收加快,净化作用比较明显。毛果苔草在8月20日左右生物量达到最大,随后便开始枯萎,吸收速度随之逐渐放慢。在污水的净化过程中,随时间的延长,净化速度减慢,但是氮、磷的浓度仍在下降。一般说来,土壤中氮、磷的形态和有效性主要取决于它们的吸附-解吸、沉淀-溶解等物理化学过程,它们的吸附和解吸过程都是一开始为快速反应,随后缓慢进行。因此初期的净化速度快,在污水注入后前几天内水体中的$NH_4^+$-N、$PO_4^{3-}$-P含量有明显的下降,也与此有关。温度除对系统的氮有影响外,对磷也有一定的影响,并随季节的变化表现出来。自4月份开始,天气转暖,气温、水温上升,湿地系统内植物迅速生长,微生物活性加强,系统脱氮脱磷作用就愈来愈强。湿地系统对污染物质的去除与植物生长程度密切相关,不同的污染负荷和不同的植物密度条件下,湿地系统对污水的净化具有不同的变化。

# 参 考 文 献

[1] Koerselman W, Van Kerkhoven M B, Verhoeven J T A. Release of inorganic N, P and K in peat soils: effect of temperature, water chemistry and water level[J]. Biogeochemistry, 1993, 20: 63-81.

[2] Krupa S V, Moncrief J F. An interactive analysis of the role of atmospheric deposition and land management practices on nitrogen in the US Agricultural Sector[J]. Environmental Pollution, 2002, 118: 273-283.

[3] Monteith J L. Evaporation and surface temperature[J]. Quart. J. Roy. Meteorol. Soc., 1981, 107: 1-27.

[4] Verhoeven J T A, Kemmers R H, Koerselman W. Nutrient enrichment of freshwater wetlands[M] // Vos C C, Opdam P. Landscape Ecology of a Stressed Environment. London: Chapman and Hall, 1993: 33-59.

[5] 王毅勇,郑循华,宋长春,等.三江平原典型沼泽湿地氧化亚氮通量[J].应用生态学报,2006,17(3): 493-497.

[6] 阎百兴,王毅勇,徐治国,等.三江平原沼泽生态系统中露水凝结研究[J].湿地科学,2004,2(2): 94-99.

# 第四章　湿地土壤中碳、氮、硫、磷的时空分布与累积过程

## 第一节　湿地土壤有机碳的时空分布与累积

### 一、湿地土壤有机碳的空间分布

#### 1. 环形洼地中湿地土壤有机碳的分布

从图 4.1 可以看出，毛果、漂筏苔草土壤有机碳（SOC）含量随深度的增加递减，各层次有机碳含量在土壤剖面总含量中的比例差异明显。草根层 SOC 的含量分别为 31.71% 和 32.53%；泥炭层 SOC 的含量分别降至 24.66% 和 31.2%；过渡层SOC

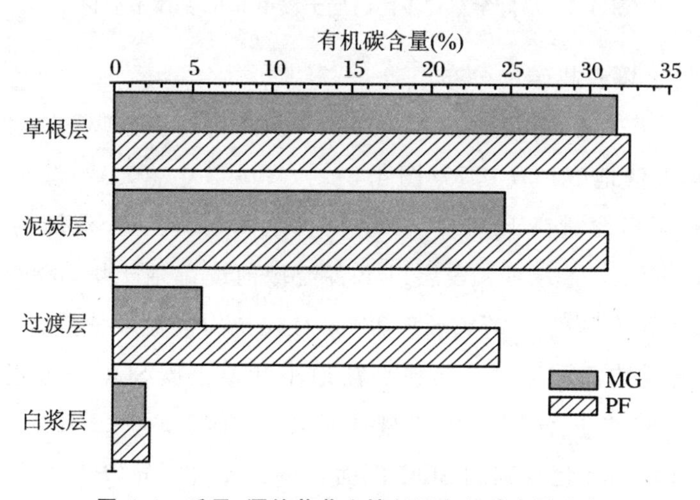


图 4.1　毛果、漂筏苔草土壤剖面有机碳含量分布

的含量为 5.62% 和 24.36%；白浆层 SOC 的含量降至 2.1% 和 2.38%。比较两种植被类型可以看出，在各层中，漂筏土壤中有机碳含量都比毛果土壤中有机碳含量高；但在草根层和泥炭层，两者差异不明显，而在过渡层漂筏土壤中有机碳含量比毛果土壤中有机碳含量高 4 倍，在白浆层中，两者有机碳含量无明显差异。这主要是由于植被类型及水文条件不同，促使两种植被类型土壤各层次的累积厚度不同而造成的。

两类小叶章湿地 SOC 含量的剖面变化趋势具有一致性，自上而下随深度的增加呈递减态势(图 4.2)。0～10 cm 深度 SOC 的含量为 3.16%(Ⅺ)和 9.39%(Ⅻ)，10～20 cm 分别降至 2.83% 和 5.76%，20～60 cm 则稳定在 0.61%～1.37% 和 0.99%～1.60% 之间。由于植被类型及水分条件的不同，两类小叶章湿地 SOC 含量在 0～20 cm 深度内差异明显，Ⅻ＞Ⅺ($P$＜0.0001)，但由于二者地域距离较近(＜100 m)，受发育母质的影响，20～40 cm 以下 SOC 含量水平较为接近($P$ = 0.278)。0～60 cm 深度土壤剖面 SOC 的平均含量分别为 1.99%(Ⅺ)和 4.44%(Ⅻ)，后者高于前者($P$ = 0.004)。这与两类湿地碳输入水平以及水分条件的差异有关。

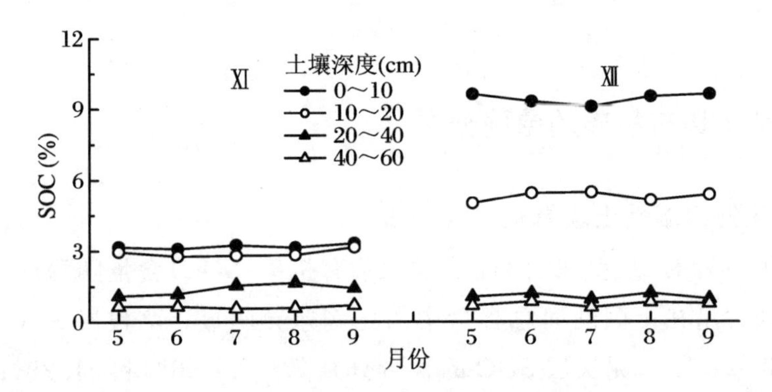


**图 4.2 小叶章草甸不同深度土壤中 SOC 的季节变化**

**2. 河滨湿地土壤有机碳的分布**

三个流域河滨湿地土壤剖面 SOC 的分布规律与典型洼地一致，但其剖面 SOC 含量明显高于典型洼地($P$ = 0.037)(图 4.3(a)、图 4.2 中Ⅺ)。河滨小叶章湿地表层土壤(0～15 cm)SOC 含量在 11.02%～22.58% 之间，其在三个流域的高低顺序依次为浓江河＞别拉洪河＞挠力河。表层以下各流域河滨湿地土壤 SOC 含量均依次降低，至 45～60 cm 深度降到 1.07%～5.08%，且在挠力河流域依然较低，而别拉洪河流域 SOC 含量超过浓江河流域。与典型洼地小叶章土壤 SOC 含量相比，河滨湿地土壤剖面平均 SOC 含量分别高出典型洼地小叶章湿草甸 2.51%～6.16%($P$ = 0.021)，而与小叶章沼泽化草甸的 SOC 剖面含量无显著差异($P$ = 0.069)。这主要与河滨湿地经常性淹水和接受外来物质(河水)输入有关。

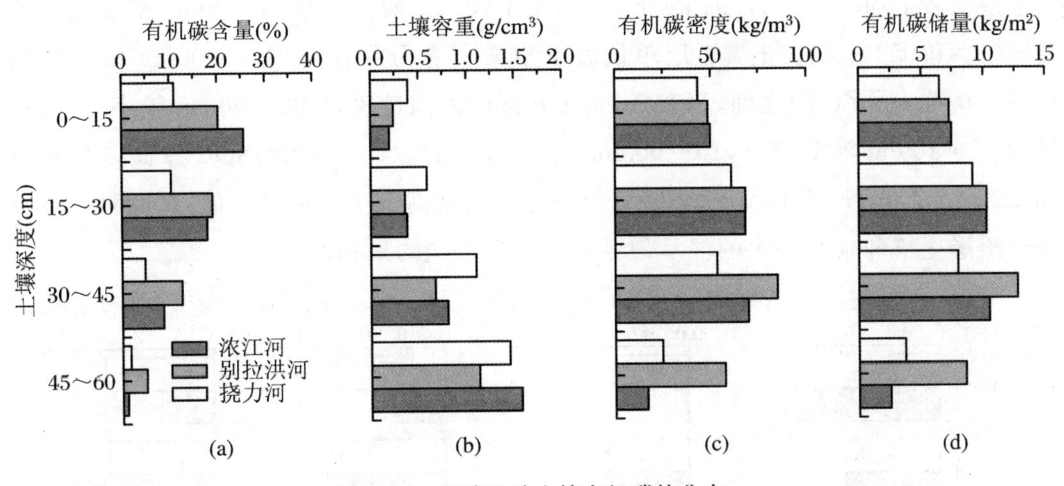


图 4.3　河滨湿地土壤有机碳的分布

**3. 湿地土壤有机碳的累积**

土壤有机碳是土壤质量的核心，也是营养元素生物地球化学循环的主要组成部分，其质量和数量影响和控制着植物初级生产力。

(1) 环形洼地湿地土壤有机碳的累积

① 有机碳的密度及储量

毛果、漂筏湿地土壤剖面草根层、泥炭层、过渡层和白浆层的土壤容重自上而下逐渐增大，其值分别为 0.09 g/cm³ 和 0.0637 g/cm³、0.10 g/cm³ 和 0.0842 g/cm³、0.12 g/cm³ 和 0.37 g/cm³、0.43 g/cm³ 和 0.656 g/cm³。根据各层的有机碳含量可以估算出毛果、漂筏湿地土壤每层的有机碳密度，其值分别为 29.28 kg/m³ 和 20.20 kg/m³、31.2 kg/m³ 和 20.76 kg/m³、29.23 kg/m³ 和 20.80 kg/m³、10.23 kg/m³ 和 13.76 kg/m³。其过渡层以上单位面积碳储量分别为 12.46 kg/m² 和 17.49 kg/m²。

土壤容重的剖面变化趋势与 SOC 相反，即自上而下随深度的增加而递增(图 4.4(b))。由于 0～20 cm 深度为草根层，土壤容重较低，其值在 0.911～0.982 g/cm³(Ⅺ)和 0.147～0.633 g/cm³(Ⅻ)之间。其下，根系分布减少，土壤质地黏重程度增加，容重也分别增大到 1.130～1.319 g/cm³ 和 0.995～1.707 g/cm³。由于季节性淹水，土壤经常性饱和或过饱和，使Ⅻ上层土壤中含有较多的分解不完全的植物残体，而上层土壤中的金属元素(如 Fe、Mn 和 Ca 等)在淋溶作用下向下层淀积，导致Ⅻ下层(20～40 cm)土壤容重与上层(0～10 cm)土壤之间的差异($C.V.=75.5\%$)高于无淹水的Ⅺ($C.V.=16.6\%$)。

Ⅺ土壤剖面 SOC 密度总体上在 0～20 cm 深度内较高(28.74～27.85 kg/m³)，20～60 cm 较低(8.04～15.29 kg/m³)；Ⅻ则在 10～20 cm 深度内较高(36.53 kg/m³)，

其他层次较低(13.82～17.92 $kg/m^3$)(图 4.4 (c))。两类土壤剖面 SOC 密度无显著差异($P=0.052$)。两类土壤各层单位面积 SOC 储量分别在 1.61～3.06 $kg/m^2$(Ⅺ)和 1.38～3.65 $kg/m^2$(Ⅻ)之间,Ⅺ在 0～40 cm 深度内储量较大,40～60 cm 较小;Ⅻ则相反,在 0～10 cm 深度较小,10～60 cm 较大。其剖面(0～60 cm)SOC 总储量分别为 10.32 $kg/m^2$ 和 11.75 $kg/m^2$,小叶章沼泽化草甸略高于小叶章湿草甸,这说明季节性淹水沼泽化草甸较非淹水的湿草甸更有利于有机碳的累积。

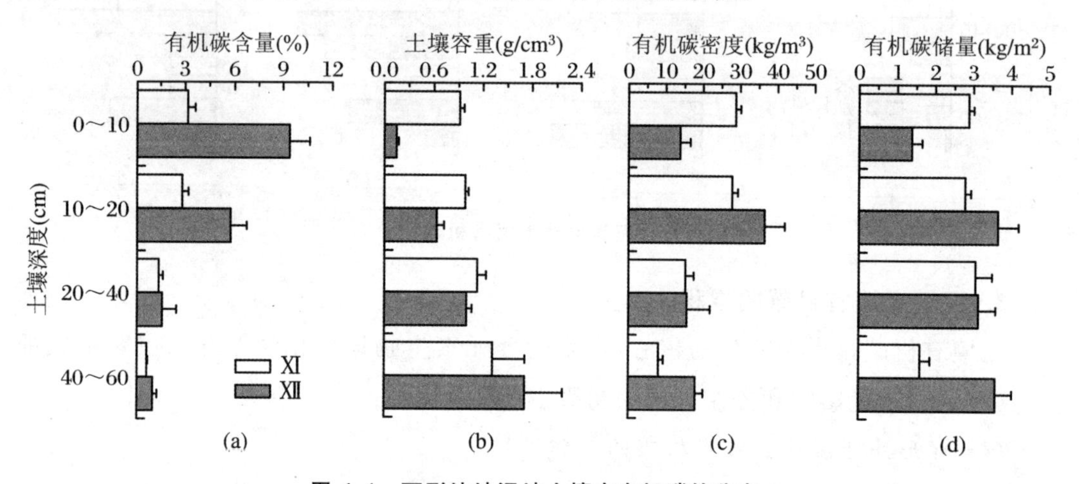


**图 4.4 环形洼地湿地土壤中有机碳的分布**

② 土壤腐殖质的组成特征

小叶章湿地土壤剖面总腐殖酸及其组成的含量与 SOC 的剖面分布规律一致,也是自上而下随深度递减(图 4.5(a)、(b)、(c))。两类土壤 0～20 cm 深度总腐殖酸(Ⅺ:2.83%～3.16%;Ⅻ:5.76%～9.39%)、HA(胡敏酸)(Ⅺ:0.82%～1.2%;Ⅻ:1.88%～2.62%)和 FA(富里酸)(Ⅺ:0.84%～1.38%;Ⅻ:1.45%～2.32%)含量均明显高于 20～60 cm 深度的相应含量,分别为 1.3～4.8 倍、1.8～7.2 倍和 0.68～12.2 倍($P<0.05$)。两类土壤间,0～20 cm 深度腐殖酸及其组成含量均为Ⅻ>Ⅺ($P<0.05$),而 20～60 cm 深度除 FA 含量在Ⅻ较高外($P=0.049$),总腐殖酸和 HA 含量差异不明显($P>0.05$)。两类土壤剖面中,HA 和 FA 占总有机碳的比例分别为 18.25%～47.54%(HA,Ⅺ)、23.23%～32.64%(HA,Ⅻ)、29.68%～81.97%(FA,Ⅺ)和 11.11%～25.17%(FA,Ⅻ)。总体来看,Ⅺ土壤中 FA 的含量高于 HA,而Ⅻ中则为 HA 高于 FA(表 4.1 )。两类土壤间,HA 的含量差异不明显($P=0.369$),而Ⅺ中土壤 FA 含量显著高于Ⅻ($P=0.015$)。进一步分析发现,两类土壤中 HA/FA 产生了明显分异,Ⅻ(>1)显著高于Ⅺ(<1)($P=0.0076$),且其剖面变化趋势相反:Ⅻ土壤 HA/FA 随深度增加呈递增趋势,而Ⅺ则随深度增加呈递减趋势(图 4.5(d))。该结果表明,小叶章湿草甸土壤为富里酸型,小叶章沼泽化草甸土壤为胡敏酸型,而

无论是腐殖质的数量和质量均是小叶章沼泽化草甸高于小叶章湿草甸。这主要与两类湿地土壤所处的水分条件有关。

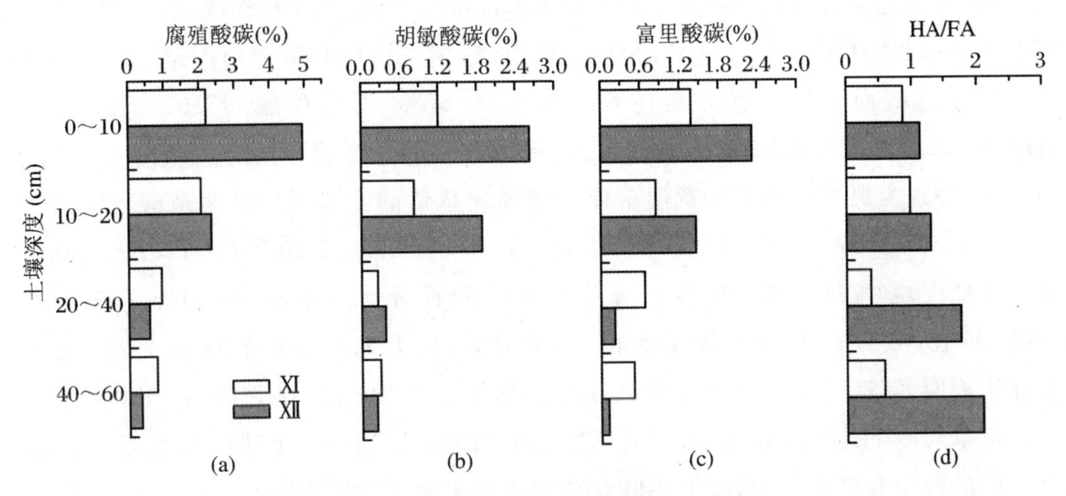


图 4.5　环形洼地土壤剖面腐殖质的组成特征

表 4.1　两类湿地土壤剖面胡敏酸(HA)和富里酸(FA)占总有机碳的比例

| 土壤深度(cm) | Ⅺ | | Ⅻ | |
|---|---|---|---|---|
| | HA(%) | FA(%) | HA(%) | FA(%) |
| 0~10 | 37.97 | 43.67 | 27.90 | 24.71 |
| 10~20 | 28.98 | 29.68 | 32.64 | 25.17 |
| 20~40 | 18.25 | 48.91 | 23.13 | 13.13 |
| 40~60 | 23.80 | 41.00 | 23.23 | 11.11 |

(2) 河滨湿地土壤有机碳的累积

① 土壤有机碳的密度及储量

与典型洼地土壤容重的剖面变化规律一致，河滨湿地土壤容重亦随深度而增加(图 4.3 (b))。三个流域河滨湿地剖面土壤容重分别在 0.393～1.45 $g/cm^3$(NL)、0.24～1.13 $g/cm^3$(BL)和 0.19～1.57 $g/cm^3$(NJ)之间。SOC 密度分别为 24.73～61.09 $g/cm^3$、48.75～84.95 $g/cm^3$和 16.84～69.90 $g/m^3$，相应的土壤层次的有机碳储量分别为 6.51～9.16 $g/cm^3$、7.31～12.74 $g/cm^3$和 2.53～10.48 $g/m^3$，均在 15～45 cm 深度内较高，而表层和底层较低，且在流域间无显著差异($P=0.384$)。这说明河滨湿地草根层以下 30 cm 深度内的有机碳累积效应较为明显。三个流域河滨湿地 0～60 cm 深度内土壤有机碳的总储量分别为 27.39 $g/cm^3$(NL)、38.94 $g/cm^3$(BL)和 30.77 $g/m^3$(NJ)，与典型洼地小叶章土壤剖面(0～60 cm)有机碳储量相比，河滨湿地平均分别高于小叶章湿草甸和小叶章沼泽化草甸 2.14 倍($P=0.0028$)和 1.75 倍(P

=0.0049)。这表明河滨湿地较典型洼地更具有明显的有机碳累积效应。

② 土壤腐殖质的组成特征

河滨湿地土壤剖面总腐殖酸、HA和FA含量与SOC的分布规律一致，均为自上而下呈递减趋势(图4.6(a)、(b)、(c))。挠力河、别拉洪河和浓江河湿地土壤腐殖酸及其组成的剖面平均含量分别在6.94%～10.87%(总腐殖酸)、3.67%～6.71%(HA)和3.27%～4.21%(FA)之间，且各流域之间的高低顺序与有机碳的变化规律相吻合，分别为典型洼地小叶章湿草甸和沼泽化草甸的6.43倍(总腐殖酸)、8.87倍(HA)、5.56倍(FA)和4.65倍(总腐殖酸)、4.45倍(HA)、3.78倍(HA)($P$<0.05)。河滨湿地土壤中HA和FA占土壤总有机碳的百分比分别在38.01%～70.97%(HA)和15.62%～61.59%(FA)之间，总的看来，均为HA高于FA(表4.2)。进一步分析表明，河滨湿地土壤剖面HA/FA平均值在1.21～2.87之间，高于典型洼地小叶章草甸的HA/FA值，说明河滨湿地土壤均为胡敏酸型。上述结果表明，无论是腐殖质的数量和质量，河滨湿地小叶章草甸均高于典型洼地小叶章草甸。

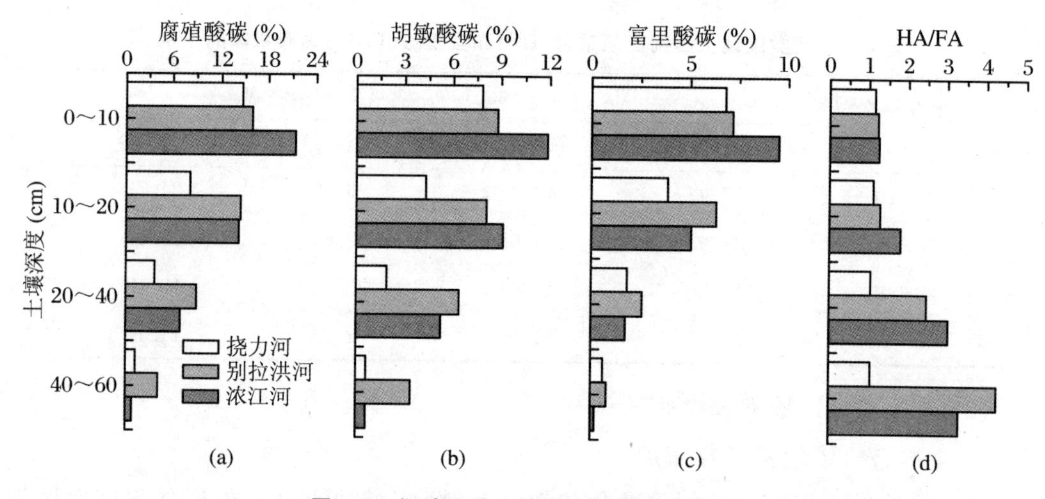


图4.6 河滨湿地土壤腐殖酸的组成特征

表4.2 河滨湿地土壤剖面胡敏酸(HA)和富里酸(FA)占总有机碳的比例

| 土壤深度(cm) | NL | | BL | | NJ | |
|---|---|---|---|---|---|---|
| | HA(%) | FA(%) | HA(%) | FA(%) | HA(%) | FA(%) |
| 0～10 | 70.97 | 61.59 | 43.21 | 35.22 | 46.32 | 37.18 |
| 10～20 | 41.35 | 37.20 | 42.50 | 33.16 | 50.86 | 28.23 |
| 20～40 | 39.39 | 37.53 | 50.69 | 20.45 | 60.26 | 19.88 |
| 40～60 | 38.01 | 36.05 | 66.54 | 15.62 | 59.08 | 17.88 |

**4. 湿地土壤有机碳累积的影响因素**

(1) 水分条件

水分是湿地最重要的生态特征因子之一。湿地中水分条件特别是水位的变化常常是影响元素迁移、转化和累积的决定性因素。土壤有机碳的累积取决于生产与分解之间的平衡,由于湿地生态系统具有较高的生产力,因此,有机质分解的快慢往往是左右其累积状况的主要因素。

由上述结果可知,在典型洼地中无论是土壤剖面平均有机碳含量还是总有机碳储量,小叶章沼泽化草甸均高于小叶章湿草甸,这与二者之间水分条件的差异是分不开的。小叶章沼泽化草甸处于季节性淹水带,土壤水分经常饱和或过饱和,厌氧还原条件抑制了有机质的分解,利于有机碳的累积。小叶章湿草甸处于无淹水带,生长季土壤平均含水量小于48%(w/w),强氧化条件促进了土壤微生物对有机质的好氧分解,不利于有机碳的累积。与典型洼地小叶章湿地相比,河滨湿地土壤有机碳的含量和储量均较高,这除了与河滨湿地淹水周期较长、淹水强度较大有关外,外源物质的大量输入也是重要因素。河滨湿地多位于河流的河漫滩及河流阶地上,土壤经常渍水,而丰水期频繁的洪泛作用使湿地维持了较长时间的淹水。上述水文条件下,有机质的分解缓慢,累积程度较高,并出现不同程度的泥炭累积,发育的土壤多为腐殖质沼泽土和泥炭沼泽土,土层深厚而有机质含量丰富。此外,河流携带的大量物质随频繁的洪泛作用进入岸边湿地并被湿地截留、沉积,也为河滨湿地提供了丰富的物质来源。相比之下,典型洼地的水分补给方式主要为降水和地下水,加之小叶章草甸位于洼地的边缘,地势较高,因此其水文情势具有更强的季节性,土壤经常处于干湿交替状态,有机质的分解较快,累积程度较差,发育的土壤多为草甸沼泽土和薄层腐殖质沼泽土,土层浅而有机质含量相对贫乏。另外,典型洼地有机质的来源主要为植物残体和根系的分解归还,物质源单一,也是造成典型洼地小叶章草甸土壤有机碳储量较低的原因。

有机质进入土壤后,在微生物的作用下,经分解转化形成土壤腐殖质。土壤腐殖质是土壤有机质的主体(占85%~90%),对土壤的一系列性质和形态产生影响,其数量、组成和性质可以反映一定的成土条件和过程,是区分土壤类型的重要诊断指标之一,同时也是土壤肥力的主要标志(李忠佩等, 2002)。与土壤有机碳的分布规律相似,湿地土壤总腐殖酸及其组成的含量高低顺序也是河滨湿地>典型洼地小叶章沼泽化草甸>典型洼地小叶章湿草甸。这与不同水文条件下土壤有机质含量的差异有关。由于土壤腐殖质是有机质的主体,因此其含量与有机质的含量密切相关,有机质含量较高的土壤其腐殖质累积也相应较高。进一步分析表明,除典型洼地小叶章湿草甸土壤HA/FA值小于1(0.37~0.97)外,河滨湿地(1.21~2.87)和典型洼地小叶章沼泽化草甸(1.12~2.09)土壤HA/FA值均大于1,表明三江平原小叶章沼泽湿地为胡敏酸型土壤。这主要是由湿地的不同水文条件所决定的。许多研究者认为,腐殖物质是在微生物酶的作用下,通过氧化缩聚等反应形成的。沼泽湿地处于经常渍水的还原环境下,输入到土壤中的植物物质首先形成相对大分子量的胡敏酸,以后在微生物作用下分裂成富里酸,最后矿化成$CO_2$(李学桓,2001)。同时淹水还原条件还会阻碍微生物对有机质的进一步分解,因此有利于胡敏酸的形成和累积。这与骆洪义等(1993)的研究结果一致。该研究结果表明,渍水条件下有机物的氧化反应将受到抑制,HA/FA值一般较大,所形成的腐殖质处于腐殖化程度较低的阶段。典型洼地小叶章湿草甸的情况与此不同,由于地处洼地最边缘,地势较高,常年无积水,土壤的氧化作用强烈,微生物对有机质的分解程度相对较高,腐殖质处于腐殖化程度相对较高的阶段,表现为其土壤为富里酸型。由此可见,水分条件无论是对湿地腐殖质的数量还是质量都是极其重要的影响因素。淹水有利于腐殖质数量和质量的提高,而疏干则可使腐殖质的数量和质量下降。

(2) 植被生物量

水分条件是湿地有机质分解过程的重要制约因素,而湿地土壤有机碳累积平衡的另一个重要方面就是植物物质的生产。植物物质的生产是生态系统重要的物质基础,也是碳素的重要生物源。植物生产的有机物进入土壤后,经过一系列分解、转化过程,其中的一部分以有机碳形式储存在土壤中,因此,土壤有机碳的累积状况在很大程度上取决于植物物质生产输入的数量和分布。这里以典型洼地小叶章湿地为例分析湿地土壤有机碳的累积与植物生物量的关系。

典型洼地土壤有机碳含量在剖面深度上的递减趋势(图4.3(a)),充分体现了碳源物质的输入对有机碳垂直分布的影响。研究结果显示,小叶章沼泽化草甸和小叶章湿草甸上层(0~20 cm)土壤有机碳含量平均为2.99%和7.57%,分别为下层(20~60 cm)平均含量的3.03倍和5.85倍。这种剖面分布特征与植物根系生物量的分布趋势一致。表层0~20 cm深度土壤是植物根系生物量的主要分布层次,该深度分别集中了小叶章沼泽化草甸和小叶章湿草甸总地下生物量的85.5%和95%,大量死根的腐解归还为土壤提供了丰富的碳源。20~60 cm深度土壤中根系分布较少,根系的周转量急剧下降,致使该层土壤中有机碳含量开始明显降低。Jobbagy和Jackson(2002)的研究指出,植物根系的分布直接影响土壤中有机碳的垂直分布。综合两类小叶章草甸土壤剖面有机碳含量和植物的根系生物量进行相关分析,结果发现二者具有显著正相关关系。回归分析表明,典型洼地土壤剖面有机碳含量(SOC,%)与植物地下生物量(BGB,$g/m^2$)之间存在显著线性关系:$SOC = 0.0297BIB + 5.033$($R^2 = 0.879$,$n = 8$,$P < 0.001$)。这说明,地下生物量不仅是土壤有机碳剖面分布而且还是

有机碳数量的决定性因素。从两类小叶章草甸土壤剖面平均有机碳含量来看，小叶章沼泽化草甸为小叶章湿草甸的 2.23 倍，而相应地下生物量分别为 4481.2 $g/m^2$ 和 2719.7 $g/m^2$，前者为后者的 1.65 倍，说明前者根系腐解提供给土壤的有机碳数量较大，是导致高有机碳含量的主要因素，同时也是造成前者土壤剖面(0～60 cm)总有机碳储量高于后者的主要原因。

(3) 土壤氮含量及 C/N

自然土壤中的氮素主要来源于动植物残体和生物固氮，其输出途径主要是通过土壤中有机质的分解，分解后大部分被植物吸收利用，部分有机氮经过矿化、硝化、反硝化作用以及氨挥发等生物过程重返大气中(张金屯，1998)。全氮含量与土壤有机质的消长趋势往往是一致的(高亚军等，2000)，土壤氮素在一定程度上决定了有机碳的含量，而土壤对碳的固持常常受土壤氮水平的制约(刘景双等，2003)。由表 4.3 可以看出，不同类型小叶章湿地土壤剖面平均 TN 含量变化明显，其基本趋势是河滨湿地＞典型洼地小叶章沼泽化草甸＞典型洼地小叶章湿草甸，与土壤有机碳含量的变化趋势一致。相关分析发现，典型洼地小叶章草甸、河滨湿地及综合两类湿地土壤剖面有机碳含量均与 TN 含量呈显著正相关(表 4.3)。回归分析表明，湿地土壤有机碳含量(SOC，%)与 TN(mg/kg)含量之间存在显著的线性关系：$SOC = 0.0147TN - 4.752$($R^2 = 0.948$，$n = 20$，$P < 0.001$)。这说明，TN 含量是 SOC 水平分布的主要制约因素。

**表 4.3　典型洼地和河滨湿地土壤中养分含量及 C/N、pH**

| 项目 | 典型洼地 | | 河滨湿地 | | |
|---|---|---|---|---|---|
| | XD | XZ | NL | BL | NJ |
| TN(mg/kg) | 1872.4 | 3764.1 | 4993.4 | 10526.1 | 8295.9 |
| $NO_3^-$(mg/kg) | 0.23 | 0.61 | 74.21 | 55.55 | 51.34 |
| $NH_4^+$(mg/kg) | 13.46 | 13.63 | 0.93 | 36.38 | 32.98 |
| C/N | 10.64 | 11.78 | 13.99 | 13.55 | 16.05 |
| pH | 5.82 | 5.71 | 5.62 | 5.69 | 5.45 |

$NO_3^-$ 和 $NH_4^+$ 都属于植物能直接利用的有效氮，它们一起被作为土壤营养诊断的氮素营养指标，其与土壤有机碳的关系也十分紧密。由表 4.3 可知，不同类型湿地间土壤剖面平均 $NO_3^-$ 和 $NH_4^+$ 含量的变化趋势与 TN 一致，也是河滨湿地＞典型洼地小叶章沼泽化草甸＞典型洼地小叶章湿草甸。相关分析表明，土壤剖面有机碳与 $NO_3^-$ 含量在典型洼地中显著正相关，与 $NH_4^+$ 含量在河滨湿地中显著正相关，与 $NO_3^-$ 和 $NH_4^+$ 含量在两类湿地间均显著正相关(表 4.4)。

表 4.4 湿地土壤 SOC 含量与养分含量、pH、地下生物量(BGB)的 Pearson 相关系数

| 样本来源 | TN | $NO_3^-$ | $NH_4^+$ | C/N | pH | BGB |
|---|---|---|---|---|---|---|
| 典型洼地($n=8$) | 0.987** | 0.570 | 0.863** | 0.721* | 0.581 | 0.938** |
| 河滨湿地($n=12$) | 0.927** | 0.686* | 0.432 | 0.550 | 0.630* | — |
| 典型洼地+河滨湿地($n=20$) | 0.946** | 0.766** | 0.646** | 0.648** | 0.381 | — |

注:*,0.05 水平上显著相关(2-tailled); **,0.01 水平上显著相关(2-tailled).

土壤中碳与氮的相互关系是通过微生物连接起来的(李贵才等,2001)。土壤微生物的活性对于土壤有机质的分解、矿化具有重要意义,其中土壤微生物碳量与土壤有机碳、全氮及其有效氮含量显著相关(Raich, 2001)。而土壤 C/N 的高低对土壤微生物的活动能力有一定促进或抑制作用,当土壤 C/N 较高时,有机质的分解速率较小,当土壤 C/N 较低时可以促进微生物活性,提高土壤有机质的分解速率(廖利平等,2000)。由表 4.3 可知,不同小叶章草甸土壤 C/N 变化在 10.64~16.05 之间,在湿地间的变化趋势亦十分明显,总体上表现为河滨湿地>典型洼地小叶章沼泽化草甸>典型洼地小叶章湿草甸,即随淹水周期和淹水强度的增加而增加。这与白军红等(2003)在霍林河流域湿地的研究结果一致。该结果说明长淹水周期和高淹水强度有利于有机碳的富集,这与上述水分条件对有机碳累积影响的分析结果相吻合。相关分析发现,土壤剖面有机碳含量与土壤 C/N 在典型洼地及典型洼地和河滨湿地间呈显著正相关,而在河滨湿地中呈弱正相关(表 4.4)。这与耿远波等(2001)在锡林河草原所得结论有机碳与 C/N 呈显著正相关一致($r=0.917$)。回归分析表明,小叶章湿地土壤有机碳含量(SOC,%)与 C/N 之间存在指数关系:$SOC=5.281e^{0.174C/N}$($R^2=0.395$,$n=20$,$P<0.05$)。

(4) pH

土壤 pH 是土壤的一个基本性质,也是影响土壤理化性质的一个重要化学指标,它直接影响着土壤中各种元素的存在形态、有效性及迁移转化。pH 对土壤有机碳的固定和累积能的影响主要是通过调节土壤微生物的活性来实现,它是影响土壤有机碳空间分布的重要环境因子之一。研究发现,两种类型湿地土壤 pH 剖面均值变化在 5.45~5.82 之间,土壤均呈弱酸性反应,其在湿地间的变化与有机碳含量的变化呈相反趋势:河滨湿地<典型洼地小叶章沼泽化草甸<典型湿地小叶章湿草甸。相关分析表明,湿地土壤 pH 与有机碳含量具有负相关关系(表 4.4)。其原因主要是,在酸性土壤中,微生物种类受到 pH 的限制,以真菌为主,从而降低了有机质的好氧分解速率(李忠等,2001)。而随着土壤 pH 的下降,微生物活性减弱,致使有机碳的周转降低,表现为土壤有机碳的富集。

总之,植物地下生物量是湿地剖面 SOC 含量及其分布的主要制约因素,TN 含量

是湿地 SOC 含量水平分布的主要影响因素，C/N 反映了水分条件与营养水平的综合结果，是影响湿地土壤 SOC 富集程度的关键因素，pH 则是影响土壤有机碳空间分布的重要环境因子。多元逐步回归（Stepwise）分析发现，湿地 SOC 与 TN 和C/N 明显线性相关，其回归方程为：$SOC = -45.58 + 0.011TN + 4.232C/N$（$R^2_{Adj} = 0.986$，$P < 0.0001$），说明 TN 和 C/N 是影响湿地 SOC 累积的主导因素。TN 是影响湿地有机质生产的主要因素，N 素营养水平的提高有利于有机质生产量的增加，C/N 是制约有机质分解速率的关键因素，C/N 越高分解越慢，而上述线性关系则在量上反映了湿地土壤 SOC 取决于有机质的生产和分解之间的平衡，同时也说明了 C/N 的调节对于湿地 SOC 累积的重要意义。

## 二、土壤有机碳及其活性组分的季节变化特征

### 1. 土壤有机碳的季节变化特征

两类小叶章不同深度土壤中 SOC 含量无明显的季节变化规律（$P > 0.95$）（图 4.7）。5～9 月，Ⅺ 土壤有机碳自上而下分别变化在 3.08%～3.32%、2.77%～3.15%、1.09%～1.65% 和 0.55%～0.68% 之间，其变异系数均小于 17%；Ⅻ 中 SOC 的相应值分别为 9.09%～9.63%、5.01%～5.47%、0.94%～1.20% 和 0.68%～0.84%，变异系数小于 14%。不同时期 0～60 cm 深度土壤 SOC 含量均随深度的增加递减，Ⅻ 土壤 0～20 cm 深度 SOC 明显高于 Ⅺ（$P < 0.001$），40～60 cm 深度 SOC 在两类土壤间无显著差异（$P = 0.182$）。SOC 的季节变化特征主要与有机质的组成有关。一般在土壤总有机质中只有 1.5% 的部分为易利用性有机质，其周转时间为几周到几个月，而余下的慢分解部分的周转时间在几年甚至上百年，因此，反映总有机碳数量变化的季节变化规律不明显。

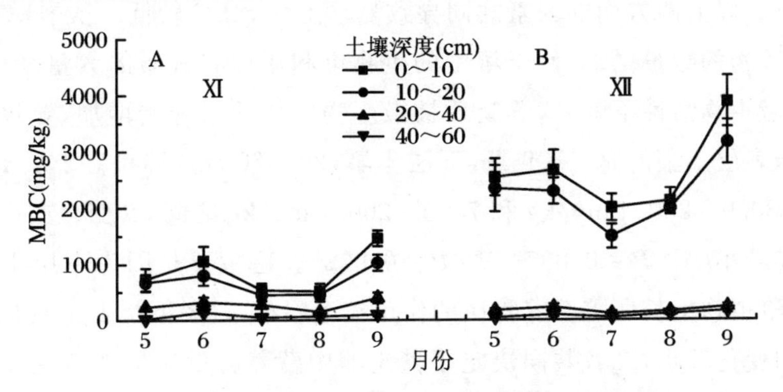


**图 4.7　小叶章草甸不同深度土壤中 MBC 的季节变化**

（误差标志线显示 ± 标准误差，下同）

### 2. 土壤微生物量碳(MBC)的季节变化特征

(1) 季节变化

两类小叶章土壤的 MBC 在表层(0～20 cm)均随季节明显变化(Ⅺ:$P=0.024$;Ⅻ:$P=0.015$),且 0～10 cm 和 10～20 cm 土壤层次的季节变化趋势一致($r>0.96$,$P<0.01$)(图 4.7 中 A)。5～6 月,Ⅺ和Ⅻ表层土壤平均 MBC 分别变化在 694.8～929.1 mg/kg 和 2439.9～2477.5 mg/kg 之间。7～8 月,MBC 明显下降至 493.2～488.8 mg/kg 和 1743.0～2051.4 mg/kg,分别下降了 29.0%～47.4%和 17.2%～28.6%。9 月土壤 MBC 重又升至 1239.9 mg/kg 和 3524.4 mg/kg,为生长季的最高值。整个期间(5～9 月),小叶章草甸表层土壤 MBC 的变化特征大致呈"S"形曲线,即在春、秋季较高,夏季较低。研究表明,月均温度和累积降水量(图 4.8)与 MBC 剖面均值的季节变化之间的相关性较差( 0.455 $<r_1<-0.158$, $0.084<r_2<0.305$, $P>0.05$),说明温度和土壤水分条件不是 MBC 季节变化的主要限制因素,MBC 的季节变化可能与有机质输入的数量和质量有关。经过冬季低温和冻融扰动后,土壤微生物大量死亡,这为存活微生物的生长和繁殖提供了有效基质,因此,春季 MBC 含量较高。夏季,植物迅速生长需要从土壤中摄取更多的营养物质,在一定程度上形成了与微生物之间的营养需求竞争,致使微生物的营养可获得量降低,使微生物的生长受到限制;另外,温度较高土壤有机质矿化速率提高,固持在微生物中的营养开始释放。以上两方面的因素共同导致夏季土壤 MBC 较低。秋季,植物进入衰亡期,新鲜枯落物的数量增加,使土壤中的生物可利用性有机质的数量增加,同时由于温度降低,微生物活性下降,营养物质被微生物固持的量开始增加,导致微生物量上升。不同于表层土壤的是,5～9 月,下层土壤(20～60 cm)Ⅺ和Ⅻ土壤 MBC 均值分别变化在 130.9～250.4 mg/kg 和 78.5～200.1 mg/kg 之间,其变化亦呈"S"形曲线,但季节差异较小(Ⅺ:$P=0.837$;Ⅻ:$P=0.502$)。这主要是因为下层土壤的根系分布较少,供给植物生长所需营养物质的作用较上层小,再者下层土壤有机质的矿化速率随季节的变化较小,二者共同决定了其土壤中营养含量响应季节变化的敏感性较差,因此,微生物量的季节差异较弱。

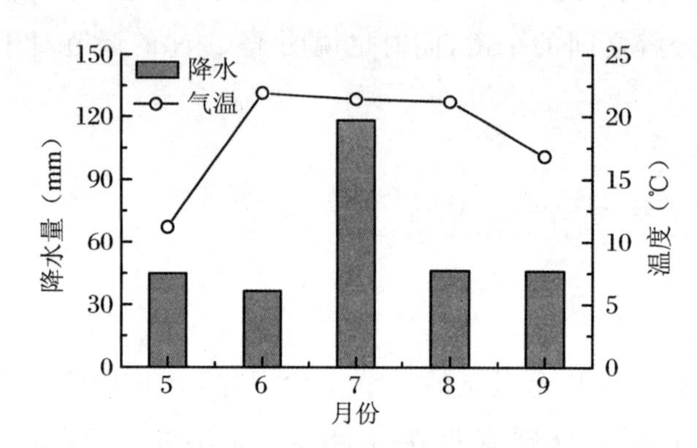


**图 4.8 研究区月均温度与累积降水量的季节变化**

(2) 垂直剖面变化

两类小叶章土壤MBC季节平均含量具有明显的剖面变化特征,均表现为自上而下递减的趋势(图4.9(a))。Ⅺ自上而下各层MBC含量分别为858.9 mg/kg、679.4 mg/kg、277.5 mg/kg 和 78.4 mg/kg, Ⅻ 的相应值分别为 2641.7 mg/kg、2252.8 mg/kg、182.3 mg/kg和93.3 mg/kg,上层(0~20 cm)明显高于下层(20~60 cm),层间差异均达显著水平($P<0.001$)。其原因与植物根系分布特征所导致的土壤有机质的垂直格局有关。对比两类土壤MBC发现,0~20 cm深度Ⅻ的MBC明显高于Ⅺ,前者平均为后者的3.4倍($P=0.001$),而20~60 cm深度两者之间无显著差异($P=0.281$)。这主要是因为土壤0~20 cm深度Ⅻ分布的植物根系生物量(4255.9 $g/m^2$)远高于Ⅺ(2323.2 $g/m^2$),由此决定了该层土壤有机质Ⅻ高于Ⅺ(图4.10),能够为微生物提供更多的C、N能源基质;另一方面,根系生物量也直接影响到Ⅻ根系分泌物和残落碎屑的数量使其高于Ⅺ,而这部分物质是微生物群系的易利

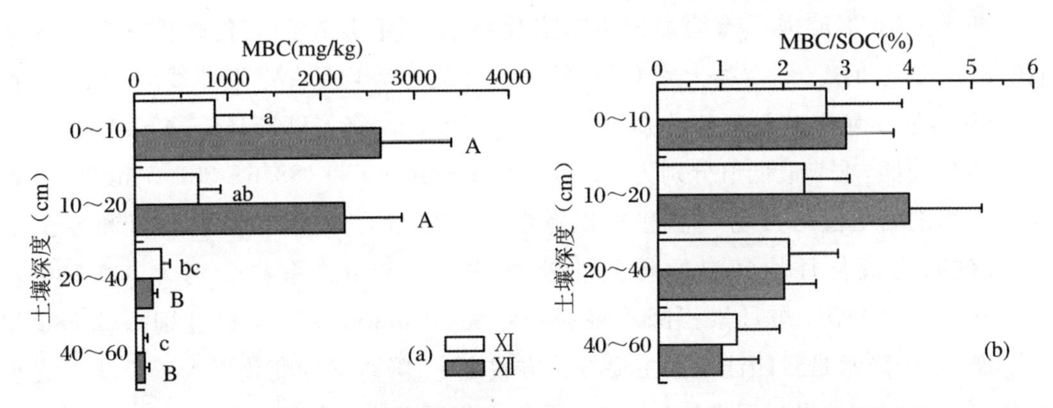


图4.9 小叶章草甸不同深度土壤中MBC含量(a)及MBC/SOC值(b)的变化

用性物质。回归分析表明,MBC与地下生物量在土壤类型内(Ⅺ、Ⅻ)及类型间(Ⅺ+Ⅻ)均存在线性关系(图4.10)。此外,Ⅻ的渍水环境使有机质分解较水分条件适宜的Ⅺ缓慢,从而导致Ⅻ土壤有机质能固持较多的微生物。20~40 cm深度二者根系生物量差别不大(Ⅻ:325.3 $g/m^2$; Ⅺ:396.4 $g/m^2$),有机质含量较为接近(图4.10),为微生物提供的C、N能源基质相当,微生物量碳无明显差异。

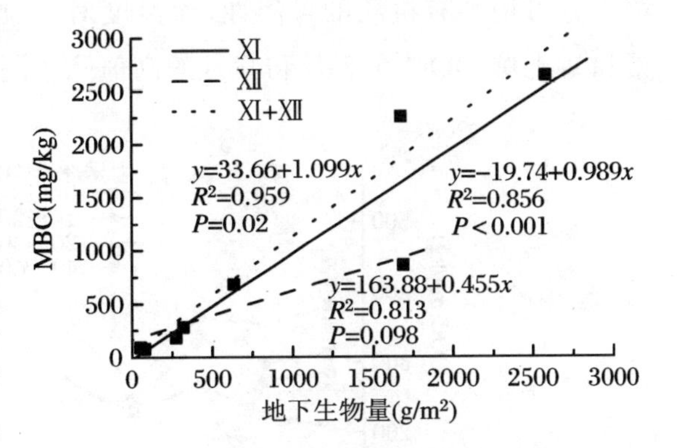


图4.10 各类型内及类型间不同深度土壤中MBC含量与地下生物量的关系

(同类土壤中的不同字母代表差异显著)

MBC 占 SOC 的比例(MBC/SOC，%)可用来表征土壤中生物活性有机碳库的相对数量和总有机碳的活性程度。由图 4.9(b)可知，Ⅺ中剖面 MBC/SOC 值随土壤深度有逐渐降低的趋势，自上而下 MBC/SOC 值变化在 1.25%～2.68%之间，变异系数 29.3%，无显著的层间差异($P=0.102$)。Ⅻ中剖面 MBC/SOC 值也是表层(0～20 cm)高于下层(20～60 cm)，但与Ⅺ不同的是，Ⅻ中剖面 MBC/SOC 最高值(4.27%)出现在 10～20 cm 深度，其他层次自上而下依次降低，MBC/SOC 值变化在 1.23%～2.79%之间，剖面变异系数 53.9%，层间差异显著($P<0.0001$)。对比两类土壤 MBC/SOC 值可知，0～20 cm 深度Ⅻ略高于Ⅺ($P=0.06$)，40～60 cm 深度二者基本接近($P=0.603$)。这与 MBC 的趋势相似。说明Ⅻ上层土壤生物活性碳库高于Ⅺ，在下层土壤间无差异。

**3. 土壤溶解性有机碳(DOC)的季节变化特征**

(1) 季节变化

两类土壤 DOC 均具有明显的季节变化特征，且各层次的变化趋势具有一致性(图 4.11)。总的看来，两类土壤 DOC 的季节变化趋势均呈"W"形曲线，5 月、7 月和 9 月较高，Ⅺ和Ⅻ季节最高值分别为 285.9～379.7 mg/kg 和 371.8～470.1 mg/kg。6 月、8 月较低，季节最低值分别为 227.1～272.0 mg/kg 和 188.6～387.5 mg/kg。对两类土壤剖面均值与月均气温和累积降水量进行相关分析，结果表明Ⅺ和Ⅻ土壤 DOC 剖面均值与月均气温的相关性较差，Pearson 相关系数分别为 －0.136 和 －0.168；二者 DOC 与月累积降水量弱正相关，Pearson 相关系数分别为 0.680 和 0.448。由于降水是封闭洼地的主要补给方式之一，降水量的变化可大致反映土壤水分状况，因此，该结果说明 DOC 含量的季节变化受土壤水分条件的影响较大，提高土壤水分可增加有机质的可溶性，而温度对土壤 DOC 的季节变化无明显影响。此外，Ⅺ和Ⅻ土壤 DOC 在 5 月和 9 月的高值除了与土壤水分条件的提高有关外，5 月的高

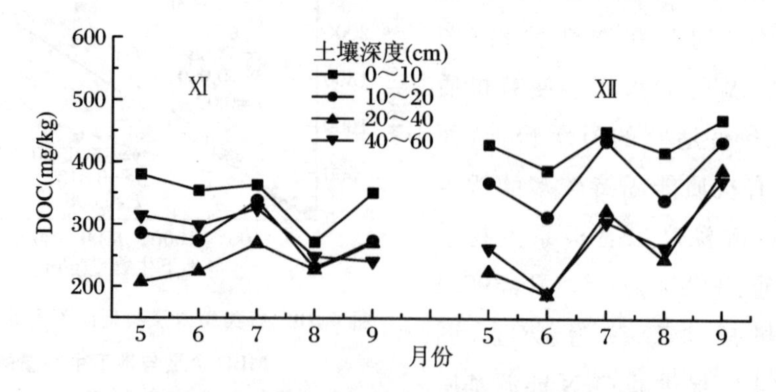


**图 4.11 小叶章草甸不同深度土壤中 DOC 的季节变化**

值还可能与冬季死亡微生物细胞溶质的释放有关，而9月的高值则与地表枯落物量的增加导致其分解、淋失量的增加有关。

(2) 垂直剖面变化

两类土壤DOC的季节均值均具有明显的剖面变化特征(图4.12(a))：Ⅺ中20～40 cm深度土壤DOC的含量最低(240.2 mg/kg)，0～10 cm深度最高(344 mg/kg)，剖面层次间差异显著($P=0.004$)；Ⅻ中土壤表层(0～20 cm)DOC(404.4 mg/kg)明显高于下层(20～60 cm)(276.9 mg/kg)，剖面层次间的差异亦非常显著($P=0.0018$)。对两类土壤不同深度DOC的季节均值与腐殖酸含量进行相关分析发现，二者与腐殖酸含量的Pearson相关系数分别为0.680和0.968($P<0.05$)，说明不同深度腐殖质数量是决定DOC剖面分布特征的主要因素。对比两类土壤DOC发现，表层土壤平均DOC含量Ⅻ明显高于Ⅺ($P=0.003$)，而下层土壤平均DOC含量二者无明显区别($P=0.694$)。这与二者枯落物的数量和腐殖质含量的差异有关。实测表明，Ⅻ表层总生物量高于Ⅺ，说明在表层土壤接受枯落物的数量上Ⅻ高于Ⅺ，而且Ⅻ表层腐殖酸的平均含量(3.64%)也明显高于Ⅺ表层的平均含量(2.12%)，这两方面因素共同决定了Ⅻ土壤表层DOC含量高于Ⅺ。而对下层土壤而言，无论是总生物量还是平均腐殖质含量，Ⅻ和Ⅺ均十分接近，致使二者下层土壤DOC含量无显著差异。

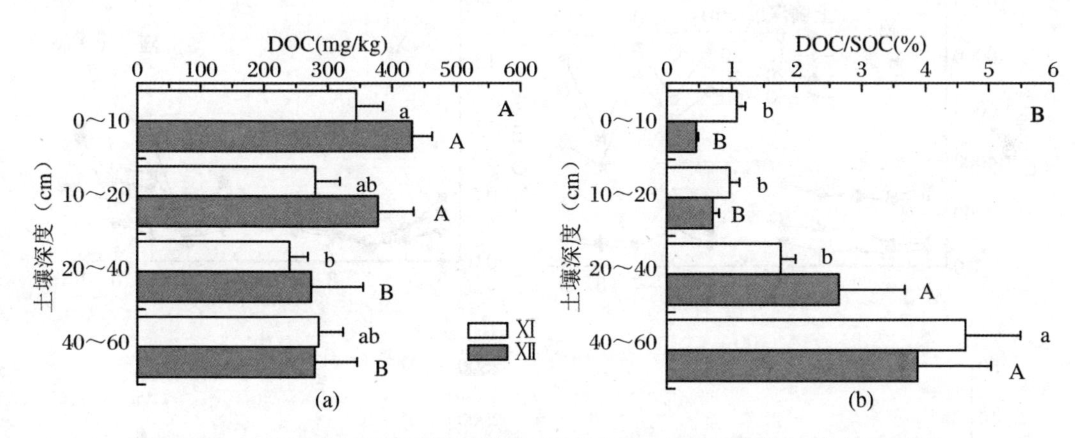


**图4.12　小叶章草甸不同深度土壤中DOC含量(a)及DOC/SOC值(b)的变化**

(同类土壤中的不同字母代表差异显著)

DOC占SOC的比例(DOC/SOC，%)也具有明显的剖面变化特征，自上而下随土壤深度的增加DOC/SOC值呈递增趋势(图4.12(b))。Ⅺ底层(40～60 cm)土壤DOC/SOC值(4.63%)明显高于上层(0～40 cm)土壤(0.97%～1.76%)($P<0.0001$)，同样Ⅻ下层(20～60 cm)土壤DOC/SOC值(2.64%～3.88%)也显著高于上层(0～20 cm)土壤(0.46%～0.72%)($P<0.0001$)。DOC含量的层次差异可能与下层矿质土壤对DOC具有较强的吸附能力，而被吸附的DOC在浸提过程中又重新

释放有关。对比两类土壤 DOC/SOC 值可知，Ⅺ表层土壤 DOC/SOC 值明显高于Ⅻ($P=0.044$)，二者下层土壤 DOC/SOC 值比较接近($P=0.972$)。这可能与二者土壤的水分条件有关。处于经常渍水条件下的Ⅻ其表层土壤中 DOC 可能更多地进入沼泽水中，而导致土壤本身吸附的 DOC 量相对降低。

## 三、微生物量碳、溶解性有机碳与氮、磷含量的关系

### 1. 土壤中氮、磷营养含量的季节变化

生长季小叶章草甸土壤中氮、磷营养含量均具有较为明显的季节变化特征(图 4.13)。总的看来，TN、TP 的变化趋势较为一致：Ⅺ土壤中，除 20～40 cm 深度 TN 和 TP 含量在植物生长初期(5 月)较低，在成熟期(7～8 月)较高外，其余层次均在生长初期较高，成熟期较低；Ⅻ土壤中，TN 和 TP 含量的变化趋势具有相似性。表层土壤均呈“W”形变化模式，5 月、7 月和 9 月含量较高，6 月和 8 月较低；下层均呈“S”形变化模式，植物生长初期和旺盛期较高，成熟期和后期较低。土壤中 $NO_3^-$ 和 $NH_4^+$ 含量的变化比较复杂，不同土壤类型间变化各异。Ⅺ土壤中，$NO^{3-}$ 含量的季节变化与

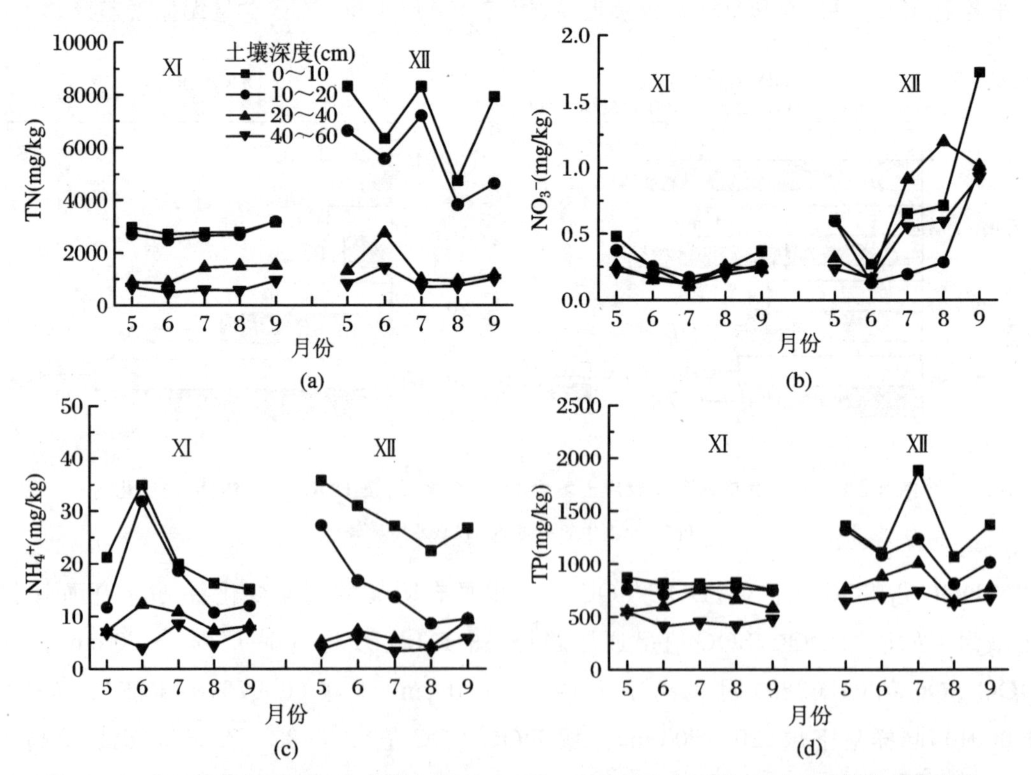


图 4.13 小叶章草甸不同深度土壤中 TN(a)、$NO_3^-$(b)、$NH_4^+$(c)和 TP(d)含量的季节变化

其表层土壤 TN 含量的变化趋势相似，而 $NH_4^+$ 含量则大致呈相反趋势，即在生长初期和后期较低，生长旺盛期或成熟期较高。Ⅻ土壤中，$NO_3^-$ 含量在经历初期一个月的下降后快速上升，并于 9 月达生长季最高值。而 $NH_4^+$ 含量在表层土壤中的变化趋势几乎与 $NO_3^-$ 相反，生长初期值最高，之后快速下降，8 月降至生长季最低，9 月又有所上升。Ⅻ下层土壤 $NH_4^+$ 的变化趋势与Ⅺ下层土壤相似，呈"S"形变化。

**2. MBC 与碳、氮、磷之间的关系**

研究中春、秋季出现微生物量的高值，说明小叶章草甸土壤发生了营养固持，而夏季的低值则表明了小叶章草甸土壤有机质矿化速率的增加。这说明，土壤中可利用性营养物质的释放/固持与微生物数量的变化密切相关。另一方面，微生物的生长也需要速效 C、N 等基质作为其能量和物质来源。土壤 SOC 和 TN 在一定程度上也反映了土壤环境因子组合的最佳程度，土壤有机质水平高，微生物所受胁迫小，有利于微生物群系的发展。

对不同深度土壤不同时间的 MBC 与各项因子进行相关分析(表 4.5)发现，Ⅺ中 MBC 与 SOC、TN、TP、$NH_4^+$ 和 $NO_3^-$ 含量呈显著正相关，逐步回归分析表明，MBC (mg/kg)与 TN(mg/kg)之间存在线性关系：$MBC = -132.07 + 0.323TN$ ($R^2_{Adj} = 0.687$, $P<0.001$)；Ⅻ中 MBC 与 SOC、TN、TP 和 $NH_4^+$ 含量呈显著正相关，逐步回归分析表明，MBC 与 SOC(%)之间存在线性关系：$MBC = -79.78 + 315.21SOC$ ($R^2_{Adj} = 0.758$, $P<0.001$)；综合Ⅺ和Ⅻ，MBC 与上述各项均呈显著正相关，逐步回归分析表明，MBC 与 SOC 和 $NO_3^-$(mg/kg)含量存在线性关系：$MBC = -310.24 + 301.76SOC + 541.48NO_3^-$ ($R^2_{Adj} = 0.825$, $P<0.001$)。这表明，在Ⅺ中 TN 含量是决定 MBC 数量的主要因素，在Ⅻ中 MBC 主要受 SOC 基质数量的影响，而在两类土壤间 MBC 数量主要受 SOC 和 $NO_3^-$ 含量的制约。这说明土壤 SOC 基质数量和氮素可利用水平是影响 MBC 的关键因素。

**表 4.5 湿地土壤 DOC 和 MBC 含量与 SOC、养分含量及 C/N 的 Pearson 相关系数**

| | 样本来源 | SOC | TN | $NO_3^-$ | $NH_4^+$ | C/N | TP | DOC | MBC |
|---|---|---|---|---|---|---|---|---|---|
| DOC | Ⅺ | 0.440 | 0.445* | 0.220 | 0.504* | −0.026 | 0.399 | — | 0.451* |
| | Ⅻ | 0.702** | 0.724** | 0.455* | 0.674** | 0.112 | 0.699** | — | 0.742** |
| | Ⅺ+Ⅻ | 0.696** | 0.712** | 0.512** | 0.578** | 0.045 | 0.690** | — | 0.725** |
| MBC | Ⅺ | 0.892** | 0.839** | 0.532* | 0.649** | −0.045 | 0.681** | 0.451* | — |
| | Ⅻ | 0.878** | 0.871** | 0.248 | 0.790** | 0.360 | 0.701** | 0.742** | — |
| | Ⅺ+Ⅻ | 0.895** | 0.889** | 0.423** | 0.653** | 0.294 | 0.752** | 0.725** | — |

注：*，0.05 水平上显著相关(2-tailled)；**，0.01 水平上显著相关(2-tailled)。

**3. DOC与碳、氮、磷及MBC之间的关系**

土壤中微生物的活性与其可利用性营养能源密切相关。回归分析表明，不同土壤类型及类型间DOC浓度与MBC含量之间均存在显著线性关系（$P<0.01$）（图4.14）。本研究中，土壤DOC含量在春、秋季较高，而此时恰逢TN和$NO_3^-$的高值期（图4.13(a)、(b)），营养水平的提高能够刺激微生物活性，致使其新陈代谢速率加快，DOC含量提高。

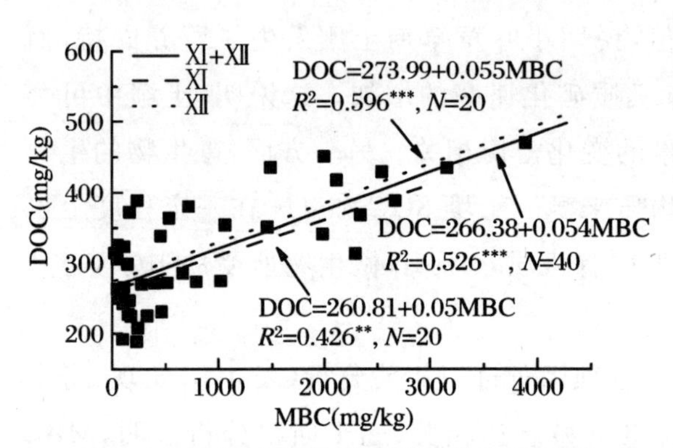


**图4.14 不同土壤类型及类型间DOC浓度与MBC含量之间的关系**

对不同深度土壤不同时间的DOC与各项因子进行相关分析（表4.5）发现，Ⅺ中DOC与TN和$NH_4^+$含量呈显著正相关，逐步回归分析表明，DOC(mg/kg)与$NH_4^+$(mg/kg)存在线性关系：$DOC=246.49+3.06NH_4^+$（$R^2_{Adj}=0.213$，$P=0.023$）；Ⅻ中DOC与SOC、TN、$NO_3^-$、$NH_4^+$和TP含量呈显著正相关，逐步回归分析表明，DOC与TN和$NO_3^-$之间存在线性关系：$DOC=206.25+0.021TN+88.52NO_3^-$（$R^2_{Adj}=0.666$，$P<0.001$）；综合Ⅺ和Ⅻ，DOC与上述各项因子均呈显著正相关，逐步回归分析表明，DOC与TN和$NO_3^-$之间存在线性关系：$DOC=227.33+0.02TN+72.55NO_3^-$（$R^2_{Adj}=0.592$，$P<0.001$）。以上结果说明，土壤中DOC含量主要受氮素总量及其可利用水平的影响，而基质SOC数量不是主要制约因素。这说明，SOC的数量和分布特征不是造成DOC含量差异的主要原因，而SOC的质量（可溶性）可能是产生DOC含量差异的关键因素。

## 第二节 湿地土壤氮的分布与累积过程

### 一、湿地土壤氮的空间分布格局

**1. 土壤氮素的空间变异性**

表4.6为研究样地不同土层各形态氮含量的描述性统计分析结果。从表中可以看出，各形态氮的平均含量均自表层向下依次降低，但其水平变异性则因氮素形态不

**表 4.6　湿地不同层次土壤氮浓度的统计分析结果**

| 项目 | 土层 (cm) | 均值 (mg/kg) | 标准差 (mg/kg) | 变异系数 (%) | 最大值 (mg/kg) | 最小值 (mg/kg) | 中值 (mg/kg) | 偏度 $S_k$ | 峰度 $K_u$ |
|---|---|---|---|---|---|---|---|---|---|
| $NO_3^-$-N | 0～10 | 4.80 | 5.00 | 104.30 | 22.18 | 1E－3 | 3.25 | 1.692 | 3.493 |
| | 10～20 | 3.48 | 4.07 | 117.06 | 14.30 | 1E－3 | 2.34 | 1.198 | 0.457 |
| | 20～30 | 0.60 | 1.15 | 191.57 | 4.68 | 1E－3 | 0.09 | 2.542 | 5.928 |
| | 30～40 | 0.20 | 0.44 | 217.43 | 1.74 | 1E－3 | 8E－3 | 2.619 | 6.099 |
| $NH_4^+$-N | 0～10 | 18.93 | 9.97 | 52.68 | 56.53 | 2.45 | 17.79 | 1.749 | 5.084 |
| | 10～20 | 11.22 | 5.55 | 49.43 | 29.94 | 2.15 | 10.44 | 1.850 | 4.685 |
| | 20～30 | 5.99 | 3.61 | 60.26 | 14.84 | 0.85 | 5.53 | 0.912 | －0.033 |
| | 30～40 | 3.87 | 1.70 | 43.94 | 8.27 | 1.54 | 3.31 | 1.017 | 0.543 |
| OR－N | 0～10 | 2196.29 | 572.67 | 26.07 | 2993.25 | 403.86 | 2187.13 | －1.517 | 3.877 |
| | 10～20 | 1681.81 | 663.26 | 39.44 | 2780.88 | 411.05 | 1852.09 | －0.418 | －0.792 |
| | 20～30 | 884.16 | 495.76 | 56.07 | 2181.74 | 341.79 | 688.75 | 1.174 | 0.412 |
| | 30～40 | 741.26 | 505.41 | 68.18 | 2007.34 | 301.67 | 556.85 | 1.704 | 1.610 |
| TN | 0～10 | 2220.02 | 573.68 | 25.84 | 3044.71 | 417.97 | 2214.35 | －1.488 | 3.780 |
| | 10～20 | 1696.51 | 664.56 | 39.17 | 2793.09 | 417.97 | 1868.15 | －0.432 | －0.791 |
| | 20～30 | 890.76 | 498.12 | 55.92 | 2191.48 | 344.72 | 697.14 | 1.173 | 0.409 |
| | 30～40 | 745.33 | 505.50 | 67.82 | 2012.10 | 305.57 | 559.91 | 1.701 | 1.602 |
| K－N | 0～10 | 319.25 | 87.57 | 27.43 | 579.60 | 159.60 | 308.70 | 1.269 | 2.121 |
| | 10～20 | 236.41 | 83.46 | 35.30 | 407.40 | 47.80 | 254.10 | －0.598 | 0.086 |
| | 20～30 | 144.55 | 83.68 | 57.89 | 352.80 | 42.00 | 123.90 | 0.784 | －0.334 |
| | 30～40 | 76.42 | 29.11 | 38.10 | 210.00 | 37.80 | 75.60 | 2.756 | 12.122 |

同而表现出不同的变化。其中 $NO_3^-$-N、OR－N 和 TN 的水平变异性自 0～10 cm 土层(变异系数分别为 104.30%、26.07%和 25.84%)向下依次增大，在 30～40 cm 土层，三者的变异系数分别高达 217.43%、68.18%和 67.82%。$NH_4^+$-N 的水平变异性以 30～40 cm 土层最小(43.94%)，0～10 cm 和 10～20 cm 土层次之(52.68%和 49.43%)，20～30 cm 土层最大(60.26%)。与之相比，K－N 的水平变异性以 0～10 cm 土层最低(27.43%)，并在 10～20 cm 和 20～30 cm 土层内表现为依次增大，但 30～40 cm 土层的水平变异性(38.10%)除明显低于 20～30 cm 土层(57.89%)外均高于其他各土层。就各形态氮的水平变异性而言，0～10 cm 土层的变异系数表现为

$NO_3^-$-N>$NH_4^+$-N>K-N>OR-N>TN，10～20 cm 和 20～30 cm 土层均表现为 $NO_3^-$-N>$NH_4^+$-N>OR-N>TN>K-N，而 30～40 cm 土层则表现为 $NO_3^-$-N>OR-N>TN>$NH_4^+$-N>K-N。比较而言，各形态氮的水平变异在各土层中均以 $NO_3^-$-N 较大，原因主要与 $NO_3^-$-N 带负电荷，易于被带负电荷的土壤胶体排斥，进而易于淋溶有关。正是由于 $NO_3^-$-N 较为活跃的物理运移特性使得其在较深的土层中也呈现出较高的水平变异性。$NH_4^+$-N 在 0～10 cm、10～20 cm 和 20～30 cm 土层的水平变异性仅次于 $NO_3^-$-N，但其 30～40 cm 土层的变异性则较小，原因主要与 $NH_4^+$-N 带正电荷，易于被带负电荷的土壤胶体吸附而不易淋失很深有关。正是由于 $NH_4^+$-N 较差的物理运移特性使得其在上部土层中的变异性明显要高于下部土层。由于 K-N 是能被植物吸收利用的有效养分（生物有效性氮，包括 $NO_3^-$-N、$NH_4^+$-N 和易矿化 OR-N），主要分布在根系分布区，所以其在各土层中的水平变异与多种因素有关。研究样地 0～10 cm、10～20 cm 和 20～30 cm 土层 K-N 变异系数的依次增大可能主要与各土层 $NO_3^-$-N 水平运移和垂直淋失、$NH_4^+$-N 吸附、OR-N 矿化以及植物根系吸收等各过程进行的相对强弱程度有关。相对于 20～30 cm 土层而言，30～40 cm 土层变异系数的降低可能与 $NH_4^+$-N 淋溶量降低、OR-N 矿化较弱以及植物根系较少进而使得吸收作用影响较弱有关。土壤 OR-N 是 TN 的主体（占 TN 的 95%以上），二者的变化通常具有一致性。研究样地表层较高的 OR-N 和 TN 含量以及较低的水平变异性可能主要与其氮储量大且变化相对稳定有关，而自表层向下二者含量的降低以及水平变异性的增强可能主要与其氮储量逐渐降低以及地质沉积原始土壤的高度变异性得以继承有关。方差分析表明，不同土层各形态氮含量以及同一土层不同形态氮含量间的差异均达到极显著水平（$P<0.01$）。

**2. 土壤氮素的空间结构性**

*(1) 正态分布检验与最大分析尺度的确定*

半方差函数通过区域化变量分割等距离样点间的差异来研究变量的空间相关性和空间结构。进行空间相关分析的变量必须满足正态分布，并且由随机抽样的方式而获得。数据的非正态分布会使方差函数产生比例效应，抬高基台值和块金值，降低估计精度，使某些潜在的特征表现不明显，甚至会掩盖其固有的结构。为了检验实验数据是否符合半方差函数分析的条件，采用 Kolmogorov-Smironov(K-S)正态分布检验概率（$P_{K\text{-}S}$）对它们进行检验。检验时取显著性水平 $\alpha=0.05$，若 $P_{K\text{-}S}>0.05$，则认为数据服从正态分布。由表 4.7 可知，除 20～30 cm 土层的 $NO_3^-$-N 含量以及 30～40 cm 土层的 $NO_3^-$-N、OR-N 和 TN 含量的 $P_{K\text{-}S}$ 小于 0.05（不能用于空间分析）外，其他土层各形态氮含量的 $P_{K\text{-}S}$ 均大于 0.05，表现为明显的正态分布，可以进行空间相关分析。其中 0～10 cm 土层 $NO_3^-$-N、$NH_4^+$-N 和 K-N 的数据要优于其他各土层，而 10～20 cm 土层 OR－N 和 TN 的数据要优于 0～10 cm 和 20～30 cm 土层。

**表 4.7　湿地不同层次土壤氮素正态分布概率($P_{K\text{-}S}$)**

| 土层(cm) | $NO_3^-$－N | $NH_4^+$－N | OR－N | TN | K－N |
|---|---|---|---|---|---|
| 0～10 | 0.256 | 0.416 | 0.201 | 0.207 | 0.422 |
| 10～20 | 0.124 | 0.074 | 0.625 | 0.618 | 0.230 |
| 20～30 | 0.002 | 0.367 | 0.093 | 0.102 | 0.358 |
| 30～40 | 0.000 | 0.299 | 0.012 | 0.012 | 0.229 |

运用规则网格法采集土壤样品时，样点间的最大长度是给定的，随着间隔距离 $h$ 的增大，点对的数量 $N(h)$逐渐变小，并且某些依赖变量不再对 $r(h)$有贡献。所以作为统计量 $r(h)$ 取样线长度的 1/3 或 1/2 时，$r(h)$才具有统计意义上的代表性，同时步长 $h$ 也不能小于相邻两点间的最小距离。因此，本项研究在采用该方法进行分析时，取样点距离的一半，即 3 个距离单位 21 m 作为最大分析尺度，并取步长为 1 个距离单位 7 m。

(2) 各向同性下土壤氮素的空间分布特征

区域化变量的结构分析以 $r(h)$ 模型为基础，这是 $r(h)$ 的主要功能之一。球状模型的空间相关性随距离的增加而衰减，其空间结构是当样点间隔距离达到变程之前时，样点的空间相关性随样点距离的增加而逐渐降低直至消失，$r(h)$ 表明数据为聚集分布。指数模型的空间相关性随距离的增加呈指数衰减变化，其空间依赖范围超过研究尺度，相关性消失于无限远处。指数模型的曲线起始段为渐变线，其 $r(h)$ 表明数据是中等程度的聚集分布。高斯模型的空间相关性也随距离的增加而衰减，且相关性亦消失于无限远处。高斯模型的曲线起始段为抛物线，表明变量的空间变化非常光滑。线性模型的空间相关性随距离的增加呈线性增长变化，不会在某一距离稳定下来。随机分布的 $r(h)$ 随距离无一定规律变化，为完全随机或均匀数据，$r(h)$ 呈直线或稍有斜率，块金值等于基台值，表明其在抽样尺度下无空间相关性。表 4.8 为不同土层各形态氮含量在各向同性下的变异函数理论模型及相关参数。从表中可以看出，不同土层各形态氮含量的基台值均远远大于块金值，表明在全方向上各土层不同形态的氮含量均具有明显的空间结构。其中 0～10 cm 土层的 $NO_3^-$－N、OR－N 和 K－N的半方差函数与步长 $h$ 的关系均符合高斯模型，而 $NH_4^+$－N 和 TN 符合球状模型。10～20 cm 土层的 OR－N、TN 和 K－N 的半方差函数与步长 $h$ 的关系均符合指数模型，$NO_3^-$－N 和 $NH_4^+$－N 则分别符合球状模型和高斯模型；20～30 cm 土层 OR－N、TN 和 K－N 的半方差函数与步长 $h$ 的最佳理论模型为指数模型，$NH_4^+$－N

则为高斯模型。而30～40 cm土层$NH_4^+$-N和K-N的半方差函数与步长$h$的关系均可由高斯模型来拟合。决定系数$R^2$和$RSS$用来说明模型对被研究对象的解释效率。从表4.8可以看出，除0～10 cm土层的$NO_3^-$-N，0～10 cm、20～30 cm土层的K-N以及10～20 cm、20～30 cm土层的OR-N和TN的半方差函数与步长$h$关系的理论模型解释效率较低外，其他土层各形态氮的半方差函数理论模型的解释效率均较高，大多在80%以上。

**表4.8 各向同性下变异函数理论模型及相应参数**

| 项目 | 土层(cm) | 理论模型 | 块金值($C_0$) | 基台值($C_0+C$) | 块金/基台值($C_0/(C_0+C)$) | 变程($a$) | 决定系数($R^2$) | 残差($RSS$) | 分维数($D$) |
|---|---|---|---|---|---|---|---|---|---|
| $NO_3^-$-N | 0～10 | 高斯模型 | 25.59 | 51.19 | 0.500 | 81.00 | 0.097 | 17.900 | 1.998 |
| | 10～20 | 球状模型 | 10.20 | 25.23 | 0.596 | 81.00 | 0.809 | 4.050 | 1.874 |
| $NH_4^+$-N | 0～10 | 球状模型 | 47.10 | 177.20 | 0.734 | 72.40 | 0.979 | 28.000 | 1.792 |
| | 10～20 | 高斯模型 | 25.10 | 71.20 | 0.647 | 79.14 | 0.588 | 17.700 | 1.936 |
| | 20～30 | 高斯模型 | 11.02 | 31.10 | 0.646 | 73.33 | 0.869 | 0.484 | 1.927 |
| | 30～40 | 高斯模型 | 2.52 | 7.05 | 0.643 | 52.27 | 0.948 | 0.013 | 1.922 |
| OR-N | 0～10 | 高斯模型 | 256000 | 723000 | 0.646 | 81.00 | 0.864 | 1.242E+09 | 1.864 |
| | 10～20 | 指数模型 | 362000 | 724100 | 0.500 | 81.00 | 0.037 | 1.058E+10 | 1.961 |
| | 20～30 | 指数模型 | 183000 | 366100 | 0.500 | 81.00 | 0.042 | 8.234E+08 | 1.994 |
| TN | 0～10 | 球状模型 | 213000 | 529900 | 0.598 | 81.00 | 0.837 | 1.567E+09 | 1.860 |
| | 10～20 | 指数模型 | 363000 | 726100 | 0.500 | 81.00 | 0.038 | 1.054E+10 | 1.961 |
| | 20～30 | 指数模型 | 184700 | 369500 | 0.500 | 81.00 | 0.047 | 8.318E+08 | 1.994 |
| K-N | 0～10 | 高斯模型 | 7270 | 14541 | 0.500 | 81.00 | 0.145 | 1.521E+06 | 1.991 |
| | 10～20 | 指数模型 | 2250 | 11610 | 0.806 | 25.59 | 0.992 | 81658 | 1.762 |
| | 20～30 | 指数模型 | 5090 | 10181 | 0.500 | 81.00 | 0.078 | 1.828E+06 | 1.948 |
| | 30～40 | 高斯模型 | 872 | 1745 | 0.500 | 81.00 | 0.712 | 85589 | 1.911 |

区域化变量的空间异质性$SH_Z$由两部分组成，即$SH_Z=SH_R$(随机误差引起)+$SH_A$(空间自相关引起)。块金值$C_0$表示随机部分的空间异质性，而$C$表示空间自相关部分引起的空间异质性，所以基台值$C_0+C$就表示区域化变量的最大变异。基台值越大，区域化变量的总空间异质性越高。$C/(C_0+C)$反映了结构因素$SH_A$对空间异质性$SH_Z$的贡献程度，而$C_0/(C_0+C)$则反映了随机部分$SH_R$引起的空间异质性占总空间异质性$SH_Z$的比例。$C_0/(C_0+C)$的值越大，相应的块金效应就越小，说明在小尺度空间中被研究的对象变化较小。从表4.8可以看出，不同土层各形态氮的

空间变异程度存在明显差异。其中 0～10 cm 土层 $NH_4^+$-N、OR-N 和 TN 的 $C_0/(C_0+C)$值较高，说明随机因素对于其空间异质性的贡献率较高，分别为 73.4%、64.6%和 59.8%。$NO_3^-$-N 和 K-N 的 $C_0/(C_0+C)$值最低，为 0.500，说明随机因素和结构因素对于二者空间异质性的贡献率分别占 50%。10～20 cm 土层各形态氮的 $C_0/(C_0+C)$值除 OR-N 和 TN 较低(0.500)外，K-N、$NH_4^+$-N 和 $NO_3^-$-N 均较高，分别为 0.806、0.647 和 0.596，说明结构因素对于三者总空间异质性的贡献率均较低，仅为 19.4%、35.3%和 40.4%。20～30 cm 和 30～40 cm 土层各形态氮的 $C_0/(C_0+C)$值除 $NH_4^+$-N 较高(0.646 和 0.643)外，OR-N、TN 和 K-N 均较低，仅为 0.500，说明随机因素对于两土层 $NH_4^+$-N 空间异质性的贡献率相对于 OR-N、TN 和 K-N 而言分别要高 14.6%和 14.3%。比较而言，10～20 cm 土层 $NO_3^-$-N 的 $C_0/(C_0+C)$值(0.596)要高于 0～10 cm(0.500)，说明随机因素对于下层土壤空间异质性的贡献率要高于上层土壤(9.6%)。与之相反，$NH_4^+$-N、OR-N 和 TN 的 $C_0/(C_0+C)$ 值均自表层向下依次降低，说明随机因素对于 0～10 cm 土层三者总空间异质性的贡献率要比下层土壤至少高 8.7%、14.6%和 19.8%。K-N 除 10～20 cm 土层的 $C_0/(C_0+C)$值较高(0.806)外，其他土层均较低(0.500)，说明随机因素对于 0～20 cm 土层总空间异质性的贡献率要比其他土层高 30.6%。按照区域化变量空间相关性程度的分级标准，当 $C_0/(C_0+C)<25\%$时，变量具有强烈的空间相关性；当 $25\% \leqslant C_0/(C_0+C) \leqslant 75\%$时，变量具有中等的空间相关性；当 $C_0/(C_0+C) \geqslant 75\%$时，变量的空间相关性很弱。结合该分级标准及表 4.8 中不同土层各形态氮的 $C_0/(C_0+C)$值可以看出，除 10～20 cm 土层 K-N 的空间相关性较弱外，其他土层的各形态氮均具有中等程度的空间相关性。总的来说，不同土层各形态氮的 $C_0/(C_0+C)$值均大于 0.500，说明在各向同性结构下，随机因素在引起各形态氮素空间异质性的贡献中至少占 50%，而自然结构因素如气候、母质、水分、地形和土壤类型等对其的影响则相对较小。研究样地影响各形态氮素总空间异质性的随机因素主要与微地貌特征、各土层微域水分条件及其引起的氮素物理运移、OR-N 矿化以及植物根系分布与吸收作用等过程有关。

变程 $a$ 可较好地反映区域化变量的空间影响范围。由表 4.8 可知，除 4 个土层 $NH_4^+$-N 的变程(0～10 cm：72.40 m；10～20 cm：79.14 m；20～30 cm：73.33 m；30～40 cm：52.27 m)以及 10～20 cm 土层 K-N 的变程(25.59 m)较低外，其他土层各形态氮的变程均为 81.00 m。说明四个土层的 $NH_4^+$-N 以及 10～20 cm 土层的 K-N 可在相对较短的距离内存在空间结构异质性，其他土层的各形态氮则可在相对较长的距离内存在空间结构异质性，而当超过相应变程时，各形态氮区域化变量的空间相关性开始消失。分维数 $D$ 的大小可表示变异函数的曲率，而 $D$ 值之间的比较可以确定空间异质性的程度。一般而言,$D$ 值越大,其所表现的空间分布越复杂。从表 4.8 可以看出,0~10 cm 土层 $NO_3^-$-N 和 K-N 的 $D$ 值较大(1.998 和 1.991),OR-N 和 TN 次之(1.864 和 1.860),$NH_4^+$-N 最小(1.792);而 10~20 cm 土层以 OR-N、TN 和 $NH_4^+$-N 的 $D$ 值较大(1.961、1.961 和 1.936),$NO_3^-$-N 次之(1.874),K-N 最小(1.762);20~30 cm 土层则是以 TN、K-N 和 $NH_4^+$-N 的 $D$ 值较大(1.994、1.948 和 1.927);30~40 cm 土层 $NH_4^+$-N 和 K-N 的 $D$ 值均较高且比较接近,分别为 1.922 和 1.911。比较而言,除 0~10 cm 土层 $NO_3^-$-N 的含量分布明显比 10~20 cm 土层复杂外,$NH_4^+$-N、OR-N 和 TN 在 0~10 cm 土层中的分布均较其他各层简单,但 OR-N 和 TN 在其他各土层的空间分布均随土壤深度的增加而趋于复杂,而 $NH_4^+$-N 则随其增加趋于简单。K-N 在各土层中的空间分布则是以 0~10 cm 最为复杂,20~30 cm、30~40 cm 次之,10~20 cm 最为简单。

(3) 各向异性下土壤氮素的空间分布特征

为了研究不同土层各形态氮的半方差函数在不同方向上的特点,即各向异性,对不同方向的半方差函数进行了计算。计算时将全方位平均分为 4 个角度,0°、45°、90°和 135°分别代表东-西、东北-西南、南-北、西北-东南方向。表 4.9 为不同土层各形态氮含量在各向异性下的变异函数理论模型及相关参数。从表中可以看出,不同土层各形态氮含量的基台值均远远大于块金值,表明在不同方向上各土层不同形态的氮含量均具有明显的空间结构。其中 0~10 cm 土层的 $NH_4^+$-N、OR-N、TN 和K-N 的半方差函数与步长 $h$ 的关系均符合线性模型,而 $NO_3^-$-N 符合高斯模型;10~20 cm 土层的 OR-N、TN 和 K-N 的半方差函数与步长 $h$ 的关系均符合指数模型,$NO_3^-$-N 和 $NH_4^+$-N 则分别符合线性模型和高斯模型;20~30 cm 土层 OR-N 和 TN 的半方差函数与步长 $h$ 的最佳理论模型为线性模型,而 $NH_4^+$-N 和 K-N 分别符合高斯模型和指数模型;30~40 cm 土层 $NH_4^+$-N 和 K-N 的半方差函数与步长 $h$ 的关系分别可由指数模型和高斯模型来拟合。从 $R^2$ 和 $RSS$ 对模型解释的效率可以看出,除 10~20 cm 土层的 OR-N 和 TN 以及 20~30 cm 土层的 $NH_4^+$-N、OR-N 和 TN 的半方差函数与步长 $h$ 关系的理论模型解释效率较低外,其他土层各形态氮的半方差函数理论模型的解释效率均较高,大多在 60%以上。

通过分析表 4.9 中 $C_0/(C_0+C)$值的大小及其变化可以看出,不同土层各形态氮在不同方向上的空间变异程度存在明显差异。0~10 cm 土层 $NH_4^+$-N、TN 和 OR-N 的 $C_0/(C_0+C)$值较高(0.799、0.751 和 0.747),而 $NO_3^-$-N 和 K-N 的相应值较低(0.636 和 0.632);10~20 cm 土层各形态氮 $C_0/(C_0+C)$值的大小以 K-N 最大(0.843),$NO_3^-$-N 次之(0.714),$NH_4^+$-N、OR-N 和 TN 相近(0.687、0.679 和 0.679)。除 30~40 cm 土层 K-N 的 $C_0/(C_0+C)$值较低外(0.599),该土层及 20~

30 cm 土层的 $NH_4^+$-N、OR-N、TN 和 K-N 的 $C_0/(C_0+C)$值均比较接近，介于 0.629～0.654 之间。比较而言，各形态氮的 $C_0/(C_0+C)$值在不同土层的变化与各向同性基本一致。10～20 cm 土层 $NO_3^-$-N 的 $C_0/(C_0+C)$值(0.714)要高于 0～10 cm (0.636)，而 $NH_4^+$-N、OR-N 和 TN 的 $C_0/(C_0+C)$值在总体上均自表层向下依次降低。K-N 除 10～20 cm 土层的 $C_0/(C_0+C)$值较高(0.843)外，其他土层均较低且比较接近。从区域化变量空间相关程度的分级来看，除 0～10 cm 土层的 $NH_4^+$-N 和 TN 以及 10～20 cm 土层的 K-N 的空间相关性较弱外，其他土层的各形态氮均具有中等程度的空间相关性。总之，不同土层各形态氮的 $C_0/(C_0+C)$值一般均大于 0.600，说明在各向异性结构下，上述提及的随机因素对于各形态氮的总空间异质性的贡献率至少占 60%。

**表 4.9　各向异性下变异函数理论模型及相应参数**

| 项目 | 土层(cm) | 理论模型 | 块金值($C_0$) | 基台值($C_0+C$) | 块金/基台值($C_0/(C_0+C)$) | 变程($a_1$) | 变程($a_2$) | 决定系数($R^2$) | 残差(RSS) |
|---|---|---|---|---|---|---|---|---|---|
| $NO_3^-$-N | 0～10 | 高斯模型 | 26.09 | 71.67 | 0.636 | 273.80 | 82.40 | 0.614 | 368.380 |
| | 10～20 | 线性模型 | 9.90 | 34.64 | 0.714 | 84.23 | 84.23 | 0.639 | 171.240 |
| $NH_4^+$-N | 0～10 | 线性模型 | 47.50 | 235.90 | 0.799 | 114.20 | 51.40 | 0.705 | 13736.350 |
| | 10～20 | 高斯模型 | 24.44 | 78.09 | 0.687 | 72.37 | 65.62 | 0.750 | 1026.530 |
| | 20～30 | 高斯模型 | 11.26 | 31.26 | 0.640 | 79.84 | 79.84 | 0.468 | 44.970 |
| | 30～40 | 指数模型 | 2.13 | 6.12 | 0.652 | 100.10 | 100.00 | 0.569 | 2.770 |
| OR-N | 0～10 | 线性模型 | 212000 | 838607 | 0.747 | 132.80 | 84.70 | 0.526 | 7.416E+10 |
| | 10～20 | 指数模型 | 319500 | 993903 | 0.679 | 100.10 | 100.00 | 0.261 | 1.968E+11 |
| | 20～30 | 线性模型 | 184000 | 496237 | 0.629 | 161.60 | 161.50 | 0.076 | 2.013E+10 |
| TN | 0～10 | 线性模型 | 209200 | 840447 | 0.751 | 130.00 | 82.30 | 0.533 | 7.768E+10 |
| | 10～20 | 指数模型 | 320400 | 996620 | 0.679 | 100.10 | 100.00 | 0.262 | 1.969E+11 |
| | 20～30 | 线性模型 | 185700 | 500996 | 0.629 | 161.90 | 161.80 | 0.070 | 2.035E+10 |
| K-N | 0～10 | 线性模型 | 7171 | 19505 | 0.632 | 419.8 | 419.8 | 0.757 | 6.837E+07 |
| | 10～20 | 指数模型 | 2370 | 15069 | 0.843 | 40.92 | 40.92 | 0.677 | 6.467E+07 |
| | 20～30 | 指数模型 | 4597 | 13272 | 0.654 | 128.5 | 69.1 | 0.513 | 3.472E+07 |
| | 30～40 | 高斯模型 | 881 | 2197 | 0.599 | 475.40 | 64.90 | 0.798 | 927080 |

图 4.15 为不同土层各形态氮在 4 个方向上的半方差变异函数。从图中可以看出，0～10 cm 土层的 $NO_3^-$-N 在各方向上的变程相差较大，存在明显的空间异质性结构特征，其空间变异尺度在南-北方向(90°)上较小，东-西方向(0°)上最大，而东

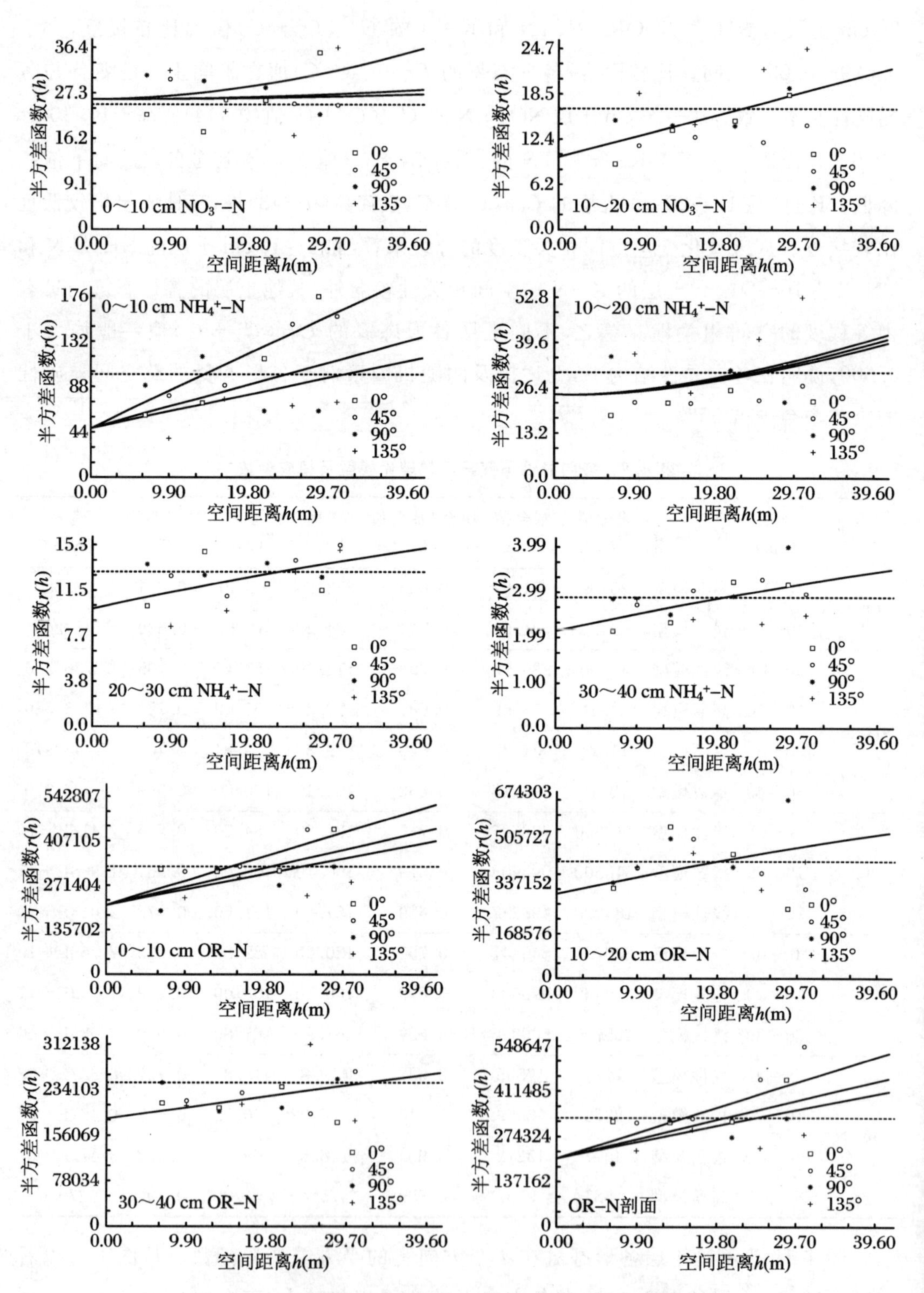


图 4.15 不同土层各形态氮在 4 个方向上的半方差变异函数

北-西南方向(45°)和西北-东南方向(135°)较大且相近。东-西和东北-西南方向上$NO_3^-$-N的半方差函数均符合高斯模型，表现出与全方向相似的空间相关性和变异特征。与之相比，10～20 cm土层的$NO_3^-$-N在各方向上的变程相同，其空间相关性均随距离的增加呈线性增长变化。0～10 cm、10～20 cm土层的$NH_4^+$-N，0～10 cm土层的OR-N、TN以及20～30 cm、30～40 cm土层的K-N在各方向上也存在明显的空间异质性结构，其空间变异尺度也是在南-北方向(90°)上较小，东-西方向(0°)上最大，而东北-西南方向(45°)和西北-东南方向(135°)较大且相近。比较而言，20～30 cm、30～40 cm土层的$NH_4^+$-N，10～20 cm、20～30 cm土层的OR-N和TN以及0～10 cm、10～20 cm土层的K-N在各方向上的变程相近或相同，空间依赖范围超过研究尺度。其中20～30 cm、30～40 cm土层的$NH_4^+$-N以及10～20 cm土层的OR-N、TN、K-N的空间相关性均随距离的增加呈衰减变化，而0～10 cm土层的K-N以及20～30 cm土层的OR-N、TN则随距离的增加呈线性增长变化。同时，0～10 cm土层的K-N，10～20 cm土层的OR-N、TN以及10～20 cm土层的$NH_4^+$-N、K-N，20～30 cm土层的$NH_4^+$-N在各方向上的半方差函数分别符合指数模型和高斯模型，亦表现出与全方向相似的空间变异特征。上述分析表明，各形态氮在4个方向上的空间变异尺度均是以东-西方向最大，而研究样地的东-西方向整体上又是向洼地倾斜的方向，这就说明样地微地貌特征及其引起的微域水分条件和氮素物理运移的差异可能是导致各形态氮素空间异质性的一个重要随机因素。同时，沿着样地东-西方向由于微地貌的存在而形成一个较为明显的水分交错带，而水分交错带的存在又使得沼泽湿地发育的土壤类型不尽一致。其中位于碟形洼地边缘地势相对较高的样区，地表无积水但常年保持湿润，发育着草甸沼泽土；而位于碟形洼地边缘向洼地倾斜的过渡带，其地势相对较低，地表在生长季的一些时期常存在季节积水，这样的环境条件发育着腐殖质沼泽土。本项研究样区面积的80%以上(Ⅰ分区)位于碟形洼地边缘，而只有不到20%的面积(Ⅱ分区)位于上述过渡带的边缘上。研究发现，位于过渡带边缘样区的土壤发育特点既不同于草甸沼泽土，也不同于腐殖质沼泽土，而是处于二者的过渡状态。相对于草甸沼泽土而言，其矿质土层的潜育化、潴育化过程更为明显，并且土壤的通气状况较差，质地更为黏重。表4.10为研究样地Ⅰ、Ⅱ分区各土层中不同形态氮含量的对比。从表中可以看出，Ⅱ区0～10 cm土层的$NH_4^+$-N、OR-N、TN和K-N的含量均明显高于Ⅰ区，而其他土层相对于Ⅰ区一般均明显较低，原因主要与以上各形态氮素相对较差的物理运移特性有关，Ⅱ区相对较好的水分条件使得各形态氮的物理运移仅发生在0～10 cm土层而不易淋失到深层土壤中。不同的是，$NO_3^-$-N在Ⅱ区各土层中的含量均明显低于Ⅰ区的相应土层，这主要与$NO_3^-$-N不易被土壤胶体吸附而易于随水发生物理运移有关，Ⅱ区相对较好的水分

条件使得 $NO_3^-$-N 更易随水向洼地过渡带方向及更深土层迁移。因此，水分条件和土壤发育类型可能是导致各形态氮素空间异质性的两个重要结构性因素。

**表 4.10 两分区不同土层各形态氮含量(mg/kg)的对比**

| 样区 | 土层(cm) | $NO_3^-$-N | $NH_4^+$-N | OR-N | TN | K-N |
|---|---|---|---|---|---|---|
| Ⅰ区<br>($n=24$) | 0～10 | 5.26±4.97 | 15.56±5.84 | 2060.94±594.84 | 2081.77±593.78 | 310.52±86.07 |
| | 10～20 | 3.90±4.17 | 11.40±5.86 | 1710.88±666.70 | 1726.18±668.06 | 247.10±79.32 |
| | 20～30 | 0.71±1.48 | 6.25±3.81 | 903.95±515.21 | 910.92±518.04 | 155.58±93.08 |
| | 30～40 | 0.21±0.52 | 3.89±1.79 | 798.47±580.24 | 802.56±580.27 | 69.30±17.65 |
| Ⅱ区<br>($n=12$) | 0～10 | 3.86±5.13 | 25.66±13.08 | 2466.98±428.64 | 2496.50±429.93 | 336.70±91.71 |
| | 10～20 | 2.63±3.89 | 10.87±5.10 | 1623.65±681.76 | 1637.16±682.85 | 215.03±90.89 |
| | 20～30 | 0.38±0.54 | 5.49±3.27 | 844.57±473.75 | 850.44±475.08 | 122.50±58.03 |
| | 30～40 | 0.19±0.25 | 3.84±1.57 | 626.85±295.59 | 630.88±295.89 | 90.65±41.40 |

### 3. 土壤氮素的垂直分布格局

(1) 土壤氮素垂直分布特征

毛果、漂筏湿地土壤 TN 含量分布不同于有机碳含量(图 4.16(a)、图 4.1)。漂筏湿地土壤中 TN 含量表现为过渡层＞草根层＞泥炭层＞白浆层，各层之间差异不明显；而毛果湿地土壤中表现为泥炭层＞草根层＞过渡层＞白浆层，草根层、泥炭层与过渡层、白浆层之间差异明显($P<0.001$)。漂筏湿地土壤 TN 含量平均比毛果湿地土壤高 0.91 g/kg，差异明显($P=0.009$)。漂筏湿地土壤中的 $NH_4^+$ 含量分布与 TN 含量分布相似($r=0.84$)，而毛果湿地土壤中的 $NH_4^+$ 含量分布表现为从草根层向白浆层逐渐降低(图 4.16(b))。漂筏湿地土壤剖面中泥炭层 $NO_3^-$ 含量最高，其次是过渡层，白浆层含量最低；而毛果湿地土壤剖面 $NO_3^-$ 含量表现为自上层向下层逐渐降低(图 4.16(c))。

结合毛果、漂筏各层土壤容重，根据各层的 TN 含量可以估算出毛果、漂筏湿地土壤每层的 TN 密度，其值分别为 1.20 kg/m$^3$ 和 1.82 kg/m$^3$、1.89 kg/m$^3$ 和 1.67 kg/m$^3$、0.43 kg/m$^3$ 和 2.49 kg/m$^3$、0.64 kg/m$^3$ 和 6.84 kg/m$^3$。其过渡层以上单位面积氮储量分别为 1.22 kg/m$^2$ 和 0.89 kg/m$^2$。

图 4.17 和图 4.18 分别为草甸沼泽土和腐殖质沼泽土中氮素的剖面分布特征。

据图可知，两种湿地土壤中各形态氮的垂直分布既具有一定的相似性，又存在一定差异。就草甸沼泽土而言，其 TN 和 OR-N 的垂直变化均呈倒"S"形，其中 0～30 cm 土层的含量波动较大，并以 10～20 cm 土层的含量较高。30 cm 以下，二者的含量整体上均自上而下呈逐渐降低趋势。尽管 K-N 在 50 cm 以下的含量变化存在一定

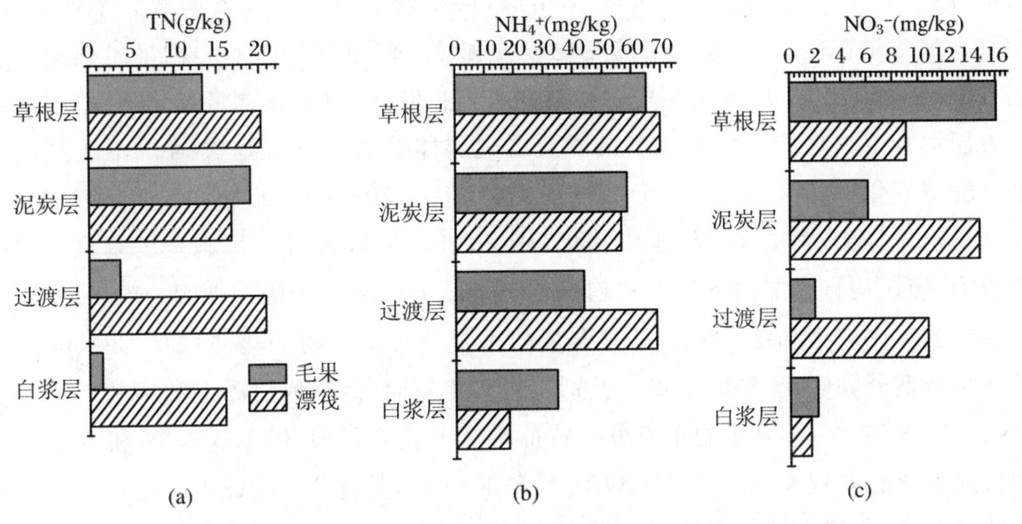


图 4.16 毛果、漂筏湿地土壤剖面 TN(a)、$NH_4^+$(b)、$NO_3^-$(c)含量分布

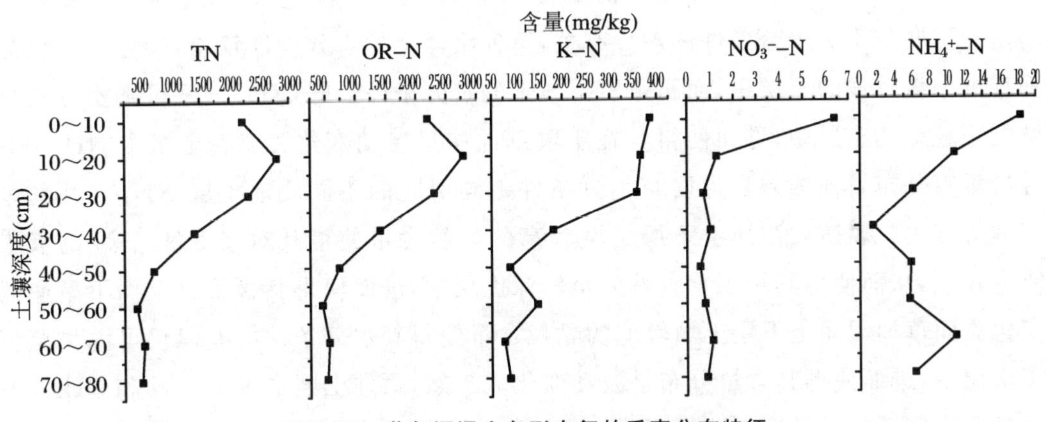


图 4.17 草甸沼泽土各形态氮的垂直分布特征

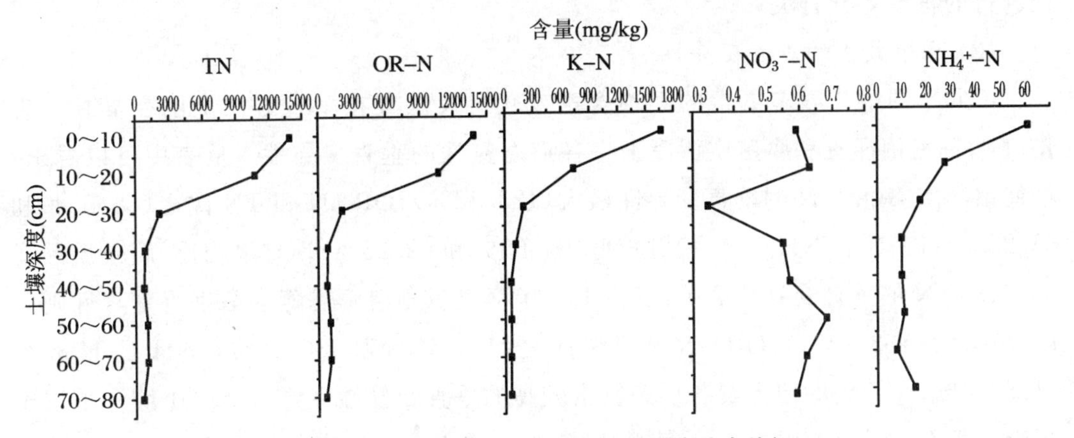


图 4.18 腐殖质沼泽土各形态氮的垂直分布特征

波动，但其整体变化趋势与 $NO_3^-$-N 相似，均自表层向下呈降低趋势。不同的是，$NO_3^-$-N 含量在 0～30 cm 土层的变化较为和缓，之后（30～50 cm）则呈迅速递减变化。K-N 除在 0～10 cm 土层的含量较高外，自 20 cm 向下其含量变化不大，但相对于表层均有很大降低。$NH_4^+$-N 的垂直变化整体上呈"S"形，即 0～40 cm 土层的含量呈骤减变化，之后（40～70 cm）呈增加趋势，但至 70～80 cm 土层其含量则有较大降低。与之相比，腐殖质沼泽土中 TN、OR-N、K-N 和 $NH_4^+$-N 含量的垂直分布特征较为一致，均自表层向下呈递减趋势，其中 0～40 cm 土层骤减明显，而 40～80 cm 土层的变化则较为和缓。$NO_3^-$-N 含量的垂直分布呈波动变化，除 20～30 cm 土层的含量较低外，其他土层的含量均差别不大。比较而言，草甸沼泽土和腐殖质沼泽土 TN、OR-N 和 K-N 含量的垂直分布特征整体上较为相似，但 $NO_3^-$-N 和 $NH_4^+$-N 的含量变化相差较大。二者 TN、OR-N 和 K-N 的垂直分布特征主要受制于土壤有机质的分布，表层土壤的有机质含量丰富，所以其含量均较高，而剖面下层土壤的有机质含量较低，所以其含量相应地就较低。二者土壤中 $NO_3^-$-N 含量垂直分布特征的差异主要与土壤水分条件的差异有关，草甸沼泽土的水分条件较差，$NO_3^-$-N 仅能垂直淋失至较浅的土层中，而腐殖质沼泽土的水分条件较好，$NO_3^-$-N 可随水分垂直淋失至较深的土层中，进而使得其在土壤剖面中呈波动变化。二者土壤中 $NH_4^+$-N 含量垂直分布特征的差异主要与水分条件差异引起的不同质地土层 $NH_4^+$-N 的垂直淋失有关。腐殖质沼泽土下层土壤较高的黏粒含量使得其对于 $NH_4^+$-N 的吸附能力较强，从而使得其难于垂直淋失至较深土层中，进而使得其含量自上而下呈递减变化。而草甸沼泽土下层土壤较低的黏粒含量使得其水分条件虽差但仍可淋失至较深土层中，进而使得其含量分布呈波动变化。当然，两种土壤中 $NO_3^-$-N 和 $NH_4^+$-N 含量分布特征的差异还与植物吸收、有机氮矿化、生物固持和硝化-反硝化作用等过程进行的程度差异有关。

(2) 土壤氮素的垂直变异性

不同土层中各形态氮素的平均含量变化可反映其在垂直方向上的变异性。表 4.11 为草甸沼泽土和腐殖质沼泽土中各形态氮素的垂直变异性。从表中可以看出，草甸沼泽土 $NO_3^-$-N 的垂直变异性最大（123.42%），OR-N 和 TN 次之（68.51%和 68.23%），K-N 和 $NH_4^+$-N 相对较低（64.05%和 62.25%）。与之相比，腐殖质沼泽土 $NO_3^-$-N 的垂直变异性最小，仅为 19.30%，而其他各形态氮素的垂直变异性则以 K-N 最大（153.72%），OR-N 和 TN 次之（135.46%和 135.34%），$NH_4^+$-N 较小（118.54%）。两种湿地土壤各形态氮素较高的垂直变异性主要与上层土壤和下层土壤影响氮素含量分布的主导因素差异有关，上层土壤各形态氮的含量受外界环境条件、植物根系、水分条件以及化学过程等的影响较为显著，而下层土壤可能受土体结构、性质及成土母质基础的影响较大。

**表 4.11　湿地土壤各形态氮的浓度变化**

| | 项目 | $NO_3^-$-N | $NH_4^+$-N | OR-N | TN | K-N |
|---|---|---|---|---|---|---|
| 草甸沼泽土 | 均值 (mg/kg) | 1.58 | 8.16 | 1 370.00 | 1 379.74 | 211.89 |
| | 标准差 (mg/kg) | 1.95 | 5.08 | 938.63 | 941.38 | 135.71 |
| | 变异系数(%) | 123.42 | 62.25 | 68.51 | 68.23 | 64.05 |
| 腐殖质沼泽土 | 均值 (mg/kg) | 0.57 | 14.94 | 3 881.44 | 3 896.94 | 371.28 |
| | 标准差 (mg/kg) | 0.11 | 17.71 | 5257.62 | 5273.93 | 570.75 |
| | 变异系数(%) | 19.30 | 118.54 | 135.46 | 135.34 | 153.72 |

(3) 微区土壤氮素空间分布特征

图 4.19 为不同土层各形态氮素的水平空间分布特征。据图可知，0～10 cm、10～20 cm 土层的 $NH_4^+$-N、OR-N、TN 和 K-N 含量均表现出相似的分布特征，即沿着样地东-西方向(向洼地倾斜方向)，各形态氮的含量一般均形成较为明显的斑块高值区，而样地边缘区则一般形成斑块低值区。与之不同的是，$NO_3^-$-N 在向洼地倾斜方向上形成较为明显的斑块低值区，而在边缘区则形成斑块高值区。导致各形态氮素上述空间分布特征及其差异的原因主要与微地貌引起的微域水分条件和局域氮素运移等随机因素，Ⅰ、Ⅱ分区水分条件和土壤发育类型及其引起的较大范围氮素物理运移特性差异等结构因素共同作用的结果有关。相对于 $NO_3^-$-N 而言，$NH_4^+$-N、OR-N、TN 和 K-N 的物理运移特性相对较差，上述随机因素和结构因素共同作用的结果使得其在整体上向东-西方向和较浅土层(0～10 cm、10～20 cm)迁移，并易于在地势相对较低处发生相对累积，进而形成斑块高值区。比较而言，$NO_3^-$-N 更易于在水分条件较好的样区(地势相对较低处)发生深层垂直淋失，进而形成斑块低值区。当然，研究样地各形态氮素含量高值区和低值区的形成还与Ⅰ、Ⅱ分区的水分变化——干湿交替这一重要随机因素有关。干湿交替通过影响土壤的氧化还原状况及微生物群落的交替，进而影响有机质的降解和腐殖化过程，而这些过程又影响着湿地氮素的持留能力。较短的干湿交替周期将有利于湿地脱氮，而长期淹水或较长干湿交替周期则不利于湿地脱氮。Verhoeven 等的研究表明，湿地在干湿交替作用下的脱氮作用较长期淹水条件下强得多。研究样地的Ⅱ分区处于过渡带的边缘，其水分条件要优于Ⅰ分区，而这也就使得其干湿交替周期一般较Ⅰ分区长得多。据上类推，Ⅱ分区较长的干湿交替周期使得其脱氮作用较Ⅰ分区差得多，而这可能也是导致各形态氮素($NO_3^-$-N 除外)在Ⅱ分区易出现斑块高值区的重要原因之一。比较而言，20～30 cm 土层的 $NH_4^+$-N、OR-N 和 TN 以及 30～40 cm 土层的 $NH_4^+$-N 和 K-N

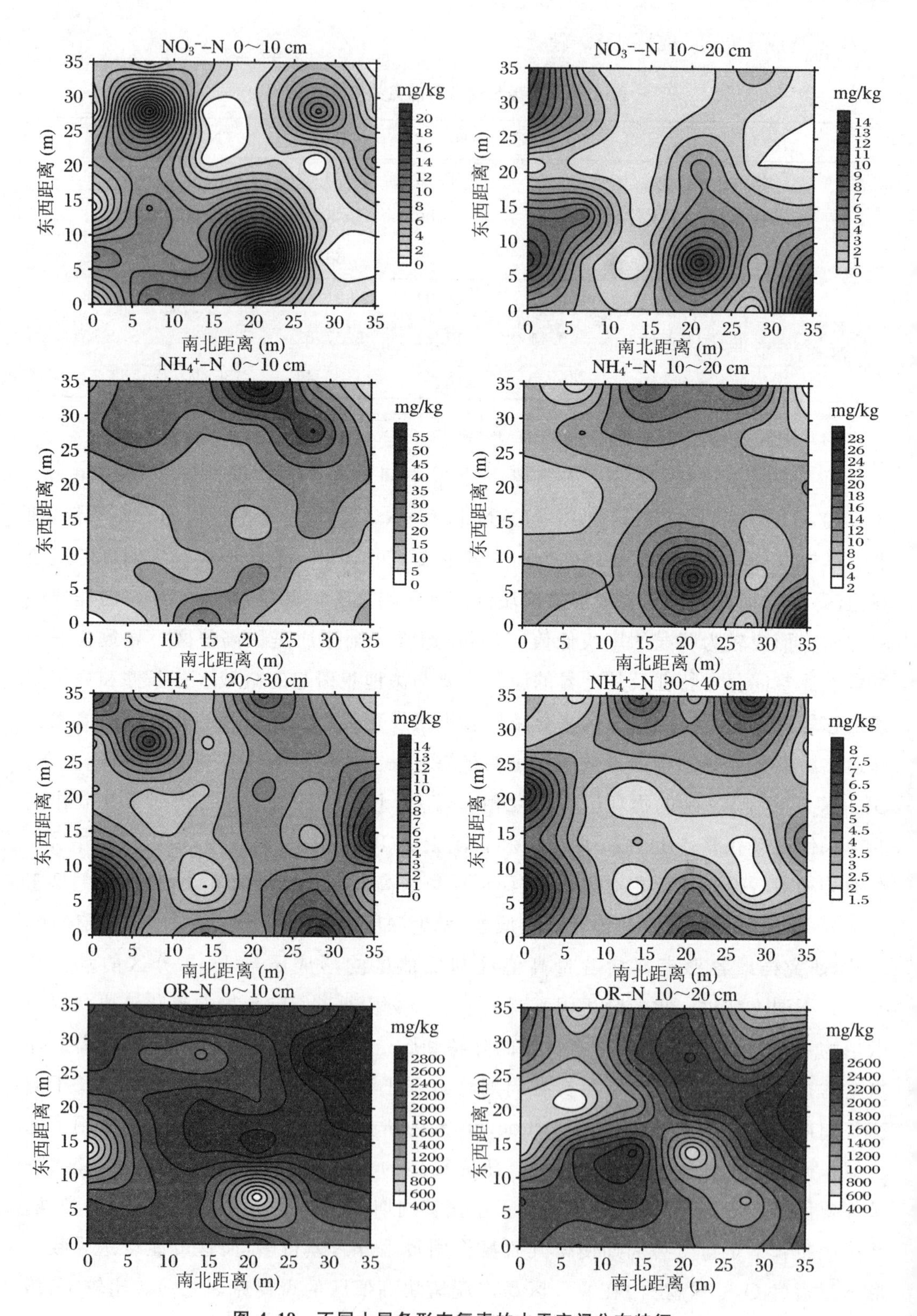


图 4.19 不同土层各形态氮素的水平空间分布特征

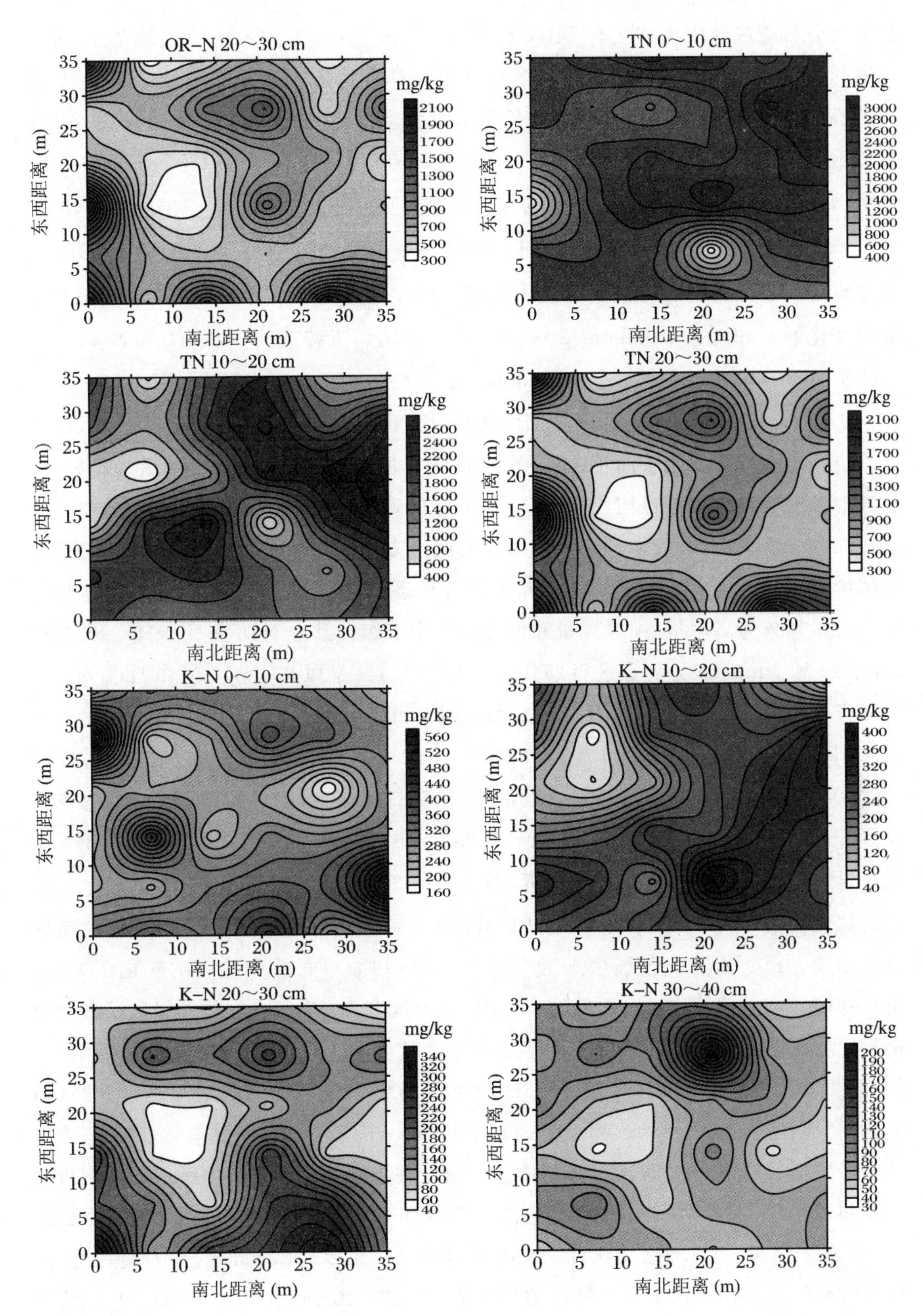
OR-N 20～30 cm
TN 0～10 cm
TN 10～20 cm
TN 20～30 cm
K-N 0～10 cm
K-N 10～20 cm
K-N 20～30 cm
K-N 30～40 cm
mg/kg
东西距离 (m)
南北距离 (m)

续图 4.19

的空间分布斑块效应较其在 0～10 cm、10～20 cm 土层大得多，主要表现为Ⅰ、Ⅱ分区中的高值区和低值区斑块数量增多且分布大都表现出较强的随机性，而这种较强的随机性又主要与引起上述两土层各形态氮素空间异质性的随机因素有关。从图 4.19 还可看出，0～10 cm 土层 $NO_3^-$-N 含量的等值线较其在 10～20 cm 土层稠密，说明 $NO_3^-$-N 在 0～10 cm 土层中的空间异质性要强于 10～20 cm 土层。与之相比，0～10 cm 土层 $NH_4^+$-N、OR-N 和 TN 含量的等值线较其他各层稀疏，并且 OR-N 和 TN 在其他各土层的等值线均随土壤深度的增加而趋于稠密，$NH_4^+$-N 则随其增加而变化不大，但在 20～30 cm、30～40 cm 土层稍趋于稀疏，说明 $NH_4^+$-N、OR-N 和 TN 在 0～10 cm 土层中的空间分布及其异质性较其他各土层简单，并且 OR-N 和 TN 的空间异质性均随土壤深度增加而增强，而 $NH_4^+$-N 在 20～30 cm、30～40 cm 土层的空间异质性则稍趋于简单。K-N 含量的等值线在 0～10 cm 土层最为稠密，而在其他各土层较为接近且均较 0～10 cm 土层稀疏，说明 K-N 在各土层中的空间异质性以 0～10 cm 土层最强。这一结果与前面半方差函数中参数 *D* 的变化趋势及分析结论相一致。为了进一步探讨不同土层各形态氮的空间分布格局，我们将各形态氮的含量划分为高含量、中等含量和低含量三个等级。其中 $NO_3^-$-N、$NH_4^+$-N 是以 2 mg/kg 和 7 mg/kg 为界点进行划分的，OR-N、TN 是以 800 mg/kg 和 1800 mg/kg 为界点进行划分的，而 K-N 则是以 100 mg/kg 和 200 mg/kg 为界点进行划分的。从表 4.12 可以看出，0～10 cm 土层 $NO_3^-$-N 的中等含量区和高含量区所占比例(79.50%和 14.81%)要高于 10～20 cm 土层(56.25%和 0.21%)，但其低含量区所占比例(5.69%)则较 10～20 cm 土层低 37.85%。0～10 cm、10～20 cm 土层 $NH_4^+$-N 三个含量等级区所占的比例较为接近，但到 20～30 cm、30～40 cm 土层，高含量区所占的比例迅速下降(由 99.88%、99.91%降为 1.44%、(3.67E－03)%)，中等含量区迅速增加(由 0.12%、0.09%增加为 98.56%、96.14%)，而低含量区则变化不大(仅由 0.00%增加为 3.85%)。比较而言，OR-N、TN 和 K-N 三个含量等级区所占的比例随土壤深度的变化较为一致，表现为高含量区均随土壤深度的增加迅速下降(由 97.87%、98.26%和 100%降为(1.63E－03)%)，低含量区则随其增加迅速升高(由 0.00%分别增加为 46.44%、43.18%和 94.95%)，中等含量区则随其增加表现为先升高后降低。其中 OR-N 和 TN 的中等含量区在 10～20 cm 土层中所占的比例最高(66.44%和 65.21%)，20～30 cm 土层次之(53.56%和 56.82%)，0～10 cm 土层最低(2.13%和 1.74%)。与之相比，K-N 的中等含量区在 20～30 cm 土层中所占的比例较高(84.86%)，10～20 cm 土层次之(24.76%)，0～10 cm 和 30～40 cm 土层较低(0.00%和 5.05%)。

表 4.12 各形态氮含量随深度变化的空间分布格局

| 项目 | 土层（cm） | ≤2 mg/kg 面积（$m^2$） | 百分比（%） | 2～7 mg/kg 面积（$m^2$） | 百分比（%） | ≥7 mg/kg 面积（$m^2$） | 百分比（%） |
|---|---|---|---|---|---|---|---|
| $NO_3^-$-N | 0～10 | 69.73 | 5.69 | 973.87 | 79.50 | 181.40 | 14.81 |
| | 10～20 | 533.39 | 43.54 | 689.11 | 56.25 | 2.51 | 0.21 |
| $NH_4^+$-N | 0～10 | 2.25E-02 | 1.63E-03 | 1.42 | 0.12 | 1223.56 | 99.88 |
| | 10～20 | 0.00 | 0.00 | 1.13 | 0.09 | 1223.87 | 99.91 |
| | 20～30 | 0.00 | 0.00 | 1207.31 | 98.56 | 17.69 | 1.44 |
| | 30～40 | 47.21 | 3.85 | 1177.75 | 96.14 | 4.50E-02 | 3.67E-03 |
| 项目 | 土层（cm） | ≤800 mg/kg 面积（$m^2$） | 百分比（%） | 800～1800 mg/kg 面积（$m^2$） | 百分比（%） | ≥1800 mg/kg 面积（$m^2$） | 百分比（%） |
| OR-N | 0～10 | 0.00 | 0.00 | 26.12 | 2.13 | 1198.88 | 97.87 |
| | 10～20 | 2.25E-02 | 1.63E-03 | 813.94 | 66.44 | 411.06 | 33.56 |
| | 20～30 | 568.91 | 46.44 | 656.07 | 53.56 | 2.25E-02 | 1.63E-03 |
| TN | 0～10 | 0.00 | 0.00 | 21.26 | 1.74 | 1203.74 | 98.26 |
| | 10～20 | 2.25E-02 | 1.63E-03 | 798.80 | 65.21 | 426.18 | 34.79 |
| | 20～30 | 528.91 | 43.18 | 696.07 | 56.82 | 2.25E-02 | 1.63E-03 |
| 项目 | 土层（cm） | ≤100 mg/kg 面积（$m^2$） | 百分比（%） | 100～200 mg/kg 面积（$m^2$） | 百分比（%） | ≥200 mg/kg 面积（$m^2$） | 百分比（%） |
| K-N | 0～10 | 0.00 | 0.00 | 0.00 | 0.00 | 1225.00 | 100.00 |
| | 10～20 | 0.00 | 0.00 | 303.30 | 24.76 | 921.70 | 75.24 |
| | 20～30 | 67.21 | 5.49 | 1039.52 | 84.86 | 118.27 | 9.65 |
| | 30～40 | 1163.12 | 94.95 | 61.86 | 5.05 | 2.25E-02 | 1.63E-03 |

**4. 土壤各形态氮之间的相关关系**

土壤中各形态氮素之间存在着复杂的相互关系。OR-N 是 TN 的主体，约占95%以上，其矿化作用是土壤中矿质氮素（主要包括 $NO_3^-$-N 和 $NH_4^+$-N）的重要来源。土壤中矿质氮含量的高低主要取决于 OR-N 的矿化作用和微生物的固持作用，而硝化-反硝化作用、物理运移以及植物吸收与归还等过程对于其含量也有着不同程度的影响。K-N 是生物有效性氮，包括 $NO_3^-$-N、$NH_4^+$-N 和易矿化 OR-N，其含量高低也主要与氮素的诸化学过程、物理过程和生物过程有关。表 4.13 为不同土层中各形态氮含量间的相关关系。据表可知，各形态氮素间均存在一定的相关性，但这种相关性在不同土层中却有着不同的表现。其中 0～10 cm 土层除 OR-N 与 TN 在 $P=0.01$水平上存在极显著的正相关外，其他各形态氮素间均未表现出较高的相关

**表 4.13 不同土层各形态氮素间的相关关系**

| 土层(cm) | 项目 | $NO_3^-$-N | $NH_4^+$-N | OR-N | K-N | TN |
|---|---|---|---|---|---|---|
| 0~10 | $NO_3^-$-N | 1.000 | 0.156 | -0.277 | -0.039 | -0.265 |
| | $NH_4^+$-N | 0.156 | 1.000 | 0.228 | 0.062 | 0.247 |
| | OR-N | -0.277 | 0.228 | 1.000 | 0.099 | 1.000** |
| | K-N | -0.039 | 0.062 | 0.099 | 1.000 | 0.100 |
| | TN | -0.265 | 0.247 | 1.000** | 0.100 | 1.000 |
| 10~20 | $NO_3^-$-N | 1.000 | 0.491** | 0.029 | 0.249 | 0.039 |
| | $NH_4^+$-N | 0.491** | 1.000 | 0.205 | 0.440** | 0.216 |
| | OR-N | 0.029 | 0.205 | 1.000 | 0.697** | 1.000** |
| | K-N | 0.249 | 0.440** | 0.697** | 1.000 | 0.701** |
| | TN | 0.039 | 0.216 | 1.000** | 0.701** | 1.000 |
| 20~30 | $NO_3^-$-N | 1.000 | 0.434** | 0.537** | 0.456** | 0.540** |
| | $NH_4^+$-N | 0.434** | 1.000 | 0.479** | 0.514** | 0.485** |
| | OR-N | 0.537** | 0.479** | 1.000 | 0.672** | 1.000** |
| | K-N | 0.456** | 0.514** | 0.672** | 1.000 | 0.673** |
| | TN | 0.540** | 0.485** | 1.000** | 0.673** | 1.000 |
| 30~40 | $NO_3^-$-N | 1.000 | 0.401* | 0.154 | -0.047 | 0.157 |
| | $NH_4^+$-N | 0.401* | 1.000 | 0.012 | 0.121 | 0.016 |
| | OR-N | 0.154 | 0.012 | 1.000 | 0.140 | 1.000** |
| | K-N | -0.047 | 0.121 | 0.140 | 1.000 | 0.140 |
| | TN | 0.157 | 0.016 | 1.000** | 0.140 | 1.000 |

注：*，$P=0.05$ 水平上显著相关；**，$P=0.01$ 水平上显著相关；$n=36$。

关系。10~20 cm 土层则是除 $NH_4^+$-N 与 $NO_3^-$-N、K-N，OR-N 与 K-N、TN 以及 K-N 与 TN 呈极显著正相关($P=0.01$)外，其他各形态氮素间的相关性均较弱。与之相比，20~30 cm 土层各形态氮素间均表现出极显著的正相关关系($P=0.01$)，且相关系数大多在 0.45 以上。30~40 cm 土层则是除 $NH_4^+$-N 与 $NO_3^-$-N、K-N 与 TN 分别在 $P=0.05$ 和 $P=0.01$ 水平上存在显著的正相关外，其他各形态氮素间的相关关系均相对较弱。导致不同土层各形态氮素间相关关系差异的原因除了与诸形态氮素间的内部转化与联系有关外，随机因素对于其相关关系也有着重要影响。上述分析表明，随机因素对于不同土层各形态氮素的空间异质性和分布格局有着重要影响，其在各向同性或各向异性下的贡献率至少为 50%或 60%。随机因素对于氮素分布的较强影响使得其对于各形态氮素间的相关关系在不同土层可能表现出较强的负效应(破坏相关性)或正效应(增强相关性)。0~10 cm、10~20 cm、30~40 cm 土层各形态氮素间的较弱相关性可在一定程度上说明随机因素的负效应较强,而 20～30 cm 土层各形态氮素间的显著相关性则说明随机因素的正效应较强。

## 二、湿地土壤各形态氮的季节变化特征

### 1. 硝态氮含量的季节变化特征及动态模拟

图 4.20 为湿地土壤硝态氮含量的季节变化特征。据图可知,草甸沼泽土表层土壤的硝态氮含量在 5 月最高(6.39 mg/kg),之后一直降低并于 8 月取得最低值(0.59 mg/kg),8 月以后,其含量又呈增加趋势。而就其他土层而言,硝态氮含量在 7 月之前的变化均不大,但之后却表现出明显的动态变化特征。其中 20～30 cm、50～60 cm 和 60～70 cm 土层中硝态氮含量的动态变化特征均呈倒"V"形,并均于 9 月取得最高值(1.95 mg/kg、5.50 mg/kg 和 2.73 mg/kg),而 30～40 cm、40～50 cm 和 70～80 cm 土层中硝态氮含量的动态变化特征均呈"N"形,并均于 8 月取得最高值(3.05 mg/kg、10.67 mg/kg 和 6.38 mg/kg)。与之相比,腐殖质沼泽土 0～10 cm 土层的硝态氮含量在 8 月前的变化较为平缓,之后则呈倒"V"形,并于 9 月取得最高值(9.49 mg/kg)。30～40 cm、60～70 cm 和 70～80 cm 土层的硝态氮含量除 8 月取得一次特别明显的峰值(22.54 mg/kg、4.41 mg/kg 和 21.49 mg/kg)外,其他各月均变化不大。比较而言,10～20 cm、20～30 cm、40～50 cm 和 50～60 cm 土层的硝态氮含量在 5～7 月的变化均不大,但之后则表现出不同的变化特征。其中,10～20 cm、40～50 cm 土层的硝态氮含量均呈倒"N"形,并均于 8 月取得最大值(6.84 mg/kg 和 8.68 mg/kg)。而 20～30 cm、50～60 cm 土层的硝态氮含量均呈倒"V"形,并均于 9 月取得最大值(11.49 mg/kg 和 4.04 mg/kg)。

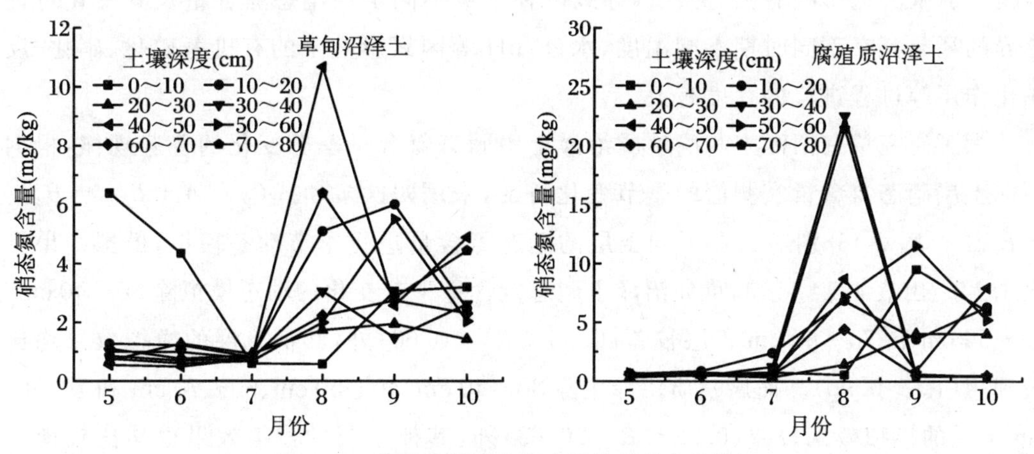


图 4.20 湿地土壤硝态氮含量的季节变化特征

由于硝态氮是可被植物吸收利用的矿质氮，不被土壤吸附而易造成淋失，所以湿地土壤中硝态氮含量的季节变化特征除与植物吸收作用有关外，受大气氮沉降、水文条件以及土壤结构等因素的影响更为明显。总的来说，导致两种土壤表层硝态氮含量动态变化特征差异的可能主要与大气氮沉降、植物吸收以及硝态氮的垂直淋失等因素有关。由于5月份两种小叶章均处于萌芽时期，因此其对于氮的需求量均较大，又因此间的氮沉降量较高（3.105 kg/hm$^2$，占全年输入量的41.03%）（第六章第四节），再加上冬季积雪融化氮输入，使得两种土壤表层的硝态氮含量均较高。由于草甸沼泽土地表的水分条件较差且较深土层处于封冻状态，一般不利于硝态氮的垂直淋失，因而使得其表层在5月份具有较高的硝态氮含量。之后，随着冻层的融通以及雨季和植物生长高峰的来临，表层土壤的硝态氮除部分被植物吸收外，还有相当一部分被淋失至深层土壤中，由此导致其含量逐渐下降。8月以后，随着降水的相对减少以及植物成熟期的到来，植物吸收氮量以及垂直淋失氮量均明显降低，由此导致其含量又呈增加趋势。与之相比，腐殖质沼泽土地表的水分条件在8月之前一直较好，易于硝态氮的垂直淋失，而这就导致了其表层土壤在5月份虽具有较高的硝态氮输入量但含量并不高。之后，随着降水的增多以及植物吸收作用的增强，其含量一直不高且变化不大。8月以后，表层土壤硝态氮含量的变化可能也与降水减少导致水分条件相对较差以及植物成熟对硝态氮的吸收作用减弱有关。与表层土壤相比，二者表层以下各土层硝态氮含量的动态变化总体上在7月前一直较低且变化不大，而8～10月则较高。7月较低的硝态氮含量一方面与此间植物处于生长旺期而对氮素的需求量较大有关（对深层土壤影响不大），另一方面也与此间较多降水引起的上层土壤硝态氮向深层大量淋失有关。8～10月较高的硝态氮含量一方面与植物处于成熟期而对氮素的需求量降低有关（对深层土壤影响不大），另一方面则与不同土层物理结构对硝态氮淋失的影响有关。当然，导致两种土壤不同土层硝态氮含量及其变化特征差异的还与其在不同时期不同温度、水分、pH等因素影响下的有机氮矿化、硝化-反硝化作用等过程进行的程度有关。

为了研究草甸沼泽土和腐殖质沼泽土中硝态氮含量季节变化的普遍规律，根据不同土层硝态氮含量实测值的季节变化特征，采用四次多项式（$y = A + B_1 x + B_2 x^2 + B_3 x^3 + B_4 x^4$）分别对二者不同土层的硝态氮含量进行季节动态模拟，模拟结果见表4.14。由表4.14可知，草甸沼泽土硝态氮含量季节变化的动态模拟除30～40 cm、40～50 cm和70～80 cm土层较差（$0.56 < R^2 < 0.66$）外，其他土层的模拟效果均比较理想（$R^2 > 0.90$）。而腐殖质沼泽土除30～40 cm、40～50 cm、60～70 cm和70～80 cm土层的模拟效果较差（$0.52 < R^2 < 0.63$）外，其他土层的模拟效果也均比较理想（$R^2 > 0.85$）。因此，一元四次方程可以比较理想地描述两种湿地土壤多数土层硝态

氮含量的季节动态。而对于一些模拟效果较差的土层，采用 Gauss 模型模拟则可得到比较理想的模拟效果，其模拟方程分别为

草甸沼泽土

$$40 \sim 50\ \text{cm}: y = 1.6775 + \frac{13.6697}{0.5258\sqrt{\pi/2}} \times e^{-2\frac{(x-8.3399)^2}{0.2765}}, \quad R^2 = 0.8266$$

腐殖质沼泽土

$$30 \sim 40\ \text{cm}: y = 0.1633 + \frac{19.9244}{0.6888\sqrt{\pi/2}} \times e^{-2\frac{(x-7.8970)^2}{0.4744}}, \quad R^2 = 0.9998$$

$$60 \sim 70\ \text{cm}: y = 0.5225 + \frac{3.8032}{0.5210\sqrt{\pi/2}} \times e^{-2(x-7.7658)^2/0.2715}, \quad R^2 = 0.9989$$

$$70 \sim 80\ \text{cm}: y = 0.5403 + \frac{15.8715}{0.4962\sqrt{\pi/2}} \times e^{-2(x-7.8441)^2/0.2462}, \quad R^2 = 0.9998$$

**表 4.14　湿地土壤硝态氮含量的季节动态模拟**

| 土壤类型 | 土层(cm) | 拟合方程参数 | | | | | 拟合优度($R^2$) |
|---|---|---|---|---|---|---|---|
| | | $A$ | $B_1$ | $B_2$ | $B_3$ | $B_4$ | |
| 草甸沼泽土 | 0～10 | −529.2343 | 317.9112 | −68.5189 | 6.3396 | −0.2134 | 0.9985 |
| | 10～20 | −211.7419 | 139.0330 | −33.1945 | 3.4214 | −0.1278 | 0.9354 |
| | 20～30 | −115.1815 | 66.9885 | −14.2766 | 1.3316 | −0.0457 | 0.8960 |
| | 30～40 | 238.1703 | −133.2758 | 27.3674 | −2.4386 | 0.0799 | 0.5758 |
| | 40～50 | 1200.6631 | −674.1320 | 138.1443 | −12.2536 | 0.3984 | 0.5661 |
| | 50～60 | −478.6790 | 287.3855 | −63.2746 | 6.0552 | −0.2121 | 0.9970 |
| | 60～70 | −6.8611 | 10.5790 | −3.5850 | 0.4535 | −0.0192 | 0.9735 |
| | 70～80 | 580.1484 | −322.9373 | 65.6356 | −5.7747 | 0.1865 | 0.6555 |
| 腐殖质沼泽土 | 0～10 | −1090.7850 | 639.5719 | −137.4655 | 12.8321 | −0.4384 | 0.9081 |
| | 10～20 | 721.4840 | −409.9664 | 85.1117 | −7.6519 | 0.2525 | 0.8498 |
| | 20～30 | −293.9428 | 173.4840 | −37.5148 | 3.5209 | −0.1206 | 0.9979 |
| | 30～40 | 2855.7418 | −1605.0154 | 328.9581 | −29.1498 | 0.9449 | 0.5537 |
| | 40～50 | 1319.3656 | −752.5382 | 157.1950 | −14.2643 | 0.4758 | 0.6240 |
| | 50～60 | −607.3591 | 378.4767 | −86.5617 | 8.5922 | −0.3108 | 0.9910 |
| | 60～70 | 513.4926 | −287.8930 | 58.9298 | −5.2168 | 0.1690 | 0.5432 |
| | 70～80 | 2635.8397 | −1480.4203 | 303.2146 | −26.8494 | 0.8696 | 0.5208 |

**2. 铵态氮含量的季节变化特征及动态模拟**

图4.21为湿地土壤铵态氮含量的季节变化特征。据图可知，草甸沼泽土表层土壤的铵态氮含量在5月最高(18.23 mg/kg)，之后一直降低并于8月取得最低值(5.32 mg/kg)，8月以后，其含量变化整体呈倒“V”形；10～20 cm土层在5～9月的整体变化呈“V”形，之后开始下降，并分别在7月和9月取得最小值和最大值(4.10 mg/kg和17.22 mg/kg)；20～30 cm土层在5～10月的整体变化也呈“V”形，并于7月取得最低值(1.14 mg/kg)，而其他时期的变化则相对平缓；30～40 cm土层在6月前的铵态氮含量较低且变化平缓，之后整体呈“M”形，分别于7月和9月取得两次较高值(6.36 mg/kg和5.77 mg/kg)；40～50 cm土层在5～10月的整体变化呈“W”形，即于8月取得最高值(21.28 mg/kg)，而分别在6月和9月取得最低值和一次相对低值(0.06 mg/kg和6.09 mg/kg)；50～60 cm、60～70 cm土层在8～10月的变化均呈倒“V”形，而在5～8月的变化则不同，表现为前者缓慢增加，后者则先降低后增加，并于6月取得最低值(3.62 mg/kg)；70～80 cm土层在5～10月的变化整体呈斜“W”形，并分别于7月和10月取得最低值和最高值(3.75 mg/kg和13.27 mg/kg)。与之相比，腐殖质沼泽土0～10 cm土层铵态氮含量的季节变化呈“V”形，并于7月取得最低值(17.79 mg/kg)；10～20 cm、70～80 cm土层的变化特征较为相似，8月前均呈“V”形，之后迅速降低；20～30 cm土层除5月和9月的含量(12.38 mg/kg和7.74 mg/kg)相对较高外，其他时期较为接近；30～40 cm土层除8月取得一次特别高的峰值(27.24 mg/kg)外，其他时期变化不大；40～50 cm土层除8月和10月取得相对较高值(12.66 mg/kg和8.77 mg/kg)外，其他时期的变化较为平缓；50～60 cm土层在7月前变化不大，之后则呈倒“V”形，并于9月取得最高值(22.90 mg/kg)；60～70 cm土层的整体变化呈“M”形，并分别于5月和9月取得最小值和最大值(2.79 mg/kg和

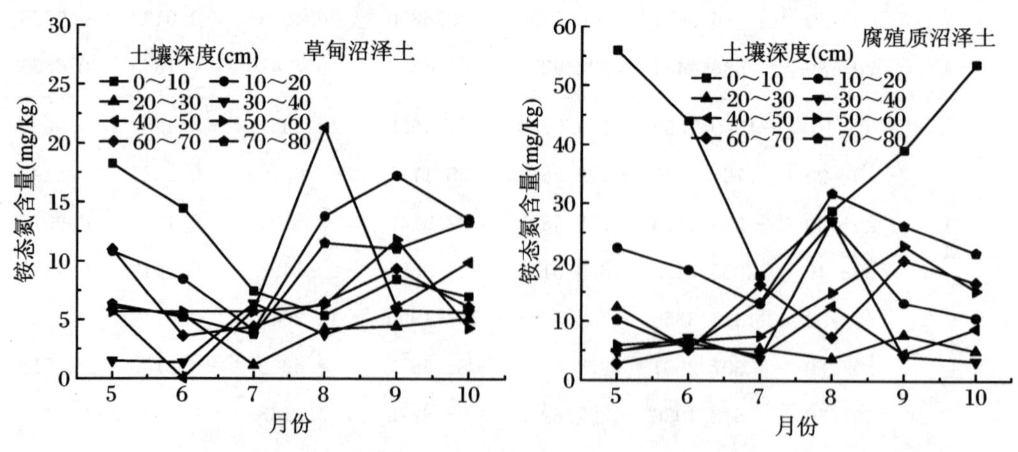


图4.21 湿地土壤铵态氮含量的季节变化特征

20.40 mg/kg)。总的来说，尽管草甸沼泽土和腐殖质沼泽土各土层铵态氮含量的季节变化特征不尽一致，但多数土层整体上均表现出5月相对较高，7月降低，8～9月相对较高，而10月又降低的趋势。5月土壤中相对较高的铵态氮含量一方面与此间氮沉降量大以及积雪融化氮输入有关，另一方面则与4月以后气温逐渐回升，土层逐渐解冻，微生物活动逐渐加强，有机氮矿化速率增加，进而使得上一年累积的氮素得以释放有关。7月土壤中铵态氮含量的降低主要与此间植物处于生长旺期，需从土壤中吸收大量的有效态氮以满足其生长需要有关。尽管此间的气温较高，有利于土壤有机氮的矿化，但由于植物生长对氮的需求量很大，由此导致土壤中其含量的降低。8～9月特别是8月土壤中相对较高的铵态氮含量主要与此间气温较高，有机氮矿化程度较强，再加上植物生长处于成熟期而对氮的需求量降低有关。至10月，由于气温较低，有机氮的矿化强度减弱，由此导致铵态氮含量在此间又开始降低。由于铵态氮也为植物可直接吸收利用的有效态氮，可被土壤吸附而不易造成淋失，因而其在不同土层季节变化特征的差异还受植物根系吸收累积能力、有机氮矿化强度以及土壤吸附等因素的影响。比较而言，两种湿地土壤不同土层铵态氮含量的季节变化特征尽管具有一定的共性，但仍存在较大差异，其原因除了与上述因素有关外，还与二者所处湿地水文状况、土壤结构及其对铵态氮吸附的差异有关。

为了研究草甸沼泽土和腐殖质沼泽土中铵态氮含量季节变化的普遍规律，根据不同土层铵态氮含量实测值的季节变化特征，也采用四次多项式分别对两种土壤各土层的铵态氮含量进行季节动态模拟，模拟结果见表4.15。由表4.15可知，草甸沼泽土铵态氮含量季节变化的动态模拟除20～30 cm、30～40 cm和40～50 cm土层较差($0.68<R^2<0.75$)外，其他土层的模拟效果均比较理想($R^2>0.84$)。与之相比，腐殖质沼泽土30～40 cm、40～50 cm土层的模拟效果最差($0.29<R^2<0.45$)，10～20 cm、60～70 cm土层次之($0.52<R^2<0.66$)，而其他土层的模拟效果均比较理想($R^2>0.90$)。因此，一元四次方程也可以比较理想地描述两种湿地土壤多数土层铵态氮含量的季节动态。而对于一些模拟效果较差的土层，采用其他模型模拟则可得到比较理想的模拟效果，其模拟方程分别为

草甸沼泽土

20～30 cm(Gauss)：

$$y = 5.2300 - \frac{7.3252}{0.5706\sqrt{\pi/2}} \times e^{-2\frac{(x-7.3866)^2}{0.3255}}, \quad R^2 = 0.9113$$

30～40 cm(Boltzmann)：

$$y = 5.3569 - 3.9216/(1 + e^{\frac{x-6.3607}{0.0089}}), \quad R^2 = 0.8425$$

40～50 cm(Lorentz)：

$$y = 4.9774 + \frac{54.8632}{\pi} \times [0.2198/4 \times (x - 8.2163)^2 + 0.0483], \quad R^2 = 0.8117$$

腐殖质沼泽土

$$30 \sim 40\ \text{cm(Gauss)}: y = 4.6120 + \frac{19.1147}{0.2938\sqrt{\pi/2}} \times e^{-2\frac{(x-7.8107)^2}{0.0863}}, \quad R^2 = 0.9768$$

$$40 \sim 50\ \text{cm(Gauss)}: y = 5.7600 + \frac{2.9937}{0.3459\sqrt{\pi/2}} \times e^{-2\frac{(x-8.0071)^2}{0.1196}}, \quad R^2 = 0.9989$$

**表 4.15 湿地土壤铵态氮含量的季节动态模拟**

| 土壤类型 | 土层(cm) | 拟合方程参数 | | | | | 拟合优度($R^2$) |
|---|---|---|---|---|---|---|---|
| | | $A$ | $B_1$ | $B_2$ | $B_3$ | $B_4$ | |
| 草甸沼泽土 | 0～10 | −939.5289 | 564.4848 | −120.7644 | 11.0927 | −0.3715 | 0.9998 |
| | 10～20 | −645.9743 | 419.8386 | −97.5156 | 9.7188 | −0.3506 | 0.8845 |
| | 20～30 | −375.9502 | 228.7840 | −49.8019 | 4.6587 | −0.1585 | 0.6801 |
| 草甸沼泽土 | 30～40 | 328.9887 | −191.1106 | 40.5137 | −3.6958 | 0.1232 | 0.6845 |
| | 40～50 | 3244.6638 | −1813.6951 | 370.9371 | −32.9009 | 1.0709 | 0.7432 |
| | 50～60 | −908.5468 | 541.6426 | −117.9189 | 11.1733 | −0.3885 | 0.9213 |
| | 60～70 | 288.6130 | −114.9681 | 14.9963 | −0.6116 | −0.0021 | 0.9845 |
| | 70～80 | 225.3144 | −104.5289 | 17.3840 | −1.1866 | 0.0281 | 0.8415 |
| 腐殖质沼泽土 | 0～10 | −2330.1577 | 1436.7911 | −312.6334 | 29.0172 | −0.9739 | 0.9359 |
| | 10～20 | 1285.6492 | −684.1957 | 135.0925 | −11.5596 | 0.3617 | 0.5234 |
| | 20～30 | −14.4694 | 49.0026 | −16.8952 | 2.0462 | −0.0827 | 0.8990 |
| | 30～40 | 2283.2123 | −1280.0133 | 261.9660 | −23.1462 | 0.7469 | 0.4300 |
| | 40～50 | 861.8258 | −490.3301 | 102.6023 | −9.3083 | 0.3098 | 0.2989 |
| | 50～60 | −977.1057 | 598.5281 | −134.1292 | 13.0783 | −0.4658 | 0.9999 |
| | 60～70 | −604.2289 | 335.0427 | −68.5883 | 6.2048 | −0.2075 | 0.6524 |
| | 70～80 | 2072.8159 | −113.6863 | 217.5608 | −18.2541 | 0.5583 | 0.9344 |

### 3. 碱解氮含量的季节变化特征及动态模拟

图 4.22 为湿地土壤碱解氮含量的季节变化特征。据图可知，草甸沼泽土 0～10 cm、10～20 cm 土层的碱解氮含量在 5 月均较高(386.40 mg/kg 和 366.24 mg/kg)，之后除 7 月分别出现一个较为明显的峰值(394.80 mg/kg 和 366.24 mg/kg)外，其他

时期整体呈递减趋势；20～30 cm 土层的碱解氮含量在 5 月最高，之后整体呈“V”形变化，并于 8 月取得最低值(55.44 mg/kg)；30～40 cm、40～50 cm 土层在 6 月前均呈增加趋势，但之后则呈“U”形变化；而 50～60 cm、60～70 cm 和 70～80 cm 土层的碱解氮含量除 5 月相对较高(147.84 mg/kg、77.28 mg/kg 和 89.04 mg/kg)外，其他时期的变化均不大。与之相比，腐殖质沼泽土 0～10 cm 土层的碱解氮含量在 5 月也较高(1666.56 mg/kg)，之后整体呈递减变化；10～20 cm 土层在 7 月前逐渐增加，但之后则呈递减变化，并于 10 月取得最低值(646.80 mg/kg)；20～30 cm、30～40 cm 土层除 5 月和 8 月的含量(198.84 mg/kg、164.64 mg/kg 和 114.24 mg/kg、147.84 mg/kg)相对较高外，其他时期的变化均不大；而 40～50 cm、50～60 cm、60～70 cm 和 70～80 cm 土层则除 8 月分别取得一次较为明显的峰值(89.04 mg/kg、105.84 mg/kg、147.84 mg/kg 和 84.00 mg/kg)外，其他时期的变化也均不大。比较而言，草甸沼泽土 0～40 cm 土层碱解氮含量的变化最为显著，其他土层的变化则相对和缓；而腐殖质沼泽土碱解氮含量的显著变化仅发生在 0～20 cm 土层，其他土层的变化也均比较和缓。碱解氮为植物可直接吸收利用的有效态氮，包括铵态氮、硝态氮和易矿化有机氮，两种土壤不同土层碱解氮含量的季节变化特征是铵态氮、硝态氮和易矿化有机氮含量变化相叠加的结果。此外，由于碱解氮主要集中分布在植物根系分布区，所以不同时期上层土壤中植物根系的吸收作用、有机氮矿化作用以及硝化-反硝化作用对于其碱解氮含量的显著变化也存在重要影响。

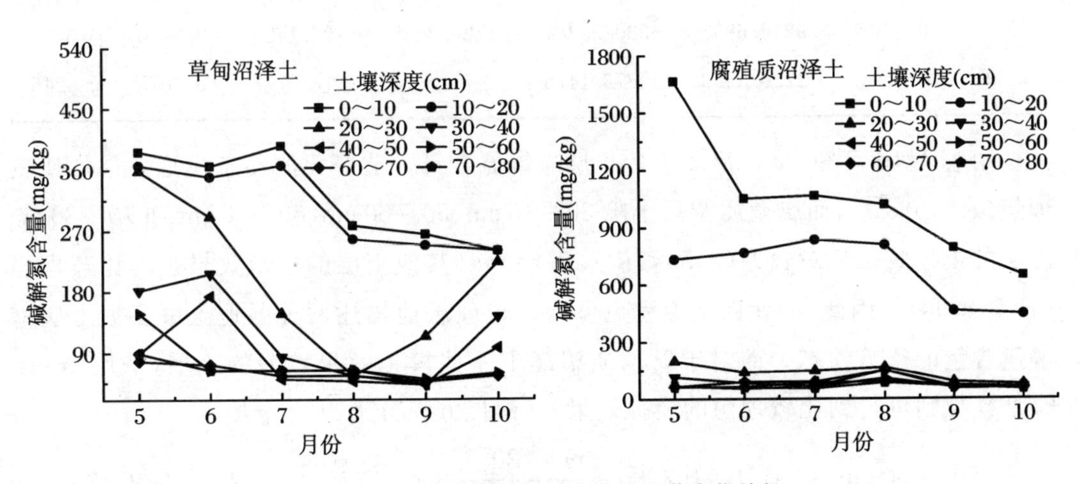


**图 4.22　湿地土壤碱解氮含量的季节变化特征**

为了研究草甸沼泽土和腐殖质沼泽土中碱解氮含量季节变化的普遍规律，根据不同土层碱解氮含量实测值的季节变化特征，也采用四次多项式分别对两种土壤各土层的碱解氮含量进行季节动态模拟，模拟结果见表 4.16。

表 4.16 湿地土壤碱解氮含量的季节动态模拟

| 土壤类型 | 土层(cm) | 拟合方程参数 | | | | | 拟合优度($R^2$) |
|---|---|---|---|---|---|---|---|
| | | $A$ | $B_1$ | $B_2$ | $B_3$ | $B_4$ | |
| 草甸沼泽土 | 0～10 | 3454.900 | −1950.1833 | 454.5625 | −45.7917 | 1.6625 | 0.8865 |
| | 10～20 | 2154.1200 | −1232.0900 | 308.4900 | −33.0400 | 1.2600 | 0.8964 |
| | 20～30 | −14312.8133 | 8364.3211 | −1715.5600 | 149.3489 | −4.6900 | 0.9982 |
| | 30～40 | −11061.4800 | 6105.9800 | −1192.9750 | 99.1900 | −2.9750 | 0.9577 |
| | 40～50 | −18341.4467 | 10112.4022 | −2019.0625 | 174.3428 | −5.5125 | 0.8730 |
| | 50～60 | 8742.7867 | −4595.9289 | 902.2650 | −77.8011 | 2.485 | 0.9997 |
| | 60～70 | −148.4267 | 128.3322 | −24.1850 | 1.6878 | −0.0350 | 0.9353 |
| | 70～80 | 4451.9600 | −2426.6567 | 496.4400 | −44.4733 | 1.4700 | 0.9878 |
| 腐殖质沼泽土 | 0～10 | 70196.3244 | −36850.6193 | 7266.3150 | −627.2907 | 19.9617 | 0.9998 |
| | 10～20 | 41409.5733 | −23877.2644 | 5124.0000 | −475.5956 | 16.1000 | 0.9757 |
| | 20～30 | 13873.5533 | −7611.8011 | 1552.4775 | −137.9039 | 4.4975 | 0.9665 |
| | 30～40 | 11219.3867 | −6123.3522 | 1233.7150 | −107.9478 | 3.4650 | 0.5063 |
| | 40～50 | 4226.1200 | −2383.7767 | 497.2800 | −44.7533 | 1.4700 | 0.9999 |
| | 50～60 | 8048.5667 | −4473.4622 | 915.6525 | −81.2428 | 2.6425 | 0.6308 |
| | 60～70 | 9210.6933 | −5302.8344 | 1120.6650 | −102.1456 | 3.3950 | 0.6353 |
| | 70～80 | 1736.3533 | −873.1478 | 163.4675 | −12.9772 | 0.3675 | 0.6245 |

由表 4.16 可知，草甸沼泽土各土层碱解氮含量季节变化的动态模拟效果均比较理想($R^2>0.87$)，而腐殖质沼泽土除 30～40 cm、50～60 cm、60～70 cm 和 70～80 cm 土层的模拟效果相对较差($0.50<R^2<0.64$)外，其他土层的模拟效果也均比较理想($R^2>0.90$)。因此，一元四次方程也可以比较理想地描述两种湿地土壤多数土层碱解氮含量的季节动态。而对于腐殖质沼泽土一些模拟效果较差的土层，采用 Gauss 模型模拟则可得到比较理想的模拟效果，其模拟方程分别为

$$50\sim60\ \text{cm}: y = 61.1102 + \frac{59.0720}{0.5221\sqrt{\pi/2}} \times e^{-2\frac{(x-7.6906)^2}{0.2726}},\quad R^2 = 0.9543$$

$$60\sim70\ \text{cm}: y = 65.9401 + \frac{176.1159}{0.5364\sqrt{\pi/2}} \times e^{-2\frac{(x-7.5910)^2}{0.2877}},\quad R^2 = 0.8767$$

$$70\sim80\ \text{cm}: y = 57.5400 + \frac{53.7788}{0.5454\sqrt{\pi/2}} \times e^{-2\frac{(x-8.4026)^2}{0.2975}},\quad R^2 = 0.8444$$

**4. 有机氮含量的季节变化特征及动态模拟**

图 4.23 为湿地土壤有机氮含量的季节变化特征。据图可知，草甸沼泽土 0～10 cm 土层的有机氮含量在 5 月含量最低(2194.47 mg/kg)，而 6～10 月则呈“W”形变化，并于 7 月取得最高值(3045.76 mg/kg)；10～20 cm 土层在 9 月前呈“V”形变化，并于 7 月取得最低值(2279.88 mg/kg)，而 9 月以后则呈递减变化；20～30 cm 土层在 5～10 月的整体变化呈“V”形，并于 8 月取得最低值(513.82 mg/kg)；30～40 cm、40～50 cm 土层的整体变化分别呈“U”形和“W”形，并均于 10 月取得最大值(1559.03 mg/kg 和 737.67 mg/kg)；50～60 cm 土层除 5 月和 10 月的含量(447.40 mg/kg 和 429.02 mg/kg)相对较低外，其他时期的含量相对较高且变化平缓；60～70 cm 土层除 6 月的含量(868.40 mg/kg)相对较高外，其他时期的含量相对较低且变化不大；70～80 cm 土层在 9 月前呈倒“V”形变化，并于 8 月取得最大值(790.30 mg/kg)，而 9 月以后则变化平缓。与之相比，腐殖质沼泽土 0～10 cm、10～20 cm 土层的有机氮含量在 7 月前均呈递减变化，而之后则呈“V”形变化，并均于 10 月取得最低值(12592.43 mg/kg 和 7007.55 mg/kg)；20～30 cm 土层除 5 月和 8 月的含量(2119.70 mg/kg 和 2786.18 mg/kg)相对较高外，其他时期的变化均比较平缓；30 cm 以下各土层的变化趋势比较一致，除 8 月取得一次较为明显的峰值外，其他时期的变化均不大。比较而言，草甸沼泽土有机氮含量的季节变化也是以 0～40 cm 土层最为显著，其他土层则比较平缓。而腐殖质沼泽土有机氮含量的显著变化仅发生在 0～20 cm 土层，其他土层也比较平缓。总的来说，草甸沼泽土和腐殖质沼泽土上层土壤除前者的 0～10 cm 土层在 7 月前呈增加趋势外，其他土层均呈递减趋势。其原因一方面可能是由于随着生长季温度的升高，土壤冻层逐渐融化，土壤微生物活性逐渐增强，有机氮的矿化量逐渐增加，从而导致土壤有机氮含量的下降；另一方面，7 月一般为湿地植物的生长旺盛期，植物对无机氮的需求量很大，而且此间气温较高，降水比其他月份也相对较多，由此导致土壤有机氮的矿化作用增强，进而导致有机氮含量的下降。草甸沼泽土 0～10 cm 土层 7 月前有机氮含量的逐渐增加可能与地表枯落物特别是前一年倒伏枯落物中易溶有机物大量归还表层土壤有关。与之相比，腐殖质沼泽土 0～10 cm 土层有机氮含量在 7 月前并未增加，其原因可能与二者水分条件对枯落物分解归还土壤的不同影响程度有关，但其详细原因还有待于进一步探讨。7～9 月，两种土壤 0～20 cm 土层相对增加的有机氮含量可能与植物开始趋于成熟，对无机氮的需求量降低，土壤有机氮的矿化量相对降低有关。另外，此间有机氮含量的增加还可能与有机氮的矿化速率低于枯落物分解归还速率有关。9～10 月，二者有机氮含量均呈递减趋势，其原因可能与生长季末期温度降低，有机氮的矿化速率相对高于枯落物分解归还

速率有关。草甸沼泽土 20～30 cm、30～40 cm 土层在 8～10 月有机氮含量的迅速升高可能与生长季末期植物根系的生物适应机制有关。随着温度的降低和寒季的到来，植物为适应土壤环境温度的变化可能会产生大量分泌物，而这些分泌物归还土壤可能会导致有机氮含量的升高，但其具体作用机制仍需要进一步澄清。与上层土壤的季节变化特征相比，二者较深土层的有机氮含量变化相对平缓，其原因可能更多地取决于不同土层的母质基础以及不同季节（温度、水分等条件存在差异）有机氮矿化程度的差异。

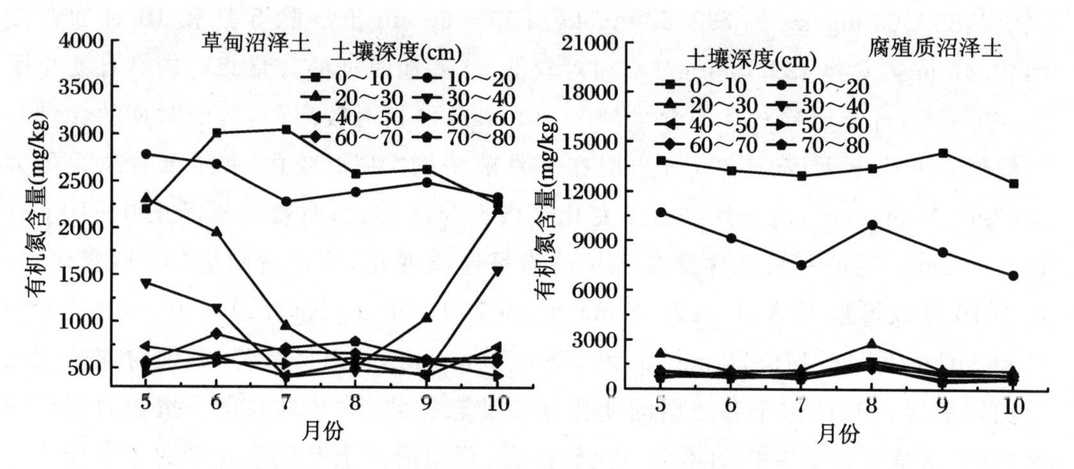


图 4.23 湿地土壤有机氮含量的季节变化特征

为了研究草甸沼泽土和腐殖质沼泽土中有机氮含量季节变化的普遍规律，根据不同土层有机氮含量实测值的季节变化特征，也采用四次多项式分别对两种土壤各土层的有机氮含量进行季节动态模拟，模拟结果见表 4.17。由表 4.17 可知，草甸沼泽土有机氮含量季节变化的动态模拟效果除 40～50 cm 土层相对较差（$R^2 = 0.77$）外，其他土层均比较理想（$R^2 > 0.90$）。与之相比，腐殖质沼泽土 0～10 cm、40～50 cm 土层的模拟效果最好（$R^2 > 0.90$），10～20 cm、20～30 cm、30～40 cm 和 50～60 cm 土层的模拟效果较差（$0.64 < R^2 < 0.77$），而 60～70 cm、70～80 cm 土层的模拟效果最差（$0.28 < R^2 < 0.45$）。因此，一元四次方程可以比较理想地描述草甸沼泽土各土层有机氮含量的季节动态，但其对于腐殖质沼泽土多数土层有机氮含量季节动态的模拟效果却较差。对于一些模拟效果较差的土层，采用 Gauss 模型模拟则可得到比较理想的模拟效果，其模拟方程分别为

$$30 \sim 40\ \text{cm}: y = 830.4964 + \frac{1165.7523}{0.9478\sqrt{\pi/2}} \times e^{-2\frac{(x-8.1824)^2}{0.8982}}, \quad R^2 = 0.9856$$

$$50 \sim 60\ \text{cm}: y = 855.7682 + \frac{817.6670}{0.4929\sqrt{\pi/2}} \times e^{-2\frac{(x-8.2758)^2}{0.2430}}, \quad R^2 = 0.8530$$

表 4.17 湿地土壤有机氮含量的季节动态模拟

| 土壤类型 | 土层(cm) | 拟合方程参数 | | | | | 拟合优度($R^2$) |
|---|---|---|---|---|---|---|---|
| | | $A$ | $B_1$ | $B_2$ | $B_3$ | $B_4$ | |
| 草甸沼泽土 | 0～10 | －89147.6961 | 48250.7973 | －9322.8164 | 789.1765 | －24.7971 | 0.9535 |
| | 10～20 | －51571.5079 | 32178.9019 | －6941.4160 | 645.7392 | －21.9485 | 0.9515 |
| | 20～30 | －100246.6579 | 58152.1795 | －11858.7348 | 1025.3761 | －31.8585 | 0.9999 |
| | 30～40 | －11582.7436 | 7165.3606 | －1292.9602 | 81.3249 | －1.0558 | 0.9458 |
| | 40～50 | 18327.4652 | －9816.6350 | 2042.1161 | －189.2685 | 6.5624 | 0.7738 |
| | 50～60 | －11305.1861 | 6573.1328 | －1364.8098 | 125.6701 | －4.3189 | 0.9477 |
| | 60～70 | －39696.1891 | 21650.4290 | －4249.5681 | 363.2834 | －11.4568 | 0.9036 |
| | 70～80 | 29886.7227 | －17230.0600 | 3683.2185 | －339.2401 | 11.3950 | 0.9297 |
| 腐殖质沼泽土 | 0～10 | －147135.9133 | 99516.4759 | －22485.9401 | 2195.1556 | －78.1989 | 0.9892 |
| | 10～20 | 112429.0060 | －45490.7551 | 6892.7143 | －404.1882 | 6.4305 | 0.7616 |
| | 20～30 | 297480.9498 | －162368.5212 | 32602.3143 | －2843.3326 | 91.0393 | 0.6495 |
| | 30～40 | 104052.6169 | －57172.9549 | 11516.5250 | －1000.7279 | 31.7625 | 0.6793 |
| | 40～50 | 66755.4019 | －36847.0853 | 7476.2119 | －653.2781 | 20.8181 | 0.9052 |
| | 50～60 | 135465.9703 | －74288.3854 | 14986.3568 | －1311.3015 | 42.0930 | 0.6725 |
| | 60～70 | 75000.0704 | －40459.9516 | 8096.1989 | －704.3760 | 22.4993 | 0.4443 |
| | 70～80 | 43797.0550 | －25541.7910 | 5508.6403 | －510.6625 | 17.2057 | 0.2808 |

## 5. 全氮含量的季节变化特征及动态模拟

图 4.24 为湿地土壤全氮含量的季节变化特征。据图可知，草甸沼泽土和腐殖质

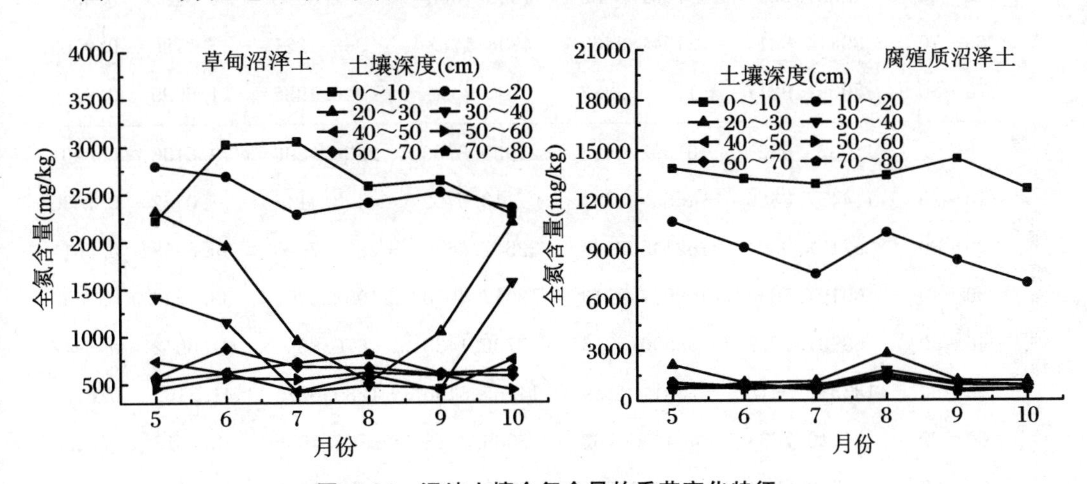


图 4.24 湿地土壤全氮含量的季节变化特征

沼泽土不同土层全氮含量的季节变化特征与有机氮基本一致。实际上,全氮含量的季节变化特征是无机氮和有机氮季节变化特征相叠加的结果,但由于有机氮占全氮的95%以上,所以有机氮含量的季节变化特征基本上也就决定了全氮含量的季节变化特征。

为了研究草甸沼泽土和腐殖质沼泽土中全氮含量季节变化的普遍规律,根据不同土层全氮含量实测值的季节变化特征,也采用四次多项式分别对两种土壤各土层的全氮含量进行季节动态模拟,模拟结果见表4.18。由表4.18可知,草甸沼泽土全氮含量季节变化的动态模拟效果除40~50 cm土层相对较差($R^2=0.73$)外,其他土层均比较理想($R^2>0.90$)。与之相比,腐殖质沼泽土0~10 cm、40~50 cm土层的模拟效果最好($R^2>0.89$),10~20 cm、20~30 cm、30~40 cm和50~60 cm土层的模拟效果较差($0.65<R^2<0.76$),而60~70 cm、70~80 cm土层的模拟效果最差($0.27<R^2<0.45$)。因此,一元四次方程可以比较理想地描述草甸沼泽土各土层全氮含量的季节动态,但其对于腐殖质沼泽土多数土层全氮含量季节动态的模拟效果却较差。

**表4.18 湿地土壤全氮含量的季节动态模拟**

| 土壤类型 | 土层(cm) | 拟合方程参数 | | | | | 拟合优度($R^2$) |
|---|---|---|---|---|---|---|---|
| | | $A$ | $B_1$ | $B_2$ | $B_3$ | $B_4$ | |
| 草甸沼泽土 | 0~10 | −90616.1471 | 49133.0156 | −9512.1078 | 806.6055 | −25.3819 | 0.9530 |
| | 10~20 | −52430.9766 | 32738.7558 | −7072.3300 | 658.8979 | −22.4276 | 0.9466 |
| | 20~30 | −100738.6080 | 58448.3729 | −11922.8934 | 1031.3731 | −32.0630 | 0.9999 |
| | 30~40 | −11015.8484 | 6841.1122 | −1225.1080 | 75.1934 | −0.8528 | 0.9461 |
| | 40~50 | 22773.0534 | −12304.6115 | 2551.2293 | −234.426 | 8.0318 | 0.7328 |
| | 50~60 | −12691.359 | 7401.6032 | −1545.8965 | 142.8898 | −4.9192 | 0.9563 |
| | 60~70 | −39414.0814 | 21545.8463 | −4238.1188 | 363.1221 | −11.4780 | 0.9003 |
| | 70~80 | 30691.9217 | −17657.3882 | 3766.2092 | −346.1986 | 11.6095 | 0.9156 |
| 腐殖质沼泽土 | 0~10 | −150555.6121 | 101592.0885 | −22935.8756 | 2236.9896 | −79.6106 | 0.9901 |
| | 10~20 | 114437.3320 | −46585.6394 | 7113.0769 | −423.4147 | 7.0452 | 0.7595 |
| | 20~30 | 297172.0694 | −162145.7998 | 32547.86 | −2837.7620 | 90.8358 | 0.6511 |
| | 30~40 | 109191.5045 | −60057.8713 | 12017.4098 | −1053.0207 | 33.4540 | 0.6697 |
| | 40~50 | 68937.7029 | −38090.5916 | 7736.1433 | −676.8567 | 21.6042 | 0.8947 |
| | 50~60 | 133880.9918 | −73311.1259 | 14765.6196 | −1289.6273 | 41.3163 | 0.6768 |
| | 60~70 | 74910.7638 | −40413.6182 | 8086.7113 | −703.4036 | 22.4613 | 0.4435 |
| | 70~80 | 48503.8294 | −28134.8748 | 6028.5854 | −555.7445 | 18.6329 | 0.2796 |

对于一些模拟效果较差的土层，采用 Gauss 模型模拟则可得到比较理想的模拟效果，其模拟方程分别为

$$30 \sim 40\ \text{cm}: y = 836.1819 + \frac{1205.2587}{0.9350\sqrt{\pi/2}} \times e^{-2\frac{(x-8.1794)^2}{0.8743}},\quad R^2 = 0.9876$$

$$50 \sim 60\ \text{cm}: y = 866.4194 + \frac{980.2987}{0.5105\sqrt{\pi/2}} \times e^{-2\frac{(x-8.3140)^2}{0.2607}},\quad R^2 = 0.8554$$

## 第三节　湿地土壤硫的分布与累积过程

### 一、不同流域湿地土壤中各形态硫的分布特征

别拉洪河、挠力河、鸭绿河和浓江河是三江平原上比较有代表性的沼泽性河流。分别沿四条河流布点采集土壤样品，分析不同流域土壤中总硫及各形态硫的含量，结果如表 4.19 示。总硫及各形态硫在不同流域土壤中的分布存在着差异，但差异不显著($P>0.05$)，其中挠力河流域硫素含量最高。总硫、水溶性硫、有机硫均为挠力河＞鸭绿河＞浓江河＞别拉洪河；吸附性硫为挠力河＞浓江河＞鸭绿河＞别拉洪河；盐酸可溶性硫为挠力河＞鸭绿河＞别拉洪河＞浓江河；盐酸挥发性硫为挠力河＞别拉洪河＞浓江河＞鸭绿河。

**表 4.19　不同流域土壤中各形态硫的含量**

单位：mg/kg

| 流域 | 总硫 | 水溶性硫 | 吸附性硫 | 盐酸可溶性硫 | 盐酸挥发性硫 | 有机硫 |
|---|---|---|---|---|---|---|
| 挠力河 | 925.1±170.9 | 54.6±16.2 | 35.0±9.2 | 32.5±7.7 | 1.30±0.56 | 801.7±108.1 |
| 鸭绿河 | 841.8±199.7 | 34.3±10.3 | 26.3±7.8 | 30.9±8.2 | 0.80±0.24 | 749.5±157.7 |
| 浓江河 | 636.47±136.1 | 26.3±7.8 | 30.9±6.4 | 25.2±4.2 | 1.07±0.15 | 553.0±125.3 |
| 别拉洪河 | 510.45±154.4 | 25.3±8.9 | 22.2±4.7 | 26.5±5.1 | 1.25±0.2 | 445.2±111.5 |

### 二、典型碟形洼地土壤中各形态硫的分布状况

#### 1. 不同类型湿地土壤中硫的含量

三江平原不同类型的湿地土壤中总硫含量差异较大（表 4.20），但均在世界土壤

含硫变幅范围(30～10000 mg/kg )内。除了小叶章草甸外，乌拉苔草沼泽和毛果苔草沼泽土壤中的总硫量均高于世界土壤含量均值(700 mg/kg )。这种差异可能与土壤类型、成土母质以及地形特征等多种因素有关。三江平原不同类型的沼泽分布在不同的地貌或同一地貌的不同部位，这主要是由于水分条件的不同而造成的，毛果苔草沼泽常年积水，小叶章草甸则是季节性积水，乌拉苔草沼泽是两者之间的过渡形态。各植物带土壤中总硫含量具有从岸边向中心递增的趋势，呈现水平分布的分带性规律，即小叶章沼泽<乌拉苔草沼泽<毛果苔草沼泽。其余各形态硫即水溶性硫、吸附性硫、盐酸可溶性硫、盐酸挥发性硫和有机硫均呈现出与总硫相一致的分布规律，也表现为小叶章沼泽<乌拉苔草沼泽<毛果苔草沼泽。

**表 4.20 不同类型湿地土壤中各形态硫的含量**

单位:mg/kg

| 沼泽 | 总硫 | 水溶性硫 | 吸附性硫 | 盐酸可溶性硫 | 盐酸挥发性硫 | 有机硫 |
|---|---|---|---|---|---|---|
| 小叶章 | 622.4±273.3 | 27.2±13.6 | 20.4±7.4 | 23.1±12 | 1.18±0.39 | 550.1±244.5 |
| 乌拉苔草 | 820.51±178.4 | 39.5±10 | 29.9±0.97 | 26.1±6.2 | 1.21±0.16 | 723.8±169.3 |
| 毛果苔草 | 1022.41±414.3 | 113.0±81 | 46.9±20.4 | 37.6±7.1 | 1.51±0.37 | 823.4±339.7 |

**2. 不同类型湿地土壤中各形态硫的剖面分布特征**

由于沼泽土壤不同发生层的物质组成和其他物理、化学条件(如温度、积水深度、有机质、pH 等)有较大的差异，因此硫在土壤剖面垂直方向上产生分异，呈现出明显的分层性(表 4.21)。除盐酸挥发性硫外，其余各形态硫普遍具有自上而下逐渐递减的趋势，这是由沼泽湿地土壤中有机质的剖面特征决定的。

**表 4.21 不同类型湿地土层中各形态硫的含量**

单位:mg/kg

| 湿地类型 | 层次 | 总硫 | 水溶性硫 | 吸附性硫 | 盐酸可溶性硫 | 盐酸挥发性硫 | 有机硫 |
|---|---|---|---|---|---|---|---|
| 小叶章 | 1 | 995.7±356.3 | 40.9±19.6 | 29.5±12.1 | 36.2±15.1 | 1.21±0.35 | 887.8±319.2 |
|  | 2 | 627.3±298.5 | 22.4±11.6 | 18.1±6.6 | 28.4±20.4 | 1.26±0.39 | 561.3±272.3 |
|  | 3 | 337.5±182.8 | 18.2±14.3 | 14.8±5.4 | 7.7±1.9 | 1.17±0.45 | 203.3±164 |
| 乌拉苔草 | 1 | 1256.9±108.9 | 70.5±19.6 | 44.2±5.4 | 48.6±25.7 | 1.17±0.15 | 1092.4±151.5 |
|  | 2 | 941.6±158.3 | 29±14.8 | 30.4±1.5 | 26.4±14.7 | 1.15±0.2 | 862.7±171.2 |
|  | 3 | 470±314.4 | 18.9±14.9 | 16.8±5 | 8.9±3.3 | 1.35±0.23 | 350.7±272.8 |
| 毛果苔草 | 1 | 1260.5±379.6 | 111.8±71.7 | 74±46.1 | 61.6±17.6 | 1.9±0.5 | 1074.9±315.3 |
|  | 2 | 1097.7±504.4 | 49.4±34.7 | 52.1±23.9 | 43.8±20.3 | 1.4±0.44 | 883.5±388 |

### 3. 湿地土壤中各形态硫的相关性

在湿地土壤中($n=91$),各形态硫之间相关系数 $r$ 大于 0.267($P<0.01$)的有 12 对(表 4.22),表明总硫与各形态硫之间以及吸附性硫与其他形态硫之间均已达到显著相关;除盐酸可溶性硫外,水溶性硫与其余各硫组分之间也均已达到显著相关;除水溶性硫与盐酸挥发性硫以外,盐酸可溶性硫与其他硫组分呈显著相关;对于盐酸挥发性硫而言,除盐酸可溶性硫和有机硫外,其与其他硫组分之间也均呈显著相关。其中总硫与有机硫之间的相关系数最大,水溶性硫与吸附性硫次之,水溶性硫与盐酸可溶性硫的相关系数最小,说明在湿地土壤中总硫与有机硫相关性最显著,这两种硫组分联系最密切,从侧面反映了有机硫是总硫的主要存在形态,而水溶性硫与盐酸可溶性硫的相关性最差。

**表 4.22　湿地土壤中各形态硫的相关性分析($n=91$)**

| | 总硫 | 水溶性硫 | 吸附性硫 | 盐酸可溶性硫 | 盐酸挥发性硫 |
|---|---|---|---|---|---|
| 总硫 | 1 | | | | |
| 水溶性硫 | 0.470** | 1 | | | |
| 吸附性硫 | 0.589** | 0.675** | 1 | | |
| 盐酸可溶性硫 | 0.408** | 0.103 | 0.474** | 1 | |
| 盐酸挥发性硫 | 0.332** | 0.506** | 0.525** | 0.132 | 1 |
| 有机硫 | 0.733** | 0.405** | 0.528** | 0.470** | 0.127 |

注:** ,极显著相关($P<0.01$)。

### 4. 影响因素分析

在土壤有机质中含有一定数量的碳和硫,因此随着土壤有机质含量的增加,有机硫和总硫含量都有明显的增加,即在有机质丰富的土壤中,含硫量往往较高。回归分析表明,土壤总硫($Y_t$)、水溶性硫($Y_w$)、吸附性硫($Y_a$)、盐酸可溶性硫($Y_s$)、盐酸挥发性硫($Y_h$)、有机硫($Y_o$)与有机质含量均呈极显著正相关($n=91, P<0.01$),相关方程及相关系数分别为

$$Y_t = 13.774x + 383.43, \quad r = 0.644$$
$$Y_w = 1.491x + 9.064, \quad r = 0.512$$
$$Y_a = 0.508x + 16.603, \quad r = 0.504$$
$$Y_s = 0.386x + 16.25, \quad r = 0.435$$
$$Y_h = 0.0049x + 1.1644, \quad r = 0.316$$
$$Y_o = 8.774x + 453.35, \quad r = 0.519$$

可见土壤有机质含量是影响土壤各形态硫含量的一个重要因素,可以用土壤有

机质的含量粗略估计土壤总硫和有机硫的含量。

pH 主要通过影响微生物的活性进而影响土壤中硫的存在形态。研究区湿地土壤的 pH 一般呈弱酸性，多在 5.0～7.0 之间，在同一剖面中，自上而下 pH 逐渐增大。相关分析表明，总硫（$Y_t$）、吸附性硫（$Y_a$）、盐酸可溶性硫（$Y_s$）、有机硫（$Y_o$）均与土壤 pH 呈极显著负相关（$n=91, P<0.01$），相关方程和相关系数分别为

$$Y_t = -348.4x + 2647.5, \quad r = -0.511$$

$$Y_a = -11.73x + 93.93, \quad r = -0.461$$

$$Y_s = -11.17x + 87.40, \quad r = -0.386$$

$$Y_o = -199.97x + 1774.8, \quad r = -0.359$$

可见，pH 也是影响土壤各形态硫的一个重要因素，在本研究中土壤总硫、吸附性硫、盐酸可溶性硫、有机硫含量均随土壤 pH 的升高而降低。

## 三、小叶章湿地土壤各形态硫的空间分布特征

### 1. 小叶章湿地土壤各形态硫的水平分布特征

图 4.25 给出了小叶章湿地表层土壤各形态硫的水平分布格局。总硫基本是沿着洼地中心方向，形成高养分累积斑块。由于土壤中约 90% 的全硫以有机硫形式存在，因此有机硫的分布和总硫相一致。无机硫是植物吸收的主要形式，且受沉降、淋溶、土壤吸附的影响，在分布上形成了低养分累积区和高养分累积区。各形态有机硫也在不同地点形成了累积斑块，但斑块的大小、形状和位置具有差异，这可能是由各形态有机硫的性质、矿化难易和矿化程度的不同造成的。土壤各形态硫的水平分布特征与空间位置密切相关，土壤有机质、理化性质和微地貌差异可能是影响其分布的因素。

### 2. 小叶章湿地土壤各形态硫的垂直分布特征

#### (1) 湿草甸土壤中各形态硫的垂直分布特征

小叶章草甸土壤各形态硫的垂直分布如图 4.26 所示，在 0～10 cm，除了未知态硫外，各形态硫的含量都在这一段达到最高，在该土层总硫、无机硫、酯键硫和碳键硫含量的平均值依次为 51.41 mg/kg、520.83 mg/kg、112.87 mg/kg 和 247.70 mg/kg，可见硫主要富集在表层。这是因为硫是植物有机体的重要元素，主要通过根系吸收，因此在剖面上层富集累积。而未知态硫含量的最大值出现在 10～20 cm 的土层内，为 138.05 mg/kg。总硫含量在 0～50 cm 的土壤层内随剖面的加深逐渐降低；在 40～50 cm 的土层中出现最低值，为 303.39 mg/kg；在 50～70 cm 之间，总硫含量又逐渐升高，但仍低于 0～10 cm 土壤层硫的含量，70～80 cm 总硫含量又降低。在

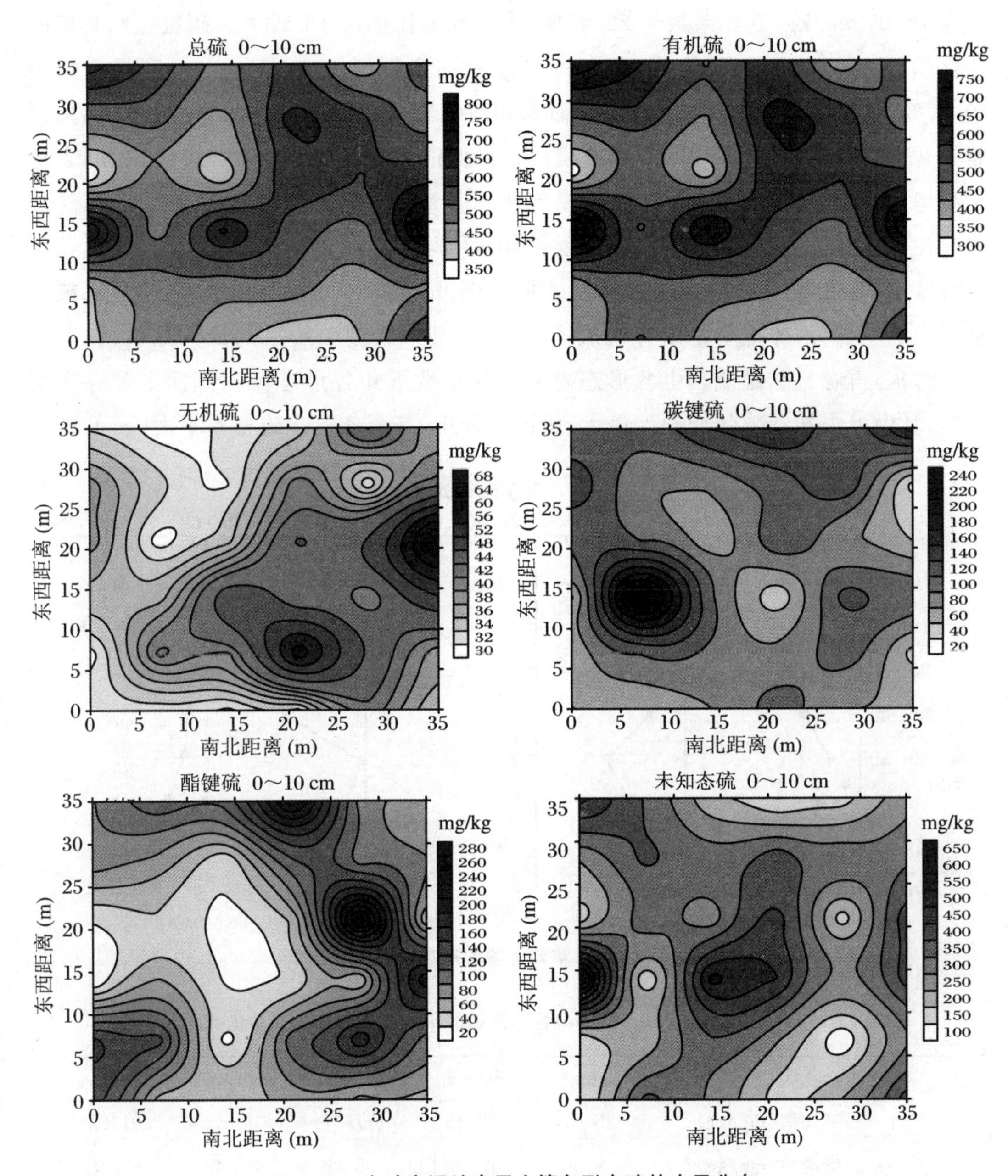


**图 4.25　小叶章湿地表层土壤各形态硫的水平分布**

0～80 cm，土壤总硫的平均含量为 391.62 mg/kg，低于世界平均土壤硫含量水平(700 mg/kg)，变异系数为 22.41%。无机硫含量在 0～50 cm 之间呈现波动变化，但总体上是下降的，这种波动可能与土壤质地和植物根系吸收密切相关；50～80 cm 无机硫含量逐渐降低，在 70～80 cm 的土层出现最低值，为 26.42 mg/kg，平均含量为 35.07 mg/kg，变异系数为 22.81%，占总硫的比例为 8.96%。酯键硫含量在 0～40 cm 之间呈逐渐降低的趋势，在 30～40 cm 的土层出现最低值，为 58.73 mg/kg，平均值为76.07 mg/kg,变异系数为22.41%,占总硫的比例为18.50%。碳键硫与总硫的变化趋势相一致,最低值为135.32 mg/kg,平均含量为177.57 mg/kg,变异系数为19.87%,占总硫的比例为45.34%。而未知态硫含量则在0～40 cm之间随剖面加深而先升高后降低,在30～40 cm的土层出现最低值,为63.00 mg/kg;40～80 cm含量有所增加,但变化不大。各形态硫含量均在40 cm左右的土层中出现了最低值,这是因为在40 cm处,土壤颗粒变得较上层细小,质地也较上层黏重,由此导致元素迁移相对较困难。由各形态硫在总硫中所占的比例可知,在小叶章草甸湿地中,无机硫只是很小的一部分,硫主要是以有机硫形态存在,其中碳键硫所占的比例最大,其次是未知态硫,再者是酯键硫。由各形态硫的变异系数可知各形态硫在剖面上都存在变异性,其中以未知态硫的变异性最大,碳键硫最小,其余各形态硫相差不大(表4.23)。

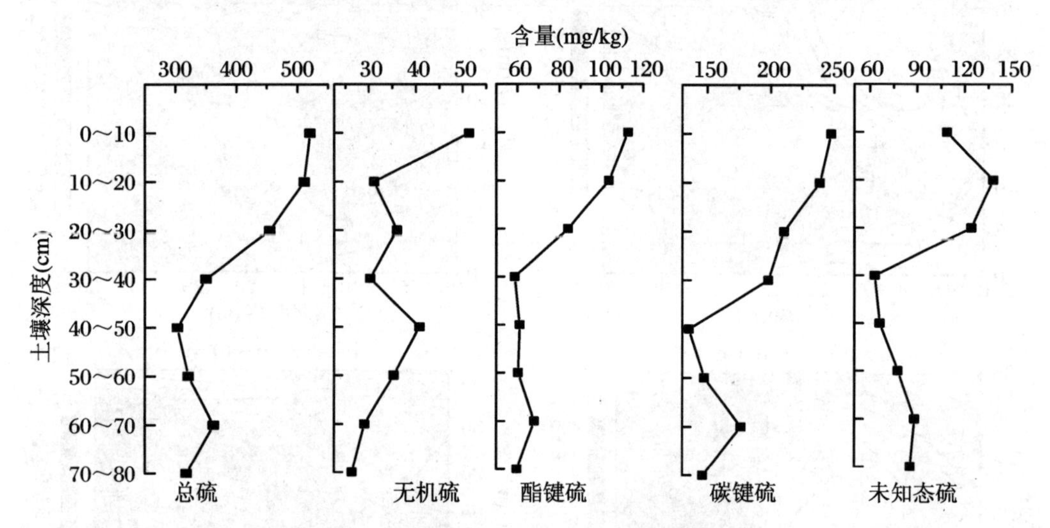


**图4.26 小叶章草甸土壤各形态硫的垂直分布**

**表4.23 小叶章湿地土壤(0～80 cm)各形态硫的平均含量及在总硫中的比例($n=8$)**

| | 项目 | 无机硫 | 酯键硫 | 碳键硫 | 未知态硫 | 总硫 |
|---|---|---|---|---|---|---|
| 小叶章湿草甸 | 平均值(mg/kg) | 35.07 | 72.45 | 177.57 | 106.53 | 391.62 |
| | 标准差(mg/kg) | 8.00 | 16.23 | 35.28 | 34.40 | 87.75 |
| | 变异系数(%) | 22.81 | 22.41 | 19.87 | 32.29 | 22.41 |
| | 占总硫的比例(%) | 9.17 | 19.22 | 47.48 | 23.83 | 100 |
| 小叶章沼泽化草甸 | 平均值(mg/kg) | 47.64 | 150.37 | 191.04 | 123.98 | 513.03 |
| | 标准差(mg/kg) | 26.20 | 103.78 | 117.55 | 118.03 | 359.26 |
| | 变异系数(%) | 55.01 | 69.02 | 61.53 | 95.21 | 70.03 |
| | 占总硫的比例(%) | 10.17 | 29.52 | 38.83 | 21.48 | 100 |

(2) 小叶章沼泽化草甸中土壤各形态硫的垂直分布特征

与小叶章草甸土壤各形态硫的垂直分布相比，小叶章沼泽化草甸土壤各形态硫含量的垂直分布具有一致性(图 4.27)，均为在 0～30 cm 之间随着剖面的加深而降低，且下降幅度很大，表层 0～10 cm 的土层硫含量最高，硫也是主要在表层富集；而在 30～80 cm 之间，除无机硫含量在 50～60 cm 之间有波动外，其余各形态硫含量的变化很小。在 0～80 cm，总硫含量的变化范围为 303.74～1219.81 mg/kg，平均值为 513.03 mg/kg，也低于世界平均土壤硫含量水平(700 mg/kg)，变异系数为 70.03%；无机硫含量在 29.13～106.84 mg/kg 之间变化，平均值为 47.64 mg/kg，变异系数为 55.01%，在总硫中所占的比例为 9.28%；酯键硫含量的变化范围为 77.48～363.10 mg/kg，平均值为 150.37 mg/kg，变异系数为 69.02%，在总硫中所占的比例为 29.31%；碳键硫含量的变化范围为 117.19～435.60 mg/kg，平均值为 191.04 mg/kg，变异系数为 61.53%，占总硫的比例为 37.23%；未知态硫含量则在 35.50～314.37 mg/kg 之间变化，平均值为 123.98 mg/kg，变异系数高达 95.21%，占总硫的 24.17%。可见在小叶章沼泽化草甸中，硫仍主要以有机硫形态存在，其中碳键硫占的比例最大，其次是酯键硫和未知态硫；各形态硫都具有较高的变异性，其中以未知态硫的变异性最大，其次是总硫、酯键硫和碳键硫，无机硫的变异性最小(表 4.23)。

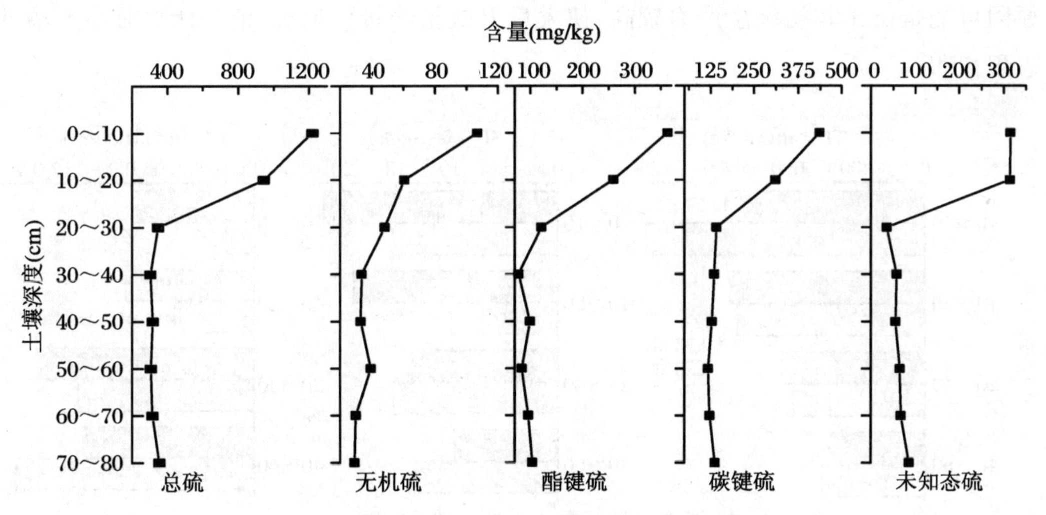


**图 4.27　小叶章沼泽化草甸土壤各形态硫含量的垂直分布**

与小叶章湿草甸相比，小叶章沼泽化草甸土壤中各形态硫含量均高于其在小叶章湿草甸土壤中的含量，变异系数也大。这是因为小叶章湿草甸处于碟形洼地的外围，地表湿润但无积水，土壤类型为草甸沼泽土，而小叶章沼泽化草甸属于季节性积水的湿地，土壤类型为腐殖质沼泽土，有机质含量比草甸沼泽土高，而硫的分布和有机质含量成正相关关系，因此小叶章沼泽化草甸土壤中各形态硫的含量较高。季节性积水使得小叶章沼泽化草甸氧化还原条件变化强烈，由此引起硫存在形态的相互转化，从而导致各形态硫在小叶章沼泽化草甸土壤中具有较大的变异性。

## 第四节 湿地土壤磷的分布与累积过程

### 一、湿地土壤磷的空间分布

#### 1. 环形湿地土壤剖面磷的分布特征及磷储量

图 4.28(a)、(b)为环形湿地土壤剖面 TP 和 SP 含量的分布特征。环形洼地中的两种小叶章湿地土壤 TP 含量整体上表现为从表层向下递减。小叶章沼泽化草甸(Ⅻ)表层 0～10 cm 土壤 TP 含量最高，达 1222.89 mg/kg，比小叶章湿草甸(Ⅺ)高约 40.34%，10 cm 以下各层土壤两者的含量差距不大。Ⅻ 土壤存在明显的表层富集的原因可能是由于其初级生产力较高，使大量 P 被植物带到地表，植物死亡时在土壤的表层累积。

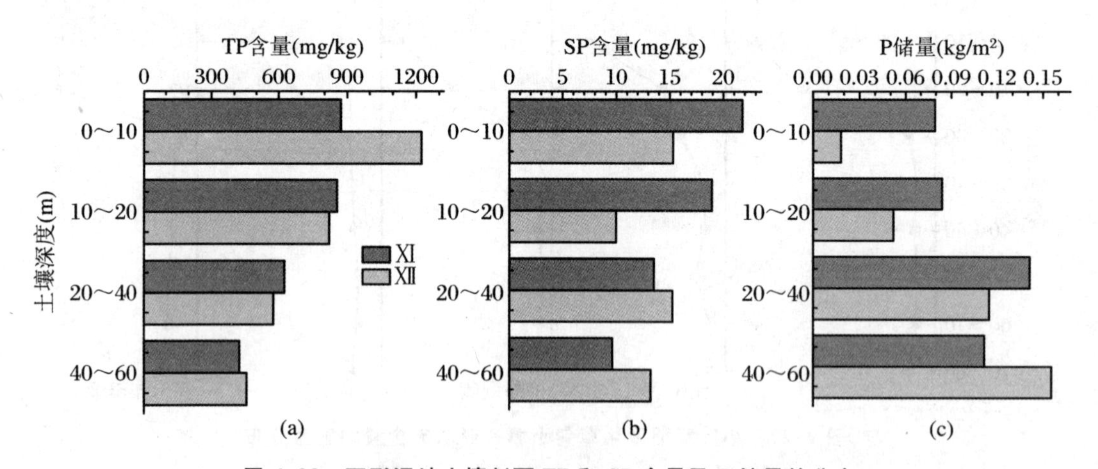


图 4.28 环形湿地土壤剖面 TP 和 SP 含量及 P 储量的分布

Ⅺ土壤 SP 含量表现为由表层向下逐渐降低的变化趋势，表层土壤含量最高，达 21.77 mg/kg。而 Ⅻ 与之不同，土壤剖面 SP 含量表现为不规则变化，虽然Ⅻ也为表层土壤含量最高，为 15.31 mg/kg，但 10～20 cm 土层的含量最低，其他各层由表层向下减少,各层之间差异不大。两种土壤对比,Ⅺ 的 0~10 cm 和 10~20 cm 土层的 SP 含量高于Ⅻ,分别较后者高 42.19% 和 89.87%;而 20~40 cm 和 40~60 cm 则正好相反,为后者高于前者。

土壤中 P 含量高低主要与成土母质及环境因素的影响有关。从表 4.24 可以看出 TP、SP 含量与 SOC 之间均存在较强的正相关关系,其中Ⅺ的 SP 与 SOC 含量呈显著正相关。土壤 TP 含量与有机质含量相关性较高表明有机磷可能为土壤 P 的主体。两种小叶章湿地土壤 TP 和 SP 之间呈一定正相关关系,但Ⅻ的 TP 与 SP 之间的相关性十分微弱($r=0.154$)。张玉革(2005)的研究结果表明水稻田中土壤的 SOC 与土壤 TP 呈极显著正相关,玉米地中的 SOC 与 SP 呈显著负相关;水稻田土壤 TP 含量与 SP 无显著相关性,但其他土壤中 TP 与 SP 呈极显著相关,表明土壤的 SOC 与土壤 P 含量之间存在较为密切的关系,并且这一关系随土壤本身环境条件的不同而有一定的差异。

**表 4.24 环形湿地土壤剖面 TP、SP、SOC 相关分析**

| | | TP | SP | SOC |
|---|---|---|---|---|
| Ⅺ | TP | 1 | | |
| | SP | 0.979* | 1 | |
| | SOC | 0.926 | 0.957* | 1 |
| Ⅻ | TP | 1 | | |
| | SP | 0.154 | 1 | |
| | SOC | 0.935 | 0.473 | 1 |

注:*,$P=0.05$ 水平上显著正相关(2-tailed)。

图 4.28(c)为土壤 P 储量在剖面上的分布。两种土壤 P 储量在剖面上基本呈由上至下递增的趋势,其中小叶章沼泽化草甸由表层的 0.018 kg/m$^2$ 一直增加到 40~60 cm 的 0.16 kg/m$^2$;而小叶章湿草甸的垂直剖面变化不明显,其 40~60 cm 土壤 P 储量反比其上层土层略有减少。0~40 cm 范围Ⅺ土壤各层中 P 的储量高于Ⅻ,这种变化趋势主要是由于 0~20 cm 深度为草根层,土壤容重较低,两种小叶章土壤变化分别在 0.911~0.982 g/cm$^3$(Ⅺ)和 0.147~0.633 g/cm$^3$(Ⅻ)之间;向下各层,土壤中植物根系分布减少,土壤质地更加黏重,土壤容重也增大到 1.130~1.319 g/cm$^3$ 和 0.995~1.707 g/cm$^3$。季节性淹水使土壤经常性饱和或过饱和,造成 Ⅻ上层土壤中含有较多的分解不完全的植物残体,而上层土壤中的金属元素(如 Fe、Mn 和 Ca 等)在淋溶作用下向下层淀积,导致Ⅻ下层土壤(20~40 cm)容重与上层(0~10 cm)之间

的差异($C.V.=75.5\%$)高于无淹水的Ⅺ(16.6%)。另一方面,Ⅻ存在季节性淹水,而地势又为向中心倾斜的洼地,有可能使土壤养分随着水体交换而迁移,不利于其P的累积,因此二者60 cm土层中P的储量Ⅺ土壤要高于Ⅻ,分别为41.61 $kg/m^2$和34.00 $kg/m^2$。

**2. 河滨湿地土壤剖面磷的分布特征及磷储量**

图4.29为浓江河、挠力河、别拉洪河河滨湿地土壤中TP和SP在土壤剖面的分布情况。由图可以看出,三处湿地TP含量均表现出由表层向下逐渐增加的变化趋势,与大多数土壤剖面的变化趋势相同(姜勇等,2005;Fristedt,2004)。由于植物的吸收累积,土壤底层养分逐渐被转移,植物枯死后凋落物在土壤表层累积分解,通常造成表层的土壤具有较高P含量。其中浓江河各层土壤的TP含量均最高,尤其是草根层,远高于其他两种土壤,含量达1802.96 mg/kg。挠力河和别拉洪河草根层TP含量相近,分别为475.59 mg/kg和456.16 mg/kg,但向下各层挠力河土壤中含量均低于别拉洪河。由图4.29(b)可知,河滨湿地中浓江河和挠力河土壤SP含量变化为表层最高,泥炭层含量最低,然后向下含量逐渐增加,其中挠力河增加不明显。别拉洪河土壤以泥炭层含量最高,泥炭层向下SP含量逐渐减少。草根层中浓江河SP含量最高,别拉洪河含量最低。对三处湿地土壤剖面TP、SP含量做方差分析没有显著差异($P>0.05$),表明各河滨湿地之间土壤P的剖面分布情况相似。相关分析发现各土壤的土层其SP和相应TP含量之间不具有相关关系,这与大多数研究结果相符(贾文锦,1992)。

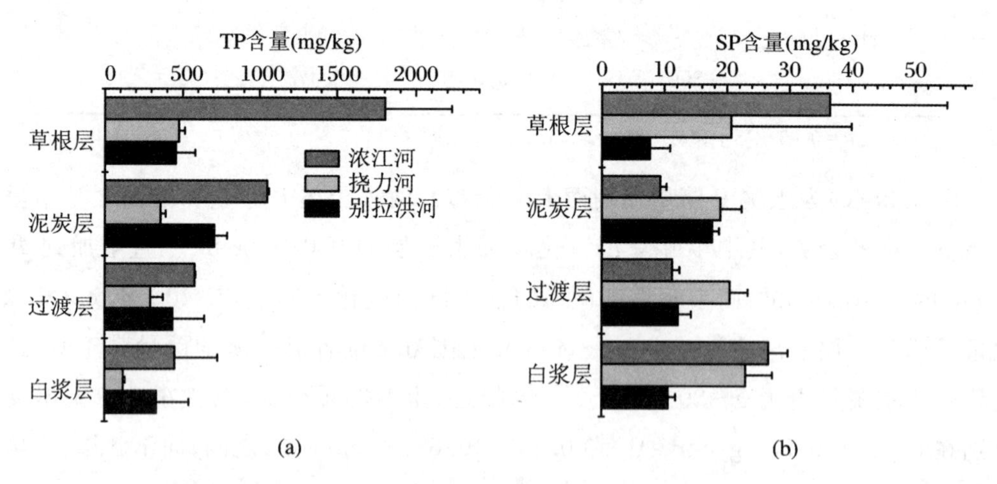


图4.29 河滨湿地土壤剖面TP和SP的分布

对三处湿地土壤的TP、SP、SOC的相关分析(表4.25)发现,河滨湿地中TP与SP含量呈正相关关系,但未达到显著水平;TP与土壤SOC含量呈极显著的相关关系,而SP与之相关性很弱,也表明了河滨湿地土壤P以有机磷为主。

表 4.25　河滨湿地土壤剖面 TP、SP、SOC 相关分析

| | TP | SP | SOC |
|---|---|---|---|
| TP | 1 | | |
| SP | 0.431 | 1 | |
| SOC | 0.896** | 0.084 | 1 |

注：** ，$P=0.01$ 水平上显著正相关(2-tailed)。

由表 4.25 可知，各湿地土壤不同土层 TP 和 SP 的变异系数较小，这可能主要是因为本区域的过湿或淹水条件有利于土壤 P 在各土层之间交换，加之表层土壤中植物根系密集，植物的吸收也促进了 P 在土壤各层间的迁移。由于土壤发生层在 3 处湿地土壤的厚度不同，本研究统一计算了 60 cm 深土层土壤 P 的储量(表 4.26)。各土壤之间 P 储量大小为浓江河＞别拉洪河＞挠力河。P 在土壤剖面中的累积分布受很多因素影响，如土壤性质(土壤质地、土体构型、土壤 pH、有机质、游离 Al 和 Fe 含量、土壤中氮和磷含量等)、气候因子(降水量、降水强度等)、水文地理因子(坡度、地下水位等)、农业活动等。3 处河滨湿地土壤的 P 含量略有差异，但总体上并无显著差异，表明其养分含量和变化上具有一致性。

表 4.26　河滨湿地土壤 TP、SP 含量变异系数及土壤 P 储量

| 项目 | 别拉洪河 | 挠力河 | 浓江河 |
|---|---|---|---|
| TP 变异系数 | 0.33 | 0.48 | 0.63 |
| SP 变异系数 | 0.34 | 0.08 | 0.61 |
| P 储量($kg/m^2$，60 cm) | 0.25 | 0.22 | 0.47 |

## 二、湿地土壤磷的季节变化及影响因素分析

### 1. 土壤无机磷形态的季节变化

Heledy 连续浸提法分级，将无机磷分为 Resin-P、$NaHCO_3$-$P_i$、NaOH-$P_i$、Dil. HCl-$P_i$ 和 Conc. HCl-$P_i$，其生物有效性逐级降低。其中 Resin-P 是与土壤溶液处于平衡状态的土壤固相无机磷，它是充分有效的，$NaHCO_3$-$P_i$ 主要是吸附在土壤表面的磷，这两种无机磷形态是土壤中生物有效磷的主要部分；NaOH-$P_i$ 则为通过化学吸附结合在铁、铝氧化物表面的无机磷，属于中等活性的无机磷；Dil. HCl-$P_i$ 和 Conc. HCl-$P_i$ 是与钙结合的较为稳定的无机磷形态。各形态的无机磷在土壤中的含量差别较大(图 4.30)，Resin-P、$NaHCO_3$-$P_i$、NaOH-$P_i$、Dil. HCl-$P_i$ 和 Conc. HCl-$P_i$

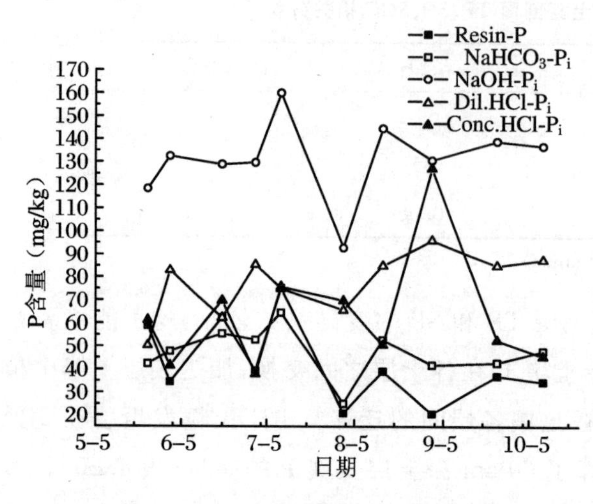


**图 4.30 各形态无机磷在土壤中的含量**

含量分别为 20.70～75.15 mg/kg、25.20 ～ 64.50 mg/kg、92.85 ～ 159.98 mg/kg、50.25～96.00 mg/kg 和 37.95～127.25 mg/kg。Resin-P、$NaHCO_3$-$P_i$ 和 NaOH-$P_i$ 有相似的变化趋势，各形态含量均在 7 月上旬左右达到最大值，8 月初降至最低。土壤 Dil. HCl-$P_i$ 含量在生长季的动态与 Resin-P 的变化基本相反，Dil. HCl-$P_i$ 和 Conc. HCl-$P_i$ 在 8 月末 9 月初含量最高，而此时期其他形态的无机磷含量均处于较低值，二者最小值均出现在生长季初期。生长季末活性最强和最弱的 Resin-P 和 Conc. HCl-$P_i$ 含量较生长季初减少，而 $NaHCO_3$-$P_i$、NaOH-$P_i$、Dil. HCl-$P_i$ 含量增加，其中 $NaHCO_3$-$P_i$ 变化很小，Dil. HCl-$P_i$ 增量最大。比较各形态的变化程度，Resin-P 含量变差系数最大(表 4.27)，这可能是由于 Resin-P 活性强，易受环境影响而发生迁移，Conc. HCl-$P_i$ 也表现出较大的波动性，其变差系数为 0.410，仅次于 Resin-P。

**表 4.27 小叶章湿地土壤磷形态含量变异**

| 形态 | Resin-P | $NaHCO_3$-$P_i$ | NaOH-$P_i$ | Dil. HCl-$P_i$ | Conc. HCl-$P_i$ | $NaHCO_3$-$P_o$ | NaOH-$P_o$ | Conc. HCl-$P_o$ | Residual-P |
|---|---|---|---|---|---|---|---|---|---|
| 平均数 | 42.26 | 47.34 | 131.33 | 77.48 | 63.18 | 147.8 | 367.98 | 18.23 | 99.68 |
| 标准差 | 17.80 | 10.47 | 17.45 | 14.03 | 25.92 | 20.53 | 44.91 | 14.47 | 26.7 |
| 变差系数 | 0.42 | 0.22 | 0.13 | 0.18 | 0.41 | 0.14 | 0.12 | 0.79 | 0.27 |

**2. 土壤有机磷的季节变化**

用此方法得到的有机磷形态主要有 $NaHCO_3$-$P_o$、NaOH-$P_o$ 和 Conc. HCl-$P_o$。其中 $NaHCO_3$-$P_o$ 主要是易于矿化的可溶有机磷，NaOH-$P_o$ 由腐殖酸和褐菌素等有机磷组成，Conc. HCl-$P_o$ 主要是一些化学性质十分稳定的有机磷。

植物生长过程中小叶章土壤 $NaHCO_3$-$P_o$、NaOH-$P_o$ 和 Conc. HCl-$P_o$ 含量的变化范围分别为 118.50～147.795 mg/kg、315.00～441.38 mg/kg 和 0.11～45.50 mg/kg。其中土壤 NaOH-$P_o$ 含量远远高于其他有机磷成分，植物生长结束时其含量比生长初期明显减少。其他有机磷组分生长季初、末期含量的差异较小，Conc. HCl-$P_o$、NaOH-$P_o$ 在 8 月初含量最高；$NaHCO_3$-$P_o$ 在整个生长季都没有太大的变化，仅在 6 月下旬和 9 月初含量略有升高(图 4.31)。比较各有机磷的变异程度，发现 Conc. HCl-$P_o$ 的变异系数远远大于其他有机磷形态，达 0.794，而 $NaHCO_3$-$P_o$、NaOH-$P_o$ 相差不大，分别为 0.139 和 0.122（表 4.28）。

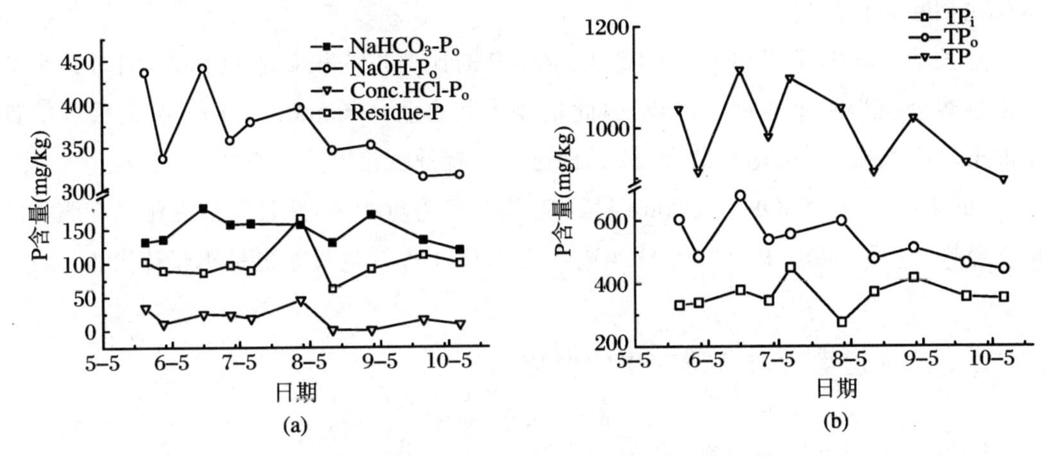


图 4.31　土壤中各形态磷的季节变化

表 4.28　小叶章湿地土壤磷形态占 TP 百分比相关系数矩阵

| | Pearson 相关系数 | | | | | | | |
|---|---|---|---|---|---|---|---|---|
| | Resin-P | $NaHCO_3$-$P_i$ | NaOH-$P_i$ | Dil. HCl-$P_i$ | Conc. HCl-$P_i$ | $NaHCO_3$-$P_o$ | NaOH-$P_o$ | Conc. HCl-$P_o$ |
| Resin-P | 1 | | | | | | | |
| $NaHCO_3$-$P_i$ | 0.591 | 1 | | | | | | |
| NaOH-$P_i$ | 0.251 | 0.836** | 1 | | | | | |
| Dil. HCl-$P_i$ | −0.474 | 0.380 | 0.751* | 1 | | | | |
| Conc. HCl-$P_i$ | −0.358 | −0.352 | −0.229 | 0.031 | 1 | | | |
| $NaHCO_3$-$P_o$ | −0.361 | −0.104 | −0.263 | 0.118 | 0.453 | 1 | | |
| NaOH-$P_o$ | 0.261 | −0.258 | −0.532 | −0.725* | −0.245 | −0.244 | 1 | |
| Conc. HCl-$P_o$ | 0.620 | −0.632 | −0.803** | −0.755* | −0.294 | −0.138 | 0.515 | 1 |

注：*，$P = 0.05$ 水平上显著相关；**，$P = 0.01$ 水平上显著相关。

**3. 土壤残留磷的季节动态**

通过化学试剂浸提以上各形态磷以后，土壤样品中残余磷部分为 Residual-P，它是土壤磷化学性质最稳定的形态。Residual-P 含量为 62.50～166.25 mg/kg，和 Residual-$P_i$ 的季节波动峰谷交替变化不明显不同，Residual-P 在 8 月初出现峰值，达到 166.25 mg/kg。

**4. 土壤磷形态之间的相互转化**

计算各形态磷占土壤 TP 的百分比，以各形态所占比例作相关分析（表 4.28），发

现 $NaHCO_3$-$P_i$ 与 Residue-P 呈极显著负相关关系，由二者的季节变化趋势也可以看出在5～10月间，二者在土壤中含量变化趋势相反，表明 $NaHCO_3$-$P_i$ 与 Residue-P 之间存在相互转化的过程。

生长季 NaOH-$P_i$ 和 Conc. HCl-$P_o$ 占 TP 的比例也为极显著负相关，同时其季节变化趋势表现为明显的相反趋势，因此植物生长过程中 Conc. HCl-$P_o$ 矿化后可能首先被土壤中的铁、铝氧化物结合，然后再进一步释放。

Dil. HCl-$P_i$ 与 NaOH-$P_o$、Conc. HCl-$P_o$ 均为显著负相关，并且季节变化也有明显的相反趋势，说明 NaOH-$P_o$、Conc. HCl-$P_o$ 与 Dil. HCl-$P_i$ 在生长季也是相互转化的。

## 三、沼泽湿地土壤各形态磷的变化

### 1. 土壤各形态磷的分布

土壤磷无机形态、有机形态和残留形态含量分布范围见表4.29和图4.32。由图4.32可知，表层土壤磷素含量与地形关系极为密切。随土壤剖面深度的增加，无机磷的含量均呈现先降低后增加，达到一最大值后又逐渐降低的趋势。而土壤磷素中有机磷含量大体上则呈明显降低的趋势。在土壤无机磷中，NaOH-$P_i$是主要形态，各形态含量顺序为 NaOH-$P_i$ > Conc. HCl-$P_i$ > Dil. HCL-$P_i$ > Resin-$P_i$ > $NaHCO_3$-$P_i$。除个别土壤外，各土壤有机磷的含量顺序为 NaOH-$P_o$ > Conc. HCl-$P_o$ > $NaHCO_3$-$P_o$。不同类型土壤由于本身性质不同，土壤中无机磷、有机磷所占比例也有很大差异。土壤有机磷总量相差较大，但都以 NaOH-$P_o$为主，分别占到有机磷总量的32.7%～88.6%，而 $NaHCO_3$-$P_o$的含量最低，仅占有机磷总量的百分之几至百分之十几。

**表4.29 沼泽湿地土壤中磷的形态与含量**

| | 形态 | 含量范围(mg/kg) |
|---|---|---|
| 无机磷 | Resin-P | 6.3～170.9 |
| | $NaHCO_3$-$P_i$ | 1.5～105.15 |
| | NaOH-$P_i$ | 15.75～278.55 |
| | Dil. HCl-$P_i$ | 13.05～326.5 |
| | Conc. HCl-$P_i$ | 20.1～314.75 |
| 有机磷 | $NaHCO_3$-$P_o$ | 0.36～196.59 |
| | NaOH-$P_o$ | 0.9～775.08 |
| | Conc. HCl-$P_o$ | 1.9～308 |
| 残留磷 | Residual-P | 51.5～604.5 |

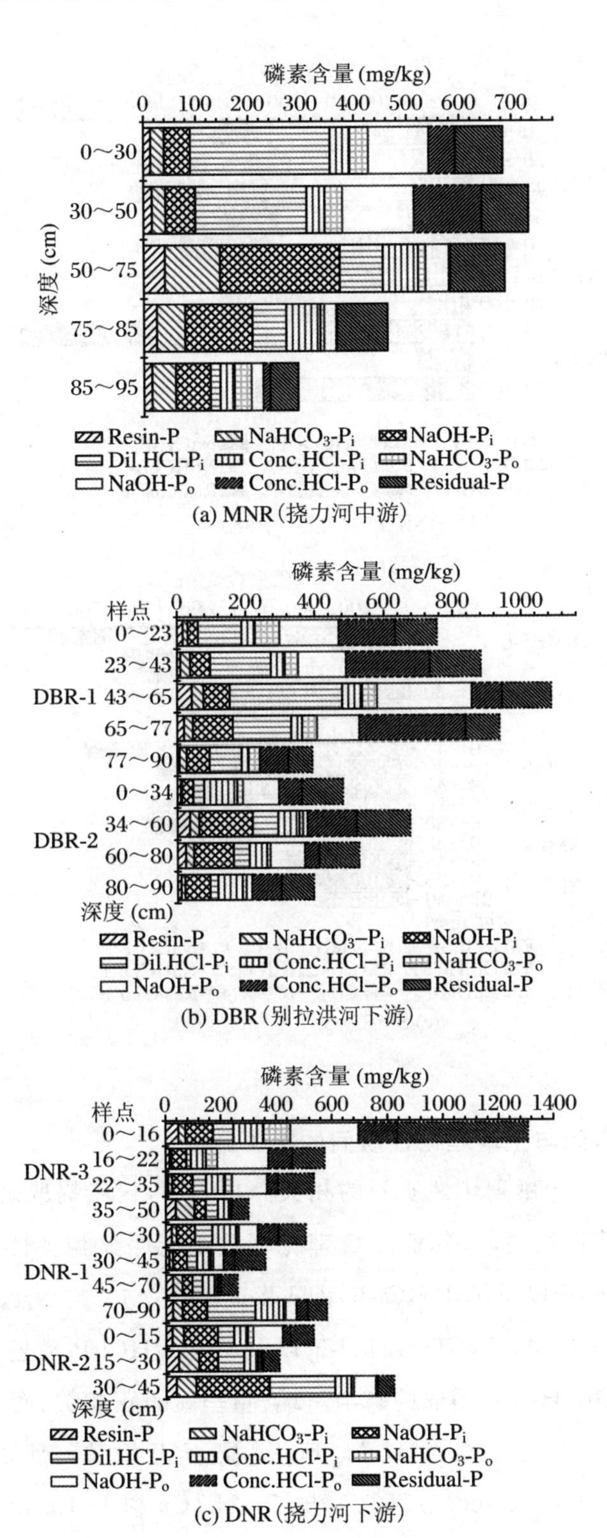


图 4.32 研究区土壤磷的形态分布

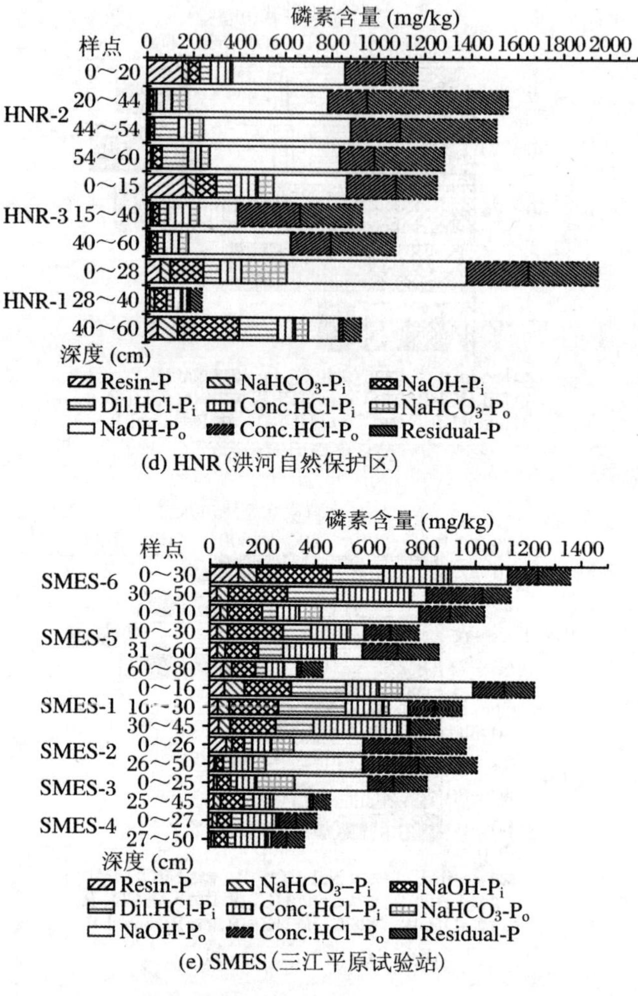

(d) HNR（洪河自然保护区）


(e) SMES（三江平原试验站）

**续图 4.32**

### 2. 土壤各形态磷与土壤理化性质间的相关分析

土壤各形态磷与土壤理化性质间的相关分析表明，树脂提取磷仅与 $NaHCO_3$-$P_i$ 和 NaOH-$P_i$ 呈显著正相关，与其他土壤理化性质则无明显相关性；$NaHCO_3$-$P_i$ 与土壤中 Al、Fe、NaOH-$P_i$ 以及 Dil. HCl-$P_i$ 呈显著正相关，与 $C_o$、$N_t$、Conc. HCl-$P_o$ 呈负相关；NaOH-$P_i$ 与 pH、Al、Fe、Dil. HCl-$P_i$ 以及 Conc. HCl-$P_i$ 呈显著正相关，与 $C_o$、$N_t$、Ca 呈负相关；Dil. HCl-$P_i$ 提取的磷与 Fe 含量呈显著正相关，而与 Ca 无明显相关性；Conc. HCl-$P_i$ 和 $P_i$ 与土壤 pH、Al、Fe 呈显著正相关。所有形态的有机磷（$NaHCO_3$-$P_o$、NaOH-$P_o$、Conc. HCl-$P_o$）与 $C_o$、$N_t$、Ca 以及 Residual-P 呈显著正相关，与土壤 pH、Al、Fe 呈负相关；Residual-P 也与 $C_o$、$N_t$ 呈显著正相关。土壤中有机物（$C_o$ 和 $N_t$）的重要性从其与 $P_t$（$r = 0.601$；$r = 0.539$）和 P（$r = 0.794$；$r = 0.74$）显

著正相关中再次体现出来。各形态磷与土壤粒度分布相关性不明显。

## 四、湿地垦为农田后的土壤各形态磷梯度变化

土壤磷的形态与动力学特征在很大程度上受土地利用变化(包括植被覆盖变化、生物生产力变化、生态系统内部养分循环的变化等)的影响。在洪河农场实验场(HNR)及相邻农田内,按不同沼泽植物样带-排水渠-农田布设6个采样剖面。在强烈的土地利用变化与相关农业活动的影响下,土壤磷的形态发生了很大变化,如与原生沼泽相比,对HNR-4(沟渠),Resin-$P_i$、$NaHCO_3$-$P_i$、$NaHCO_3$-$P_o$、NaOH-$P_o$、Conc. HCl-$P_o$呈现出强烈下降趋势;但对HNR-5(已耕农田),NaOH-$P_i$、Dil. HCl-$P_i$、Conc. HCl-$P_i$、NaOH-$P_o$呈现较强增加;对HNR-4、HNR-5和HNR-6,$P_o$含量显示出很明显降低。上述结果表明,土壤中有机磷的含量不仅受土壤发生与发育的影响,而且受土地管理方式(土地利用变化)的影响。

在洪河农场实验场(HNR)及相邻农田内,对比磷形态百分比,NaOH-$P_o$最高值出现在SMES-5(35.45%),Conc. IICl-$P_i$最高值出现在HNR-4(31.35%),$P_i$最高值出现在SMES-6(66.02%),$P_o$最高值出现在HNR-3(62.44%)。

进一步分析表明,$P_i/P_o$比率按如下顺序增加:HNR-3(0.36)＜HNR-2(0.45)＜HNR-5(0.60)＜HNR-1(1.36)＜HNR-6(2.56)＜HNR-4(3.43),反映了$P_o$的稳定性按上述顺序降低。

挠力河湿地与别拉洪河湿地土壤磷的形态对比见图4.33。两个流域湿地土壤磷的各形态在同一数量级范围内,其内在原因可能是这两个流域所处气候、地貌和水文特征具有相似性。但进一步分析可见,别拉洪河湿地土壤总无机磷($P_i$)和可利用态

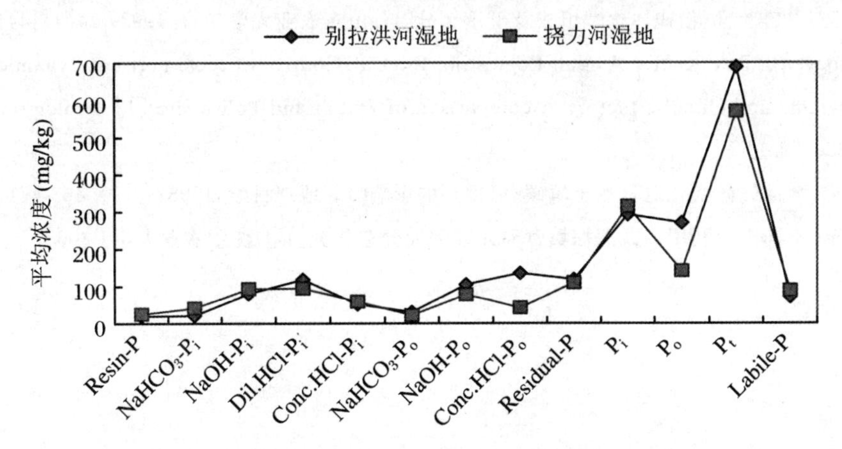


图4.33 挠力河湿地与别拉洪河湿地土壤磷的形态对比

无机磷(Labile-$P_i$)较挠力河湿地土壤要低,而总有机磷($P_o$)和总磷($P_t$)较挠力河湿地略高,其原因可能是两个汇水区的土地利用状况差异所致。

# 参考文献

[1] 高亚军,朱培立,黄东迈.稻麦轮作条件下长期不同土壤管理对有机质积累的影响[J].土壤与环境,2000,9(2):27-30.

[2] 耿远波,章申,董云社,等.锡林河流域草原土壤有机碳和全氮含量及其与$CO_2$、$N_2O$和$CH_4$通量的关系[J].地理学报,2001,56(1):44-53.

[3] 贾文锦.辽宁土壤[M].沈阳:辽宁科学技术出版社,1992:117-176,256-276.

[4] Jenkinson D S. The determination of microbial biomass carbon and nitrogen in soils[M]//Wilson J R. Advances in Nitrogen Cycles in Agricultural Ecosystems. Wallingford: C. A. B. International, 1988:368-386.

[5] Jobbagy E G,Jackson R B. The vertical distribution of organic carbon and its relation to climate and vegetation[J]. Ecology,2000,10:423-436.

[6] 李忠,孙波,林心雄.我国东部土壤有机碳的密度及转化的控制因素[J].地理科学,2001,21(4):301-307.

[7] 李忠佩,程励励,林心雄.红壤腐殖质组成变化特点[J].土壤,2002,1: 9-15.

[8] 李学垣.土壤化学[M].北京: 高等教育出版社,2001:46-48.

[9] 廖利平,高洪,等.外加氮源对杉木叶凋落物分解及土壤养分淋失的影响[J].植物生态学报,2000,24(1):34-39.

[10] 骆洪义,文启孝.植物残体化学组成及土壤水分[J].山东农业大学学报,1993, 24(4):411-416.

[11] Verhoeven J T A,Keuter A,Van Logtestijin R,et al. Control of local nutrient dynamics in mires by regional and climatic factors:A comparison of Dutch and Polish sites[J]. Ecology, 1996, 84: 647-656.

[12] 张金屯.全球气候变化对自然土壤碳、氮循环的影响[J].地理科学,1998:18(5):463-471.

[13] 张玉革.不同土地利用方式潮棕壤营养元素剖面分布研究[D].沈阳农业大学, 2005.

# 第五章　湿地土壤碳、氮、硫、磷的迁移与转化过程及其影响因素

## 第一节　沼泽湿地土壤有机碳的矿化过程及其影响因素

### 一、湿地土壤有机碳的矿化

**1. 不同深度土壤有机碳矿化释放 $CO_2$-C 量**

图 5.1 给出了 33 天的培养期间，各温度和水分条件下，草甸沼泽小叶章湿地（Ⅺ）和典型草甸小叶章湿地（Ⅻ）两类小叶章湿地不同深度土壤累积矿化释放 $CO_2$-C 量的动态变化。

由图看出，不同条件下同一层土壤累积矿化量的变化具有一致性。表层土壤（0～10 cm）均在培养的第 2 天观察到较为明显的 $CO_2$-C 快速释放过程，此后曲线斜率下降。下层土壤（10～100 cm）有机碳累积矿化量动态在土壤类型间有所差异：Ⅺ土壤 $CO_2$-C 的累积释放动态的快-慢变化时间点出现在培养 1 周后，Ⅻ土壤 $CO_2$-C 的累积释放动态与表层一致。

对试验期间所得有机碳累积矿化量数据（2～33 d）进行方差分析（ANOVA）（表 5.1），结果表明，土壤有机碳累积矿化量在土壤类型、深度及培养温度上差异显著，在土壤水分处理上差异不显著。这说明湿地土壤有机碳矿化释放 $CO_2$-C 速率明显受到土壤性质和温度条件的影响。

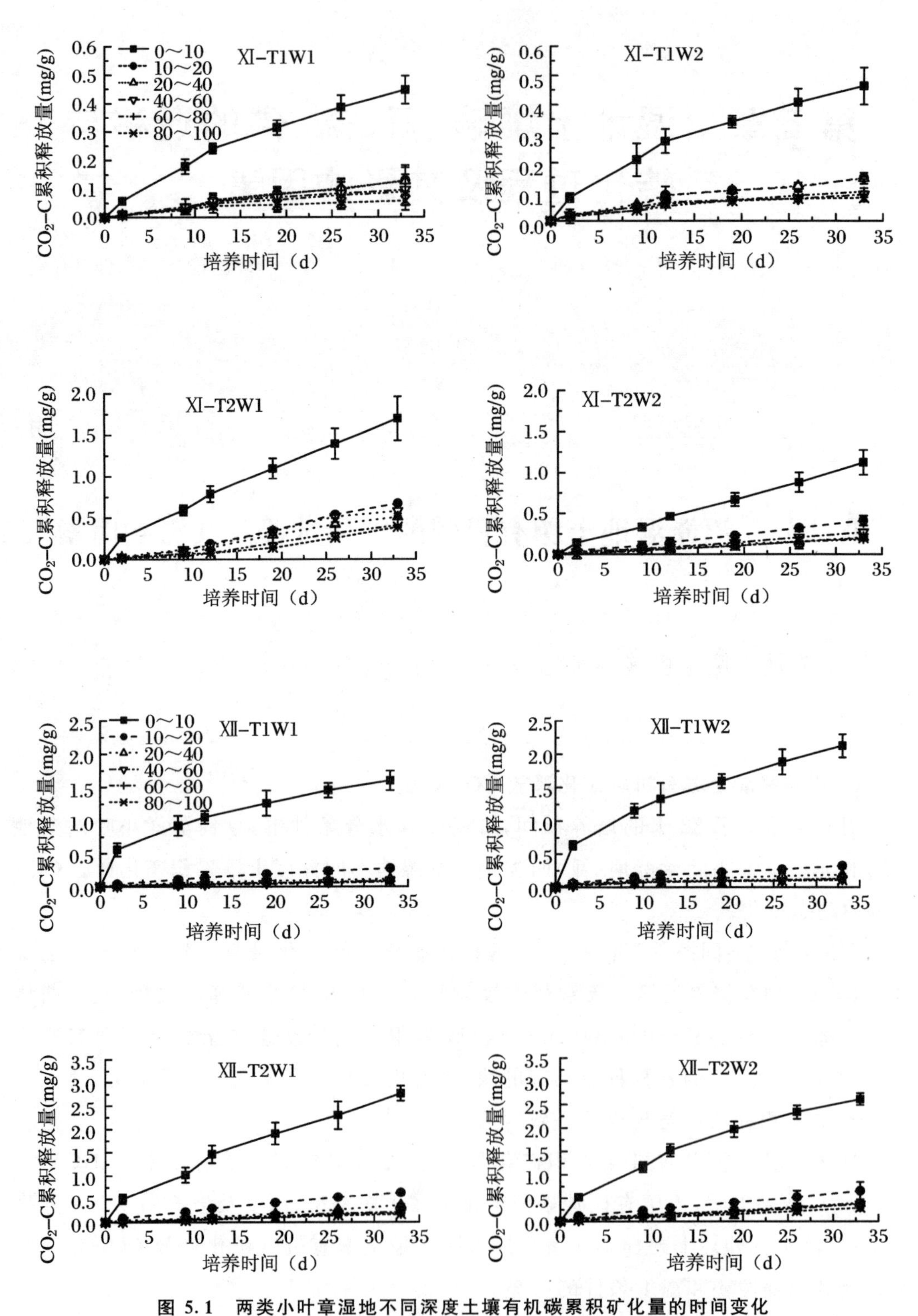


**图 5.1 两类小叶章湿地不同深度土壤有机碳累积矿化量的时间变化**

T1W1：15 ℃，70%WHC；T1W2：15 ℃，淹水；T2W1：25 ℃，70%WHC；T2W2：25 ℃，淹水

**表 5.1　不同培养条件下小叶章湿地土壤有机碳累积矿化量的 ANOVA 结果**

| 差异来源 | *F* | *P* |
| --- | --- | --- |
| 类型 | 41.71 | 0.000 |
| 温度 | 35.17 | 0.000 |
| 水分 | 0.001 | 0.970 |
| 深度 | 114.2 | 0.000 |
| 类型×温度 | 0.468 | 0.494 |
| 类型×水分 | 6.117 | 0.014 |
| 温度×水分 | 3.379 | 0.067 |
| 类型×温度×水分 | 1.382 | 0.241 |
| 类型×深度 | 31.89 | 0.000 |
| 温度×深度 | 4.426 | 0.001 |
| 类型×温度×深度 | 0.146 | 0.981 |
| 水分×深度 | 0.042 | 0.999 |
| 类型×水分×深度 | 0.611 | 0.692 |
| 温度×水分×深度 | 0.788 | 0.559 |
| 类型×温度×水分×深度 | 0.021 | 1.000 |

注：$P<0.05$ 表示差异显著。

**2. 不同深度土壤有机碳的矿化率**

土壤有机碳的矿化率是指某时间段内土壤有机碳的累积矿化量占总有机碳含量的百分比，它反映了土壤有机碳矿化的难易程度。由图 5.2 可以看出，培养 33 天后，

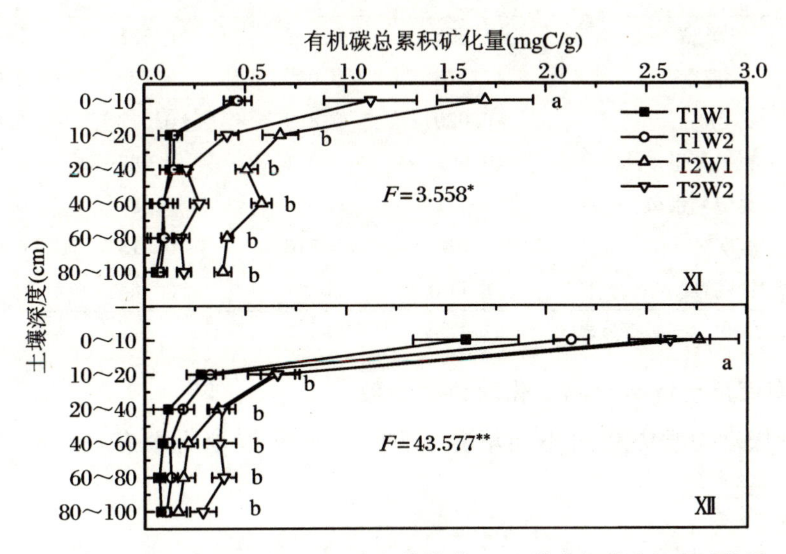


**图 5.2　两类小叶章湿地不同深度土壤培养 33 天的有机碳总累积矿化量**

误差标志线代表标准误差；图中不同字母间表示差异显著

*：$P<0.05$；**：$P<0.01$

T1W1、T1W2、T2W1 和 T2W2 四种条件下的总矿化率(%)分别为 0.4～1.4、0.5～1.4、2.1～5.6、1.3～3.4(Ⅺ)和 1.2～2.0、1.4～2.7、2.7～3.9、2.8～7.9(Ⅻ),其中 25 ℃条件下高于 15 ℃条件下,Ⅻ高于Ⅺ,而水分处理对湿地土壤有机碳的总矿化率无显著影响(表 5.2)。这说明温度是影响湿地土壤有机碳分解和矿化的重要影响因子,并且沼泽化草甸土壤比湿草甸土壤更容易分解和矿化。

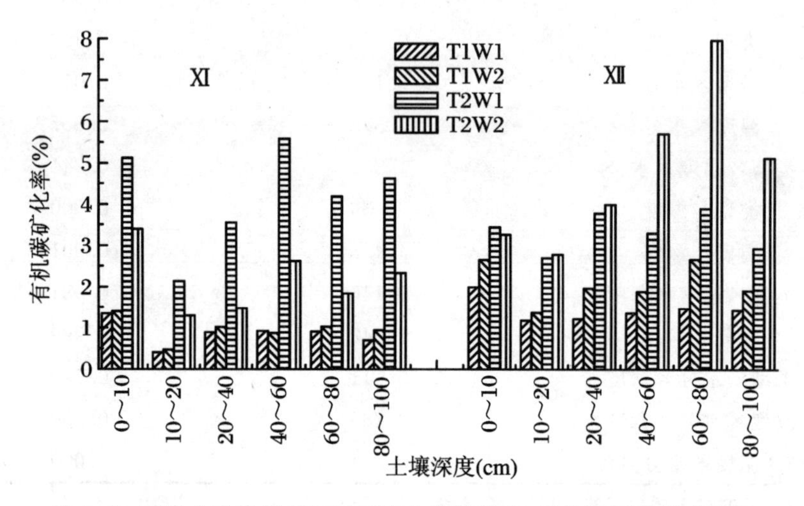


图 5.3 两类小叶章湿地不同深度土壤培养 33 天的有机碳总矿化率

表 5.2 不同培养条件下小叶章湿地土壤有机碳总矿化率及 $C_0$ 的 ANOVA 结果

| 差异来源 | 矿化率 | | $C_0$ | |
|---|---|---|---|---|
| | $F$ | $P$ | $F$ | $P$ |
| 类型 | 11.26 | 0.002 | 0.575 | 0.453 |
| 温度 | 77.76 | 0.000 | 33.32 | 0.000 |
| 水分 | 0.020 | 0.889 | 0.017 | 0.896 |
| 类型×温度 | 0.007 | 0.931 | 2.987 | 0.092 |
| 类型×水分 | 15.11 | 0.000 | 0.023 | 0.880 |
| 温度×水分 | 1.578 | 0.216 | 0.015 | 0.904 |
| 类型×温度×水分 | 8.114 | 0.007 | 0.064 | 0.802 |

注:$P<0.05$ 表示差异显著。

### 3. 不同深度土壤有机碳矿化动力学参数

应用一级动力学方程对不同培养条件下小叶章湿地土壤有机碳的矿化量进行拟合:

$$C_t = C_0(1 - e^{-kt}) \tag{1}$$

式中,$C_t$(mgC/g)为培养时间 $t$(d)时的累积矿化量,$C_0$(mgC/g)为土壤有机碳的潜在矿化量,$k$($d^{-1}$)为土壤有机碳的矿化速率常数,$t$(d)为培养时间。

由表5.3可以看出，在33天的培养期内，一级动力学方程均较好地描述了两类小叶章湿地不同深度土壤有机碳的累积矿化量动态（$R^2>0.867$）。总的看来，小叶章湿地土壤 $C_0$ 值随土壤深度呈递减的趋势，且25 ℃培养条件下的 $C_0$ 值(mgC/g)：1.538～2.947(Ⅺ，70% WHC)、0.676～3.962(Ⅺ，淹水)和0.727～3.749(Ⅻ，70% WHC)、0.709～3.052(Ⅻ，淹水)，明显高于15 ℃下的 $C_0$ 值：0.063～0.598(Ⅺ，70% WHC)、0.087～0.537(Ⅺ，淹水)和0.093～1.564(Ⅻ，70% WHC)、0.098～2.144(Ⅻ，淹水)(表5.2、表5.3)。同样，湿地土壤的潜在矿化率($C_0$/SOC)也随温度的升高而提高，25 ℃下Ⅺ和Ⅻ的 $C_0$/SOC分别较15 ℃提高了约12%和8%（$P<0.01$），而土壤类型和水分条件对湿地土壤的 $C_0$ 及 $C_0$/SOC值无显著影响。此外，25 ℃下，下层土壤 $C_0$/SOC值高于表层，而15 ℃下变化不明显。

**表5.3 不同培养条件下小叶章湿地土壤有机碳矿化的一级动力学参数及 $C_0$/SOC值**

| 深度(cm) | Ⅺ | | | | Ⅻ | | | |
|---|---|---|---|---|---|---|---|---|
| | $C_0$ | $k$ | $R^2$ | $C_0$/SOC(%) | $C_0$ | $k$ | $R^2$ | $C_0$/SOC(%) |
| T1W1 | | | | | | | | |
| 0～10 | 0.598 | 0.041 | 0.998 | 1.8 | 1.564 | 0.103 | 0.951 | 1.9 |
| 10～20 | 0.365 | 0.013 | 0.986 | 1.2 | 0.397 | 0.035 | 0.996 | 1.7 |
| 20～40 | 0.486 | 0.009 | 0.994 | 3.4 | 0.131 | 0.061 | 0.984 | 1.4 |
| 40～60 | 0.122 | 0.046 | 0.995 | 1.2 | 0.212 | 0.016 | 0.993 | 3.2 |
| 60～80 | 0.133 | 0.033 | 0.992 | 1.4 | 0.116 | 0.026 | 0.917 | 2.4 |
| 80～100 | 0.063 | 0.068 | 0.984 | 0.7 | 0.093 | 0.053 | 0.990 | 1.7 |
| T1W2 | | | | | | | | |
| 0～10 | 0.537 | 0.056 | 0.994 | 1.6 | 2.144 | 0.085 | 0.963 | 2.7 |
| 10～20 | 0.189 | 0.042 | 0.976 | 0.6 | 0.362 | 0.059 | 0.985 | 1.5 |
| 20～40 | 0.174 | 0.049 | 0.987 | 1.2 | 0.188 | 0.092 | 0.967 | 2.0 |
| 40～60 | 0.089 | 0.095 | 0.979 | 0.9 | 0.124 | 0.083 | 0.981 | 1.9 |
| 60～80 | 0.146 | 0.035 | 0.975 | 1.5 | 0.117 | 0.155 | 0.948 | 2.4 |
| 80～100 | 0.087 | 0.079 | 0.982 | 1.0 | 0.098 | 0.166 | 0.973 | 1.7 |
| T2W1 | | | | | | | | |
| 0～10 | 2.947 | 0.025 | 0.992 | 8.9 | 3.749 | 0.038 | 0.987 | 4.7 |
| 10～20 | 1.765 | 0.013 | 0.953 | 5.6 | 1.141 | 0.024 | 0.996 | 4.8 |
| 20～40 | 1.742 | 0.009 | 0.956 | 12.2 | 0.996 | 0.012 | 0.961 | 10.3 |
| 40～60 | 1.692 | 0.011 | 0.968 | 16.3 | 0.857 | 0.008 | 0.992 | 13.1 |

续表

| 深度(cm) | Ⅺ | | | | Ⅻ | | | |
|---|---|---|---|---|---|---|---|---|
| | $C_0$ | $k$ | $R^2$ | $C_0$/SOC(%) | $C_0$ | $k$ | $R^2$ | $C_0$/SOC(%) |
| 60～80 | 1.798 | 0.010 | 0.867 | 18.3 | 0.867 | 0.007 | 0.979 | 17.6 |
| 80～100 | 1.538 | 0.007 | 0.906 | 18.3 | 0.727 | 0.008 | 0.988 | 12.9 |
| T2W2 | | | | | | | | |
| 0～10 | 3.962 | 0.009 | 0.994 | 11.9 | 3.052 | 0.057 | 0.992 | 3.8 |
| 10～20 | 1.757 | 0.007 | 0.993 | 5.6 | 1.229 | 0.020 | 0.967 | 5.2 |
| 20～40 | 0.676 | 0.011 | 0.985 | 4.7 | 1.021 | 0.014 | 0.969 | 10.6 |
| 40～60 | 1.693 | 0.005 | 0.987 | 16.3 | 0.977 | 0.013 | 0.981 | 14.9 |
| 60～80 | 1.606 | 0.004 | 0.989 | 16.4 | 0.882 | 0.016 | 0.984 | 17.9 |
| 80～100 | 1.587 | 0.004 | 0.990 | 18.9 | 0.709 | 0.014 | 0.985 | 12.6 |

注:T1W1:15 ℃,70%WHC;T1W2:15 ℃,淹水;T2W1:25 ℃,70%WHC;T2W2:25 ℃,淹水。

表5.4为Ⅺ、Ⅻ和Ⅺ+Ⅻ土壤矿化$C_0$值与不同深度土壤性质的相关系数值。由表可以看出,Ⅻ土壤矿化$C_0$值与SOC、TN和$NO_3^-$含量之间具有显著正相关关系。

**表5.4 小叶章湿地不同深度土壤有机碳潜在矿化量($C_0$)与土壤性质的相关关系**

| 培养条件 | 土壤类型 | SOC | TN | $NO_3^-$ | $NH_4^+$ | C/N |
|---|---|---|---|---|---|---|
| T1W1 | Ⅺ | 0.775 | 0.763 | 0.553 | 0.552 | 0.382 |
| | Ⅻ | 0.995** | 0.996** | 0.974** | 0.361 | 0.736 |
| | Ⅺ+Ⅻ | 0.966** | 0.967** | 0.859** | 0.398 | 0.444 |
| T1W2 | Ⅺ | 0.777 | 0.750 | 0.913* | 0.808 | 0.358 |
| | Ⅻ | 0.993** | 0.992** | 0.992** | 0.399 | 0.721 |
| | Ⅺ+Ⅻ | 0.949** | 0.957** | 0.886** | 0.490 | 0.350 |
| T2W1 | Ⅺ | 0.705 | 0.668 | 0.910* | 0.755 | 0.389 |
| | Ⅻ | 0.990** | 0.989** | 0.992** | 0.386 | 0.717 |
| | Ⅺ+Ⅻ | 0.870** | 0.839** | 0.893** | 0.153 | 0.680* |
| T2W2 | Ⅺ | 0.659 | 0.614 | 0.938** | 0.831* | 0.418 |
| | Ⅻ | 0.992** | 0.992** | 0.978** | 0.320 | 0.749 |
| | Ⅺ+Ⅻ | 0.694* | 0.658* | 0.856** | 0.133 | 0.614* |

注:*,$P<0.05$; **,$P<0.01$。

25 ℃(70% WHC，淹水)及 15 ℃淹水培养条件下，Ⅺ土壤矿化 $C_0$ 值与 $NO_3^-$ 含量相关性显著，而在各种培养条件下与 SOC 和 TN 的相关性均较弱。综合Ⅺ和Ⅻ土壤有机碳矿化 $C_0$ 值(Ⅺ + Ⅻ)，其与 SOC、TN 和 $NO_3^-$ 均具有显著正相关关系。此外，25 ℃培养条件下Ⅺ + Ⅻ $C_0$ 值与土壤的 C/N 相关性显著，而淹水处理中Ⅺ的 $C_0$ 值与 $NH_4^+$ 含量也具有明显正相关关系。以上说明，土壤性质特别是 SOC、TN 和 $NO_3^-$ 含量明显影响到 $C_0$ 值的大小。

**4. 土壤有机碳矿化的温度系数($Q_{10}$)**

土壤有机碳矿化的温度系数反映温度对有机碳矿化速率的影响状况，其公式为

$$Q_{10} = R_{(t,T+10)}/R_{(t,T)} \tag{2}$$

式中，$R_{(t,T)}$ 为 $T$ ℃条件下 $t$ 时刻土壤的矿化速率，$R_{(t,T+10)}$ 为 $(T+10)$ ℃条件下 $t$ 时刻土壤的矿化速率。本研究中引入这一概念来反映土壤有机碳平均矿化速率随温度变化的状况，即 $Q_{10}$ 值为温度增加 10 ℃(15 ℃→25 ℃)，33 天的培养期内土壤平均矿化速率增加的倍数。其公式表达为

$$Q_{10} = \overline{R_{(33,25)}}/\overline{R_{(33,15)}} \tag{3}$$

式中，$\overline{R_{(33,25)}}$ 为 25 ℃下 33 天培养期内上壤的平均矿化速率，$\overline{R_{(33,15)}}$ 为 15 ℃下 33 天培养期内土壤的平均矿化速率。

从图 5.4 可以看出，不同深度土壤 $Q_{10}$ 值分别变化在 3.8～6.7(Ⅺ，W1)、1.4～3(Ⅺ，W2)、1.7～3.1(Ⅻ，W1)和 1.2～3(Ⅻ，W2)之间。ANOVA 分析表明，$Q_{10}$ 值在土壤深度间差异不明显($P>0.05$)，在类型间差异显著($P<0.001$)；Ⅺ土壤 $Q_{10}$ 值因水分处理而差异明显($P<0.001$)，而水分处理对Ⅻ土壤的 $Q_{10}$ 值无明显影响($P=0.901$)。

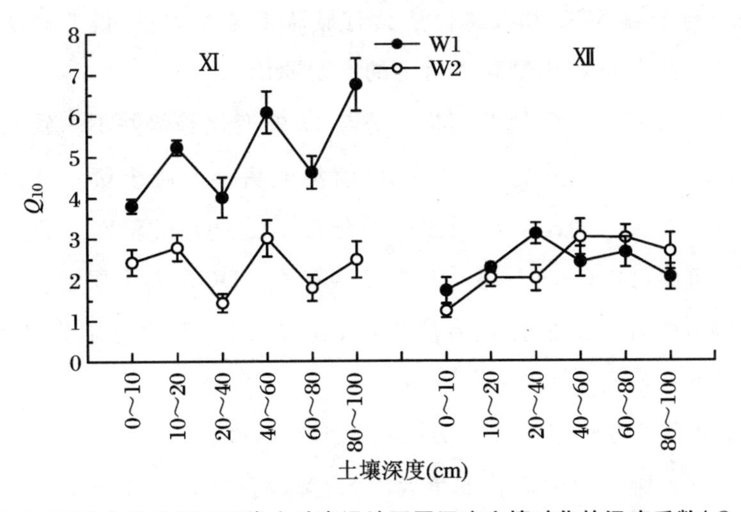


**图 5.4　不同水分处理下两类小叶章湿地不同深度土壤矿化的温度系数($Q_{10}$)**

**5. 影响因素分析**

(1) 土壤性质对有机碳矿化的影响

由上述结果可知,各种培养条件下,小叶章湿地表层土壤(0～10 cm)33天的总矿化量明显高于下层土壤(10～100 cm),这主要由土壤剖面的性质差异所致。表5.4的结果说明,土壤碳、氮基质的数量是影响土壤有机碳潜在矿化量的重要因素。由前述可知,Ⅻ表层土壤(0～10 cm)有机碳、全氮和 $NO_3^-$ 含量明显高于下层土壤(10～100 cm),而Ⅺ 0～10 cm土壤与10～20 cm土壤的有机碳和全氮含量接近,唯有 $NO_3^-$ 含量与下层的差异比较明显,由此说明在Ⅻ土壤中碳、氮基质均是限制其矿化的主要因素,而Ⅺ土壤的矿化更多地受到可利用性氮的限制。表5.4中 $C_0$ 与 $NO_3^-$ 的显著正相关也说明了这一点。Ajwa等(1998)在草原和农田的研究中也发现:土壤剖面碳矿化特征更多地受到剖面可利用性氮含量而非总有机碳含量的限制。本研究对小叶章湿草甸土壤的研究结果与此类似。

培养期第1周内,两类小叶章湿地土壤的快速矿化,说明微生物在各种温度和水分处理下仍能保持较大的活性,同时也表明微生物活性不受易利用性基质供给的限制。其后,随着单糖、有机酸和蛋白质的消耗,微生物利用难降解物质的比例增加,矿化速率有所下降,直至达到新的稳定状态(Berg, 2000)。由于不同类型土壤间性质的差异,至培养结束时(33 d),Ⅻ表层土壤(0～10 cm)的总矿化释放 $CO_2$-C量明显高于Ⅺ。Ⅻ表层土壤的SOC和TN含量为Ⅺ的2～3倍,前人的研究表明,实验室内相同的温度和水分条件下,土壤可利用性碳、氮基质的数量是影响土壤有机碳矿化的主要限制因素(Yakovchenko, et al., 1998; Weintraub, Schimel, 2003)。而两者的潜在矿化量又均与土壤SOC和TN含量具有显著正相关关系,说明高的碳、氮基质的数量可能是导致前者总矿化量高于后者的主要原因。

不同深度土壤 $C_0$/SOC值的变化趋势与 $C_0$ 的变化趋势并不一致,15 ℃下剖面差异不甚明显,25 ℃时下层土壤的 $C_0$/SOC值甚至高于上层土壤。这说明,土壤总有机碳中易利用性碳所占的比例在剖面中的分布不随总有机碳而变化,其原因可能与表层可溶性有机碳(DOC)向下层的淋溶迁移有关。DOC向下层迁移的结果,致使下层土壤中易利用性有机碳的比例有所提高,表现为33天的总矿化率下层与上层接近,而在25 ℃下甚至高于上层(图5.4)。

(2) 温度对土壤有机碳矿化的影响

温度是影响土壤有机碳矿化的重要因素,温度升高有利于土壤微生物的活性,有机碳的矿化速率上升(Reichstein, et al., 2000; Fang, Moncrieff, 2001; 黄耀等,

2002；杨钙仁等，2005)。本试验发现 25 ℃培养条件下，两类小叶章湿地不同深度土壤有机碳在 33 天的培养期内，其总矿化量分别比 15 ℃下提高了 2.8～5.7 倍(Ⅺ，W1)、0.4～5.7 倍(Ⅺ，W2)、0.7～2.1 倍(Ⅻ，W1)和 0.2～2 倍(Ⅻ，W2)。ANOVA 分析结果表明，温度对 33 天培养期内的土壤累积矿化量及矿化率的提高具有显著影响。此外，两类土壤平均矿化速率的 $Q_{10}$值在两种水分处理下平均变化在 2.7～4.6(Ⅺ)和 1.5～2.8(Ⅻ)之间，该结果进一步证实了温度对土壤矿化速率的影响。

虽然Ⅺ表层土壤有机碳的含量明显低于Ⅻ的含量，但其在 70% WHC 培养下对温度的敏感性却强于Ⅻ，这可能与土壤中微生物易利用性碳比例对温度的变化响应有关。如 25 ℃下土壤的 $C_0$/SOC 较 15 ℃下分别提高了 12%(Ⅺ)和 8%(Ⅻ)，说明温度上升对前者土壤中微生物利用可矿化碳效率的促进作用强于后者。不同深度土壤的 $Q_{10}$值在剖面中的变化与此类似，碳、氮含量贫乏的下层土壤其 $Q_{10}$值反而较高，与此相吻合的是 25 ℃时下层土壤 $C_0$/SOC 值明显高于上层土壤。该结果不同于以往其他相关研究。土壤有机碳矿化对温度的响应是土壤性质，微生物种类、数量以及可利用性碳、氮基质(如 DOC、DON 等)数量等响应温度变化的综合结果，非常复杂，其作用机理的揭示还有待于进一步的研究探讨。

(3) 水分对土壤有机碳矿化的影响

水分条件特别是淹水条件，是影响土壤有机碳矿化的重要因素，但已往研究关于淹水对矿化速率的促进或抑制作用还存在分歧。Sahrawat(2003)认为，淹水土壤中，由于嫌气分解，土壤有机质的分解速率下降。黄东迈等(1998)用$^{14}$C 标记秸秆的研究表明，淹水处理中各种不同有机物料的分解半衰期为旱地(70% WHC)相应处理的 1.4～2.0 倍。Bridgham 等(1998)的研究则表明，淹水可使北方湿地 N、P 的矿化速率下降，但 C 的矿化速率在淹水与非淹水条件下近乎相等。本试验中淹水处理对两类小叶章湿地土壤，无论是 33 天的累积矿化量、矿化率，还是 $C_0$及 $C_0$/SOC 值，均无明显影响，与 Bridgham 等(1998)的研究结果一致，说明淹水条件对湿地土壤有机碳矿化影响不显著。这可能与土壤有机碳矿化的适宜水分条件有关。张文菊等(2005)对三江平原湿地沉积物的研究认为，沼泽化草甸有机碳矿化适宜的含水量为 66% WHC 左右，且达到适宜含水量后，有机碳的矿化不受含水量增加的影响，矿化速率基本稳定。本试验中 70% WHC 的水分处理可能在土壤最适宜含水量范围内，根据张文菊等的结论，淹水处理对矿化速率的影响较之无明显区别。

此外，淹水处理使小叶章湿地草甸土壤 $Q_{10}$ 值较 70% WHC 的处理明显降低，而对小叶章沼泽化草甸土壤 $Q_{10}$ 值则无明显影响，Fang 和 Moncrieff(2001)认为，水分条件对土壤 $CO_2$ 释放的制约作用只有在极端干旱和过湿的条件下才明显发生，而在此区间内水分的影响不甚明显，这说明淹水使前者有机碳矿化响应温度变化的敏感性降低，而对后者则无影响。这可能与两类湿地土壤平均田间水分条件的差异有关。小叶章湿草甸土壤常年平均含水量在 35%左右，低于最大持水量，淹水处理对耗氧微生物活性响应温度变化的抑制作用可能比较明显；而小叶章沼泽化草甸土壤经常处于饱和或过饱和状态，平均含水量高于最大持水量，淹水处理与平均含水量之间的梯度差相对较小，可能是导致其对耗氧微生物活性响应温度变化影响不明显的原因。

## 二、湿地土壤 DOC 释放动态及其影响因素

### 1. 典型草甸小叶章湿地土壤 DOC 释放动态

图 5.5 为小叶章湿地不同深度土壤 DOC 释放速率的时间变化。由图可以看出，草甸湿地不同深度土壤的 DOC 释放动态可分为两个阶段：培养初始的 1 周内，Ⅺ和Ⅻ土壤 DOC 的释放均经历了一个快速下降的过程，其速率分别由第 1 天的 132.7～235.8 μgC/(g·d)和 217.5～341.9 μgC/(g·d)降至 81.7～116.4 μgC/(g·d)和 57.5～69.8 μgC/(g·d)。其后，DOC 的释放速率下降缓慢，至试验结束，两类土壤 DOC 的释放速率分别为 5.0～9.7 μgC/(g·d)和 1.9～3.3 μgC/(g·d)。回归分析表明，一次指数衰减方程 $Y = a e^{-kt}$ 能够很好地描述两类湿地不同深度土壤 DOC 的释放动态(表 5.5)。

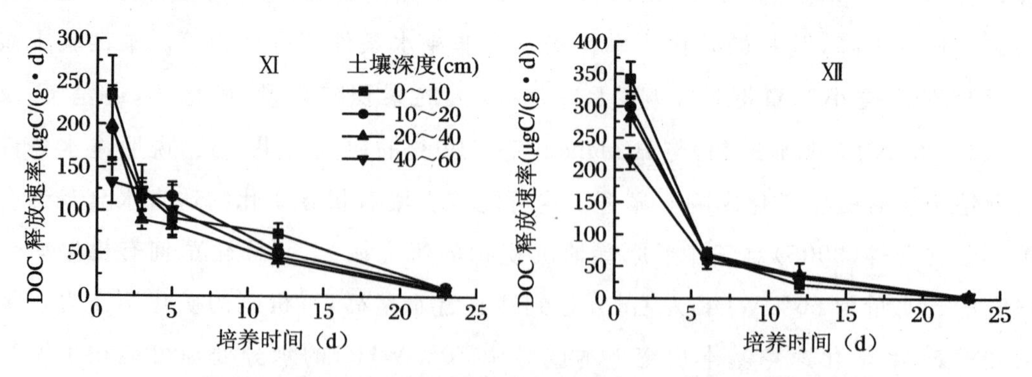


图 5.5 小叶章湿地不同深度土壤 DOC 释放速率的时间变化

表 5.5 不同深度土壤 DOC 释放速率的指数拟合（$Y = ae^{-kt}$）参数值

| 土壤深度(cm) | Ⅺ | | | Ⅻ | | |
|---|---|---|---|---|---|---|
| | $a$ | $k$ | $R^2$ | $a$ | $k$ | $R^2$ |
| 0～10 | 256.8 | 0.179 | 0.881 | 468.5 | 0.316 | 0.998 |
| 10～20 | 207.1 | 0.129 | 0.954 | 393.0 | 0.278 | 0.993 |
| 20～40 | 233.4 | 0.228 | 0.917 | 362.9 | 0.254 | 0.991 |
| 40～60 | 155.6 | 0.099 | 0.980 | 272.2 | 0.232 | 0.984 |

培养第1天，DOC的释放量在两类土壤间和不同深度间区别明显，表现为Ⅺ土壤明显高于Ⅻ土壤的释放量（$P = 0.031$），而各自又沿土壤剖面自上而下DOC的释放量依次减小（$C.V.$分别为18%（Ⅺ）和22%（Ⅻ））（图5.5）。DOC释放量在土壤类型和深度间的区别可能与土壤性质的差异有关，有机碳含量的差异是影响培养初期DOC释放的主要因素。

随后，土壤释放DOC的速率迅速降低，各类土壤DOC累积释放量的层间差异缩小（表5.6），Ⅻ土壤DOC的释放速率下降幅度较大，1周后其平均释放速率甚至低于Ⅺ土壤平均释放速率的50%。两方面因素导致培养23天后土壤DOC的累积释放量在土壤类型和层间均无明显区别（$P > 0.05$）。这说明，培养后期土壤总有机碳水平不再是影响DOC释放速率的主要因素，而其他因子的制约可能占据主要地位。

表 5.6 不同深度小叶章湿地土壤 DOC 和 $CO_2$ 的累积释放量

单位：mgC/g

| 土壤类型 | | 土壤深度(cm) | 培养时间(d) | | | | |
|---|---|---|---|---|---|---|---|
| | | | 1 | 3 | 5 | 12 | 23 |
| DOC | Ⅺ | 0～10 | 0.236 | 0.479 | 0.661 | 1.025 | 1.123 |
| | | 10～20 | 0.195 | 0.426 | 0.659 | 0.918 | 1.025 |
| | | 20～40 | 0.199 | 0.377 | 0.540 | 0.750 | 0.805 |
| | | 40～60 | 0.133 | 0.378 | 0.578 | 0.806 | 0.885 |
| | | | 1 | 6 | 12 | 23 | |
| | Ⅻ | 0～10 | 0.342 | 0.741 | 0.871 | 1.099 | |
| | | 10～20 | 0.299 | 0.699 | 0.890 | 1.183 | |
| | | 20～40 | 0.283 | 0.702 | 0.919 | 1.267 | |
| | | 40～60 | 0.217 | 0.562 | 0.772 | 0.947 | |

续表

| 土壤类型 | | 土壤深度(cm) | 培养时间(d) | | | | |
|---|---|---|---|---|---|---|---|
| | | | 1 | 3 | 5 | 12 | 23 |
| $CO_2$ | Ⅺ | 0～10 | 0.039 | 0.211 | 0.306 | 0.627 | 1.015 |
| | | 10～20 | 0.027 | 0.131 | 0.202 | 0.388 | 0.614 |
| | | 20～40 | 0.025 | 0.106 | 0.139 | 0.173 | 0.271 |
| | | 40～60 | 0.021 | 0.082 | 0.126 | 0.157 | 0.206 |
| | | | 1 | 6 | 12 | 23 | |
| | Ⅻ | 0～10 | 0.062 | 0.296 | 0.668 | 1.190 | |
| | | 10～20 | 0.046 | 0.219 | 0.467 | 0.784 | |
| | | 20～40 | 0.026 | 0.043 | 0.188 | 0.311 | |
| | | 40～60 | 0.013 | 0.025 | 0.087 | 0.140 | |

**2. 土壤呼吸释放 $CO_2$ 的速率**

33 天的培养期间，两类土壤 $CO_2$ 的释放速率呈现出不同的变化趋势，而各自在层间的变化趋势一致(图 5.6)。Ⅺ不同深度土壤在培养的前 3 天有一个快速上升过程，最大释放速率为 30.2～85.7 μgC/(g·d)，之后又迅速降至一平稳水平。试验结束，0～10 cm 和 10～20 cm 深度的 $CO_2$ 释放速率与初始速率基本持平，而下层则较初始值小。Ⅻ土壤则呈现出波动变化趋势，初始释放速率最高，为 13.3～62.3 μgC/(g·d)，至试验结束，$CO_2$ 的释放速率较初始速率略有下降。两类土壤 $CO_2$ 的释放速率在层次间差异均十分显著($P<0.05$)，且表层的释放速率明显高于下层(图 5.6)，但 $CO_2$ 的释放速率在土壤类型间差异不显著($P=0.877$)。33 天的培养期内，Ⅺ和Ⅻ的 $CO_2$ 累积释放量分别为 0.805～1.123 mgC/(g·d)和 0.947～1.267 mgC/(g·d)，总释放量较为接近。

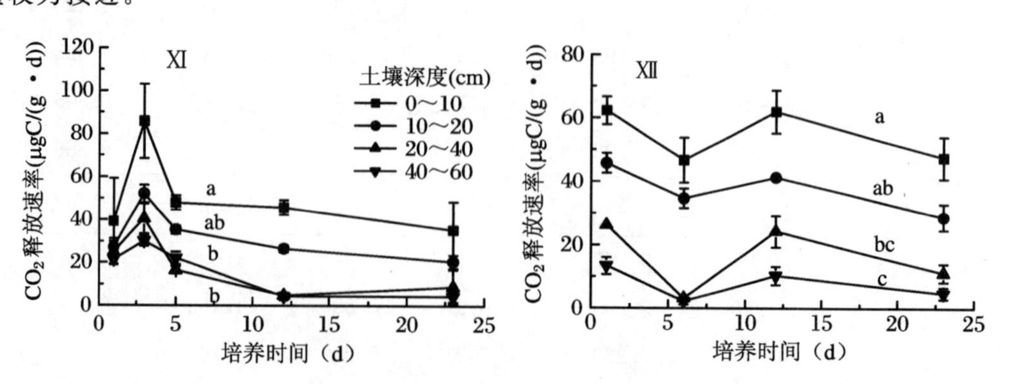


图 5.6 小叶章湿地不同深度土壤 $CO_2$ 释放速率的时间变化

**3. $NH_4^+$ 生成速率**

两类土壤 $NH_4^+$ 的生成速率在土壤类型及层次间均具有明显的一致性(图 5.7)。其初始生成速率分别为 3.7～6.5 μgC/(g·d)(Ⅺ)和 1.3～3.3 μgC/(g·d)(Ⅻ),之后其速率均快速下降,并于 1 周后达到一平稳水平。试验结束 $NH_4^+$ 的生成速率分别为 0.849～0.917 μgC/(g·d)和 0.036～0.947 μgC/(g·d),明显低于其初始值。回归分析表明,Ⅺ和Ⅻ土壤 $NH_4^+$ 生成速率的时间变化均符合指数衰减方程($Y=ae^{-kt}$),其 $R^2$ 分别大于 0.86 和 0.95。ANOVA 分析表明,Ⅺ土壤 $NH_4^+$ 的生成速率明显高于Ⅻ的生成速率($P=0.002$),而在土壤层次间无明显差异($P>0.9$)。

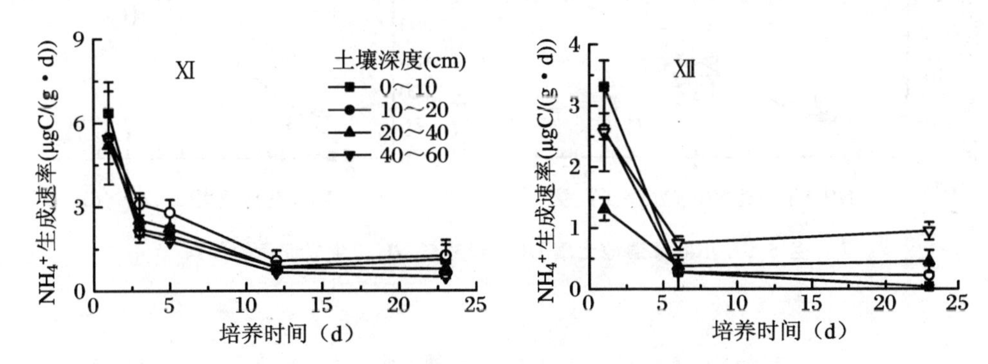


图 5.7 小叶章湿地不同深度土壤 $NH_4^+$ 生成速率的时间变化

**4. DOC 释放与微生物过程及 $NH_4^+$ 的关系**

回归分析表明,DOC 和 $CO_2$ 的累积释放量之间存在如下的相关关系:$DOC=0.264\ln(CO_2)+1.111$, $R^2=0.878$, $n=20$(Ⅺ);$DOC=0.199\ln(CO_2)+1.133$, $R^2=0.690$, $n=16$(Ⅻ)(图 5.8)。这说明土壤中 DOC 既是微生物可利用的反应基质,同时又是微生物的分解产物,而 DOC 的释放量取决于二者之间的平衡。试验初期,DOC 的淋溶量较小,土壤活性碳库能满足微生物的需求,土壤 $CO_2$ 的释放速率较高,而随着 DOC 的不断淋溶,土壤活性碳库减小,受可利用性碳的限制,导致微生物活性

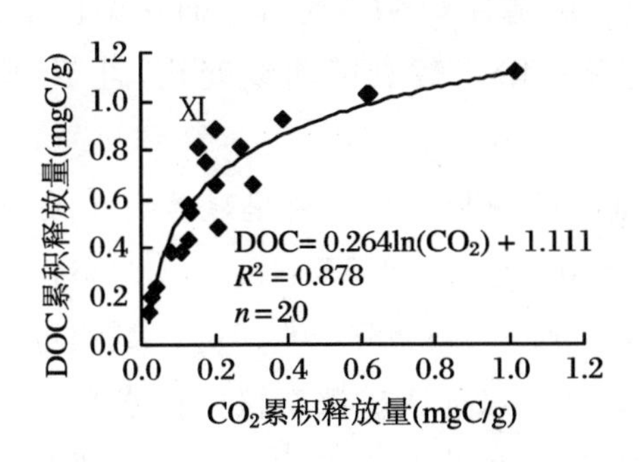


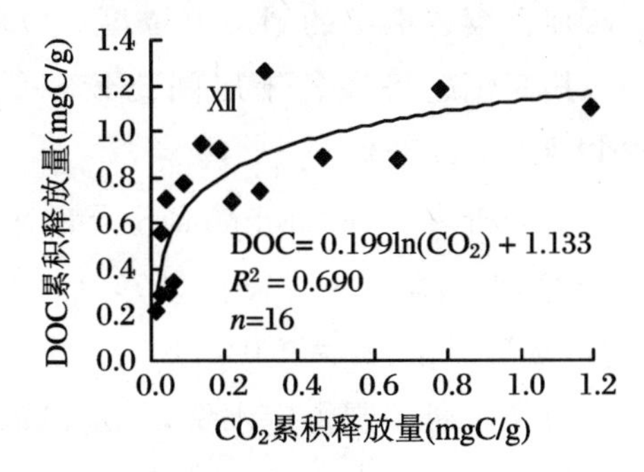


图 5.8 小叶章湿地土壤 DOC 与 $CO_2$ 累积释放量的关系

降低，进而影响到微生物降解产生可溶性物质的数量。土壤溶液中 $NH_4^+$ 的产生与DOC 释放的关系密切。相关分析表明，$NH_4^+$ 的生成速率与 DOC 的释放速率之间是一种显著的线性正相关关系（图 5.9），这说明 $NH_4^+$ 的矿化生成与土壤有机质的可溶性有关，其原因可能是单价态的阳离子——$NH_4^+$ 与胡敏酸和富里酸结合成类似"溶解盐"的物质，从而提高了有机质的可溶性。

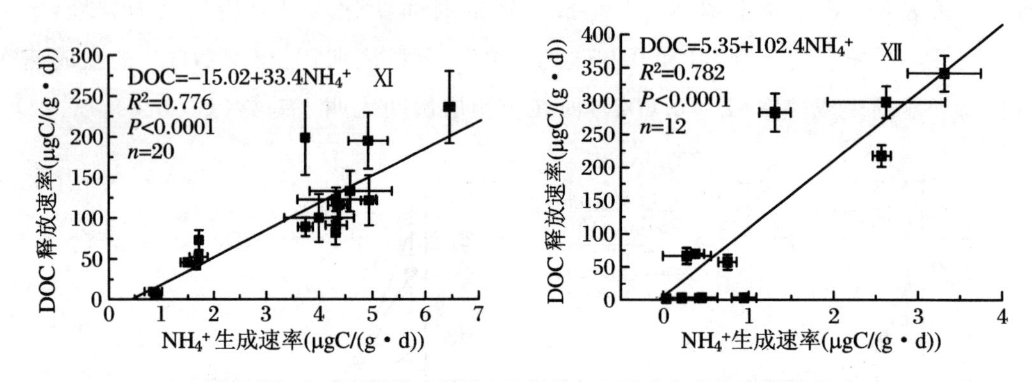


**图 5.9 小叶章湿地土壤 DOC 释放与 $NH_4^+$ 生成速率的关系**

# 第二节 湿地土壤中氮的迁移和转化过程

## 一、无机氮素的水平运移

### 1. 硝态氮的水平运移

（1）硝态氮浓度随水平运移距离的变化

两种土壤各土层的硝态氮浓度（$C$）均随示踪源距离（$L$）的增加而逐渐降低（图 5.10），其变化趋势在各土层间比较相似，均呈一阶指数衰减曲线变化，且 $R^2$ 均在 0.92 以上（表 5.7）。

相关分析表明，两种土壤各土层的硝态氮浓度均与运移距离呈显著负相关（$P<0.01$）（草甸沼泽土：$r_1=-0.977$，$r_2=-0.816$，$r_3=-0.955$，$r_4=-0.834$，$n=14$；腐殖质沼泽土：$r_1=-0.988$，$r_2=-0.913$，$r_3=-0.887$，$n=14$）。试验过程中由于采用马氏瓶控制恒定水头，一定量的硝态氮示踪剂在扩散率仪中作水平运移时各质点的重力势基本相同，所以重力势差可忽略不计，即硝态氮水平运移主要受浓度梯度、干湿土层间的水势梯度和土壤基质势的多重影响，其中浓度梯度是主要影响因

素，而硝态氮的扩散作用则始终贯穿于其运移的全过程。尽管土壤基质势对水分有一定的吸持作用，但由于硝态氮带负电荷，土壤基质对其具有排斥作用，这就使得硝态氮浓度随着运移距离的增加而不断降低。试验距离内，虽然未观察到两种土壤各土层硝态氮浓度随距离变化曲线的稳定状态，但二者各土层的曲线均发生了不同程度的分异。其中草甸沼泽土各土层间的差异还达到极显著水平（$F=22.01$，$P=0.000$），腐殖质沼泽土的各土层尽管在0.05水平上也存在极显著差异（$F=3.58$，$P=0.037$），但其20～40 cm和40～80 cm两土层的分异并不明显（$P>0.05$）。各土壤不同土层运移速率所表现的上述变化主要与其物理性质的差异有关。草甸沼泽土各土层的颗粒组成与孔隙度分异明显，而腐殖质沼泽土20～40 cm和40～80 cm两土层的颗粒组成与孔隙度则较为接近。

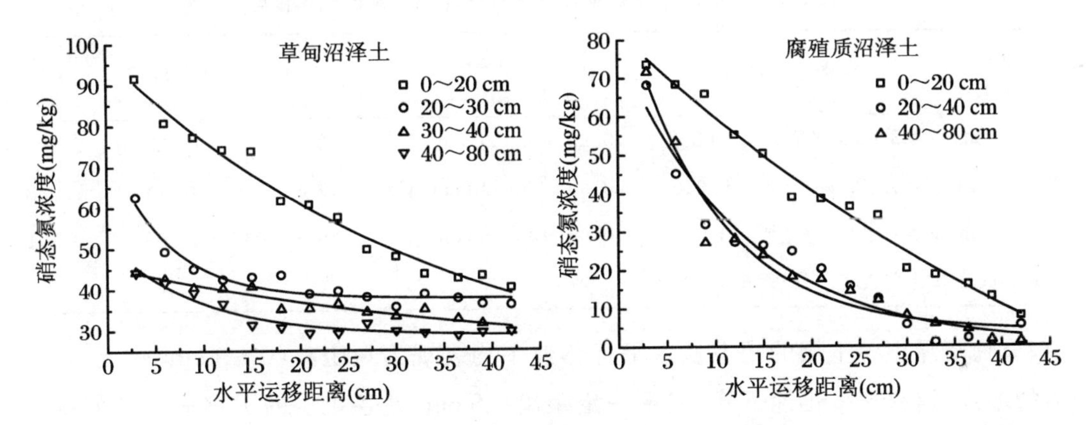


图 5.10 硝态氮浓度与运移距离的关系

表 5.7 硝态氮浓度与运移距离关系的模拟模型

| 草甸沼泽土 | 一阶指数衰减模型 | $R^2$ | 腐殖质沼泽土 | 一阶指数衰减模型 | $R^2$ |
|---|---|---|---|---|---|
| 0～20 cm | $C=83.794e^{-L/35.415}+13.301$ | 0.979 | 0～20 cm | $C=147.939e^{-L/60.598}-65.693$ | 0.983 |
| 20～30 cm | $C=38.575e^{-L/6.043}+37.620$ | 0.936 | 20～40 cm | $C=78.846e^{-L/12.877}-0.103$ | 0.948 |
| 30～40 cm | $C=23.763e^{-L/42.865}+21.933$ | 0.925 | 40～80 cm | $C=90.489e^{-L/9.296}+3.744$ | 0.960 |
| 40～80 cm | $C=23.371e^{-L/9.419}+28.495$ | 0.939 | | | |

(2) 硝态氮水平运移速率与运移距离的关系

由图5.11可知，两种土壤各土层中的硝态氮水平运移规律基本一致，其运移速率（$V$）均随运移距离（$L$）呈一阶指数衰减曲线变化，且$R^2$均在0.97以上（表5.8）。

相关分析表明，两种土壤各土层的硝态氮水平运移速率均与运移距离呈显著负相关（$P<0.01$）（草甸沼泽土：$r_1=-0.716$，$r_2=-0.770$，$r_3=-0.657$，$r_4=-0.696$，$n=14$；腐殖质沼泽土：$r_1=-0.560$，$r_2=-0.738$，$r_3=-0.770$，$n=14$）。具体来

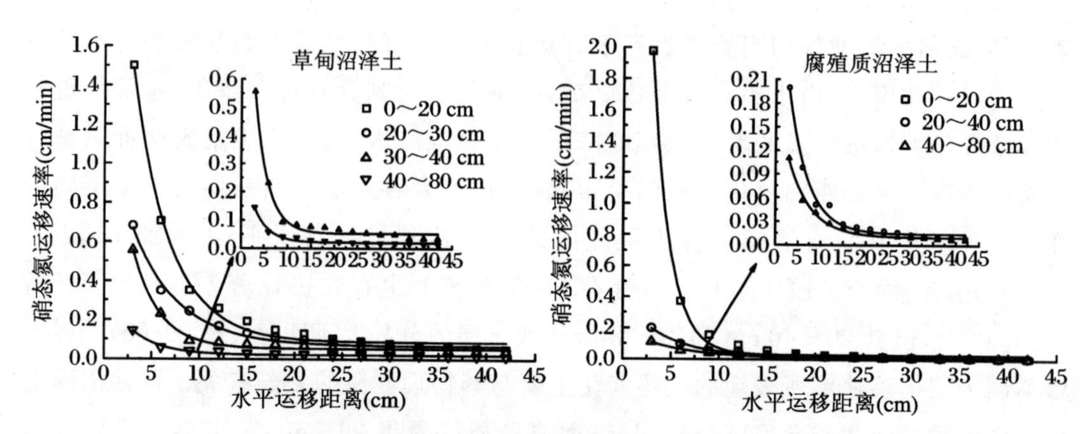


图 5.11 硝态氮水平运移速率与运移距离的关系

表 5.8 硝态氮水平运移速率与运移距离关系的模拟模型

| 草甸沼泽土 | 一阶指数衰减模型 | $R^2$ | 腐殖质沼泽土 | 一阶指数衰减模型 | $R^2$ |
|---|---|---|---|---|---|
| 0~20 cm | $V=3.052e^{-L/3.863}+0.0852$ | 0.995 | 0~20 cm | $V=10.257e^{-L/1.805}+0.029$ | 0.997 |
| 20~30 cm | $V=1.122\ e^{-L/4.811}+0.066$ | 0.990 | 20~40 cm | $V=0.371\ e^{-L/4.251}+0.014$ | 0.988 |
| 30~40 cm | $V=1.472\ e^{-L/2.807}+0.052$ | 0.991 | 40~80 cm | $V=0.179\ e^{-L/4.958}+0.009$ | 0.991 |
| 40~80 cm | $V=0.330\ e^{-L/3.028}+0.021$ | 0.978 | | | |

说，草甸沼泽土各土层的硝态氮水平运移速率均表现为短距离(0~9 cm)较大，随距离的增加，运移速率迅速下降，但至一定距离(18 cm)处各土层的运移速率开始减缓并基本接近而汇聚。腐殖质沼泽土各土层的硝态氮水平运移速率也表现为短距离(0~9 cm)较大，并随距离的增加而迅速下降，但0~20 cm土层在12 cm处就开始减缓并趋于稳定，而20~40 cm和40~80 cm土层则在24 cm处减缓并趋于稳定。硝态氮水平运移速率随运移距离的这种变化主要与不同距离内的驱动力有关。在距离0~18 cm(草甸沼泽土)或0~9 cm、0~24 cm(腐殖质沼泽土)的范围内，硝态氮运移的驱动力主要以浓度梯度和水势梯度为主，而当超过18 cm或9 cm、24 cm后，其运移的驱动力则主要以基质势为主。总之，草甸沼泽土各土层的硝态氮水平运移速率表现为0~20 cm>20~30 cm>30~40 cm>40~80 cm，而腐殖质沼泽土则表现为0~20 cm>20~40 cm>40~80 cm。两种土壤各土层硝态氮水平运移速率间的差异虽然未达到极显著水平($P>0.05$)，但其运移速率曲线却发生了明显分异，原因主要与不同土层的物理结构与性质差异有关，黏粒含量高的土壤不利于硝态氮的水平运移。由于两种土壤0~20 cm土层的黏粒含量均明显低于其他各层，这就使得其硝态氮水平运移速率明显高于其他各层。相对于腐殖质沼泽土而言，草甸沼泽土的各土层更有利于硝态氮的水平运移，其原因除了与两种土壤形成的母质基础有关外，湿地水文

条件可能对二者物理性质的塑造作用也非常明显。沼泽化草甸小叶章湿地的地表存在季节积水，而积水的环境条件又使得其土壤经常过湿，通气状况较差，进而会导致土壤结构的破坏和矿质土层潜育化、潴育化过程的进行。这一水文条件与其他成土因素综合作用的结果使得其发育的腐殖质沼泽土较为黏重，基质势较低，不利于硝态氮的运移。与之相比，典型草甸小叶章湿地的地表几乎无积水，但地表常年湿润，这一环境条件使得土壤的通气状况较好，并且矿质土层的潴育化过程也较弱。这一水文条件与其他成土因素综合作用的结果使得其发育的草甸沼泽土黏粒含量较低，基质势较高，有利于硝态氮的运移。尽管腐殖质沼泽土 0～20 cm 土层在初始阶段(0～3 cm)的运移速率较高(主要与孔隙度、浓度梯度和水势梯度均较高有关)，但由于基质势较低，又因浓度梯度和水势梯度随距离的增加而逐渐降低，从而导致其运移速率急剧下降并趋于平缓。

(3) 土壤含水量对硝态氮水平运移速率的影响

硝态氮水平运移速率与土壤含水量和土壤孔隙密切相关。土壤中固、液、气三相的比例通过影响充水孔隙状况，水分和溶质运移途径的大小、数量和弯曲度以及水分状况而影响着土壤溶质的运移。土壤含水量的高低决定了硝态氮水平运移的速率，而水土体系中固相和液相的比例也影响着溶质的扩散，越接近示踪源(即含水量较高)，硝态氮水平运移的速率就越快。由图 5.12 可知，两种土壤各土层的硝态氮水平运移速率($V$)均与土壤含水量($\theta$)呈指数增长曲线变化，且 $R^2$ 均在 0.76 以上(表 5.9)。

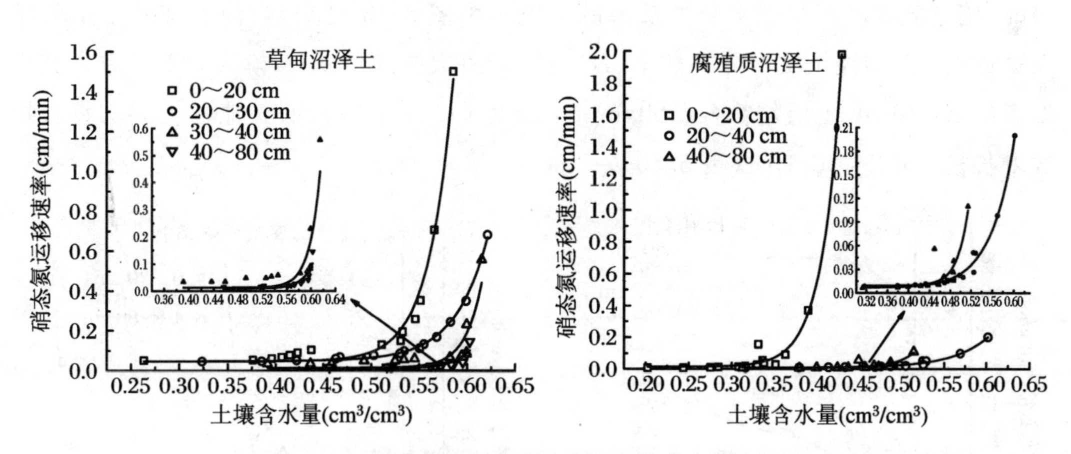


**图 5.12　硝态氮水平运移速率与土壤含水量的关系**

相关分析表明，两种土壤各土层的硝态氮水平运移速率均与土壤含水量呈显著正相关($P<0.05$)(草甸沼泽土：$r_1=0.865$，$r_2=0.669$，$r_3=0.844$，$r_4=0.596$，$n=14$；腐殖质沼泽土：$r_1=0.895$，$r_2=0.850$，$r_3=0.649$，$n=14$)。尽管各土层的硝态氮水平运移速率随含水量的变化趋势基本一致，但也存在一定差异。主要表现为

草甸沼泽土 0～20 cm 土层的含水量低于 0.50 $cm^3/cm^3$，其他各土层低于 0.55 $cm^3/cm^3$ 时，硝态氮水平运移速率趋于平缓并开始接近。而腐殖质沼泽土则在 0～20 cm 土层的含水量低于 0.35 $cm^3/cm^3$，其他各土层低于 0.45 $cm^3/cm^3$ 时就已经开始趋于平缓。产生这种差异的原因主要与两种土壤各土层的黏粒含量和孔隙度的差异有关，二者 0～20 cm 土层的黏粒含量均较低，且孔隙度较高，由此导致硝态氮在其中具有较高的水平运移速率。

**表 5.9　硝态氮水平运移速率与土壤含水量关系的模拟模型**

| 草甸沼泽土 | 指数增长模型 | $R^2$ | 腐殖质沼泽土 | 指数增长模型 | $R^2$ |
|---|---|---|---|---|---|
| 0～20 cm | $V=1.003\times10^{-10}e^{\theta/0.025}+0.047$ | 0.989 | 0～20 cm | $V=7.718\times10^{-9}e^{\theta/0.022}+0.014$ | 0.995 |
| 20～30 cm | $V=5.427\times10^{-9}e^{\theta/0.033}+0.048$ | 0.997 | 20～40 cm | $V=1.696\times10^{-7}e^{\theta/0.043}+0.007$ | 0.987 |
| 30～40 cm | $V=1.173\times10^{-16}e^{\theta/0.017}+0.013$ | 0.799 | 40～80 cm | $V=2.274\times10^{-12}e^{\theta/0.021}+0.009$ | 0.773 |
| 40～80 cm | $V=2.558\times10^{-16}e^{\theta/0.018}+0.010$ | 0.757 | | | |

（4）硝态氮水平运移浓度与土壤水分扩散率的关系

硝态氮在土壤中作水平运移时，其浓度受土壤含水量、水分扩散率和浓度梯度的影响。水分在土壤中的水平运移实际上是其在土壤基质势作用下的水平扩散运动，而水平方向上的水分扩散率实际上就反映了土壤水分在水平方向上的运动轨迹，它反映了水流在主要流动方向（流线）的扩散（弥散）状况。所以当土壤溶液中存在硝态氮时，硝态氮浓度要受到水分扩散率的影响。由图 5.13 可知，两种土壤各土层的硝态氮浓度（$C$）均随土壤水分扩散率（$D$）的升高而增加，但其增加模式并不一致。其中二者的 0～20 cm 土层均符合 Boltzmann 模型（$R^2\geqslant0.97$），而其他各土层均符合指数增长模型（$R^2\geqslant0.75$）（表 5.10）。

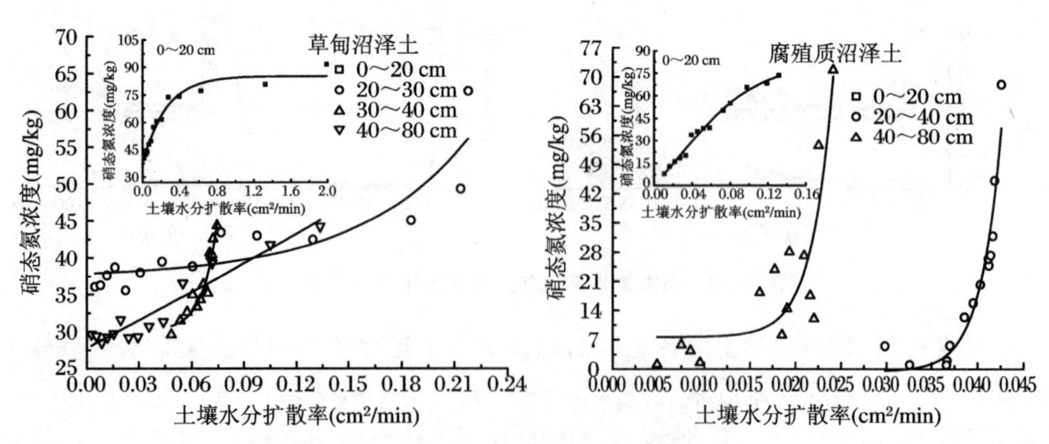


**图 5.13　硝态氮浓度与土壤水分扩散率的关系**

**表 5.10　硝态氮浓度与土壤水分扩散率关系的模拟模型**

| 土壤类型 | Boltzmann/指数增长模型 | $R^2$ |
|---|---|---|
| 草甸沼泽土 | | |
| 0～20 cm | $C = 85.117 + 904.738/[1 + e^{(D+0.687)/0.239}]$ | 0.966 |
| 20～30 cm | $C = 0.590\ e^{(D/0.063)} + 37.302$ | 0.809 |
| 30～40 cm | $C = 0.002\ e^{(D/0.008)} + 30.111$ | 0.912 |
| 40～80 cm | $C = 169.250e^{(D/1.371)} - 141.461$ | 0.918 |
| 腐殖质沼泽土 | | |
| 0～20 cm | $C = 81.896 + 119.988/[1 + e^{(D-0.030)/0.040}]$ | 0.987 |
| 20～40 cm | $C = 2.317 \times 10^{-7} e^{(D/0.02)} - 0.577$ | 0.932 |
| 40～80 cm | $C = 1.520 \times 10^{-3} e^{(D/0.002)} + 7.589$ | 0.756 |

相关分析表明，两种土壤各土层的硝态氮浓度与水分扩散率之间均呈显著正相关（$P<0.01$）（草甸沼泽土：$r_1 = 0.833$，$r_2 = 0.873$，$r_3 = 0.893$，$r_4 = 0.958$，$n = 14$；腐殖质沼泽土：$r_1 = 0.980$，$r_2 = 0.739$，$r_3 = 0.698$，$n = 14$）。尽管各土层的硝态氮浓度随水分扩散率的变化趋势基本一致，但也存在一定差异。草甸沼泽土 0～20 cm 土层的硝态氮浓度在水分扩散率低于 0.40 $cm^2/min$ 时增加迅速，之后则趋于平缓；20～30 cm 土层则在其值高于 0.12 $cm^2/min$ 时增加缓慢，然后增加迅速；而 30～40 cm 和 40～80 cm 土层则分别在其值超过 0.06 $cm^2/min$ 和 0.03 $cm^2/min$ 时骤然增加。与之相比，腐殖质沼泽土 0～20 cm 土层的硝态氮浓度在水分扩散率低于 0.06 $cm^2/min$ 时增加迅速，之后则增加缓慢；而 20～40 cm 和 40～80 cm 土层则分别在其值超过 0.04 $cm^2/min$ 和 0.02 $cm^2/min$ 时增加迅速。以上结果均表明，较高的土壤水分扩散率会更有利于硝态氮的水平运移。相对于其他土层而言，两种土壤 0～20 cm 土层因黏粒含量较低，基质势较高，且对水分的吸持性较强，从而导致其水分扩散率较高。水是溶质运移的载体，0～20 cm 土层较高的水分扩散率是导致其更有利于硝态氮运移的重要原因。比较而言，草甸沼泽土各土层的水分扩散率均高于腐殖质沼泽土的相应土层，说明前者要比后者更有利于硝态氮的水平运移。

#### 2. 铵态氮的水平运移

(1) 铵态氮浓度随水平运移距离的变化

由于铵态氮的水平运移是在浓度梯度、水势梯度和土壤基质势的多重作用影响下进行的，所以其伴随水分渗入土壤所产生的运移是一个既有离子交换与吸附作用，又有离子解析等作用的复杂过程。又因 $NH_4^+$ 带正电荷，容易被土壤胶体吸附，所以只有当土壤胶体对 $NH_4^+$ 的吸附量达到饱和时，它才可能在水流的作用下进行水平运移。由图 5.14 可知，两种土壤各土层的铵态氮浓度($C$)均随水平运移距离($L$)的增加而逐渐降低，其变化趋势在各土层间比较相似，均呈一阶指数衰减曲线变化，且$R^2$大多在 0.92 以上(表 5.11)。

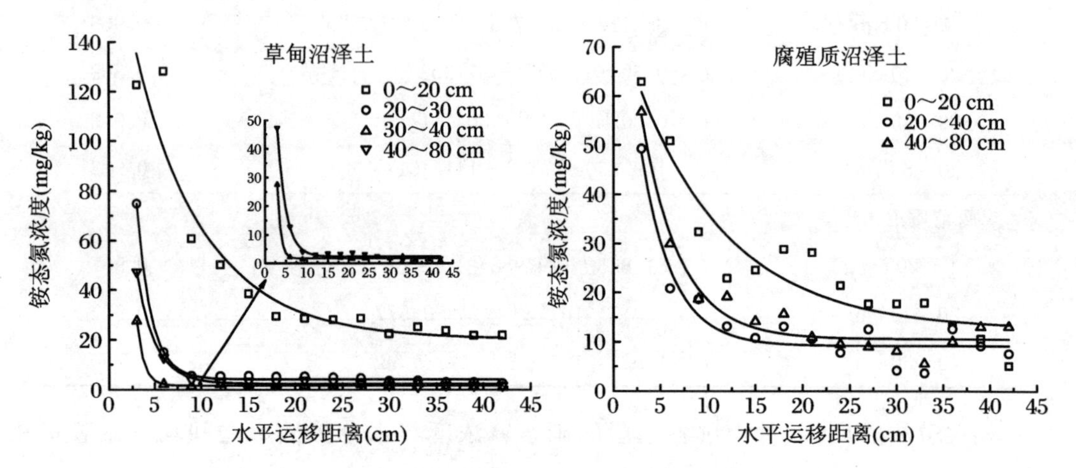


**图 5.14 铵态氮浓度与水平运移距离的关系**

**表 5.11 铵态氮浓度与水平运移距离关系的模拟模型**

| 草甸沼泽土 | 一阶指数衰减模型 | $R^2$ | 腐殖质沼泽土 | 一阶指数衰减模型 | $R^2$ |
|---|---|---|---|---|---|
| 0～20 cm | $C=172.156e^{-L/7.460}+20.239$ | 0.92 | 0～20 cm | $C=65.817e^{-L/9.683}+12.527$ | 0.89 |
| 20～30 cm | $C=456.611e^{-L/1.601}+4.187$ | 0.99 | 20～40 cm | $C=98.922e^{-L/3.239}+9.208$ | 0.92 |
| 30～40 cm | $C=1228.233e^{-L/0.777}+1.708$ | 0.99 | 40～80 cm | $C=96.385e^{-L/3.989}+10.551$ | 0.96 |
| 40～80 cm | $C=196.652e^{-L/2.031}+2.399$ | 0.99 | | | |

相关分析表明，两种土壤各土层的铵态氮浓度均与水平运移距离呈显著负相关($P<0.01$)(草甸沼泽土：$r_1=-0.787$，$r_2=-0.545$，$r_3=-0.477$，$r_4=-0.579$，$n=14$；腐殖质沼泽土：$r_1=-0.879$，$r_2=-0.677$，$r_3=-0.691$，$n=14$)。试验距离内，草甸沼泽土除 0～20 cm 土层的铵态氮浓度在 30 cm 处开始趋于稳定外，其他土层均在 10 cm 处就已趋于平缓并开始接近而汇聚。与之相比，腐殖质沼泽土 0～20 cm 土层的铵态氮浓度在 36 cm 处才开始趋于稳定，而其他土层则在 20 cm 左右处就已开始趋于平缓。由于铵态氮在土壤中的运移除了受浓度梯度、水势梯度和土壤基质势的影响外，更主要的是受到土壤胶体对其吸附饱和程度的影响，所以根据土壤胶体对其吸附的饱和程度可将铵态氮运移过程分为 3 个阶段：最初阶段铵态氮在土壤中为饱和流，运移主要以对流运动为主，此时溶液中的大量 $NH_4^+$ 来不及被土壤胶体吸附就随着水溶液向前运移；之后，溶液的运移变为不饱和流，$NH_4^+$ 开始受到土壤胶体吸附和扩散作用的共同影响，此时 $NH_4^+$ 还对土壤中的阳离子产生交换解析作用，

因此其在这一阶段的运移主要受土壤胶体吸附作用的影响；而当溶液中的 $NH_4^+$ 被土壤胶体大量吸附并达到饱和后，溶液中的 $NH_4^+$ 才在基质势的作用下继续向前运移。由于两种土壤各土层的物理性质差别很大，所以 $NH_4^+$ 在不同土层中诸运移阶段进行的时间与距离差异是导致其浓度随运移距离产生上述变化的重要原因。总之，两种土壤各土层的铵态氮浓度随运移距离变化的曲线均发生了不同程度的分异，其中草甸沼泽土各土层间的差异还达到 0.01 的极显著水平（$F=11.35$，$P=0.000$）。腐殖质沼泽土的各土层虽然未在 0.01 水平上存在显著差异，但其 0～20 cm 土层与 20～40 cm、40～80 cm 土层却存在较为明显的分异。比较而言，两种土壤各土层的黏粒含量自表层向下逐渐增加，由此导致其铵态氮运移浓度也随之逐渐降低。腐殖质沼泽土 20～40 cm 和 40～80 cm 两土层间的变化并不明显（$P>0.05$），而这又主要与两土层的颗粒组成及孔隙度较为接近有关。

(2) 铵态氮水平运移速率与运移距离的关系

由图 5.15 可知，两种土壤各土层的铵态氮运移规律基本一致，其水平运移速率（$V$）与运移距离（$L$）呈一阶指数衰减曲线变化，且 $R^2$ 均在 0.98 以上（表 5.12）。

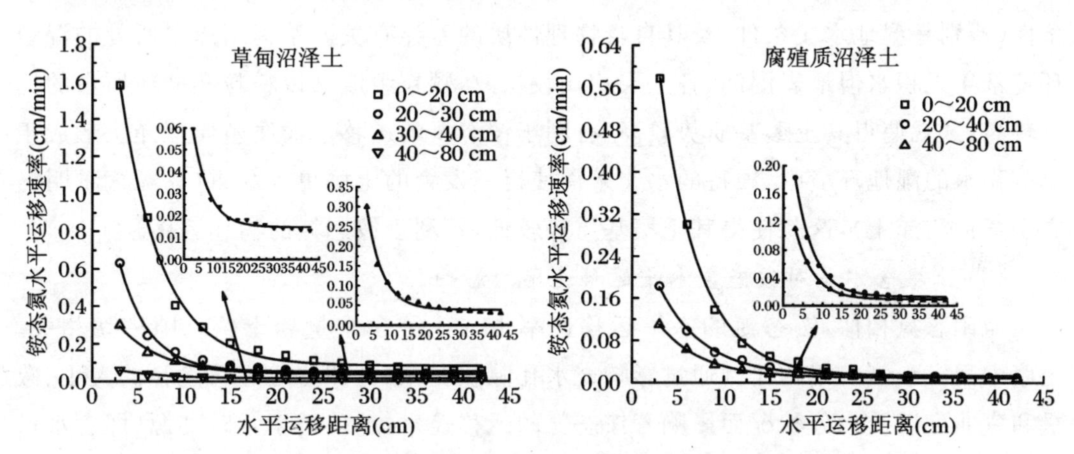


图 5.15　铵态氮水平运移速率与运移距离的关系

表 5.12　铵态氮水平运移速率与运移距离关系的模拟模型

| 草甸沼泽土 | 一阶指数衰减模型 | $R^2$ | 腐殖质沼泽土 | 一阶指数衰减模型 | $R^2$ |
|---|---|---|---|---|---|
| 0～20 cm | $V=2.952e^{-L/4.424}+0.083$ | 0.99 | 0～20 cm | $V=1.149e^{-L/4.233}+0.013$ | 0.99 |
| 20～30 cm | $V=1.463e^{-L/3.194}+0.052$ | 0.98 | 20～40 cm | $V=0.317e^{-L/4.739}+0.013$ | 0.99 |
| 30～40 cm | $V=0.491e^{-L/4.583}+0.038$ | 0.98 | 40～80 cm | $V=0.192e^{-L/4.645}+0.009$ | 0.99 |
| 40～80 cm | $V=0.079e^{-L/5.245}+0.015$ | 0.99 | | | |

相关分析表明，两种土壤各土层的铵态氮运移速率均与运移距离呈显著负相关（$P<0.01$）（草甸沼泽土：$r_1=-0.733$，$r_2=-0.685$，$r_3=-0.760$，$r_4=-0.782$，

$n=14$；腐殖质沼泽土：$r_1=-0.718$，$r_2=-0.755$，$r_3=-0.746$，$n=14$）。具体来说，二者各土层的铵态氮运移速率均表现为短距离（0～9 cm）较大，随距离的增加运移速率迅速下降，但至一定距离（21 cm）处各土层的运移速率开始减缓并基本接近而汇聚。铵态氮运移速率随距离的这种变化主要与不同运移距离内的驱动力有关。在距离 0～21 cm 之间，影响铵态氮运移的因素主要以浓度梯度和水势梯度为主，以浓度梯度最为重要；而当超过 21 cm 后，由于此前土壤胶体对 $NH_4^+$ 的强大吸附作用使得其浓度迅速降低（即浓度梯度降低），同时水势梯度也随水分含量的降低而逐渐下降，因此此时的铵态氮运移速率主要受制于土壤间的水动力弥散作用。两种土壤各土层的铵态氮运移速率自表层向下逐渐降低并发生明显分异，其中草甸沼泽土各土层间的差异达到 0.05 的显著水平（$F=3.84$，$P=0.015$），原因主要与各土层物理结构的显著差异有关，黏粒含量高的土壤因对铵态氮有着巨大的吸附作用，因而不利于铵态氮的运移。由于两种土壤 0～20 cm 土层的黏粒含量均明显低于其他各层，而其孔隙度又明显高于其他各层，这就使得其铵态氮运移速率在各土层中较高。比较而言，草甸沼泽土的各土层更有利于铵态氮的运移，而这又可能与二者所处的土壤发育条件（特别是湿地水文条件）及其自身物理性质的差异有关。草甸沼泽土所处的湿地环境常年无积水但地表湿润，各土层均比较松散，颗粒组成又以粉粒和砂粒所占的比重较高，这就使得其土壤基质势较高，有利于铵态氮的运移。而腐殖质沼泽土形成于季节积水的湿地环境中，独特的水文条件使得其发育的土壤更为黏重（黏粒含量明显高于草甸沼泽土），这就使得其土壤基质势较低，不利于铵态氮的物理运移。

(3) 土壤含水量对铵态氮水平运移速率的影响

与硝态氮相似，铵态氮的水平运移速率也与土壤含水量和土壤孔隙密切相关。土壤中固、液、气三相的比例通过影响充水孔隙状况，水分和溶质运移途径的大小、数量和弯曲度以及水分状况而影响着铵态氮的运移速率，越接近于示踪剂源（即含水量较高），铵态氮运移的速率就越快。由图 5.16 可知，两种土壤各土层的铵态氮水平运移速率（$V$）与土壤含水量（体积分数）（$\theta$）均呈指数增长曲线变化，其 $R^2$ 除草甸沼泽土 40～80 cm 土层较低（0.58）外，其他各土层均在 0.81 以上（表 5.13）。

相关分析表明，二者各土层的铵态氮运移速率大多与土壤含水量呈显著正相关关系（$P<0.05$）（草甸沼泽土：$r_1=0.610$，$r_2=0.544$，$r_3=0.567$，$r_4=0.578$，$n=14$；腐殖质沼泽土：$r_1=0.722$，$r_2=0.714$，$r_3=0.472$，$n=14$）。具体来说，各土层的铵态氮运移速率均随土壤含水量的变化而发生明显分异，表现为草甸沼泽土 0～20 cm 土层的含水量（体积分数）低于 50%，其他各土层低于 58%时，铵态氮运移速率开始趋于平缓并接近；而腐殖质沼泽土则在 0～20 cm 土层的含水量低于 30%，其他各土层低于 48%时就已经开始趋于平缓。产生这种差异的原因主要与各土层黏粒含

量和孔隙度的差异有关，二者表层土壤的黏粒含量均较低，且孔隙度较高，这就使得其对铵态氮的吸附能力较其他各层低，因而有着较高的运移速率。

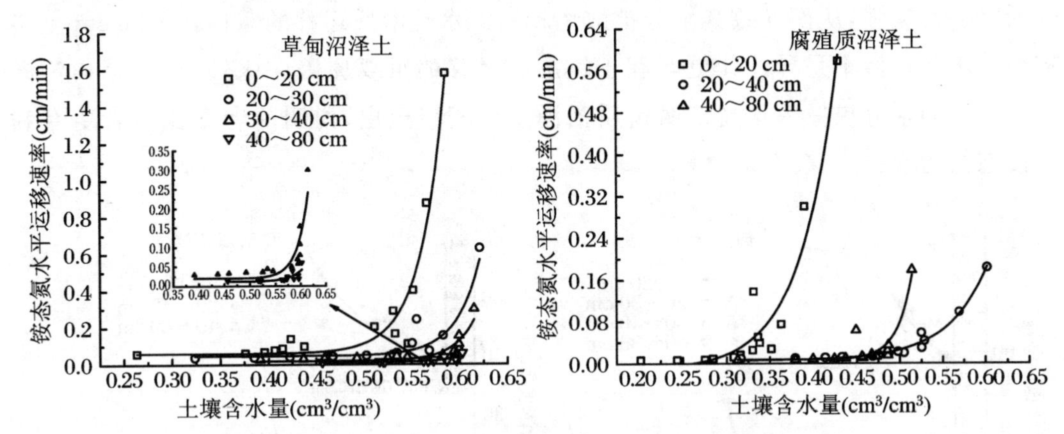


图 5.16 铵态氮水平运移速率与土壤含水量的关系

表 5.13 铵态氮水平运移速率与土壤含水量关系的模拟模型

| 草甸沼泽土 | 指数增长模型 | $R^2$ | 腐殖质沼泽土 | 指数增长模型 | $R^2$ |
|---|---|---|---|---|---|
| 0~20 cm | $V=(1.614E-10)e^{\theta/0.026}+0.060$ | 0.95 | 0~20 cm | $V=(2.000E-5)e^{\theta/0.042}-0.011$ | 0.94 |
| 20~30 cm | $V=(5.517E-12)e^{\theta/0.025}+0.047$ | 0.81 | 20~40 cm | $V=(3.703E-7)e^{\theta/0.046}+0.006$ | 0.98 |
| 30~40 cm | $V=(6.20E-14)e^{\theta/0.021}+0.020$ | 0.83 | 40~80 cm | $V=(1.614E-14)e^{\theta/0.017}+0.008$ | 0.86 |
| 40~80 cm | $V=(8.633E-13)e^{\theta/0.025}+0.012$ | 0.58 | | | |

(4) 铵态氮浓度与土壤水分扩散率的关系

铵态氮在土壤中作水平运移时，其浓度受土壤水分含量、水分扩散率和浓度梯度的影响。由图 5.17 可知，两种土壤各土层的铵态氮浓度($C$)均随土壤水分扩散率($D$)的升高而增加，除草甸沼泽土 0~20 cm 土层符合 Boltzmann 模型 ($R^2=0.97$)外，其他土层及腐殖质沼泽土的各土层均符合指数增长模型(多数 $R^2\geqslant 0.66$)(表 5.14)。

相关分析表明，两种土壤各土层的铵态氮浓度大多与水分扩散率呈显著正相关关系($P<0.05$)(草甸沼泽土：$r_1=0.965$，$r_2=0.615$，$r_3=0.388$，$r_4=0.816$，$n=14$；腐殖质沼泽土：$r_1=0.935$，$r_2=0.501$，$r_3=0.477$，$n=14$)。具体来说，各土层的铵态氮浓度均随水分扩散率的变化而发生明显分异，草甸沼泽土 0~20 cm 土层的铵态氮浓度在水分扩散率低于 0.40 cm²/min 时增加迅速，之后趋于平缓；20~30 cm 土层则在其值高于 0.20 cm²/min 时增加缓慢，之后增加迅速；而 30~40 cm 和 40~80 cm 土层则均在其值超过 0.07 cm²/min 时骤然增加。与之相比，腐殖质沼泽土 0~20 cm 土层的铵态氮浓度在水分扩散率超过 0.08 cm²/min 时增加迅速，之后增加缓慢；而 20~40 cm 和 40~80 cm 土层则分别在其值超过 0.04 cm²/min 和 0.02 cm²/min 时

增加迅速。以上结果均表明，较高的土壤水分扩散率会更有利于铵态氮的水平运移。相对于其他土层而言，两种土壤 0～20 cm 土层因黏粒含量较低，基质势较高，且对水分的吸持性较强，从而导致其水分扩散率较高。水是溶质运移的载体，0～20 cm 土层较高的水分扩散率是导致其更有利于铵态氮运移的重要原因。比较而言，草甸沼泽土各土层的水分扩散率均高于腐殖质沼泽土的相应土层，说明前者要比后者更有利于铵态氮的水平运移。

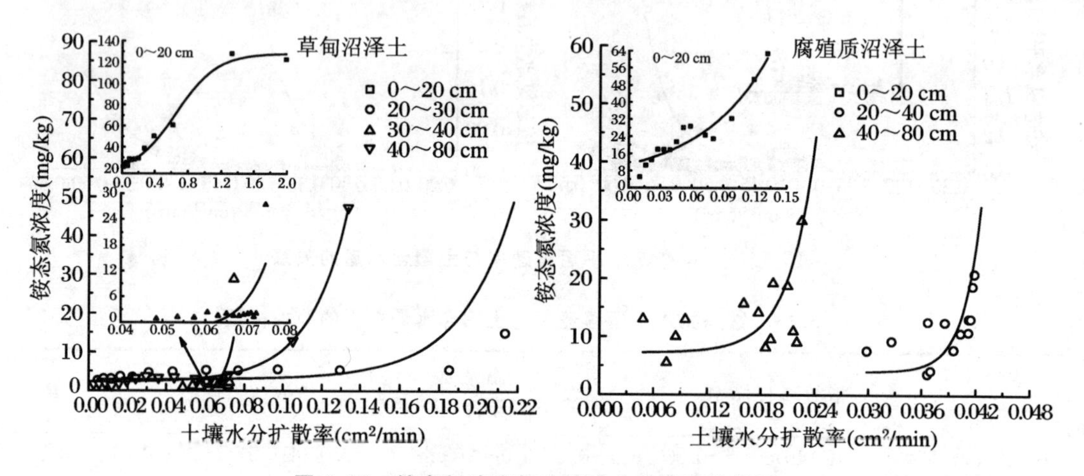


**图 5.17 铵态氮浓度与土壤水分扩散率的关系**

**表 5.14 铵态氮浓度与土壤水分扩散率关系的模拟模型**

| 土壤类型 | Boltzmann /指数增长模型 | $R^2$ |
|---|---|---|
| 草甸沼泽土 | | |
| 0～20 cm | $C=16.274+111.954/[1+e^{(0.662-D)/0.243}]$ | 0.98 |
| 20～30 cm | $C=0.011\ e^{D/0.026}+2.912$ | 0.67 |
| 30～40 cm | $C=(6.000E-5)e^{D/0.006}-1.957$ | 0.45 |
| 40～80 cm | $C=0.056e^{D/0.020}+2.226$ | 0.99 |
| 腐殖质沼泽土 | | |
| 0～20 cm | $C=7.537e^{D/0.065}+3.524$ | 0.91 |
| 20～40 cm | $C=(1.074E-8)e^{D/0.002}+3.986$ | 0.66 |
| 40～80 cm | $C=(9.200E-3)e^{D/0.002}+7.589$ | 0.66 |

研究还发现，两种土壤各土层的水分扩散率分别变化于 $2.638\times10^{-3}\sim1.989$ $cm^2/min$ 和 $4.832\times10^{-3}\sim0.132$ $cm^2/min$ 之间，而一般土壤中的离子扩散率一般为 $6\times10^{-6}\sim10^{-5}$ $cm^2/min$，所以两种土壤各土层的水分扩散率要比硝态氮和铵态氮的扩散率大几个数量级，而这主要是由于水在非饱和土壤中运动的驱动力是基质势和重力势，并随两种势梯度的增加而运动加快，而离子扩散主要受到土壤这一高度分散带电体系中具有的物理化学特性与离子相互作用的影响，从而减小了离子扩散速率。

## 二、无机氮素的垂直运移

### 1. 硝态氮的垂直运移

通过测定硝态氮在土壤中的相对浓度($C/C_0$)($C_0$为初始加入时的示踪剂浓度；$C$ 为淋洗液浓度)随时间变化的穿透曲线来研究其在土壤中的垂直运移过程。穿透曲线不但可反映不同溶质在不同介质中的混合置换和溶质运移特征，而且还可反映溶质与介质或土壤达到化学平衡所需的时间特征。在水分饱和的情况下，草甸沼泽土和腐殖质沼泽土不同土层的硝态氮穿透曲线如图 5.18 所示。据图可知，二者各土层的硝态氮穿透曲线均为单峰型，但不同土层间差异明显。除腐殖质沼泽土 20～40 cm 土层的穿透曲线波动较大外，其他土层和草甸沼泽土各土层穿透曲线的峰型均比较平滑且均符合 Gauss 模型，$R^2$ 大多在 0.97 以上(表 5.15)。

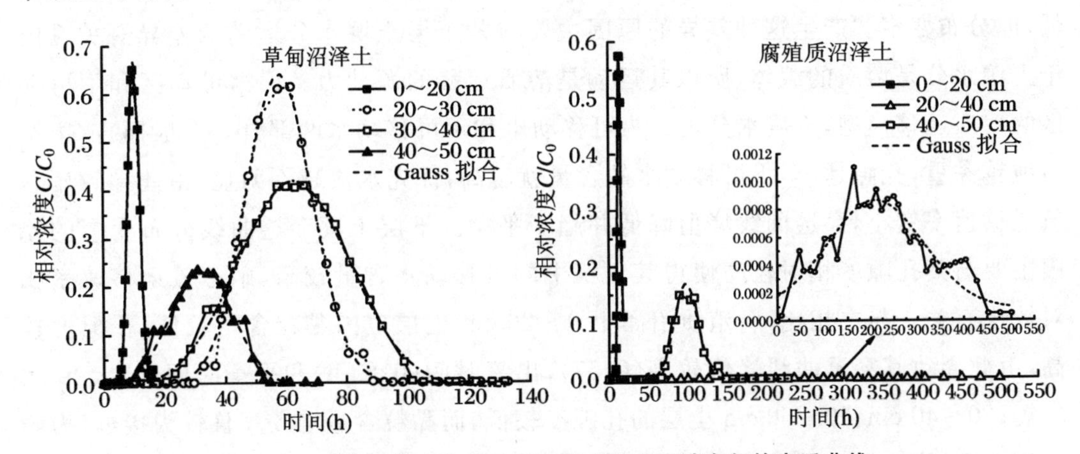


**图 5.18　草甸沼泽土和腐殖质沼泽土各土层硝态氮的穿透曲线**

**表 5.15　不同土层硝态氮穿透曲线拟合模型**

| 土壤类型 | Gauss 模型 | $C/C_0 = -y_0 + \frac{A}{W\sqrt{\pi/2}}e^{-2\frac{(h-h_c)^2}{W^2}}$ | | | |
|---|---|---|---|---|---|
| 草甸沼泽土(cm) | $y_0$ | $h_c$ | $W$ | $A$ | $R^2$ |
| 0～20 | −0.002 | 9.982 | 3.758 | 3.156 | 0.996 |
| 20～30 | −0.002 | 57.945 | 21.967 | 17.689 | 0.995 |
| 30～40 | −0.011 | 62.655 | 37.201 | 20.028 | 0.993 |
| 40～50 | −0.007 | 32.153 | 20.998 | 6.361 | 0.972 |
| 腐殖质沼泽土(cm) | $y_0$ | $h_c$ | $W$ | $A$ | $R^2$ |
| 0～20 | −0.000 | 13.529 | 4.408 | 3.199 | 0.991 |
| 20～40 | −0.000 | 98.513 | 30.482 | 6.482 | 0.977 |
| 40～50 | −0.000 | 210.069 | 204.811 | 0.200 | 0.828 |

草甸沼泽土 0～20 cm 土层的黏粒含量较其他土层均较低且孔隙度较高，硝态氮运移较快，出流时间较短，加入示踪剂 1.2 h 后开始出现硝态氮，10 h 后达到最高峰值(0.65)，18 h 后趋于平衡；20～30 cm、30～40 cm 土层由于受表层黏粒向下淋溶沉积的影响，其黏粒含量分别为 0～20 cm 土层的 1.19 倍和 1.37 倍，同时又因两土层的孔隙度(46.37%和 38.93%)较表层(63.01%)均较低，由此导致其穿透曲线峰值(0.61 和 0.41)较低，而出流时间(29.5 h 和 20.4 h)和达到平衡的时间(56.0 h 和 81.2 h)则较长；比较而言，40～50 cm 土层的穿透曲线峰值在各土层中最低(0.23)，原因主要与其黏粒含量在各土层中最高(为表层的 1.83 倍)有关，同时又因该土层的粉粒含量较低，砂粒含量较高，且孔隙度(42.56%)也与 20～30 cm 土层较为接近，由此导致其出流时间(10.2 h)和达到平衡的时间(46.6 h)较短，且峰值出现的时间也较为提前。总之，草甸沼泽土剖面的硝态氮穿透曲线形状表现为 0～20 cm 土层峰值高、分布窄；到中间层(20～30 cm、30～40 cm 土层)峰值低、分布宽；至下层(40～50 cm 土层)峰值低，但分布变窄。产生这种差异的原因主要与各土层土壤水分运动的差异有关。由于土壤水分是溶质的载体，所以其运动是溶质运移的源动力。根据可动区和不可动区的溶质运移模型，土壤水分可分为可移动水和不可移动水两部分。一般而言，土壤质地越黏重，孔隙越小，不可移动水的含量就越高，优先水流越不明显，由此导致硝态氮运移速率变小，穿透曲线峰值降低并趋于平缓。下层土壤穿透曲线分布变窄的原因主要与其孔隙度相对较高使得其土壤中的可移动水含量较高，硝态氮运移速率相对较快有关。与之相比，腐殖质沼泽土 0～20 cm 土层也因黏粒含量较低，孔隙度较高，由此导致其穿透曲线峰值较高(0.57)，出流时间(0.83 h)和平衡时间(17.2 h)均较短；20～40 cm、40～50 cm 土层的孔隙度较低，而黏粒含量均较高且较为接近(为表层的 1.24 倍和 1.30 倍)，由此导致其穿透曲线峰值较低(0.0011 和 0.14)，而出流时间(9.1 h 和 66.3 h)和平衡时间(419.4 h 和 73.2 h)均较长。总之，腐殖质土剖面的硝态氮穿透曲线形状表现为 0～20 cm 土层峰值高、分布窄；到中间层(20～40 cm 土层)峰值低、分布宽；至下层(40～50 cm 土层)峰值相对中间层升高，但分布变窄。产生这种差异的原因也主要与上述各土层土壤水分运动的差异有关。0～20 cm 土层由于孔隙度较高，可移动水的含量较高，优先水流明显，由此导致其溶质运移速率较中间层和下层快。而引起中间层和下层穿透曲线峰值、出流时间和平衡时间差异较大的原因可能主要有两方面。一是与两土层土壤水的构成以及溶质运移的方式有关：中间层的孔隙度较下层低，说明其不可移动水所占的比例相对较高，硝态氮运移速率不高，穿透曲线峰值较低，同时，由于溶质的对流和弥散过程仅发生在可动区，而在不可动区，溶质仅以扩散方式与可动区发生交换且扩散运移速率取决于可动区和不可动区的浓度差，所以中间层可动区对流运移速率和不可动区与可动区的溶质交换速率的大小可部分解释二者出流时间和平衡时间的差异。二是中间层较低的穿透曲线峰值还可能与淋失过程发生的反硝化损失有关：中间层比下层较长的出流时间和平衡时间极易导致所添加硝态氮示踪剂的大量反硝化气态损失，由此可引起土柱和淋失液中硝态氮含量的显著降低，进而导致穿透曲线峰值非常低。上述分析表明，在水分饱和的条件下，由于硝态氮带负电荷不易被土壤颗粒吸附，所以其运移过程中如果重力势保持不变，则主要受土壤黏粒含量、水分构成、溶质运移方式以及反硝化作用过程的影响。

**2. 铵态氮的垂直运移**

与硝态氮相似，通过测定铵态氮在土壤中的相对浓度（$C/C_0$）随时间变化的穿透曲线来研究其在土壤中的垂直运移过程。图 5.19 为草甸沼泽土和腐殖质沼泽土在水分饱和情况下不同土层的铵态氮穿透曲线。据图可知，二者各土层的铵态氮穿透曲线除 0～20 cm 土层较为平滑外，其他土层虽波动较大，但整体均呈单峰型，符合 Gauss 模型，$R^2$ 大多在 0.85 以上（表 5.16）。

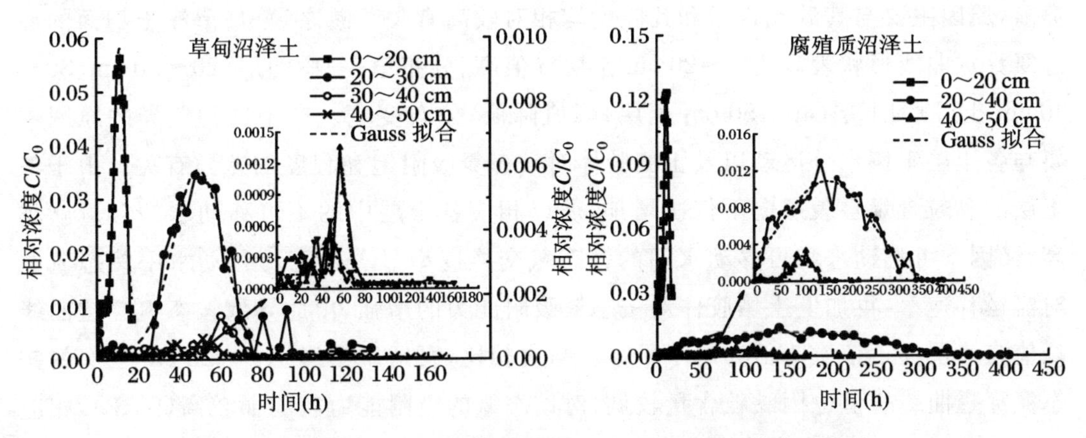


**图 5.19　草甸沼泽土和腐殖质沼泽土各土层铵态氮的穿透曲线**

**表 5.16　不同土层铵态氮穿透曲线拟合模型**

| 土壤类型 | Gauss 模型 | $C/C_0 = -y_0 + \frac{A}{W\sqrt{\pi/2}}e^{-2\frac{(h-h_c)^2}{w^2}}$ | | | |
|---|---|---|---|---|---|
| 草甸沼泽土(cm) | $y_0$ | $h_c$ | $W$ | $A$ | $R^2$ |
| 0～20 | 0.007 | 11.180 | 5.286 | 0.339 | 0.980 |
| 20～30 | 0.000 | 49.211 | 23.890 | 0.170 | 0.933 |
| 30～40 | 0.000 | 60.976 | 10.054 | 0.013 | 0.831 |
| 40～50 | 0.000 | 46.028 | 27.752 | 0.012 | 0.648 |

续表

| 土壤类型 | Gauss 模型 | | $C/C_0=-y_0+\frac{A}{W\sqrt{\pi/2}}e^{-2\frac{(h-h_c)^2}{w^2}}$ | | |
|---|---|---|---|---|---|
| 腐殖质沼泽土(cm) | $y_0$ | $h_c$ | $W$ | $A$ | $R^2$ |
| 0～20 | 0.025 | 10.934 | 4.998 | 0.619 | 0.973 |
| 20～40 | -0.001 | 154.344 | 197.626 | 2.957 | 0.905 |
| 40～50 | 0.000 | 100.818 | 43.451 | 0.144 | 0.854 |

草甸沼泽土0～20 cm土层由于黏粒含量较低，铵态氮运移较快，穿透曲线峰值较高(0.056)，出流时间(1.7 h)和平衡时间(16.3 h)均较短。自表层向下，20～30 cm、30～40 cm、40～50 cm土层的黏粒含量依次增加，对铵态氮的吸附能力逐渐增强，由此导致其穿透曲线峰值(0.0056、0.0014和0.0007)依次降低，而出流时间(5.16 h、9.35 h和3.53 h)和达到平衡的时间(75.5 h、78.5 h和69.8 h)也相对较长。比较而言，40～50 cm土层的出流时间和平衡时间均较短，而峰值出现的时间也较为提前，原因主要与其砂粒含量和孔隙度均相对较高有关。总之，草甸沼泽土剖面的铵态氮穿透曲线形状表现为0～20 cm土层峰值高、分布窄；到中间层(20～30 cm、30～40 cm土层)和下层(40～50 cm土层)峰值降低、分布变宽。产生这种差异的原因主要与各土层土壤水分运动以及土壤胶体对铵态氮吸附饱和程度的差异有关。由于各土层的黏粒含量自表层向下依次增加，所以相应各土层中的不可移动水的含量就越高，又因不可移动水和可移动水间的铵态氮交换速率显著低于可移动水中铵态氮的对流运移速率，再加上土壤胶体对铵态氮吸附能力的增强，由此导致铵态氮穿透曲线峰值自表层向下依次降低并趋于平缓。与之相比，腐殖质沼泽土0～20 cm土层的铵态氮穿透曲线峰值也因黏粒含量较低、对铵态氮的吸附能力较弱而较高(0.12)，相应的出流时间(0.83 h)和平衡时间(17.2 h)也均较短。20～40 cm、40～50 cm土层的黏粒含量均较高且较为接近，对铵态氮的吸附能力均较强，由此导致其穿透曲线峰值较低(0.0130和0.0018)，出流时间(9.1 h和9.6 h)和平衡时间(323.6 h和129.4 h)也相对较长。总之，腐殖质土剖面的铵态氮穿透曲线形状表现为0～20 cm土层峰值高、分布窄；到中间层(20～40 cm土层)峰值低、分布宽；至下层(40～50 cm土层)峰值降低，但分布变窄。产生这种差异的原因也主要与各土层土壤水分运动和对铵态氮吸附饱和程度的差异有关。0～20 cm土层的黏粒含量较中间层和下层低，由此导致其铵态氮运移速率较快，穿透曲线分布较窄。而导致中间层和下层穿透曲线峰值、出流时间和平衡时间差异较大的原因除了与两土层不可移动水所占比例以及可动区对流运移速率和不可动区与可动区溶质交换速率大小的差异有关外，试验过程中铵态氮的硝化作用以及硝态氮的反硝化气态损失可明显降低土柱和淋失液的铵态氮含

量，进而导致穿透曲线峰值的降低。以上研究表明，在水分饱和的条件下，由于铵态氮带正电荷易被土壤颗粒吸附，所以其运移过程中如果重力势保持不变，则主要受土壤黏粒含量及其对铵态氮吸附的饱和程度、土壤水分构成、溶质运移方式以及硝化-反硝化作用过程的影响。

**3. 浓度对硝态氮和铵态氮垂直运移的影响**

图 5.20 为草甸沼泽土和腐殖质沼泽土 0～20 cm 土层分别用含 100 mg/L 和 200 mg/L 硝态氮（或铵态氮）作为示踪剂所得到的穿透曲线的对比。

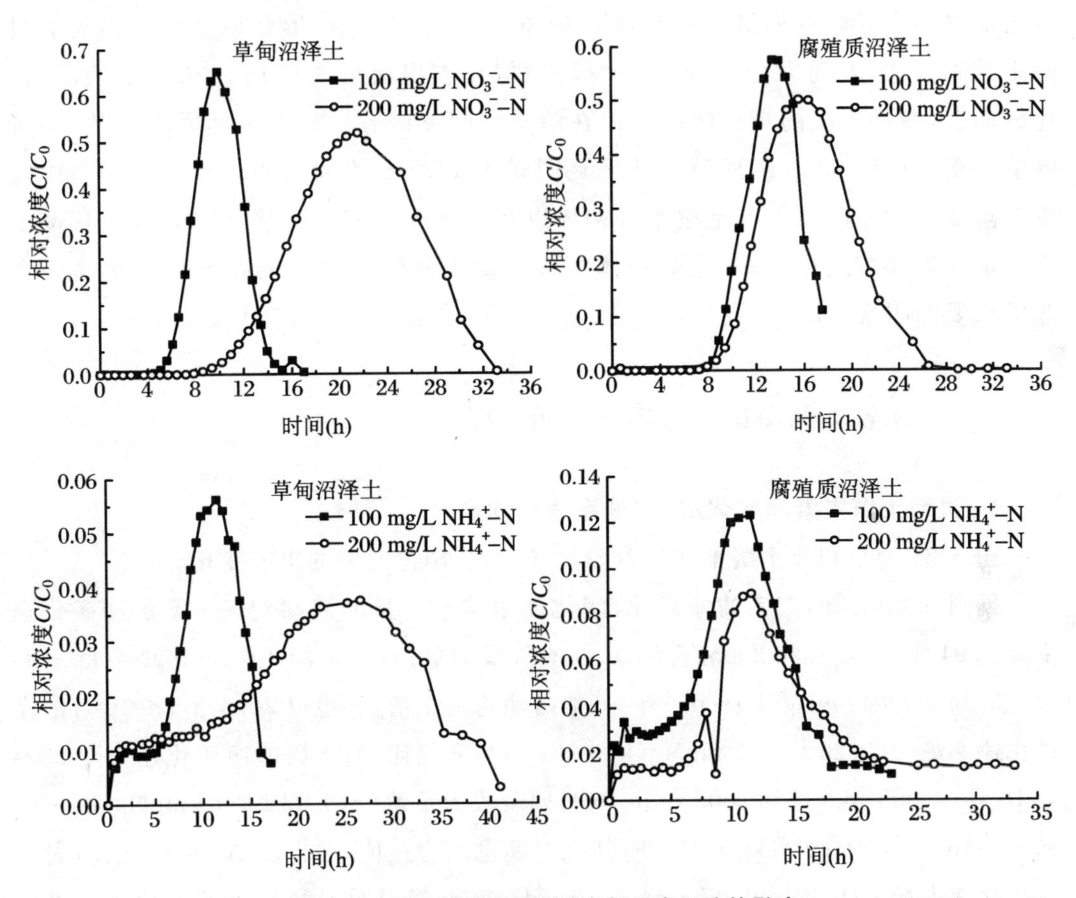


**图 5.20 浓度对硝态氮和铵态氮垂直运移的影响**

从图 5.20 中可以看出，两种土壤 0～20 cm 土层的硝态氮出流时间在浓度加倍后均存在不同程度的变化，前者的出流时间延迟约 5.5 h，而后者则较为接近。从穿透曲线的峰值和形状变化以及完成出流的时间来看，硝态氮浓度加倍后，二者的穿透曲线峰值均降低且峰值出现的时间分别滞后 11.3 h 和 2.2 h，此时穿透曲线的形状均变宽，说明完成出流的时间存在明显的滞后现象。该结论正好与陈效民等对黄淮海平原主要土壤类型——黄潮土的相关研究结果相悖。由于本项研究湿地土壤的黏粒含量较高(为黄潮土的2.98倍),因而土壤中可移动水的含量要比黄潮土低,在溶质加倍的条件下,尽管增大的溶质势会加快硝态氮在土壤中的运移速率,并导致淋出液硝态氮浓度的升高,但由于有相当一部分硝态氮存在于不可移动水中,而不可移动水中溶质的运移取决于可移动水和不可移动水间的浓度梯度交换速率,因此,与黄潮土相比,湿地土壤相对较弱的可移动水硝态氮对流运移速率以及可移动水和不可移动水间的交换速率可能是其在溶质浓度加倍后穿透曲线峰值降低和完成出流时间延长的重要原因。与硝态氮相比,草甸沼泽土和腐殖质沼泽土0～20 cm土层的铵态氮出流时间在其浓度加倍后均差别不大,但穿透曲线峰值、形状以及完成出流的时间则差别较大,表现为峰值降低,分布变宽,完成出流的时间均存在一定的滞后。比较而言,两种土壤的穿透曲线峰值在溶质浓度加倍后出现的时间并不一致,前者峰值出现滞后约13.3 h,而后者几乎是同时于11.5 h达到峰值。导致穿透曲线发生上述变化的原因除了与土壤水分构成以及浓度改变前后可移动水和不可移动水中的溶质运移方式有关外,土壤胶体对铵态氮吸附饱和程度的差异可能也是一个非常重要的因素。

## 三、土壤氮素的净矿化与硝化作用过程

### 1. 湿地土壤氮素净矿化/硝化速率季节动态

图5.21为Ⅺ和Ⅻ土壤不同培育阶段净矿化/硝化速率的季节变化。

据图5.21可知,二者的净矿化/硝化速率均呈明显的波动变化。Ⅺ的净矿化速率除2004年7～8月和2005年5～6月两阶段为负值($-0.24\pm0.05$ mgN/(kg·d)和$-0.14\pm0.04$ mgN/(kg·d))外,其他时期均为正值,并也以2004年8～10月的净矿化速率最大($0.28\pm0.06$ mgN/(kg·d))。与之相比,Ⅻ土壤的净矿化速率除2004年10月～2005年5月和2005年5～6月两阶段为负值($-0.03\pm0.01$ mgN/(kg·d)和$-0.15\pm0.04$ mgN/(kg·d))外,其他时期也均为正值,并也以2004年8～10月的净矿化速率最大($0.34\pm0.07$ mgN/(kg·d))。这就说明Ⅺ和Ⅻ土壤矿化产生的无机氮在大部分时期被微生物和土壤动物固持后仍有剩余。比较而言,Ⅺ和Ⅻ净矿化速率的峰值均出现在秋季(8～10月),但低谷(负值)的变化则不同,前者于春、夏出现低谷,并于雨季中期(7～8月)取得最低值,后者于春、秋、冬出现低谷,并于雨季初期(5～6月)取得最低值。已有研究表明,$NH_4^+$-N的累积可以引起硝化,$NO_3^-$-N的累积则可以增强反硝化。从Ⅺ和Ⅻ土壤培养前后$NH_4^+$-N和$NO_3^-$-N的含量变化可知,二者净矿化速率出现负值或正值的原因主要由相应培养时期$NH_4^+$-N和$NO_3^-$-N含量的降低或升高引起(图5.21)。雨季初期和雨季中期,由于降水较多,土

壤水分含量较高，其中Ⅻ地表的一些地方还出现了季节积水。在这样的环境条件下，土壤通气状况较差，但反硝化作用反而有可能得到增强。Ⅺ和Ⅻ土壤中的 $NO_3^-$-N 和 $NH_4^+$-N 含量在雨季初期和雨季中期相对于培养前均有很大降低(图 5.21)，说明由净矿化/硝化作用所产生的 $NO_3^-$-N 有相当一部分参与到了反硝化作用过程中，因此反硝化作用引起的氮素损失可能是导致此间净矿化速率出现负值的重要原因，而其他时期的净矿化速率变化主要取决于二者在培养前后的含量变化和反硝化进行的强弱程度。方差分析表明，Ⅺ和Ⅻ土壤的净矿化速率在不同培养阶段间的差异均达到极显著水平($P<0.01$)。

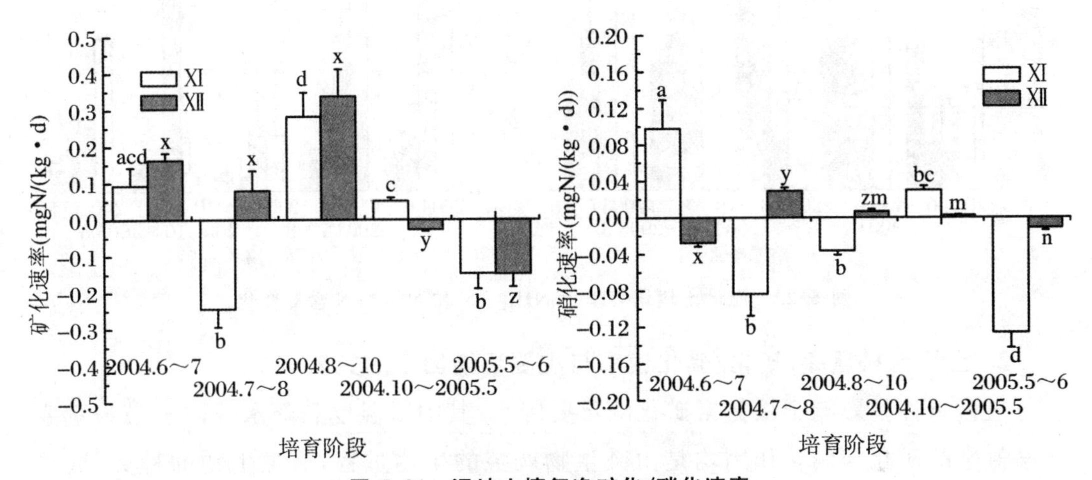


**图 5.21　湿地土壤氮净矿化/硝化速率**

数柱标注不同字母者在 $P<0.05$ 水平上差异显著

Ⅺ和Ⅻ土壤净硝化速率的波动变化也较为明显(图 5.22)。前者的净硝化速率除 2004 年 6～7 月和 2004 年 10 月～2005 年 5 月为正值外(0.10±0.03 mgN/(kg・d) 和 0.03±0.00 mgN/(kg・d))，其他培养阶段均为负值，并以 2004 年 5～6 月净硝化速率的绝对值最大(-0.13±0.02 mgN/(kg・d))。与之相比，Ⅻ土壤的净硝化速率除 2004 年 6～7 月和 2005 年 5～6 月为负值(-0.03±0.00 mgN/(kg・d)和 -0.01±0.00 mgN/(kg・d))外，其他各培养阶段均为正值，并以 2004 年 7～8 月的净硝化速率最大(0.03±0.00 mgN/(kg・d))。这就说明Ⅺ和Ⅻ土壤硝化产生的 $NO_3^-$-N 在被微生物和土壤动物固持后仅有少量剩余。比较而言，Ⅺ土壤净硝化速率的峰值出现在夏初，低谷出现在雨季初期至雨季末期，并于 5～6 月取得最低值。Ⅻ土壤净硝化速率的峰值出现在 7～8 月，而低谷基本上出现在春、夏，并于 7～8 月取得最低值。导致二者净硝化速率产生上述变化的原因可能有两方面：一是与培养前后 $NO_3^-$-N 含量的降低或升高有关(图 5.22)，而这种变化又取决于土壤净矿化作用和生物固持的强弱；二是与雨季较多的降水有关，如前所述，较多的降水会使土壤的通气状况变差，而较差的通气状况又对好气性硝化细菌的活性产生抑制作用，但该环境条件却有利于反硝化细菌活性的增强，进而有利于反硝化作用的进行。方差分析表明，Ⅺ和Ⅻ土壤的净硝化速率在不同培养阶段间的差异均达到极显著水平（$P<0.01$）。

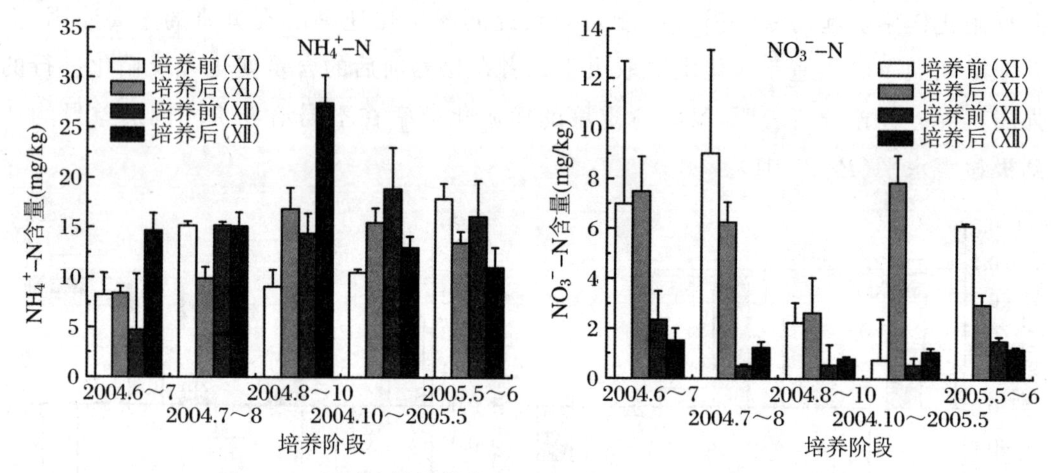


图 5.22 湿地土壤培养前后 $NH_4^+$-N 和 $NO_3^-$-N 含量变化

## 2. 土壤无机氮库、矿化/硝化速率与主要环境因子的关系

气候条件是影响土壤氮素矿化的重要因素，其中以温度和降水等因子最为重要。土壤氮素的矿化与硝化作用均是由微生物调控的生物过程，而微生物的种类、数量、种群分布及其活性又与温度、湿度等环境因素密切相关。Binkley 和 Hart 的统计研究表明，利用多种方法测得的无机氮库的季节最大值通常为最小值的 5 倍或更高。本项研究表明，尽管Ⅺ和Ⅻ土壤的 $NO_3^-$-N 含量基本上达到了上述差异（Ⅺ：12.09 倍；Ⅻ：4.68 倍），但 $NH_4^+$-N 含量的季节差异并不明显（Ⅺ：2.16 倍；Ⅻ：3.97 倍），原因可能与本项研究未在 2004 年 10 月～2005 年 5 月之间（特别是秋末、冬季和春初）取样有关。图 5.23 为研究样地月均温度和降水量的变化，据图可知，Ⅺ和Ⅻ 秋末（10～11 月）、冬季（12～2 月）和春初（3 月）的气温、地表温度及 10 cm 处土壤层地

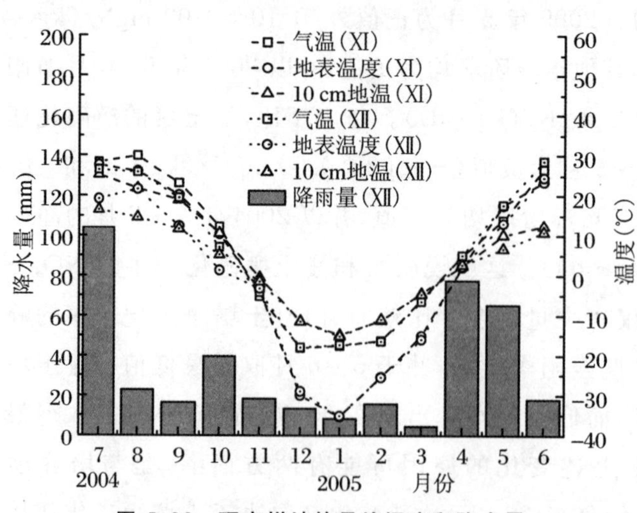


图 5.23 研究样地的月均温度和降水量

温显然均低于其他各月的相应温度。同时又由于此间二者的土壤均处于封冻状态(冻层深度介于20～150 cm之间),所以0～15 cm土壤的微生物的活性较弱,而以积雪形式累积于地表的有限降水(介于4.5～39.6 mm之间而变化不大)又几乎无法参与到土壤的矿化与硝化作用过程中,因此,此间极差的水热条件肯定会使得二者土壤中$NH_4^+$-N和$NO_3^-$-N的含量低于其他各月,其结果又会导致$NH_4^+$-N和$NO_3^-$-N季节最大值与最小值比值的增大。已有研究表明,温度和湿度对土壤氮素的矿化过程存在明显的交互作用,温暖湿润的季节有利于参与矿化与硝化作用的微生物的生存和繁殖,进而使得土壤的矿化/硝化速率高于寒冷干燥季节。但本项研究表明,在水热条件相对较好的5～9月(图5.23),Ⅺ和Ⅻ土壤的净矿化/硝化速率仍有个别时期明显低于寒冷季节,其原因一方面与此间土壤净矿化/硝化作用和生物固持的相对强弱有关,另一方面则与雨季(特别是5～6月和7月)相对较多的降水引起的反硝化气态损失有关,这在前面已有论述。此外,培养期对于二者的矿化/硝化速率也有重要影响。由于固持和矿化平衡以及微生物种群动态变化的结果,矿化/硝化速率并不随培养期呈线性关系,因此培养期长短的选择对野外培养尤为关键。本项研究第Ⅳ培养期(2004年10月～2005年5月)相对较低的矿化/硝化速率可能就与培养期较长有关。

Ⅺ和Ⅻ土壤的矿化/硝化速率还受土壤肥力、基质和酸碱状况等因素的综合影响。土壤有机质是土壤肥力的重要指标,其含量高低直接影响着矿化/硝化作用的强弱。有研究表明(Vitousek, et al., 1994)有机质含量高的土壤其矿化速率一般要高于肥力低的土壤,本研究也得出类似结果。对各培养阶段有机质含量的测定结果表明,Ⅻ土壤的有机质含量均明显高于Ⅺ(1.90～3.13倍),而许多培养阶段的矿化/硝化速率一般也是Ⅻ大于Ⅺ。土壤基质主要与C/N值以及木质素有关,而C/N值又影响着微生物对有机质的分解状况,并与矿化/硝化速率呈负相关。Strauss(2000)的进一步研究表明,湿地土壤的硝化作用在C/N<20时主要受$NH_4^+$-N可利用性的控制,而当C/N>20时主要受有机碳可利用性的控制。试验阶段,Ⅺ和Ⅻ土壤的C/N值分别为11.36±0.66和12.24±0.72,依此类推,说明二者的硝化作用基本上均受$NH_4^+$-N可利用性的控制,而$NH_4^+$-N可利用性又主要取决于土壤矿化与生物固持的相对强弱。土壤pH对矿化/硝化作用也有着重要影响,酸性较高(pH<5.0)的土壤条件下,矿化与硝化作用将会受到抑制。试验阶段,Ⅺ和Ⅻ土壤的pH分别为5.61±0.13和5.57±0.14,均呈弱酸性,说明pH在一定程度上会对二者的矿化和硝化作用过程产生一定的抑制。此外,土壤氮素的矿化与硝化作用还与土壤的其他理化指标、微生物区系、土壤中细根分解以及湿地群落演替阶段等密切相关,但要得出明确结论仍需开展进一步的研究。

### 3. 不同湿地土壤年矿化/硝化量以及供应与维持无机氮能力的对比

表5.17为Ⅺ和Ⅻ 0～15 cm土壤氮的年净矿化量和硝化量。从表中可以看出，无论是年净矿化量（Ⅺ：19.41 kg/hm$^2$；Ⅻ：5.51 kg/hm$^2$）及其占全氮的百分比（Ⅺ：0.46%；Ⅻ：0.14%）、年净硝化量（Ⅺ：4.27 kg/hm$^2$；Ⅻ：0.28 kg/hm$^2$）及其占全氮的百分比（Ⅺ：0.10%；Ⅻ：0.01%），还是净硝化量占净矿化量的百分比（%（Min））（Ⅺ：22.00%；Ⅻ：5.08%），Ⅺ均显著高于Ⅻ。已有研究表明，土壤氮的净矿化/硝化作用通常可指示土壤氮素的有效性，净矿化量高说明土壤氮素的有效性高。同时土壤的净硝化作用还可导致氮素的气态（如$N_2O$、$N_2$）损失或在物理运移过程中以$NO_3^-$-N的形式流失到其他生态系统中，净硝化量越大，氮素损失的可能性就越大。因此可通过比较不同生态系统土壤的年净矿化/硝化量来得知土壤向植物供给氮素的能力以及防止氮素损失的能力。如上所述，Ⅺ土壤的年净矿化/硝化量均显著高于Ⅻ，分别为Ⅻ的3.52倍和15.25倍，说明Ⅺ向植物供给氮素的能力要远高于Ⅻ。同时由于Ⅺ土壤的净硝化量占净矿化量的百分比也要高于Ⅻ（为Ⅻ的4.33倍），说明Ⅺ土壤矿化产生的$NH_4^+$-N转化为$NO_3^-$-N的比例要高于Ⅻ，而Ⅺ土壤中相对较高的$NO_3^-$-N含量又使得其损失的可能性较高。尽管如此，由于Ⅺ和Ⅻ土壤的颗粒组成以黏粒和粉粒为主，而较高的黏粒含量不利于无机氮的物理运移，所以Ⅺ土壤在维持无机氮素能力方面仍要相对高于Ⅻ。从这种意义上来讲，典型草甸小叶章湿地系统（Ⅺ）要比沼泽化草甸小叶章湿地系统稳定得多（Ⅻ）。

**表5.17 两类小叶章湿地生态系统氮的年净矿化/硝化量**

| 湿地类型 | 土壤容重 (g/cm$^3$) | 全N | | 年净矿化N | | 年净硝化N | | 净硝化/净矿化 |
|---|---|---|---|---|---|---|---|---|
| | | (%) | (kg/hm$^2$) | (kg/hm$^2$) | (%(TKN)) | (kg/hm$^2$) | (%(TKN)) | (%(Min)) |
| Ⅺ | 0.93±0.04 | 0.303±0.026 | 4226.85 | 19.41 | 0.46 | 4.27 | 0.10 | 22.00 |
| Ⅻ | 0.35±0.08 | 0.731±0.159 | 3837.75 | 5.51 | 0.14 | 0.28 | 0.01 | 5.08 |

表5.18为湿地生态系统（本研究）与近年来草地和森林生态系统土壤年净矿化与硝化作用部分研究结果的对比。从表中可以看出，Ⅻ的年净矿化量（5.51 kg/hm$^2$）除了显著低于Ⅺ（19.41 kg/hm$^2$）外，还远远低于吉林羊草草地（31.1 kg/hm$^2$）、北京油松针阔混交林（55.5 kg/hm$^2$）以及威斯康星州和康涅狄格州的几种油松纯林（51 kg/hm$^2$和84 kg/hm$^2$），只相当于它们的1/10～1/6，而Ⅺ的年净矿化量则与北京油松纯林（22.7 kg/hm$^2$）相当。比较净硝化量占净矿化量的百分比还可以看出，本项研究的两种小叶章湿地均远远低于羊草草地生态系统和各种油松森林生态系统，说明典型草甸小叶章湿地（Ⅺ）和沼泽化草甸小叶章湿地（Ⅻ）土壤向植物提供有效氮的能力一般要明显低于草地生态系统和森林生态系统。尽管氮素一般均为湿地、草地

和森林生态系统植物光合作用和初级生产过程中最受限制的元素，但其对于湿地（Ⅺ、Ⅻ）的限制程度一般要明显高于草地和森林生态系统。同时，Ⅺ和Ⅻ相对较低的百分比（%（Min））还表明湿地生态系统有机氮矿化/硝化作用产生的无机氮中的 $NO_3^-$-N 比例明显要低于草地和森林生态系统，说明两种小叶章湿地系统对于N的保存相对于草地和森林生态系统而言是非常有效的，而这对于保证其有效氮不流失到系统之外有着极为重要的生态学意义。

**表 5.18 湿地、草地和森林生态系统土壤氮年净矿化量的对比**

单位：kg/(hm² · a)

| 类型 | 地点 | 植被类型 | 方法 | 土壤深度 | 年净矿化量 | %(Min) | 参考文献 |
|---|---|---|---|---|---|---|---|
| 湿地生态系统 | 三江平原 | Calamagrostis angustifolia（Ⅺ，Ⅻ） | PVC管顶盖埋管培育法 | 0～15 cm | 19.41 | 22.00 | 本研究 |
| | | | | | 5.51 | 5.08 | |
| 草地生态系统 | 吉林省 | Leymus chinensis | | 0～10 cm | 31.1 | — | 李玉中等(2000) |
| 森林生态系统 | 北京 | Pinus tabulaeformis | | 0～15 cm | 22.7 | 100 | 苏波等(2001) |
| | | P. tabulaeformis Quercus wutaishanica | | | 55.5 | 80.2 | |
| | Wisconsin, USA | P. resinosa | 埋袋法 | 0～20 cm | 51 | 63 | Gower 等(1992) |
| | Connecticut, USA | P. strobus | 树脂芯法 | 0～20 cm | 84 | 80 | Brinkley 等(1991) |

## 四、土壤氮素的反硝化作用过程

### 1. 湿地土壤的反硝化活性

图 5.24 为草甸沼泽土和腐殖质沼泽土不同土层的反硝化活性随时间的变化。从图中可以看出，各土层反硝化活性的变化趋势基本一致，均随培养时间的延长而逐渐增加。培养 4 天后，草甸沼泽土和腐殖质沼泽土 0～10 cm、10～20 cm、20～30 cm 土层的反硝化率就已达到较高值。其中前者三层土壤的反硝化率以 10～20 cm 土层最高(76.89%)，而其他两土层也分别高达 39.50%和 45.04%。与之相比，后者三层土壤的反硝化率均明显高于前者的相应土层，其值介于 99.23～99.70 之间而差别不

大。这就说明腐殖质沼泽土0～30 cm土层的反硝化活性非常强，培养4天就基本上可使加入的硝态氮损失完全。从第4天到培养结束，草甸沼泽土除10～20 cm、20～30 cm土层反硝化率的增长趋势较为明显（分别增长23.04%和11.17%）外，0～10 cm土层的变化并不明显，仅增加6.00%。由于腐殖质沼泽土前三层土壤的反硝化率在第4天就高达99%以上，所以其在培养阶段一直变化不大。比较而言，草甸沼泽土和腐殖质沼泽土自30 cm向下各土层的反硝化率在相同培养阶段均差别不大，并且不同培养阶段其值的增长趋势也并不明显。从第4天到培养结束，30～40 cm、40～50 cm、50～60 cm、60～70 cm、70～80 cm土层的反硝化率分别仅增加4.78%、4.45%、4.21%、4.10%和3.89%。总之，腐殖质沼泽土各土层的反硝化率在各培养阶段一般要高于草甸沼泽土的相应土层，其中前者0～10 cm、10～20 cm、20～30 cm、30～40 cm土层的反硝化率一般为后者相应土层的2.20～2.47倍、1.00～1.30倍、1.76～2.21倍和1.06～1.24倍，而自40 cm向下各土层的反硝化率又多以前者稍高。

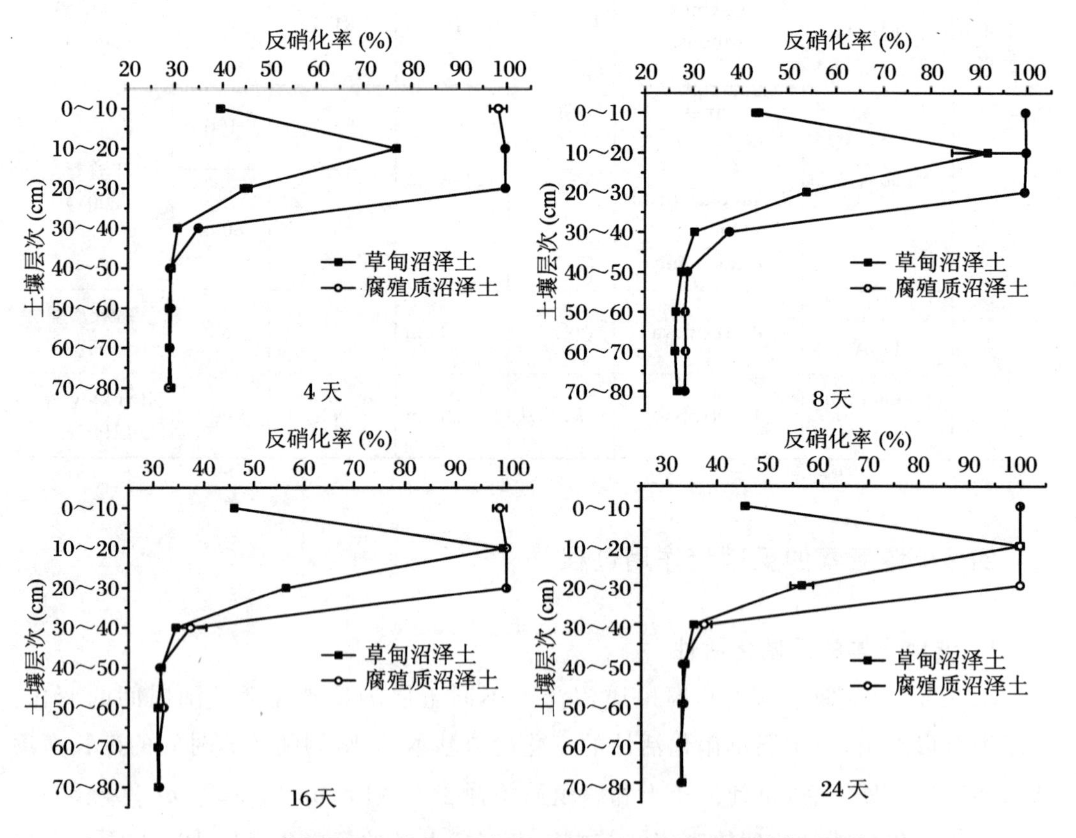


图 5.24 草甸沼泽土和腐殖质沼泽土不同土层反硝化活性的时空分异

草甸沼泽土和腐殖质沼泽土各土层的反硝化率在各培养阶段均具有较为一致的

剖面分异特征，前者 0～20 cm 土层的反硝化率均呈骤然增加趋势，而后者的相应土层则无明显变化。自 20 cm 向下，两种土壤各土层的反硝化率均呈逐渐降低趋势，其中 20～40 cm 土层骤减明显，而 40 cm 向下则呈平稳变化。培养 24 天后，草甸沼泽土和腐殖质沼泽土 10～20 cm 土层的反硝化率分别高达 99.3%和 99.9%，显著高于 40 cm 以下各土层的反硝化率(60%以上)。总的来说，草甸沼泽土和腐殖质沼泽土 20 cm 以下各土层的剖面分布特征与其有机质、TN 和 TP 含量的分布特征较为一致。其中前者的反硝化率在各培养阶段均与其黏粒和容重呈一定的负相关(表 5.19)，与粉粒、砂粒和 pH 呈一定的正相关，而与有机质、TN 和 TP 含量则呈显著正相关($P<0.05$)。与之相比，后者的反硝化率在各培养阶段均与容重呈极显著负相关($P<0.01$)，与黏粒呈显著负相关($P<0.01$)，而与粉粒、有机质和 TN 含量则呈显著正相关($P<0.05$)，其反硝化率虽然与砂粒和 pH 存在一定的相关性，但均未达到显著水平($P>0.05$)。一般而言，质地黏重的土壤易造成嫌气状态，进而有利于土壤反硝化活性的提高。而这一机制可能是导致腐殖质沼泽土 0～40 cm 土层的反硝化活性明显高于草甸沼泽土的一个重要原因。尽管草甸沼泽土 40 cm 以下各土层的黏粒含量一般要高于腐殖质沼泽土，但其反硝化活性一般要略低于腐殖质沼泽土，原因可能与二者相应土层中反硝化细菌分布和反硝化酶活性的差异有关。此外，导致下层土壤的反硝化活性明显低于上层土壤的原因可能也与反硝化酶活性自表层向下逐渐降低的剖面分布有关。

**表 5.19 草甸沼泽土和腐殖质沼泽土反硝化率与土壤理化性质的关系**

| 反硝化率 | 黏粒 | 粉粒 | 砂粒 | 容重 | pH | 有机质 | TN | TP |
|---|---|---|---|---|---|---|---|---|
| $^{A}$反硝化率$_{4}$ | −0.657 | 0.660 | 0.295 | −0.480 | 0.441 | 0.772* | 0.753* | 0.773* |
| $^{B}$反硝化率$_{4}$ | −0.746* | 0.717* | 0.647 | −0.853** | −0.669 | 0.715* | 0.715* | 0.697 |
| $^{A}$反硝化率$_{8}$ | −0.702 | 0.706 | 0.301 | −0.487 | 0.410 | 0.777* | 0.759* | 0.786* |
| $^{B}$反硝化率$_{8}$ | −0.755* | 0.725* | 0.655 | −0.859** | −0.669 | 0.722* | 0.723* | 0.701 |
| $^{A}$反硝化率$_{16}$ | −0.671 | 0.676 | 0.287 | −0.469 | 0.441 | 0.763* | 0.744* | 0.768* |
| $^{B}$反硝化率$_{16}$ | −0.747* | 0.719* | 0.648 | −0.859** | −0.669 | 0.715* | 0.716* | 0.698 |
| $^{A}$反硝化率$_{24}$ | −0.645 | 0.650 | 0.273 | −0.450 | 0.456 | 0.746* | 0.727* | 0.749* |
| $^{B}$反硝化率$_{24}$ | −0.749* | 0.718* | 0.656 | −0.855** | −0.662 | 0.722* | 0.723* | 0.706 |

注：A，草甸沼泽土；B，腐殖质沼泽土。*，0.05 水平上显著相关；**，0.01 水平上显著相关。$n=8$。

**2. 湿地土壤的反硝化能力**

本项研究以硝态氮的净累积损失量来表征土壤的反硝化能力。图 5.25 为草甸沼泽土和腐殖质沼泽土各土层在不同培养阶段反硝化能力及其对氮损失贡献率的对比。据图可知,腐殖质沼泽土各土层的反硝化能力在各培养阶段一般要高于草甸沼泽土的相应土层,并且二者上层土壤的反硝化能力均明显高于下层土壤。就草甸沼泽土而言,其 0～10 cm、10～20 cm、20～30 cm 土层的反硝化能力在各土层中最强,培养 4 天后,其硝态氮净累积损失量分别高达 197.6 mg/kg、384.5 mg/kg 和 225.3 mg/kg,而从第 4 天到培养结束,以 10～20 cm 土层净累积损失量的增幅最为明显(111.4 mg/kg),0～10 cm 和 20～30 cm 土层次之(30.0 mg/kg 和 58.7 mg/kg),其他土层则介于 19.5～23.9 mg/kg 之间而差别不大。与之相比,腐殖质沼泽土 0～10 cm、10～20 cm、20～30 cm 土层的反硝化能力也最强,培养 4 天后,其硝态氮净累积损失量就分别高达 491.4 mg/kg、498.5 mg/kg 和 498.6 mg/kg,而从第 4 天到培养结束,各土层的净累积损失量除 0～10 cm、10～20 cm、20～30 cm 土层的增幅不大(分别为 8.78 mg/kg、1.62 mg/kg 和 1.53 mg/kg)外,其他土层均变化较大,其值介于

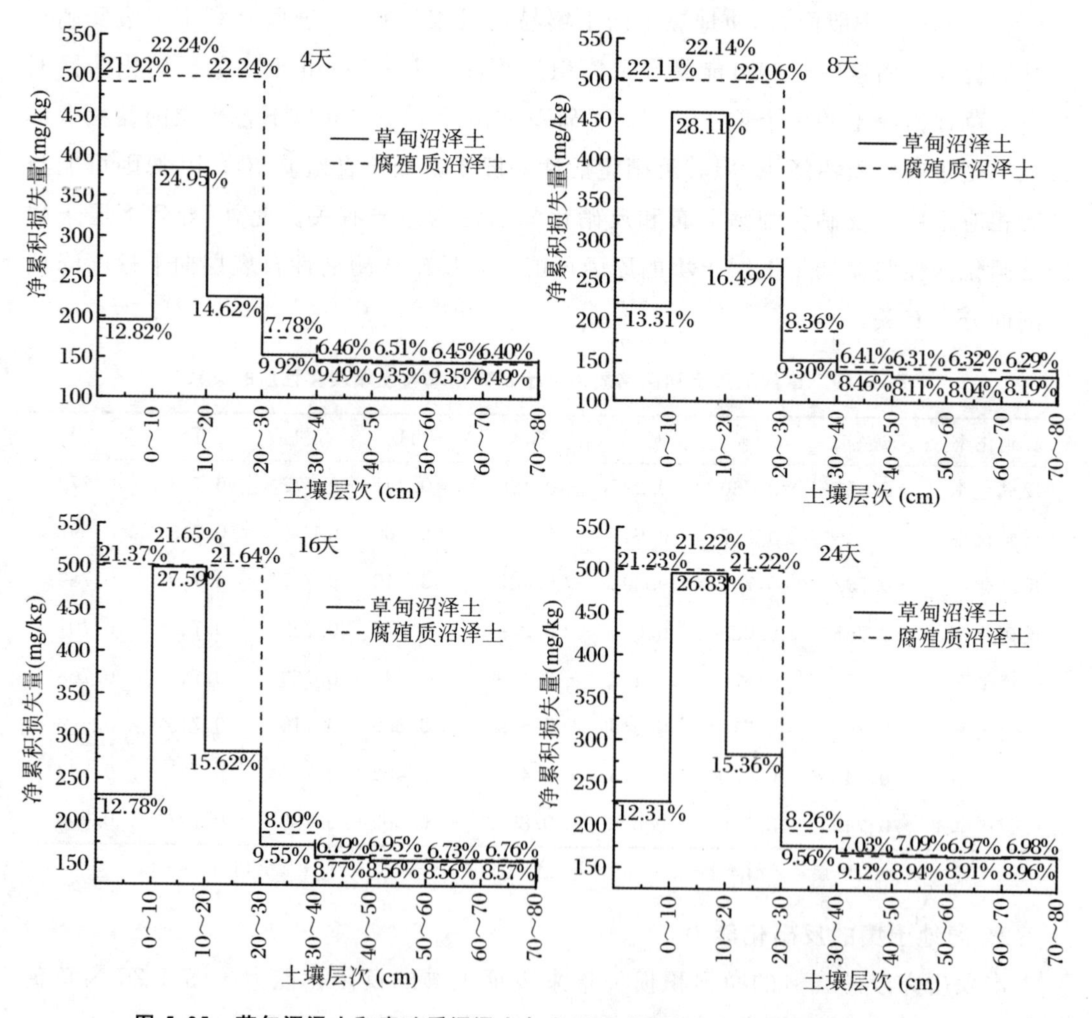


图 5.25 草甸沼泽土和腐殖质沼泽土各土层反硝化能力及其对氮损失的贡献率

18.2～20.9 mg/kg之间而较为接近。此外，不同培养阶段各土层对氮损失的贡献率也存在较为明显的剖面分异。草甸沼泽土和腐殖质沼泽土0～10 cm、10～20 cm、20～30 cm土层对各培养阶段氮损失的贡献率均较高，培养4天后，三者的贡献率之和分别高达52.39%和66.40%，而其他各土层的贡献率均较低，其值分别介于9.35%～9.92%和6.40%～7.78%之间而差别不大。从第4天到培养结束，二者0～10 cm、10～20 cm、20～30 cm土层对各培养阶段氮损失的贡献率之和一直均较高，其值分别介于54.50%～57.91%和63.67%～66.31%之间而变化较小，而其他土层对氮损失的贡献率在各培养阶段一直均较低，其变幅一般不超过1.5%。

**3. 湿地土壤的反硝化速率**

图5.26为草甸沼泽土和腐殖质沼泽土各土层反硝化速率的时空分异。据图可知，两种土壤各土层的反硝化速率（$D_R$）均随时间（$T$）的延长呈一阶指数衰减曲线变化（表5.20），且$R^2$大多在0.98以上。其中草甸沼泽土各土层的反硝化速率在各培养阶段均以10～20 cm土层较高，0～10 cm和20～30 cm土层次之，其他土层较低且比较相近。与之相比，腐殖质沼泽土0～10 cm、10～20 cm、20～30 cm土层的反硝化速率在各培养阶段均差别不大，但均明显高于30 cm以下各土层的相应数值。比较而言，腐殖质沼泽土除40 cm以上各土层特别是0～10 cm、20～30 cm土层在各培养阶段的反硝化速率明显高于草甸沼泽土外，40 cm以下各土层的反硝化速率近乎相等。这也说明两种土壤的反硝化活性除40 cm以上各土层差异较大外，其他土层的反硝化活性基本一致。相关分析表明，草甸沼泽土的反硝化速率与其黏粒和容重呈一定的负相关，而与有机质、TN和TP含量则呈显著正相关（$P<0.05$）（表5.21）。与之相比，腐殖质沼泽土的反硝化速率与其容重呈极显著负相关（$P<0.01$），与黏粒含量呈显著负相关（$P<0.05$），而与粉粒、有机质和TN含量则呈显著正相关（$P<0.05$）。可见，两种土壤各土层中的TN和有机质等作为反硝化作用进行所必需的氮源、碳源和反应基质显著影响着其反硝化速率的高低。上层土壤较高的TN、TP和有机质含量也是导致其反硝化速率明显高于下层土壤的重要原因，而土壤质地、容重和pH对其也有重要影响。此外，反硝化细菌的剖面分布及其活性可能对两种土壤不同土层反硝化速率的影响更为深刻。

表5.22为24天培养期内不同土层反硝化速率的变幅及其均值。据表可知，草甸沼泽土各土层的反硝化速率均值介于17.2～51.3 mg/(kg・d)之间，而腐殖质沼泽土则在17.5～59.8 mg/(kg・d)范围内变化。根据各土层的容重和反硝化速率可估算出两种土壤单位面积80 cm土体中硝态氮的最大损失量分别为49.86 gN/($m^2$・d)和59.66 gN/($m^2$・d)，最小损失量分别为9.86 gN/($m^2$・d)和10.69 gN/($m^2$・d)。

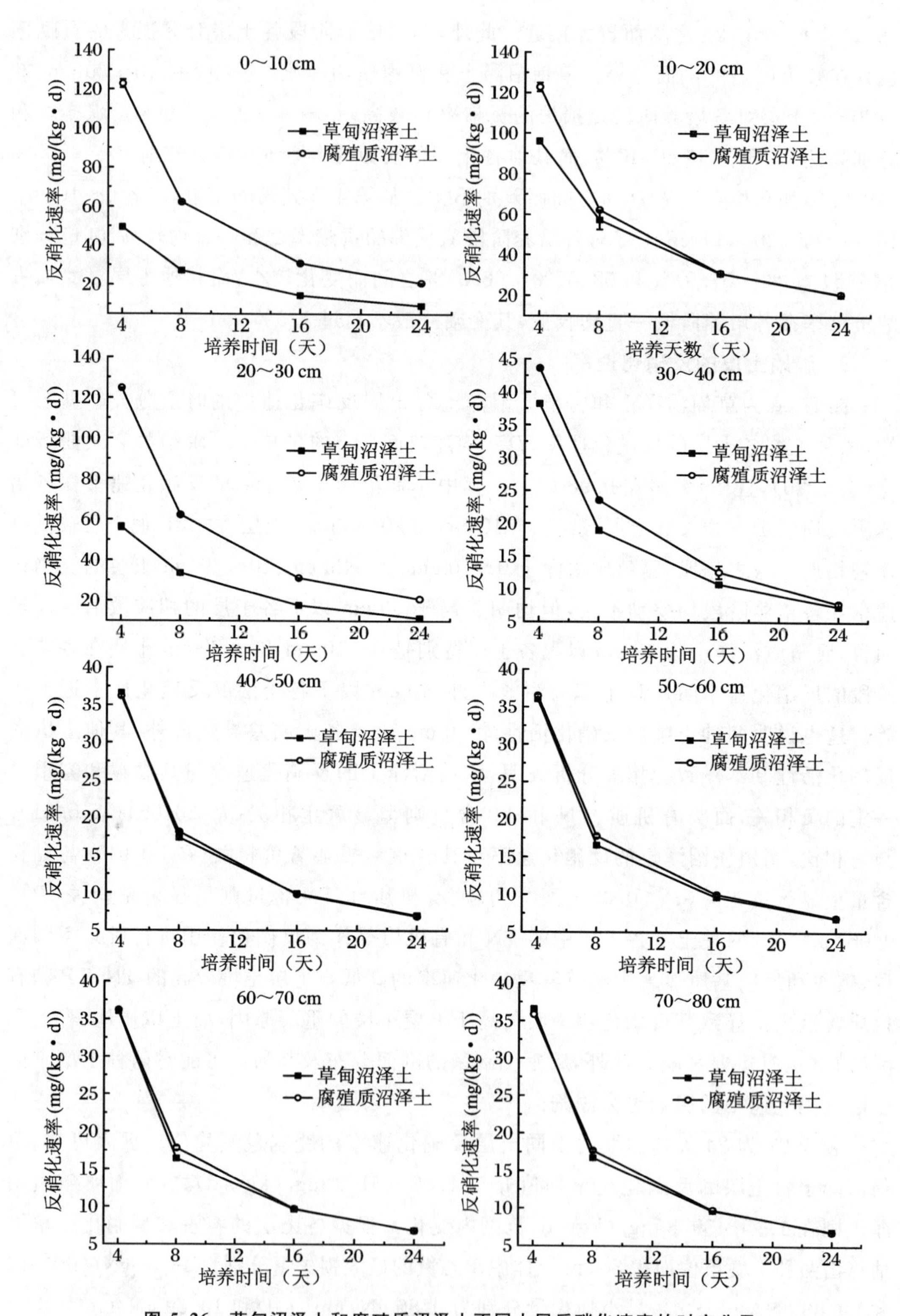


图 5.26 草甸沼泽土和腐殖质沼泽土不同土层反硝化速率的时空分异

**表 5.20　草甸沼泽土和腐殖质沼泽土反硝化速率随时间变化的模拟模型**

| 草甸沼泽土(cm) | 一阶指数衰减模型 | $R^2$ | 腐殖质沼泽土(cm) | 一阶指数衰减模型 | $R^2$ |
|---|---|---|---|---|---|
| 0～10 | $D_R=71.393e^{-T/7.000}+7.130$ | 0.992 | 0～10 | $D_R=199.895e^{-T/5.266}+18.745$ | 0.999 |
| 10～20 | $D_R=149.664e^{-T/5.996}+19.001$ | 0.998 | 10～20 | $D_R=243.259e^{-T/4.560}+21.380$ | 0.998 |
| 20～30 | $D_R=76.474e^{-T/7.026}+9.681$ | 0.996 | 20～30 | $D_R=253.386e^{-T/4.429}+21.652$ | 0.998 |
| 30～40 | $D_R=63.155e^{-T/5.646}+6.880$ | 0.995 | 30～40 | $D_R=81.084e^{-T/4.984}+7.287$ | 0.999 |
| 40～50 | $D_R=67.231e^{-T/4.832}+7.090$ | 0.997 | 40～50 | $D_R=48.720e^{-T/6.236}+5.901$ | 0.984 |
| 50～60 | $D_R=58.023e^{-T/5.482}+6.297$ | 0.976 | 50～60 | $D_R=67.600e^{-T/4.832}+6.501$ | 0.993 |
| 60～70 | $D_R=34.007e^{-T/7.648}+5.463$ | 0.967 | 60～70 | $D_R=63.009e^{1-T/5.402}+6.101$ | 0.999 |
| 70～80 | $D_R=52.008e^{-T/5.129}+6.433$ | 0.978 | 70～80 | $D_R=75.466e^{-T/4.101}+7.313$ | 0.997 |

**表 5.21　草甸沼泽土和腐殖质沼泽土反硝化速率与土壤理化性质的关系**

| 反硝化速率 | 黏粒 | 粉粒 | 砂粒 | 容重 | pH | 有机质 | TN | TP |
|---|---|---|---|---|---|---|---|---|
| $^A$反硝化速率$_4$ | −0.657 | 0.660 | 0.295 | −0.479 | 0.442 | 0.772* | 0.753* | 0.773* |
| $^B$反硝化速率$_4$ | −0.746* | 0.717* | 0.647 | −0.853** | −0.669 | 0.715* | 0.715* | 0.698 |
| $^A$反硝化速率$_8$ | −0.702 | 0.706 | 0.301 | −0.487 | 0.410 | 0.777* | 0.759* | 0.786* |
| $^B$反硝化速率$_8$ | −0.755* | 0.726* | 0.622 | −0.859** | −0.699 | 0.722* | 0.723* | 0.702 |
| $^A$反硝化速率$_{16}$ | −0.672 | 0.676 | 0.288 | −0.470 | 0.440 | 0.764* | 0.745* | 0.769* |
| $^B$反硝化速率$_{16}$ | −0.751* | 0.724* | 0.645 | −0.856** | −0.673 | 0.715* | 0.715* | 0.694 |
| $^A$反硝化速率$_{24}$ | −0.634 | 0.638 | 0.275 | −0.448 | 0.465 | 0.746* | 0.726* | 0.747* |
| $^B$反硝化速率$_{24}$ | −0.749* | 0.718* | 0.656 | −0.856** | −0.661 | 0.723* | 0.723* | 0.707 |

注:A,草甸沼泽土;B,腐殖质沼泽土。*,0.05 水平上显著相关;**,0.01 水平上显著相关。$n=8$。

**表 5.22　24 天培养期内草甸沼泽土和腐殖质沼泽土的反硝化速率**

| 项目 | 土壤层次(cm) | | | | | | | |
|---|---|---|---|---|---|---|---|---|
| | 0～10 | 10～20 | 20～30 | 30～40 | 40～50 | 50～60 | 60～70 | 70～80 |
| 范围$^A$ | 9.3～49.4 | 20.7～96.1 | 11.4～56.3 | 7.4～38.2 | 7.0～36.6 | 6.9～36.1 | 6.9～36.1 | 6.9～36.6 |
| 均值$^A$ | 25.1±17.9 | 51.3±33.6 | 29.7±20.1 | 18.8±13.8 | 17.7±13.3 | 17.3±13.2 | 17.2±13.2 | 17.5±13.4 |
| 范围$^B$ | 20.8～122.9 | 20.8～124.6 | 20.8～124.6 | 7.8～43.6 | 6.9～36.2 | 7.0～36.5 | 6.8～36.2 | 6.9～35.8 |
| 均值$^B$ | 59.2±45.9 | 59.8±46.7 | 59.7±46.7 | 21.9±15.9 | 17.7±13.2 | 17.8±13.3 | 17.6±13.2 | 17.5±13.0 |

注:A,草甸沼泽土;B,腐殖质沼泽土。均值±S.D.。

# 第三节　湿地土壤硫的迁移和转化过程

## 一、湿地土壤 $SO_4^{2-}$ 的吸附/解吸特征

### 1. 不同层次土壤 $SO_4^{2-}$ 的吸附等温曲线

两种小叶章湿地不同层次土壤对 $SO_4^{2-}$ 的等温吸附曲线如图 5.27 和图 5.28 所示，随着平衡浓度的增加，不同层次土壤对 $SO_4^{2-}$ 的吸附量呈显著上升趋势，但吸附量在不同土壤层次之间增加的幅度不一样。二者不同层次土壤对 $SO_4^{2-}$ 的等温吸附均可用 Langmuir 方程、Freundrich 方程和 Temkin 方程表示，相关系数均达到显著水平(表 5.23)。从 Langmuir 方程给出的最大吸附量($X_m$)来看，$SO_4^{2-}$ 在小叶章湿草甸和小叶章沼泽化草甸土壤上的吸附具有一致的规律，均为沿着剖面从上到下吸附量逐渐增加。但统计分析表明，两种类型的小叶章土壤之间其最大吸附量没有显著差异，在同种类型的不同层次土壤间其最大吸附量也没有显著差异。土壤的理化性质是影响土壤吸附能力的重要因素，不同土壤层次最大吸附量与土壤黏粒含量相关分析表明，其最大吸附量和土壤黏粒含量呈正相关关系，在小叶章湿草甸和小叶章

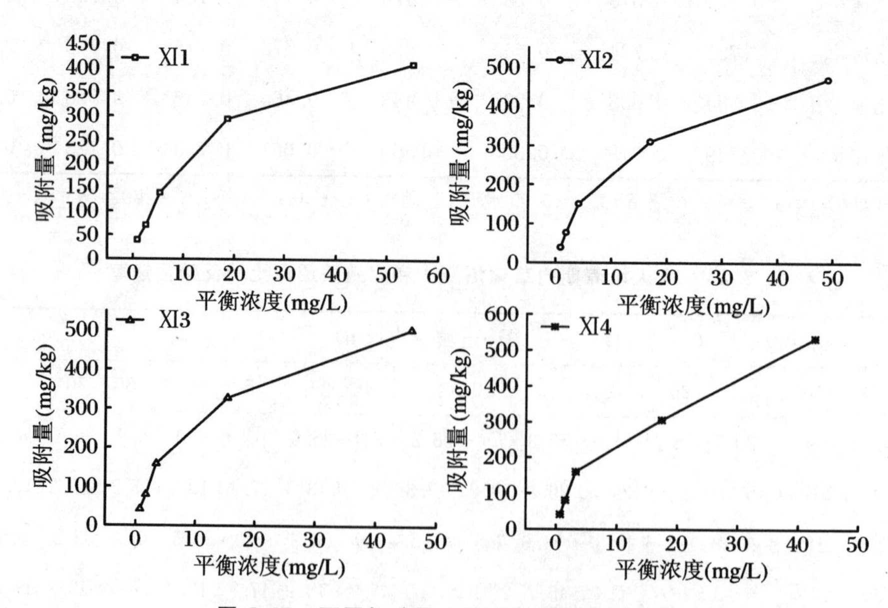


图 5.27　不同加硫量土壤硫的等温吸附曲线

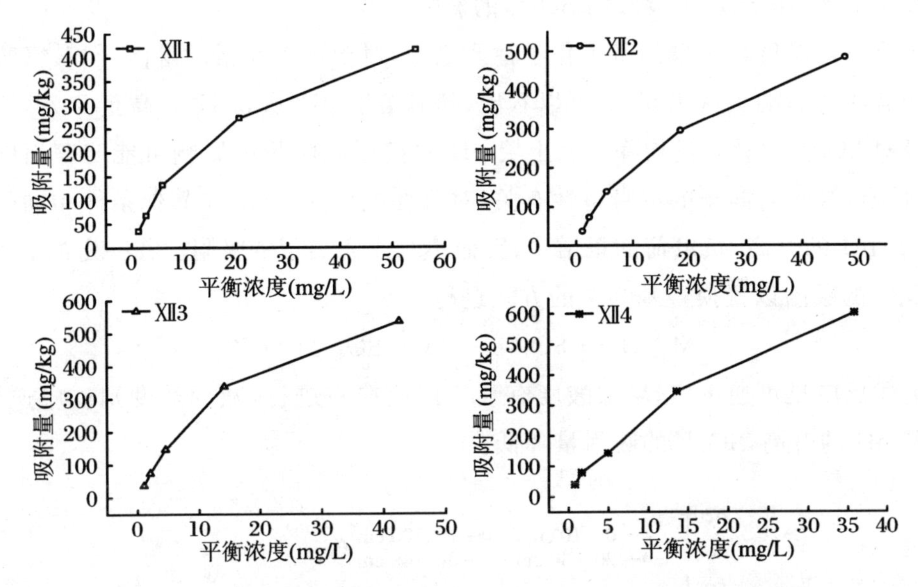


**图 5.28　小叶章沼泽化草甸不同土壤层次对 $SO_4^{2-}$ 的等温吸附曲线**

沼泽化草甸土壤中二者的相关系数分别为 $r=0.914$ 和 $r=0.975$，后者在 $P=0.05$ 水平上达到了显著水平。有机质含量的相关分析表明，最大吸附量和土壤有机质含量呈负相关关系，这是因为有机土 Langmuir 方程：$1/X=1/X_m+k/C$；Freundrich 方程：$X=kC^{1/a}$；Temkin 方程：$X=a+k\lg C$，变负电荷为正贡献，其中 $X$ 为吸附量(mg/kg)，$C$ 为平衡浓度(mg/L)，$X_m$ 为最大吸附量(mg/kg)，$k$、$a$ 为方程式常数，对 $SO_4^{2-}$ 的吸附为负贡献。在两种湿地类型中，二者的相关系数分别为 $r=-0.930$ 和 $r=-0.942(P=0.05)$，后者在 $P=0.05$ 水平上达到了显著水平。由此可以看出土壤黏粒和有机质含量对小叶章沼泽化草甸土壤对 $SO_4^{2-}$ 吸附的影响较大。

**表 5.23　小叶章湿地不同土壤层次 $SO_4^{2-}$ 等温吸附方程及其参数**

| 土壤层次 | Langmuir 方程 | | | Freundrich 方程 | | | Temkin 方程 | | |
|---|---|---|---|---|---|---|---|---|---|
| | $X_m$ | $k$ | $R^2$ | $k$ | $a$ | $R^2$ | $k$ | $a$ | $R^2$ |
| XⅠ1 | 510.20 | 0.0737 | 0.993 | 0.0609 | 2.059 | 0.970 | 0.218 | 0.012 | 0.961 |
| XⅠ2 | 588.24 | 0.0771 | 0.996 | 0.0685 | 1.995 | 0.984 | 0.252 | 0.019 | 0.981 |
| XⅠ3 | 617.28 | 0.0884 | 0.994 | 0.0772 | 2.016 | 0.985 | 0.261 | 0.039 | 0.975 |
| XⅠ4 | 641.03 | 0.0872 | 0.946 | 0.0691 | 1.847 | 0.991 | 0.259 | 0.049 | 0.937 |
| XⅡ1 | 568.18 | 0.0485 | 0.997 | 0.0465 | 1.805 | 0.988 | 0.239 | −0.025 | 0.971 |
| XⅡ2 | 684.93 | 0.0474 | 0.989 | 0.0490 | 1.676 | 0.995 | 0.274 | −0.019 | 0.952 |
| XⅡ3 | 793.65 | 0.0493 | 0.998 | 0.0629 | 1.728 | 0.979 | 0.318 | −0.014 | 0.966 |
| XⅡ4 | 925.93 | 0.0481 | 0.923 | 0.0565 | 1.505 | 0.995 | 0.329 | 0.012 | 0.902 |

**2. pH 对不同层次土壤吸附 $SO_4^{2-}$ 的影响**

土壤的酸碱度是土壤的基本化学性质之一，对土壤中元素的淋溶迁移、富集和释放等均有明显影响。从图 5.29 可以看出，随着溶液 pH 从 3.41 升高至 5.74，不同层次土壤对 $SO_4^{2-}$ 的吸附量均降低。土壤 pH 对离子吸附量的影响可能与表面电荷的数量、性质，被吸附离子的本身特性有关，对可变电荷的胶体，在其他条件相同的情况下，随着 pH 的升高，负电荷的量增多，因而不利于阴离子的吸附。在一定的 pH 范围内，$SO_4^{2-}$ 的吸附以置换羟基为主的方式进行：

$$M—OH + SO_4^{2-} \rightleftharpoons M—SO_4^{-} + OH^{-}$$

上述反应是可逆反应，增加酸度有利于反应向右进行，减少酸度则反应逆转，因此随着 pH 的升高，$SO_4^{2-}$ 的吸附量降低。

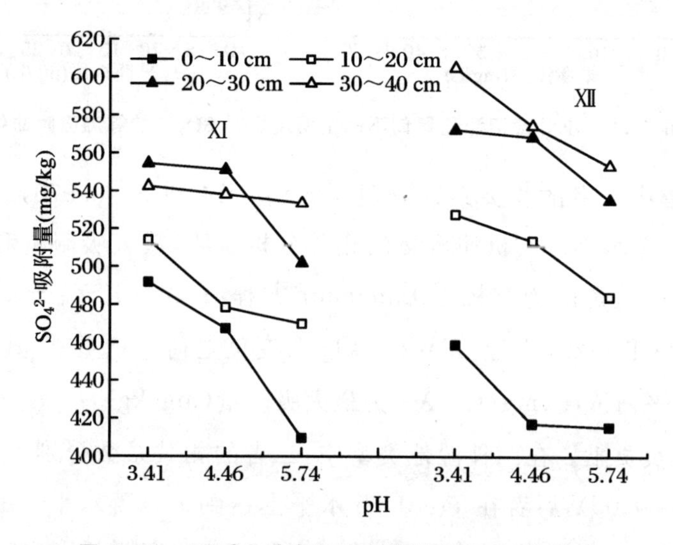


图 5.29 pH 对小叶章湿地土壤吸附 $SO_4^{2-}$ 的影响

**3. 湿地不同层次土壤 $SO_4^{2-}$ 的解吸特征**

表 5.24 指出了吸附在土壤上的 $SO_4^{2-}$ 被解吸的结果，由表中数据可知，随着 $SO_4^{2-}$ 加入量的增加，吸附量均增加，解吸量也增加，但吸附率和解吸率却与此相反，这表明土壤的吸附和解吸能力都存在一个平台，即存在最大吸附量和解吸量。比较同一土壤层次的吸附率和解吸率发现，同一土壤层次的吸附率均高于解吸率，这表明土壤对 $SO_4^{2-}$ 的吸附能力高于解吸能力，这对于延迟土壤的酸化具有一定的意义。在同一湿地类型的不同层次土壤间，当加入 $SO_4^{2-}$ 的量相同时，吸附量和解吸量均随着土层深度的增加而增加，这表明土壤中吸附 $SO_4^{2-}$ 的解吸和土壤性质密切相关。

表 5.24 小叶章湿地不同土壤层次吸附 $SO_4^{2-}$ 的解吸状况

| 项目 | 小叶章湿草甸土壤层编号 | | | | | | | | | | | |
|---|---|---|---|---|---|---|---|---|---|---|---|---|
| | Ⅰ1 | | | Ⅰ2 | | | Ⅰ3 | | | Ⅰ4 | | |
| 加入量(mg/kg) | 480 | 192 | 96 | 480 | 192 | 96 | 480 | 192 | 96 | 480 | 192 | 96 |
| 吸附量(mg/kg) | 293.91 | 138.3 | 70.59 | 310.46 | 150.79 | 77.32 | 326.74 | 157.1 | 78.86 | 305.98 | 159.85 | 80.99 |
| 吸附率(%) | 61.23 | 72.03 | 73.53 | 64.68 | 78.54 | 80.54 | 68.07 | 81.82 | 82.15 | 63.75 | 83.26 | 84.36 |
| 解吸量(mg/kg) | 72.6 | 56.38 | 40.52 | 52.6 | 43.52 | 24.21 | 42.3 | 24.66 | 16.13 | 41.76 | 22.42 | 8.81 |
| 解吸率(%) | 24.7 | 40.77 | 57.4 | 16.94 | 28.86 | 31.31 | 12.95 | 15.7 | 20.45 | 13.65 | 14.03 | 10.88 |
| 项目 | 小叶章沼泽化草甸土壤层编号 | | | | | | | | | | | |
| | Ⅱ1 | | | Ⅱ2 | | | Ⅱ3 | | | Ⅱ4 | | |
| 加入量(mg/kg) | 480 | 192 | 96 | 480 | 192 | 96 | 480 | 192 | 96 | 480 | 192 | 96 |
| 吸附量(mg/kg) | 272.14 | 132.24 | 68 | 295.01 | 137.96 | 72.68 | 338.05 | 146.29 | 74.96 | 344.4 | 142.63 | 79.60 |
| 吸附率(%) | 56.70 | 68.88 | 70.83 | 61.46 | 71.85 | 75.71 | 70.43 | 76.19 | 78.08 | 71.75 | 74.29 | 82.92 |
| 解吸量(mg/kg) | 77.89 | 63.98 | 44.02 | 54.64 | 36.07 | 22.41 | 39.53 | 29.2 | 12.52 | 31.50 | 15.23 | 9.84 |
| 解吸率(%) | 28.62 | 48.38 | 64.74 | 18.52 | 26.15 | 30.83 | 11.69 | 19.96 | 16.69 | 9.15 | 10.68 | 12.36 |

## 二、沼泽湿地土壤有机硫矿化特征及矿化量估算

### 1. 土壤有机硫的矿化量

20 ℃下连续培养 14 周后,两种小叶章湿地土壤有机硫累计矿化量及其占有机硫的比例见表 5.25。由表 5.25 可知,小叶章湿草甸和小叶章沼泽化草甸土壤有机硫的矿化量分别为 9.61 mg/kg 和 6.73 mg/kg,分别占有机硫的 1.83%和 0.58%。

表 5.25 培养 14 周不同小叶章湿地土壤有机硫累计矿化量

| 类型 | 累计矿化量(mg/kg) | 有机硫含量(mg/kg) | 占有机硫的比例(%) |
|---|---|---|---|
| 小叶章湿草甸 | 9.61 | 526.14 | 1.83 |
| 小叶章沼泽化草甸 | 6.73 | 1157.15 | 0.58 |

土壤硫的矿化与土壤中某些有机硫组分有关，酯键硫被认为是比较活跃的部分，碳键硫可以转变为酯键硫而后被矿化。连续培养14周后，各形态有机硫的矿化量如表5.26所示。从表5.26可以看出，土壤有机硫各组分都有不同程度的矿化，其中以酯键硫的矿化量最大，小叶章湿草甸酯键硫的矿化量为4.23 mg/kg，占矿化量的比例为44.02%，小叶章沼泽化草甸酯键硫的矿化量为3.17 mg/kg，占矿化量的比例为47.10%；其次矿化较大的为碳键硫，小叶章湿草甸和沼泽化草甸的矿化量分别为3.79 mg/kg和2.47 mg/kg，占有机硫矿化量的比例分别为39.44%和36.70%；未知态硫是有机硫中不活跃的部分，矿化量较小，两种类型的小叶章湿地土壤的矿化量分别为1.59 mg/kg和1.09 mg/kg，占有机硫矿化量的比例分别为16.55%和16.20%，可见在本研究中未知态硫的矿化尽管很小，但也是植物可以利用的部分，其矿化也不容忽视。比较小叶章湿草甸和小叶章沼泽化草甸二者之间土壤有机硫的矿化量，可知小叶章湿草甸土壤有机硫的累计矿化量和各形态硫的矿化量均高于小叶章沼泽化草甸。小叶章湿草甸较高的矿化量可能与其土壤持水量低于小叶章沼泽化草甸有关，淹水不利于有机硫的矿化。

**表5.26　培养14周后土壤有机硫各组分的矿化量及其所占的相应比例**

| 有机硫组分 | 项目 | 小叶章湿草甸 | 小叶章沼泽化草甸 |
|---|---|---|---|
| 酯键硫 | 培养前含量(mg/kg) | 161.13 | 299.97 |
| | 矿化量(mg/kg) | 4.23 | 3.17 |
| | 占酯键硫的比例(%) | 2.63 | 1.06 |
| | 占矿化总量的比例(%) | 44.02 | 47.10 |
| 碳键硫 | 培养前含量(mg/kg) | 238.06 | 469.88 |
| | 矿化量(mg/kg) | 3.79 | 2.47 |
| | 占碳键硫的比例(%) | 1.59 | 0.53 |
| | 占矿化总量的比例(%) | 39.44 | 36.70 |
| 未知态硫 | 培养前含量(mg/kg) | 126.95 | 387.30 |
| | 矿化量(mg/kg) | 1.59 | 1.09 |
| | 占未知态硫的比例(%) | 1.25 | 0.28 |
| | 占矿化总量的比例(%) | 16.55 | 16.20 |

**2. 土壤有机硫矿化特征曲线**

两种类型小叶章湿地土壤有机硫的矿化量和培养时间之间符合曲线关系(图5.30)。由图5.30可知培养前期有机硫的矿化量较大，小叶章湿草甸和小叶章沼泽化草甸培养前两周的矿化量分别占总矿化量的48.70%和51.41%；培养4周后，二者土壤有机硫的矿化量在总矿化量中所占的比例分别为69.09%和59.88%；培养后期有机硫矿化量相对较低，这可能与前期矿化的无机硫抑制了有机硫的再矿化有关，有研究表明在后期甚至出现矿化量小于固持量的情况。在14周的培养过程中，均有小叶章湿草甸土壤有机硫的矿化量高于小叶章沼泽化草甸，其原因还有待进一步深入研究。

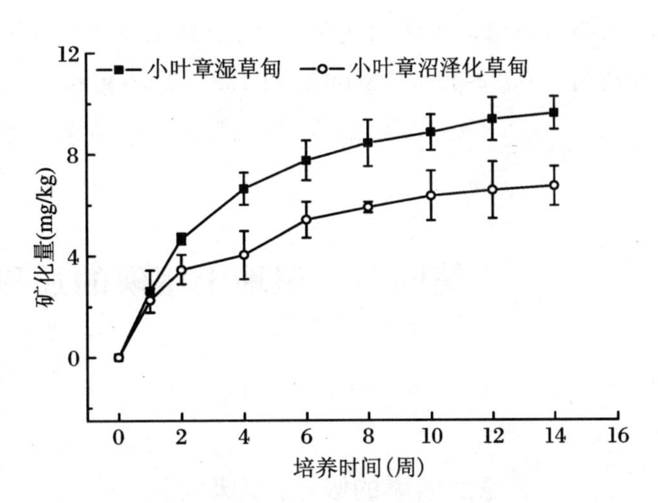


**图 5.30　土壤有机硫累计矿化量与培养时间的关系**

**3. 土壤有机硫矿化动力学参数**

一般土壤有机硫的累计矿化量与矿化时间之间符合一级动力学模式，方程式如下：

$$S_t = S_0[1 - \exp(-kt)]$$

式中，$S_t$为$t$时刻硫的累计矿化量(mg/kg)；$S_0$为有机硫矿化势(mg/kg)，是评价土壤有机硫矿化潜力的指标；$k$为一级动力学常数；$t$为矿化时间(周)。

用一级动力学方程对小叶章湿草甸和沼泽化草甸土壤有机硫累计矿化量和培养时间进行拟合，得到土壤硫潜在的矿化量$S_0$、矿化常数$k$及硫矿化半衰期如表5.27所示。由表5.27可知小叶章湿草甸土壤有机硫的矿化势为9.68 mg/kg，矿化速率常数为0.028，矿化半衰期为2.03；小叶章沼泽化草甸土壤有机硫矿化势为7.25 mg/kg，矿化速率常数为0.025，矿化半衰期为3.43。小叶章湿草甸土壤有机硫的潜在矿化量、矿化速率常数和矿化半衰期均高于小叶章沼泽化草甸，可见小叶章湿草甸土壤供硫能力较小叶章沼泽化草甸强，这进一步说明淹水不利于土壤硫的矿化。

**表 5.27　培养14周土壤有机硫矿化势($S_0$)和矿化速率常数($k$和$k_{0.5}$)**

| 土壤类型 | $S_0$(mg/kg) | $k$(week$^{-1}$) | $R^2$ | $S_0$占有机硫的比例(%) | $k_{0.5}$ |
|---|---|---|---|---|---|
| 小叶章湿草甸 | 9.68 | 0.028 | 0.995 | 1.83 | 2.03 |
| 小叶章沼泽化草甸 | 7.25 | 0.025 | 0.986 | 0.63 | 3.43 |

**4. 生长季土壤有机硫净矿化量估算**

根据小叶章湿草甸和小叶章沼泽化草甸土壤有机硫矿化量和培养时间计算出二

者土壤有机硫的净矿化速率，由此估算出生长季小叶章湿地土壤有机硫的净矿化量分别为 0.052～11.32 g/$m^2$ 和 0.132～3.70 g/$m^2$。

## 第四节　湿地土壤磷的迁移和转化过程

### 一、湿地土壤磷的吸附/解吸特征

#### 1. 湿地土壤对磷酸盐的吸附与解吸

对三江平原湿地土壤样品（大部分为表层样品）中磷的吸附与解吸行为及其动力学过程进行了深入研究，利用已有的相关模型拟合了磷的吸附与解吸过程，以期为相关研究提供科学数据和依据。采样点编号如下：S1——挠力河中游，0～30 cm，小叶章群落；S2——别拉洪河老河道，0～23 cm，小叶章群落；S3——别拉洪河老河道，0～34 cm，漂筏苔草群落；S5——挠力河下游，0～34 cm，小叶章群落；S6——挠力河下游，0～15 cm，漂筏苔草群落；S7、S8、S9——红河自然保护区，0～20 cm 漂筏苔草、0～15 cm 毛果苔草、0～28 cm 小叶章群落；S10-1、S10-2、S11-1、S11-2、S12-1、S12-2、S13-1、S13-2、S14-1、S14-2、D-1、D-2——在洪河农场实验场内及相邻农田内，按沼泽植被样带-排水渠-农田布设的 6 个采样剖面。

供试验的 20 个湿地土壤样品多数为表层（草根层或耕层）样品，有机质含量普遍较高，pH 在 5.17～6.84 之间，为弱酸性土壤。土壤磷主要以有机磷形式存在，且与有机质含量存在显著正相关，而无机磷含量与有机质却存在显著负相关。

*（1）原生沼泽湿地与农田土壤磷的自然释放状况*

土壤中的磷主要以解吸、溶解两种形式释放于土壤溶液中。实验研究表明，土壤磷的释放过程存在着解吸-吸附-再解吸、溶解-沉淀-再溶解过程，是一个动态平衡过程。在水土比为 1∶50 时，土壤颗粒可完全分散于溶液中。吸附于土壤颗粒表面的结合松弛的磷，易于被解吸而进入土壤溶液中；水溶性的磷酸盐亦能最大量地溶解。但在平衡 24 小时乃至 96 小时时，S1、S2、S5、S6、S9、S10、S11、S12 和 S14 所释放的磷不足土壤总磷的 1%，S3、S7、S8、S13、D-1 和 D-2 所释放的磷仅占土壤总磷的 1.00%～4.74%，但亦小于土壤中的 Resin-P 与 $NaHCO_3$-P 之和（表 5.28）。

**表 5.28 土壤磷的释放量(mg/kg)与时间(h)的关系**

| 样品编号 | 振荡时间(h) | | | | |
|---|---|---|---|---|---|
| | 2 | 6 | 24 | 48 | 96 |
| S1 | 5.69 | 4.66 | 6.13 | 2.37 | 3.09 |
| S2 | 5.58 | 2.72 | 3.00 | 2.23 | 2.50 |
| S3 | 4.80 | 8.25 | 5.37 | 3.49 | 3.25 |
| S5 | 1.89 | 4.50 | 3.60 | 3.75 | 4.00 |
| S6 | 4.30 | 4.38 | 3.86 | 6.98 | 3.97 |
| S7 | 55.06 | 51.59 | 48.33 | 46.44 | 40.88 |
| S8 | 62.19 | 37.50 | 14.01 | 18.09 | 27.55 |
| S9 | 11.59 | 9.63 | 5.10 | 7.97 | 8.00 |
| S10-1 | 5.63 | 6.85 | 7.18 | 9.05 | 13.25 |
| S10-2 | 1.63 | 5.65 | 5.86 | 5.96 | 11.41 |
| S11-1 | 1.63 | 5.46 | 3.22 | 5.57 | 5.94 |
| S11-2 | 2.37 | 4.58 | 4.35 | 5.35 | 7.25 |
| S12-1 | 6.49 | 7.04 | 4.96 | 7.21 | 7.97 |
| S12-2 | 3.50 | 4.13 | 3.61 | 6.37 | 7.40 |
| S13-1 | 51.88 | 59.41 | 52.09 | 47.78 | 55.13 |
| S13-2 | 10.99 | 13.00 | 14.62 | 12.59 | 11.79 |
| S14-1 | 5.86 | 5.22 | 3.49 | 6.82 | 6.74 |
| S14-2 | 4.48 | 2.38 | 1.74 | 4.49 | 6.25 |
| D-1 | 2.99 | 7.65 | 2.97 | 6.59 | 9.19 |
| D-2 | 4.88 | 4.64 | 2.49 | 6.16 | 8.69 |

土壤释放量与土壤理化性质间的线性回归分析表明,土壤磷释放量与土壤树脂提取磷和有机质含量呈现显著的正相关,而与总磷(TP)、常规法提取的有效磷(AP)、总有机磷($P_o$)、总无机磷($P_i$)等相关性不显著。供试土壤磷的释放量极其有限,远小于土壤中可溶性磷的含量。这意味着:① 该区域表层土壤对磷具有较强的固定作用,有着比较稳定的结合能;② 具有较高的缓冲容量,若沼泽湿地被开垦为农田,当施入一定量的磷肥时,其中大部分并不能被作物迅速吸收利用,但却留有后效——存在缓慢释放的潜力;③ 从另一角度来说,土壤对磷的吸附能力越强,则土壤中磷酸盐因淋溶等环境因素进入水体的量越少,水体富营养化的危险性也就越小。比较而言,别拉洪河沼泽湿地、挠力河沼泽湿地、实验场及洪河自然保护区沼泽湿地边缘处因土壤中的自然磷释放而引起的湿地水体富营养化的可能性较小,但洪河自

然保护区靠近中心处土壤磷的释放量相对较高，加之此处人为影响因素较少，植物吸收的磷经过植物体的腐烂、分解而重新转入土壤中，其累积效应显著，则可能引起相邻区域内水体的富营养化，由湿地水域中藻类等水生植物的生长状况可以进行认证。

总体而言，由该区域土壤中的自然磷释放而引起的水体富营养化的可能性较小，因此研究沼泽土壤对外源磷的吸附、释放就具有了更重要的意义。

(2) 沼泽湿地土壤对外源磷的吸附特征

随着土壤理化性质的变化，不同沼泽湿地土壤对磷的吸附特性亦有较大的差异。研究表明，在加磷量为 1.5 mg/L 时，S7、S8、S13-1 对溶液中的磷不吸附反而释放，释放量随时间的延长而减小，即而转为吸附。S13-2 对磷的吸附量亦较小(13～23.13 mg/kg)，这可能是由于：① 土壤样品中草根较多，因而 Fe、Al 含量（0.65%～0.94%），NaOH-P 含量（16.60%～38.56%）相对较低，土壤磷主要以有机磷形式(47.29%～64.64%)存在，且可溶性磷含量占总磷的 16.04%～22.44%，在低磷浓度时磷素易于从土壤胶体中释放，致使平衡偏移以达到新的平衡体系，这可能与大量有机质的存在有关。与土壤理化性质间的线性回归分析表明，释放量与有机质、无机磷、$Fe_{ox}$的百分含量及 pH 呈一定程度的负相关($r=-0.518$，$r=-0.759$，$r=-0.926$，$r=-0.715$)，与有机磷含量呈良好的正相关($r=0.996$)。② 富含有机质的土壤胶体带有大量的负电荷，对磷酸根阴离子存在强大的排斥力，距离土壤胶体表面越近，其排斥力越大，使土壤对磷素难以吸附。③ 土壤中含有大量的有机质，使有机酸的羧基(—COOH)能与 $Fe_{ox}$、$Al_{ox}$吸附点位上的羟基(—OH)结合，致使磷酸盐的吸附量减少。④ 长时间的剧烈振荡，使土壤胶体上的吸附点位重新暴露，土壤溶液中的磷素则又被吸附于土壤胶体表面，致使释放量呈现高低起伏但总体上减少的趋势，甚至转为吸附。其他土壤样品对磷的吸附性状较为一致，吸附量在 54.17～65.81 mg/kg 之间。从图 5.31 所示吸附曲线可以看出，吸附过程存在快、慢两个过程。在30 min 内，加入磷大部分(44.4%～77.1%)被土壤胶体所吸附，吸附速率较快，是快反应过程。这可能是由于：① 土壤样品中黏粒含量较高，土壤颗粒外表面积较大，能够迅速物理吸附磷素于土壤颗粒的外表面，土壤理化性质间的线性回归分析表明，吸附与土壤黏粒呈显著的正相关($r=0.555$)；② 土壤颗粒表面的吸附点位周围聚集了大量的无机磷酸根离子，它们与 $Fe_{ox}$表面吸附点位上的—OH 或—$H_2O$ 迅速地进行配位体交换反应，吸附于土壤颗粒表面，使得吸附易于进行。吸附量与无机磷和 $Fe_{ox}$的百分含量呈极显著的正相关($r=0.611$，$r=0.724$)，而与有机磷含量则呈显著的负相关($r=-0.504$)。随着时间的延长，吸附量缓慢增加，吸附率从 44.4%增加到 87.7%。从图 5.31 所示吸附曲线可以看出在吸附 48 h 后，吸附仍然没有达到平衡，可见吸附过程达到平衡是一个缓慢过程，这与前人的研究结果一致。而且，在 2 h 内吸附曲线表现为陡峭上升，这意味着土壤对磷有较强的吸附能力。

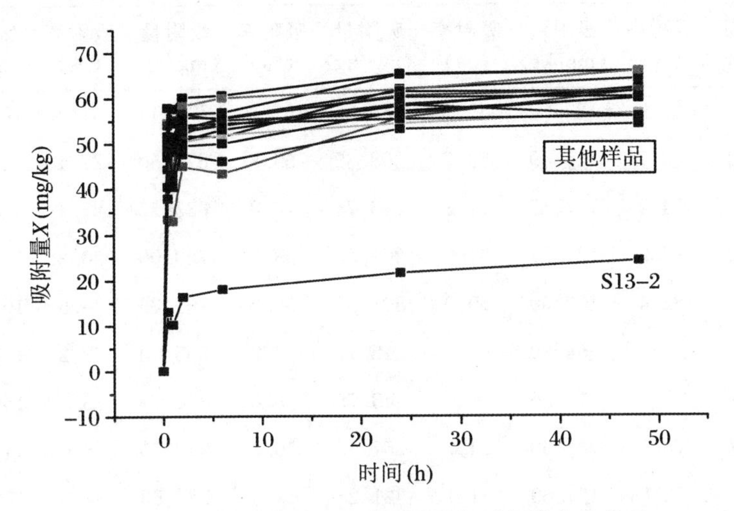


**图 5.31 不同沼泽土壤对磷吸附量与时间的变化关系**

S3、S9、S11-2、S12-1、S12-2、S14-1、S14-2、D-1 和 D-2 在吸附过程中，振荡 1 h 的吸附量反而比振荡 0.5 h 的吸附量小，可能是由于振荡作用破坏了土壤颗粒结构使最初物理吸附于土壤胶体表面的磷酸根离子重新释放于溶液中。而随着时间的延长，磷酸根离子向土壤胶体亚表层内渗透，进入黏土矿物或氧化物表面的金属原子配位壳中，与配位壳中的—OH 或—$H_2O$ 重新配位，并直接通过共价键或配位键结合在固体的表面，使得表面吸附点位重新暴露而吸附更多的磷。而这种发生在土壤胶体双电层内层的专性吸附，被吸附的阴离子是非交换态的，能够稳定地存在于土壤胶体内表层。同时，磷酸根离子可能与土壤中高含量的 Fe、Al 氧化物缓慢作用而形成磷酸盐沉淀，亦使磷的吸附量增加。

(3) 沼泽湿地土壤对外源磷的等温吸附特性

不同土壤样品在加磷量不同的情况下，磷的吸附量及吸附率也各不相同。如表 5.29 所示，由 10 个沼泽湿地土壤样品的吸附情况可知，不同沼泽土壤样品对磷的吸附量各有不同，同一样品随着土样加磷量的增加，磷的吸附量也不断增加，但吸附率却随着加磷量的增加而减小。这可能是因为在加磷量较少时，土壤表面的吸附饱和度低，土壤与磷的结合力大，吸附率高；而土样加磷量增加后，使土壤表面的吸附饱和度提高，土壤与磷的结合力降低，导致磷的吸附率下降。而个别土壤样品在加磷量为 150 mg/kg 时的吸附率比其他加磷量的吸附率要高，可能与土壤理化性质及吸附类型有关。回归分析表明，土壤中磷的加入量(mg/kg)与平衡溶液中磷的浓度(mg/L)间存在着极显著的直线相关，各土壤相关系数达 0.98 以上。

表 5.29 不同加磷量下沼泽湿地土壤对磷的吸附量

| 土样 | 75 mg/kg | | 150 mg/kg | | 500 mg/kg | | 2500 mg/kg | | 5000 mg/kg | |
|---|---|---|---|---|---|---|---|---|---|---|
| | 吸附量(mg/kg) | 吸附率(%) | 吸附量(mg/kg) | 吸附率(%) | 吸附量(mg/kg) | 吸附率(%) | 吸附量(mg/kg) | 吸附率(%) | 吸附量(mg/kg) | 吸附率(%) |
| S1 | 65.25 | 87.0 | 127.67 | 85.1 | 286.25 | 57.3 | 785.00 | 31.4 | 1092.82 | 21.9 |
| S2 | 62.00 | 82.7 | 125.49 | 83.7 | 268.75 | 53.8 | 677.50 | 27.1 | 1227.27 | 24.5 |
| S3 | 55.65 | 74.2 | 107.67 | 71.8 | 233.75 | 46.8 | 633.75 | 25.4 | 954.55 | 19.1 |
| S5 | 65.10 | 86.8 | 121.91 | 81.3 | 267.5 | 53.5 | 720.00 | 28.8 | 1087.87 | 21.8 |
| S6 | 61.80 | 82.4 | 133.50 | 89.0 | 301.25 | 60.3 | 761.25 | 30.5 | 1087.24 | 21.7 |
| S7 | −27.57 | — | −54.29 | — | 18.75 | 3.8 | 205.00 | 8.2 | 1373.74 | 27.5 |
| S8 | −38.49 | — | −19.26 | — | 43.75 | 8.8 | 208.75 | 8.4 | 1593.45 | 31.9 |
| S9 | 58.57 | 78.1 | 127.00 | 84.7 | 351.25 | 70.3 | 948.75 | 38.0 | 1446.97 | 28.9 |
| S10-1 | 54.40 | 72.5 | 121.69 | 81.1 | 321.25 | 64.3 | 932.50 | 37.3 | 1004.90 | 20.1 |
| S10-2 | 56.44 | 75.3 | 118.98 | 79.3 | 268.75 | 53.8 | 780.00 | 31.2 | 766.83 | 15.3 |

注:平衡时间为 24 h。

对各不同加磷量下的吸附数据与土壤理化性质作相关分析(表 5.30)发现,在加磷量为 75 mg/kg 时,吸附数据与土壤理化性质无明显相关性;加磷量为 150 mg/kg 时,吸附数据与 $NaHCO_3$ 提取态磷呈显著的正相关($r=0.789$),与浓 HCl 提取态磷呈显著负相关($r=-0.737$);加磷量为 500 mg/kg 时,吸附数据与 NaOH 提取态磷、总磷含量呈显著正相关($r=0.787$,$r=0.798$);加磷量为 2500 mg/kg 时,吸附数据与总磷、有效磷呈极显著、显著正相关($r=0.865$,$r=0.727$);加磷量为 5000 mg/kg 时,吸附数据与 $NaHCO_3$ 提取态磷、有机质、有机磷呈显著正相关($r=0.808$,$r=0.822$,$r=0.826$),而与无机磷则呈显著负相关($r=-0.765$)。这也表明,在加磷量较低时,土壤表面吸附饱和度低,磷主要以物理形式吸附于土壤胶体表面的吸附点位上;而随着加磷量的增加,吸附的磷继而向土壤胶体亚表层、内层渗透发生化学吸附,且受土壤不同理化性质的影响而表现出不同的吸附特征。

表 5.30 不同加磷量情况下土壤磷吸附量与土壤理化性质的关系

| 土壤性质 | 加磷量(mg/kg) | | | | |
|---|---|---|---|---|---|
| | 75 | 150 | 500 | 2500 | 5000 |
| RP | −0.338 | 0.15 | 0.497 | 0.585 | −0.026 |
| BP | 0.384 | 0.789* | 0.578 | 0.261 | 0.808* |
| OHP | −0.244 | 0.439 | 0.787* | 0.620 | 0.568 |

续表

| 土壤性质 | 加磷量(mg/kg) | | | | |
|---|---|---|---|---|---|
| | 75 | 150 | 500 | 2500 | 5000 |
| DHP | 0.501 | 0.275 | −0.137 | −0.068 | −0.205 |
| CHP | −0.467 | −0.737* | −0.565 | −0.336 | −0.638 |
| SRP | 0.186 | −0.440 | −0.522 | −0.658 | 0.190 |
| TP | −0.463 | 0.155 | 0.798* | 0.865** | 0.416 |
| OM | −0.035 | 0.050 | 0.393 | 0.221 | 0.822* |
| AP | −0.202 | 0.306 | 0.548 | 0.727* | −0.176 |
| $P_o$ | 0.019 | 0.092 | 0.306 | 0.100 | 0.826* |
| $P_i$ | −0.073 | 0.055 | −0.103 | 0.115 | −0.765* |
| pH | −0.513 | −0.336 | −0.084 | 0.179 | −0.562 |

注：*,5%相关水平；**,1%相关水平。

由表5.31可见，各土壤对磷的最大吸附量及结合能在数值上大小基本一致，表明区域内湿地土壤对磷的吸附特性有着相同或相似之处。与土壤理化性质间的回归分析表明，最大吸附量与有机质、有机磷呈显著的正相关($r=0.811$，$r=0.796$)，而与无机磷则呈显著的负相关($r=-0.755$)；结合能与有效磷含量呈显著的正相关($r=0.730$)，而与土壤残积态磷则呈显著的负相关($r=-0.834$)。

**表5.31 土壤的Langmuir吸附方程拟合及其相应参数**

| 土样号 | $C/X=1/KX_m+C/X_m$ | 最大吸附量 $X_m$(mg/kg) | 吸附能 $K$ (kJ/mol) | 相关系数 $r$ | $Mb$ | $\Delta G^0$ (kJ/mol) |
|---|---|---|---|---|---|---|
| S1 | $C/X=0.00687+0.00087^{*}C/X_m$ | 1150.4 | 0.127 | 0.984** | 146.1 | −5.029 |
| S2 | $C/X=0.00961+0.00079^{*}C/X_m$ | 1268.0 | 0.082 | 0.936* | 104.0 | −6.096 |
| S3 | $C/X=0.01207+0.00096^{*}C/X_m$ | 1037.5 | 0.080 | 0.975** | 83.0 | −6.156 |
| S5 | $C/X=0.01559+0.00081^{*}C/X_m$ | 1236.5 | 0.052 | 0.852 | 64.3 | −7.206 |
| S6 | $C/X=0.00647+0.00089^{*}C/X_m$ | 1128.3 | 0.137 | 0.983** | 154.6 | −4.845 |
| S9 | $C/X=0.00611+0.00064^{*}C/X_m$ | 1549.3 | 0.106 | 0.981** | 164.2 | −5.470 |
| S10-1 | $C/X=0.00566+0.00092^{*}C/X_m$ | 1086.2 | 0.163 | 0.999** | 177.1 | −4.421 |
| S10-2 | $C/X=0.00612+0.00122^{*}C/X_m$ | 819.7 | 0.199 | 0.996** | 163.1 | −3.935 |

注：*,5%相关水平；**,1%相关水平。

用Langmuir方程的直线形式对吸附数据作图(图5.32)发现，得到的并非是一条直线而是曲线，表明土壤对磷的吸附存在着两种类型：一种是化学吸附，即在土壤胶体亚表层吸附点位上，磷通过取代M—OH、M—$OH_2$或其他吸附态阴离子而被牢固地结合，为吸附Ⅰ区，是高能吸附区，有着较高的结合能常数和解离常数及较小的最大吸附量；另一种是物理吸附或以物理吸附为主，即在土壤胶体表层磷主要吸附在多聚铝合物崩裂产生的新点位或取代结构硅而被吸附，为吸附Ⅱ区，其结合相对松弛，是低能吸附区，有着较低的结合能常数和解离常数及较大的最大吸附量。

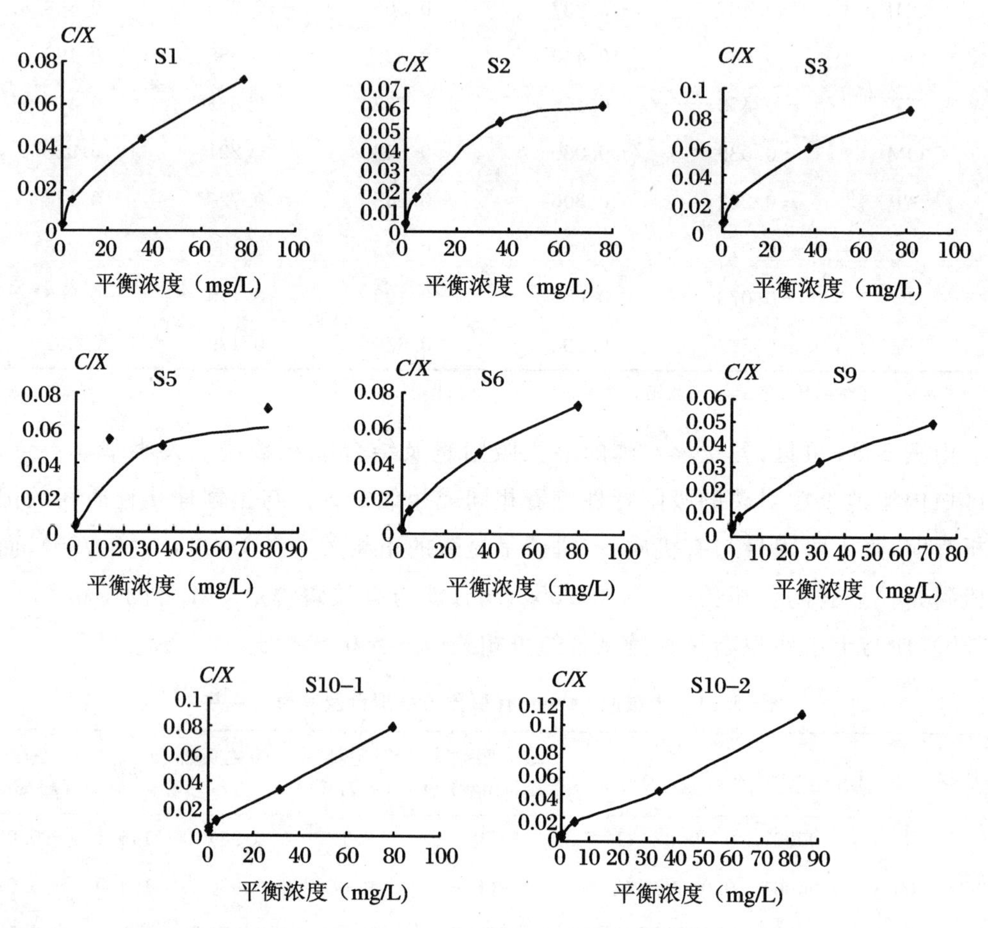


图 5.32 Langmuir 吸附方程拟合曲线图

### 2. 土壤供磷缓冲性能及其与土壤性质关系

土壤供磷的最大缓冲容量为

$$Mb = X_m \cdot K$$

式中，$X_m$和 $K$ 分别是 Langmuir 方程中的两个参数——最大吸附量和结合能。

有关研究表明，$Mb$ 能良好地反映土壤对磷的吸附能力和供磷能力，而且研究发现，除 $Mb$ 外，吸附反应自由能 $\Delta G^0$ 亦能对此有较好的体现。

$$\Delta G^0 = RT\ln K$$

式中，$R$ 为气体常数，$T$ 为热力学温度，$K$ 为结合能。

$\Delta G^0$值负得越多,吸附能力越差,即缓冲能力越差。在本试验条件下,根据土壤的 $X_m$和 $K$ 值分别计算出 $Mb$ 和 $\Delta G^0$,如表 5.31 所示。

由表 5.31 可见,所采沼泽湿地土壤样品磷的 $Mb$ 和 $\Delta G^0$值变化较大,其中以试验场地相邻农田耕层 $Mb$ 值最大,土壤磷缓冲能力最强,且高于下层,但其吸附能力却低于下层。$Mb$ 和 $\Delta G^0$之间呈极显著的正相关($r = 0.932$)($Mb = 366.93 + 42.71\Delta G^0$, $n = 7$),这表明 $Mb$ 和 $\Delta G^0$在预测土壤磷缓冲能力方面具有较好的一致性。与土壤理化性质间的直线回归分析表明,最大缓冲容量 $Mb$ 与土壤残积态磷(SRP)呈显著的负相关($r = -0.825$),与土壤常规有效磷(AP)呈显著正相关($r = 0.805$),而与土壤其他理化性质间则无明显的相关性,表明该湿地区域土壤样品的最大缓冲容量 $Mb$ 主要取决于土壤中有效磷和土壤残积态磷的含量。$\Delta G^0$与 $Mb$ 相似,与 SRP、AP 间均达到显著相关水平($r = -0.808$, $r = 0.751$)。

**3. 不同沼泽湿地土壤对磷的吸附动力学特征**

吸附动力学是指磷的吸附随时间的变化关系。它是考察吸附量与时间的函数关系或在一定时间内的吸附速率。研究土壤磷的吸附动力学行为,有助于了解磷素的吸附机制,进而揭示磷素吸附过程的影响因素,从而了解磷的迁移转化规律,因此建立或引用数学模型是必不可少的。应用动力学模型研究吸附过程主要是寻找对吸附数据最为吻合的方程,然后探讨其可能的吸附机制。通过对 20 个沼泽湿地土壤样品吸附过程的吸附动力学模型分析,发现它们之间都存在着很好的相关性。分析表明吸附数据与 Langmuir 型动力学方程($X = at/(1 + bt)$)吻合得最好,相关系数高达 1.0000,表明沼泽湿地土壤对磷的吸附过程中吸附量与吸附时间存在着极显著的正相关,且在 48 h 内吸附量并没有达到最大值。而对 S7-1、S8-1、S13-1 三个土样的拟合中出现了极显著的负相关(−0.9913、−0.9969、−0.9990),表明在低磷浓度(1.5 mg/L)下,48 h 内这三个土壤样品对磷处于释放状态,这亦与前述的吸附特征相吻合。用六类动力学模型对 20 个土壤表层、亚表层样品吸附数据进行拟合发现,其相关程度均达到了 1%~5%水平的相关,表明土壤磷的吸附可能存在着更多种动力学吸附机制。但所得到的图形(以 S11-1 为例,图 5.33)除 Langmuir 型方程外,并非都是一条直线。从图 5.34 可以看出,S7-1、S8-1、S13-1 三个土样的动力学方程与其他土样的动力学方程有着较大的差别,S13-2 的动力学曲线与其他样品的动力学曲线相偏离,这亦与上述吸附特征相一致。

**4. 磷酸盐初始浓度对土壤磷吸附的影响**

沼泽湿地土壤样品的吸附试验表明,吸附速率与吸附平衡不仅与土壤本身理化性质有关,而且与溶液中磷酸盐的初始浓度有关。图 5.35 所示为 20 个土壤样品在不同磷酸盐初始浓度下的吸附情况。由图 5.35 可以看出,溶液中磷酸盐的初始浓度

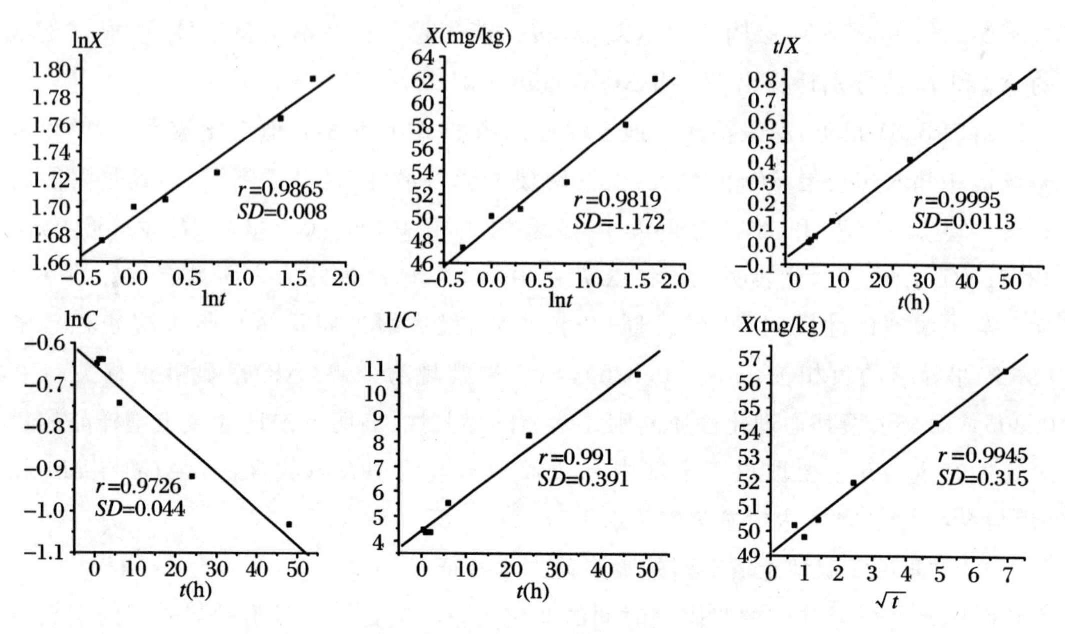


图 5.33 动力学模型对 S11-1 土壤样品吸附数据的吻合性

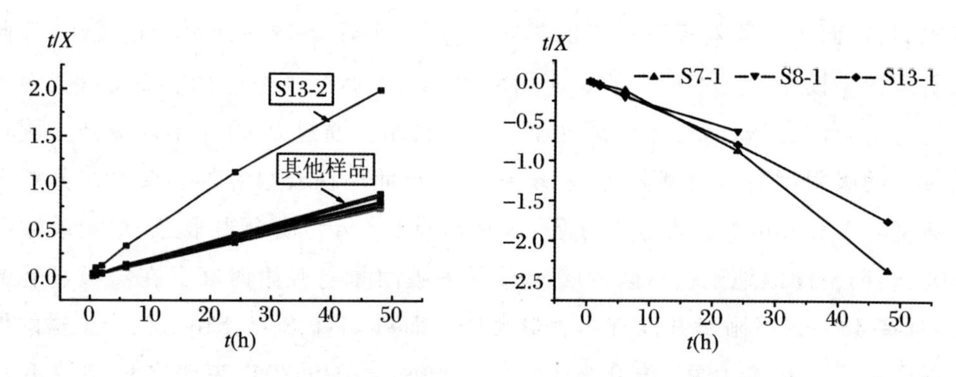


图 5.34 Langmuir 型方程动力学模型对吸附的吻合性

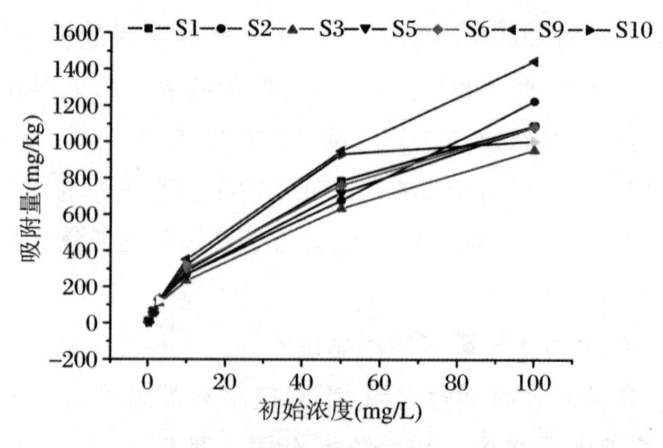


图 5.35 磷酸盐初始浓度对吸附量的影响

越小，吸附平衡就越容易达到，饱和吸附量也就越小。S7-1、S8-1在磷酸盐的初始浓度为0.3 mg/L、1.5 mg/L、3.0 mg/L时，仍处于负吸附即释放状态，但随着初始浓度的增加其释放量逐渐减少，表明土壤对磷的吸附过程存在一个吸附/解吸平衡点（图5.36）。

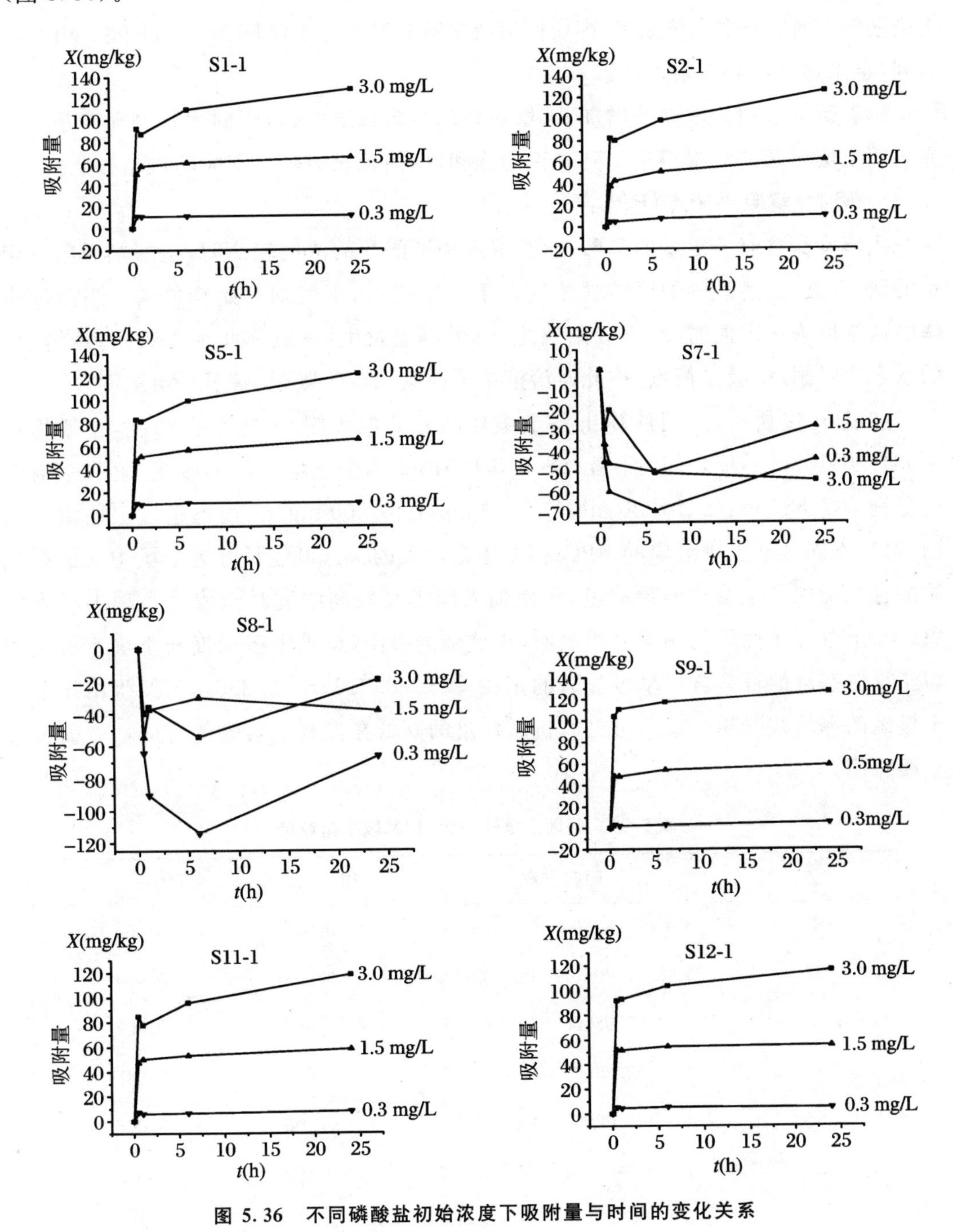


图5.36　不同磷酸盐初始浓度下吸附量与时间的变化关系

在各初始浓度下，吸附作用在开始阶段进行得都非常快，且振荡 1 h 的吸附量亦比振荡 0.5 h 时的吸附量小，这与上述吸附特征一致。随着土壤颗粒表面吸附点位的减少以及溶液中磷酸盐浓度的减小，吸附作用在 6 h 以后迅速变慢，达到吸附平衡则需要相当长的时间，且磷酸盐的初始浓度越大，越是如此。而且，从图 5.36 可看出，土壤颗粒表面的吸附点位颇多，即便使溶液中磷的加入量达到 5000 mg/kg 和 24 h 平衡时间，也未达到饱和吸附。

随着磷酸盐初始浓度的增加，土壤对磷的吸附量增大，但吸附率却明显变小。这亦表明土壤对磷的吸附很难达到真正的饱和，即使延长吸附平衡时间也是如此。

**5. 吸附/解吸平衡点($EPC_0$)**

土壤本身含有一定量的磷酸盐，当溶液中磷酸盐的浓度较高时，土壤则吸附一定量的磷；反之，当溶液中的磷酸盐浓度低于一定值后，土壤则开始释放磷。当溶液中磷酸盐浓度为一定值时，既无吸附发生，也无解吸发生，一般称此种无吸附(或解吸)的状态为吸附/解吸平衡点，称此时溶液中磷酸盐浓度为吸附/解吸平衡浓度。

如表 5.32 所示，分别计算出各土壤样品对磷的吸附/解吸平衡浓度，一般均在 0.034～0.163 mg/L 之间，而 S7、S8、S13-1、S13-2 四个土壤样品的吸附/解吸平衡浓度分别为 7.837 mg/L、5.326 mg/L、2.79 mg/L、0.560 mg/L，远远超过上述浓度范围，可见不同区域土壤对磷的 $EPC_0$ 相差还是很大的。这可能是因为土壤中大量有机质的存在增加了土壤磷的释放量，致使加入磷需在较高浓度时土壤才表现出吸附现象。与土壤理化性质的相关分析表明，土壤磷的吸附/解吸平衡浓度与土壤有机质和树脂提取态磷的百分含量呈极显著的正相关($r=0.716$，$r=0.886$)，与原生沼泽湿地土壤磷的释放状况相一致。可见有机质含量的高低在控制土壤磷的有效性方面具有重要作用。

**表 5.32 湿地土壤磷的吸附/解吸平衡浓度**

| 土样 | 回归方程 | 相关系数 $r$ | $EPC_0$(mg/L) |
|---|---|---|---|
| S1 | $Y=-2.81667+51.50000X$ | 0.997 | 0.055 |
| S2 | $Y=-1.70667+49.91667X$ | 0.984 | 0.034 |
| S3 | $Y=-3.05000+53.16667X$ | 0.997 | 0.057 |
| S5 | $Y=-2.23667+49.83333X$ | 0.989 | 0.045 |
| S6 | $Y=-3.02667+45.66667X$ | 0.998 | 0.066 |
| S7 | $Y=-54.88644+7.00340X$ | 0.860 | 7.837 |
| S8 | $Y=-50.41524+9.46522X$ | 0.998 | 5.326 |

续表

| 土样 | 回归方程 | 相关系数 $r$ | $EPC_0$(mg/L) |
|---|---|---|---|
| S9 | $Y=-9.34667+58.08333X$ | 0.992 | 0.161 |
| S10-1 | $Y=-8.63667+57.33333X$ | 0.996 | 0.151 |
| S10-2 | $Y=-6.25667+60.08333X$ | 0.999 | 0.104 |
| S11-1 | $Y=-5.23333+56.25000X$ | 0.996 | 0.093 |
| S11-2 | $Y=-4.92000+56.41667X$ | 1.000 | 0.087 |
| S12-1 | $Y=-7.18000+49.33333X$ | 0.967 | 0.146 |
| S12-2 | $Y=-6.04333+54.41667X$ | 0.991 | 0.111 |
| S13-1 | $Y=-79.2800+28.40000X$ | 0.990 | 2.790 |
| S13-2 | $Y=-13.4336+23.84809X$ | 1.000 | 0.560 |
| S14-1 | $Y=-8.81333+54.16667X$ | 0.986 | 0.163 |
| S14-2 | $Y=-3.42667+52.66667X$ | 1.000 | 0.065 |
| D-1 | $Y=-3.39333+34.25000X$ | 0.886 | 0.099 |
| D-2 | $Y=-4.379333+51.91667X$ | 0.974 | 0.092 |

在表 5.32 的回归方程中,直线在 $X$ 轴上的截距表示土壤对磷达到吸附/解吸平衡时磷酸盐的浓度,斜率表示随着溶液中磷浓度的增加(或减少),吸附量(或释放量)增加(或减少)的快慢。斜率越大,吸附量(或释放量)随初始浓度的增加(或减少)也就越快,反之亦然。而 20 个土壤样品中除 S7、S8、S13-1、S13-2、D-1 回归方程的斜率较小外,其余样品的斜率均在 49～60 之间,表明这些土壤样品对磷的吸附速率基本一致,这与前述的吸附特征相符。对斜率与有机质间的相关分析表明,斜率与有机质之间存在着极显著的负相关关系,相关关系计算证明了这一点:斜率 = 78.21 − 1.24 OM($r=-0.760$, $n=20$)。

**6. 沼泽湿地土壤对外源磷的解吸**

(1) 不同沼泽湿地土壤对磷的解吸状况

沼泽湿地土壤对磷的解吸状况将直接影响磷在土壤中的有效性及其对沼泽湿地水体的危害性。在本试验中选取 10 个沼泽湿地土壤样品,将磷吸附达到平衡(24 h)后,经过 5 次连续的解吸作用,分别测定其解吸总量和解吸率(表 5.33)。由表 5.33 可见,在加磷量为 500 mg/kg、2500 mg/kg 时,S7、S8 吸附量分别为 18.8 mg/kg 和 43.8 mg/kg,205.0 mg/kg 和 208.8 mg/kg,吸附率仅为 3.8%、8.8%,8.2%、8.4%,而其解吸总量 171.367 mg/kg、139.169 mg/kg,424.4 mg/kg、424.6 mg/kg 则远远大于其吸附量，这与前述吸附特征相一致。其他8个土壤样品在加磷量为500 mg/kg时，磷吸附量为233.8～321.3 mg/kg，吸附率为46.8%～70.3%，解吸总量为127.175～189.125 mg/kg，解吸率为47.5%～62.1%。可见在吸附/解吸动态平衡过程中，磷的吸附趋势强于其解吸趋势。

**表 5.33 磷的解吸状况**

| 土样 | 加磷量(mg/kg) | 吸附量(mg/kg) | 吸附率(%) | 磷解吸次数 | | | | | 解吸总量(mg/kg) | 解吸率(%) |
|---|---|---|---|---|---|---|---|---|---|---|
| | | | | 1次 | 2次 | 3次 | 4次 | 5次 | | |
| S1 | 500 | 286.3 | 57.3 | 66.0 | 32.6 | 20.5 | 13.8 | 0.6 | 133.4 | 47.5 |
| | 2500 | 785.0 | 31.4 | 241.5 | 105.5 | 40.6 | 31.6 | 28.9 | 448.1 | 57.1 |
| | 5000 | 1092.8 | 21.9 | 461.6 | 135.9 | 51.0 | 35.0 | 12.4 | 695.9 | 63.7 |
| S2 | 500 | 268.8 | 53.8 | 68.0 | 35.8 | 23.5 | 12.4 | 0.1 | 139.8 | 52.6 |
| | 2500 | 677.5 | 27.1 | 298.0 | 112.3 | 56.3 | 32.4 | 27.3 | 526.2 | 77.7 |
| | 5000 | 1227.3 | 24.5 | 544.2 | 164.7 | 81.3 | 48.1 | 30.6 | 868.8 | 70.8 |
| S3 | 500 | 233.8 | 46.8 | 78.5 | 36.1 | 19.0 | 11.1 | 1.1 | 145.8 | 62.1 |
| | 2500 | 633.8 | 25.4 | 295.5 | 114.8 | 61.1 | 24.5 | 28.0 | 523.9 | 82.7 |
| | 5000 | 954.6 | 19.1 | 565.7 | 166.4 | 68.4 | 44.8 | 30.6 | 875.9 | 91.8 |
| S5 | 500 | 267.5 | 53.5 | 57.6 | 29.9 | 20.6 | 19.1 | — | 127.2 | 47.5 |
| | 2500 | 720.0 | 28.8 | 255.0 | 96.3 | 50.0 | 19.5 | 27.6 | 448.4 | 62.3 |
| | 5000 | 1087.9 | 21.8 | 454.2 | 132.2 | 67.1 | 34.8 | 15.8 | 704.1 | 64.7 |
| S6 | 500 | 301.3 | 60.3 | 70.0 | 40.0 | 27.4 | 12.8 | 13.9 | 164.0 | 54.4 |
| | 2500 | 761.3 | 30.5 | 232.5 | 119.0 | 65.3 | 27.1 | 40.5 | 484.4 | 63.6 |
| | 5000 | 1087.2 | 21.7 | 470.1 | 153.7 | 63.8 | 49.0 | 38.3 | 774.7 | 71.3 |
| S7 | 500 | 18.8 | 3.8 | 98.5 | 43.1 | 20.5 | 9.0 | 0.2 | 171.4 | — |
| | 2500 | 205.0 | 8.2 | 287.0 | 90.3 | 37.0 | 3.6 | 6.5 | 424.4 | — |
| | 5000 | 1373.7 | 27.5 | 620.0 | 105.1 | 36.4 | 16.2 | 10.1 | 787.6 | 57.3 |
| S8 | 500 | 43.8 | 8.8 | 69.5 | 37.8 | 22.8 | 8.9 | 0.3 | 139.2 | — |
| | 2500 | 208.8 | 8.4 | 290.0 | 89.3 | 37.8 | 2.8 | 4.8 | 424.6 | — |
| | 5000 | 1593.5 | 31.9 | 620.2 | 116.0 | 41.0 | 22.1 | 15.9 | 815.2 | 51.2 |

续表

| 土样 | 加磷量(mg/kg) | 吸附量(mg/kg) | 吸附率(%) | 磷解吸次数 | | | | | 解吸总量(mg/kg) | 解吸率(%) |
|---|---|---|---|---|---|---|---|---|---|---|
| | | | | 1次 | 2次 | 3次 | 4次 | 5次 | | |
| S9 | 500 | 351.3 | 70.3 | 63.5 | 51.9 | 36.4 | 25.5 | 0.5 | 177.8 | 53.8 |
| | 2500 | 948.8 | 38.0 | 346.5 | 166.8 | 106.4 | 62.6 | 69.1 | 751.4 | 79.2 |
| | 5000 | 1447.0 | 28.9 | 671.7 | 253.8 | 140.2 | 90.9 | 66.4 | 1223.0 | 84.5 |
| S10-1 | 500 | 321.3 | 64.3 | 71.0 | 45.1 | 26.6 | 8.8 | 17.6 | 169.1 | 52.6 |
| | 2500 | 932.5 | 37.3 | 302.0 | 133.8 | 79.6 | 56.6 | 52.8 | 624.8 | 67.0 |
| | 5000 | 1004.9 | 20.1 | 509.8 | 175.7 | 106.6 | 62.5 | 48.0 | 902.7 | 89.8 |
| S10-2 | 500 | 268.8 | 53.8 | 60.5 | 28.8 | 20.1 | 13.0 | 0.6 | 123.0 | 50.7 |
| | 2500 | 780.0 | 31.2 | 278.0 | 130.3 | 64.3 | 41.1 | 23.5 | 537.2 | 68.9 |
| | 5000 | 766.8 | 15.3 | 471.2 | 133.2 | 91.1 | 44.4 | 35.3 | 775.1 | 101.1 |

当土壤加磷量提高到2500 mg/kg、5000 mg/kg时，各土壤样品的吸附量增加，但吸附率减小，解吸总量增加，解吸率提高到67.0%～101.1%。试验场地相邻农田耕地土壤样品S10-1、S10-2分别为0～30 cm的耕层和30 cm以下的白浆层，从表5.33可见，耕层吸附量、吸附率都高于下层，但在加磷量为2500 mg/kg、5000 mg/kg时其解吸率却低于白浆层，这可能是由于人为的翻耕致使较下层土壤移至上层而引起土壤供磷能力变化，因此对农田进行深层翻耕有利于发挥磷的有效性。

土壤对磷的解吸是吸附的逆过程。随着解吸时间的延长，以解吸量对平衡浓度作图(图5.37)发现，解吸曲线与吸附曲线具有相同的趋势。如图5.37所示，在第一、第二次解吸作用中，磷的解吸比较迅速。加磷量为500 mg/kg时，第一、第二次的解吸量占总解吸量的59.4%～74.8%；加磷量为2500 mg/kg时，第一、第二次的解吸量占总解吸量的68.3%～78.3%；加磷量为5000 mg/kg时，第一、第二次的解吸量占总解吸量的75.7%～85.9%。可见，随着磷加入量的增加，磷的解吸速率升高，解吸量也增加。而在不同加磷量情况下，所有样品第五次解吸量所占总解吸量的百分比基本都趋于一致，表明在多次解吸作用下所吸附的磷才能解吸完全，但其解吸速率却比较缓慢。

(2) 不同沼泽湿地土壤对磷的解吸动力学特征

土壤对磷的解吸是其吸附的逆过程，其解吸动力学过程与其吸附动力学过程有着密切的关系。而且，在不同的加磷浓度范围内，其解吸过程有着并不相同的动力学机制。用六种动力学方程拟合加磷量分别为500 mg/kg、2500 mg/kg、5000 mg/kg的

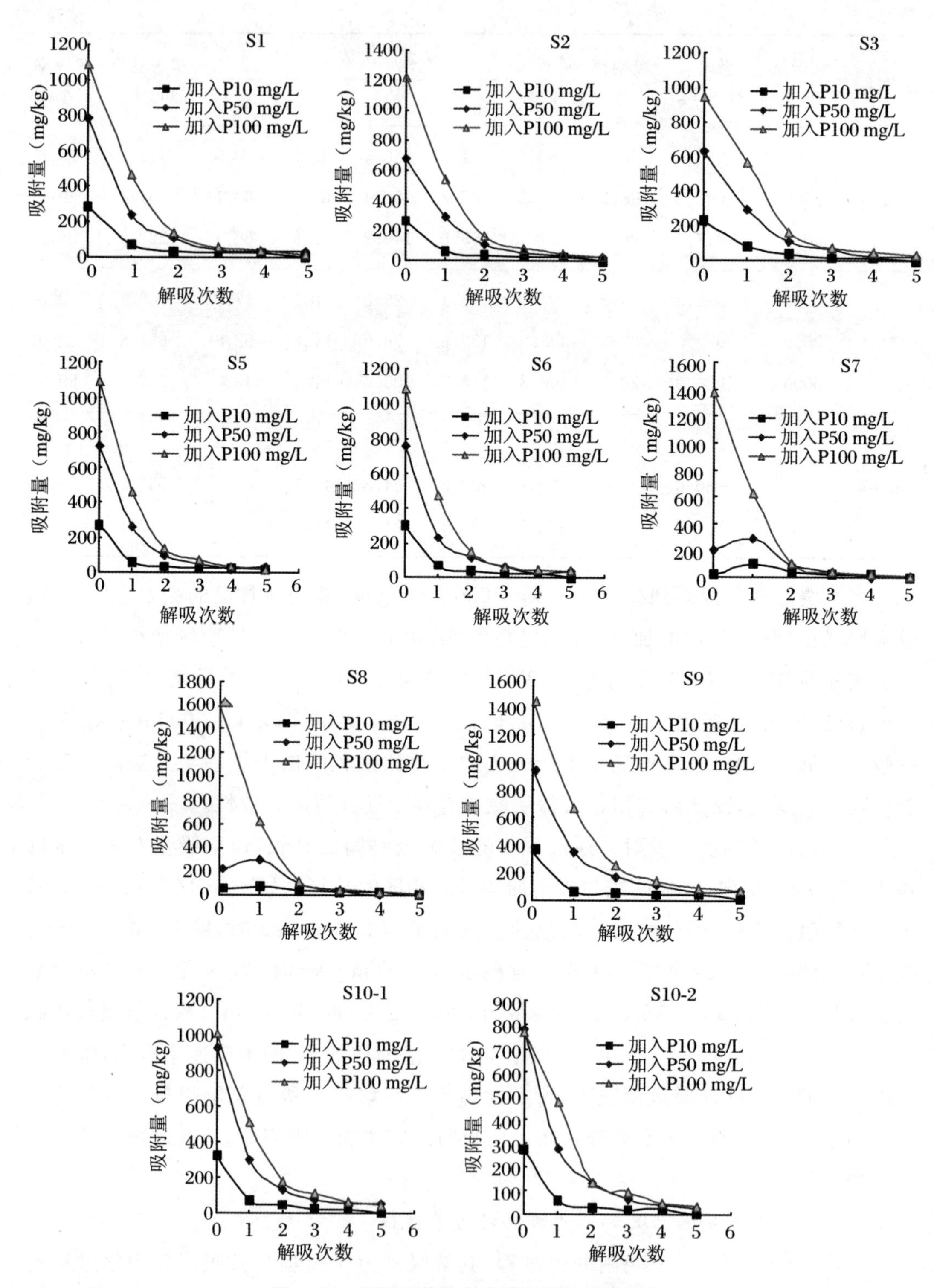


图 5.37 不同加磷量土壤磷的等温吸附曲线

解吸过程，其中以 Langmuir 型方程拟合得最好，二次常数方程、Evolich 方程和抛物扩散方程次之，一级、二级动力学方程最差。这充分说明，Langmuir 型方程能在较宽的浓度范围内描述湿地土壤对磷的吸附/解吸作用。研究表明，在高能吸附区Ⅰ区即化学吸附区，土壤对磷的结合能较大，其解离常数较小，解吸量亦小；而在低能吸附区Ⅱ区即物理吸附区，土壤对磷的结合能较小，有着较高的解离常数，其解吸量大。可见，在最初的解吸过程中，以物理吸附于土壤胶体表面的磷解吸为主，其解吸量亦较大。随着解吸时间的延长，土壤胶体表面吸附的磷完全解吸，而吸附于土壤胶体亚表层、内层的磷则被缓慢地解吸于土壤溶液中。

## 二、冻融条件下湿地土壤磷的吸附/解吸特征

### 1. 磷的吸附

（1）方程的拟合

描述土壤对磷酸盐吸附过程的方程很多，最常见的等温吸附曲线方程包括 Langmuir 方程和 Freundlich 方程。

① Langmuir 方程

$$Q = BQ_m C/(1 + BC)$$

式中，$Q$ 为单位质量土壤对磷的吸附量(mg/kg)；$Q_m$ 为土壤对磷的最大吸附量(mg/kg)；$C$ 为土壤平衡溶液中磷的浓度(mg/L)；$B$ 为吸附强度因子。

该方程假设吸附表面能量均一，为单层分子吸附，且在吸附剂表面吸附质不发生移动。在实际应用中，为求得 $X_m$ 和 $K$ 的值，一般采用方程的直线形式：$C/X = 1/(KX_m) + C/X_m$。利用 $C/X$ 对 $C$ 作图可得一直线，斜率的倒数为 $X_m$，通过截距可求得吸附强度因子 $B$ 值。当式中 $C = 0.2$ mg/kg 时，土壤吸附磷量称为标准需磷量，它与吸附强度因子 $B$ 值都能较好地说明土壤对磷的吸附特性。

由表 5.34～表 5.45 可知，Langmuir 方程能更好地拟合 FTT 与 UT 条件下各土壤样品磷的吸附特征。由 Langmuir 方程线性形式计算得出各土壤样品的最大吸附量，FTT($Q_m$)＞UT($Q_m$)，吸附强度因子 $B$ 值的大小则随土壤样品和吸附条件的变化而变化。在 UT-5 ℃、FTT-5 ℃、UT-15 ℃、FTT-15 ℃条件下，吸附能 $B$ 和标准需磷量与 TP 及 OM 呈良好或显著的正相关；在 UT-25 ℃条件下，吸附能 $B$ 和标准需磷量与 SP 呈良好或显著的正相关；在 FTT-25 ℃条件下，吸附能 $B$ 和标准需磷量与土壤性质间无明显的相关性。而在各种条件下，最大吸附量 $Q_m$ 与土壤性质间都无明显的相关性。

表 5.34 土壤的 Langmuir 吸附方程拟合及其相应参数(UT-5 ℃)

| 土样 | $C/Q=(1/B\cdot Q_m)+(1/Q_m)\times C$ | $r$ | $Q_m$(mg/kg) | $B$(kJ/mol) | 标准需磷量(mg/kg) |
|---|---|---|---|---|---|
| S1-1 | $C/Q=0.00722+0.000644\times C$ | 0.995 | 1552.8 | 0.089 | 27.22 |
| S2-5 | $C/Q=0.00522+0.000620\times C$ | 0.998 | 1612.9 | 0.119 | 37.43 |
| S5-1 | $C/Q=0.00455+0.000413\times C$ | 0.991 | 2421.3 | 0.091 | 43.17 |
| S9-1 | $C/Q=0.00096+0.000453\times C$ | 0.999 | 2207.5 | 0.472 | 190.40 |
| S12-1 | $C/Q=0.00292+0.000543\times C$ | 0.995 | 1841.6 | 0.186 | 66.04 |
| S10-1 | $C/Q=0.00316+0.000630\times C$ | 0.995 | 1587.3 | 0.199 | 60.86 |

表 5.35 Langmuir 吸附方程参数与湿地土壤性质间的关系(UT-5 ℃)

| 吸附参数 | TP | SP | OM | Clay | pH |
|---|---|---|---|---|---|
| $Q_m$ | 0.107 | −0.345 | 0.330 | 0.653 | 0.023 |
| $B$ | 0.944** | 0.022 | 0.801 | 0.171 | 0.021 |
| 标准需磷量 | 0.892* | −0.049 | 0.829* | 0.226 | −0.024 |

注：*，表示相关性 $P<0.05$；**，表示相关性 $P<0.01$。

表 5.36 土壤的 Langmuir 吸附方程拟合及其相应参数(FTT-5 ℃)

| 土样 | $C/Q=(1/B\cdot Q_m)+(1/Q_m)\times C$ | $r$ | $Q_m$(mg/kg) | $B$(kJ/mol) | 标准需磷量(mg/kg) |
|---|---|---|---|---|---|
| S1-1 | $C/Q=0.00509+0.000544\times C$ | 0.990 | 1838.2 | 0.107 | 38.47 |
| S2-5 | $C/Q=0.00497+0.000495\times C$ | 0.989 | 2020.2 | 0.100 | 39.46 |
| S5-1 | $C/Q=0.00367+0.000390\times C$ | 0.971 | 2564.1 | 0.106 | 53.36 |
| S9-1 | $C/Q=0.00075+0.000421\times C$ | 0.994 | 2375.3 | 0.561 | 239.80 |
| S12-1 | $C/Q=0.00261+0.000443\times C$ | 0.983 | 2257.3 | 0.170 | 74.11 |
| S10-1 | $C/Q=0.00253+0.000562\times C$ | 0.995 | 1779.4 | 0.222 | 75.69 |

表 5.37 Langmuir 吸附方程参数与湿地土壤性质间的关系(FTT-5 ℃)

| 吸附参数 | TP | SP | OM | Clay | pH |
|---|---|---|---|---|---|
| $Q_m$ | 0.045 | −0.258 | 0.319 | 0.538 | 0.136 |
| $B$ | 0.918** | −0.033 | 0.803 | 0.203 | −0.068 |
| 标准需磷量 | 0.883* | −0.064 | 0.827* | 0.234 | −0.071 |

注：*，表示相关性 $P<0.05$；**，表示相关性 $P<0.01$。

**表 5.38 土壤的 Langmuir 吸附方程拟合及其相应参数(UT-15 ℃)**

| 土样 | $C/Q=(1/B\cdot Q_m)+(1/Q_m)\times C$ | $r$ | $Q_m$(mg/kg) | $B$(kJ/mol) | 标准需磷量(mg/kg) |
|---|---|---|---|---|---|
| S1-1 | $C/Q=0.00709+0.00056\times C$ | 0.993 | 1785.7 | 0.079 | 27.77 |
| S2-5 | $C/Q=0.00429+0.000576\times C$ | 0.998 | 1736.1 | 0.134 | 45.40 |
| S5-1 | $C/Q=0.00284+0.000401\times C$ | 0.991 | 2493.8 | 0.141 | 68.49 |
| S9-1 | $C/Q=0.00078+0.000420\times C$ | 0.998 | 2381.0 | 0.538 | 231.50 |
| S12-1 | $C/Q=0.00169+0.000523\times C$ | 0.997 | 1912.0 | 0.309 | 111.40 |
| S10-1 | $C/Q=0.00212+0.000570\times C$ | 0.997 | 1754.4 | 0.269 | 89.53 |

**表 5.39 Langmuir 吸附方程参数与湿地土壤性质间的关系(UT-15 ℃)**

| 吸附参数 | TP | SP | OM | Clay | pH |
|---|---|---|---|---|---|
| $Q_m$ | 0.153 | -0.384 | 0.402 | 0.632 | -0.107 |
| $B$ | 0.957** | 0.192 | 0.662 | 0.320 | 0.263 |
| 标准需磷量 | 0.906* | 0.070 | 0.731 | 0.349 | 0.151 |

注：*，表示相关性 $P<0.05$；**，表示相关性 $P<0.01$。

**表 5.40 土壤的 Langmuir 吸附方程拟合及其相应参数(FTT-15 ℃)**

| 土样 | $C/Q=(1/B\cdot Q_m)+(1/Q_m)\times C$ | $r$ | $Q_m$(mg/kg) | $B$(kJ/mol) | 标准需磷量(mg/kg) |
|---|---|---|---|---|---|
| S1-1 | $C/Q=0.00467+0.000401\times C$ | 0.973 | 2493.8 | 0.086 | 42.10 |
| S2-5 | $C/Q=0.00385+0.000516\times C$ | 0.997 | 1938.0 | 0.134 | 50.59 |
| S5-1 | $C/Q=0.00208+0.000395\times C$ | 0.984 | 2531.6 | 0.190 | 92.64 |
| S9-1 | $C/Q=0.00058+0.000402\times C$ | 0.998 | 2487.6 | 0.693 | 302.80 |
| S12-1 | $C/Q=0.00176+0.000504\times C$ | 0.997 | 1984.1 | 0.286 | 107.50 |
| S10-1 | $C/Q=0.00247+0.000541\times C$ | 0.996 | 1848.4 | 0.219 | 77.57 |

**表 5.41 Langmuir 吸附方程参数与湿地土壤性质间的关系(FTT-15 ℃)**

| 吸附参数 | TP | SP | OM | Clay | pH |
|---|---|---|---|---|---|
| $Q_m$ | -0.114 | -0.387 | 0.354 | 0.291 | -0.678 |
| $B$ | 0.881* | -0.009 | 0.795 | 0.293 | 0.052 |
| 标准需磷量 | 0.827* | -0.086 | 0.820* | 0.302 | -0.040 |

注：*，表示相关性 $P<0.05$。

**表 5.42 土壤的 Langmuir 吸附方程拟合及其相应参数(UT-25 ℃)**

| 土样 | $C/Q=(1/B\cdot Q_m)+(1/Q_m)\times C$ | $r$ | $Q_m$(mg/kg) | $B$(kJ/mol) | 标准需磷量(mg/kg) |
|---|---|---|---|---|---|
| S1-1 | $C/Q=0.00457+0.000580\times C$ | 0.992 | 1724.1 | 0.127 | 42.68 |
| S2-5 | $C/Q=0.00402+0.000454\times C$ | 0.991 | 2202.6 | 0.113 | 48.65 |
| S5-1 | $C/Q=0.00337+0.000420\times C$ | 0.982 | 2381.0 | 0.125 | 57.90 |
| S9-1 | $C/Q=0.00227+0.000363\times C$ | 0.996 | 2754.8 | 0.160 | 85.38 |
| S12-1 | $C/Q=0.00155+0.000461\times C$ | 0.997 | 2169.2 | 0.297 | 121.80 |
| S10-1 | $C/Q=0.00278+0.000465\times C$ | 0.994 | 2150.5 | 0.167 | 69.61 |

**表 5.43 Langmuir 吸附方程参数与湿地土壤性质间的关系(UT-25 ℃)**

| 吸附参数 | TP | SP | OM | Clay | pH |
|---|---|---|---|---|---|
| $Q_m$ | 0.608 | −0.344 | 0.696 | 0.325 | 0.161 |
| $B$ | 0.382 | 0.885* | −0.228 | 0.407 | 0.791 |
| 标准需磷量 | 0.578 | 0.722 | 0.034 | 0.481 | 0.773 |

注：*，表示相关性 $P<0.05$。

**表 5.44 土壤的 Langmuir 吸附方程拟合及其相应参数(FTT-25 ℃)**

| 土样 | $C/Q=(1/B\cdot Q_m)+(1/Q_m)\times C$ | $r$ | $Q_m$(mg/kg) | $B$(kJ/mol) | 标准需磷量(mg/kg) |
|---|---|---|---|---|---|
| S1-1 | $C/Q=0.00192+0.000478\times C$ | 0.999 | 2092.1 | 0.249 | 99.23 |
| S2-5 | $C/Q=0.00387+0.000424\times C$ | 0.992 | 2358.5 | 0.110 | 50.57 |
| S5-1 | $C/Q=0.00152+0.000373\times C$ | 0.992 | 2681.0 | 0.245 | 125.42 |
| S9-1 | $C/Q=0.00271+0.000356\times C$ | 0.961 | 2809.0 | 0.131 | 71.91 |
| S12-1 | $C/Q=0.00336+0.000432\times C$ | 0.988 | 2314.8 | 0.129 | 58.03 |
| S10-1 | $C/Q=0.00344+0.000385\times C$ | 0.970 | 2597.4 | 0.112 | 56.87 |

**表 5.45 Langmuir 吸附方程参数与湿地土壤性质间的关系(FTT-25 ℃)**

| 吸附参数 | TP | SP | OM | Clay | pH |
|---|---|---|---|---|---|
| $Q_m$ | 0.521 | −0.374 | 0.458 | 0.503 | 0.161 |
| $B$ | −0.625 | −0.210 | −0.278 | 0.276 | −0.552 |
| 标准需磷量 | −0.514 | −0.347 | −0.169 | 0.465 | −0.459 |

② Freundlich 方程

$$Q = KC^b$$

式中，$Q$ 为单位质量土壤对磷的吸附量（mg/kg）；$C$ 为土壤平衡溶液中磷的浓度（mg/L）；$K$ 和 $b$ 均为系数。

在拟合过程中用 $\ln X$ 对 $\ln C$ 作图可得一直线，斜率为 $b$，截距为 $\ln K$。当浓度为 1 个单位时，$K$ 的数值为土壤磷的吸附量；$b$ 表示吸附强度。由于是以浓度的对数作图，因此在较宽的浓度范围内，该方程也可得到较好的图形。所得参数如表 5.46 所示，与土壤理化性质间的回归分析表明，在 UT-5 ℃、FTT-5 ℃、UT-15 ℃、FTT-15 ℃条件下，$K$ 值与 TP 呈良好或显著的正相关；在 UT-25 ℃条件下，$K$ 值与 OM 和黏粒显著正相关；在 FTT-25 ℃条件下，$K$ 值与土壤性质间无明显的相关性。而在各种条件下，$b$ 值与土壤性质间都无明显的相关性。

**表 5.46　土壤的 Freundlich 吸附方程拟合及其相应参数**

| Freundlich 方程：$Q = KC^b$ | | S9-1 | | | S12-1 | | | S10-1 | | |
|---|---|---|---|---|---|---|---|---|---|---|
| | | $K$ | $b$ | $r$ | $K$ | $b$ | $r$ | $K$ | $b$ | $r$ |
| 5 ℃ | UT | 679.5 | 0.316 | 0.954 | 507.3 | 0.276 | 0.928 | 509.0 | 0.238 | 0.930 |
| | FTT | 805.7 | 0.285 | 0.881 | 529.5 | 0.327 | 0.959 | 571.9 | 0.235 | 0.872 |
| 15 ℃ | UT | 780.7 | 0.307 | 0.965 | 600.1 | 0.269 | 0.927 | 604.9 | 0.226 | 0.936 |
| | FTT | 936.7 | 0.223 | 0.792 | 587.9 | 0.285 | 0.928 | 540.1 | 0.273 | 0.951 |
| 25 ℃ | UT | 445.9 | 0.491 | 0.935 | 588.8 | 0.322 | 0.844 | 447.5 | 0.370 | 0.922 |
| | FTT | 489.1 | 0.434 | 0.771 | 417.9 | 0.401 | 0.839 | 420.8 | 0.431 | 0.818 |

（2）土壤磷的等温吸附特征

如图 5.38 所示，无论是在 UT 状态下，还是在 FTT 状态下，不同温度下的各土壤样品等温吸附特征表现一致，它们的吸附曲线均可分为两个部分：当土壤平衡溶液浓度很低时，磷的吸附量（$Q$）与磷的平衡溶液浓度（$C$）的曲线斜率较大；当土壤加磷量不断增大时，土壤平衡溶液浓度也随之不断增加，曲线斜率变小。这说明各土壤对磷的吸附存在两个不同但又相互关联的区域。Langmuir 方程与土壤试验数据最为吻合，这与多数研究结果基本一致，进一步证明方程在不同区域土壤上可以表征磷的等温吸附特性。

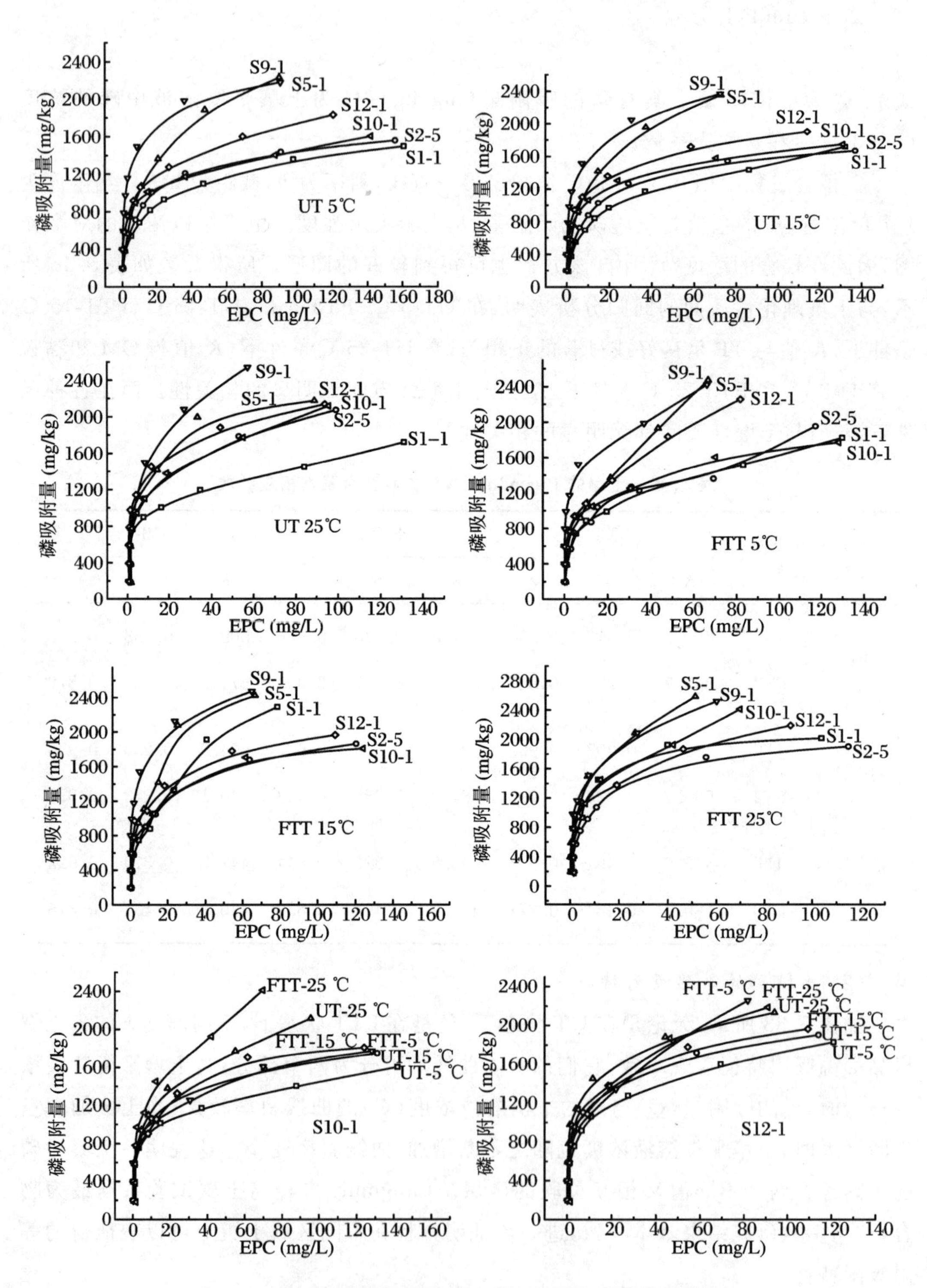


图 5.38 同一温度不同样品、同一样品不同温度磷的吸附特征

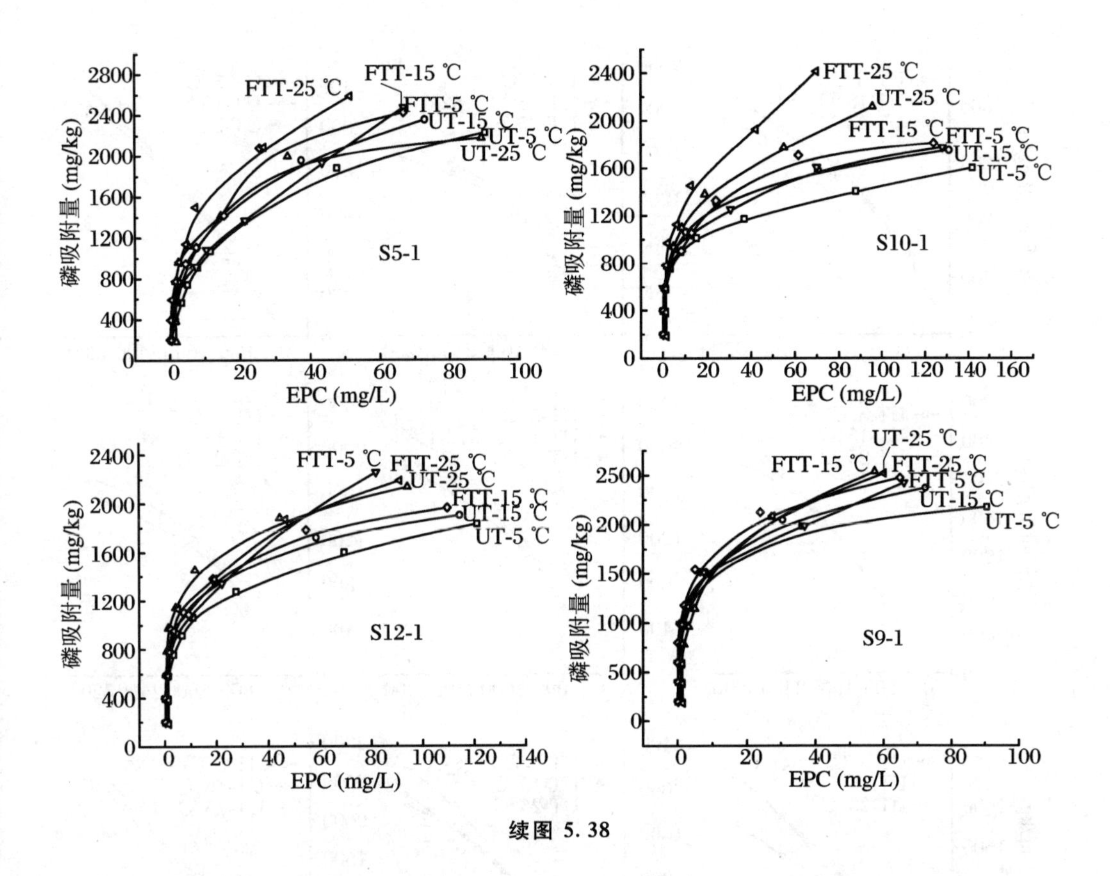


**续图 5.38**

(3) 不同初始浓度磷的吸附特征

湿地土壤样品的吸附试验表明,吸附速度与吸附平衡不仅与土壤本身理化性质有关,而且与溶液中磷酸盐的初始浓度有关。如图 5.38 和图 5.39 所示,是各 FTT 和 UT 土壤样品在不同磷酸盐初始浓度下的吸附情况。

从图 5.39 可知,加磷量与土壤磷吸附量之间呈线性关系。当土壤平衡溶液浓度很低时,磷的吸附量与加磷量的曲线斜率较大;当土壤加磷量不断增大,土壤磷的吸附量也随之不断增加,曲线斜率变小,这与 Langmuir 等温吸附曲线的特征相一致。而且,曲线的斜率随着温度的升高而增大。

溶液中磷酸盐的初始浓度较小时,吸附平衡就较容易达到,其饱和吸附量也就较小。在各初始浓度下,吸附作用在开始阶段进行得都非常快。随着土壤颗粒表面吸附点位的减少以及溶液中磷酸盐浓度的减小,吸附作用在 2~3 天以后迅速变慢。加磷量为 1000 mg/kg 时,在 3~6 天内基本上都能达到吸附平衡。加磷量为 2400 mg/kg 时,达到吸附平衡则需要相当长的时间,且磷酸盐的初始浓度越大,达到平衡时间越长(图 5.40)。

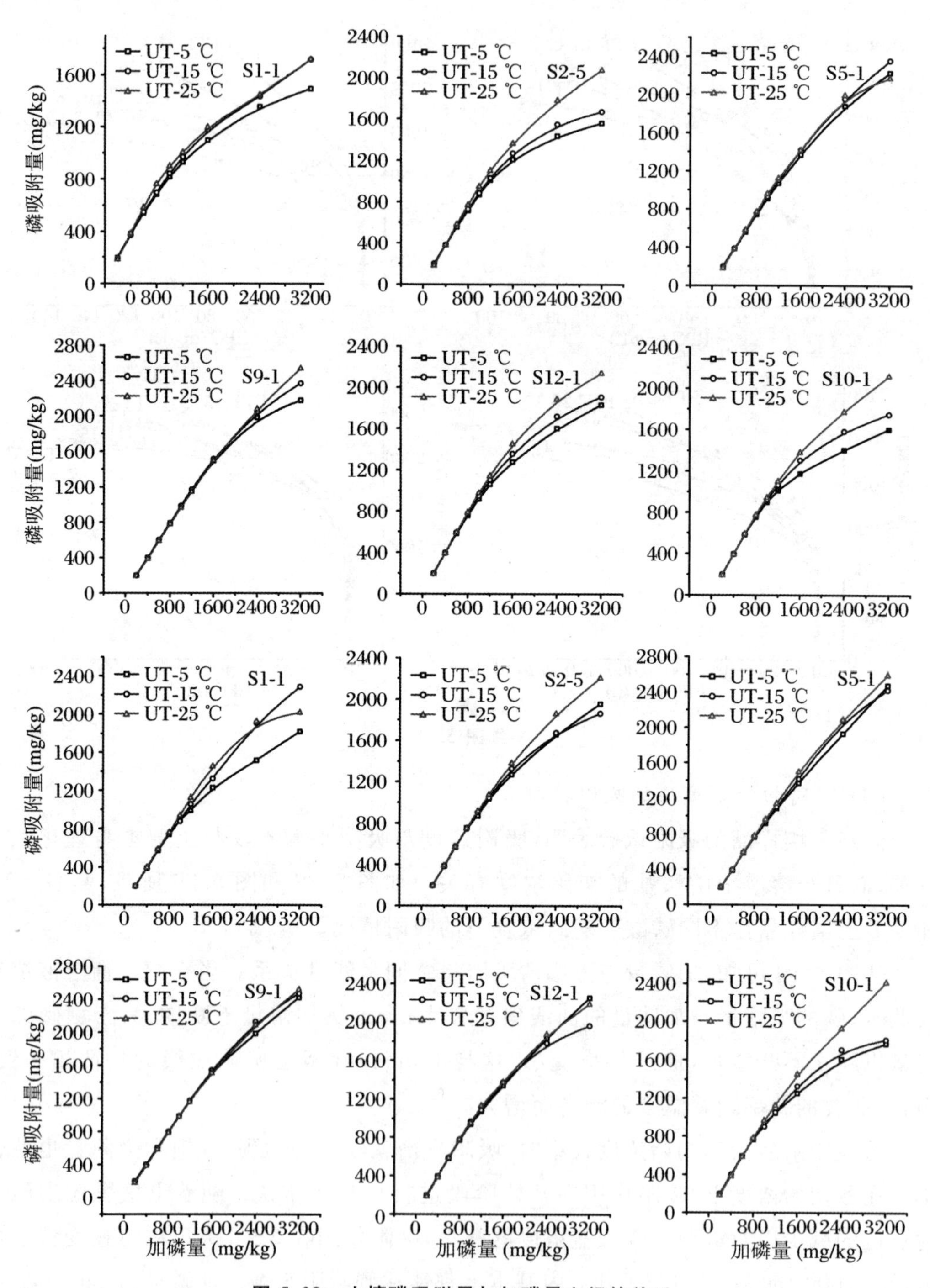


图 5.39 土壤磷吸附量与加磷量之间的关系

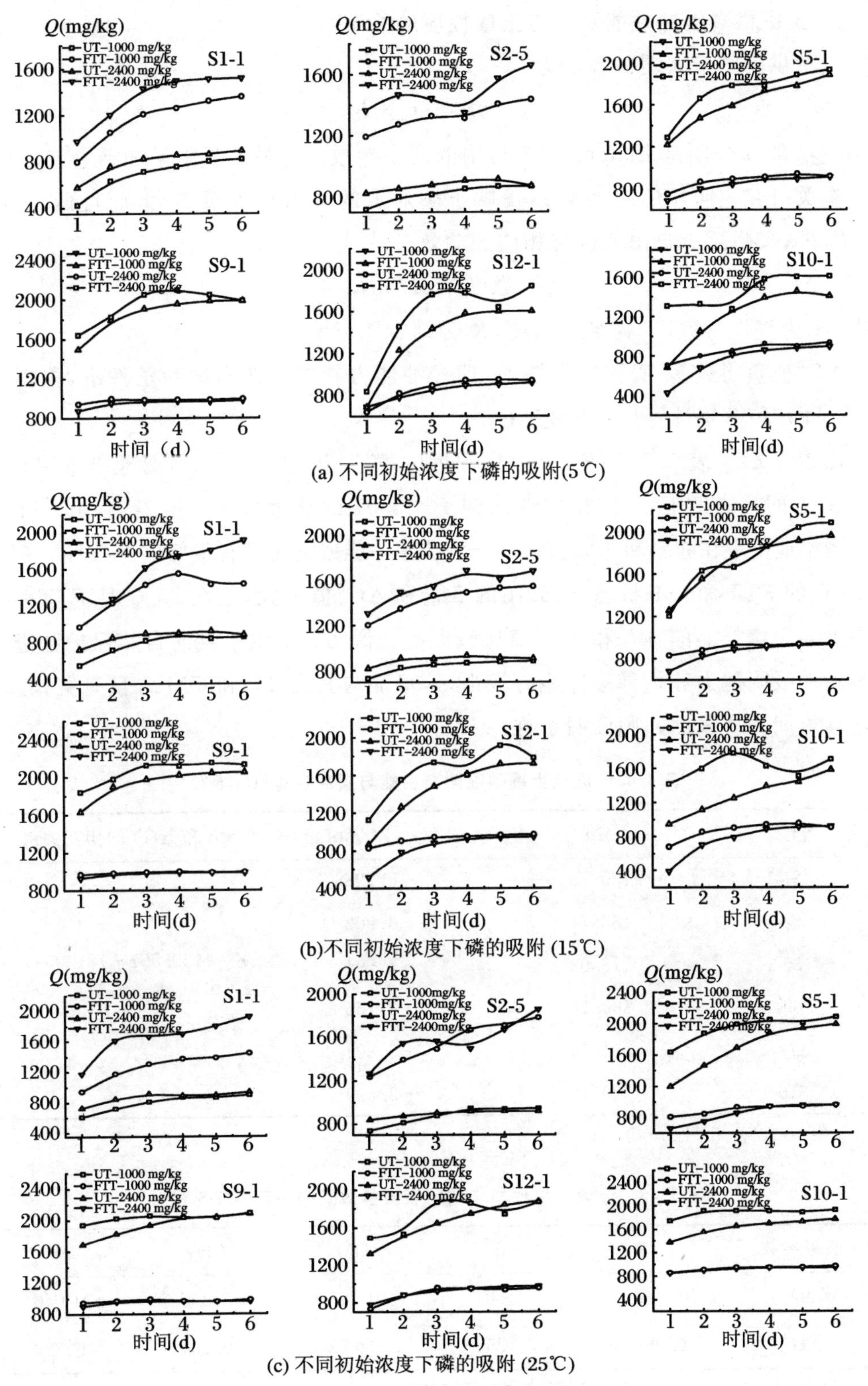


(a) 不同初始浓度下磷的吸附(5℃)

(b)不同初始浓度下磷的吸附 (15℃)

(c) 不同初始浓度下磷的吸附 (25℃)

图 5.40 不同初始浓度下土壤磷的吸附特征

**2. 土壤供磷缓冲性能及其与土壤性质的关系**

土壤供磷的最大缓冲容量为

$$Mb = Q_m \cdot B$$

式中，$Q_m$和 $B$ 分别是 Langmuir 方程中的两个参数——最大吸附量和结合能。

有关研究表明，$Mb$ 能良好地反映土壤对磷的吸附和供磷能力，而且研究发现，除 $Mb$ 外，吸附反应自由能也有相应的功效。

$$\Delta G^0 = RT\ln K$$

式中，$R$ 为气体常数，$T$ 为绝对温度，$K$ 为结合能。

$\Delta G^0$值负得越多，吸附能力越差，即缓冲能力越差。在本试验条件下，根据土壤的 $Q_m$和 $B$ 值分别计算出 $Mb$ 和 $\Delta G^0$。

由表 5.47～表 5.58 可知，在不同温度的 FTT 和 UT 状态下，湿地土壤磷的 $Mb$ 和 $\Delta G^0$之间呈高度正相关，相关性达到 $P<0.01$ 的显著水平。这表明，$Mb$ 和 $\Delta G^0$ 在预测湿地土壤在冻融和非冻融状态下供磷缓冲能力方面具有很好的一致性。在 5 ℃和 15 ℃的 FTT 和 UT 状态下，S9-1 的 $Mb$ 和 $\Delta G^0$值最大，但在 25 ℃时 FTT 和 UT 状态下各土壤样品的 $Mb$ 和 $\Delta G^0$值比较混乱。说明在低温下洪河自然保护区边缘湿地对磷的吸附能力和供磷缓冲能力较强，这可能与其高 TP 和 OM 含量有关，与土壤理化性质间的直线回归则证明了这一点。

**表 5.47 湿地土壤磷吸附自由能与缓冲容量(UT-5 ℃)**

| 土样 | $Mb$ | $\Delta G^0$(kJ/mol) | $Mb$ 和 $\Delta G^0$ 的相互关系 |
|---|---|---|---|
| S1-1 | 130.23 | −5.728 | |
| S2-5 | 188.71 | −4.962 | |
| S5-1 | 216.02 | −5.594 | $Y = 1129.551 + 181.054X$ |
| S9-1 | 869.18 | −2.166 | $r = 0.917^{**}$<br>$n = 6$ |
| S12-1 | 354.14 | −3.804 | |
| S10-1 | 320.13 | −3.699 | |

注：**，表示相关性 $P<0.01$。

**表 5.48 湿地土壤性质与磷的吸附参数间的关系(UT-5 ℃)**

| 吸附参数 | TP | SP | OM | Clay | pH |
|---|---|---|---|---|---|
| $Mb$ | 0.912* | 0.004 | 0.796 | 0.255 | 0.046 |
| $\Delta G^0$ | 0.986** | 0.252 | 0.602 | 0.204 | 0.332 |

注：*，表示相关性 $P<0.05$；**，表示相关性 $P<0.01$。

表 5.49　湿地土壤磷吸附自由能与缓冲容量(FTT-5 ℃)

| 土样 | $Mb$ | $\Delta G^0$(kJ/mol) | $Mb$ 和 $\Delta G^0$ 的相互关系 |
|---|---|---|---|
| S1-1 | 196.56 | −5.168 | |
| S2-5 | 202.11 | −5.325 | |
| S5-1 | 265.46 | −5.256 | $Y=1531.729+261.302X$<br>$r=0.941^{**}$<br>$n=6$ |
| S9-1 | 1345.99 | −1.308 | |
| S12-1 | 402.68 | −3.966 | |
| S10-1 | 431.86 | −3.262 | |

注：**，表示相关性 $P<0.01$。

表 5.50　湿地土壤性质与磷的吸附参数间的关系(FTT-5 ℃)

| 吸附参数 | TP | SP | OM | Clay | pH |
|---|---|---|---|---|---|
| $mb$ | 0.895* | −0.050 | 0.821* | 0.230 | −0.061 |
| $\Delta G^0$ | 0.981** | 0.185 | 0.626 | 0.294 | 0.149 |

注：*，表示相关性 $P<0.05$；**，表示相关性 $P<0.01$。

表 5.51　湿地土壤磷吸附自由能与缓冲容量(UT-15 ℃)

| 土样 | $Mb$ | $\Delta G^0$(kJ/mol) | $Mb$ 和 $\Delta G^0$ 的相互关系 |
|---|---|---|---|
| S1-1 | 180.79 | −5.614 | |
| S2-5 | 234.37 | −4.797 | |
| S5-1 | 391.63 | −4.405 | $Y=1597.248+281.933X$<br>$r=0.919^{**}$<br>$n=6$ |
| S9-1 | 1623.24 | −0.906 | |
| S12-1 | 680.01 | −2.468 | |
| S10-1 | 504.37 | −2.982 | |

注：**，表示相关性 $P<0.01$。

表 5.52　湿地土壤性质与磷的吸附参数间的关系(UT-15 ℃)

| 吸附参数 | TP | SP | OM | Clay | pH |
|---|---|---|---|---|---|
| $Mb$ | 0.895* | 0.043 | 0.769 | 0.316 | 0.072 |
| $\Delta G^0$ | 0.928** | 0.290 | 0.519 | 0.423 | 0.443 |

注：*，表示相关性 $P<0.05$；**，表示相关性 $P<0.01$。

表 5.53 湿地土壤磷吸附自由能与缓冲容量(FTT-15 ℃)

| 土样 | $Mb$ | $\Delta G^0$(kJ/mol) | $Mb$ 和 $\Delta G^0$ 的相互关系 |
|---|---|---|---|
| S1-1 | 170.16 | −6.021 | |
| S2-5 | 234.78 | −5.332 | |
| S5-1 | 481.21 | −3.979 | $Y = 2109.48 + 379.375X$ |
| | | | $r = 0.924^{**}$ |
| S9-1 | 2464.16 | −0.005 | $n = 6$ |
| S12-1 | 569.12 | −2.990 | |
| S10-1 | 404.47 | −3.638 | |

注:**,表示相关性 $P<0.01$。

表 5.54 湿地土壤性质与磷的吸附参数间的关系(FTT-15 ℃)

| 吸附参数 | TP | SP | OM | Clay | pH |
|---|---|---|---|---|---|
| $Mb$ | 0.825* | −0.130 | 0.857* | 0.235 | −0.111 |
| $\Delta G^0$ | 0.871* | 0.097 | 0.638 | 0.468 | 0.263 |

注:*,表示相关性 $P<0.05$。

表 5.55 湿地土壤磷吸附自由能与缓冲容量(UT-25 ℃)

| 土样 | $Mb$ | $\Delta G^0$(kJ/mol) | $Mb$ 和 $\Delta G^0$ 的相互关系 |
|---|---|---|---|
| S1-1 | 219.00 | −5.115 | |
| S2-5 | 249.15 | −5.405 | |
| S5-1 | 297.43 | −5.155 | $Y = 1166.811 + 173.159X$ |
| | | | $r = 0.959^{**}$ |
| S9-1 | 441.06 | −4.543 | $n = 6$ |
| S12-1 | 646.30 | −3.001 | |
| S10-1 | 359.22 | −4.436 | |

注:**,表示相关性 $P<0.01$。

表 5.56 湿地土壤性质与磷的吸附参数间的关系(UT-25 ℃)

| 吸附参数 | TP | SP | OM | Clay | pH |
|---|---|---|---|---|---|
| $Mb$ | 0.564 | 0.731 | 0.020 | 0.476 | 0.775 |
| $\Delta G^0$ | 0.472 | 0.893* | −0.194 | 0.459 | 0.785 |

注:*,表示相关性 $P<0.05$。

表 5.57　湿地土壤磷吸附自由能与缓冲容量(FTT-25 ℃)

| 土样 | $Mb$ | $\Delta G^0$(kJ/mol) | $Mb$ 和 $\Delta G^0$ 的相互关系 |
|---|---|---|---|
| S1-1 | 521.16 | −3.446 | |
| S2-5 | 259.37 | −5.471 | |
| S5-1 | 658.94 | −3.476 | $Y = 1139.704 + 158.976X$<br>$r = 0.949^{**}$<br>$n = 6$ |
| S9-1 | 368.11 | −5.038 | |
| S12-1 | 298.73 | −5.076 | |
| S10-1 | 291.09 | −5.427 | |

注：**，表示相关性 $P<0.01$。

表 5.58　湿地土壤性质与磷的吸附参数间的关系(FTT-25 ℃)

| 吸附参数 | TP | SP | OM | Clay | pH |
|---|---|---|---|---|---|
| $Mb$ | 0.525 | −0.344 | −0.179 | 0.459 | −0.460 |
| $\Delta G^0$ | −0.591 | −0.188 | −0.254 | 0.309 | −0.537 |

注：*，表示相关性 $P<0.05$。

### 3. 磷的解吸

湿地土壤吸附的大量磷，在土壤溶液浓度降低时能否重新释放进入溶液，即土壤磷的解吸状况如何，将直接影响到湿地土壤磷的供应状况。在本试验中，将磷吸附达到平衡(6 天)后的土壤，经过 5 次连续的解吸作用，分别测定其解吸量和解吸率。各土壤样品的解吸状况如下：

(1) S1-1

在连续 5 次的解吸作用下，解吸量逐渐减小，其解吸总量远小于吸附量，表明在磷的吸附/解吸动态平衡过程中，吸附趋势要强于其解吸趋势。

加磷量为 UT-1000 mg/kg 时，各个温度下的吸附率较高，达到 81.8%～90.0%，吸附量为 818.2～899.5 mg/kg，可见吸磷表面的饱和度小，与磷的结合能力强，因此解吸困难，解吸总量只有 151.6～248.6 mg/kg，解吸率较低，仅为 16.9%～30.4%；当土壤加磷量提高到 UT-2400 mg/kg 时，吸附率下降到 56.6%～60.3%，而吸附量增加到 1358.1～1447.9 mg/kg，这使得土壤吸附表面的饱和度变大，与磷的结合能力减弱，解吸作用增强，解吸总量加大为 354.0～641.1 mg/kg，解吸率升高，变为 24.5%～47.2%。

而在加磷量为 FTT-1000 mg/kg 的状况下，各个温度下土壤样品的吸附率达到 87.8%～93.7%，吸附量提高到 878.0～936.9 mg/kg，但由于 FTT 的影响，导致土壤在平衡状态下的颗粒缝隙变大，土壤颗粒比表面积增加，这使得土壤吸磷表面的饱和度比加磷量为 UT-1000 mg/kg 时更小，与磷的结合能力大为增强，解吸作用反而减弱，解吸总量仅为 145.3～174.9 mg/kg，解吸率下降到 16.6%～18.7%；当土壤加磷量提高到 FTT-2400 mg/kg 时，吸附率下降到 63.2%～80.2%，而吸附量增加到 1516.5～1925.6 mg/kg，亦使得土壤吸附表面的饱和度变大，与磷的结合能力减弱，解吸作用增强，解吸总量加大为 182.2～371.4 mg/kg，解吸率升高，变为 20.9%～25.0%，相比于加磷量为 UT-2400 mg/kg 时其吸附效果增加而解吸效果则减弱。

如图 5.41 所示，加磷量相同，土壤磷的吸附量和吸附率随着温度的升高而增加，而且 FTT 土壤样品的吸附量和吸附率要高于 UT 土壤样品的吸附量和吸附率；但在解吸过程中，UT 土壤样品磷的解吸率随着温度的升高而减小，FTT 土壤样品磷的解

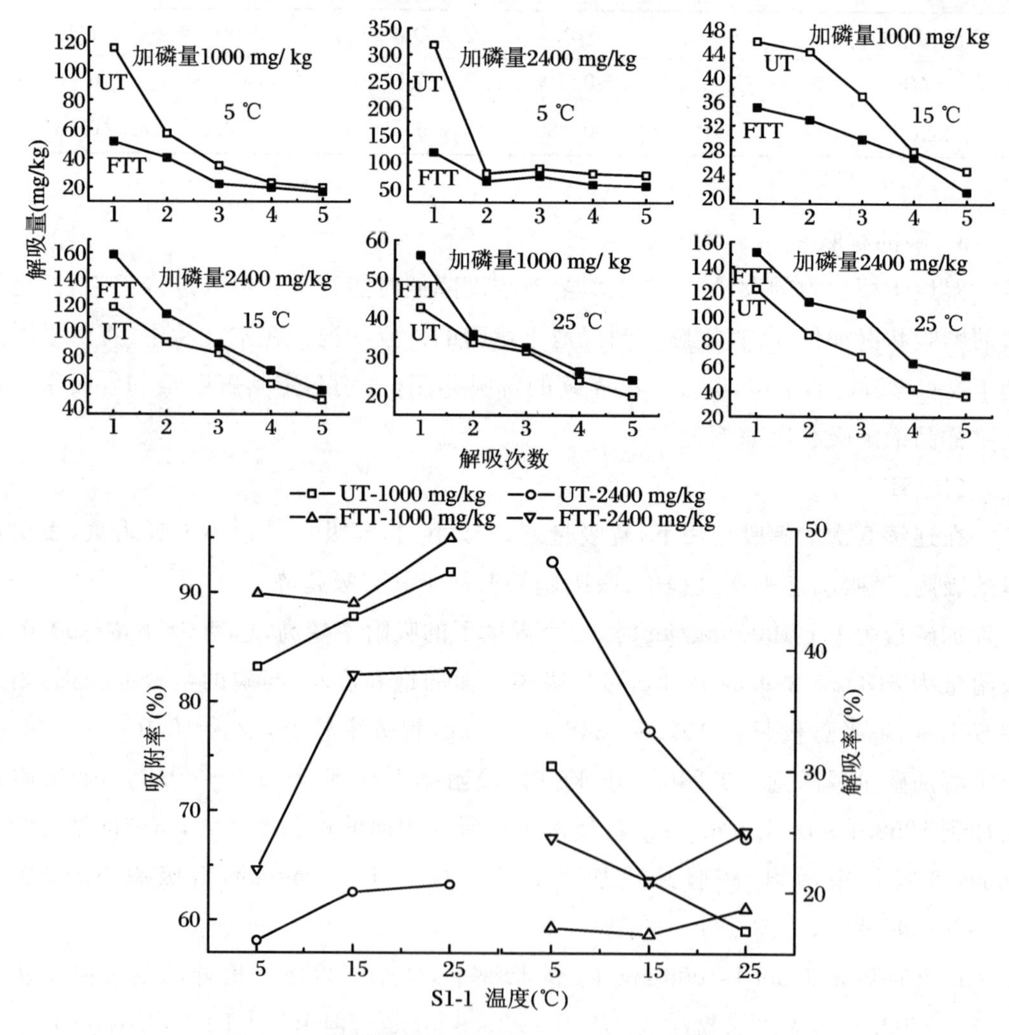


图 5.41 不同加磷量 FTT 和 UT 土壤磷的解吸(S1-1)

吸率则随着温度的升高而先减后增。在5℃、15℃时FTT样品的解吸率要低于UT样品的解吸率，25℃时则相反，FTT样品的解吸率要高于UT样品的解吸率。这表明，经过FTT后土壤样品在低温时的固磷能力得到增强，吸附的磷不易被解吸；但在高温时则能更好地为土壤溶液提供磷。土壤样品的吸附率越高，其解吸率则越小。线性回归分析表明，吸附率与解吸率之间呈显著的负相关，相关系数$r = -0.76$（$n = 12$，$P > 0.01$）。随着加磷量的增加，土壤磷的吸附量增加，吸附率减小，其解吸量和解吸率则相应地增大。

(2) S5-1

在连续5次的解吸作用下，解吸量逐渐减小，其解吸总量远小于吸附量，表明在磷的吸附/解吸动态平衡过程中，吸附趋势要强于其解吸趋势。

加磷量为UT-1000 mg/kg时，各个温度下的吸附率较高，达到91.2%～96.1%，吸附量为912.4～960.6 mg/kg，可见吸磷表面的饱和度小，与磷的结合能力强，因此解吸困难，解吸总量只有107.2～136.6 mg/kg，解吸率较低，仅为11.2%～15.0%；当土壤加磷量提高到UT-2400 mg/kg时，吸附率下降到78.4%～83.1%，而吸附量增加到1882.6～1993.3 mg/kg，这使得土壤吸附表面的饱和度变大，与磷的结合能力减弱，解吸作用增强，解吸总量加大为239.2～396.5 mg/kg，解吸率升高，变为12.0%～21.1%。

而在加磷量为FTT-1000 mg/kg的状况下，各个温度下土壤样品的吸附率达到91.9%～96.4%，吸附量提高到919.1～963.8 mg/kg，但由于FTT的影响，导致土壤在平衡状态下的颗粒缝隙变大，土壤颗粒比表面积增加，这使得土壤吸磷表面的饱和度比加磷量为UT-1000 mg/kg时更小，与磷的结合能力大为增强，解吸作用反而减弱，解吸总量仅为112.1～131.2 mg/kg，解吸率下降到11.8%～14.3%；当土壤加磷量提高到FTT-2400 mg/kg时，吸附率下降到80.5%～87.0%，而吸附量增加到1931.3～2086.9 mg/kg，亦使得土壤吸附表面的饱和度变大，与磷的结合能力减弱，解吸作用增强，解吸总量加大为357.6～409.8 mg/kg，解吸率升高，变为17.2%～19.6%，相比于加磷量为UT-2400 mg/kg时其吸附效果增加而解吸效果减弱。

如图5.42所示，加磷量相同，土壤磷的吸附量和吸附率随着温度的升高而增加，而且FTT土壤样品的吸附量和吸附率要高于UT土壤样品的吸附量和吸附率；但在解吸过程中，UT土壤样品磷的解吸率随着温度的升高而减小，FTT土壤样品磷的解吸率则随着温度的升高而先减后增。而且，在5℃、15℃时FTT样品的解吸率要低于UT样品的解吸率，25℃时则相反，FTT样品的解吸率要高于UT样品的解吸率。这表明，经过FTT后土壤样品在低温时的固磷能力得到增强，吸附的磷不易被解吸；但在高温时则能更好地为土壤溶液提供磷。土壤样品的吸附率越高，其解吸率则越小。线性回归分析表明，吸附率与解吸率之间呈显著的负相关，相关系数 $r=-0.79$（$n=12, P>0.01$）。随着加磷量的增加，土壤磷的吸附量增加，吸附率减小，其解吸量和解吸率则相应地增大。

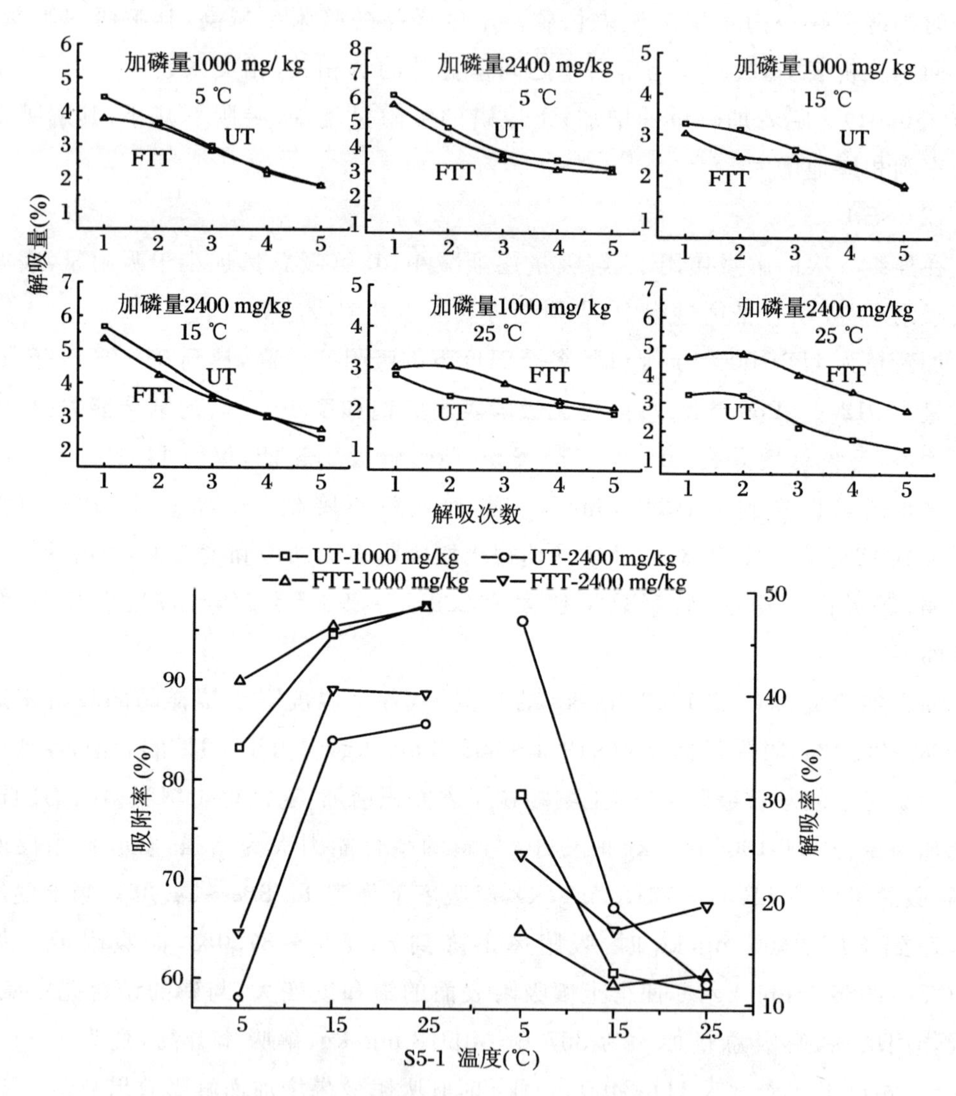


图 5.42 不同加磷量 FTT 和 UT 土壤磷的解吸(S5-1)

(3) S2-5

在 5 次的连续解吸作用下，解吸量逐渐减小，其解吸总量远小于吸附量，表明在磷的吸附/解吸动态平衡过程中，吸附趋势要强于其解吸趋势。

加磷量为 UT-1000 mg/kg 时，各个温度下的吸附率较高，达到 86.7%～94.5%，吸附量为 867.0～945.0 mg/kg，可见吸磷表面的饱和度小，与磷的结合能力强，因此解吸困难，5℃、15℃、25℃时解吸总量分别为 207.4 mg/kg、206.6 mg/kg、122.4 mg/kg，解吸率较低，分别为23.9%、23.4%、12.9%；当土壤加磷量提高到UT-2400 mg/kg时，吸附率下降到59.8%～74.3%，而吸附量增加到1436.3～1783.2 mg/kg，这使得土壤吸附表面的饱和度变大，与磷的结合能力减弱，解吸作用增强，解吸总量加大为369.4～538.7 mg/kg，解吸率升高，变为20.7%～37.5%。

而在加磷量为FTT-1000 mg/kg的状况下，各个温度下土壤样品的吸附率达到87.0%～91.7%，吸附量提高到870.5～917.5 mg/kg，但由于FTT的影响，导致土壤在平衡状态下的颗粒缝隙变大，土壤颗粒比表面积增加，这使得土壤吸磷表面的饱和度比加磷量为UT-1000 mg/kg时更小，与磷的结合能力大为增强，解吸作用反而减弱，5 ℃、15 ℃时解吸总量仅为160.0 mg/kg、165.2 mg/kg，解吸率下降到18.4%、18.3%，但在25 ℃时其解吸量反而增大到220.5 mg/kg，解吸率为24.0%；当土壤加磷量提高到FTT-2400 mg/kg时，吸附率下降到69.2%～77.4%，而吸附量增加到1661.4～1857.5 mg/kg，亦使得土壤吸附表面的饱和度变大，与磷的结合能力减弱，解吸作用增强，解吸总量加大为520.0～615.7 mg/kg，解吸率升高，变为31.0%～33.2%，相比于加磷量为UT-2400 mg/kg时其吸附效果增加而解吸效果减弱。

如图5.43所示，加磷量相同，土壤磷的吸附量和吸附率随着温度的升高而增加，而且FTT土壤样品的吸附量和吸附率要高于UT土壤样品的吸附量和吸附率；但在解吸过程中，UT土壤样品磷的解吸率随着温度的升高而减小，FTT土壤样品磷的解吸率则随着温度的升高而先减后增。而且，在5 ℃、15 ℃时FTT样品的解吸率要低于UT样品的解吸率，25 ℃时则相反，FTT样品的解吸率要高于UT样品的解吸率。这表明，经过FTT后土壤样品在低温时的固磷能力得到增强，吸附的磷不易被解吸；但在高温时则能更好地为土壤溶液提供磷。土壤样品的吸附率越高，其解吸率则越小。线性回归分析表明，吸附率与解吸率之间呈显著的负相关，相关系数$r=-0.85$（$n=12, P>0.01$）。随着加磷量的增加，土壤磷的吸附量增加，吸附率减小，其解吸量和解吸率则相应地增大。

(4) S9-1

在连续5次的解吸作用下，解吸量逐渐减小，其解吸总量远小于吸附量，表明在磷的吸附/解吸动态平衡过程中，吸附趋势要强于其解吸趋势。

加磷量为UT-1000 mg/kg时，各个温度下的吸附率较高，达到96.3%～98.4%，吸附量为963.5～984.4 mg/kg，可见吸磷表面的饱和度小，与磷的结合能力强，因此解吸困难，解吸总量只有92.0～141.2 mg/kg，解吸率较低，仅为9.3%～14.5%；当土壤加磷量提高到UT-2400 mg/kg时，吸附率下降到82.6%～86.7%，而吸附量增加到1983.2～2079.9 mg/kg，这使得土壤吸附表面的饱和度变大，与磷的结合能力减弱，解吸作用增强，解吸总量加大为 416.6～582.5 mg/kg，解吸率升高，变为 20.3%～29.4%。

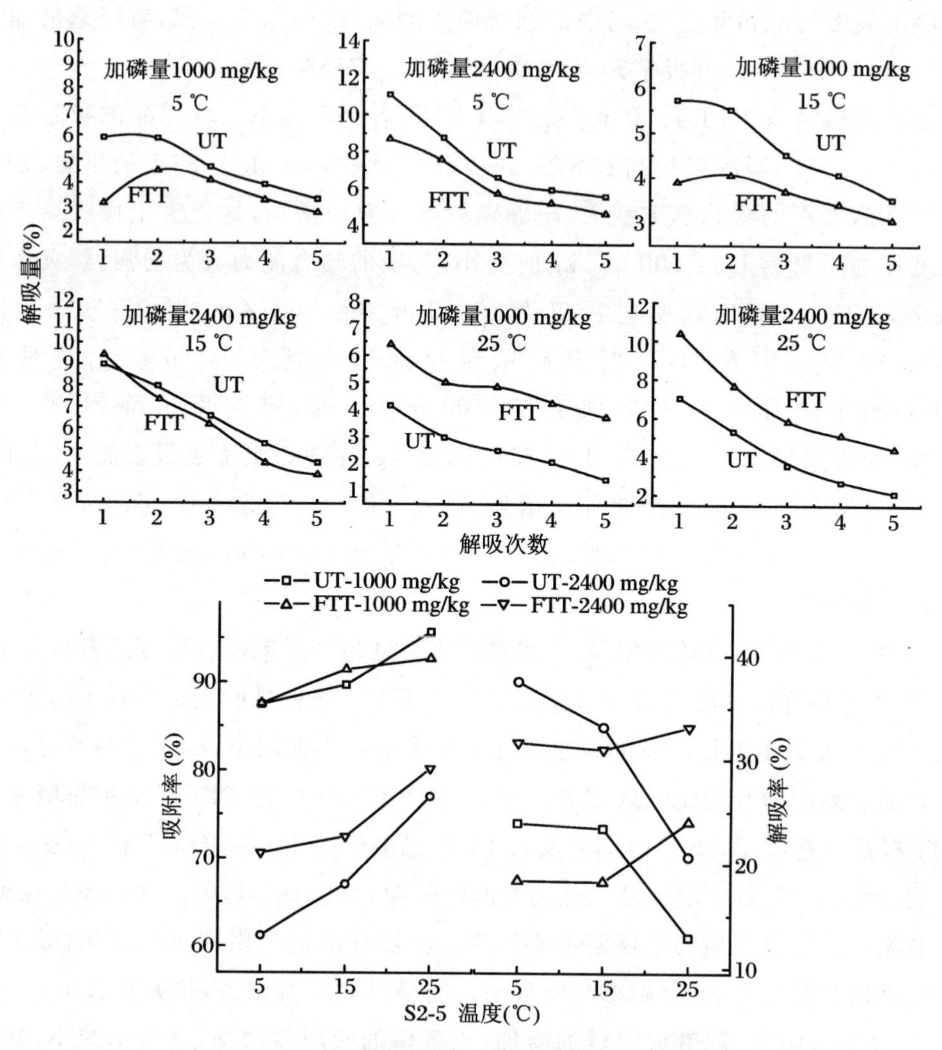


**图 5.43 不同加磷量 FTT 和 UT 土壤磷的解吸(S2-5)**

而在加磷量为 FTT-1000 mg/kg 的状况下，各个温度下土壤样品的吸附率达到 98.5%～99.2%，吸附量提高到 984.9～991.8 mg/kg，但由于 FTT 的影响，导致土壤在平衡状态下的颗粒缝隙变大，土壤颗粒比表面积增加，这使得土壤吸磷表面的饱和度比加磷量为 UT-1000 mg/kg 时更小，与磷的结合能力大为增强，解吸作用反而减弱，解吸总量仅为 70.8～102.9 mg/kg，解吸率下降到 7.1%～10.4%；当土壤加磷量提高到 FTT-2400 mg/kg 时，吸附率下降到 82.8%～88.6%，而吸附量增加到 1986.8～2126.9 mg/kg，亦使得土壤吸附表面的饱和度变大，与磷的结合能力减弱，解吸作用增强，解吸总量加大为 435.5～508.6 mg/kg，解吸率升高，变为 20.5%～25.6%，相比于加磷量为 UT-2400 mg/kg 时其吸附效果增加而解吸效果减弱。

如图 5.44 所示，加磷量为 UT-2400 mg/kg 时，土壤磷的吸附量和吸附率随着温度的升高而增加，但在加磷量为 UT-1000 mg/kg、FTT-1000 mg/kg、FTT-2400 mg/kg 时土壤磷的吸附量和吸附率则随着温度的升高而先增后减；而且 FTT 土壤样品的吸附量和吸附率要高于 UT 土壤样品的吸附量和吸附率。在解吸过程中，土壤样品磷的解吸率则随着温度的升高而先减后增，UT 土壤样品的解吸率要高于 FTT 土壤样品的解吸率。这表明，经过 FTT 后土壤样品固磷能力得到加强，在解吸过程中不易被解吸。土壤样品的吸附率越高，其解吸率则越小。线性回归分析表明，吸附率与解吸率之间呈显著的负相关，相关系数 $r=-0.97$（$n=12$，$P>0.01$）。随着加磷量的增

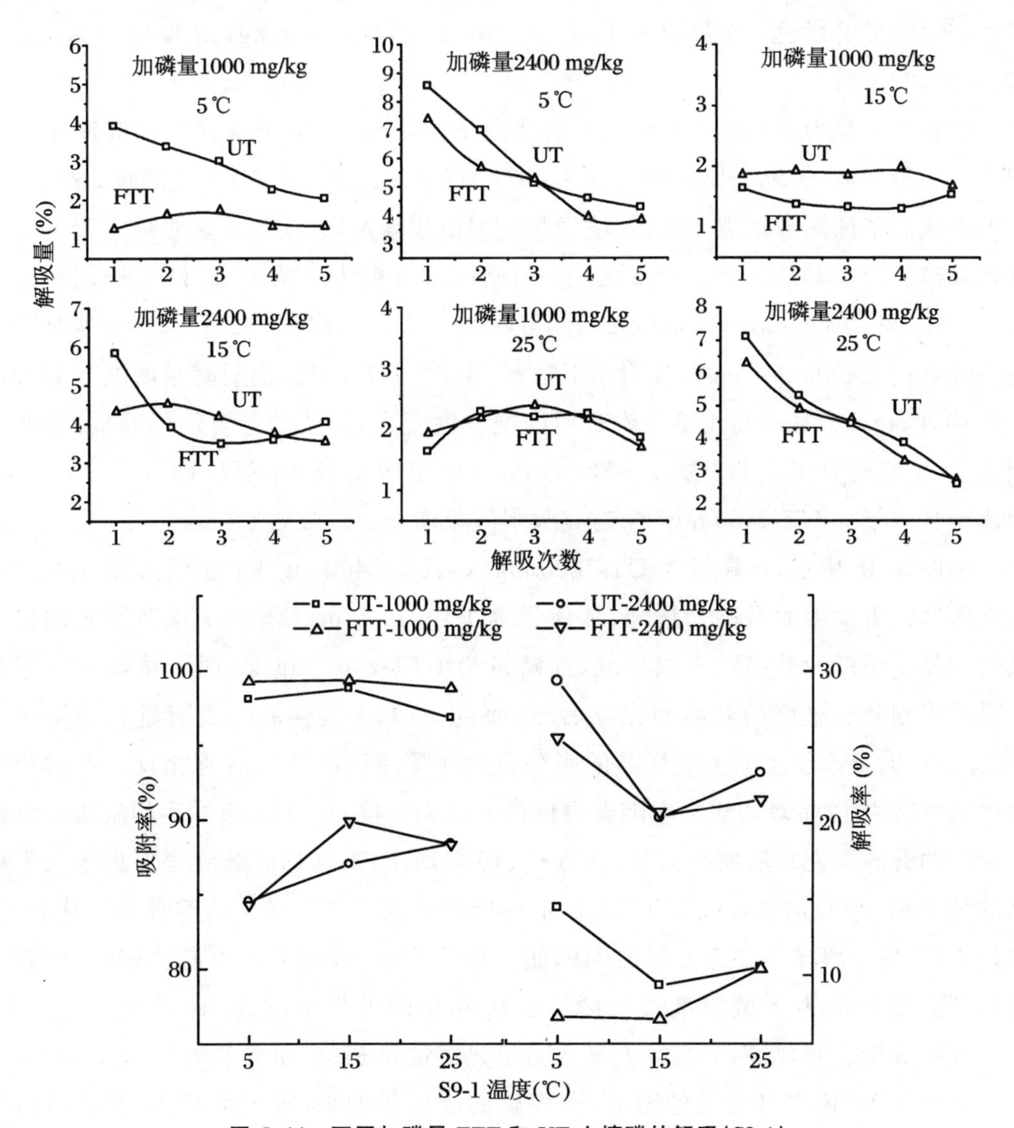


图 5.44　不同加磷量 FTT 和 UT 土壤磷的解吸(S9-1)

加，土壤磷的吸附量增加，吸附率减小，其解吸量和解吸率则相应地增大。

(5) S12-1

在连续5次的解吸作用下，解吸量逐渐减小，其解吸总量远小于吸附量，表明在磷的吸附/解吸动态平衡过程中，吸附趋势要强于其解吸趋势。

加磷量为UT-1000 mg/kg时，各个温度下的吸附率较高，达到91.7%～97.7%，吸附量为916.8～977.0 mg/kg，可见吸磷表面的饱和度小，与磷的结合能力强，因此解吸困难，解吸总量只有50.3～121.0 mg/kg，解吸率较低，仅为5.2%～13.2%；当土壤加磷量提高到UT-2400 mg/kg时，吸附率下降到66.7%～78.4%，而吸附量增加到1601.3～1882.1 mg/kg，这使得土壤吸附表面的饱和度变大，与磷的结合能力减弱，解吸作用增强，解吸总量加大为296.2～321.1 mg/kg，解吸率升高，变为16.6%～20.1%。

而在加磷量为FTT-1000 mg/kg的状况下，各个温度下土壤样品的吸附率达到93.9%～97.0%，吸附量提高到938.9～977.0 mg/kg，但由于FTT的影响，导致土壤在平衡状态下的颗粒缝隙变大，土壤颗粒比表面积增加，这使得土壤吸磷表面的饱和度比加磷量为UT-1000 mg/kg时更小，与磷的结合能力大为增强，解吸作用反而减弱，解吸总量仅为64.3～118.2 mg/kg，解吸率下降到6.6%～12.4%；当土壤加磷量提高到FTT-2400 mg/kg时，吸附率下降到74.2%～77.9%，而吸附量增加到1781.6～1870.4 mg/kg，亦使得土壤吸附表面的饱和度变大，与磷的结合能力减弱，解吸作用增强，解吸总量加大为239.2～358.9 mg/kg，解吸率升高，变为13.4%～19.2%，相比于加磷量为UT-2400 mg/kg时其吸附效果增加而解吸效果减弱。

如图5.45所示，加磷量为UT-1000 mg/kg、UT-2400 mg/kg时，土壤磷的吸附量和吸附率随着温度的升高而增加，加磷量为FTT-1000 mg/kg时土壤磷的吸附量和吸附率随着温度的升高而先增后减，加磷量为FTT-2400 mg/kg时土壤磷的吸附量和吸附率则随着温度的升高而先减后增；而且FTT土壤样品的吸附量和吸附率在5 ℃、15 ℃时要高于UT土壤样品的吸附量和吸附率，在25 ℃时则相反。在解吸过程中，UT土壤样品磷的解吸率随着温度的升高而下降，FTT土壤样品的解吸率则随着温度的升高而先减后增。而且，在5 ℃、15 ℃时FTT样品的解吸率要低于UT样品的解吸率，25 ℃时则相反，FTT样品的解吸率要高于UT样品的解吸率。这表明，经过FTT后土壤样品在低温时的固磷能力得到增强，吸附的磷不易被解吸；但在高温时则能更好地为土壤溶液提供磷。土壤样品的吸附率越高，其解吸率则越小。线性回归分析表明，吸附率与解吸率之间呈显著的负相关，相关系数$r=-0.88$($n=12$，$P>0.01$)。随着加磷量的增加，土壤磷的吸附量增加，吸附率减小，其解吸量和解吸率则相应地增大。

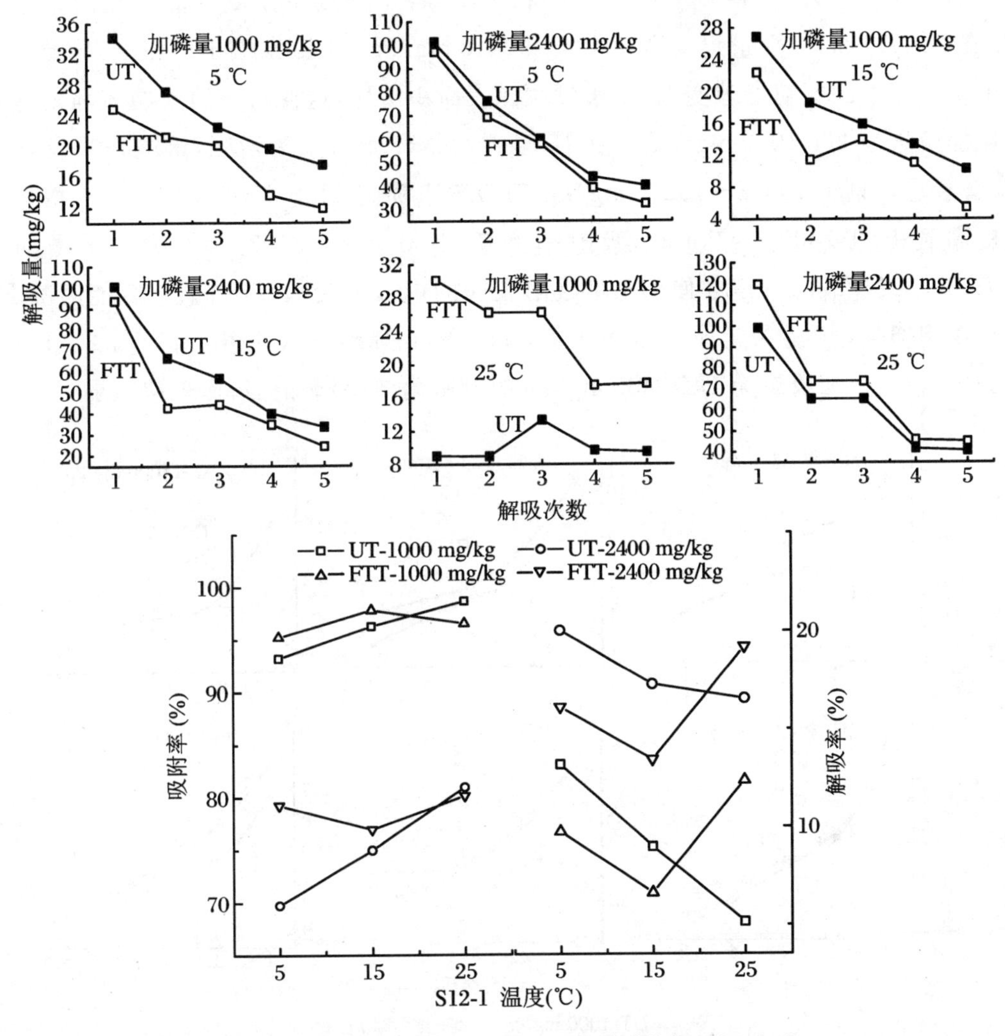


**图 5.45 不同加磷量 FTT 和 UT 土壤磷的解吸(S12-1)**

(6) S10-1

在连续5次的解吸作用下,解吸量逐渐减小,其解吸总量远小于吸附量,表明在磷的吸附/解吸动态平衡过程中,吸附趋势要强于其解吸趋势。

加磷量为 UT-1000 mg/kg 时,各个温度下的吸附率较高,达到 89.5%～94.3%,吸附量为 894.8～943.3 mg/kg,可见吸磷表面的饱和度小,与磷的结合能力强,因此解吸困难,解吸总量只有 73.8～166.0 mg/kg,解吸率较低,仅为 8.0%～18.6%;当土壤加磷量提高到 UT-2400 mg/kg 时,吸附率下降到 58.5%～73.8%,而吸附量增加到 1404.0～1771.8 mg/kg,这使得土壤吸附表面的饱和度变大,与磷的结合能力减弱,解吸作用增强,解吸总量加大为 375.4～448.0 mg/kg,解吸率升高,变为 23.7%～31.9%。

而在加磷量为 FTT-1000 mg/kg 的状况下，各个温度下土壤样品的吸附率达到 90.4%～97.1%，吸附量提高到 904.4～971.0 mg/kg，但由于 FTT 的影响，导致土壤在平衡状态下的颗粒缝隙变大，土壤颗粒比表面积增加，这使得土壤吸磷表面的饱和度比加磷量为 UT-1000 mg/kg 时更小，与磷的结合能力大为增强，解吸作用反而减弱，解吸总量只有 103.8～132.2 mg/kg，解吸率下降到 11.5%～14.1%；当土壤加磷量提高到 FTT-2400 mg/kg 时，吸附率下降到 66.9%～80.3%，而吸附量增加到 1606.6～1927.2 mg/kg，亦使得土壤吸附表面的饱和度变大，与磷的结合能力减弱，解吸作用增强，解吸总量加大为 406.4～447.4 mg/kg，解吸率升高，变为 21.1%～27.9%，相比于加磷量为 UT-2400 mg/kg 时其吸附效果增加而解吸效果减弱。

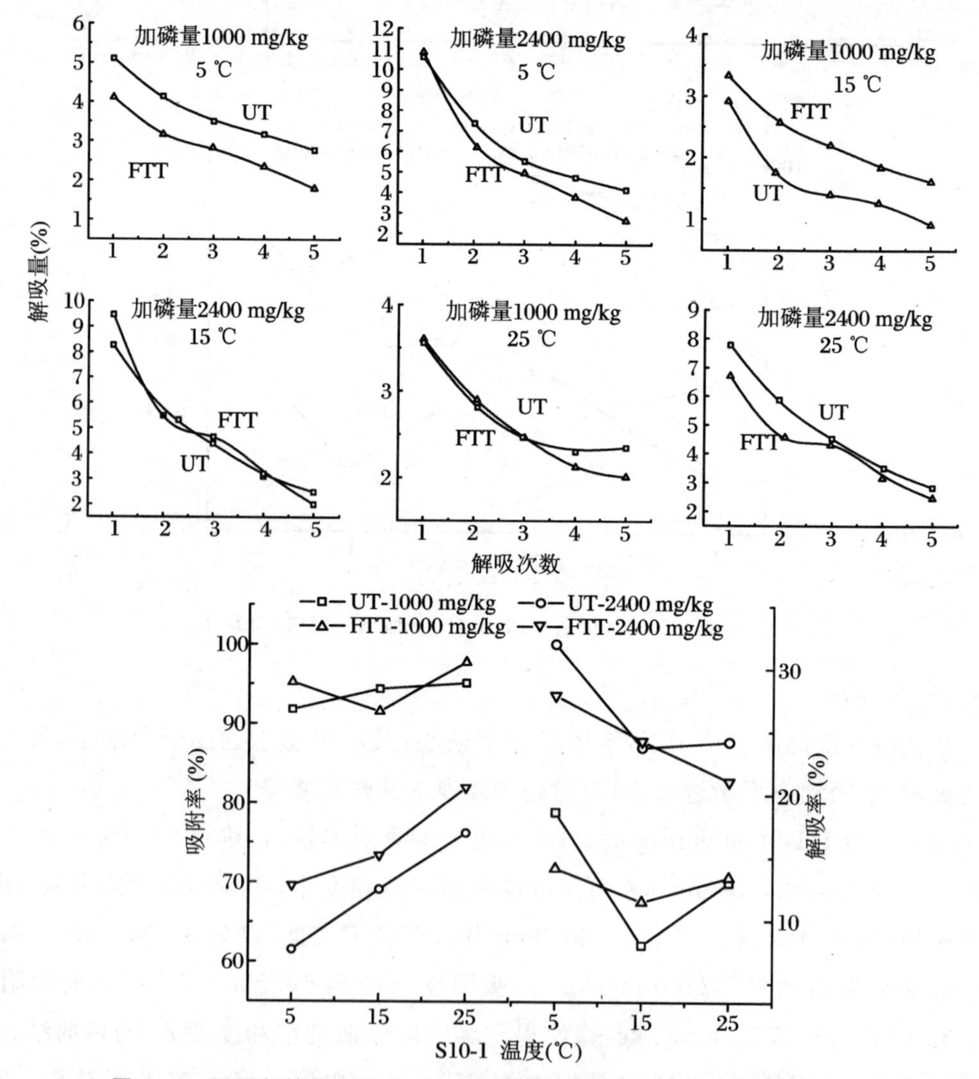


图 5.46 不同加磷量 FTT 和 UT 土壤磷的解吸(以 S10-1 土壤样品为例)

如图5.46所示，加磷量相同，土壤磷的吸附量和吸附率随着温度的升高而增加，而且FTT土壤样品的吸附量和吸附率要高于UT土壤样品的吸附量和吸附率。但在解吸过程中，只有FTT-2400 mg/kg加磷量的土壤样品磷的解吸率随着温度的升高而减小，其他土壤样品磷的解吸率则随着温度的升高而先减后增。而且，在高温低磷浓度下FTT样品的解吸率要高于UT样品的解吸率。土壤样品的吸附率越高，其解吸率则越小。线性回归分析表明，吸附率与解吸率之间呈显著的负相关，相关系数$r=-0.93(n=12, P>0.01)$。随着加磷量的增加，土壤磷的吸附量增加，吸附率减小，其解吸量和解吸率则相应地增大。

# 参考文献


[1] Ajwa H A, Rice C W, Sotomayor D. Carbon and nitrogen mineralization in tallgrass prairie and agricultural soil profiles[J]. Soil Science Society of America Journal, 1998, 62(4): 942-951.

[2] Berg B, Meentemeyer V. Litter quality in a north European transect versus carbon storage potential[J]. Plant and Soil, 2002, 242: 83-92.

[3] Berg B. Litter decomposition and organic matter turnover in northern forest soils[J]. For. Ecol. Manage., 2000, 133: 13-22.

[4] Bridgham S D, Updegraff K, Pastor J. Carbon, nitrogen and phosphorus mineralization in northern wetlands[J]. Ecology, 1998, 79(5): 1545-1561.

[5] Brinkley D, Valentine D. Fifty years biogeochemical effects of green ash, white pine and Norway spruce in a replicated experiment[J]. Forest Ecology and Management, 1991, 40: 13-45.

[6] Fang C, Moncrieff J B. The dependence of soil $CO_2$ efflux on temperature[J]. Soil Biology & Biochemistry, 2001, 33: 155-165.

[7] Gower S T, Son Y. Differences in soil and leaf litter fall nitrogen dynamics for five forest plantations[J]. Soil Science Society of America Journal, 1992, 56: 1959-1966.

[8] 黄耀，刘世梁，沈其荣，等．环境因子对农业土壤有机碳分解的影响[J]．应用生态学报，2002，13(6)：709-714.

[9] 黄东迈，朱培立，王志明，等．旱地和水田有机碳分解速率的探讨与质疑[J]．土壤学报，1998，35(4)：482-492.

[10] 李玉中，王庆锁，钟秀丽，等．羊草草地植被-土壤系统氮循环研究[J]．植物生态学报，2003，27(2)：24-27.

[11] Reichstein M F, Bednorz F, Broll G, et al. Temperature dependence of carbon mineralisation: conclusions from a long-term incubation of subalpine soil samples [J]. Soil Biology & Biochemistry, 2000, 32: 947-958.

[12] Sahrawat K L. Organic matter accumulation in submerged soils[J]. Advances in Agronomy, 2003, 81: 169-201.

[13] Strauss E A. The effects of organic carbon and nitrogen availability on nitrification rates in stream sediments[D]. Indiana: Notre Dame, 2000.

[14] 苏波,韩兴国,渠春梅,等.东灵山油松纯林和油松-辽东栎针阔混交林土壤氮素矿化/硝化作用研究[J].植物生态学报,2001,25(2):195-203.

[15] Vitousek P M, Turner D R, Parton W J, et al. Litter decomposition on the Mauna Loa environmental matrix, Hawai'I: Patterns, mechanisms and models[J]. Ecology, 1994, 75(2): 418-429.

[16] Weintraub M N, Schimel J P. Interactions between carbon and nitrogen mineralization and soil organic matter chemistry in Arctic Tundra soils[J]. Ecosystems, 2003, 6: 129-143.

[17] Yakovchenko V P, Sikora L J, Millner P D. Carbon and nitrogen mineralization of added particulate and macroorganic matter[J]. Soil Bio. Biochem., 1998, 30(14): 2139-2146.

[18] 杨钙仁,张文菊,童成立,等.温度对湿地沉积物有机碳矿化的影响[J].生态学报,2005,25(2):243-248.

[19] 张文菊,童成立,杨钙仁,等.水分对湿地沉积物有机碳矿化的影响[J].生态学报,2005,25(2):249-253.

# 第六章　湿地植物中碳、氮、硫、磷的累积过程

## 第一节　不同水文条件下湿地植物群落的生态特征

### 一、湿地植物群落的组成与分布

沼泽湿地植物优势群落变化与湿地水文条件密切相关。三江平原沼泽湿地植物优势种群随积水水位及土壤水分梯度变化的一般分布规律为:漂筏苔草→毛果苔草→毛果苔草+乌拉苔草→毛果苔草+狭叶甜茅/芦苇→狭叶甜茅+小叶章→小叶章+杂草→小叶章+灌丛→灌丛→岛状林(图6.1)。但由于受地形的影响,这种典型的分布规律几乎不存在,有的是两种或三种相邻分布,有的仅仅分布一种。因此,在植物选择上只考虑了三江平原分布面积较大的几种植物,如小叶章、毛果苔草和漂筏苔草,这三种植物能够代表三江平原优势植物种群。

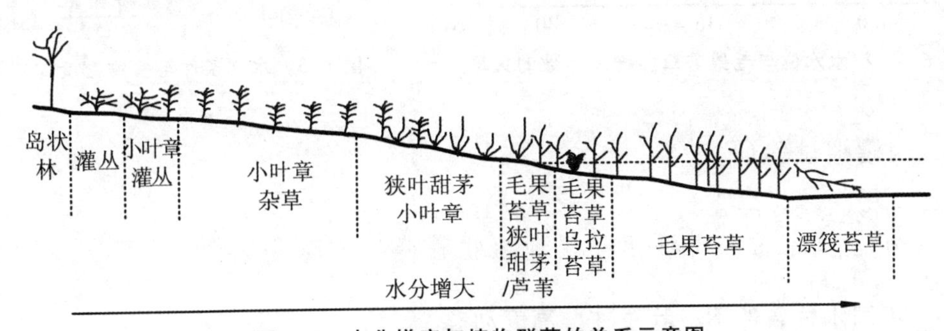


图6.1　水分梯度与植物群落的关系示意图

毛果苔草是三江平原常年积水沼泽湿地的主要湿生植物,在常年正常积水条件下,

每年随气温升高，5月初萌芽，6～8月处于生长期。毛果苔草物种密度在8月份达到最大值(图6.2)，但当积水条件发生较大变化(降低)时，物种密度出现较大的波动，总体上呈降低趋势(图6.3)，且生物多样性指数出现明显降低(图6.4)，积水过深对物种多样性指数也有一定的负影响，说明积水条件对沼泽湿地优势物种的发育有重要影响。

沼泽湿地湿生植物——漂筏苔草、毛果苔草、乌拉苔草、狭叶甜茅等在水位下降的条件下，物种密度均有明显的降低，但不同湿生植物对水文条件变化的响应存在一定的差异(图6.5)，毛果苔草和乌拉苔草变化明显，且乌拉苔草变化最大，而狭叶甜茅相对较小，说明乌拉苔草对水位波动最为敏感。

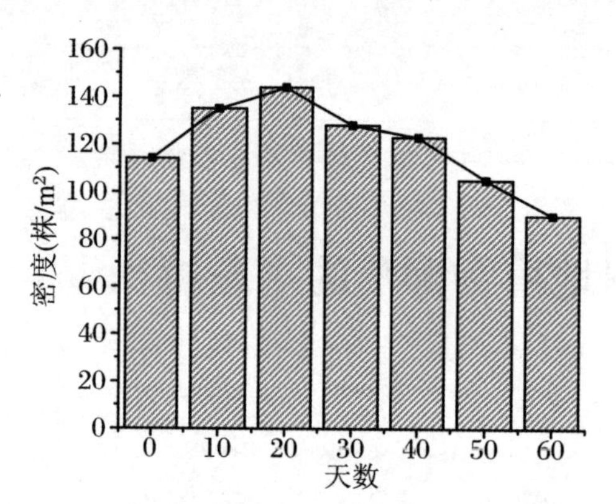

图6.2 常年积水条件下毛果苔草植物密度变化

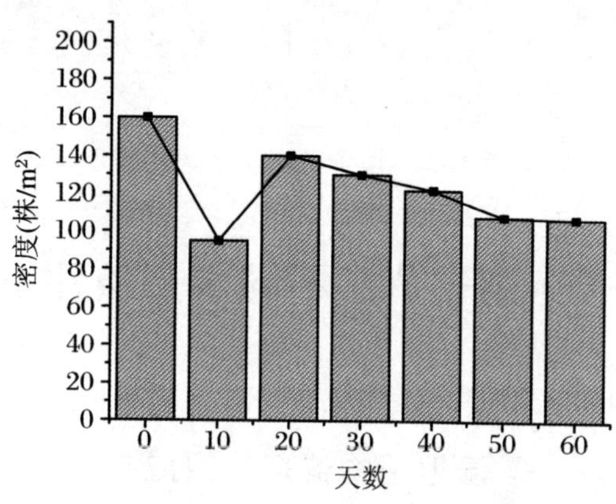

图6.3 无积水条件下毛果苔草植物密度变化

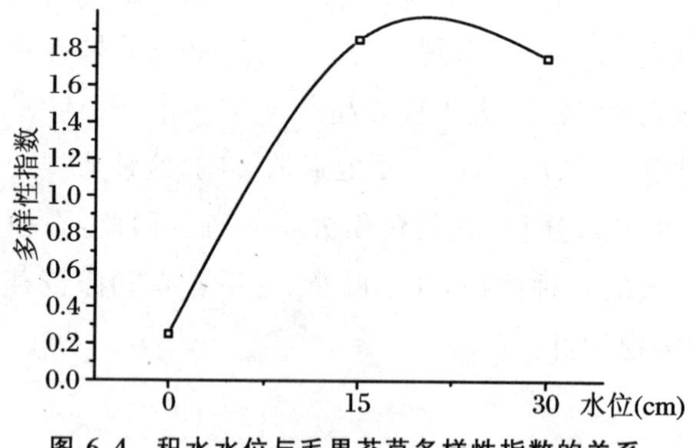

图6.4 积水水位与毛果苔草多样性指数的关系

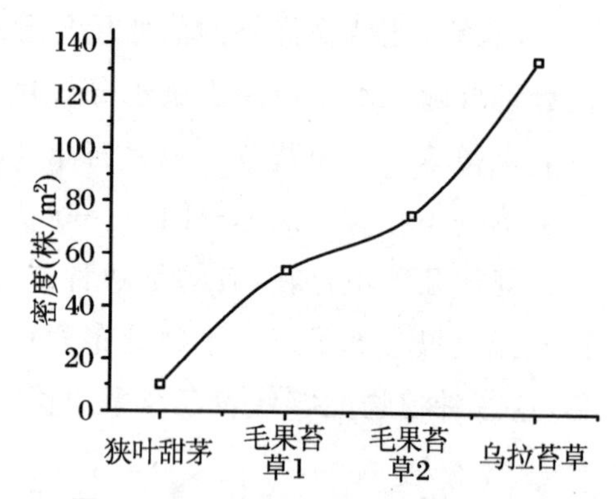

图6.5 水文条件与植物密度的关系

## 二、模拟试验研究

### (一) 不同水位条件下沼泽湿地植物种群生长高度变化

#### 1. 不同水位条件下小叶章种群高度动态

(1) 不同水位条件下小叶章种群平均高度动态

如图6.6所示，较高水位(20 cm和30 cm)条件下，虽然小叶章种群平均高度在6

月初稍有下降，但在整个试验过程中(除试验初期)，其小叶章种群平均高度基本上大于其他 3 个水位条件下的小叶章种群平均高度。其他 3 个水位情况在试验初期小叶章种群平均高度基本一致，6 月初开始 - 10 cm 和 10 cm 水位条件下小叶章种群平均高度仍接近，高于 0 cm 水位条件下小叶章种群平均高度。

基于时间序列建立的水位与小叶章种群平均高度的时间动态模型如图 6.7～图 6.11 所示。由此可知，- 10 cm、0 cm、10 cm 水位条件下小叶章种群平均高度最大值均出现在 7 月 2 日左右，20 cm 水位条件下其平均高度的最大值出现在 7 月 14 日左右，而 30 cm 水位条件下小叶章种群的平均最大高度在试验结束时仍然没有出现。可见，随着水位的加深小叶章种群平均最大高度出现的时间整体延迟。

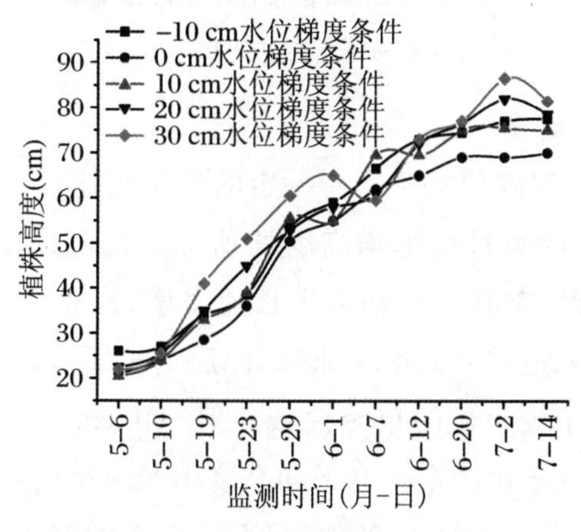


图 6.6 不同水位条件下小叶章种群平均株高时间变化

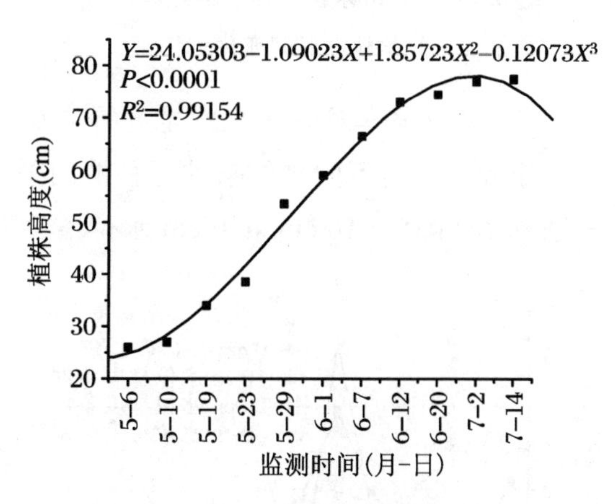


图 6.7 - 10 cm 水位条件下小叶章种群平均株高时间变化

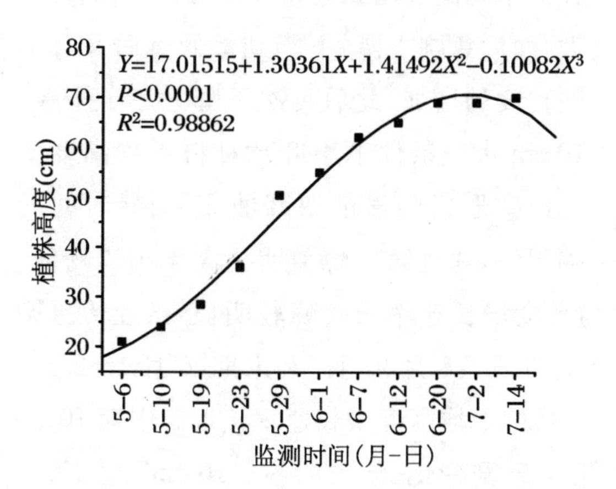


图 6.8 0 cm 水位条件下小叶章种群平均株高时间变化

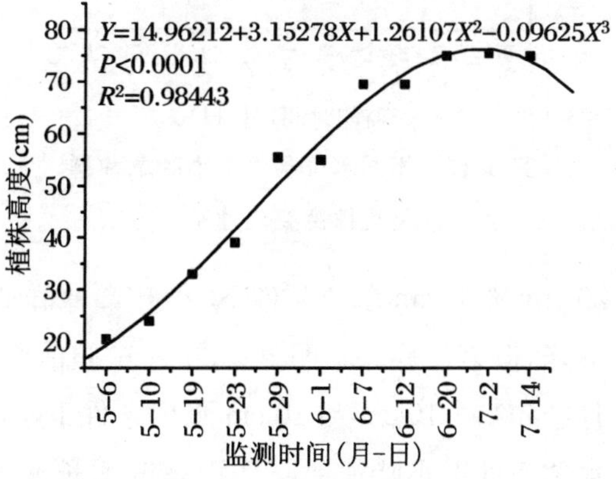


图 6.9 10 cm 水位条件下小叶章种群平均株高时间变化

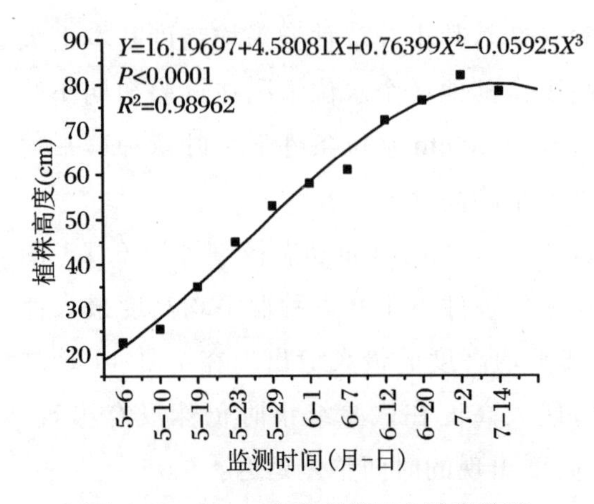


图 6.10 20 cm 水位条件下小叶章种群平均株高时间变化

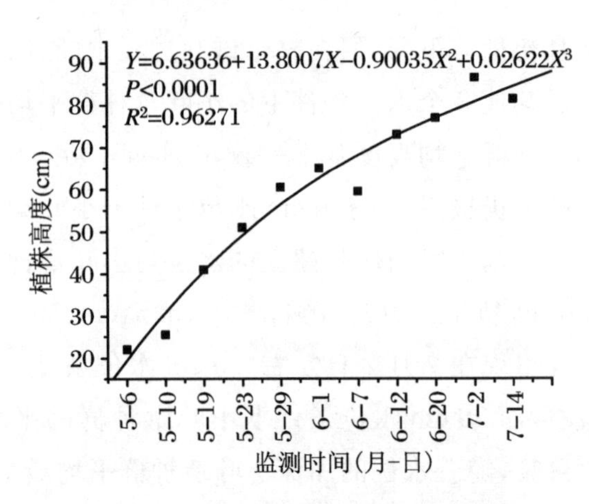


图 6.11 30 cm 水位条件下小叶章种群平均株高时间变化

(2) 不同水位条件下小叶章种群高度变化速率

小叶章群落不同水位条件下种群的平均高度变化速率具有一定的规律性(图 6.7～图 6.12):① -10 cm 和 0 cm 水位条件下小叶章种群平均高度的动态变化趋势较一致,都在试验初期生长速率增大,并于 5 月末达到最大增长速率,此后增长缓慢,形成了较明显的单峰曲线。但 -10 cm 水位条件下小叶章种群平均高度增长速率明显高于 0 cm 水位条件,并形成较高的峰值。② 10 cm、20 cm、30 cm 水位条件下,小叶章种群平均高度增长速率在 5 月 29 日到达最大,而后急剧下降,下降到最低点后又有不同程度的增加,此后再次下降并趋于平缓。10 cm 水位条件下小叶章种群平均高度变化速率形成明显的双峰曲线,两峰时间间隔很短,并且第一峰值明显高于第二峰值。

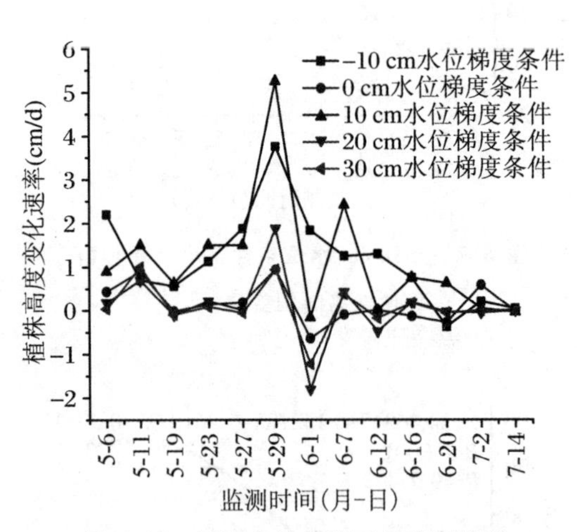


图 6.12 不同水位条件下小叶章种群平均株高变化速率

20 cm 和 30 cm 水位条件下,小叶章种群平均高度增长速率第一峰较明显,虽经历急剧下降,但第二峰并不明显。③ 在试验前期(5 月 6 日～5 月 27 日)和末期(6 月 16 日～7 月中旬),-10 cm 和 10 cm 水位条件下小叶章种群平均高度增长速率接近。中期 10 cm 水位条件下小叶章种群平均高度增长速率发生急剧变化,波动明显。10 cm 水位条件下,小叶章种群平均高度的峰值是同时期各水位条件中的最大值。④ -10 cm 和 0 cm 水位条件下种群平均高度变化速率曲线呈"W"形,但 0 cm 水位条件下曲线峰值两侧波动较小;10 cm、20 cm、30 cm 水位条件下种群平均高度变化速率曲线呈"M"形。

**2. 不同水位条件下毛果苔草种群平均高度动态变化**

如图 6.13 所示，不同水位条件下毛果苔草种群平均株高差异较明显。整个试验过程中，0 cm、10 cm、20 cm 水位条件下毛果苔草种群平均株高比较接近，0 cm 水位条件下毛果苔草种群平均株高稍低。30 cm 和 40 cm 水位条件下毛果苔草种群平均株高动态比较接近，6 月中旬后，40 cm 水位条件下毛果苔草种群平均株高逐渐高于 30 cm 水位条件。

0 cm水位梯度条件
10 cm水位梯度条件
20 cm水位梯度条件
30 cm水位梯度条件
40 cm水位梯度条件
植株高度(cm)
监测时间(月-日)

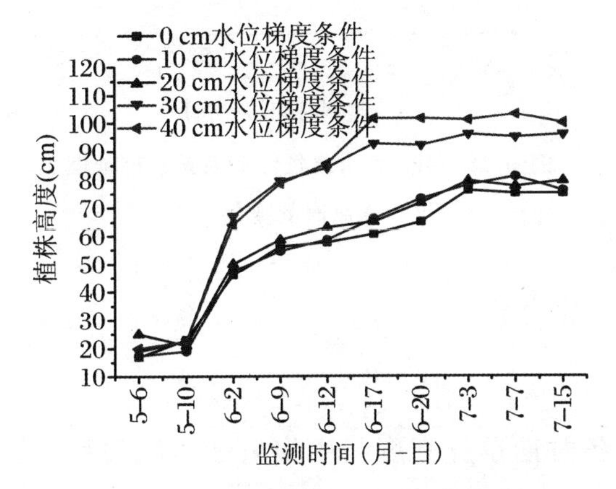

**图 6.13　不同水位条件下毛果苔草种群平均株高时间变化**

Y=-3.56667+20.23932X-1.89103X²+0.06663X³
P<0.0001
R²=0.96454
植株高度(cm)
监测时间(月-日)

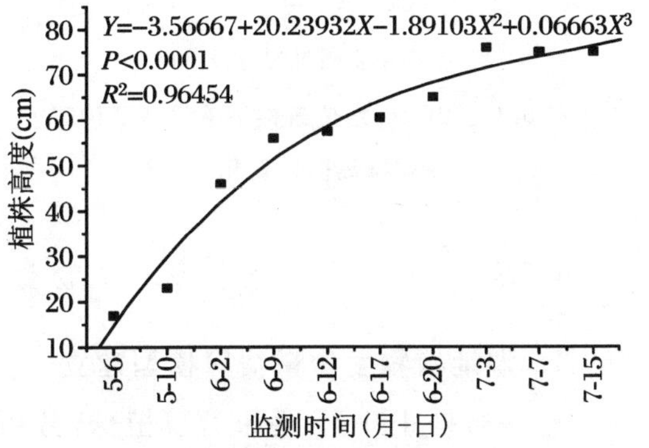

**图 6.14　0 cm 水位条件下毛果苔草种群平均株高时间变化**

各水位变化与毛果苔草种群平均株高的时间动态模型见图 6.14～图 6.18。结果表明，0 cm 水位毛果苔草种群平均株高最大值在试验时间内没有出现，仍需进一步的试验证实；10 cm 和 20 cm 水位毛果苔草种群平均株高最大值分别出现在 7 月 7 日和 7 月 15 日；30 cm 和 40 cm 出现在 7 月 3 日左右。毛果苔草种群平均株高最大值出现的时间随着水位的升高而提前。

Y=-0.15+15.2365X-0.4729X²-0.02758X³
P<0.0001
R²=0.96472
植株高度(cm)
监测时间(月-日)

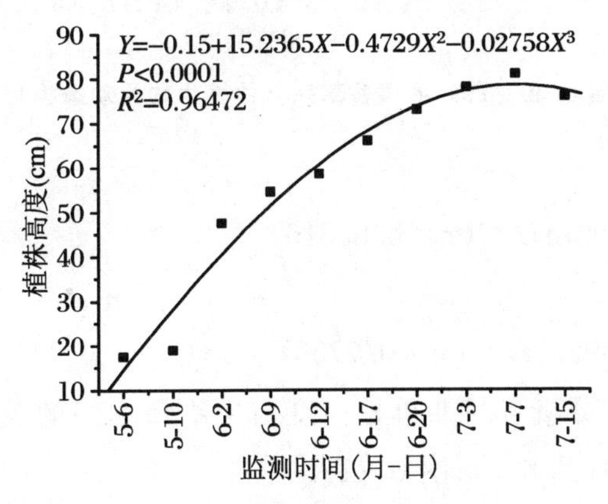

**图 6.15　10 cm 水位条件下毛果苔草种群平均株高时间变化**

Y=5.3+15.72708X-0.90938X²+0.00748X³
P=4.78229E-4
R²=0.93929
植株高度(cm)
监测时间(月-日)

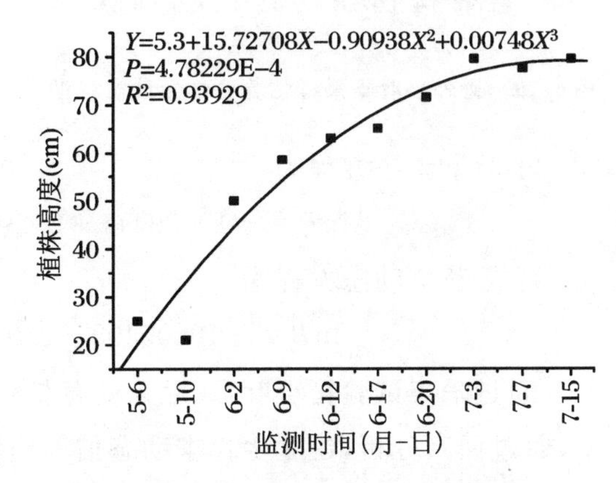

**图 6.16　20 cm 水位条件下毛果苔草种群平均株高时间变化**

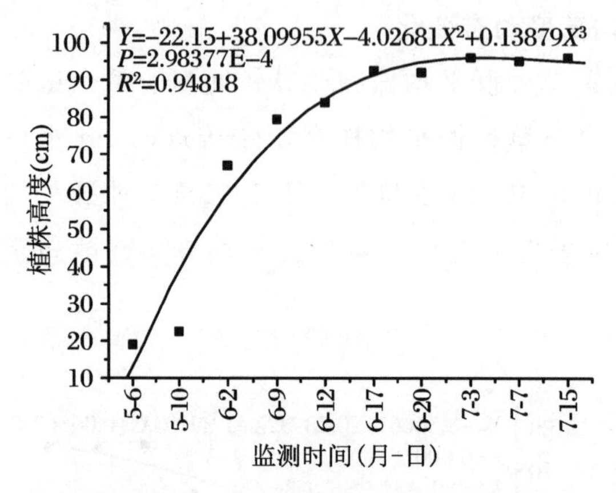


图 6.17 30 cm 水位条件下毛果苔草种群平均株高时间变化

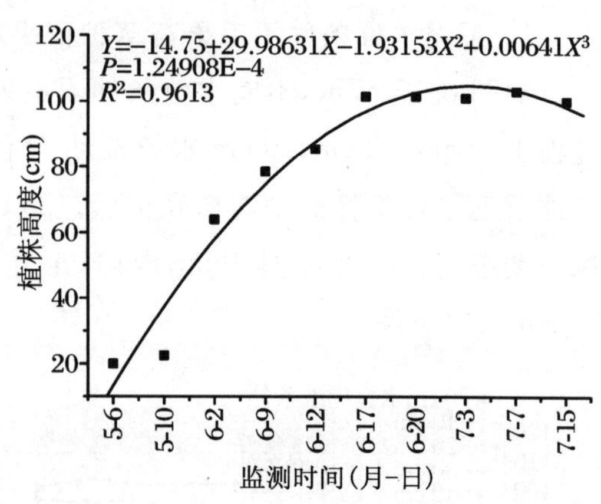


图 6.18 40 cm 水位条件下毛果苔草种群平均株高时间变化

（二）不同水位条件下湿地植物生物量变化

**1. 湿地植物生物量估算模型建立**

采集野外小叶章、毛果苔草植株，分析各时期单株高度与生物量之间的关系，通过回归分析，建立生长季动态估算模型（图 6.19、图 6.20）。

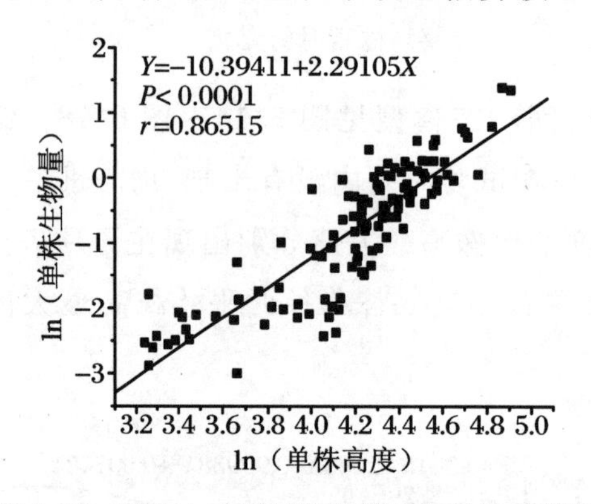


图 6.19 野外小叶章采样估算生物量动态模型

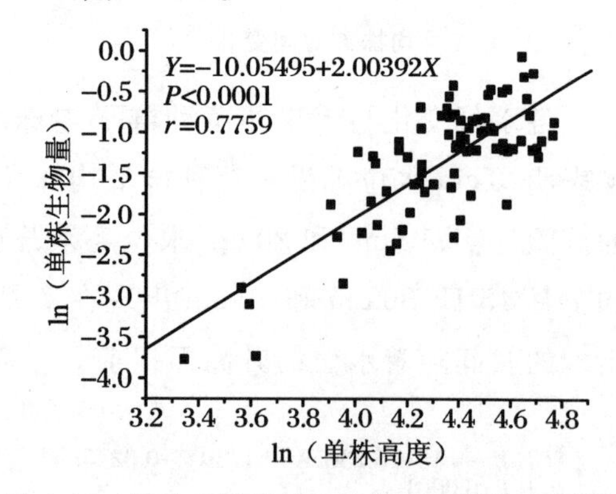


图 6.20 野外毛果苔草采样估算生物量动态模型

小叶章动态方程为

$$\ln B = -10.39411 + 2.29105 \ln H \quad (r = 0.86515)$$

毛果苔草动态方程为

$$\ln B = -10.05495 + 2.00392 \ln H \quad (r = 0.7759)$$

通过采集试验箱小叶章、毛果苔草植株，分析各时期单株高度与生物量之间的关系，通过回归分析，建立生长季动态估算模型（图 6.21、图 6.22）。

小叶章动态方程为

$$\ln B = -14.75457 + 3.32661 \ln H \quad (r = 0.93204)$$

毛果苔草动态方程为

$$\ln B = -12.73409 + 2.68662\ln H \quad (r = 0.82438)$$

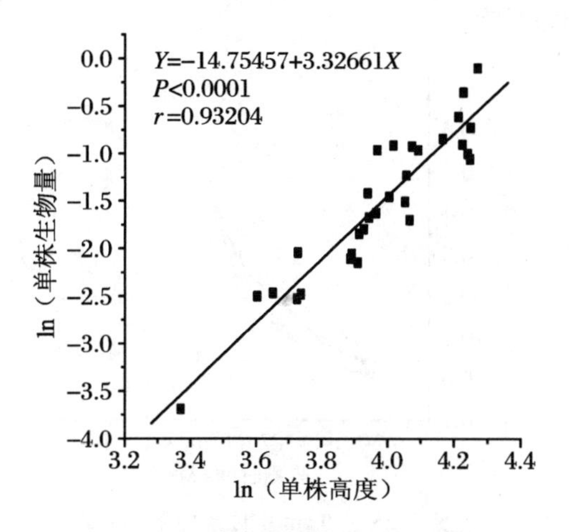


图 6.21　试验箱小叶章采样估算生物量动态模型

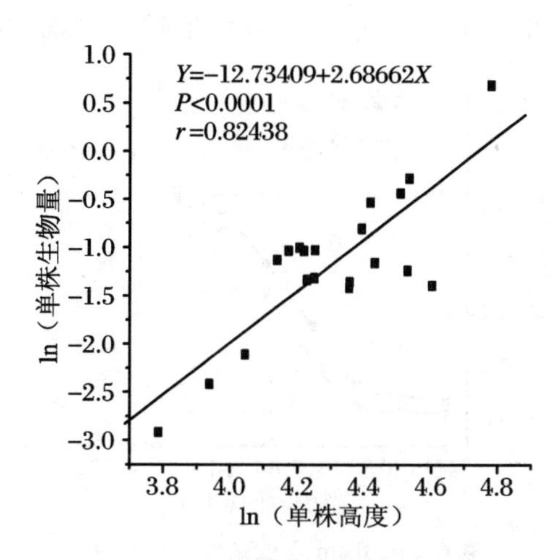


图 6.22　试验箱毛果苔草采样估算生物量动态模型

**2. 不同水位条件下湿地植物生物量估算**

(1) 小叶章单株生物量估算结果

应用各水位条件的小叶章种群平均高度，采用两种方法估算各水位条件下小叶章单株生物量(图 6.23～图 6.27)。由此可知：① －10 cm 水位条件下，5 月 6 日～6 月 7 日两种估算结果接近，试验箱估算结果略低。但 6 月 7 日以后，试验箱估算结果逐渐升高，两种估算结果差距加大，两种估算结果小叶章单株生物量相差 0.1 g 左右。② 0 cm 水位条件下，两种估算小叶章生物量基本接近，生物量变化和趋势相似，试验箱估算结果略低于野外采样估算的结果。③ 10～30 cm 水位条件下，在试验前期(5 月6 日～6 月中旬)两种估算结果基本一致，后期两结果差距加大，到峰值其差距最大。在高峰期，10～30 cm 水位条件下小叶章单株生物量的两种估算结果的最大差距分别为 0.09 g、0.15 g、0.28 g 左右。随着水位条件的增加，两种估算方法的小叶章单株生物量的极值差距加大。④ 各水位条件下小叶章单株生物量两种估算结果变化趋势相似。

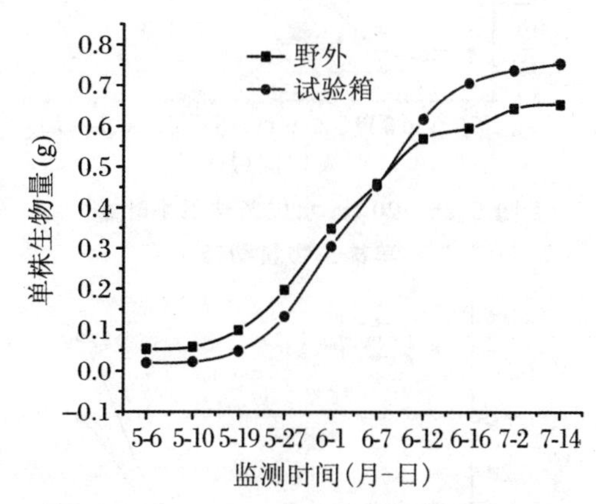


图 6.23　－10 cm 水位条件下小叶章单株生物量动态

各水位条件下小叶章单株生物量两种动态趋势一致，但是低水位条件下（－10 cm、

0 cm)小叶章单株生物量在试验结束时似乎没有出现最大生物量,而高水位条件下(10 cm、20 cm、30 cm)均在7月2日左右出现了生物量的最大峰值,可能是由于积水的加深,可以使小叶章最大生物量出现时间提前。

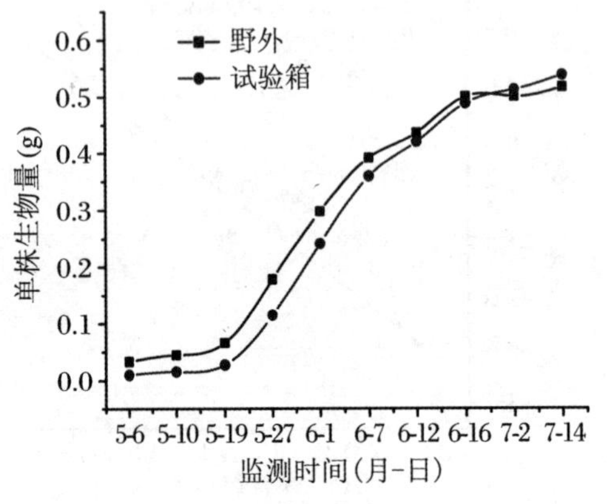


图 6.24 0 cm 水位条件下小叶章单株生物量动态

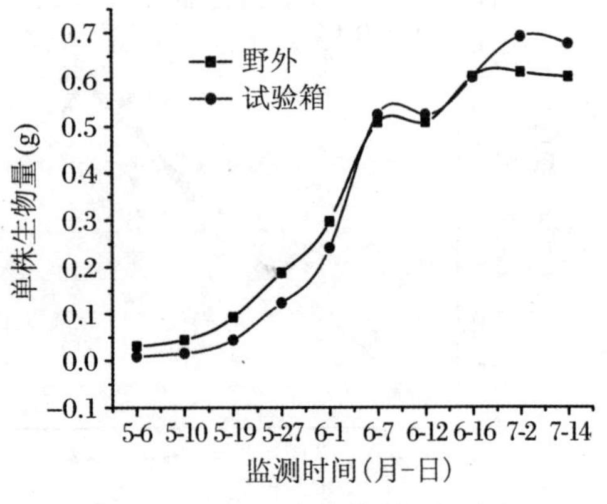


图 6.25 10 cm 水位条件下小叶章单株生物量动态

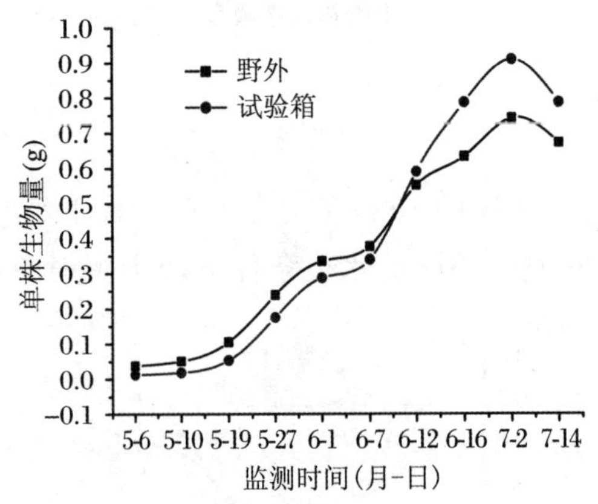


图 6.26 20 cm 水位条件下小叶章单株生物量动态

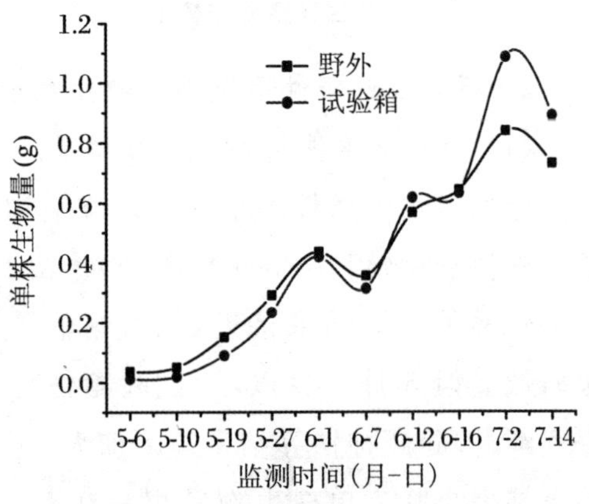


图 6.27 30 cm 水位条件下小叶章单株生物量动态

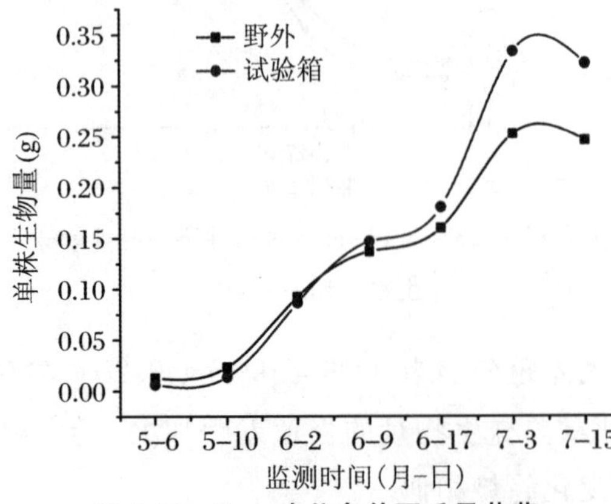


图 6.28 0 cm 水位条件下毛果苔草单株生物量动态

(2) 毛果苔草单株生物量估算结果

毛果苔草群落毛果苔草单株生物量两种估算结果(图 6.28~图 6.32)对比表明:① 试验初期,各水位条件下毛果苔草单株生物量估算两种结果接近。后期,两者之间的差异加大,试验箱采样估算结果高于野外采样估算结果。② 差异增大的时间随着水位条件的升高逐渐提前,0~40 cm 水位条件下差异出现时间分别为6月6日左右、6月

9日、6月4日左右、5月中旬和5月中旬。③ 两种估算结果的最大差异随着水位条件的升高而增大。0～40 cm水位条件下最大差异分别为0.08 g、0.1 g、0.11 g、0.22 g和0.29 g。④ 各水位条件下的毛果苔草单株生物量估算结果的变化趋势一致。高水位条件下(40 cm),毛果苔草单株最大生物量出现的时间与其他水位比较有所提前。

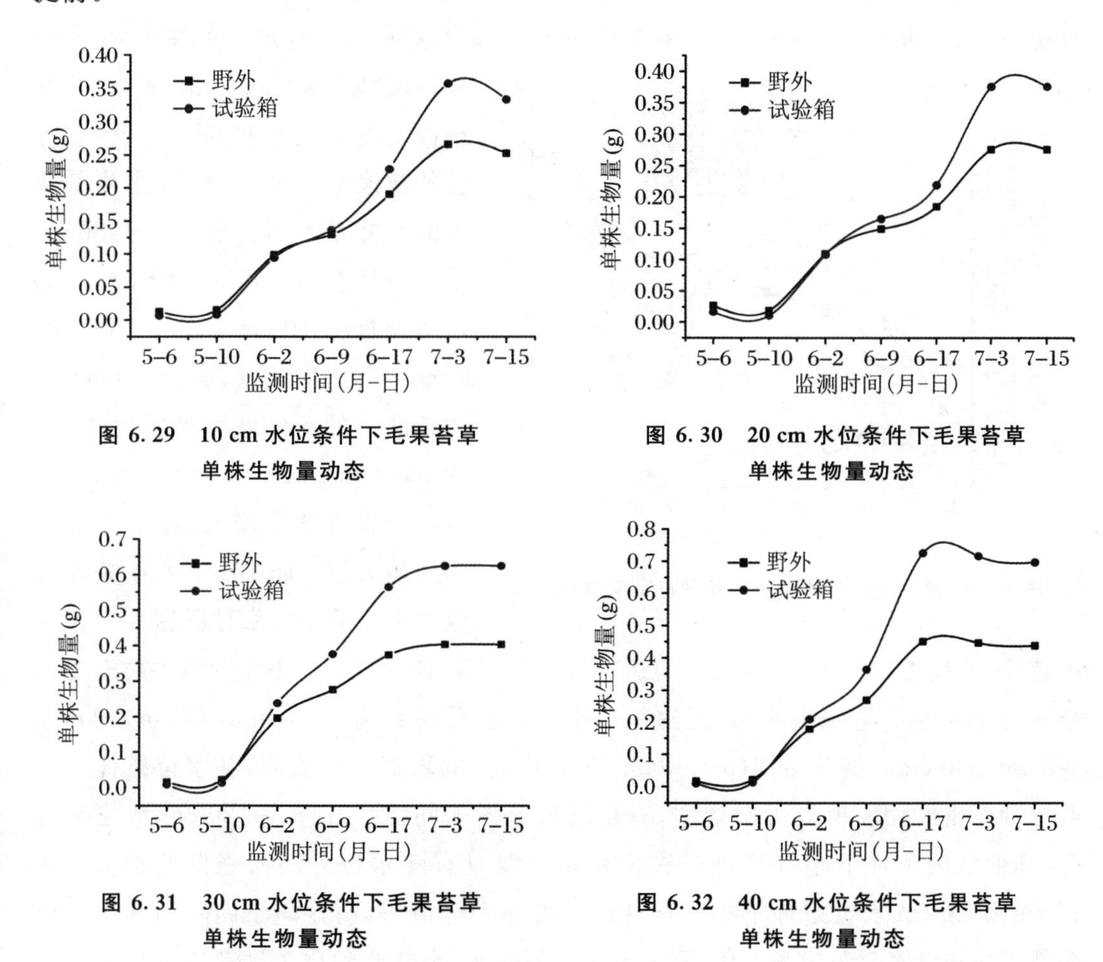


**图 6.29　10 cm水位条件下毛果苔草单株生物量动态**

**图 6.30　20 cm水位条件下毛果苔草单株生物量动态**

**图 6.31　30 cm水位条件下毛果苔草单株生物量动态**

**图 6.32　40 cm水位条件下毛果苔草单株生物量动态**

## (三) 不同水位条件下湿地植物群落中优势种种群密度动态变化

湿地水文和湿地植被是构成湿地的两个重要组成要素。其中,水文条件是湿地形成、发育的决定因素,它影响着湿地土壤的理化性质、形成和发育,以及湿地植被的定植、生长和繁衍,控制着湿地的形成与演化,是形成和维持特殊湿地类型与湿地过程的决定性因子。而湿地植被和湿地土壤作为描述和证明湿地类型的指示因子对湿地景观和构成具有重要意义。种群密度是种群结构的基本要素,它是种群数量特征的一个重要指标。种群密度受植物本身的生物学特征制约,但又严格受外界环境因素的影响。

**1. 不同水位条件下小叶章种群密度动态变化**

(1) 不同水位条件下小叶章种群密度季节动态

不同水位条件下,小叶章种群密度变化差异较大。在试验期内(5～7月)获得的不同水位条件下小叶章种群密度平均值随时间的变化如图6.33所示。试验初期(5月初～6月中旬)的数据表明:① 在试验设计的水位范围内,最低水位条件(－10 cm)和最高水位条件(30 cm)下,小叶章种群密度变化趋势趋于一致,呈舒缓的波浪型。但－10 cm水位条件下的小叶章种群密度远大于30 cm水位条件下的小叶章种群密度。② 水位条件为10 cm和20 cm时,小叶章种群密度均值均高于0 cm水位条件下的小叶章种群密度均值。③ 0 cm和20 cm水位条件时,小叶章种群密度逐步增大,并于6月初达到最大值。而10 cm水位条件环境中生长的小叶章种群密度增长速率较快,曲线坡度较大,于5月下旬达到最大值。④ 各水位条件下小叶章种群密度均于6月中旬左右达到极小值,且这一极小值的比较关系为－10 cm＞10 cm＞20 cm＞0 cm＞30 cm。试验后期(6月中旬～7月中旬)的数据分析表明:各水位条件下小叶章种群密度均表现为再次增加,只是增长速率不同,除10 cm和20 cm水位条件外,其他水位条件下小叶章种群密度变化曲线具有随水位升高而降低的趋势。在10 cm和20 cm水位条件下小叶章种群密度达到峰值时,明显高于同时期其他水位条件下的小叶章种群密度。0～20 cm水位条件下,小叶章种群密度动态变化呈较为明显的双峰曲线,并且双峰明显表现为第二峰高于第一峰,均在6月中旬达到极小值,其中水位条件在10 cm时,双峰曲线较平滑,第一峰的峰值出现也较其他两个水位条件早。而在试验设计最低水位和最高水位条件下,小叶章种群密度的第一峰值和第一谷值并不明显。

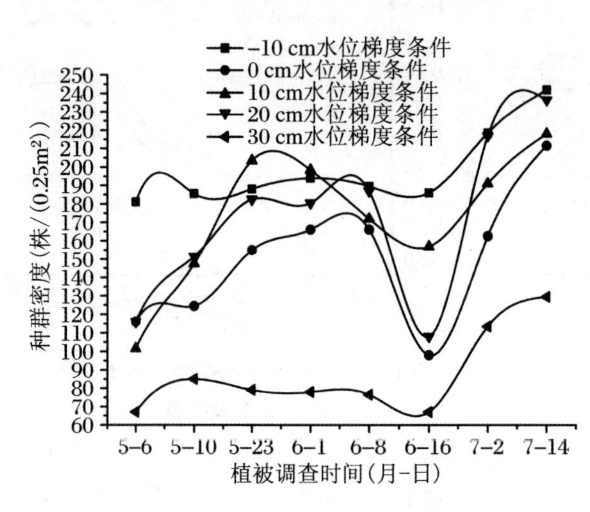


**图 6.33 不同水位条件下小叶章种群密度时间变化**

(2) 小叶章种群密度与水位的相关分析

应用SPSS 13.0的Pearson软件对小叶章种群密度与水位条件进行相关分析,两者的相关系数为－0.574,$P<0.01$,两者具有显著的负相关性。

将各时期小叶章种群密度与水位条件进行回归,通过各时期的拟合方程可以预测未知水位条件下的小叶章种群密度变化。由表 6.1 可见，不同时期小叶章种群密度对水位条件的变化符合三次多项式方程，它们的相关性非常显著。

**表 6.1　不同时期小叶章种群密度与水位关系回归模型**

$(Y = A + BX + CX^2 + DX^3)$

| | 5月6日 | 5月10日 | 5月23日 | 6月1日 | 6月8日 | 6月16日 | 7月2日 | 7月14日 |
|---|---|---|---|---|---|---|---|---|
| $A$ | 111.90 | 127.40 | 162.80 | 170.40 | 159.40 | 119.20 | 160.20 | 205.00 |
| $B$ | −2.77 | −0.79 | 1.64 | 1.15 | 0.82 | −1.61 | 0.55 | 0.55 |
| $C$ | 0.33 | 0.36 | 0.25 | 0.22 | 0.26 | 0.33 | 0.46 | 0.30 |
| $D$ | −0.0095 | −0.013 | −0.013 | −0.012 | −0.013 | −0.012 | −0.018 | −0.013 |
| $R^2$ | 0.99 | 0.99 | 0.97 | 0.99 | 0.98 | 0.78 | 0.99 | 0.98 |
| $P$ | 0.130 | 0.105 | 0.212 | 0.118 | 0.185 | 0.570 | 0.069 | 0.188 |

**2. 不同水位条件下毛果苔草种群密度动态变化**

(1) 不同水位条件下毛果苔草种群密度季节动态

不同水位条件下毛果苔草种群密度动态变化规律(图 6.34)为：① 在试验期间，0 cm 水位条件下毛果苔草种群密度形成双峰曲线，第二峰明显高于第一峰。在第二峰(6 月 17 日左右)之后，其种群密度再次下降，7 月初出现一个极低值后再次增加。② 10 cm 水位条件下毛果苔草种群密度动态变化曲线呈明显的双峰型，第一峰出现在 5 月初，第二峰出现在 6 月中旬左右，第一峰高于第二峰。③ 20 cm 水位条件下毛果苔草种群密度初期呈直线趋势，6 月初开始增长，形成一个小波峰(6 月 17 日左右)和一个波谷(7 月 3 日)后再次出现增长的趋势。④ 30 cm 和 40 cm 水位条件下，毛果苔草种群密度变化趋势较为一致，都是初期(5 月初)形成一个小的波峰之后，种群密度趋于平缓，没有显著变化。在整个试验过程中，30 cm 水位条件下的毛果苔草种群密度均高于 40 cm 水位条件。

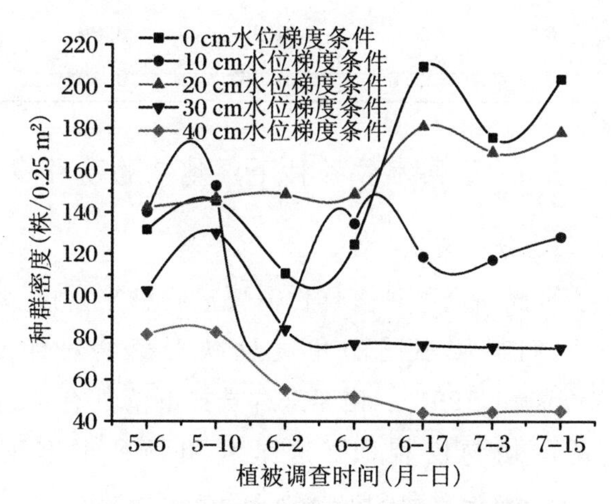


**图 6.34　不同水位条件下毛果苔草种群密度时间变化**

除 20 cm 水位条件外，其他水位条件下毛果苔草种群密度基本具有随水位条件的增加而降低的趋势。20 cm 水位条件下毛果苔草种群密度在试验初期(5 月初～6 月初)高于 0 cm 水位条件下的毛果苔草种群密度，6 月中旬以后毛果苔草种群密度为 0 cm>20 cm>10 cm。

低水位条件下(0 cm 和 10 cm)毛果苔草种群密度变化季节动态较为明显,变化曲线起伏很大。20~40 cm 水位条件下,变化较为平缓,起伏不大。但 20 cm 水位条件下,毛果苔草种群密度变化趋势与 30 cm 和 40 cm 水位条件下毛果苔草种群变化明显不同,而且该水位条件下毛果苔草种群密度明显高于其他两个高水位条件,一直保持较高的种群密度。在毛果苔草群落中,20 cm 左右的水位条件可能更有利于毛果苔草的生长。

(2) 毛果苔草种群密度与水位相关性分析

应用 SPSS 13.0 的 Pearson 软件做毛果苔草种群密度与水位条件的相关分析,两者的相关系数为 -0.668,$P<0.01$,两者具有显著的负相关性。

将各时期毛果苔草种群密度与水位条件进行回归,通过各时期的拟合方程可以预测未知水位条件下的毛果苔草种群密度变化。由表 6.2 可见,不同时期毛果苔草种群密度对水位条件的变化符合三次多项式方程,它们的相关性非常显著。

**表 6.2 不同时期毛果苔草种群密度与水位关系回归模型**

$(Y=A+BX+CX^2+DX^3)$

| | 5月6日 | 5月10日 | 6月9日 | 6月17日 | 7月3日 | 7月15日 |
|---|---|---|---|---|---|---|
| $A$ | 130.10 | 145.80 | 121.30 | 201.50 | 168.90 | 196.20 |
| $B$ | 3.31 | 0.63 | 5.44 | -8.14 | -3.91 | -5.69 |
| $C$ | -0.19 | 0.0046 | -0.32 | 0.37 | 0.17 | 0.21 |
| $D$ | 0.0021 | -0.0015 | 0.0035 | -0.0068 | -0.004 | -0.0044 |
| $R^2$ | 0.95 | 0.99 | 0.89 | 0.76 | 0.76 | 0.79 |
| $P$ | 0.278 | 0.061 | 0.402 | 0.589 | 0.589 | 0.554 |

## (四) 不同水位条件下湿地植物物种多样性分析

### 1. 分析方法

全面衡量物种多样性需要从物种丰富度、均匀度和生态优势度三个方面进行比较,它们都从不同的角度反映群落物种组成结构水平,三者具有一定的联系(Kvalseth,1991)。由于采样选择群落具有一致性和均一性,因此,相同水位条件下,群落的均匀度相似。这里利用物种丰富度指数(Gleason 指数)、多样性指数(Simpson 指数和 Shannon-Weiner 指数)以及群落中优势种(主要是小叶章和毛果苔草)的重要值的变化分析不同水位条件的群落响应。

(1) 物种丰富度(Species Richness)指数

Gleason 指数:

$$R=\frac{S}{\ln A}$$

式中，$A$ 为单位面积，$S$ 为群落中的物种数目。

(2) 物种多样性(Species Diversity)采用两种指数来计算

① Simpson 多样性指数：

$$S = 1 - \sum_{i=1}^{S} P_i^2$$

式中，$S$ 为群落中的总种数，$P_i$ 为第 $i$ 个物种在群落中出现的概率。

② Shannon-Weiner 多样性指数：

$$H = -\sum_{i=1}^{S} T_i \ln T_i$$

式中，$H$ 为信息量，即物种多样性指数；$S$ 为物种数目；$T_i$ 为属于种的个体在全部个体中的比例。

(3) 重要值($IV$)

重要值是用来说明物种在群落中优势程度的指标。以往的科学论文中采用了多种重要值的计算方法，本文采用

$$IV = (\text{相对密度} + \text{相对高度} + D/6)/3$$

式中，$D$ 为多度值。

多度是对植物群落中植物个体数量多少的一种目测估计，是一种相对意义的定量指标，多用于植物群落的野外调查中。目前国内外尚无统一标准，我国多采用 Drude 划分的多度级来表示。多度的分级和代码如表 6.3 所示。

**表 6.3　Drude 的多度分级表**

| Drude 的多度级 | 符号代码 | 数字代码 |
|---|---|---|
| 植物的数量很多 | cop3 | 6 |
| 植物的数量多 | cop2 | 5 |
| 植物的数量尚多 | cop1 | 4 |
| 植物的数量不多 | sp | 3 |
| 植物的数量稀少 | sol | 2 |
| 样方内只有一株 | un | 1 |

在群落中大多数物种的重要值都不会很高，因而少数重要值很高的物种可以被看作该群落的指示种。因此，本书只计算群落中优势种的重要值，以便进行不同水位条件之间的比较。

**2. 不同水位条件下小叶章、毛果苔草群落物种多样性分析**

(1) 不同水位条件下小叶章群落物种多样性分析

整个试验过程小叶章群落的物种丰富度 Gleason 指数见表 6.4，可以发现，低水

位条件下(0 cm、10 cm)具有较高的物种丰富度,其中 0 cm 水位条件下小叶章物种丰富度最大。随着水位条件的升高,群落的物种丰富度具有下降的趋势。较高水位条件下(20 cm 和 30 cm)小叶章群落物种丰富度差异不明显。

表 6.4 不同水位条件下小叶章群落物种丰富度 Gleason 指数

| 时 间 | 水位条件(cm) | | | | |
|---|---|---|---|---|---|
| | -10 | 0 | 10 | 20 | 30 |
| 5月6日 | 24 | 22 | 18 | 22 | 20 |
| 5月10日 | 24 | 32 | 28 | 34 | 22 |
| 5月23日 | 32 | 28 | 24 | 20 | 22 |
| 6月1日 | 36 | 32 | 26 | 24 | 22 |
| 6月8日 | 36 | 36 | 26 | 24 | 26 |
| 6月16日 | 42 | 38 | 30 | 22 | 26 |
| 7月2日 | 34 | 42 | 34 | 26 | 30 |
| 7月14日 | 30 | 44 | 32 | 26 | 30 |
| 平均 | 32.25 | 34.25 | 27.25 | 24.75 | 24.75 |

小叶章群落物种多样性 Simpson 指数的分析结果(表 6.5)表明:① 不同水位条件下群落的物种多样性具有一定的季节动态。-10 cm 和 0 cm 水位条件下,群落多样性指数在试验过程中逐步上升,而后下降,偶有波动。10 cm 和 20 cm 水位条件下,群落多样性先下降,而后上升再下降,具有一定波动变化,但较小。30 cm 水位条件下,群落多样性指数具有多变性,波动较频繁。② 整个试验过程中,0 cm 和 10 cm 水位条件下,群落物种多样性指数较大,而 20 cm 水位条件下群落物种多样性指数最低。同样,Shannon-Weiner 指数(表 6.6)也反映出同样的规律性,多样性指数的最大值出现在 0 cm 水位条件,-10 cm 水位条件次之,最小值出现在 20 cm 水位条件。10 cm 和 30 cm 水位条件下,Shannon-Weiner 多样性指数接近。

表 6.5 不同水位条件下小叶章群落物种多样性 Simpson 指数

| 时 间 | 水位条件(cm) | | | | |
|---|---|---|---|---|---|
| | -10 | 0 | 10 | 20 | 30 |
| 5月6日 | 0.446 | 0.472 | 0.506 | 0.316 | 0.465 |
| 5月10日 | 0.458 | 0.487 | 0.503 | 0.298 | 0.488 |
| 5月23日 | 0.481 | 0.500 | 0.499 | 0.310 | 0.408 |
| 6月1日 | 0.509 | 0.518 | 0.502 | 0.328 | 0.366 |
| 6月8日 | 0.544 | 0.525 | 0.506 | 0.345 | 0.487 |

续表

| 时间 | 水位条件(cm) | | | | |
|---|---|---|---|---|---|
| | -10 | 0 | 10 | 20 | 30 |
| 6月16日 | 0.524 | 0.593 | 0.552 | 0.435 | 0.467 |
| 7月2日 | 0.500 | 0.542 | 0.556 | 0.335 | 0.493 |
| 7月14日 | 0.449 | 0.566 | 0.527 | 0.327 | 0.454 |
| 平均 | 0.489 | 0.526 | 0.519 | 0.337 | 0.454 |

**表 6.6　不同水位条件下小叶章群落物种多样性 Shannon-Weiner 指数**

| 时间 | 水位条件(cm) | | | | |
|---|---|---|---|---|---|
| | -10 | 0 | 10 | 20 | 30 |
| 5月6日 | 1.08 | 1.21 | 1.18 | 0.90 | 1.16 |
| 5月10日 | 1.13 | 1.27 | 1.24 | 0.98 | 1.21 |
| 5月23日 | 1.29 | 1.37 | 1.22 | 0.89 | 1.13 |
| 6月1日 | 1.43 | 1.45 | 1.24 | 0.96 | 1.05 |
| 6月8日 | 1.57 | 1.57 | 1.26 | 1.00 | 1.47 |
| 6月16日 | 1.47 | 1.72 | 1.38 | 1.20 | 1.43 |
| 7月2日 | 1.32 | 1.58 | 1.42 | 1.01 | 1.49 |
| 7月14日 | 1.22 | 1.65 | 1.28 | 0.99 | 1.37 |
| 平均 | 1.32 | 1.48 | 1.28 | 1.00 | 1.29 |

试验过程中,不同水位条件小叶章群落的重要值(*IV*)具有一定差异(表 6.7)。20 cm 水位条件下,小叶章的重要值最大,-10 cm 次之,0 cm 和 10 cm 水位条件相近,30 cm 水位条件下小叶章的重要值最小。小叶章种群在群落中的优势度与水位并不是简单的线性关系。

**表 6.7　不同水位条件下小叶章群落的重要值(*IV*)**

| 时间 | 水位条件(cm) | | | | |
|---|---|---|---|---|---|
| | -10 | 0 | 10 | 20 | 30 |
| 5月6日 | 0.714 | 0.630 | 0.630 | 0.735 | 0.558 |
| 5月10日 | 0.717 | 0.666 | 0.664 | 0.833 | 0.630 |
| 5月23日 | 0.694 | 0.686 | 0.694 | 0.799 | 0.511 |
| 6月1日 | 0.698 | 0.667 | 0.695 | 0.788 | 0.501 |
| 6月8日 | 0.703 | 0.692 | 0.672 | 0.776 | 0.557 |
| 6月16日 | 0.696 | 0.539 | 0.569 | 0.653 | 0.583 |

**续表**

| 时间 | 水位条件(cm) | | | | |
|---|---|---|---|---|---|
| | -10 | 0 | 10 | 20 | 30 |
| 7月2日 | 0.677 | 0.627 | 0.617 | 0.780 | 0.589 |
| 7月14日 | 0.719 | 0.634 | 0.658 | 0.787 | 0.600 |
| 平均 | 0.703 | 0.643 | 0.650 | 0.769 | 0.567 |

从小叶章种群的生物多样性不同指标分析可知，在整个试验过程中小叶章群落的物种多样性在较低水位条件下(0 cm、10 cm)取得较高值，但重要值较低，也就是说在10 cm以下水位条件下沼泽湿地植物群落中湿地植物种类较多，小叶章为优势种群，而在较高水位条件下(20 cm)，小叶章群落物种丰富度和多样性指数最高，而此时小叶章的重要值最大，形成了比较“纯”的小叶章群落。小叶章群落对水的适应能力很强，既可以在积水环境中生长，也可在无积水环境下生长。但是从种群的角度看，试验条件下，20 cm的水位更有利于小叶章种群形成比较“纯”的湿地植物群落。

(2) 不同水位条件下毛果苔草群落物种多样性分析

毛果苔草群落物种丰富度分析结果(表6.8)表明，0 cm和20 cm水位条件下具有较高的物种丰富度，0 cm水位的物种丰富度略大于20 cm水位，10 cm水位次之，30 cm和40 cm水位接近，丰富度最低。毛果苔草群落物种丰富度总体表现为：0 cm>20 cm>10 cm>30 cm≈40 cm。

**表6.8 不同水位条件下毛果苔草群落物种丰富度Gleason指数**

| 时间 | 水位条件(cm) | | | | |
|---|---|---|---|---|---|
| | 0 | 10 | 20 | 30 | 40 |
| 5月6日 | 14 | 12 | 14 | 10 | 10 |
| 5月10日 | 18 | 14 | 24 | 14 | 14 |
| 6月2日 | 22 | 16 | 22 | 16 | 16 |
| 6月9日 | 22 | 18 | 22 | 16 | 16 |
| 6月17日 | 26 | 18 | 22 | 16 | 16 |
| 7月3日 | 26 | 18 | 24 | 16 | 18 |
| 7月15日 | 26 | 22 | 24 | 18 | 24 |
| 平均 | 22.0 | 16.9 | 21.7 | 15.1 | 16.3 |

该群落的物种多样性Simpson指数(表6.9)和Shannon-Weiner指数(表6.10)在不同水位条件下具有同样的规律：40 cm>30 cm>10 cm>0 cm>20 cm。说明群落的物种多样性与水位不是简单的直线性关系，物种多样性随水位增加呈“N”形分布。

表 6.9　不同水位条件下毛果苔草群落物种多样性 Simpson 指数

| 时 间 | 水位条件(cm) | | | | |
|---|---|---|---|---|---|
| | 0 | 10 | 20 | 30 | 40 |
| 5 月 6 日 | 0.251 | 0.349 | 0.203 | 0.3190 | 0.373 |
| 5 月 10 日 | 0.231 | 0.369 | 0.229 | 0.3504 | 0.409 |
| 6 月 2 日 | 0.519 | 0.423 | 0.514 | 0.5816 | 0.563 |
| 6 月 9 日 | 0.501 | 0.473 | 0.466 | 0.5664 | 0.558 |
| 6 月 17 日 | 0.495 | 0.550 | 0.398 | 0.5654 | 0.618 |
| 7 月 3 日 | 0.495 | 0.563 | 0.459 | 0.6003 | 0.661 |
| 7 月 15 日 | 0.520 | 0.583 | 0.546 | 0.6427 | 0.689 |
| 平均 | 0.431 | 0.473 | 0.403 | 0.518 | 0.553 |

表 6.10　不同水位条件下毛果苔草群落物种多样性 Shannon-Weiner 指数

| 时 间 | 水位条件(cm) | | | | |
|---|---|---|---|---|---|
| | 0 | 10 | 20 | 30 | 40 |
| 5 月 6 日 | 0.673 | 0.885 | 0.599 | 0.766 | 0.854 |
| 5 月 10 日 | 0.686 | 0.952 | 0.746 | 0.964 | 1.060 |
| 6 月 2 日 | 1.428 | 1.070 | 1.420 | 1.490 | 1.440 |
| 6 月 9 日 | 1.370 | 1.320 | 1.270 | 1.460 | 1.440 |
| 6 月 17 日 | 1.345 | 1.470 | 1.100 | 1.450 | 1.570 |
| 7 月 3 日 | 1.366 | 1.520 | 1.280 | 1.520 | 1.750 |
| 7 月 15 日 | 1.446 | 1.580 | 1.490 | 1.650 | 1.880 |
| 平均 | 1.190 | 1.260 | 1.130 | 1.330 | 1.430 |

试验过程中，不同水位条件下毛果苔草群落毛果苔草的重要值(表 6.11)变化较大，0～20 cm 水位条件下毛果苔草重要值较大，高水位条件下(30 cm、40 cm)重要值较小。各水位条件下毛果苔草的重要值较大，说明毛果苔草在群落中占较大的优势地位。

综合分析毛果苔草群落生物多样性的各指标，可以得出结论：10 cm 可能是毛果苔草形成较“纯”的植物群落的最佳水位，毛果苔草群落适水性比小叶章要差，一般情况下均生长在积水环境条件下，无积水时一般退化比较严重。

表 6.11 不同水位条件下毛果苔草群落毛果苔草重要值(*IV*)

| 时 间 | 水位条件(cm) | | | | |
|---|---|---|---|---|---|
| | 0 | 10 | 20 | 30 | 40 |
| 5月6日 | 0.789 | 0.808 | 0.831 | 0.757 | 0.680 |
| 5月10日 | 0.809 | 0.802 | 0.823 | 0.753 | 0.672 |
| 6月2日 | 0.686 | 0.788 | 0.691 | 0.603 | 0.570 |
| 6月9日 | 0.687 | 0.740 | 0.705 | 0.627 | 0.583 |
| 6月17日 | 0.707 | 0.666 | 0.766 | 0.607 | 0.543 |
| 7月3日 | 0.719 | 0.660 | 0.741 | 0.592 | 0.513 |
| 7月15日 | 0.707 | 0.628 | 0.713 | 0.535 | 0.449 |
| 平均 | 0.730 | 0.728 | 0.753 | 0.640 | 0.573 |

## 第二节 沼泽湿地植物生物量及其分配特征

植物通过光合作用固定大气中的 $CO_2$,其中约有一半通过植物自氧呼吸重新释放到大气中,另一半形成植物的生长量(NPP),以有机碳形式存留在植物组织中。植物生长形成的有机碳,主要有两种流向,即大部分以凋落物的形式进入地表成为土壤有机质的一部分或以凋落物分解的形式回到大气;另一部分则成为系统的净生态系统生产力,它们构成植物的生物量(Biomass)(方精云等,2001)。生物量累积是化学元素,特别是营养元素生物地球化学循环的基础环节,并对气候和土壤具有决定性影响。湿地是地球上具有较高生产力的生态系统之一。全球湿地占有地球陆地面积的6%,但却拥有14%的陆地生物圈碳库。如果将泥炭地计算在内,湿地将成为陆地生物圈碳库最大的组成部分(Dixon, et al., 1995)。

湿地碳氮累积取决于有机质生产与分解之间的平衡,特别是北方湿地中枯落物较低的分解速率是导致碳氮累积的主要方面。枯落物分解是湿地生态系统碳和营养物质循环的关键环节,一方面,植物残体的营养释放决定了土壤营养的再生速率和植物可利用性营养的数量(Haraguchi, et al., 2002),另一方面,残体中的碳重新回到大气中。因此,分解速率的任何改变都将会影响湿地生态系统的营养循环、物质生产和碳氮平衡(Moore, et al., 1999)。

## 一、毛果苔草与漂筏苔草群落的生物量

### 1. 生物量

三江平原地处我国东北边陲，气候属温带湿润、半湿润气候。受气温、地温、光照、土壤养分、水分状况等因素影响，三江平原主要植被群落生物量呈现出规律性的变化。从生物量的监测结果来看，在植物生长期内(4月下旬返青到10月中旬死亡)，毛果苔草(MG)和漂筏苔草(PF)地上部分生物量变化呈现出单峰型特征(图6.35(a))，在8月中、下旬分别达到最大地上生物量540.8 $g/m^2$和494.2 $g/m^2$。

地下生物量变化与地上部分略有不同(图6.35(b))，在植物生长期内，各植被类型地下生物量总体呈直线增加的趋势(毛果苔草：$r=0.784$，$P<0.05$；漂筏苔草：$r=0.926$，$P<0.05$)。10月，毛果苔草和漂筏苔草分别达到当年最大生物量3119.8 $g/m^2$和2801.1 $g/m^2$。根据植物地下根系年净增量的计算方法(年净增量=当年最大生物量-当年最小生物量)可计算出毛果苔草和漂筏苔草地下根系的年净增量分别为1859.4 $g/m^2$和1942.7 $g/m^2$。

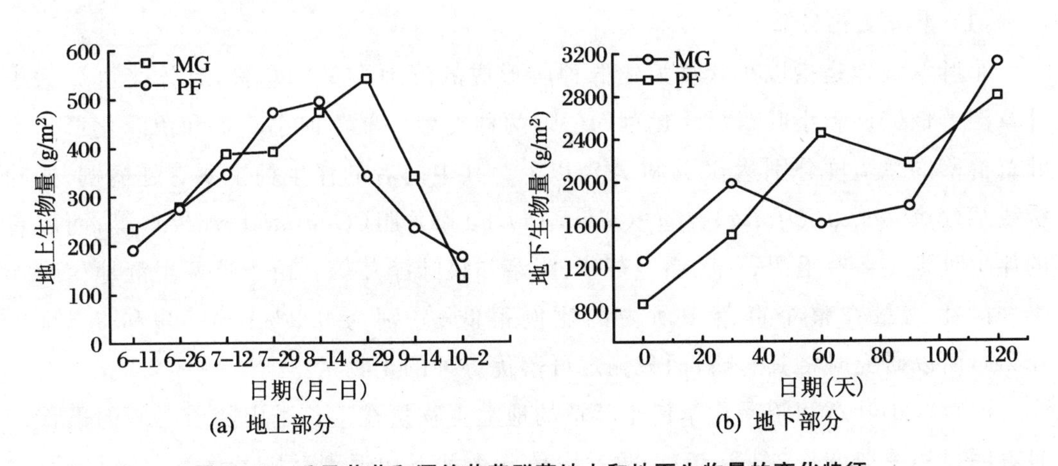


图6.35　毛果苔草和漂筏苔草群落地上和地下生物量的变化特征

由于在两类湿地植物达最大生物量前其枯死部分基本附着于植物体上，凋落于地面上的部分极少，因此，可以认为植物地上部分的最大生物量即为当年的地上净生产量。根据植物地上和地下部分的年净生产量，计算出两类植物体的年净初级生产力(NPP)分别为2400.2 $g/m^2$和2436.8 $g/m^2$。

### 2. 生长速率

湿地植物的生长速率是指一段时间内单位面积上植物的干物质增长状况指标，

表示为 $v=(p_{i+1}-p_i)/(t_{i+1}-t_i)$。通过计算，得到毛果苔草和漂筏苔草的物质增长速率如表 6.12 所示。

**表 6.12 植物物质增长速率的时间变化**

| 日期(月-日) | 6-11 | 7-12 | 8-14 | 9-2 | 10-2 |
|---|---|---|---|---|---|
| 天数(d) | 56 | 78 | 120 | 139 | 169 |
| 毛果苔草($g/(m^2 \cdot d)$) | 13.94 | 12.87 | 2.87 | -3.74 | -1.83 |
| 漂筏苔草($g/(m^2 \cdot d)$) | 22.65 | 13.08 | 0.55 | -1.81 | -1.12 |

注:4 月 15 日为植物萌发初始日期。

从表 6.12 可以看出，湿地植物在生长初期生长迅速，尤其是在 6、7 月份，由于水热充足，出现了植物生长高峰期，而 8 月中旬以后，由于环境条件的变化，植物逐渐枯黄，出现了物质生长速率的负增长，表明此时植物干物质开始发生枯落损失。

## 二、小叶章群落的生物量

### 1. 地上生物量

(1) 季节变化特征

小叶章湿地是指以小叶章为建群种所形成的湿地类型的总称，具体又可分为小叶章湿草甸(Ⅺ)和小叶章沼泽化草甸(Ⅻ)两种类型。湿草甸小叶章和沼泽化草甸小叶章群落的总盖度分别达 83%和 77%以上。其中前者的伴生种主要有越橘柳、柳叶绣线菊(*Spiraea salicifolia*)、泽芹(*Sium suave*)和龙胆(*Gentiana scabra*)等；而后者的伴生种则主要有毛果苔草、漂筏苔草、甜茅和狭叶泽芹等。由于这两类湿地植物伴生种的生物量在整个群落中所占的比例很低(分别为 0.2%～4.5%和 2.3%～12%)，所以研究时将其忽略，而只测定群落优势种的生物量。

湿草甸小叶章和沼泽化草甸小叶章的地上生物量在生长季内随着时间的推移均有着明显的季节变化(图 6.36)。两者均是自 4 月下旬返青后随着气温、地温以及水分条件的改善(图 6.37、图 6.38)而逐渐增加并于 7～8 月份分别出现最大生物量 1066.86 $g/m^2$ 和 706.71 $g/m^2$。此后，随着秋季的来临，气温、地温的降低以及降水的减少，小叶章光合能力减弱，植物器官渐趋衰老，枯死量增加，营养物质溶失及向地下根系转移过程日益旺盛(马克平等，1993)，导致 8～10 月份地上生物量有不同程度的下降。比较两类小叶章地上各部分最大生物量，其大小均为湿草甸小叶章＞沼泽化草甸小叶章($P<0.01$)，说明前者地上部分较后者有更强的固碳能力，这主要与不同生境中植物的生理特性及其净光合能力对生态因子的适应有关。如 Pezeshki 等

(1996)研究发现,土壤淹水后,土壤 Eh 下降,特别是低于 -200 mV 时,香蒲的气孔导度和净光合作用明显下降。小叶章沼泽化草甸为季节性淹水湿地,土壤经常饱和或过饱和,Eh 值较低,这种生境下发育的小叶章植物体较非淹水湿地——小叶章湿草甸具有更发达的根系,地上植株密度较大,但株高、叶片大小和茎的粗细均明显小于湿草甸小叶章,这是导致沼泽化草甸小叶章地上各部分生物量较湿草甸小叶章低的主要原因。在此过程中,营养物质不断溶失并开始向地下转移,导致生物量降低。至10月中旬,随着气温和地温的继续降低,小叶章的地上部分几乎完全枯死并呈立枯状或枯落归还地表,此时二者的地上生物量降至最低,其季节动态均表现为单峰型,而这种单峰型的生长曲线又与两种小叶章湿地气温、地温以及多年平均降水量单峰型的趋势线相吻合(图 6.37、图 6.38),反映出两种小叶章的生长节律与该区温带季风气候雨热同季的特点相适应。

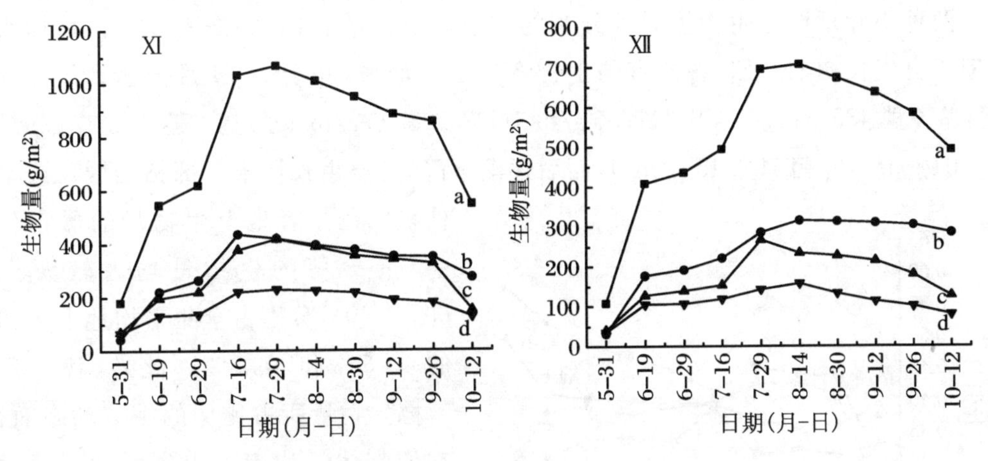


**图 6.36　小叶章地上生物量及其组成的季节动态**

a:地上生物量;b:茎+穗;c:叶;d:叶鞘

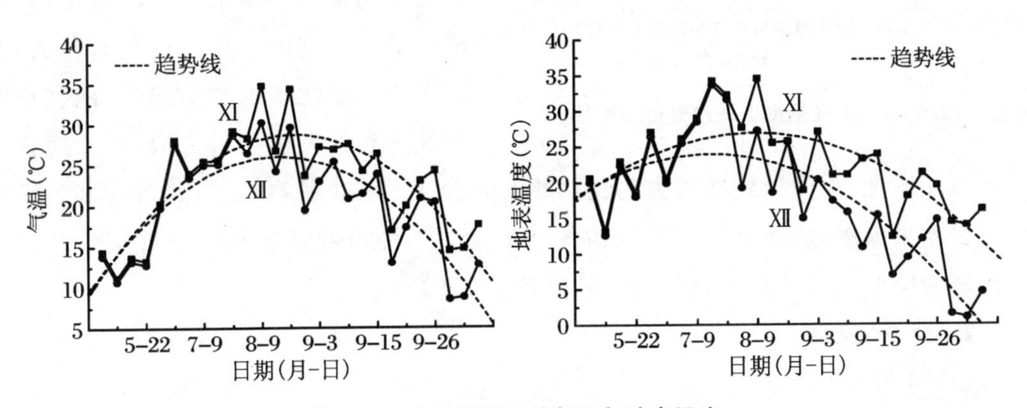


**图 6.37　小叶章湿地的气温与地表温度**

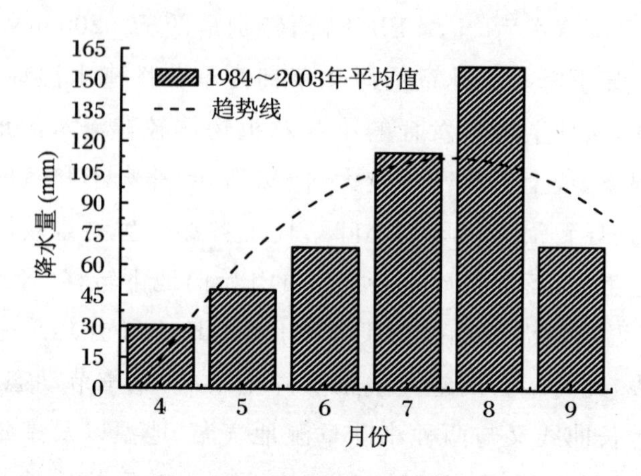


图 6.38 湿地多年平均降水量

(2) 结构特征

两种小叶章地上生物量器官分布的季节动态大致相同，如图 6.39 所示，均为单峰型。自生长初期开始，各器官的生物量均迅速增加，并于 7～8 月份达到最大峰值(Ⅺ:茎+穗 435.34 g/m²，叶 417.55 g/m²，叶鞘 228.96 g/m²；Ⅻ:茎+穗 314.87 g/m²，叶 267.01 g/m²，叶鞘 157.45 g/m²)，而后逐渐下降，直至生长期末全部枯萎脱落或呈立枯状。在二者地上生物量的器官分布中，茎+穗的生物量均占较大比例(图 6.39)，分别占全年平均地上生物量的 40.7%和 46.8%。此外，就二者茎+穗生物量所占比例的季节动态而言，它们整体上均表现出先增后减而后又增加的趋势。这主要是由于小叶章拔节前生物量几乎全部为叶和叶鞘，而后随拔节生长茎的生长速度越来越大，其所占的比例逐渐增加。同时，两种小叶章在达到最大生物量之前，叶片所占的比例也在增加，由此导致其所占的比例相对降低。而当生长高峰过后，叶片和叶鞘的枯死量愈来愈多，从而又导致其所占比例增加。两种小叶章植物叶和叶鞘生物量所占比例的季节动态也具有较强的一致性(图 6.39)。

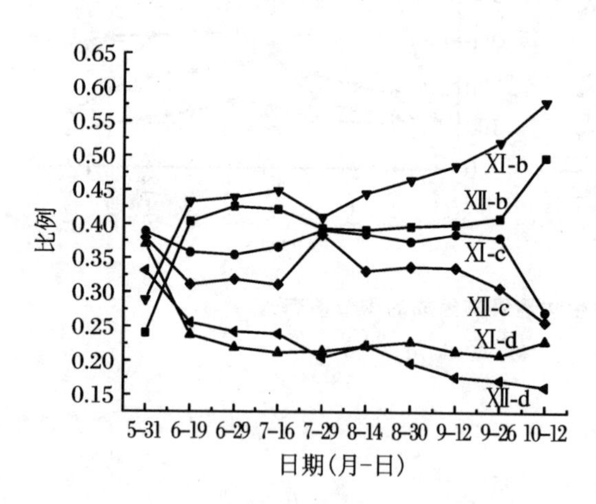


图 6.39 小叶章地上各器官所占的比例

**2. 地下生物量**

(1) 季节变化特征

湿草甸小叶章和沼泽化草甸小叶章的地下生物量均具有明显的季节动态(图

6.40)。总趋势一般表现为:6 月初,二者的地下生物量分别为 1109.68 g/m²(Ⅺ)和 2597.22 g/m²(Ⅻ),为当年最低值,之后逐渐增加,并于生长季末分别达到最大值 2744.73 g/m²和 5658.07 g/m²。6 月初最低值出现的原因是由于前一年累积的营养成分经过地下器官漫长冬季的呼吸消耗而逐渐降低,至第二年春季,剩下的营养成分又更多地用于植物营养体的萌发。之后,由于植物生长的需要,又会从地下转移大量的营养物质给地上部分,再加上部分根系枯萎、腐烂而损失,从而导致其达到最低值。6 月末,植物生长抽穗结实结束,植物光合作用形成的有机物质开始向地下转移,从而使其地下生物量又逐渐增加,直到生长季末。与地上生物量不同的是,在整个生长季内,沼泽化草甸小叶章的地下生物量显著高于湿草甸小叶章($P<0.01$),前者为后者的 1.6～2.8 倍。

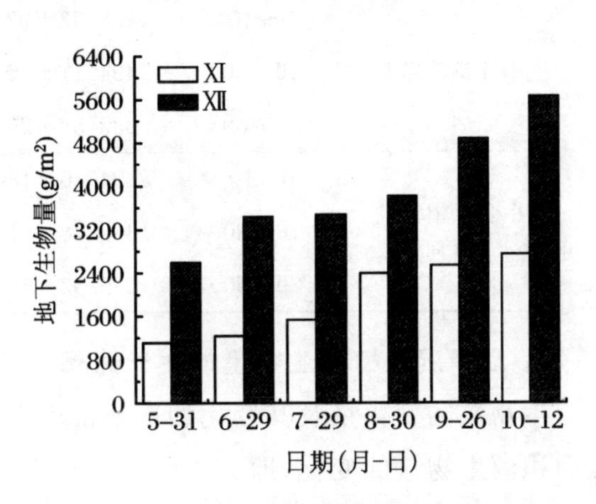


图 6.40　小叶章地下生物量的季节动态变化

(2) 结构特征

湿草甸小叶章和沼泽化草甸小叶章的地下生物量均具有明显的垂直结构(表 6.13),呈倒金字塔形。二者地下生物量主要集中在 0～20 cm 的深度内,分别占各地下生物量的 83%和 92%(表 6.13)。原因在于二者的根状茎主要分布在此深度内(大多分布于 0～10 cm 的深度),极少量分布至 20～50 cm 深度,而在 20～50 cm 深度根系一般很少且主要为细根。比较而言,二者 0～10 cm 深度的生物量对于各地下生物量的平均贡献率差别不大(分别为 60%和 58%),而其他两个深度的平均贡献率则差别很大,10～20 cm 深度表现为湿草甸小叶章<沼泽化草甸小叶章,20～50 cm 深度则相反。研究发现,沼泽化草甸小叶章湿地 20～50 cm 土壤的质地要比湿草甸小叶章黏重,其根系因难以在此深度内生长而相对更多地生长在 10～20 cm 的深度内,由此导致其 20～50 cm 深度的平均贡献率相对较低,而 10～20 cm 深度的平均贡献率则相对较高。而二者的生物学特性以及不同生境所表现出的适应对策的差异可能也是引起这种差异的重要原因。总之,二者地下生物量的垂直分布具有重要的生态学意义,根系垂直分布的成层现象有利于扩大其对地下养分利用的范围和提高养分的吸收利用率。

表 6.13　小叶章地下生物量的垂直分布特征

| 群落类型 | 土壤深度(cm) | 生物量($g/m^2$) | 占总重量百分比 | 累计百分比 |
|---|---|---|---|---|
| 小叶章湿草甸 | 0～10 | 1158.32±220.30 | 60.14 | 60 |
| | 10～20 | 434.11±55.00 | 22.54 | 83 |
| | 20～50 | 333.58±26.31 | 17.32 | 100 |
| 小叶章沼泽化草甸 | 0～10 | 2294.16±188.35 | 57.69 | 58 |
| | 10～20 | 1345.78±213.94 | 33.85 | 92 |
| | 20～50 | 336.52±67.48 | 8.46 | 100 |

**3. 沼泽湿地植物生物量的生长速率**

生物量的变化量及其变化的速率常用生长速率($V$)来表征,它是指单位时间、单位面积内生物量的变化,即

$$V=\frac{\mathrm{d}P}{\mathrm{d}t}=\frac{P_{i+1}-P_i}{t_{i+1}-t_i}\quad(P_i、P_{i+1}\text{ 分别为 }t_i、t_{i+1}\text{ 时刻的生物量})$$

通过计算,可得到二者各项生物量的 $V$ 值(表 6.14)。湿草甸小叶章各项生物量的 $V$ 值在 7 月下旬前均大于 0,表明其各项生物量处于增长阶段,生物量不同程度地增加。此间,分别于 6 月中旬(水热条件好、养分充足)和 7 月中旬(植物开始趋于成熟)出现两次生长高峰,其 $V$ 值也在第二次生长高峰期内达到极大值。8 月初至生长季末,各项 $V$ 值均小于 0,表明其处于衰退阶段,生物量开始降低。从 8 月初至 9 月下旬,各项 $|V|$ 趋于平缓,其值分别在 3.83、1.28、1.60 和 0.95 左右波动。9 月末以后,其 $|V|$ 均迅速增大,$V$ 达到最小值。

表 6.14　小叶章生物量的生长速率

单位:$g/(m^2\cdot d)$

| 类型 | 项目 | 5-31 | 6-19 | 6-29 | 7-16 | 7-29 | 8-14 | 8-30 | 9-12 | 9-26 | 10-12 |
|---|---|---|---|---|---|---|---|---|---|---|---|
| 湿草甸小叶章 | 茎+穗 | 0.24 | 8.87 | 4.28 | 10.10 | −1.15 | −1.74 | −1.11 | −2.01 | −0.23 | −4.88 |
| | 叶 | 1.76 | 6.28 | 2.36 | 9.33 | 3.04 | −2.01 | −2.07 | −1.24 | −1.07 | −11.08 |
| | 鞘 | 1.67 | 3.17 | 0.58 | 4.90 | 0.74 | −0.32 | −0.48 | −2.26 | −0.75 | −3.35 |
| | 地上 | 4.51 | 18.32 | 7.23 | 24.32 | 2.63 | −4.07 | −3.67 | −5.51 | −2.06 | −19.31 |
| | 地下 | — | — | 4.16 | — | 9.85 | — | 28.84 | — | 5.65 | 12.67 |
| 沼泽化草甸小叶章 | 茎+穗 | 0.78 | 7.27 | 1.46 | 1.79 | 4.87 | 2.14 | −0.14 | −0.26 | −0.37 | −1.21 |
| | 叶 | 1.02 | 4.30 | 1.20 | 0.86 | 8.73 | −2.33 | −0.46 | −1.05 | −2.50 | −3.28 |
| | 鞘 | 0.89 | 3.43 | 0.20 | 0.74 | 1.88 | 1.06 | −1.57 | −1.63 | −0.87 | −1.29 |
| | 地上 | 2.69 | 15.01 | 2.78 | 3.39 | 15.48 | 0.87 | −2.17 | −2.94 | −3.74 | −5.78 |
| | 地下 | — | — | 28.00 | — | 1.28 | — | 11.12 | — | 41.25 | 48.53 |

沼泽化草甸小叶章的 $V$ 值变化与湿草甸小叶章基本一致。5月末至8月上旬，其各项 $V$ 值均为正值，除茎+穗和叶鞘在第一次生长高峰(6月中下旬)期内取得极大值外，地上生物量和叶均在第二次生长高峰(7月末)取得极大值，其极大值出现的时间要比前者晚15 d左右。8月中旬至9月末，其各项 $|V|$ 也趋于平缓，9月末后，其 $|V|$ 均迅速增大，$V$ 达到最小值。与地上生物量相比，二者地下生物量的 $V$ 值在生长季内均为正值，表明其地下部分一直在增大，但二者增长的幅度并不一致。二者各项 $V$ 值在不同阶段所表现出的变化主要与植物自身的生长节律有关，而二者 $V$ 值的差别又可能主要与植物所处生境及其所表现出的适应对策有关。

**4. 生物量总量与地上、地下生物量的关系**

(1) 生物量总量与各部分的关系

植物的各部分是一个统一的整体，地上部分对地下部分的生长有着重要影响，是地下部分生长发育的能量来源，而地上部分又依靠地下部分吸收其生长所需要的水分和营养物质。在生长季内，两种小叶章地上及各器官生物量占总生物量百分比的变化规律均为先上升后下降，而地下生物量所占的百分比则是先下降后上升(表6.15)，这与二者地上生物量在生长季内从少逐渐增多而后又逐渐降低的变化相一致。此外，湿草甸小叶章地上及各器官生物量对于总生物量的贡献率在生长季内均明显高于沼泽化草甸小叶章，而地下生物量的贡献率则低于沼泽化草甸小叶章。

**表 6.15 各器官生物量占总生物量百分比**

| 群落类型 | 项目 | 5-31 | 6-29 | 7-29 | 8-30 | 9-26 | 10-12 |
|---|---|---|---|---|---|---|---|
| 湿草甸小叶章 | 茎+穗 | 3.36 | 14.22 | 16.19 | 11.30 | 10.32 | 8.28 |
| | 叶 | 5.44 | 11.84 | 16.08 | 10.65 | 9.61 | 4.53 |
| | 鞘 | 5.18 | 7.34 | 8.82 | 6.48 | 5.27 | 3.81 |
| | 地上 | 13.99 | 33.40 | 41.08 | 28.43 | 25.20 | 16.63 |
| | 地下 | 86.01 | 66.60 | 58.92 | 71.57 | 74.80 | 83.37 |
| | 总生物量 | 100 | 100 | 100 | 100 | 100 | 100 |
| 沼泽化草甸小叶章 | 茎+穗 | 1.15 | 4.94 | 6.83 | 6.98 | 5.57 | 4.63 |
| | 叶 | 1.51 | 3.59 | 6.40 | 5.07 | 3.28 | 2.06 |
| | 鞘 | 1.32 | 2.73 | 3.42 | 2.95 | 1.84 | 1.301 |
| | 地上 | 3.98 | 11.25 | 16.65 | 15.00 | 10.69 | 8.00 |
| | 地下 | 96.02 | 88.75 | 83.35 | 85.00 | 89.31 | 92.00 |
| | 总生物量 | 100 | 100 | 100 | 100 | 100 | 100 |

(2) 生物量总量及各器官生物量的季节动态模拟

对两种小叶章地上、地下及各器官生物量和总生物量季节动态的模拟结果(表

6.16)表明:地上及其各器官生物量的季节动态均符合抛物线模型 $y=b_0+b_1t+b_2t^2$;而地下生物量和总生物量的季节动态则符合"S"形曲线 $y=b_0/(1+b_1e^{-kt})$(上两式中,$y$ 为生物量;$k$ 为系数;$b_0$、$b_1$、$b_2$为常数;$t$ 为植物返青后的生长天数)。以上模型的拟合精度较高,$R^2$大都在0.92以上,可用于各生物量的预测。

**表 6.16 生物量动态模拟模型**

| 群落类型 | 项目 | 模拟模型 | $R^2$ | $P$ |
|---|---|---|---|---|
| 湿草甸小叶章 | 茎+穗 | $y=-406.43+13.9849t-0.0591t^2$ | 0.922 | $P<0.01$ |
| | 叶 | $y=-442.07+14.7738t-0.0650t^2$ | 0.928 | $P<0.01$ |
| | 鞘 | $y=-169.25+6.8571t-0.0299t^2$ | 0.942 | $P<0.01$ |
| | 地上生物量 | $y=-1017.8+35.6157t-0.1540t^2$ | 0.946 | $P<0.01$ |
| | 地下生物量 | $y=4582.24/(1+6.19e^{-0.0131t})$ | 0.954 | $P<0.01$ |
| | 总生物量 | $y=3583.00/(1+6.41e^{-0.0293t})$ | 0.977 | $P<0.01$ |
| 沼泽化草甸小叶章 | 茎+穗 | $y=-228.37+8.0333t-0.02951t^2$ | 0.973 | $P<0.01$ |
| | 叶 | $y=-230.36+7.8588t-0.0335t^2$ | 0.882 | $P<0.01$ |
| | 鞘 | $y=-99.368+4.3144t-0.0193t^2$ | 0.916 | $P<0.01$ |
| | 地上生物量 | $y=-558.09+20.2065t-0.0823t^2$ | 0.952 | $P<0.01$ |
| | 地下生物量 | $y=22077.30/(1+9.86e^{-0.0066t})$ | 0.924 | $P<0.01$ |
| | 总生物量 | $y=48378.02/(1+19.55e^{-0.0059t})$ | 0.952 | $P<0.01$ |

#### 5. 湿地类型间地上、地下生物量与生长速率的差异

本项研究发现,湿草甸小叶章和沼泽化草甸小叶章的地上生物量在 $P<0.05$ 水平上呈显著差异,表现为湿草甸小叶章>沼泽化草甸小叶章。已有的相关研究表明,当湿地的水平衡或水循环过程改变时,会直接影响到物种的生物学特性及群落演替的进行(Datta,1990; Neill,1990)。由于三江平原地区的小叶章主要分布于高河漫滩和各种洼地边缘的水分交错带上,对水分的变化极为敏感,所以当小叶章湿地的水分条件发生改变时,其物种的生物学特性及群落演替均会发生一定的变化(何琏,2000)。前人的研究发现(汲玉河,2004),季节积水的生境对小叶章群落的影响十分显著,它是制约其生长的主要因素,在有季节积水生境中生长的沼泽化草甸小叶章和无积水生境中生长的湿草甸小叶章,无论在植被长势、多度和总盖度等方面均是后者大于前者,小叶章群落更加适合生长在无积水的生境中。热量条件也是影响植物群落净初级生产力的重要因素(韩兴国,1999)。虽然两种小叶章均生长于同一样地中,但因二者处在不同的水分交错带上,其生长所处的热量条件特别是地表温度存在着明显差异($P<0.05$),表现为湿草甸小叶章>沼泽化草甸小叶章(表 6.17),所以二者

热量条件的不同也是产生这种差异的重要原因。此外，植物群落的净初级生产力还与其在土壤中可获得的有效养分的储量有关(黄昌勇，1999)。土壤有机质是土壤具有生物学特性和结构的基本物质，是土壤有机物质的主体(通常占90%以上)，它可在一定程度上反映出土壤中有效养分的储量(宇万太等，2001；李学垣，2001)。由表6.17可知，两种小叶章样地土壤表层(0～20 cm)的有机质含量差异显著，而20～40 cm土壤的有机质则差别不大，所以二者土壤表层有机质含量的不同也可部分解释二者地上生物量的显著差异。可见，两种小叶章地上生物量的显著差异主要取决于二者的植物生理特性及其所处生境的水分、热量及表层土壤的养分储量，而这些因素的综合作用则是导致二者地上各器官生长速率值差异的主要原因。

**表6.17　两种小叶章湿地的环境条件对比**

| 群落类型 | 气温(℃) | 地表温度(℃) | 土壤含(持)水量(%) | | 土壤有机质(%) | | 土壤pH | |
|---|---|---|---|---|---|---|---|---|
| | | | 0～20 cm | 20～40 cm | 0～20 cm | 20～40 cm | 0～20 cm | 20～40 cm |
| 湿草甸小叶章 | 22.85±6.42 a | 20.25±6.50 a | 49.93±8.75a | 28.42±1.50 a | 5.73±0.62 a | 2.38±0.60 a | 5.58±0.14 a | 6.05±0.12 a |
| 沼泽化草甸小叶章 | 22.52±6.07 a | 17.45±8.59 b | 158.33±49.27 b | 44.44±4.21 b | 14.51±2.53 b | 2.53±0.80 a | 5.53±0.10 a | 6.01±0.21 a |

注：同列不同字母表示差异显著($P<0.05$)。

两种小叶章的地下生物量在$P<0.01$水平上呈显著差异，但与地上生物量不同的是，地下生物量表现为湿草甸小叶章＜沼泽化草甸小叶章。据研究，水分和积温对地下生物量有着重要影响，降水的年际变化直接影响着地下生物量的年际变化，而积温的多少又直接影响着地下生物量形成的能量基础(宇万太等，2001)。为了探讨影响二者地下生物量的因素，本研究对一些主要因素如气温、地温、降水量、土壤含水量、土壤有机质含量和土壤pH进行了主成分分析，并取累计贡献率达85%～95%的特征值所对应的主成分(徐建华，2002)，计算各变量在主成分上的载荷(表6.18)。由表6.18可知，湿草甸小叶章的第一主成分$Z_1$与$x_2$、$x_3$、$x_5$、$x_7$有较大的正相关，与$x_8$、$x_9$有较大的负相关，而这些因素与土壤的理化条件(温度、水分、有机质和酸碱度)有关，因此可看作是土壤理化条件的代表；第二主成分$Z_2$与$x_6$有较大的正相关，与$x_4$有较大的负相关，可看作是土壤水分和营养状况的代表；第三主成分$Z_3$与$x_1$有较大的正相关，可看作是植物生长热量条件的代表。由此可见，土壤理化条件(特别是水分和有机质)和植物生长的热量条件是影响湿草甸小叶章地下生物量的主要因素。沼泽化草甸小叶章的第一主成分$Z_1$与$x_1$、$x_3$、$x_6$、$x_9$有较大的正相关，与$x_4$、$x_8$有较大的负相关，也可看作是土壤理化条件的代表；第二主成分$Z_2$与$x_2$、$x_5$有较大的正相关，与$x_7$有较大的负相关，可看作是土壤热量、水分和营养状况的代表；第三主成分

$Z_3$与$x_1$、$x_8$有较大的正相关，可看作是植物生长热量条件和土壤酸碱条件的代表。可见，土壤理化条件（特别是水分和有机质）和植物生长的热量条件也是影响沼泽化草甸小叶章地下生物量的主要因素。由于影响二者地下生物量的环境因素基本一致，又因二者处于同一样地的不同水分交错带上，所以降水量差别不大，它不是引起二者地下生物量差异的重要原因，热量条件，土壤理化性质如土壤含水量、有机质含量等的明显差异（表6.17）以及不同生境中（湿草甸小叶章常年无积水，沼泽化草甸小叶章季节性积水）所表现出的植物生理学特性和生态适应对策是引起二者差异的主要原因，而这些因素综合作用的结果则是导致二者根系生长速率值差异的重要原因。

**表6.18 主成分载荷**

| 环境因子 | 主成分:湿草甸小叶章 | | | 主成分:沼泽化草甸小叶章 | | |
|---|---|---|---|---|---|---|
| | $Z_1$ | $Z_2$ | $Z_3$ | $Z_1$ | $Z_2$ | $Z_3$ |
| 气温 $x_1$ | 0.564 | 0.206 | 0.743 | 0.633 | 0.062 | 0.716 |
| 地表温度 $x_2$ | 0.633 | 0.472 | 0.453 | 0.243 | 0.809 | 0.530 |
| 降水量 $x_3$ | 0.820 | 0.434 | 0.259 | 0.951 | 0.085 | 0.194 |
| 土壤含(持)水量(0～20 cm)$x_4$ | 0.272 | −0.716 | 0.338 | −0.744 | 0.492 | −0.305 |
| 土壤含(持)水量(20～40 cm)$x_5$ | 0.758 | −0.645 | −0.641 | −0.300 | 0.844 | −0.373 |
| 土壤有机质(0～20 cm)$x_6$ | 0.149 | 0.924 | −0.295 | 0.711 | −0.421 | −0.559 |
| 土壤有机质(20～40 cm)$x_7$ | 0.772 | 0.199 | −0.602 | −0.462 | −0.871 | 0.162 |
| 土壤 pH(0～20 cm)$x_8$ | −0.785 | 0.401 | 0.232 | −0.686 | −0.140 | 0.712 |
| 土壤 pH(20～40 cm)$x_9$ | −0.896 | 0.071 | 0.301 | 0.934 | −0.108 | −0.179 |

**6. 净初级生产力(NPP)的空间结构分形特征**

(1) 地上生物量空间结构的静态分形特征

两种小叶章种群地上生物量与株高5～10月的分形特征模型参数如表6.19所示。由表6.19可知，二者的ln($B$)和ln($H$)均具有很好的线性关系，其中湿草甸小叶章和沼泽化草甸小叶章的株高与地上生物量对数值的相关系数分别介于0.579～0.919和0.655～0.914之间，均达到1‰的极显著水平。相对应的各测定时期的分形维数($D$)分别介于1.778～3.414和2.238～3.924，并呈现出相似的变化，总体趋势均是先逐渐升高而后降低。从二者5～10月各测定时期种群地上生物量与株高在双对数坐标系中的良好关系可以看出，二者各测定时期地上生物量均是以株高的幂函数形式累积，即株高每增加一个单位，其地上生物量均以$D$的幂函数形式增长。这也从另一个角度说明，可以根据任一个体的株高，借助于分形维数$D$值来计算出该株高所对应的地上生物量。因此可以将该模型用于预测地上生物量随株高的变化,而这对于掌握二者不同株高下地上生物量的累积规律也提供了一种更为简便的方法,它避免了收获法因采样的破坏性而导致的系统误差。同时,ln($B$)和 ln($H$)的良好线性关系还表明,两种小叶章的植物体均具有自相似性,即植物体在不同尺度间具有密切的内在联系,小尺度结构与整体有着显著的相似性。总之,两种小叶章地上生物量在不同高度情况下,其自身的空间累积均具有分形特征,不同高度的植株地上生物量空间分布格局具有自相似性,较小株高与较大株高小叶章植物体的地上生物量累积与空间分布格局具有相似的规律,即同一时刻不同高度的植株其物质累积在各器官中的分布具有相同的规律,而刻画这一规律的就是 ln($B$)和 ln($H$)良好线性关系的斜率 $D$,即分形维数。一般而言,$D$ 值越大,表明其生物量在空间累积得越多,占据空间就越大;反之,生物量在空间累积得越少,占据的空间也越小。

**表 6.19　地上生物量空间结构分形特征的模型参数**

| 日期 | 湿草甸小叶章 | | | | | |
|---|---|---|---|---|---|---|
| | ln($C$) | $D$ | $r$ | d.f. | $F$ | Sigf. |
| 5-31 | -8.450 | 1.778 | 0.579 | 49 | 24.165 | 0.000 |
| 6-30 | -11.079 | 2.505 | 0.620 | 49 | 29.919 | 0.000 |
| 7-14 | -14.635 | 3.329 | 0.920 | 54 | 293.882 | 0.000 |
| 7-31 | -11.837 | 2.709 | 0.869 | 54 | 169.474 | 0.000 |
| 8-17 | -14.650 | 3.414 | 0.886 | 54 | 197.030 | 0.000 |
| 8-31 | -14.433 | 3.316 | 0.919 | 46 | 244.045 | 0.000 |
| 9-14 | -13.244 | 3.069 | 0.896 | 50 | 200.471 | 0.000 |
| 9-26 | -13.044 | 2.979 | 0.881 | 49 | 167.013 | 0.000 |
| 10-12 | -12.124 | 2.759 | 0.833 | 50 | 110.980 | 0.000 |
| 日期 | 沼泽化草甸小叶章 | | | | | |
| | ln($C$) | $D$ | $r$ | d.f. | $F$ | Sigf. |
| 5-31 | -10.712 | 2.238 | 0.655 | 49 | 36.152 | 0.000 |
| 6-30 | -13.698 | 2.939 | 0.688 | 49 | 43.150 | 0.000 |
| 7-14 | -14.469 | 3.153 | 0.881 | 52 | 176.790 | 0.000 |
| 7-31 | -16.225 | 3.566 | 0.914 | 53 | 262.359 | 0.000 |
| 8-17 | -13.658 | 3.000 | 0.868 | 49 | 146.166 | 0.000 |
| 8-31 | -17.799 | 3.924 | 0.893 | 50 | 193.407 | 0.000 |
| 9-14 | -14.096 | 3.086 | 0.887 | 49 | 177.115 | 0.000 |
| 9-26 | -13.985 | 3.069 | 0.888 | 49 | 178.882 | 0.000 |
| 10-12 | -13.808 | 3.045 | 0.885 | 49 | 173.201 | 0.000 |

由表6.19还可知,两种小叶章的分形维数 $D$ 在不同测定时期内是不同的,表明在不同测定时期内两种小叶章种群地上生物量的累积与空间分布格局是各不相同的,每个测定时期均按照一定的 $D$ 值进行累积。比较而言,沼泽化草甸小叶章的 $D$ 值在生长期内一般要高于湿草甸小叶章在相应时期的 $D$ 值,但二者之间的差异并未达到显著水平($P>0.05$)。如果按照上述结论,即 $D$ 值越大,生物量在空间累积越多,占据的空间也越大来类推,则沼泽化草甸小叶章生物量的空间累积及其所占据的空间应该明显大于湿草甸小叶章。但在实际研究中却发现,湿草甸小叶章生物量的空间累积量要远远大于沼泽化草甸小叶章,前者为后者的 $1.35 \pm 0.19$ 倍。这就说明仅用分形维数 $D$ 值来刻画二者地上生物量的空间累积量明显存在一定的局限性,它只能用于测度和描述一种植物体生物量的空间累积及其对空间的占据能力,而一般不能用于不同植物体相应指标的类比。在实际研究中,导致沼泽化草甸小叶章的 $D$ 值普遍较高,而湿草甸小叶章的 $D$ 值普遍较低的原因主要与植物自身生长所处的生境以及影响其空间展布的外在因素有关。5～6月份,沼泽化草甸小叶章生长于地表季节积水的环境中,此时前一年植物的立枯体已基本倒伏,它对于此间新生体的生长与空间展布并无明显阻碍作用,因而使得其 $D$ 值较高;而湿草甸小叶章生长于地表湿润的环境中,前一年植物的立枯体倒伏较少,这就对此间新生体的生长与空间展布产生严重阻碍作用,使得其 $D$ 值较低。随着湿草甸小叶章植物体生长高峰的到来以及立枯体的不断倒伏,其 $D$ 值逐渐增大并开始接近甚至超过沼泽化草甸小叶章的 $D$ 值(表6.19)。生长末期,湿草甸小叶章植物体大量死亡并因外在因素(如强风)折断或脱落至地表,或残存在植物体上,而此时沼泽化草甸小叶章的枯死量及所占比例均较低(表6.20),这就导致湿草甸小叶章 $D$ 值又略低于沼泽化草甸小叶章。

**表6.20 两种小叶章种群地上枯死量及所占比例**

| 日期 | 湿草甸小叶章 | | 沼泽化草甸小叶章 | |
|---|---|---|---|---|
| | 枯死量($g/m^2$) | 所占比例(%) | 枯死量($g/m^2$) | 所占比例(%) |
| 5-31 | 8.61 | 8.02 | 10.64 | 5.39 |
| 6-30 | 62.41 | 6.95 | 39.24 | 6.23 |
| 7-14 | 60.41 | 8.88 | 52.25 | 7.74 |
| 7-31 | 158.25 | 15.03 | 84.01 | 10.91 |
| 8-17 | 217.24 | 31.03 | 143.16 | 25.03 |
| 8-31 | 480.69 | 30.92 | 139.59 | 25.68 |
| 9-14 | 359.96 | 38.92 | 311.16 | 42.82 |
| 9-26 | 425.68 | 49.10 | 322.16 | 47.86 |
| 10-12 | 1027.71 | 95.01 | 740.68 | 92.11 |

(2) 地上生物量空间结构分形维数季节动态

两种小叶章种群地上生物量与株高分形特征的季节动态如图 6.41 所示。由图 6.41 可知，湿草甸小叶章和沼泽化草甸小叶章地上生物量与株高关系的分形维数 $D$ 值总体上均随着生长季的延长而逐渐上升，并分别于 8 月中旬和 8 月末达到极大值(分别为 3.414 和 3.924)，之后呈下降趋势。通过对二者的分形维数($D$)与植物生长天数($T$)进行数学模拟，均可得到较为明显的二次抛物线模型(图 6.41)。

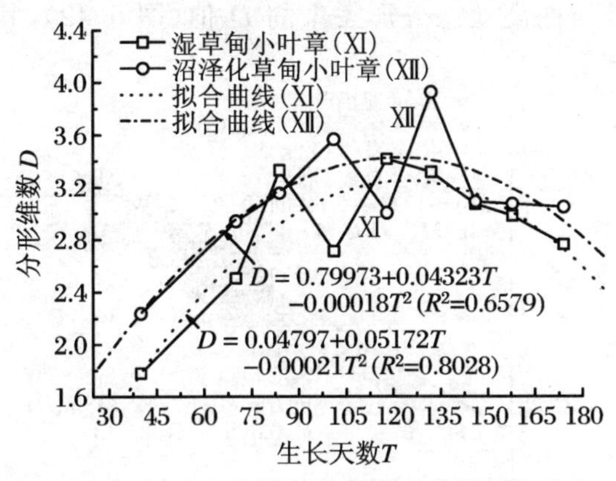


**图 6.41　地上生物量与株高分形维数季节动态**

湿草甸小叶章：

$$D = 0.04797 + 0.05172T - 0.00021T^2 \quad (R^2 = 0.8028,\ P < 0.01)$$

沼泽化草甸小叶章：

$$D = 0.79973 + 0.04323T - 0.00018T^2 \quad (R^2 = 0.6579,\ P < 0.05)$$

整个生长阶段，二者分形维数随时间的变化在达到极值前均表现出一定的波动，而这种波动又与其生物量的波动较为一致。通过对二者地上生物量的动态模拟也可得到较为明显的二次抛物线模型(图 6.41)。

湿草甸小叶章：

$$B = -1030.9233 + 33.7236T - 0.1310T^2 \quad (R^2 = 0.9515, P < 0.01)$$

沼泽化草甸小叶章：

$$B = -362.0401 + 16.7783T - 0.0649T^2 \quad (R^2 = 0.9329,\ P < 0.01)$$

相关分析表明，二者分形维数与地上生物量的变化均呈一定的正相关，相关系数分别为 0.577 和 0.579。就禾本科植物小叶章而言，其生物量所表现出的这种波动性主要与其自身的生物学特性有关。因为已有的研究证实，伴随着季节的变化，禾草的生物量重心有上下移动的趋势(沼田真，1986)。两种小叶章分形维数随时间变化的规律还表明，在相同时间同一高度条件下，生物量累积和空间分布的绝对量及绝对速率是不同的，即在 5～8 月份其值逐渐增加，至 8 月中旬或 8 月末达到极大值，此时每单位时间单位高度地上生物量的累积速率均服从 3.414 或 3.924 次幂函数形式，并以此形式对各器官中物质的累积进行分配。而这又从侧面反映出用分形维数 $D$ 来描述两种小叶章种群地上生物量的累积与分布规律是可行的。

(3) 地上生物量空间结构的动态分形特征

两种小叶章种群的地上生物量与株高不但在静态条件下存在较好的分形关系，

而且在其整个生长过程中也存在明显的动态分形特征。从5～10月份各测定时期的数据库中随机选取15组数据，应用上述方法求算整个生长季内两种小叶章地上生物量与株高动态分形关系的 $D$ 值(图6.42)，其相关系数分别为0.912和0.898，均达到0.01的显著水平，说明均存在较好的线性关系，$D$ 值分别为2.749和2.738，这就说明两种小叶章种群在整个生长季内地上生物量的增长与株高的关系具有自相似性，分别遵从 $D=2.749$ 和 $D=2.738$ 的幂函数规律增长，而这两个生物量累积方程对于了解整个生长季内不同株高生物量的累积规律提供了一种更为简便的方法。同时，二者动态条件下地上生物量与株高自相似性特征的存在还表明，较大株高(生长后期)的植株是较小株高(生长前期)的植株地上生物量累积的放大形式。从统计意义上来说，两种小叶章种群的较大植株均可以看作是由其较小植株经过生长过程放大得到的，而表征其放大过程的度量值即为 $D$ 值，反映出二者均是一种分形(自相似)生长过程。

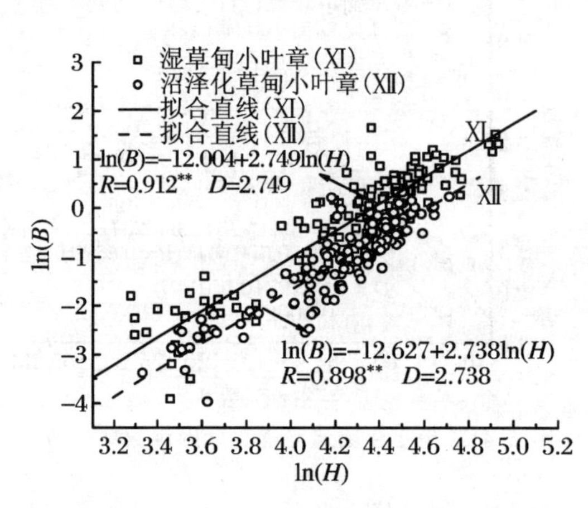


**图6.42 地上生物量与株高的动态分形关系**

(4) *沼泽湿地植物分形生长过程*

本书研究表明，两种小叶章种群生物量的配比与林木生物量的配比生长理论相一致，说明湿地草本植物冠层内生物量分布格局同树冠内生物量分布格局的建成机理相一致(马克平，1992)。所以，分形理论为解决定量刻画物体在不同尺度下具有不同特征及其之间的联系提供了一种比较理想的方法。自然界中很多事物的生长都是分形生长过程，如树的分叉结构、雪花的凝结过程以及蕨类植物的孢子体结构等均属于结构上的自相似性。本项研究表明，两种小叶章种群地上生物量的空间分布(静态)及增长规律(动态)也具有自相似性(统计自相似性)，是一种分形生长过程。因此可以建立如下分形生长模式来对二者的生长过程进行模拟：最初生长状态时，植物高度较小，生物量累积也较小，可以看作是分形生长的生成元状态；之后分别遵从 $D=2.749$ 或2.738的幂函数增长规律；经过茎的伸长和叶的伸展(可看作是分形体的局部放大过程)，直至成熟。因此，成熟植株是初生个体经过生长“放大”过程而得到的。两种小叶章种群地上生物量空间分布分形特征的存在，揭示了它们的生长机制，这对于深入了解小叶章种群提供了结构方面的基础信息，并为进一步开展其生长的内在分形机制研究提供了重要依据。

(5) 两种小叶章湿地类型地上生物量与株高的静态和动态分形关系

两种小叶章种群地上生物量与株高的静态与动态分形关系是不同的，二者存在明显区别。静态关系揭示的是统计意义上同一时刻不同株高的个体生物量累积在各器官中的分布具有相同的规律(生物量配比)；而动态分形关系则反映出统计意义上同一个体在不同株高阶段生物量的空间增长规律，这实际上是用空间参数(株高)代替时间参数对二者生长过程的描述。因此，通过小叶章种群地上生物量与株高的分形关系(静态或动态)得到的 $D$ 值是对地上生物量空间分布维度特性的表征，分形维数较大表明该种群的生物量在空间中的累积较多，展布较大；反之，则表明其生物量在空间中的累积较少，占据的空间也较小，从而间接地反映出地上生物量的空间分布格局。两种小叶章种群地上生物量与株高分形关系(静态或动态)的 $D$ 值均在 3 左右，表明二者地上生物量的空间展布均是以三维方式为主，并随季节的变化而有所变动(图 6.42)。本项研究还表明，两种小叶章种群地上生物量与株高分形关系(静态或动态)的 $D$ 值尽管比羊草种群和毛果苔草种群高，但其生物量的空间累积与展布并不一定比二者高。

表 6.21 为不同研究者在探讨羊草和毛果苔草地上生物量与株高或鞘高动态分形关系时所建立的模型。由于这些模型的拟合精度均较高，因而可据其进行预测。如果给定任意一株高($H$)或鞘高($L$)值(50 cm)，则据各模型所得到的单株生物量值($B$)如表 6.21 所示。通过比较这些 $B$ 值和各自对应的 $D$ 值可发现，本项研究所得到的两种小叶章的 $D$ 值分别为 2.749 和 2.738，远远高于毛果苔草种群和羊草种群的 $D$ 值，但其单株生物量(0.287 g 和 0.147 g)却远远低于这两个种群(0.305 g 和 0.447 g)。此外，毛果苔草种群地上生物量与其株高或鞘高关系的分形维数分别为 1.079 和 1.019，略高于羊草种群的 0.963，但其单株生物量值(0.305 g 和 0.447 g)却远远低

**表 6.21　地上生物量与株高关系的分形模型对比**

| 种群类型 | 模型 | $r$ | $P$ | 任意 $H$ 或 $L$ (cm) | 生物量 $B$(g) | 文献 |
|---|---|---|---|---|---|---|
| 羊草种群 | $\ln(B) = -3.593 + 0.963\ln(H)$ | 0.988 | <0.01 | 50 | 1.190 | 马克平等 |
| 毛果苔草种群 | $\ln(B) = -5.404 + 1.079\ln(H)$ | 0.932 | <0.01 | 50 | 0.305 | 何池全等 |
| | $\ln(B) = -4.792 + 1.019\ln(L)$ | 0.965 | <0.01 | 50 | 0.447 | |
| 湿草甸小叶章种群 | $\ln(B) = -12.004 + 2.749\ln(H)$ | 0.912 | <0.01 | 50 | 0.287 | 本项研究 |
| 沼泽化草甸小叶章种群 | $\ln(B) = -12.627 + 2.738\ln(H)$ | 0.898 | <0.01 | 50 | 0.147 | |

注：$B$，地上单株生物量(g)；$H$，株高(cm)；$L$，鞘高(cm)。

于羊草种群(1.190 g)。这就与何池全等人(2001)所得出的研究结论(在不同植物种群中,*D* 值越高的种群,其地上生物量空间累积量及空间展布越高,反之亦然)相悖。其原因主要是由于 *D* 值只能用于表征一种植物体生物量的空间累积及其对空间的占据能力,而一般不能用于不同植物体相应指标的类比,这在本文的前面已有详细论述。而导致不同种群植物个体 *D* 值差异的原因可能与植物生长所处生境、影响空间展布的外在因素以及模型参数 *C*(与时间有关的量)有关。目前关于参数 *C* 的生物学意义尚不清楚,还有待于对其生物学意义及其与 *D* 值之间的关系开展进一步研究。

## 第三节 沼泽湿地植物碳、氮、硫、磷的累积过程

### 一、沼泽湿地植物碳的累积过程

**1. 漂筏苔草和毛果苔草植物碳的累积特征**

(1) 碳含量的变化特征

生长期漂筏苔草根中 TOC 含量的变化如图 6.43 所示。6~7 月份 TOC 在根中显著累积,7 月达到最大值。之后,根中 TOC 逐渐下降,9 月份,植物开始枯死,TOC 含量降至最低。从漂筏苔草茎叶中 TOC 含量变化(图 6.43)来看,TOC 表现出增加的趋势,至 9 月达到最大值。总之在漂筏苔草整个生命周期中,植株中 TOC 含量变化较为活跃。和漂筏苔草根中 TOC 含量变化相一致,毛果苔草根中 TOC 也在植物

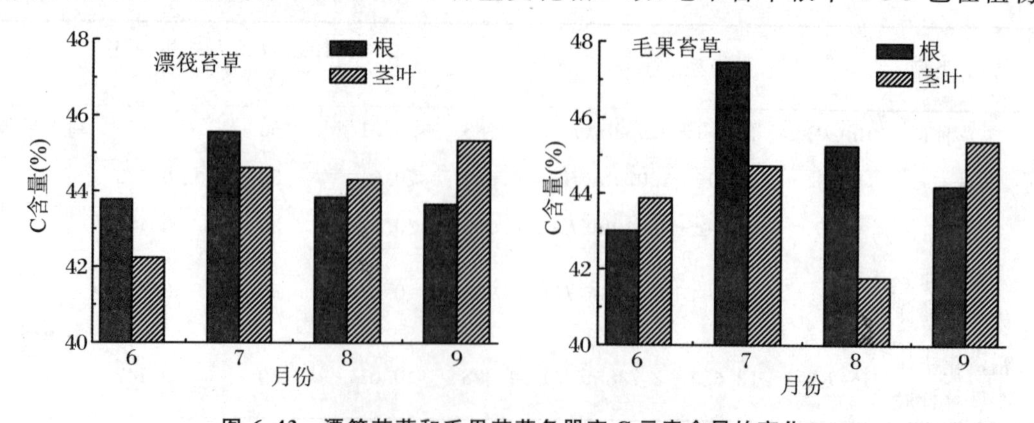


图 6.43 漂筏苔草和毛果苔草各器官 C 元素含量的变化

生长旺盛期(7月份)达到最大,之后逐渐降低(图6.43)。而在茎叶中和漂筏苔草的变化不同,毛果苔草茎叶中TOC含量呈波动性变化,8月份取得一年之中的最低值。在植物生长期内,为了满足生长需求,植物需从外界环境中摄取营养成分,从而促使不同生长阶段营养元素在植物不同器官累积的差异。在植物生长期内,漂筏苔草根和茎叶TOC含量较接近,根部略低于茎叶TOC含量,9月份TOC的变化与6月份相一致。与漂筏苔草相类似,毛果苔草茎叶中TOC含量略高于根部。总的来看,植物生长期内,漂筏苔草和毛果苔草根和茎叶中TOC含量较接近。

(2) 碳累积特征

植物体某时期的C累积量=该时期干物质累积量×植物体C含量,即某时期植物体的C累积固定量。对于植物体地上部分而言,根据NPP的计算方法,当其达到最大生物量时,即认为此时的干物质累积量为其净初级生产量,此后其累积生产量不再变化;对于植物体地下部分而言,其NPP为当年最大地下生物量与当年最小生物量的差值,那么某一时期的累积生产量即为该时期的生物量与其当年的最小生物量的差值。根据植物成熟期生物量及C在植物不同部位的含量分布特征,计算出漂筏苔草、毛果苔草当年单位面积内C的累积量(表6.22)。其中漂筏苔草累积的TOC量高于毛果苔草,根是主要的累积器官。

**表6.22　毛果苔草和漂筏苔草C的当年累积量**

单位:$g/m^2$

| 植物 | 毛果苔草 | | | 漂筏苔草 | | |
|---|---|---|---|---|---|---|
| | 根 | 茎叶 | 植株 | 根 | 茎叶 | 植株 |
| TOC | 737.09 | 245.72 | 982.81 | 947.25 | 260.55 | 1207.8 |

## 2. 小叶章植物碳的累积特征

(1) 碳含量的变化特征

小叶章植物体不同部位C含量具有明显的季节变化特征(图6.44)。茎中C含量均在6～8月份随有机物的逐步累积,木质素等结构性碳组分增加,C含量呈上升趋势,8月分别达最大值46.4%±2.1%(Ⅺ)和43.8%±0.1%(Ⅻ),之后,植物光合作用减弱,由于可溶性物质的溶失,C含量下降。湿草甸小叶章叶+鞘中C含量与茎中C含量呈相反的变化趋势($r=-0.92$),8月最低(42.1%±0.7%),而沼泽化草甸小叶章叶+鞘中C含量则总体呈下降趋势,9月最低(42.5%±7.2%)。叶+鞘作为主要的光合器官,在生长初期其干物质的分配比例较大,C含量相应较高,植物生长旺盛期后,叶+鞘光合能力下降,可溶性物质的溶失增加,导致C含量降低。除湿草甸小叶章根中C含量在7月较低外，两类小叶章根C含量的变化趋势与茎相似，二者均在8月达到最大值(43.3%和45.4%)。根中C含量的变化可能与营养物质的转移有关。6～8月地下营养物质供给地上部分的生长发育，使得根系中C含量相对较高。9月，由于地上部分营养物质向地下的转移，在一定程度上对根系C含量起到“稀释”作用，而导致C含量的降低。

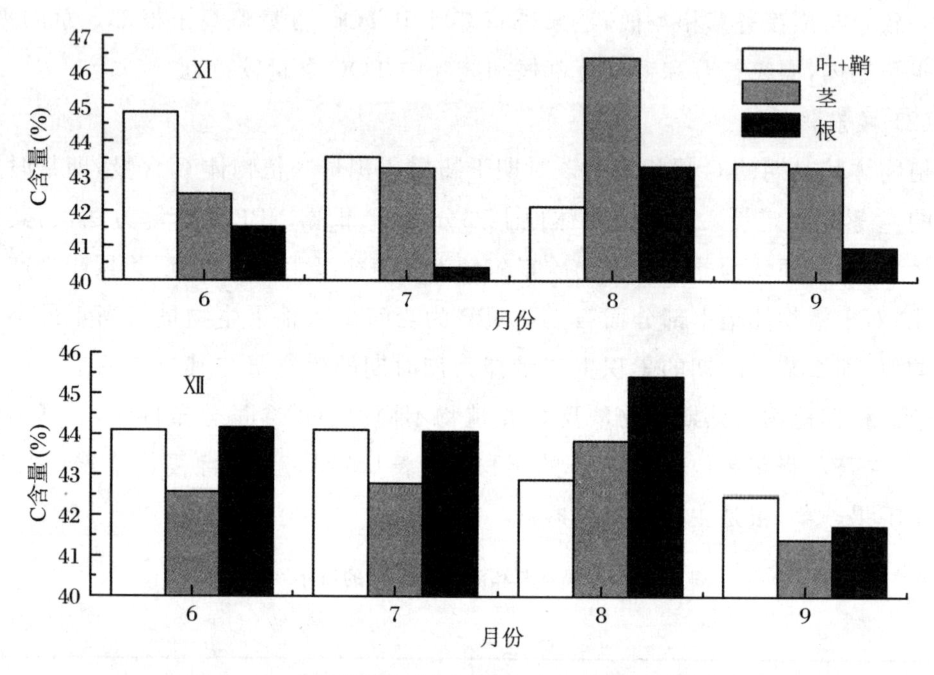


图6.44　小叶章植物体不同部位中C含量的季节变化

(2) C/N、C/P的变化特征

植物体的C/N和C/P可以反映植物组织中C和N、P含量的相对变化。由表6.23可看出，不同部位及不同类型沼泽湿地中小叶章同一部位C/N和C/P的变化动态不尽一致。两类小叶章茎中C/N均表现为先升后降的变化趋势，C/P则均为单调上升趋势，而鞘中C/N和C/P则均表现为随季节单调上升的变化趋势。根中C/N和C/P的变化则较为复杂，在湿草甸中二者趋势一致，均表现为“高－低”交替的变化态势，而在沼泽化草甸中C/N是先降后升，C/P则为先升后降。总的来看，两类小叶章不同时期不同部位C/N的高低顺序均为茎＞根＞叶＋鞘，而C/P的变化则较为复杂，在不同时期互有高低，但基本上生长初期根中C/P较高，叶＋鞘中较低，在生长后期则茎中较高，根中较低。比较两类小叶章各部位C/N与C/P的大小发现，植物体C/N在季节性淹水湿地和非淹水湿地间无明显差异($P>0.05$)，而季节性淹水湿地中植物各部位C/P均显著高于非淹水湿地($P<0.05$)，表明两类小叶章具有近似的N利用效率，而前者对P的利用效率高于后者。

表 6.23　小叶章植物体各部位 C/N 及 C/P 值的季节变化

| 月份 | | XI | | | XII | | |
|---|---|---|---|---|---|---|---|
| | | 茎 | 叶＋鞘 | 根 | 茎 | 叶＋鞘 | 根 |
| C/N | 6 | 67.6 | 26.2 | 70.6 | 102.6 | 26.2 | 69.8 |
| | 7 | 167.6 | 42.6 | 65.4 | 149.2 | 48.4 | 61.2 |
| | 8 | 212.1 | 58.9 | 69.4 | 162.9 | 53.6 | 55.6 |
| | 9 | 185.0 | 65.0 | 61.6 | 154.5 | 68.0 | 71.7 |
| C/P | 6 | 262.6 | 214.1 | 368.6 | 413.2 | 232.1 | 407.9 |
| | 7 | 464.3 | 275.6 | 312.7 | 922.3 | 390.2 | 441.5 |
| | 8 | 683.3 | 375.5 | 391.0 | 1032.2 | 445.3 | 439.5 |
| | 9 | 977.1 | 555.7 | 300.8 | 1155.0 | 560.5 | 281.5 |

(3) 碳的累积特征

生长季小叶章植物体 C 累积的季节动态变化(表 6.23)为:生长季植物体 C 累积从生长期至成熟期,随着植物绝对生长速率的增加,碳累积速度加快,累积量增多。成熟期,植物地上部分达最大生物量,自此以后,干物质累积量不再变化,而此时植物体地下部分仍有一定量的干物质继续增加,表现为植物体总 C 累积量在成熟期以后仍继续增加,直至 10 月达到最大值 1469.1 $gC/m^2$(XI)和 1944.8 $gC/m^2$(XII),该值即为两类小叶章植物体的年净 C 累积量,其中地上部分的分配为 804.8 $gC/m^2$ 和 461.7 $gC/m^2$,地下部分的分配为 664.3 $gC/m^2$ 和 1483.1 $gC/m^2$,地下/地上分配比为 0.83 和 3.21。比较看出,两类湿地的年 C 累积量数值相当,且植物体地下部分的 C 分配均高于地上部分的 C 分配,但二者相异的是,小叶章沼泽化草甸植物体地下部分的 C 分配比例高于小叶章湿草甸。这说明季节性淹水湿地和非淹水湿地具有近似的年 C 固定量,但前者较后者具有较高的向地下部分分配的比例。由表 6.23 还可看出,生长季小叶章植物体 C 分配具有明显的季节变化规律:生长初期 C 累积主要集中于地上部分,随着植物的生长,C 累积逐渐偏向于地下部分。

(4) C 累积与 N、P 营养及水分条件的关系

植物体组织 N、P 含量动态反映了不同时期植物体对 N、P 利用的有效性,并直接影响干物质的累积与分配。相关分析(表 6.24)表明,茎和叶＋鞘的 C 累积动态与 N、P 的含量具有一定的负相关关系,根的 C 累积动态与 N 含量具有一定的正相关关系,而与 P 含量的相关性较差。这表明在所研究的小叶章草甸中,N 而非 P 是限制小叶章植物体 C 累积动态的主要因素。通常植物体 N/P 可反映一种生态系统的营养状况,$N/P<14$,说明生态系统受 N 的限制,$N/P>16$,说明生态系统受 P 的限制

(Koerselman, et al.,1996;Tessier, Raynal,2003)。本研究中小叶章各部位组织中N/P为2～9,表明小叶章草甸的营养状况为N限制型。这与从根系C累积与N含量的关系中得到的结论相吻合。

**表 6.24 小叶章植物体各部位C累积量的季节变化**

单位:$gC/m^2$

| 月份 | Ⅺ | | | | Ⅻ | | | |
|---|---|---|---|---|---|---|---|---|
| | 茎 | 叶+鞘 | 根 | 总累积量 | 茎 | 叶+鞘 | 根 | 总累积量 |
| 5 | 33.2 | 59.7 | 0.0 | 92.9 | 9.8 | 20.4 | 0.0 | 30.2 |
| 6 | 295.9 | 478.1 | 51.9 | 825.9 | 258.4 | 271.4 | 409.9 | 939.7 |
| 7 | 353.9 | 450.9 | 163.5 | 968.3 | 235.0 | 226.7 | 428.6 | 890.3 |
| 8 | 353.9 | 450.9 | 571.9 | 1376.7 | 235.0 | 226.7 | 824.1 | 1285.8 |
| 9 | 353.9 | 450.9 | 581.0 | 1385.8 | 235.0 | 226.7 | 1128.9 | 1590.6 |
| 10 | 353.9 | 450.9 | 664.3 | 1469.1 | 235.0 | 226.7 | 1483.1 | 1944.8 |
| 年净C累积量 | 353.9 | 450.9 | 664.3 | 1469.1 | 235.0 | 226.7 | 1483.1 | 1944.8 |

ANOVA分析表明,两类小叶章湿地生长季植物体C累积量无显著差异(表6.25),这可能与二者的营养水平及其水分条件有关。大量研究表明,土壤的营养水平及其水分条件是影响湿地生态系统生产力的重要因素(Lenssen, et al., 1999; Pezeshki, 2001)。由于所研究的两类湿地均为N限制型,因此土壤中可利用N含量的差异对其植物生产量的影响较大。

**表 6.25 小叶章植物体C累积量与N、P含量的相关性**

| C—N、P | Ⅺ | | Ⅻ | |
|---|---|---|---|---|
| | N | P | N | P |
| 茎 | -0.990** | -0.908 | -0.959* | -0.955* |
| 叶+鞘 | -0.767 | -0.708 | -0.799 | -0.748 |
| 根 | 0.780 | 0.194 | 0.976* | 0.551 |

注:*, $P<0.05$; **, $P<0.01$。

表6.26表明,虽然Ⅻ土壤中TN含量显著高于Ⅺ,但由于Ⅻ的淹水条件,使土壤的还原反应显著增强,从而抑制了土壤中有机氮的矿化,致使Ⅻ与Ⅺ土壤中$NO_3^-$和$NH_4^+$含量无显著差异,而$NO_3^-$和$NH_4^+$正是植物可利用氮的主要形态。因此,可利用性N水平的接近可能是造成两类湿地间C累积量无差异的原因之一。此外,Ⅻ的淹水条件阻止了土壤与大气中气体的交换,使土壤的还原反应增强,植物根系的呼吸活动受阻,植物光合作用下降,可能是导致Ⅻ较Ⅺ具有较低地上生产量的原因之一。

**表 6.26 生长季小叶章湿地植物 C 累积和土壤的理化性质在湿地类型间的差异**

| | C | TN (mg/kg) | $NO_3^-$ (mg/kg) | $NH_4^+$ (mg/kg) | TP (mg/kg) | Eh(0～20 cm) (mV) | 土壤温度 (℃) |
|---|---|---|---|---|---|---|---|
| Ⅺ[a] | 931.6 | 2708.3 | 0.241 | 20.05 | 793.5 | 280.70 | 13.20 |
| Ⅻ[a] | 1531.6 | 6367.5 | 0.431 | 24.07 | 1233.4 | −42.60 | 9.40 |
| *F* | 4.99 | 24.16 | 3.97 | 0.570 | 10.34 | 23.34 | 2.11 |
| *P* | 0.067 | 0.003 | 0.093 | 0.479 | 0.018 | 0.003 | 0.197 |

注：a，生长季均值；$P<0.05$ 表示差异显著。

## 二、沼泽湿地植物氮的累积过程

### 1. 漂筏苔草和毛果苔草植物氮的累积特征

(1) 氮含量变化特征

生长期漂筏苔草根和茎叶中 TN 含量变化如图 6.45 所示。根中 TN 含量呈波动变化，在 7 月显著累积。而茎叶中 TN 含量在 6～9 月生长期内均呈现出降低的趋势，这种降低可能和生物量迅速增加而导致的“稀释效应”有关。毛果苔草根中 TN 含量在 6～7 月逐渐增加，之后呈逐渐降低的趋势(图 6.45)。而茎叶中 TN 含量的变化和漂筏苔草相一致，在 6～9 月生长期内均呈现出逐渐降低的趋势。

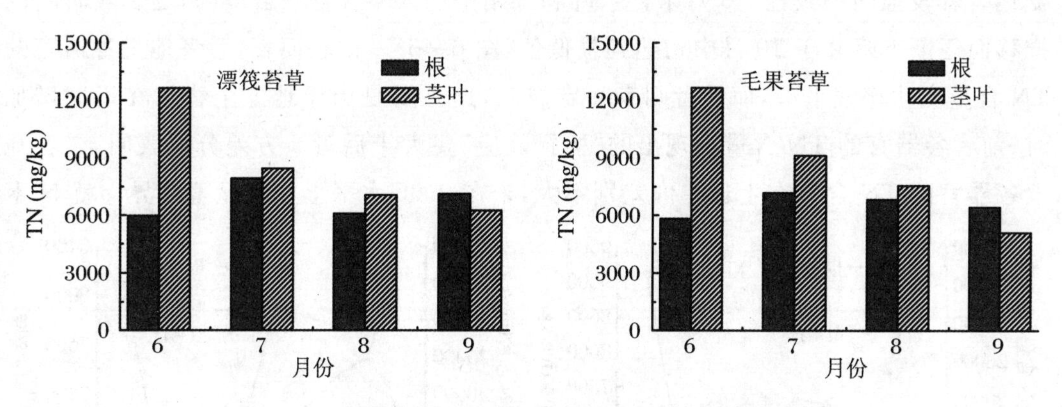


**图 6.45 漂筏苔草和毛果苔草各器官氮元素含量的变化**

在植物生长期内，为了满足生长需求，植物需从外界环境中摄取营养成分，从而促使不同生长阶段营养元素在植物不同器官累积的差异。漂筏苔草生长旺盛期根部 TN 含量低于茎叶，二者含量相差 1 倍以上，这主要是由于生长旺季根所吸收的氮大部分传递给茎叶以满足其生长需要。至枯死期，地上部分停止生长，而此时根吸收的氮根部累积，其含量约是茎叶含量的1.2倍左右。与漂筏苔草相类似，毛果苔草茎叶中TN变化显著，生长旺季茎叶中氮含量约是根中含量的2倍，至9月份，根中氮含量约是茎叶中含量的2倍，表现出强烈的累积能力。总的来看，漂筏苔草和毛果苔草的叶在生长旺盛期TN含量较高，但其根部的TN含量在成熟期显著累积。漂筏苔草对氮的富集能力高于毛果苔草。

(2) 氮累积特征

根据植物成熟期生物量及元素在植物不同部位的含量分布特征，计算出漂筏苔草、毛果苔草当年单位面积内元素的累积量（表6.27）。两种湿地植物相比，对N的累积能力均有根＞茎叶，而整体的N累积能力则有漂筏苔草＞毛果苔草。

**表6.27 毛果苔草和漂筏苔草氮元素的当年累积量**

单位：g/m²

| 植物 | 毛果苔草 | | | 漂筏苔草 | | |
|---|---|---|---|---|---|---|
| | 根 | 茎叶 | 植株 | 根 | 茎叶 | 植株 |
| TN | 10.7 | 2.76 | 13.46 | 15.43 | 3.59 | 19.02 |

**2. 小叶章植物氮的累积特征**

(1) 氮含量的变化特征

在生长季内，湿草甸小叶章和沼泽化草甸小叶章各器官因生长阶段和自身组织结构的不同，其TN含量均有着明显的季节变化。总的来说，二者地上各器官的TN变化有着较强的一致性。5月末，茎、叶和叶鞘中的TN含量一般最高，之后随时间的推移而逐渐下降并于10月中旬达到最低值(图6.46)。比较而言，后者地上各器官的TN含量变化比较平滑，而前者则有一定波动，这主要是由于地上生物量在迅速增加时，前者各器官的TN含量表现出的"稀释效应"要大于后者。方差分析表明，二者地上各器官的TN含量在生长季内差别不大，未在0.05水平上达到显著差异。就N素

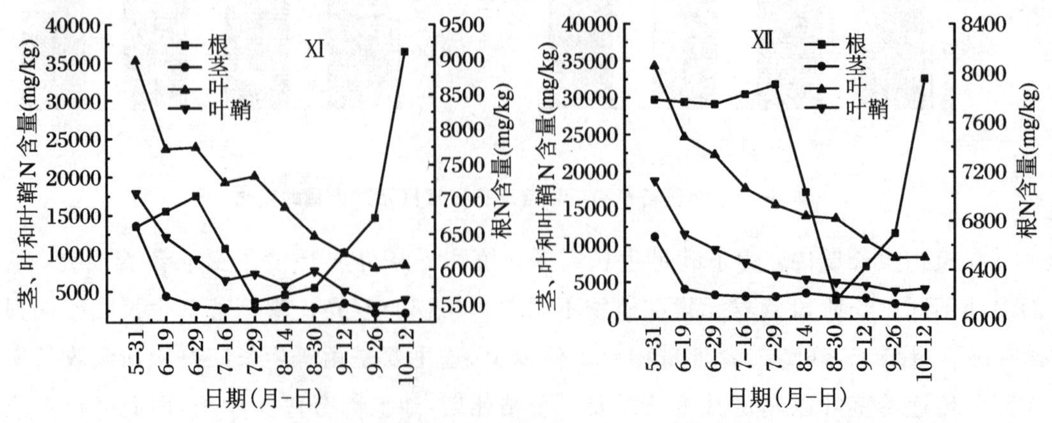


图6.46 两种小叶章各器官的TN含量变化

分布而言，二者地上各器官的 TN 含量均以叶最高，叶鞘和茎次之，说明叶和叶鞘是 N 素的主要累积器官。茎中的 N 素除在 6 月中旬之前变化较大外，之后变化不大，其均值分别为 2789.06 ± 153.40 mg/kg 和 2796.60 ± 219.91 mg/kg。若以 TN 含量表示二者地上各器官的 N 素利用状况，则 N 素含量越高，利用率越低，于是各器官的 N 素利用率表现为茎＞叶鞘＞叶，这也从侧面说明了叶和叶鞘是二者 N 素的主要累积器官。与地上各器官不同的是，二者根中的 TN 含量在生长季内均表现为先增加后迅速减小而后又迅速增加。其中前者在 6 月末取得第一次峰值，后者在 7 月末取得第一次峰值，而二次地上生物量取得最大值的时间则分别为 7 月末和 8 月中旬(图 6.47)，根中 TN 含量第一次峰值与地上生物量峰值分别相差 30 天和 15 天左右，其原因在于 6 月末至 7 月末和 7 月末至 8 月中旬分别是湿草甸小叶章和沼泽化草甸小叶章的第二次生长高峰期，此间地上各器官对 N 素的需求量很大，根作为 N 素的输出库，必须在生长高峰到来前蓄积足够的 N 素营养以满足植物此间生长发育的需要，由此导致根中的 TN 含量逐渐增加。生长高峰到来后，因地上部分需从根部转移大量的 N 素营养，从而导致根中的 N 素逐渐下降，并分别于 7 月末和 8 月末达到最低值。之后，因二者地上各器官渐趋衰老，其中的 N 素也开始向地下转移，从而导致根中的

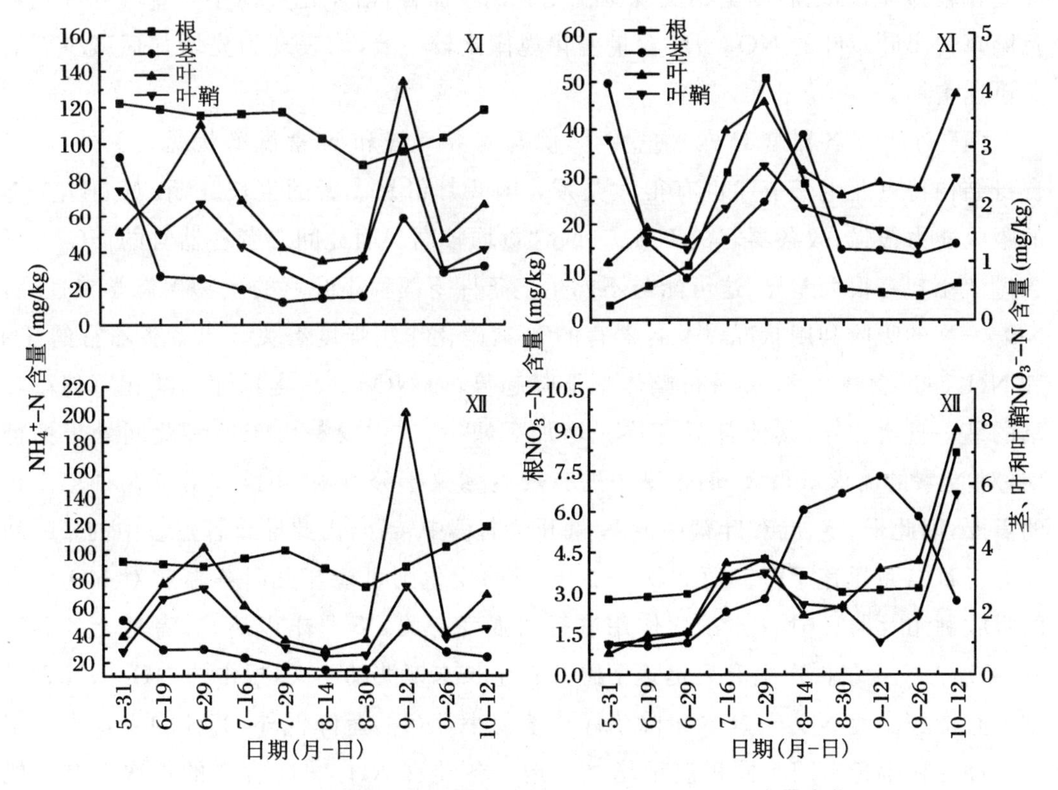


图 6.47　两种小叶章各器官的 $NH_4^+$-N 和 $NO_3^-$-N 含量变化

TN 含量再次迅速增加。总之，沼泽化草甸小叶章根中的 TN 含量一般要高于湿草甸小叶章，二者在 0.01 水平上差异显著（$F = 3.6426$，$P = 0.0724$）。比较而言，二者根中的 N 素含量波动较大，说明根是二者 N 素的重要"集散库"，它对于地上部分的 N 素供给有着重要意义。

两种小叶章各器官的 $NH_4^+$-N 含量变化也具有较强的一致性（图 6.47）。其中叶和叶鞘中的 $NH_4^+$-N 含量变化均表现为双峰型，茎中的 $NH_4^+$-N 含量则是自 5 月末以后逐渐降低，到 8 月末又开始迅速增加并于 9 月中旬出现一次峰值，之后又逐渐下降并在生长末期变化不大。而根中的 $NH_4^+$-N 含量则呈"W"形变化，即分别在 6 月末和 9 月中旬出现两次低值，而这两次低值出现的时间又恰与叶和叶鞘中 $NH_4^+$-N 含量两峰值以及茎中 $NH_4^+$-N 含量峰值出现的时间相吻合，这反映了根系与地上各器官在养分供给方面的密切关系。与 $NH_4^+$-N 相比，二者各器官的 $NO_3^-$-N 含量变化虽有共性，但也存在明显差异。二者根中的 $NO_3^-$-N 含量均表现出先迅速增加后迅速减少并在生长末期略有增加的趋势，沼泽化草甸小叶章根中的 $NO_3^-$-N 含量在生长末期的变化更为明显。湿草甸小叶章茎和叶鞘中的 $NO_3^-$-N 含量变化比较一致，均为"W"形。而沼泽化草甸小叶章茎和叶鞘中的 $NO_3^-$-N 含量变化在 7 月末之前变化较为一致，之后则呈相反规律变化。比较而言，沼泽化草甸小叶章叶和叶鞘以及湿草甸小叶章叶的 $NO_3^-$-N 含量变化规律比较一致，均表现为先增加后减少而后又迅速增加。

两种小叶章各器官 N 素含量变化，除与外界环境和 N 素供给状况有关外，与其自身结构特点及生长节律也有很大关系。因 6 月份是二者的生长旺期，对 $NH_4^+$-N 的吸收能力很强，故各器官的 $NH_4^+$-N 含量均较高。而此间二者各器官的 $NO_3^-$-N 含量变化却有很大差异，这可能与不同生境条件下两种小叶章的生物生态学特性、对 $NO_3^-$-N 的吸收利用状况以及各器官的 N 素硝化作用强度有关。二者各器官的 TN 和 $NH_4^+$-N 含量在 7～8 月份整体呈下降趋势，而 $NO_3^-$-N 含量除沼泽化草甸小叶章的茎一直增加外，其他各器官均先增加后减少，这主要是由于二者此间处于抽穗期，对 N 素的需求量很大，而土壤中的有效 N 素又十分有限，不能充分满足抽穗生长的需要，因此根、茎、叶和叶鞘中的 N 素开始向穗中转移，由此导致各器官中的 TN 和 $NH_4^+$-N 含量迅速下降。而 $NO_3^-$-N 含量的变化则可能与此时各器官对 $NO_3^-$-N 的吸收利用及器官中 N 素硝化作用进行的强度有关。8 月末以后，二者地上各器官的 $NH_4^+$-N 含量再次上升后迅速下降并在生长末期波动不大，根中的 $NH_4^+$-N 含量则一直增加。而 $NO_3^-$-N 含量除沼泽化草甸小叶章的茎降低外，其他均表现出一定的波动并在生长末期不同程度地增加。地上各器官 $NH_4^+$-N 含量的再次上升可能与此时各器官对 $NH_4^+$-N 的需求降低、$NH_4^+$-N 同化作用减弱、器官中 N 素矿化作用相对增强以及土壤中 $NH_4^+$-N 含量增高有关，之后 $NH_4^+$-N 含量的迅速下降和根中 $NH_4^+$-N 含量的一直增加则与生长末期 N 素大量向根部转移有关。而各器官 $NO_3^-$-N 的变化则可能与生长末期器官中 N 素硝化作用增强、各器官因衰老而对其需求相对降低以及 $NO_3^-$-N 向地下转移的程度有关。总之，二者各器官的 $NH_4^+$-N 含量要大于 $NO_3^-$-N 含量，即 $NH_4^+$-N/ $NO_3^-$-N>1。若不考虑根中 $NO_3^-$-N 的异化还原和 $NH_4^+$-N 的同化、硝化作用，则根的 $NH_4^+$-N 和 $NO_3^-$-N 含量就基本能反映植物对二者的吸收状况。从研究结果来看，湿草甸小叶章对 $NH_4^+$-N 和 $NO_3^-$-N 的吸收能力要大于沼泽化草甸小叶章，这可能与二者的生理生态特性及所处的不同积水生境有关。

(2) 植物体 N 储量变化特征

在不同生长阶段，两种小叶章因各器官生物量及 N 含量的差异导致二者在不同生长阶段的 N 储量不同(图 6.48)。二者地上各器官的 N 储量自 5 月末开始逐渐增加，并在生长旺期取得最大值，生长旺期过后，随着各器官的衰落和 N 素向地下的转移，地上各器官中的 N 储量一直减少。比较而言，湿草甸小叶章茎和叶鞘的 N 储量呈波状变化且其变化要比沼泽化草甸小叶章显著。二者叶中的 N 储量变化均为单峰型，但后者的峰型不如前者明显。根中的 N 储量变化也比较相似，均先增加后减少而后又迅速增加，此间 N 储量的降低与生长旺期根部大量供给地上部分 N 素有关。总之，二者各器官的 N 储量在生长期表现为根>叶>叶鞘>茎，而在成熟期则表现为根>叶>茎>叶鞘，说明 N 素主要储存在根中，这对于多年生植物具有重要意义。叶和叶鞘中的 N 储量变化较大，分别为 4596.11±2258.06 mg/m$^2$、2566.42±984.52 mg/m$^2$ 和 1211.77±422.23 mg/m$^2$、732.80±276.96 mg/m$^2$，而茎的变化则相对较小，分别为 960.85±256.03 mg/m$^2$ 和 723.40±225.64 mg/m$^2$，这是由于叶和叶鞘是最容易死亡的器官且死亡过程中 N 素要不断转移，而茎在生长过程中则很少死亡。

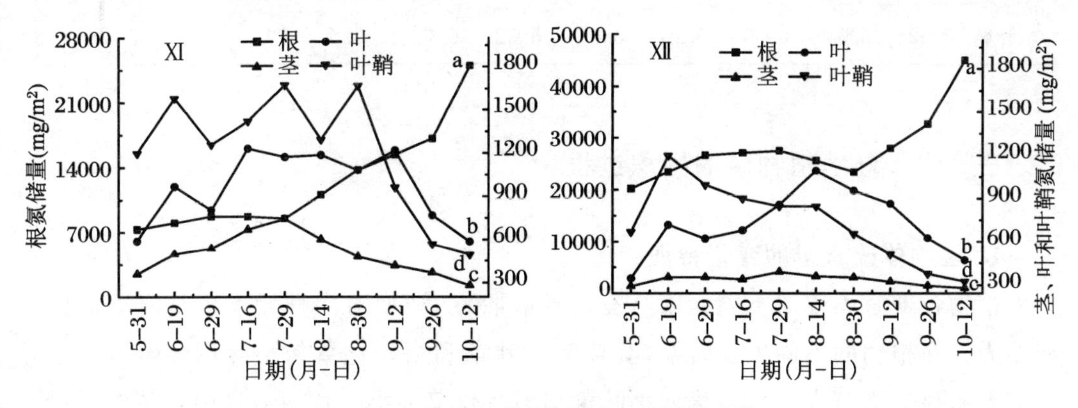


图 6.48　两种小叶章各器官 N 储量的变化

(3) N养分限制状况

N是生态系统中非常重要的元素,其供给状况对于植物的初级生产有着重要影响。Willem等对欧洲淡水沼泽植物体N/P的研究发现,N/P<14,植物生长受N限制;N/P介于14~16,同时受N、P的限制;N/P>16,则受P限制。利用该关系来探讨三江平原淡水湿地植物小叶章的N/P可发现,湿草甸小叶章和沼泽化草甸小叶章N/P的平均值分别为5.76±0.28和5.99±0.20(表6.28),均低于14,说明两种小叶章均受N素的限制,这与前面(2)的分析相一致,从而证实了N/P比值法的有效性。而对不同时期、不同器官N/P及其均值的研究发现,二者各器官N/P的变化具有时间性,而这种时间性又与不同时期各器官对N、P的吸收利用状况以及土壤中N、P的供给状况密切相关。总之,二者各器官的N/P均表现为叶>叶鞘>根>茎,但沼泽化草甸小叶章植物体及各器官的N/P均值均明显高于湿草甸小叶章,表明N素对于湿草甸小叶章的限制程度要高于沼泽化草甸小叶章。

**表6.28 两种小叶章不同器官的N/P动态**

| 群落 | 项目 | 日期 | | | | | | | | | | 均值 |
|---|---|---|---|---|---|---|---|---|---|---|---|---|
| | | 5-31 | 6-19 | 6-29 | 7-16 | 7-29 | 8-14 | 8-30 | 9-12 | 9-26 | 10-12 | |
| 湿草甸小叶章 | 根 | 3.38 | 3.86 | 4.45 | 4.85 | 5.48 | 5.24 | 5.03 | 5.32 | 5.60 | 6.86 | 5.01±0.31 |
| | 茎 | 4.89 | 2.73 | 3.22 | 3.11 | 3.75 | 3.93 | 2.87 | 3.66 | 2.98 | 3.53 | 3.47±0.20 |
| | 叶 | 11.7 | 10.9 | 12.3 | 12.1 | 13.8 | 10.9 | 9.15 | 7.74 | 8.39 | 8.41 | 10.54±0.64 |
| | 叶鞘 | 6.14 | 5.40 | 5.81 | 4.74 | 7.33 | 5.24 | 7.43 | 5.65 | 5.32 | 6.02 | 5.91±0.28 |
| 沼泽化草甸小叶章 | 根 | 6.35 | 6.10 | 5.87 | 6.00 | 6.13 | 5.36 | 4.61 | 4.92 | 5.23 | 6.73 | 5.73±0.21 |
| | 茎 | 5.84 | 3.77 | 3.53 | 5.18 | 4.58 | 4.97 | 4.00 | 5.88 | 5.02 | 7.41 | 5.02±0.37 |
| | 叶 | 13.1 | 13.2 | 11.8 | 12.4 | 12.4 | 10.9 | 12.1 | 11.7 | 10.7 | 10.1 | 11.84±0.32 |
| | 叶鞘 | 8.62 | 6.53 | 6.56 | 9.15 | 6.96 | 6.02 | 6.75 | 8.25 | 7.90 | 8.17 | 7.49±0.33 |

## 三、沼泽湿地植物硫的累积过程

### 1. 植物体硫含量的变化特征

植物各器官不仅对不同元素具有选择吸收性,即使对同种元素也具有不同的累积能力。在植物的不同生长时期,湿草甸小叶章和沼泽化草甸小叶章各器官硫含量均有着明显的季节变化。湿草甸小叶章和沼泽化草甸小叶章各器官中总硫含量的季节变化如图6.49、图6.50所示,总体上,二者地上各器官中总硫含量的变化相一致,即茎、叶和鞘各器官中总硫含量均呈波动性变化，但总体上呈递减趋势。5月末，茎、叶和鞘中的总硫含量最高，之后随着时间的推移虽有一定波动但整体单调下降，并于9月底达到最低浓度，地上各器官中总硫含量所表现出的波动可能与各器官生物量增加而表现出“稀释效应”有关。二者地上各器官中总硫含量的分布均有叶＞鞘＞茎，这是因为叶是小叶章植物生长过程中最幼嫩的器官，是新陈代谢最旺盛的部位，硫优先分配给最幼嫩的部位。若以总硫含量表示植物体地上各器官的硫素利用状况，硫素含量越高，利用率越低，则植物体各器官的硫素利用率表现为茎＞鞘＞叶。

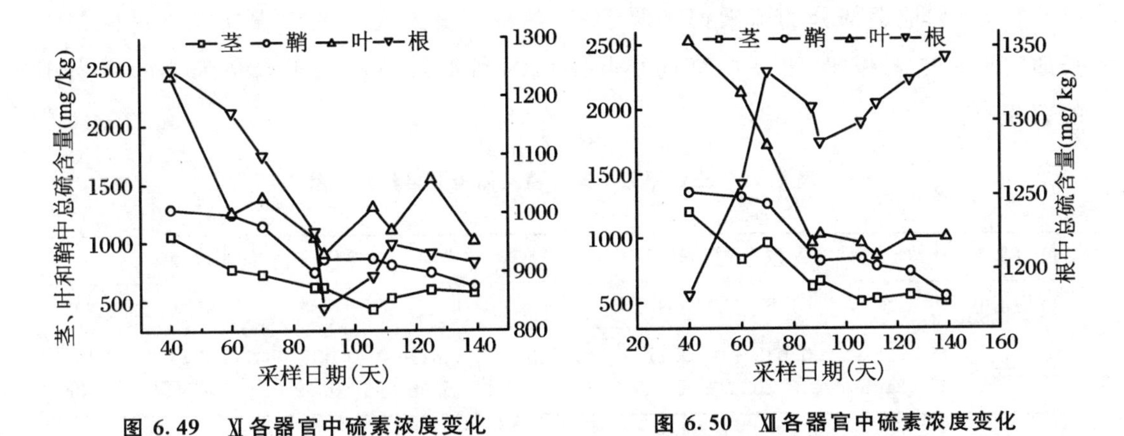


图 6.49　Ⅺ各器官中硫素浓度变化　　　图 6.50　Ⅻ各器官中硫素浓度变化

二者根中总硫变化存在明显差异。前者根中总硫含量变化为先减少后增加而后又减少。即5月末根中总硫含量最高，之后逐渐减少，并于7月末达到最小值(838.06 g/m$^2$)，之后又逐渐增加，这段时间的变化和植物的旺盛生长有关，7月末之前是植物生长的旺盛阶段，根中的硫因植物快速生长的需要大量转移到植物的地上部分，7月末之后，植物处于成熟期，需硫量减少，从而引起根中硫的逐渐升高，8月末是小叶章植物的第二次生长高峰，因此根中的硫又开始减少。与之相比，小叶章沼泽化草甸根中总硫含量在生长季内表现为先增加后迅速减小而后又迅速增加。5～6月根中总硫的含量迅速增加，并在6月末取得第一次峰值，6月末至7月末是小叶章植物的第二次生长高峰期，地上各器官对各营养元素的需求量很大，二者地上各器官中硫的累积量在生长季均表现为叶＞茎＞叶鞘，这是植物体新陈代谢最旺盛的几个部位，硫优先分配给这几个部位，然而硫在植物体内又属于移动十分有限的营养元素(Clarkson, et al.,1983)，根作为营养元素的输出库，必须在生长高峰到来前蓄积足够的营养以满足植物此间生长发育的需要，由此导致根中总硫含量在5～6月逐渐增加。在6～7月的生长高峰期内，植物地上部分需要从根部转移大量的营养元素来满足生长需要，从而导致根中总硫含量逐渐下降，并于7月末达到最低值。之后，地上各器官渐趋衰老，作为多年生植物，根需要累积大量的营养元素以供冬季呼吸消耗，因此地上各器官的营养元素开始向地下转移,从而导致根中总硫含量再次迅速增加。总之,根中硫素含量波动较大,说明根是硫素的重要"集散库",它对于地上部分硫素供给有着重要意义。

**2. 植物体硫储量的估算**

根据植物成熟期生物量及元素在植物不同部位的含量分布特征,计算出湿草甸小叶章、沼泽化草甸小叶章当年单位面积内硫元素的累积量(表6.29)。二者对硫的累积量均有根>叶>茎>鞘,可见硫主要在根中累积,这是因为根是主要的供硫器官,植物地上部分的硫素都来源于根,根需要富集大量的硫素才能满足植物生长的需要。二者相比,沼泽化草甸小叶章硫的当年累积量大于湿草甸小叶章当年的累积量。

**表6.29 三江平原小叶章植物体硫的当年累积量**

单位:g/m²

| 植被类型 | 湿草甸小叶章 | | | | 沼泽化草甸小叶章 | | | |
|---|---|---|---|---|---|---|---|---|
| 植物器官 | 根 | 茎 | 叶 | 鞘 | 根 | 茎 | 叶 | 鞘 |
| 总硫储量 | 1.28~2.33 | 0.045~0.268 | 0.17~0.526 | 0.085~0.196 | 3.07~6.56 | 0.037~0.19 | 0.07~0.274 | 0.048~0.138 |

## 四、沼泽湿地植物磷的累积过程

**1. 漂筏苔草和毛果苔草植物磷的累积特征**

(1) 植物体磷含量特征

生长期漂筏苔草根中TP的含量呈波动性变化,但这种波动较根中TP的含量变化要小,茎叶中TP含量变化不大。与漂筏苔草相一致,毛果苔草各器官中TP含量变化也较小,如图6.51所示。

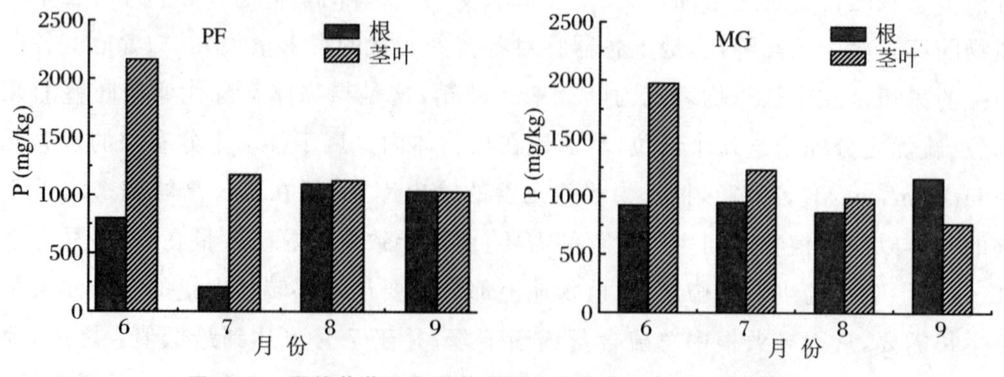


**图6.51 漂筏苔草和毛果苔草植物体各器官TP含量的变化**

漂筏苔草生长旺盛期根部TP含量低于茎叶，二者含量相差1倍以上。这主要是由于在生长旺季根部所吸收的磷大部分传递给茎叶器官，以满足植物地上部分生长需要。至枯死期，地上部分停止生长，而此时根部吸收的磷在根部累积，根部与茎叶磷含量较为接近。与漂筏苔草相类似，毛果苔草茎叶中TP变化显著，在生长旺季茎叶中磷含量约是根中磷含量的两倍，至9月份，根中磷含量约是茎叶磷含量的两倍，表现出强烈的累积能力（图6.52）。总的来看，在植物生长期内，漂筏苔草和毛果苔草叶中TP含量较高，但至9月份成熟期TP在植物根部显著累积。从植物生长至成熟期（9月份）同种元素在不同植物体各器官的平均含量来看，漂筏苔草对磷的富集能力高于毛果苔草。

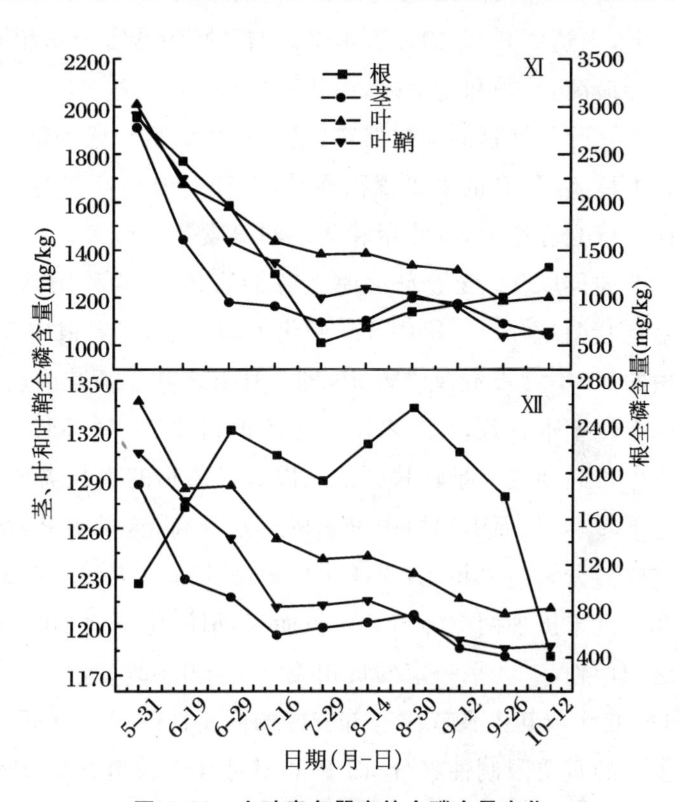


图6.52　小叶章各器官的全磷含量变化

（2）植物体磷累积量估算

根据植物成熟期生物量及元素在不同部位的分布特征，计算出漂筏苔草、毛果苔草当年单位面积内磷元素的累积量（表6.30）。与氮的累积能力相似，二者对磷的累积能力也均有根＞茎叶，并且漂筏苔草＞毛果苔草。

表6.30　三江平原主要植被当年磷元素累积量

单位：g/m²

| 植物 | 毛果苔草 | | | 漂筏苔草 | | |
|---|---|---|---|---|---|---|
| | 根 | 茎叶 | 植株 | 根 | 茎叶 | 植株 |
| TP | 1.93 | 0.41 | 2.34 | 2.24 | 0.59 | 2.83 |

**2. 小叶章植物磷的累积特征**

（1）植物体磷含量特征

在生长季内，湿草甸小叶章和沼泽化草甸小叶章各器官的TP含量也有着明显的季节动态。与TN的变化相似，二者地上各器官的TP变化也是在5月末最高，之后随时间的推移虽有一定波动但整体单调下降，并于10月中旬达到最低值(图6.52)。此间二者地上各器官TP含量所表现出的波动可能也与各器官生物量增加而表现出的“稀释效应”有关。在生长季内，前者地上各器官的TP含量尽管高于后者，但差别不大，未达到0.05的显著水平。与TN的器官分布相同，地上各器官的TP分布也是以叶最高，叶鞘和茎次之，而TP含量分布的这种差异又与各器官的结构和功能密切相关。叶是植物的同化器官，是新陈代谢最旺盛的部位，因此其P的含量在地上各器官中最高，是P的主要累积器官。同时，因小叶章为禾本科草本植物，其叶鞘和茎也能进行光合作用，故叶鞘和茎中的P含量也较高。

同样以TP含量表示地上各器官的P素利用状况，则P素的利用率也表现为茎>叶鞘>叶。与根中TN变化不同的是，二者根中TP变化存在明显差异。前者根中的TP含量变化呈“V”形，即7月末之前逐渐减少后又逐渐增加，这与6月末后TN的变化基本一致，且二者呈一定的正相关($r=0.589$，$n=8$)。此间根中的P素在植物生长旺期也大量转移到地上以满足植物的生长需要，生长旺期过后，P素又开始向地下转移，从而引起根中P素的逐渐升高，这说明P素也是影响湿草甸小叶章生长的重要养分。与之相比，沼泽化草甸小叶章根中的TP变化呈“M”形，即分别于6月末和8月末出现两次峰值。比较而言，沼泽化草甸小叶章根中的TN和TP含量变化缺乏相似性，二者呈一定的负相关($r=-0.527$，$n=10$)，而由前面分析又可知，根中的TN变化与其生长节律有着较好的同步性。由此推断，N素是影响沼泽化草甸小叶章生长的重要限制性养分，而P素因对其生长节律影响的同步性较差且与TN变化呈负相关，所以它仅在一定程度上影响着沼泽化草甸小叶章的生长，根中TP含量所表现出的这种变化可能主要与不同生长阶段其对于土壤P素的吸收状况有关。

(2) 植物体磷储量特征

① 地上植物体磷库累积动态

通过对植物体在不同生长期磷含量的分析，可得到相应时间段湿草甸小叶章和沼泽化小叶章磷储量的季节变化。两种小叶章生长季内，地上部分磷储量分别为1297.54～397.62 mg/m$^2$和630.91～192.94 mg/m$^2$，其季节动态变化如图6.53所示。草甸小叶章地上部分磷储量的季节变化曲线呈三峰型，分别于6月下旬、7月中旬和9月末出现峰值，其中7月中旬是最大值。第一、三次峰值出现的时间分别与生物量季节动态曲线的拐点出现的时间吻合，最大值出现时间则比生物量最大值出现时间提前15天左右。沼泽化草甸小叶章的地上磷储量季节变化呈双峰型，6月下旬和8月中旬为累积高峰，后一峰值为最值，两个高峰出现时间分别是其生物量季节动态曲线的拐点以及最大生物量。

② 地下植物体磷库累积动态

两种小叶章地下部分磷累积动态均与各自的地下生物量动态曲线的趋势十分吻合。在植物生长初期，磷储量很低，随着植物的生长，磷的储量持续增加，沼泽化草甸小叶章地下磷的储量高于湿草甸小叶章(图 6.54)。

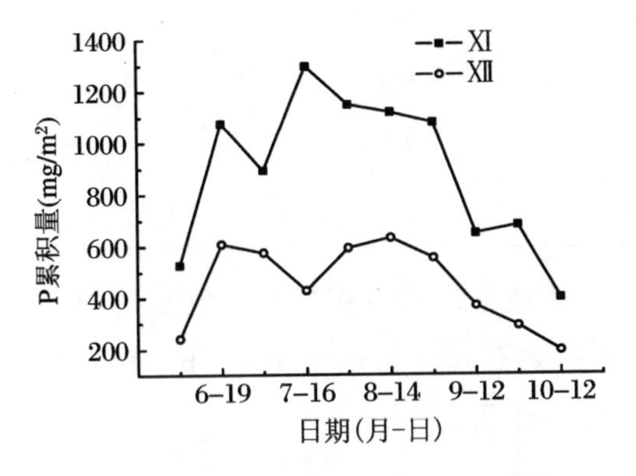


图 6.53 小叶章群落地上磷累积动态

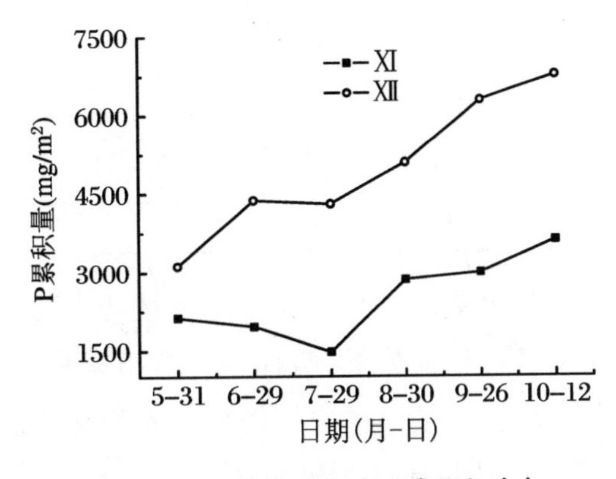


图 6.54 小叶章群落地下磷累积动态

③ 小叶章器官中磷累积与植物体磷累积的关系

植物的各个部分组成一个系统的整体，植物的生长和养分累积过程相互依赖、相互影响，地上部分为地下部分的生命活动提供能量，地下又为地上的能量累积过程提供所需的养料，在不同的生命活动中，二者所起的作用不同。

在小叶章群落生长季，两种类型植物的地上部分对整个植物磷累积的贡献率均呈先上升后下降的趋势；而地下部分则与此相反，为先下降后上升。对比地上与地下两部分的贡献，两种类型的地下部分在整个生长季的贡献，都要高于地上部分(图 6.55、表 6.31)。进一步比较湿草甸小叶章和沼泽化草甸小叶章，后者地下部分对整个植物体磷素累积的贡献更大。

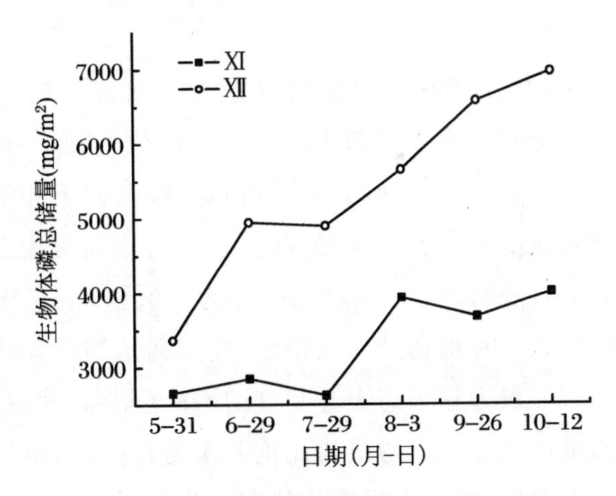


图 6.55 小叶章生长季植物体磷累积总量

表 6.31 小叶章地上、地下部分对植物体磷素累积的贡献率(%)

| 日期 | 湿草甸小叶章 | | 沼泽化草甸小叶章 | |
|---|---|---|---|---|
| | 地上 | 地下 | 地上 | 地下 |
| 5-31 | 19.90 | 80.10 | 7.19 | 92.81 |
| 6-29 | 31.38 | 68.62 | 11.63 | 88.37 |

续表

| 日期 | 湿草甸小叶章 | | 沼泽化草甸小叶章 | |
|---|---|---|---|---|
| | 地上 | 地下 | 地上 | 地下 |
| 7-29 | 43.84 | 56.16 | 12.12 | 87.88 |
| 8-30 | 27.44 | 72.56 | 9.82 | 90.18 |
| 9-26 | 18.49 | 81.51 | 4.38 | 95.62 |
| 10-12 | 9.93 | 90.07 | 2.77 | 97.23 |

对湿草甸小叶章和沼泽化草甸小叶章生长季地下磷素累积量和植物总的磷素累积量进行相关分析，两种小叶章相关系数分别达到 0.929 和 0.991($P<0.01$)。表明地下部分对整个植物体磷素的累积起着决定性的作用。

④ 植物体磷的累积速率

为分析磷的累积动态变化，用同种方法计算磷的生物累积速率($V_P$)，即单位时间单位面积上植物体磷储量的增加速率，其表达式如下：

$$V_P = \frac{dP}{dt} = \frac{P_{i+1} - P_i}{t_{i+1} - t_i}$$

式中，$V_P$表示磷的累积量，$t$ 表示时间，$P_i$、$P_{i+1}$分别为 $t_i$、$t_{i+1}$时刻的磷的累积量。

分别计算湿草甸小叶章和沼泽化草甸小叶章的生物体地上磷的累积速率，得到其季节动态变化如图 6.56 所示。湿草甸小叶章的地上 $V_P$ 在 6 月下旬和 7 月中旬出现两次高峰，之后 $V_P$ 大幅下降，7 月中旬后地上植物体磷的累积量就开始持续减少，到 7 月底时 $V_P$ 已经迅速降低为负值。$V_P$ 在 9 月中旬出现急速降低然后又升高，这可能是 9 月植物进入衰退期，此时凋落物以叶(穗)为主，而且在植物的各器官中磷的分布一般为种子高于叶片，叶片高于根系，根系高于茎秆，叶中磷的含量较高但其生物量占地上总生物量的比重并不是最大的，所以叶的枯落使得地上 $V_P$ 迅速降低。9 月末以后，随着生物体其他部分陆续死亡，磷储量降低速率迅速加快。

沼泽化草甸小叶章和湿草甸小叶章的地上 $V_P$ 变化趋势相似，只是沼泽化小叶章 $V_P$ 的第二次峰值时间为 7 月末。8 月初开始降低，但是直到 8 月中旬 $V_P$ 仍然是正值，地上植物体磷的累积仍在增加，之后到达零增长点并降低为负值，所以沼泽化草甸小叶章地上最大生物量、最大磷储量出现的时间是相同的。

两种小叶章地上 $V_P$ 的第一个峰值均比第二个峰值高，说明磷在植物的生长初期十分重要。在植物生长初期，组织结构发育均不完善，细胞大多具有分裂能力，需要大量的蛋白质和核酸，因此对磷选择性吸收较多，植物体磷浓度较高，此时生物量又很小，所以 $V_P$ 值很大(杨利平等，2004)。两种小叶章生长过程中 $V_P$ 的变化幅度总体较为剧烈，呈现快速上升和下降，在生长速率较大的时候，$V_P$ 急速增加，而当生长速率较小的时候，$V_P$ 又迅速降低，这与植物本身生理特性有关。磷是植物细胞核和各种细胞器中的重要元素，在小叶章生物量快速增长阶段，生物量的增加主要是植物体大量分裂新细胞的结果，所以这时 $V_P$ 迅速增大；在生长缓慢阶段，$V_P$ 迅速下降甚至出现负值，说明这一阶段生物量的增加主要是通过累积有机物等干物质实现的。两种小叶章在磷的累积和生物量累积上存在的差异则可能主要与植物所处生境及其所表现出的适应对策有关。

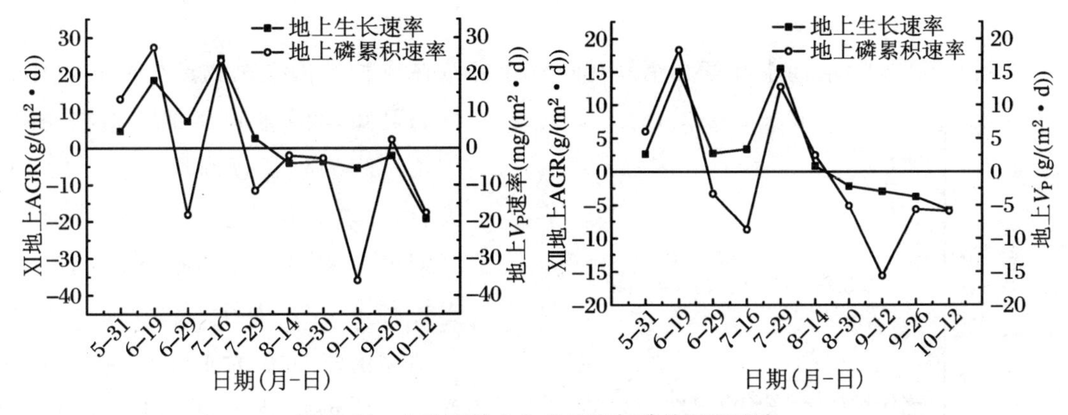

图 6.56 小叶章地上生长速率与磷的累积速率

湿草甸小叶章和沼泽化草甸小叶章的地下 $V_P$ 在整个生长季内基本呈上升趋势。如图 6.57 所示，在生长初期，即 6 月初开始，由于地上植物体的迅速生长，$V_P$ 缓慢下降，到 7 月底，$V_P$ 出现转折，由下降转为上升或上升开始加快。因为 7 月底到 8 月中旬后，小叶章群落地上生物量先后出现最大值，植物体基本成熟并开始进入衰退阶段，养分也由地上向地下转移，所以出现 $V_P$ 生长速率的又一次转折。9 月末，植物体生长基本结束，地上植物体大量死亡，同时养分大量转入地下，为冬季储备营养，这时 $V_P$急速升高，达到极值。

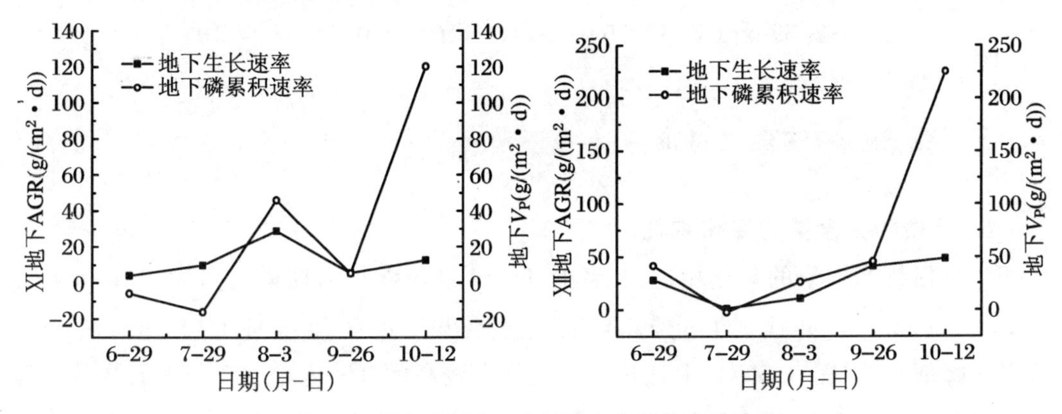

图 6.57 小叶章地下生长速率与磷的累积速率

# 第四节 立枯物及其氮、硫、磷的变化特征

## 一、立枯物的季节变化特征

图 6.58 为湿草甸小叶章和沼泽化草甸小叶章在生长季内立枯物产生量的变化。据图可知，两种小叶章的立枯物均随生长时间的延长逐渐增加。生长 40 天后，二者开始有少量立枯物产生，分别仅为 8.61 ± 2.00 g/m² 和 10.64 ± 1.47 g/m²。至生长季末，二者的立枯物由于秋季的来临和温度的降低而迅速增加并于第 174 天达到最大值 1027.71 ± 52.17 g/m² 和 740.68 ± 141.83 g/m²。比较而言，60 天之前，沼泽化草甸小叶章的立枯物要高于湿草甸小叶章，但之后二者的产生量发生分异，并表现为湿草甸小叶章明显高于沼泽化草甸小叶章，前者为后者的 1.16～3.44 倍，但二者之间的差异并未达到显著水平（$P>0.05$）。模拟结果表明，两种小叶章的立枯物量（$L$）随时间（$T$）的变化规律均符合指数增长模型：

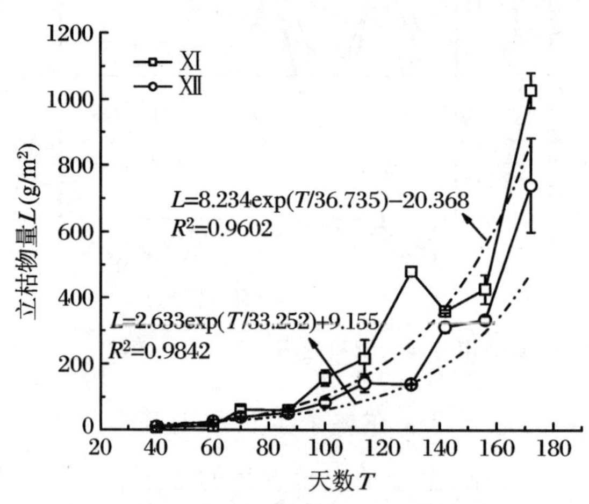

图 6.58 立枯物量的变化特征

$$L = 8.23\exp(T/36.74) - 20.37 \quad (R^2 = 0.96,\ n = 10)$$

$$L = 2.63\exp(T/33.25) + 9.16 \quad (R^2 = 0.98,\ n = 10)$$

## 二、氮、硫、磷的变化特征

### 1. 立枯物氮含量的变化特征

与立枯物产生量的变化相比，二者的 TN 含量在生长初期最高（15062.48 mg/kg 和 10301.83 mg/kg），而到生长季末，其含量变化虽有波动，但整体上均随时间的延长呈逐渐降低趋势（图 6.59）。生长初期立枯物中较高的 TN 含量主要与其新生体大量吸收土壤氮素并于死亡后在立枯物中的大量滞留有关，而生长末期 TN 含量的整体

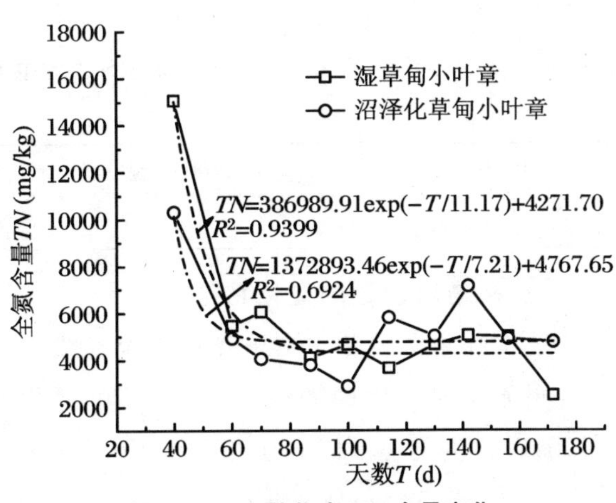


图 6.59　立枯物中 TN 含量变化

降低又主要与立枯物在未死亡前向土壤大量转移氮素有关。比较而言，100 天之前，湿草甸小叶章立枯物的 TN 含量一般要高于沼泽化草甸小叶章，前者为后者的 1.08～1.61 倍，但之后则呈相反规律变化，后者最大为前者的 1.90 倍。方差分析表明，二者立枯物的 TN 含量也差别不大，未达到显著水平（$P>0.05$）。模拟结果表明，两种小叶章立枯物的 TN 含量（$TN$）随时间（$T$）的变化规律均符合一阶指数衰减模型：

$$TN = 386989.91\exp(-T/11.17) + 4271.70 \quad (R^2 = 0.9399,\ n = 10)$$

$$TN = 1372893.46\exp(-T/7.21) + 4767.65 \quad (R^2 = 0.6924,\ n = 10)$$

计算表明，两种小叶章地上活体向枯落物转移的氮量分别为 5.35 g/(m$^2$·a)和 3.38 g/(m$^2$·a)。其中立枯物中的茎、叶和叶鞘存留的氮量分别为 0.59 g/(m$^2$·a)、0.49 g/(m$^2$·a)、1.26 g/(m$^2$·a)和 0.35 g/(m$^2$·a)、0.33 g/(m$^2$·a)、1.06 g/(m$^2$·a)，而凋落物累计存留的氮量分别为 3.01 g/(m$^2$·a)和 1.52 g/(m$^2$·a)。

**2. 立枯物硫含量的变化特征**

两种湿地小叶章立枯物中总硫含量的变化如图 6.60 所示。立枯物中总硫含量均呈波动性变化，但总体上呈递减趋势。5 月末，总硫含量最高，之后随时间的推移虽有一定波动但整体单调下降，并于 10 月中旬达到最低值，总硫含量的减少可能与植物衰老引起的元素转移或者淋溶有关。二者立枯物中总硫含量的变化符合指数衰减方程，拟合曲线为

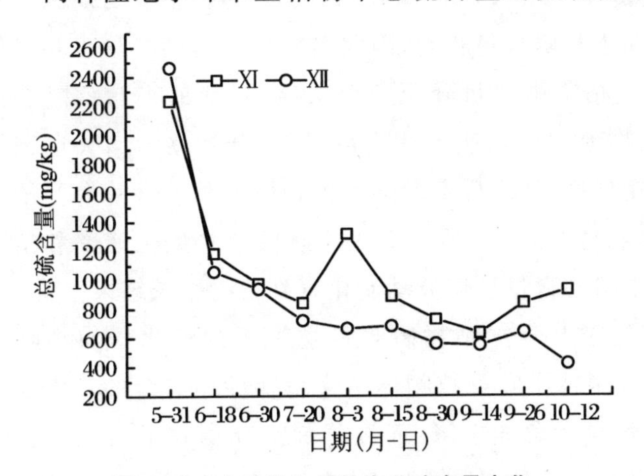


图 6.60　小叶章立枯物中总硫含量变化

$$y = 33833.26\exp(-x/12.44) + 870.47 \quad (R^2 = 0.854, P < 0.01)$$

$$y = 25731.51\exp(-x/15.23) + 586.30 \quad (R^2 = 0.980, P < 0.001)$$

由图 6.58 和图 6.60 可以计算出小叶章湿地当年立枯物的输入量和立枯物中硫

的储量，计算结果具体见表 6.32。

表 6.32 三江平原沼泽湿地中小叶章立枯物硫储量

单位：g/m²

| 植被类型 | 小叶章湿草甸 | 小叶章沼泽化草甸 |
|---|---|---|
| 总硫储量 | 0.597 | 0.206 |

**3. 立枯物磷含量的变化特征**

(1) 小叶章立枯物中磷浓度的季节变化

小叶章立枯物中磷的浓度有着明显的季节变化(图 6.61)。植物生长初期磷含量最高，随后含量迅速下降。生长 40～80 天小叶章立枯物中磷含量降幅最大，湿草甸小叶章由 1846.53 mg/kg 快速降至 1132.78 mg/kg，以后在 600～900 mg/kg 之间波动；沼泽化草甸小叶章立枯物中磷含量由 1116.46 mg/kg 降至 528.59 mg/kg，随后在 200～700 mg/kg 之间变化。两种小叶章立枯物磷含量的季节变化可由三次多项式拟合。

湿草甸小叶章：

$$y = 4165.44 - 80.54x + 0.63x^2 - 0.0015x^3 \quad (R^2 = 0.94, P < 0.01)$$

沼泽化草甸小叶章：

$$y = 3526.35 - 91.28x + 0.87x^2 - 0.0026x^3 \quad (R^2 = 0.87, P < 0.01)$$

立枯物中磷含量的变化趋势主要受同期地上植物体磷含量的影响。对立枯物和地上植物体磷含量做相关分析，湿草甸小叶章和沼泽化草甸小叶章立枯物与地上植物体磷含量相关系数分别达 0.920($P<0.01$)和 0.717($P<0.05$)。生长初期到 7 月之前植物生长迅速，小叶章植物体本身磷含量较高，因此立枯物中磷的含量也相对较高，生长 100 天左右两种小叶章立枯物磷含量降至一个低值，湿草甸小叶章降至最低，这可能是由于 7 月中下旬植物地上生长速率达到最大，并开始逐渐向衰退期转化，植物本身的磷累积速率也快速降低，加之后期凋落的植物体尤其是叶片等受雨水淋洗作用时间也较初期枯死的植物体长，养分损失更大。此后植物生长速率和植物磷的累积速率持续降低，立枯物中磷的含量呈现波动变化直到植物生长结束。

整个植物生长过程中，湿草甸小叶章立枯物磷含量均高于沼泽化草甸小叶章(1.16～3.27 倍)，这一差别也是与两种小叶章植物体磷含量特性相符合的。生长结束时，沼泽化草甸小叶章立枯物磷含量急速下降，而湿草甸小叶章并未出现这种情况，这可能是沼泽化草甸小叶章的地下生物量较大，植物在结束生长时向地下转移的磷量较多造成的。

(2) 小叶章立枯物中磷储量的季节变化

小叶章立枯物生物量的变化和磷含量的动态造成了立枯物中磷储量的变化，其立枯物磷储量变化分为两个阶段(图 6.62)。生长前期的 100 天,小叶章立枯物中磷储量的变化较小,增加缓慢,之后随着植物进入衰退阶段立枯物中的磷储量大幅增加,在生长结束时分别达到 47.66 mg/m$^2$ 和 10.51 mg/m$^2$。对比两个阶段,前期立枯物中磷储量仅为生长结束时的 12.039% 和 18.042%,因此小叶章立枯物磷库的累积归还集中在植物生长后期。

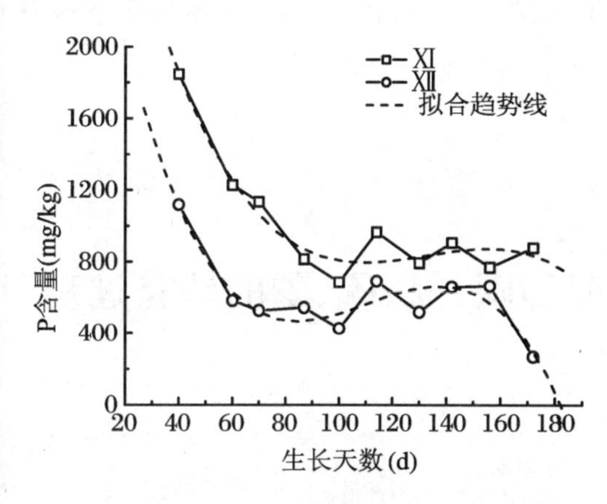


图 6.61　小叶章立枯物磷含量季节动态

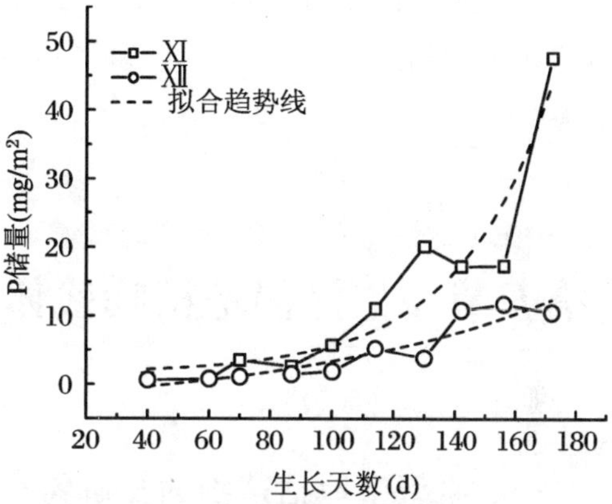

P储量($mg/m^2$)
生长天数(d)
XI
XII
拟合趋势线

图 6.62　小叶章立枯物磷储量季节动态

立枯物磷储量缓慢变化主要是因为植物生长迅速,立枯物量很小,尽管立枯物中磷含量变幅很大,但表现在立枯物中磷储量变化极小。生长高峰过后(生长 100 天后)植物进入衰退期,植物体死亡加快,立枯物磷储量快速增加。沼泽化草甸小叶章立枯物磷储量在各生长时期均低于湿草甸小叶章,这主要是受到两种小叶章立枯物生产量及磷浓度的影响。

(3) 植物养分利用效率(NUE)

吸收每单位养分所产生的干物质的量,称为养分利用效率。因为植物每年产生的干物质大部分转化为枯没物归还给土壤,所以有研究者建议利用凋落物的干物质量除以其养分量作为养分利用效率的指标。通过小叶章凋落物计算其生长过程中 NUE 的变化,如图 6.63 所示。养分利用效率只有当老叶养分浓度降低到一定水平才能达到最大,由上面结论可知小叶章在生长过程中立枯物磷含量在生长初期降低

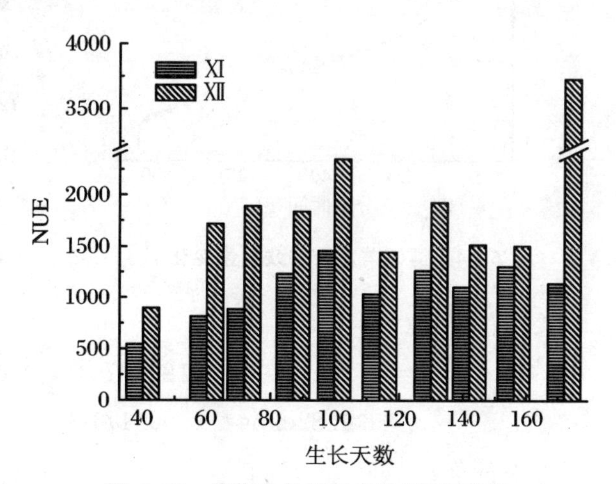


图 6.63　植物生长过程中的 NUE 变化

很快，到100天左右小叶章立枯物磷含量降至一个低值，所以生长高峰（生长100天）之前，植物的养分利用效率不断升高，之后立枯物磷含量呈波动变化，养分利用效率也有相似变化。已有研究表明在较湿土壤条件下植物的养分利用效率较高，因此沼泽化草甸小叶章磷的养分利用效率始终高于湿草甸小叶章，这可能与二者土壤水分条件的差别有关。生长末期沼泽化草甸小叶章的养分利用效率有一个极值，这可能是因为这一类型小叶章地下生物量较大，当生长结束时，植物将大量养分转移至地下植物体中的结果。

# 第五节 沼泽湿地植物残体分解与碳、氮、硫、磷的转化过程

## 一、典型湿地枯落物的分解特征

### 1. 漂筏苔草和毛果苔草枯落物分解特征

(1) 残留量变化与分解速率

漂筏苔草和毛果苔草群落中植物残体残留量与分解时间存在较理想的相关性（图6.64、图6.65），其拟合方程符合指数式衰减模式（Exponential Decay）。

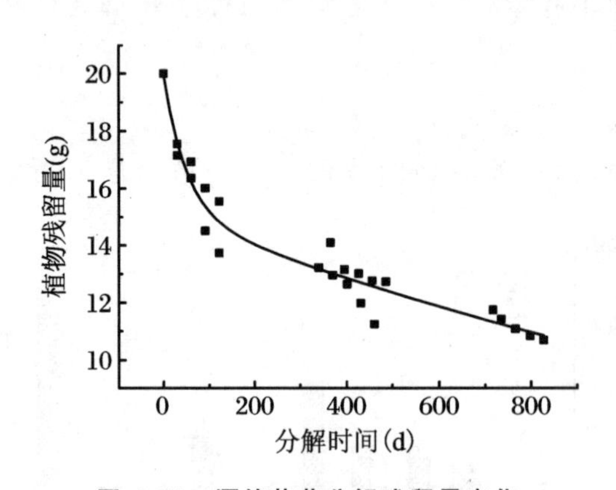


图6.64 漂筏苔草分解残留量变化

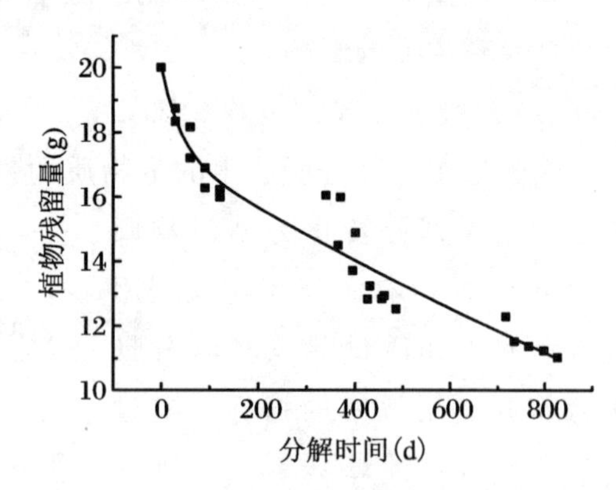


图6.65 毛果苔草分解残留量变化

漂筏苔草：

$$y = 6.88\exp(-x/2182.074) + 6.88\exp(-x/2267.67) + 4.82\exp(-x/50.17) + 1.34$$

毛果苔草：

$$y = 10.86\exp(-x/2337.67) + 10.85\exp(-x/2391.45) + 2.654\exp(-x/40.779) - 4.30$$

利用非线性回归方程检验方法检验,模型的相关系数极显著。所以以时间对残留量拟合效果较好,说明模型的预测精度较高。从图 6.64 和图 6.65 还可以看出,漂筏苔草当年分解较快,然后分解逐渐减慢。对拟合方程进一步的分析表明:在沼泽湿地目前环境条件下,漂筏苔草残体呈现出累积的特征,其最终累积量约为当年植物枯死归还量的 6.5%,10 年内的平均分解速率约为 0.004378 g/d;毛果苔草当年枯死植物完全分解约需 10 年,平均分解速率约为 0.005479 g/d。

(2) 分解速率的季节变化

植物残体分解速率是指植物枯落物在一定时间段内,单位时间内其损失量占初始重量的百分比,该指标指示了植物残体在一定时间段内的分解快慢。其公式为

$$R = (W_1 - W_2)/[W_1 \times (t_2 - t_1)] \times 100\%$$

式中,$R$ 表示植物残体分解速率(%/d);$W_1$、$W_2$分别为 $t_1$、$t_2$时刻枯落物的重量(g);$t_1$、$t_2$分别表示 $W_1$、$W_2$的取样时刻(d)。

漂筏苔草、毛果苔草两种植物当年枯落物分解速率(图 6.66、图 6.67)表明:6～8 月份,当年植物枯落物分解速率较大,而在植物枯死至第 2 年萌发期间(10 月～次年 5 月)分解速率缓慢。这说明植物分解主要发生在夏季。其中漂筏苔草全年和 6～9 月份总体分解速率明显大于毛果苔草。这可能与积水条件及植被本身易分解组织和成分含量有关。

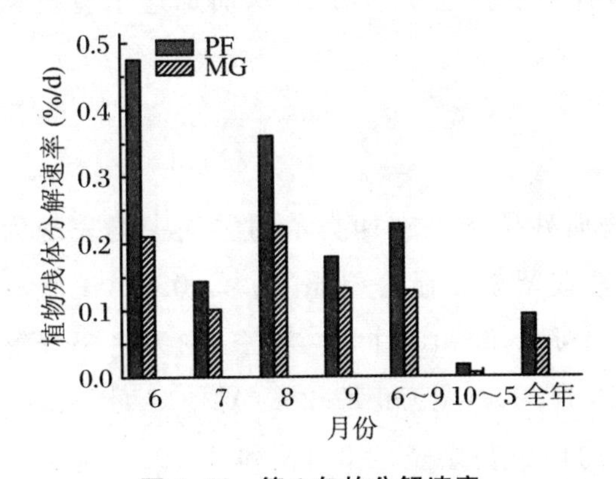


图 6.66　第 1 年的分解速率

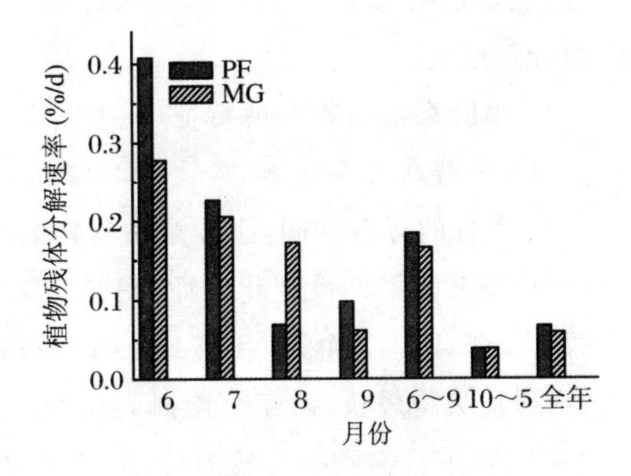


图 6.67　第 2 年的分解速率

从植物残体当年月分解量占全年分解量的百分比($R$ 值)状况(图 6.68、图 6.69)来看,漂筏苔草(PF)植物残体在当年 6 月份分解量占全年总分解量的 42%～50%,植物生长季总分解量占全年总分解量的 90%以上,而 10 月～次年 5 月月平均分解量占全年总分解量的 0.9%～1.1%。毛果苔草(MG)生长季各月分解量与总分解量的

比值较为均匀,但均明显大于非生长季。

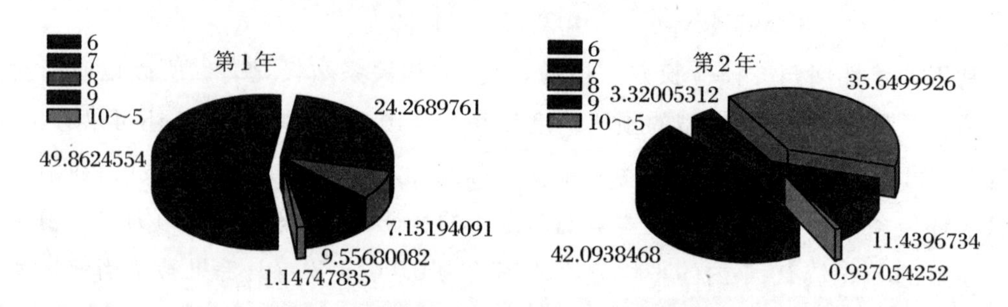


图 6.68 漂筏苔草植物残体 $R$ 值的变化

$R=(W_2-W_1)/(W_0-W)\times100\%$, $W_1$、$W_2$ 分别表示 $t_1$、$t_2$ 时刻植物残体的重量(g), $W_0$ 表示植物残体初始重量, $W$ 表示植物残体分解一年后的重量;图例数字表示月份。下同

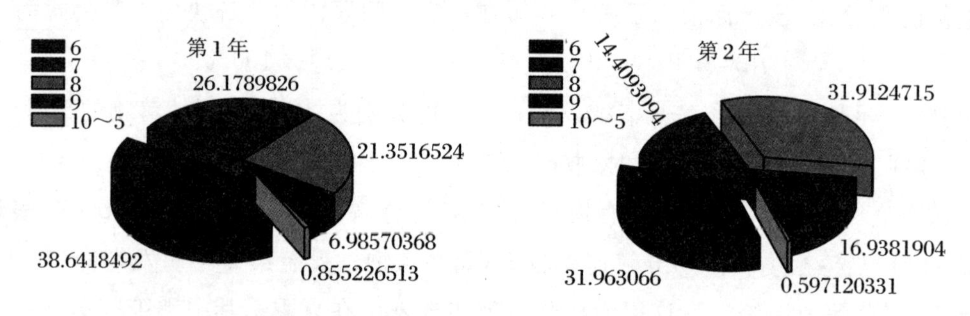


图 6.69 毛果苔草植物残体 $R$ 值的变化

由此可见,植物残体分解主要是在植物生长季内,而 10 月～次年 5 月分解量较小,这主要是由于 6～9 月份水热条件充足,有利于微生物的活动,从而加速了有机物质的分解速度。

**2. 小叶章枯落物分解特征**

(1) 分解残留率动态

27 个月的分解期间,小叶章枯落物的物质残留动态在两类草甸湿地中均表现为“快-慢”交替的周期性变化特征(图 6.70),其残留率无显著差异($P>0.05$)。试验进行的第 1 年(0～12 个月)和第 2 年(12～24 个月),5～10 月(夏、秋季)均为主要分解期,物质损失得较快,两年平均损失初始量的 11.9%(Ⅺ)和 12.2%(Ⅻ),11 月～次年 4 月(冬、春季),物质损失较为缓慢,两年平均损失初始量的 3.4%和 3.6%。这主要与气温等环境变化有关。总的来看,小叶章枯落物在第 1 年的物质损失率(18%,20.9%)明显高于第 2 年(12.7%,10.8%),而至分解试验的第 3 年夏、秋季,物质损失趋于平缓,3 个月的下降幅度为 3.3%和 1%,甚至低于前两年冬季的平均损失率。这主要与植物组织中易分解组分的分解损失和纤维素、木质素等难分解组分在残体中的累积残留有关。整个试验期(0～27 个月),小叶章枯落物在两类湿地中的总损失率分别为初始量的32.5%和34.7%，小叶章沼泽化草甸稍高于小叶章湿草甸，但整个试验期间，二者的损失率并无显著差异($P>0.05$)。由上述物质残留率动态特征，分别对整个试验期(图6.71(a))及第1年(图6.71(b))、第2年(图6.71(c))的物质损失率动态进行S-Logistic曲线($Y=a/(1+be^{-kt})$)拟合，发现均具有较好的拟合效果($P<0.05$)。

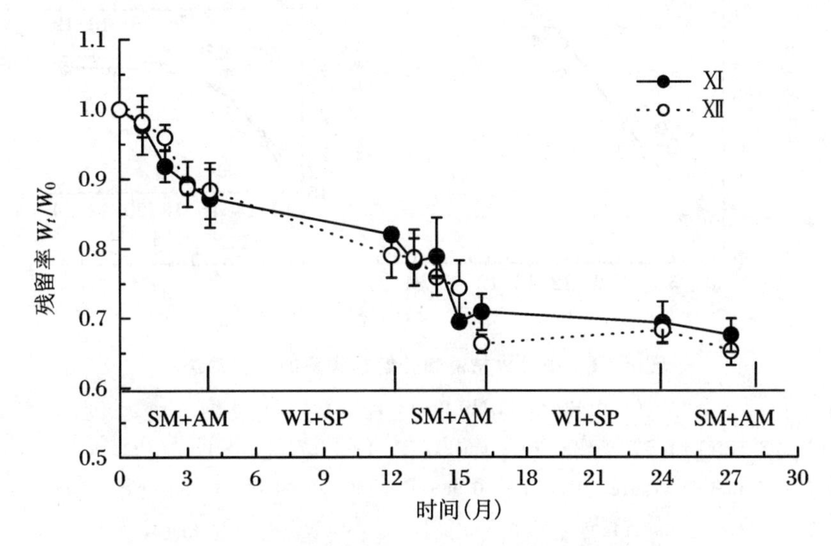


**图6.70　小叶章枯落物分解过程中干物质残留率动态**

SM+AM：夏季+秋季；WI+SP：冬季+春季

$W_t$为$t$时刻的干物质残留量，$W_0$为枯落物的初始重量；误差标志线为±标准误差。下同

(2) 分解速率及快慢组分的相对贡献

应用一次指数模型$\frac{W_t}{W_0}=e^{-kt}$和二次指数模型$\frac{W_t}{W_0}=\alpha\cdot e^{-k_1t}+(1-\alpha)\cdot e^{-k_2t}$分别对小叶章枯落物的物质分解残留率进行拟合。式中，$W_t$为$t$时刻的物质残留量，$W_0$为枯落物的初始重量，$\alpha$为初始枯落物中快速分解组分所占比例，$(1-\alpha)$为慢分解组分所占的比例，$k$为一次指数模型拟合的分解常数($month^{-1}$)，$k_1$为快分解组分的分解常数($month^{-1}$)，$k_2$为慢分解组分的分解常数($month^{-1}$)。

拟合结果如表6.33所示，二次模型的拟合$R^2$值高于一次模型，说明二次模型对小叶章枯落物分解残留率动态的描述优于一次模型。从不同分解组分的相对组成来看，两类湿地中枯落物的易分解组分所占比例$\alpha$分别为1.29%和1.09%，其相应分解速率$k_1$分别为0.296 $month^{-1}$和0.282 $month^{-1}$；慢分解组分的比例$(1-\alpha)$分别为98.71%和98.91%，其相应的分解速率$k_2$分别为0.010 $month^{-1}$和0.012 $month^{-1}$。由此可见，湿草甸中小叶章枯落物的早期水溶性物质的淋溶损失快于沼泽化草甸，且在总损失量中的贡献较大，而源自于物质生物化学过程的损失，沼泽化草甸快于湿草甸，且在总损失量中的贡献较大。

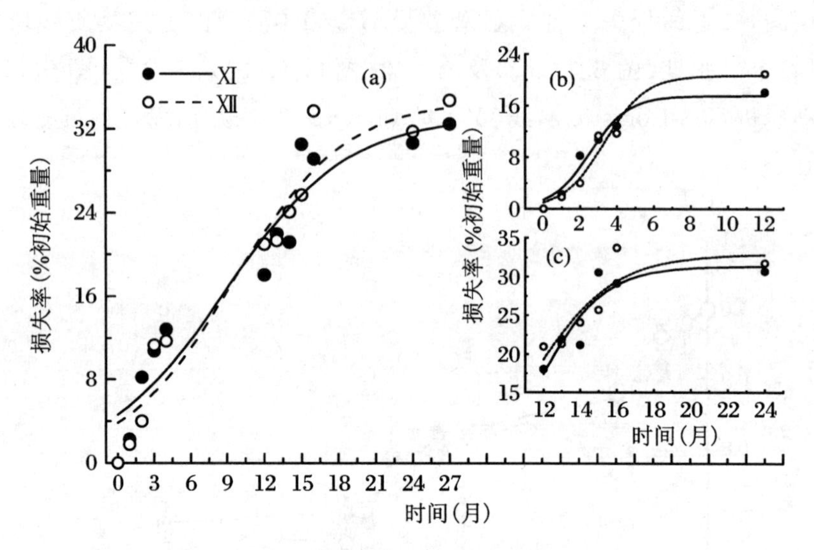


**图 6.71 小叶章枯落物分解损失率的变化动态**

(a) 0～27 个月；(b) 0～12 个月；(c) 12～24 月

(a) Ⅺ：$Y=33.15/(1+6.13e^{-0.20t})$，$R^2=0.919$； Ⅻ：$Y=34.77/(1+8.06e^{-0.22t})$，$R^2=0.938$

(b) Ⅺ：$Y=17.49/(1+11.61e^{-0.96t})$，$R^2=0.966$； Ⅻ：$Y=20.69/(1+19.80e^{-0.80t})$，$R^2=0.965$

(c) Ⅺ：$Y=31.34/(1+693.14e^{-0.56t})$，$R^2=0.834$； Ⅻ：$Y=32.93/(1+143.64e^{-0.44t})$，$R^2=0.786$

由表 6.33 可见，整个试验期间小叶章枯落物在两类湿地间的平均分解速率分别为 0.0179 $month^{-1}$（Ⅺ）和 0.0188 $month^{-1}$（Ⅻ），由此计算得其年均分解速率为 0.215 g/(g·a)和 0.226 g/(g·a)，95%分解需要的时间分别为 13.9 a 和 13.3 a。本试验中的年分解速率小于该地区的其他研究结果值(0.322～0.802 $a^{-1}$)(刘景双等，2000；王世岩等，2000；高俊琴等，2004)，其原因除了年际间局地环境条件的差异外，分解时间的差异可能是主要原因。本试验所经历的时间为 27 个月，木质素等难分解物质的慢速分解对拟合 $k$ 值的贡献较大，而其他研究的分解时间为 4～13 个月，分解可能仍处于较快阶段(温达志等，1998)。本试验枯落物分解损失率在第 3 年开始进入平稳阶段，因此，其年分解速率可代表地表枯落物的多年平均分解速率。

**表 6.33 小叶章枯落物物质残留率一次和二次指数拟合参数值**

| 类型 | 一次指数模型 | | 二次指数模型 | | | |
|---|---|---|---|---|---|---|
| | $k$ | $R^2$ | $\alpha$ | $k_1$ | $k_2$ | $R^2$ |
| Ⅺ | 0.0179 | 0.850 | 0.129 | 0.296 | 0.010 | 0.944 |
| Ⅻ | 0.0188 | 0.903 | 0.109 | 0.282 | 0.012 | 0.923 |

## 二、分解过程中枯落物元素含量的变化

### 1. 碳含量的变化特征

(1) 漂筏苔草和毛果苔草残体中碳含量的变化特征

漂筏苔草和毛果苔草植物残体分解过程中有机碳含量的变化如图 6.72 所示。从图中可以看出，随着分解时间的延长，两种植物残体中有机碳含量逐渐下降。从植物生长初期(5 月)至当年枯萎(9 月)，漂筏苔草和毛果苔草植物残体中有机碳含量分别从初始值的 45.92% 和 45.29% 下降至 44.04% 和 44.07%，下降幅度分别为 4.09%和 2.69%，至第 2 年 9 月，有机碳含量分别下降至初始值的 92.97% 和 94.90%，说明植物残体失重的同时，有机碳也在不断下降。

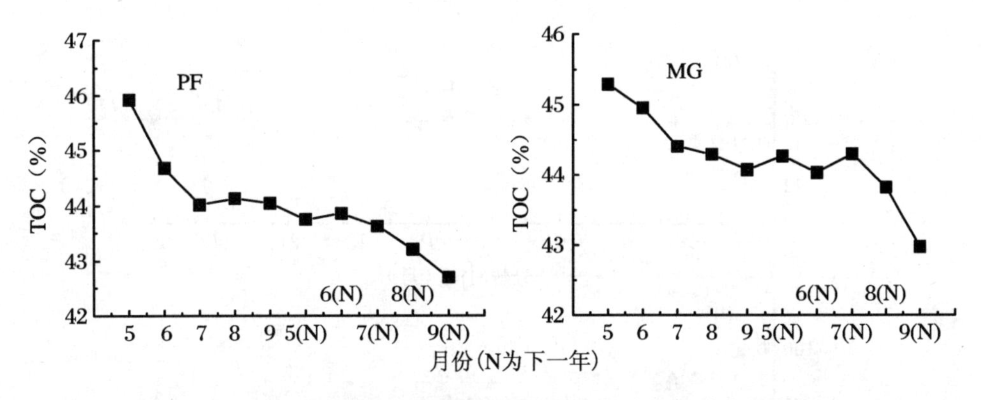


**图 6.72　分解过程中漂筏苔草和毛果苔草残体中有机碳含量的变化**

根据植物残体当年分解过程中重量变化和碳元素含量的变化，计算出二者植物残体中元素当年的归还率分别为 35%和 21%，漂筏苔草残体有机碳当年的归还率高于毛果苔草。

(2) 小叶章残体中碳含量的变化特征

枯落物分解过程中元素的累积或释放可用累积系数(*NAI*)表示：

$$NAI = \frac{M_t \cdot X_t}{M_0 \cdot X_0} \times 100\%$$

式中，$M_t$为枯落物在 $t$ 时刻的干物质重量，$X_t$ 为 $t$ 时刻枯落物中元素的浓度(g/kg)，$M_0$为枯落物的初始干物质重量，$X_0$为枯落物中元素的初始浓度(g/kg)。$NAI<100\%$，说明枯落物分解过程中元素发生了净释放，$NAI>100\%$，说明枯落物分解过程中元素发生了净累积。

碳是植物组织中碳水化合物的重要元素，在 27 个月的分解过程中，枯落物中碳的绝对量均呈单调下降趋势，$NAI<100\%$ ($P<0.001$)，碳元素发生了净释放(图

6.73(b))。分解第1年,C的绝对量分别损失初始量的12.7%(Ⅺ)和20.8%(Ⅻ),第2年Ⅺ升为15.1%,Ⅻ则降为7.1%,至试验结束,C的绝对量共损失30.7%和34.1%。小叶章沼泽化草甸高于小叶章湿草甸。分解过程中,Ⅺ中枯落物C浓度在分解的前3个月比较稳定,之后进入“升-降”波动变化状态,至试验结束其浓度为45.4%,接近于初始值(图6.73(a))。Ⅻ中枯落物C浓度的变化趋势与Ⅺ略有不同,其主要表现为在经过第1个月的快速下降后,C浓度接着进入波动升降状态,分解第2年则总体为单调上升趋势,第3年近似于Ⅺ呈单调下降,至试验结束其浓度为44.7%,接近于初始值(图6.73(a))。分解0~24个月,枯落物中C的变化模式与分解早期易溶性碳水化合物的快速淋溶和后期难溶性木质素等物质的累积残留有关,而最后4个月C浓度的单调下降则可能与微生物对难降解物质的分解及非碳物质的累积有关。

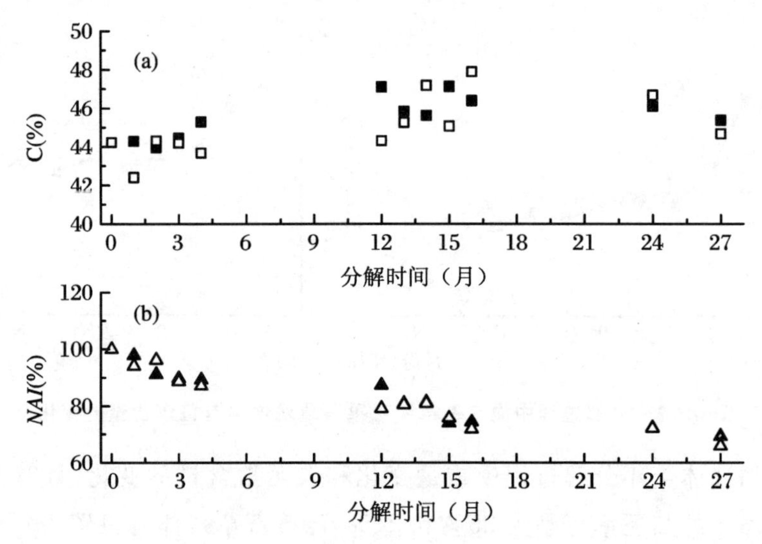


**图6.73 分解过程中小叶章枯落物中C含量(a)及其累积系数(b)的变化**

实心代表Ⅺ,空心代表Ⅻ

总之,小叶章枯落物中碳元素的绝对量总体呈下降趋势,分解使枯落物发生元素的净释放,其中夏、秋季为主要释放期,冬、春季释放缓慢几乎停滞,这与物质损失动态一致。

**2. 氮含量的变化特征**

(1) 漂筏苔草和毛果苔草残体中氮含量的变化特征

漂筏苔草和毛果苔草植物残体分解过程中TN含量的变化如图6.74所示。从图中可以看出,随着分解时间的延长,两种植物残体中TN含量呈现先降后增再降的趋势。漂筏苔草和毛果苔草植物残体分解至1个月时,TN含量分别为初始值的

84%和83%，随着分解时间的延长TN含量逐渐增加，至最大值，TN含量分别为初始值的95%和99.99%。这说明在植物残体分解过程中，残体氮含量变化与残体失重率不成比例。在植物残体分解过程中，存在着氮的富集过程，这可能与植物残体分解过程中的吸附能力变化有关。

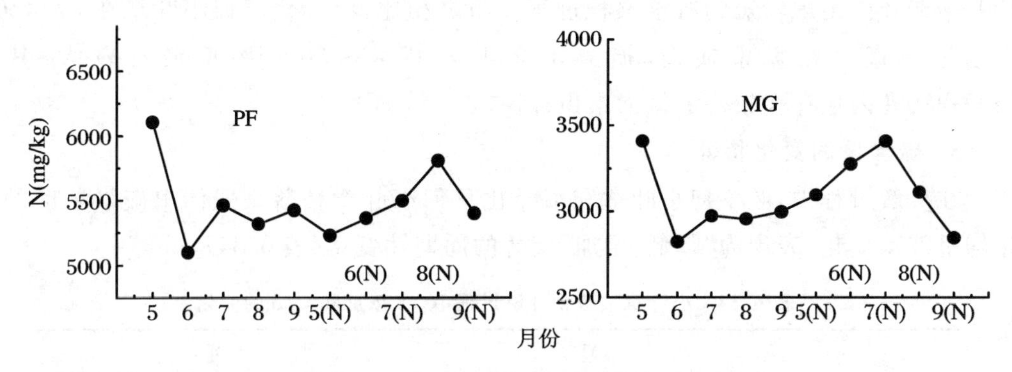


图 6.74　分解过程中漂筏苔草和毛果苔草残体中氮含量的变化

根据植物残体当年分解过程中重量和元素含量的变化，计算出漂筏苔草和毛果苔草植物残体中元素当年的归还率分别为39%和28%。与TOC的变化相同，二者当年氮的归还有漂筏苔草＞毛果苔草，这可能与漂筏苔草沼泽积水较多、分解较快有关。

(2) 小叶章残体中氮含量的变化特征

湿草甸小叶章湿地和沼泽化草甸小叶章湿地枯落物分解过程中的失重率及其TN含量变化如图6.75所示。据图可知，两种枯落物分解过程中的失重率变化较为一致，存在明显的季节性。分解初期(0～30 d)，受环境条件和分解者的影响，枯落物分解较慢。之后，随着水热条件的改善和微生物分解活性的增强，失重率迅速增加。生长季末(90～120 d)，由于温度较低，分解较弱，失重率变化较为平缓。至次年6月(360 d)，随着环境条件的改善和微生物分解能力的增强，枯落物的失重率又迅速增加。总之，二者失重率的变化趋势均是随时间的延长而一直增加，480 d后，两种枯落物分别损失30.62%和33.72%。此外，分解过程中两种枯落物TN含量的变化趋势也基本一致，

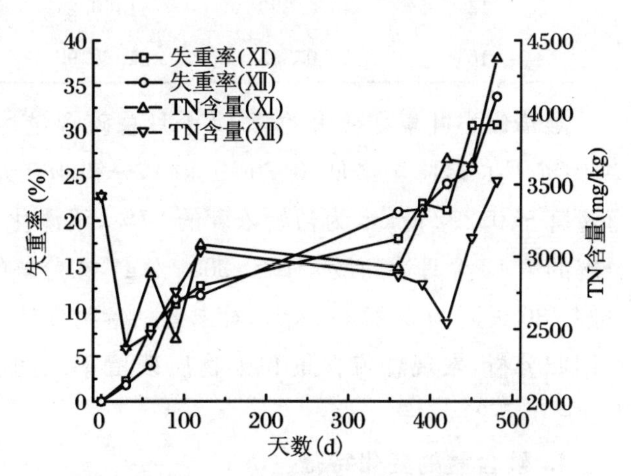


图 6.75　枯落物失重率和残体TN含量的变化

二者均呈波状变化，且这种变化主要受C/N值的影响。相关分析表明，二者的C/N均与TN含量呈显著负相关（$P<0.01$），相关系数分别为－0.981和－0.970（$n=10$）。不同阶段N含量占初始N含量百分比的研究表明，湿草甸小叶章在0～390 d内一直存在氮素损失，损失率介于3.67%～30.55%而波动较大，其仅在430～480 d内出现较短的氮素累积过程。与之相比，沼泽化草甸小叶章在0～450 d内也是一直存在氮素损失，损失率介于8.47%～30.92%而波动较大，其在450～480 d内也存在较短的氮素累积过程。

**3. 硫含量的变化特征**

在分解过程中，湿草甸小叶章和沼泽化草甸小叶章枯落物残体中硫素浓度的变化均呈波动变化，表现为“降低-增加”交替的周期性变化（表6.34）。

**表6.34 小叶章枯落物分解过程中TS浓度和C/S的变化**

| 分解时间（月） | Ⅺ | | Ⅻ | |
|---|---|---|---|---|
| | TS(g/kg) | C/S | TS(g/kg) | C/S |
| 0 | 0.434 | 1018.48 | 0.272 | 1628.26 |
| 1 | 0.371 | 1192.39 | 0.243 | 1748.52 |
| 2 | 0.472 | 931.53 | 0.267 | 1658.12 |
| 3 | 0.464 | 958.63 | 0.277 | 1593.89 |
| 4 | 0.497 | 911.79 | 0.279 | 1564.56 |
| 12 | 0.518 | 908.59 | 0.305 | 1451.41 |
| 13 | 0.290 | 1579.53 | 0.293 | 1544.54 |
| 14 | 0.308 | 1479.85 | 0.183 | 2572.53 |
| 15 | 0.323 | 1460.27 | 0.273 | 1649.86 |
| 16 | 0.292 | 1588.92 | 0.272 | 1762.79 |

湿草甸小叶章在分解的第12个月总硫含量达到最大值（0.518 g/kg），在分解的第13个月总硫降至最低（0.290 g/kg），分解480天后，湿草甸小叶章枯落物中总硫的含量降至0.292 g/kg，为初始浓度的67%；沼泽化草甸小叶章枯落物中总硫含量也在分解的第12个月达到最大值（0.305 g/kg），在分解的第14个月降至最低（0.183 g/kg），分解480天后为0.272 g/kg。对二者枯落物残体中总硫含量和干物质残留率进行线性回归分析，发现总硫含量和干物质残留率之间存在弱的线性相关关系（$r=0.791$和$r=0.779$）。

**4. 磷含量的变化特征**

（1）漂筏苔草和毛果苔草残体中磷含量的变化特征

漂筏苔草和毛果苔草植物残体分解过程中TP含量的变化如图6.76所示。从图中可以看出,随着分解时间的延长,两种植物残体中 TP 含量呈现先降后增再降的趋势。漂筏苔草和毛果苔草植物残体分解至 1 个月时，TP 含量分别为初始值的 92% 和 84%,随着分解时间的延长 TP 含量逐渐增加,至最大值，TP 含量分别为初始值的 100%和 98%。这说明在植物残体分解过程中,残体磷含量变化与残体失重率不成比例。在植物残体分解过程中,磷也存在富集过程,这可能与植物残体分解过程中的吸附能力变化有关。

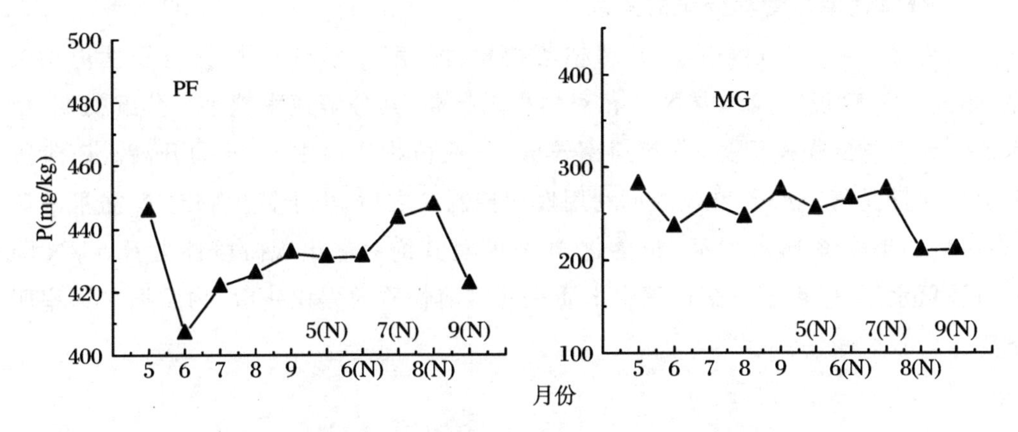


图 6.76　分解过程中漂筏苔草和毛果苔草残体中 P 含量的变化

根据植物残体当年分解过程中重量变化和元素含量的变化,计算出漂筏苔草和毛果苔草植物残体中元素当年的归还率分别为 33.39%和 20.59%,漂筏苔草明显高于毛果苔草。

(2) 小叶章残体中磷含量的变化特征

如图 6.77 所示,分解的第 1 个月,P 的浓度快速下降至 0.197 g/kg(Ⅺ)和

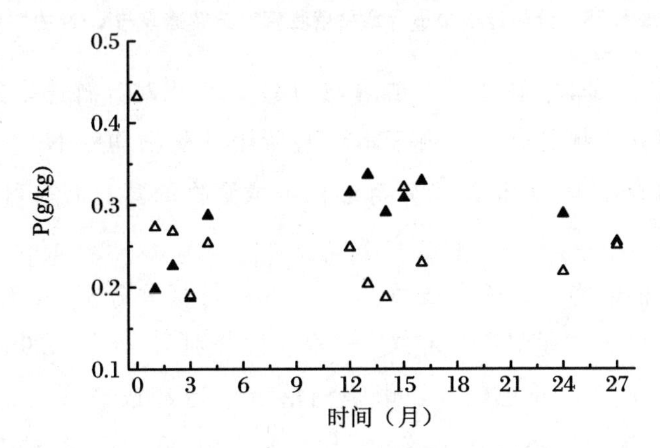


图 6.77　分解过程中小叶章枯落物 P 含量的变化

实心代表Ⅺ，空心代表Ⅻ

0.273 g/kg(Ⅻ)，其绝对量分别下降了55.3%和37.8%，随后，Ⅺ枯落物中P的浓度和绝对量略有上升，至分解16个月后又开始缓慢下降；而Ⅻ枯落物中P的浓度和绝对量则呈波动性变化趋势，但总体趋势较为平稳（C.V.=22.2%）。试验结束，Ⅺ和Ⅻ中枯落物P的浓度分别为0.255 g/kg和0.250 g/kg，接近初始浓度的1/2，其绝对量分别损失初始量的60.1%和62.2%。分解早期枯落物P的快速下降与植物组织中可溶性物质的淋溶有关，而后期的平稳变化则可能与微生物的调节有关。

**5. 分解速率与营养变化的关系**

研究发现，分解过程中，小叶章枯落物相对分解速率与C/N具有线性正相关关系（图6.78），这说明残体中N的相对累积量越高，其分解速率越小。分解初期，由于水溶性化合物的快速损失，分解速率较大，导致植物残体中C/N的升高。该阶段分解速率通常受营养水平和C的可利用性的控制。之后，由于微生物对N需求的调节作用，特别是分解14个月后，枯落物N浓度及其绝对量出现阶段性上升，C/N降至相对较低水平，但由于分解过程中木质素等难溶物质的累积残留，物质损失速率明显下降。

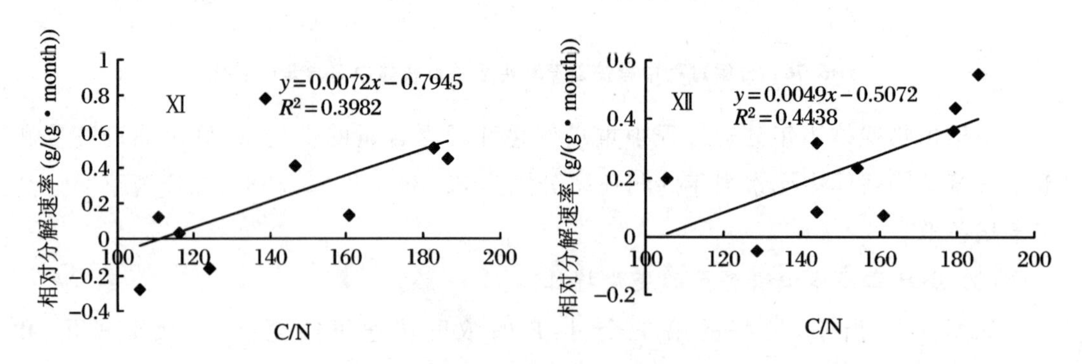


**图6.78 分解过程中小叶章枯落物相对分解速率与C/N的关系**

与C/N不同的是，分解过程中枯落物的C/P与相对分解速率的相关性较差，这可能与研究地的营养状况有关。由于本试验所用枯落物初始N/P为7.9，表明研究所在湿地处于N限制状态，枯落物分解过程中微生物的营养需求可能不会受到P供给的限制。

分别对二者枯落物中的硫素残留率和C/S进行相关分析，发现二者枯落物残体中硫素残留率和C/S均呈显著负相关，相关系数分别为 $r=-0.986$（$P<0.0001$）和 $r=-0.801$（$P<0.01$），可见C/S是影响枯落物中硫释放或固持的一个重要因素。在本研究中，对于湿草甸小叶章枯落物，当C/S降到908.59时，硫开始快速释放，在沼泽化草甸小叶章枯落物中，当C/S降至1451.41时，硫素开始快速释放。再比较二者初始的C/S，发现湿草甸小叶章枯落物初始的C/S低于沼泽化草甸小叶章枯落物

初始的C/S(分别为1018.48和1628.26),导致湿草甸小叶章硫素快速释放的C/S也低于沼泽化草甸小叶章枯落物的C/S(分别为908.59和1451.41),可见,硫素的释放也受制于初始的C/S。对二者枯落物中总硫绝对量残留率进行分析,发现在分解过程中二者硫素的释放量之间没有显著差异($P=0.321$),可见初始的C/S不能决定硫素释放量的多少。

## 三、不同水分梯度带沼泽湿地枯落物和根系的分解及其元素释放

### 1. 枯落物和根系的残留率($W_t/W_0$)动态

研究区典型湿地不同水分带植物群落分布如图6.79所示。为了研究枯落物在不同环境中的分解差异及其与环境因子的关系,试验采用同一种地表枯落物,即小叶章湿草甸的枯落物,依次投放至上述5个群落内;以及同一种根系物质,即小叶章湿草甸植物根系,依次投放至上述Ⅺ和Ⅻ群落内。27个月的试验结果表明,不同水分带上小叶章枯落物 $W_t/W_0$均具有明显的时间变化动态(图6.80(a)、表6.35)。分解第1个月,各水分带上枯落物及根系快速损失,其失重率分别为14%~17%和13.6%~17.7%,物质损失量分别占试验期间总失重的41%~53.4%和31.1%~41.9%。之后至11.6个月,枯落物的 $W_t/W_0$曲线变得比较平缓,第2年夏季至试验结束(第13.7个月),物质 $W_t/W_0$下降较快(下降幅度6.9%~8.9%),至试验结束,其总失重为物质初始重的29%~40%。方差分析表明,不同水分带间小叶章枯落物的 $W_t/W_0$动态差异显著(表6.35),说明环境条件的差异是影响小叶章枯落物分解损失的重要因素。

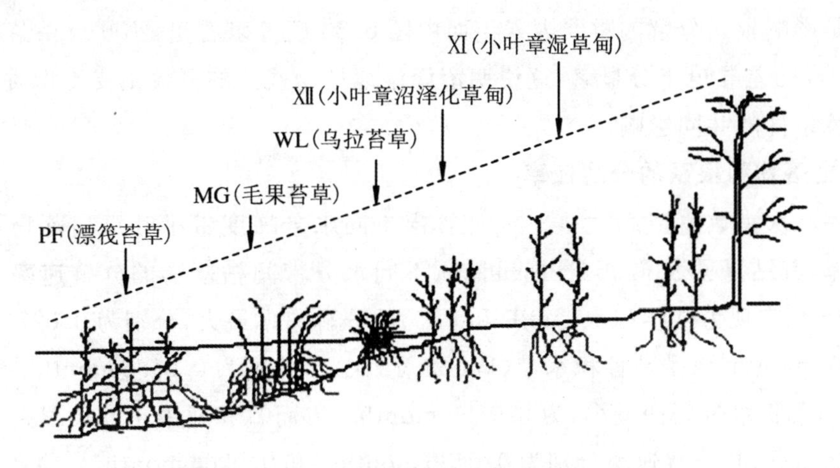


图6.79　不同水分梯度带植物群落分布示意图

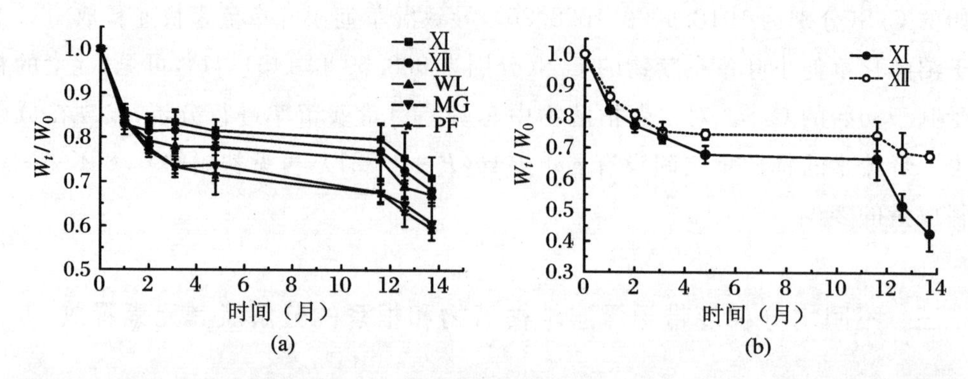


**图 6.80　分解过程中不同水分梯度带小叶章地上枯落物(a)及地下根系(b)物质残留率动态**

**表 6.35　不同水分梯度带枯落物及根系 $W_t/W_0$ 的 ANOVA 分析结果**

| 偏差来源 | | 偏差平方和 | 自由度 | 均方 | $F$ | Sig. |
|---|---|---|---|---|---|---|
| Shoots | 时间 | 0.124 | 6 | 0.021 | 57.748 | 0 |
| | 水分带 | 0.043 | 4 | 0.011 | 30.192 | 0 |
| Roots | 时间 | 0.124 | 6 | 0.021 | 5.703 | 0.026 |
| | 水分带 | 0.031 | 1 | 0.031 | 8.457 | 0.027 |

注：Shoots，地上枯落物；Roots，根系。

小叶章根系分解 $W_t/W_0$ 也具有明显的时间变化动态（图 6.80(b)、表 6.35）。夏、秋季物质损失较快，冬、春季分解几乎停滞。分解 4.8 个月后，两个样点的根系分解损失率分别为 32.1%（Ⅺ）和 25.6%（Ⅻ）；分解的第 2 年，二者仍具有较快的分解损失速率，特别是Ⅺ样点，其分解损失率达 23.9%。至试验结束，根系分解总失重率分别为 67.6% 和 42.8%。不同水分带间，小叶章根系的 $W_t/W_0$ 差异明显，说明环境条件也是影响根系分解的重要因素。而由图 6.80 还可以看出，小叶章枯落物与根系间 $W_t/W_0$ 的差异也十分显著，这说明沼泽湿地植物残体的分解主要受物质本身的性质及环境条件的共同影响。

**2. 枯落物和根系的分解速率**

应用一次指数模型：$Y = ae^{-kt}$，计算出不同水分梯度带小叶章枯落物及根系的分解速率，其结果见表 6.36。由表可知，不同水分带间枯落物的分解速率差异明显（$P<0.05$），表现为常年积水带（PF 和 MG）的分解速率最大，分别为 0.0277 $month^{-1}$ 和 0.0266 $month^{-1}$；季节性积水带（WL 和Ⅻ）次之，分别为 0.0196 $month^{-1}$ 和 0.0175 $month^{-1}$；无积水带（Ⅺ）最小，为 0.0158 $month^{-1}$。而Ⅺ和Ⅻ中小叶章根系的分解速率则与之相反，其分解速率分别为 0.0435 $month^{-1}$ 和 0.0204 $month^{-1}$，前者为后者的 2 倍多。比较地上枯落物与根系的分解速率可知，Ⅺ中根系的分解速率明显大于各水分带上枯落物的分解速率，而 XZ 中根系的分解速率则与 WL 和Ⅻ中枯落物的分

解速率接近。总之，小叶章枯落物分解速率在不同水分带间及枯落物类型间差异明显，说明枯落物的性质及其环境条件是影响其分解速率的重要因素，这与 $W_t/W_0$ 差异分析的结果相吻合。

**表 6.36　不同水分带小叶章枯落物及根系分解速率常数值($k$)**

| 样点 | | $a$ | $k$ | $R^2$ |
|---|---|---|---|---|
| Shoots | Ⅺ | 0.906±0.028 | 0.0158±0.0042[c] | 0.701 |
| | Ⅻ | 0.892±0.032 | 0.0175±0.0050[bc] | 0.679 |
| | WL | 0.882±0.035 | 0.0196±0.0056[b] | 0.678 |
| | MG | 0.877±0.038 | 0.0266±0.0064[a] | 0.752 |
| | PF | 0.873±0.039 | 0.0277±0.0068[a] | 0.748 |
| Roots | Ⅺ | 0.892±0.047 | 0.0435±0.0089[a] | 0.822 |
| | Ⅻ | 0.883±0.037 | 0.0204±0.0060[b] | 0.664 |

注：Shoots，地上枯落物；Roots，根系。不同字母表示差异显著($P<0.05$)。

### 3. 残体营养元素含量变化特征

(1) 氮含量的变化特征

漂筏苔草和毛果苔草枯落物 N 的浓度在分解的第 1 个月内迅速增加至初始浓度的 2.5 倍和 2.3 倍，随后以相对较小的速率继续增加，至 480 天，其浓度分别增至初始浓度的 3.8 倍和 3.4 倍(图 6.81)。两种群落中小叶章枯落物 N 浓度的变化趋势基本一致。分解的第 1 个月，N 浓度均快速下降至初始浓度的 69%，随后又缓慢上升，至试验结束其浓度接近于初始浓度($C.V.<20\%$)(图 6.81)。480 天的分解期间，漂筏苔草和毛果苔草枯落物 N 绝对量的变化范围分别为初始量的 157%～226% 和 177%～237%，而小叶章枯落物 N 的相应值则为 56%～78%(D. aa)和 63%～91%(D. aa-Srb)，说明分解过程中 N 在漂筏苔草和毛果苔草枯落物中发生了净累积，而在小叶章枯落物中发生了净释放。

(2) 磷含量的变化特征

湿地枯落物 P 的浓度在分解进行的第 1 个月内均经历了一个明显的快速下降过程，P 浓度分别下降了 31%(C. pa)、13%(C. la)、37%(D. aa)和 54%(D. aa-Srb)(图 6.81)。随后的时间内，漂筏苔草枯落物 P 的浓度总体上呈继续下降趋势，毛果苔草和小叶章枯落物 P 的浓度呈波状变化，但总的趋势比较平稳，而小叶章－灌丛枯落物 P 的浓度略有上升(图 6.81)。480 天后，四种群落中枯落物 P 浓度较初始浓度的下降幅度分别为 56%、－5%、47% 和 24%。分解过程中，各类枯落物 P 绝对量的变化范围为初始量的 12%～80%，说明湿地枯落物 P 均发生了净释放，且湿地类型不同 P

的净释放强度也不相同($P=0.003$)。

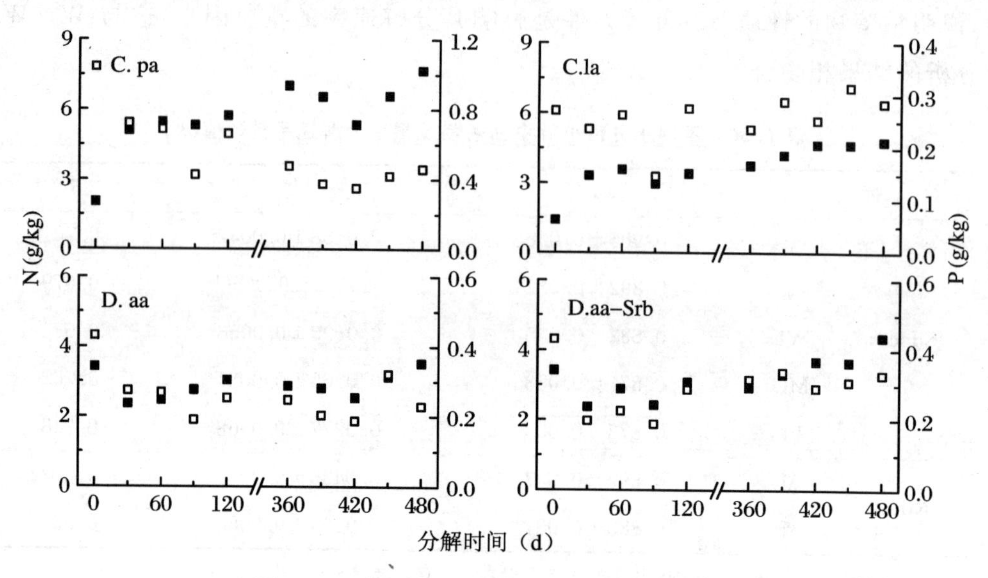


**图 6.81　分解过程中枯落物 N、P 含量的变化**

■：氮 nitrogen；□：磷 phosphorous

C. pa：漂筏苔草；C. la：毛果苔草；D. aa：沼泽化草甸小叶章；D. aa-Srb：湿草甸小叶章

(3) 硫含量的变化

由表 6.37 可知，在各投放点，枯落物残体中总硫浓度均呈波动变化，这种变化和干物质损失率呈线性相关关系，同时也受水分条件的制约，分解 450 天之后，在各投放点(从Ⅺ至 PF)枯落物残体中总硫浓度依次为 0.588 g/kg、0.508 g/kg、0.404 g/kg、

**表 6.37　分解过程中小叶章枯落物 TS 浓度和 C/S 的变化**

| 分解时间(d) | Ⅺ | | Ⅻ | | WL | | MG | | PF | |
|---|---|---|---|---|---|---|---|---|---|---|
| | TS (g/kg) | C/S | TS (g/kg) | C/S | TS (g/kg) | C/S | TS (g/kg) | C/S | TS (g/kg) | C/S |
| 0 | 0.659 | 612.62 | 0.659 | 612.62 | 0.659 | 612.62 | 0.659 | 612.62 | 0.659 | 612.62 |
| 30 | 0.267 | 1620.34 | 0.213 | 1956.17 | 0.194 | 2203.84 | 0.189 | 2329.27 | 0.237 | 1841.95 |
| 60 | 0.285 | 1498.74 | 0.309 | 1381.74 | 0.220 | 1964.65 | 0.208 | 2220.23 | 0.220 | 2059.85 |
| 90 | 0.293 | 1490.66 | 0.312 | 1431.75 | 0.230 | 1964.48 | 0.210 | 2151.10 | 0.186 | 2430.81 |
| 330 | 0.418 | 1026.07 | 0.551 | 798.78 | 0.337 | 1263.89 | 0.313 | 1363.63 | 0.269 | 1603.53 |
| 360 | 0.526 | 805.17 | 0.413 | 1028.79 | 0.438 | 1020.61 | 0.420 | 1008.44 | 0.408 | 1083.01 |
| 390 | 0.434 | 987.62 | 0.483 | 851.30 | 0.422 | 1029.52 | 0.287 | 1550.43 | 0.414 | 1070.47 |
| 420 | 0.777 | 573.14 | 0.483 | 900.79 | 0.425 | 1040.02 | 0.471 | 911.42 | 0.346 | 1269.59 |
| 450 | 0.588 | 701.59 | 0.508 | 828.35 | 0.404 | 1027.96 | 0.359 | 1197.15 | 0.306 | 1418.56 |

0.359 g/kg、0.306 g/kg，均低于初始浓度，且沿着水位梯度从洼地边沿向中心方向依次降低。在各投放点硫素的释放模式为：淋溶-固持-释放，其中枯落物残体中 C/S 是决定其释放模式的主要因素。当 C/S 高于 1620.34～2430.81 时，外源硫被固持；当 C/S 低于 805.17～1070.47 时，枯落物中的硫被释放。同时硫的释放和固持也受水分条件的影响，在分解过程中，硫的最大固持量沿着水位梯度由碟形洼地边沿到中心（从Ⅺ至 PF）依次为 81.36%、53.23%、49.89%、45.65%和 41.84%，呈逐渐减少的趋势，经 450 天的分解后，枯落物中总硫的残留率依次为 60.44%、49.26%、36.71%、32.30%和 26.96%，释放量逐渐增加，这可能与沼泽水可以为分解者提供有利的生活环境和丰富的营养物质有关。

**4. 影响因素分析**

（1）环境因素

图 6.82 为不同水分梯度上各深度土壤（水）温度、水深、pH 和沼泽水中营养物质的浓度在两个生长季（2004 年 6～10 月和 2005 年 5～9 月）的平均值。由图 6.82A 可看出，不同深度土壤（水）温度在不同水分带间均具有明显差异，且各系列深度的均值沿水分梯度带上的变化具有一致性，即自Ⅺ→Ⅻ→WL→MG→PF，各深度温度均值呈“V”形变化趋势，Ⅺ最高，WL 最低，MG 和 PF 较为接近，这反映了不同水分梯度带土壤（水）水热性质的差异。沿水分梯度上水位的变化也比较明显（图 6.82B），即自Ⅻ→WL→MG→PF 水位依次升高，Ⅻ水位的均值为 -10 cm，WL 的均值为 -1.2 cm，MG 和 PF 的均值较为接近，分别为 7.8 cm 和 10.2 cm，水分带间差异明显。不同水分带间沼泽水 pH 的均值在 5.5～6.2 之间变化，其趋势与水深相反，自Ⅻ→WL→MG→PF 依次降低，在水分带间差异显著（图 6.82 中 C）。不同水分带沼泽水中 $NH_4^+$、$NO_3^-$ 和 $PO_4^{3-}$ 浓度分别变化在 0.49～0.91 mg/L、0.028～0.074 mg/L 和 0.019～0.049 mg/L，在水分带间的差异均不显著（图 6.82 中 D～F）。相关分析表明，不同水分带上小叶章枯落物的分解速率与 5 cm 和 10 cm 土（水）温度以及水深呈显著正相关，与沼泽水 pH 具有弱的负相关，而与沼泽水中营养物质浓度的相关性较差（表 6.37）。这说明温度、水深及沼泽水 pH 是影响不同水分带上小叶章枯落物分解速率差异的制约因素，而沼泽水的营养浓度不是主导因素。

本试验中不同水分带上水深的差异反映了地表枯落物湿度的大小。MG 和 PF 处于常年淹水环境，故地表枯落物能经常保持较大的湿度和相对恒定的温度，为微生物分解提供了有利的条件。WL、Ⅻ和Ⅺ分别处于季节性淹水环境和无淹水环境，无论是淹水的深度和所经历的时间均小于 PF 和 MG，同时其土壤（水）温度的变化随季节和昼夜的变化也较大，微生物的活性可能受到不利影响。

关于湿地 pH 与枯落物分解速率的关系，前人研究认为，低 pH 抑制了微生物的活性而导致分解速率的下降，而本试验发现与之相反。其原因可能有两方面：① 本试验各水分带 pH 相对较小，沼泽水呈弱酸性反应，且水分带间的差异小于 1 个单位，可能对分解者活性的影响没有达到显著程度；② 水深的影响强烈，而水深的变化梯度与 pH 的变化梯度方向相反，水深的影响可能掩盖了 pH 对分解速率的抑制作用。

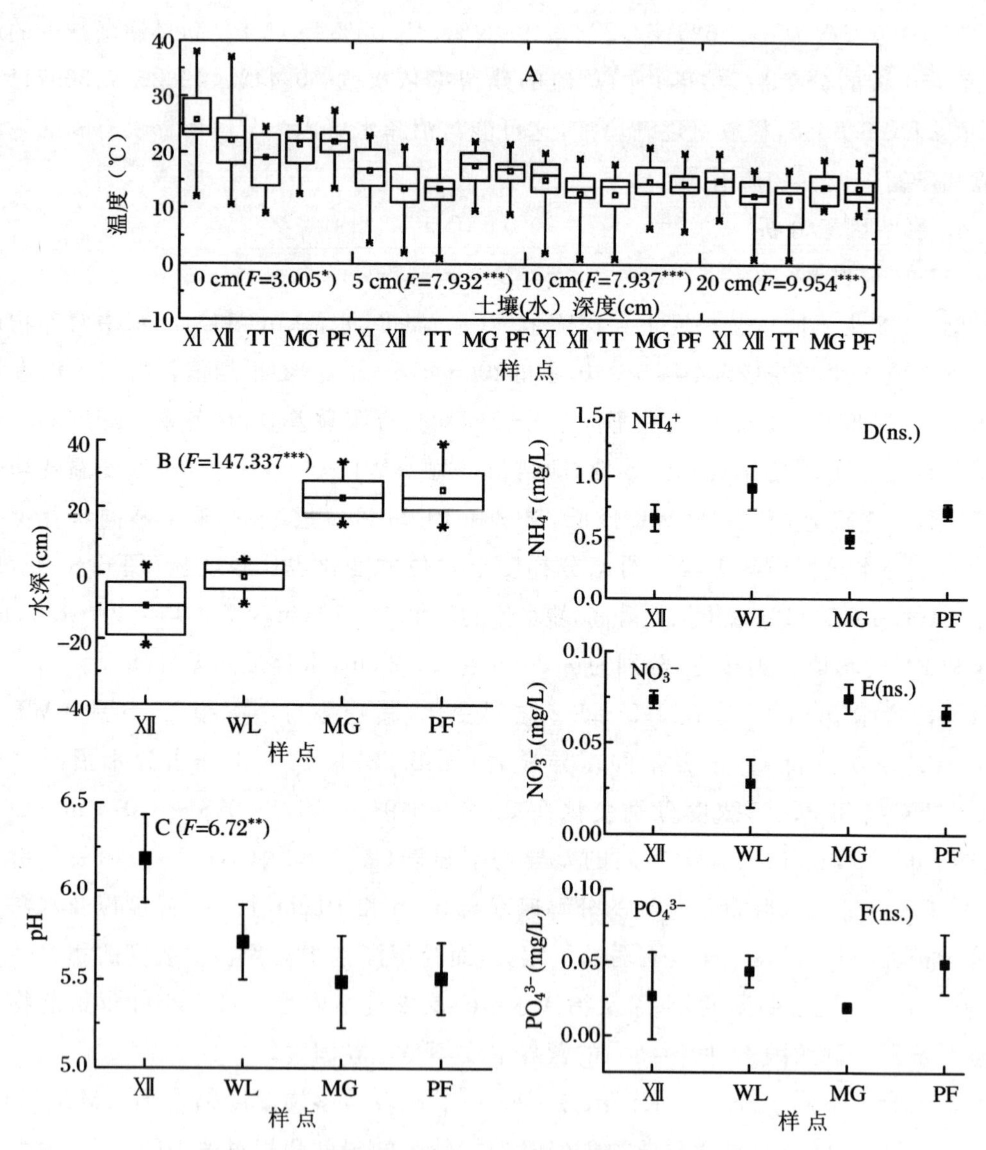


**图 6.82 不同水分梯度带土壤(水)温度(A)、水深(B)、pH(C)和沼泽水中营养物质的浓度(D～F)**

*：$P<0.05$；**：$P<0.01$；***：$P<0.001$；ns.：$P>0.05$。误差标志线为 ± 标准误差

相对于凋落物而言，异养生物具有较高的氮、磷浓度，从而维持微生物活性的营养需求通常要超出凋落物的供应。因此，在湿地生态系统中，溶解在沼泽水中的无机

营养就成为分解速率的重要决定因素。然而，本试验未发现沼泽水中营养物质的浓度对小叶章枯落物分解速率的明显影响，这可能与不同水分带间沼泽水营养浓度的差异并不十分显著有关。

此外，Ⅺ中根系的分解速率明显高于Ⅻ中的分解速率，其原因除了二者土（水）温度的明显差异外（图 6.82 中 A），水分条件的差异也是主要影响因素。Ⅻ水分过高，土壤经常饱和或过饱和，还原条件强烈，较低的氧化还原电位使土壤微生物的好氧分解受阻，分解速率下降。

（2）枯落物性质

表 6.38 指明小叶章枯落物与根系分解速率因物质类型而异，说明二者化学性质对分解速率的差异具有显著影响。一般来说，具有高 C/N 的物质分解较慢，而低 C/N 的物质分解较快。本试验中所用小叶章枯落物和根系的初始 C/N 分别为 78 和 51，前者明显大于后者，从而导致其分解速率较小。

**表 6.38　不同水分带上小叶章枯落物分解速率（$k_{Shoots}$）与环境因子的相关系数**

| 相关系数 | 土壤（水）温度 | | | | 水深 | pH | $NH_4^+$ | $NO_3^-$ | $PO_4^{3-}$ |
|---|---|---|---|---|---|---|---|---|---|
| | 0 cm | 5 cm | 10 cm | 20 cm | | | | | |
| $k_{Shoots}$ | 0.764 | 0.954* | 0.954* | 0.914 | 0.973* | −0.885 | −0.448 | 0.341 | 0.110 |

注：*，$P<0.05$。

## 四、沼泽湿地系统植物残体碳、氮、硫、磷现存量的计算

生态系统枯落物的现存量是一个动态变化量，因枯落物的输入而累积，因其分解而损失，在数值上取决于二者之和。对于一个稳定的生态系统而言，枯落物的现存量最终趋向于一稳定值。其计算过程如下：

设 $t$ 为时间（年），$x(t)$ 为地面枯落物的现存量，$g(t)$ 为每年枯落物的输入量，$k(t)$ 为年分解速率，则有

$$\frac{dx(t)}{dt} = g(t) - k(t) \cdot x(t) \tag{1}$$

$$x(t) = \exp\left(-\int_{t_0}^{t} k(s)ds\right) \cdot \left[x(t_0) + \int_{t_0}^{t} g(u) \cdot \exp\left(\int_{t_0}^{t} k(s)ds\right)du\right] \tag{2}$$

由于分解速率季节变化明显而年际变化较小，因此 $k(t)$ 可看作常数 $\alpha$，则剩余率 $\beta = 1 - \alpha$。

每年输入的枯落物经若干年后才能分解完全，因此 $t$ 年后枯落物累积量可假设为 $x_n(t)(n = 0,1,2,\cdots)$，$x_0(t)$ 为第 $t$ 年输入量，$x_1(t)$ 为第 $t-1$ 年输入量经分解损

失后的剩余量，依次类推。现假设一个初始状态，$x(0)$为该状态下枯落物的干物质总量，$x$为多年平均枯落物年生产量。据此，至$t$年春季枯落物的累积量，即现存量为

$$x(t)=x_0(t)+x_1(t)+\cdots x_n(t)+\cdots$$

$$=x\cdot\sum_{0}^{t-1}\beta''+\beta'x(0)=\frac{x}{1-\beta}\cdot(1-\beta')+\beta'x(0) \quad (3)$$

当$t\to\infty$时，$x(t)=\frac{x}{1-\beta}$。

从式(1)可看出，只要枯落物的年输入量和年输出量稳定，不论初始状态如何，枯落物的累积量都能达到稳定值$x_{st}$：

$$x_{st}=\frac{x}{1-\beta} \quad (4)$$

由前述可知，在Ⅺ和Ⅻ中小叶章地上枯落物的年分解速率分别为0.215和0.226，而其年枯落物生产量为1066.8 g/m$^2$和694.5 g/m$^2$，由此计算出小叶章湿草甸和小叶章沼泽化草甸中地上枯落物的现存量分别为4961.8 g/m$^2$和3073.1 g/m$^2$，枯落物C含量取其分解过程中的平均值45.5%和44.9%，由此计算出两种小叶章湿地地上植物残体的C库现存量分别为2257.6 g/m$^2$和1379.7 g/m$^2$。小叶章根系在Ⅺ和Ⅻ中的年分解速率分别为0.522和0.245，残体C含量取其分解过程中的平均值42.1%和42.5%，由此计算出两种小叶章湿地地下植物残体的C库现存量分别为1398.8 g/m$^2$和4224.9 g/m$^2$。据此方法计算，两种小叶章湿地地上枯落物中氮、硫、磷储量分别为15.80 g/m$^2$和9.47 g/m$^2$、2.73 g/m$^2$和0.97 g/m$^2$、1.81 g/m$^2$和1.02 g/m$^2$；地下植物残体氮、硫、磷的储量分别为25.32 g/m$^2$和63.7 g/m$^2$、22.74 g/m$^2$和5.28 g/m$^2$、2.78 g/m$^2$和4.89 g/m$^2$。同样方法计算，毛果苔草和漂筏苔草地上枯落物碳、氮、硫、磷的现存量分别为1021.5 g/m$^2$、7.14 g/m$^2$、0.80 g/m$^2$、0.58 g/m$^2$(毛果苔草)和915.4 g/m$^2$、11.41 g/m$^2$、0.71 g/m$^2$、0.89 g/m$^2$(漂筏苔草)。具体计算过程及结果见表6.39。该结果表明，相对于非淹水湿地而言，淹水湿地具有更强的截留大气碳和储存氮、硫、磷等营养物质的能力，尤其是其地下部分对碳、氮、硫、磷库存量的贡献高于非淹水湿地。这说明，水分管理对于湿地营养物质的调控和减缓温室气体效应方面具有重要意义。

**表6.39 沼泽湿地系统地上和地下残体碳、氮、硫、磷库现存量**

| 项目 | 地上 | | | | 地下(0～60 cm) | | | |
|---|---|---|---|---|---|---|---|---|
| | Ⅺ | Ⅻ | MG | PF | Ⅺ | Ⅻ | MG | PF |
| 年输入量(g/m$^2$) | 1066.8 | 694.5 | 540.8 | 494.2 | 1734.4 | 2508.3 | 1859.4 | 1942.7 |
| 年分解速率(g/(g·a)) | 0.215 | 0.226 | 0.234 | 0.237 | 0.522 | 0.245 | 0.245£ | 0.245£ |

续表

| 项目 | | 地上 | | | | 地下(0～60 cm) | | | |
|---|---|---|---|---|---|---|---|---|---|
| | | Ⅺ | Ⅻ | MG | PF | Ⅺ | Ⅻ | MG | PF |
| 现存量($g/m^2$) | | 4961.8 | 3073.1 | 2311.1 | 2085.2 | 3322.7 | 9940.9 | 7589.4 | 7929.4 |
| C | 平均C含量(%) | 45.5 | 44.9 | 44.2 | 43.9 | 42.1 | 42.5 | 44.98¥ | 44.21¥ |
| | C库现存量($g/m^2$) | 2257.6 | 1379.7 | 1021.5 | 915.4 | 1398.8 | 4224.9 | 3413.5 | 3505.2 |
| N | 平均N含量(mg/kg) | 4287.9 | 4448.4 | 3090.2 | 5471.0 | 7620.3 | 6409.8 | 6557.3¥ | 6765.8¥ |
| | N库现存量($g/m^2$) | 15.80 | 9.47 | 7.14 | 11.41 | 25.32 | 63.72 | 49.8 | 53.6 |
| S | 平均S含量(mg/kg) | 550.2 | 315.6 | 346.2 | 338.3 | 824.6 | 531.1 | 1294.5¥ | 1294.5¥ |
| | S库现存量($g/m^2$) | 2.73 | 0.97 | 0.80 | 0.71 | 2.74 | 5.28 | 9.82 | 10.26 |
| P | 平均P含量(mg/kg) | 363.8 | 331.9 | 251.5 | 430.6 | 836.9 | 492.4 | 970.9¥ | 783.1¥ |
| | P库现存量($g/m^2$) | 1.81 | 1.02 | 0.58 | 0.89 | 2.78 | 4.89 | 7.37 | 6.21 |

注:£,MG和PF地下分解及残体元素含量数据缺失,因MG、PF与Ⅻ所处环境的水分状况近似,故此处引用Ⅻ地下根系的分解速率;¥,由于挖掘法得到的地下根系生物量包括一部分死亡根系,故此处数据引用生长期内相应植物地下根系元素含量的平均值来近似代表根系分解过程中的平均含量。

# 参考文献

[1] Clarkson D T, Smith F W, Berg P J V. Regulation of sulphate transport in a tropical legume, Macroptilum alropurprueum cv. Siratro[J]. Journal of Experimental Botany, 1983, 34(148): 1463-1483.

[2] Datta S C. Ecology of plant populations Ⅱ Reproduction[C]// Gopal B. Ecology and management of aquatic vegetation in the Indian Subcontinent The Neitherlands. Kluwer Academic publishers, 1990: 105-125.

[3] Dixon R K, Krankina O N. Can the Terrestrial Biosphere be Managed to Conserve and Sequester Carbon? In Carbon Sequestration in the Biosphere: Processes and Prospects[M]. Heidelberg: Springer-Verlag, 1995: 153-179.

[4] 方精云,柯金虎,唐志尧,等. 生物生产力的"4P"概念、估算及其相互关系[J]. 植物生态学报,2001,25(4):414-419.

[5] 高俊琴,吕宪国,李兆富. 三江平原湿地冷湿效应研究[J]. 水土保持学报,2002,16(4):149-151.

[6] 韩兴国,李凌浩,黄健辉. 生物地球化学概论[M]. 北京:高等教育出版社, 海德堡:斯普林格出版

社,1999.

[7] Haraguchi A, Kojima H, Hasegawa C, et al. Decomposition of organic matter in peat soil in a minerotrophic mire[J]. European Journal of Soil Biology, 2002, 38: 89-95.

[8] 何池全.三江平原毛果苔草湿地生物过程Ⅰ:种群地上生物量的增长规律[J].中国草地,2001,23(4):11-16.

[9] 黄昌勇.土壤学[M].北京:中国农业出版社,1999.

[10] 何琏.中国三江平原[M].哈尔滨:黑龙江科学技术出版社,2000.

[11] 汲玉河.三江平原湿地典型植物群落物种多样性变化特征[D].北京:中国科学院研究生院,2004.

[12] Koerselman W, Masscheleyn A F M. Vegetation N : P ratio: a new tool to detect the nature of nutrient limitation[J]. Appl. Ecology, 1996, 33: 1441-1450.

[13] Lenssen J P M, Menting F B J, Van Der Putten W H, et al. Effects of sediment type and water level on biomass production of wetland plant species[J]. Aquatic Botany, 1999, 64: 151-165.

[14] 李学垣.土壤化学[M].北京:高等教育出版社,2001.

[15] 刘景双,孙雪利,于君宝.三江平原小叶章、毛果苔草枯落物中氮素变化分析[J].应用生态学报,2000,11(6):898-902.

[16] 马克平,周瑞昌,张悦.三江平原小叶章草地地上生物量组成结构与季节动态的研究[J].中国草地,1993,2:27-31.

[17] 马克平,张悦,周瑞昌.三江平原小叶章草地地上生物量季节型模式的研究[J]. 中国草地, 1991, 2:4-8,13.

[18] 马克平,周瑞昌,郭亚胜.小叶章草甸地下生物量形成规律的研究[J].草业科学,1992,9(2):24-28,33.

[19] Moore T R, Trofymow J A, et al. Litter decomposition rates in Canadian forests[J]. Global Change Biology, 1999, 5: 75-82.

[20] Neill C. Effects of nutrients and water levels on emergent macrophyte biomass in a prairie marsh [J]. Canadian Journal of Botany, 1990, 68: 1007-1014.

[21] Pezeshki S R, DeLaune R D, Kludze H K, et al. Photosynthetic and growth responses of cattail (Typha domingensis) and saw grass (Cladium jamaicense) to soil redox conditions[J]. Aquat. Bot., 1996, 54: 25-35.

[22] Tessier J T, Raynal D J. Use of nitrogen to phosphorous ratios in plant tissue as an indicator of nutrient limitation and nitrogen saturation[J]. Journal of Applied Ecology, 2003, 40(3): 523-534.

[23] 王世岩,杨永兴.三江平原小叶章枯落物分解动态及其分解残留物中磷素季节动态[J].中国草地,2000,6:6-10.

[24] 温达志,魏平,张佑昌,等.鼎湖山南亚热带森林细根分解干物质损失和元素动态[J].生态学杂志,1998,17(2):1-6.

[25] 徐建华.现代地理学中的数学方法[M].北京:高等教育出版社,2002.

[26] 杨利平,周晓峰.细叶百合的生物量和应用分配[J].植物生态学报,2004,28(1):138-142.

[27] 宇万太,于永强.植物地下生物量研究进展[J].应用生态学报,2001,12(6):927-932.

[28] 沼田真.草地调查法手册[M].北京:科学出版社,1986.

# 第七章　湿地土壤-植物系统中碳、氮、硫、磷的释放过程

## 第一节　湿地土壤-植物系统土壤碳的释放过程

### 一、沼泽湿地系统 $CO_2$、$CH_4$ 的释放

**1. 生长季沼泽湿地系统 $CO_2$、$CH_4$ 的释放特征**

(1) 毛果苔草、漂筏苔草湿地系统 $CO_2$、$CH_4$ 的释放特征

① $CO_2$ 通量的季节变化

如图 7.1 所示，生长季初期，随着气温的回升，植物的快速生长，毛果苔草(MG)、漂筏苔草(PF)湿地系统的呼吸作用迅速增加，相继达到全年排放的峰值。但由于群落间植物类型和环境因素的不同，二者达到峰值的时间略有差异。毛果苔草湿地呼吸通量的最大值(1038.809 mg/($m^2$ · h))出现在 6 月下旬，峰值过后，排放通量迅速降低，并于 7 月中旬再次达到峰值，之后，由于气温降低以及植物的枯死，呼吸通量逐渐降低。漂筏苔草湿地的呼吸通

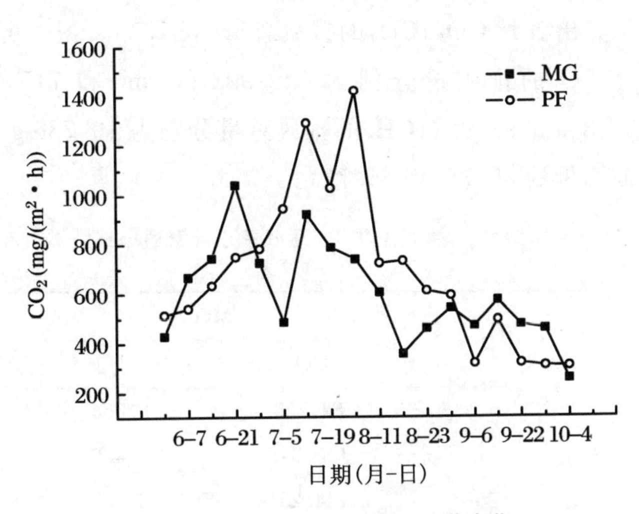


图 7.1　生长季 $CO_2$ 通量的季节变化

量在7月中旬达峰值后略有降低，并于7月下旬达最大值(1420.47 mg/($m^2$ · h))。虽然二者之间呼吸通量的季节变化存在差异，但并未达到显著水平($F$ = 2.267，$P$ = 0.141)。根据排放变化特征，逐时段累加估算出生长季毛果苔草、漂筏苔草湿地$CO_2$的总排放量分别为620.992 gC/$m^2$和715.648 gC/$m^2$。

② $CH_4$通量的季节变化

毛果苔草、漂筏苔草湿地在生长季内的$CH_4$排放通量均有着明显的季节变化(图7.2)，其变异系数分别为55.0%和50.4%。6月份，由于气温、地温迅速升高，$CH_4$排放通量逐渐增大。7月、8月是$CH_4$排放的集中期，毛果苔草、漂筏苔草湿地分别于7月下旬和8月中旬达到排放峰值(29.014 gC/$m^2$ 和 22.102 mgC/($m^2$ · h))。9月份，随着温度的降低，植物的枯死，其排放通量逐渐降低。根据排放通量的变化特征，逐时段累加估算出生长季毛果苔草、漂筏苔草湿地$CH_4$的排放总量分别为10.736 gC/$m^2$和11.863 gC/$m^2$。

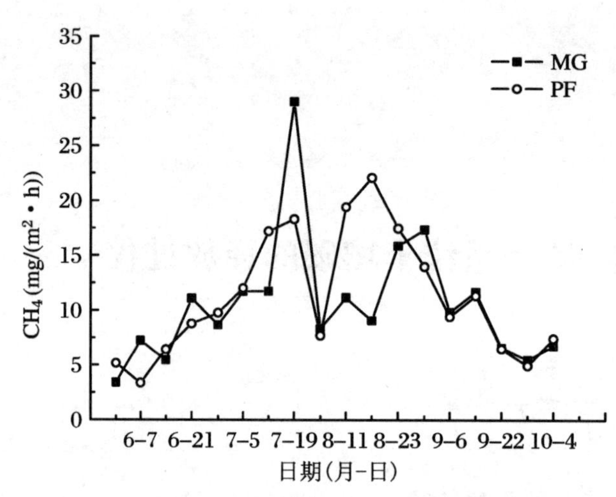


图 7.2 生长季 $CH_4$ 通量的季节变化

③ 生长季毛果苔草、漂筏苔草湿地系统碳释放量估算

根据生长季毛果苔草、漂筏苔草湿地系统$CO_2$、$CH_4$的排放特征，逐时段累加可估算出各月$CO_2$、$CH_4$的排放总量(表7.1)。据表可知，生长季毛果苔草、漂筏苔草湿地$CO_2$的排放量分别为620.992 gC/$m^2$和715.648 gC/$m^2$，占全年排放总量的91.8%和92.9%；$CH_4$的排放总量分别为10.736 gC/$m^2$和11.863 gC/$m^2$，占全年排放总量的89.7%和85.7%。

表 7.1 生长季小叶章湿地系统 $CO_2$ 和 $CH_4$ 释放量估算

单位：gC/$m^2$

| 月份 | MG | | PF | |
|---|---|---|---|---|
| | $CO_2$ | $CH_4$ | $CO_2$ | $CH_4$ |
| 5 | 84.255 | 0.668 | 101.123 | 1.009 |
| 6 | 145.349 | 1.486 | 123.810 | 1.298 |
| 7 | 134.281 | 2.785 | 214.475 | 2.529 |
| 8 | 116.689 | 2.915 | 149.959 | 4.072 |

续表

| 月份 | MG | | PF | |
|---|---|---|---|---|
| | $CO_2$ | $CH_4$ | $CO_2$ | $CH_4$ |
| 9 | 90.668 | 1.554 | 66.142 | 1.494 |
| 10 | 49.750 | 1.329 | 60.140 | 1.460 |
| 5～10 | 620.992 | 10.736 | 715.648 | 11.863 |

(2) 小叶章湿地系统 $CO_2$、$CH_4$ 的释放特征

① $CO_2$ 通量的季节变化

从图 7.3 可以看出，湿地生态系统呼吸无论是在变化动态还是通量强度上都因湿地类型及植物的不同生长阶段而异。

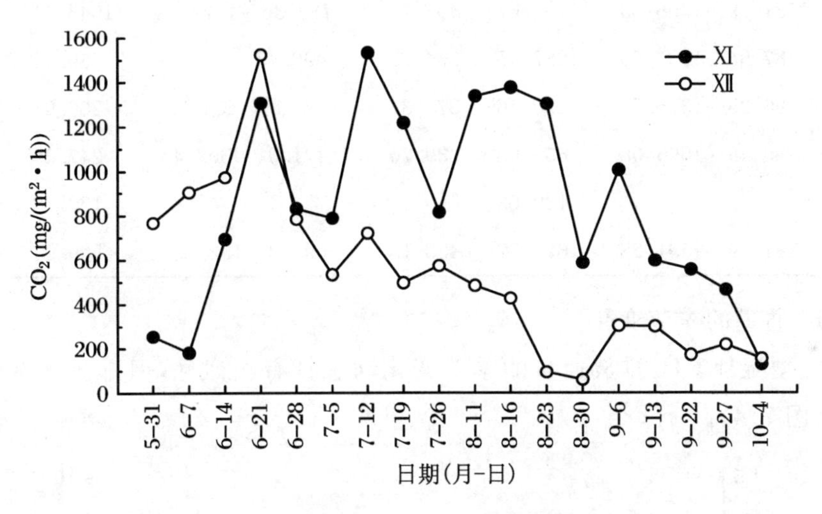


图 7.3　生长季湿地系统 $CO_2$ 通量的季节变化

5～6 月，随着气温升高，植物生物量增长迅速，两种湿地生态系统的呼吸通量迅速增加，并相继进入全年 $CO_2$ 高释放期。6 月为沼泽化草甸小叶章湿地(Ⅻ)生态系统呼吸通量高值的集中期，最大呼吸通量为 1522.88 mg/($m^2$・h)，而典型草甸小叶章湿地(Ⅺ)生态系统呼吸通量的高值区主要集中在 7、8 月份，7 月出现最大呼吸通量(1531.28 mg/($m^2$・h))。产生这种差异的主要原因是 6 月降水较往年偏少，无淹水湿地土壤的水分含量较低，限制了土壤呼吸强度，同时也影响到植物的生长状况，而季节性淹水湿地此时的土壤含水量仍较大，加之气温较高，适宜的水热条件促进了土壤呼吸活动和植物生长的进行。7、8 月份降水增加，又值植物生长旺期，优越的水热条件使Ⅺ土壤微生物活动旺盛，系统呼吸通量增加；而此间季节性积水的Ⅻ地下水位上升，地表开始出现淹水，土壤厌氧还原作用加强，从而抑制了根系自养呼吸和土壤微生物异养呼吸活动的进行，进而导致系统呼吸通量的下降。9～10 月，由于气温降

低，植物生长进入衰亡期，干枯物增加，生态系统呼吸通量明显降低。总体来看，在植物生长季（5～10 月），Ⅺ的平均呼吸通量（831.78±438.15 mg/(m$^2$·h)）明显大于Ⅻ（526.48±373.87 mg/(m$^2$·h)）（$P<0.05$）（表 7.2）。分时段累加计算出生长季Ⅺ的生态系统呼吸通量为 798.05 gC/m$^2$，Ⅻ为 610.02 gC/m$^2$。可见，水分条件的差异是两种湿地生态系统呼吸季节变化动态和通量强度产生分异的主要决定因素。

**表 7.2 生长季湿地生态系统 $CO_2$ 通量的季节变化范围、均值及标准差**

单位：mg/(m$^2$·h)

| 季节 | Ⅺ | | | Ⅻ | | |
|---|---|---|---|---|---|---|
| | 范围 | 均值 | 标准差 | 范围 | 均值 | 标准差 |
| 5 | | 253.85 | | | 766.89 | |
| 6 | 181.19～1306.03 | 752.67 | 462.74 | 783.36～1522.89 | 1045.11 | 327.86 |
| 7 | 787.98～1531.28 | 1087.85 | 354.73 | 496.47～719.43 | 580.21 | 97.86 |
| 8 | 586.35～1375.71 | 1150.56 | 377.31 | 59.13～484.39 | 266.01 | 220.64 |
| 9 | 465.49～1006.08 | 656.08 | 239.70 | 171.01～302.43 | 247.68 | 64.50 |
| 10 | | 129.62 | | | 153.78 | |
| 5～10 | 181.19～1531.28 | 671.77 | 438.15 | 59.13～1522.89 | 509.94 | 373.87 |

② $CH_4$ 通量的季节变化

两种类型湿地 $CH_4$ 排放通量的季节变化动态具有相似性，但排放强度则因湿地类型而异（图 7.4）。

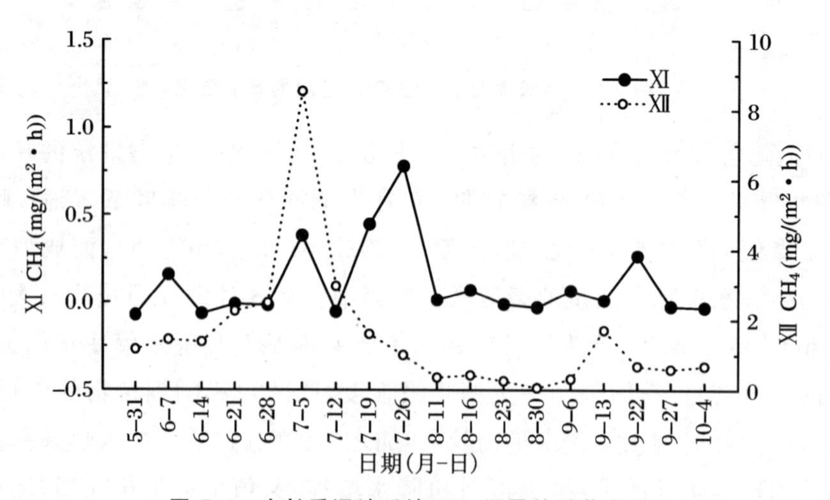


**图 7.4 生长季湿地系统 $CH_4$ 通量的季节变化**

6 月由于气温升高，两种类型湿地 $CH_4$ 的排放逐渐加强，7 月初Ⅻ达最大排放值（8.541 mg/(m$^2$·h)），而Ⅺ在 7 月末达最大排放值（0.779 mg/(m$^2$·h)）。两类湿地分别在7月先后出现$CH_4$排放的最大值，可能是由不同原因造成的。Ⅻ $CH_4$通量的极大值可能与湿地土壤冻层的融通有关。根据实际观测，Ⅻ土壤冻层在7月中旬融通。冻层的融通可使土壤中累积的$CH_4$出现集中、脉冲式排放，表现为短时期内气体通量以较大幅度突然增加。而Ⅺ出现$CH_4$通量的极大值则可能与短期降雨事件有关。8月$CH_4$排放量较低，其通量范围分别为−0.029～0.069 mg/(m$^2$·h)和0.056～0.415 mg/(m$^2$·h)，为整个生长季的低排放期。这可能与8月频繁的降雨，土壤温度较低，对土壤微生物活性产生不利影响有关。9月土壤含水量较高，Ⅻ 地表淹水，$CH_4$排放量又有所上升，并出现了一个小排放峰。总之，在季节排放峰值特征上，Ⅻ有两次明显的$CH_4$排放峰，分别出现在7月初和9月中，而Ⅺ $CH_4$排放的变化动态较为复杂，有多个峰值出现，并且有一半观测时间点的通量为负值，表明Ⅺ土壤在向大气排放$CH_4$的同时又吸收消耗大气中的$CH_4$，最大吸收值为−0.073 mg/(m$^2$·h)。生长季(5～10月)Ⅺ $CH_4$平均排放通量为0.104±0.227 mg/(m$^2$·h)，Ⅻ为1.542±1.932 mg/(m$^2$·h)，后者明显大于前者($P<0.05$)，与生态系统呼吸通量相反(表7.3)。说明过湿或淹水的土壤环境中，微生物对有机质的厌氧分解相对占据优势，从而促进$CH_4$的生成而使好氧呼吸活动受到一定的抑制。分时段累加计算出植物生长季Ⅺ $CH_4$的排放量为0.254 gC/m$^2$，Ⅻ为4.197 gC/m$^2$。可见，生长季季节性淹水湿地$CH_4$的排放量明显高于非淹水湿地的排放量。

**表7.3　生长季湿地生态系统$CH_4$通量的季节变化范围、均值及标准差**

单位：mg/(m$^2$·h)

| 季节 | Ⅺ | | | Ⅻ | | |
|---|---|---|---|---|---|---|
| | 范围 | 均值 | 标准差 | 范围 | 均值 | 标准差 |
| 5 | | −0.073 | | | 1.152 | |
| 6 | −0.065～0.159 | 0.017 | 0.098 | 1.361～2.483 | 1.878 | 0.569 |
| 7 | −0.054～0.779 | 0.389 | 0.343 | 0.990～8.541 | 3.523 | 3.447 |
| 8 | −0.029～0.069 | 0.011 | 0.043 | 0.056～0.415 | 0.269 | 0.157 |
| 9 | −0.025～0.266 | 0.080 | 0.129 | 0.309～1.701 | 0.814 | 0.610 |
| 10 | | −0.031 | | | 0.671 | |
| 5～10 | −0.065～0.779 | 0.104 | 0.227 | 0.056～8.541 | 1.542 | 1.932 |

③ 湿地$CO_2$、$CH_4$释放与环境及生物因子的关系

温度是影响湿地生态系统呼吸及$CH_4$排放通量的重要环境因子。本研究中两种类型小叶章湿地生态系统呼吸通量均与气温呈显著正相关关系($P<0.05$)，Ⅺ的呼吸通量与10 cm地温显著相关($P<0.05$)，表现为呼吸通量随着气温及地温的上升呈指数形式增加(图7.5)，而Ⅻ则与10 cm地温的相关性并不明显($P>0.05$)。生态系

统呼吸与温度的指数相关关系是植物呼吸和微生物对温度响应的综合体现。然而，$CO_2$呼吸通量与温度的变化曲线并非完全吻合，说明温度不是影响湿地$CO_2$通量变化的唯一因素，$CO_2$通量还同时受到其他因素的影响。已往的研究表明，除温度之外的其他因素，如土壤含水量和生物量的变化对呼吸通量均具有重要影响。相关分析表明，土壤含水量与呼吸通量的相关性甚小（$P>0.05$），而通过多元回归分析发现，植物的地上生物量与呼吸通量具有一定的相关性，但这种相关性不如气温的影响显著（表 7.4）。这进一步说明温度的变化是影响湿地生态系统呼吸通量模式变化的主要因素。

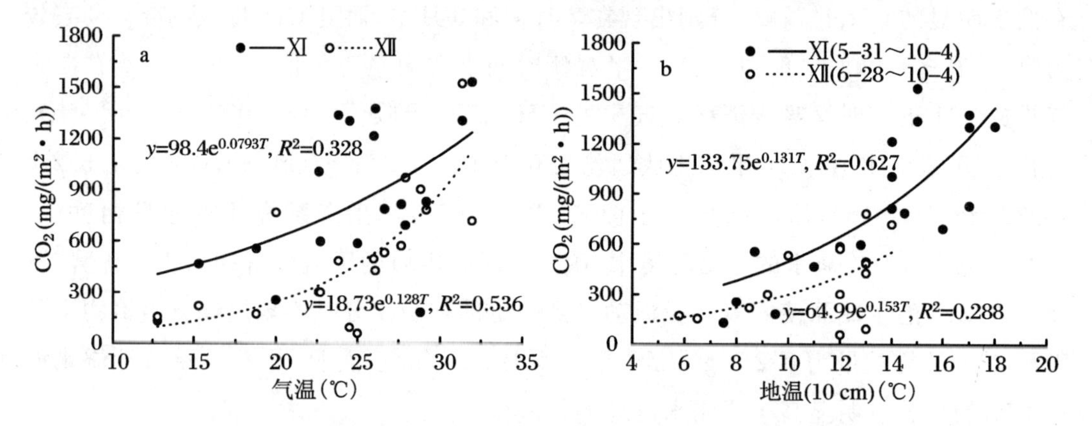


图 7.5 生长季湿地系统 $CO_2$ 通量与气温、10 cm 地温之间的关系

表 7.4 $CO_2$的月均释放速率与气温及地上生物量的多元回归

| | Ⅺ（$R^2=0.836$） | | | Ⅻ（$R^2=0.899$） | | |
|---|---|---|---|---|---|---|
| | 非标准化系数 | 标准化系数 | Sig. | 非标准化系数 | 标准化系数 | Sig. |
| $B$ | −576.58 | | 0.110 | −94.55 | | 0.759 |
| 气温 | 37.93 | 0.633 | 0.049 | 51.11 | 1.020 | 0.038 |
| 生物量 | 0.565 | 0.505 | 0.083 | −0.955 | −0.792 | 0.071 |

除Ⅻ的$CH_4$通量与气温呈显著正相关外（$P<0.05$）（图 7.6），两种湿地$CH_4$通量与土壤(10 cm)温度的相关性较差（$P>0.05$）。这反映了$CH_4$的产生与排放还受到温度和其他协同因子的共同影响，其中土壤含水量和植物生物量是比较重要的两个因素。多元回归分析发现，Ⅺ $CH_4$通量的季节变化明显受温度和植物地上生物量的共同影响，对Ⅻ而言，气温是主要影响因素，植物地上生物量的贡献也较高，而土壤含水量对两类湿地$CH_4$通量季节变化的影响均较低（表 7.5）。这可能与观测期降雨的季节分配有关。5～7 月，降雨偏少，Ⅺ和Ⅻ土壤含水量的变异系数分别为 21.8% 和 27.8%，而同时期土壤(10 cm)温度的变异系数分别为 23.5% 和 29.4%，水分的变化

相对于温度的变化较小，$CH_4$通量响应温度的敏感性可能掩盖了其对水分变化的响应程度。$CH_4$释放速率随温度的变化多被认为呈指数形式，与产$CH_4$菌活性联系在一起，而湿地水分多被认为与$CH_4$产生和排放所处的氧化还原条件关系密切。8月份，虽然降水强度较高，湿地土壤含水量增加迅速，但由于晚上气温的降低抑制了产$CH_4$菌的活性，因此在一定程度上削弱了$CH_4$通量响应水分变化的敏感性。

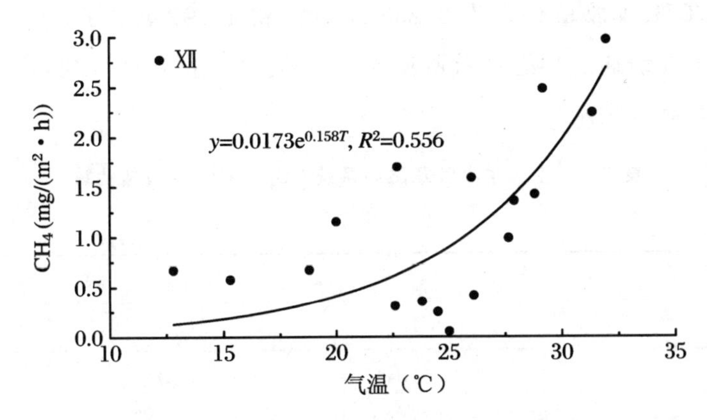


图 7.6　生长季Ⅻ $CH_4$ 通量与气温的关系

表 7.5　$CH_4$的月释放速率与环境因子及地上生物量的多元回归

| | Ⅺ($R^2$ = 0.861) | | | Ⅻ($R^2$ = 0.998) | | |
|---|---|---|---|---|---|---|
| | 非标准化系数 | 标准化系数 | Sig. | 非标准化系数 | 标准化系数 | Sig. |
| B | −1.208 | | 0.050 | −0.472 | | 0.317 |
| 气温 | 0.049 | 2.072 | 0.023 | 0.113 | 1.680 | 0.050 |
| 10 cm 地温 | −0.098 | −2.535 | 0.020 | −0.174 | −1.598 | 0.083 |
| 含水量 | 0.016 | 0.684 | 0.083 | −0.000 | 0.029 | 0.776 |
| 生物量 | 0.001 | 2.174 | 0.028 | 0.001 | 0.474 | 0.197 |

从呼吸通量和$CH_4$排放强度来看，前者表现为非淹水湿地高于淹水湿地，后者则相反，这种差异是诸多因素综合作用的结果。土壤性质及其营养状况不仅决定了为植物生长提供营养物质的水平，同时也决定了为土壤微生物提供能量和基质的数量。无论是有机质含量还是氮、磷等营养物质含量，上层土壤均为淹水湿地高于非淹水湿地。但由于非淹水湿地所处的强氧化环境以及具有较高的地上生物量，二者共同决定了其具有较高的生态系统呼吸强度。但在强还原条件下，淹水湿地土壤中含有大量未分解完全的植物残体，这为产$CH_4$菌提供了丰富的易利用性可还原基质，同时其产生的$CH_4$在向大气传输过程中也因强还原环境而损失比例相对较小，致使$CH_4$排放强度相对较高。相反，非淹水湿地由于土壤的氧化环境强烈，$CH_4$产生和传输能力

较弱，有一半的观测时间内反而吸收消耗大气中的$CH_4$，致使$CH_4$排放强度远低于淹水湿地。

④ 生长季小叶章湿地系统碳释放量估算

根据两类湿地生态系统呼吸通量与$CH_4$排放通量的季节变化特征，逐月计算其总释放量，并最终累加计算得到生长季Ⅺ和Ⅻ的总呼吸通量分别为798.05 gC/m$^2$和610.02 gC/m$^2$，$CH_4$排放量分别为0.253 gC/m$^2$和4.197 gC/m$^2$（表7.6）。可见，生长季季节性淹水湿地通过生态系统呼吸损失的碳少于非淹水湿地，而通过$CH_4$形式损失的碳多于非淹水湿地。

**表7.6 生长季小叶章湿地系统$CO_2$和$CH_4$释放量估算**

单位：gC/m$^2$

| 月份 | Ⅺ | | Ⅻ | |
|---|---|---|---|---|
| | $CO_2$ | $CH_4$ | $CO_2$ | $CH_4$ |
| 5 | 51.51 | −0.041 | 155.61 | 0.643 |
| 6 | 148.81 | 0.008 | 201.80 | 1.036 |
| 7 | 215.74 | 0.252 | 118.10 | 1.557 |
| 8 | 231.70 | 0.004 | 56.23 | 0.147 |
| 9 | 123.98 | 0.048 | 47.08 | 0.439 |
| 10 | 26.30 | −0.017 | 31.20 | 0.374 |
| 5～10 | 798.05 | 0.253 | 610.02 | 4.197 |

## 2. 非生长季沼泽湿地系统$CO_2$、$CH_4$的释放特征

（1）毛果苔草、漂筏苔草湿地系统$CO_2$、$CH_4$的释放特征

① $CO_2$的通量特征

如图7.7所示，非生长季毛果苔草、漂筏苔草湿地系统均有$CO_2$排放，说明冬季三江平原湿地土壤仍有微生物活动。但$CO_2$排放具有季节变化特征，主要表现在：随着气温的降低和植物的枯死，毛果苔草、漂筏苔草湿地系统的呼吸作用逐渐降低，$CO_2$排放速率在1月中旬达最低值，分别为16.47 mg/(m$^2$·h)、10.71 mg/(m$^2$·h)。达到最低值后，排放通量又开始逐渐上升。4月的呼吸通量分别为1月份的5.64倍和7.69倍。非生长季两种类型湿地$CO_2$的平均排放通量分别为46.943±19.53 mg/(m$^2$·h)和42.375±19.43 mg/(m$^2$·h)，为生长季平均排放速率的7.88%和6.2%。方差分析表明，两种类型湿地$CO_2$排放通量的季节变化并无无明显差异（$P>0.5$）。相关分析表明，两种类型湿地$CO_2$的排放通量与气温均呈指数相关关系

(图 7.8)。根据二者的排放特征,逐时段累加估算出非生长季毛果苔草、漂筏苔草湿地 $CO_2$ 的总排放量分别为 55.266 gC/m² 和 54.919 gC/m²。

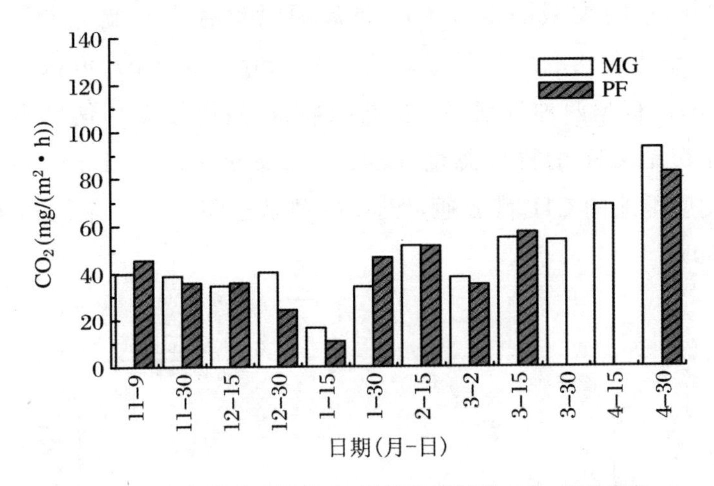


图 7.7　非生长季毛果苔草、漂筏苔草湿地 $CO_2$ 通量变化

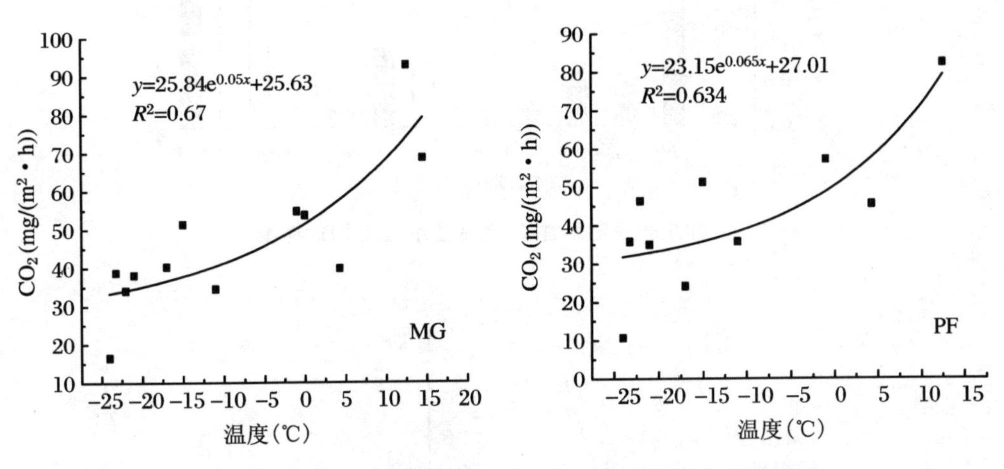


图 7.8　毛果苔草、漂筏苔草湿地 $CO_2$ 排放通量与气温的关系

② $CH_4$ 的通量特征

非生长季毛果苔草、漂筏苔草湿地均有着明显的 $CH_4$ 排放(图 7.9),说明冬季湿地 $CH_4$ 产生菌的作用仍然存在。两种类型湿地非生长季 $CH_4$ 排放通量的季节变化特征相似,基本为"降低-升高"排放规律,11 月初,随着温度的降低,$CH_4$ 排放通量逐渐减小并于 1 月下旬至 2 月上旬达最低值(0.187 mg/(m² • h)和 0.297 mg/(m² • h))。随着气温的回升,两种类型湿地的 $CH_4$ 排放通量逐渐增大。4 月份由于土壤表层融化,微生物活性增强,两种类型湿地的 $CH_4$ 排放通量迅速增加,其排放通量达到 7.229 mg/(m² • h)和 6.906 mg/(m² • h),分别为 1 月排放最低值的 38.658 倍和

23.253倍。比较而言，非生长季两种类型湿地 $CH_4$ 的平均排放通量分别为 1.025 ± 2.008 mg/($m^2$ · h)和 1.209 ± 2.039 mg/($m^2$ · h)，为生长季平均排放速率的 9.6% 和 10.8%。此外，不同类型湿地的 $CH_4$ 排放通量也存在一定差异，漂筏苔草湿地 $CH_4$ 的排放通量平均要比毛果苔草湿地高 0.184 mg/($m^2$ · h)，但该差异并未达到显著水平($P>0.5$)。根据两种类型湿地的排放特征，逐时段累加估算出非生长季毛果苔草、漂筏苔草湿地 $CH_4$ 的排放总量分别为 1.228 gC/$m^2$ 和 1.984 gC/$m^2$。相关分析表明，两种类型湿地的 $CH_4$ 排放通量与 $CO_2$ 排放通量均呈一定的指数相关关系($P<0.5$)(图 7.10)。

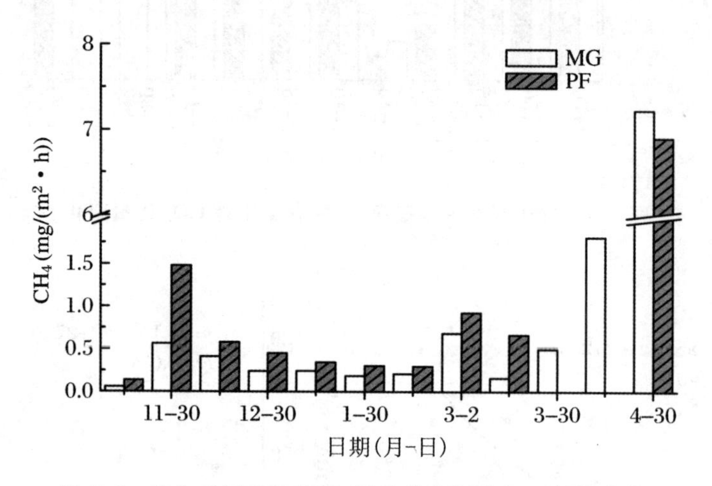


图 7.9 非生长季毛果苔草、漂筏苔草湿地 $CH_4$ 通量变化

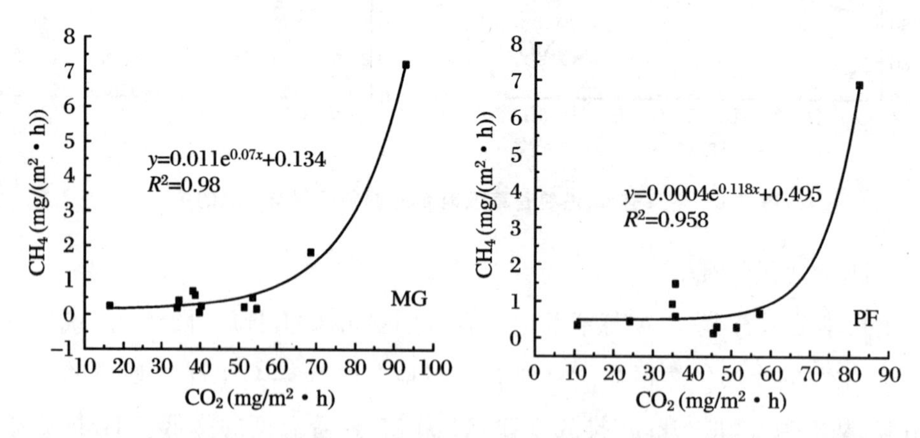


图 7.10 非生长季毛果苔草、漂筏苔草湿地 $CO_2$ 排放通量与 $CH_4$ 排放通量的关系

③ 非生长季毛果苔草、漂筏苔草湿地系统碳释放量估算

根据非生长季(11 月～次年 4 月)毛果苔草、漂筏苔草湿地系统 $CO_2$、$CH_4$ 的排放特征，逐时累加估算出各月 $CO_2$、$CH_4$ 的排放总量(表 7.7)。据表可知，非生长季毛果

苔草、漂筏苔草湿地系统的 $CO_2$ 排放量分别为 55.266 gC/m$^2$ 和 54.919 gC/m$^2$，占全年排放总量的 8.1%和 7.1%；$CH_4$ 的排放量分别为 1.228 gC/m$^2$ 和 1.984 gC/m$^2$，占全年排放总量的 10.3%和 14.3%。

**表 7.7　非生长季毛果苔草、漂筏苔草湿地系统 $CO_2$ 和 $CH_4$ 释放量估算**

单位：gC/m$^2$

| 月份 | MG | | PF | |
|---|---|---|---|---|
| | $CO_2$ | $CH_4$ | $CO_2$ | $CH_4$ |
| 11 | 7.668 | 0.081 | 7.584 | 0.212 |
| 12 | 7.343 | 0.064 | 5.876 | 0.101 |
| 1 | 4.963 | 0.042 | 5.601 | 0.064 |
| 2 | 8.792 | 0.088 | 8.466 | 0.120 |
| 3 | 10.644 | 0.065 | 11.221 | 0.131 |
| 4 | 15.855 | 0.888 | 16.171 | 1.356 |
| 11月～次年4月 | 55.266 | 1.228 | 54.919 | 1.984 |

(2) 小叶章沼泽湿地系统 $CO_2$、$CH_4$ 的释放特征

① $CO_2$、$CH_4$ 通量特征

非生长季Ⅺ仍具有明显的 $CO_2$、$CH_4$ 地-气交换通量(图 7.11)。11 月～次年 1 月，随着气温的降低，湿地土壤逐渐向深层冻结，$CO_2$ 排放速率降至全年最低值(74.45 mg/(m$^2$·h))，之后随着气温回升，$CO_2$ 排放速率开始逐渐增大，4 月增至 173.1 mg/(m$^2$·h)。非生长季Ⅺ的 $CO_2$ 排放速率均值为 108.33±40.76 mg/(m$^2$·h)，

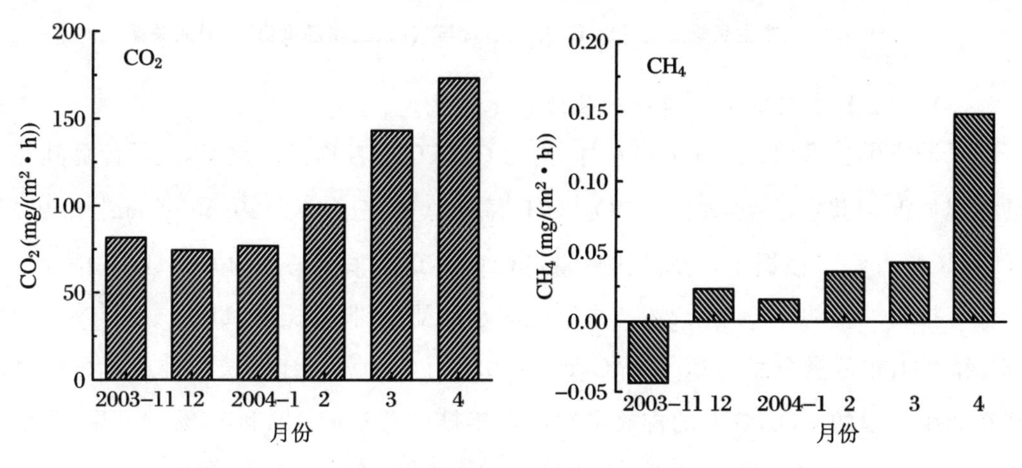


图 7.11　非生长季小叶章湿地 $CO_2$ 和 $CH_4$ 的月均通量变化

为生长季平均排放速率的13%。非生长季$CH_4$的通量特征与$CO_2$略有不同。11月，Ⅺ的土壤表现为吸收消耗大气中的$CH_4$，可能与该时期土壤水分条件较差有关。12月～次年3月，由于积雪的作用使得土壤水分条件得以改善，Ⅺ向大气排放$CH_4$，此间各月的排放速率变化平稳，均值为0.029±0.012 mg/(m$^2$·h)。4月，$CH_4$的排放速率明显增大，其值为前期(12月～次年3月)平均排放速率的5倍。非生长季Ⅺ的$CH_4$排放速率均值为0.037±0.057 mg/(m$^2$·h)，为生长季平均排放速率的35%。这反映了在小叶章湿地冻结期，虽然土壤微生物活性较生长季有较大幅度的下降，但仍有微生物呼吸活动存在。

② 温度及冻融作用对$CO_2$、$CH_4$排放的影响

非生长季Ⅺ的$CO_2$、$CH_4$排放通量与气温和土壤温度(10 cm)均存在明显的正相关关系($P<0.05$)(图7.12)，说明湿地土壤冻结期温度仍然是控制微生物活性的主要因素。4月正值小叶章湿地土壤的冻融期，$CO_2$、$CH_4$的释放速率明显增加，其平均排放通量分别为冻结期的2倍和5倍，$CH_4$的排放速率更是超过生长季的平均值，表明冻融作用促进了$CO_2$和$CH_4$的排放。

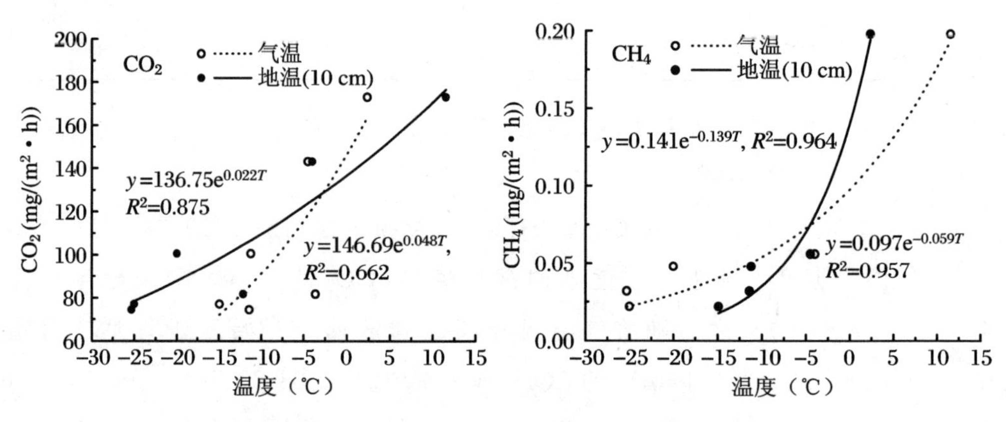


**图7.12 非生长季$CO_2$和$CH_4$排放通量与气温、土壤温度(10 cm)的关系**

(3) 非生长季湿地系统碳释放量估算

根据非生长季(11月～次年4月)Ⅺ的$CO_2$、$CH_4$月均排放速率，逐月计算其释放量并累加得到其在非生长季的$CO_2$、$CH_4$释放总量，分别为129.56 gC/m$^2$和0.121 gC/m$^2$(表7.8)。根据生长季的排放量可计算出其在非生长季的$CO_2$、$CH_4$排放量约占全年排放总量的14%和32%。季节性淹水的Ⅻ在非生长季(11月～次年4月)的$CO_2$和$CH_4$排放量分别为25.22 gC/m$^2$和0.87 gC/m$^2$，结合生长季排放量可计算出其在非生长季的$CO_2$、$CH_4$的排放量约占全年排放总量的4%和17%。可见，非生长季的$CO_2$和$CH_4$释放量是湿地全年碳释放量估算中不可忽略的一部分。

**表 7.8 非生长季小叶章湿地系统 $CO_2$ 和 $CH_4$ 释放量估算**

单位：$gC/m^2$

| 月份 | Ⅺ | | Ⅻ* | |
|---|---|---|---|---|
| | $CO_2$ | $CH_4$ | $CO_2$ | $CH_4$ |
| 11 | 16.04 | -0.024 | | |
| 12 | 15.11 | 0.013 | | |
| 1 | 15.63 | 0.009 | | |
| 2 | 19.75 | 0.019 | | |
| 3 | 29.04 | 0.024 | | |
| 4 | 33.99 | 0.080 | | |
| 11月～次年4月 | 129.56 | 0.121 | 25.22 | 0.87 |

注：*，据宋长春等(2005)推算。

## 二、沼泽湿地系统各碳库对碳释放的贡献

### 1. 土壤呼吸($R_S$)

两类小叶章湿地土壤呼吸的季节动态具有较好的一致性($r=0.825$，$P<0.01$)(图 7.13)：5～6月湿地土壤温度缓慢上升，土壤呼吸以较小的速率增加。7～8月土壤温度进入全年高值区，微生物活性增强，此时又正值植物生长旺期，土壤微生物呼吸和植物根系呼吸速率增大，此间为土壤呼吸高值的集中期。Ⅺ和Ⅻ于8月中旬同时出现土壤呼吸的最大值(13.7 g/($m^2$·d)和9.01 g/($m^2$·d))。9月以后，气温下降，微生物活性减弱，同时植物进入生长末期，呼吸活动也随之减弱，表现为两类湿地土壤呼吸速率明显下降。

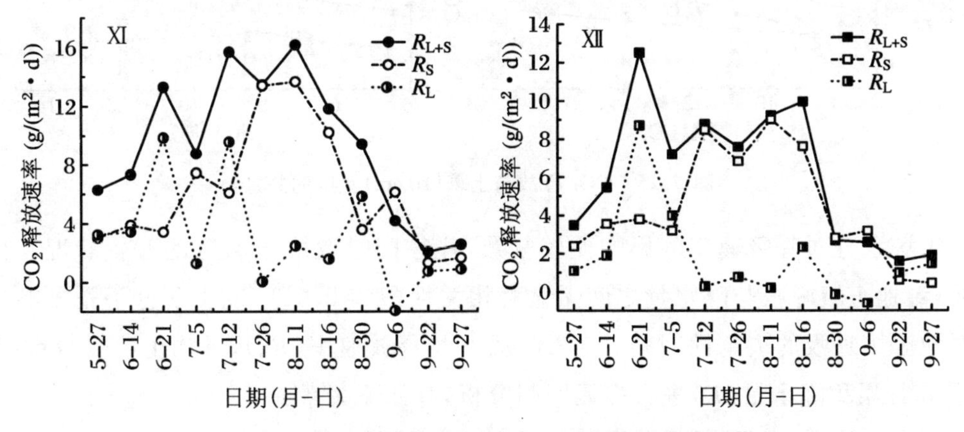


**图 7.13 生长季小叶章湿地各碳库 $CO_2$ 释放速率的季节变化**

$R_{L+S}$：土壤-枯落物；$R_S$：土壤；$R_L$：枯落物。下同

土壤呼吸与温度之间具有一定的指数相关关系，且与土壤(10 cm)温度的相关性优于与气温的相关性(图 7.14、图 7.15)。分别用 $Q_{10}$ 和 $Q_{10}'$ 表示两类小叶章湿地土壤呼吸对气温和土壤(10 cm)温度的敏感性程度，即相应温度增加 10 ℃时土壤呼吸增加的倍数，结果表明，Ⅺ和Ⅻ土壤呼吸 $Q_{10}$ 值为 1.43 和 2.09，而 $Q_{10}'$ 值分别为 5.9 和 11.6，明显高于 $Q_{10}$ 值。本研究中的 $Q_{10}$ 值接近于温带草原上的研究结果。$Q_{10}'$ 值明显高于苏格兰沼泽土壤呼吸响应地温变化的系数值，这可能与土壤性质及水文条件的差异有关。比较两类湿地 $Q_{10}$ 值发现，Ⅻ明显高于Ⅺ，这可能与土壤呼吸响应温度变化的敏感性受土壤水分的影响有关。

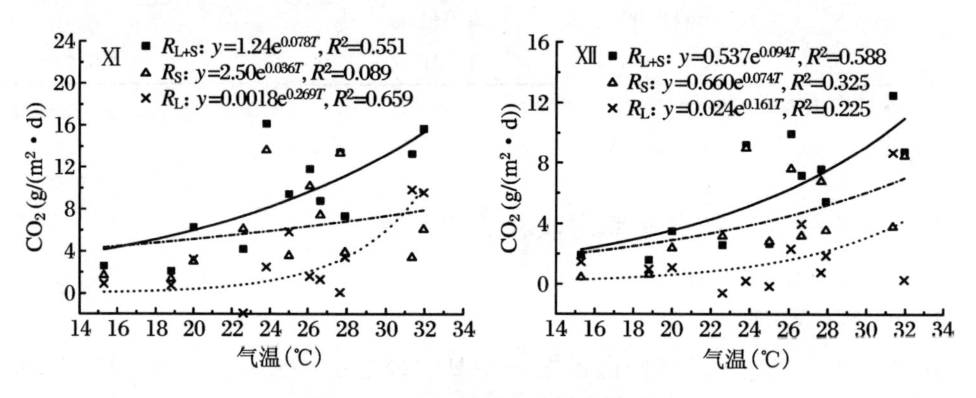


图 7.14 $CO_2$ 释放与气温的关系

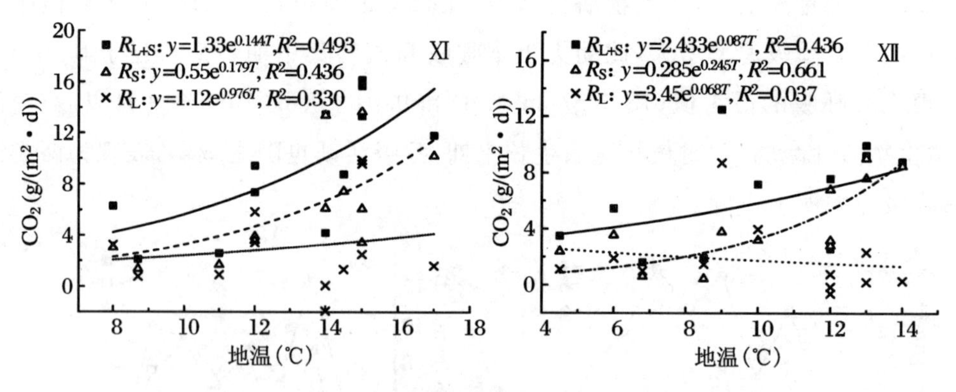


图 7.15 $CO_2$ 释放与土壤(10 cm)温度的关系

土壤水分对呼吸速率的影响比较复杂，往往同时取决于温度的配置状况。分析表明，湿地土壤呼吸与降水量之间无显著相关性($P>0.01$)，说明水分不是影响小叶章湿地土壤呼吸的决定性因素。对 $CO_2$ 月平均释放速率($R_S$)、月均土壤(10 cm)温度($T_S$)和月累积降水量($P$)进行多元回归分析，有如下关系：

Ⅺ：$R_S = 0.377T_S - 0.069P + 0.008T_S \times P \quad (R^2 = 0.661)$

Ⅻ：$R_S = -0.951 + 0.193T_S - 0.079P + 0.003\ T_S \times P \quad (R^2 = 0.548)$

上两式表明,Ⅺ和Ⅻ中分别约有66%和55%的土壤呼吸量变化是由土壤(10 cm)温度和降水共同决定的。

由图7.16土壤呼吸的变化曲线还可以看出:土壤呼吸速率的变化动态与植物地上活体生物量的变化趋势具有一定的一致性,而且土壤呼吸高值区出现的时期和地上活体生物量峰值出现的时期一致。分析表明,土壤呼吸速率与地上活体生物量呈指数相关关系(图7.16)。

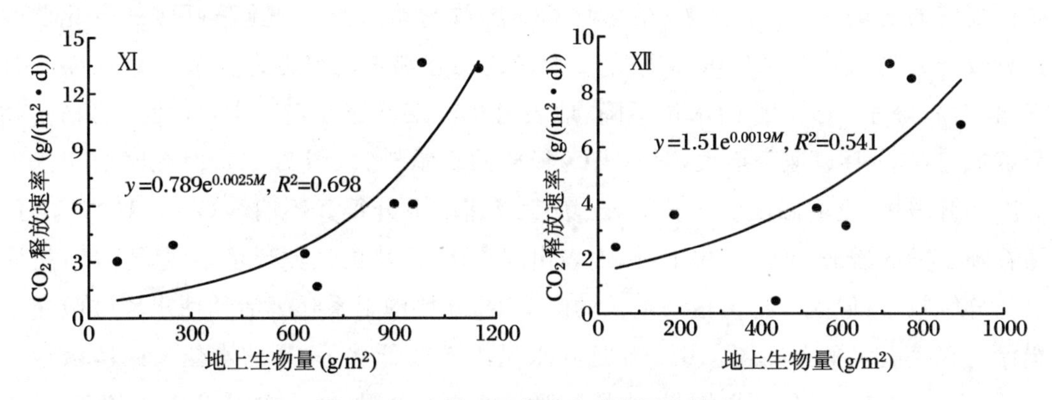


图7.16　土壤呼吸与地上生物量的关系

从两类湿地土壤呼吸强度看,5～9月,Ⅺ和Ⅻ土壤呼吸速率的范围值为1.34～13.65 g/(m²·d)和0.45～9.02 g/(m²·d),平均呼吸速率分别为6.15±4.24 g/(m²·d)和4.33±2.94 g/(m²·d),前者明显高于后者($P<0.05$),而这主要与二者土壤的氧化还原条件有关。由图7.17可知,Ⅺ 0～40 cm土壤5～9月Eh值均大于100 mV,土壤氧化环境强烈,利于$CO_2$的产生,而相应Ⅻ的Eh值除8月、9月表层土壤大于100 mV外,其余均小于－100 mV(图7.17),观测期的大多数时间里土壤还原环境强烈,不利于$CO_2$的产生。

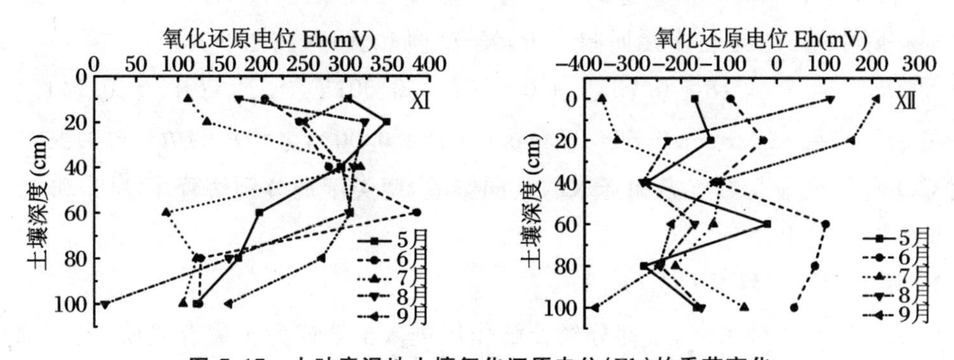


图7.17　小叶章湿地土壤氧化还原电位(Eh)的季节变化

根据土壤呼吸释放$CO_2$的特征,分时段逐月累加计算得出5～9月Ⅺ和Ⅻ土壤呼吸释放$CO_2$的总量分别为235.64 gC/m²和164.01 gC/m²。

**2. 土壤-枯落物释放 $CO_2$($R_{S+L}$)**

两种小叶章湿地土壤-枯落物释放 $CO_2$ 的季节动态及释放强度均具有明显差异(图 7.13)。在 $CO_2$ 的季节动态上,Ⅺ和Ⅻ土壤-枯落物释放 $CO_2$ 的季节动态分别为单峰型和双峰型曲线。6 月随着温度的升高,$CO_2$ 的排放速率上升,两类湿地 $CO_2$ 排放的高值区均集中于 6 月底至 8 月中旬,并分别于高值区的起、止时间端出现最大排放值(16.15 g/($m^2$ · d)和 12.51 g/($m^2$ · d))。产生这种差异的原因可能与温度和水文条件配置的变化有关。Ⅺ土壤-枯落物 $CO_2$ 释放的动态变化与土壤呼吸的变化曲线具有较好的吻合性($P<0.05$),而Ⅻ $CO_2$ 释放动态则表现得更为复杂。2004 年 6 月气温较高,降水较少,Ⅻ 的水位下降,地表有机土层暴露在空气中,致使地表枯落物分解加速,$CO_2$ 释放速率增大,对总 $CO_2$ 释放的贡献较大(图 7.14);而此时由于土壤温度回升缓慢,土壤温度仍然较低,土壤呼吸速率上升得并不明显(图 7.15)。7 月,随着降水量的增加,Ⅻ的水位上升,地表出现积水,土壤的还原环境增强,土壤有机质氧化分解减缓,但此时正值植物生长的旺盛期,旺盛的根系呼吸活动使土壤呼吸速率仍保持在较高水平上(图 7.16)。8 月降水量跌至较低水平,Ⅻ的水位又回落至地表以下,土壤表层的氧化环境增强,土壤呼吸速率再次上升。9 月随着气温的降低,$CO_2$ 的排放速率明显下降。在 $CO_2$ 释放强度上,Ⅺ和Ⅻ的季节均值分别为 $9.26\pm4.89$ g/($m^2$ · d)和 $6.08\pm3.63$ g/($m^2$ · d),前者明显高于后者($P<0.05$)。根据土壤-枯落物释放 $CO_2$ 特征,分时段逐月累加计算得出 5~9 月Ⅺ和Ⅻ土壤-枯落物分解释放 $CO_2$ 的总量分别为 375.49 gC/$m^2$ 和 238.45 gC/$m^2$。

相关分析表明,Ⅺ和Ⅻ土壤-枯落物 $CO_2$ 释放与气温之间具有较明显的相关性($r_1=0.737, r_2=0.802, P<0.05$)(图 7.14),而与降水量的相关性较弱。气温分别解释了 73.7%和 80%的 $CO_2$ 释放的变化,说明在该地区温度是影响小叶章湿地土壤-枯落物 $CO_2$ 释放过程的主要因子。对 $CO_2$ 月均释放速率($R_{L+S}$)、月均气温($T_A$)和月累积降水量($P$)进行多元回归分析,发现它们之间存在如下关系:

$$Ⅺ: R_{L+S} = -10.18 + 0.75T_A + 0.056P - 0.001T_A \times P \quad (R^2 = 0.741)$$

$$Ⅻ: R_{L+S} = -10.88 + 0.694T_A + 0.065P - 0.003T_A \times P \quad (R^2 = 0.967)$$

说明 $CO_2$ 释放明显受到气温和降水的共同影响,两类湿地分别解释了 74%和 97%的 $CO_2$ 释放量的变化。

**3. 枯落物分解释放 $CO_2$($R_L$)**

枯落物碳有两种去向,一部分经分解作用进入土壤成为土壤有机质,另一部分以分解的最终产物——$CO_2$ 的形式进入大气中。本研究中两类小叶章湿地枯落物分解释放 $CO_2$ 动态变化趋势较为一致($P<0.05$),且Ⅺ的释放强度高于Ⅻ($P=0.04$)。6 月,两类小叶章湿地枯落物分解释放 $CO_2$ 的速率较高,并于 6 月中旬分别出现最大释

放值(9.87 g/(m$^2$·d)和8.70 g/(m$^2$·d))。7～8月为植物生长的旺盛期,植物的覆盖度较高,遮阴作用致使地表温度降低,枯落物的分解速率减小。此外,地表光照强度的减弱,对枯落物的分解也会产生不利影响,因此7～8月枯落物分解释放$CO_2$对土壤-枯落物释放$CO_2$的贡献降低(表7.9)。9月末,由于土壤呼吸速率的下降,其对土壤-枯落物$CO_2$释放贡献的减小,致使枯落物分解释放$CO_2$的贡献相对增加。值得一提的是,8月底至9月初,两类湿地枯落物分解释放的$CO_2$为负值,但这并不意味着此时枯落物转而吸收大气中的$CO_2$,其原因可能是在去除地表枯落物后,增强了土壤好气性细菌的活性而使呼吸加强,造成土壤呼吸排放$CO_2$的增加值超过枯落物分解释放的$CO_2$量,从而总体上表现为$CO_2$排放量的增加。5～9月,Ⅺ和Ⅻ枯落物分解释放的$CO_2$总量分别为139.85 gC/m$^2$和77.44 gC/m$^2$,占土壤-枯落物总释放量的37%和31%,说明湿地枯落物是大气$CO_2$的一个重要源。如前所述,Ⅺ和Ⅻ的年分解速率分别为0.215 g/g和0.226 g/g,枯落物的现存量为2257.6 gC/m$^2$和1379.7 gC/m$^2$,则在枯落物每年分解的干物质损失中,约有36%和28%的物质损失以$CO_2$的形式进入大气,其余则转化为微生物生物量和其他形式的碳。这说明,在碳素由地上植物碳库转移到地下土壤碳库的过程中,湿地枯落物是一个不可忽略的碳损失源。

**表7.9 土壤呼吸与枯落物分解释放$CO_2$的比较**

单位:g$CO_2$/(m$^2$·d)

| 月份 | Ⅺ | | | Ⅻ | | |
|---|---|---|---|---|---|---|
| | $R_{S+L}$ | $R_S$ | $R_L$ | $R_{S+L}$ | $R_S$ | $R_L$ |
| 5 | 6.28 | 3.03 | 3.25 | 3.48 | 2.38 | 1.10 |
| 6 | 10.32±4.21 | 3.67±0.34 | 6.65±4.55 | 8.98±4.98 | 3.68±0.17 | 5.30±4.81 |
| 7 | 12.63±3.52 | 8.97±3.87 | 3.66±5.17 | 7.85±0.83 | 6.17±2.17 | 1.69±2.01 |
| 8 | 12.46±3.41 | 9.14±5.12 | 3.32±2.24 | 7.29±4.01 | 6.48±3.26 | 0.81±1.34 |
| 9 | 2.96±1.10 | 3.05±2.67 | −0.09±1.59 | 2.04±0.50 | 1.41±1.53 | 0.62±1.08 |
| 平均 | 9.26±4.89 | 6.15±4.25 | 3.10±3.64 | 6.08±3.68 | 4.33±2.84 | 1.76±2.51 |

**4. 各库对碳释放的贡献**

由表7.10可知,5～9月两类湿地土壤呼吸对$CO_2$释放的贡献较为一致,均呈现出先增后减的变化趋势,总贡献率分别为28.2%和28.3%,对C释放的贡献相当。枯落物分解释放$CO_2$贡献的季节变化均无明显规律,对总C释放的贡献率分别为16.8%和12.9%,Ⅺ高于Ⅻ。Ⅺ植物地上部分的呼吸贡献率大致随生长季的推移呈增加趋势,而Ⅻ则表现为先减后增的变化趋势,5～9月总贡献率分别为55.0%和58.8%,对总C释放的贡献相当。其中枯落物分解释放$CO_2$贡献的季节变化幅度较大,变异系数为 61.5%和 79.6%,说明枯落物碳库较土壤碳库对环境因子的变化更为敏感。

表 7.10 小叶章湿地系统各碳库对 C 释放的贡献

| Ⅺ | †$R_E$ | €比例 | †$R_{S+L}$ | €比例 | †$R_S$ | €比例 | †$R_L$ | €比例 | †$R_P$ | €比例 |
|---|---|---|---|---|---|---|---|---|---|---|
| 5 月 | 114.28[a] | 100 | 53.10 | 46.5 | 25.64 | 22.4 | 27.46 | 24.0 | 62.77[a] | 54.9 |
| 6 月 | 148.81 | 100 | 86.04 | 57.8 | 29.86 | 20.1 | 56.19 | 37.8 | 62.77 | 42.2 |
| 7 月 | 215.74 | 100 | 111.57 | 51.7 | 91.08 | 42.2 | 20.49 | 9.5 | 104.17 | 48.3 |
| 8 月 | 231.7 | 100 | 103.12 | 44.5 | 69.51 | 30.0 | 33.60 | 14.5 | 128.58 | 55.5 |
| 9 月 | 123.98 | 100 | 21.66 | 17.5 | 19.55 | 15.8 | 2.11 | 1.7 | 102.32 | 82.5 |
| Total | 834.51 | 100 | 375.49 | 45.0 | 235.64 | 28.2 | 139.85 | 16.8 | 460.61 | 55.0 |
| Ⅻ | †$R_E$ | €比例 | †$R_{S+L}$ | €比例 | †$R_S$ | €比例 | †$R_L$ | €比例 | †$R_P$ | €比例 |
| 5 月 | 155.61 | 100 | 29.46 | 18.9 | 20.16 | 13.0 | 9.30 | 6.0 | 126.15 | 81.1 |
| 6 月 | 201.8 | 100 | 75.41 | 37.4 | 30.17 | 15.0 | 45.24 | 22.4 | 126.39 | 62.6 |
| 7 月 | 118.1 | 100 | 65.91 | 55.8 | 55.89 | 47.3 | 10.03 | 8.5 | 52.19 | 44.2 |
| 8 月 | 56.23 | 100 | 52.23 | 92.9 | 48.94 | 87.0 | 3.29 | 5.9 | 4.00 | 7.1 |
| 9 月 | 47.08 | 100 | 15.42 | 32.8 | 8.85 | 18.8 | 6.57 | 14.0 | 31.66 | 67.2 |
| Total | 578.82 | 100 | 238.45 | 41.2 | 164.01 | 28.3 | 74.44 | 12.9 | 340.37 | 58.8 |

注:†,释放量($gC/m^2$);€,占生态系统呼吸的比例(%);a,校正后的数值。

# 第二节 湿地土壤-植物系统氮的释放过程

## 一、湿地 $NH_3$ 挥发特征及影响因素

### 1. 生长季湿地土壤的氨挥发特征

采用通气法分别对Ⅺ和Ⅻ土壤的氨挥发进行了测定。结果表明,二者的氨挥发速率在整个生长季(5 月末～10 月初)的变化趋势基本一致,7 月中旬之前均出现两次挥发高峰和一次低值(图 7.18)。其中,两次挥发高峰均出现在 5 月末(分别为 $0.151 \pm 0.003$ kgN/($hm^2$ · d)和 $0.155 \pm 0.009$ kgN/($hm^2$ · d))和 7 月上旬(分别为 $0.173 \pm 0.008$ kgN/($hm^2$ · d)和 $0.182 \pm 0.003$ kgN/($hm^2$ · d)),而低值则出现在 6

月中旬(分别为 0.077±0.011 kgN/(hm² · d)和 0.069±0.001 kgN/(hm² · d))。7月中旬之后,二者的变化虽然存在一定的波动,但整体上均单调下降,并于8月中旬以后趋于平缓,其均值分别为 0.007±0.002 kgN/(hm² · d)和 0.010±0.003 kgN/(hm² · d),这表明生长季末期(温度一直较低),两种湿地土壤一直保持着较弱的氨挥发速率。比较而言,Ⅻ土壤的氨挥发速率在整个生长季节内一般要略高于Ⅺ,前者平均为后者的 1.35±0.53 倍。对二者生长季累计氨挥发量的研究表明,7月中旬之前二者的累计氨挥发量增加迅速,并且其值也比较接近;之后二者的累计氨挥发量则均增加缓慢,并且其值也发生了明显的分异,突出表现为Ⅻ土壤的累计氨挥发量要明显高于Ⅺ(图 7.18)。其中,7月中旬前增加迅速且比较接近的累计氨挥发量主要与此间二者具有较高且比较接近的氨挥发速率有关,而之后增加缓慢且发生分异的累计氨挥发量主要与此间氨挥发速率发生分异且单调下降并趋于平缓有关(图 7.18)。生长季内(5月末～10月初),两种小叶章湿地土壤氨挥发量的估算结果表明,Ⅺ的氨挥发量为 6.35 kgN/hm²,而Ⅻ则为 6.87 kgN/hm²,二者之比为1∶1.08,后者要略高于前者。

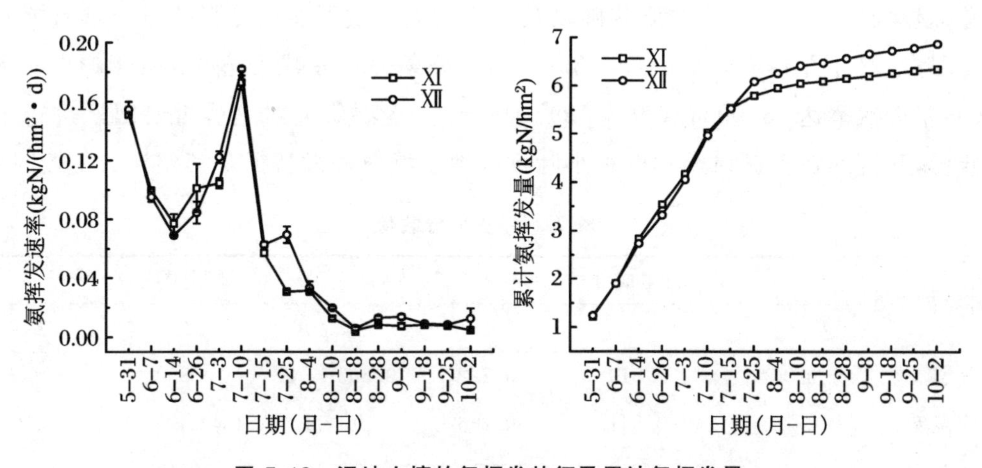


**图 7.18 湿地土壤的氨挥发特征及累计氨挥发量**

**2. 生长季氨挥发影响因素分析**

影响湿地氨挥发的因素主要有气温、地温、土壤水分、pH、质地及氮素物质基础等诸多环境因子和土壤理化条件。温度主要是通过间接影响与氨挥发有关的各主要化学过程而发生作用。土壤 pH 是影响氨挥发的一个非常重要的因素,因为 $NH_4^+$-N 向 $NH_3$-N 的转化过程主要是由水-土中的 pH 来控制的。土壤水分通过直接影响 $NH_4^+$-N 在土壤中的物理运移和化学转化而对氨挥发过程发生作用。土壤质地则主要影响着土壤的透气性以及对 $NH_3$-N 和 $NH_4^+$-N 的吸附特性,进而影响着氨挥发的过程。而土壤中的 $NH_4^+$-N 和 $NO_3^-$-N 含量则直接决定着参与氨挥发过程的氮素物质基础。为了探讨影响二者氨挥发速率的可能主控因素，本项研究对一些因素如气温、地表及不同深度地温、土壤含水量、pH、黏粒含量及$NH_4^+$-N和$NO_3^-$-N含量等进行了主成分分析(选择方差极大法旋转)，并取累计贡献率达85%～95%的特征值所对应的主成分，计算各变量在主成分上的载荷(表7.11)。由表7.11可知，Ⅺ的第一主成分$Z_1$与$x_2$、$x_3$、$x_4$有较大的正相关，与$x_8$呈较大的负相关，因而可看作是土壤热量条件和氮素物质基础的代表；第二主成分$Z_2$与$x_1$、$x_7$、$x_9$有较大的正相关，可看作是大气热量条件、土壤物理性质和氮素物质基础的代表；第三主成分$Z_3$与$x_5$有较大的正相关，与$x_6$有较大的负相关，可看作是土壤水分和酸碱条件的代表。可见，湿地热量条件、氮素物质基础以及土壤物理性质可能是影响Ⅺ土壤氨挥发速率的重要因素(累计方差贡献率达66.54%)，而水分条件和酸碱状况对其也存在一定的影响(方差贡献率达20.09%)(表7.12)。Ⅻ的第一主成分$Z_1$与$x_2$、$x_3$、$x_4$、$x_7$有较大的正相关，因而可看作是土壤热量条件和物理性质的代表；第二主成分$Z_2$与$x_1$、$x_9$有较大的正相关，可看作是大气热量条件和氮素物质基础的代表；第三主成分与$x_5$、$x_6$、$x_8$有较大的正相关，可看作是土壤水分、酸碱状况及氮素物质基础的代表(表7.11)。可见，湿地热量条件、氮素物质基础以及土壤物理性质可能也是影响Ⅻ土壤氨挥发的重要因素(累计方差贡献率达72.33%)，而水分条件和酸碱状况对其的影响也非常重要(方差贡献率达13.99%)(表7.12)。基于此，本项研究对这些重要因素进行了详尽分析，其目的在于探讨影响两种小叶章湿地土壤氨挥发特征及其差异的主控因素。

**表7.11 主成分载荷**

| 环境因子 | Ⅺ主成分 | | | Ⅻ主成分 | | |
|---|---|---|---|---|---|---|
| | $Z_1$ | $Z_2$ | $Z_3$ | $Z_1$ | $Z_2$ | $Z_3$ |
| 气温$x_1$ | 0.364 | 0.919 | 0.122 | 9.500E-02 | 0.850 | -0.413 |
| 地表温度$x_2$ | 0.781 | 0.541 | 0.266 | 0.903 | 4.421E-02 | -0.387 |
| 5 cm地温$x_3$ | 0.951 | 0.242 | 9.677E-02 | 0.824 | 0.346 | -0.323 |
| 10 cm地温$x_4$ | 0.948 | 1.237E-02 | 8.960E-02 | 0.980 | 2.349E-02 | -7.665E-02 |
| 土壤含水量$x_5$ | 8.933E-05 | -6.105E-02 | 0.943 | -1.290E-03 | -0.662 | 0.542 |
| 土壤pH $x_6$ | -0.134 | -0.156 | -0.920 | -5.042E-02 | -0.131 | 0.852 |
| 土壤黏粒含量$x_7$ | 7.036E-02 | 0.793 | 0.300 | 0.967 | -0.119 | 0.139 |
| 土壤$NO_3^-$-N含量$x_8$ | -0.793 | 0.394 | 0.153 | -0.484 | 5.380E-02 | 0.675 |
| 土壤$NH_4^+$-N含量$x_9$ | -5.393E-02 | 0.762 | 0.234 | 4.998E-03 | 0.897 | 0.294 |

表 7.12　特征值及主成分贡献率

| 主成分 | Ⅺ | | | Ⅻ | | |
|---|---|---|---|---|---|---|
| | 特征值 | 贡献率(%) | 累计贡献率(%) | 特征值 | 贡献率(%) | 累计贡献率(%) |
| 1 | 3.762 | 41.79 | 41.79 | 4.235 | 47.06 | 47.06 |
| 2 | 2.227 | 24.74 | 66.54 | 2.275 | 25.28 | 72.33 |
| 3 | 1.808 | 20.09 | 86.63 | 1.259 | 13.99 | 86.32 |
| 4 | 0.758 | 8.42 | 95.05 | 0.638 | 7.09 | 93.40 |
| 5 | 0.413 | 4.59 | 99.65 | 0.496 | 5.52 | 98.92 |
| 6 | 3.182E-02 | 0.35 | 100 | 9.718E-02 | 1.08 | 100 |
| 7 | 3.037E-16 | 3.37E-15 | 100 | 2.835E-16 | 3.15E-15 | 100 |
| 8 | 1.357E-16 | 1.51E-15 | 100 | -2.132E-16 | -2.37E-15 | 100 |
| 9 | -6.923E-17 | -7.692E-16 | 100 | -8.839E-16 | -9.821E-15 | 100 |

(1) 热量条件

热量条件对于湿地土壤氨挥发过程的影响是多方面的，升高温度能够增加土壤液相中 $NH_3-N$ 的比例，且 $NH_3$ 和 $NH_4^+$ 的扩散速率也随之增加。图 7.19 为两种典型小叶章湿地的氨挥发速率与气温、地表温度及不同深度地温的变化。据图可知，两种小叶章湿地在生长季内氨挥发速率的整体变化趋势均与二者的大气温度变化比较一致，而与地表温度、5 cm 和 10 cm 地温则缺乏这种一致性。相关分析表明，Ⅺ和Ⅻ土壤的氨挥发速率与各自大气温度均呈一定的正相关，其相关系数分别为 0.454 和 0.392($n=16$)，而与地表温度、5 cm 和 10 cm 地温的相关性较弱，这主要是由于大气温度是湿地系统的最初热源，而地表温度及不同深度地温的变化则很大程度上受控于大气温度的影响。这也说明，在表征热量条件的诸因素中，大气温度对于二者氨挥

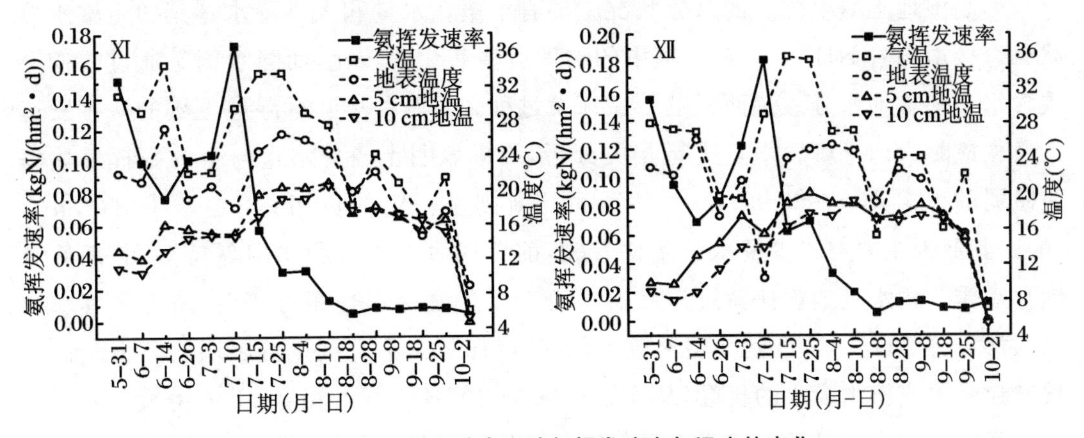


图 7.19　两种小叶章湿地氨挥发速率与温度的变化

发速率变化的影响最为明显。其中氨挥发速率在7月中旬之前所表现出的两峰值—低值的波动变化主要与此间大气温度波动及其所引起的其他温度的波动有关(图7.19),而之后氨挥发速率的单调下降以及8月中旬后的平缓变化又主要与整体上大气温度、地表温度及不同深度地温均不断降低有关。

(2) 土壤氮素物质基础

土壤中氨挥发过程的进行一般存在如下化学平衡,即 $NH_4^+$(代换性)⇌$NH_4^+$(液相)⇌$NH_3$(液相)⇌$NH_3$(气相)⇌$NH_3$(大气)。凡是能使该化学平衡向右进行的因素都能促进氨挥发。土壤中的 $NH_4^+$-N 和 $NO_3^-$-N 含量是上述氨挥发化学平衡进行的重要物质基础,其中 $NH_4^+$-N 直接参与上述化学过程,而 $NO_3^-$-N 则通过DNRA过程产生的部分 $NH_4^+$-N 而参与到氨挥发的上述化学平衡中。图7.20给出了 Ⅺ 和 Ⅻ 土壤氨挥发速率与 $NH_4^+$-N 和 $NO_3^-$-N 含量的变化。据图可知,二者土壤(0~20 cm)中的 $NH_4^+$-N 和 $NO_3^-$-N 含量均比较接近,除在生长末期骤然升高外,其他各时期均变化不大,其中 $NH_4^+$-N 的含量还明显高于 $NO_3^-$-N 的含量,前者平均分别为后者的 $23.90 \pm 14.50$ 倍和 $17.61 \pm 7.87$ 倍。这就说明 $NH_4^+$-N 是参与二者氨挥发过程的重要氮素物质基础,而二者比较接近的氮素物质基础可能是导致二者氨挥发速率均比较接近的重要原因。比较而言,二者土壤的氨挥发速率与各自土壤中 $NH_4^+$-N 和 $NO_3^-$-N 的含量变化均缺乏相应的一致性(图7.20)。其中 Ⅺ 土壤的氨挥发速率与 $NH_4^+$-N 和 $NO_3^-$-N 的含量呈较弱的正相关(相关系数分别为0.336和0.237,$n = 11$),而 Ⅻ 则呈较弱的负相关(相关系数分别为 $-0.228$ 和 $-0.142$,$n = 11$)。这就在一定程度上说明两种小叶章湿地土壤中较为丰富的氮素可能不足以对其氨挥发过程产生限制作用,氮素物质基础这一影响因素对于其氨挥发过程的影响并不明显,而其他因素则可能是影响氨挥发过程的重要驱动力。

(3) 水分条件

影响湿地土壤氨挥发的水分状况主要有土壤含水量和大气降水。其中土壤水分状况直接影响着 $NH_4^+$-N 在土壤中的物理运移和化学转化,而降水则是通过改变土壤含水量和增加水分入渗而影响着氨挥发过程。对两种小叶章湿地土壤的氨挥发速率及相应时段内土壤含水量进行相关分析,结果表明土壤含水量与 Ⅺ 的氨挥发速率呈微弱的正相关($r = 0.084$,$n = 10$),而与 Ⅻ 则呈一定的负相关($r = -0.294$,$n = 10$)。其原因主要与二者的水分条件有关,前者地表无季节积水但保持湿润,而后者则存在季节积水且地表保持过湿状态。由于 Ⅻ 土壤的水分相对较多,所以土壤水分的入渗可将 $NH_4^+$-N 带到深层土壤中,这就增加了其上升到土壤表层的阻力和被土壤颗粒吸附或植物吸收的机会,从而间接减少了氨挥发量。图7.21为生长季内两种小叶章湿地的降水量及土壤含水量的变化。据图可知,研究时段内的降水多集中在7

月中下旬，而此间的氨挥发速率则呈递减趋势，这就在一定程度上说明大量降水可增加土壤水分的入渗，而伴随着水分入渗 $NH_4^+$-N 被带到深层土壤中，从而对氨挥发过程产生明显的抑制作用。此外，二者湿地土壤含水量的波动还与降水的间隔及大小有着明显的响应关系，较低的土壤含水量发生在降水间隔时间长且降水小时，氨挥发速率的局部较大波动则基本上发生在水分波动时（图 7.18、图 7.21）。土壤含水量随降水变化所表现出的这种波动在一定程度上说明了二者的土壤水分在不同时期存在一定的散失，而当土壤水分存在散失的情况下，氨挥发量将会随土壤湿度的增加而有不同程度的增加。所以土壤含水量的波动对于二者的氨挥发过程有着明显的促进或抑制作用，但它仅在氨挥发的特定时期才表现出较为明显的影响。

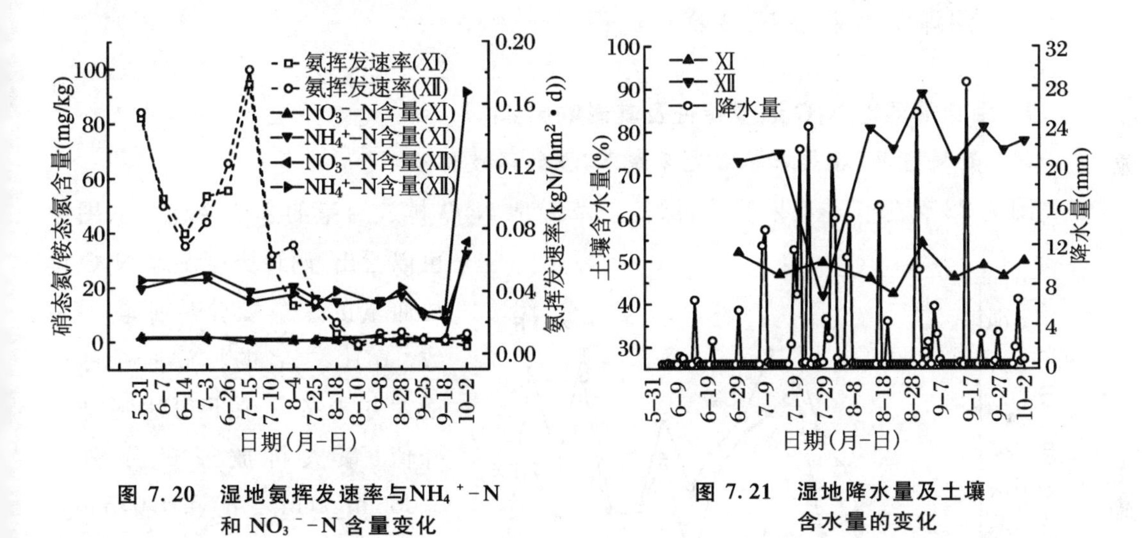


**图 7.20　湿地氨挥发速率与 $NH_4^+$-N 和 $NO_3^-$-N 含量变化**

**图 7.21　湿地降水量及土壤含水量的变化**

（4）土壤物理性质与酸碱状况

土壤 pH 和土壤质地也是影响湿地土壤氨挥发过程的重要因素。已有的研究表明，当湿地土壤或水体的 pH 介于 8～9 时，$NH_4^+$-N 将会向 $NH_3$-N 发生大量转化。所以，pH 较高的土壤，其液相中铵态氮的比例相应的就较高，氨挥发的潜力增大，反之亦然。本项研究表明，Ⅺ和Ⅻ土壤的 pH 均介于 5.36～6.37，土壤偏酸性，由此导致其氨挥发速率普遍较低。相关分析表明，二者的氨挥发速率均与 pH 呈较弱的负相关，相关系数分别为 −0.235 和 −0.222（$n=16$）。土壤粒度分析表明，Ⅺ和Ⅻ土壤的质地均比较黏重，黏粒含量较高，其均值分别为 602.0 g/kg 和 568.2 g/kg，较高的黏粒含量影响着土壤的透气性和对 $NH_3$-N 及 $NH_4^+$-N 的吸附特性（前者对 $NH_3$-N 及 $NH_4^+$-N 的吸附特性要高于后者），进而影响着氨挥发过程。一般而言，粗质地的土壤比细质地的土壤氨挥发大，沙土、沙壤土和壤土的氨挥发分别为黏土的 5.2 倍、4.6 倍和 3.4 倍，由于Ⅻ土壤的黏粒含量略低于Ⅺ，所以其较低的黏粒含量可能也是导致其挥发量略高于Ⅺ土壤的重要原因。相关分析表明，二者的氨挥发速率均与质地呈显著负相关（$P<0.05$），相关系数分别为 -0.505 和 -0.613（$n=16$）。

此外，其他一些因素如大气稳定状态、风速、光照、地表粗糙度、湿地植被良好的郁闭度以及土壤有机质和 CEC 等均对氨挥发过程有着不同程度的影响。总之，两种小叶章湿地土壤的氨挥发过程是一个包括在土壤-水-大气界面发生的多种反应的复杂动力学过程，任何单一因素均不能用来解释氨挥发过程的每一个复杂细节，而这些因素综合作用的结果则是引起二者氨挥发速率和氨挥发量变化及差异的主要原因。

## 二、沼泽湿地系统 $N_2O$ 释放过程

### 1. 生长季湿地 $N_2O$ 通量特征及其影响因素

（1）毛果苔草、漂筏苔草湿地系统 $N_2O$ 的释放特征

图 7.22 为生长季毛果苔草、漂筏苔草湿地 $N_2O$ 排放通量的季节变化。从图中可以看出，两种类型湿地 $N_2O$ 排放通量的季节变化特征较为一致。6 月，二者的排放通量逐渐增大并于 7 月中下旬达到排放峰值，最大排放通量分别为 0.066 mg/($m^2$・h)和 0.075 mg/($m^2$・h)。之后，二者的排放通量开始下降，但到 9 月初其排放通量又开始增加，并于 9 月中旬再次出现排放峰值，最大排放通量分别为 0.074 mg/($m^2$・h)和 0.067 mg/($m^2$・h)。10 月，二者的排放通量迅速降低。生长季毛果苔草、漂筏苔草 $N_2O$ 的平均排放通量分别为 0.038 mg/($m^2$・h)和 0.041 mg/($m^2$・h)，但二者间的差异并不显著（$F=0.002$，$P=0.962$，$n=18$）。根据通量变化特征，逐时段累加估算出生长季毛果苔草、漂筏苔草湿地 $N_2O$ 的排放总量分别为 37.851 $mgN_2O/m^2$ 和 155.018 $mgN_2O/m^2$。

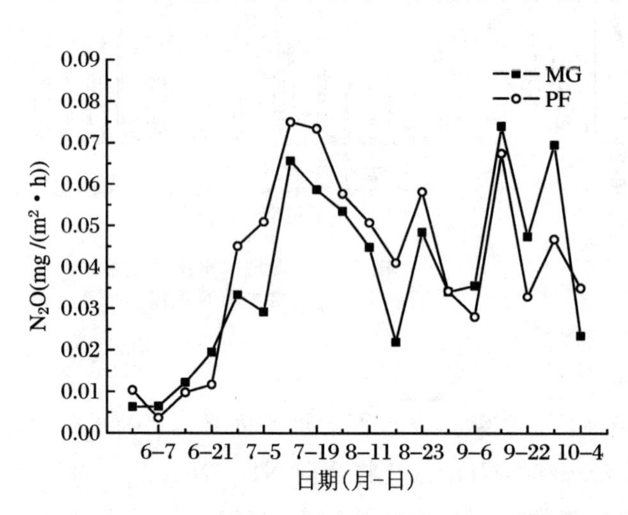


图 7.22 生长季毛果苔草、漂筏苔草湿地 $N_2O$ 通量变化

（2）生长季毛果苔草、漂筏苔草湿地 $N_2O$ 释放量估算

根据生长季毛果苔草、漂筏苔草湿地系统 $N_2O$ 的排放特征，逐时段累加可估算出各月 $N_2O$ 的排放量和其在生长季的排放总量（表 7.13）。由表 7.13 可知，生长季

毛果苔草、漂筏苔草湿地系统的 $N_2O$ 排放总量分别为 137.851 $mgN_2O/m^2$ 和 155.018 $mgN_2O/m^2$。

表 7.13　生长季毛果苔草、漂筏苔草沼泽湿地 $N_2O$ 释放量

单位：$mgN_2O/m^2$

| 月份 | MG | PF |
|---|---|---|
| 5 | 4.536 | 7.416 |
| 6 | 12.029 | 11.810 |
| 7 | 34.759 | 43.159 |
| 8 | 32.616 | 38.695 |
| 9 | 36.991 | 28.738 |
| 10 | 16.920 | 25.200 |
| 5～10 | 137.851 | 155.018 |

(3) 小叶章沼泽湿地系统 $N_2O$ 的释放特征

图 7.23 是Ⅺ和Ⅻ $N_2O$ 排放通量以及温度变化的季节动态。据图可知，两种小叶章湿地 $N_2O$ 的排放通量均具有明显的脉冲式排放特征，且变化趋势具有较强的一致性，其通量范围分别为 0.005～0.111 mg/($m^2$·h)和 0.005～0.106 mg/($m^2$·h)，季节均值分别为 0.059 mg/($m^2$·h)和 0.039 mg/($m^2$·h)，变异系数分别为 175.23%和 136.39%($n=18$)。具体而言，Ⅻ在 6 月 28 日之前的 $N_2O$ 排放通量均明显高于Ⅺ，其通量范围为 0.005～0.106 mg/($m^2$·h)，均值为 0.058 mg/($m^2$·h)，而

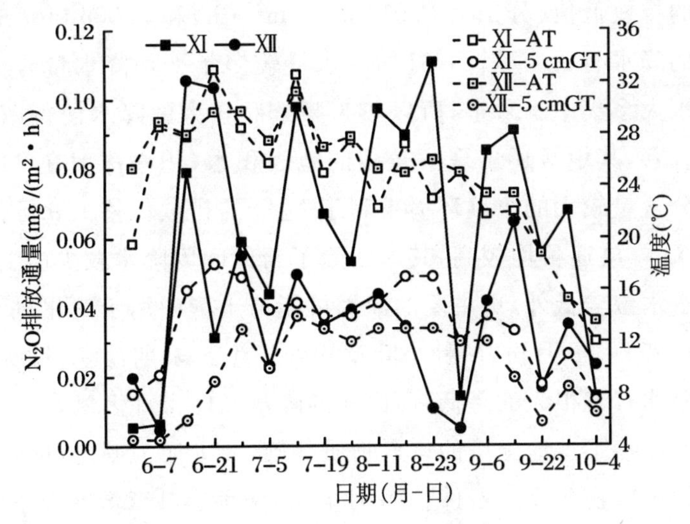


图 7.23　$N_2O$ 通量的季节变化

(AT：气温；GT：地温)

此间Ⅺ $N_2O$ 的排放通量范围及均值则分别为 0.005～0.079 mg/($m^2$·h)和 0.031 mg/($m^2$·h)。产生这种差异的原因主要与此间两种小叶章湿地土壤冻层的融通有关。Ⅺ的冻层在5月中下旬基本融通，而Ⅻ 的冻层一般在6月中下旬开始融通。由于此间冻层的不断融通，冻层以下在冬季累积的大量 $N_2O$ 得以迅速释放，由此导致其 $N_2O$ 排放通量在此间出现较高的峰值。6月28日之后，由于Ⅻ 在冬季累积的大量 $N_2O$ 得以释放，其排放通量均明显低于Ⅺ(后者为前者的 1.07～10.49 倍)，二者通量范围分别为 0.005～0.064 mg/($m^2$·h)和 0.014～0.111 mg/($m^2$·h)，均值分别为 0.068 mg/($m^2$·h)和 0.034 mg/($m^2$·h)。7月上旬至8月下旬，两种小叶章湿地均有着较高的 $N_2O$ 排放通量，其原因主要与此间三江平原地区降水较少、气候干旱以及水分蒸发量大有关。图7.24、图7.25分别为监测时段内降水量和Ⅻ地表积水水位的变化。据此可知，全生长季的降水量为 302 mm，而多年平均降水量为 454 mm，二者相差 152 mm，说明 2003 年生长季的总降水量较往年偏低。此外，就降水量的时间分配而言，生长季的降水集中分布在5月和7月，除5月的降水量明显高于多年平均降水量外，其他各月特别是6月、8月和9月的降水量均较多年平均降水量有很大的降低(图7.24)。而从6月初至8月下旬Ⅻ地表积水水位的变化来看(图7.25)，其水位变化虽然存在波动，但整体呈下降趋势。这就说明因降水较少、蒸发旺盛而引起两种小叶章湿地均出现明显的落干，而湿地的落干又使得两种湿地土壤的 Eh 迅速升高，Eh 的升高又使得土壤氮素硝化/反硝化作用过程的反应条件得以改善，并进而会促进 $N_2O$ 的排放，而这一结论又恰好与 Regina 等(1996)所报道的湿地水位的下降会促进 $N_2O$ 排放的结论相吻合。8月末，两种小叶章湿地的 $N_2O$ 排放通量均出现了一次较为明显的排放低值(分别为 0.014 mg/($m^2$·h)和 0.005 mg/($m^2$·h))，其原因主要与此间的降水有关。尽管8月的降水量较多年平均降水量有很大的降低，但由于该月的降水大多集中于月末，所以较为频繁和较大的降水使得两种湿地土壤的水分状况得以改善，其中Ⅻ还出现了较多的地表积水(积水深度在 70 mm 左右)，而积水和土壤水分含量较大的土壤环境不利于 $N_2O$ 的排放。整个9月份，两种小叶章湿地土壤的 $N_2O$ 排放通量均较高，其原因除了与此间因降水较少而引起湿地土壤含水量或地表积水水位较低外，更主要的原因可能与土壤中用于硝化/反硝化作用的可用性氮含量较高有关。9月份，两种小叶章均处于生长末期，其生长所需的氮素较生长旺期和成熟期均有着很大的降低，而此间的降水又使得许多氮素沉降到系统中，这就在一定程度上改善了湿地土壤的氮素物质基础，并进而为硝化/反硝化作用过程提供了更为丰富的氮素物质反应条件。10月上旬，两种小叶章湿地土壤的 $N_2O$ 排放通量均迅速降低，其原因主要与生长季末期温度大幅度降低有关。对排放通量与温度的相关分析表明，Ⅺ的 $N_2O$ 排放通量与 5 cm 地温有着较强的一致性(图7.26)，二者呈显著正相关，相关系数为 0.603（$P<0.01$），这就说明该湿地土壤 $N_2O$ 排放通量的变化在很大程度上受制于 5 cm 地温的影响；与之相比，Ⅻ土壤的 $N_2O$ 排放通量与温度间的相关性很低，其中与气温的相关性最大，相关系数为 0.312。这就说明温度不是影响其排放通量的重要因素，而上述的水分条件可能对其的影响更大些。

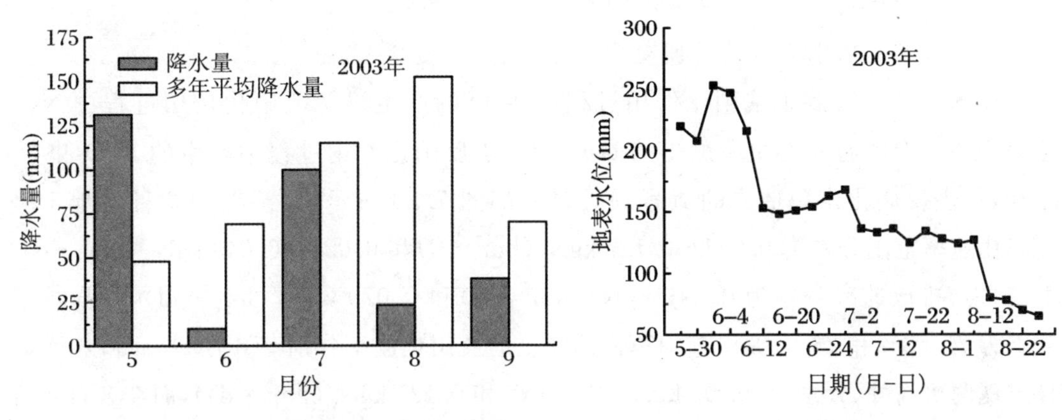


图 7.24　生长季降水量与多年平均降水量　　　图 7.25　Ⅻ地表水位的变化

**2. 湿地土壤氮素硝化/反硝化作用与 $N_2O$ 释放**

(1) 土壤 $N_2O$ 排放速率的时间变化

湿地土壤排放的 $N_2O$ 源于土壤氮素的硝化和反硝化作用过程，其排放速率等于硝化和反硝化作用过程的 $N_2O$ 排放速率之和。本项试验中未通乙炔处理所测得的 $N_2O$ 代表 $N_2O$ 的自然排放速率。图 7.27 给出了生长季内两种小叶章湿地土壤 $N_2O$ 排放速率的变化趋势。据图可知，草甸沼泽土和腐殖质沼泽土 $N_2O$ 排放速率的变化趋势基本一致，其在整个试验阶段的排放速率范围分别介于 0.020～0.089 kgN/(hm$^2$ · d) 和 0.012～0.033 kgN/(hm$^2$ · d)，季节平均排放速率分别为 0.039 kgN/(hm$^2$ · d)和 0.023 kgN/(hm$^2$ · d)，变异系数分别为 48.41% 和 23.41%。具体来说，草甸沼泽土的 $N_2O$ 排放速率在 8 月中旬之前呈“W”形变化，并分别于 8 月 4 日和 8 月 14 日取得生长季的最小值(0.020 kgN/(hm$^2$ · d))和最大值(0.089 kgN/(hm$^2$ · d))，之后其值除在 9 月中下旬(9 月 18 日和 9 月 27 日)略有增加外，其他时期整体上呈单调递减变化。与之相比，腐殖质沼泽土的 $N_2O$ 排放速率则

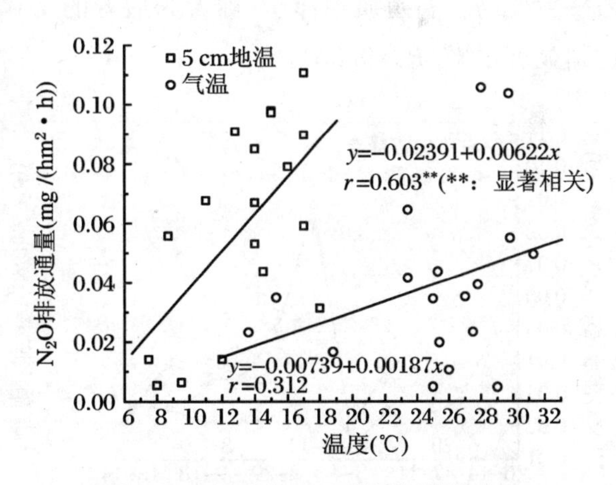


图 7.26　温度与 $N_2O$ 排放通量的关系

在8月29日之前呈"W"形变化，并分别于8月4日和8月29日取得生长季的最小值(0.012 kgN/(hm$^2$·d))和最大值(0.033 kgN/(hm$^2$·d))，之后其值开始递减，而后于9月18日前后开始缓慢增加。比较而言，草甸沼泽土$N_2O$的排放速率在整个生长季均明显高于腐殖质沼泽土(前者平均为后者的1.79±1.07倍)，二者还在5%水平上达到显著差异($F=7.59$，$P=0.012$)。

(2) 土壤反硝化速率的时间变化

通入乙炔可抑制土壤硝化作用过程中$N_2O$的产生以及反硝化作用过程中$N_2O$还原为$N_2$，因此通入乙炔所测得的$N_2O$量等于反硝化作用过程中产生的$N_2O$和$N_2$之和，代表反硝化作用造成的氮素损失量。如图7.28所示，监测期间两种湿地土壤反硝化速率范围分别为0.024～0.127 kgN/(hm$^2$·d)和0.021～0.043 kgN/(hm$^2$·d)，季节平均排放速率分别为0.046 kgN/(hm$^2$·d)和0.029 kgN/(hm$^2$·d)，变异系数分别为75.03%和23.41%。其中草甸沼泽土的反硝化速率分别于6月28日和8月14日出现两次高峰(分别为0.100 kgN/(hm$^2$·d)和0.127 kgN/(hm$^2$·d))，而在8月4日取得最低值(0.024 kgN/(hm$^2$·d))，其他时期则介于0.025～0.044 kgN/(hm$^2$·d)之间而变化不大。与之相比，腐殖质沼泽土的反硝化速率在整个监测期内除在8月29日取得一次较为明显的峰值(0.043 kgN/(hm$^2$·d))外，其他时期均变化不大，介于0.021～0.034 kgN/(hm$^2$·d)。比较而言，草甸沼泽土的反硝化损失速率在监测期内一般要高于腐殖质沼泽土(前者为后者的1.67±1.56倍)，但二者之间的差异并未达到显著水平($P>0.05$)。

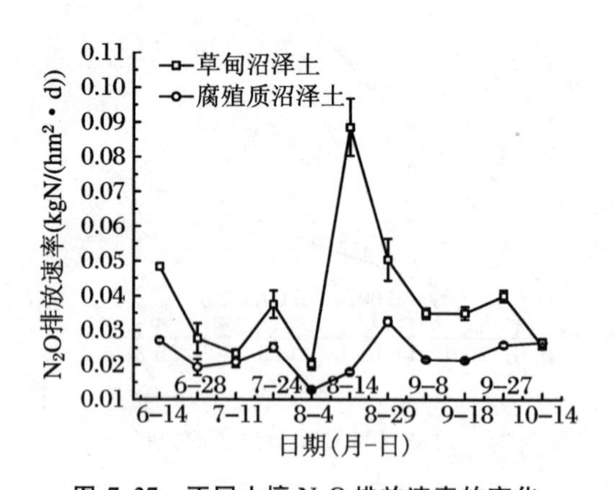


图7.27 不同土壤$N_2O$排放速率的变化

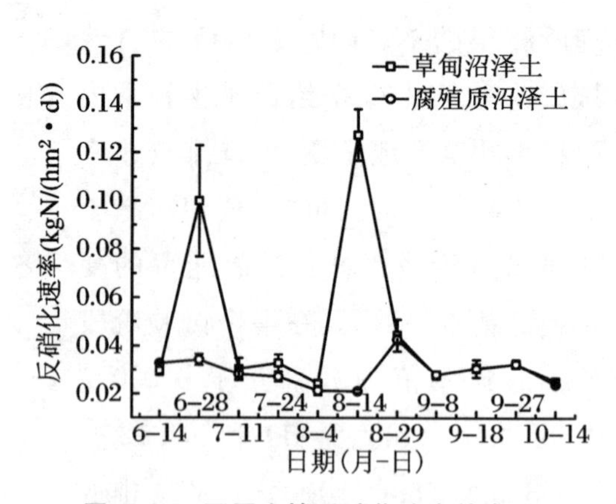


图7.28 不同土壤反硝化速率的变化

(3) 环境因子对$N_2O$排放速率和反硝化速率的影响

对两种土壤中氮素物质基础($NO_3^-$-N和$NH_4^+$-N)影响的研究结果表明，两种土壤中$NO_3^-$-N和$NH_4^+$-N含量的动态变化趋势与$N_2O$排放速率及反硝化速率的变化趋势并不一致，$N_2O$排放速率和反硝化速率的极大值和极小值并不一定发生在土壤氮素物质较为丰富或相对贫乏时。相关分析表明，二者的氮素物质基础与 $N_2O$ 排放速率及反硝化速率的相关系数均较低，这就在一定程度上说明湿地环境中较为丰富的氮素物质基础可能不足以对其硝化/反硝化作用过程产生限制作用，氮素物质基础这一影响因素对于硝化/反硝化作用的影响并不明显，而其他因素则可能对硝化/反硝化作用过程的影响更为明显。同时，由于两种土壤中 $NO_3^-$-N 和 $NH_4^+$-N 的含量差异并未达到5%的显著水平，因此它们也不是引起二者 $N_2O$ 排放速率及反硝化速率差异的重要原因。而这一结果又与 Bouwman 所得出的反硝化作用的实际活性只有在有充足有效碳和低氧分压等有利的环境条件下才取决于 $NO_3^-$-N 的浓度，而其他情况下则与其并无多大关系的结论相一致。

对温度影响的研究结果表明，除气温和地表温度外，5 cm、10 cm 和 15 cm 地温的变化均与草甸沼泽土的 $N_2O$ 排放速率及反硝化速率的变化趋势有着较强的一致性(图 7.29A)，各温度均分别于6月28日和8月14日左右出现两次较为明显的峰值，而这两次峰值出现的时间又恰与草甸沼泽土 $N_2O$ 排放速率的最大峰值和反硝化速率两次峰值出现的时间相吻合，并且其他时期各深度地温的变化也与同时段 $N_2O$ 排放速率和反硝化速率的变化趋势有着较强的一致性。

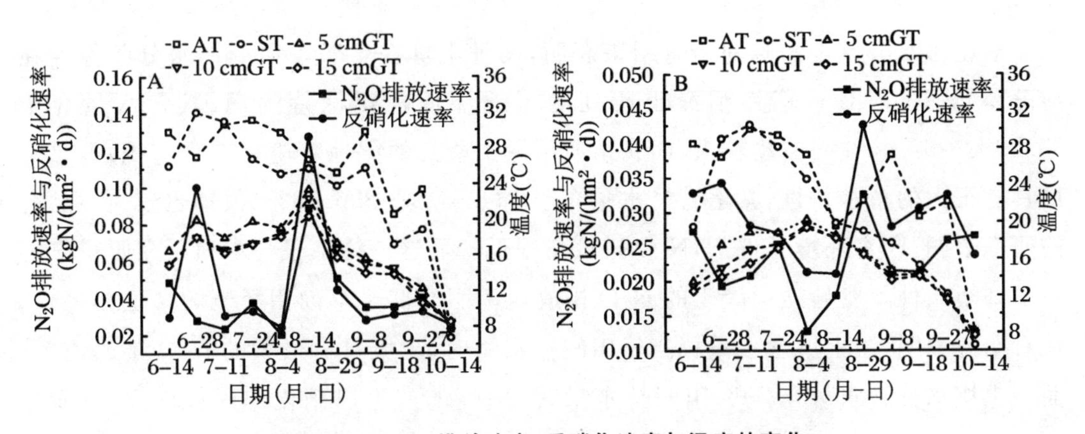


**图 7.29 $N_2O$ 排放速率、反硝化速率与温度的变化**

AT：大气温度；ST：地表温度；GT：地温；A：草甸沼泽土；B：腐殖质沼泽土

图 7.30 显示的为草甸沼泽土 5 cm、10 cm 和 15 cm 地温与 $N_2O$ 排放速率及反硝化速率的相关关系。据图可知，草甸沼泽土的 $N_2O$ 排放速率与 5 cm、10 cm 和 15 cm 地温均有着较大的正相关，相关系数分别为 0.444、0.478 和 0.336($n=11$)，而其反硝化速率则分别与 5 cm、10 cm 和 15 cm 地温存在显著的正相关($P<0.05$)，相关系数分别为 0.627、0.642 和 0.607($n=11$)。与之相比，腐殖质沼泽土不同深度地温及气温的变化与其 $N_2O$ 排放速率及反硝化速率的变化均缺乏明显的一致性(图 7.29B)，它们之间仅存在较弱的相关关系。由于监测期间正值高温多雨季节，土壤温

度较高(大多在 13～31 ℃)且变化相对缓慢,只是在植物生长后期温度较低,而这一温度范围基本上是在微生物生存的适宜范围内,又因腐殖质沼泽土此时处于地表积水的环境中,土壤持水量和土壤湿度均较高,在这种情况下,相对于积水环境或土壤湿度较高的环境条件而言,温度并不是其硝化/反硝化作用过程的重要限制因子,而水分条件则可能是影响其作用过程的重要因素。

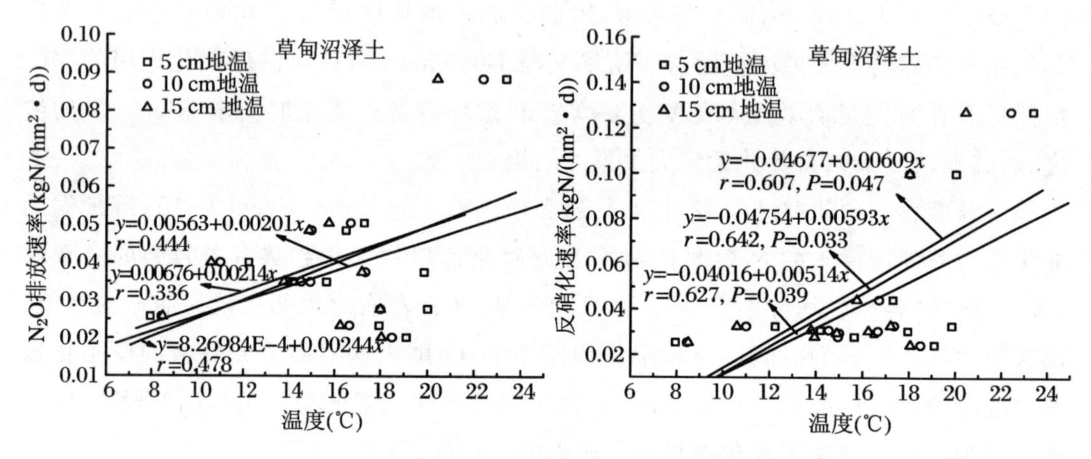


**图 7.30 土壤温度与 $N_2O$ 排放速率和反硝化速率的关系**

对土壤水分条件影响的研究结果表明,两种土壤在生长季所处的水分条件存在显著差异(图 7.31),草甸沼泽土所处的湿地环境常年保持湿润,其含水量介于 33.23%～52.45%而波动较大;而腐殖质沼泽土所处的湿地环境存在季节积水,且土壤具有很大的持水特性,其毛管持水量介于 184.51%～336.98%,波动也较大。已有的研究表明,积水环境条件下,$N_2O$ 排放量很低。而这一结果又与本项研究所得出的积水环境条件下腐殖质沼泽土的 $N_2O$ 排放速率明显低于草甸沼泽土的结论相一致。还有研究表明,当土壤含水量相当于田间持水量时,土壤具有最大的 $N_2O$ 排放速率;而当土壤水分含水量在 70%田间持水量时,$N_2O$ 的产生以硝化作用过程为主;而在此以上时,则以反硝化作用过程为主。本项研究对草甸沼泽土和腐殖质沼泽土的田间持水量进行了测定,其结果分别为 48%和 129%。由图 7.31 可知,前者的含水量大多在田间持水量或 70%田间持水量左右变化,说明其 $N_2O$ 的排放速率很高且 $N_2O$ 的产生可能以硝化作用过程为主;而腐殖质沼泽土较高的田间持水量说明即使在地下水位较深、降水补给较小的月份,其土层较强的持水能力仍能够使得其土壤形成较强的还原环境,而较强的还原环境条件一般又非常有利于反硝化作用过程的进行,这就说明其 $N_2O$ 的产生可能主要以反硝化作用过程为主。相关分析表明,草甸沼泽土的土壤含水量与其 $N_2O$ 排放速率呈一定的正相关(图 7.32),相关系数为 0.449($n=11$)。实际上,两种土壤 $N_2O$ 排放速率和反硝化速率在监测期内的变化是多种因素综合作用的结果,只是不同阶段或整个时期所表现出的变化更倾向受制于某一或某几个因素,而这些因素可能是 $NO_3^-$-N 和 $NH_4^+$-N 含量、气温、地表及不同深度地温、土壤含(持)水量等。

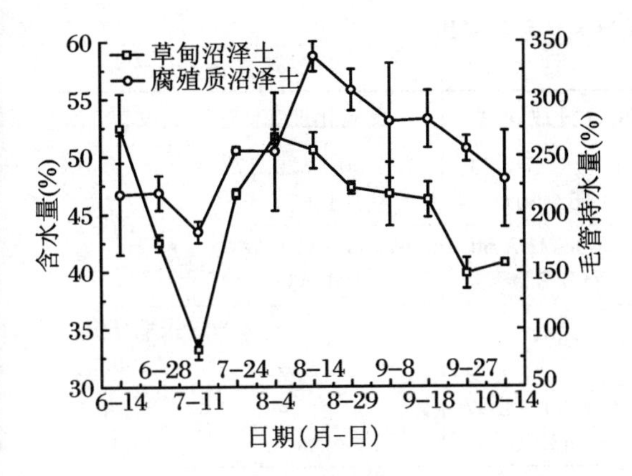


**图 7.31　土壤含水量/毛管持水量的变化**

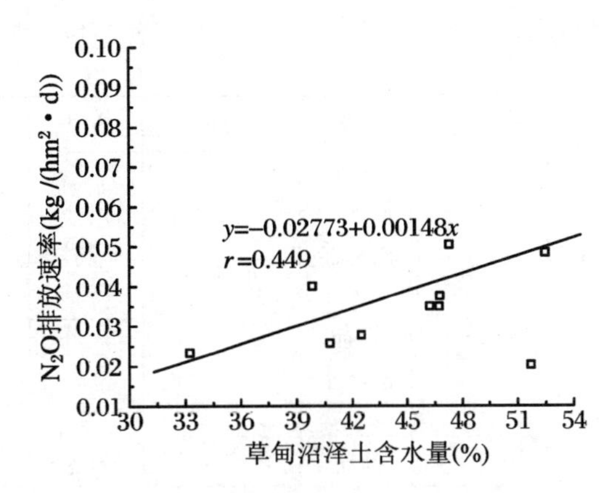


**图 7.32　土壤含水量与 $N_2O$ 排放的关系**

(4) $N_2O$ 排放速率、反硝化速率相关研究的对比

表 7.14 为近年来国内外关于湿地 $N_2O$ 排放速率、反硝化速率的一些相关研究结果对比。由于目前湿地土壤反硝化速率的相关研究尚不多见,所以表中主要对比了 $N_2O$ 的排放速率。从表中可以看出,本项研究中典型草甸小叶章湿地草甸沼泽土的 $N_2O$ 排放速率(平均值 162.50 μg/(m² · h))要高于张丽华等的相应研究结果(97 μg/(m² · h)),其均值分别为张丽华等研究结果的 1.68 倍。产生这种差异的原因一方面可能与草甸沼泽土 $N_2O$ 排放速率的年际变化较大有关。由于张丽华等的研究和本项研究分别于 2004 年和 2005 年的生长季进行,所以两个生长季湿地气候条件和水文条件等的差异可能是导致其年际变化较大的重要原因。此外,这种差异还可能与试验方法有关。本项试验采用的是乙炔抑制技术,而其他两项研究采用的是静态箱技术。由于试验过程中乙炔抑制技术采用将原状土培养 24 h 的方法,所以较长的培养时间使得培养桶内温度相对升高以及原状土的水分有所散失,而这种条件又常常会促进 $N_2O$ 的排放,进而会导致试验结果偏高。而就沼泽化草甸小叶章湿地的腐殖质沼泽土而言,其 $N_2O$ 排放速率(95.83 μg/(m² · h))与张丽华等在草甸沼泽土上测定的结果比较接近。此外,本项研究结果还远远高于 Bauza 等对 Magueyes 岛红树林湿地土壤的测定结果(排放范围为 2.70～75.60 μg/(m² · h)),这可能主要与两地区土壤的理化组成、湿地水文及气候条件的差异有关。比较而言,漂筏苔草以及芬兰北部泥炭地泥炭沼泽土的 $N_2O$ 排放速率均远低于其他类型土壤,其中漂筏苔草湿地泥炭沼泽土的 $N_2O$ 排放速率还为负值(-63.99 g/(m² · h)),其原因除了与不同土壤理化性质的差异有关外,还可能与其所处的积水条件有关。漂筏苔草湿地位于

碟形洼地的中心地带，均处于常年积水状态，而积水的水文条件非常不利于 $N_2O$ 的排放。可见，要深入了解草甸沼泽土和腐殖质沼泽土 $N_2O$ 排放速率的规律以及不同研究结果的差异仍需要开展长时间尺度和不同试验方法的大量对比研究。

**表 7.14 相关研究结果的对比**

单位：μg/（m² · h）

| 研究地点 | 土壤 | 植被 | 方法 | $N_2O$ 排放速率 | 反硝化速率 | 文献 |
|---|---|---|---|---|---|---|
| 三江平原 | 草甸沼泽土 | 小叶章 | 乙炔抑制法 | 83.33～370.83 (162.50) | 100.00～529.17 (191.67) | 本研究 |
| | 腐殖质沼泽土 | | | 50.00～137.50 (95.83) | 87.50～179.17 (120.83) | |
| | 草甸沼泽土 | | 静态箱技术 | (97) | — | 张丽华等，2005 |
| | 泥炭沼泽土 | 漂筏苔草 | | −161.69～4.37 (−63.99) | — | 李仲根，2003 |
| 芬兰北部泥炭地 | 泥炭沼泽土 | — | | −3.71～11.25 | — | Huttunen，2002 |
| Magueyes 岛 | 腐殖质沼泽土 | *Rhizophora mangle* | | 2.70～75.60 | — | Bauza 等，2002 |

（5）$N_2O$ 排放总量与反硝化气态损失量

图 7.33 为两种土壤在不同时期的 $N_2O$ 排放量及氮素的反硝化气态损失量。据图可知，草甸沼泽土除在 6 月 14 日至 28 日和 8 月 4 日至 14 日两个时期内的反硝化损失量明显高于 $N_2O$ 排放量外，大部分时期均是 $N_2O$ 排放量明显高于反硝化损失量（前者是后者的 1.02～1.63 倍），这就说明硝化作用可能在其 $N_2O$ 排放过程和氮素气态损失过程中发挥了重要作用。而这一结论又与前面通过土壤含水量所类推的硝化作用可能是 $N_2O$ 排放的主要过程的结论相吻合。与之相比，腐殖质沼泽土的反硝

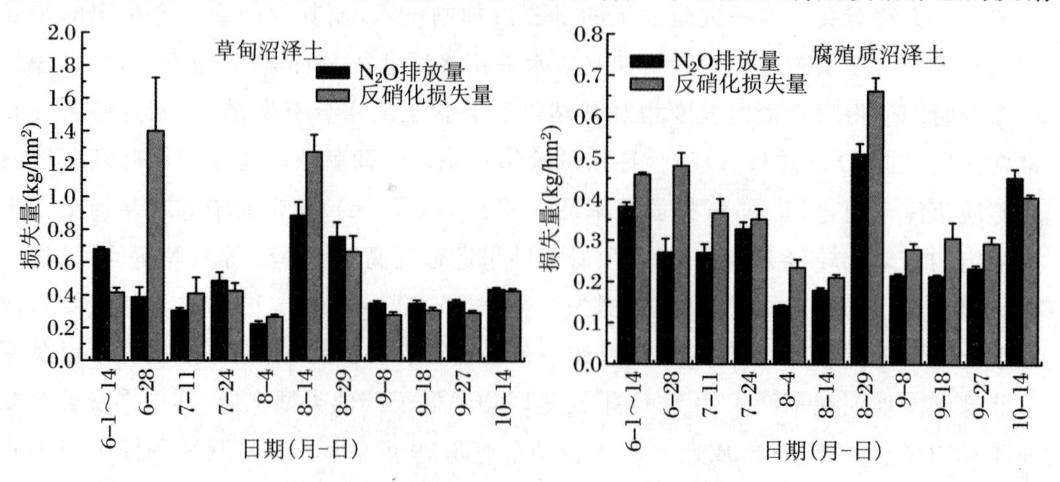


**图 7.33 不同时期 $N_2O$ 排放量及反硝化损失量**

化损失量除在 9 月 27 日至 10 月 14 日略低于 $N_2O$ 排放量外，其他时期均明显高于 $N_2O$ 排放量（前者为后者的 1.07～1.77 倍），这就说明反硝化作用是导致其 $N_2O$ 排放及氮素损失的重要过程，而这一结论也与前面所类推的结论相一致。由于硝化作用和反硝化作用各自产生的 $N_2O$ 的确切数量目前尚难以区分，所以二者对于 $N_2O$ 产生的相对贡献率难以确定。

运用数值积分对监测期间（6～10 月）$N_2O$ 排放总量及氮素反硝化气态损失量进行估算，结果（表 7.15）表明：草甸沼泽土的 $N_2O$ 排放总量和反硝化气态损失量分别为 5.216 kgN/$hm^2$ 和 6.166 kgN/$hm^2$，而腐殖质沼泽土则分别为 3.196 kgN/$hm^2$ 和 4.407 kgN/$hm^2$，二者的 $N_2$ 排放量分别大于 0.95 kgN/$hm^2$ 和 0.85 kgN/$hm^2$。如果硝化作用过程产生的氮素气态损失为 0，则二者硝化/反硝化作用的损失总量最低分别为 6.166 kgN/$hm^2$ 和 4.047 kgN/$hm^2$；如果反硝化作用产生的 $N_2O$ 的量为 0 且气态损失均为 $N_2$，而硝化作用的气态损失均为 $N_2O$，则硝化/反硝化作用的气态损失总量最高分别为 11.382 kgN/$hm^2$ 和 7.243 kgN/$hm^2$。此外，在两种小叶章湿地土壤的反硝化产物中，$N_2O/N_2$ 最高分别为 5.49 和 3.76，这就表明腐殖质沼泽土反硝化产物中的 $N_2$ 所占的比例明显要高于草甸沼泽土，说明季节积水的环境条件会导致 $N_2O/N_2$ 降低，这一结论与 Weier 等所得出的 $N_2O/N_2$ 随水分含量的增加而降低的结论相一致。可见，人为改变湿地的水文条件（使湿地处于积水状态）是降低湿地 $N_2O/N_2$ 的有效方式，尽管这一方式会导致 $N_2$ 损失量的相对增加，但它对于降低湿地 $N_2O$ 对全球变暖的贡献率有着非常重要的生态学意义。

**表 7.15　$N_2O$ 排放量与反硝化损失量**

单位：kgN/$hm^2$

| 土壤 | 处理 | $N_2O$ 排放量 | 反硝化损失量 | 差值 | $N_2$ 排放量 | 硝化/反硝化损失量 | $N_2O/N_2$ |
|---|---|---|---|---|---|---|---|
| 草甸沼泽土 | 未通 $C_2H_2$ | 5.216 | | 0.95 | $>0.95$ | (6.166, 11.382) | $<5.49$ |
| | 通 $C_2H_2$ | | 6.166 | | | | |
| 腐殖质沼泽土 | 未通 $C_2H_2$ | 3.196 | | 0.85 | $>0.85$ | (4.047, 7.243) | $<3.76$ |

**3. 非生长季沼泽湿地系统 $N_2O$ 释放过程**

(1) 非生长季毛果苔草、漂筏苔草湿地 $N_2O$ 释放过程

非生长季毛果苔草、漂筏苔草湿地 $N_2O$ 排放通量的季节变化特征基本一致（图 7.34），均表现出“吸收-排放”的规律，说明非生长季沼泽湿地存在 $N_2O$“汇-源”转化现象。11 月，毛果苔草、漂筏苔草湿地开始吸收 $N_2O$，随着温度的降低，积雪的增多，其 $N_2O$ 吸收通量增大，并于 1 月中下旬达最大值（分别为 −0.0105 mg/($m^2$ · h) 和

−0.0114 mg/(m²·h))。2～3 月，二者对 $N_2O$ 的吸收通量降低，3 月下旬开始表现为弱排放和弱吸收交替变化的特征，至 4 月份，二者的 $N_2O$ 排放通量均迅速增加。由于毛果苔草、漂筏苔草湿地土壤水分和底物的不同，其排放通量存在一定差异，表现为毛果苔草湿地 $N_2O$ 排放的平均通量要比漂筏苔草湿地高 0.001905 mg/(m²·h)，但该差异并未达到显著水平($F = 0.44$，$P = 0.515$)。根据毛果苔草、漂筏苔草湿地 $N_2O$ 的排放特征，逐时段累加估算出二者在非生长季的 $N_2O$ 排放总量分别为 1.548 $mgN_2O/m^2$ 和 4.579 $mgN_2O/m^2$。

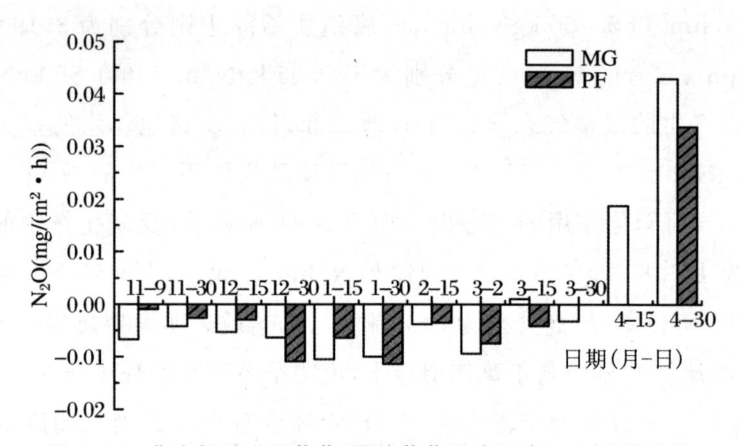


**图 7.34 非生长季毛果苔草、漂筏苔草湿地系统 $N_2O$ 通量变化**

(2) 非生长季毛果苔草、漂筏苔草湿地 $N_2O$ 释放总量估算

根据非生长季毛果苔草、漂筏苔草湿地 $N_2O$ 的排放特征，逐时段累加可估算出非生长季各月 $N_2O$ 的排放量(表 7.16)。由表 7.16 可知，非生长季毛果苔草、漂筏苔草湿地的 $N_2O$ 排放量分别为 1.548 mg/m² 和 4.579 mg/m²，分别占全年排放总量的 1.1% 和 2.9%，说明非生长季两类湿地仍是 $N_2O$ 的弱释放源。

**表 7.16 非生长季毛果苔草、漂筏苔草湿地 $N_2O$ 总释放量估算**

单位：$mgN_2O/m^2$

| 月份 | MG | PF |
| --- | --- | --- |
| 11 | −3.564 | −1.505 |
| 12 | −4.176 | −4.968 |
| 1 | −7.38 | −6.408 |
| 2 | −4.752 | −3.924 |
| 3 | −0.792 | −2.952 |
| 4 | 22.212 | 24.336 |
| 11 月～次年 4 月 | 1.548 | 4.579 |

(3) 非生长季小叶章湿地的 $N_2O$ 释放过程

① 非生长季湿地气温的变化

如图 7.35 所示,从 11 月初观测开始,气温逐渐降低,最低温度出现在 1 月中旬,之后气温开始逐渐升高,到 4 月时平均气温达 13.5 ℃。整个观测期间平均温度为 -8.5 ℃,变化幅度较大($C.V.$ = 164.09%)。

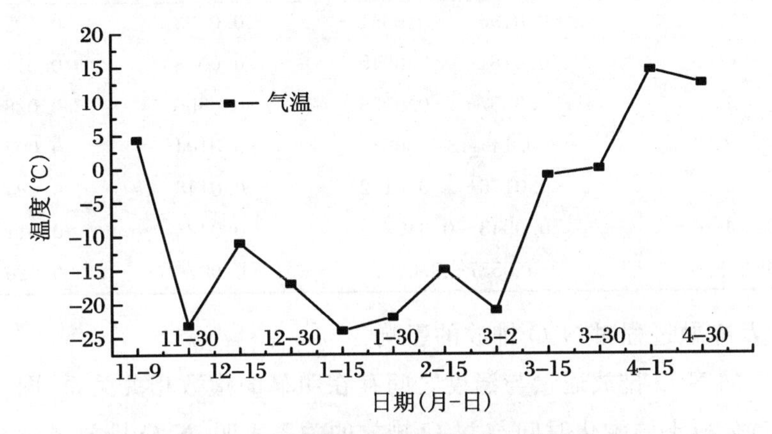


图 7.35 非生长季沼泽湿地气温的变化

② 非生长季沼泽湿地 $N_2O$ 排放

如图 7.36 所示,小叶章湿地在非生长季的排放特征表现为"吸收-排放"。11 月～次年 1 月,随着温度的降低,吸收量不断增加并于 1 月下旬达最大值(-0.0557 mg/(m² · h));之后,温度逐渐升高,吸收量减小;到 4 月份,随着地表冻土融化而逐渐成为 $N_2O$ 的源,其排放通量高达 0.0497 mg/(m² · h)(图 7.36、表 7.17)。总的来

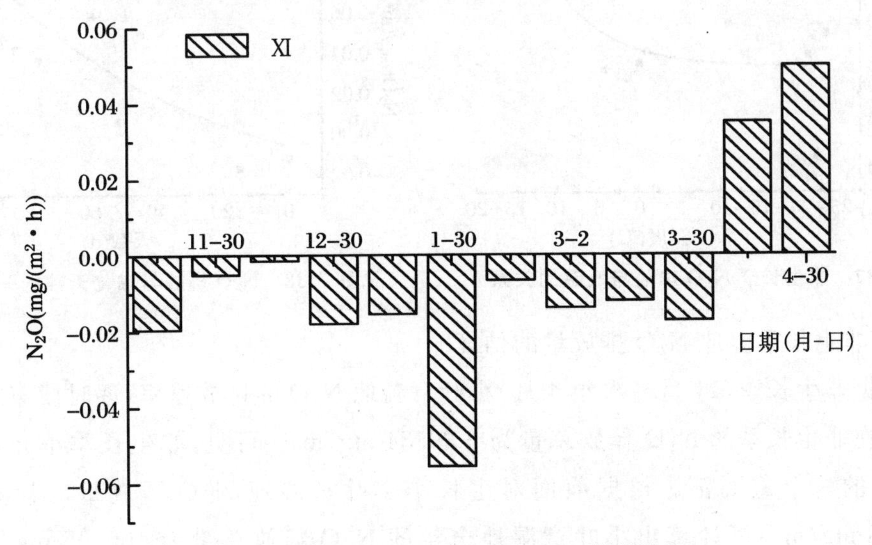


图 7.36 非生长季小叶章湿地的 $N_2O$ 排放特征

说，非生长季小叶章湿地的 $N_2O$ 排放通量波动较大（$C.V.=394\%$），其平均排放速率为 -0.0068 mg/(m²·h)，表现为 $N_2O$ 的汇。

表 7.17 非生长季小叶章湿地 $N_2O$ 通量范围、均值及标准差

单位：mg/(m²·h)

| 月份 | 范围 | 均值 | 标准差 |
|---|---|---|---|
| 11 | -0.0196～-0.0051 | -0.0123 | 0.102 |
| 12 | -0.0181～-0.0015 | -0.0098 | 0.011 |
| 1 | -0.0557～-0.0156 | -0.0356 | 0.028 |
| 2 | -0.14～-0.0068 | -0.0104 | 0.005 |
| 3 | -0.0175～-0.0122 | -0.0148 | 0.004 |
| 4 | 0.0348～0.0497 | 0.042 | 0.011 |
| 非生长季 | -0.0557～0.0497 | -0.007 | 0.026 |

③ 温度及冻融过程对 $N_2O$ 排放的影响

非生长季的 $N_2O$ 排放通量与温度之间存在明显的指数相关关系（图 7.37）（$P<0.01$），而通过分析土壤融化时间与 $N_2O$ 排放的关系表明，$N_2O$ 排放通量与融化时间呈指数相关关系（图 7.38）。说明小叶章湿地在融化后期，随着温度的升高，土壤中微生物活性增强，$CO_2$ 释放速率增加，$N_2O$ 排放速率也随之增加，而温度在控制非生长季湿地 $N_2O$ 排放过程中发挥了重要作用。

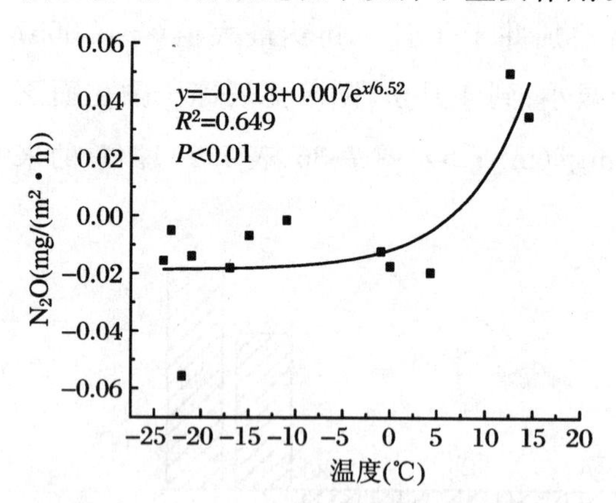


图 7.37 非生长季 $N_2O$ 排放与气温的关系

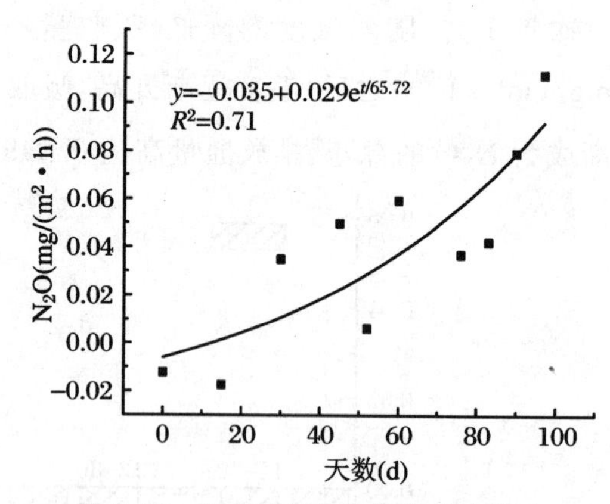


图 7.38 $N_2O$ 排放与融化天数的关系

④ 非生长季湿地 $N_2O$ 排放量的估算

根据非生长季（11 月～次年 4 月）小叶章湿地 $N_2O$ 的排放速率，逐时段累加计算得知其在非生长季的 $N_2O$ 释放总量为 -29.34 mg/m²。可见，非生长季小叶章湿地是 $N_2O$ 的一个重要汇。根据前面对生长季小叶章湿地 $N_2O$ 释放量的计算结果（190.32 mg/m²）可计算出小叶章湿地全年的 $N_2O$ 释放总量为 160.98 mg/m²（表 7.18），说明小叶章湿地在全年表现为 $N_2O$ 的一个重要释放源。

表 7.18　非生长季小叶章湿地 $N_2O$ 释放量估算

单位：$mgN_2O/m^2$

| 非生长季 | | 生长季 | |
|---|---|---|---|
| 月份 | 排放量 | 月份 | 排放量 |
| 11 | −8.89 | 5 | 3.88 |
| 12 | −7.07 | 6 | 29.54 |
| 1 | −25.65 | 7 | 43.98 |
| 2 | −7.49 | 8 | 52.38 |
| 3 | −10.68 | 9 | 50.29 |
| 4 | 30.43 | 10 | 10.25 |
| 合计 | −29.34 | 合计 | 190.32 |

## 第三节　湿地土壤-植物系统硫的释放过程

### 一、湿地系统 $H_2S$、COS 释放通量的季节变化

生长季Ⅺ和Ⅻ的 $H_2S$ 和 COS 排放情况如图 7.39 所示。观测期间，Ⅻ排放 $H_2S$ 的范围为 0.00～1.18 μg/($m^2$・h)（0.00 表示监测气体的浓度低于仪器的检测限），平均排放强度为 0.34 μg/($m^2$・h)。而Ⅺ排放 $H_2S$ 的范围为 0.00～0.95 μg/($m^2$・h)，平均排放强度为 0.14 μg/($m^2$・h)。无论是Ⅻ还是Ⅺ，其 $H_2S$ 的排放模式均为单峰

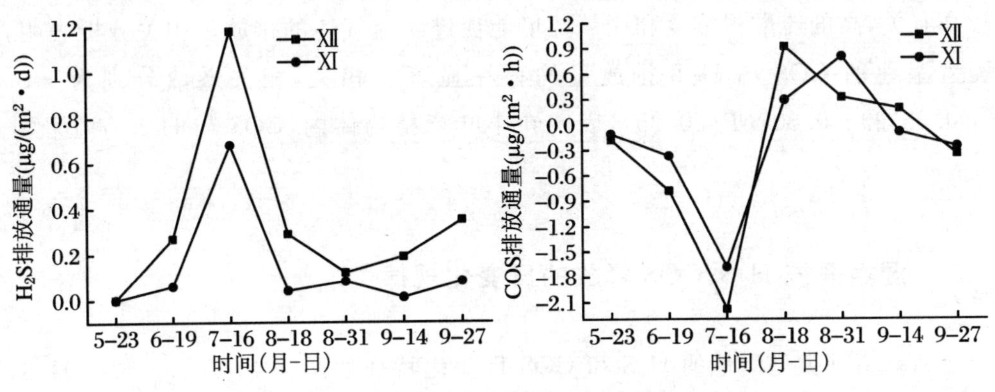


图 7.39　$H_2S$ 和 COS 排放通量的季节变化

"0"表示浓度低于仪器的检测限

式。5～7 月份，释放速率逐渐增大，均在 7 月份出现峰值，这与 7 月份气温较高有关(图 7.39、图 7.40)，温度高有利于土壤中微生物酶活性的提高，有机质代谢速度加快，含硫气体释放强度随之增加；8～9 月份，释放通量无明显规律，但释放量明显低于 7 月份，可能是因为温度降低，或者植物日渐衰老所致。

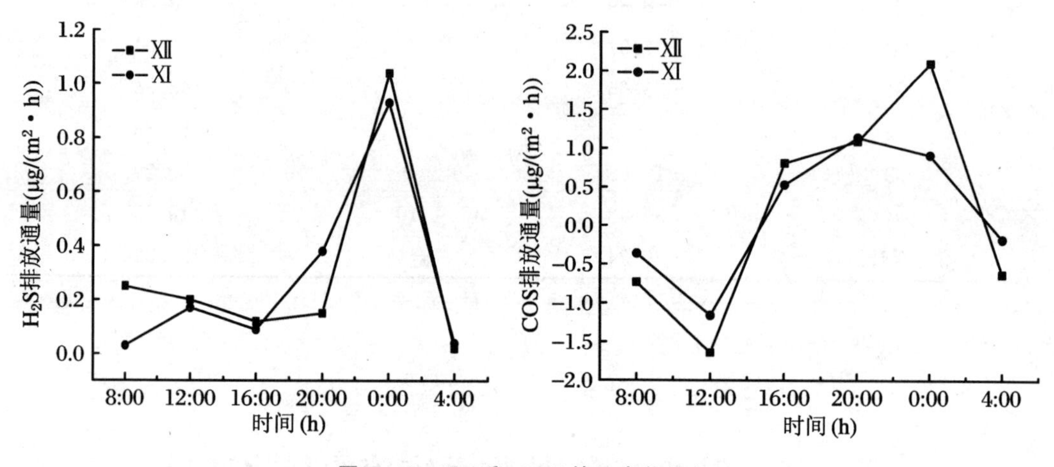


**图 7.40 $H_2S$ 和 COS 的日变化特征**

Ⅻ的 COS 排放范围为 $-2.18$～$0.92$ μg/(m²·h)，平均排放强度为 $-0.29$ μg/(m²·h)，而Ⅺ排放 COS 的范围为 $-1.68$～$0.8$ μg/(m²·h)，平均排放强度为 $-0.20$ μg/(m²·h)。5～7 月份，COS 的排放通量逐渐减小，到 7 月份出现吸收峰，峰值为 $-2.18$ μg/(m²·h)，这可能与这段时间植物的旺盛生长有关，植物被认为是 COS 最大的汇，植物的生长过程对 COS 具有代谢作用；8～9 月份，COS 释放通量先增加后减少，此间植物处于成熟期和衰老期，生命活动能力减弱，对 COS 排放影响减小，引起其排放速率的增加，但同时温度的降低又导致其排放速率降低，因此排放速率呈现波动变化。从两种湿地类型 $H_2S$、COS 的排放通量来看，均有Ⅻ＞Ⅺ，这可能与Ⅻ积水较多和硫酸根浓度较高有关，高的硫酸根浓度和厌氧环境能促进含硫气体的排放。相关分析表明，两种类型湿地的 COS 与 $H_2S$ 排放量均存在显著负相关，相关系数分别为 $-0.83$ ($P<0.05$)和 $-0.807$($P<0.05$)，表明在小叶章植物体内，COS 与 $H_2S$ 存在相互转化关系。

## 二、湿地系统 $H_2S$、COS 释放的日变化规律

Ⅻ和Ⅺ两种类型湿地的 $H_2S$ 和 COS 日变化特征如图 7.40 所示。对于 $H_2S$，Ⅺ和Ⅻ均表现为白天排放量较低，而夜晚排放量增大，并于夜晚 0:00 出现峰值，其 24 小时的平均排放通量分别为 0.25 μg/(m²·h)和 0.23 μg/(m²·h)。COS 在白天的

排放量较小，以吸收为主，在中午 12:00 出现吸收峰，其 24 小时的平均排放通量分别为 -0.08 μg/($m^2$ · h)和 -0.02 μg/($m^2$ · h)。夜晚高的排放速率可能是夜晚植物的光合作用停止，植物的影响减小所致。

## 三、影响因素分析

### 1. 温度对不同小叶章湿地 $H_2S$、COS 释放通量的影响

Ⅺ和Ⅻ的大气温度、-5 cm 土壤温度的变化如图 7.41 和图 7.42 所示。通过比较 $H_2S$ 的释放通量和大气温度、-5 cm 地温可以发现，5～8 月份 $H_2S$ 的释放通量随温度的变化而变化，9 月其通量与温度的变化则不同，相关分析表明二者之间无明显的相关关系，这与 Kanda 等(1992)的研究结果相一致。对于 COS，5～7 月份，随着温度的升高，COS 表现为吸收，说明温度的升高不能促进 COS 的排放，在 8～9 月份，COS 的释放基本上与温度的变化相一致。但统计分析表明温度和 COS 排放通量之间也无明显的相关性。土壤释放含硫气体主要来自微生物作用下硫酸盐的异化还原和含硫氨基酸的降解，温度过高或过低都会影响微生物的活性，进而影响含硫气体的排放。在本研究中，我们发现温度变化在一定程度上对含硫气体释放量的变化起决定作用，但含硫气体排放通量总的变化趋势并不与温度变化完全一致，这表明温度不是控制含硫气体释放的主要因素，还有其他因素影响含硫气体的释放量，比如 Eh，已有的研究(Istvan, Delaune, 1995)表明当 Eh 下降到 -100 mV 时，$H_2S$ 的释放量开始增加，当 Eh 下降到 -240 mV 时，$H_2S$ 的释放量可以增加到总含硫气体的 86.6%，可见在今后试验中还应开展 Eh 变化对含硫气体排放影响的研究。

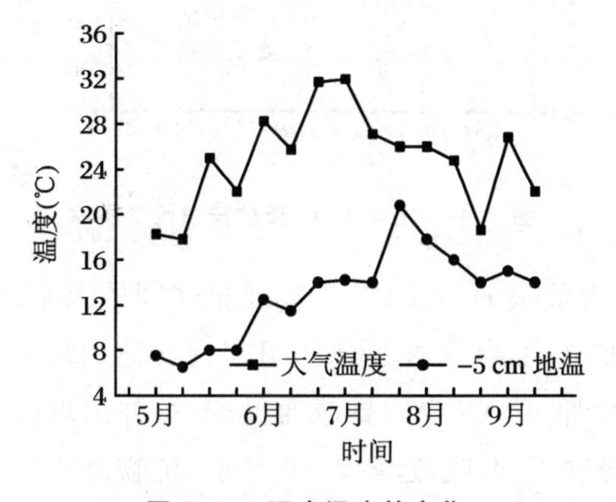


图 7.41　Ⅻ中温度的变化

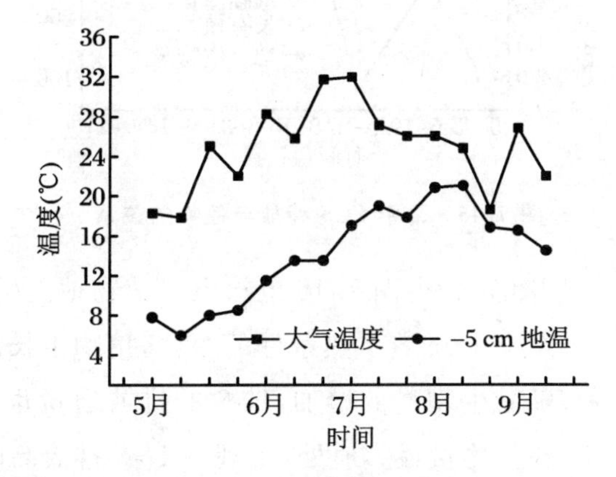


图 7.42　Ⅺ中温度的变化

**2. 小叶章植物、生物量对 $H_2S$、COS 释放通量的影响**

植物和 $H_2S$、COS 排放通量之间的关系如图 7.43～图 7.46 所示。割除植物后，Ⅻ和Ⅺ两种类型湿地的 $H_2S$ 排放通量均减小，说明小叶章植物体可以释放 $H_2S$。高等植物能否释放或吸收含硫气体取决于植物的生理需求，当植物体内硫过剩时，植物释放含硫气体是一种解毒过程；当植物缺硫时，植物也能吸收大气中的含硫气体。割除植物后，COS 的释放模式没有改变，但吸收能力减小，这表明小叶章可以从大气中吸收 COS，验证了植物是大气 COS 的汇的结论。

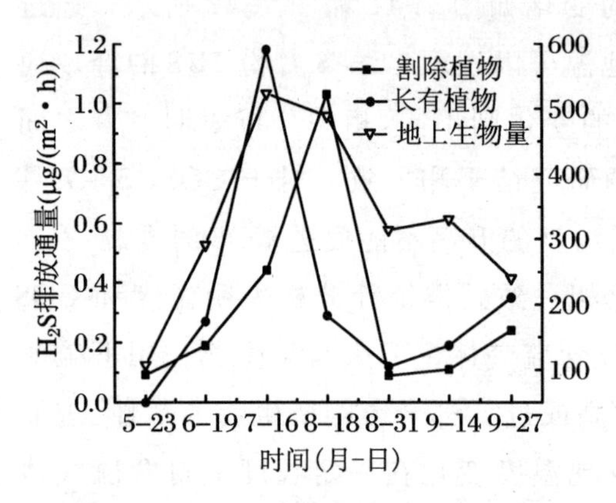


图 7.43 Ⅻ中 $H_2S$ 释放与植物的关系

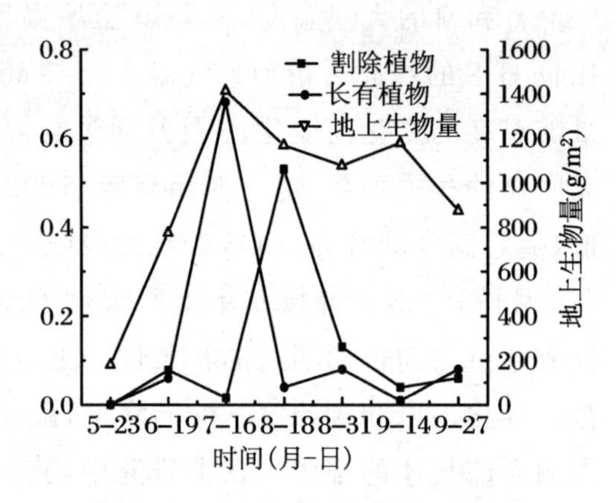


图 7.44 Ⅺ中 $H_2S$ 释放与植物的关系

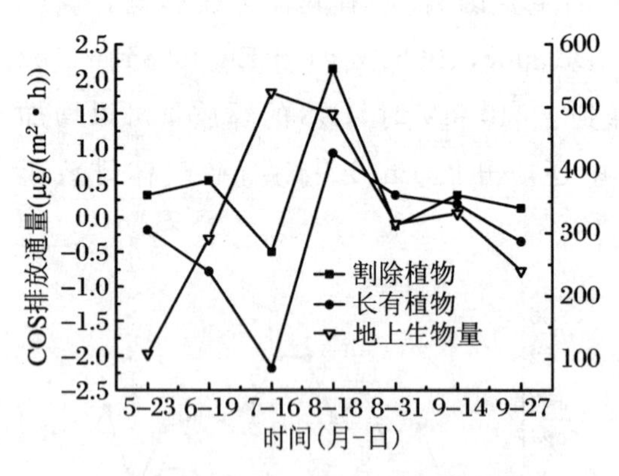


图 7.45 Ⅻ中 COS 释放与植物的关系

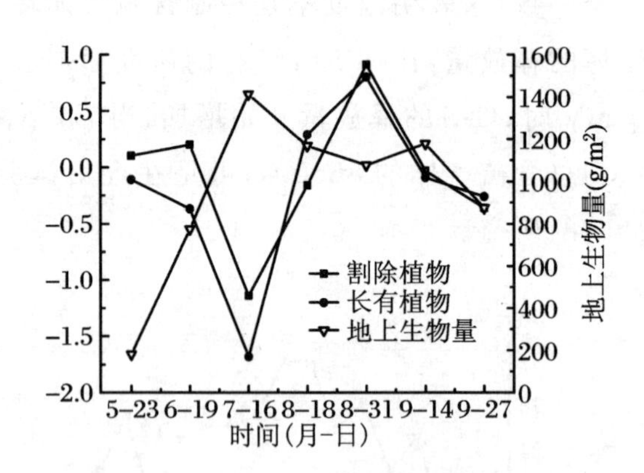


图 7.46 Ⅺ中 COS 释放与植物的关系

图 7.43～图 7.46 也给出了植物地上生物量和 $H_2S$、COS 排放通量之间的关系。5～7 月份，随着水热条件的改善，植物生长加快，生物量随之增加，在 7 月份达到最大值，随着生物量的增加，$H_2S$ 的排放通量也增加，但 COS 的排放通量减少，并出现吸收，在生物量最大值处，出现了 $H_2S$ 排放高峰和 COS 吸收峰；8～9 月份，植物停止生长，并开始死亡，生物量减少，由此 $H_2S$ 的释放量开始减少，COS 的释放量增加，这表明植物在 $H_2S$、COS 释放中起着重要作用。但相关分析表明，只有Ⅻ排放的 $H_2S$ 和生

物量达到了显著相关($r=0.71, P<0.05$),其余均未达到显著相关水平,这可能与观测数据有限有关,也可能还有其他更重要的因素控制含硫气体的排放。可见湿地 $H_2S$、COS 的排放受到多种因素的影响,其机理是十分复杂的,还有待进一步深入研究和探讨。

## 第四节　湿地土壤-植物系统磷的分解与释放

### 一、植物中磷的累积

植物的生理特性是决定磷在植物体内累积的主要因素。如何池全(2002)对毛果苔草湿地植物营养元素进行了分析,发现磷的含量在同种植物体中存在器官之间的差别。不同植物之间其吸收磷的方式不同,大型植物吸收的磷多来源于沉淀物而不是水体。湿地中大型植物对水体中的磷的浓度变化不敏感(Daoust, 1998; McCormick, et al., 1999; Chiang, et al., 2000),运用 $^{32}P$ 示踪研究水体中磷的迁移也有同样的结论。

Johannes 等(1997)通过对土壤以及地表植物养分含量的分析得出,植物叶中的含磷水平与土壤中磷的含量水平有关,土壤中磷的含量又与凋落的叶子含磷量有关,表明植物叶子与土壤含磷水平存在着反馈机制(Walter, 1997)。

极端的温度条件会对植物磷的累积过程造成很大影响。如土壤的冻结会使植物根系死亡增加、植物吸收减少,并且冻融过程对土壤结构的破坏,可造成土壤中无机磷的活化,无机磷的淋洗流失增加,这一现象对土壤磷的有效性、生态系统的生产力以及地表水的酸化和营养化均会造成很大影响(Ross, et al., 2001)。

植物吸收是湿地中磷的生物固定的主要方式,对环境中磷的去除有很大意义,长期以来都是研究热点。如,有研究表明将植物从湿地系统去除,则系统固定磷的效率将大幅下降,降幅可达50%左右(Lüderitz, et al., 2002)。史莉等(2003)研究了贵州的 7 种典型植物,结果表明其中以芋头、菖蒲和盐豆藤 3 种植物固定磷的作用最强。湿地中的芦苇已经是得到公认的可以有效去除磷等营养元素的植物。

处于土壤中的植物根系通过与土壤的相互作用影响着磷循环。植物在土壤中形成根孔对土壤水分、溶质传输以及环境污染物(如 N、P 有机物等)的迁移转化等过程有重要意义(王大力等,2000)。根系吸收土壤中的营养元素会改变根系周围的土壤元素组成，进而改变元素(P)的土壤化学行为(马健等,1996)。植物根系通过分泌各种物质可以影响土壤中的化学过程。早在1978年，Maghimi等就报道，植物根系分泌物能降低土壤pH，导致磷酸钙溶解度提高，增加土壤有效磷含量。落叶松的根际土壤磷含量有随着树龄增大而增加的趋势，说明植物根系对土壤中的磷有活化作用(张彦东等,2001)。植物根系分泌物成分复杂，其中根系分泌酸性磷酸酶是植物对缺磷胁迫最早最剧烈的反应之一。有研究发现植物根系如果有氧化铁膜包覆则在一定程度上可增加植物体对磷的吸收，因为三价铁离子可以有效地吸附磷，从而增加根系周围磷的浓度(Zhang, et al., 1999)。进一步的研究还发现在淹水的厌氧环境中，某些植物的根系可以释放氧，在根周围形成氧化层，在这一区域铁离子被氧化并沉淀形成铁膜，包覆于根部，铁膜具有强烈的吸附磷的作用，经分析这些被吸附的磷主要是周围土壤和水中减少了的可溶磷，所以植物根系释放氧可增加磷的吸附固定(Michael, et al., 2003)。

## 二、湿地植物-土壤系统中磷的分解和释放

分解在生态系统养分循环中起着重要的作用(Richardson, 1994)，被生物固定为有机态的磷重新释放到生态系统中是磷素得以完成循环的重要环节。死亡有机体首先在各种风化作用下破碎分解然后再矿化释放出无机磷。植物体分解释放养分的过程通常可由三个子过程组成，即可溶成分的淋溶过程、难溶成分(如纤维素和木质素)的微生物降解过程以及生物作用(主要指动物生命活动)与非生物作用(如风化、结冰、解冻和干湿作用等)的破碎过程。

在湿地有机残体分解过程的研究中大多采用分解袋法。研究表明湿地中凋落残体分解的最初阶段，养分的淋失非常快(Findlay, et al., 1990)，有的研究地区有机残体初始所含磷的54%以上可以在12天之内释放掉(Carpenter, 1980)。王世岩等(2000)对三江平原湿地小叶章枯落物分解的季节动态做了分析，得出了磷在生物残体中迁移的一些规律。对分解进一步细化的研究得出，根的残体在泥炭湿地的有机质累积中起很重要的作用。对泥炭地不同种植物(*Carex diandra* 和 *Carex lasiocarpa*)的根分解研究结果表明，分解的速度与植物种类和分解环境关系较大，氮、磷含量较高而木质素、纤维素含量低的残体分解一年的失重率最大，pH较低和养分条件差的地点根的分解速率慢；分解的头3个月，淋洗和矿化作用最强，残体的氮、磷含量迅速下降；研究中在不同地点，单位初始残积物养分释放的量相差不多；*Carex diandra* 的根在其生长的泥炭地第一年磷释放量为0.20 g/m$^2$，而 *Carex diandra* 的叶残体为0.02 g/m$^2$，表明根在碳及养分循环中起着很重要的作用。杜占池等(2003)研

究发现磷在植物残体分解过程中其含量逐渐降低，含量与凋落物残留量呈显著正相关，元素的释放率大于有机物质的分解率，认为磷的分解释放模式属于生物物理双重主导型，其特点为：是植物体组分；元素残留量随有机物分解降低，二者相关显著；元素含量随有机物分解降低，二者相关显著。Aerts 等(1997)发现，养分对苔草属 *Carex* 的几种植物凋落物分解的制约是随时间变化的，初期(分解 3 个月内)分解强烈地受到与磷相关的凋落物质量参数的制约，而长期(1 年以上)的分解与酚类物质/N、酚类物质/P 等强烈相关。

由上述内容可以发现，因氮对枯落物的分解有明显的限制作用，且 C/N 已被作为经典的对分解产生影响的质量因素，目前对于枯落物分解的研究更多地集中于氮上，对磷的研究仅限于较少的关于磷的释放模式的研究，有关环境因子在磷释放过程中的控制机制及磷释放对枯落物分解过程的影响等还有待于进一步探讨。

## 第五节　不同水分梯度带沼泽湿地枯落物及根系的分解及其元素释放

### 一、枯落物和根系的残留率($W_t/W_0$)动态

研究区典型湿地不同水分带植物群落分布如图 7.47 所示。为了研究枯落物在不同环境中的分解差异及其与环境因子的关系，试验采用同一种地表枯落物，即小叶

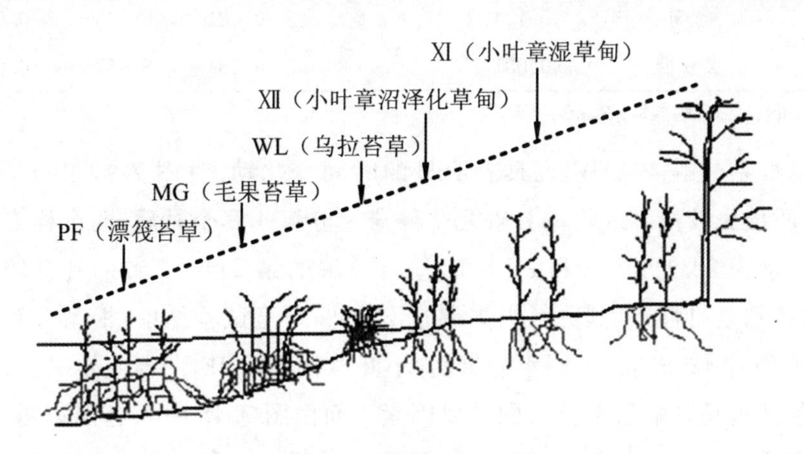


图 7.47　不同水分梯度带植物群落分布示意图

章湿地草甸的立枯物，依次投放至上述5个群落内；以及同一种根系物质，即小叶章湿地草甸植物根系，依次投放至上述Ⅺ和Ⅻ群落内。27个月的试验结果表明，不同水分带上小叶章枯落物 $W_t/W_0$ 均具有明显的时间变化动态(图7.48中A、表7.19)。分解第1个月，各水分带上枯落物及根系快速损失，其失重率分别为14%～17%和13.6%～17.7%，物质损失量分别占试验期间总失重的41%～53.4%和31.1%～41.9%。之后至11.6个月，枯落物的 $W_t/W_0$ 曲线变得比较平缓，第2年夏季至试验结束(第13.7个月)，物质 $W_t/W_0$ 下降较快(下降幅度6.9%～8.9%)，至试验结束，其总失重为物质初始重的29%～40%。方差分析表明，不同水分带间小叶章枯落物的 $W_t/W_0$ 动态差异显著(表7.19)，说明环境条件的差异是影响小叶章枯落物分解损失的重要因素。

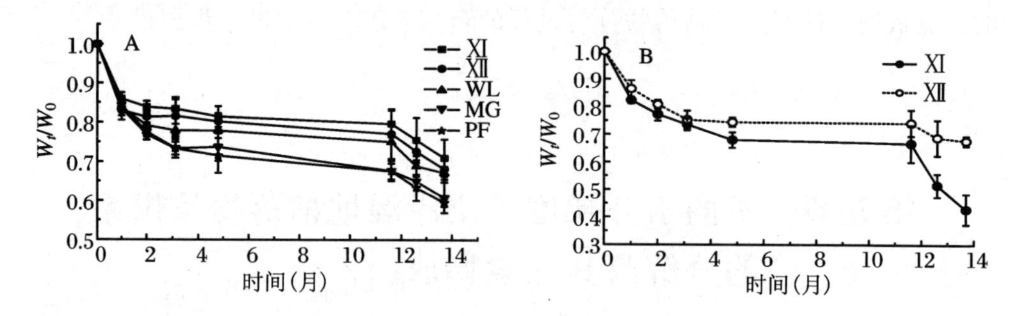


**图7.48 分解过程中不同水分梯度带上小叶章地上枯落物(A)及地下根系(B)物质残留率动态**

**表7.19 不同水分梯度带枯落物及根系 $W_t/W_0$ 的ANOVA分析结果**

| 偏差来源 | | 偏差平方和 | 自由度 | 均方 | $F$ | Sig. |
|---|---|---|---|---|---|---|
| Shoots | 时间 | 0.124 | 6 | 0.021 | 57.748 | 0 |
| | 水分带 | 0.043 | 4 | 0.011 | 30.192 | 0 |
| Roots | 时间 | 0.124 | 6 | 0.021 | 5.703 | 0.026 |
| | 水分带 | 0.031 | 1 | 0.031 | 8.457 | 0.027 |

注：Shoots，地上枯落物；Roots，根系。

小叶章根系分解 $W_t/W_0$ 也具有明显的时间变化动态(图7.48中B、表7.19)。夏、秋季物质损失较快，冬、春季分解几乎停滞。分解4.8个月后，两个样点的根系分解损失率分别为32.1%(Ⅺ)和25.6%(Ⅻ)，分解的第2年，二者仍具有较快的分解损失速率，特别是Ⅺ样点，其分解损失率达23.9%。至试验结束，根系分解总失重率分别为67.6%和42.8%。不同水分带间，小叶章根系的 $W_t/W_0$ 差异明显(表7.19)，说明环境条件也是影响根系分解的重要因素。而由图7.48中A还可以看出，小叶章枯落物与根系间 $W_t/W_0$ 的差异也十分显著，这说明沼泽湿地植物残体的分解主要受物质本身的性质与环境条件的共同影响。

## 二、枯落物和根系的分解速率

应用一次指数模型：$Y = ae^{-kt}$，计算出各水分梯度带小叶章枯落物及根系的分解速率，其结果见表 7.20。由表可知，不同水分带间枯落物的分解速率差异明显（$P<0.05$），表现为常年积水带（PF 和 MG）的分解速率最大，分别为 0.0277 $month^{-1}$ 和 0.0266 $month^{-1}$，季节性积水带（WL 和Ⅻ）次之，分别为 0.0196 $month^{-1}$ 和 0.0175 $month^{-1}$，无积水带（Ⅺ）最小，为 0.0158 $month^{-1}$。而Ⅺ和Ⅻ中小叶章根系的分解速率则与之相反，其分解速率分别为 0.0435 $month^{-1}$ 和 0.0204 $month^{-1}$，前者为后者的 2 倍多。比较地上枯落物与根系的分解速率可知，Ⅺ中根系的分解速率明显大于各水分带上枯落物的分解速率，而 XZ 中根系的分解速率则与 WL 和Ⅻ中枯落物的分解速率接近。总之，小叶章枯落物分解速率在不同水分带间及枯落物类型间差异明显，说明枯落物的性质及其环境条件是影响其分解速率的重要因素，这与 $W_t/W_0$ 差异分析的结果相吻合。

**表 7.20　不同水分带小叶章枯落物及根系分解速率常数值($k$)**

| 样点 | | $a$ | $k$ | $R^2$ |
|---|---|---|---|---|
| Shoots | Ⅺ | 0.906 ± 0.028 | $0.0158 \pm 0.0042^{C}$ | 0.701 |
| | Ⅻ | 0.892 ± 0.032 | $0.0175 \pm 0.0050^{BC}$ | 0.679 |
| | WL | 0.882 ± 0.035 | $0.0196 \pm 0.0056^{B}$ | 0.678 |
| | MG | 0.877 ± 0.038 | $0.0266 \pm 0.0064^{A}$ | 0.752 |
| | PF | 0.873 ± 0.039 | $0.0277 \pm 0.0068^{A}$ | 0.748 |
| Roots | Ⅺ | 0.892 ± 0.047 | $0.0435 \pm 0.0089^{A}$ | 0.822 |
| | Ⅻ | 0.883 ± 0.037 | $0.0204 \pm 0.0060^{B}$ | 0.664 |

注：Shoots，地上枯落物；Roots，根系。不同字母表示差异显著（$P<0.05$）。

## 三、残体营养元素含量变化特征

**1. 氮含量的变化特征**

漂筏苔草和毛果苔草枯落物 N 的浓度在分解的第 1 个月内迅速增加至初始浓度的 2.5 倍和 2.3 倍，随后以相对较小的速率继续增加，至 480 天，其浓度分别增至初始浓度的 3.8 倍和 3.4 倍（图 7.49）。两种群落中小叶章枯落物 N 浓度的变化趋势基本一致。分解的第一个月,N浓度均快速下降至初始浓度的69%,随后又缓慢上升,至试验结束其浓度接近于初始浓度(*C.V.*<20%)(图7.49)。480天的分解期间,漂筏苔草和毛果苔草枯落物N绝对量的变化范围分别为初始量的157%~226%和177%~237%,而小叶章枯落物N的相应值则为56%~78%(D.aa)和63%~91%(D.aa-Srb),说明分解过程中N在漂筏苔草和毛果苔草枯落物中发生了净累积,而在小叶章枯落物中发生了净释放。

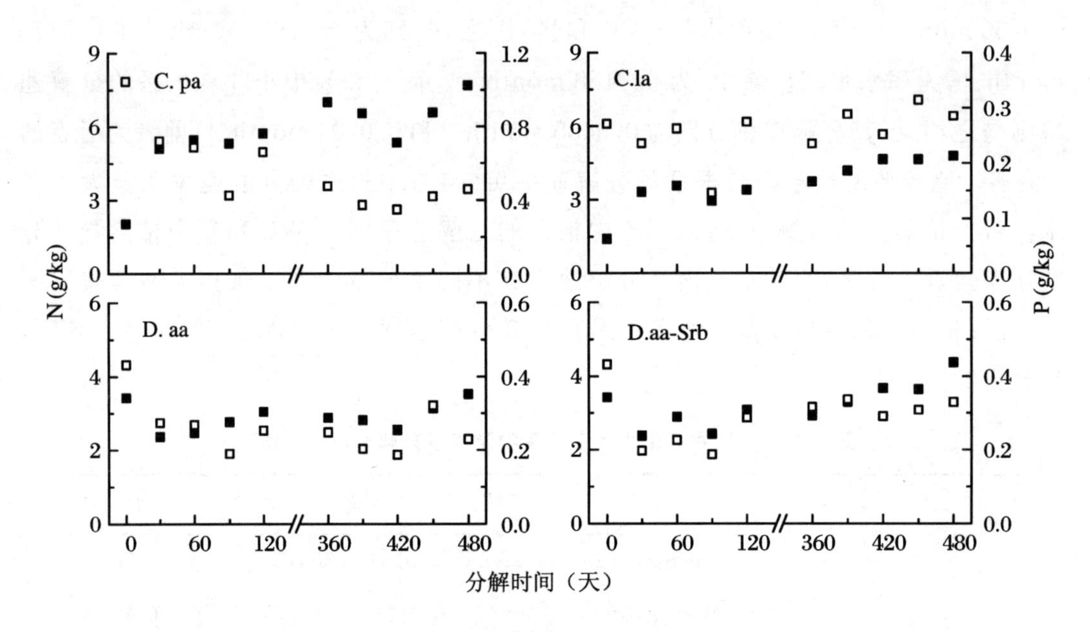


**图7.49 分解过程中枯落物N、P含量的变化**

■:氮;□:磷

C.pa:漂筏苔草;C.la:毛果苔草;D.aa:沼泽化草甸小叶章;D.aa-Srb:湿草甸小叶章

### 2. 磷含量的变化特征

湿地枯落物P的浓度在分解进行的第1个月内均经历了一个明显的快速下降过程,P浓度分别下降了31%(C.pa)、13%(C.la)、37%(D.aa)和54%(D.aa-Srb)(图7.49)。随后的时间内,漂筏苔草枯落物P的浓度总体上呈继续下降趋势,毛果苔草和小叶章枯落物P的浓度呈波状变化,但总的趋势比较平稳,而小叶章-灌丛枯落物P的浓度略有上升(图7.49)。480天后,四种群落中枯落物P浓度较初始浓度的下降幅度分别为56%、-5%、47%和24%。分解过程中,各类枯落物P绝对量的变化范围为初始量的12%~80%,说明湿地枯落物P均发生了净释放,且湿地类型不同P的净释放强度也不相同($P=0.003$)。

### 3. 硫含量的变化

由表7.21可知,在各投放点,枯落物残体中总硫浓度均呈波动变化,这种变化和干物质损失率呈线性相关关系，同时也受水分条件的制约，分解450天之后，在各投放点(从Ⅺ至PF)枯落物残体中总硫浓度依次为0.588 g/kg、0.508 g/kg、0.404 g/kg、0.359 g/kg、0.306 g/kg，均低于初始浓度，且沿着水位梯度从洼地边沿向中心方向依次降低。在各投放点硫素的释放模式为：淋溶－固持－释放，其中枯落物残体中C/S是决定其释放模式的主要因素，当C/S高于1620.34～2430.81时，外源硫被固持，当C/S低于805.17～1070.47时，枯落物中的硫被释放。同时硫的释放和固持也受水分条件的影响，在分解过程中，硫的最大固持量沿着水位梯度由碟形洼地边沿到中心(从Ⅺ至PF)依次为81.36%、53.23%、49.89%、45.65%和41.84%，呈逐渐减少的趋势，在450天的分解后，枯落物中总硫的残留率依次为60.44%、49.26%、36.71%、32.30%和26.96%，释放量逐渐增加，这可能与沼泽水可以为分解者提供有利的生活环境和丰富的营养物质有关。

**表7.21 分解过程中小叶章枯落物TS浓度和C/S的变化**

| 分解时间(天) | Ⅺ | | Ⅻ | | WL | | MG | | PF | |
|---|---|---|---|---|---|---|---|---|---|---|
| | TS (g/kg) | C/S | TS (g/kg) | C/S | TS (g/kg) | C/S | TS (g/kg) | C/S | TS (g/kg) | C/S |
| 0 | 0.659 | 612.62 | 0.659 | 612.62 | 0.659 | 612.62 | 0.659 | 612.62 | 0.659 | 612.62 |
| 30 | 0.267 | 1620.34 | 0.213 | 1956.17 | 0.194 | 2203.84 | 0.189 | 2329.27 | 0.237 | 1841.95 |
| 60 | 0.285 | 1498.74 | 0.309 | 1381.74 | 0.220 | 1964.65 | 0.208 | 2220.23 | 0.220 | 2059.85 |
| 90 | 0.293 | 1490.66 | 0.312 | 1431.75 | 0.230 | 1964.48 | 0.210 | 2151.10 | 0.186 | 2430.81 |
| 330 | 0.418 | 1026.07 | 0.551 | 798.78 | 0.337 | 1263.89 | 0.313 | 1363.63 | 0.269 | 1603.53 |
| 360 | 0.526 | 805.17 | 0.413 | 1028.79 | 0.438 | 1020.61 | 0.420 | 1008.44 | 0.408 | 1083.01 |
| 390 | 0.434 | 987.62 | 0.483 | 851.30 | 0.422 | 1029.52 | 0.287 | 1550.43 | 0.414 | 1070.47 |
| 420 | 0.777 | 573.14 | 0.483 | 900.79 | 0.425 | 1040.02 | 0.471 | 911.42 | 0.346 | 1269.59 |
| 450 | 0.588 | 701.59 | 0.508 | 828.35 | 0.404 | 1027.96 | 0.359 | 1197.15 | 0.306 | 1418.56 |

## 四、影响因素分析

### 1. 环境因素

图7.50为不同水分梯度上各深度土壤(水)温度、水深、pH和沼泽水中营养物质的浓度在两个生长季(2004年6～10月和2005年5～9月)的平均值。由图7.50中A可看出，不同深度土壤(水)温度在不同水分带间均具有明显差异，且各系列深度的均值沿水分梯度带上的变化具有一致性，即自Ⅺ→Ⅻ→WL→MG→PF，各深度温度均值呈"V"形变化趋势，Ⅺ最高，WL最低，MG和PF较为接近，这反映了不同水分

梯度带土壤(水)水热性质的差异。沿水分梯度水位的变化也比较明显(图 7.50B),即自Ⅻ→WL→MG→PF 水位依次升高,Ⅻ的水位均值为 -10 cm,WL 的均值为 -1.2cm,MG 和 PF 的均值较为接近,分别为 7.8 cm 和 10.2 cm,水分带间差异明显。不同水分带间沼泽水 pH 的均值在 5.5~6.2 范围内变化,其趋势与水深相反,自Ⅻ→WL→MG→PF 依次降低,在水分带间差异显著(图 7.50C)。不同水分带沼泽水中 $NH_4^+$、$NO_3^-$ 和 $PO_4^{3-}$ 浓度分别变化在 0.49~0.91 mg/L、0.028~0.074 mg/L 和 0.019~0.049 mg/L,在水分带间的差异均不显著(图 7.50 中 D~F)。相关分析表明,不同水分带上小叶章枯落物的分解速率与 5 cm 和 10 cm 土(水)温度以及水深呈

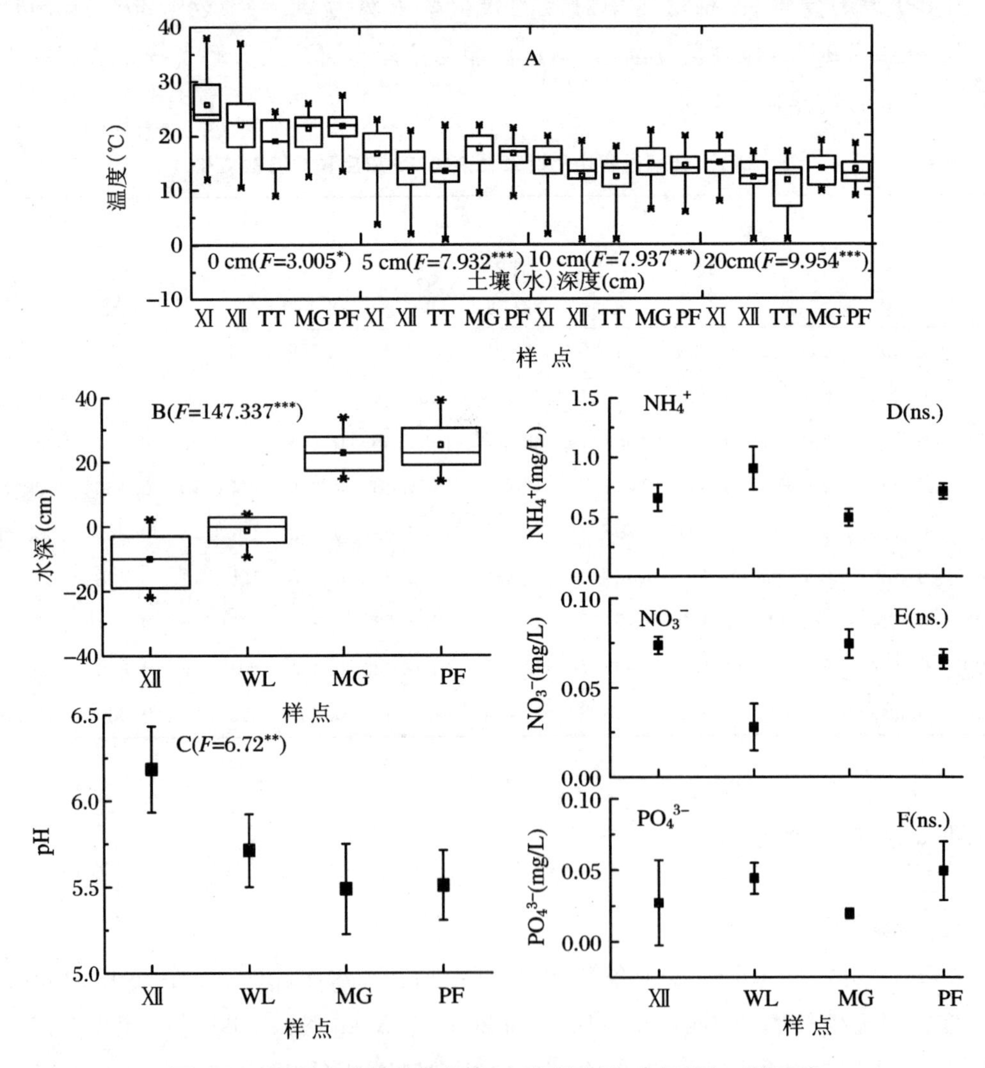


**图 7.50 不同水分梯度带土壤(水)温度(A)、水深(B)、pH(C)和沼泽水中营养物质的浓度(D~F)**

*:$P<0.05$; **:$P<0.01$; ***:$P<0.001$; ns.:$P>0.05$。误差标志线为±标准误差

显著正相关，与沼泽水 pH 具有弱的负相关，而与沼泽水中营养物质浓度的相关性较差(表 7.22)。这说明温度、水深及沼泽水 pH 是影响不同水分带上小叶章枯落物分解速率差异的制约因素，而沼泽水的营养浓度不是主导因素。

**表 7.22　不同水分带上小叶章枯落物分解速率($k_{Shoots}$)与环境因子的相关系数**

| 相关系数 | 土壤(水)温度 | | | | 水深 | pH | $NH_4^+$ | $NO_3^-$ | $PO_4^{3-}$ |
|---|---|---|---|---|---|---|---|---|---|
| | 0 cm | 5 cm | 10 cm | 20 cm | | | | | |
| $k_{Shoots}$ | 0.764 | 0.954* | 0.954* | 0.914 | 0.973* | −0.885 | −0.448 | 0.341 | 0.110 |

注：*，$P<0.05$。

本试验中不同水分带上水深的差异反映了地表枯落物湿度的大小。MG 和 PF 处于常年淹水环境，故地表枯落物能经常保持较大的湿度和相对恒定的温度，为微生物分解提供了有利的条件。WL、Ⅻ和Ⅺ分别处于季节性淹水环境和无淹水环境，无论是淹水的深度和所经历的时间均小于 PF 和 MG，同时其土壤(水)温度的变化随季节和昼夜的变化也较大，微生物的活性可能受到不利影响。

关于湿地 pH 与枯落物分解速率的关系，前人研究认为，低 pH 抑制了微生物的活性而导致分解速率的下降，而本试验发现与之相反。其原因可能有两方面：① 本试验各水分带 pH 相对较小，沼泽水呈弱酸性反应，且水分带间的差异小于 1 个单位，可能对分解者活性的影响没有达显著程度；② 水深的影响强烈，而水深的变化梯度与 pH 的变化梯度方向相反，水深的影响可能掩盖了 pH 对分解速率的抑制作用。

相对于凋落物而言，异养生物具有较高的氮、磷浓度，从而维持微生物活性的营养需求通常要超出凋落物的供应。因此，在湿地生态系统中，溶解在沼泽水中的无机营养就成为分解速率的重要决定因素。然而，本试验未发现沼泽水中营养物质的浓度对小叶章枯落物分解速率的明显影响，这可能与不同水分带间沼泽水营养浓度的差异并不十分显著有关。

此外，Ⅺ中根系的分解速率明显高于Ⅻ中的分解速率，其原因除了二者土(水)温度的明显差异外(图 7.50 中 A)，水分条件的差异也是主要影响因素。Ⅻ水分过高，土壤经常饱和或过饱和，还原条件强烈，较低的氧化还原电位使土壤微生物的好氧分解受阻，分解速率下降。

**2. 枯落物性质**

表 7.22 表明小叶章枯落物与根系分解速率因环境因子而异，说明二者化学性质对分解速率的差异具有显著影响。一般来说，具有高 C/N 的物质分解较慢，而低 C/N 的物质分解较快。本试验中所用小叶章枯落物和根系的初始 C/N 分别为 78 和 51，前者明显大于后者，从而导致其分解速率较小。

## 五、沼泽湿地系统植物残体碳、氮、硫、磷现存量的计算

生态系统枯落物的现存量是一个动态变化量,因枯落物的输入而累积,因其分解而损失,在数值上取决于二者之和。对于一个稳定的生态系统而言,枯落物的现存量最终趋向于一稳定值。其计算过程如下:

设 $t$ 为时间(年),$x(t)$为地面枯落物的现存量,$g(t)$为每年枯落物的输入量,$k(t)$为年分解速率,则

$$\frac{dx(t)}{dt} = g(t) - k(t) \cdot x(t) \tag{1}$$

$$x(t) = \exp\left(-\int_{t_0}^{t} k(s)ds\right) \cdot \left[x(t_0) + \int_{t_0}^{t} g(u) \cdot \exp\left(\int_{t_0}^{t} k(s)ds\right)du\right] \tag{2}$$

由于分解速率季节变化明显而年际变化较小,因此 $k(t)$可看作常数 $\alpha$,则剩余率 $\beta = 1 - \alpha$。

每年输入的枯落物经若干年后才能分解完全,因此 $t$ 年后枯落物累积量可假设为$x_n(t)(n = 0,1,2,\cdots)$。其中 $x_0(t)$为第 $t$ 年输入量,$x_1(t)$为第 $t-1$ 年输入量经分解损失后的剩余量,依次类推。现假设一个初始状态,$x(0)$为该状态下枯落物的干物质总量,$x$ 为多年平均枯落物年生产量。据此,至 $t$ 年春季枯落物的累积量,即现存量,为

$$\begin{aligned} x(t) &= x_0(t) + x_1(t) + \cdots x_n(t) + \cdots \\ &= x \cdot \sum_{0}^{t-1} \beta'' + \beta' x(0) = \frac{x}{1-\beta} \cdot (1 - \beta') + \beta' x(0) \end{aligned} \tag{3}$$

当 $t \to \infty$ 时,$x(t) = \frac{x}{1-\beta}$。

从式(1)可看出,只要枯落物的年输入量和年输出量稳定,不论初始状态如何,枯落物的累积量都能达到稳定值 $x_{st}$:

$$x_{st} = \frac{x}{1-\beta} \tag{4}$$

由前述可知,在Ⅺ和Ⅻ中小叶章地上枯落物的年分解速率分别为 0.215 和 0.226,而年枯落物生产量分别为 1066.8 g/m$^2$ 和 694.5 g/m$^2$,由此可计算出小叶章湿草甸和小叶章沼泽化草甸中地上枯落物的现存量分别为 4961.8 g/m$^2$ 和 3073.1 g/m$^2$,枯落物 C 含量取其分解过程中的平均值 45.5% 和 44.9%,由此计算出两种小叶章湿地地上植物残体的 C 库现存量分别为 2257.6 gC/m$^2$ 和 1379.7 gC/m$^2$。小叶章根系在Ⅺ和Ⅻ中的年分解速率分别为 0.522 和 0.245,残体 C 含量取其分解过程中的平均

值42.1%和42.5%，由此计算出两种小叶章湿地地下植物残体的C库现存量分别为1398.8 gC/$m^2$ 和4224.9 gC/$m^2$。据此方法计算，两种小叶章湿地地上枯落物中氮、磷、硫储量分别为15.80 g/$m^2$ 和9.47 g/$m^2$、2.73 g/$m^2$ 和0.97 g/$m^2$、1.81 g/$m^2$ 和1.02 g/$m^2$；地下植物残体氮、硫、磷的储量分别为25.32 g/$m^2$ 和63.7 g/$m^2$、22.74 g/$m^2$ 和5.28 g/$m^2$、2.78 g/$m^2$ 和4.89 g/$m^2$。同样方法计算，毛果苔草和漂筏苔草地上枯落物碳、氮、硫、磷的现存量分别为1021.5 g/$m^2$、7.14 g/$m^2$、0.80 g/$m^2$、0.58 g/$m^2$（毛果苔草）和915.4 g/$m^2$、11.41 g/$m^2$、0.71 g/$m^2$、0.89 g/$m^2$（漂筏苔草）。具体计算过程及结果见表6.39。该结果表明，相对于非淹水湿地而言，淹水湿地具有更强的截留大气碳和储存氮、硫、磷等营养物质的能力，尤其是其地下部分对碳、氮、硫、磷库存量的贡献高于非淹水湿地。这说明，水分管理对于湿地营养物质的调控和减缓温室气体效应具有重要意义。

# 参考文献

[1] Aerts R, Caluwe H D. Nutritional and plant-mediated controls on leaf litter decomposition of Carex species[J]. Ecology, 1997, 78(1): 244-260.

[2] Bauza J F, Morell J M, Corredor J E. Biogeochemistry of nitrous oxide production in the red mangrove (rhizophora mangle) forest sediments[J]. Estuarine Coastal and Shelf Science, 2002, 55: 697-704.

[3] Bouwman A F. Conclusions and recommendations of the Conference Working Groups[C]// Bouwman(eds) Soils and the Greenhouse Effects. Chichester: John Wiley & sons, 1990.

[4] Chiang D, Craft C B, Rogers D W, et al. Effects of 4 years of nitrogen and phosphorus additions on Everglades plant communities[J]. Aquatic Botany, 2000, 68: 61-78.

[5] Daoust R J. Investigating How Phosphorus Controls Structure and Function in Two Everglades Wetland Plant Communities[D]. Miami: Florida International University, 1998.

[6] 杜占池，樊江文，钟华平. 营养元素在红三叶叶片分解过程中的释放动态[J]. 草业科学，2003，20(7)：12-15.

[7] Findlay S, Howe K, Austin H K. Comparison of detritus dynamics in two tidal freshwater wetlands [J]. Ecology, 1990, 71: 288-295.

[8] 何池全. 毛果苔草湿地植物营养元素分布及其相关性[J]. 生态学杂志，2002，21(1)：10-13.

[9] Huttunen J T, Vaisanen T S, Hellsten S K, et al. Fluxes of $CO_2$, $CH_4$, $N_2O$ in hydroelectric reservoirs Lokka and Pottipahta in the northern boreal zone in Filand [J]. Global

Biogeochemmical Cycles,2002,16(1):3-17.

[10] Istvan D, Delaune R D. Formation of volatile surfur compounds in salt marsh sediment as influenced by soil redox condition[J]. Organic Geochemistry,1995,23(4):283-287.

[11] Kanda K I, Tsuruta H, Minani K. Emission of dimethyl sulfide, carbonyl sulfide, and carbon bisulfide from paddy fields[J]. Soil Science and Plant Nutrition,1992,38(4):709-716.

[12] 李仲根.三江平原沼泽湿地 $N_2O$ 通量特征研究[D].北京:中国科学院研究生院,2003.

[13] Lüderitz V, Gerlach F. Phosphorus removal in different constructed wetlands [J]. Acta Biotechnol,2002,22(1-2):91-99.

[14] 马健,王周琼.碱化灰漠土中小麦根际氮、磷元素动态变化初探[J].干旱区研究,1996,13(1):66-71.

[15] McCormick P V, Scinto L J. Influence of phosphorus loading on wetlands periphyton assemblages:a case study from the Everglades[C]//Reddy K R. Phosphorous Biogeochemistry in Subtropical Ecosystems. Boca Raton:Lewis Publishers,1999.

[16] Michael J C. The use of constructed wetlands to remove nitrogen and phosphorus from pumped shallow groundwater[D]. Raleigh:North Carolina State University,2002.

[17] Regina K, Nykenen H, Silvala J. Fluxes of nitrous oxide from boreal peatlands as affected by peatland type, water table level and nitrification capacity of the peat[J]. Biogeochemistry,1996,35(3):401-418.

[18] Richardson C J. Ecological functions and human values in wetlands: A framework for assessing forestry impacts[J]. Wetlands,1994,14(1):1-9.

[19] Robert H K. The inadequacy of first-order treatment wetland models[J]. Ecological Engineering,2000,15(1-2):105-119.

[20] Ross D F, Driscoll C T, Groffman P M, et al. Effects of soil freezing disturbance on soil solution nitrogen, phosphorus, and carbon chemistry in a northern hardwood ecosystem [J]. Biogeochemistry,2001,56:215-238.

[21] 史莉,张笑一,刘春丽,等.地沟式污水土地处理+人工湿地中植物对磷的去除效果[J].生态环境,2003,12(3):289-291.

[22] Johannes M H Knop, Walter D Koenig. Site fertility and leaf nutrients of sympatric evergreen and deciduous species of Quercus in central coastal California[J]. Plant Ecology,1997,130:121-131.

[23] 王大力,尹澄清.植物根孔在土壤生态系统中的功能[J].生态学报,2000,20(5):869-874.

[24] 王世岩,杨永兴.三江平原小叶章枯落物分解动态及其分解残留物中磷素季节动态[J].中国草地,2000,6:6-10.

[25] 张丽华,宋长春,王德宣.沼泽湿地 $CO_2$、$CH_4$ 和 $N_2O$ 排放对氮输入的响应[J].环境科学学报,2005,25(8):1112-1118.

[26] Zhang X K, Zhang F S, Mao D. Effect of iron plaque outside roots on nutrient uptake by rice (Oryza sativa L.): Phosphorus uptake[J]. Plant and Soil,1999,209:187-192.

[27] 张彦东,白尚斌,王政权,等.落叶松根际土壤磷的有效性研究[J].应用生态学报,2001,12(1):31-34.

# 第八章　人类活动对湿地系统碳、氮、硫、磷迁移转化的影响

## 第一节　人类活动对沼泽湿地植物生态特征的影响

### 一、氮、磷输入对沼泽湿地植物物种丰富度的影响

**1. 氮输入对沼泽湿地植物物种丰富度的影响**

营养物质氮对湿地植物物种多样性有明显的影响作用(图 8.1)。人工施肥第 1 年,当氮含量为 20 $g/m^2$ 时,物种丰富度最高;施肥第 2 年,最高的物种丰富度出现在 10 $g/m^2$,然后增加或减少氮的施肥量,物种丰富度都逐渐降低。物种丰富度在年际之间发生明显的变化,随着氮肥的长期施用,湿地植物物种丰富度整体上呈现逐渐下降的趋势,湿地中氮的不断累积对植物物种丰富度产生负面的影响作用,势必要改变植物物种组成。

**2. 磷输入对沼泽湿地植物物种丰富度的影响**

磷对植物物种丰富度也有显著的影响(图 8.2),不同磷浓度作用下,物种丰富度变化在 4~6,变化幅度较小,但是年际之间却有较明显的变化,2005 年湿地物种丰富度都明显低于 2004 年,磷的不断累积也造成湿地植物物种丰富度的逐渐下降。

**3. 氮、磷交互作用对沼泽湿地植物物种丰富度的影响**

物种丰富度在不同氮、磷交互影响作用下差异显著(图 8.3)。较大含量的氮、磷交互作用下物种丰富度要高于低含量的氮、磷交互作用。当氮浓度在 4 $g/m^2$ 时,物种数为 4.3,物种数随着磷肥的增加而逐渐增加,到 N4 + P19.2 增加到 5.6。氮浓度在 40 $g/m^2$ 时,物种数为 3.3,物种数随着磷肥的增加而逐渐增加,在 N40 + P1.2 时为

5.9，到 N40 + P19.2 增加到 6.0。磷含量为 19.2 g/m²时，物种数为 4.6，随氮肥的不断增加，物种丰富度也不断增加，到 N40 + P19.2 时为 6.0。

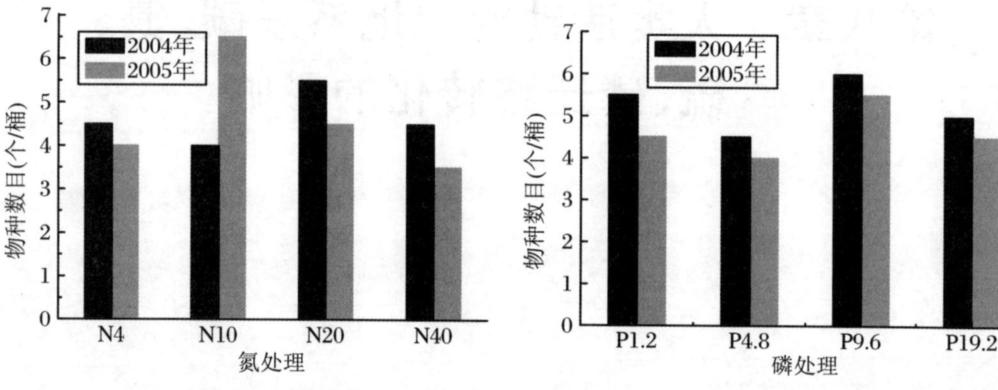


图 8.1 氮输入对群落物种丰富度的影响

图 8.2 磷输入对群落物种丰富度的影响

总之，湿地中营养物质氮、磷的不断累积，导致物种丰富度发生明显的变化，物种丰富度随着营养物质的长期影响，呈逐渐减少的态势。

在湿地中氮含量(磷含量)一定的情况下，适当地施加磷肥(氮肥)，能够促进湿地物种丰富度的提高。

**4. 植物 N：P 与物种丰富度的关系**

湿地物种丰富度与植物 N：P 的比值表现出明显的单峰分布关系(图 8.4)。由分析计算可知，控制变量植物 N：P 对沼泽湿地植物物种丰富度的影响为 15.29%。当 N：P 接近 9.5 时，毛果苔草沼泽湿地植物物种丰富度最高，当 N：P<9.5 或 N：P>9.5 时，物种丰富度逐渐降低。“资源平衡假说”理论研究认为，当营养元素的供应达到平衡时，物种的丰富性达到最高(Braakhekke, Hooftman, 1999)。Güsewell(2002)和 Tessier 等(2003)研究认为，当 N：P 接近 15 时，可吸收利用的氮、磷达到平衡，此时物种最多，当 N：P<15 或 N：P>15 时，氮、磷平衡被破坏，物种数

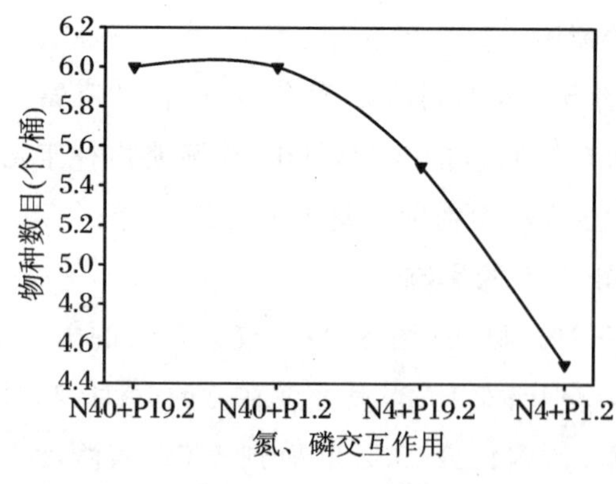


图 8.3 氮、磷交互作用对物种丰富度的影响

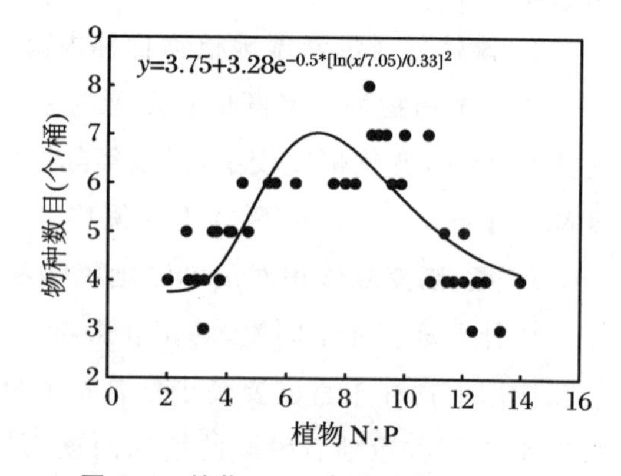


图 8.4 植物 N：P 与物种丰富度关系

降低，但是可以通过施肥来使其接近 15，从而提高植物物种丰富度（Braakhekke，Hooftman）。N∶P 值主要集中在一个中等范围值内，此时物种之间不会为吸收和利用生长所缺乏的营养元素而进行强烈的斗争，物种受营养元素的共同作用（Koerselman，Meuleman，1996），物种之间能够共同生存，因此保持着较高的物种多样性。

**5. 植物 N∶P 与 TN、TP 之间的关系**

植物 N∶P 与植物中 TN 呈显著的正相关关系（$R^2=0.821$），与植物中 TP 呈负相关关系（$R^2=0.773$）（图 8.5）。在图 8.6 中，在直线 N∶P＝9.5 左上区域，N∶P>9.5；在直线 N∶P＝9.5 右下区域，N∶P<9.5；在直线 N∶P＝9.5 附近，植物同时受氮、磷限制。

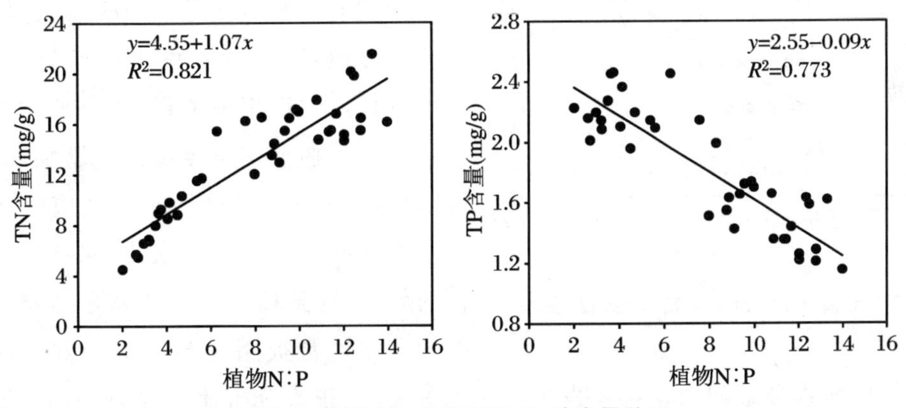


图 8.5　植物 N∶P 与植物氮、磷含量关系

分析图 8.5 可知，植物中氮、磷浓度的变化所引起的 N∶P 变化幅度不同，磷缺乏引起的 N∶P 变化要大于氮富集，导致物种的变化也有差异。图 8.6 中，在直线 N∶P＝9.5 右下方，植物中 TP 含量距离直线要远大于植物中的 TN，因此试验研究认为：湿地中物种多样性受到氮、磷营养物质的影响，但湿地中磷的缺乏对物种多样性的影响要大于湿地中氮富集对物种多样性的影响。磷缺乏通常被认为是影响植物高物种丰富性的一个条件，Roem 等（2002）研究认为在磷较缺乏的湿地中，通过施加磷肥往往能够促进湿地物种的丰富性。试验过程中，在氮肥试验处理下物种数目较少，在此基础上施加磷肥物种数目就有所增加。

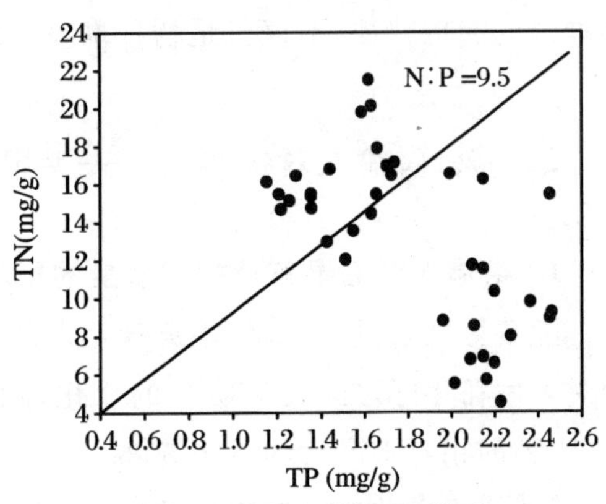


图 8.6　植物 TN 与 TP 关系

总之,湿地中物种多样性受到氮、磷营养物质的影响,湿地中磷的缺乏对物种多样性的影响要大于湿地中氮富集对物种多样性的影响。植物 N∶P 值可以作为植物生长受营养物质限制的敏感性指标,能够为资源管理者在保护生态系统健康和稳定性方面提供有效的指导和帮助。

**6. 土壤 pH 与物种丰富度的关系**

通过 2 年的施肥试验,湿地土壤 pH 主要集中在 5.6~6.8。物种丰富度与土壤 pH 呈明显的线性关系($R^2=0.526$)(图 8.7),土壤 pH 在 6.6 左右时,物种丰富度达到最大。土壤的酸度决定着土壤矿质元素的溶解度和分解速度,土壤的 pH 在 6~7 的微酸状态下,养分的有效性最高,对植物的生长最适合。Pärtel 等(2004)研究指出在北方温和地带,植物物种多样性与土壤 pH 表现出强烈的正相关关系,本书所得结论与其相一致。物种丰富度随 pH 增加而增加,说明植物物种如受胁种能够适应较高的土壤 pH 而不会消失或被取代,保持着湿地物种的数量,导致植物物种丰富度较高。受胁种的多样性常被用来预示整个群落的物种多样性,然而物种之间由于种系发生学之间的关系,很难分析比较受胁种和非受胁种对土壤 pH 的"偏爱",Prinzing 等研究认为,物种对土壤 pH 的"偏爱"往往依赖于植物种系的遗传特征,不仅仅是物种本身对环境的适应。

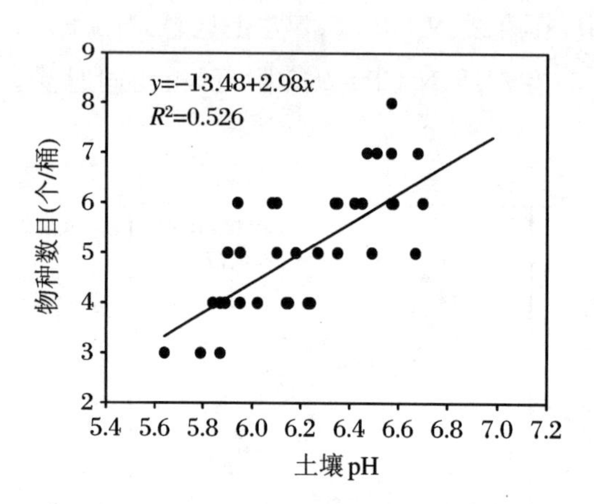


图 8.7 土壤 pH 与物种丰富度(数目)关系

## 二、氮、磷输入对优势种——毛果苔草相对多度的影响

**1. 氮输入对毛果苔草相对多度的影响**

随着氮肥含量的升高,优势种毛果苔草的相对多度逐渐降低(图 8.8)。优势种的相对多度在年际之间发生明显的变化,施肥 2 年后的相对多度都明显低于施肥第 1 年,物种的相对多度大约下降 50%。营养物质氮的施加明显改变着优势植物种的多度,氮的累积导致湿地植物物种呈逐渐降低的趋势。

**2. 磷输入对毛果苔草相对多度的影响**

磷与毛果苔草相对多度之间呈单峰变化趋势,随着磷肥含量的升高,毛果苔草的相对多度先增加后降低(图 8.8)。施肥第 1 年,相对多度在 P9.6 下达到最大,第 2 年最大值出现在 P4.8 下,并且磷肥浓度愈大,相对多度随时间变化降低得愈大,如在

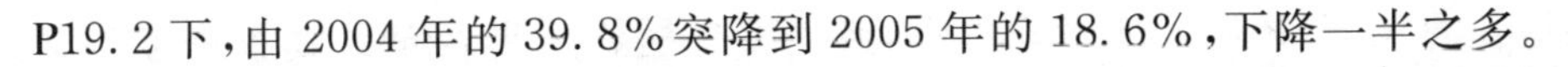

P19.2下，由2004年的39.8%突降到2005年的18.6%，下降一半之多。

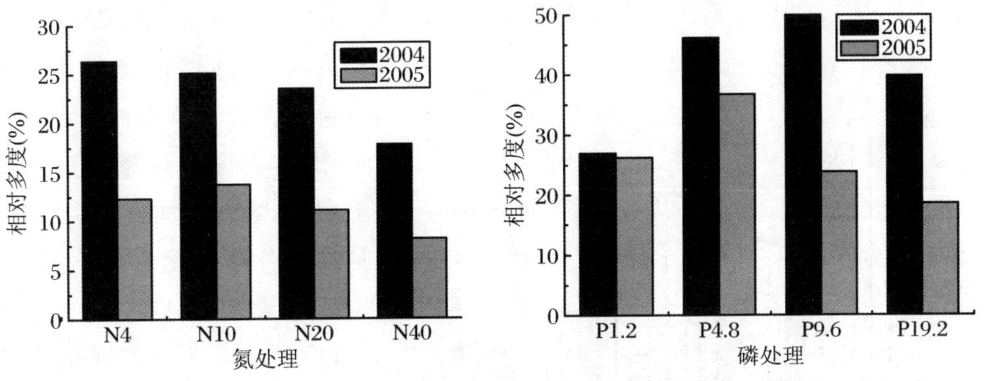


图 8.8　氮、磷输入对毛果苔草相对多度的影响

### 3. 氮、磷交互作用对毛果苔草相对多度的影响

优势种毛果苔草的相对多度在氮、磷的耦合作用下差异显著(图8.9)。在试验所设计的氮、磷浓度范围内，物种的相对多度随着氮、磷组合浓度的降低而降低，而且年际变化突出，随着营养物质的长期作用，物种多度呈下降趋势。在N40下，施加磷肥能够提高优势种的相对多度，2004年，在N40 + P1.2下，多度为35.6%，在N40 + P19.2下为45.8%；2005年，在N40 + P1.2下，多度为19.4%，在N40 + P19.2下为25.4%。在磷肥一定的情况下，适当施加氮肥也会促进优势种相对多度的升高。

总之，湿地中营养物质氮、磷的长期作用，导致优势种多度发生明显的变化，物种多度的年际变化较大，施肥第2年明显低于施肥第1年。

当湿地中磷浓度不变时，施加一定氮肥能够促进湿地优势物种多度的增加。长期营养物质的作用有可能造成物种之间的演替或取代，优势物种逐渐减少，而其他原有伴生物种或者能够适应环境变化的新物种将会出现，从而改变湿地生态系统物种结构和功能。

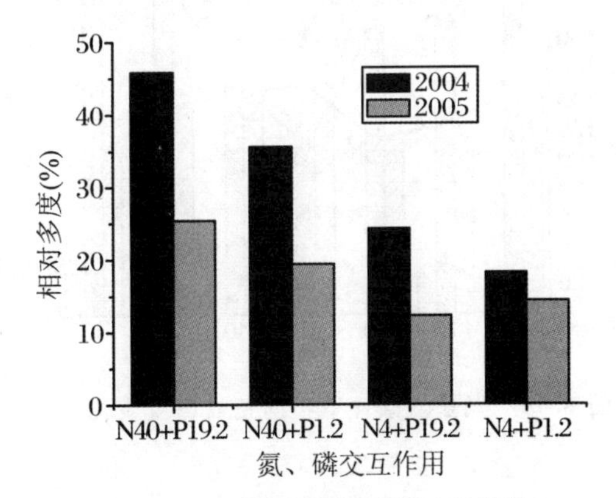


图 8.9　氮、磷交互作用对毛果苔草相对多度的影响

## 三、氮、磷输入对湿生植物密度和多样性指数的影响

三江平原沼泽湿地多分布于河流两岸和低平原区，区域湿地垦殖为农田后，农业生产所带来的面源污染物，特别是化肥与农药残留对沼泽湿地植物生长有较大的影

响。沼泽湿地在大量N、P输入环境条件下，典型湿生植物毛果苔草的物种密度明显降低(图8.10)，且P素输入对毛果苔草生长的影响最为明显。不同湿生植物对N、P输入响应不同。N素输入后毛果苔草及漂筏苔草物种密度变化特征相似，表现为N输入后物种密度减小，之后增加再减少的特征，但乌拉苔草变化有所不同，在N输入后物种密度稍有增加(图8.11)。P输入对不同植物的生长都有明显的影响，表现为P输入后物种密度呈减少趋势(图8.12)，同时植物多样性指数降低(图8.13)，而N输入对植物多样性的影响有所不同，表现为一定的N素输入后植物多样性指数有所增加，但浓度过大植物多样性指数又减小(图8.14)。

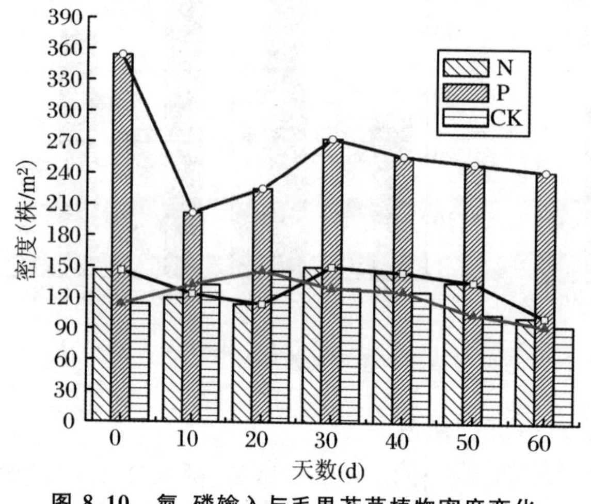


**图8.10 氮、磷输入与毛果苔草植物密度变化**

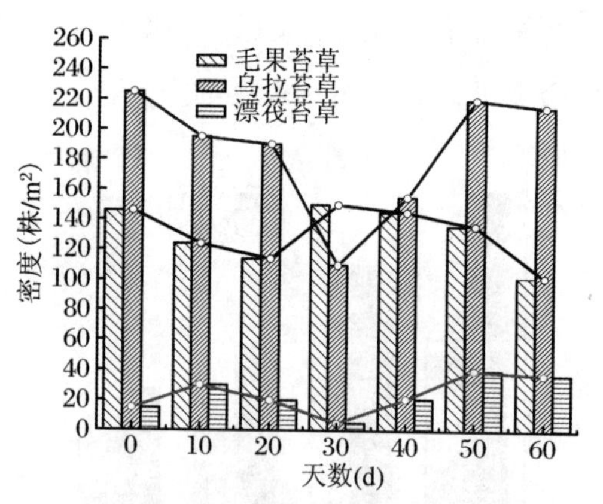


**图8.11 氮输入条件下不同植物密度变化**

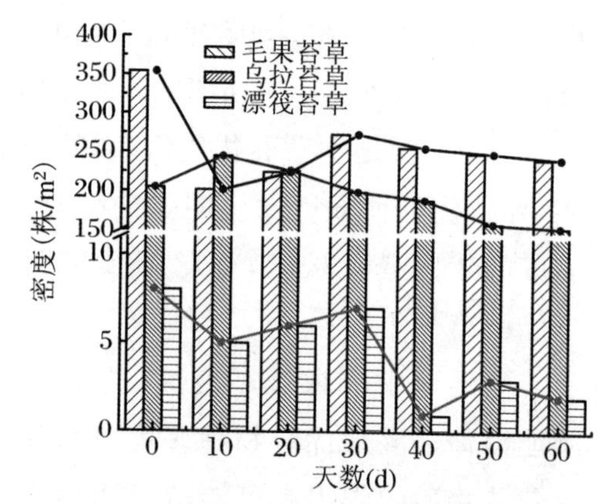


**图8.12 磷输入条件下不同植物密度变化**

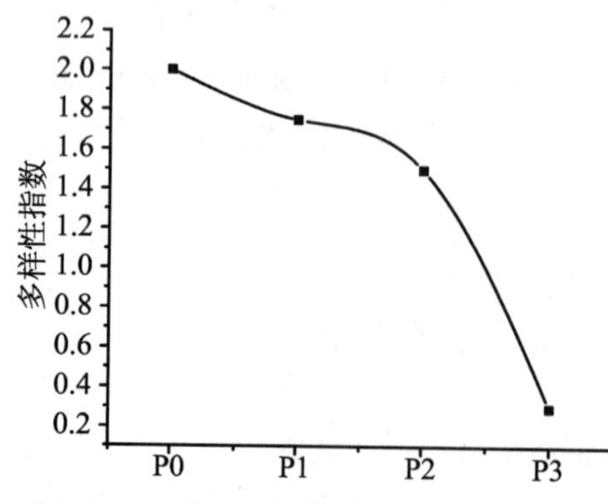


**图8.13 磷输入与植物多样性指数关系**

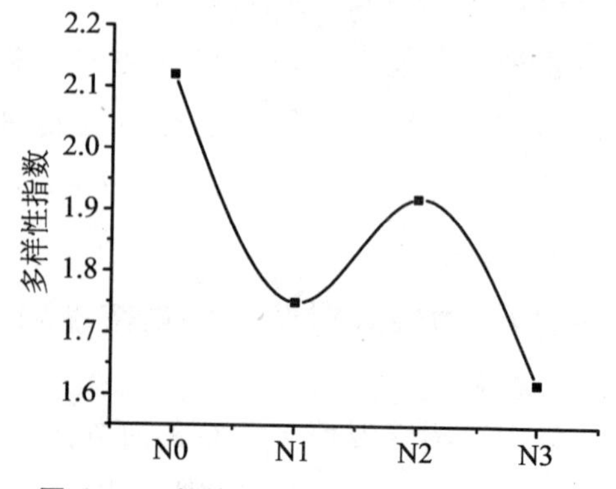


**图8.14 氮输入与植物多样性指数关系**

## 四、氮、磷输入对沼泽湿地植物生物量的影响

不同氮、磷输入导致沼泽湿地生产力发生一定的变化，毛果苔草和狭叶甜茅在 $N=10\ g/m^2$ 的情况下植物生长最好，生物量最大（图 8.15），此后毛果苔草随氮浓度的增加生物量逐渐减少。毛果苔草地上生物量在不同氮浓度处理下差异较显著，狭叶甜茅地上生物量在不同氮浓度处理下差异不是很显著。乌拉苔草生物量随氮浓度的增加而明显增加，在 $N=20\ g/m^2$ 时达到最大，但在不同氮浓度处理下差异不显著。在不同磷浓度处理下，毛果苔草生物量随磷肥增加而增加，且在不同磷浓度处理下差异显著。乌拉苔草和狭叶甜茅在不同磷浓度处理下，生物量变化类似，在 $P=1.2\ g/m^2$ 情况下最大，$P=9.6\ g/m^2$ 情况下地上生物量最小。并且二者在不同磷浓度处理下地上生物量有着明显的差异。

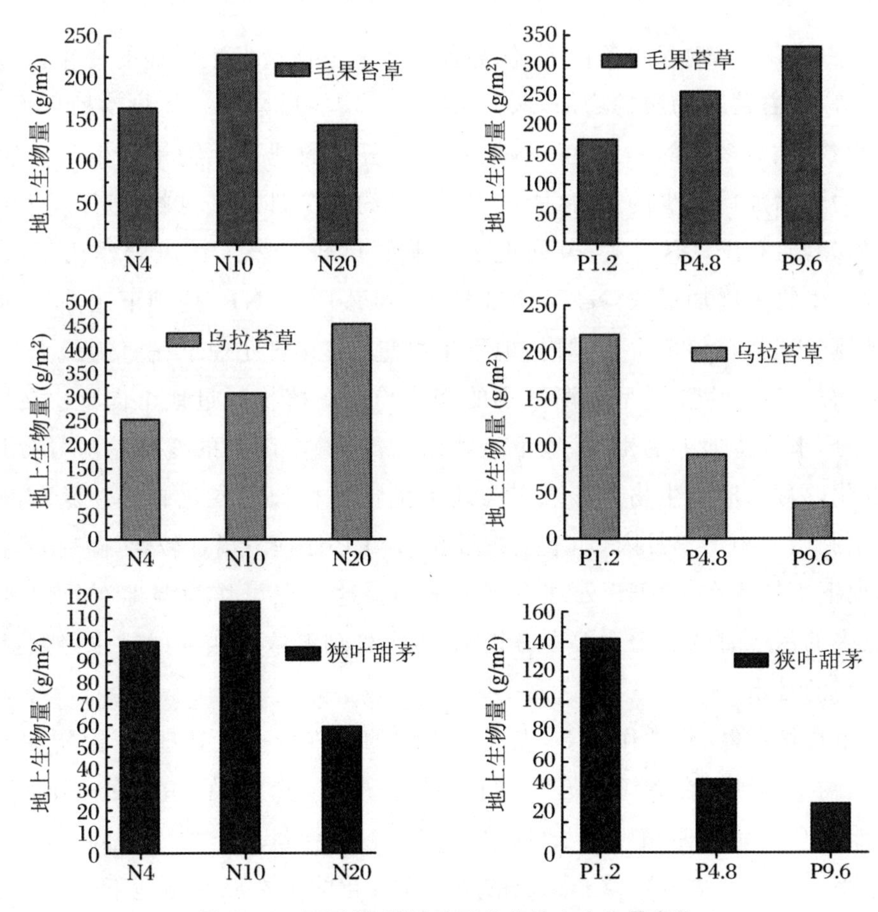


图 8.15　不同氮、磷浓度下植物地上生物量变化

毛果苔草在不同氮肥、磷肥处理下，地上生物量有显著差异，表现为明显的单峰变化趋势(图 8.16)。在 N10、P9.6 处理下毛果苔草植物生长最好，生物量达到最大，减少氮、磷浓度，生物量又随之降低。

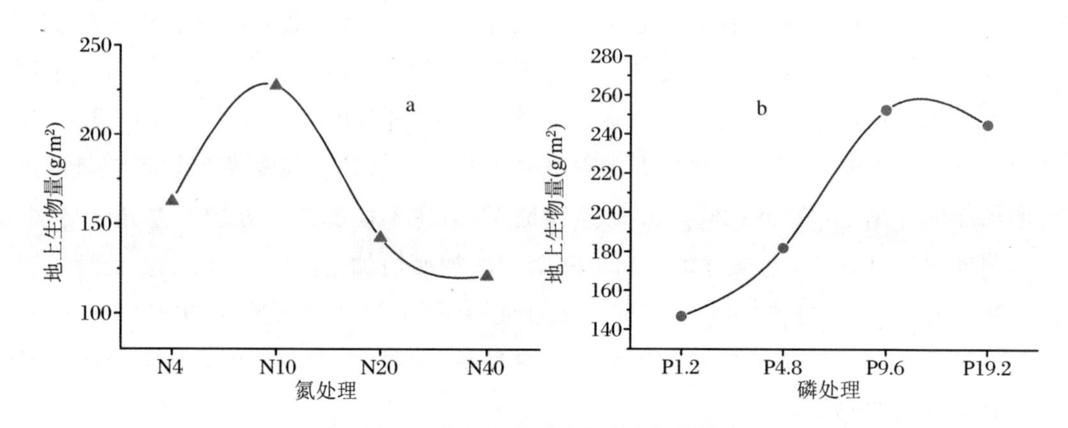


**图 8.16 营养物对毛果苔草生物量影响**

总之，一定氮、磷输入的条件下，优势种的地上生物量发生明显的变化，表现为单峰变化趋势，随着营养物质的增加，地上生物量先增加后减少。优势物种生物量的变化表现为与其相对多度的一致性。施肥对毛果苔草的地下生物量产生明显的影响，总体表现为先增加后减少的趋势(图 8.17)。大约在 7 月末 8 月初，地下生物量达到最大，然后逐渐减小。不同氮、磷处理之间差异比较显著。在氮肥作用下，起初在 N20 下地下生物量增加最快，N4 下增加较慢，到 7 月末，N10 处理下逐渐增加，明显大于其他氮处理。在整个生长季内，地下生物量在 P9.6 处理下一直为最大，随着磷肥含量的增加，地下生物量呈逐渐减小的变化趋势。植物通过地下向地上传输营养物质和水分，来维持地上的生长，地下生物量在氮、磷作用下的变化趋势导致地上生物量的变化，因此，地上生物量表现出与地下生物量相似的变化趋势。氮、磷耦合作用下，在施肥后大约 1 个月内，地下生物量在 HNLP 处理下增加较快，随后，磷肥的作用增强，地下生物量在 LNHP 处理下逐渐增加。这一点可作为湿地在处理氮、磷营养物质较多的污水时的一个重要参考指标，可先处理氮浓度较高的排水，然后再处理磷浓度较高的排水。

地下生物量在氮、磷的作用下，表现为先增加后降低。氮处理下，起初在 N20 下增长最快，约 40 天后，在 N10 处理下增长加快。地下生物量在 P9.6 处理下增长处于领先，可能 9.6 g/m² 磷是植物生长的最宜值，随着磷含量的增加或降低，地下生物量都逐渐减小。地上生物量随营养物质的施加而变化的根本原因是地下生物量变化所导致的。生物量是生态系统基本数量特征之一，生物量的梯度变化为了解湿地生态系统的物质能量分布格局提供了基本信息。湿地植物的生物量是衡量湿地生态系统健康状况的重要指标，也代表着湿地演替的相关阶段。

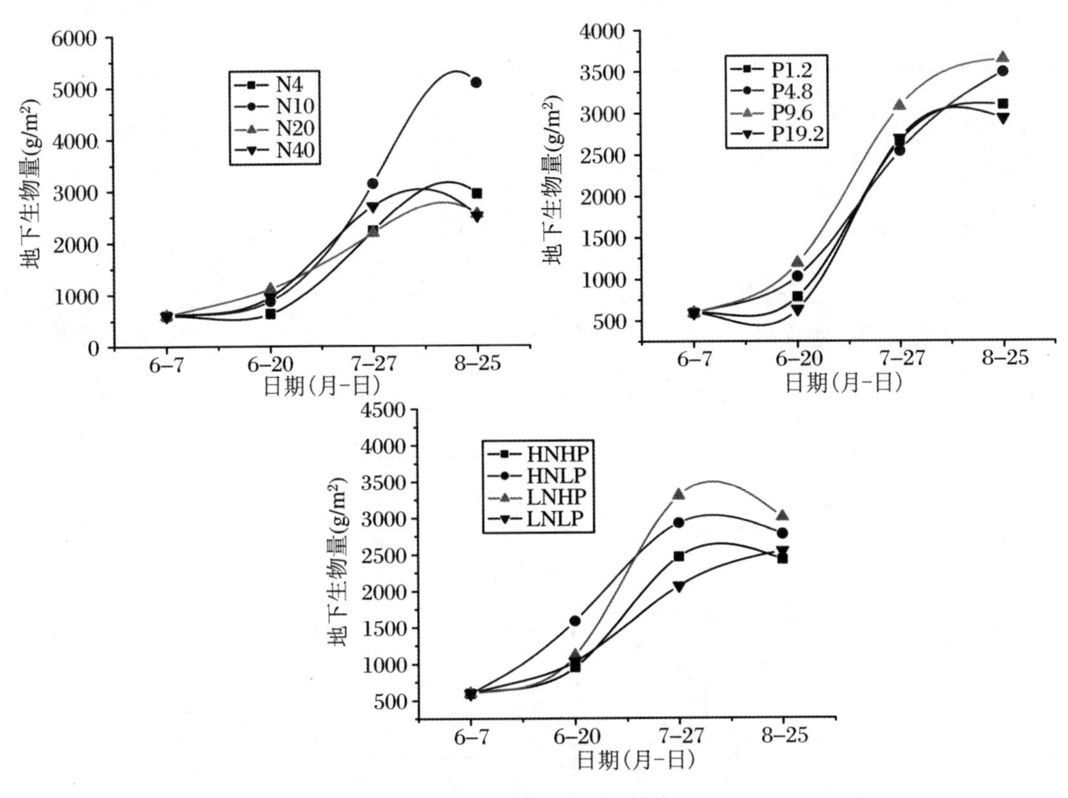


图 8.17　毛果苔草地下生物量季节变化

试验分析了氮、磷输入对植物生物量分配的影响，即沼泽湿地优势植物种毛果苔草总的生物量、地下生物量与地上生物量之比的变化。从图 8.18 可以看出，无论是氮处理、磷处理，还是氮、磷正交处理，地上生物量占总生物量的比例都很少，变化在 3.32%～7.98%，地下生物量所占比例最大，变化在 96.68%～92.02%。从图 8.18 还可看出，总生物量的变化趋势与地下植物生物量变化趋势一致，可见优势植物种总生物量主要由地下部分决定，地下生物量在很大程度上决定着总生物量。地下生物量与地上生物量之比的研究有助于通过地上生物量对地下生物量进行估算，从而有助于进一步深入理解湿地植被在地球化学循环中的作用。从图 8.18 可看出，物种地下生物量与地上生物量的比值集中变化在 11.54 ～29.15。在氮处理试验中，地下生物量与地上生物量之比基本呈逐渐增加趋势，变化在 16.77～26.69，变化幅度为 9.92；磷处理试验中，地下生物量与地上生物量之比呈现逐渐降低的变化态势，从 29.15 逐渐下降到 12.49，变化幅度为 16.66；氮、磷正交处理试验中，地下生物量与地上生物量之比表现为单峰变化趋势，其比值在 4 N g/m² + 19.2 P g/m²处理下达到最大，由 11.54 逐渐增加到 18.90，然后降低到 15.12，变化幅度为 7.36。可见，磷处理下，植物生物量在植物地下和地上部分的分配差异较大，而氮、磷正交处理下，这种分配差异较小。

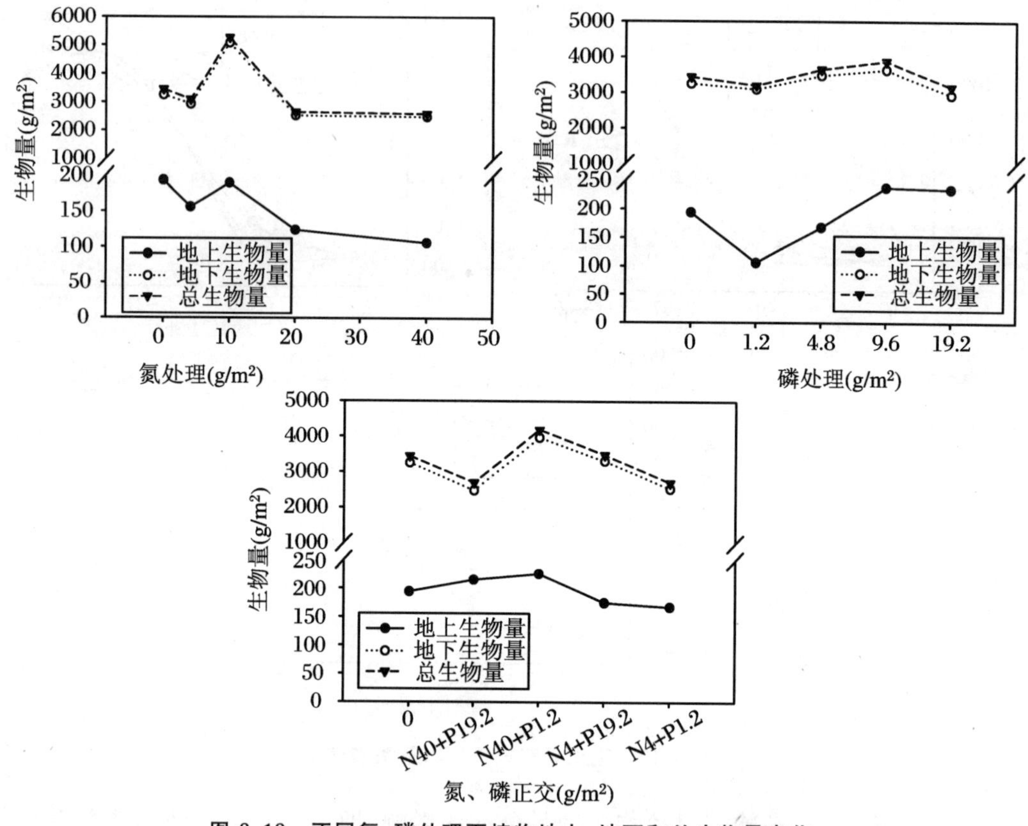


图 8.18 不同氮、磷处理下植物地上、地下和总生物量变化

## 第二节 人类活动对沼泽湿地系统碳过程和碳平衡的影响

### 一、水位和氮输入对碳过程和碳平衡的影响

#### （一）水位和氮输入对碳过程的影响

**1. 水位和氮输入对沼泽湿地碳累积和分解的影响**

（1）水位和氮输入对沼泽湿地碳累积的影响

① 水位和氮输入对生物量的影响

本试验采用原状土盆栽培养方法(图 8.19)。试验共设 4 组水位处理,W1:－10 cm,W2:0 cm,W3:＋5 cm,W4:－5 cm→0 cm→＋5 cm,W1、W2、W3 分别模拟不同稳定水位条件,W4 模拟波动水位条件(－5 cm→0 cm→＋5 cm,一个周期一般 7～10 d)。每组水位处理系列分别设 3 个氮输入处理,N0:对照;N1:施加 1 倍氮(12.0 $gNH_4Cl$/桶);N2:施加 2 倍氮(24.0 $gNH_4Cl$/桶)。施加的氮以水溶液形式在培养初始一次性加入。每组处理均为 2 个重复。氮的输入依照当地农田施氮肥量 105 $kgN/hm^2$(相当于 49 $kgN/hm^2$)的标准进行。

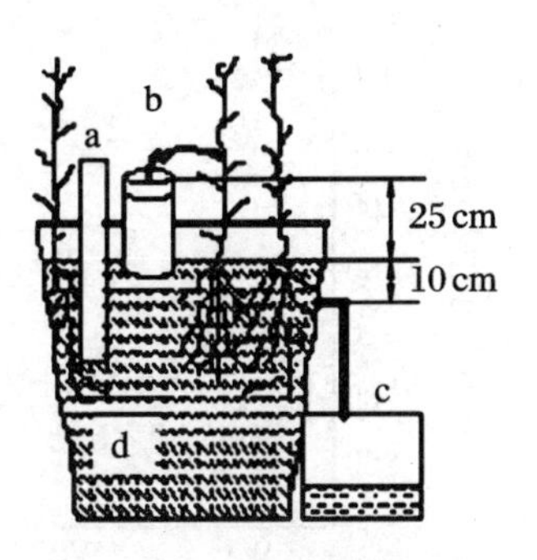


图 8.19　土柱培养(d)、－10 cm 水位控制(a、c)和气体采集(b)装置示意图

试验结果表明,地上和地下生物量明显受到水位和加氮处理的影响,而水位对地下/地上比值的影响显著,但二者的交互作用对各部分生物量及其比值的影响不明显(图 8.20、表 8.1)。4 组水位处理下 N0 对照中,小叶章地上生物量分别变化在 56.8～66.2 g/桶之间($C.V.$ = 10.8%),相应地下生物量为 226.4～325.7 g/桶($C.V.$ = 25.4%),地下/地上生物量为 3.4～5.7($C.V.$ = 35.7%)。加氮后,三者均有不同程度的提高,其中 N1 处理在 4 组水位下分别平均提高 22.9%($t$ = 2.44, $P$ = 0.025)、46.4%($t$ = 1.49, $P$ = 0.092)和 22.7%($t$ = 0.727, $P$ = 0.247),N2 处理平均提高 26.1%($t$ = 2.89, $P$ = 0.014)、85.6%($t$ = 3.27, $P$ =

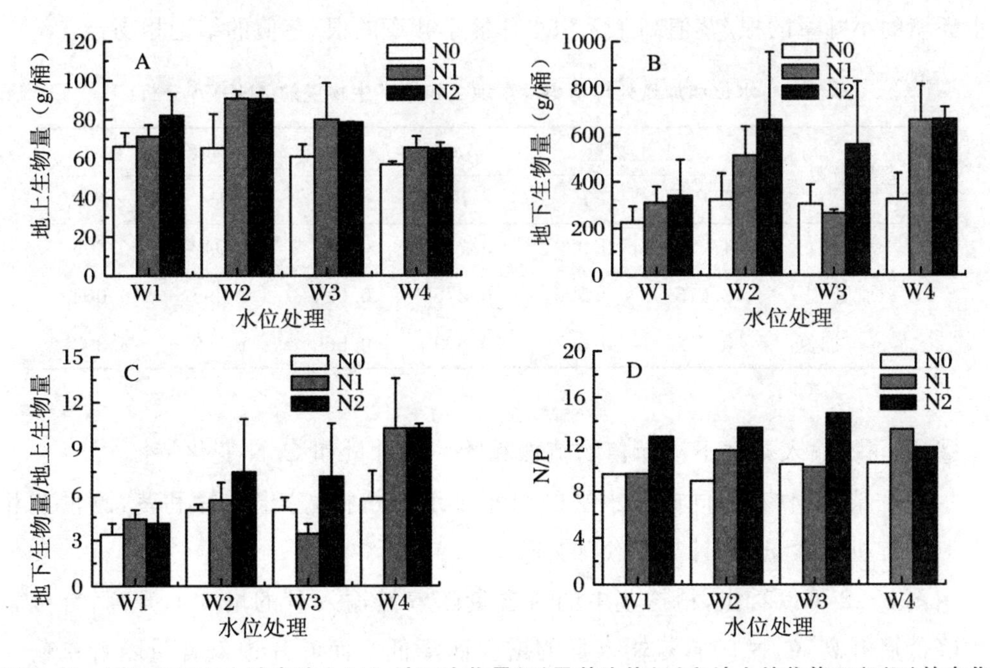


图 8.20　不同处理下小叶章地上(A)、地下生物量(B)及其比值(C)和地上植物体 N/P(D)的变化

0.0085)和42.1%($t=1.82$, $P=0.059$)(图8.20中A、B、C)。由此可见,加氮明显促进了小叶章地上和地下生物量的增加。

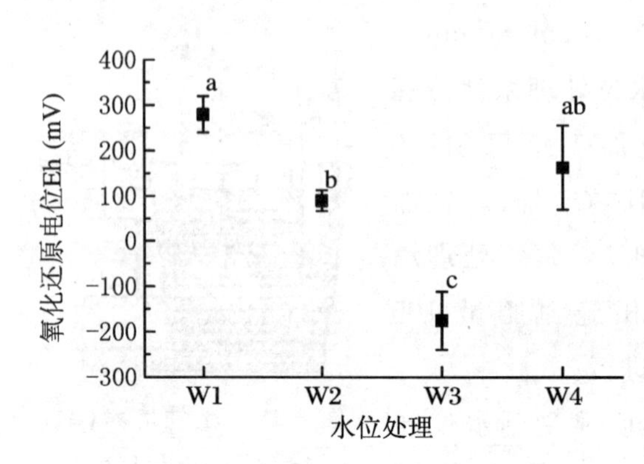


图8.21 不同水位处理中土壤氧化还原电位(Eh)(不同字母代表差异显著)

各组水位处理间,地上和地下生物量也发生了比较明显的变化。总体上,地上生物量在W2水位处理下较高,地下生物量在W2和W4处理下较高(图8.20中A、B)。这种差异可能是植物物种的生态特性所致。由于所移栽的小叶章植物生长在相对疏干的环境中,其土壤常年平均水分含量可能低于其最适水分条件,当水位提高至0 cm时,小叶章植物接近其最适水分条件,生物量增大。然而,水位继续升高至+5 cm时,由于土壤中氧的渗透性降低,土壤的氧化还原电位降至-175.3 mV(图8.21),土壤处于强还原环境,不利于植物的生长。可见,土壤持续淹水后,土壤较低的Eh是导致小叶章生物量下降的主要原因。当水位在+5 cm→-5 cm间波动变化时,小叶章地上生物量较其他水位稍低,而地下生物量高于其他水位,但其总生物量与0 cm水位时接近而高于-10 cm水位。这说明,周期性淹水可能对小叶章生物量在地上和地下的分配产生较大的影响,这与前述生长在季节性积水环境的小叶章的根/茎值高于无积水环境小叶章的根/茎值的结论相吻合。

表8.1 水位和加氮处理下小叶章地上和地下生物量的ANOVA分析

| 差异来源 | 地上生物量 | | 地下生物量 | | 地下/地上 | |
|---|---|---|---|---|---|---|
| | $F$ | $P$ | $F$ | $P$ | $F$ | $P$ |
| 水位 | 4.787 | 0.020 | 3.792 | 0.040 | 6.942 | 0.006 |
| 加氮 | 8.115 | 0.006 | 6.276 | 0.014 | 3.396 | 0.068 |
| 水位+加氮 | 0.712 | 0.647 | 0.829 | 0.569 | 1.149 | 3.393 |

注:$P<0.05$表示差异显著。

② 不同氮输入条件下沼泽植物植株和叶片氮含量和C/N变化特征

生长季结束,收获不同施氮水平的当年生地上植株,分出叶片和茎,测量茎和叶的全氮和有机碳含量,并计算C/N的值。

由图8.22可以看出,植株茎中的氮含量随着氮输入量的增大而升高,有机碳含量先降低后升高,C/N随着氮输入量的增大而降低。而叶片中氮含量随着氮输入量的增大先升高后降低,有机碳含量随着氮输入量的增大而升高,C/N先降低后升高,但是总体看来是一种降低的趋势(图 8.23)。

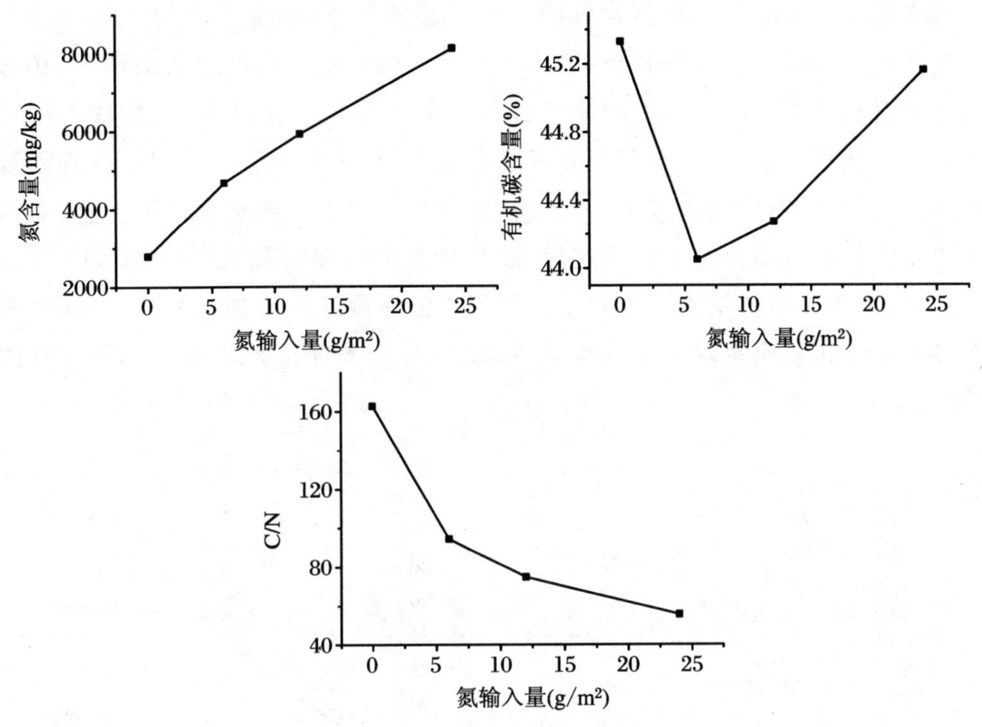


图 8.22　不同氮输入水平下茎的氮、有机碳含量和 C/N 的变化

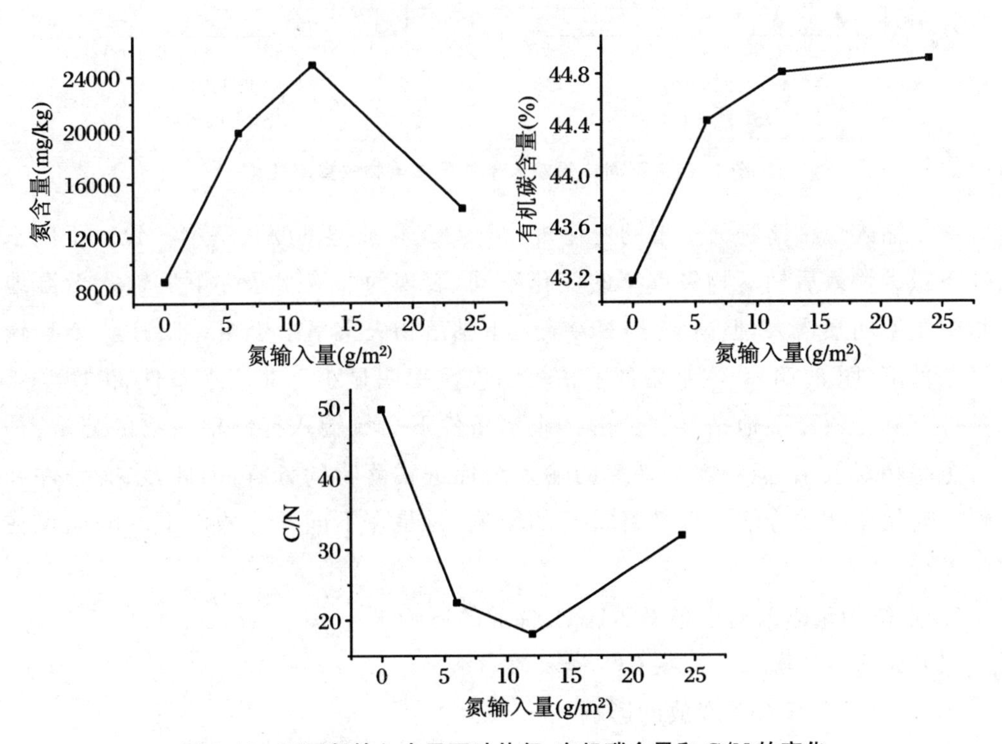


图 8.23　不同氮输入水平下叶片氮、有机碳含量和 C/N 的变化

(2) 外源氮素输入对沼泽湿地碳分解的影响

水文条件是沼泽湿地枯落物分解的重要影响因素，而氮素的输入不仅影响植物的生产力，同时对凋落物的分解也会产生一定的影响。不同水文条件下，枯落物分解过程对氮素的响应有较大的差异(图 8.24)。非淹水条件下，氮素输入后枯落物 $CO_2$ 释放速率明显增大，表明其分解速率提高，且在整个试验过程中这种趋势一直很明显，但不同氮素输入水平下 $CO_2$ 释放差异不显著。淹水条件下，不同氮素输入水平 $CO_2$ 排放速率存在一定的差异，表现为氮素输入量较大(N5)时 $CO_2$ 排放速率降低，说明较多的氮素输入不利于常年积水沼泽湿地有机物质的分解，同时非淹水条件下 $CO_2$ 排放速率均大于淹水条件，说明水分条件是影响有机物质分解的重要因素之一。

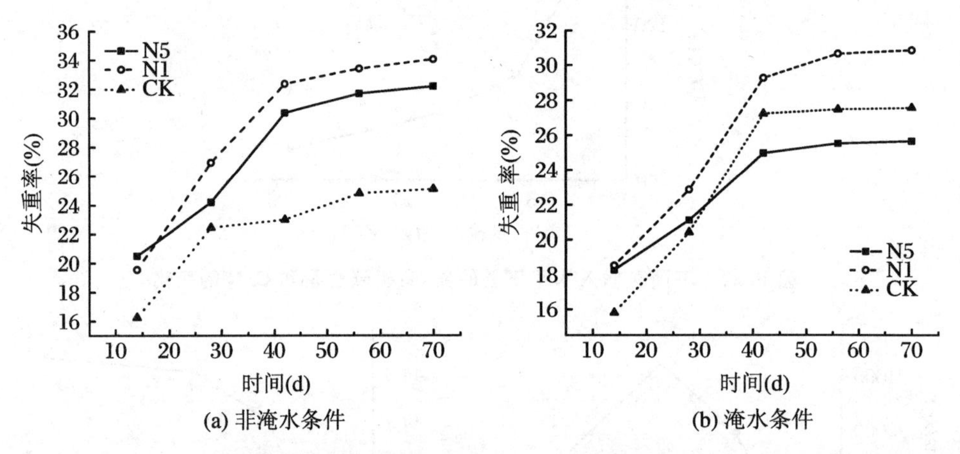


图 8.24 不同氮素输入条件下枯落物失重率变化

氮素输入后枯落物失重率的变化规律与 $CO_2$ 释放速率变化基本一致。不同水分条件下氮素输入后枯落物失重率的变化不同，表现为非淹水条件下氮输入后湿地枯落物失重率明显增大，但高氮素(N5)输入下枯落物失重率小于相对低氮素(N1)输入水平条件下(图 8.24)。淹水条件下枯落物失重率明显小于非淹水条件，说明常年积水条件不利于沼泽湿地枯落物分解。淹水条件下高氮输入抑制枯落物的分解，枯落物失重率相对较小，但一定水平氮的输入会促进枯落物的分解，因此，水文条件和氮素输入对枯落物的分解过程都有重要的影响，只是在不同环境条件下的响应存在一定的差异。

**2. 水位和氮输入对土壤 $CO_2$、$CH_4$ 释放的影响**

(1) 水位和氮输入对土壤 $CO_2$ 释放的影响

① 水位对土壤 $CO_2$ 释放的影响

如图 8.25 所示，N0 处理中，不同水位土壤 $CO_2$ 释放速率随时间总体表现为先增后减的趋势，8月释放速率较高，7月、9月较低。表8.2的结果显示，4种水位处理下湿地土壤的平均$CO_2$释放速率可分为两组：W1、W4较为接近（$P>0.9$），平均释放速率分别为306.7 mg/(m²・h)和307.89 mg/(m²・h)；W2、W3则差别不大（$P>0.9$），平均释放速率分别为202.66 mg/(m²・h)和196.68 mg/(m²・h)。由此可见，土壤$CO_2$释放速率在持续低水位和变动水位中高于持续淹水和0 cm水位，$CO_2$释放强度平均高出51%～57%。由图8.25可知，4种水位处理土壤的平均Eh分别为297.6 mV(W1)、90.2 mV(W2)、-175.3 mV(W3)和163.7 mV(W4)，表明湿地土壤在持续低水位和变动水位条件下为强氧化条件，而在0 cm水位和持续淹水条件下为弱氧化和强还原环境，这说明对于小叶章湿地土壤而言，好氧条件下$CO_2$的生成速率高于厌氧条件下的生成速率。

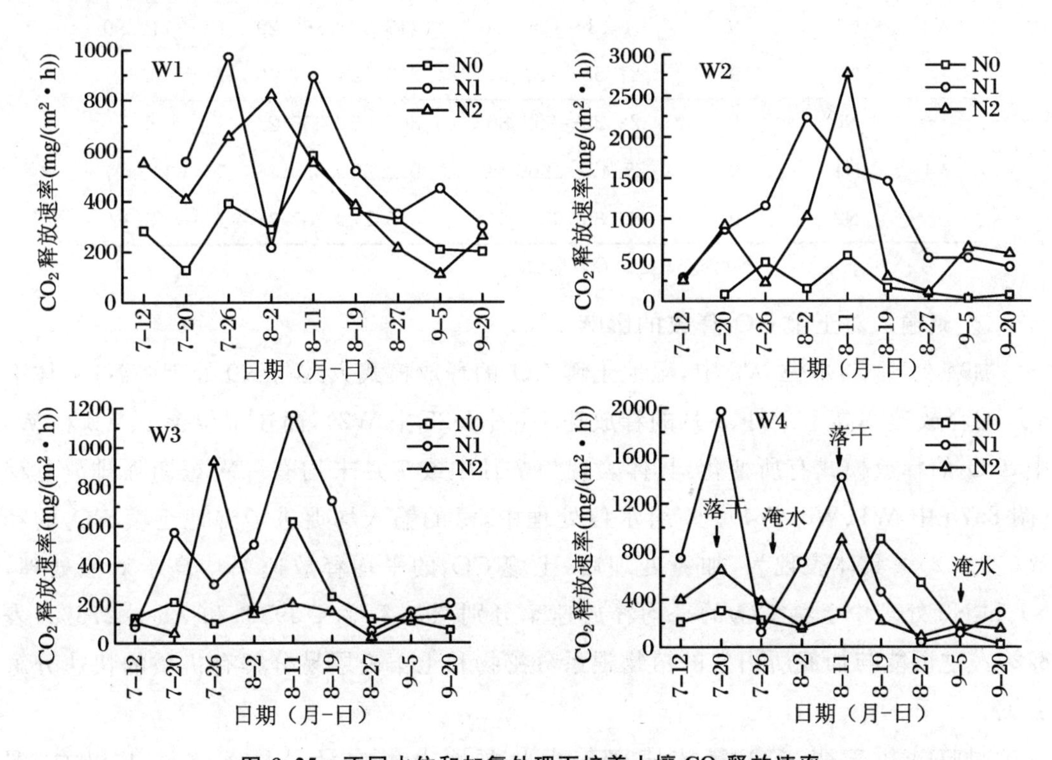


**图8.25　不同水位和加氮处理下培养土壤$CO_2$释放速率**

试验还发现，在水位波动条件下土壤$CO_2$释放速率与水位之间也有同样的关系，即低水位条件下土壤的$CO_2$释放速率高于高水位的释放速率。此外，周期性波动水位条件下土壤$CO_2$的释放速率与-10 cm水位接近，而分别高于0 cm和+5 cm水位释放速率的52%和57%（表8.2）。这说明水位变动促进了湿地土壤$CO_2$的释放。

**表 8.2 水位及加氮处理下土壤 $CO_2$ 释放速率的范围、均值及相对于 N0 处理的变化**

| 试验处理 | | 样本数 | 范围 (mg/(m$^2$ · h)) | 均值 ± 标准差 | 相对于 N0 处理的变化 |
|---|---|---|---|---|---|
| 水位 | 氮输入 | | | | |
| W1 | N0 | 9 | 127.36～580.46 | 306.7 ± 131.99 | 0 |
| | N1 | 8 | 217.69～971.69 | 532.59 ± 271.83 | + 73.65 |
| | N2 | 9 | 110.56～821.45 | 439.86 ± 227.40 | + 43.42 |
| W2 | N0 | 8 | 30.39～554.53 | 202.66 ± 197.05 | 0 |
| | N1 | 9 | 290.00～2235.06 | 1009.97 ± 656.87 | + 398.36 |
| | N2 | 9 | 110.45～2764.33 | 759.06 ± 816.59 | + 274.55 |
| W3 | N0 | 9 | 68.19～620.83 | 196.68 ± 167.91 | 0 |
| | N1 | 9 | 64.13～1161.36 | 418.92 ± 360.29 | + 112.99 |
| | N2 | 9 | 27.58～927.61 | 210.12 ± 274.48 | + 6.83 |
| W4 | N0 | 9 | 22.22～902.86 | 307.89 ± 265.27 | 0 |
| | N1 | 9 | 38.47～1966.98 | 652.93 ± 655.16 | + 112.07 |
| | N2 | 9 | 88.86～899.24 | 348.27 ± 267.71 | + 13.12 |

注:"+"表示相对于 N0 处理 $CO_2$ 的释放增加。

② 氮输入对土壤 $CO_2$ 释放的影响

加氮处理下,水位 W2 中,湿地土壤 $CO_2$ 的释放模式大致与 N0 处理一致,总体上 8 月的释放速率高于 7 月、9 月的释放速率(图 8.25 中 W2),而在水位 W1、W3 和 W4 中,$CO_2$ 的释放模式有所变化,具体表现为 7 月中或 7 月末均有一次短期强排放过程(图 8.25 中 W1、W3、W4)。4 组水位处理中,氮的输入均促进了湿地土壤 $CO_2$ 的释放(表 8.2)。具体表现为,加氮处理后,土壤 $CO_2$ 的平均释放速率均高于对照处理,N1 和 N2 处理中土壤 $CO_2$ 的平均释放速率分别增加 74%～398% 和 7%～275%(表 8.2)。这可能与加氮所引发的植物根系分泌物和土壤表层易分解有机质的快速分解有关。

回归分析表明,$CO_2$ 释放速率与小叶章地上生物量呈显著线性正相关(图 8.26A),与地下生物量的相关性较弱(图 8.26B)。由此,加氮处理对土壤 $CO_2$ 释放的促进作用的可能解释是:由于生物量的增加而使源自于根系呼吸释放 $CO_2$ 的贡献增大;加氮激发了微生物活性使植物根系分泌物和土壤表层易分解有机质的分解加速。另外,试验中还发现 N2 处理土壤的 $CO_2$ 释放速率较 N1 处理下降了 17%～50%(表 8.2),这种现象可能与植物根系自养呼吸和对氮素同化吸收的关系有关。因为研究证实大部分植物根系呼吸的能量消耗被用于植物对氮素的同化吸收上,随着大剂量易获得性氮的输入,氮同化吸收的能量消耗可能会降低。此外,从微生物活性层面而言，施氮后土壤中活性真菌的生物量减少，而氧化酶和木质素降解酶的活性明显降低，也可能导致土壤异养呼吸速率的下降。

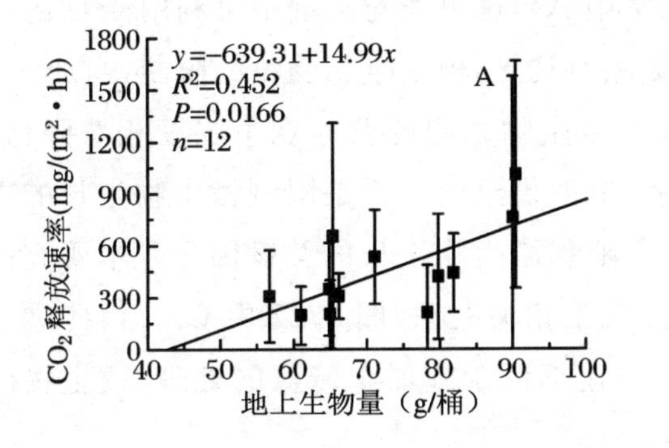


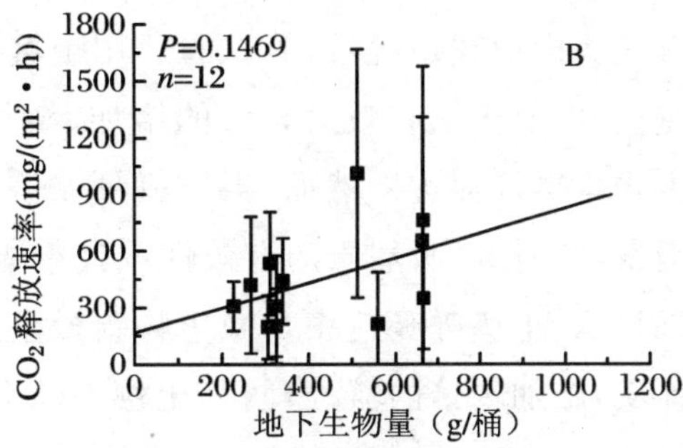


**图 8.26　土壤 $CO_2$ 释放速率与小叶章地上、地下生物量的关系**

不同水位条件下，湿地土壤 $CO_2$ 的释放对施加氮的响应强度并不一致。加氮对土壤 $CO_2$ 释放的促进作用在 W2 中更加明显（$P<0.05$）（图 8.25W2），其 N1 和 N2 处理的平均释放速率分别为 1009.97 mg/($m^2$·h)和 759.06 mg/($m^2$·h)，释放强度高于其他水位相应加氮的处理。加氮后，土壤 $CO_2$ 的释放亦均在 W3 中最低，其平均释放速率分别为 418.92 mg/($m^2$·h)和 210.12 mg/($m^2$·h)（表 8.2）。N1 处理中水位 W4 土壤 $CO_2$ 的释放速率高于水位 W1，而 N2 处理中二者释放速率则相反。此外，水位 W4 中，与 N0 处理相一致，N1 和 N2 处理中亦明显观察到淹水→落干的频繁交替对土壤 $CO_2$ 释放动态的影响（图 8.25W4）。

总之，水位和加氮对湿地土壤 $CO_2$ 释放均具有显著影响，但二者的协同作用对 $CO_2$ 释放速率的影响并不明显（表 8.3）。

**表 8.3　水位和加氮处理下土壤 $CO_2$ 释放速率的 ANOVA 结果**

| 差异来源 | d*f* | *F* | *P* |
|---|---|---|---|
| 水位 | 3 | 3.700 | 0.014 |
| 加氮 | 2 | 7.942 | 0.001 |
| 水位 + 加氮 | 6 | 1.189 | 0.319 |

③ 土壤 $CO_2$ 释放速率与微生物量的关系

如图 8.27A 所示，不同水位处理土壤中微生物碳含量发生了比较明显的变化，其均值在持续低水位（434.4 mg/kg）中最高，在 0 cm（347.1 mg/kg）和波动水位（276.5 mg/kg）中稍低，而 + 5 cm 淹水导致土壤微生物碳量迅速下降至 64.4 mg/kg。回归分析表明，微生物碳量与土壤 Eh 之间具有线性正相关关系（图 8.27B）。由图 8.27A 还可以看出，4 种水位处理中加 1 倍氮后土壤微生物碳量高出不加氮对照处理 10.6%～144.7%，而加 2 倍氮后，+ 5 cm 淹水处理土壤微生物碳量较对照下降

40.4%，其他水位处理则高出对照 90.9%～106.1%。然而，加氮对土壤微生物碳量增加的促进作用并不随氮施加的数量而升高，试验发现，施加 2 倍氮处理，其土壤微生物碳量均低于施加 1 倍氮的处理(图 8.27 中 A)，这可能与土壤中可利用性 C 的受限有关。由前述内容可知，试验所用土壤氮相对贫乏，植物生长受氮的限制，当加入 1 倍氮后，由于土壤有效氮含量的增加，植物与微生物之间的营养竞争强度相对降低，微生物量得以促进。然而，当施氮量加倍后，氮的供给已不再是限制微生物生长的主要因素，此时，C 源基质的有效性取代氮成为限制微生物生长的关键因子。本研究的结果显示，土壤呼吸速率与微生物碳量呈显著正相关关系(图 8.27 中 C)。由此进一步证实，施加 2 倍的氮处理，其土壤 $CO_2$ 释放速率低于施加 1 倍氮的处理，微生物碳含量的降低是主要原因之一。

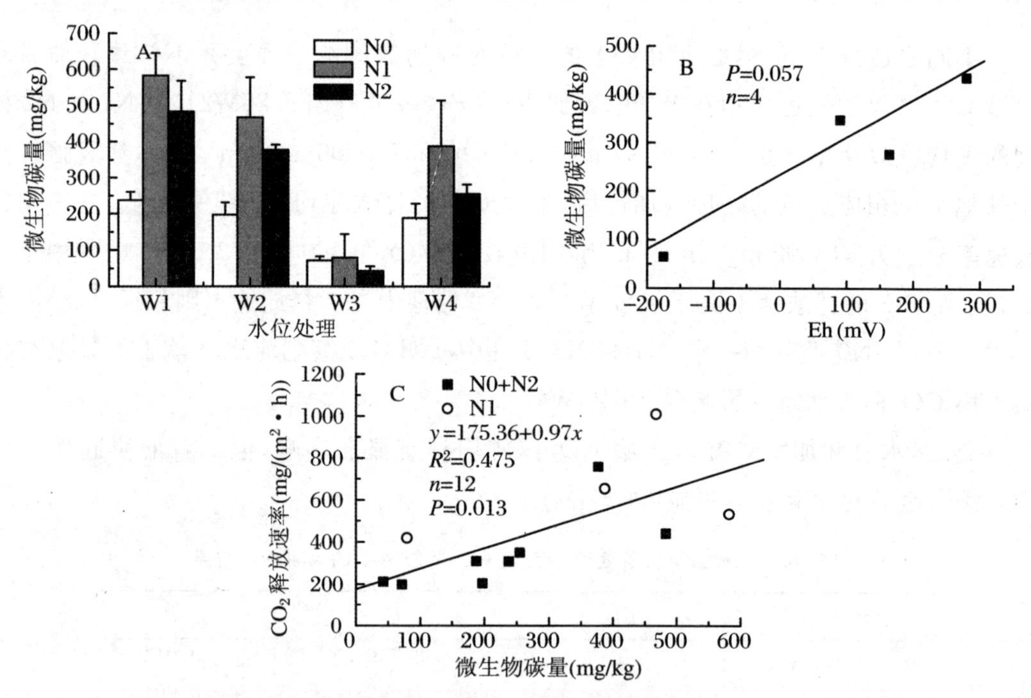


**图 8.27 不同水位和加氮处理下土壤微生物量(A)及其 Eh(B)和 $CO_2$ 释放速率(C)**

④ $CO_2$ 释放速率与水溶性有机碳(DOC)的关系

本试验中，土壤水 DOC 的浓度在 N0 处理中变化在 35.5～57.4 mg/L 之间，且 W3 和 W4 处理高于 W1 和 W2 处理。这说明持续淹水和周期性淹水可使土壤水中 DOC 的浓度增加。淹水一方面增加了土壤有机质的可溶性，另一方面微生物耗氧呼吸受到抑制致使残体分解产物累积，导致 DOC 浓度升高。周期性淹水条件下 DOC 浓度的升高则可能与土壤微生物活性提高，分解产物增加，从而当土壤再淹水时使得 DOC 浓度上升有关。加氮处理下，W1 和 W2 中 DOC 浓度较未加氮处理高出 45%

~63%,而 W3 和 W4 中加氮则使 DOC 浓度呈现出下降的趋势(图 8.28 中 A)。这可能与加氮后土壤微生物量的相对变化有关(图 8.27 中 A)。回归分析表明,土壤水中 DOC 浓度与土壤 $CO_2$ 释放速率具有显著指数关系(图 8.28 中 B)。这说明土壤中 DOC 是微生物可利用的反应基质,同时又是微生物的分解产物。

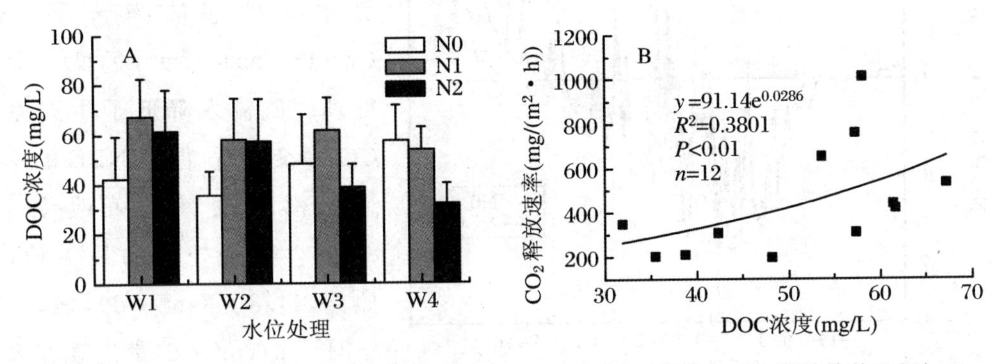


图 8.28 不同水位和加氮处理下土壤水中 DOC 浓度(A)及其与 $CO_2$ 释放的关系(B)

(2) 水位和氮输入对土壤 $CH_4$ 释放的影响

各种氮输入水平下,$CH_4$ 排放通量的季节变化趋势基本一致,$CH_4$ 排放通量从 5 月份开始逐渐增大,到 6 月 7 日前后达到极大值,之后排放通量开始减小,呈现出明显的单峰变化的趋势。只是 N24 输入水平下 $CH_4$ 排放通量的季节变化模式与其他 3 个氮输入水平的差异较大,表现出双峰的变化趋势。

不同时期,$CH_4$ 排放通量随氮输入的变化趋势也是不同的(图 8.29)。5、6 月份随着氮输入的升高,$CH_4$ 排放通量先增大后减小,而 7 月、8 月、9 月伴随着氮输入 $CH_4$ 排放通量表现出升高的趋势。整个生长季随着氮输入量的升高,$CH_4$ 排放通量先增大后减小,氮输入量为 12 g/m$^2$ 时 $CH_4$ 排放通量达到最大值,大于 12 g/m$^2$ 时 $CH_4$ 排放通量反而降低(图 8.30)。不同施氮水平的 $CH_4$ 排放通量与对照处理相比分别升高了 181%、254%、188%。

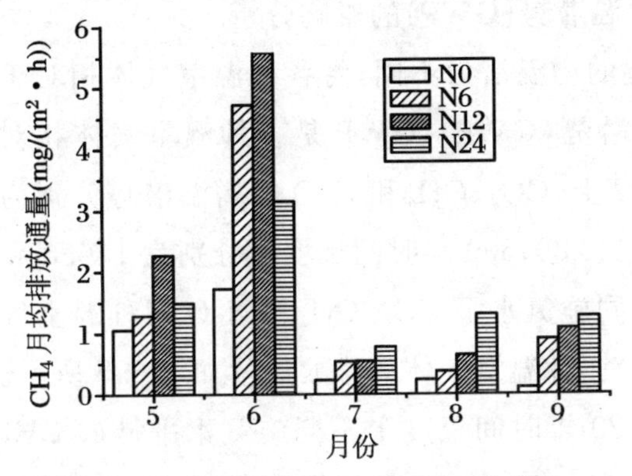


图 8.29 $CH_4$ 排放通量随氮输入的变化

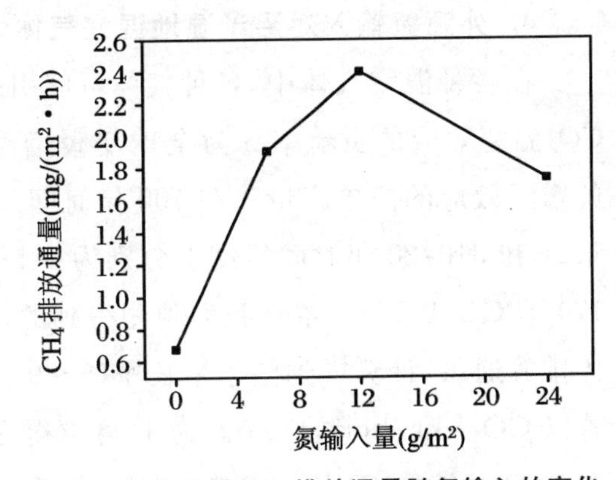


图 8.30 生长季 $CH_4$ 排放通量随氮输入的变化

### 3. 外源氮素输入对沼泽湿地 $CO_2$ 交换的影响

通过对沼泽湿地外源氮输入后碳收支变化的研究发现，沼泽湿地整个生长季对照处理的 $CO_2$ 净交换量以 $CO_2$ 计为 $-1227.992(\pm 651.2179)$ g/m²，氮输入处理的为 $-370.803(\pm 148.259)$ g/m²，远低于对照处理。氮输入降低了生态系统 $CO_2$ 净交换量，但是 NEE 的季节变化模式没有显著改变（图 8.31）。两个处理的最大值，对照：$-44.6$ g/(m²·d)，氮输入：$-31.7$ g/(m²·d)都出现在 6 月 30 日沼泽湿地植物开始迅速生长之后。整个生长季的 5～8 月份，两个处理的 NEE 均为负值，主要表现为碳的净吸收。氮输入没有改变生态系统碳"汇"的功能，只是减弱了其作为碳"汇"的功能（图 8.31）。5～8 月份的 NEE 值分别比对照处理降低了 21.4%、23.2%、67.3%、62.6%，氮输入对 NEE 影响最明显的时期是 7 月、8 月（表 8.4）。

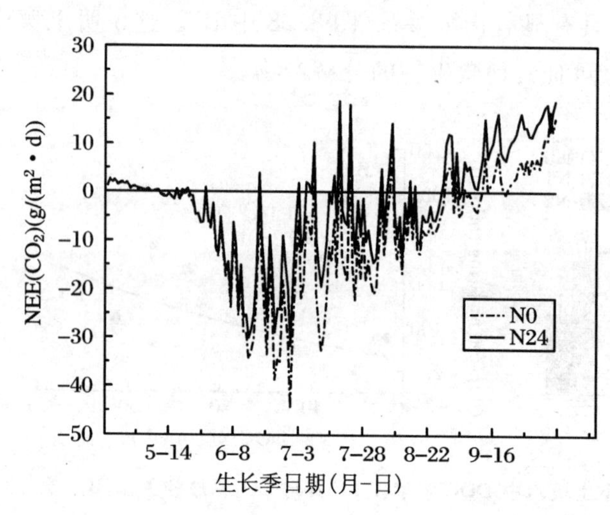


图 8.31 对照处理和氮输入处理 NEE 的季节变化动态

表 8.4 生长季两种处理每月的 NEE 总量

| 处理 | 每月的 NEE 总量（以 $CO_2$ 计）(g/m²) | | | | | | |
|---|---|---|---|---|---|---|---|
| | 4 月 | 5 月 | 6 月 | 7 月 | 8 月 | 9 月 | 10 月 |
| N0 | 19.775 | −48.160 | −683.741 | −437.608 | −216.652 | 39.609 | 98.785 |
| N24 | 18.014 | −37.833 | −525.237 | −143.273 | −80.9565 | 243.896 | 154.587 |

### 4. 外源氮输入对沼泽湿地温室气体增温潜势(GWP)的影响分析

在各种温室气体中，各种气体可能引起的增温潜力不同，将各种温室气体相对于 $CO_2$ 温室效应的贡献率称为全球变暖增温潜势（GWP），GWP 是各种温室气体相对的增温效应的简单度量。在 100 年时间尺度上，$CO_2$、$CH_4$ 和 $N_2O$ 的增温潜势分别为 1、21 和 310；20 年时间尺度上分别为 1、56 和 280；500 年时间尺度上分别为 1、6.5 和 170（IPCC，1995）。根据我们观测得到的不同施氮水平 $CO_2$、$CH_4$ 和 $N_2O$ 三种温室气体排放通量，计算得到整个生长季（5～9 月）三种温室气体的排放通量如表 8.5 所示。若以 $CO_2$ 1 kg/hm² 的 GWP 为 1，可求得在 20 年时间尺度上不同施氮水平排放 $CH_4$ 和 $N_2O$ 的综合 GWP（GWP = $CH_4$ 累积排放量×62 + $N_2O$ 累积排放量×275）。同理，可计算得到 100 年（GWP = $CH_4$ 累积排放量 × 23 + $N_2O$ 累积排放量 × 296）和 500 年（GWP = $CH_4$ 累积排放量 × 7 + $N_2O$ 累积排放量 × 156）时间尺度下不同施氮水平的 GWP（表 8.6）。由此可以计算出不同施氮水平的综合增温潜势比对照处理在不同时间尺度上分别增加的百分数。其中在 20 年时间尺度上，N6、N12、N24 与对照处理相比较其增温潜势分别升高了 28%、53%、150%；100 年时间尺度上分别升高了 23%、47%、151%；500 年时间尺度上分别升高了 21%、44%、147%。这些数据表明，各施氮水平无论在短时间尺度上还是长时间尺度上均增强了温室效应，其未来的增温潜势是不容忽视的。

**表 8.5　生长季不同施氮水平三种气体的排放总量**

单位：mg/($m^2$ · h)

| 施氮水平 | $CO_2$ | $CH_4$ | $N_2O$ |
|---|---|---|---|
| N0 | 129968.24 | 103.71 | 10.48 |
| N6 | 156026.92 | 291.63 | 12.71 |
| N12 | 184387.80 | 367.53 | 20.98 |
| N24 | 314222.74 | 264.87 | 66.32 |

**表 8.6　不同时间尺度三种温室气体的综合温室效应(GWP)**

| 施氮水平 | 20 年 | 100 年 | 500 年 |
|---|---|---|---|
| N0 | 139278.87 | 135454.24 | 132328.36 |
| N6 | 177603.87 | 166497.35 | 160051.51 |
| N12 | 212945.02 | 199052.21 | 190234.02 |
| N24 | 348883.30 | 339946.23 | 326423.16 |

### 5. 不同氮输入影响下沼泽湿地 $Q_{10}$ 值变化特征

整个生长季自 5 月份开始到 9 月份结束，选择天气晴朗的每一天进行暗箱的日变化观测，气温每升高或降低 2 ℃进行一次暗箱的观测，全天共进行 6～8 次。在生长季内，一天中单位质量小叶章地上生物量的生态系统总呼吸（$R_T$）随气温（$T$）变化的函数遵循 Arrhenius 方程：$R_T = a \cdot e^{bT}$，根据公式 $Q_{10} = R_{T+10}/R_T$ 计算得到 $Q_{10}$ 值。其中，$R_T$ 为生态系统呼吸随温度变化的函数；$T$ 为每次暗箱观测记录的大气温度值；$a$ 和 $b$ 为两参数，由每次日变化观测经验确定。

整个生长季期间，不同施氮水平每次日变化观测得到的呼吸随温度变化的函数（用 Origin 7.0 拟合每次日变化观测的气温和生态系统呼吸排放 $CO_2$ 通量得到）分别在图 8.32～图 8.44 中给出。

根据图 8.32～图 8.44 给出的各施氮水平不同观测日得到的函数关系表达式，计算得到不同施氮水平下各观测日的 $Q_{10}$ 值，发现其具有明显的季节变化动态趋势(图 8.45)。由图 8.45 可以看出，各 $Q_{10}$ 值在 1～4 范围内变化，和以往其他地区的研究结果基本一致。不同时期，氮输入对 $Q_{10}$ 值的影响不同。各施氮水平 $Q_{10}$ 值的最大值大都出现在生长季的初期，表明在植物生长初期，呼吸排放通量随温度的变化对氮输入的响应比其他时期更为敏感。利用得到的同时期的 $Q_{10}$ 值计算得到不同施氮水平整个生长季 $Q_{10}$ 的平均值，分别为 1.78、1.51、1.63、1.92。可以看出，氮输入后 $Q_{10}$ 值先减小后增大，表明随着氮输入生态系统呼吸对温度变化的敏感性降低而氮输入达到一定水平时呼吸对温度变化的敏感性又开始增强。

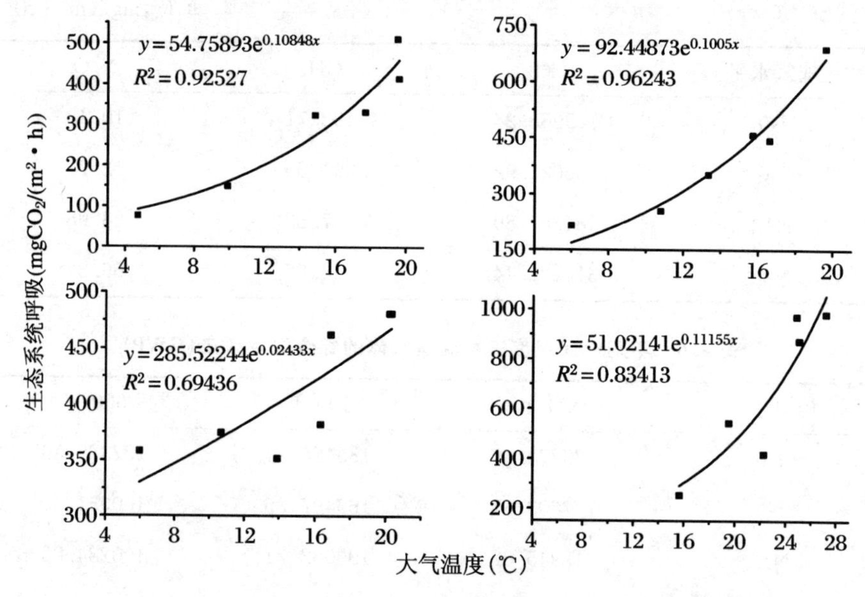


**图 8.32 对照处理 5 月份生态系统呼吸随温度变化的函数**

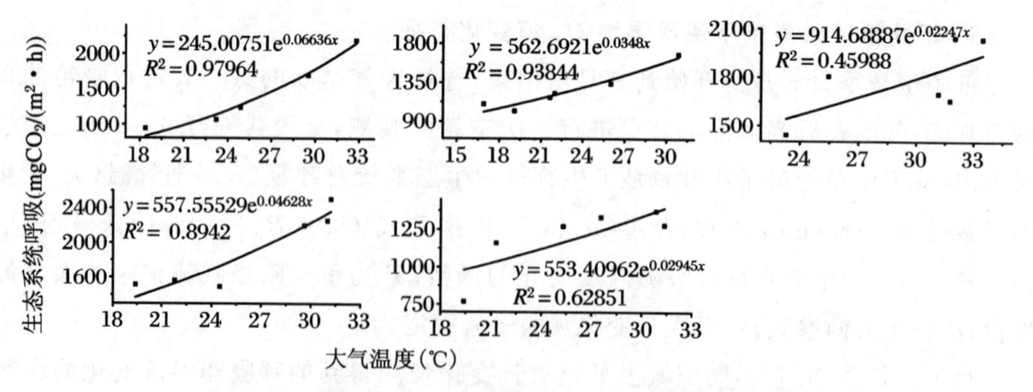


**图 8.33 对照处理 6 月份生态系统呼吸随温度变化的函数**

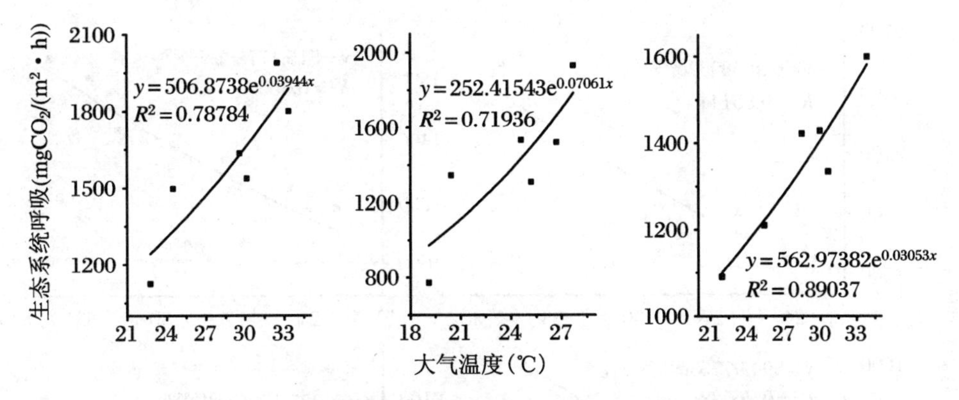


图 8.34　对照处理 7 月份生态系统呼吸随温度变化的函数

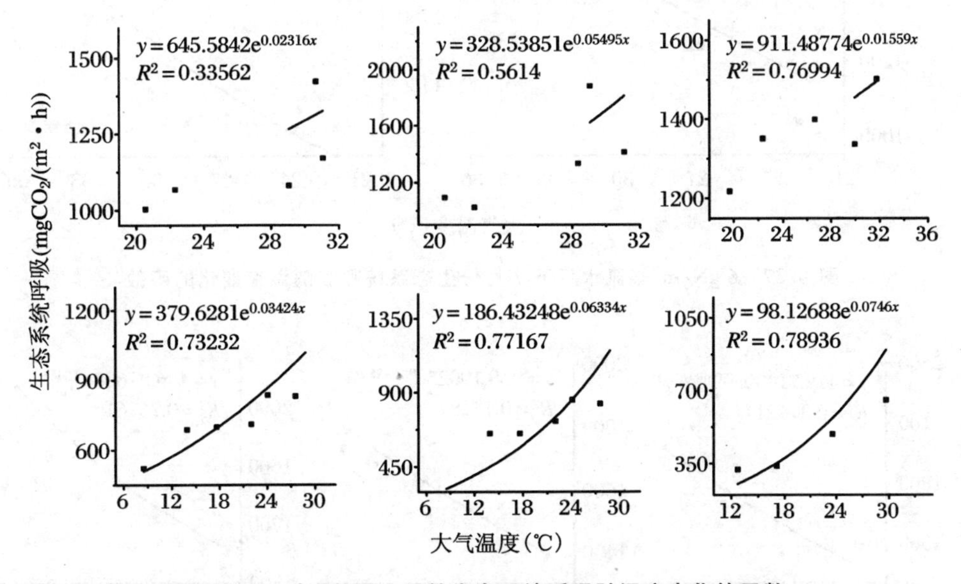


图 8.35　对照处理 8 月份生态系统呼吸随温度变化的函数

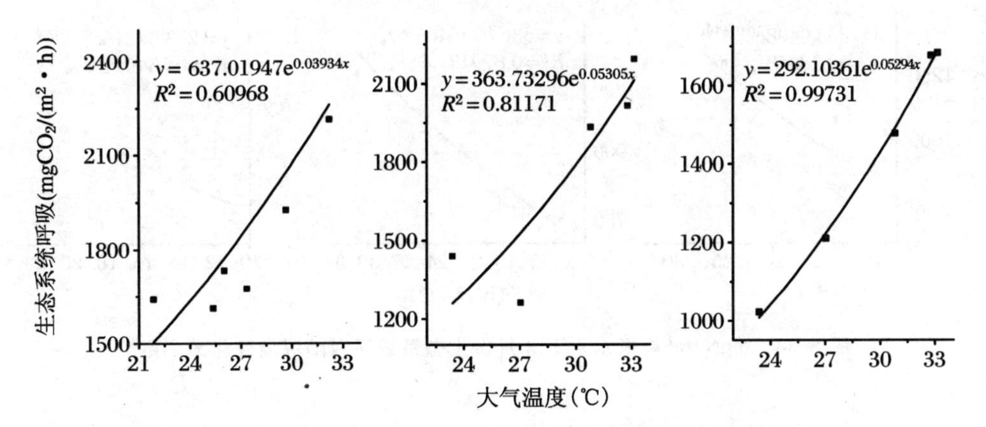


图 8.36　6 $gN/m^2$ 施氮水平下 6 月份生态系统呼吸随温度变化的函数

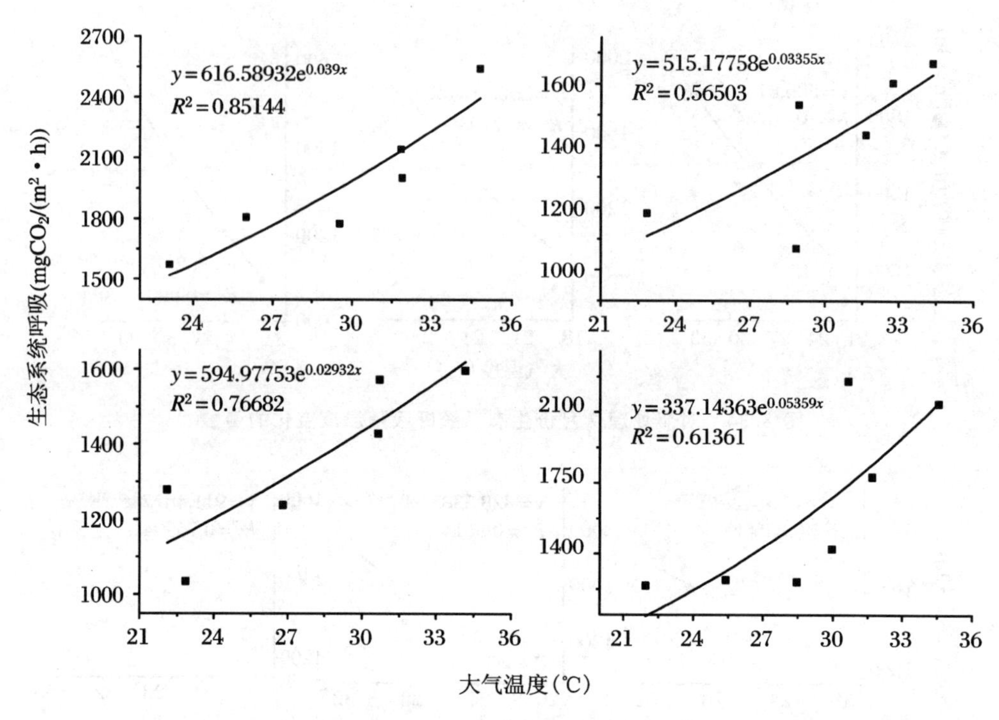


图 8.37 6 gN/m² 施氮水平下 7 月份生态系统呼吸随温度变化的函数

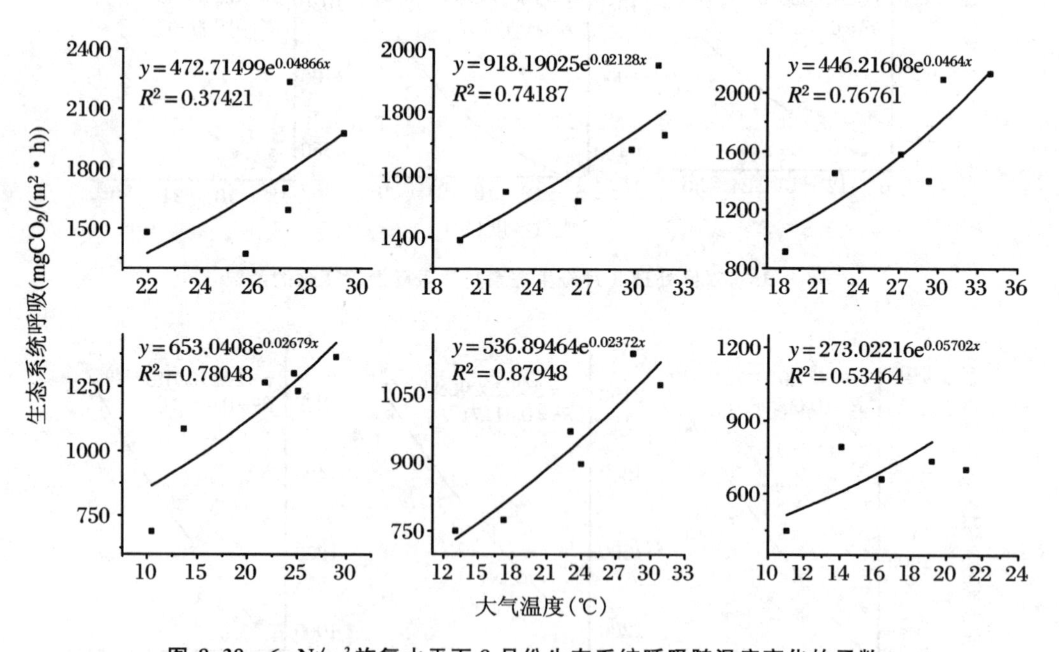


图 8.38 6 gN/m² 施氮水平下 8 月份生态系统呼吸随温度变化的函数

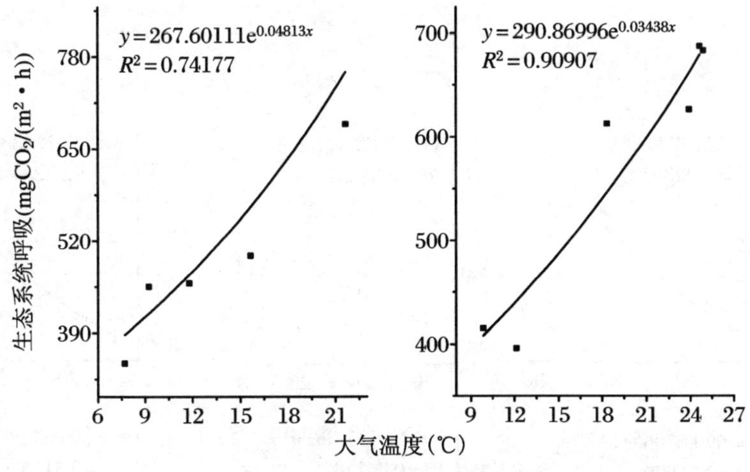


图 8.39 6 gN/m² 施氮水平下 9 月份生态系统呼吸随温度变化的函数

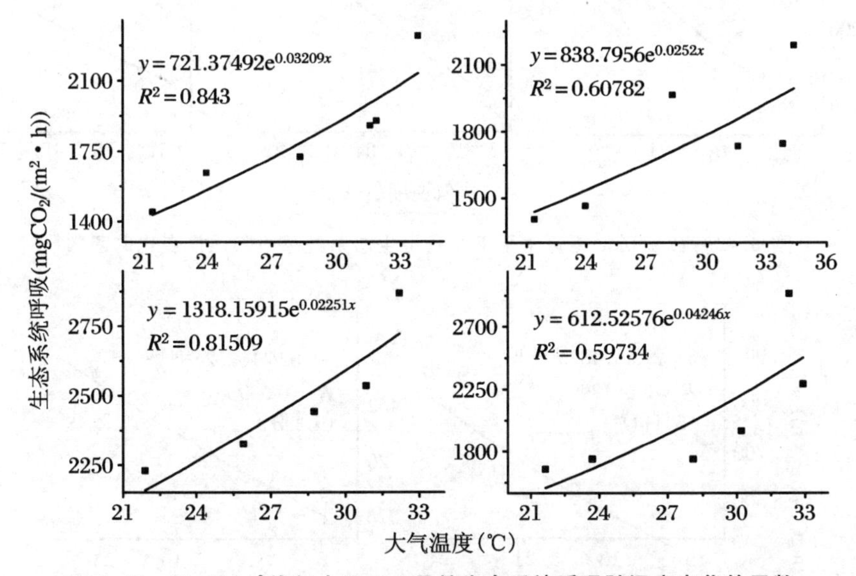


图 8.40 12 gN/m² 施氮水平下 6 月份生态系统呼吸随温度变化的函数

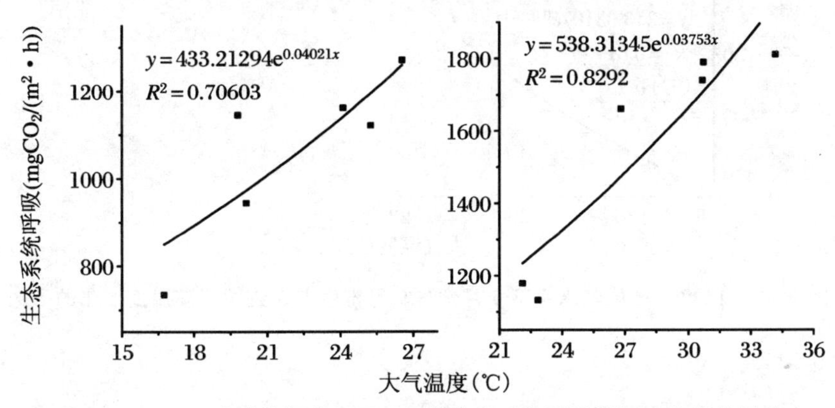


图 8.41 12 gN/m² 施氮水平下 7 月份生态系统呼吸随温度变化的函数

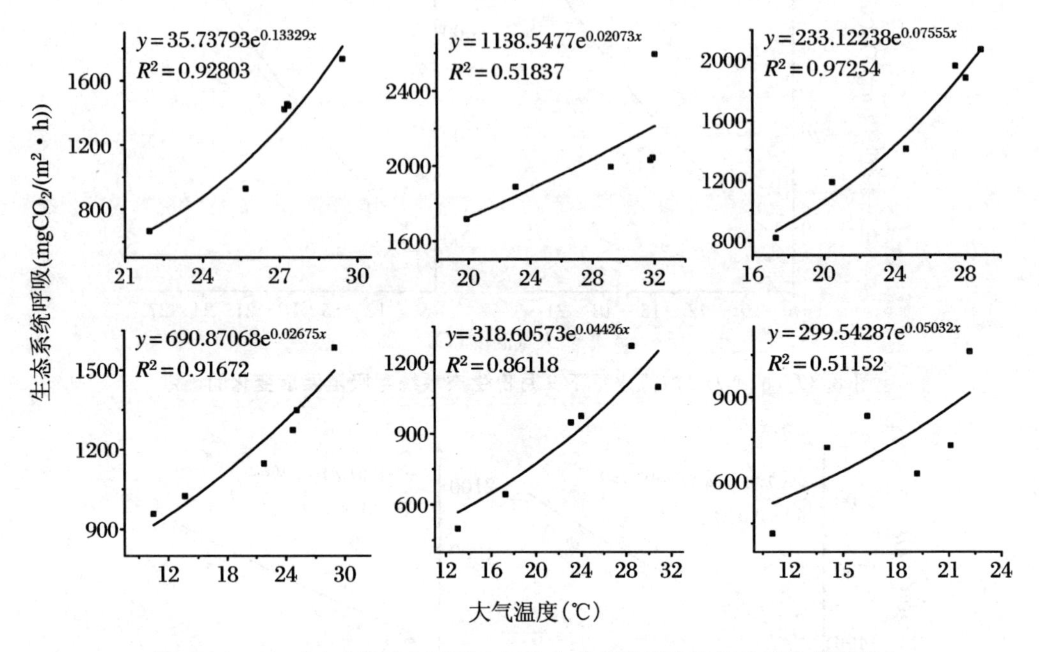


图 8.42 12 gN/m² 施氮水平下 8 月份生态系统呼吸随温度变化的函数

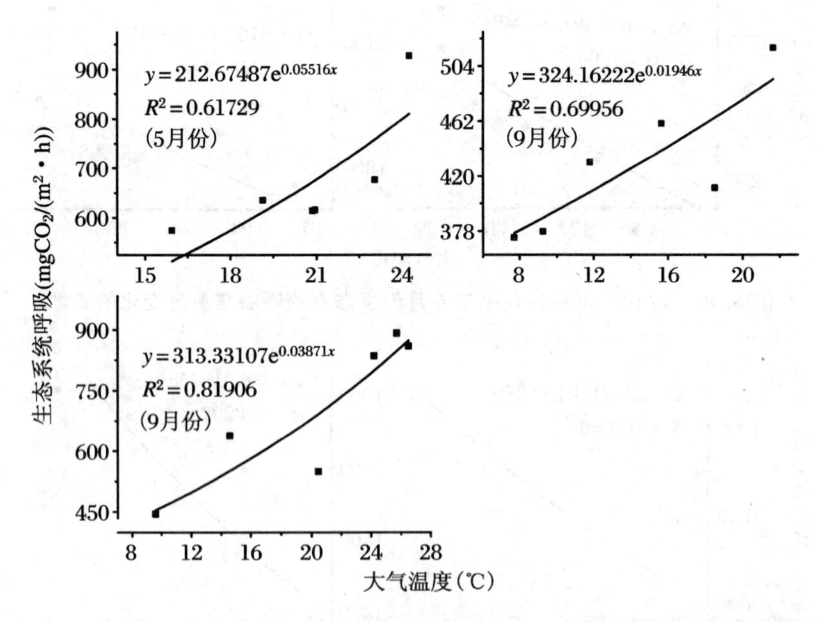


图 8.43 12 gN/m² 施氮水平下 5 月份与 9 月份生态系统呼吸随温度变化的函数

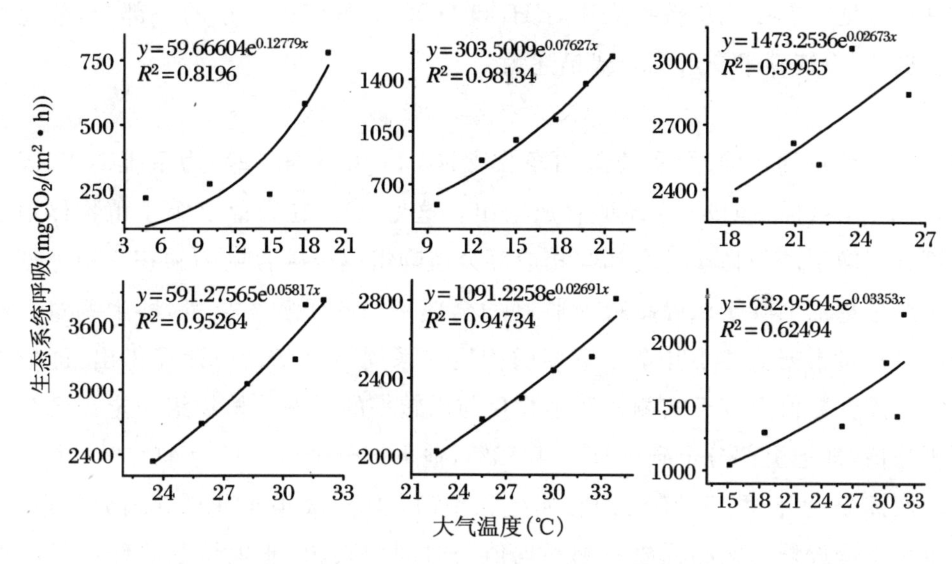


图 8.44 24 $gN/m^2$ 施氮水平下 5～9 月份生态系统呼吸随温度变化的函数

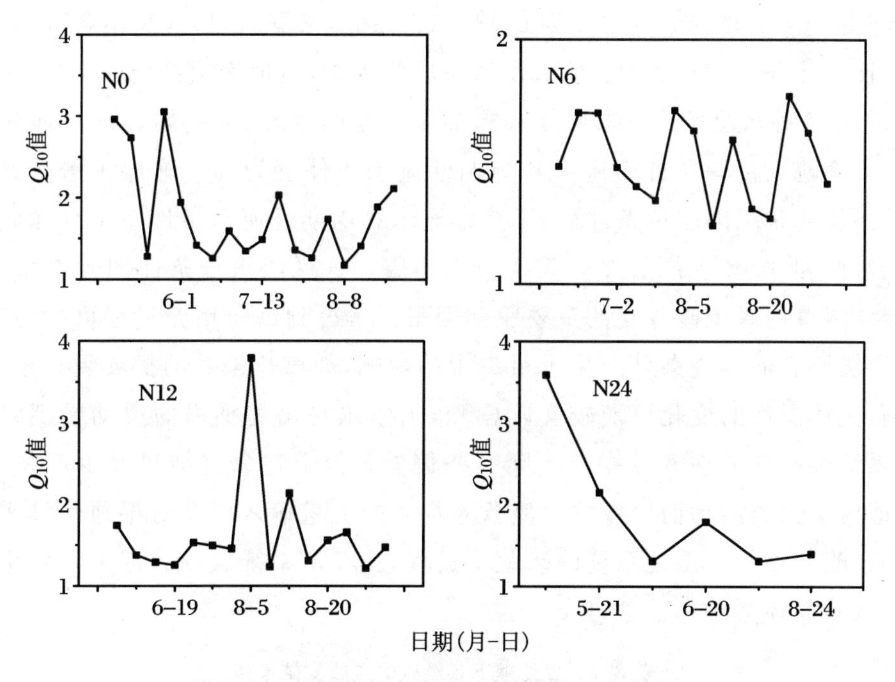


图 8.45 不同施氮水平下 $Q_{10}$ 值的季节变化动态

## (二) 水位和氮输入条件下湿地系统碳平衡估算

将试验中每个培养桶内植物和土壤(水)组成的整体作为一个独立的系统,那么植物的 NPP(净第一性生产)是系统碳输入的唯一途径,而系统碳输出损失主要有三条途径:土壤呼吸 $CO_2$ 释放、厌氧分解产生的 $CH_4$ 释放以及土壤水中 DOC 的流失。

考虑到在湿地生态系统总碳损失中，$CH_4$ 和 DOC 的量仅占很小的一部分，故此忽略不计。据此，系统碳平衡可用公式描述为

$$C_{NET} = C_{NPP} + C_{CO_2} \tag{1}$$

式中，$C_{NET}$(gC/(桶·a))为系统碳的净收支，$C_{NPP}$(gC/(桶·a))为系统 NPP 固定碳输入，$C_{CO_2}$(gC/(桶·a))为系统碳释放输出。这里，$C_{NPP}$在数值上等于植物体地上和地下部分年净生产干物质量之和与相应部分植物组织全碳含量的乘积。地上部分干物质生产量数值上等于试验结束所收割的全部植物的干物质重量，即生物量。地下部分净生产量根据前述小叶章湿草甸的实地根系周转率(63%)计算得出，即地下部分净生产量在数值上等于实测根系生物量与周转率的乘积。植物组织全碳含量采用实测平均值，即地上部分全碳含量为42.3%，地下部分全碳含量为41.1%。$C_{CO_2}$的计算分为两部分：生长季(5～10 月)和非生长季(11 月～次年 4 月)，其划分同第一、二节。生长季释放量为实测释放速率平均值与时间的乘积，非生长季的释放量则根据非生长季排放量占生长季的比例计算。由前述内容可知，小叶章湿草甸非生长季 $CO_2$释放量与生长季释放量之比为 6.14：1。由此，根据式(1)计算出各处理下系统碳的净收支，见表 8.7。表中正值表示系统净收入碳，负值表示系统净支出碳。由表 8.7 可看出，4 种水位条件下未加氮和施加 2 倍氮的处理，系统均表现为净收入碳，且碳素的净输入量均在持续淹水和周期性淹水条件下为高。施加 1 倍氮处理中，系统的净收支状况因水位条件而异，持续淹水和周期性淹水条件下系统净收入碳，而在低水位和 0 cm 水位条件下系统净支出碳。这说明水分条件和营养水平是影响小叶章湿草甸系统碳收支的重要驱动因素。考虑到试验培养过程可能会对植物-土壤系统原有的环境条件产生不可忽视的影响，如植物根系的扩展受到培养空间的限制，土壤温度的变化可能较实际剧烈，土壤水在培养桶内的流动受到阻碍等，因此，系统碳平衡的估算可能与实际有些偏差。但上述研究结果至少反映了一种趋势，即由于人类活动而导致的含氮营养物质的大量输入以及对湿地的排水疏干，可能将会改变小叶章湿地系统的碳收支过程，从而使系统碳的源汇关系发生转变，改变区域碳循环格局。

**表 8.7 各处理下系统碳的年收支结果值**

| 水位处理 | N0(gC/(桶·a)) | N1(gC/(桶·a)) | N2(gC/(桶·a)) |
|---|---|---|---|
| W1 | 17.76 | −8.16 | 23.22 |
| W2 | 65.58 | −54.06 | 42.49 |
| W3 | 61.52 | 10.45 | 132.04 |
| W4 | 40.07 | 54.41 | 122.99 |

## 二、垦殖对湿地碳过程的影响

### 1. 不同土地利用方式下有机碳输入量及其碳库的变化

(1) 不同土地利用方式下有机碳输入量的变化

不同土地利用方式下地上生物量变化不大(图 8.46 中 A)，Ⅻ、Ⅺ、H13 和 QG 的地上生物量分别为 626.6 g/m²、861.7 g/m²、732.9 g/m² 和 593.2 g/m²，变异系数为 17.2%。而不同土地利用方式下地下生物量的变化明显(图 8.46 中 A)，两种天然湿地的地下生物量较高，分别为 4481.2 g/m² 和 2719.7 g/m²，开垦 13 年后(H13)，地下生物量降为 105.9 g/m²，下降了 97.6% 和 96.1%，下降幅度较大。弃耕 7 年后，地下生物量又增加到 1872 g/m²，恢复至两种天然湿地的 41.8% 和 68.8%。不同土地利用方式下，总生物量分别为 5107.7 g/m²、3581.4 g/m²、838.8 g/m² 和 2465.2 g/m²，Ⅻ＞Ⅺ＞QG＞H13，开垦使总生物量下降了 83.5% 和 76.6%，而弃耕使其又恢复到原来水平的 48.3% 和 68.8%(图 8.46 中 A)。可见，湿地开垦为农田以及人为弃耕恢复后，对植物地下生物量的影响较为显著。

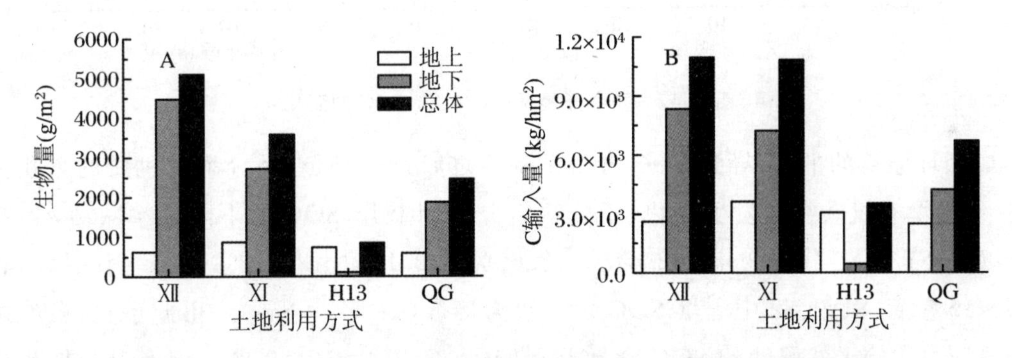


**图 8.46　不同土地利用方式下各部分生物量(A)与 C 输入量(B)的变化**

Ⅺ：小叶章湿草甸；Ⅻ：小叶章沼泽化草甸；H13：开垦 13 年农田；QG：弃耕 7 年草地

生物量的变化反映了植物 C 库归还量的变化(图 8.46 中 B)。由于大豆为一年生作物，其地上和地下部分全部归还土壤，其一年的归还量相当于总生物量，即植物 C 库向土壤 C 库的年输入量为 $3.52\times10^3$ kgC/(hm² · a)，其中地下 C 库输入量占 12.6%。天然湿地和弃耕地小叶章植物体地上部分当年全部枯死归还，而地下部分的年周转率分别为 44.3%(Ⅻ)、63.2%(Ⅺ)和 53.8%(QG)，据此计算出植物 C 库向土壤 C 库的年输入量分别为 $9.98\times10^3$ kgC/(hm² · a)、$10.14\times10^3$ kgC/(hm² · a)和 $6.72\times10^3$ kgC/(hm² · a)，其中植物地下 C 库的输入量分别占 77.0%、68.9% 和 62.9%。由此可见，湿地开垦 13 年后，植物 C 库的输入量减少了 67%，而弃耕 7 年后植物C库输入量恢复为原来水平的61%,其中植物地下C库输入量的变化是主要因素。

(2) 不同土地利用方式下土壤有机碳含量的变化

① 不同开垦年限农田SOC的变化

两个系列S1和S2中,随着开垦年限的延长,土壤SOC含量均发生了明显的变化(图8.47中S1、S2)。S1和S2中,SOC均在开垦的前5年下降较快,其含量分别由初始的3.98%和26.89%降至2.62%和7.72%,下降了34.2%和71.3%。这主要是因为耕作扰动后,一方面,土壤有机质的输入量降低;另一方面,土壤的水热条件和物理结构等发生了明显的变化,致使土壤有机质分解加速。二者的综合作用打破了土

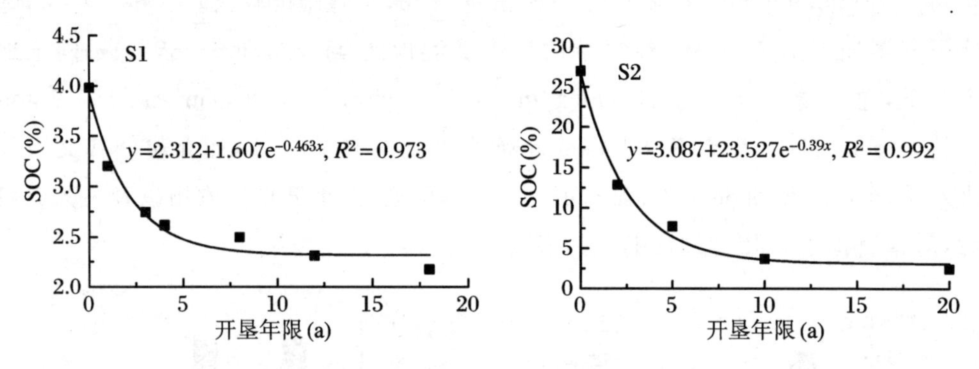


图8.47 两个开垦系列(S1、S2)SOC的变化

壤C循环原有的平衡,导致SOC含量下降。之后,由于原有易分解有机质的累积损失,使土壤有机碳组成发生变化,难分解组分比例上升,SOC的下降速率减缓,至10年以后,S1和S2分别变化在2.44%~3.66%和2.18%~2.31%之间,变化平稳,且13~15年后,S1和S2中土壤SOC含量较为接近($C.V.=8\%$)。由此可见,虽然两个系列中初始天然湿地的SOC含量差别较大($C.V.=104.9\%$),但经过长期耕作的扰动后,土壤SOC含量趋于一相对稳定值。另外湿地垦殖后土壤活性碳组分降低,且随垦殖年限的增加,重组碳组分所占比例呈增大趋势(图8.48)。

② 不同土地利用方式下土壤SOC含量的变化

由上述结果可知,不同类型湿地开垦13年后,土壤SOC渐趋于一稳定值,由此,选择开垦13年的农田进行不同土地利用方式下土壤SOC及其活性组分含量的对比研究。不同土地利用方式下土壤SOC含量的变化如图8.49所示。

从图8.48可知,农田土壤SOC的含量分别为两类天然湿地土壤含量的28.7%和54.6%,开垦使土壤SOC含量明显下降。弃耕7年后,土壤SOC含量有所恢复,其值为3.0%,较农田提高了37.6%,而分别恢复至两类天然湿地的39.5%和75.2%。这主要是因为耕地弃耕后,一方面,自然植被的恢复,提高了土壤C库的输

入量;另一方面,由于扰动减少,土壤物理特性得以恢复,土壤颗粒对有机质的保护增强,致使有机质的分解速率减缓,土壤 SOC 的累积量相对增加。

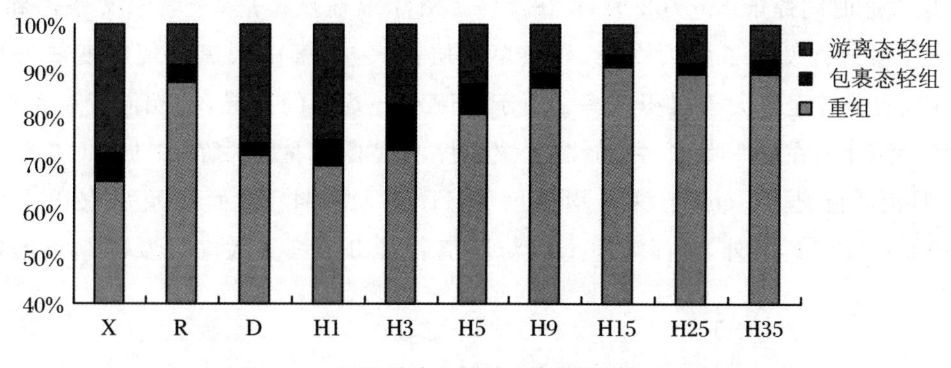


图 8.48 沼泽湿地垦殖后土壤活性碳组分变化

(3) 不同土地利用方式下土壤有机碳库的变化

不同土地利用方式下 0~20 cm 土壤 SOC 的变化如图 8.50 所示。湿地开垦后,土壤 0~20 cm SOC 库存量为 $5.35\times10^4$ kg/hm²,较天然湿地下降 9.5%(Ⅻ)和 29%(Ⅺ);而弃耕 7 年后,SOC 的库存量明显增加到 $6.47\times10^4$ kg/hm²,恢复到Ⅺ水平的 85.8%,略高于Ⅻ的库存量。SOC 库存量的变化,一方面取决于不同土地利用方式下土壤 SOC 的含量水平,另一方面取决于土壤容重的大小。本研究中,两类天然湿地 0~20 cm 土壤容重分别为 0.39 g/cm³(Ⅻ)和 0.95 g/cm³(Ⅺ),开垦 13 年后的农田土壤容重为 1.23 g/cm³,而弃耕 7 年后土壤容重为 1.08 g/cm³。可见,开垦使湿地土壤容重增加,而弃耕后又有所下降,但其值仍高于天然湿地。土壤 SOC 含量和容重两种因素的综合作用,致使弃耕地 0~20 cm SOC 的库存量较农田增加,而略高于Ⅻ湿地的库存量。该结果说明,湿地垦殖农田弃耕对于恢复土壤有机碳的累积量,减少区域碳损失方面具有积极意义。

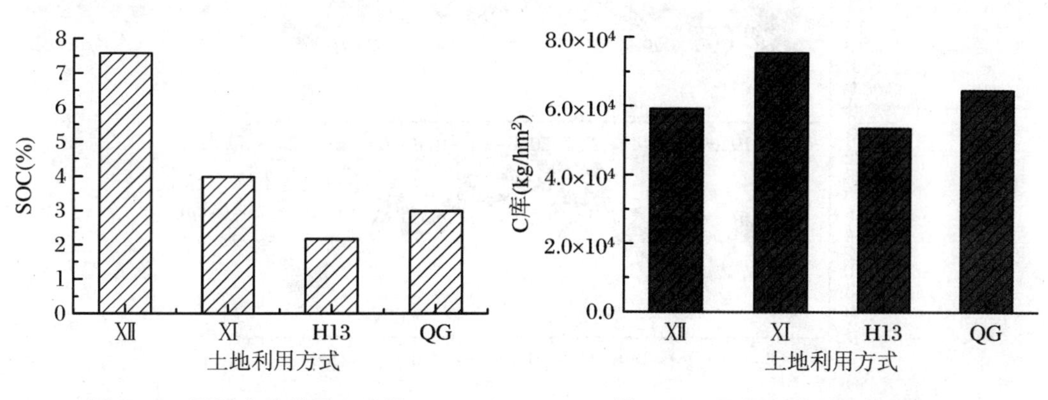


图 8.49 不同土地利用方式下土壤 SOC 含量的变化

图 8.50 不同土地利用方式下土壤有机 C 库的变化

**2. 湿地开垦对土壤碳释放和有机碳矿化过程的影响**

三江平原沼泽湿地垦殖后，植物生长季根层土壤平均温度高于天然湿地3～4℃，冻土层融通时间提前55～62天(图8.51)。沼泽湿地垦殖后，土壤水文条件和0～20 cm土壤结构发生了较大变化，导致草根层消失，土壤由厌氧环境转变成好氧环境，有机质分解速率大于累积速率。由于土壤水分条件的差异，在相同气温条件下，土壤温度不同，在同一生长季，湿地土壤温度明显低于垦殖后农田土壤(图8.52)。5～9月沼泽湿地10 cm土壤平均温度为11.69±3.04℃，而垦殖后农田土壤为15.80±3.41℃。另外，沼泽湿地土壤与垦殖后农田土壤最大冻深及冻结土壤融通

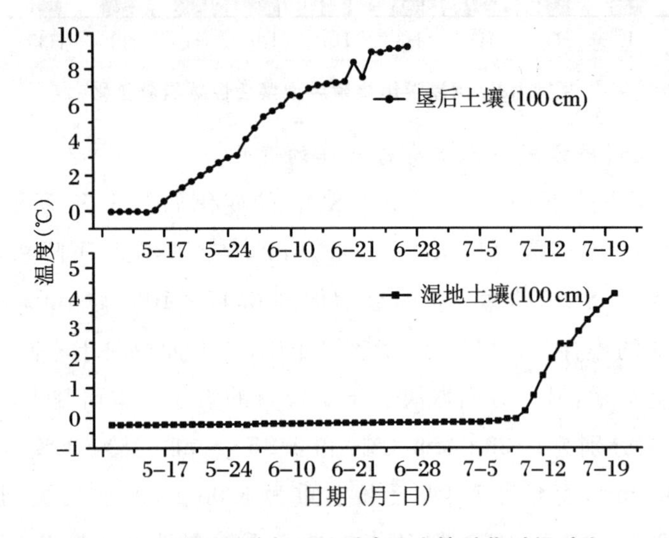


图8.51 沼泽湿地与垦殖后农田土壤融化时间对比

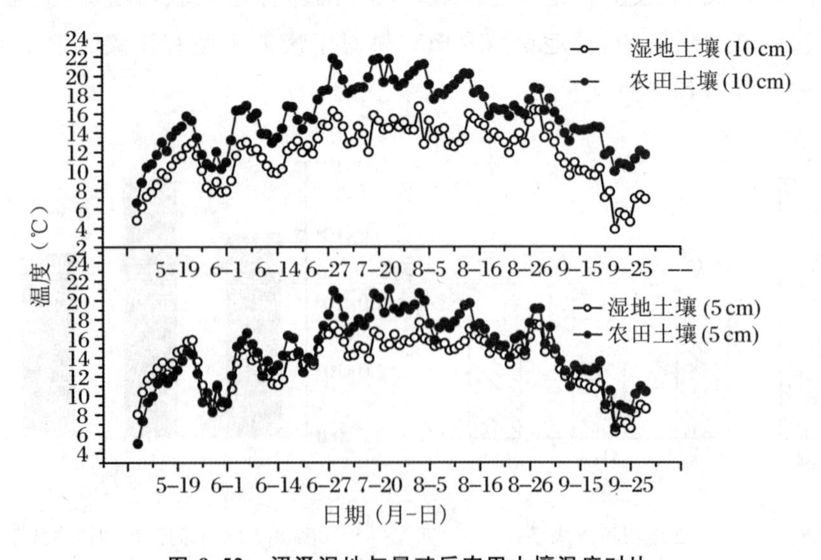


图8.52 沼泽湿地与垦殖后农田土壤温度对比

时间不同(图 8.51),前者土壤最大冻深小于 100 cm,而后者最大冻深达 180 cm,垦后农田土壤 5 月中旬基本融通,而湿地土壤在 7 月中旬才全部融通。湿地开垦前后土壤水热条件发生的这种较大变化,对土壤的演化会产生重要的影响,其中,主要影响可能包括以下两个方面,一是影响土壤有机质的分解速率和土壤呼吸强度,二是影响土壤有机质输入/输出的值;同时对土壤的蒸发也会产生一定的影响。

(1) 开垦对 $CO_2$、$CH_4$ 释放的影响

① 开垦对 $CO_2$ 释放的影响

图 8.53 中 A 为开垦 1 年(H1)和 13 年(H13)的农田土壤 $CO_2$ 释放的季节动态。由图可看出,H1 和 H13 的 $CO_2$ 释放动态具有较好的一致性:自 5 月底,随着气温的升高和降雨量的增加,二者 $CO_2$ 的释放速率开始逐渐上升,并于 8 月中旬分别达最大排放值 1514.12 mg/(m$^2$·h)和 1328.71 mg/(m$^2$·h),之后,气温下降,$CO_2$ 释放速率快速下降。生长季 H1 和 H13 $CO_2$ 释放速率的季节均值分别为 717.69 mg/(m$^2$·h)和 606.31 mg/(m$^2$·h),平均为天然湿地土壤呼吸速率的 2.25 倍和 1.89 倍,开垦使土壤 $CO_2$ 释放速率明显增加($P=0.0017$)(图 8.53B)。具体表现为:湿地开垦后土壤 $CO_2$ 释放速率明显上升,而随开垦年限的增加,其上升幅度下降。

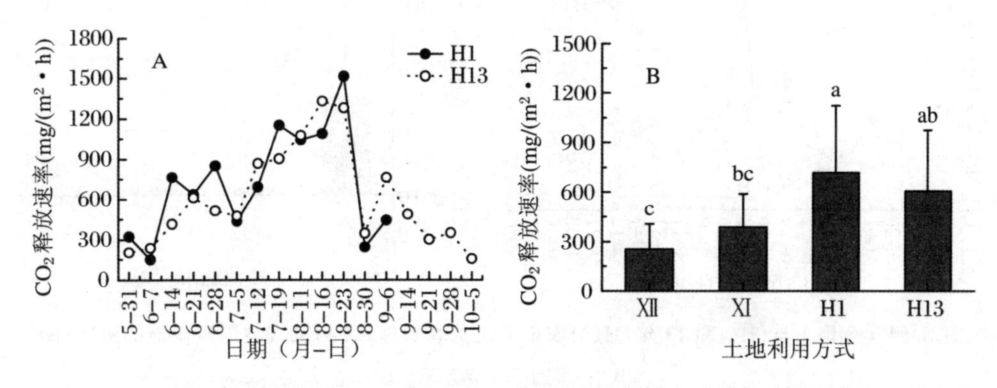


**图 8.53　开垦 1 年(H1)和 13 年(H13)农田 $CO_2$ 的释放速率(A)及其与沼泽湿地的对比(B)**

B 中不同字母表示差异显著

这主要是因为湿地开垦后,改变了土壤的水热条件,如排水耕作不但降低了湿地土壤的水分含量,改变了土壤的氧化还原条件,而且在一定程度上使同期土壤温度较湿地升高,使微生物活性增强,其结果致使土壤有机质的分解速率加快,$CO_2$ 的释放增强。随着开垦时间的延长,土壤有机质难分解组分比例上升,致使 $CO_2$ 释放速率较开垦早期下降,但由于秸秆及根系的归还,每年仍有相当数量的新鲜有机质输入,而农田土壤中的这部分有机质分解较快,结果使其 $CO_2$ 释放速率仍高于天然湿地。

② 开垦对 $CH_4$ 释放的影响

图 8.54A 为开垦 1 年(H1)和 13 年(H13)的农田土壤 $CH_4$ 释放的季节动态。由图可看出，H1 和 H13 的 $CH_4$ 释放动态并非完全一致：开垦 1 年后，土壤 $CH_4$ 的排放通量呈现出多峰型的变化趋势，释放与消耗交替进行。7 月中旬出现最大排放速率 0.649 mg/(m$^2$ · h)，7 月上旬出现最大吸收速率 −0.188 mg/(m$^2$ · h)，体现了水分条件的变化对 $CH_4$ 产生和氧化消耗的影响。开垦 13 年后，农田土壤 $CH_4$ 通量在 6～8 月表现为氧化消耗，7 月中旬出现最大消耗速率 −0.211 mg/(m$^2$ · h)，9 月为排放，最大排放速率 0.144 mg/(m$^2$ · h)。H1 和 H13 的 $CH_4$ 通量季节均值分别为 0.0614 mg/(m$^2$·h)和 −0.0284 mg/(m$^2$·h)，均低于天然湿地的通量值(Ⅺ：0.104 mg/(m$^2$·h)；Ⅻ：1.542 mg/(m$^2$·h))(图 8.54 中 B)。这表明，湿地开垦降低了土壤 $CH_4$ 释放，且随开垦年限的延长土壤转而氧化消耗大气中的 $CH_4$，成为 $CH_4$ 的汇。这主要是因为，湿地开垦后水热条件发生变化，土壤氧化条件增强，一方面氧化环境不利于 $CH_4$ 的产生，另一方面土壤中产生的 $CH_4$ 在向大气排放的过程中被氧化消耗，土壤 $CH_4$ 浓度降低，使大气 $CH_4$ 向土壤中渗透而被氧化。

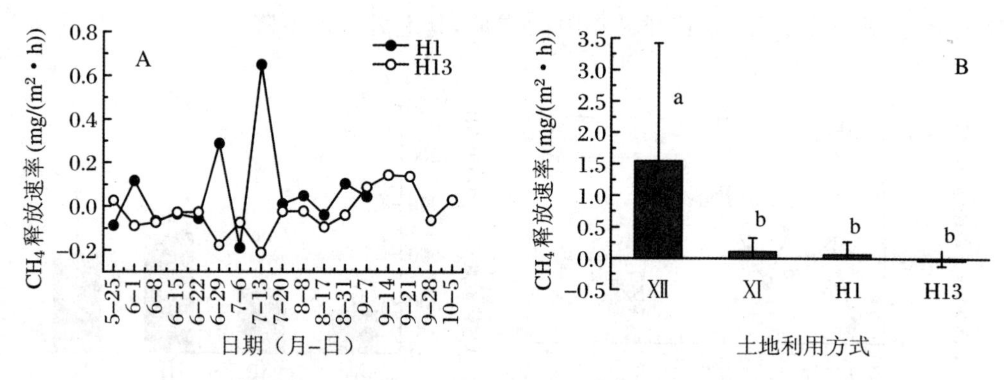


**图 8.54 开垦 1 年(H1)和 13 年(H13)农田 $CH_4$ 的释放速率(A)及其与沼泽湿地的对比(B)**

B 中不同字母表示差异显著

(2) 开垦对土壤有机碳矿化过程的影响

湿地垦殖后，土壤碳矿化速率与沼泽化草甸相比明显降低(图 8.55)，同时湿地垦殖后土壤矿化速率与土壤水分的关系与沼泽湿地有一定的差异，湿地垦殖后土壤碳矿化速率随土壤水分的增大而呈增加的趋势(图 8.56)。

**3. 湿地开垦后氮输入对土壤碳过程的影响**

沼泽湿地垦殖后，农业生产中化学肥料的施用对土壤碳过程有一定的影响，图 8.57 反映了氮肥施入后土壤溶解有机碳(DOC)的变化，表明氮素输入后土壤溶解有机碳含量降低，水浸提碳的含量也表现出相同的趋势，这一特征与沼泽湿地氮素输入后活性碳组分的变化趋势相似，随着氮输入时间的推移，影响强度减弱，但氮输入后微生物碳量增加。

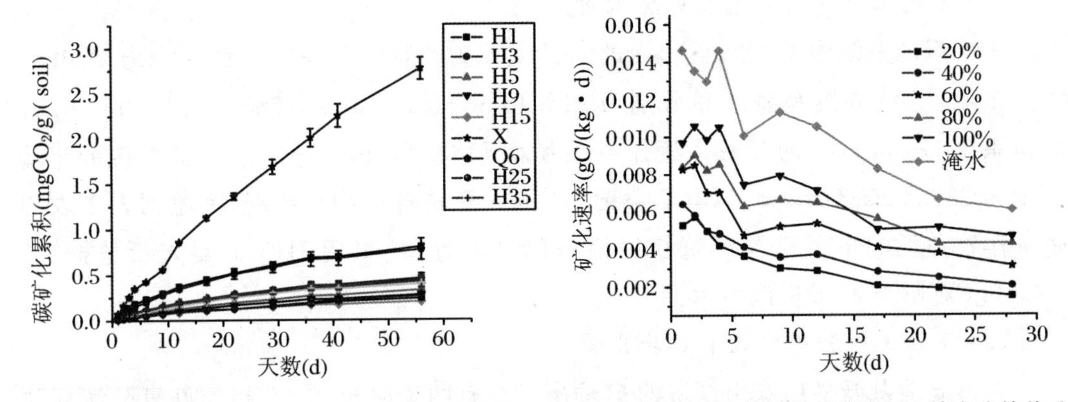


图 8.55　沼泽湿地垦殖后土壤碳矿化速率变化

图 8.56　垦殖后土壤碳矿化速率与土壤水分的关系

另外，氮输入对土壤呼吸也有较大的影响(图 8.58)，表现为氮输入后土壤呼吸强度增大，但过多的氮输入后，土壤呼吸速率降低。其主要原因是一定量的氮输入可促进植物的生长和根的发育，对微生物的活性有一定的影响，但过多的氮输入则会对这些过程产生抑制作用。氮输入后，农田土壤氧化甲烷的能力受到抑制(图 8.59)。

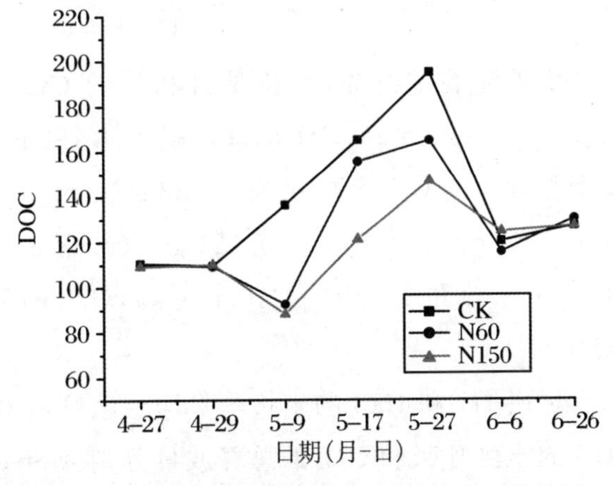


图 8.57　氮素输入后垦殖湿地土壤溶解有机碳变化

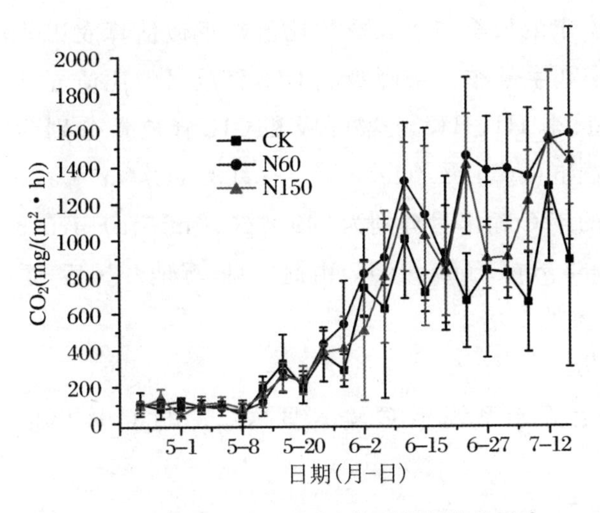


图 8.58　氮输入对垦殖后土壤呼吸强度的影响

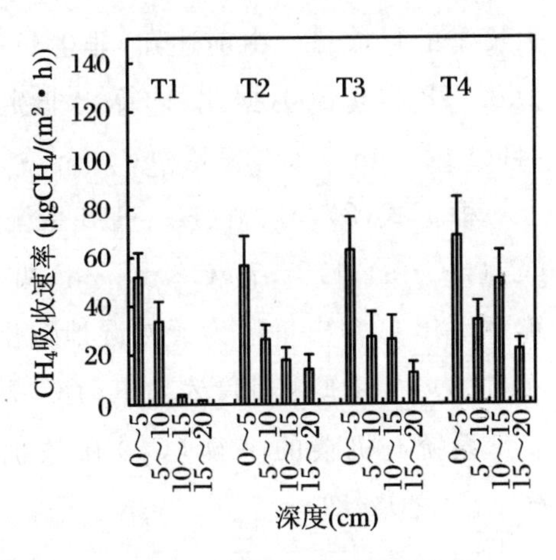


图 8.59　氮输入对垦殖后土壤氧化 $CH_4$ 能力的影响

**4. 人类活动对湿地系统有机碳平衡的影响**

(1) 不同土地利用方式下 C 输入量

天然湿地系统中 C 输入($C_{input}$)的途径主要为植物的年净第一性生产力(NPP),天然湿地Ⅺ和Ⅻ的年碳输入量分别为 913.48 gC/($m^2$ · a)和 1685.67 gC/($m^2$ · a)。农田系统 H1 和 H13 的 C 输入途径主要为大豆秸秆和根系的归还,H13 系统的年输入量为 352.3 gC/($m^2$ · a)。由于缺乏 H1 的大豆秸秆生物量数据,考虑到人工农田系统作物种类的单一性及产量控制措施的共同性,故采用 H13 的输入量数据,即 352.3 gC/($m^2$ · a)来近似表示。

(2) 不同土地利用方式下 C 输出量

天然湿地及开垦后农田系统的 C 输出主要有两条途径:① 有机质好氧分解释放 $CO_2$;② 有机质厌氧分解释放 $CH_4$,则总 C 输出量($C_{output}$)为二者之和,即

$$C_{output} = C_{CO_2} + C_{CH_4} \tag{2}$$

由前述的结论知,生长季Ⅻ和Ⅺ的 $CO_2$ 释放量分别为 219.08 gC/($m^2$ · a)和 345.37 gC/($m^2$ · a),$CH_4$的释放量为 4.196 gC/($m^2$ · a)和 0.254 gC/($m^2$ · a),非生长季Ⅻ和Ⅺ的 $CO_2$释放量为 25.22 gC/($m^2$ · a)和 129.56 gC/($m^2$ · a),$CH_4$的释放量为 0.87 gC/($m^2$ · a)和 0.121 gC/($m^2$ · a),则全年Ⅻ和Ⅺ的 $CO_2$释放量为 244.3 gC/($m^2$ · a)和 474.93 gC/($m^2$ · a),$CH_4$的释放量为 5.066 gC/($m^2$ · a)和 0.375 gC/($m^2$ · a)。

再由 H1 和 H13 的生长季平均土壤呼吸和 $CH_4$释放速率,计算得生长季 H1 和 H13 的土壤呼吸和 $CH_4$的总释放量分别为 864.4 gC/($m^2$ · a)、730.2 gC/($m^2$ · a)和 0.203 gC/($m^2$ · a)、−0.094 gC/($m^2$ · a)。由于缺乏农田非生长季土壤呼吸和 $CH_4$释放量数据,借用天然湿地中两种气体非生长季与生长季的比值来近似估算农田非生长季的释放量。由前述知,非生长季和生长季土壤呼吸和 $CH_4$释放量的比值分别为 0.278 和 0.350,据此,计算出非生长季 H1、H13 土壤呼吸和 $CH_4$释放量分别为 241.1 gC/($m^2$ · a)、203.7 gC/($m^2$ · a)和 0.071 gC/($m^2$ · a)、−0.033 gC/($m^2$ · a)。

根据式(2),Ⅺ、Ⅻ、H1、H13 系统的年 C 输出量分别为 249.4 gC/($m^2$ · a)、475.3 gC/($m^2$ · a)、1105.7 gC/($m^2$ · a)和 933.8 gC/($m^2$ · a)。由此可见,湿地开垦后,系统平均年 C 输出量约为天然湿地输出量的 2 倍。

(3) 不同土地利用方式下的 C 平衡

系统有机碳的平衡($C_E$)在数值上等于系统年 C 输入量($C_{input}$)与 C 输出量($C_{output}$)之差,即

$$C_E = C_{input} - C_{output} \tag{3}$$

这里,如 $C_E$为正值表示系统净收入 C 素,如 $C_E$为负值表示系统净支出 C 素。

根据式(3)，由前述计算结果可知，Ⅺ、Ⅻ、H1、H13的系统年C平衡量分别为664.1 gC/($m^2$·a)、1210.4 gC/($m^2$·a)、-753.4 gC/($m^2$·a)和-581.5 gC/($m^2$·a)。C平衡的计算过程及其结果见表8.8。由于湿地开垦10年后，农田土壤有机碳基本处于稳定状态，由此认为H13可代表研究地农田系统有机碳的稳定状态。据此计算出湿地开垦为农田后，平均每年损失的C约为1.6 tC/($hm^2$·a)。该结果说明，湿地开垦后，无论是有机碳的输入还是输出均发生了明显的变化，具体表现为开垦使系统有机碳的输入量下降，使有机碳的输出量上升，其结果是导致C平衡下降甚至出现负值，即系统净释放C素。这表明，湿地开垦改变了系统C循环过程，致使湿地由碳汇转变为碳源。

**表8.8　不同土地利用方式下系统C平衡估算**

| 土地利用方式 | | 生长季排放量($gC/m^2$) | 非生长季排放量($gC/m^2$) | 年排放量($gC/m^2$) | 年C输出量($gC/m^2$) | 年C输入量($gC/m^2$) | C平衡($gC/m^2$) |
|---|---|---|---|---|---|---|---|
| Ⅺ | $CO_2$ | 219.08 | 25.2 | 244.28 | 249.4 | 913.5 | 664.1 |
| | $CH_4$ | 4.196 | 0.870 | 5.066 | | | |
| Ⅻ | $CO_2$ | 345.37 | 129.6 | 474.97 | 475.3 | 1685.7 | 1210.4 |
| | $CH_4$ | 0.254 | 0.121 | 0.375 | | | |
| H1 | $CO_2$ | 864.4 | 241.1 | 1105.5 | 1105.7 | 352.3 | -753.4 |
| | $CH_4$ | 0.203 | 0.071 | 0.274 | | | |
| H13 | $CO_2$ | 730.2 | 203.7 | 933.9 | 933.8 | 352.3 | -581.5 |
| | $CH_4$ | -0.094 | -0.033 | -0.127 | | | |

# 第三节　人类活动对沼泽湿地系统氮迁移转化的影响

## 一、外源氮输入对沼泽湿地系统氮过程的影响

### 1. 外源氮在湿地系统中的分配、去向及其生态影响

(1) 植物生物量的变化

据图8.60可知，CK、N1和N2三种处理下小叶章的根部生物量在试验阶段均一直增加，茎和叶的生物量除CK表现为先增加后降低外，其他两种处理均一直增加，说明外源氮的输入在一定程度上延长了茎和叶的生长期。比较而言，叶鞘生物量的

变化在三种处理间比较相似，均先增加后降低，但相对 CK 而言，N1 和 N2 在 7 月 27 日以后表现出一定的生长滞后效应。总的来说，三种处理各器官及地上生物量均表现为 N2＞N1＞CK，表明外源氮的输入对小叶章的生物量有一定的促进作用且这种促进作用随着外源氮输入量的增加而变大。方差分析表明，三种处理小叶章的地上及各器官的生物量均存在差异，但以地上、茎和叶鞘生物量的差异最为显著（$P<0.05$）（表 8.9）。

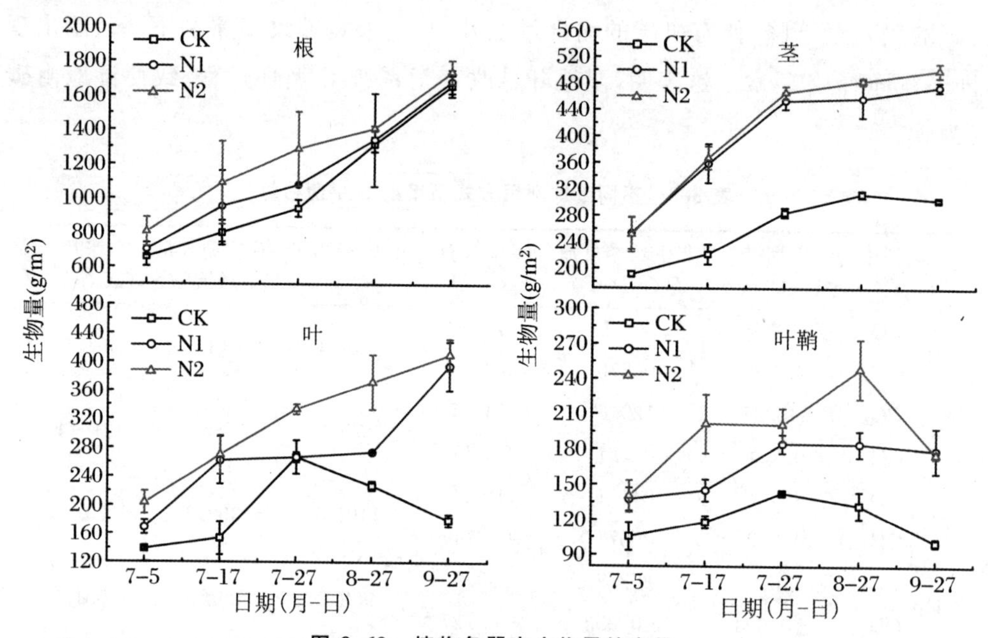


**图 8.60　植物各器官生物量的变化**

**表 8.9　方差分析的 $F$ 值** [a]

| 项目 | 生物量[b] | TN[b] | $^{15}$N 浓度[c] | $^{15}$N 分配率[c] | $^{15}$N 吸收量 (Ndff)[c] | $^{15}$N 吸收比例 (%Ndff)[c] | $^{15}$N 利用率 (%)[c] |
|---|---|---|---|---|---|---|---|
| 根 | $(0.324)^{n}$ | $(16.277)_{d}$ | $(45.162)_{d}$ | $(0.131)^{n}$ | $(68.896)_{d}$ | $(76.272)_{d}$ | $(0.188)^{n}$ |
| 茎 | $(4.609)_{e}$ | $(3.802)_{f}$ | $(8.451)_{e}$ | $(0.144)^{n}$ | $(7.711)_{e}$ | $(5.084)_{e}$ | $(0.266)^{n}$ |
| 叶 | $(3.731)_{f}$ | $(0.767)^{n}$ | $(4.455)^{n}$ | $(0.121)^{n}$ | $(4.551)^{n}$ | $(13.756)_{e}$ | $(0.102)^{n}$ |
| 叶鞘 | $(8.544)_{d}$ | $(0.320)^{n}$ | $(1.589)^{n}$ | $(0.001)^{n}$ | $(1.622)^{n}$ | $(4.672)^{n}$ | $(0.000)^{n}$ |
| 地上 | $(5.089)_{e}$ | n.a.[g] | n.a.[g] | n.a.[g] | n.a.[g] | n.a.[g] | n.a.[g] |
| 植物体 | n.a.[g] | n.a.[g] | $(8.189)_{e}$ | n.a.[g] | n.a.[g] | n.a.[g] | $(0.012)^{n}$ |

注：a：$F$ 值；b：CNC、DNC 和 NN；c：CNC 和 DNC；n：处理间无差异；d、e、f：处理间在 0.01、0.05 和 0.1 水平上存在差异；n.a.[g]：无。

（2）植物 TN 含量的变化

由图 8.61 可知，小叶章各器官的氮含量在三种处理间均呈现出不同的变化。其中N1和N2处理的根部氮含量均表现为先增加后降低，而CK处理则与之相反。茎的氮含量变化比较复杂，但其整体变化规律在三种处理间却比较相似，均表现为施氮初期和末期降低，中期则有一定的增加。三种处理，叶和叶鞘的氮含量总体上均表现为一直降低，但CK处理的叶鞘氮含量在7～8月存在一定的波动，其原因主要与此间CK处理小叶章叶鞘生物量的增加不如N1和N2迅速，N1和N2表现出的"稀释效应"高于CK有关。总的来说，三种处理各器官的氮含量也基本表现为N2＞N1＞CK，表明外源氮的输入在一定程度上促进了小叶章各器官对氮素的吸收，且这种促进作用一般也随着外源氮输入量的增加而变大。方差分析表明，三种处理各器官的氮含量均存在一定的差异，但以根的差异最为显著($P<0.05$)(表8.9)。

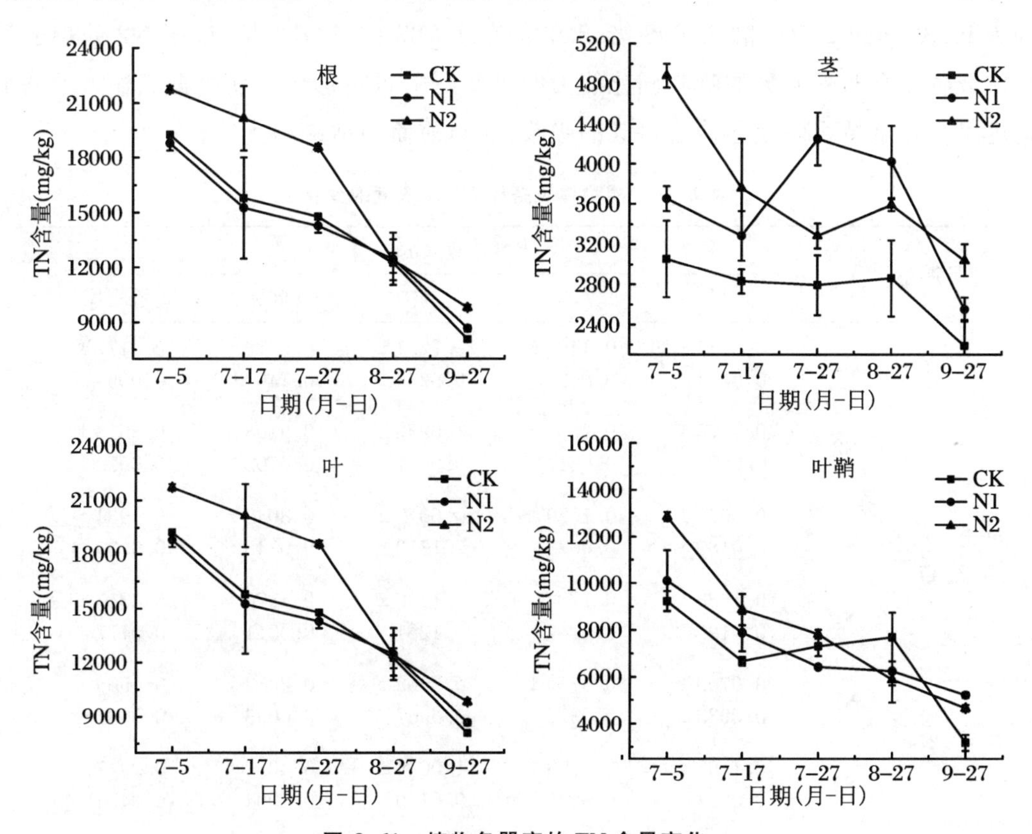


**图8.61　植物各器官的TN含量变化**

(3) 植物总氮含量

为了研究氮素在植物体中的迁移状况，应用$^{15}$N示踪技术并引入$^{15}$N浓度和$^{15}$N分配率作为主要指标来探讨$^{15}$N在植物各器官中的分配与转移。

① 植物的$^{15}$N浓度

$^{15}$N浓度是指每克干物质所含的$^{15}$N含量，它反映了植物体或器官吸收同化示踪氮的能力。由表8.10可知，N1和N2两种处理小叶章植物体及地上各器官的$^{15}$N浓度均

以7月初最高，表明此时$^{15}N$在植物体内的累积最多，之后随植物生长，其$^{15}N$浓度不断降低，并于生长末期达到最低值。与之不同的是，根的$^{15}N$浓度则表现为7月初最低，分别为0.0627±0.0074 mg/g DW和0.1075±0.0093 mg/g DW，之后逐渐增加并于生长末期达到最大值，分别为0.0856±0.0020 mg/g DW和0.1367±0.0031 mg/g DW，其原因主要与地上各器官的$^{15}N$浓度不断降低并向根部转移有关。此外，N1和N2两种处理各器官的$^{15}N$浓度在试验阶段均表现为叶＞叶鞘＞茎＞根，表明叶对示踪氮的吸收同化能力明显要高于其他器官。比较而言，两种处理小叶章植物体及各器官的$^{15}N$浓度均存在一定的差异并表现为N2＞N1，但以植物体及根、茎的差异最为显著(表8.10)。总的来说，N2处理的植物体及根、茎、叶、叶鞘的$^{15}N$平均浓度分别为N1处理的1.763倍、1.658倍、2.022倍、1.787倍、1.737倍，说明N2处理的植物体及各器官对外源氮的吸收同化能力明显要高于N1处理，表明外源氮输入的增加促进了小叶章植物体及各器官对其的吸收，这与前面的结论相一致。

**表8.10 植物体及各器官$^{15}N$浓度的变化**

| 日期 | 加N水平 | $^{15}N$浓度 (mg/g DW) | | | | |
|---|---|---|---|---|---|---|
| | | 根 | 茎 | 叶 | 叶鞘 | 植物体 |
| 7-5 | N1 | 0.0627±0.0074 | 0.1409±0.0035 | 0.7251±0.0266 | 0.5070±0.1491 | 0.2177±0.0059 |
| | N2 | 0.1075±0.0093 | 0.2635±0.0217 | 1.0978±0.0007 | 0.9108±0.0705 | 0.3618±0.0029 |
| 7-17 | N1 | 0.0666±0.0189 | 0.1020±0.0073 | 0.6075±0.1210 | 0.3042±0.0748 | 0.1934±0.0239 |
| | N2 | 0.1088±0.0199 | 0.1784±0.0247 | 1.1236±0.1281 | 0.4870±0.0311 | 0.3343±0.0177 |
| 7-27 | N1 | 0.0709±0.0033 | 0.0763±0.0376 | 0.5008±0.0007 | 0.2033±0.0096 | 0.1565±0.0087 |
| | N2 | 0.1203±0.0217 | 0.1593±0.0076 | 1.0694±0.0179 | 0.4032±0.0004 | 0.2947±0.0434 |
| 8-27 | N1 | 0.0786±0.0045 | 0.0562±0.0224 | 0.3827±0.0275 | 0.1634±0.0321 | 0.1241±0.0207 |
| | N2 | 0.1310±0.0003 | 0.1532±0.0015 | 0.5976±0.0475 | 0.2499±0.0053 | 0.2239±0.0017 |
| 9-27 | N1 | 0.0856±0.0020 | 0.0524±0.0016 | 0.1781±0.0014 | 0.0948±0.0112 | 0.0939±0.0014 |
| | N2 | 0.1367±0.0031 | 0.1105±0.0012 | 0.3896±0.0121 | 0.1595±0.0041 | 0.1702±0.0011 |

② 植物的$^{15}N$分配率

$^{15}N$分配率是指各器官中的$^{15}N$占植物体$^{15}N$总量的百分比，它反映了示踪氮在小叶章植物体内的分布及其在各器官间的迁移规律。

由表8.11可知，N1和N2两种处理小叶章各器官的$^{15}N$分配率表现出相似的规律，二者根部的$^{15}N$分配率均在7月初的生长旺期最低，分别为18.1%±2.9%和18.7%±0.7%，而茎、叶和叶鞘的$^{15}N$分配率则最高，三者之和分别为81.9%和81.3%。之后，根部的$^{15}N$分配率开始逐渐增加并于生长末期达到最大值，分别为51.7%±2.1%和49.4%±0.2%，而茎、叶和叶鞘的$^{15}N$分配率则均表现为逐渐降低并于生长末期达到最低，三者之和分别降为48.2%和50.6%。这主要是由于7月初为小叶章的第二次生长高峰期，地上各器官对氮素的需求量较大，植物体将施入的示踪氮大量输运到地上器官特别是用于光合作用的叶片中，生长旺期过后，地上器官对氮素的需求量开始降低，大量氮素也开始向地下转移，由此导致根中$^{15}N$分配率的迅速升高和地上各器官$^{15}N$分配率之和的迅速降低。相对于根、叶和叶鞘的$^{15}N$分配率而言，两种处理茎的$^{15}N$分配率在试验阶段均变化不大，平均为12.9%±1.4%和12.5%±1.4%，这可能与生长过程中茎很少死亡以及茎中$^{15}N$的转运速率较低有关。若以8月27日至9月27日这一阶段$^{15}N$分配率减少的幅度来表征各器官$^{15}N$的相对转运速率，则N1处理各器官的转运速率表现为叶(9.2%)＞叶鞘(2.94%)＞茎(1.1%)＞根(－12.8%，－13.3%，理论值)；N2处理表现为叶(5.9%)＞叶鞘(5.2%)＞茎(1.7%)＞根(－11.2%，－12.8%，理论值)，地上各器官的转运速率之

表8.11　不同器官$^{15}N$分配率的变化

| 日期 | 加氮水平 | $^{15}N$分配率(%) | | | |
|---|---|---|---|---|---|
| | | 根 | 茎 | 叶 | 叶鞘 |
| 7-5 | N1 | 18.07±2.94 | 13.03±2.74 | 44.63±4.12 | 24.28±3.92 |
| | N2 | 18.68±0.66 | 12.79±0.19 | 43.77±0.32 | 24.76±0.78 |
| 7-17 | N1 | 25.38±7.45 | 12.59±0.65 | 53.91±4.22 | 15.58±3.88 |
| | N2 | 24.41±5.66 | 14.38±4.31 | 50.61±2.29 | 16.27±0.94 |
| 7-27 | N1 | 32.21±1.66 | 15.03±0.53 | 44.96±2.66 | 13.15±1.03 |
| | N2 | 22.09±2.32 | 10.84±0.06 | 54.75±3.32 | 12.32±0.94 |
| 8-27 | N1 | 38.47±5.39 | 12.43±0.76 | 38.77±3.17 | 10.33±1.45 |
| | N2 | 36.65±0.99 | 13.19±0.17 | 39.15±0.43 | 11.00±0.74 |
| 9-27 | N1 | 51.74±2.12 | 11.29±0.23 | 29.56±2.32 | 7.39±2.12 |
| | N2 | 49.42±0.15 | 11.51±0.15 | 33.24±1.42 | 5.83±1.13 |

和约等于根部$^{15}$N分配率的增加量。比较而言，两种处理各器官的$^{15}$N分配率除根在7月5日表现为N2>N1外，其他时期均表现为N1>N2，而地上各器官的$^{15}$N分配率在不同时期却存在着不确定性。方差分析表明，尽管两种处理植物各器官的$^{15}$N分配率存在着一定的差异，但均未达到$P<0.05$的显著水平。

③ 植物总氮的组成

利用$^{15}$N示踪技术可将小叶章吸收的总N区分为肥料氮和土壤氮。试验阶段，两种处理植物各器官对肥料氮的吸收量(Ndff)及其比例(%Ndff)和对土壤氮的吸收量(Ndfs)及其比例(%Ndfs)均有着相似的变化(表8.12、表8.13)。就各器官对示踪氮和土壤氮的吸收量而言，N2处理根部的Ndff和Ndfs均先增加后降低，而N1处理的Ndff则先增加后稍有降低而后又增加，Ndfs则表现为先降低后增加而后又逐渐降低。茎、叶和叶鞘的Ndff和Ndfs在两种处理间的变化规律均比较相似，其中茎表现为先降低后增加而后又降低，而叶和叶鞘则基本表现为一直降低。而就各器官对肥料氮和土壤氮的吸收比例而言，两种处理也表现出相似的变化，根部的%Ndff表

**表8.12 各器官吸收的肥料氮和土壤氮总量**

单位：mg/kg

| 日期 | 加氮水平 | 根 | | 茎 | | 叶 | | 叶鞘 | |
|---|---|---|---|---|---|---|---|---|---|
| | | Ndff | Ndfs | Ndff | Ndfs | Ndff | Ndfs | Ndff | Ndfs |
| 7-5 | N1 | 352.1±37.2 | 7257.9±1008.1 | 681.8±18.4 | 2973.2±143.4 | 3525.3±136.1 | 15259.7±541.1 | 2469.5±724.7 | 7630.5±405.3 |
| | N2 | 586.6±46.8 | 7143.4±326.8 | 1288.9±108.4 | 3591.1±11.7 | 5378.5±4.9 | 16346.5±189.9 | 4476.1±352.6 | 8378.9±167.6 |
| 7-17 | N1 | 429.1±14.6 | 6385.8±629.4 | 489.3±34.7 | 2795.7±210.3 | 2956.4±590.5 | 12293.6±2159.5 | 1467.8±362.0 | 6422.2±407.9 |
| | N2 | 646.8±100.2 | 7268.2±364.8 | 869.2±120.4 | 2890.8±369.6 | 5517.9±632.5 | 14627.1±1132.5 | 2378.4±151.1 | 6491.6±518.9 |
| 7-27 | N1 | 445.7±16.5 | 7359.3±1048.6 | 363.4±178.7 | 3707.9±101.5 | 2426.8±5.7 | 11848.2±380.7 | 972.2±48.9 | 5452.9±143.9 |
| | N2 | 712.8±108.9 | 7501.1±203.9 | 738.8±37.3 | 2546.2±87.8 | 5255.5±91.0 | 13299.5±286.0 | 1965.5±3.4 | 5859.5±188.4 |
| 8-27 | N1 | 417.5±22.7 | 7335.1±632.6 | 372.6±106.4 | 3540.9±121.4 | 1844.7±129.3 | 10620.3±1305.7 | 772.9±150.7 | 5477.1±209.3 |
| | N2 | 735.2±1.6 | 7554.8±468.4 | 744.3±7.2 | 2845.7±52.8 | 2924.2±231.8 | 9485.8±888.2 | 1210.2±24.8 | 4679.8±235.2 |
| 9-27 | N1 | 434.9±5.0 | 7140.1±402.2 | 244.9±20.1 | 2305.0±74.3 | 840.7±40.2 | 7829.3±403.5 | 436.4±30.2 | 4773.6±120.3 |
| | N2 | 686.5±6.7 | 6573.5±301.6 | 533.5±30.2 | 2506.5±41.5 | 1895.7±100.1 | 7904.3±352.2 | 765.9±22.1 | 3884.1±211.5 |

现为一直增加，而%Ndfs则一直降低。除叶在7月初表现出一定的波动外，它与茎、叶鞘的%Ndff和%Ndfs在整个试验阶段均与根部呈现出相反的变化规律。比较而言，N2处理植物各器官对肥料氮的吸收量(Ndff)均明显高于N1，其中根和茎均在$P<0.05$水平上存在显著差异(表8.9)，尽管两种处理各器官对土壤氮的吸收量(Ndfs)大小存在不确定性，但Ndfs均远远大于Ndff。就两种处理各器官%Ndff的大小而言，N2处理也均明显高于N1处理，与Ndff相似，根和茎也均在$P<0.05$水平上存在极显著差异(表8.9)，但两种处理各器官%Ndfs的大小与%Ndff呈相反规律变化。两种处理各器官Ndff、Ndfs、%Ndff和%Ndfs的这种变化规律表明，外源氮输入量的增加可明显提高植物各器官对外源氮的吸收量及所占比例，土壤氮仍是植物各器官氮素的主要来源，但其在各器官中所占的比例又会随外源氮输入量的增加而降低。

**表8.13　各器官吸收的肥料氮和土壤氮比例**

| 日期 | 加氮水平 | 根 | | 茎 | | 叶 | | 叶鞘 | |
|---|---|---|---|---|---|---|---|---|---|
| | | %Ndff | %Ndfs | %Ndff | %Ndfs | %Ndff | %Ndfs | %Ndff | %Ndfs |
| 7-5 | N1 | 4.62±0.03 | 95.38±0.03 | 18.69±1.14 | 81.31±1.14 | 18.79±1.13 | 81.21±1.13 | 24.59±0.44 | 75.41±0.44 |
| | N2 | 7.62±0.88 | 92.38±0.88 | 26.37±1.57 | 73.63±1.57 | 24.76±0.23 | 75.24±0.23 | 34.79±2.24 | 65.21±2.24 |
| 7-17 | N1 | 4.89±1.02 | 95.11±1.02 | 14.90±0.06 | 85.10±0.06 | 19.32±0.39 | 80.68±0.39 | 18.51±0.43 | 81.49±0.43 |
| | N2 | 8.13±0.79 | 91.87±0.79 | 23.09±0.19 | 76.91±0.19 | 27.33±0.75 | 72.68±0.75 | 26.84±0.32 | 73.16±0.32 |
| 7-27 | N1 | 5.03±0.75 | 94.97±0.75 | 13.37±0.62 | 86.63±0.62 | 17.01±0.49 | 82.99±0.49 | 15.15±0.98 | 84.85±0.98 |
| | N2 | 8.90±1.43 | 92.53±1.43 | 22.48±0.28 | 77.52±0.28 | 28.33±0.79 | 71.67±0.79 | 25.13±0.64 | 74.87±0.64 |
| 8-27 | N1 | 5.11±0.02 | 94.89±0.02 | 11.75±0.17 | 88.25±0.17 | 14.88±0.68 | 85.12±0.68 | 12.43±0.29 | 87.57±0.29 |
| | N2 | 9.38±0.49 | 91.10±0.49 | 20.73±0.15 | 79.27±0.15 | 23.59±0.26 | 76.41±0.26 | 20.57±0.49 | 79.43±0.49 |
| 9-27 | N1 | 5.84±0.16 | 94.32±0.16 | 9.61±0.02 | 90.39±0.02 | 9.70±0.21 | 90.30±0.21 | 8.38±0.23 | 91.62±0.23 |
| | N2 | 9.46±0.05 | 90.54±0.05 | 17.55±0.11 | 82.45±0.11 | 19.34±0.22 | 80.66±0.22 | 16.47±0.37 | 83.53±0.37 |

④ 植物对$^{15}N$的利用率

由表8.14可知，试验阶段两种处理植物体对肥料氮的利用率除N1处理在9月27日略有增加外，其他时期均表现为先逐渐增加后开始降低。除初期和末期N2处理略低于N1外，其他时期均是N2大于N1，但二者并未在$P<0.05$水平达到显著差

异，这说明外源氮输入量的增加并未显著提高植物体对其的利用率。就各器官而言，两种处理根部对肥料氮的利用率均表现为一直增加，叶鞘则表现为一直降低，而叶除在7月初略有增加外，其他时期也表现为一直降低。总的来说，不同处理各器官对肥料氮利用率的大小在不同时期表现出不同的变化，二者虽然存在一定的差异，但均未达到 $P<0.05$ 的显著水平。这也说明外源氮输入量的倍增并不会显著提高植物各器官对其的利用率。比较而言，试验阶段茎对示踪氮的利用率较其他器官而言变化不大，其值分别为2.8%±0.2%和2.9%±0.4%，而这主要与前述茎的 $^{15}N$ 分配率变化不大有关。

**表 8.14 植物体和不同器官的 $^{15}N$ 利用率**

| 日期 | 加氮水平 | $^{15}N$ 利用率(%) | | | | |
|---|---|---|---|---|---|---|
| | | 根 | 茎 | 叶 | 叶鞘 | 植物体 |
| 7-5 | N1 | 4.18±0.67 | 3.02±0.65 | 10.34±0.99 | 5.62±0.89 | 23.16±0.08 |
| | N2 | 4.03±0.73 | 2.74±0.36 | 9.41±1.45 | 5.29±0.61 | 21.47±3.16 |
| 7-17 | N1 | 4.53±2.36 | 3.03±0.56 | 12.75±0.72 | 3.60±0.43 | 23.91±3.21 |
| | N2 | 4.84±2.02 | 3.43±0.60 | 12.49±1.08 | 4.07±0.77 | 24.83±3.27 |
| 7-27 | N1 | 8.08±0.26 | 2.55±1.55 | 11.27±0.28 | 3.29±0.02 | 25.18±2.11 |
| | N2 | 6.12±1.03 | 2.99±0.21 | 15.01±0.06 | 3.41±0.48 | 27.53±1.79 |
| 8-27 | N1 | 8.78±1.29 | 2.83±0.15 | 8.84±0.66 | 2.35±0.32 | 22.81±0.16 |
| | N2 | 8.68±0.12 | 3.13±0.00 | 9.28±0.22 | 2.61±0.21 | 23.69±0.32 |
| 9-27 | N1 | 12.14±0.22 | 2.65±0.11 | 6.93±0.31 | 1.73±0.13 | 23.45±0.14 |
| | N2 | 10.01±0.14 | 2.33±0.31 | 6.73±0.13 | 1.18±0.16 | 20.25±0.24 |

⑤ 土壤中 $^{15}N$ 的分布

土壤残留肥料氮的分析表明(表8.15)，肥料氮在0～35 cm的土壤层次中均有残留，且残留量随着深度的增加而降低。试验阶段，两种处理均表现为草根层(0～15 cm)的残留量最高，且一般随着施氮量的增加而升高(N2＞N1)。与之相比，两种处理过渡层(15～35 cm)土壤的肥料氮残留量除在初期和末期变化较大外，其他时期均无较大变化。由于两种处理过渡层土壤的肥料氮残留量与草根层土壤相比很小且变化不大，所以草根层土壤肥料氮的残留量就基本上反映了整个土壤中肥料氮的残留状况。试验阶段，两种处理草根层土壤示踪氮残留量的变化较为相似，均表现为先减少后增加(图8.62)，其中初期土壤中较低的肥料氮残留量主要与外源氮素的氨挥发和反硝化作用导致的气态损失以及供给植物体的生长有关，而成熟期和生长末期土壤肥料氮残留量的增加可能与小叶章地上器官向根部的氮素转移有关，部分转移到地下根系的示踪氮可经根际分泌物而归还土壤。此外，部分死亡的地下根系在经微生物分解后也可将一些示踪氮释放到土壤中。

表 8.15　不同阶段$^{15}N$的去向

| 日期 | 加氮水平 | 植物吸收 | | 土壤残留 | | 气体损失 | |
|---|---|---|---|---|---|---|---|
| | | 吸收量（mg） | 回收率（%） | 残留量（mg） | 残留率（%） | 损失量（mg） | 损失率（%） |
| 7-5 | N1 | 24.21±0.84 | 23.16±0.08 | 28.35±11.15 | 27.11±10.66 | 51.99±11.61 | 49.73±10.58 |
| | N2 | 44.90±6.59 | 21.47±3.16 | 56.24±10.23 | 26.90±4.90 | 107.95±16.82 | 51.63±8.05 |
| 7-17 | N1 | 24.99±3.35 | 23.91±3.21 | 15.80±3.65 | 15.11±3.50 | 63.76±0.31 | 60.99±0.29 |
| | N2 | 51.92±6.83 | 24.83±3.27 | 20.71±4.55 | 9.90±2.18 | 136.46±2.28 | 65.26±1.09 |
| 7-27 | N1 | 26.33±2.21 | 25.18±2.11 | 8.10±2.87 | 7.75±2.74 | 70.12±0.66 | 67.07±0.63 |
| | N2 | 57.57±3.73 | 27.53±1.79 | 17.60±1.88 | 8.42±0.89 | 133.93±5.61 | 64.05±2.69 |
| 8-27 | N1 | 23.84±0.17 | 22.81±0.16 | 10.76±7.12 | 10.29±6.81 | 69.94±7.28 | 66.90±6.97 |
| | N2 | 49.53±0.65 | 23.69±0.32 | 27.92±11.73 | 13.35±5.61 | 131.64±12.38 | 62.96±5.92 |
| 9-27 | N1 | 24.52±0.22 | 23.45±0.14 | 25.95±3.11 | 24.82±5.32 | 54.08±2.15 | 51.72±2.14 |
| | N2 | 42.35±0.31 | 20.25±0.24 | 37.79±2.74 | 18.07±3.54 | 128.96±4.11 | 61.68±1.42 |

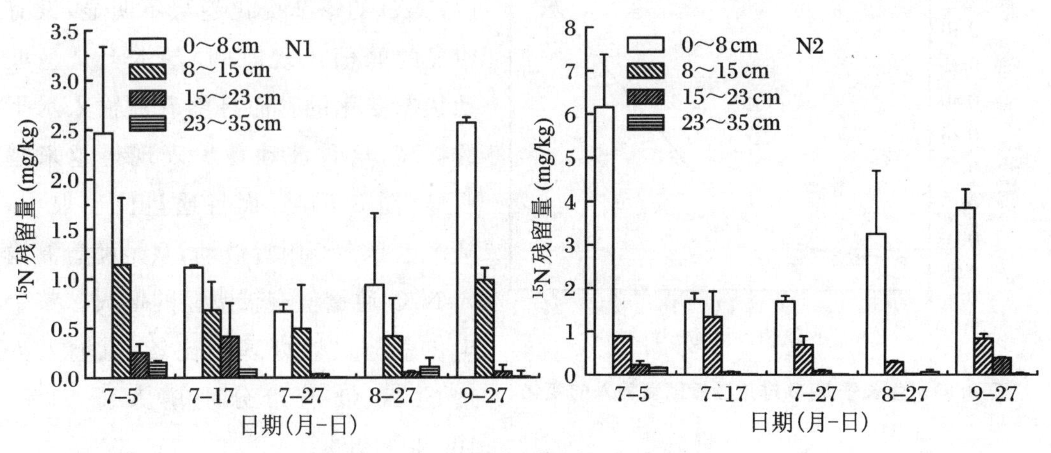


图 8.62　$^{15}N$在土壤剖面中的分布

⑥ $^{15}N$的分配与去向

肥料氮进入小叶章湿地植物-土壤体系后主要有三个去向：一是被植物体吸收；

二是在土壤中残留；三是以各种途径逃逸出植物-土壤体系。

由表 8.15 可知，试验阶段两种处理植物对肥料氮的吸收量、肥料氮在土壤中的残留量和损失量均存在明显差异，吸收量和损失量均在 $P<0.05$ 的水平上达到极显著差异。总的来说，施氮量高时，植物对肥料氮的吸收量和肥料氮在土壤中的残留量均明显增加，但其利用率和残留率却并未增加或增加不大。施氮初期（7 月 5 日），肥料氮在植物-土壤体系中的回收率随施氮量的增加而降低，损失量和损失率则增加明显。施氮 20 多天后（7 月 17 日），N1 处理肥料氮的损失率为 61.0%，植物-土壤体系的总回收率为 39.0%；而 N2 处理肥料氮的损失率为 65.3%，植物-土壤体系的总回收率为 34.7%，说明在高量施氮初期，施入的肥料氮除了部分被植物吸收引起产量反应外，其他未引起产量反应的肥料氮绝大部分以各种形式（如氨挥发、硝化/反硝化作用等）损失而脱离植物-土壤体系。而从成熟期（8 月 27 日）到生长末期（9 月 27 日），尽管土壤中的残留肥料氮量有一定的增加，但该过程因氨挥发和硝化/反硝化作用等引起的氮素损失却并未有很大的降低。整个试验阶段，外源氮素在 N1 情况下约有 23.7% ± 0.9% 被植物吸收，有 17.0% ± 3.9% 被土壤固定，有 59.3% ± 3.7% 以气态损失；而 N2 情况下约有 23.6% ± 2.9% 被植物吸收，有 15.3% ± 3.3% 被土壤固定，有 61.1% ± 2.4% 以气态损失。这表明外源氮含量倍增后，植物吸收和土壤固定的比例并未提高，而绝大部分氮素会以气态损失掉。

**2. 外源氮输入对 $N_2O$ 排放的影响**

氮素输入后 $N_2O$ 排放通量明显增大（图 8.63），说明氮的输入对土壤硝化和反硝化作用有明显的促进作用。施加氮后，$N_2O$ 的季节变化趋势不明显，没有明显的峰值出现时间，基本上是呈波动状态变化的。而且随着氮输入水平的提高，这种波动现象表现得越来越明显（图 8.64）。而且通量值也很小，基本上是在 0 附近波动，只是随着氮输入 $N_2O$ 通量值有较明显的增大。整个生长季与对照处理相比较，氮输入处理的 $N_2O$ 通量分别增大了 21%、100%、533%。

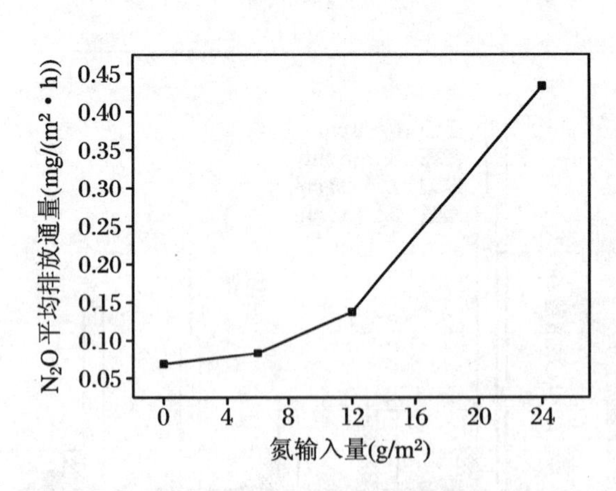


图 8.63 生长季 $N_2O$ 排放通量随氮输入的变化

不同时期，$N_2O$ 通量随氮输入表现出不同的变化趋势，而且在生长季的初期和末期偶尔出现微弱的吸收现象。除 7 月份外，其他几个月份 $N_2O$ 排放通量都是随氮输入量的增加而增大的，只是 7 月份出现了先降低后增大的趋势，最大值也是出现在 24

g/m² 的施氮水平，6 g/m² 和 12 g/m² 的施氮水平下 $N_2O$ 排放通量反而比对照处理的低。但是，过多氮输入后植物-土壤系统呼吸速率降低(图 8.65)，表现为氮输入量为 60 g/m² 时，植物-土壤系统呼吸强度增大，当氮输入量过高，达到 150 g/m² 时呼吸通量却降低，说明一定量的氮输入可促进植物的生长和根的发育，对微生物的活性也有一定的影响，但过多的氮输入则会对这些过程产生一定的抑制作用。

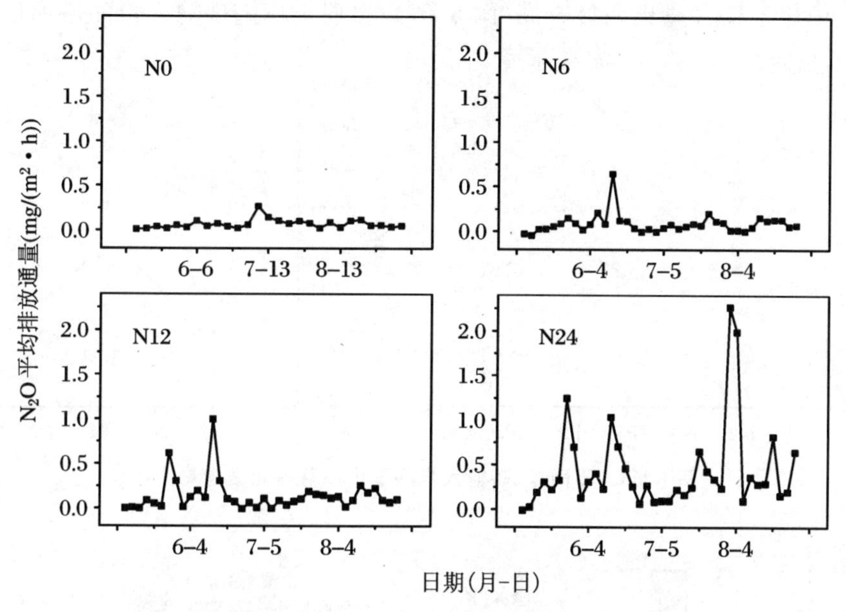


图 8.64　不同氮输入水平下 $N_2O$ 排放通量的季节变化

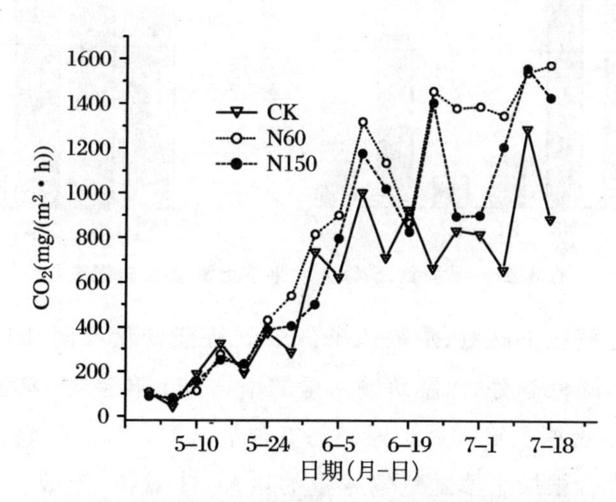


图 8.65　氮输入后湿地植物-土壤系统 $CO_2$ 排放变化

**3. 人类活动(氮、磷输入)对湿地土壤主要元素含量变化的影响**

不同氮、磷输入水平对表层土壤营养元素含量的影响不同，高浓度氮、磷输入后土壤全氮和全磷含量明显升高，而较少和中度的氮输入情况下，在生长季结束后土壤全氮的变化并不十分显著,但全磷含量增加,且随氮、磷输入量的增加呈增加的趋势(图 8.66),高氮+磷输入条件下表层土壤全氮、全磷的含量变化并不显著,根层土壤随氮输入量的增加全氮和全磷含量增加,但随磷输入量的增加,根层土壤全氮和全磷含量呈降低趋势。氮输入后表层土壤全 K 含量明显升高,且随氮输入量的增加而增加,而磷输入后土壤全 K 含量减少,且随磷输入量的增加而减少,在高氮+磷输入的情况下,土壤全 K 含量也明显升高(图 8.67),根层土壤随磷输入量的增加而增加。

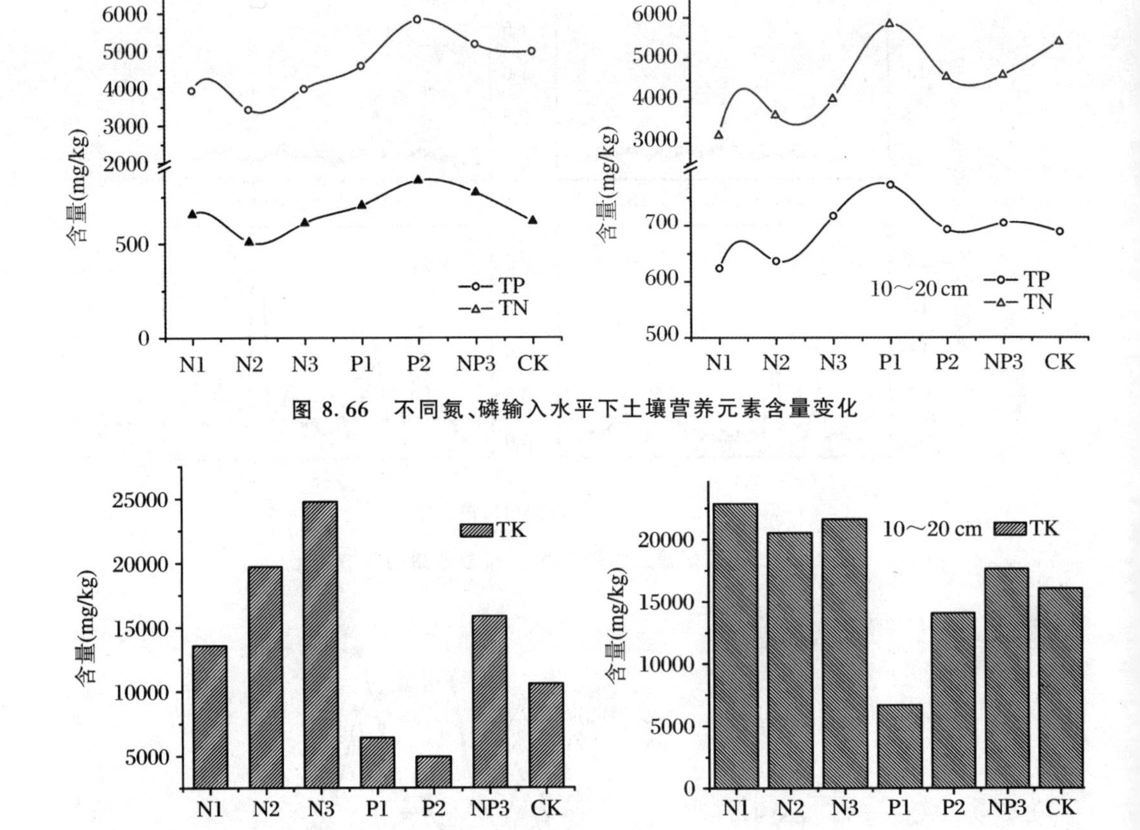


图 8.66 不同氮、磷输入水平下土壤营养元素含量变化

图 8.67 不同氮、磷输入水平下土壤全 K 含量变化

氨态氮和硝态氮在不同氮、磷输入条件下其特征变化不同,随氮输入量的增加,表层土壤硝态氮呈降低态势,而随磷输入量的增加呈上升趋势,氨态氮的变化较为复杂(图 8.68)。根层土壤氮输入后土壤硝态氮含量增加,但随氮、磷输入量的增加土壤硝态氮呈降低态势。根层土壤随氮输入量的增加,速效磷、速效氮含量增高,表层土壤速效磷、速效钾含量增高,且随氮输入量的增大而增高,但表层土壤速效氮含量随氮的输入水平增加反而减少。磷的输入对土壤速效组分有一定的影响,表现为表层土壤随磷输入量的增加而增高,但高氮+磷条件下表层土壤速效组分又有所降低,根层土壤在磷输入后速效氮和速效钾降低,但速效磷组分含量升高(图 8.69)。随氮、磷

输入量增大，土壤有机质含量增高，土壤铝离子含量降低（图 8.70），二者间呈负相关关系（$R^2=0.41$）（图 8.71）。

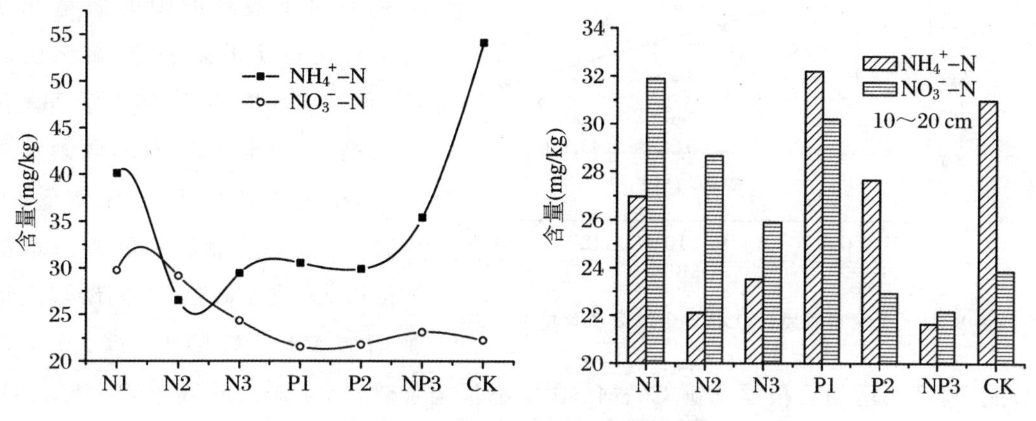


图 8.68　不同氮、磷输入水平下土壤氨态氮和硝态氮含量变化

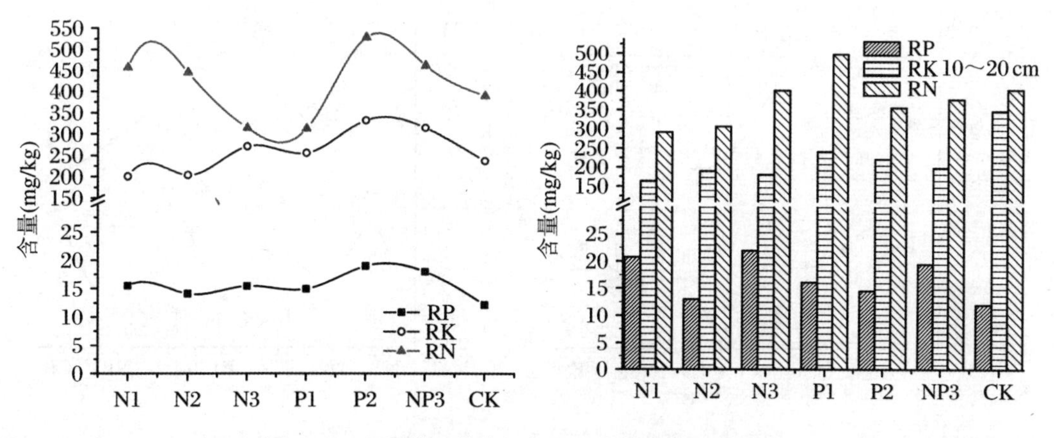


图 8.69　不同氮、磷输入水平下土壤速效组分变化

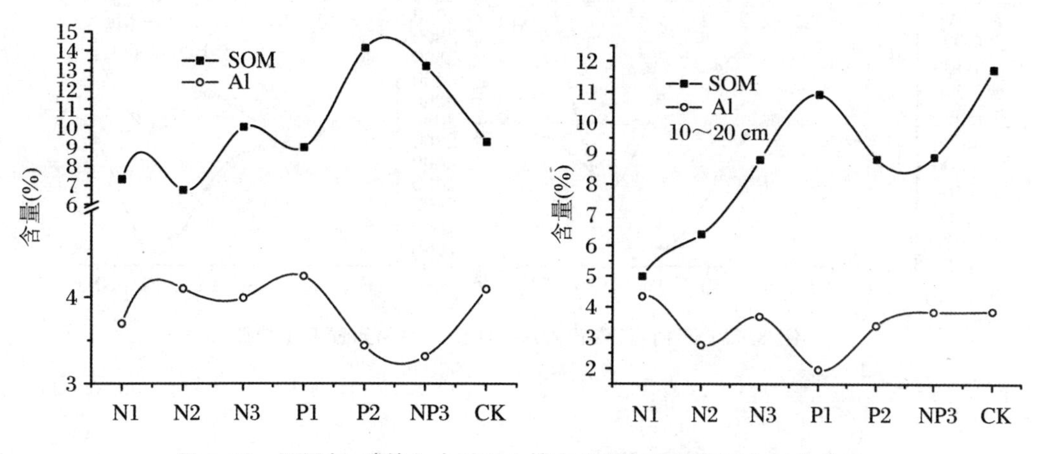


图 8.70　不同氮、磷输入水平下土壤有机质与金属离子含量的关系

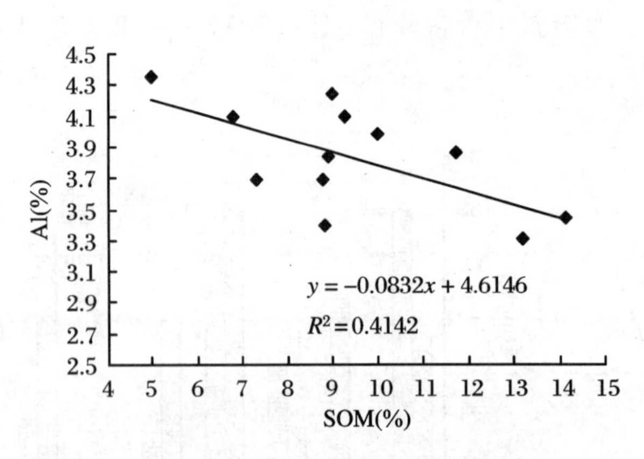


图 8.71 土壤有机质(SOM)与金属离子含量的关系

微量元素对植物的生长有重要作用,氮、磷输入影响植物的生长从而对土壤环境中的微量元素将会产生一定的影响,控制试验表明,随氮输入增加,表层土壤 Mn 含量升高,而 Zn 含量降低,随磷输入增加,土壤中 Zn、Mn 含量降低(图 8.72)。根层土壤随氮的输入增加 Mn 和 Zn 含量降低,但随磷输入量的增加 Mn 含量降低,而 Zn 含量增加,磷输入增加后根层土壤 Ca、Mg 含量都呈增加趋势,氮输入导致土壤中 Ca、Mg 含量降低。

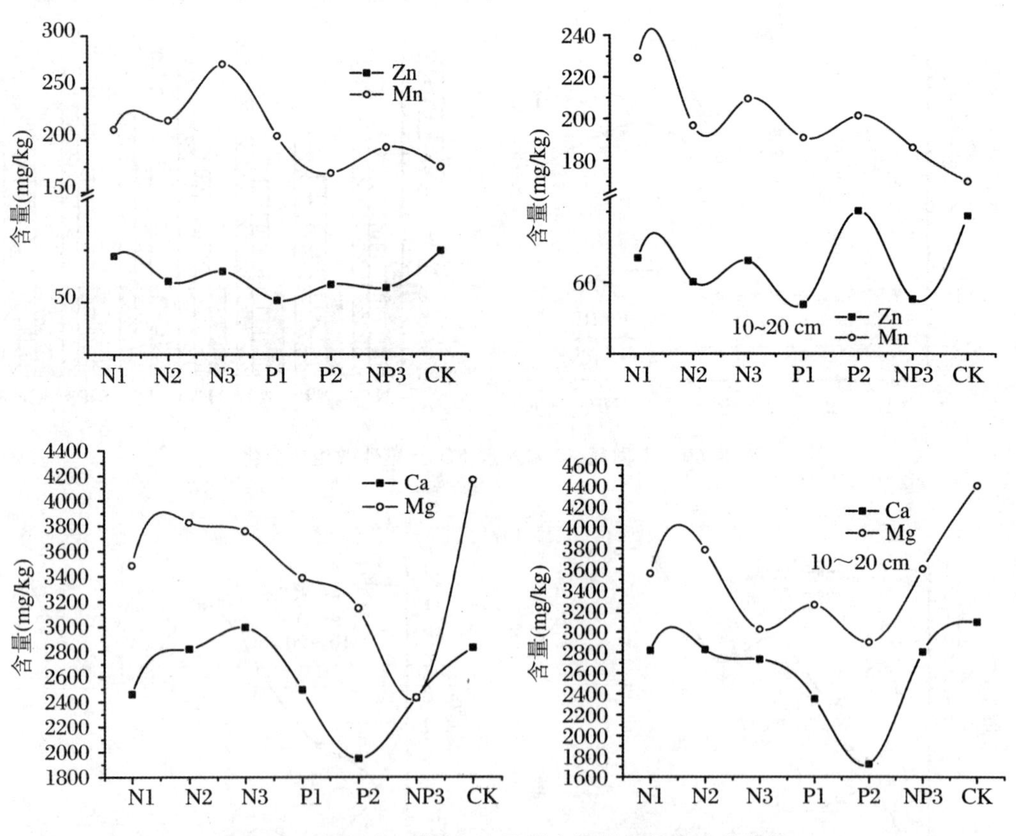


图 8.72 不同氮、磷输入水平下土壤微量元素变化特征

## 二、湿地开垦对土壤氮过程的影响

### 1. 开垦对 $N_2O$ 释放的影响

(1) 湿地开垦后农田 $N_2O$ 排放特征与影响因素分析

图 8.73 为大豆田和水稻田 $N_2O$ 的排放通量以及温度变化的季节动态。据图可知，大豆田在整个观测期间基本上均表现为排放，排放通量范围为 - 0.008～0.071 mg/(m$^2$ · h)，均值为 0.028 mg/(m$^2$ · h)。9 月上旬大豆成熟前，其排放通量在 6 月 29 日、7 月 13 日以及 8 月 17 日出现三次较为明显的峰值，分别为 0.071 mg/(m$^2$ · h)、0.042 mg/(m$^2$ · h)和 0.068 mg/(m$^2$ · h)，而其他时期则变化不大。总体而言，此间大豆田的 $N_2O$ 排放通量与温度间有着较强的一致性，其与 5 cm 地温呈显著正相关关系(图 8.74)，相关系数为 0.704 ($P<0.05$)。9 月中旬大豆成熟后，其排放通量增加明显，排放高峰持续 1 个月左右，此间其排放通量介于 0.031～0.059 mg/(m$^2$ · h)之间，均值为 0.049 mg/(m$^2$ · h)。由于该阶段土壤 $N_2O$ 的排放通量与温度的变化趋势并不一致(图 8.74)，所以温度不是影响其排放的重要因素，此间因植物生长所需氮素的降低，植物叶子的大量脱落，通过植物根系固定的氮素和植物根际分泌的有机酸等物质的相对过剩，使得更多的土壤氮素有机会参与到硝化/反硝化作用过程中，这些均是导致其排放量增加的重要原因。

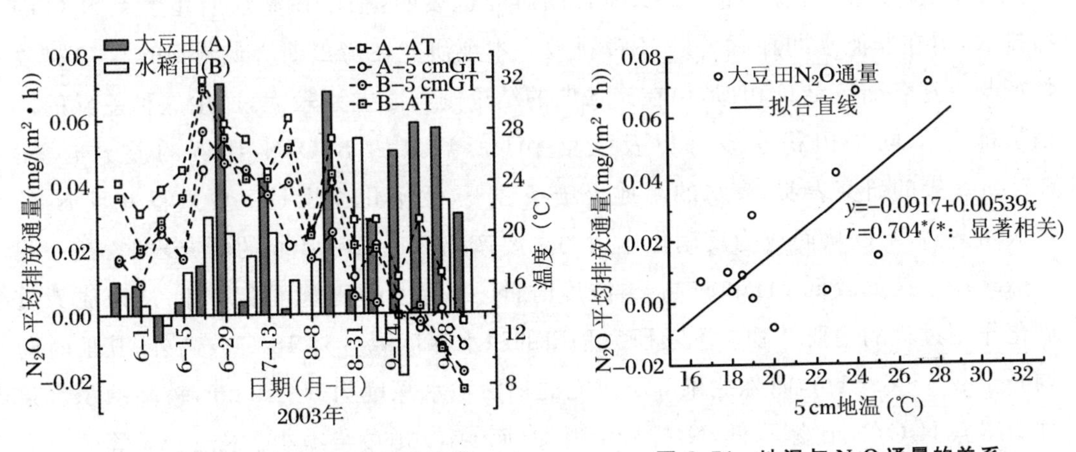


图 8.73　农田 $N_2O$ 通量的季节变化

图 8.74　地温与 $N_2O$ 通量的关系

水稻田在整个观测期间的 $N_2O$ 通量特征也基本上表现为排放，其通量范围介于 - 0.019～0.054 mg/(m$^2$ · h)之间，均值为 0.015 mg/(m$^2$ · h)。比较而言，水稻田的 $N_2O$ 排放特征在 9 月上旬之前与大豆田的排放特征较为相似，其排放通量在 6 月 22 日、6 月 29 日、7 月 13 日和 8 月 31 日出现四次较为明显的峰值，分别为 0.030 mg/(m$^2$ · h)、

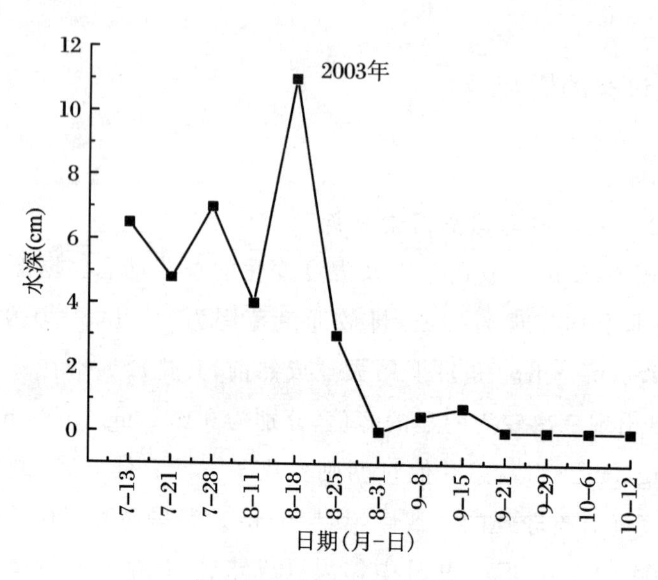


**图 8.75 稻田水深的变化**

0.025 mg/(m² · h)、0.025 mg/(m² · h) 和 0.054 mg/(m² · h)。相关分析表明，此间水稻田$N_2O$的排放通量与温度的变化存在较好的一致性，并与气温和5 cm地温呈一定的正相关，相关系数分别为0.268和0.222。9月中上旬，稻田的排放特征表现为吸收，而之后又迅速增加。图8.75为监测期间稻田积水水深的变化。据图可知，稻田在9月上旬之前一直保持着较高的积水水位，之后由于稻田处于烤田期，田间积水被大量排走。此间稻田$N_2O$排放通量的迅速增加主要与其处于烤田期有关。由于大量积水被排走，土壤由积水的厌气环境转变为较为干燥的好气环境，而好气环境在一定程度上会促进土壤硝化/反硝化作用过程的进行。Bronson(1997)对菲律宾稻田的研究表明，生长季内几乎观测不到$N_2O$的排放，而排水晒田过程则可明显促进$N_2O$排放。陈冠雄等、徐华等对稻田$N_2O$排放特征的研究也表明，稻田在淹水期几乎无$N_2O$的净排放，但在非淹水期却有大量$N_2O$排放。本项研究在烤田期所观测到的$N_2O$排放特征与上述各研究结论相似，但在淹水期的结论则与之差别较大，产生这种差异的原因可能与不同稻田积水条件以及土壤pH所导致的$N_2O/N_2$比例的差异有关。Rückauf等的研究表明，淹水的湿地土壤条件下，反硝化作用是主要过程并且$N_2$的释放量超过$N_2O$从而成为反硝化作用的主要产物。但Bowden的研究表明，在一些特殊环境条件如较低pH和较高$O_2$浓度时，$N_2O$所占的比例可能增加，从而成为反硝化作用过程的主要产物。本项研究稻田的积水深度除8月18日较高外，其他时间均介于2.5～6.5 cm，而陈冠雄等所研究的稻田积水深度为5～10 cm，较高的积水条件使得其$N_2O/N_2$比例降低，$N_2$排放量增加，而$N_2O$排放量减少。Kralova等的研究表明，当Eh<0 mV且Eh进一步降低时，$N_2O$的排放量将减少。陈冠雄等试验的较高积水条件使得其Eh一般要低于本项研究的相应Eh，而这也是导致其$N_2O$排放量较低的重要原因。此外，本项研究稻田土壤的pH为5.72，远低于陈冠雄等试验的草甸棕壤(6.40)和徐华等试验的不同质地土壤(砂土:9.00;壤土:8.60;黏土:8.24)，较低的pH和相对较浅的积水条件($O_2$浓度较高)使得本项试验稻田的$N_2O$排放量比

其他研究结果高得多。

(2) 湿地开垦前后 $N_2O$ 排放量对比

运用数值积分对小叶章湿地开垦前后各月及生长季内 $N_2O$ 排放量进行估算(表8.16),结果表明:典型草甸小叶章湿地和沼泽化草甸小叶章湿地的 $N_2O$ 排放总量分别为 196.42 $mgN_2O/m^2$ 和 136.98 $mgN_2O/m^2$,前者为后者的 1.43 倍。而大豆田和水稻田的 $N_2O$ 排放总量分别为 84.86 $mgN_2O/m^2$ 和 70.22 $mgN_2O/m^2$,前者为后者的 1.21 倍。通过对比研究 $N_2O$ 排放量的各月比例还可发现,无论是湿地还是农田,其 $N_2O$ 排放量的贡献率均以 5 月和 10 月上旬较低,而其他各月的贡献率则相对较高。其中典型草甸小叶章湿地的 $N_2O$ 排放量以 8 月的贡献率最大(34.0%),7 月、9 月次之(分别为 22.4% 和 25.3%),6 月较低(15.0%);而沼泽化草甸小叶章湿地的 $N_2O$ 排放量以 6 月的贡献率最大(33.4%),7 月、8 月、9 月次之且比较接近(分别为 18.0%、16.4% 和 18.7%);大豆田的 $N_2O$ 排放量以 9 月的贡献率最大(38.4%),6 月、8 月次之(分别为 18.0% 和 21.1%);水稻田的 $N_2O$ 排放量以 8 月的贡献率最大(53.3%),6 月、7 月次之(分别为 16.3% 和 12.8%)。比较而言,大豆田和水稻田生长季内 $N_2O$ 的排放总量均明显低于两种小叶章湿地,其中典型草甸小叶章湿地的 $N_2O$ 排放量分别为二者的 2.31 倍和 2.80 倍,而沼泽化草甸小叶章湿地则分别为二者的 1.61 倍和 1.95 倍。产生这种差异的原因主要与湿地土壤和农田土壤的氮素物质基础有关。大豆田和水稻田的土壤均为小叶章湿地开垦 9 年后的熟化土壤,自开垦以来一直未施肥,并且大豆和水稻成熟后均人工收获带走,只存在少量的根茬归还土壤,所以大豆田和水稻田土壤的氮素含量相对于湿地而言非常低,其总氮含量仅为典型草甸小叶章湿地土壤的 22.1% 和 18.3%,为沼泽化草甸小叶章湿地土壤的 18.0% 和 14.8%。尽管湿地开垦后土壤中有利于硝化/反硝化作用过程的水热条件得到改善,但是土壤中较低的氮素物质基础使得参与到该过程的氮素较少,因而也就不存在较高的 $N_2O$ 排放量。通过本项研究我们可得出如下结论,即湿地开垦为农田后,农业上耕地利用的"重用轻养"方式会导致 $N_2O$ 排放量的明显降低,尽管这一方式会降低 $N_2O$ 的排放量,但它对于农业生产影响较大(降低产量)。目前,三江平原地区的耕地在利用过程中为了追求最大粮食产量,化肥(特别是氮肥和磷肥)的施用量均较大(1994 年为 120.6 $kg/hm^2$,且使用量正逐年增加),而农业施肥活动又可明显促进 $N_2O$ 的释放。因此,如何采取合理的耕地护养措施以达到既降低耕地 $N_2O$ 排放量又不降低粮食产量的双赢目的就成为当前该区农业开发和耕地利用研究中的一个非常值得探讨的科学问题。

表 8.16 湿地开垦前后 $N_2O$ 排放量对比

| 项目 | 生长季各月排放量 ($mgN_2O/(m^2\cdot month)$) | | | | | | 生长季 ($mg/m^2$) |
|---|---|---|---|---|---|---|---|
| | 5月 | 6月 | 7月 | 8月 | 9月 | 10月上旬 | |
| 典型草甸小叶章湿地 | 4.01 | 29.54 | 44.00 | 66.76 | 49.72 | 2.39 | 196.42 |
| 所占比例（%） | 2.04 | 15.04 | 22.40 | 33.99 | 25.31 | 1.22 | 100 |
| 沼泽化草甸小叶章湿地 | 14.68 | 45.68 | 24.70 | 22.44 | 25.58 | 3.90 | 136.98 |
| 所占比例（%） | 10.72 | 33.35 | 18.03 | 16.38 | 18.67 | 2.85 | 100 |
| 大豆田 | 6.00 | 15.29 | 7.99 | 17.89 | 32.57 | 5.11 | 84.86 |
| 所占比例（%） | 7.07 | 18.02 | 9.42 | 21.08 | 38.38 | 6.02 | 100 |
| 水稻田 | 4.20 | 11.42 | 8.96 | 37.45 | 5.01 | 3.17 | 70.22 |
| 所占比例（%） | 5.98 | 16.26 | 12.76 | 53.33 | 7.13 | 4.51 | 100 |

**2. 开垦对土壤氮含量的影响**

图 8.76 综合反映了湿地不同开垦年限土壤氮素含量的变化趋势。据图可知，湿地开垦初期(5～7 年)，土壤氮素损失较快。15～20 年后，土壤氮素损失曲线趋于平缓，表明湿地开垦后，经过稳定而长期的耕作，土壤氮素将趋于一个相对稳定值。

**3. 氮输入对湿地土壤硝化/反硝化作用的影响**

湿地土壤 $N_2O$ 的产生和排放主要来源于 N 的硝化和反硝化过程，因此对 $N_2O$ 排放的研究有助于了解不同环境条件下的硝化和反硝化过程。通过对三江平原受氮素输入扰动和未扰动沼泽化草甸 $N_2O$ 排放的对比研究发现，氮素输入后 $N_2O$ 排放通量明显增大(图 8.77)，表明一定浓度氮的输入对土壤硝化和反硝化作用有明显的增强作用。

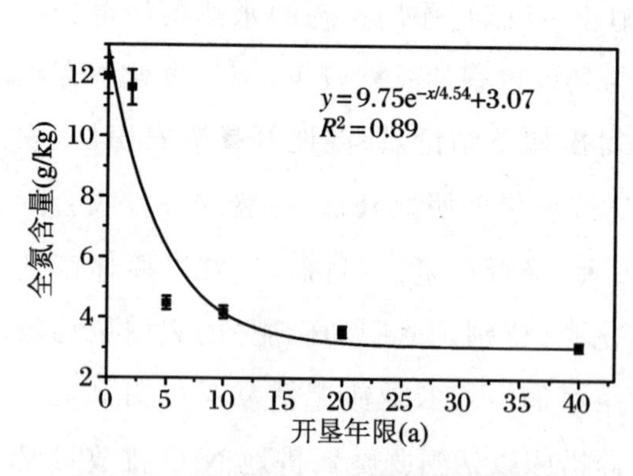


图 8.76 湿地开垦后土壤氮素含量变化

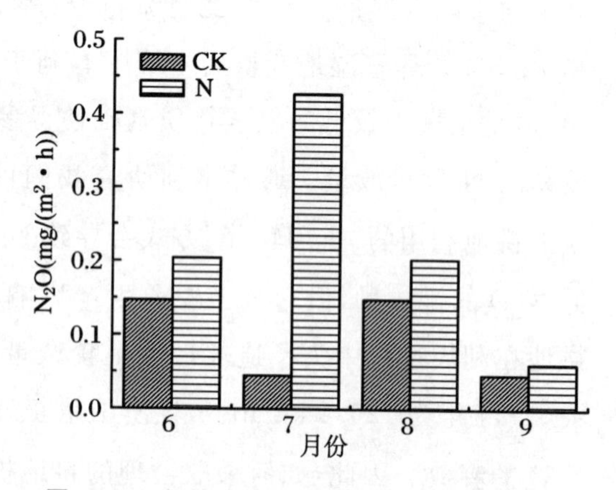


图 8.77 氮输入后 $N_2O$ 排放通量变化(月均)

# 第四节 人类活动对沼泽湿地系统硫迁移转化的影响

## 一、外源硫输入对小叶章植物地上、地下生物量的影响

本试验采用原状土盆栽培养方法。试验共设 3 组水位处理：-5 cm、0 cm 和 +5 cm，每组水位处理系列分别设 4 个硫输入处理：CK：对照，不施硫；S1：施加 1 倍硫；S2：施加 2 倍硫；S3：施加 3 倍硫，分别模拟低硫、适中和高硫水平。每组处理均为 3 个重复。

**1. -5 cm 水位下不同施硫水平对生物量的影响**

由图 8.78 可知，施加不同水平的硫，小叶章植物地上、地下部分的生物量变化不同，在不同的采样时期，地上生物量均大于对照，在植物生长初期(6～7 月)高硫水平下生物量最大，在植物生长中期(7～8 月)，低硫水平下生物量的增加最大，在后期(8～9 月)，高硫水平下生物量增加最大。统计分析表明不同施硫水平之间，生物量的增加没有显著差异。而地下生物量的变化与地上生物量变化不同，除了高硫处理(S3)在 7 月 10 日大于对照外，其余时段不同施硫水平下，生物量均都不同程度地低于对照。在不同施硫水平间，生物量的变化也没有显著差异，可见只有水肥配施才有利于植物的生长。

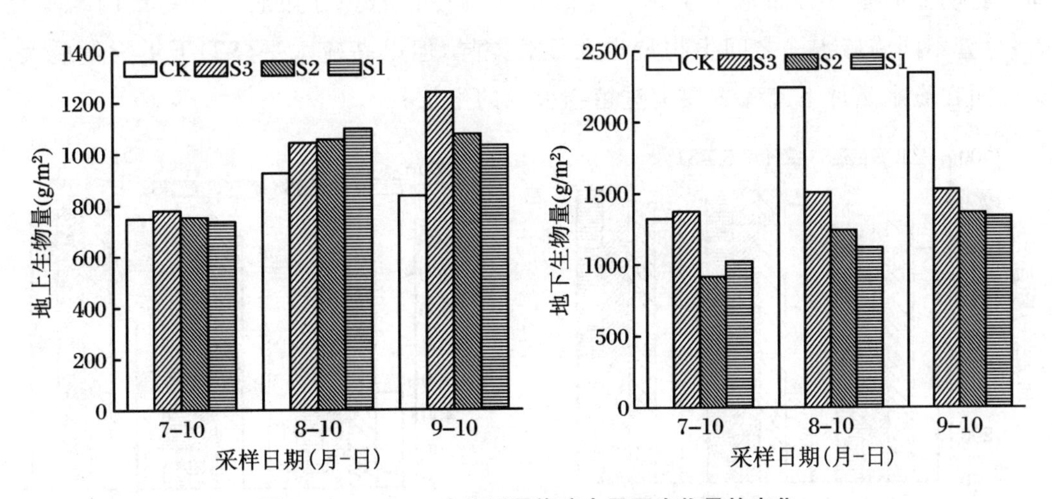


图 8.78 -5 cm 水位不同施硫水平下生物量的变化

**2. 0 cm 水位下不同施硫水平对生物量的影响**

由图 8.79 可知，在 0 cm 水位下施加不同水平的硫肥，小叶章植物的地上、地下生物量均比对照有不同程度的增加，而且延缓了小叶章植物的衰老期，在 8～9 月，对照小叶章植物的地上生物量降低，说明植物已开始衰老和死亡，而施加硫的小叶章植物的地上生物量仍然继续增加，说明植物仍在继续生长。在不同的施硫水平下，生物量的增加不同，其中以高硫水平(S3)下地上、地下生物量的增加最大，可见在湿润条件下施硫能促进小叶章植物的生长，增加植物的地上、地下生物量。

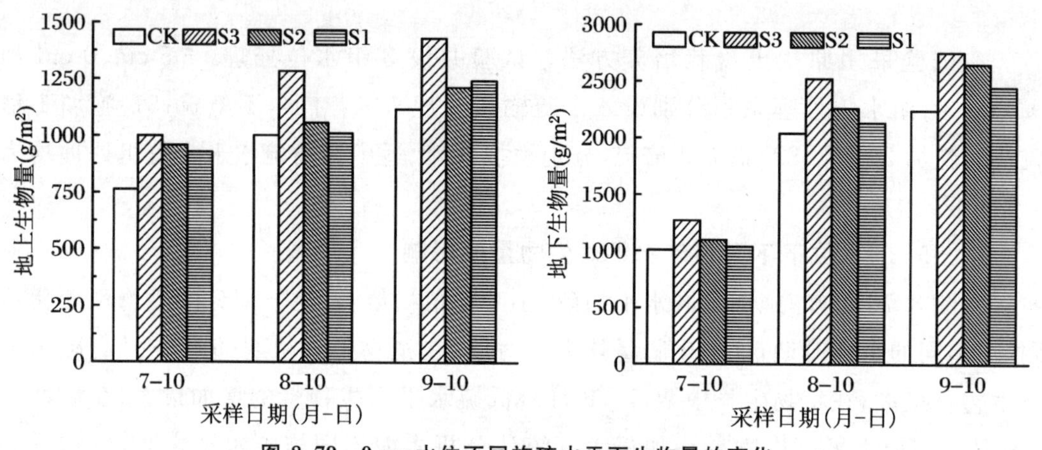


图 8.79 0 cm 水位不同施硫水平下生物量的变化

**3. +5 cm 水位下不同施硫水平对生物量的影响**

淹水条件下施硫，在不同的生长时期，小叶章植物的地上、地下生物量均比对照有不同程度的增大(图 8.80)。但植物地上生物量的增加不明显，且不同施硫水平之间没有明显的差异。而地下生物量与之不同，由图 8.80 可知地下生物量的增加显著，尽管不同施硫水平之间生物量也无显著差异，但以高硫水平(S3)下生物量最大，这说明在淹水条件下施硫主要促进植物根系的生长。

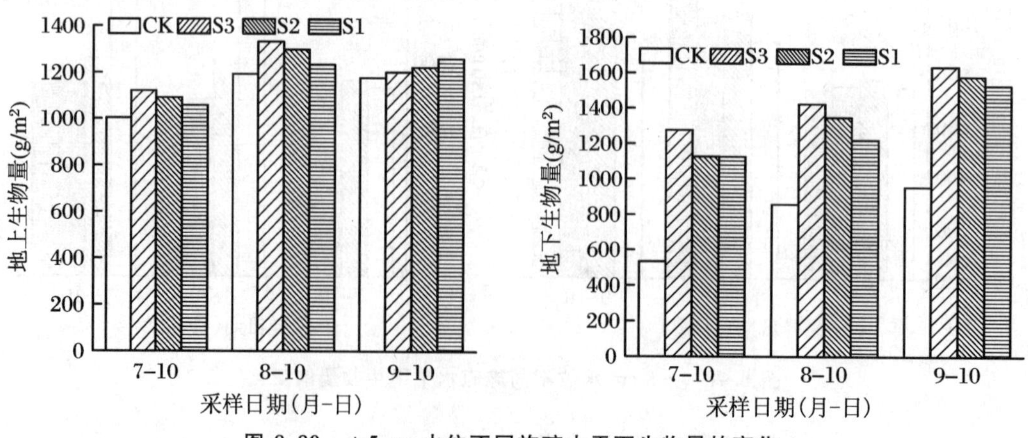


图 8.80 +5 cm 水位不同施硫水平下生物量的变化

## 二、湿地开垦对土壤各形态硫含量的影响

### 1. 湿地开垦前后土壤中各形态硫含量的变化

在三江平原,大部分耕地都是由地势较高的小叶章草甸开垦出来的。所以把小叶章草甸和耕地土壤中各形态硫的含量进行比较,所得出的结果具有可比性。通过表 8.17 可以看出,小叶章草甸开垦前土壤中总硫含量为 622.4 mg/kg,从 1980 年到 2000 年开垦的耕地土壤中总硫含量平均值为 235.5 mg/kg,可见湿地开垦后土壤总硫含量显著下降,而且耕地土壤中水溶性硫、吸附性硫、有机硫、盐酸挥发性硫与小叶章草甸相比,也均有大幅度降低;但耕地土壤中盐酸可溶性硫的含量却显著高于小叶章草甸土壤中的含量。水溶性硫与吸附性硫容易被植物吸收利用,而盐酸可溶性硫作为难溶性硫,不易被植物吸收利用,说明湿地开垦后,土壤中可被植物吸收利用的硫组分含量降低,而不易被利用的硫组分含量上升,土壤质量下降。

表 8.17 湿地开垦前后土壤中各形态硫含量的变化

单位:mg/kg

| 类型 | 样本数 | 总硫 | 水溶性硫 | 吸附性硫 | 盐酸可溶性硫 | 盐酸挥发性硫 | 有机硫 |
|---|---|---|---|---|---|---|---|
| 小叶章草甸 | 31 | 622.4±273.3 | 27.2±13.6 | 20.4±7.4 | 23.1±12 | 1.18±0.39 | 550.1±244.5 |
| 耕地 | 30 | 235.5±49.6 | 14.5±3.4 | 13.8±2.0 | 37.4±6.2 | 1.00±0.15 | 168.5±50.9 |

### 2. 不同开垦年限土壤中各形态硫含量的变化

耕地土壤中各形态硫含量随开垦年限的变化趋势如图 8.81 所示。由图可知,耕地土壤中总硫和有机硫含量随开垦年限的增加而逐渐降低。湿地土壤的养分主要累积于土壤的表层 8～15 cm 处,向下急剧减少。表层的土壤有机质含量大多数在 10% 左右,有的可达 20% 以上。湿地经过放火烧荒、挖渠排水、深翻土地等几个主要的过程后开垦为耕地,开垦后,湿地的水平衡、养分循环以及氧化-还原环境等都发生了很大的变化,耕地有机质在好氧环境下快速分解,再加上农作物的逐年吸收,使土壤表层的有机质含量下降很快,从开垦 1 年到开垦 21 年的耕地土壤中,有机质含量分别下降为 7.2%、6.5%、4.2% 和 2.8%;而且在当地主要施用不含硫素的化肥磷酸二胺和尿素,除草剂也为不含硫素的丁草胺,所以湿地开垦后土壤总硫、有机硫下降很快,并随开垦年限的增加而逐年降低。但各形态无机硫含量随开垦年限的增加变化量不

大，吸附性硫的含量几乎不随开垦年限的增加而变化，从开垦 1 年、6 年、11 年到 21 年，均在 14 mg/kg 左右。水溶性硫的含量在开垦 6 年后稍有降低，为 9.25 mg/kg，但随着开垦年限的增长，又恢复到刚开垦后的水平，含量为 15.6 mg/kg。水溶性硫和吸附性硫含量变化不大的原因可能与以下因素有关，一是开垦后土壤变为好氧环境，在好氧环境下土壤中有机硫的矿化加快，从而增加了无机硫的含量；二是秸秆还田的作用，部分地补充了土壤中硫的损失，这两种作用的结果使水溶性硫与吸附性硫在耕地开垦 20 年中，保持了较稳定的含量。盐酸可溶性硫在开垦前 10 年内，含量几乎无变化，为 41.8 mg/kg，但从开垦的 11 年到 21 年间，含量下降了大约 10 mg/kg。盐酸挥发性硫在耕地土壤中含量很低，介于 0.95～1.15 mg/kg，随开垦年限的增加变化不大。

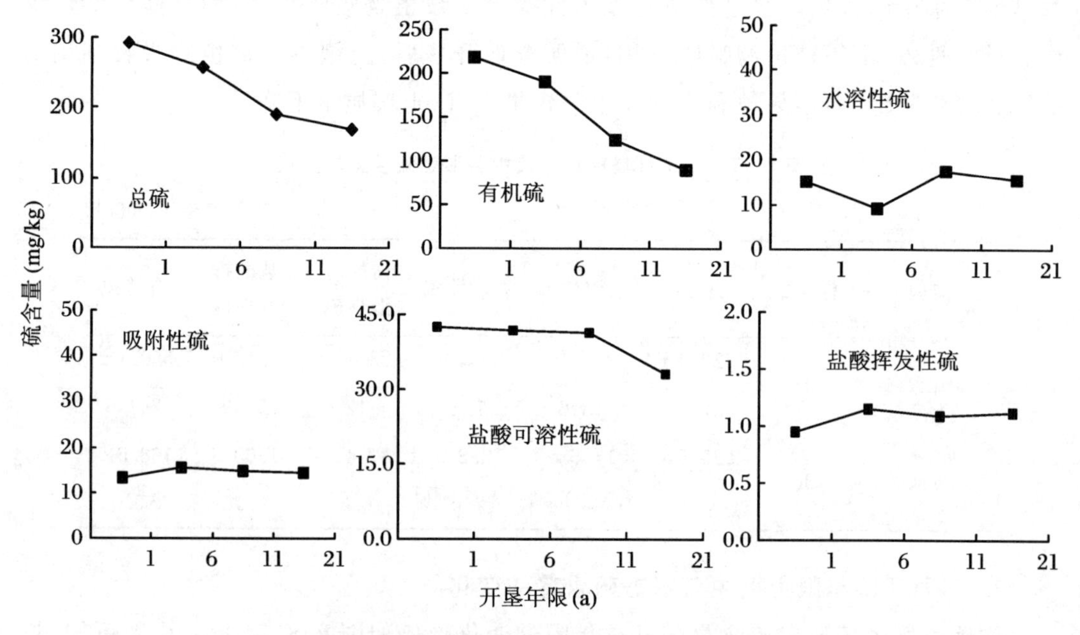


图 8.81 不同开垦年限耕地土壤中各形态硫含量的变化

**3. 湿地开垦对硫源/汇功能的影响**

通过对比三江平原湿地土壤与黑龙江省耕地土壤及其他地区农用土壤中的总硫含量（表 8.18），可以看出三江平原湿地土壤中的总硫含量远高于当地及其他地区耕地土壤中总硫的含量。原因是三江平原湿地地表处于季节性积水或常年积水的环境，土壤常年处于还原环境或氧化-还原环境，但还原环境占主导地位，植物残体分解缓慢，有利于有机物质的不断累积，使得土壤有机质含量较高，因此有机硫含量也达到较高的水平，常年积水使得土壤变得黏重，其吸附、淀积和累积硫酸盐的能力较强，所以三江平原湿地土壤中总硫含量呈现累积状态，成为硫的汇。三江平原湿地成为硫的汇的原因还有如下方面：① 与成土母质有关，三江平原湿地土壤是由沉积岩母质形成的，而沉积岩（尤其是黏质沉积岩和有机沉积物）相比岩浆岩母质常给土壤带来较多量的硫；② 在典型湿地生态系统中，如果没有外界因素的干扰，植物死亡后就地堆积，并通过微生物作用缓慢分解，其中的硫全部归还到土壤中；③ 沼泽水一部分停滞于地表形成地表积水，另一部分水则储蓄于草根层和泥炭层中，由于草根层和泥炭层具有巨大的持水能力，所以不易造成硫的流失；④ 还有一种可能的原因就是耕地土壤水土流失后，这种携带硫的流水进入了湿地，从而增加了湿地土壤中硫的含量。

**表 8.18　不同地区耕地土壤与三江平原湿地土壤中总硫含量的对比**

| 地区 | 总硫含量(mg/kg) | |
|---|---|---|
| | 范围 | 平均值 |
| 安徽省 | 112.4～237.0 | 205.8 |
| 我国南方地区 | 10～720 | 280 |
| 黑龙江水稻土 | 100～800 | 480 |
| 黑龙江黑土耕地 | 118～634 | 350.7 |
| 三江平原耕地 | 167.3～309.6 | 243.2 |
| 三江平原湿地 | 346.1～1459.9 | 795.9 |

湿地开垦为耕地后，土壤硫含量显著降低，原因有以下几个方面：① 湿地开垦为耕地后，作物吸收带走了土壤中的部分硫。② 土壤中硫流失数量的多少，一方面取决于雨水或灌溉水的数量、速度和分布情况，另一方面则取决于土壤吸持硫的能力。湿地开垦后，土壤的pH升高，黏粒和物理黏粒含量下降，土壤吸持硫的能力降低；而且三江平原大面积开垦湿地往往在旱年进行，许多新垦荒地无防洪措施，再加上植被的破坏，使得调蓄作用减弱，导致河流的洪峰流量和洪涝灾害加大。以上两方面的原因造成耕地在洪涝及流水的侵蚀下，土壤中的硫大量流失。③ 湿地在开垦过程中要挖渠排水，土壤中有一部分硫组分便随水流失。④ 湿地经过排水后，改变了土壤的物理性质，地温升高，通气性得到改善，还原环境变为氧化环境，土壤中一部分硫化物氧化为$SO_2$，释放到大气层中。⑤ 三江平原施用的肥料大都为磷酸二胺和尿素，施用磷酸盐肥料能导致阴离子代换，使$SO_4^{2-}$从吸持状态转而进入溶液，因而增加了流失的可能性。在所有的这些因素中，最主要的是作物吸收和淋失。

# 第五节 人类活动对沼泽湿地系统磷迁移转化的影响

## 一、磷输入对小叶章湿地磷植物累积的影响

### 1. 磷输入对植物地上生物量的影响

在模拟湿地水位变化的条件下，不同的磷输入对植物体生物量均有明显的影响（图 8.82）。P1、P2 输入处理与相同水分条件下而未施加养分处理相比，在 W1 和 W2 两种水分条件下最大生物量略有提高，但并不明显，施加 P2 的处理在衰退期生物量下降较慢，施加 P2 的处理在 W1、W2 条件下分别比 P1 处理在衰退期生物量大 744.95 $g/m^2$ 和 392.95 $g/m^2$，P2 输入处理使植物的衰退死亡延缓。在水分充足的

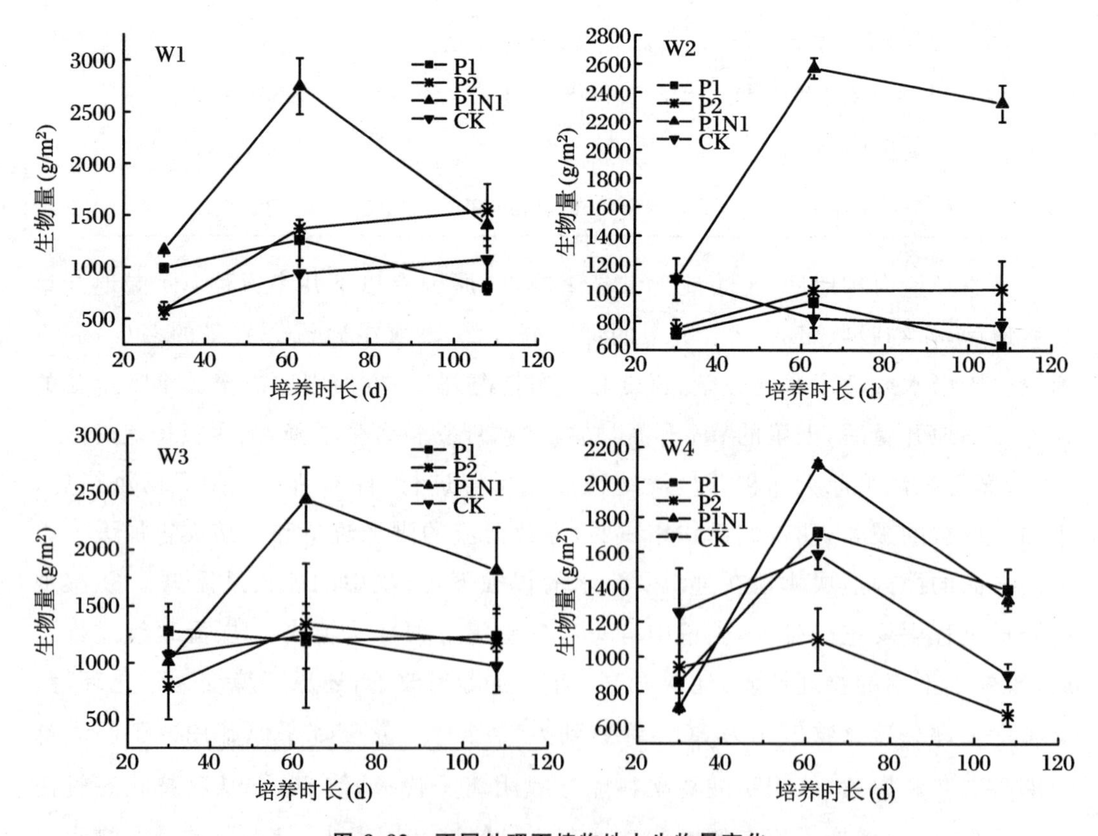


图 8.82 不同处理下植物地上生物量变化

W1：-5～+5 cm 水位；W2：-5 cm 水位；W3：+5 cm 水位；W4：0 cm 水位

W3 处理中，相比同水分未施加养分处理，这两种养分处理对植物最大生物量影响较小。在 W4 水分条件下，随着生长季的推移施加 P1 处理明显增加了植物的生物量累积，增加量约为 487.75 g/$m^2$，而 P2 则降低了植物的生物量（降低约 230.25 g/$m^2$）。N、P 共同配施对植物的生物量有明显的促进作用。在所研究的四种水位控制条件下，施加 N1P1 的处理在各生长期均有明显的增大，尤其是最大生物量有明显的提高，分别达到 2744.4 g/$m^2$、2569.9 g/$m^2$、2441.7 g/$m^2$ 和 2105 g/$m^2$，但在生长初期其对植物生物量的促进不明显。

几种养分输入处理对比发现，磷的输入对植物在生长季初期生物量累积的促进作用不明显，而且只有在适量增加氮的情况下，生物量才会有明显的增大，但是在磷输入的作用下，植物的生长周期较无养分添加的处理长，生物量下降延缓。磷的输入对植物地上生物量的增加的确有一定增强作用，但过多的磷可能对植物地上生物量的累积也有一定的抑制作用，由于磷的有效性受到土壤水分及与之相关的氧化还原电位的强烈影响，磷输入对植物生物量的影响还要充分考虑其所处的水分条件。

**2. 磷输入对植物磷累积的影响**

由图 8.83 可知，施加 P1 处理在 W1 和 W2 水分条件下，不但没有促进植物对磷的累积，反而在各个生长期都有下降，尤其是 −5 cm 水位处理磷浓度在植物生长高峰时较对照处理相差较大，为 291.37 mg/kg；而在 W3 和 W4 两种水分较为充足的情况下，施加 P1 处理明显在生长高峰时增大了植物体磷浓度，分别较对照增加 368.22 mg/kg 和 477.915 mg/kg。施加 P2 的处理对植物磷累积的促进作用很微弱，在各水分条件下，仅在 +5 cm 的淹水条件下稍有促进作用，三个生长时期分别高于对照 73.63 mg/kg、73.585 mg/kg 和 70.84 mg/kg；在其他水分处理中，植物体中磷的浓度基本都低于对照。在各水分处理中，N、P 配施基本都可以增加植物体磷累积的浓度，但是增加的幅度都不是很大，生长高峰期植物体磷浓度的增量最大仅为 116.420 mg/kg（W1），表明磷的施加可以刺激磷的累积，增加磷在植物体内的浓度，但是其作用常常受到水分条件等因素的影响。当有含氮养分同时输入时，由于氮对植物生长的刺激作用可以缓解土壤吸附等造成的磷有效性降低的影响。同时，当有过多磷输入时，植物体累积磷的浓度也会下降。

所有水分处理中，施加养分 30 天左右，在水分较少的 W1 和 W2 处理下，植物体磷的浓度都有所降低，在水位最低的 W2 处理中，有氮输入的情况下降低较少，表明氮对磷的累积有一定促进作用；水位较高的 W3、W4 处理下，施加适量养分可能有助于提高植物体磷的浓度，但作用不明显；施加养分处理在植物衰退期植物体磷的浓度降低较快，但是由上可知，施加磷后地上植物生物量降低减缓，因此衰退期植物体磷

浓度较低的原因可能是生物量较大的稀释作用造成的。

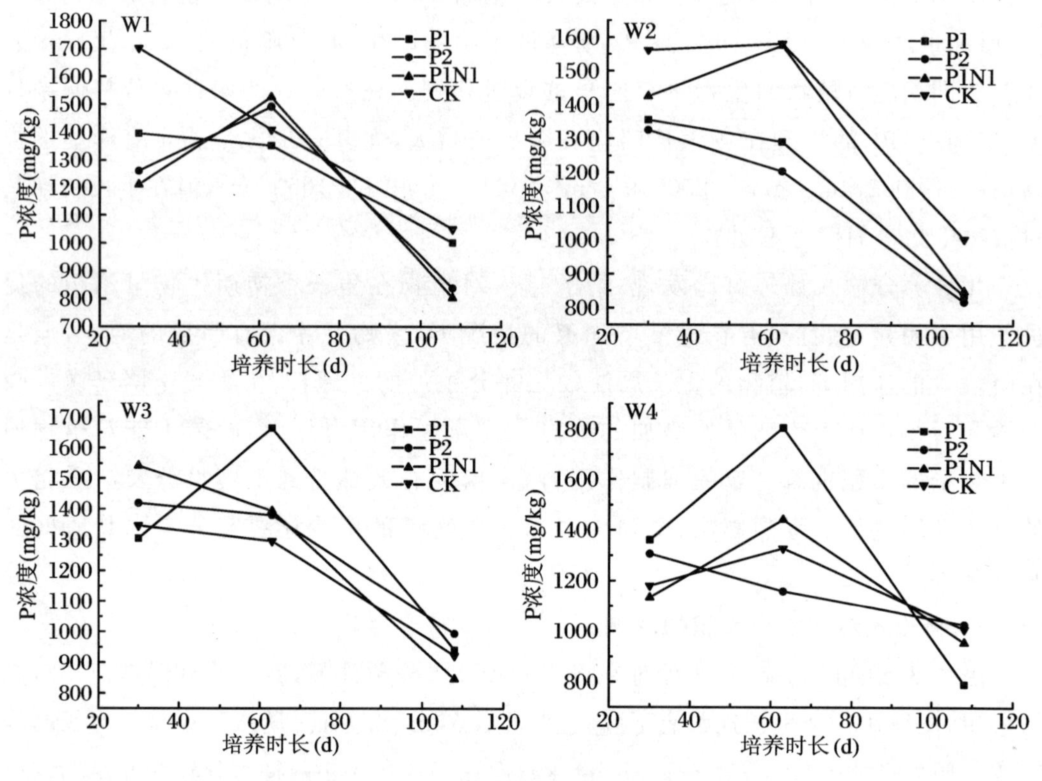


图 8.83 不同处理下地上植物体磷含量的变化

## 二、湿地开垦对土壤磷含量的影响

开垦前磷库的变化主要受物理作用、化学作用和生物作用的影响,开垦后在上述条件的影响下,又受到人为因素的影响,且影响很大。分析不同开垦年限的湿地土壤 TP 含量发现,随着开垦年限的增加,土壤 TP 含量呈下降趋势(图 8.84),开垦 2 年的土壤较湿地土壤 TP 含量下降 15.2%,开垦 20 年的土壤则下降了 77.9%。开垦过程中,长期大量施肥虽然可以造成磷的累积,但施用磷肥主要增加土壤的无机磷库,有机磷含量随着开垦年限的增加随有机质含量的降低而降低,三江平原湿地土壤有机磷含量占 TP 含量的 50%以上,则土壤 TP 的变化受土壤有机磷变化的影响更大,因此造成了 TP 也有随开垦年限增大而降低的趋势。进一步对不同开垦年限土壤的 TP 和 SOC 之间的关系分析发现二者存在线性正相关关系(图 8.85),表明不同开垦年限的土壤 TP 含量的变化受土壤中有机磷变化的影响较大。

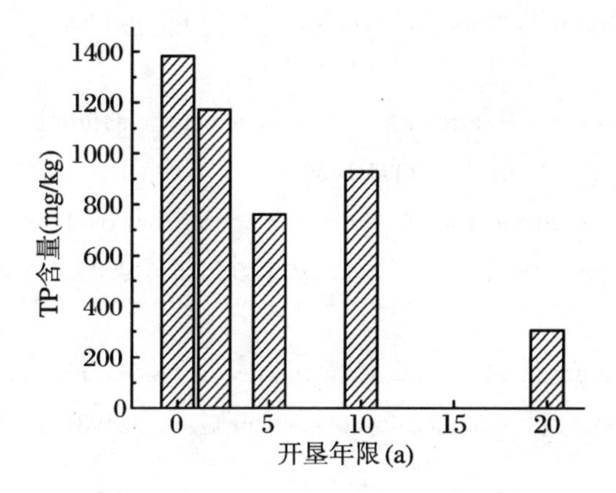


图 8.84　不同开垦年限土壤 TP 变化

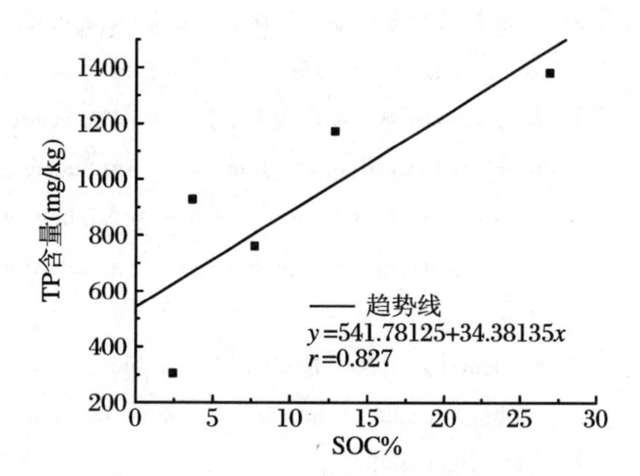


图 8.85　不同开垦年限土壤 TP 与 SOC 的拟合曲线

# 参 考 文 献


[1] Bowden W B. Gaseous nitrogen emissions from undisturbed tettestrial ecosystems: an assessment of their impacts on local and global nitrogen budgets[J]. Biogeochemistry, 1986, 2: 249-279.

[2] Braakhekke W G, D A P Hooftman. The source balance hypothesis of plant species diversity in grassland[J]. Journal of Vegetation Science, 1999, 10: 187-200.

[3] Bronson K F. Automated chamber measurements of methane and nitrous oxide flux in a flooded rice soil: 1 Residue, nitrogen and water management[J]. Soil Science Soc. Am. J., 1997, 61: 981-987.

[4] 陈冠雄，黄国宏，黄斌，等. 稻田 $CH_4$ 和 $N_2O$ 的排放及养萍和施肥的影响[J]. 应用生态学报，1995，6(4): 378-382.

[5] Dugas W A, M L Heuer, H S. Carbon dioxide fluxes over bermudagrass, native prairie and sorghum[J]. Agricultural and Forest Meterology, 1999, 93: 121-139.

[6] Güsewell S, W Koerselman. Variation in nitrogen and phosphorus concentration of wetland plants[J]. Perspectives in Plant Ecology, Evolution and Systematics, 2002, 5: 37-61.

[7] Ham J M, A K Knapp. Fluxes of $CO_2$, water vapor and energy from a prairie ecosystem during the seasonal transition from carbon sink to carbon source [J]. Agricultural and Forest Meterology, 1998, 89: 1-14.

[8] J T Houghton, L G Meira Filho, J P Bruce, et al. Climate Change 1994, Radiative Forcing of Climate Change and an Evaluation of the IPCC IS92 Emission Scenarios[M]. UK: Cambridge University Press, 1995: 337.

[9] Kim J, S B Verma. Carbon dioxide exchange in a temperate grassland ecosystem[J]. Boundary-layer Meterology, 1990, 52: 135-149.

[10] Koerselman W, A F W Meuleman. The vegetation N : P ratio: a new tool to detect the nature of nutrient limitation[J]. Journal of Applied Ecology, 1996, 33: 1441-1450.

[11] Kralova M, P H Masscheleyn, C W Lindau, et al. Production of dinitrogen and nitrous oxide in soil suspensions as affected by redox potential[J]. Water, Air and Soil Pollution, 1992, 61: 37-45.

[12] Lafleur P M, N T Roulet, J L Bubier, et al. Interannual variability in the peatland-atmosphere carbon dioxide exchange at an ombrotrophic bog[J]. Global Biogeochemical Cycle, 2003, 17 (2): 1036-1049.

[13] Pärtel M, A Helm, N Ingerpuu, et al. Conservation of North European plant diversity: the correspondence with soil pH[J]. Biological Conservation, 2004, 120: 525-531.

[14] Prinzing A, W Durka, S Klotz, et al. Geographic variability of ecological niches of plant species: are competition and stress relevant[J]. Ecography, 2002, 25: 721-729.

[15] Roem W J, H Klees, F Berendse. Effects of nutrient addition and acidification on plant species diversity and seed germination in heathland[J]. Journal of Applied Ecology, 2002, 39: 9937-948.

[16] Rückauf U, J R Augustin, R Russow, et al. Nitrate removal from drained and reflooded fen soil affected by soil N transformation processes and plant uptake[J]. Soil Biol. Biochem., 2004, 36: 77-90.

[17] Suyker A E, S B Verma. Year-round observations of the net ecosystem exchange of carbon dioxide in a native tallgrass prairie[J]. Global Change Biology, 2001, 7(3): 279-289.

[18] Tessier J T, D J Raynal. Use of nitrogen to phosphorus ratio in plant tissue as an indicator of nutrient limitation and nitrogen saturation[J]. Journal of Applied Ecology, 2003, 40: 523-534.

[19] Wang H M, N Saigusa, S Ymamoto, et al. Net ecosystem $CO_2$ exchange over a larch forest in Hokkaido, Japan[J]. Atmospheric Environment, 2004, 38(40): 7021-7032.

[20] 徐华,邢光熹,蔡祖聪,等. 土壤水分状况和质地对稻田 $N_2O$ 排放的影响[J]. 土壤学报,2000,37(4): 499-505.

# 第九章　湿地环境中碳、氮、硫、磷的循环模式

## 第一节　湿地生物地球化学循环的基本特征

湿地生物地球化学循环研究是生物地球化学的重要研究内容之一，主要研究湿地环境中化学物质（在这里指碳、氮、硫、磷等营养元素）的生物地球化学过程。以化学物质在生物体与无机环境界面间的交换为基础，在湿地生态环境中化学物质进行迁移转化，进入生物体，支持生物体生理生态过程和新陈代谢，其产生的废弃物再归还给环境。也就是说它是生物体所需要的化学物质即碳、氮、硫、磷在生物体和外界环境之间的运移及转化过程。根据周启星等（2001）的论述，“生物地球化学循环一般是指化学物质从非生物分室进到生物体分室然后又回到非生物分室而进行循环的过程，它包括化学元素或化合物在非生物分室中的行为、运行机制和过程以及从一种生物体（初级生产者）到另一种生物体（消费者）的迁移或食物链的转递关系及其效应”。湿地是一种多类型、多层次和具有多功能的复杂生态系统，研究其生物地球化学过程就是研究湿地生态环境各组分之间、生物与生物之间、生物体与环境之间化学物质传递和交换过程以及湿地生态系统与外部环境进行物质和能量交换过程中保持输入和输出的平衡等。在所有影响湿地生态系统结构和功能的因素中，水分和营养物质是关键控制因素。水分和营养物质（碳、氮、磷等）作为湿地生物地球化学循环的重要组成成分，对湿地水文、土壤、生物等环境要素具有重要的影响，对湿地的演化和健康起着决定性作用，影响着系统的稳定性和功能及其生态效应。因此，深入研究湿地水文生物地球化学，碳、氮、硫、磷等营养物质的生物地球化学循环、驱动因子及其机理，是湿地生物地球化学研究的重要特征，对湿地环境保护与风险管理具有重要意义。

## 一、水的生物地球化学循环

水的生物地球化学循环是所有物质循环的基础和动力，它是以分子形式在环境各要素之间、生物与生物之间、生物与环境之间的复合生态系统中不断运动和转化，包括地表蒸发和蒸发散、大气降水、径流与入渗、形成地表径流和地下径流，汇入海洋，经过蒸发和蒸发散作用，水分进入大气圈，再经过大气环流以大气降水形式回到陆地地表等，构成了水的生物地球化学循环(图 9.1)。

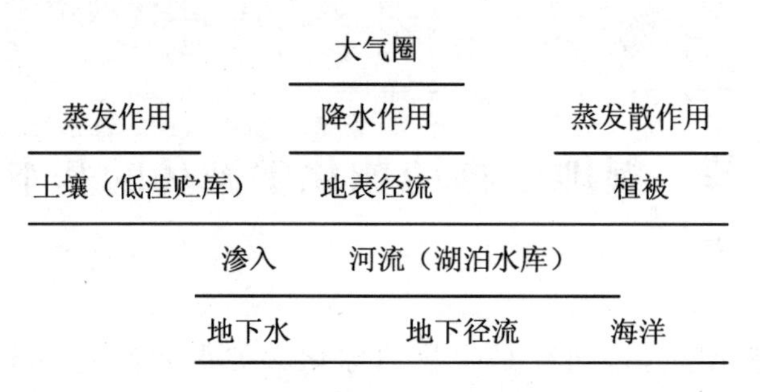


**图 9.1 水的生物地球化学循环的基本模式**

地球上的水包括地表水、地下水、海洋水、大气降水、土壤水、冰川水和生物水等，其中海洋水占地球总水量的 80%，占地球上可再循环水的 97%(周启星，2001)。水在生物与环境间的复合系统中以气态、液态、固态三态形式进行迁移和运动，构成完整的水循环。三江平原湿地地势低洼，由黑龙江、松花江、乌苏里江等三条主要河流汇流而成。其水源主要来自大气降水和河流。部分降水由植被截流，被植物吸收，经植被蒸发散作用和地表蒸发作用进入大气圈；部分降水形成地表径流，汇入河流；另一部分降水渗入地下形成地下径流，地表径流和地下径流汇入海洋。湿地由于地势低洼，水流汇集，具有极大的水分调蓄功能，特别是有的泥炭中最高水分含量达 95%。湿地表面包括地表水和土壤水蒸发、植被蒸散发、水汽凝结、降水-产流、入渗-地下水径流然后通过地表径流和地下径流汇入海洋等水循环过程，在其循环过程中水分受各种环境因素(地质地貌、气候气象、土壤、植被等)影响，发生蒸发和蒸散发作用、降水作用、水汽凝结作用、入渗作用、溶解作用，并在湿地中停流、库存，形成巨大的储水库。因此，揭示湿地水循环过程及平衡机制，阐明湿地水的生物地球化学循环对维持区域地表水量平衡和区域生物地球化学过程等方面的影响，具有重要贡献和意义。

湿地水文生物地球化学过程既包括水量变化，也包括水中含有的物质即水质变化过程。水体中含有的各种化学物质决定着水体的生物地球化学特性，湿地水文特征变化和外源性营养物及污染物不断输入将改变湿地水体的生物地球化学特征。随着水的运动，水体中各种化学物质形成生物地球化学流，进行迁移转化，经过水体中各种化学物质的相互作用和耦合，构成生物地球化学场（李长生，2001）。在某一生物地球化学场，这些化学物质在各种环境外营力的综合作用下，共同影响着湿地生态结构和生态系统的稳定性。湿地水体中营养物质（如碳、氮、磷等）大量输入对湿地植物的初级生产力和物种丰富度产生明显影响，可以迅速改变湿地营养结构，再加上气候变暖、水量减少将使湿地进一步退化。

湿地水的生物地球化学循环是维系整个湿地生态系统正常结构和功能的必要条件，水是湿地生态系统各种物质运动的载体，控制着湿地环境中包括营养元素在内各种物质的生物地球化学循环和过程、生物地球化学的行为和方向。由于其水文条件的特殊性，对气候变化及人类活动扰动更为敏感。水位条件是影响湿地生境及其功能变化的关键环境因子，水位波动幅度和持续时间等对植被组成和植被分布范围有显著影响，不同类型湿地生态系统中，持续淹水、季节性淹水及周期性干湿交替等过程对湿地物种的存活类型和数量及新生物种的入侵产生选择和限制，对湿地的形成和发育方向起着重要作用（Cooper, et al.,2005）。水位条件还可限制湿地植被生理生态过程及生产力的形成，特别是影响着植物光合作用特征的变化。三江平原湿地的水文过程对全球气候变暖的响应极为敏感，由于气候变暖，大气降水减少，蒸发强度加大，导致湿地面积缩小，湿地退化，影响湿地植被结构、物种组成及其产量。同时也影响水生生物资源种类、数量和湿地生态系统的功能。由此可见，湿地水文过程控制了湿地的生态格局和生态过程，特别是控制了湿地基本的植被分布格局，成为湿地生态系统演替的主要驱动力。在景观尺度上，水的生物地球化学循环直接影响湿地范围及内部生态过程，从而控制湿地景观生态系统变化的方向、速度和趋势。

## 二、湿地生态系统碳、氮、硫、磷的生物地球化学特征

碳、氮、硫、磷是任何一种生物体都必需的生命元素，它们与水一样是生物体极其重要的组成部分，碳、氮、硫、磷的循环与水的循环一起构成了全球尺度最重要的化学物质的生物地球化学循环。湿地碳、氮、硫、磷的生物地球化学循环包括湿地生态系统碳、氮、硫、磷的物理、化学、生物过程，湿地环境中碳、氮、硫、磷的丰度及其分布规律，碳、氮、硫、磷在湿地系统内各环境要素间、生物与环境之间及系统间的生物地球化学迁移转化和循环。湿地生态系统内及与相邻生态系统之间进行的物质交换主要是通过水文、气象和生物等途径来实现的，湿地生物地球化学循环控制着生态系统多相界面之间的物质与能量交换，及不同元素储存库间的物质流动，不仅影响区域物质和能量的输入和输出，而且影响湿地物质和能量平衡及其生产力。湿地作为主要营

养元素(碳、氮、硫、磷)的源/汇或调节器,可以促进、延缓或遏制环境的恶化趋势。湿地生态系统不仅具有极为丰富的资源潜力和巨大的物种基因库,而且在维护生物多样性、调蓄洪水、降解污染物、调节气候等方面也起着非常重要的作用。不仅如此,湿地还有很高的生产力和氧化还原能力,是一个极为重要的生物地球化学场,并与其外围的生态系统中各环境介质即水、大气、岩石、土壤和动植物等进行物质和能量的生物地球化学交换,发生非常重要的相互作用和耦合。

**1. 湿地生态系统碳的生物地球化学特性**

碳的生物地球化学循环受到有机碳化合物合成(包括光合作用)过程和呼吸/分解过程这样一对互逆过程的调控,它们是碳的输入和输出陆地生物圈和海洋生物圈的主要驱动机制,是碳的生物地球化学循环的关键反应。其有机碳生产过程和降解过程构成了一个完整的碳的生物地球化学循环(周启星等,2001)。

由于长期湿润和淹水环境,湿地植物生长旺盛,生产力极大,而地表残留有机物质/残落物的分解较慢,在其表面累积大量的有机质,储存大量有机碳。据研究,天然湿地尽管占全球陆地面积不大(4%~5%),但其有机碳储量非常丰富,是陆地生态系统碳库之一,占陆地碳总储量的三分之一(Roulet,2000)。据估计,温带与寒温带湿地中碳的库存量为455 Gt(1 G = $10^9$),从大气中输入该系统的碳通量为0.096 Gt/a,而该系统向大气输出的碳通量为0.05 Gt/a(周启星,2001)。同时湿地兼有碳源与碳汇的双重角色,根据Brix等(2001)的研究结果,湿地植物净同化碳仅有15%再释放到大气中,大部分碳累积在湿地中。表明湿地是一个重要的碳的归宿地,成为吸收和累积$CO_2$的重要的碳汇(Smish,et al.,1983;Stallard,1998)。但是,湿地在生物地球化学过程中产生$CO_2$、$CH_4$等温室气体排放到大气中,其中$CH_4$的排放量占全球排放总量的20%。由于气候变暖和人类活动强度增大,全球湿地面积迅速减小,导致湿地储存的$CO_2$、$CH_4$释放到大气中(吴金水等,2004)。

湿地作为陆地生态系统重要的碳库之一,对全球碳循环及碳平衡具有重要的意义。同时湿地也是对全球变化和人类活动干扰较为敏感的生态系统类型之一。人类活动干扰了湿地生态系统正常的物质循环过程,尤其是湿地开垦为农田后,植物残体及沉积泥炭分解速率提高,碳的释放量增加,改变了湿地生态系统的碳循环模式。三江平原是我国沼泽湿地分布面积最大的地区,也是近50年来湿地开垦面积最多的地区,使得区内湿地面积急剧下降,天然湿地面积减少近72%(刘兴土等, 2002)。天然湿地的大面积丧失,已造成区内气候变干、河流径流量减少、地下水位下降、植被破坏、土壤侵蚀作用加强、土壤肥力下降,对区域生态环境产生了重要影响(刘兴土等, 2000; 宋长春等, 2004)。已往的研究表明,农业耕作降低了土壤有机质的数量和质量(Gebhart, et al., 1994),使$CO_2$的释放速率增加(Reicosky, Lindstrom, 1993),

并影响到土壤对大气 $CH_4$ 的排放/吸收能力(Jacinthe，Lal，2005)，以至于影响全球碳的生物地球化学平衡。湿地生境 $CH_4$ 的产生是大气 $CH_4$ 主要的自然来源(韩兴国等，1999)。Matthews 和 Fung(1987)估计全世界每年有 $110\times10^{12}$ g $CH_4$ 来自天然湿地中的厌氧分解。而热带湿地面积较大且热带湿地 $CH_4$ 产生速度要高于温、寒带即寒冷地区，反映了在许多湿地生态系统中温度和生态系统净初级生产力与 $CH_4$ 产生速度之间的正相关关系。吸收或消耗大气中 $CH_4$ 的主要"汇"(sink)是大气中 $CH_4$ 与羟基(—OH)的反应，每年约有 $445\times10^{12}$ g $CH_4$ 通过该反应从大气对流层移去。由于其在大气中的平均滞留时间为 9 年，约有 $40\times10^{12}$ g$CH_4$/年进入平流层，并在那里由相似的化学反应所消耗(韩兴国等，1999)。同时，产生 $CO_2$ 和水汽。另外，湿地环境随着气温的降低，特别是北方冬季非生长季期间，湿地土壤和植被向大气输送和释放的 $CH_4$ 量减少；而到第 2 年春天随着气温升高，其释放量才又增加。

**2. 湿地生态系统氮的生物地球化学特性**

在任何一种生态系统中，氮的生物地球化学循环都相当活跃，具体表现在多种价态和多种化合物之间的互相转化上。在有机体中有机化合物如蛋白质、DNA 等中氮以还原态形式存在(3 价)，而在大气和水介质中，分子氮($N_2$)及其化合物($NO$、$NO_2$)和硝酸盐(5 价)、亚硝酸盐(3 价)占有重要地位，在土壤介质中，由于硝化细菌的氧化作用，土壤中常有硝酸盐(5 价)存在。而在湿地土壤介质中，由于亚硝化细菌的还原作用，土壤中硝酸盐还原为亚硝酸盐(3 价)存在。在湿地生物地球化学场，氮从一个介质向另一个介质的运移，或者从一种形态向另一种形态的转化，在任何情况下几乎都是通过生命代谢活动或生物体特别是微生物的作用来调节或完成的。在湿地水环境中氮的生物地球化学循环主要包括以下生态化学过程：① 复杂有机化合物分解为简单的化合物($H_2O$、$CO_2$、$CH_4$、$N_2O$ 等)；② 铵和亚硝酸盐的氧化；③ 硝酸盐的同化作用，又转化为复杂的有机化合物(周启星等，2001)。这是湿地氮的生物化学循环的重要特征。它包括氮化合物的生物学转换和非生物学转换，前者有生物固氮和非生物固氮、矿化和硝化过程、氨的同化和挥发及反硝化过程等。湿地土壤有机质分解中 N 的矿化是从异养微生物对 N 的释放开始的，这个过程称为氨化。氨化过程后，一部分 $NH_4^+$ 被植物吸收、微生物固持或被黏土矿物固定；剩余部分的 $NH_4^+$ 可通过自养细菌的硝化作用转变为 $NO_3^-$ 被土壤微生物固持；一些有机体将硝化过程作为一种能量的来源；有时 $NH_4^+$ 能通过异养硝化转变成 $NO_3^-$，$NO_3^-$ 易被植物吸收，也容易从生态系统的地表径流流失或通过反硝化过程损失。$NH_3^-$ 和 $NH_4^+$ 进入土壤或水体中，主要有两个去向，它们或者被氧化成 $NO_2^-$/$NO_3^-$，或者被有机体同化而成为它们体内的一部分。前者为硝化，后者为 $NH_3$ 的同化。土壤氮的反硝化作用是指 $NO_3^-$ 被转化为 $N_2O$ 和 $N_2$ 的过程，反硝化过程无论在有氧(有氧异养)还是无氧(兼性无氧异养)条件下均可发生。反硝化过程中有一系列中间产物包括 $NO_2^-$、NO、$N_2O$ 等产生。在湿地环境中,反硝化过程被认为只出现于被淹没的厌氧土壤中,从而忽略了一些高位生态系统在引起大气 $N_2O$ 增加中的重要性。现在土壤科学家已经证明 $O_2$ 向土壤团聚体中心扩散相当缓慢,致使在许多地方和区域出现局部厌氧环境,这种现象在自然界是很普遍的(Tiedje, et al.,1984; Sexstone, et al.,1985)。因此,韩兴国等(1999)认为反硝化过程可能并不仅仅限于经常性被淹没的,或长期处于厌氧条件下的土壤中,陆地向大气排放 $N_2O$ 不仅与湿地有关,更可能与整个陆地生态系统有关。

湿地氮的生物地球化学循环是湿地生物地球化学循环的重要组成部分,它不但影响生态系统的结构、功能,而且还对生态系统的稳定性及健康有着显著的影响,并在一定程度上决定着生态系统的演化方向和综合功能的正常发挥。在全球变化的背景下,人类活动已经成为引起生态系统物质、能量交换和动态变化的重要驱动力。湿地氮循环的改变不但影响生态系统自身的调节机制,而且它还与当前一系列全球环境问题——全球气候变暖、臭氧层破坏等密切相关(张兰生等,2001;方精云等,2002)。这些环境问题的产生反过来又会对湿地生态系统的演化、物种分布及生物多样性等产生深远的影响。

**3. 湿地生态系统硫的生物地球化学特性**

硫的生物地球化学循环是生物圈最复杂的循环之一,在其复杂的循环过程中,硫最重要的生物地球化学作用是积极参与活有机体生理生化过程,并影响着周围环境介质的生物地球化学特征。它包括了气体型循环和沉积型循环两个重要的生物地球化学过程,它不仅由硫的生物地球化学基本特征来决定,而且也是其生物地球化学与生态化学过程和生物学过程相互作用的结果。另一个硫的生物地球化学循环特征还涉及一系列由酶催化的氧化/还原作用。它最重要的生物地球化学反应发生在硫的无机形态通过 −2 价和 +6 价氧化态之间的相互转化。在自然界中硫以几种氧化态化合物存在,它与其他元素所发生的氧化还原反应在硫的生物地球化学循环过程中起重要作用。自然界中硫有气态、气溶胶、水环境、土壤、矿物和生物等几种存在形式。大气中存在的硫以较低的价位(−2～+4 价)存在。而水环境中的硫是以 +6 价的硫酸根存在,非离子态的硫(−2 价)化合物的蒸汽压很大,因此可在水体至大气间移动。在有氧气存在的水中,$H_2S$ 会逐渐氧化。另外,在水中的 $H_2S$ 还可以离解成 $H^+$ 和 $HS^-$。在不含氧的水中,如沼泽水或淤泥中可含自由的 $H_2S$,因而这类物质可作为大气 $H_2S$ 的重要来源。同时,植物组分可以改变硫的生物地球化学循环的方向,主要是因为植物吸收土壤或水中的硫酸盐,将其还原为有机硫如半胱氨酸、胱氨酸和蛋氨酸,形成蛋白质。由此可见,在一定程度上,植物群落组成也影响着硫的生物地球化学特征。湿地是一个特殊的生态系统，极其丰富的生物多样性条件显著影响着湿地生物地球化学过程。这些过程不仅改变了物质的化学组成，而且使有关的化学物质在湿地各环境介质中发生空间位移以及生物地球化学转化。硫具有 -2 价至 +6 价之间不同的化合态，能以固态、液态和气态的形式存在，但随环境条件的变化而变化，生成不同形态的化合物。另外，生物化学作用也能使硫从一种氧化态转化为另一种氧化态，这些特点决定了硫的地球化学循环更加复杂多变（Anne，1992）。湿地硫的生物地球化学过程在湿地生态系统中起着重要作用，是与碳矿化、水体酸化、黄铁矿的形成、金属元素循环以及大气硫释放等一系列重要生态过程联系在一起的，因此受到了广泛关注（Spratt，1990；Kevin，2000；Robert，2001）。但是近年来由于人类活动频度增强，已干扰了湿地生态系统正常的物质循环。尤其是湿地被开垦后地表植被遭到严重破坏，土壤氧化还原条件发生了改变，对湿地硫的生物地球化学循环产生重要影响和干扰。此外，农田排水污染，湿地退化和面积缩小等都显著影响着硫的生物地球化学过程。

**4. 湿地生态系统磷的生物地球化学特性**

磷不仅是动植物等有机体中重要的组成成分，而且对人类生命维持系统的重要性也是十分明显的。在自然界，磷主要以 +5 价氧化态存在，以 $PO_4^{3-}$ 或这种酸根的可变形态如 $HPO_4^{3-}$ 等形式存在于各种颗粒物、化合物中。一般来说，磷的生物地球化学循环也以这种形态的磷传输为主。特别是在水环境中，它表现为各种磷酸盐之间的互相转化。磷的生物地球化学过程包括：岩石矿物的风化释放，风化出来的磷或呈可溶性态或固体形态通过河流的搬运而进入海洋；途中一部分可溶性磷被陆地生物吸收利用而进入生物循环，同时另一部分通过降解再回到土壤，或被土壤吸附于矿物颗粒，重又被固定。从岩石风化出来的大部分磷（90%）都是束缚在一些含磷矿物中，这部分含磷矿物随携带它们的物质一起运动，有时沉积在河流或湖泊的底部，或者随携带它们的物质流入海洋。其余在水中的可溶态磷被植物吸收参加磷的生物循环。尽管磷是有机体不可缺少的重要元素，但是由于它易于被土壤矿物颗粒吸附而固定，或者被河流携带而流失，或者沉积于湖泊底部，因而大部分生态系统中的磷是缺乏的，磷往往成为初级生产力的主要限制因素之一，而生态系统中磷的有效性还控制了其他生命元素的循环。

湿地生态系统中的磷与其他陆地生态系统一样大多来源于土壤母质，小部分来自于大气的干湿沉降，有学者估算，通过大气沉降进入生态系统的磷一般为 0.07～1.7 $kg/(hm^2 \cdot a)$（Newman，1995），对于某些湖泊来讲，地表径流磷，即主要是河流中的磷和大气磷的输入对系统养分平衡起着重要的作用。由于非点源污染、农田排水污染，大量的磷输入湖泊中，成为湖泊富营养化的主要限制性因子，导致湖泊和湿地富营养化，进一步使湖泊和湿地退化。湿地磷主要储存在植物残体和沉积物中，以可溶性磷、颗粒磷和有机磷形态存在，磷作为原生质重要和必需的组分，可把可溶性磷酸盐合成为复杂的磷有机化合物，然后经过各种降解作用又把磷的有机化合物降解为可溶性磷酸盐，为植物所吸收(图 9.2)。

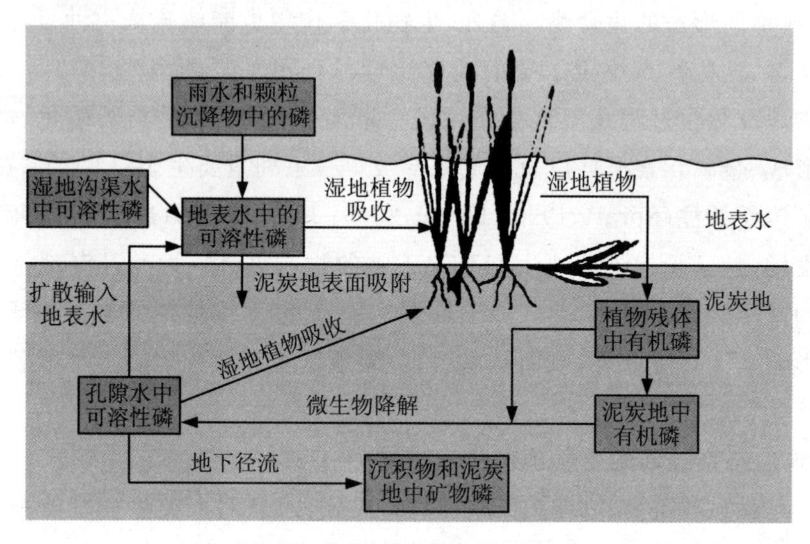


图 9.2 湿地系统磷循环示意图

## 第二节 毛果苔草湿地和漂筏苔草湿地系统碳、氮、硫、磷循环模式

三江平原湿地的植物群落一般有对列式和同心圆式的分布特征，前者多见于河流两侧，自河流中心向河岸因积水深度和流动状况不同，依次分布有漂筏苔草沼泽湿地(积水深 30～90 cm)、毛果苔草沼泽湿地(积水深 15～30 cm)，再向外逐渐为季节性积水的小叶章和苔草沼泽化草甸所取代。后者多见于各种洼地中，随积水深度由深变浅，植物群落呈同心圆式向外更替。洼地中部为漂筏苔草群落，向外为毛果苔草群落、乌拉苔草及灰脉苔草群落等，而洼地边缘则分布有小叶章沼泽化草甸和小叶章草甸。

三江平原主要湿地类型有常年积水的毛果苔草湿地和漂筏苔草湿地，以及季节性积水的小叶章湿地等。根据周启星、黄国宏等(2001)关于生物地球化学分室

(compartment)的研究,初步确定了三江平原毛果苔草湿地和漂筏苔草湿地系统碳、氮、硫、磷生物地球化学循环模式。

在上述研究的基础上建立了毛果苔草湿地和漂筏苔草湿地系统碳、氮、硫、磷的循环模式如图 9.3、图 9.4 所示。由图可知在两种湿地类型中,土壤是各元素的主要储库,C 元素在残体分室中的储量仅次于土壤分室,而其他元素在其中的储量相对于土壤分室均较低。就植物活体各分室而言,各元素在地下分室中的储量一般为地上分室的 3~8 倍;就两类湿地系统元素的气态损失而言,均以 C 的气态损失量最大,而 N 的气态损失量虽低,但其在系统氮平衡中的作用不可忽视。

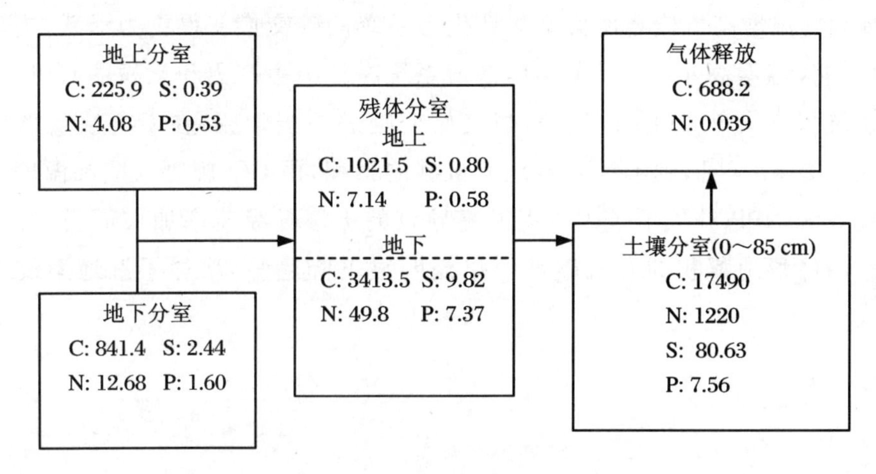


**图 9.3 毛果苔草湿地系统元素循环图(单位:g/m²)**

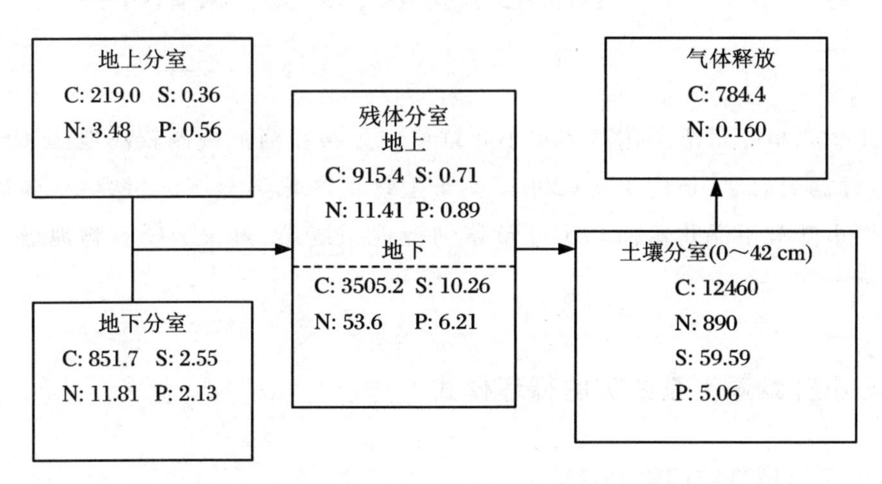


**图 9.4 漂筏苔草湿地系统元素循环图(单位:g/m²)**

毛果苔草沼泽湿地和漂筏苔草沼泽湿地都是常年积水湿地,张文菊等(2007)构建了典型湿地生态系统碳循环模拟模型,他们利用三江平原沼泽生态实验站实测数据对模型进行了检验。其结果表明,所建模型能较好地模拟三江平原典型湿地生态系统的碳通量和碳的累积特征，土壤呼吸的模拟值与实测值呈极显著相关关系（$P<0.01$）。三江平原常年积水沼泽有机碳密度约为 $80\times10^9$ g/km$^2$，相当于季节性积水沼泽湿地的5倍左右。毛果苔草沼泽湿地即常年积水沼泽湿地每年碳的净固定 $CO_2$ 为104 g/m$^2$，是大气 $CO_2$ 的净碳"汇"。而典型草甸小叶章湿地即季节性积水沼泽湿地年净初级生产力(NPP)略高于常年积水沼泽湿地，但其土壤呼吸受积水的影响相对较小，年净排放(NE)明显高于常年积水沼泽湿地，达702 g/(m$^2$·a)，因而每年净固定的碳仅为常年积水沼泽湿地的73%，约76 g/(m$^2$·a)。由此可见，常年积水沼泽湿地即毛果苔草沼泽湿地和漂筏苔草沼泽湿地在既定的水文条件下，大气 $CO_2$ 浓度升高和气温增高可能会使典型湿地生态系统的碳交换变得更为活跃，当在 $CO_2$ 浓度倍增和气温增高小于2.5℃时，湿地系统净初级生产力和累积的有机碳增加，则湿地系统仍为大气 $CO_2$ 的汇。而当气候变暖进一步加剧，在 $CO_2$ 浓度倍增和气温增高大于2.5℃时，则不利于湿地有机碳的累积，由 $CO_2$ 施肥效应和温度升高增高的湿地系统NPP补偿不了因气温升高导致的土壤呼吸速率加快而失去的碳，季节性积水沼泽湿地累积的有机碳甚至出现明显下降趋势，增加了湿地系统 $CO_2$ 排放强度。

## 第三节 小叶章湿地系统碳、氮、硫、磷循环模式

三江平原小叶章沼泽化草甸和小叶章草甸分布在河流两侧较高地区和洼地边缘地区，根据周启星、黄国宏等(2001)关于生物地球化学分室的研究，初步确定了三江平原小叶章沼泽化草甸和小叶章草甸湿地系统碳、氮、硫、磷生物地球化学循环模式。

### 一、小叶章湿地系统碳的循环模式

**1. 沼泽湿地系统碳输入量**

由所测数据可知，沼泽化草甸小叶章湿地(Ⅺ)和典型草甸小叶章湿地(Ⅻ)地上生物量的变化为单峰型，4月底5月初开始萌发，随着水热条件的改善，植物净C累积量迅速增加，7月分别达最大地上生物量1066.86 g/m$^2$和694.48 g/m$^2$，其相应C累积输入量为463.14 gC/m$^2$和301.58 gC/m$^2$。之后，植物光合作用减弱，植

物体干枯物增多，虽然新鲜干枯物仍附着于植物体上，但由于干枯物分解初期发生的快速淋溶物质损失，致使瞬时地上净C生产小于净C分解损失，表现为净C输入量在8～10月为负值，同时地上累积C输入量亦呈略微下降趋势。严格说来，新鲜干枯物的分解损失部分应计为系统C输出的一部分，但由于一方面干枯物的分解速率是个瞬时值，给新鲜干枯物的分解测定带来一定的困难；另一方面，碱液法测定的土壤呼吸为割除地上植物体后的$CO_2$-C释放，这部分C不包括新鲜干枯物分解损失的那部分C。综合考虑上述两方面因素，将新鲜干枯物分解损失的那部分C计入植物体地上部分的C累积量而以净C输入量来表示，既避免了在C平衡估算过程中将这部分C遗失，又不会影响系统C平衡的建立。由此计算出，生长季(5～10月)Ⅺ和Ⅻ两类草甸地上部分的C输入量分别为463.14 gC/m$^2$ 和301.58 gC/m$^2$。

不同于地上部分的计算方法，地下生产量的计算方法为极差法，即取当年最大生物量与当年最小生物量之差为植物当年地下生产量。由于土壤呼吸$CO_2$-C释放中已包括植物死亡根系分解的$CO_2$-C损失，因此，认为最大地下生物量与次年最大生物量出现日期之间的各月根系C生产量为0。由此，计算出生长季Ⅺ和Ⅻ两类草甸地下部分的C输入量分别为664.25 gC/m$^2$ 和1483.18 gC/m$^2$。

小叶章为多年生草本植物，地上部分当年全部死亡，而在气温极低的北方季节性冻土带，其地下根系在冬季的生命活动也相当微弱，因此认为，小叶章植物体在非生长季(11月～次年4月)的地上和地下C输入量为0。由此可知，Ⅺ和Ⅻ两类小叶章草甸全年的总净C输入量为1127.4 gC/(m$^2$·a)和1784.8 gC/(m$^2$·a)，其中，地下根系所占比例分别为58.9%和83.1%，可见，根系生产力对于小叶章草甸碳平衡的估算具有重要意义。然而，由于根系生产力测定方法的局限性以及不确定性，也给系统碳平衡的估算带来了一定的偏差。其计算过程及结果见表9.1。

**表9.1 生长季不同月份小叶章湿地系统地上和地下C输入量**

单位：gC/m$^2$

| 月份 | 地上部分 | | | 地下部分 | | |
|---|---|---|---|---|---|---|
| Ⅺ | $ABM_i$ * | $AC_i$-Input | $AC_j$-Input | $BBM_i$ * | $BC_i$-Input | $BC_j$-Input |
| 5 | 180.43 | 92.93 | 92.93 | 1109.68 | 0# | 0 |
| 6 | 619.21 | 186.59 | 279.52 | 1234.59 | 51.9 | 51.9 |
| 7 | 1066.86 | 192.38 | 471.90 | 1529.98 | 111.6 | 163.5 |
| 8 | 951.21 | -52.02 | 419.88 | 2395.09 | 408.4 | 571.9 |
| 9 | 856.30 | -40.09 | 379.79 | 2542.03 | 9.1 | 581.0 |
| 10 | 547.33 | -130.61 | 249.18 | 2744.73 | 83.3 | 664.3 |

续表

| 月份 | 地上部分 | | | 地下部分 | | |
|---|---|---|---|---|---|---|
| Ⅺ | $ABM_i$ * | $AC_i$-Input | $AC_j$-Input | $BBM_i$ * | $BC_i$-Input | $BC_j$-Input |
| 生长季 | | | 249.18 | | | 664.3 |
| 非生长季 | | | 0 | | | 0 |
| 全年 | | | 249.18 | | | 664.3 |
| Ⅻ | $ABM_i$ * | $AC_i$-Input | $AC_j$-Input | $BBM_i$ * | $BC_i$-Input | $BC_j$-Input |
| 5 | 107.62 | 30.25 | 30.25 | 2597.22 | 0# | 0 |
| 6 | 435.65 | 145.83 | 176.08 | 3437.24 | 409.9 | 409.9 |
| 7 | 694.48 | 113.41 | 289.49 | 3475.56 | 18.7 | 428.6 |
| 8 | 671.94 | -9.58 | 279.91 | 3809.07 | 395.5 | 824.1 |
| 9 | 584.31 | -37.64 | 242.28 | 4881.61 | 304.8 | 1128.9 |
| 10 | 491.91 | -39.71 | 202.57 | 5658.07 | 354.2 | 1483.1 |
| 生长季 | | | 202.57 | | | 1483.1 |
| 非生长季 | | | 0 | | | 0 |
| 全年 | | | 202.57 | | | 1483.1 |

注：*，单位 $g/m^2$。#，6 月份地下生物量出现最小值，因此，地下年净生产量的计算以此为基点，认为在 6 月之前其地下净 C 输入量均为 0。ABM，地上生物量；BBM，地下生物量；AC-Input，地上部分净碳输入量；BC-Input，地下部分净碳输入量。

### 2. 沼泽湿地系统碳输出量

据前述可知，5～9 月 Ⅺ 和 Ⅻ 两类小叶章湿地土壤的月释放量分别为 21.66～111.57 $gC/m^2$ 和 15.42～75.41 $gC/m^2$，6～8 月较高，且随温度呈指数变化形式：$y_{Ⅺ} = 1.24e^{0.078T}$（$R^2 = 0.551$），$y_{Ⅻ} = 0.537e^{0.094T}$（$R^2 = 0.588$）。据此，由 2004 年 10 月的平均气温 0.2 ℃，估算出 Ⅺ 和 Ⅻ 在 10 月份的土壤呼吸释放量分别为 1.26 $gC/m^2$ 和 0.55 $gC/m^2$（表 9.2）。

**表 9.2 生长季不同月份小叶章湿地土壤呼吸 $CO_2$-C 释放**

单位：gC/($m^2$ · month)

| 月份 | 5 | 6 | 7 | 8 | 9 | 10 |
|---|---|---|---|---|---|---|
| Ⅺ | 53.1 | 86.04 | 111.57 | 103.12 | 21.66 | 1.26 |
| Ⅻ | 29.46 | 75.41 | 65.91 | 52.23 | 15.42 | 0.55 |

据前述 $R_{L+S}$ 与气温之间的关系计算：$T = 0.2$ ℃；$y_{Ⅺ} = 1.24e^{0.078T}$（$R^2 = 0.551$），$y_{Ⅻ} = 0.537e^{0.094T}$（$R^2 = 0.588$）。碱液法测定的土壤呼吸主要包括微生物异养呼吸和植物根系自养呼吸两部分，根据已往的文献资料，泥炭地和矿质湿地根系的呼吸占总

土壤呼吸的比例在 35%～60%（Haynes，Gower，1995；Nakane，et al.，1996；Silvola，et al.，1996；Kuzyakov，et al.，2001），本研究中草甸根系呼吸的比例取其平均值 45%。从土壤总呼吸中扣除这一部分，得到生长季（5～10 月）Ⅺ和Ⅻ的土壤月净释放 $CO_2$-C 量分别为 0.69～61.36 gC/$m^2$ 和 0.30～41.48 gC/$m^2$。众多研究结果表明，由碱液吸收法得到的土壤微生物呼吸量一般仅为实际释放量的 60%左右（Kucera，Kirkham，1971；Norman，et al.，1992）。应用该系数对小叶章草甸生长季月均土壤呼吸进行转换，最终得到生长季两类草甸土壤 $CO_2$-C 的月释放量分别为 1.16～102.27 gC/$m^2$ 和 0.50～69.13 gC/$m^2$，其总净释放量分别为 345.37 gC/$m^2$ 和 219.08 gC/$m^2$。

由于 $CH_4$-C 释放量的测定采用的是静态箱-气象色谱法，因此，存在植物体对 $CH_4$-C 通量的影响，这可能使该值与土壤呼吸释放 $CH_4$-C 的实际值具有一定的偏差，但考虑到 $CH_4$-C 在系统总 C 释放中只占很小一部分，故书中忽略植物对 $CH_4$-C 释放的影响。由前述可知，生长季小叶章湿地系统Ⅺ和Ⅻ的 $CH_4$ 月释放量分别在 -0.041～0.252 gC/$m^2$ 和 0.374～1.557 gC/$m^2$ 之间，其总释放量分别为 0.254 gC/$m^2$ 和 4.196 gC/$m^2$。

由于非生长季（11 月～次年 4 月）小叶章植物体已完全枯死，而地下根系的生命活动比较微弱，因此，认为用该方法测定的气体通量可近似代表土壤净呼吸通量。由前述可知，Ⅺ和Ⅻ两类湿地非生长季 $CO_2$-C 和 $CH_4$-C 的总释放 C 量分别为 129.68 gC/$m^2$ 和 26.09 gC/$m^2$。

综上所述，由生长季和非生长季Ⅺ、Ⅻ两类湿地的 $CO_2$-C 和 $CH_4$-C 的释放量，计算得两类湿地系统全年的 C 释放量分别为 475.29 gC/$m^2$ 和 249.35 gC/$m^2$。其计算过程及结果见表 9.3。

**表 9.3　不同时期小叶章湿地系统 C 输出量**

单位：gC/$m^2$

| 月份 | Ⅺ | | | | Ⅻ | | | |
|---|---|---|---|---|---|---|---|---|
| | $C_{i\,CO_2}$ | $C_{i\,CH_4}$ | $C_i$-Output | $C_j$-Output | $C_{i\,CO_2}$ | $C_{i\,CH_4}$ | $C_i$-Output | $C_j$-Output |
| 5 | 48.68 | -0.041 | 48.63 | 48.63 | 27.01 | 0.643 | 27.65 | 27.65 |
| 6 | 78.87 | 0.008 | 78.88 | 127.51 | 69.13 | 1.036 | 70.16 | 97.81 |
| 7 | 102.27 | 0.252 | 102.52 | 230.04 | 60.42 | 1.557 | 61.97 | 159.78 |
| 8 | 94.53 | 0.004 | 94.53 | 324.57 | 47.88 | 0.147 | 48.02 | 207.81 |
| 9 | 19.86 | 0.048 | 19.90 | 344.47 | 14.14 | 0.439 | 14.57 | 222.38 |
| 10 | 1.16 | -0.017 | 1.14 | 345.61 | 0.50 | 0.374 | 0.88 | 223.26 |

续表

| 月份 | Ⅺ | | | | Ⅻ | | | |
|---|---|---|---|---|---|---|---|---|
| | $C_{i\,CO_2}$ | $C_{i\,CH_4}$ | $C_i$-Output | $C_j$-Output | $C_{i\,CO_2}$ | $C_{i\,CH_4}$ | $C_i$-Output | $C_j$-Output |
| 生长季 | | | | 345.61 | | | | 223.26 |
| 非生长季 | | | | 129.68 | | | | 26.09 |
| 全年 | | | | 475.29 | | | | 249.35 |

**3. 沼泽湿地系统碳平衡估算**

表9.4为Ⅺ和Ⅻ不同时期C平衡的计算过程及其结果。结果表明，生长季不同月份系统净C平衡量($C_i$-Balance)变化趋势明显：Ⅺ系统在9月、10月均向外净释放C，其值分别为－50.89 gC/m$^2$ 和－48.45 gC/m$^2$，5～8月系统净收入C，其值分别为44.3 gC/m$^2$、159.61 gC/m$^2$、201.46 gC/m$^2$ 和261.85 gC/m$^2$，C收入主要集中于6～8月，生长季总平衡值为567.88 gC/m$^2$；Ⅻ系统在5～10月均净收入C，其值分别为2.6 gC/m$^2$、485.57 gC/m$^2$、70.14 gC/m$^2$、337.9 gC/m$^2$、252.59 gC/m$^2$ 和313.61 gC/m$^2$，C收入主要集中于6～10月，生长季总平衡值为1462.42 gC/m$^2$。非生长季Ⅺ和Ⅻ两类湿地均向外净释放C，其平衡值分别为－129.68 gC/m$^2$ 和－26.09 gC/m$^2$，系统向外净释放C。由此可知，Ⅺ和Ⅻ两类湿地系统全年C平衡值分别为438.2 gC/(m$^2$·a)和1436.33 gC/(m$^2$·a)，系统净固定C。

**表9.4 两类小叶章湿地系统碳平衡**

单位：gC/m$^2$

| 月份 | $AC_i$-Input | $BC_i$-Input | $C_i$-Ouput | $C_i$-Balance | $C_j$-Balance |
|---|---|---|---|---|---|
| Ⅺ | | | | | |
| 5 | 92.93 | 0 | 48.63 | 44.3 | 44.3 |
| 6 | 186.59 | 51.9 | 78.88 | 159.61 | 203.91 |
| 7 | 192.38 | 111.6 | 102.52 | 201.46 | 405.37 |
| 8 | －52.02 | 408.4 | 94.53 | 261.85 | 667.22 |
| 9 | －40.09 | 9.1 | 19.90 | －50.89 | 616.33 |
| 10 | －130.61 | 83.3 | 1.14 | －48.45 | 567.88 |
| 生长季 | 249.18 | 664.3 | 345.6 | 567.88 | 567.88 |
| 非生长季 | 0 | 0 | 129.68 | －129.68 | －129.68 |
| 全年 | 249.18 | 664.3 | 475.28 | | 438.2 |

续表

| 月份 | $AC_i$-Input | $BC_i$-Input | $C_i$-Ouput | $C_i$-Balance | $C_j$-Balance |
|---|---|---|---|---|---|
| Ⅻ | | | | | |
| 5 | 30.25 | 0 | 27.65 | 2.6 | 2.6 |
| 6 | 145.83 | 409.9 | 70.16 | 485.57 | 488.17 |
| 7 | 113.41 | 18.7 | 61.97 | 70.14 | 558.31 |
| 8 | −9.58 | 395.5 | 48.02 | 337.9 | 896.21 |
| 9 | −37.64 | 304.8 | 14.57 | 252.59 | 1148.8 |
| 10 | −39.71 | 354.2 | 0.88 | 313.61 | 1462.42 |
| 生长季 | 202.57 | 1483.1 | 223.25 | 1462.42 | 1462.42 |
| 非生长季 | 0 | 0 | 26.09 | −26.09 | −26.09 |
| 全年 | 202.57 | 1483.1 | 249.34 | | 1436.33 |

**4. 沼泽湿地系统碳的循环模式**

假设目前的小叶章湿地系统均处于稳定状态，则小叶章湿地植物-土壤系统主要包括三大碳库：地表枯落物碳库（Litter-C）、地下根系碳库（Roots-C）和土壤有机质碳库（Soil-C）。各碳库之间的碳流主要有：植物体地上及地下部分的生产输入，地表枯落物的分解释放输出和土壤有机质的分解释放 $CO_2$、$CH_4$ 输出。考虑到研究地为碟形洼地，属封闭型湿地，认为 DOC 的迁移属系统内部碳流，因此，DOC 的迁移不参与系统内外的输入与输出，故此忽略不计。两类小叶章湿地Ⅺ和Ⅻ中三大碳库的库存量分别为 2257.6 $g/m^2$、1398.8 $g/m^2$、10.32 $kg/m^2$ 和 1379.7 $g/m^2$、4224.9 $g/m^2$、11.75 $kg/m^2$；植物体地上部分的生产输入量为 249.18 $g/(m^2 \cdot a)$和 202.57 $g/(m^2 \cdot a)$；地下部分的生产输入量为 664.3 $g/(m^2 \cdot a)$和 1483.1 $g/(m^2 \cdot a)$；土壤有机质净 $CO_2$-C 释放量为 474.93 $g/(m^2 \cdot a)$和 244.30 $g/(m^2 \cdot a)$，$CH_4$-C 释放量为 0.375 $g/(m^2 \cdot a)$和 5.066 $g/(m^2 \cdot a)$，系统总碳释放输出量为 475.29 $g/(m^2 \cdot a)$和 249.35 $g/(m^2 \cdot a)$。根据前述的结论，地表枯落物分解损失释放的 $CO_2$-C 量占总土壤呼吸的 37%和 31%，再根据Ⅺ和Ⅻ总土壤呼吸的年释放量 506.43 $g/(m^2 \cdot a)$和 265.07 $g/(m^2 \cdot a)$，计算得二者因地表枯落物分解而损失的碳为 187.38 $g/(m^2 \cdot a)$和 82.17 $g/(m^2 \cdot a)$。依据上述计算结果，对Ⅺ和Ⅻ建立如图 9.5 所示的系统碳循环模式图。由图 9.5 可知，在当前环境条件下两类小叶章系统的碳输入量均远大于其输出量，系统表现为碳汇，且其碳汇功能为小叶章沼泽化草甸强于小叶章湿草甸。水分条件是主要决定因素，主要表现为季节性淹水条件较无淹水条件有利于湿地碳的积累。这也进一步说明，湿地水分条件的轻微变化都将会改变系统碳库及其通量，并最终对湿地碳循环格局产生重大影响(杨继松,2007)。

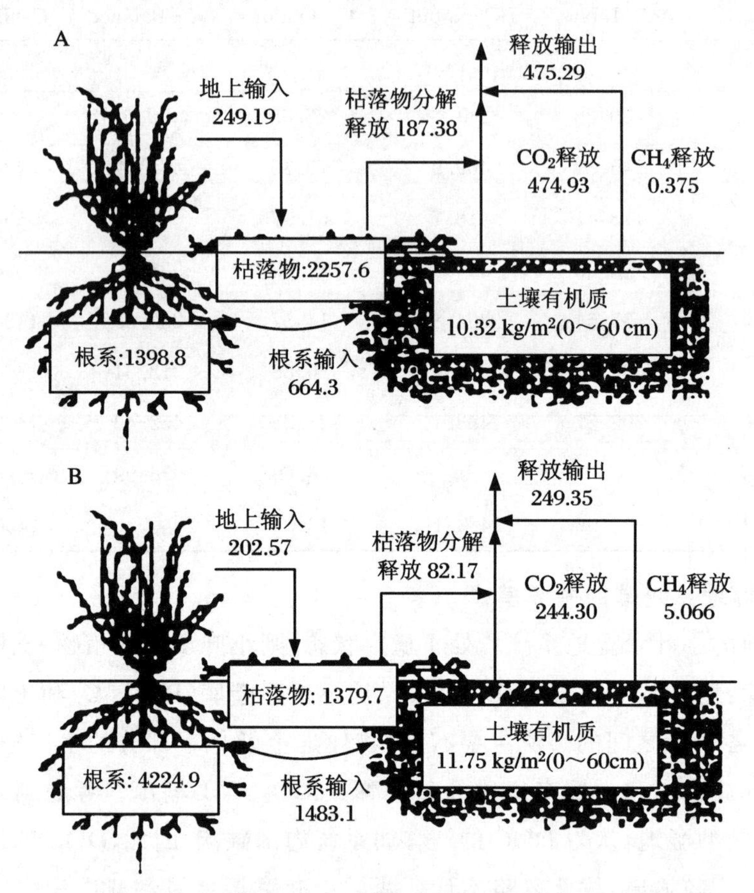


**图 9.5 小叶章湿地系统碳循环模式图(单位:g/(m² · a))**

A:小叶章湿草甸; B:小叶章沼泽化草甸

## 二、小叶章湿地系统氮循环模式

### 1. 植物-土壤系统各分室的氮分配

小叶章湿草甸和小叶章沼泽化草甸植物-土壤系统各分室氮素分配的研究(表 9.5)表明,根和枯落物是两种小叶章湿地植物亚系统的主要氮库,二者的氮储量之和分别为 28.16 g/(m$^2$ · a) 和 37.41 g/(m$^2$ · a),所占比例分别高达 80.7%和 90.3%。与之相比,叶、叶鞘和茎的氮储量非常低,三者之和仅为 6.76 g/(m$^2$ · a)和 4.02 g/(m$^2$ · a)。比较而言,前者枯落物的氮储量明显要高于后者,但其根部的氮储量却低于后者。在两种湿地植物-土壤系统中,植物亚系统氮储量所占的比例均较低,分别仅占各系统氮储量的 5.4%和 7.6%。土壤有机氮是植物-土壤系统氮库的主体,其所占各植物-土壤系统氮储量的比例分别高达 94.0%和 92.2%。与之相比,植物可利用的土壤无机氮的比例最低，仅占0.6%和0.2%。这说明两种小叶章湿地系统对氮的保存是非常有效的，氮以有机态形式存在保证了它不容易流失到系统之外。可见，土壤有机氮在氮循环过程中发挥了流通枢纽作用，而较低比例的可利用氮又说明了土壤有效氮的供应是有限的，它取决于有机氮净矿化作用的强弱(刘景双等，2000)。

**表 9.5 氮在植物-土壤系统各分室中的分配**

| 项目 | 根 | 地上活体 | | | 枯落物 | 植物亚系统 | 土壤 (0～20 cm) | | 植物-土壤系统 |
|---|---|---|---|---|---|---|---|---|---|
| | | 茎 | 叶 | 叶鞘 | | | 有机氮 | 无机氮 | |
| 氮储量 | 12.36$^{A}$ | 0.96$^{A}$ | 4.59$^{A}$ | 1.21$^{A}$ | 15.8$^{A}$ | 34.92$^{A}$ | 604.41$^{A}$ | 3.80$^{A}$ | 643.13$^{A}$ |
| ($g/m^2$) | 27.94$^{B}$ | 0.72$^{B}$ | 2.57$^{B}$ | 0.73$^{B}$ | 9.47$^{B}$ | 41.43$^{B}$ | 501.90$^{B}$ | 1.25$^{B}$ | 544.58$^{B}$ |
| 百分比 | $^{b}$35.4$^{A}$ | $^{b}$2.8$^{A}$ | $^{b}$13.1$^{A}$ | $^{b}$3.5$^{A}$ | $^{b}$45.3$^{A}$ | $^{b}$5.4$^{A}$ | $^{b}$94.0$^{A}$ | $^{b}$0.6$^{A}$ | $^{b}$100$^{A}$ |
| (%) | $^{c}$67.4$^{B}$ | $^{c}$1.7$^{B}$ | $^{c}$6.2$^{B}$ | $^{c}$1.8$^{B}$ | $^{c}$22.9$^{B}$ | $^{c}$7.6$^{B}$ | $^{c}$92.2$^{B}$ | $^{c}$0.2$^{B}$ | $^{c}$100$^{B}$ |

注：a，均值(±S.D.)，根、茎、叶、叶鞘和枯落物：$n=3$，土壤有机氮和无机氮：$n=6$。b，占植物亚系统的百分比。c，占植物-土壤系统的百分比。A，小叶章湿草甸；B，小叶章沼泽化草甸。

**2. 大气-植物-土壤系统氮素的循环模式**

在上述各项研究的基础上建立起两种小叶章湿地大气-植物-土壤系统各分室的氮素分配与流通循环模式(图9.6)。从模式中可以看出：① 小叶章湿草甸和小叶章沼泽化草甸系统氮的湿沉降量均为0.962 gN/($m^2$·a)，前者通过氨挥发和反硝化作用输出的氮量分别为0.635 gN/$m^2$ 和0.617 gN/$m^2$，而后者分别为0.687 gN/$m^2$和0.441 gN/$m^2$；② 小叶章湿草甸和小叶章沼泽化草甸系统的氮循环均处于动态变化之中，不同水分带上植物的不同器官有着不同的氮素累积能力。植物根部吸收的氮量分别为23.02 gN/($m^2$·a)和28.18 gN/($m^2$·a)和地上部分吸收的氮量分别为11.31 gN/($m^2$·a)和6.08 gN/($m^2$·a)，地上向根部再转移的氮量分别为5.96 gN/($m^2$·a)和2.70 gN/($m^2$·a)，地上活体向枯落物转移的氮量分别为5.35 gN/($m^2$·a)和3.38 gN/($m^2$·a)，枯落物向土壤转移的氮量分别大于1.55 gN/($m^2$·a)和3.01 gN/($m^2$·a)，根部向土壤转移的氮量分别为14.90 gN/($m^2$·a)和13.17 gN/($m^2$·a)，土壤氮的净矿化量(0～15 cm)分别为1.941 gN/($m^2$·a)和0.551 gN/($m^2$·a)。在上述定量关系的基础上，我们可根据不同的目的人为控制一些氮循环路径，而这对于我们加强湿地生态系统的保护和管理将有着非常重要的意义。从分析数据可知，典型草甸小叶章湿地氮的年吸收量和年存留量(23.02 g/($m^2$·a)和15.72 g/($m^2$·a))要低于沼泽化草甸小叶章湿地(28.18 g/($m^2$·a)和22.55 g/($m^2$·a))，但其年归还量(7.30 g/($m^2$·a))则高于沼泽化草甸小叶章湿地(5.63 g/($m^2$·a))。其原因可能与二者生态学特征以及所处生境的差异有关。而典型草甸小叶章湿地的吸收系数、利用系数及循环系数均明显高于沼泽化草甸小叶章湿地(前者分别为后者的1.13倍和1.59倍)，说明前者典型草甸小叶章湿地在氮的吸收、利用及促进氮的周转方面要强于后者沼泽化草甸小叶章湿地(孙志高,2007)。

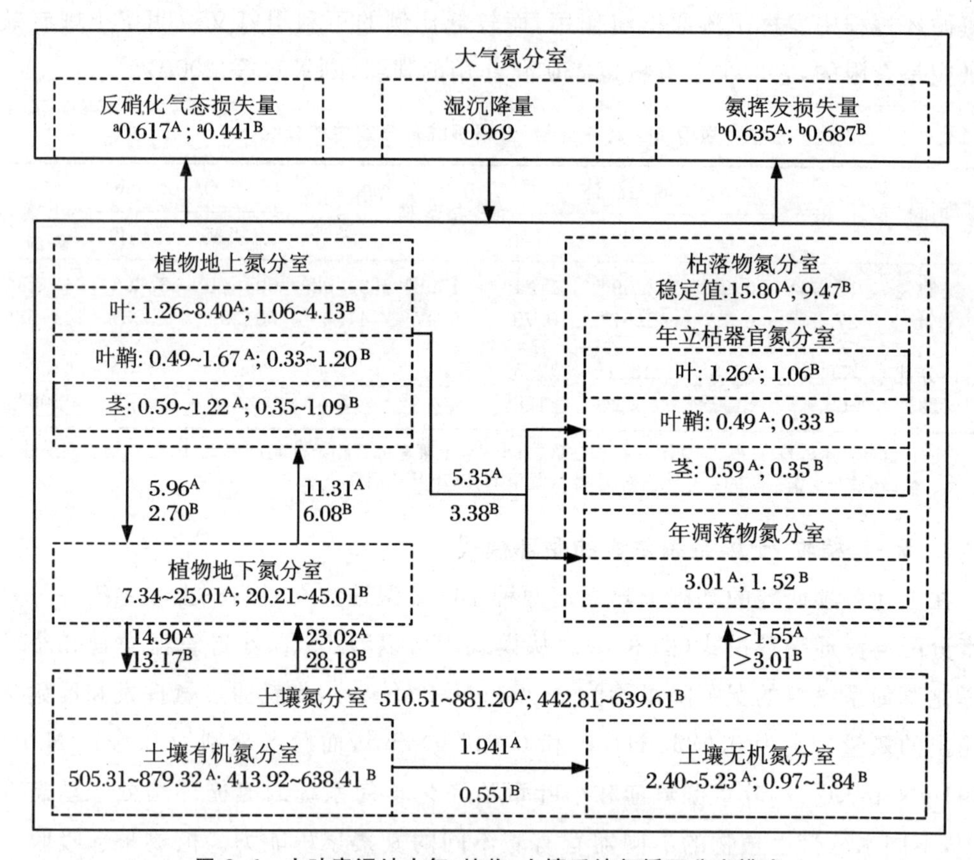


**图9.6　小叶章湿地大气-植物-土壤系统氮循环分室模式**

方框内的数字为分室年氮储量(gN/m²)；箭头上的数字为分室间氮素流通量(gN/(m²·a))

a:生长季内反硝化气态损失量(gN/m²)；b:生长季内氨挥发损失量(gN/m²)

A:小叶章湿草甸；B:小叶章沼泽化草甸

## 三、沼泽湿地系统硫的循环模式

### 1. 植物-土壤系统各分室的硫分配

硫在两种小叶章湿地植物-土壤系统各分室中分配的研究结果(表9.6)表明，土壤有机硫是两种小叶章湿地植物-土壤系统硫库的主体，其在植物-土壤系统的硫储量中所占比例分别为90.0%和89.7%；土壤无机硫所占比例相对较低，二者所占比例分别为8.4%和8.1%，可见土壤硫库在生态系统物质循环过程中起着重要作用，是营养元素的主要储存库和流通枢纽。相对土壤硫库，二者植物硫库储量所占的比例较低，分别为1.6%和2.2%；在植物亚系统中，根和枯落物是主要的储库，二者之和在植物亚系统中所占比例分别高达 83.5%和 92.2%，在小叶章湿草甸中枯落物的硫储量高于根中的硫储量，而在小叶章沼泽化草甸中则与之相反，为根中硫储量高于枯落物中硫的储量。与根和枯落物中的硫储量相比，地上各器官(茎、叶和叶鞘)所占的比例均较低，三者硫储量之和在植物亚系统中所占的比例分别为 16.5%和 7.8%（李新华，2007)。

**表 9.6　硫在小叶章湿地系统各分室中的分配**

| 项目 | 地上活体 |  |  | 根 | 枯落物 | 植物系统 | 土壤(0～60 cm) |  | 土壤-植物系统 |
|---|---|---|---|---|---|---|---|---|---|
|  | 茎 | 叶 | 叶鞘 |  |  |  | 无机硫 | 有机硫 |  |
| 全硫量 | $0.19^T$ | $0.36^T$ | $0.154^T$ | $1.72^T$ | $1.84^T$ | $4.26^T$ | $23.18^T$ | $247.88^T$ | $275.32^T$ |
| ($g/m^2$) | $0.15^M$ | $0.214^M$ | $0.102^M$ | $4.74^M$ | $0.76^M$ | $5.97^M$ | $21.52^M$ | $239.24^M$ | $266.73^M$ |
| 比例 | $4.5^T$ | $8.4^T$ | $3.6^T$ | $40.3^T$ | $43.2^T$ | $1.6^T$ | $8.4^T$ | $90.0^T$ | $100^T$ |
| (%) | $2.5^M$ | $3.6^M$ | $1.7^M$ | $79.5^M$ | $12.7^M$ | $2.2^M$ | $8.1^M$ | $89.7^M$ | $100^M$ |

注：T 代表小叶章湿草甸；M 代表小叶章沼泽化草甸。

**2. 大气-植物-土壤系统硫素循环模式**

在上述各项研究的基础上建立起两种小叶章湿地大气－植物-土壤系统各分室硫素分配与流通的循环模式(图 9.7)。根据循环模式得到小叶章湿地系统硫的输入

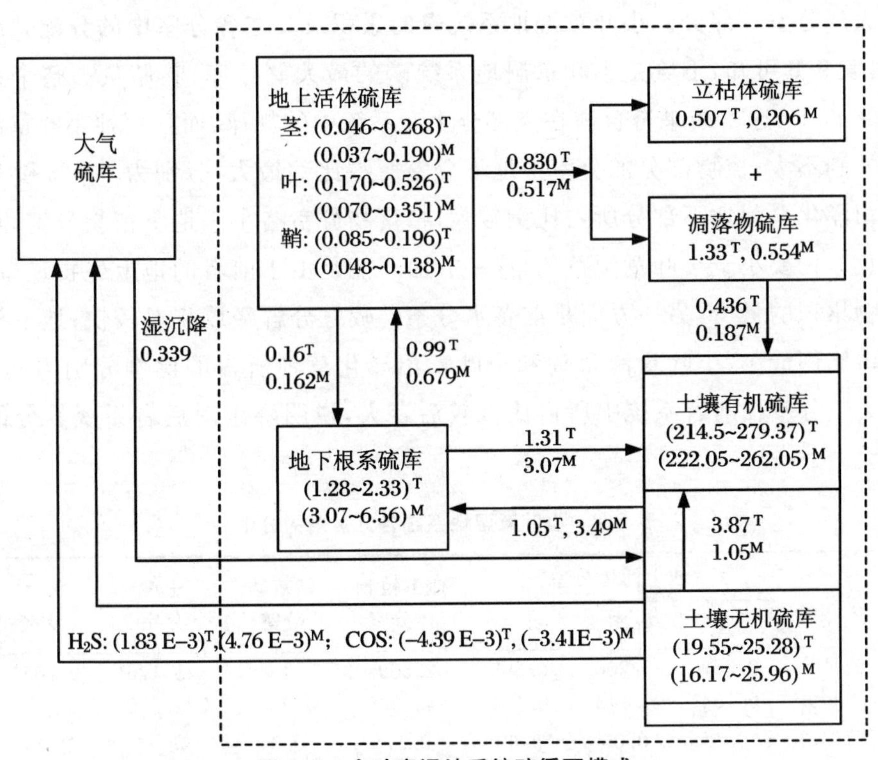


**图 9.7　小叶章湿地系统硫循环模式**

T 代表小叶章湿草甸；M 代表小叶章沼泽化草甸

与输出量(表 9.7)。研究结果表明,两种小叶章湿地生态系统硫的输入量均高于输出量,其差值最低分别为 0.342 g/m² 和 0.338 g/m²(表 9.7),这说明两种类型的小叶章湿地系统均处于硫累积状态。硫虽然是植物生长必需的营养元素,但过多的累积可能会抑制植物的生长,降低生态系统的生产力,严重时可能引起湿地的酸化。

**表 9.7 小叶章湿地系统硫的输入和输出量**

单位:g/m²

| 湿地类型 | 输入量 | 输出量 | | 差值 |
|---|---|---|---|---|
| | 降水 | $H_2S$ | COS | |
| 小叶章湿草甸 | 0.339 | 1.83 E-3 | -4.39E-3 | 0.342 |
| 小叶章沼泽化草甸 | | 4.76 E-3 | -3.41E-3 | 0.338 |

## 四、沼泽湿地系统磷的循环模式

### 1. 小叶章湿地系统各分室磷的分配

研究将小叶章湿地系统分为地上活体分室、枯落物分室、地下植物体分室、土壤分室和大气分室 5 部分。小叶章湿地系统磷的累积及其在各分室中的分配状况见表 9.8。由表 9.8 可知,土壤是小叶章湿地系统磷的最大储存库,其储量占整个系统储量的 98%以上,这一结果符合磷在大部分生态系统中的规律,而且两种小叶章湿地系统之间差别不大;植物部分的分室中地下分室所占比例最大,分别为 0.6%和 1.3%,小叶章沼泽化草甸地下部分所占比例较大;枯落物分室略小于地下植物分室,且小叶章沼泽化草甸要小于小叶章湿草甸,这一方面可能是由于前者的地上生物量较小,因此枯落物累积的量少,另一方面是前者水分条件较好分解释放相对较快;地上植物体分室所占比例最小,小叶章湿草甸和小叶章沼泽化草甸所占的比例分别为 0.2%和 0.1%;大气分室在前者系统中所占比例较后者大,说明降水对后者系统养分的平衡影响更大。

**表 9.8 小叶章湿地系统各分室磷的分配**

| 分室 | 地上活体分室 | | | 地下植物体分室 | 枯落物分室 | 土壤分室 | 大气分室 |
|---|---|---|---|---|---|---|---|
| | 茎 | 叶鞘 | 叶 | | | | |
| 储量 (g/m²) | 0.287[a] | 0.206[a] | 0.393[a] | 2.500[a] | 1.458[a] | 443.176[a] | 0.255* |
| | 0.154[b] | 0.143[b] | 0.151[b] | 4.990[b] | 0.920[b] | 371.979[b] | |
| 所占百分比 (%) | 0.1[a] | 0.05[a] | 0.09[a] | 0.57[a] | 0.3[a] | 98.8[a] | 0.06[a] |
| | 0.04[b] | 0.04[b] | 0.04[b] | 1.32[b] | 0.2[b] | 98.3[b] | 0.07[b] |

注:a,小叶章湿草甸;b,小叶章沼泽化草甸。*,大气分室以年沉降量计。

植物自身的遗传特性决定了植物对磷的利用。小叶章每年吸收的养分一部分用于植物地上部分生长，一部分用于根部生长，由于其生境不同以及生物本身遗传特性的影响，小叶章湿草甸每年地上累积的磷大于地下部分，小叶章沼泽化草甸则与此相反，每年生长结束后地上植物体将大量的养分转移到地下，两种小叶章每年存留在立枯物和转移到地下部分的养分之比分别为 1.529∶1 和 1.441∶1，所以后者的地下磷分室要大于前者。植物吸收的磷一部分在枯落物残体分解过程中归还土壤，一部分通过生长季植物根部的分泌物和细根死亡分解以及每年生长季初期大量植物根系的死亡归还土壤，小叶章的地下磷分室要大于地上，所以植物向土壤磷的归还也是地上枯落物归还少于地下死根。沼泽化草甸小叶章植物体对土壤磷的吸收量略大于湿草甸小叶章，前者总的吸收量为 3.841 $gP/m^2$，后者为 2.534 $gP/m^2$，枯落物磷归还量前者要小于后者，这主要是因为沼泽化草甸小叶章地上生物量较小而且在生长结束后养分转移量较大，其枯落物中养分含量不高；但其根系磷归还量要高于小叶章湿草甸。相比而言，沼泽化草甸小叶章地下部分磷的储量远高于湿草甸小叶章，而后者地上部分磷储量较大。鉴于小叶章属多年生草本植物，其根部可以长久地保存养分，因此就年地上部分累积磷来看，小叶章湿草甸的养分循环量较大，而就多年吸收的总体来看，小叶章沼泽化草甸具有更大的累积磷的能力。

**2. 小叶章湿地系统磷的生物循环**

营养元素的生物循环是指营养元素由植物-凋落物-土壤-植物的循环流动过程。植物从土壤中吸收营养元素，一部分用于自身的生存发展，另一部分主要通过凋落物形式回归到土壤(莫江明等，1999)。

根据营养元素的吸收量、现存量、存留量、归还量和土壤库中营养元素之间的相互关系求出系统内的吸收系数、循环系数和周转期，从而了解系统营养元素的流动情况。其中利用系数指单位时间、单位面积植物吸收的某种元素的量与存在于植物中的相应元素量之比，利用系数越高，说明该元素利用效率越低。吸收系数(陈灵芝等，1993)指单位时间、单位面积植物所吸收的某种元素的量与土壤中相应元素总量之比。循环系数(林鹏，1987)指单位时间、单位面积某种营养元素的归还量与吸收量之比。表 9.9 列出了小叶章群落生物循环磷的几项指标，从中可以看出两种小叶章湿地的差异较大。总体上湿草甸小叶章的吸收量小于沼泽化草甸小叶章，但前者的年归还量较高，存留量少，后者年存留量达 3.639 $g/(m^2 \cdot a)$，因此也造成了二者的吸收系数和循环系数的差异较大。其中前者的吸收系数比后者约低 50%，表明后者对 P 的吸收能力更强。前者的循环系数远高于后者，表明前者 P 的周转期较短，养分归还快，利用效率高。

表 9.9 小叶章群落磷的生物循环

| 植物类型 | 年归还量 g/(m² · a) | 年存留量 g/(m² · a) | 年吸收量 g/(m² · a) | 利用系数 | 吸收系数 | 循环系数 |
| --- | --- | --- | --- | --- | --- | --- |
| Ⅺ | 0.805 | 1.482 | 2.287 | 0.634 | 0.005 | 0.352 |
| Ⅻ | 0.364 | 3.639 | 4.004 | 0.591 | 0.010 | 0.091 |

造成这一差异的原因可能是沼泽化草甸小叶章由于生境水分含量较高，而使其地下生物量的比重更大，因此地上部分生长结束后有更多的养分转移到地下储存起来。与毛果苔草湿地 P 的循环特征相比发现(何池全等，2001)，毛果苔草的循环系数与沼泽化草甸小叶章的循环系数相近，由于二者的生境均存在长期或季节性的积水阶段，因此植物的生境对养分在植物体内循环的快慢有重要的影响。

**3. 小叶章湿地系统磷的循环模式**

基于分室模型建立环形洼地小叶章湿地系统磷循环过程如图 9.8 所示。循环过程主要包括 5 个分室：大气分室、植物地上分室、植物地下分室、枯落物分室和土壤分室。其中大气分室是系统 P 的输入源。在大多数自然陆地生态系统中，P 的输入量都很低，因此一直以来被认为在系统 P 循环中可以忽略。小叶章湿地系统每年由降水输入的磷量仅为 0.255 gP/(m² · a)，因此磷的循环主要是在植被-土壤亚系统内的迁移转化，这一过程由植物自身的遗传特性和土壤内的生物化学过程共同控制，二者的作用因环境条件、磷及其他元素的供应状况的改变而发生变化(秦胜金，2008)。

植物自身的遗传特性决定了植物对磷的利用。小叶章每年吸收的养分一部分用于地上植物体生长，一部分用于地下根部生长，由于其生境不同以及生物本身遗传特性的影响，湿草甸小叶章每年地上累积的磷大于地下部分，沼泽化草甸小叶章则与此相反，每年生长结束后地上植物体将大量的养分转移到地下，两种小叶章其每年存留在立枯物和转移到地下部分的养分之比分别为 1.529 : 1 和 1.441 : 1，所以后者的地下磷分室要大于前者。植物吸收的磷一部分由枯落物残体在分解过程中归还土壤，一部分通过生长季植物根部的分泌物和细根死亡分解以及每年生长季初期大量植物根的死亡归还土壤，小叶章的地下磷分室要大于地上，所以植物向土壤的磷的归还也是地上枯落物归还要少于地下死根。沼泽化草甸小叶章植物体对土壤磷的吸收量大于湿草甸小叶章，前者总的吸收量为 4.004 gP/m²，后者为 2.287 gP/m²，枯落物归还量前者要小于后者，这主要是因为前者地上生物量较小而且在生长结束后养分转移量也较大，其枯落物中养分含量不高，但其根归还量要高于湿草甸小叶章。相比而言，沼泽化草甸小叶章的地下部分 P 的储量远高于湿草甸小叶章，而后者的地上部分较大。鉴于小叶章属多年生草本植物，其根部可以长久地保存养分，因此就植物地上部分 P 的年累积来看，湿草甸小叶章的养分循环量较大，而从多年吸收的总体来看，沼泽化草甸小叶章累积 P 的能力更强。

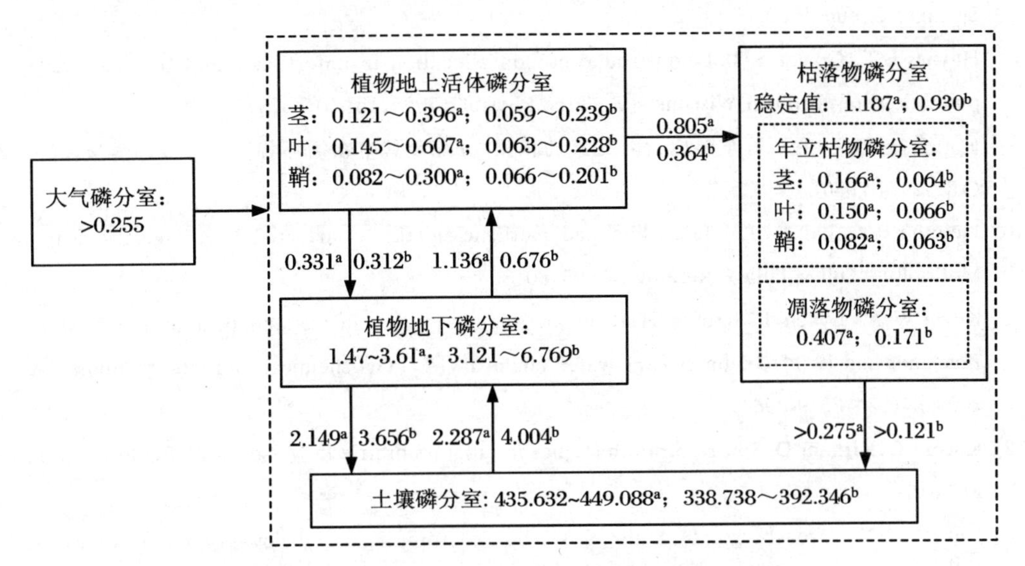


**图 9.8　环形洼地小叶章湿地系统磷生物循环模式**

方框内为分室 P 储量(gP/m²)；箭头上数字表示流通量(gP/(m²·a))

a：小叶章湿草甸；b：小叶章沼泽化草甸

# 参考文献


[1] Anne E G. Sulphur cycling in marine and freshwater wetlands[M]// Howarth R W, et al. Sulphur cycle on the continents. New York: John Wiley & Sons Press, 1992: 85-117.

[2] Brix H, Sorrell B K, Lorenzen B. Are phragmites-dominated wetlands a net source or net sink of greenhouse gases[J]. Aquatic Botany, 2001, 69(2-4): 313-320.

[3] 陈灵芝, Lindley D K. 英国 Hampsfell 的蕨菜草地生态系统的营养元素循环[J]. 植物学报, 1982, 25(1): 68-74.

[4] Cooper D J, Sanderson J S, Stannard D I, et al. Effects of long-term water table drawdown on evapotranspiration and vegetation in an arid region phreatophte community[J]. Journal of Hydrology, 2006, 325(1-4): 21-34.

[5] 方精云, 唐艳鸿, 蒋高明, 等. 全球生态学: 气候变化与生态效应[M]. 北京: 高等教育出版社; 海德堡: 斯普林格出版社, 2000.

[6] Gebhart D L, Johnson H B, Mayeux H S, et al. The CRP increases soil organic carbon[J]. J. Soil Water Conserv., 1994, 49: 488-492.

[7] 韩兴国，李凌浩，黄建辉．生物地球化学概论[M]．北京：高等教育出版社；Verlag Heidelberg：Springer Group，1999．

[8] Haynes B E，Gower S T．Belowground carbon allocation in unfertilized and fertilized red pine plantations in northern Wisconsin[J]．Tree Physiol．，1995，15：317-325．

[9] 何池全，赵魁义．毛果苔草湿地营养元素的积累、分配及其生物循环特征[J]．生态学报，2001，21(12)：2074-2080．

[10] Jacinthe P-A，Lal R．Labile carbon and methane uptake as affected by tillage intensity in a Mollisol[J]．Soil & Tillage Research，2005，80：35-45．

[11] Kevin W M，Lynch L，Krouse H R，et al．Sulphur cycling in wetland peat of the New Jersey Pinelands and its effect on stream water chemistry[J]．Geochemical and Cosmochimica Acta，2000，64(23)：3949-3964．

[12] Kucera C，Kirham D．Soil respiration studies in tallgrass prairie in Missouri[J]．Ecology，1971，52：912-915．

[13] Kuzyakov Y，Ehrensberger H，Stahr K．Carbon partitioning and below-ground translocation by Lolium perenne[J]．Soil Biology and Biochemistry，2001，33：61-74．

[14] 李新华．三江平原小叶章湿地系统硫的形态分布和转化过程研究[D]．北京：中国科学院研究生院，2007．

[15] 林鹏，苏镂，林庆扬．九龙江口红树林研究Ⅱ：秋茄群落的钾、钠累积和循环[J]．生态学报，1987，7(2)：102-110．

[16] 刘景双，孙雪利，于君宝．三江平原小叶章、毛果苔草枯落物中氮素变化分析[J]．应用生态学报，2000，11(6)：898-902．

[17] 刘兴土，马学惠．三江平原大面积开荒对自然环境影响及区域生态环境保护[J]．地理科学，2000，20(1)：14-19．

[18] 刘兴土，马学惠．三江平原自然环境变化与生态保育[M]．北京：科学出版社，2002．

[19] Matthews E，Fung I．Methane emission from natural wetlands：Global distribution area and environmental characteristics of sources[J]．Global Biogeochem．Cycles，1987，1：61-86．

[20] 莫江明，Sandra Brown，孔国辉．鼎湖山马尾松林营养元素的分布和生物循环特征[J]．生态学报，1999，19(5)：635-640．

[21] Nakane K T，Kohno T，Horikoshi T．Root respiration rate before and just after clear-felling in a mature，deciduous，broad-leaved forest[J]．Ecol．Res．，1996，11：111-119．

[22] Newman E I．Phosphorus inputs to terrestrial ecosystems[J]．The Journal of Ecology，1995，83：713-726．

[23] Norman J M，Garcia R，Verma S B．Soil surface $CO_2$ fluxes and the carbon budget of a grassland[J]．Journal of Geophysical Research，1992，97：18845-18853．

[24] Reicosky D C，Lindstrom M J．Fall tillage method：Effect on short-term carbon dioxide flux from soil[J]．Agron．J．，1993，85(6)：1237-1243．

[25] Robert A，Gianmarco G，Marco B，et al．Iron，sulphur，and phosphorus cycling in the rhizosphere

sediments of a eutrophic Ruppia meadow(Valle Smarlacca, Italy)[J]. Journal of Sea Research, 2001,45:15-26.

[26] Roulet N T. Peatlands, carbon storage, greenhouse gases and the Kyoto protocol: prospects and significance for Canada[J]. Wetlands, 2000, 20(2):605-615.

[27] Sexstone A J, Revsbech N P, Parkin T B. Direct measurement of oxygen profiles and denitrification rates in soil aggregates[J]. Soil Science Society of America Journal, 1985, 49: 645-651.

[28] Silvola J, Alm J, Ahlholm U, et al. The contribution of plant roots to $CO_2$ fluxes from organic soils [J]. Boil. Fertil. Soils, 1996, 23:126-131.

[29] Smish C J, Delaune R D, Patrick W H J. Carbon dioxide emission and carbon dioxide accumulation in coastal wetlands[J]. Estuarine, Coastal and Shelf Science, 1983, 17 (1):21-29.

[30] 宋长春,王毅勇,阎百兴,等.沼泽湿地开垦殖后土壤水热条件变化与碳、氮动态[J].环境科学, 2004,25(3):168-172.

[31] Spratt H G, Morgan M D. Sulphur cycling in a cedar dominated freshwater wetland[J]. Limnology & Oceangraphy, 1990, 35:1586-1593.

[32] Stallard R F. Terrestrial sedimentation and the carbon cycle: coupling weathering and erosion to carbon burial[J]. Global Biogeochem Cycle, 1998, 12:231-258.

[33] 孙志高.三江平原小叶章湿地系统氮素生物地球化学过程研究[D].北京:中国科学院研究生院,2007.

[34] Tiedje J M, Sexstone A J, Parkin T B, et al. Anaerobic processes in soil[J]. Plant and Soil, 1984, 76:197-212.

[35] 杨继松.三江平原小叶章湿地系统有机碳动态研究[D].北京:中国科学院东北地理与农业生态研究所,2006.

[36] 张兰生,方修奇,任国玉.全球变化[M].北京:高等教育出版社,2001:4-21.

[37] 张文菊,童成立,吴金水,等.典型湿地生态系统碳循环模拟与预测[J].环境科学,2007,28(9): 1905-1911.

[38] 周启星,黄国宏.环境生物地球化学及全球环境变化[M].北京:科学出版社,2001.

# 第十章　湿地环境中碳、氮、硫、磷的源与汇转换的趋势预测

## 第一节　湿地环境中碳、氮、硫、磷的源与汇转换的环境条件

### 一、湿地水文条件

水是湿地形成的先决条件和主要环境因素，水也是湿地生态系统最重要的特征之一。湿地中水主要来自大气降水、河湖泛滥水和地下水，水源补给发生变化，如地表径流的增减或地下水位的升降，都会引起湿地水面的扩大或缩小，从而引起湿地生物群落的变化和演替。海平面的升降则会影响滨海湿地的消长和演化(黄锡畴，见陈宜瑜，《中国湿地研究》，吉林科学技术出版社，1995)。湿地生态水文过程是影响和控制湿地环境中碳、氮、硫、磷的源/汇转换的最重要因子，湿地生态系统中碳、氮、硫、磷的储存与水文过程及水位波动、土壤水热条件密切相关，水循环控制了湿地环境氧化还原条件，对碳、氮、硫、磷的生物地球化学循环有重要影响。水分条件可通过影响枯落物的通气状况而间接影响有机物质的转化方向和速度(蔡晓明，2000)。Edward (1990)等的研究结果表明，植物根系在淹水条件下分解最慢，且分解速率随水深的增加而变慢。湿地环境干湿交替对有机物的分解过程也有重要影响，James 等(2002)研究发现，自然干湿交替可提高 *Polygonum pensylvanicum* 枯落物的分解作用。宋长春(2004)认为湿地在植物生长季常年积水或有季节性积水，土壤处于过饱和或饱和状态，土壤以还原环境为主，有机质分解速率较低，土壤有机质的累积量大于分解量。同时，在土壤处于厌氧环境条件下，由于甲烷产生菌的作用，有大量的甲烷气体产生和排放。

土壤水分含量是土壤气体排放的决定性因素(Christensen, et al., 1997),因为它直接影响氧的可利用率、气体的扩散率及微生物的活性。Updegraff(2001)研究指出湿地甲烷排放量与水位、溶解氮、GPP、ET呈显著相关关系。土壤水可直接参与生物的生理过程,所以土壤水分含量影响到土壤中的生物活性。如果土壤水分含量适合生物生长,生物活性增强,土壤$CO_2$的释放量就大,如小叶章草甸白浆土等;而毛果苔草泥炭沼泽土的土壤水终年饱和,土壤微生物以厌氧呼吸为主,土壤微生物的活性受到限制,$CO_2$的释放量比小叶章草甸白浆土要小(杨青等,见陈宜瑜,《中国湿地研究》,吉林科学技术出版社,1995)。

研究结果发现,在研究时段内植物非生长季节的降水量较低,仅为3.8～24.5 mm,而生长季节的降水量较高且比较集中,一般来说,7月、8月最高,5月、9月次之,如2006年7月份最高达172.4 mm。从5月末至6月上旬降水相对较多,蒸发较弱,地表积水水位较高;之后至6月末降水开始减少,蒸发相对增强,积水水位开始降低;7～8月份由于降水丰沛、蒸发旺盛,地表积水水位波动变化明显;8月末之后降水减少,积水水位呈递减变化,并于10月上旬达到较低值;之后开始地表积水冻结,一直到第2年4、5月份解冻融化。但是各年也有明显差异,不尽相同。降水量的变化影响着土壤含水量和土壤有机质的分解速率,常年积水沼泽湿地和季节性积水沼泽湿地有机碳分解矿化受水分影响机制存在明显差异。常年积水沼泽湿地沉积物中有机碳的分解矿化受积水条件的强烈限制,在常年积水条件下,其矿化率仅为正常水位条件的22%,季节性积水沼泽湿地有机碳分解矿化要强于常年积水沼泽湿地(张文菊等,2005)。蔡祖聪(1999)在实验室模拟了水分类型对土壤排放的温室气体的影响试验,模拟研究结果(表10.1)显示,长期淹水土壤前6天的$CO_2$排放速率明显低于好气土壤,随着培育时间的延长,长期淹水土壤的$CO_2$排放速率逐渐上升,相反好气土壤的$CO_2$排放速率随时间延长而逐渐下降,在培育9天时已降至与淹水土壤相当,以后与淹水土壤的$CO_2$排放速率差异越来越大。当培育结束时,好气土壤的$CO_2$总排放量明显低于淹水土壤。淹水好气交替处理的土壤$CO_2$排放速率随培育时间的变化显著不同于前两种处理,经淹水15天后排水明显促进了$CO_2$排放速率,每一次排水均使土壤$CO_2$排放速率出现一个峰值,这显然与排水后好气微生物的再次活跃有关,但这一峰值随排水次数增加而逐渐下降,且每次排水都可能带走一些可溶性有机碳,随着可分解有机碳的分解而导致有机碳总量下降。另外,不同水分条件下,土壤排放的$N_2O$也有差异,连续淹水一定时间后,排水显著促进$N_2O$的排放,在排水期间出现$N_2O$排放的峰值,再次淹水后,$N_2O$排放速率又趋于零,各次排水均出现相同的现象。但是在淹水与好气交替处理中,培育前15天处于淹水条件,避免了在好气状态下前期$N_2O$的大量排放,在培育结束时,其$N_2O$总排放量仍然低于好气处理。总之,水分类型对土壤排放的温室气体可能导致的温室效应具有显著影响，长期淹水处理的土壤总温室效应明显高于好气及淹水好气交替处理的土壤。其温室效应主要排放$CH_4$，达到总效应的81%。好气处理土壤与淹水-好气交替处理土壤产生的温室效应，仅为长期淹水处理的29%和42%，好气处理的温室效应主要排放$N_2O$。淹水-好气交替处理产生的温室效应最小，仅为长期淹水处理的18%。

**表 10.1 培育过程中土壤排放的$CO_2$、$CH_4$、$N_2O$量及其贡献的温室效应**

| 处理 | 温室气体排放量 | | | 相对温室效应 | | | 总效应 |
|---|---|---|---|---|---|---|---|
| | $CO_2$（mg/瓶） | $CH_4$（mg/瓶） | $N_2O$（μg/瓶） | $CO_2$ | $CH_4$ | $N_2O$ | |
| AⅠ | 115 | 20.4 | 4.33 | 9.58 | 40.9 | 0.02 | 50.5 |
| BⅠ | 95 | 16.7 | 1.90 | 7.92 | 33.3 | 0.01 | 41.2 |
| AⅡ | 60 | 0.96 | 13.50 | 5.00 | 1.99 | 0.07 | 8.89 |
| BⅡ | 49.3 | 0.70 | 89.50 | 4.11 | 1.40 | 0.48 | 7.51 |
| AⅢ | 57.4 | 0 | 1830 | 4.78 | 0 | 9.82 | 14.60 |
| BⅢ | 41.4 | 0 | 2570 | 3.45 | 0 | 13.80 | 17.30 |

注：引自蔡祖聪，《水分类型对土壤排放的温室气体组成和综合温室效应的影响》，《土壤学报》，1999，36(4)：487-491。

水分条件对于枯落物及根系分解的影响较为深刻，它通过影响土壤通气状况而间接影响有机物质的转化方向和速度（蔡晓明，2002）。水分条件对于枯落物和根系的相对分解速率大多表现为抑制作用，所以导致土壤水分条件对有机物的分解速率产生抑制作用，这可能与不同小区土壤或地表相对较好的水分条件对枯落物及根系中$O_2$和$CO_2$状况的影响有关。一般而言，随着水分的增加，枯落物及根系中$O_2$浓度下降，$CO_2$浓度上升，但水分过多又会限制气体交换，使$O_2$很快被消耗，进而又会抑制生物的新陈代谢，并最终影响有机物的转化方向和速度（Raija，et al.，2004）。水分条件影响着土壤氨的挥发过程，其中土壤水分直接影响$NH_4^+$-N在土壤中的物理运移和化学转化，而降水则是通过改变土壤含水量和增加水分入渗而间接影响氨的挥发过程。

研究时段的降水多集中在7月，据图10.1可知，此时氨的挥发速率呈递减趋势，这就在一定程度上说明大量降水可增加土壤水分入渗，而伴随水分入渗$NH_4^+$-N被带入深层土壤中，从而对氨挥发过程产生明显的抑制作用。此外，两种湿地土壤含水量的波动还与降水间隔存在明显的响应关系，较低的土壤含水量发生在降水间隔时间长且降水量少时，而氨的挥发速率的局部波动则基本上发生在水分波动时。一般而言，土壤含水量随降水变化所表现出的这种波动在一定程度上说明了二者的土壤水分在不同时期存在散失，当土壤水分存在散失时氨的挥发量将会随土壤湿度的增加而有不同程度的增加（高鹏程，2001）。研究表明，在积水环境或土壤湿度较高的环境条件下，水分条件是影响硝化/反硝化作用过程的重要因素。草甸沼泽土和腐殖质沼泽土的田间持水量分别是48%和129%，前者含水量大多在田间持水量或70%田间持水量左右变化，说明其$N_2O$的排放速率很高且$N_2O$的产生可能主要以硝化作用为主。后者即腐殖质沼泽土具有较高的田间持水量，即使在地下水位较深、降水量补给较少的情况，其土层较强的持水能力仍使土壤形成较强的还原环境，有利于反硝化作用过程，其$N_2O$的产生可能以反硝化作用为主。可见，草甸沼泽土的含水量与其$N_2O$排放速率以及腐殖质沼泽土的毛管持水量与其$N_2O$排放速率均呈一定正相关（$r=0.449$，$r=0.026$）（$n=11$）。

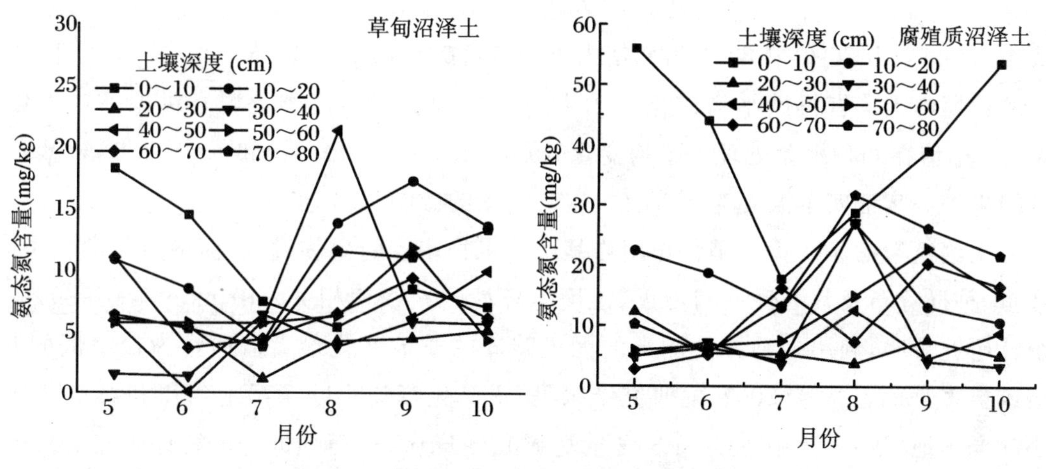


**图 10.1　湿地土壤中氨态氮含量的季节变化**

## 二、湿地热力条件

湿地区域的热力条件对枯落物和植物残体分解速率有重要影响，一般而言，在一定温度范围内，分解速率随气温的升高而增加。王其兵（2000）的研究结果指出，在气温升高2.7℃，降水量保持不变的情况下，枯落物分解速率将提高；而在气温升高2.2℃或更高，降水量降低20%或更多时，分解速率降低。由此看出，枯落物和植物残体的分解速率主要取决于气温和降水（湿度）的对比关系。同时湿地水热条件的季节变化直接影响土壤氮矿化速率，土壤有机氮矿化速率随气温的季节变化而变化，因为它们明显影响着决定有机氮矿化速率的微生物种类、数量及活性。通过孙志高等人的试验发现，在25℃培养条件下，两类小叶章湿地（沼泽化草甸小叶章湿地Ⅺ和典型草甸小叶章湿地Ⅻ）不同深度土壤有机碳在33天的培养期内，其总矿化量分别比

15 ℃下提高了 2.8～5.7 倍(Ⅺ,W1)、0.4～5.7 倍(Ⅺ,W2)、0.7～2.1 倍(Ⅻ,W1)、0.2～2 倍(Ⅻ,W2), ANOVA 的分析结果,温度对 33 天的培养期间土壤累积矿化量及矿化率的提高具有显著影响。

另外,土壤有机碳矿化的温度系数反映了温度对有机碳矿化速率的影响,其公式为

$$Q_{10} = R_{t,T+10}/R_{t,T}$$

式中,$R_{t,T}$为$T$℃条件下$t$时刻土壤有机碳矿化率,$R_{t,T+10}$为($T+10$)℃条件下$t$时刻土壤有机碳矿化率。$Q_{10}$反映了土壤有机碳平均矿化率随温度变化状况。即$Q_{10}$值为温度增加 10 ℃(10 ℃→20 ℃),33 天的培养期内土壤有机碳平均矿化率增加的倍数。用公式表示为

$$Q_{10} = \overline{R_{(33,25)}}/\overline{R_{(33,15)}}$$

式中,$R_{(33,25)}$为 25 ℃下 33 天培养期内土壤有机碳平均矿化率,$R_{(33,15)}$为 15 ℃下 33 天培养期内土壤有机碳平均矿化率。从$Q_{10}$的变化来看,两类土壤有机碳平均矿化率的$Q_{10}$值在两种水分处理下平均变化分别在 2.7～4.6 倍(Ⅺ)和 1.5～2.8 倍(Ⅻ),该结果进一步证实了温度对土壤有机碳矿化率的影响。

土壤氮素的净矿化与硝化作用均是由微生物调控的生物过程,而微生物的种类、数量、种群分布及其活性又与温度、湿度等环境因素密切相关。Brinkey 等(1989)的统计研究表明,利用多种方法测定的无机碳库的季节变化最大值通常为最小值的 5 倍或更多。孙志高等(2007)的研究结果是:沼泽化草甸小叶章湿地(Ⅺ)和典型草甸小叶章湿地(Ⅻ)土壤中 $NO_3^-$-N 含量基本上与 Brinkey 等(1989)的统计研究结果相近(Ⅺ组为 12.09 倍,Ⅻ组为 4.68 倍),而 $NH_4^+$-N 含量的季节差异并不明显。其原因可能与冬季采样有关,冬季冻融过程可能影响和限制了微生物的活动,导致 $NO_3^-$-N 和 $NH_4^+$-N 含量的季节变化的最大值与最小值比值增大。试验证明,温暖湿润的季节有利于参与矿化/硝化作用微生物的生存和繁殖,进而使得土壤的矿化/硝化速率高于寒冷干燥季节。湿地土壤热力条件对于氨挥发过程的影响是多方面的,温度升高可增加土壤液体相中 $NH_3$-N 的比例,且 $NH_3$ 和 $NH_4^+$ 的扩散速率也随之增加。相关分析表明,典型草甸小叶章湿地和沼泽化草甸小叶章湿地土壤氨挥发速率与其大气温度均呈一定正相关($r_1 = 0.454$, $r_2 = 0.329$, $n = 16$),而与地表温度、5 cm 和 10 cm 地温的相关性较弱。这主要是由于大气温度是湿地生态系统的最初热源,地表温度和土壤不同深度地温的变化在很大程度上受大气温度的控制和影响。这也说明在诸多热量因素中,大气温度是两种湿地类型土壤氨挥发速率的主要影响因素,其中氨挥发速率在 7 月中旬前表现出的两峰值-低值的波动变化主要与大气温度波动及其引起的其他温度波动有关,而之后氨挥发速率的下降以及 8 月中旬后的平缓变

化又主要与大气温度、地表温度及不同深度地温的不断降低有关。温度主要通过间接影响与氨挥发有关的各主要化学过程而发生作用。为了确定影响两种小叶章湿地土壤氨挥发速率的可能主控因素，运用主成分分析法对诸影响因素进行了筛选，并取累积贡献率达 85% 以上的特征值对应的主成分计算主成分载荷。从表 10.2 可看出，湿地的热量条件、氮素的物质基础以及土壤理化性质是影响湿地土壤氨挥发速率的重要因素。再由图 10.2 可看出典型草甸小叶章湿地和沼泽化草甸小叶章湿地 $N_2O$ 排放通量与温度变化的相关关系。生长季典型草甸小叶章湿地的 $N_2O$ 排放通量与 5 cm 地温有较强的一致性，二者呈显著正相关，相关系数为 0.603（$P<0.01$），这就说

**表 10.2　特征值及主成分贡献率**

| 主成分<br>环境因子 | Ⅺ | | | Ⅻ | | |
|---|---|---|---|---|---|---|
| | 特征值 | 贡献率（%） | 累积贡献率（%） | 特征值 | 贡献率（%） | 累积贡献率（%） |
| 气温（℃） | 3.762 | 41.79 | 41.79 | 4.235 | 47.06 | 47.06 |
| 地表温度（℃） | 2.227 | 24.74 | 66.54 | 2.275 | 25.28 | 72.33 |
| 5 cm 地温（℃） | 1.808 | 20.09 | 86.63 | 1.259 | 13.99 | 86.32 |
| 10 cm 地温（℃） | 0.758 | 8.42 | 95.05 | 0.638 | 7.09 | 93.40 |
| 土壤含水量（%） | 0.413 | 4.59 | 99.65 | 0.496 | 5.52 | 98.92 |
| 土壤 pH | 3.182E－02 | 0.35 | 100 | 9.718E－02 | 1.08 | 100 |
| 土壤黏粒含量（%） | 3.037E－16 | 3.37E－15 | 100 | 2.835E－16 | 3.15E－15 | 100 |
| 土壤 $NO_3^-$－N 含量（mg/kg） | 1.357E－16 | 1.51E－15 | 100 | －2.132E－16 | －2.37E－15 | 100 |
| 土壤 $NH_4^+$－N 含量（mg/kg） | －6.923E－17 | －7.692E－16 | 100 | －8.839E－16 | －9.821E－15 | 100 |

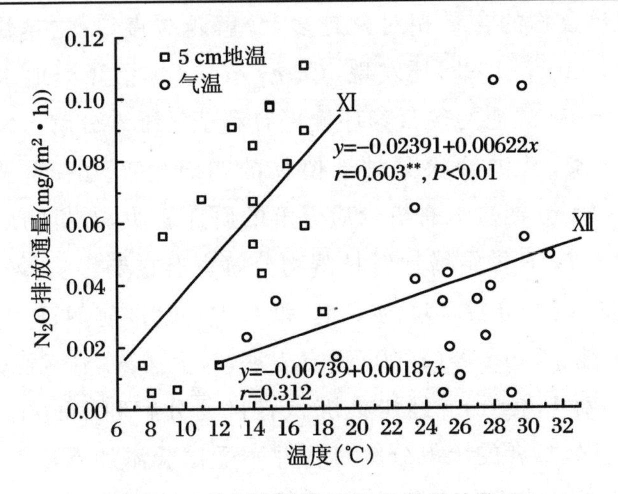


**图 10.2　生长季温度与 $N_2O$ 通量的关系**

＊＊：极显著

明该种湿地类型土壤 $N_2O$ 排放通量的变化在很大程度上受制于 5 cm 地温。与之相比，沼泽化草甸小叶章湿地土壤 $N_2O$ 排放通量与温度间的相关性较差，相关系数为 0.312，而与气温的相关性最大。另外，从图 10.3 可看出，非生长季两种类型湿地 $N_2O$ 排放通量与温度的变化均呈显著的指数相关：$y = 0.018 + 0.007e^{x/6.52}$（$R^2 = 0.649, P < 0.01$）。湿地土壤 $N_2O$ 排放通量随着温度的变化而变化。

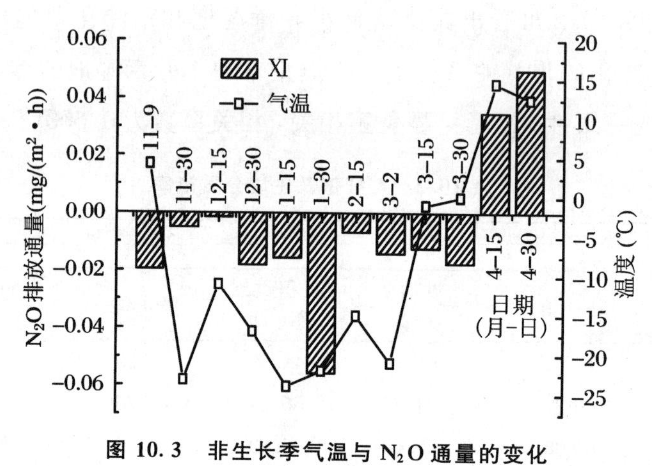


图 10.3 非生长季气温与 $N_2O$ 通量的变化

## 三、湿地养分条件

养分条件对枯落物分解作用的影响机制较为复杂，一般来说，生长在贫营养环境中的植物，其枯落物分解比较慢，在富营养的沼泽环境中生长的植物枯落物要比贫营养环境中生长植物的枯落物分解要快得多。其原因在于养分条件越差，枯落物 C/N 的值越高，耐分解化合物的含量相对就越多，分解越缓慢，反之越快（Schlesinger, et al,1981）。Verhoeven 等（1992）还发现，*Carex diandra* 沼泽湿地水体的富养分环境要比 *Carex acutiformis* 湿地的贫营养环境更有利于纤维素分解。N、P 是湿地生态系统中非常重要的元素，其供给状况对于植物的初级生产力有重要影响。Akira 等（2003）对日本 Sasakami 泥炭地有机物质分解的研究表明，有机物质的失重率与泥炭中 N、P 浓度成正比，N、P 供给增加对枯落物分解也有重要影响，增加 N、P 供给可提高枯落物 N、P 含量，改变分解环境的 C/N 和 C/P。但目前 N、P 供给增加对分解的影响尚存在不确定性。Berg 等（2000）研究表明，N 沉积对枯落物分解起减缓作用。Holmboe 等（2001）对 Bangrong 红树林沉积有机物分解和 Denmark 盐沼沉积有机物分解的研究也发现，二者的厌氧分解过程并不受试验添加 $NH_4^+$-N 或磷酸盐浓度的限制。廖利平（2000）的研究也发现，分解过程对添加氮的响应取决于养分类型，添加 $NO_3^-$-N 可促进分解的进行，而添加 $NH_4^+$-N 则无效应。Koerselman 等（1996）

对欧洲淡水沼泽植物体 N/P 的研究发现，N/P＜14，植物生长受 N 限制；N/P 介于 14～16，同时受 N、P 的限制；N/P＞16，则受 P 的限制。据此标准研究三江平原淡水沼泽植物小叶章的 N/P（表 10.3）可以发现，典型草甸小叶章和沼泽化草甸小叶章 N/P 的平均值分别为 5.76±0.20 和 5.99±0.20（$n=10$），均低于 14，说明两种小叶章沼泽湿地均受 N 的限制。而不同时期、不同器官 N/P 值比其均值研究，二者的各器官的变化研究，还发现 N/P 的变化均具有时间性，而这种时间性又与不同时期各器官对 N、P 的吸收利用状况以及土壤中 N、P 供给密切相关。总之，两种小叶章各器官 N/P 均值均表现为叶＞叶鞘＞根＞茎，但沼泽化草甸小叶章植物体及各器官的 N/P 均值明显高于典型草甸小叶章湿地，表明 N 对于后者的限制要高于前者。

**表 10.3　不同器官 N/P 的动态**

| 类型 | 日期（月-日） | | | | | | | | | | 均值（$X\pm SD$） |
|---|---|---|---|---|---|---|---|---|---|---|---|
| | 5-31 | 6-19 | 6-29 | 7-16 | 7-29 | 8-14 | 8-30 | 9-12 | 9-26 | 10-12 | |
| Ⅺ | | | | | | | | | | | |
| 根 | 3.38 | 3.86 | 4.45 | 4.85 | 5.48 | 5.24 | 5.03 | 5.32 | 5.60 | 6.86 | 5.01±0.31 |
| 茎 | 4.89 | 2.73 | 3.22 | 3.11 | 3.75 | 3.93 | 2.87 | 3.66 | 2.98 | 3.53 | 3.47±0.20 |
| 叶 | 11.66 | 10.85 | 12.29 | 12.12 | 13.84 | 10.97 | 9.15 | 7.74 | 8.39 | 8.41 | 10.54±0.64 |
| 叶鞘 | 6.14 | 5.40 | 5.81 | 4.74 | 7.33 | 5.24 | 7.43 | 5.65 | 5.32 | 6.02 | 5.91±0.28 |
| Ⅻ | | | | | | | | | | | |
| 根 | 6.35 | 6.10 | 5.87 | 6.00 | 6.13 | 5.36 | 4.61 | 4.92 | 5.23 | 6.73 | 5.73±0.21 |
| 茎 | 5.84 | 3.77 | 3.53 | 5.18 | 4.58 | 4.97 | 4.00 | 5.88 | 5.02 | 7.41 | 5.02±0.37 |
| 叶 | 13.06 | 13.22 | 11.80 | 12.39 | 12.38 | 10.93 | 12.11 | 11.71 | 10.70 | 10.07 | 11.84±0.32 |
| 叶鞘 | 8.62 | 6.53 | 6.56 | 9.15 | 6.96 | 6.02 | 6.75 | 8.25 | 7.90 | 8.17 | 7.49±0.33 |

注：Ⅺ，沼泽化草甸小叶章；Ⅻ，典型草甸小叶章。

## 四、pH 与盐分条件

湿地土壤 pH 变化一方面影响土壤的氧化还原环境，直接影响碳、氮、磷、硫的迁移转化，另一方面主要通过影响和控制微生物的活性而发生作用。有机物分解，特别是 N、P 的释放明显受 pH 的影响，低 pH 可抑制 N、P 的释放，而高 pH 则可延缓 N、P 的释放。土壤 pH 对土壤矿化/硝化作用也有重要影响，酸性较高的土壤条件（pH＜5.0），矿化/硝化作用将受到抑制。试验阶段，三江平原典型草甸小叶章沼泽土壤和沼泽化草甸小叶章沼泽土壤的 pH 分别为 5.61±0.13 和 5.57±0.14($n=16$),均呈酸性,土壤有机质分解矿化和硝化作用受到一定限制。反之,随着土壤 pH 提高,氧化能力增强,其土壤有机质分解矿化/硝化作用增强,N、P 的释放也增加。同时由于各种微生物生存都有最适宜活动的 pH 和可适应的环境条件范围,所以 pH 过高或过低均会对微生物活性产生抑制作用(蔡晓明,2000)。Rob 等(1988)的研究结果发现,水体 pH、各种碳酸盐浓度和 Al 含量显著影响 *Juncus*, *bulbosus L*. 的枯落物分解。在 pH 为 3.5 和 5.6 的条件下,微生物对有机质重量损失的贡献率分别为 23%和 31%。在低 pH 情况下,以真菌的分解为主,在 pH 为 5.6 的条件下,真菌和细菌在分解过程中均发挥重要作用。James 等(1993)的研究也表明,增加酸度可抑制 *Sparganium eurycarpum* 枯落物的分解。分解 200 天后,pH 为 4、6、8 情况下的枯落物剩余干重分别为原来的 47.5%、27.9% 和 7.3%。湿地土壤硝化和反硝化作用的进行主要与土壤中微生物活性有密切关系,而土壤微生物的活性与土壤 pH 高低有密切关系。目前已有证据表明一些硝化细菌和反硝化细菌也能进行反硝化作用,如硝化细菌细胞可在低 pH 厌氧条件下产生反硝化作用而生长,亚硝化细菌可在厌氧环境胁迫下氧化氨,同时又把亚硝酸盐还原为 NO、$N_2O$ 和 $N_2$ 等(方运霆,2004)。

另外,湿地土壤的盐分条件也影响枯落物的分解,Christine(1994)的研究结果指出,根系分解与土壤水的含盐量存在一定相关性。一般而言,随盐分增加,每日 CTSL (Cotton Tensile Strength Loss)逐渐减少(介于 1.8%~5.5%),但在最高盐分处,每日 CTSL 显著增加。

## 五、湿地土壤 $O_2$ 与 $CO_2$ 的状况

湿地土壤 $O_2$ 与 $CO_2$ 的状况对枯落物分解过程影响深刻,它通常受温度和水分的影响较大。一般而言,随温度和水分的增加,枯落物中 $O_2$ 的浓度下降,$CO_2$ 浓度上升。但水分过多又限制气体交换,使 $O_2$ 很快被消耗,进而又会抑制微生物的新陈代谢(Raija, et al.,2004)。Freeman 等(2004)的研究指出,泥炭地(即使是表层)通常缺乏 $O_2$,而 $O_2$ 的缺乏又会限制酚氧化酶的活性,进而对泥炭地的分解产生限制。而不需要 $O_2$ 的水解酶活性也因 $O_2$ 对酚氧化酶的抑制而降低。原因在于 $O_2$ 对酚氧化酶的抑制会产生大量酚类物质,而酚类物质对水解酶活性有抑制作用。此外,大气 $CO_2$ 浓度升高对枯落物分解也有重要影响,$CO_2$ 浓度的升高增加了 C 向地下的分配,而这种分配变化又促进了细根的增多,根部养分吸收能力的增强、真菌数量的增加以及根围易分解 C 沉积、胞外酶和有机 C 的增多,最终导致微生物活性增强、有机物质分解增加、植物对养分的可利用性增多(Alwyn, et al.,2005),从而抵消了因施肥效应而产

生的养分限制，分解速率增加。另外，也有相反观点，认为$CO_2$浓度的升高产生的施肥效应会促进植物生产力的增加和养分利用率的提高，而养分利用率的升高又会导致土壤矿化率的相对降低和可供给养分的限制，进而引起枯落物养分含量下降和C的增加，最终导致C/N升高和质量下降（如酚类、丹宁和木质素等增加），有机物分解速率降低。

## 六、湿地植物枯落物的性质

植物枯落物的性质直接决定了其相对可分解性，而相对可分解性又依赖于构成组织的易分解成分（N、P等）和难分解成分（木质素、纤维素、酚类物质等）的含量和结构。有研究表明，枯落物分解速率与初始氮含量和木质素含量存在较好的相关性（黄耀等，2003）。木质素是枯落物中最难分解的成分，它控制着分解速率。当其含量较低时，C/N就反映了碳水化合物/蛋白质的值；当其含量较高时，C/N就反映了（碳水化合物＋木质素）/蛋白质的值。一般而言，C/N和木质素含量均较高时，枯落物分解较慢，反之枯落物分解较快（Alicia, et al.，2003）。其他基质质量指标如N浓度、P浓度、C/P、酚类物质/N、酚类物质/P等也影响分解过程。N在初期可促进分解的进行，而在后期高浓度N对分解可产生抑制作用。王其兵等（2000）的研究发现，只有在降水较少时，分解速率才与C/N密切相关；而在降水相对丰沛时，该规律并不明显，原因可能是降水带来的N改变了分解环境的C/N所致。还有的研究则表明，枯落物在分解初期（3个月）受P浓度和C的强烈限制，但长期（1年）分解又与酚类物质/N、酚类物质/P等密切相关。Freeman等（2004）的研究还指出，枯落物分解产生的酚类物质对水解性酶存在很强的抑制作用，该抑制作用又阻碍了分解进行，仅当其含量较低时，水解酶才有较高的活性。此外，枯落物质量还与各组分的复杂性（分子大小和化学键多样化等）和物理性质（物理结构和韧性等）有关。

枯落物对矿化作用的影响主要表现在其质量——C/N和纤维素/N上。相关分析表明，当C/N较高时，氮缺乏，土壤矿化产生的氮会迅速被微生物固持，矿化速率较低；反之，当C/N较低时，氮充足，土壤矿化产生的氮很少被微生物固持，矿化速率较高。由此看出，土壤氮矿化过程与枯落物C/N呈负相关。另外，纤维素/N通过影响土壤有机质质量而对净矿化过程有很强的控制作用。一般而言，枯落物不同于气候和土壤因素，对净矿化过程有良好的指示作用。当纤维素/N增加时，净矿化速率呈强烈非线性下降，氮矿化被限制在一个较低水平上；而当纤维素/N降至一个较低值后，氮矿化将迅速增加。

### 七、微生物区系

湿地土壤微生物是影响湿地环境中碳、氮、硫、磷释放和储存的重要因素，在土壤有机质的分解矿化、硝化和反硝化过程中起着重要作用。由于湿地土壤有机氮矿化是在微生物作用下的氨化过程，所以微生物的种类、数量、种群结构以及它们之间的相互关系等均会对矿化过程产生重要影响，特别是土壤根际某些生物活性较强的微生物的富集能迅速促进有机氮的矿化和释放。硝化微生物有化能自养和异养两类，但在硝化过程中自养微生物起主要作用。在化能自养菌中，以亚硝化细菌和硝化细菌两类群最为重要。同时，微生物还对 $NO_3^-$ 有一定固持作用，而当微生物固持活动非常活跃，可利用性 $NH_4^+$ 不足以满足微生物需要时，$NO_3^-$ 的固持量最高。试验过程中总硝化量占 $NH_4^+$ 产生量的32%，而 $NO_3^-$ 的固持量为 $NH_4^+$ 的50%。另外，湿地土壤反硝化作用与一些厌氧微生物特别是异养性细菌如产碱假单胞菌（*Pseudomonas alcaligenes*）密切相关，这些细菌数量巨大且广泛存在于土壤根际层中。硝化细菌细胞可在厌氧环境中发生反硝化作用而生长，亚硝化细菌（Nitrosomonas europaea）可在厌氧环境中氧化氨的同时把亚硝酸盐还原为 NO、$N_2O$、$N_2$ 等。

## 第二节　湿地环境中碳、氮、硫、磷的源与汇的转换过程

湿地环境中碳、氮、硫、磷在一定环境条件下进行释放与储存，它们在环境中的迁移和转化过程是很复杂的，它们的生物地球化学行为受各种环境介质中物理、化学、生物等诸多因素的影响和控制，它们与各环境介质及它们之间相互作用和耦合，并形成一定区域生物地球化学场。

### 一、碳的源/汇转换过程

湿地作为陆地生态系统重要的碳库，其对全球碳循环及碳平衡具有重要的意义。同时湿地也是响应全球变化和人类活动干扰较为敏感的生态系统类型之一。人类活动干扰了湿地生态系统正常的物质循环过程，尤其是湿地开垦为农田后，植物残体及

沉积泥炭分解速率提高，碳的释放量增加，改变了湿地生态系统的碳循环模式，湿地生态系统的演变可能是全球大气 $CO_2$ 含量升高的一个不可忽视的重要因素(宋长春等，2004)。三江平原是我国沼泽湿地分布面积最大的地区，也是近50年来湿地开垦面积最大的地区，区内耕地面积已由1949年的 $78.8\times10^4$ $hm^2$，增加到目前的 $524\times10^4$ $hm^2$。由于沼泽湿地的大面积开垦，使得区内湿地面积急剧下降，近50年来天然湿地面积减少近72%(刘兴土等，2002)。天然湿地的大面积丧失，已造成区内气候变干、河流径流量减少、地下水位下降、植被破坏、土壤侵蚀作用加强、土壤肥力下降，对区域生态环境产生了重要影响(陈刚起等，1996；刘兴土等，2000；阎敏华等，2001；宋长春等，2004)。已往的研究表明，农业耕作降低了土壤有机质的数量和质量，使 $CO_2$ 的释放速率增加(Reicosky，Lindstrom，1993)，并影响到土壤对大气 $CH_4$ 的排放-吸收能力(Jacinthe，Lal，2005)。

**1. 湿地生态系统碳输入量的动态变化**

表10.4指明三江平原小叶章湿草甸湿地(XD)和小叶章沼泽化草甸湿地(XZ)地上生物量的变化为单峰型，4月底5月初开始萌发，随着水热条件的改善，植物净C累积量迅速增加，7月分别达最大地上生物量861.75 $g/m^2$ 和626.58 $g/m^2$，其相应C累积输入量为374.10 $g/m^2$ 和272.10 $g/m^2$。之后，植物光合作用减弱，植物体干枯物增多，虽然新鲜干枯物仍然附着于植物体上，但由于干枯物分解初期发生的快速淋溶物质损失，致使瞬时地上净C生产小于净C分解损失，表现为 $AC_i$-Input 在8～10月为负值，同时地上累积C输入量亦呈略微下降趋势。严格说来，新鲜干枯物的分解损失部分应计为系统C输出的一部分，但由于一方面干枯物的分解速率是个瞬时值，给新鲜干枯物的分解测定带来一定的困难；另一方面，碱液法测定的土壤呼吸为割除地上植物体后的 $CO_2$-C 释放，这部分C不包括新鲜干枯物分解损失的那部分C。综合考虑上述两方面因素，将新鲜干枯物分解损失的那部分C计入植物体地上部分的C累积量而以净C输入量 $AC_i$-Input 来表示，既避免了在C平衡估算过程中将这部分C遗失，又不会影响系统C平衡的建立。由此计算出，生长季(5～10月)XD和XZ两类草甸地上部分的C输入量分别为315.63 $gC/m^2$ 和229.53 $gC/m^2$。

两类小叶章草甸地下生物量的变化为"S"形，在生长季初期较低，生长季后期较高。不同于地上部分的计算方法，地下生产量的计算方法为极差法，即取当年最大生物量与当年最小生物量之差为植物当年地下生产量。由于土壤呼吸 $CO_2$-C 释放中已包括植物死亡根系分解的 $CO_2$-C 损失，因此，认为最大地下生物量与次年最大生物量出现日期之间的各月根系C生产量为0。由此，计算出生长季XD和XZ两类草甸地下部分的C输入量分别为698.17 $gC/m^2$ 和768.83 $gC/m^2$。

**表 10.4 生长季不同月份小叶章湿地系统地上和地下 C 输入量**

单位:gC/m²

| 月份 | 地上部分 | | | 地下部分 | | |
|---|---|---|---|---|---|---|
| XD | $ABM_i$ * | $AC_i$-Input | $AC_j$-Input | $BBM_i$ * | $BC_i$-Input | $BC_j$-Input |
| 5 | 61.74 | 33.92 | 33.92 | 1001.11 | 0 | 0 |
| 6 | 477.92 | 175.23 | 209.15 | 1335.85 | 138.98 | 138.98 |
| 7 | 861.75 | 164.95 | 374.10 | 1791.42 | 168.42 | 307.40 |
| 8 | 828.84 | −14.80 | 359.30 | 2444.17 | 334.64 | 642.04 |
| 9 | 800.58 | −11.94 | 347.36 | 2455.05 | −52.25 | 589.79 |
| 10 | 725.52 | −31.73 | 315.63 | 2719.65 | 108.38 | 698.17 |
| 生长季 | | | 315.63 | | | 698.17 |
| 非生长季 | | | 0 | | | 0 |
| 全年 | | | 315.63 | | | 698.17 |
| XZ | | | | | | |
| 5 | 29.64 | 8.33 | 8.33 | 2894.52 | 0# | 0 |
| 6 | 375.49 | 153.76 | 162.08 | 2494.58 | 0# | 0 |
| 7 | 626.58 | 110.02 | 272.10 | 2933.67 | 190.97 | 190.97 |
| 8 | 593.59 | −14.02 | 258.08 | 3838.18 | 450.73 | 641.69 |
| 9 | 573.84 | −8.48 | 249.60 | 4282.93 | 44.39 | 686.09 |
| 10 | 527.12 | −20.08 | 229.53 | 4481.16 | 82.74 | 768.83 |
| 生长季 | | | 229.53 | | | 768.83 |
| 非生长季 | | | 0 | | | 0 |
| 全年 | | | 229.53 | | | 768.83 |

注:*,单位 g/m²。#,6 月份地下生物量出现最小值,因此,地下年净生产量的计算以此为基点,认为在 7 月之前其地下净 C 输入量均为 0。

小叶章为多年生草本植物,地上部分当年全部死亡,而在气温极低的北方季节性冻土带,其地下根系在冬季的生命活动也相当微弱。因此,认为小叶章植物体在非生长季(11 月～次年 4 月)的地上和地下 C 输入量为 0。由此可知,XD 和 XZ 两类小叶章草甸全年的总净 C 输入量分别为 1013.8 gC/(m²·a)和 998.36 gC/(m²·a)。其中,地下根系所占比例分别为 68.87%和 77.01%,可见,根系生产力对于小叶章草甸碳平衡的估算具有重要意义。

### 2. 湿地生态系统碳输出量的动态变化

根据监测结果(表 10.5),2004 年 5～9 月 XD 和 XZ 两类小叶章湿地土壤的月释放量分别为 21.66～111.57 gC/$m^2$ 和 15.42～75.41 gC/$m^2$,6～8 月较高,且随温度呈指数变化形式:$y_{XD} = 1.24e^{0.078T}$($R^2 = 0.551$),$y_{XZ} = 0.537e^{0.094T}$($R^2 = 0.588$)。据此,由 2004 年 10 月的平均气温 0.2 ℃,估算出 XD 和 XZ 在 10 月份的土壤呼吸释放量分别为 1.26 gC/$m^2$ 和 0.55 gC/$m^2$。

**表 10.5　生长季不同月份小叶章湿地土壤呼吸 $CO_2$-C 释放**

单位:gC/($m^2$ · month)

| 月份 | 5 | 6 | 7 | 8 | 9 | 10[†] |
|---|---|---|---|---|---|---|
| XD | 53.1 | 86.04 | 111.57 | 103.12 | 21.66 | 1.26 |
| XZ | 29.46 | 75.41 | 65.91 | 52.23 | 15.42 | 0.55 |

注:†,据 $R_{L+S}$ 与气温之间的关系计算,$T = 0.2$ ℃,$y_{XD} = 1.24e^{0.078T}$($R^2 = 0.551$),$y_{XZ} = 0.537e^{0.094T}$($R^2 = 0.588$)。

碱液法测定的土壤呼吸主要包括微生物异养呼吸和植物根系自养呼吸两部分,根据已往的文献资料,泥炭地和矿质湿地根系的呼吸占总土壤呼吸的比例在 35%～60%(Haynes, Gower, 1995; Nakane, et al., 1996; Silvola, et al., 1996; Kuzyakov, et al., 2001),本研究中草甸根系呼吸的比例取其平均值 45%。从土壤总呼吸中扣除这一部分,得到生长季(5～10 月)XD 和 XZ 的土壤月净释放 $CO_2$-C 量分别为 0.69～61.36 gC/$m^2$ 和 0.30～41.48 gC/$m^2$。而众多研究结果表明,由碱液吸收法得到的土壤微生物呼吸量一般仅为实际释放量的 60% 左右(Kucera, Kirkham, 1971; Norman, et al., 1992)。应用该系数对小叶章草甸生长季月均土壤呼吸进行转换,最终得到生长季两类草甸土壤 $CO_2$-C 的月释放量分别为 1.16～102.27 gC/$m^2$ 和 0.50～69.13 gC/$m^2$,其总净释放量分别为 345.37 gC/$m^2$ 和 219.08 gC/$m^2$。

由于 $CH_4$-C 释放量的测定采用的是静态箱-气相色谱法,因此,存在植物体对 $CH_4$-C 通量的影响,这可能使该值与土壤呼吸释放 $CH_4$-C 的实际值具有一定的偏差,但考虑到 $CH_4$-C 在系统总 C 释放中只占很小一部分,故本研究中忽略植物对 $CH_4$-C 释放的影响。生长季小叶章湿地系统 XD 和 XZ 的 $CH_4$ 月释放量在 −0.041～0.252 gC/$m^2$ 和 0.374～1.557 gC/$m^2$,其总释放量分别为 0.254 gC/$m^2$ 和 4.196 gC/$m^2$。

非生长季(11 月～次年 4 月)$CO_2$ 和 $CH_4$ 通量的测定结果表明,由于该时期小叶章植物体已完全枯死,而地下根系的生命活动比较微弱,因此认为用该方法测定的气体通量可近似代表土壤净呼吸通量。XD 和 XZ 两类湿地非生长季 $CO_2$-C 和 $CH_4$-C

的总释放 C 量分别为 129.68 gC/m$^2$ 和 26.09 gC/m$^2$。

综上所述，由生长季和非生长季 XD、XZ 两类湿地的 $CO_2$-C 和 $CH_4$-C 的释放量计算得两类湿地系统全年的 C 释放量分别为 475.29 gC/m$^2$ 和 249.35 gC/m$^2$。计算过程及结果见表 10.5、表 10.6。

**表 10.6 不同时期小叶章湿地系统 C 输出量**

单位：gC/m$^2$

| 月份 | XD | | | | XZ | | | |
|---|---|---|---|---|---|---|---|---|
| | £$C_{i\,CO_2}$ | ₣$C_{i\,CH_4}$ | $C_i$-Output | $C_j$-Output | £$C_{i\,CO_2}$ | ₣$C_{i\,CH_4}$ | $C_i$-Output | $C_j$-Output |
| 5 | 48.68 | -0.041 | 48.63 | 48.63 | 27.01 | 0.643 | 27.65 | 27.65 |
| 6 | 78.87 | 0.008 | 78.88 | 127.51 | 69.13 | 1.036 | 70.16 | 97.81 |
| 7 | 102.27 | 0.252 | 102.52 | 230.04 | 60.42 | 1.557 | 61.97 | 159.78 |
| 8 | 94.53 | 0.004 | 94.53 | 324.57 | 47.88 | 0.147 | 48.02 | 207.81 |
| 9 | 19.86 | 0.048 | 19.90 | 344.47 | 14.14 | 0.439 | 14.57 | 222.38 |
| 10 | 1.16 | -0.017 | 1.14 | 345.61 | 0.50 | 0.374 | 0.88 | 223.26 |
| 生长季 | | | | 345.61 | | | | 223.26 |
| 非生长季# | | | | 129.68 | | | | 26.09 |
| 全年 | | | | 475.29 | | | | 249.35 |

注：#，据£：$C_{i\,CO_2} = CO_2 - C \times (1-0.45)/0.6$。₣，对两类（XD、XZ）生态系统监测的释放数据进行计算。

### 3. 湿地生态系统碳平衡估算

表 10.7 为 XD 和 XZ 两类湿地不同时期的 C 平衡计算过程及其结果。结果表明，生长季不同月份系统净 C 平衡量（$C_i$-Balance）变化趋势明显：XD 在 5 月、9 月均表现为系统向外净释放 C，其值分别为 -14.71 gC/m$^2$ 和 -84.09 gC/m$^2$，6～8 和 10 月系统净收入 C，其值分别为 235.33 gC/m$^2$、230.85 gC/m$^2$、225.31 gC/m$^2$ 和 75.51 gC/m$^2$，C 收入主要集中于 6～8 月，生长季总平衡值为 668.2 gC/m$^2$；XZ 在 5 月表现为净释放 C，其值为 -19.32 gC/m$^2$，6～10 月系统净收入 C，其值分别为 83.6 gC/m$^2$、239.02 gC/m$^2$、388.69 gC/m$^2$、21.34 gC/m$^2$ 和 61.78 gC/m$^2$，C 收入主要集中于 7～8 月，生长季总平衡值为 775.11 gC/m$^2$。非生长季 XD 和 XZ 两类湿地均向外净释放 C，其平衡值分别为 -129.68 gC/m$^2$ 和 -26.09 gC/m$^2$，系统向外净释放 C。由此可知，XD 和 XZ 两类湿地系统全年的 C 平衡值分别为 538.52 gC/m$^2$ 和 749.02 gC/m$^2$，为系统净固定 C。

表 10.7　两类小叶章湿地系统碳平衡

单位:gC/m²

| 月份 | $AC_i$-Input | $BC_i$-Input | $C_i$-Output | $C_i$-Balance | $C_j$-Balance |
|---|---|---|---|---|---|
| XD | | | | | |
| 5 | 33.92 | 0 | 48.63 | -14.71 | -14.71 |
| 6 | 175.23 | 138.98 | 78.88 | 235.33 | 220.62 |
| 7 | 164.95 | 168.42 | 102.52 | 230.85 | 451.47 |
| 8 | -14.80 | 334.64 | 94.53 | 225.31 | 676.78 |
| 9 | -11.94 | -52.25 | 19.90 | -84.09 | 592.69 |
| 10 | -31.73 | 108.38 | 1.14 | 75.51 | 668.2 |
| 生长季 | 315.63 | 698.17 | 345.6 | 668.2 | 668.2 |
| 非生长季# | 0 | 0 | 129.68 | -129.68 | -129.68 |
| 全年 | 315.63 | 698.17 | 475.28 | | 538.52 |
| XZ | | | | | |
| 5 | 8.33 | 0 | 27.65 | -19.32 | -19.32 |
| 6 | 153.76 | 0 | 70.16 | 83.6 | 64.28 |
| 7 | 110.02 | 190.97 | 61.97 | 239.02 | 303.3 |
| 8 | -14.02 | 450.73 | 48.02 | 388.69 | 691.99 |
| 9 | -8.48 | 44.39 | 14.57 | 21.34 | 713.33 |
| 10 | -20.08 | 82.74 | 0.88 | 61.78 | 775.11 |
| 生长季 | 229.53 | 768.83 | 223.25 | 775.11 | 775.11 |
| 非生长季# | 0 | 0 | 26.09 | -26.09 | -26.09 |
| 全年 | 229.53 | 768.83 | 249.34 | | 749.02 |

#:未检测。

**4. 湿地生态系统碳库及碳流模式**

假设目前的小叶章湿地系统均处于稳定状态,则小叶章湿地植物-土壤系统主要包括三大碳库:地表枯落物碳库(Litter-C)、地下根系碳库(Roots-C)和土壤有机质碳库(Soil-C)。各碳库之间的碳流主要有:植物体地上及地下部分的生产输入、地表枯落物的分解释放输出和土壤有机质的分解释放 $CO_2$、$CH_4$ 输出。考虑到研究地为碟形洼地,属封闭型湿地,认为 DOC 的迁移属系统内部碳流,因此 DOC 的迁移不参与系统内外的输入与输出,故此忽略不计。由上所述,两类小叶章湿地 XD 和 XZ 中三大碳库的库存量分别为 1823.6 g/m²、1386.1 g/m²、10.32 kg/m² 和 1244.9 g/m²、

3346.1 $g/m^2$、11.75 $kg/m^2$，植物体地上部分的生产输入量为 315.63 $g/(m^2 \cdot a)$ 和 229.53 $g/(m^2 \cdot a)$，地下部分的生产输入量为 698.17 $g/(m^2 \cdot a)$ 和 768.83 $g/(m^2 \cdot a)$，土壤有机质净 $CO_2$-C 释放量为 474.93 $g/(m^2 \cdot a)$ 和 244.30 $g/(m^2 \cdot a)$，$CH_4$-C 释放量为 0.375 $g/(m^2 \cdot a)$ 和 5.066 $g/(m^2 \cdot a)$，系统总碳释放输出量为 475.29 $g/(m^2 \cdot a)$ 和 249.35 $g/(m^2 \cdot a)$。其中，因地表枯落物分解损失释放的 $CO_2$-C 量占总土壤呼吸的 37%和 31%，再根据 XD 和 XZ 总土壤呼吸的年释放量 506.43 $g/(m^2 \cdot a)$ 和 265.07 $g/(m^2 \cdot a)$，计算得二者因地表枯落物分解而损失的碳为 187.38 $g/(m^2 \cdot a)$ 和 82.17 $g/(m^2 \cdot a)$。在当前环境条件下两类小叶章湿地系统的碳输入量均远大于其输出量，系统表现为碳汇，且其碳汇功能小叶章沼泽化草甸强于小叶章湿草甸。水分条件是主要决定因素，主要表现为季节性淹水条件较无淹水条件有利于湿地碳的累积。这也进一步说明，湿地水分条件的轻微变化都将会改变系统碳库及其通量，并最终对湿地碳循环格局产生重大影响。

## 二、氮的源/汇转换过程

湿地作为全球三大生态系统之一，对于全球氮循环及氮平衡有着极其重要的环境意义，湿地氮循环是其重要组成部分，它不但影响着生态系统的结构与功能，而且对生态系统的稳定及健康有着深刻影响。同时，湿地作为响应全球变化和人类活动较为敏感的生态学系统之一，其氮循环状况的改变不但影响着系统自身的调节机制，而且还与当前一系列全球环境问题——全球变暖、臭氧层破坏等息息相关（方精云等，2002）。三江平原湿地不仅是巨大的氮库，而且也是 NO、$NO_2$、$N_2O$ 等气体巨大的释放源。采用 Albert 提出的生物循环方程计算小叶章湿地 N 的生物循环，即

$$吸收 = 存留 + 归还$$

式中，存留是指植物器官在一定时期内的 N 增加量，吸收与归还是指植物吸收的 N 一部分用于构建机体而存留下来，另一部分则通过枯落物凋落与分解，雨水淋失以及根的解吸、外渗和分泌等途径归还土壤。N 生物循环特征可通过吸收系数、利用系数及循环系数来表征：

吸收系数 = 单位时间、单位面积植物吸收 N 量/土壤 N 总量

利用吸收系数 = 单位时间、单位面积植物吸收 N 量/植物现存 N 量

循环系数 = 单位时间、单位面积植物归还 N 量/吸收 N 量

据此计算试验区典型草甸小叶章湿地Ⅺ组和沼泽化草甸湿地Ⅻ组生长季植物亚系统氮生物循环动态如表 10.8 所示。

**表 10.8　试验区氮的生物循环动态**

| 类型 | 时间（月-日） | 存留(g/m²) | | | | | 归还(g/m²) | 吸收(g/m²) |
|---|---|---|---|---|---|---|---|---|
| | | 茎 | 叶 | 叶鞘 | 地上 | 根 | | |
| Ⅺ | 4-20～5-31 | 0.590 | 2.476 | 1.197 | 4.263 | 0.413 | 0.130 | 4.806 |
| | 5-31～6-19 | 0.778 | 2.974 | 0.769 | 4.521 | 0.427 | 0.022 | 4.970 |
| | 6-19～6-29 | 0.131 | 0.565 | 0.054 | 0.749 | 0.441 | 0.301 | 1.491 |
| | 6-29～7-16 | 0.486 | 3.058 | 0.540 | 4.083 | 0.930 | — | — |
| | 7-16～7-29 | 0.042 | 0.795 | 0.071 | 0.824 | 0.818 | 0.457 | 2.099 |
| | 7-29～8-14 | -0.073 | -0.451 | -0.026 | -0.550 | 2.482 | 0.216 | 2.148 |
| | 8-14～8-30 | -0.051 | -0.406 | -0.059 | -0.516 | 2.482 | 1.229 | 3.195 |
| | 8-30～9-12 | -0.083 | -0.148 | -0.138 | -0.369 | 0.458 | — | — |
| | 9-12～9-26 | -0.007 | -0.121 | -0.033 | -0.162 | 0.495 | 0.545 | 0.878 |
| | 9-26～10-12 | -0.167 | -1.494 | -0.211 | -1.872 | 1.847 | 1.397 | 1.372 |
| Ⅻ | 4-21～5-31 | 0.346 | 1.401 | 0.669 | 2.415 | 3.268 | 0.110 | 5.793 |
| | 5-31～6-19 | 0.589 | 2.122 | 0.789 | 3.500 | 3.261 | 0.077 | 6.836 |
| | 6-19～6-29 | 0.048 | 0.267 | 0.011 | 0.326 | 3.253 | 0.053 | 3.632 |
| | 6-29～7-16 | 0.093 | 0.258 | 0.095 | 0.447 | 0.150 | 0.049 | 0.646 |
| | 7-16～7-29 | 0.191 | 1.757 | 0.145 | 2.093 | 0.152 | 0.092 | 2.337 |
| | 7-29～8-14 | 0.104 | -0.455 | 0.080 | -0.271 | 1.026 | 0.344 | 1.099 |
| | 8-14～8-30 | -0.007 | -0.100 | -0.125 | -0.232 | 1.026 | — | — |
| | 8-30～9-12 | -0.009 | 0.134 | -0.089 | -0.232 | 3.445 | 1.224 | 4.437 |
| | 9-12～9-26 | -0.011 | -0.290 | -0.046 | -0.347 | 3.591 | 0.111 | 3.355 |
| | 9-26～10-12 | -0.032 | -0.437 | -0.084 | -0.552 | 6.177 | 1.942 | 7.567 |

据表可知，典型草甸小叶章Ⅺ地上各器官的氮的存留量在7月中下旬前均为正值，说明植物处于氮累积状态。之后，其存留量均为负值，说明植物处于氮迁移流失状态。此间植物地上转移的氮一部分以枯落物的形式凋落或分解归还土壤，另一部分则转移至地下储备营养。比较而言，地上及茎的氮储存量均于5月末至6月中旬取得较大值(4.521 g/m²、0.778 g/m²)，而叶鞘和叶分别于5月末之前和6月末至7月中旬之间取得较大值，但不同时期，其存留量存在较大差异。7月末之前，根的存留量均相对较低(0.413～0.930 g/m²)；之后，根的存留量除了8月末至9月下旬较低(0.458～0.495 g/m²)以外，其他时期均较高(1.847～2.482 g/m²)。这主要与地上部分的氮大量向地下转移以及根部大量蓄积氮营养，以满足漫长冬季呼吸消耗及次年植物营养体萌发有关。与典型草甸小叶章湿地相比，沼泽化草甸湿地地上部分及各器官(茎、叶和叶鞘)的氮存留量在8月中旬前均为正值，之后为负值，且其值均于5月末至6月中旬取得较大值(3.500 g/m²、0.589 g/m²、0.789 g/m²、2.122 g/m²)。根的氮存留量在各时期均为正值，其存留量在6月末之前较高(3.253～3.268 g/m²)，

之后至7月末迅速降低，而7月末后，其值一直增加，并于生长季末期取得最高值(6.177 g/m$^2$)。与存留量相比，不同时期的氮归还量和吸收量均为正值，并在不同时期存在明显差异。归还量在7月末相对较低(0.049～0.110 g/m$^2$)，之后开始增加，并于生长季末期取得最高值(1.942 g/m$^2$)。吸收量则于6月末前较高(3.632～5.793 g/m$^2$)，之后至8月中旬一直较低(0.646～2.337 g/m$^2$)，8月末后，其值又开始增加(3.355～7.567 g/m$^2$)。总之，从两种湿地类型生态系统氮的循环状况来看，生长季期间无论地上部分(茎、叶)还是地下部分(根部)，植物氮的存留量和归还量都很高，进一步说明在当地环境条件下氮处于累积状态。但在不同时期，氮的存留量和归还量不同，其值为负值时，说明植物系统氮处于迁移流失状态。

试验还表明，非生长季的$N_2O$排放特征总体上表现为“吸收-排放”，即2003年11月上旬至2005年3月下旬，湿地土壤吸收消耗大气中$N_2O$，而4月份则向大气排放$N_2O$，此间$N_2O$通量范围为$-0.0015$～0.0497 mg/(m$^2$·h)，均值为$-0.0068\pm0.0268$ mg/(m$^2$·h)，变异系数为394%($n=12$)，表现为$N_2O$的汇。具体来说，11月湿地气温骤然降低4.3℃至$-23.2$℃，由此导致其对$N_2O$的吸收值一直保持在较高的水平上(0.0051～0.0196 mg/(m$^2$·h))。至12月中旬，湿地气温有所回升($-11$℃)，由此造成对$N_2O$的吸收量达到最低值($-0.0015$ mg/(m$^2$·h))。12月末至1月末，湿地气温又骤然降低，并于1月份一直保持$-23$℃左右，此间湿地土壤对$N_2O$吸收量不断增加，并于1月下旬达到最大值($-0.0557$ mg/(m$^2$·h))。2月中旬至3月下旬尽管湿地气温开始逐渐回升($-21$℃升至0℃)，但此间其对于$N_2O$的吸收量除了2月中旬相对较低(0.0068 mg/(m$^2$·h))外，其他时期(3月)均维持在较高水平上($-0.0122$～0.0175 mg/(m$^2$·h))且其变化比较平缓。到了4月，随着冻层的融化，湿地土壤由$N_2O$的“汇”转化为“源”，并且其排放量随气温升高而迅速增加，至4月下旬，其排放量高达0.0497 mg/(m$^2$·h)。

另据生长季和非生长季两种类型小叶章湿地$N_2O$排放量的估算结果(表10.9，孙志高)，生长季内典型草甸小叶章湿地和沼泽化草甸小叶章湿地的$N_2O$排放量分别为205.54 mg/m$^2$和153.47 mg/m$^2$，前者为后者的1.34倍，说明二者湿地类型在生长季均为$N_2O$的排放“源”，但前者“源”的功能明显大于后者。具体来说，前者$N_2O$排放量贡献率7月、8月、9月较高且比较接近(23.48%、28.10%、25.57%)，6月次之(15.75%)，5月、10月较低(1.95%、5.15%)。而后者的贡献率则以6月最高(31.14%)，7月、9月次之(18.43%、17.65%)，5月、8月、10月较低且较接近(9.56%、11.96%、11.24%)。非生长季两种类型小叶章湿地$N_2O$排放量分别为$-26.97$ mg/m$^2$、$-98.47$% mg/m$^2$，后者为前者的3.65倍，说明两种类型湿地在非生长季均为$N_2O$的“汇”，沼泽化草甸小叶章湿地“汇”的功能比典型草甸小叶章湿地更强。其中，前者的 $N_2O$ 排放量以 1 月“汇”的功能最强（100.52%），3 月次之（41.68%），11 月、12 月、2 月较低（25.31%、27.47%、18.24%）。而 4 月两种湿地类型发挥了 $N_2O$“源”的功能，对非生长季“汇”的功能削弱作用的贡献率高达 −113.21%。另外，后者在 11 月～次年 3 月和 4 月也分别发挥“汇”的功能，其中 11 月～次年 3 月的“汇”功能贡献率高达 133.30%，而 4 月对“汇”功能削弱作用的贡献率仅为 −33.30%。总之，两种湿地类型全年的 $N_2O$ 排放总量分别为 178.57 mg/m² 和 55.00 mg/m²，前者为后者的 3.25 倍，说明二者在全年均表现为 $N_2O$ 的重要释放“源”，但前者“源”的功能明显大于后者。

**表 10.9　湿地 $N_2O$ 排放量估算**

单位：$mgN_2O/m^2$

| | 月份 | 5 | 6 | 7 | 8 | 9 | 10 | 总计 |
|---|---|---|---|---|---|---|---|---|
| 生长季 | Ⅺ | 4.01 | 32.37 | 48.25 | 57.76 | 52.56 | 10.59 | 205.54 |
| | 占比例(%) | 1.95 | 15.75 | 23.48 | 28.10 | 25.57 | 5.15 | 100 |
| | Ⅻ | 14.68 | 47.80 | 28.29 | 18.36 | 27.09 | 17.25 | 153.47 |
| | 占比例(%) | 9.56 | 31.14 | 18.43 | 11.96 | 17.65 | 11.24 | 100 |
| | 月份 | 11 | 12 | 1 | 2 | 3 | 4 | 总计 |
| 非生长季 | Ⅺ | −6.80 | −7.49 | −27.01 | −4.90 | −11.20 | 30.42 | −26.97 |
| | 占比例(%) | 25.31 | 27.47 | 100.52 | 18.24 | 41.68 | −113.21 | 100 |
| | Ⅻ* | −131.26** | 32.79*** | −98.47 | | | | |
| | 占比例(%) | 133.30 | −33.30 | | 100 | | | |

注：*，引自 zhang, et al.，2005；**，以 11 月～次年 3 月的排放通量均值（−0.03575 mg/(m²·h)）来估算；***，以 4 月的最大排放通量（0.04554 mg/(m²·h)）来估算。

# 第三节　湿地环境中碳、氮、硫、磷的源与汇转换趋势模型

## 一、模型研究

湿地同时兼有碳源和碳汇的双重角色。一方面，它是陆地生态系统中重要的碳库之一，有机物质的不完全分解导致大多数湿地中碳和营养物质在土壤中累积，使湿地土壤成为碳等温室气体的“汇”，抑制了大气 $CO_2$ 浓度的升高。另一方面，湿地植物从大气中获取大量的 $CO_2$，又通过分解和呼吸作用以 $CO_2$ 和 $CH_4$ 的形式排放到大气

中。该过程又受气候变化的影响和控制，如气候变暖或降水减少可加速湿地沉积有机物的分解，促使它们成为大气中碳等温室气体的“源”。当然，湿地生态系统中碳源和碳汇的转换关系，主要由土壤有机物质的输入与不同类型湿地碳的矿化速率间的净平衡来决定。但至今还没有建立一个较完整的碳、氮等温室气体的源/汇转换关系的模型，在湿地营养物质（碳、氮、硫、磷等）的研究中较广泛地应用陆地生态系统碳等营养物质的生物地球化学循环模型，这些模型主要被用来研究自然生态系统中碳和其他营养物质的循环过程和蓄积量。

**1. 沼泽湿地 $CO_2$ 净交换（NEE）模型的建立**

（1）每日生物量的反演

将每10天1次的地上生物量观测值按地上生物量最大值（理论上应该是生长季末的生物量，但由于小叶章生物量后期收获时其枯落物的难以分辨性，设定最大值出现在7月末）归一化为0～1生物量指数，将小叶章生长季天数（从返青到完全枯死）归一化为0～1发育阶段指数，两者之间的关系遵循 Logistic 方程 $B(ds)$（图 10.4），其中 $ds$ 为归一化的生长阶段。株高（$h$）和地上生物量的动态也遵循 Logistic 方程 $B(h)$（图 10.5）。根据 $B(h)$ 和观测样点一内小叶章的株高，可以计算得到生长季末的最大生物量 $B$，由此可以得到一个根据生长季末小叶章地上生物量 $B$ 反演给定地点地上生物量累积进程的函数 $B(ds)\cdot B$。

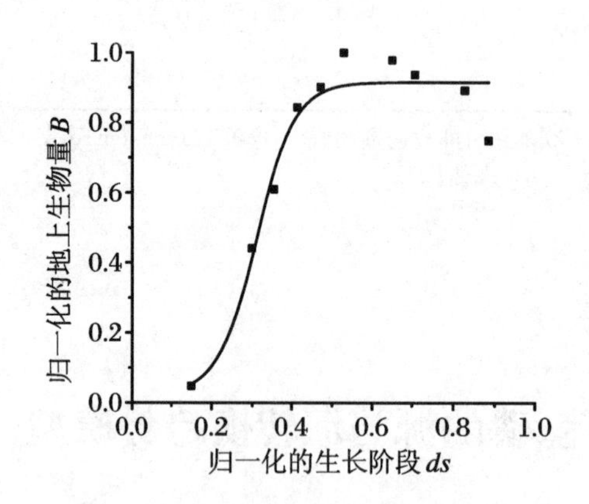


图 10.4 小叶章地上生物量动态拟合曲线

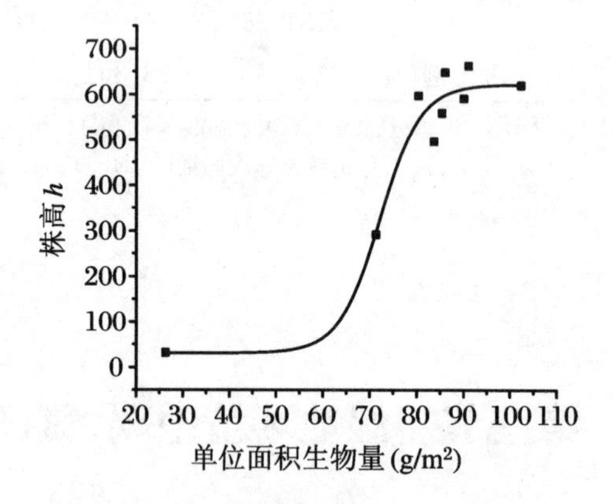


图 10.5 小叶章单位面积地上生物量和株高的拟合曲线

（2）$R$ 的经验模型

温度是影响生态系统呼吸的一个重要环境因子，两者之间存在极显著的指数相关关系。在生长季内，一天中单位质量小叶章地上生物量的生态系统总呼吸（$R_T$）随气温（$T$）变化的函数遵循 Arrhenius 方程：$R_T = a\cdot e^{bT}$，参数 $a$ 和 $b$ 由每次日变化观测结果经验确定，由此可以计算日变化观测日在25℃气温条件下对应于单位质量小叶章地上生物量排放$CO_2$的通量$R_{25}=a\cdot e^{25b}$，根据样点一整个生长季计算的$R_{25}$可以得到一个生长季内描述$R_{25}$随生长阶段变化的函数$F_1(ds)$。根据每次$R$和暗箱内气温的日变化观测，可得一个$R_T/R_{25}$与$T/25$的拟合函数$F_2(T)$。由此，就可以得到一个$R$随归一化生长阶段($ds$)和气温($T$)变化的回归模型：

$$R = F_1(ds)\cdot F_2(T)\cdot B(ds)\cdot B \tag{1}$$

(3) NEE的回归模型

每个日变化观测日观测的PAR和NEE的关系可以用一个直角双曲线经验拟合(采用Origin Pro 7.0非线性拟合)得到：

$$NEE = R + \frac{\alpha\times PAR\times GP_{max}}{\alpha\times PAR + GP_{max}} \tag{2}$$

这里，$\alpha$是直角双曲线的初始斜率，也可以称作是表观量子率(the apparent quantum yield)；$GP_{max}$是直角双曲线的渐近线，也是植物达到光饱和点以上NEE的最大值；$R$是直角双曲线纵坐标上的截距，也是生态系统暗呼吸$CO_2$排放通量值(规定$R\geqslant0$，$GP_{max}\leqslant0$)。

由于试验条件的限制，静态透明箱在测量过程中温度升高很快，而(2)式仅在恒温的条件下才能成立，所以我们利用观测得到的$R$随气温变化的函数对式(3)～(5)测量的NEE及$R$值进行矫正，矫正到对应于式(2)温度下的$R$和NEE值。用式(2)拟合矫正后的各NEE和$R$，便可得到$\alpha$和$GP_{max}$，并将其换算成对应于单位质量小叶章地上生物量的值$\alpha'$和$GP'_{max}$。根据样点一整个生长季的观测，可以得到整个小叶章生长季描述$\alpha'$和$GP'_{max}$动态的函数表达式$F_3(ds)$、$F_4(ds)$，那么$\alpha$和$GP_{max}$的表达式为

$$\alpha = \alpha'\cdot B(ds)\cdot B = F_3(ds)\cdot B(ds)\cdot B \tag{3}$$

$$GP_{max} = GP'_{max}\cdot B(ds)\cdot B = F_4(ds)\cdot B(ds)\cdot B \tag{4}$$

将(1)式、(3)式、(4)式代入(2)式，便可得到计算NEE季节动态的模型：

$$NEE = B(ds)\cdot B\cdot\left[F_1(ds)\cdot F_2(T) + \frac{F_3(ds)\cdot PAR\cdot F_4(ds)}{F_3(ds)\cdot PAR + F_4(ds)}\right] \tag{5}$$

将样地附近常规气象站得到的逐时PAR值和气温值代入(5)式，便可以计算整个小叶章生长季样点一每1d逐时的NEE值。用同样的方法可以得到样点二和样点三的整个小叶章生长季逐时逐日的NEE值，由此可以计算每月的NEE值以及整个生长季总的NEE值。

**2. DNDC模型**

DNDC模型(Li, et al., 1992,1997,2001)最初是李长生等人对草地和旱地农田中影响农业持续发展和全球气候变化的土壤脱氮作用(denitrification)和分解作用(decomposition)两个生物地球化学过程的模拟。这两个反应不仅改变土壤肥力，而

且释放 $CO_2$、$CH_4$、$N_2O$ 于大气之中，是影响农业持续发展及全球气候变化的重要生物地球化学过程。该模型主要理论假设包括：土壤排放的 $N_2O$ 表现为产生一系列的 $N_2O$ 排放峰的过程；微生物的反硝化作用过程是土壤 $N_2O$ 的主要生成过程；降雨、灌溉和农业活动是产生 $N_2O$ 排放峰的直接驱动因子；土壤湿度变化控制着反硝化作用和硝化分解作用的发生与否。它由两个部分组成：第一部分包含土壤和气候、植被生长和有机碳分解等 3 个子模型，其作用是根据输入的气象、土壤、植被、土地利用和农田耕作管理数据预测植物-土壤系统中诸环境因素的动态变化。第二部分包含硝化、脱氮和降解等 3 个子模型，这部分的作用是由土壤环境因子来预测上述 3 个微生物参与的化学反应的速率。其中土壤气候子模型是由一系列土壤物理函数组成的，其职能是由每日气象数据及土壤-植被条件来计算土壤剖面各层的温度、湿度及 Eh。植物生长子模型根据植物种类、日辐射、气温、土壤水分、土壤氮量和田间管理如施肥、浇水、犁地、除草、收割、放牧等来预测植物的生长和发育。有机碳子模型是根据植物残留物分解的难易将其分配到 3 个特征分解速率不同的残留物库中，并模拟其转化产物（$CO_2$、DOC 和惰性碳）。有机质分解子模型追踪农作物收割后留在地里的植物残体即根和地里秸秆的命运。根据作物残留物分解的难易程度，这些秸秆首先被分配到 3 个残留物库中，各库的特征分解速率不同，被分解的残留物转为土壤微生物，微生物死亡后，遗体变为土壤活性有机质，而活性有机质可再次被微生物利用，直至转为惰性有机质，惰性有机质参与土壤结构的建造，可在土壤中相对稳定存在数十年甚至上百年。在这一序列有机质分解过程中，部分有机碳转化为 $CO_2$ 进入大气，部分有机碳转化为溶解态有机碳（DOC），分解的有机氮转化为氨氮和铵氮。硝化反应子模型根据分解而来的 DOC 和 $NH_4$，模拟硝化细菌的生长和死亡，从而计算 $NH_4$ 转化为硝态氮（$NO_3$）的速率。$NH_4$ 易被黏土或有机质吸附，而 $NO_3$ 易被水淋溶，从而造成氮生物地球化学行为的分异。脱氮反应子模型模拟在反硝化菌作用下 $NH_4$ 向亚硝酸根（$NO_2^-$ 转化）、一氧化氮（NO）、$N_2O$，最后到氮气（$N_2$）的连锁还原反应。在此序列反应中，各反应步骤间的动力学差异决定了 NO、$N_2O$ 这两个重要微量气体的产出率。发酵反应子模型模拟在土壤淹水条件下甲烷（$CH_4$）的产生、氧化及传输。$CH_4$ 的产生受控于土壤 Eh、温度、可给态碳（DOC 和 $CO_2$）含量及微生物数量，$CH_4$ 的氧化即消耗速率受控于土壤 Eh 和 $CH_4$ 浓度，土壤中的 $CH_4$ 可通过植物茎叶孔道传输到大气，也可以气泡形式释出。与碳损失密切相关的另一降解子模型则用于模拟土壤淹水条件下甲烷（$CH_4$）的产生、氧化及传输。经验证明，在跨越气候带和土地利用类型的情况下，DNDC 模型可以在数量和动态方面比较接近地模拟多种碳、氮的库存量和流通量（Li, et al.，1992，1997，2001）。DNDC 模型经不断改进与完善，可以模拟土壤碳、氮动态和痕量气体的排放。Zhang 和 Li 等（2002）在借鉴 DNDC 模型的基础上，对水文学模型（Flatwoods）和森林生物地球化学模型（PnET-N-DNDC）

进行整合，开发了 Wetland-DNDC 模型（湿地反硝化分解模型）。Wetland-DNDC 模型设计的主要目标是预测湿地生态系统中水文、土壤生物地球化学和动植物生长对 C、N 气体释放的影响。该模型能以 1 天为步长模拟一年到几十年时间长度。这种时间尺度允许直接利用野外观测资料去验证模型，并且回答气候变化和管理设施问题。

该模型结构主要借鉴了 PnET-N-DNDC 模型，而 PnET-N-DNDC 模型是模拟高地森林生态系统中碳、氮动态和痕量气体排放的模型。DNDC 是一个以预测生态系统碳、氮生物地球化学行为为目标的模型，因此，DNDC 模型验证的焦点是碳和氮在生态系统中的库和流通量，见图 10.6。

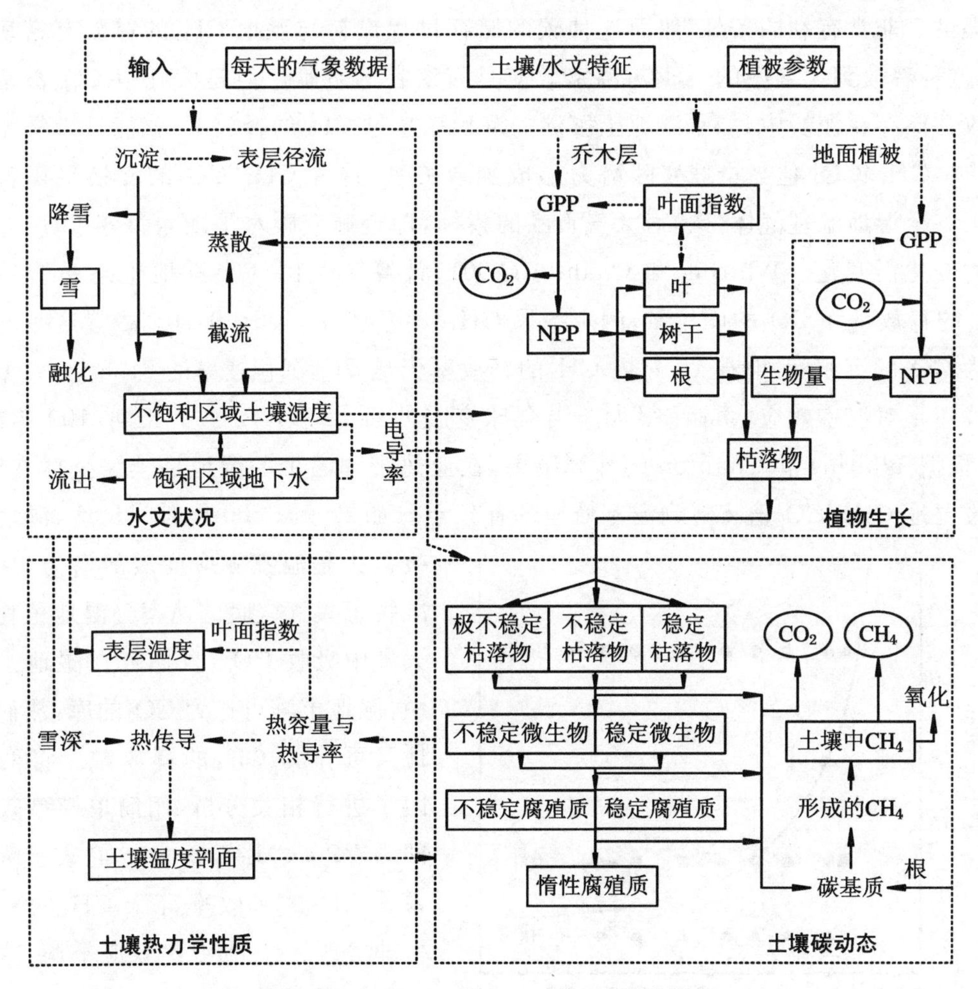


**图 10.6　Wetland-DNDC 模型概念框架**

实线：物质流；虚线：信息流；方框：主要物质状态；圆圈：气体释放

### 3. $CO_2$ 和 $CH_4$ 的源/汇转换模型

湿地仅占地球陆地总面积的 2%～6%，但是有大量的 C 储存在湿地土壤中，是陆地生态系统重要碳库之一,特别是在高纬度湿地,如三江平原湿地,由于水位高、植物生产力高和植物残体的分解度低,导致碳在土壤中累积。在洪泛湿地中,$CO_2$被植物吸收,由于植物残体分解缓慢,致使 $CO_2$ 累积在土壤中。由于湿地特殊的还原环境,氧气进入水饱和土壤中的速率只是干燥土壤的一千多分之一,植物残体未被分解或分解强度很低,致使碳在湿地系统中长期储存,在低温条件下高纬度地区更有利于碳储存在泥炭中。但在湿地还原条件下,也有利于$CH_4$的释放,成为$CH_4$的主要释放源。在洪泛湿地碳($CO_2$)的固定和 $CH_4$ 的释放有很强的耦合作用,湿地中每天 $CO_2$ 的储存量和$CH_4$的释放量呈正相关,随着$CH_4$的释放增加,表现为每天被植物系统吸收的 $CO_2$ 大约3%。在湿地嫌气土壤条件下,碳的固定为储存在水成土中 $CH_4$ 的释放提供了非常有利的条件,然而这种碳的储存过程最初与湿地 $CH_4$ 的释放有密切联系,这种释放到大气中的$CH_4$对温室效应具有潜在的贡献。但是大气中 $CO_2$被植物吸收并储存在泥炭中,如果湿地土壤碳的沉积率超过$CH_4$的释放率,就能够减缓温室效应。$CH_4/CO_2$ 值与全球变暖潜力形成函数关系,这种 $CH_4/CO_2$的交换平衡就提供了一个湿地温室气体(碳)对大气贡献的指标,即全球变暖水平随着每年 $CH_4/CO_2$ 值的变化而变化。Whiting 和 Chanton(2001)计算了美国 3 个湿地生态系统每年$CH_4$的释放量和$CO_2$的固定量,测定结果$CH_4/CO_2$值为 0.05~0.20,尽管这些湿地作为$CO_2$的沉积库,但在 20 年内$CH_4$的释放率仍是$CO_2$沉积速率的 21.8 倍,$CH_4$的释放还是对温室效应“贡献”很大。当全球变暖的潜力(GWP)水平长期(100 年)降低,根据 Whiting 和 Chanton 的计算结果,在亚热带和温带的湿地将减缓全球变暖,北方湿地 $CH_4/CO_2$值将达到温室效应的补偿点。如果考虑 500 年时间尺度,湿地可被认为是温室效应变缓的潜力,从而减缓了大气变暖的速率。湿地植物从大气中吸收 $CO_2$,且储存在湿地土壤中,湿地土壤可作为$CO_2$的库,然而湿地又可作为 $CH_4$ 的释放源。将两个因子进行相关分析,用简单模型表示即 $GWP \cdot CH_4/CO_2=1$,它表示湿地系统 $CO_2$ 的吸收率等于 $CH_4$ 的释放率即等于 1,达到温室效应平衡,这个平衡点就是温室补偿点,它主要取决于$CH_4/CO_2$值和$GWP_M$的时间变量,依此制成坐标图如图 10.7 所示。

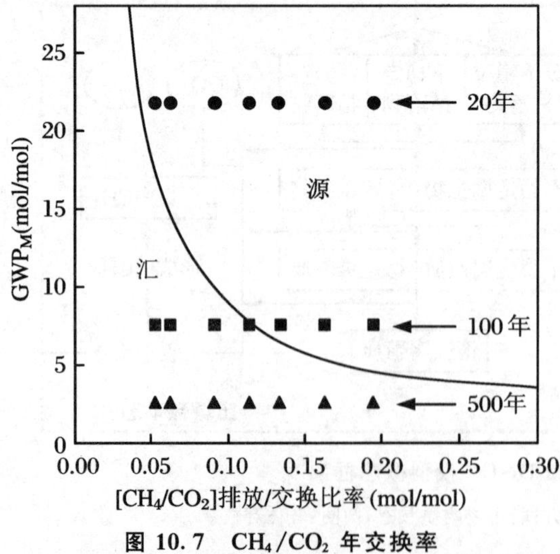


**图 10.7 $CH_4/CO_2$ 年交换率**

20 年:$GWP_M$ 为 21.8;100 年:$GWP_M$ 为 7.6;
500 年:$GWP_M$ 为 2.6

## 二、模型验证

### 1. NEE 模型的验证

(1) $R_{25}$、$\alpha'$和 $GP'_{max}$及各子函数表达式

$$B(ds) = 0.91566 - \frac{0.89106}{1 + e^{\frac{ds-0.31161}{0.04802}}} \quad (R^2 = 0.94303, n = 10) \tag{6}$$

$$B(h) = 622.44182 - \frac{591.65277}{1 + e^{\frac{ds-72.19061}{4.34283}}} \quad (R^2 = 0.95126, n = 9) \tag{7}$$

$$F_1(ds) = 7.7642e^{-1.8093ds} \quad (R^2 = 0.8257, n = 5) \tag{8}$$

$$F_2(T) = 0.3669e^{0.9668T/25} \quad (R^2 = 0.6465, n = 35) \tag{9}$$

$$F_3(ds) = 0.4355ds^3 - 0.9058ds^2 + 0.6471ds - 0.1706 \quad (R^2 = 0.9997, n = 5) \tag{10}$$

$$F_4(ds) = -186.59ds^3 + 315.5ds^2 - 123ds - 12.44 \quad (R^2 = 0.9967, n = 5) \tag{11}$$

将(6)～(11)式各子函数表达式代入(5)式，并将样地附近常规气象站得到的逐时温度和 PAR 值代入，计算得到整个生长季逐时逐日的 NEE 值。

用同样的方法可以得到样点二和样点三的整个小叶章生长季逐时逐日的 NEE 值，由此可以计算每月的 NEE 值以及整个生长季总的 NEE 值。样点一、二、三各观测日的参数如表 10.10 所示。

**表 10.10　样点一、二、三各观测日的参数值**

| | 日期 | $R_{25}$ | α | $GP_{max}$ |
|---|---|---|---|---|
| 样点一 | 6 月 1 日 | 5.858052 | −0.0594 | −26.4029 |
| | 7 月 22 日 | 2.715797 | −0.01701 | −15.8078 |
| | 8 月 5 日 | 1.940504 | −0.01322 | −12.6584 |
| | 8 月 21 日 | 2.025078 | −0.01219 | −6.93967 |
| | 9 月 21 日 | 1.941293 | −0.00509 | −3.60099 |
| 样点二 | 6 月 5 日 | 3.949923 | −0.02498 | −23.7146 |
| | 7 月 27 日 | 1.871672 | −0.01328 | −15.1266 |
| | 8 月 12 日 | 1.960951 | −0.01136 | −10.5571 |
| | 8 月 26 日 | 1.674996 | −0.00663 | −10.0976 |
| | 9 月 23 日 | 1.433834 | −0.00399 | −6.12546 |

续表

| | 日期 | $R_{25}$ | α | $GP_{max}$ |
|---|---|---|---|---|
| 样点三 | 6月15日 | 2.651421 | −0.01342 | −35.873 |
| | 7月12日 | 2.500659 | −0.01607 | −16.459 |
| | 7月31日 | 1.991681 | −0.01192 | −14.5036 |
| | 8月18日 | 2.144458 | −0.012 | −6.95094 |
| | 9月10日 | 1.740415 | −0.01285 | −5.69685 |

(2) 模型检验的结果

取暗箱常规观测的结果用于检验生态系统呼吸模型，取涡相关法直接测定的NEE用于检验建立的NEE经验模型，利用该模型估算的NEE的季节动态跟其他研究者在不同地区研究的NEE动态之间的可比性也可以验证该模型的可靠性。时间步长为归一化的生长阶段指数。气象条件的输入包括逐时的平均气温和PAR值。将(6)式、(8)式、(9)式代入(1)式，并代入常规测量时记录的箱内温度，计算得到的3个样点的$R$均值(3个样点的计算值取平均)跟常规观测的测量值非常接近，相关方程为：$y = -205.09219 + 1.03046x$($R = 0.91194$, $n = 75$, $SD = 528.5046$)（图10.8）。将模型估算的NEE值与对应的涡相关的NEE值比较，两者拟合的表达式为(图10.9)：$y = -5.11271 + 0.6443x$($R = 0.64761$, $n = 98$, $SD = 11.16289$)。同时，模型估算的NEE和涡相关测量的NEE的季节变化动态一致。这些均表明了我们所建立模型的可靠性。

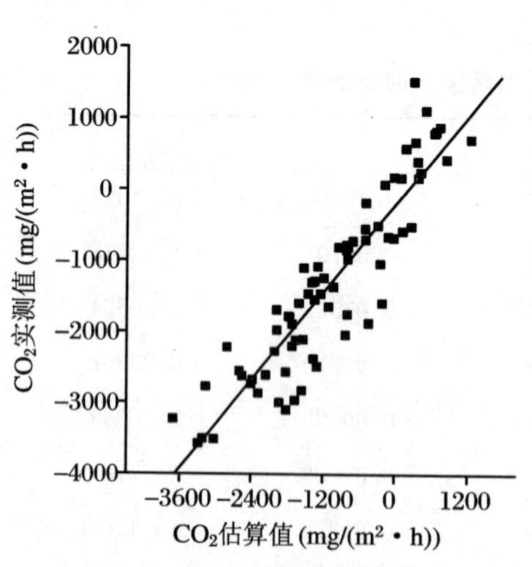


图10.8 $R$的经验模型估算值与实测值比较

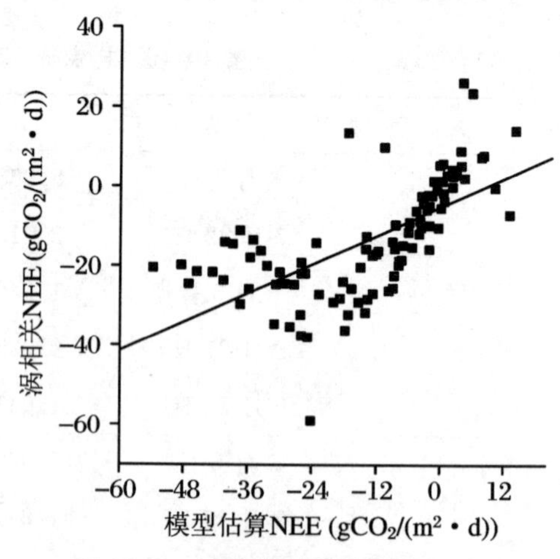


图10.9 经验模型估算的NEE与涡相关NEE的比较

(3) NEE的日变化动态

图10.10表明，整个生长季内，小叶章生态系统吸收$CO_2$的能力不仅因每一天的

天气状况而异，就是在一天中的24小时内，也表现出很明显的差异性。图10.10中A、B、C、D分别表示生长季每月有代表性的一晴天NEE、PAR、1.5 m气温、地表温度的日变化动态，每天的NEE随时间的变化不同：5月、9月的变化较平缓，生长旺盛的6～8月，中午呈现出一个明显的峰值(图10.10中A)，而与PAR的变化趋势表现出极显著的一致性，随着PAR值的增加，$CO_2$的净交换通量表现出明显的增加趋势，而且生长季每一天气晴朗的白天都表现出生态系统净吸收$CO_2$、夜晚净排放$CO_2$的规律(图10.10中B)。但每一天并不是在日出之后马上就表现出$CO_2$的净吸收，而是比日出时间滞后1～2小时才开始出现$CO_2$的净吸收，这可能是由于日出之后辐射太弱，生态系统光合作用也很微弱，吸收的$CO_2$远远小于其呼吸排放的$CO_2$，所以仍然表现出$CO_2$的净排放。此后随着光合有效辐射的逐渐增强，$CO_2$的净吸收能力也逐渐增大，11:30左右，光合有效辐射达到最大值，此后，$CO_2$的净吸收也开始减弱，到日落之前1～2小时小叶章生态系统又由$CO_2$的"汇"变为"源"，直到夜间一直表现为$CO_2$的净排放。图10.10中C和D还表明，地表温度和1.5 m气温的最大值出现的时间比PAR最大值出现的时间滞后1～2小时，而且极大值持续的时间均较长，尤其是6～8月份的1.5 m气温，基本上能够持续到日落之前的1～2个小时。生长季日出之后相对较高的PAR和早晨相对较低的地表温度，为光合作用提供了有利的条件而限制了土壤有机质的分解以及微生物的活性，所以此时的生态系统表现出弱的$CO_2$净吸收现象。

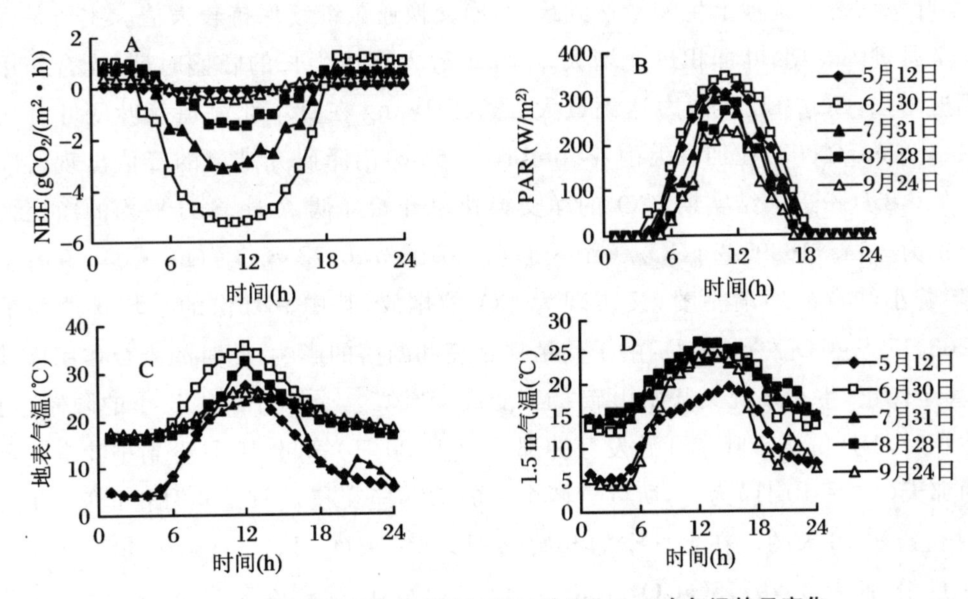


**图10.10　不同生长阶段NEE、PAR、地温和1.5米气温的日变化**

5月12日：抽穗前后；6月30日：开花前后；7月31日：结实前后；
8月28日：果后营养期前后；9月24日：枯萎前后

不同月份白天净吸收的季节变化差异和 PAR 的季节变化差异变化趋势相同(图 10.10 中 A、B),都是从 5 月份开始增大,到 6 月份达到极大值后开始依次减弱。5 月份白天的 NEE 最大值为 - 1.5573 $gCO_2/(m^2 \cdot h)$,6 月、7 月为 - 5.26676 $gCO_2/(m^2 \cdot h)$ 和 - 5.26369 $gCO_2/(m^2 \cdot h)$,跟 Suyker 在美国高草草原的研究 7 月中旬白天的最大值 - 5.040 $gCO_2/(m^2 \cdot h)$、Kim 在美国温带草原的研究最大值 - 4.680 $gCO_2/(m^2 \cdot h)$ 具有可比性,8 月、9 月白天的最大值分别为 - 3.18988 $gCO_2/(m^2 \cdot h)$ 和 - 1.66351 $gCO_2/(m^2 \cdot h)$,跟 Suyker 在美国高草草原的研究最大值 - 3.240 $gCO_2/(m^2 \cdot h)$(9 月中旬)、Ham 在北美大草原的研究最大值 - 3.6 $gCO_2/(m^2 \cdot h)$(8 月中旬)类似。夜晚排放的月份差异跟气温和地表温度的月份差异表现出较好的一致性。

(4) NEE 的季节动态和逐日动态

图 10.11 表明,4 月份之前到小叶章刚刚开始发芽,生态系统表现为弱的 $CO_2$ 排放。从 5 月份返青开始到抽穗,就表现为弱的 $CO_2$ 吸收,此时的弱吸收主要是由于小叶章的叶还没有发育成熟,叶面积指数较小,因此叶的光合作用较弱。此后随着气温升高辐射增强,吸收也增强,到 6 月 6 日(发芽后的第 48 天)迅速增大到 - 15.77108 $gCO_2/(m^2 \cdot d)$,6 月 30 日(第 72 天)达到最大值 - 44.55509 $gCO_2/(m^2 \cdot d)$,6 月份平均的净交换通量为 - 22.79135243 $gCO_2/(m^2 \cdot d)$,这跟北美高草草原研究的最大值出现在 7 月中旬(Suyker 最大值 - 30.8 $gCO_2/(m^2 \cdot d)$、Kim 最大值 - 23.1 $gCO_2/(m^2 \cdot d)$、Dugas 最大值 - 27.8 $gCO_2/(m^2 \cdot d)$)的范围基本一致。7 月末 8 月初,小叶章生态系统地上生物量达到最大,净交换通量继续保持较大值。主要是由于 6 月、7 月进入花期,叶面积迅速增大,小叶章进入迅速生长的旺盛时期,光合作用能力迅速增强,$CO_2$ 净吸收能力达到最大。这跟 Wang 在日本北海道落叶阔叶林研究结果、Lafleur(2003)在加拿大雨养(ombrotrophic)沼泽研究结果的峰值出现时间非常相似。8 月份进入结实期,$CO_2$ 的净交换速率开始降低,7 月、8 月平均的净交换通量分别为 - 14.11639522 $gCO_2/(m^2 \cdot d)$ 和 - 6.988786773 $gCO_2/(m^2 \cdot d)$。9 月中下旬,随着小叶章的逐渐枯萎,又表现为 $CO_2$ 的排放,其中 9 月份的平均排放通量为 1.320311725 $gCO_2/(m^2 \cdot d)$,由于受植株枯萎和凋落的影响,此时的光合作用极其微弱,甚至停止,生态系统又开始由碳"汇"变成碳"源"。受小叶章生长季的限制,用模型估算时,4 月份从小叶章开始发芽的那天(4 月 20 日)算起,10 月份到小叶章完全枯萎的那天(10 月 10 日)为止,所以这两个月的 $CO_2$ 净交换量只是 4 月份最后 10 天和 10 月份最初 10 天的。在生长季的开始(4 月)和结束(9 月、10 月),生态系统净 $CO_2$ 排放量分别为 1.79775 $gCO_2/(m^2 \cdot d)$、1.320311725 $gCO_2/(m^2 \cdot d)$、9.87846 $gCO_2/(m^2 \cdot d)$,排放值远远高于非生长季的测量值(0.0223 $gCO_2/(m^2 \cdot d)$),这可能是由于根部储存的碳刚刚开始用于地上新物质的生长以及光合作用开始和结束时生

态系统根系和土壤微生物活性提高引起的。

在整个小叶章生长季内，生态系统主要表现为碳汇（5 月～9 月中旬），NEE 为负值，在这三个半月中也有几个正值和较小负值出现（图 10.11），表现为 $CO_2$ 的净排放或弱吸收。那些正值和较小负值的出现，说明这一天是阴雨天气，光合有效辐射较低。说明生长季较低的光合有效辐射导致了较低的净 $CO_2$ 吸收能力，或者直接引起 $CO_2$ 的净排放。这种 $CO_2$ 净交换的季节变化动态与 Wang(2004)在日本北部北海道落叶阔叶林和 Lafleur(2003)在加拿大雨养沼泽的研究一致。

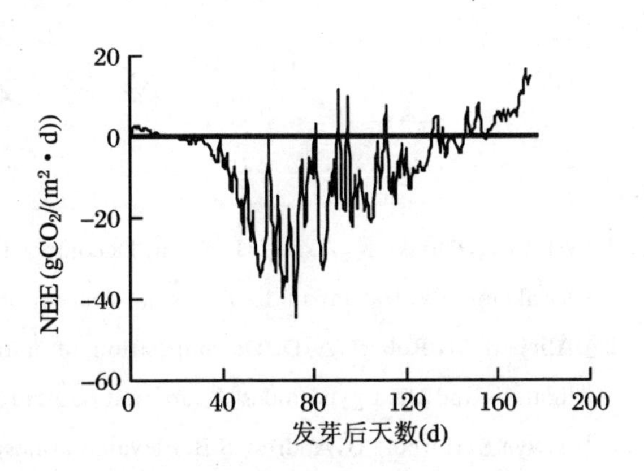


**图 10.11　模型估算生长季 NEE 的季节及逐日变化动态**

**2. DNDC 模型的验证**

DNDC 模型通过各国实测数据的验证都得到了较满意的结果。1997 年郑循华和她的同事在中国江苏省吴县水稻田用 DNDC 模型模拟了 $CH_4$ 的产生和氧化消耗量，模拟 $CH_4$ 净排放量与观测结果十分接近。蔡贵信等(1995)在中国河南省封丘的水稻田实测了施肥后的 $NH_3$ 释放量，含氨 90 kg 的碳酸氢铵施入水田后，$NH_3$ 排放量逐日减少，野外观测记录了 $NH_3$ 排放强烈的昼夜变化，用 DNDC 模型模拟日平均 $NH_3$ 排放量，其结果与野外实测数据相接近（图 10.12）。

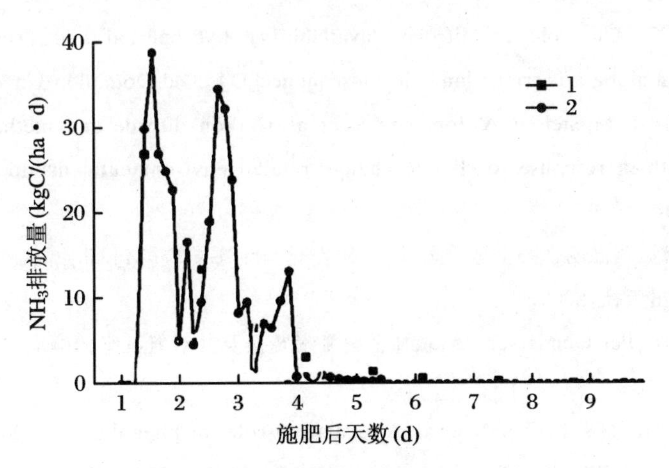


**图 10.12　封丘水稻田施碳酸氢铵后 $NH_3$ 排放量逐日趋势**

1：模拟；2：实测

# 参考文献


[1] Akira H, Chiaki K, Akiko H, et al. Decomposition activity of peat soil in geogenous mires in Sasakami, Central Japan[J]. European Journal of Soil Biology, 2003, 39: 191-196.

[2] Alicia S M, Robert A D. Decomposition of nutrient dynamics in leaf litter and roots of Poa ligularis and stipa gyneriodes[J]. Journal of Arid Environments, 2003, 55(3): 503-514.

[3] Alwyn S, Herbert B, Andrew S B. Elevated atmospheric $CO_2$ affects the turnover of nitrogen in a European grassland[J]. Applied Ecology, 2005, 28: 37-46.

[4] Berg B, Michael E. Effects of N deposition on decomposition of plant litter and soil organic matter in forest systems[J]. Environmental Review, 2000, 5: 1-25.

[5] Brinkley D, Valentine D. The component of nitrogen availability assessment in forest soil[J]. Advances in Soil Science, 1989, 10: 57-112.

[6] 蔡贵信,朱兆良.稻田中化肥氮的气态损失[J].土壤学报,1995,32(增刊):128-135.

[7] 蔡晓明.生态系统生态学[M].北京:科学出版社,2000.

[8] 蔡祖聪.水分类型对土壤排放的温室气体组成和综合温室效应的影响[J].土壤学报,1999,36(4):487- 491.

[9] 陈刚起,牛焕光,吕宪国,等.三江平原沼泽湿地与农业开发[C]//陈刚起,等.三江平原沼泽研究.北京:科学出版社,1996:152-158.

[10] Christine E C. The role of nitrogen availability, hydroperiod and litter quality in root decomposition along a barrier island chronosequence[D]. Old Dominion University, 1994.

[11] Christensen T R, Michelsen A, Jonasson S, et al. Carbon dioxide and methane exchange of a subarctic heath in response to climate change related environmental manipulations[J]. Oikos, 1997, 79: 34-44.

[12] 方精云,唐艳鸿,蒋高明,等.全球生态学:气候变化与生态响应[M].北京:高等教育出版社;海德堡:斯普林格出版社,2002.

[13] 方运霆,莫江明,Per Gundersen,等.森林土壤氮素转换及其对氮沉降的响应[J].生态学报,2004,24(7):1523-1531.

[14] Freeman C, Ostle N J, Fenner N, et al. A regulatory role for phenol oxidase during decomposition in peatlands[J]. Soil biology & biochemistry, 2004, 36: 1663-1667.

[15] Edward G T, Frank P D. Decomposition of roots in a seasonal flooded swamp ecosystem[J]. Aquatic Botany, 1990, 37(3): 199-214.

[16] Haynes B E, Gower S T. Belowground carbon allocation in unfertilized and fertilized red pine

plantations in northern Wisconsin[J]. Tree Physiol,1995,15:317-325.

[17] Holmboe N, Kristensen E ø, Andersen F. Anoxic decomposition in sediments from a tropical mangrove forest and the temperate Wanden sea: implication of N and P addition experiments[J]. Estuarine, Coastal and Shelf Science,2001,53:125-140.

[18] 黄耀,沈雨,周密,等.木质素和氮含量对植物残体分解的影响[J].植物生态学报,2003,27(2):183-188.

[19] 黄锡畴.沼泽生态系统的性质[C]//陈宜瑜.中国湿地研究.长春:吉林科学技术出版社,1995.

[20] James T A, Loren M S. The effects of flooding regimes on decomposition of Polygonum pensylvanicum in playa wetlands(Southern Great Plains, USA)[J]. Aquatic Botany,2002,74:97-108.

[21] James H, Robert K N. Decomposition of Sparganium eurycarpum under controlled pH and nitrogen regimes[J]. Aquatic Botany,1993,46(1):17-33.

[22] Jacinthe P-A, Lal R. Labile carbon and methane uptake as affected by tillage intensity in a Mollisol[J]. Soil & Tillage Research,2005,80:35-45.

[23] Koerselman W, Meuleman A F M. Vegetation N: P ratio: a new tool to detect the nature of nutrient limitation[J]. J. of Application Ecology,1996,33:1441-1450.

[24] Kucera C, Kirham D. Soil respiration studies in tallgrass prairie in Missouri[J]. Ecology,1971,52:912-915.

[25] Kuzyakov Y, Ehrensberger H, Stahr K. Carbon partitioning and below-ground translocation by Lolium perenne[J]. Soil Biol. Biochem,2001,33:61-74.

[26] Lafleur P M, Nigel T Roulet, Bubier J L, et al. Interannual variability in the peatland-atmosphere carbon dioxide exchange at an ombrotrophic bog[J]. Global Biogeochemical cycles,2003,17(2):1036-1049.

[27] 廖利平,高洪,汪思龙,等.外加氮源对杉木叶凋落物分解及土壤养分淋失的影响[J].植物生态学报,2000,24(1):34-39.

[28] 刘兴土,马学慧.三江平原大面积开荒对自然环境影响及区域生态环境保护[J].地理科学,2000,20(1):14-19.

[29] 刘兴土,马学慧.三江平原自然环境变化与生态保育[M].北京:科学出版社,2002,165-168.

[30] Li C S, Frolking S, Frolking T A. A model of nitrous oxide evolution from soil driven by rainfall events: 1 model structure and sensitivity [J]. Journal of Geophysical Research, 1992, 97:9759-9776.

[31] Li C S, Frolking S, Croker G J, et al. Simulating trends in soil organic carbon in long-term experiments using the DNDC model[J]. Geoderma,1997,81:45-60.

[32] 李长生.生物地球化学的概念与方法:DNDC模型的发展[J].第四纪研究,2001,21(2):90-99.

[33] Longdoz B, Yernaux M, Aubinet M. Soil $CO_2$ efflux measurement in a mixed forest: impact of chamber disturbances, spatial variability and seasonal evolution[J]. Global Change Biology,2000,6:906-917.

[34] Nakane K T,Kohno T,Horikoshi T. Root respiration rate before and just after clear-felling in a mature,deciduous, broad-leaved forest[J]. Ecol. Res.,1996,11:111-119.

[35] Norman J M,Garcia R,Verma S B. Soil surface $CO_2$ fluxes and the carbon budget of a grassland [J]. Journal of Geophysical Research,1992,97:18845-18853.

[36] Raija L,Jukka L,Carl C T, et al. Scots pine litter decomposition along drainage succession and soil nutrient gradients in peatland forests,and the effects of inter-annual weather variation[J]. Soil Biology and Biochemistry,2004,36:1095-1109.

[37] Reicosky D C,Lindstrom M J. Fall tillage method:Effect on short-term carbon dioxide flux from soil[J] . Agron. J.,1993,85(6):1237-1243.

[38] Rob S E W L,Willy J W. Effects of water acidification on the decomposition of Juncus bulbosus L. [J]. Aquatic Botany,1988,31(1-2): 57-81.

[39] Schlesinger W H, Hasey M M. Decomposition of chaparral shrub foliage: losses of organic and inorganic constituents from deciduous and evergreen leaves[J]. Ecology,1981,62:762-774.

[40] Silvola J,Alm J,Ahlholm U,et al. The contribution of plant roots to $CO_2$ fluxes from organic soils [J]. Boil. Fertil. Soils,1996,23:126-131.

[41] 宋长春,王毅勇,阎百兴,等.沼泽湿地垦殖后土壤水热条件与碳、氮动态[J].环境科学,2004,25(3):150-154.

[42] 宋长春,杨文燕,徐小锋,等.沼泽湿地生态系统土壤 $CO_2$ 和 $CH_4$ 排放动态及影响因素[J].环境科学,2004,25(4):1-6.

[43] 孙志高.三江平原小叶章湿地系统氮素生物地球化学过程研究[D].北京:中国科学院研究生院,2007.

[44] Updegraff K,Bridgham S D,Pastor J,et al. Response of $CO_2$ and $CH_4$ emissions from peatlands to warming and water table manipulation[J]. Ecological Applications,2001,11(2):311-326.

[45] Verhoeven J T A,Arts E. Carex litter decomposition and nutrient release in mires with different water chemistry[J]. Aquatic Botany,1992,43:365-377.

[46] 王其兵,李凌浩,白永飞.模拟气候变化对三种草原植物群落混合凋落物分解的影响[J].植物生态学报,2000,24(6):674-679.

[47] 阎敏华,邓伟,马学慧.大面积开荒扰动下的三江平原近 45 年气候变化[J].地理学报, 2001,56(2):159-170.

[48] Wang H M,Nobuko Saigusa,Susumu Ymamoto,et al. Net ecosystem $CO_2$ exchange over a larch forest in Hokkaido,Japan[J]. Atmospheric Environment,2004,38:7021-7032.

[49] 杨青,吕宪国.三江平原湿地土壤中碳素向大气释放的研究[C]//陈宜瑜.中国湿地研究.长春:吉林科学技术出版社,1995:141-146.

[50] Whiting G J, Chanton J P. Greenhouse carbon balance of wetlands: methane emission versus carbon sequestration[J]. Tellus,2001,53B:521-528.

[51] Zhang Y,Li C S,Zhou X,et al. A simulation model linking crop growth and soil biogeochemistry for sustainable agriculture[J]. Ecological Modeling,2002,151:75-108.

[52] Zhang Y, Li C, Carl C, et al. An integrated model of soil, hydrology, and vegetation for carbon dynamics in wetland ecosystems[J]. Global Biogeochem. Cycles, 2002, 16(4).

[53] 张文菊，童成立，杨钙仁，等.水分对湿地沉积物有机碳矿化的影响[J].生态学报，2005，25(2)：249-253.

[54] 郑循华，徐仲均，王跃思，等.开放式空气 $CO_2$ 浓度增高影响稻田大气 $CO_2$ 净交换的静态暗箱法观测研究[J].应用生态学报，2002，13(10)：1240-1244.

[55] 郑循华，王明星，王跃思，等.华东稻田 $CH_4$ 和 $N_2O$ 排放[J].大气科学，1997，21(2)：231-237.

# 第十一章　湿地环境氮、硫、磷浓度变化的生态效应

## 第一节　外源性氮、硫、磷的输入对植物生物量的影响

### 一、氮、磷输入对沼泽湿地植物生物量的影响

**1. 氮、磷输入对沼泽湿地植物地上和地下部分生物量的影响**

不同氮、磷输入导致沼泽湿地生产力发生一定的变化，毛果苔草和狭叶甜茅在N为10 $g/m^2$的情况下植物生长最好，生物量最大（图11.1），此后毛果苔草随氮浓度的增加生物量逐渐减少。毛果苔草地上生物量在不同氮浓度处理下差异较显著，狭叶甜茅地上生物量在不同氮浓度处理下差异不是很显著。乌拉苔草生物量随氮浓度的增加而明显增加，在N为20 $g/m^2$时达到最大，但在不同氮浓度处理下差异不显著。在不同磷浓度处理下，毛果苔草生物量随磷肥增加而增加，且在不同磷处理下差异显著。乌拉苔草和狭叶甜茅在不同磷处理下，生物量变化类似，在P为1.2 $g/m^2$情况下最大，P为9.6 $g/m^2$情况下地上生物量最小。并且二者在不同磷浓度处理下地上生物量有着明显的差异。

毛果苔草在不同氮肥、磷肥处理下，地上生物量有显著差异，表现为明显的单峰变化趋势（图11.2）。在N10、P9.6处理下毛果苔草植物生长最好，生物量达到最大，减小氮、磷浓度，生物量又随之降低。

在一定氮、磷输入的条件下，优势种的地上生物量发生明显的变化，表现为单峰变化趋势，随着营养物质的增加，地上生物量先增加后减少。优势物种生物量的变化表现为与其相对多度的一致性。施肥对毛果苔草的地下生物量产生明显的影响，总

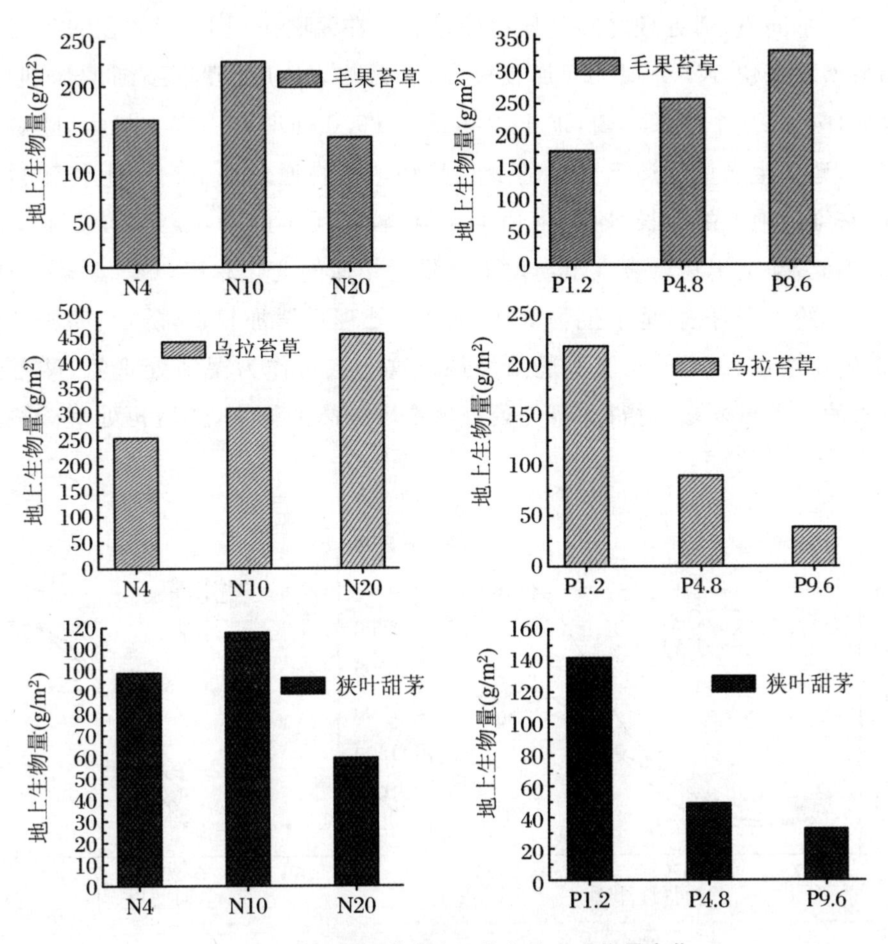


图 11.1　不同氮、磷浓度下植物地上生物量变化

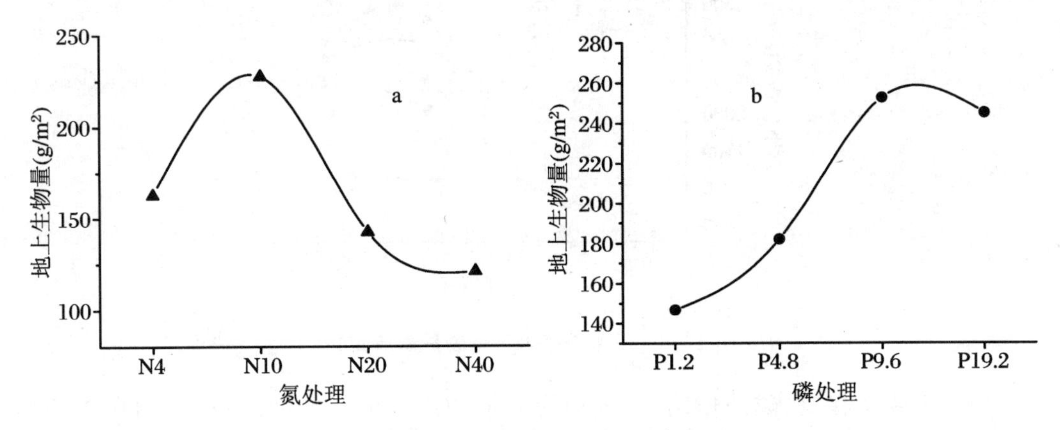


图 11.2　营养物质对毛果苔草生物量影响

体表现为先增加后减少(图 11.3)。大约在 7 月末 8 月初,地下生物量达到最大,然后逐渐减小。不同氮、磷处理之间差异比较显著。在氮肥作用下,起初在 N20 处理下地下生物量增加最快,N4 处理下增加较慢,到 7 月末,N10 处理下逐渐增加,明显大于其他氮处理。在整个生长季内,地下生物量在 P9.6 处理下一直为最大,随着磷肥含量的增加,地下生物量呈逐渐减小的变化趋势。植物通过地下向地上传输营养物质和水分,来维持地上的生长,地下生物量在氮、磷作用下的变化趋势导致地上生物量的变化,因此,地上生物量表现出与地下生物量相似的变化趋势。氮、磷耦合作用下,在施肥后大约 1 个月内,地下生物量在 HNLP 处理下增加较快,随后,磷肥的作用增强,地下生物量在 LNHP 处理下逐渐增加。这一点可作为湿地处理氮、磷营养物质较多污水的一个重要参考指标,可先处理氮浓度较高的排水,然后再处理磷浓度较高的排水。

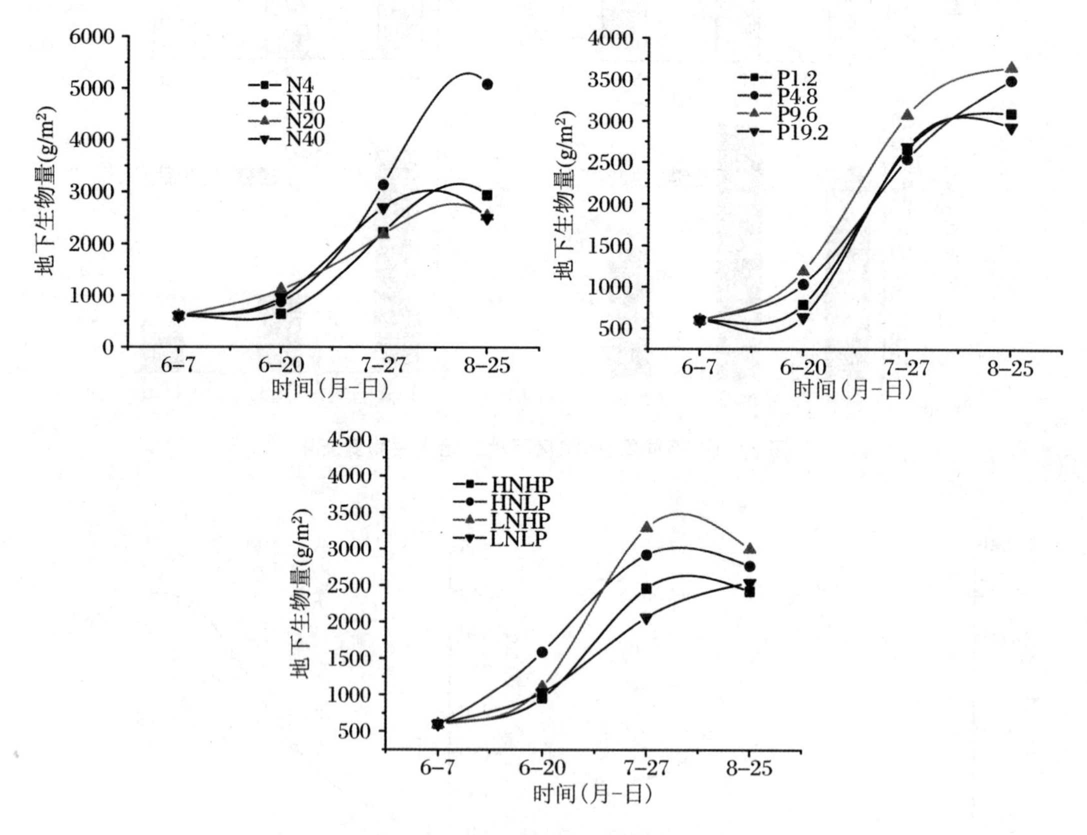


**图 11.3 毛果苔草地下生物量季节变化**

地下生物量在氮、磷的作用下,表现为先增加后降低。氮处理下,起初在 N20 处理下增长最快,约 40 天后,在 N10 处理下增长加快。地下生物量在 P9.6 处理下增长处于领先,可能 9.6 g/m$^2$磷是植物生长的最宜值,随着磷含量的增加或降低,地下生物量都逐渐减小。地上生物量随营养物质的施加而变化的根本原因是地下生物量的变化。生物量是生态系统基本数量特征之一，生物量的梯度变化为了解湿地生态系统的物质能量分布格局提供了基本信息。湿地植物的生物量是衡量湿地生态系统健康状况的重要指标，也代表着湿地演替的相关阶段。

试验分析了氮、磷输入对植物生物量分配的影响，即沼泽湿地优势植物种毛果苔草总的生物量与地下生物量、地上生物量之比的变化。从图 11.4 可以看出，无论是氮处理、磷处理，还是氮、磷正交处理，地上生物量占总生物量的比例都很少，变化在 3.32%～7.98%，地下生物量所占比例较大，变化在 92.02%～96.68%。另外，总生物量的变化趋势与地下植物生物量变化趋势一致，可见优势植物种总生物量主要由地下部分决定，地下生物量在很大程度上决定着总生物量。地下与地上生物量之比的研究有助于通过地上生物量对地下生物量进行估算，从而有助于进一步深入理解湿地植被在地球化学循环中的作用。从图 11.4 还可看出，植物地下生物量与地上生物量之比值集中变化在 11.54 ～29.15。在氮处理试验中，地下生物量与地上生物量之比基本呈现逐渐增加趋势，变化在 16.77～26.69，变化幅度为 9.92；磷处理试验

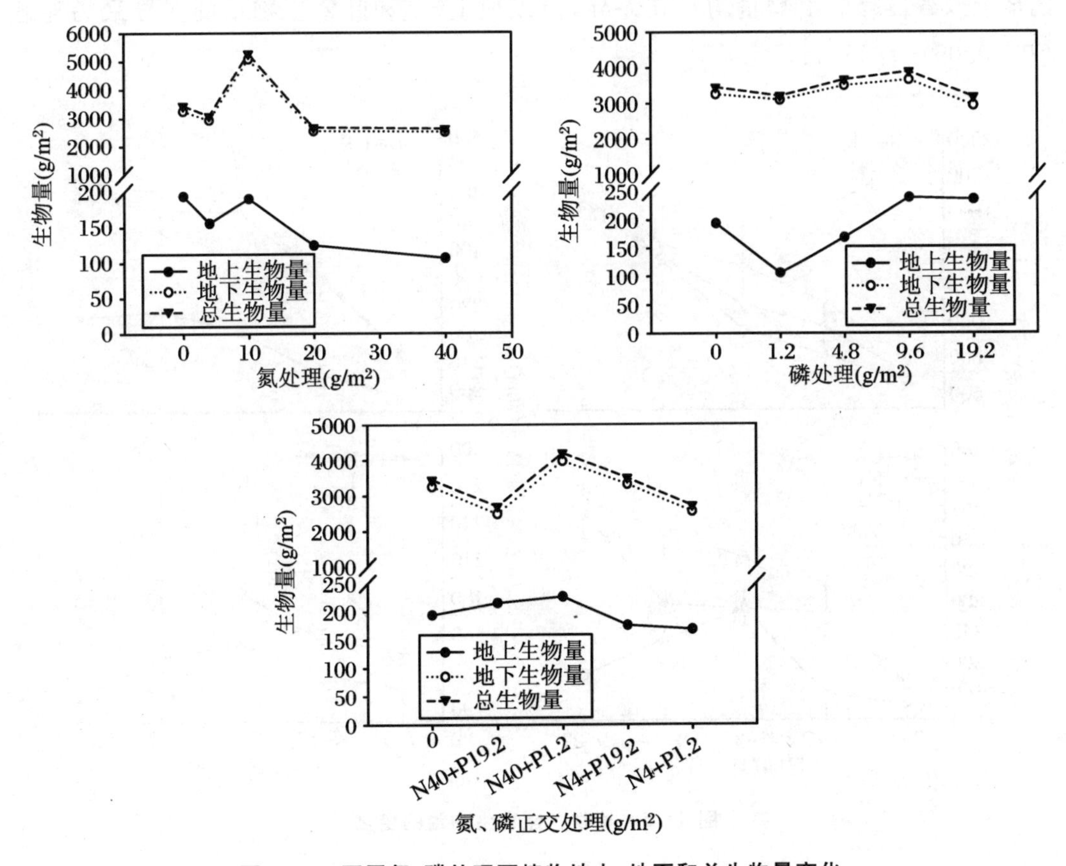


图 11.4　不同氮、磷处理下植物地上、地下和总生物量变化

中，地下生物量与地上生物量之比呈现逐渐降低的变化态势，从 29.15 逐渐下降到 12.49，变化幅度为 16.66；氮、磷正交处理试验中，地下生物量与地上生物量之比表现为单峰变化趋势，其比值在 4 gN/m² + 19.2 gP/m² 处理下达到最大，由 11.54 逐渐增加到 18.90，然后降低到 15.12，变化幅度为 7.36。可见，磷处理下，植物生物量在植物地下和地上部分的分配差异较大，而氮、磷正交处理下，这种分配差异较小。

**2. 氮、磷输入对湿地植物各构件生物量的影响**

据图 11.5 可知，CK、N1 和 N2 三种处理下小叶章的根部生物量在试验阶段均一直增加，茎和叶的生物量除 CK 表现为先增加后降低外，其他两种处理均一直增加，说明外源氮的输入在一定程度上延长了茎和叶的生长期。比较而言，叶鞘生物量的变化在三种处理间比较相似，均先增加后降低，但相对 CK 而言，N1 和 N2 在 7 月 27 日以后也表现出一定的生长滞后效应。总的来说，三种处理各器官及地上生物量均表现为 N2＞N1＞CK，表明外源性氮的输入对小叶章的生物量有一定的促进作用且这种促进作用随着外源性氮输入量的增加而变大。方差分析表明，三种处理小叶章的地上及各器官的生物量均存在差异，但以地上、茎和叶鞘生物量的差异最为显著（$P<0.05$）（表 11.1）。

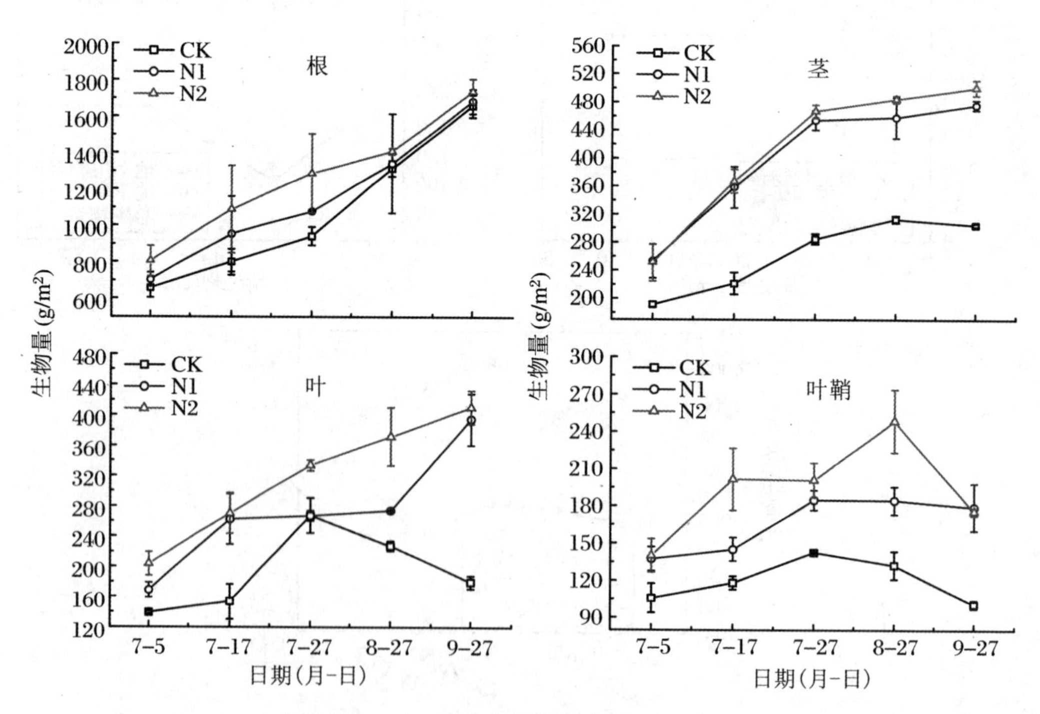


**图 11.5　植物各器官生物量的变化**

**表 11.1　方差分析的 *F* 值[a]**

| 项目 | 生物量[b] | TN[b] | $^{15}$N 浓度[c] | $^{15}$N 分配率[c] | $^{15}$N 吸收量 (Ndff)[c] | $^{15}$N 吸收比例 (%Ndff)[c] | $^{15}$N 利用率(%)[c] |
|---|---|---|---|---|---|---|---|
| 根 | (0.324)$^{n}$ | (16.277)$_{d}$ | (45.162)$_{d}$ | (0.131)$^{n}$ | (68.896)$_{d}$ | (76.272)$_{d}$ | (0.188)$^{n}$ |
| 茎 | (4.609)$_{e}$ | (3.802)$_{f}$ | (8.451)$_{e}$ | (0.144)$^{n}$ | (7.711)$_{e}$ | (5.084)$_{e}$ | (0.266)$^{n}$ |
| 叶 | (3.731)$_{f}$ | (0.767)$^{n}$ | (4.455)$^{n}$ | (0.121)$^{n}$ | (4.551)$^{n}$ | (13.756)$_{e}$ | (0.102)$^{n}$ |
| 叶鞘 | (8.544)$_{d}$ | (0.320)$^{n}$ | (1.589)$^{n}$ | (0.001)$^{n}$ | (1.622)$^{n}$ | (4.672)$^{n}$ | (0.000)$^{n}$ |
| 地上 | (5.089)$_{e}$ | n.a.[g] | n.a.[g] | n.a.[g] | n.a.[g] | n.a.[g] | n.a.[g] |
| 植物体 | n.a.[g] | n.a.[g] | (8.189)$_{e}$ | n.a.[g] | n.a.[g] | n.a.[g] | (0.012)$^{n}$ |

注：a，*F* 值；b，CNC、DNC 和 NN；c，CNC 和 DNC；n，处理间无差异；d、e、f，处理间在 0.01、0.05 和 0.1 水平上存在差异；n.a.[g]，无差异。

## 二、水位和氮输入对湿地植物生物量的影响

本试验采用原状土盆栽培养方法(图 11.6)。试验共设 4 组水位处理：W1：−10 cm；W2：0 cm；W3：+5 cm；W4：−5 cm→0 cm→+5 cm，W1、W2、W3 分别模拟不同稳定水位条件，W4 模拟波动水位条件(−5 cm→0 cm→+5 cm，一个周期 7～10 d)。每个水位处理系列分别设 3 个氮输入处理：N0：对照；N1：施加 1 倍氮(12.0 g$NH_4Cl$/桶)；N2：施加 2 倍氮(24.0 g$NH_4Cl$/桶)。施加的氮以水溶液形式在培养初始一次性加入。每组处理均为 2 个重复。氮的输入依照当地农田施氮肥量 105 kg/hm$^2$(相当于 49 kgN/hm$^2$)的标准进行。

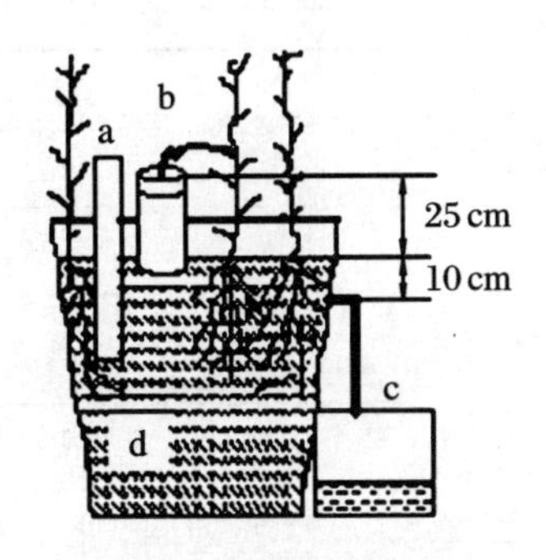


**图 11.6　土柱培养(d)、−10 cm水位控制(a、c)和气体采集(b)装置示意图**

试验结果表明，地上和地下生物量明显受到水位和加氮处理的影响，而水位对地下/地上的影响显著，但二者的交互作用对各部分生物量及其比值的影响不明显(图 11.7、表 11.2)。4 组水位处理下 N0 对照中，小叶章地上生物量变化在 56.8～66.2 g/桶($C.V.$ = 10.8%)，相应地下生物量为 226.4～325.7 g/桶($C.V.$ = 25.4%)，地下/地上生物量为 3.4～5.7($C.V.$ = 35.7%)。加氮后，三者均有不同程度的提高，其中 N1 处理在 4 组水位下分别平均提高 22.9%($t$ = 2.44，$P$ = 0.025)、46.4%($t$ = 1.49，$P$ = 0.092)和 22.7%($t$ = 0.727，$P$ = 0.247)，N2 处理平均提高 26.1%($t$ = 2.89，$P$ = 0.014)、85.6%($t$ = 3.27，$P$ = 0.0085)和 42.1%($t$ = 1.82，$P$ = 0.059)(图 11.7 中 A、B、C)。由此可见，加氮明显促进了小叶章地上和地下生物量的增加。

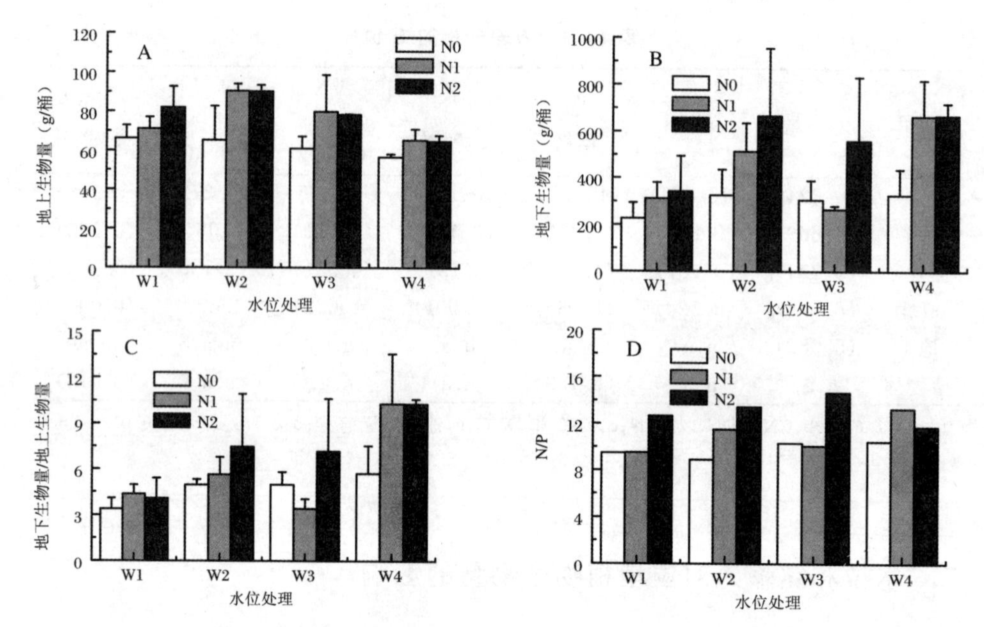


图 11.7 不同处理下小叶章地上生物量(A)、地下生物量(B)及其比值(C)和地上植物体 N/P(D)的变化

表 11.2 水位和加氮处理下小叶章地上和地下生物量的 ANOVA 分析结果

| 差异来源 | 地上生物量 | | 地下生物量 | | 地下/地上 | |
|---|---|---|---|---|---|---|
| | *F* | *P* | *F* | *P* | *F* | *P* |
| 水位 | 4.787 | 0.020 | 3.792 | 0.040 | 6.942 | 0.006 |
| 加氮 | 8.115 | 0.006 | 6.276 | 0.014 | 3.396 | 0.068 |
| 水位+加氮 | 0.712 | 0.647 | 0.829 | 0.569 | 1.149 | 3.393 |

注：$P<0.05$ 表示差异显著。

各组水位处理间，地上和地下生物量也发生了比较明显的变化。总体上，地上生物量在 W2 水位处理下较高，地下生物量在 W2 和 W4 处理下较高（图 11.7 中 A、B）。这种差异可能由植物物种的生态特性所致。由于所移栽的小叶章植物生长在相对疏干的环境中，其土壤常年平均水分含量可能低于其最适水分条件，因此，当水位提高至0 cm 时，小叶章植物接近其最适水分条件，生物量增大。然而，水位继续升高至 +5 cm 时，由于土壤中氧的渗透性降低，土壤的氧化还原电位降至 −175.3 mV（图 11.8），土壤处于强还原环境，不利于植物的生长。可见，土壤持

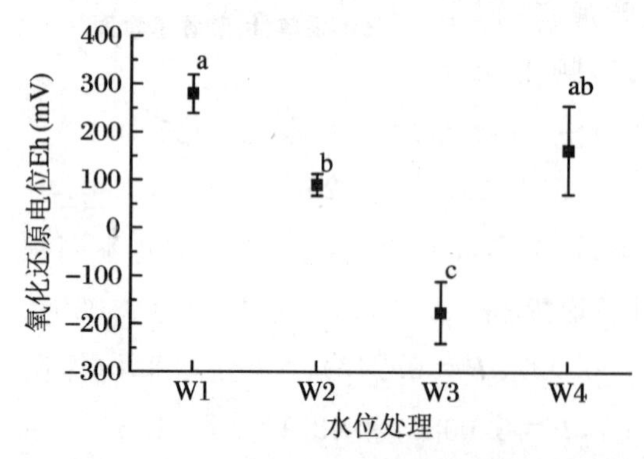


图 11.8 不同水位处理中土壤氧化还原电位(Eh)

不同字母代表差异显著

续淹水后，土壤较低的 Eh 是导致小叶章生物量下降的主要原因。当水位在 + 5 cm→ − 5 cm 间波动变化时，小叶章地上生物量较其他水位稍低，而地下生物量高于其他水位，其总生物量与 0 cm 水位时接近而高于 − 10 cm 水位。这说明，周期性淹水可能对小叶章生物量在地上和地下的分配产生较大的影响，这与前述生长在季节性积水环境小叶章的根/茎的值高于无积水环境小叶章的根/茎的值的结论相吻合。

## 三、磷输入对湿地植物地上生物量的影响

在模拟湿地水位变化的条件下，不同磷的输入对植物体生物量均有明显的影响(图11.9)。P1、P2 输入处理与相同水分条件下而未施加养分处理相比，在 W1 和 W2 两种水分条件下最大生物量略有提高，但并不明显，施加 P2 的处理在衰退期生物量下降较慢，施加 P2 处理在 W1、W2 条件下分别比 P1 处理在衰退期生物量大 744.95 $g/m^2$ 和 392.95 $g/m^2$，P2 输入处理使植物的衰退死亡延缓。在水分充足的 W3 处理中，相比同水分未施加养分处理，这两种养分处理对植物最大生物量影响较小。在 W4 水分条件下，随着生长季的推移添加 P1 明显增加了植物的生物量累积，增加量约 487.75 $g/m^2$，

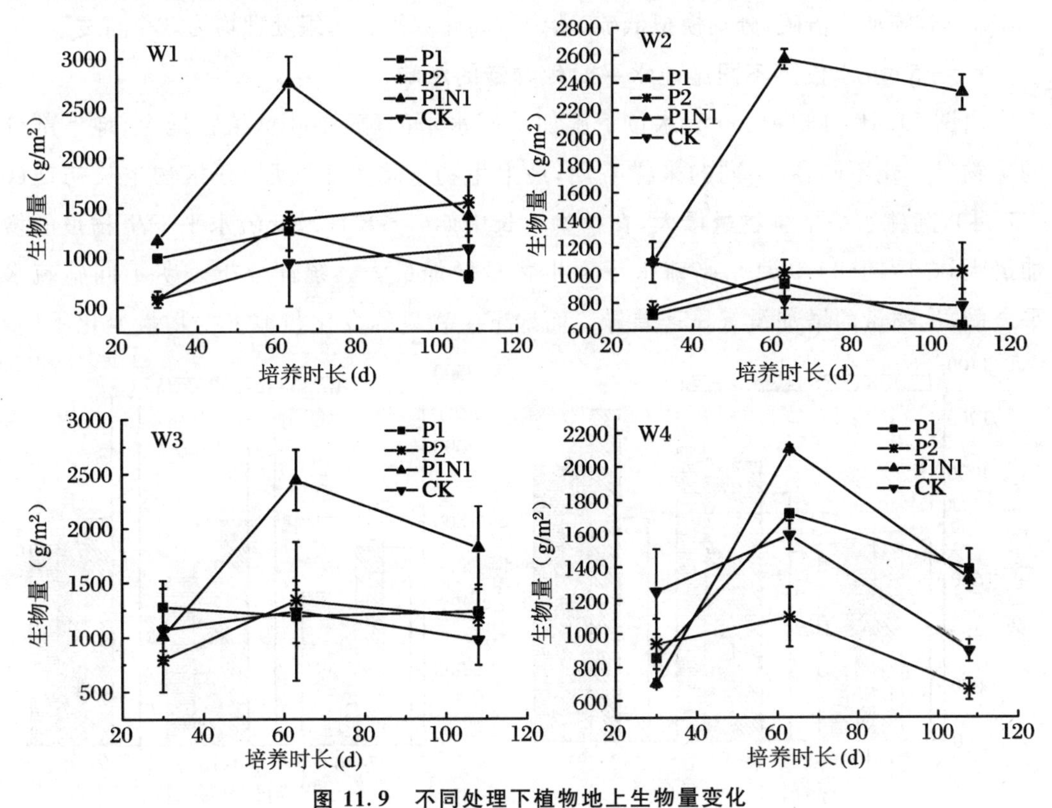


**图 11.9　不同处理下植物地上生物量变化**

W1：− 5 cm～ + 5 cm 水位；W2：− 5 cm 水位；W3：+ 5 cm 水位；W4：0 cm 水位

而 P2 则降低了植物的生物量(230.25 g/m$^2$)。N、P 共同配施对植物的生物量有明显的促进作用。在所研究的 4 种水位控制条件下,施加 N1P1 的处理在各生长期均有明显的增大,尤其是最大生物量有明显的提高,分别达到 2744.4 g/m$^2$、2569.9 g/m$^2$、2441.7 g/m$^2$和 2105 g/m$^2$,但在生长初期其对植物生物量的促进不明显。

几种养分输入处理对比发现,磷的输入对植物在生长季初期生物量累积的促进作用不明显,只有在适量增加氮的情况下,生物量才会有明显的增大,但是在磷输入的作用下,植物的生长周期较无养分添加的处理长,生物量下降延缓。磷的输入对植物地上生物量的增加确有一定的增强作用,但过多的磷可能对植物地上生物量的累积有一定的抑制作用。由于磷的有效性受到土壤水分及与之相关的氧化还原电位的强烈影响,磷输入对植物生物量的影响还要充分考虑其所处的水分条件。

## 四、外源性硫输入对小叶章植物地上、地下生物量的影响

试验采用原状土盆栽培养方法。试验共设 3 组水位处理:-5 cm、0 cm 和 +5 cm,每个水位处理系列分别设 4 个硫输入处理:CK:对照,不施硫;S1:施加 1 倍硫;S2:施加 2 倍硫;S3:施加 3 倍硫,分别模拟低硫、适中和高硫水平。每组处理均为 3 个重复。

**1. -5 cm 水位下不同施硫水平对生物量的影响**

由图 11.10 可知,-5 cm 水位下施加不同水平的硫,小叶章植物地上、地下部分的生物量变化不同,在不同的采样时期,地上生物量均大于对照,在植物生长初期(6～7 月),高硫水平下生物量最大,在植物生长中期(7～8 月),低硫水平下生物量的增加最大,在后期(8～9 月),高硫水平下生物量增加最大。统计分析表明不同施硫水平之间,生物量的增加没有显著差异。而地下生物量的变化与地上生物量变化不同,

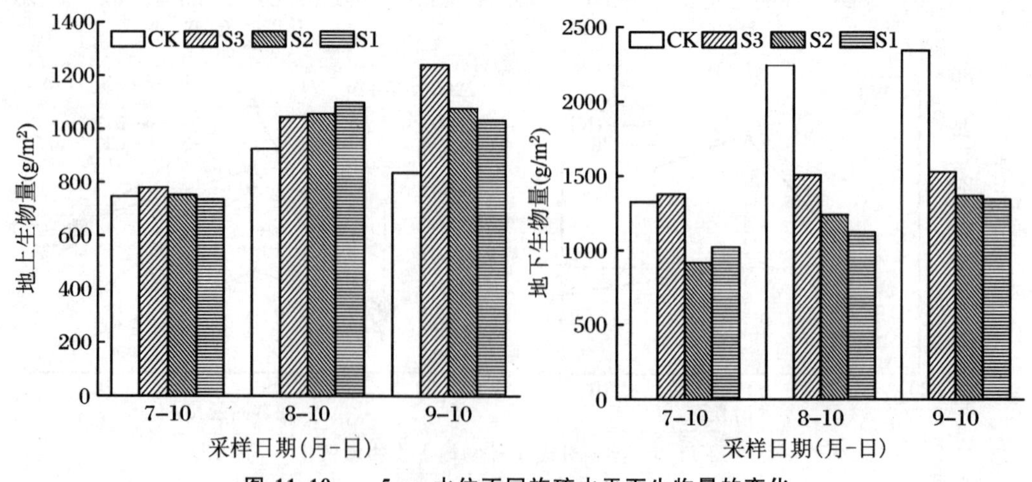


图 11.10 -5 cm 水位不同施硫水平下生物量的变化

除了高硫处理(S3)在7月10日大于对照外,其余时段不同施硫水平下,生物量均不同程度地低于对照。在不同施硫水平间,生物量的变化也没有显著差异,可见只有水肥配施才有利于植物的生长。

**2. 0 cm 水位下不同施硫水平对生物量的影响**

由图11.11可知,在0 cm水位下施加不同水平的硫肥,小叶章植物的地上、地下生物量均比对照有不同程度的增加,而且延缓了小叶章植物的衰老期,在8～9月,对照小叶章植物的地上生物量降低,说明植物已开始衰老和死亡,而施加硫的小叶章植物的地上生物量仍然继续增加,说明植物仍在继续生长。在不同的施硫水平下,生物量的增加也不同,其中以高硫水平(S3)下,地上、地下生物量的增加最大,可见在湿润条件下施硫能促进小叶章植物的生长,增加植物的地上、地下生物量。

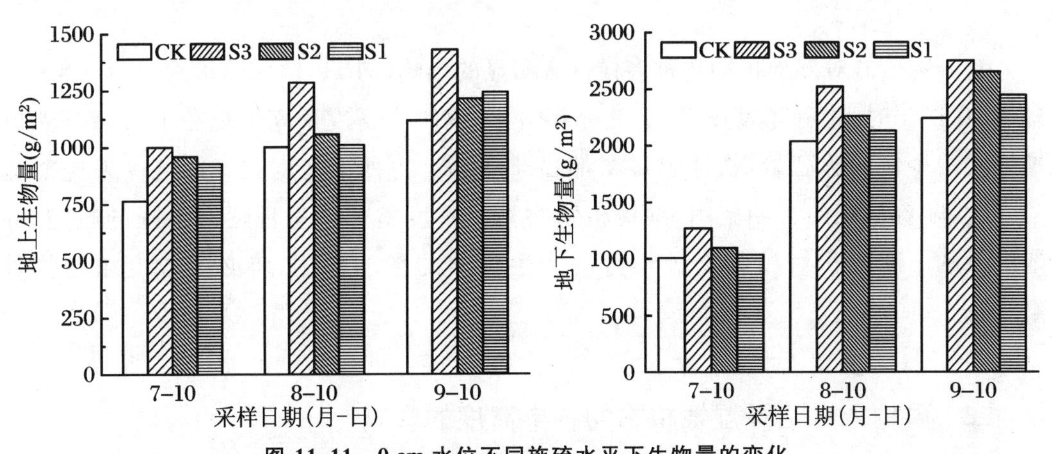


**图 11.11　0 cm 水位不同施硫水平下生物量的变化**

**3. ＋5 cm 水位下不同施硫水平对生物量的影响**

在淹水条件下施硫,在不同的生长时期,小叶章植物的地上、地下生物量均比对照有不同程度的增大(图11.12)。植物地上生物量的增加不明显,且不同施硫水平之

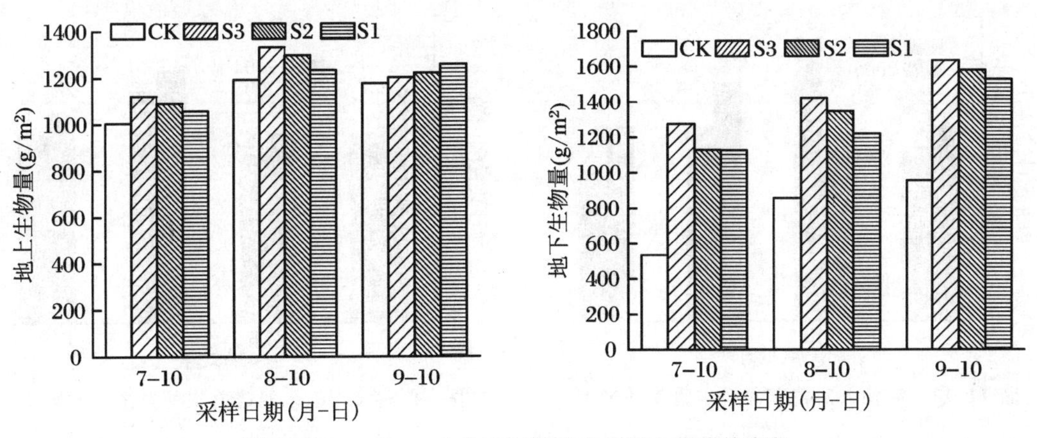


**图 11.12　＋5 cm 水位不同施硫水平下生物量的变化**

间没有明显的差异。而地下生物量与之不同，由图 11.12 可知地下生物量的增加显著，尽管不同施硫水平之间生物量也无显著差异，但以高硫水平(S3)下生物量最大，这说明在淹水条件下施硫主要促进植物根系的生长。

## 第二节 外源性氮、磷的输入对植物物种丰富度的影响

### 一、氮输入对沼泽湿地植物物种丰富度的影响

营养物质氮对湿地植物物种多样性有明显的影响(图 11.13)。施肥第 1 年，当氮含量为 20 g/m$^2$时，物种丰富度最高；施肥第 2 年，物种丰富度最高出现在 10 g/m$^2$，然后增加或减少氮的施肥量，物种丰富度都逐渐降低。物种丰富度在年际之间发生明显的变化，随着氮肥的长期施用，湿地植物物种丰富度整体上呈现逐渐下降的趋势，湿地中氮的不断累积对植物物种丰富度产生负面的影响作用，势必要改变植物物种组成。

### 二、磷输入对沼泽湿地植物物种丰富度的影响

磷对植物物种丰富度也有显著的影响(图 11.14)。不同磷浓度作用下，物种丰富度变化在 4～6，变化幅度较小，但是年际之间却有较明显的变化，2005 年湿地物种丰富度都明显低于 2004 年，磷的不断累积也造成湿地植物物种丰富度的逐渐下降。

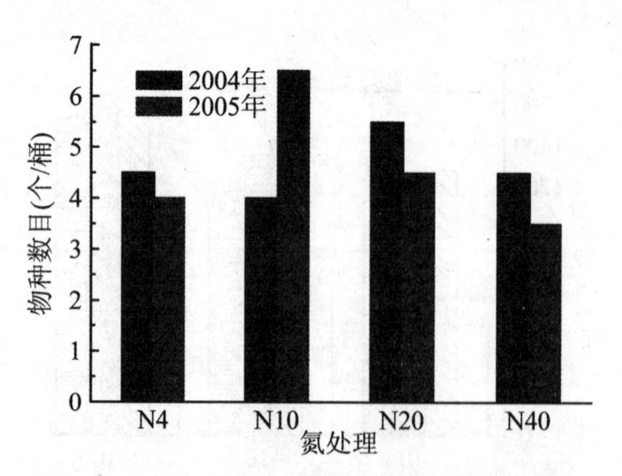


图 11.13 氮输入对群落物种丰富度的影响

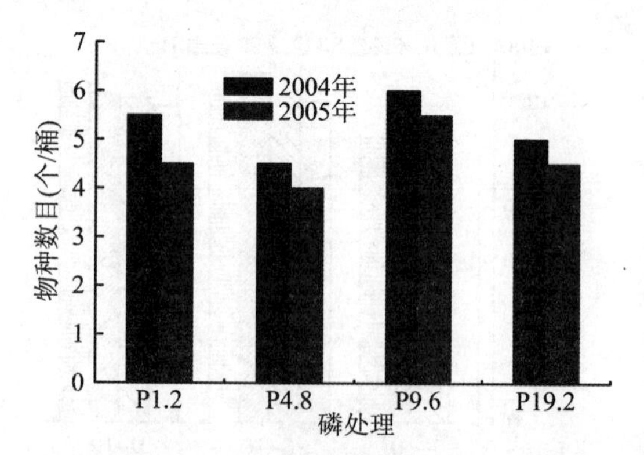


图 11.14 磷输入对群落物种丰富度的影响

## 三、氮、磷交互作用对沼泽湿地植物物种丰富度的影响

物种丰富度在不同氮、磷交互影响作用下差异显著(图 11.15)。较大含量的氮、磷交互作用下物种丰富度要高于低含量的氮、磷交互作用。当氮浓度在 4 g/m$^2$时,物种数为 4.3,物种数随着磷肥的增加而逐渐增加,到 N4 + P19.2 时增加到 5.6。氮浓度在 40 g/m$^2$时,物种数为 3.3,物种数随着磷肥的增加而逐渐增加,在 N40 + P1.2 时为 5.6,到 N40 + P19.2 时 6.6。磷含量为 19.2 g/m$^2$时,物种数为 4.6,随氮肥的不断增加,也促进了物种丰富度的增加,P19.2 + N40 时增加到 6.0。

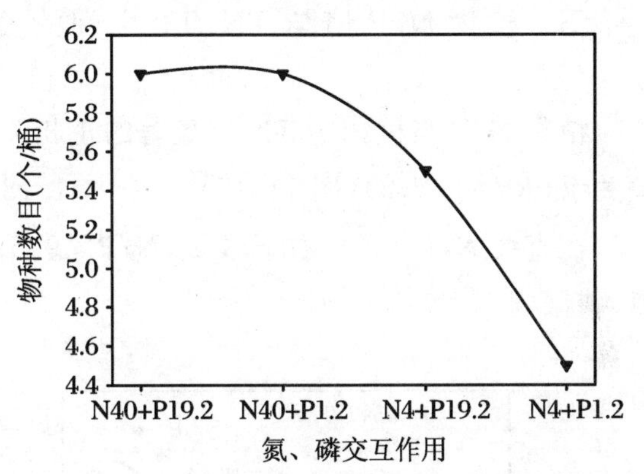


图 11.15　氮、磷交互作用对物种丰富度的影响

总之,湿地中营养物质氮、磷的不断累积,导致物种丰富度发生明显的变化,物种丰富度随营养物质的长期影响,呈逐渐减少的态势。

在湿地中氮含量(磷含量)一定的情况下,适当地施加磷肥(氮肥),能够促进湿地物种丰富度的提高。

## 四、植物 N/P 值与物种丰富度的关系

湿地物种丰富度与植物的 N/P 值表现出明显的单峰分布关系(图 11.16)。由分析计算可知,控制变量植物 N/P 对沼泽湿地植物物种丰富度的影响为 15.29%。当 N/P 接近 9.5 时,毛果苔草沼泽湿地植物物种丰富度最高,当 N/P<9.5 或 N/P>9.5 时,物种丰富度逐渐降低。"资源平衡假说"理论研究认为,当营养元素的供应达到平衡时,物种的丰富性达到最高(Braakhekke, Hooftman, 1999)。Güsewell(2002)和 Tessier(2003)等研究认为,当 N/P 接近 15 时,可吸收利用的氮、磷达到平衡,此

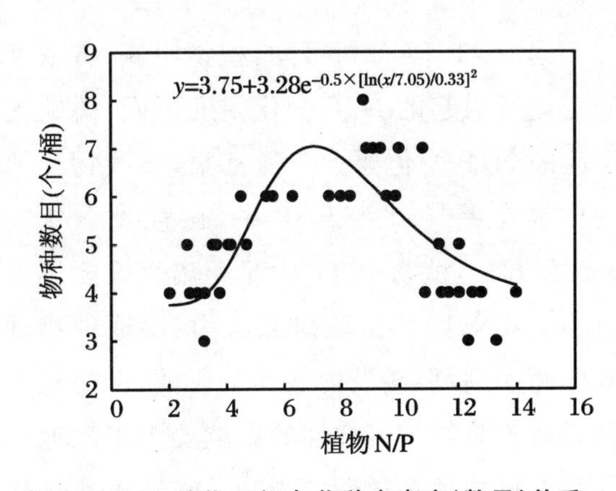


图 11.16　植物 N/P 与物种丰富度(数目)关系

时物种最多，当 N/P<15 或 N/P>15 时，氮、磷平衡被破坏，物种数降低，但是可以通过施肥来使其接近 15，从而提高植物物种丰富度。N/P 值主要集中在一个中等范围值内，此时物种之间不会为吸收和利用生长所缺乏的营养元素而进行剧烈的斗争，物种受营养元素的共同作用(Koerselman, Meuleman)，物种之间能够共同生存，因此保持着较高的物种多样性(Aerts, et al.,2003)。

## 五、植物 N/P 值与 TN、TP 之间的关系

植物 N/P 与植物中 TN 呈显著的正相关关系($R^2=0.821$)，与植物中 TP 呈负相关关系($R^2=0.773$)(图 11.17)。在图 11.18 中，在直线 N/P = 9.5 左上区域，N/P>9.5；在直线 N/P = 9.5 右下区域，N/P<9.5；在直线 N/P = 9.5 附近时，植物同时受氮、磷限制。

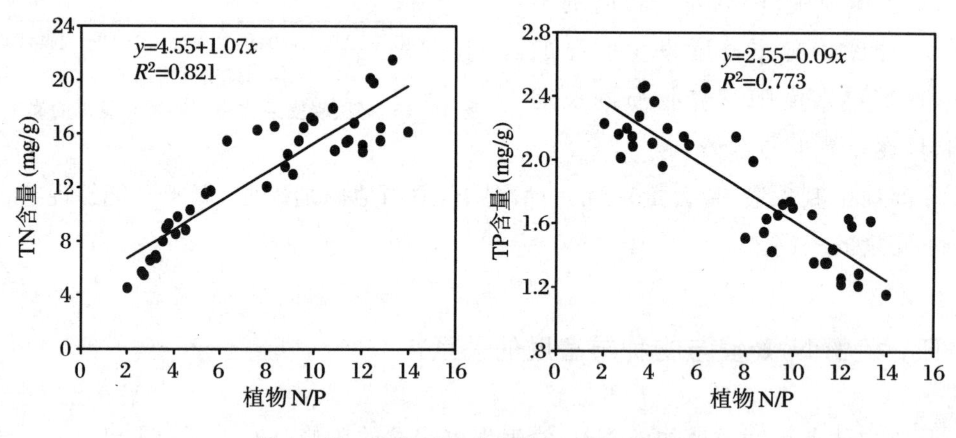


**图 11.17 植物 N/P 与植物氮、磷含量关系**

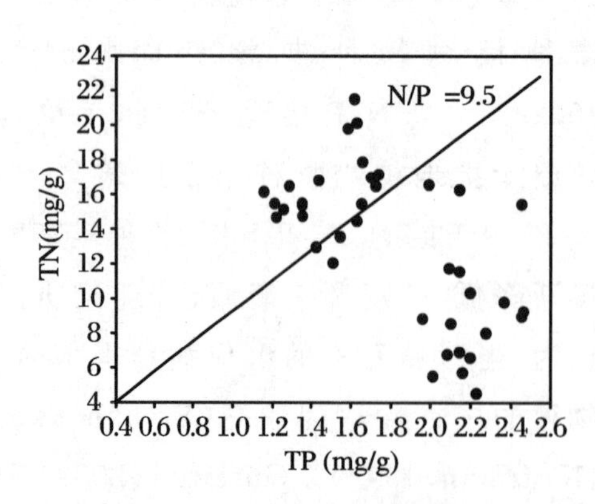


**图 11.18 植物 TN 与 TP 关系**

据图 11.17 分析可知，植物中氮、磷浓度的变化所引起的 N/P 变化幅度不同，磷缺乏引起的 N/P 变化要大于氮富集，导致物种的变化也有差异，图 11.18 中，在直线 N/P = 9.5 右下方，植物中 TP 含量距离直线要远于植物中 TN，因此试验研究认为：湿地中物种多样性受到氮、磷营养物质的影响，但湿地中磷的缺乏对物种多样性的影响要大于湿地中氮富集对物种多样性的影响。磷缺乏通常被认为是影响植物高物种丰富性的一个条件，

Roem 等(2002)研究认为在磷较缺乏的湿地中,通过施加磷肥往往能够促进湿地物种的丰富性。试验过程中,氮肥试验处理下物种数目较少,在此基础上施加磷肥物种数目就有所增加。

总之,湿地中物种多样性受到氮、磷营养物质的影响,湿地中磷的缺乏对物种多样性的影响要大于湿地中氮富集对物种多样性的影响。植物 N/P 值可以作为植物生长受营养物质限制的敏感性指标,能够为资源管理者在保护生态系统健康和稳定性方面提供有效的指导和帮助。

## 第三节 外源性氮、磷的输入对植物密度和多样性的影响

### 一、氮、磷输入对优势种——毛果苔草相对多度的影响

**1. 氮输入对毛果苔草相对多度的影响**

随着氮肥含量的升高,优势种毛果苔草的相对多度逐渐降低(图 11.19 中 A)。优势种的相对多度在年际之间发生明显的变化,施肥 2 年后的相对多度都明显低于施肥第 1 年,物种的相对多度大约下降 50%。营养物质氮的施加明显改变着优势植物种的多度,氮的累积导致湿地植物物种呈现逐渐降低的趋势。

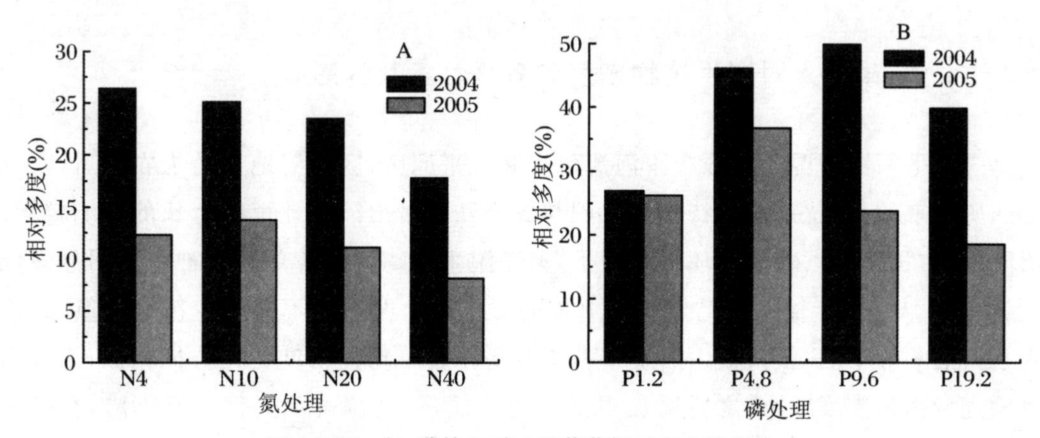


图 11.19 氮、磷输入对毛果苔草相对多度的影响

**2. 磷输入对毛果苔草相对多度的影响**

磷与毛果苔草相对多度之间呈单峰变化趋势,随着磷肥含量的升高,毛果苔草的

相对多度先增加后降低(图 11.19 中 B),施肥第 1 年,相对多度在 P9.6 下达到最大,第 2 年最大值出现在 P4.8 下,并且磷肥浓度愈大,相对多度随时间变化降低得愈大,如在 P19.2 下,由 2004 年的 39.8%突降到 2005 年的 18.6%,下降一半之多。

**3. 氮、磷交互作用对毛果苔草相对多度的影响**

优势种毛果苔草的相对多度在氮、磷的交互作用下差异显著(图 11.20)。在试验所设计的氮、磷浓度范围内,物种的相对多度随着氮、磷组合浓度的降低而降低,而且年际变化突出,随着营养物质的长期作用,物种多度呈现下降趋势。在 N40 下,施加磷肥能够提高优势种的相对多度,2004 年,在 N40 + P1.2 下,多度为 35.6%,在 N40 + P19.2 下为 45.8%;2005 年,在 N40 + P1.2 下,多度为 19.4%,在 N40 + P19.2 下为 25.4%。在磷肥一定情况下,适当施加氮肥也可促进优势种相对多度的升高。

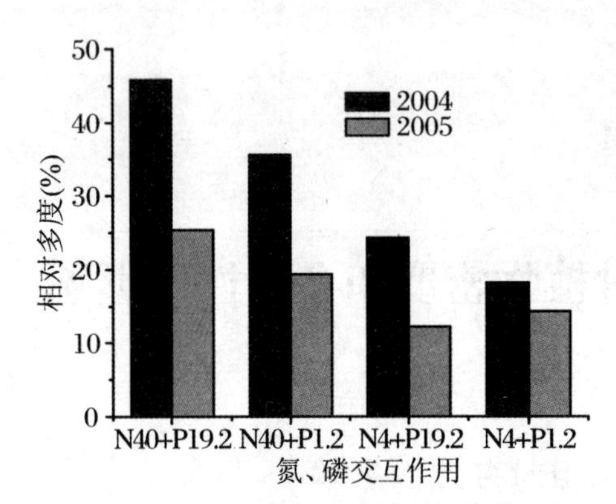


**图 11.20 氮、磷交互作用对毛果苔草相对多度的影响**

总之,湿地中营养物质氮、磷的长期作用,导致优势种多度发生明显的变化,物种多度的年际变化较大,施肥第 2 年明显低于施肥第 1 年。

当湿地中磷浓度不变时,施加一定氮肥能够促进湿地优势物种多度的增加。长期营养物质的作用有可能造成物种之间的演替或取代,优势物种逐渐减少,而其他原有伴生物种或者能够适应环境变化的新物种将会出现,从而改变湿地生态系统物种结构和功能。

## 二、氮、磷输入对湿生植物密度和多样性指数的影响

三江平原沼泽湿地多分布于河流两岸和低平原区,区域湿地垦殖为农田后,农业生产所带来的面源污染物,特别是化肥与农药残留对沼泽湿地植物生长的影响较大。沼泽湿地在大量氮、磷输入环境条件下,典型湿生植物毛果苔草的物种密度明显降低(图 11.21),且磷素输入对毛果苔草生长的影响最为明显。不同湿生植物对氮、磷输入条件的响应不同,氮素输入后毛果苔草及乌拉苔草物种密度变化特征相似,表现为氮输入后物种密度减小,之后增加再减少的特征,但乌拉苔草变化有所不同,在氮输入后物种密度稍有增加(图 11.22)。磷输入对不同植物的生长都有明显的影响,表现为磷输入后物种密度呈减少趋势(图 11.23),同时植物多样性指数降低(图 11.24),而氮输入对植物多样性的影响有所不同,表现为一定的氮素输入植物多样性指数有

所增加，但浓度过度植物多样性指数又减小(图 11.25)。

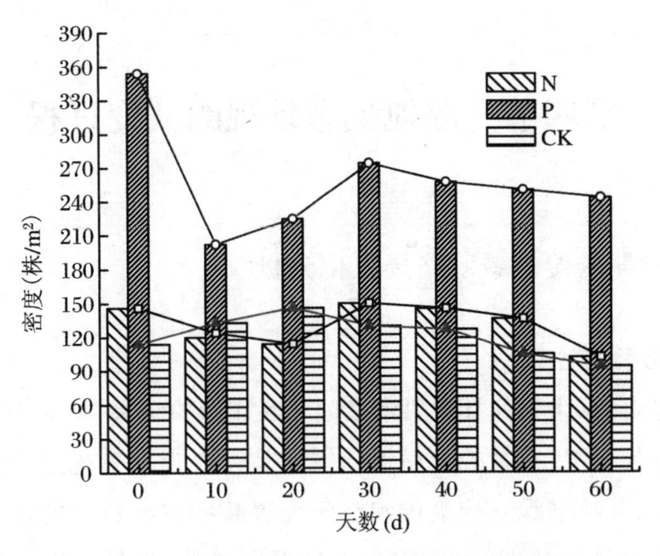


图 11.21　氮、磷输入与毛果苔草植物密度变化

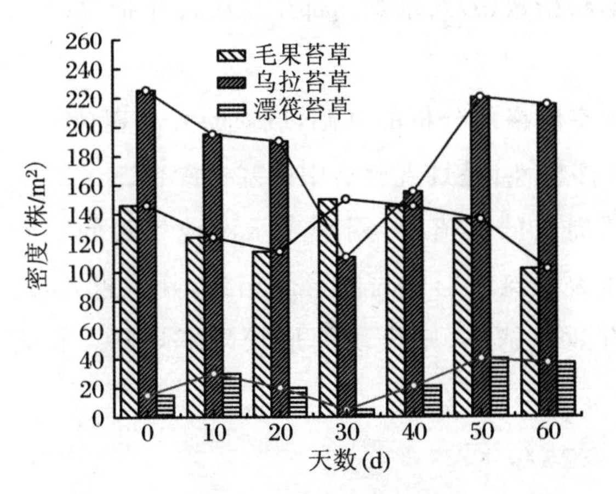


图 11.22　氮输入条件下不同植物密度变化

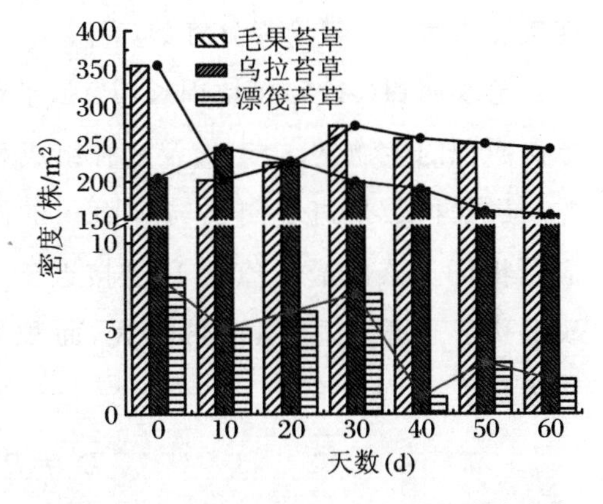


图 11.23　磷输入条件下不同植物密度变化

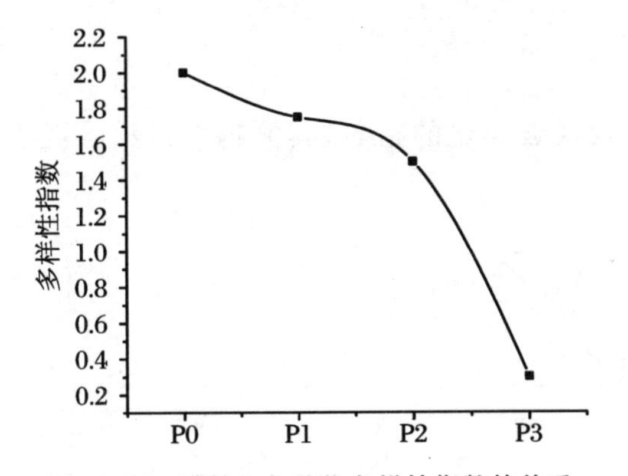


图 11.24　磷输入与植物多样性指数的关系

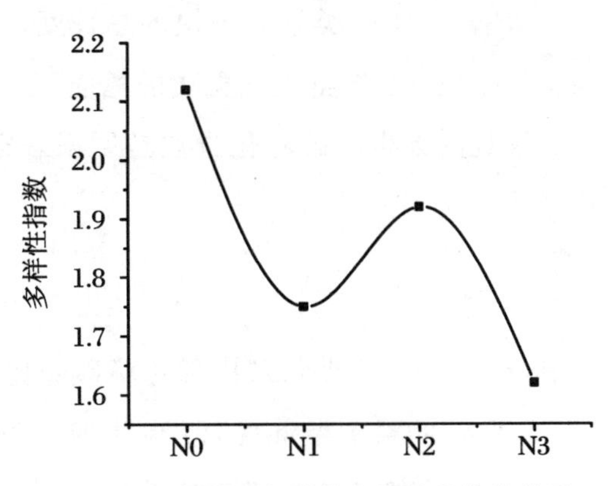


图 11.25　氮输入与植物多样性指数的关系

# 第四节　湿地生态景观的演变过程

## 一、不同时期的湿地景观格局变化分析

### 1. 景观指数及其计算

景观格局是自然、生物和社会要素之间相互作用的结果，指大小和形状不一的景观斑块在空间上的配置，是景观异质性的空间具体表现。景观指数是指能够高度浓缩景观格局信息、反映景观结构组成和空间配置某些方面特征的定量指标。为了表明湿地退化方面的景观特征，本研究引入景观生态学（肖笃宁等，2003）中的景观参数：斑块面积（$A$）和斑块周长（$P$）、景观形状指数（$D$）、景观内部生境破碎化指数（$F$）、连接度指数（$L$）与景观分维数（$D_F$）。

斑块面积（$A$）和斑块周长（$P$）是景观空间格局分析的基础，斑块的大小直接影响单位面积的生物量、生产力及物种组成和多样性，是景观分析中的基本参数。

形状指数是斑块周长与等面积的圆周长的比值，可用来表示湿地景观的空间形状特征。该值最小值为1，越接近于1表示斑块形状与圆形越相近，其值越大，斑块的边界越复杂，边缘地带越大，面积有效性越小，则斑块的形状越不规则。其公式为

$$D_i = P_i/(2\sqrt{\pi A_i})$$

式中，$D_i$——第 $i$ 类景观斑块的形状指数；

$P_i$——第 $i$ 类景观斑块的总长度；

$A_i$——第 $i$ 类景观斑块的总面积。

景观内部生境破碎化指数是用来表征景观破碎化的指数，其值越大表示景观的破碎性越大。公式为

$$F_i = 1 - \max(A_{ij})\Big/\sum_{j}^{N_i} A_{ij}$$

式中，$F_i$——第 $i$ 类景观内部生境破碎化指数；

$A_{ij}$——第 $i$ 类景观第 $j$ 斑块的面积；

$N_i$——第 $i$ 类景观斑块总数。

连接度指数用于表示景观类型被边界分割的程度，是景观破碎化的直接反映，其比值越大，说明斑块之间的距离越远，景观破碎化程度也越高。计算公式为

$$L_i = \sum_{j}^{N_i} P_{ij} \Big/ \sum_{j}^{N_i} A_{ij}$$

式中，$L_i$——第 $i$ 类景观类型的连接度指数；

$P_{ij}$——第 $i$ 类景观第 $j$ 斑块的周长；

$A_{ij}$——第 $i$ 类景观第 $j$ 斑块的面积；

$N_i$——第 $i$ 类景观斑块总数。

景观分维数是用于表示斑块几何形状复杂程度的参数。湿地是自然界中重要的景观类型，其形状不规则，具有相似形和分维(形)特征。斑块的分维值越大，表明越接近其所在的空间的维数，边缘地带越小，几何形态也越简单，受到人为因素的干扰也就越大。计算公式为

$$D_F = 2\log(P/4)/\log A$$

式中，$D_F$——景观类型的分维数；

$P$——景观斑块的周长；

$A$——景观斑块的面积。

**2. 两个时期湿地景观变化分析**

20 世纪 80 年代中期，湿地退化典型研究区内的沼泽湿地分布较广泛，且景观斑块比较完整。人工湿地的分布相对较少，破碎化特征也比较明显。2000 年沼泽湿地、河流湿地、湖泊湿地与洪泛湿地均呈现不同程度的减少，尤其以沼泽湿地减少最为明显。而水田则出现了较大面积的增长，景观斑块趋向于连片状发展(图 11.26、

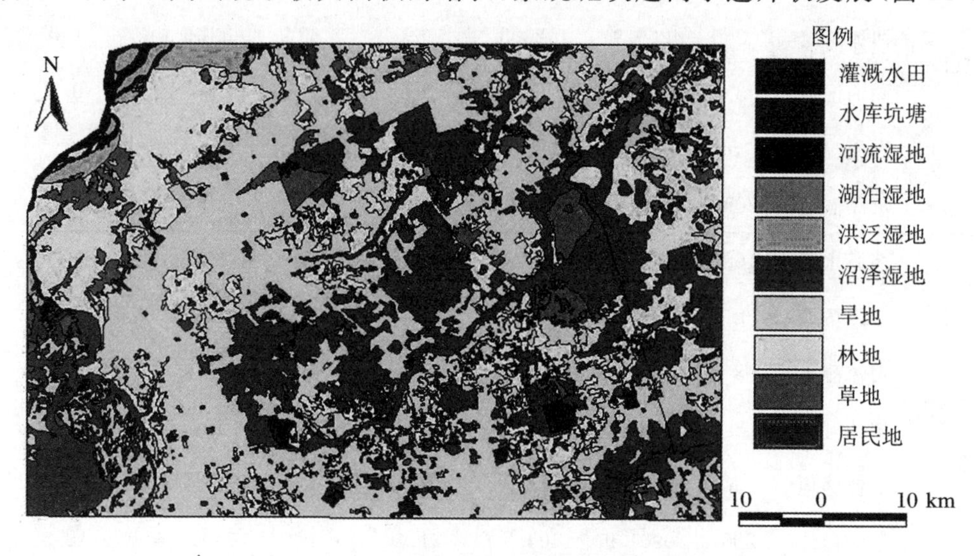


**图 11.26　湿地典型研究区景观格局(1986)**

图 11.27)。水田与旱田分别由 20 世纪 80 年代中期的 1.1%、39.9% 增加到 4.6%、47.7%,而沼泽湿地面积百分比由 20 世纪 80 年代中期的 26.2% 下降为 18.5%(表 11.3)。

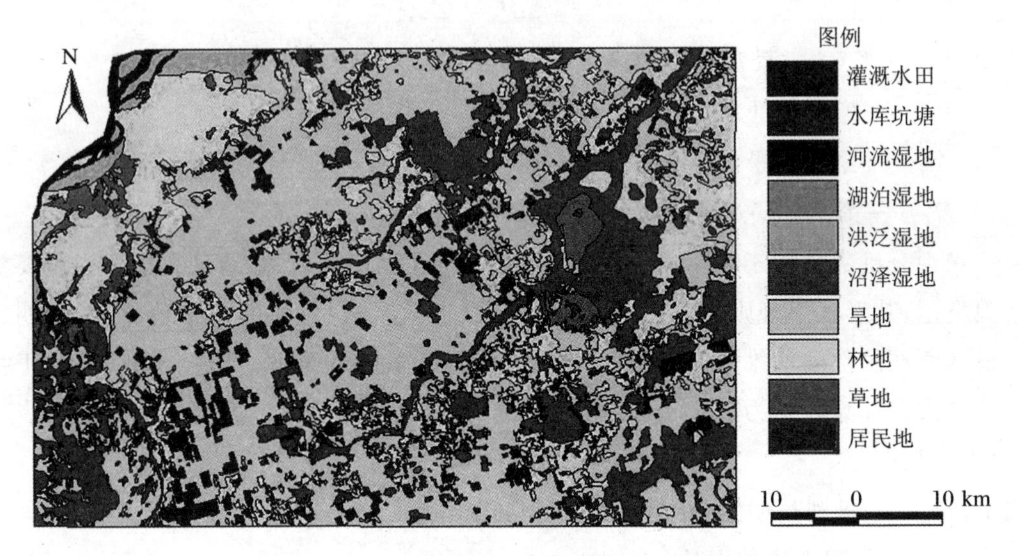


图 11.27 湿地典型研究区景观格局(2000)

表 11.3 湿地典型研究区景观斑块变化

| 年份 | 类型 | 数目 | 面积($hm^2$) | 平均面积($hm^2$) | 总周长(km) | 平均周长(km) | 最大面积($hm^2$) | 面积比(占总面积)(%) |
|---|---|---|---|---|---|---|---|---|
| 1986 | 灌溉水田 | 43 | 4943.0 | 115.0 | 204 | 5 | 1051.0 | 1.1 |
| | 水库坑塘 | 2 | 156.7 | 78.3 | 8 | 4 | 119.4 | 0 |
| | 河流湿地 | 3 | 4269.9 | 1423.3 | 189 | 63 | 3374.4 | 1.0 |
| | 湖泊湿地 | 3 | 390.3 | 130.1 | 30 | 10 | 184.4 | 0.1 |
| | 洪泛湿地 | 15 | 6725.2 | 448.3 | 165 | 11 | 2844.2 | 1.5 |
| | 沼泽湿地 | 205 | 114587.8 | 559.0 | 2839 | 14 | 41901.3 | 26.2 |
| 2000 | 灌溉水田 | 168 | 19985.2 | 119.0 | 936 | 6 | 1581.3 | 4.6 |
| | 水库坑塘 | 2 | 78.3 | 78.3 | 4 | 4 | 119.4 | 0 |
| | 河流湿地 | 3 | 4269.8 | 1423.3 | 189 | 63 | 3374.3 | 1.0 |
| | 湖泊湿地 | 3 | 390.3 | 130.1 | 30 | 10 | 184.4 | 0.1 |
| | 洪泛湿地 | 15 | 6725.2 | 448.3 | 165 | 11 | 2844.2 | 1.5 |
| | 沼泽湿地 | 200 | 80901.9 | 404.5 | 2414 | 12 | 21946.4 | 18.5 |

在湿地景观斑块的变化方面，沼泽湿地与灌溉水田是出现变化的两类不同湿地景观，灌溉水田由20世纪80年代中期的43块增加到168块，增加了近3倍；而沼泽湿地的斑块数则相应减少。水库坑塘、河流湿地、湖泊湿地、洪泛湿地在近15年内景观斑块数目基本没有出现变化，但其面积却多出现不同程度的萎缩(表11.3)。另外，从湿地景观参数的变化也可以看出，各类湿地景观的形状指数、破碎化指数、连接度指数以及分维数均多表现出增加的趋势(表11.4)，沼泽湿地景观形状指数、破碎化指数和分维数在天然湿地景观参数中最大，在两个时段内的变化也较大，这说明湿地面积在萎缩的同时，湿地景观破碎化程度也同时在增加，人为活动对湿地的扰动增强。在天然湿地中沼泽湿地的景观参数变化明显表明人为活动对沼泽湿地的扰动最为强烈，实际情况也与分析的结果相一致，沼泽湿地一直作为垦荒的主要对象，受到人为活动的强烈扰动和影响。

**表11.4　研究区景观参数变化**

| 年份 | 类型 | 形状指数 | 破碎化指数 | 连接度指数 | 分维数 |
|---|---|---|---|---|---|
| 1986 | 灌溉水田 | 8.20 | 0.79 | 0.0041 | 1.22 |
| | 水库坑塘 | 1.75 | 0.24 | 0.0049 | 1.06 |
| | 沼泽湿地 | 23.66 | 0.63 | 0.0025 | 1.29 |
| | 河流湿地 | 8.18 | 0.21 | 0.0044 | 1.23 |
| | 湖泊湿地 | 4.33 | 0.53 | 0.0078 | 1.18 |
| | 洪泛湿地 | 5.66 | 0.58 | 0.0024 | 1.18 |
| 2000 | 灌溉水田 | 18.69 | 0.92 | 0.0047 | 1.29 |
| | 水库坑塘 | 1.24 | 0.52 | 0.0049 | 1.01 |
| | 沼泽湿地 | 23.94 | 0.73 | 0.0030 | 1.30 |
| | 河流湿地 | 8.18 | 0.21 | 0.0044 | 1.23 |
| | 湖泊湿地 | 4.33 | 0.53 | 0.0078 | 1.18 |
| | 洪泛湿地 | 5.66 | 0.58 | 0.0024 | 1.18 |

1986～2000年近15年的时间里，正是我国实行土地开发总体规划时期，土地开发政策由单一的农业开发转变为农业综合开发，在此期间，湿地被大量开垦为农田，表现为人类活动对湿地的干扰强烈，人工湿地不断增加，天然湿地逐渐减少，尤以沼

泽湿地表现最为明显，湿地的基质类型发生了根本性改变，湿地景观逐渐趋于单一化。湿地斑块减少、沼泽湿地面积萎缩、沼泽湿地景观类型改变以及沼泽湿地景观破碎化等特征，以及与其相对应表现出的农田景观增加现象，都进一步说明了三江平原长期以来的持续垦荒是三江平原沼泽湿地景观破碎化程度不断增大的主要原因，是沼泽湿地发生退化的主要的外部驱动力。

## 二、沼泽湿地异质景观动态转化分析

为了更好地理解沼泽湿地在景观层次上的退化过程，在 GIS 的支持下，应用 Arc/Info 中的 GRID 模块，对湿地退化典型研究区两个时段（1986 和 2000）的景观类型数据格式进行转换并在 GRID 环境中进行分析，得到两个时段的景观动态。主要操作步骤为：首先在 ARC 环境中使用 Polygrid 命令，将 coverage 数据转成 grid 数据，GRID 的大小为 30 m×30 m。然后在 GRID 环境中使用条件语句：wetland_dynamic = con（wetland_grid1986<>wetland_grid2000，wetland_grid1986 * 100 + wetland_grid2000，0）进行判断，在 Table 环境中向 wetland_dynamic 的 Value 表添加两个年份字段。最后将其转化为 Dbf 数据格式，在 Excel 中进行数据表透视的分析，从而得到两个时间段的动态数据。将其整理如表 11.5 所示。

在表 11.5 中，横向表示各景观类型 1986 年向 2000 年转化的面积。可以看出，15 年来，灌溉水田的面积有较大的增长，其主要来源于旱田的改种，其次为沼泽湿地的开垦。水库坑塘、河流湿地、湖泊湿地与洪泛湿地主要转变为旱田；沼泽湿地是天然湿地中面积变化最大的部分，主要转变为旱田和水田，由沼泽湿地转变为旱田的面积为 32237.8 $hm^2$，转变为水田的面积为 4392.36 $hm^2$，部分沼泽湿地景观转变为林地、草地、河流湿地、洪泛湿地及居民地（图 11.28）。从沼泽湿地景观类型异质转变特征也可以看出，从 20 世纪 80 年代到 2000 年，农业垦荒活动一直是沼泽湿地退化的主要驱动因子。另外，居民点及城镇公交建设用地也显著增加，表明该区城镇化在逐渐扩大。这些都反映出人类干扰环境的强度增加，天然湿地面临的退化压力加大。综上分析，该区大面积增加的水田与旱田主要是以沼泽湿地的开垦为代价的。这说明沼泽湿地在景观层次上的退化过程实际上是一种向农田景观的转变过程。

**表 11.5　研究区各景观类型转换矩阵(1986～2000)**

单位：$hm^2$

| | 灌溉水田 | 水库坑塘 | 河流湿地 | 湖泊湿地 | 洪泛湿地 | 沼泽湿地 | 旱地 | 林地 | 草地 | 居民地 | 总计 |
|---|---|---|---|---|---|---|---|---|---|---|---|
| 灌溉水田 | | 0 | 0 | 0 | 0 | 1896.57 | 1014.39 | 5.13 | 0 | 0.09 | 2916.18 |
| 水库坑塘 | 0 | | 0 | 0 | 0 | 0 | 0.63 | 0 | 0.18 | 0 | 0.81 |
| 河流湿地 | 0 | 0 | | 0.45 | 13.23 | 1.26 | 1.44 | 9.63 | 0.27 | 0 | 26.28 |
| 湖泊湿地 | 0 | 0 | 0 | | 0.99 | 1.35 | 0 | 0.63 | 0 | 0 | 2.97 |
| 洪泛湿地 | 0 | 0 | 12.24 | 1.89 | | 0.27 | 3.06 | 2.25 | 1.53 | 0.09 | 21.33 |
| 沼泽湿地 | 4392.36 | 0 | 1.89 | 0.81 | 0.54 | | 32237.8 | 127.98 | 11.16 | 0.63 | 36773.19 |
| 旱地 | 12617.55 | 0.36 | 2.16 | 0 | 1.08 | 1072.44 | | 3331.70 | 15.30 | 15.30 | 17055.9 |
| 林地 | 22.05 | 0 | 2.97 | 0.63 | 1.08 | 83.07 | 2414.7 | | 21.78 | 5.13 | 2551.41 |
| 草地 | 918.36 | 1.35 | 0.09 | 0 | 0.09 | 36 | 15294.5 | 81.72 | | 0.99 | 16333.11 |
| 居民地 | 1.44 | 0 | 0 | 0 | 0.18 | 0.27 | 17.64 | 1.53 | 0 | | 21.06 |
| 总计 | 17951.76 | 1.71 | 19.35 | 3.78 | 17.19 | 3091.23 | 50984.2 | 3560.6 | 50.22 | 22.23 | 437476.2 |

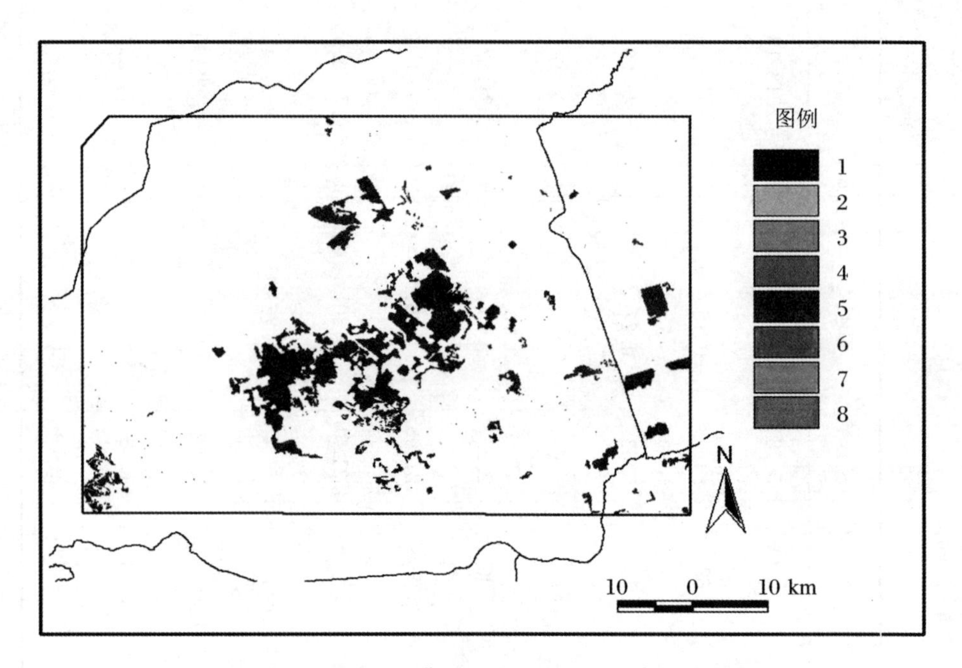


**图 11.28 湿地退化典型研究区沼泽湿地类型的变化**

1：沼泽湿地转变为灌溉水田；2：沼泽湿地转变为河流湿地；3：沼泽湿地转变为湖泊湿地；4：沼泽湿地转变为洪泛湿地；5：沼泽湿地转变为旱田；6：沼泽湿地转变为林地；7：沼泽湿地转变为草地；8：沼泽湿地转变为居民地

# 第五节 湿地植物生态位与生态系统稳定性分析

## 一、湿地植物生态位

三种不同类型的植被群落，土壤含水量随季节发生一定的变化。基本表现为毛果苔草群落＞小叶章群落＞岛状林（图 11.29），土壤含水量随深度的增加而逐渐增加。不同的水分变化下发育着不同的植被类型，水分的梯度变化决定着沼泽湿地植物的生长和分布。水分对沼泽湿地植物的生长和分布起着决定性的作用，水量（水位）的变化决定着植物的空间分布。

在 8 月植物生长最为旺盛且其生长不会发生较大变化的时候进行采样。从碟形洼地中心向边缘进行植物样方调查采样，从漂筏苔草群落到毛果苔草群落再到小叶章群落，进行植物多度、生物量分析，三种不同植物的相对多度发生显著的变化：漂筏苔草的相对多度逐渐降低,毛果苔草和小叶章的相对多度先增加后降低,生物量表现出与植物多度相同的变化趋势(图 11.30)。

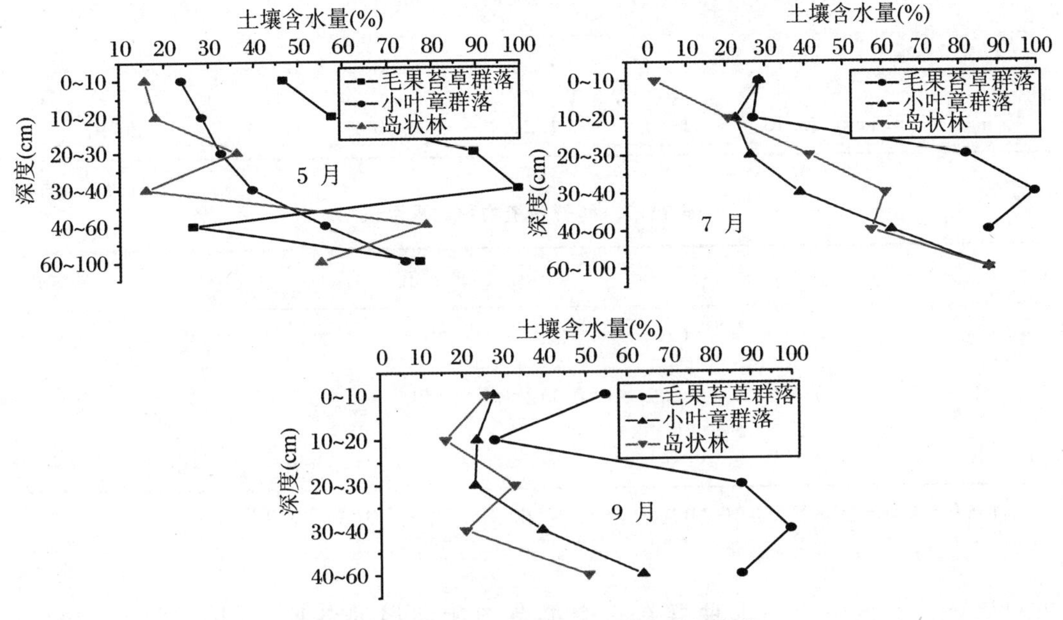


图 11.29　不同植被类型的土壤含水量变化

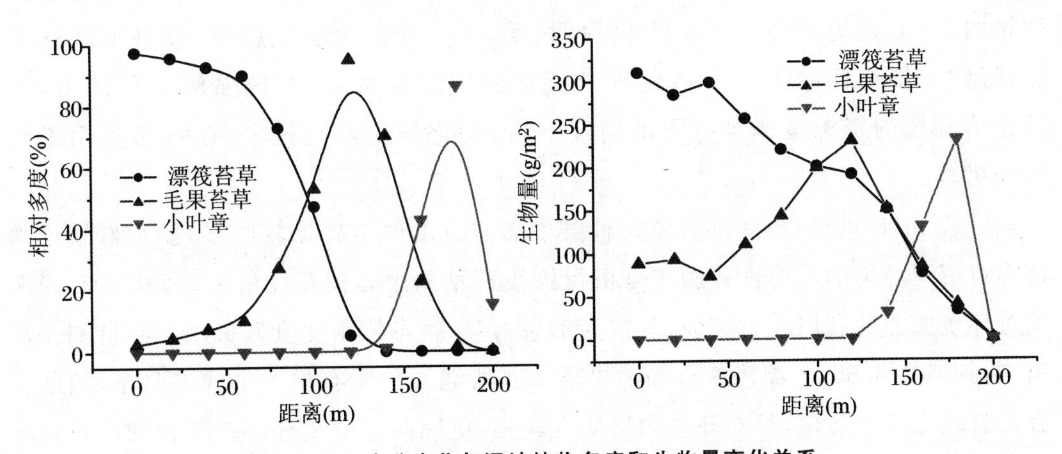


图 11.30　水分变化与湿地植物多度和生物量变化关系

总之,不同的水分变化下发育着不同的植被类型,水分的梯度变化决定着沼泽湿地植物的生长和分布。水分对沼泽湿地植物的生长和分布起着决定性的作用,水量的变化决定着植物的空间分布。

两个群落的生态因子测定结果见表 11.6,从中可看出两个群落的各生态因子均有变化,其中湿地土壤含水量的变化梯度更为明显。两个群落植物种的重要值见表 11.7。

表 11.6 两群落(资源位)的生态因子

| 群落 | pH | 全 N (mg/g) | 全 P (mg/g) | 有效 N (mg/g) | 有效 P (mg/g) | 有机质 (%) | 土壤含水量 (%) |
|---|---|---|---|---|---|---|---|
| Ⅰ | 5.8 | 20.77 | 0.96 | 1.90 | 0.03 | 18.62 | 39.59 |
| Ⅱ | 5.4 | 22.13 | 1.43 | 1.21 | 0.05 | 17.54 | 20.97 |

表 11.7 两群落植物种的重要值

| 植物种 | 重要值 | | | | | | |
|---|---|---|---|---|---|---|---|
| | Cl | Cp | Mt | Nt | Da | Gs | Ad |
| 群落Ⅰ | 0.419 | 0.337 | 0.112 | 0.075 | 0 | 0.057 | 0 |
| 群落Ⅱ | 0.186 | 0.181 | 0 | 0 | 0.433 | 0.137 | 0.063 |

注:Cl,毛果苔草; Cp,漂筏苔草; Mt,睡菜; Nt,球尾花; Da,小叶章; Gs,狭叶甜茅; Ad,二歧银莲花。下同。

生态位宽度是指一个种群在一个群落中所利用的各种不同资源的总和,以度量种群对资源多样化的利用水平。一个种的生态位越宽,该物种的特化程度就越弱,也就是更倾向于一个泛化种;相反,一个种的生态位越窄,该种的特化程度就越强,即更倾向于一个特化种。泛化种生态位宽,具有较强的竞争能力,尤其在可利用的资源量非常有限的情况下,而特化种生态位较窄,在资源利用中常处于劣势。

从表 11.8 可见,沼泽湿地植物种群生态位宽度值差异比较明显,能很好地反映植物对资源环境的适应性。调查分析得漂筏苔草的生态位宽度最大,为 0.907,说明其对环境资源的利用能力较强,其次为毛果苔草,生态位宽度值为 0.864,狭叶甜茅居第三,其值为 0.855。漂筏苔草和毛果苔草在所调查的所有样方中皆有分布,因此二者具有较宽的生态位,其对环境的适应性较强,更倾向于泛化种。睡菜和球尾花只在毛果苔草-漂筏苔草群落中出现,二歧银莲花仅出现在小叶章群落。睡菜和球尾花是毛果苔草-漂筏苔草群落的主要伴生种,适应在较湿润的区域生长分布;而二歧银莲花则喜干,是小叶章群落的伴生种,故这三种植物的生态位宽度较小,其生态位宽度值仅为 0.500。小叶章在毛果苔草-漂筏苔草群落中没有出现,所以其生态位宽度也较小,其值为 0.500。通过对两种湿地植物群落生态位宽度的计算,可知分析结论和植物种实际生态适应特征较相符,能很好地表征各湿地植物种的生态适应性和分布幅度。

表 11.8 不同湿地植物种的生态位宽度

| 植物种 | $P_{i1}$ | $P_{i2}$ | $B_i$ |
|---|---|---|---|
| Cl | 0.698 | 0.301 | 0.864 |
| Cp | 0.660 | 0.339 | 0.907 |
| Mt | 1.000 | 0.000 | 0.500 |
| Nt | 1.000 | 0.000 | 0.500 |
| Da | 0.000 | 1.000 | 0.500 |
| Gs | 0.294 | 0.706 | 0.855 |
| Ad | 0.000 | 1.000 | 0.500 |

当两个物种利用同一资源或共同占有某一资源(食物、营养成分、空间等)时,就会出现生态位重叠的现象。生态位重叠程度既能体现种群间对共同资源的利用状况,又能反映种群间分布地段的交错程度。所以生态位的重叠是两个物种在其与生态因子联系上的相似性,同时也反映了植物间存在着潜在的竞争关系。当资源不足时,生态位重叠的物种间就会发生竞争,当资源丰富时,生态位重叠并不一定会导致竞争。

## 二、湿地生态系统稳定性分析

表 11.9 为运用 Levins 公式计算的生态位重叠结果。毛果苔草、漂筏苔草和狭叶甜茅三种植物的生态位宽度较大,对资源的利用能力强,分布广,表明对环境生态因子的利用具有相似性,因而与其他物种的生态位重叠较大,但在不同的群落中,其生态位重叠值又有所不同,说明与群落的环境资源总量有关。毛果苔草与睡菜和球尾花、漂筏苔草与睡菜和球尾花的生态位重叠值相对较高,说明这几种植物在同一资源位上出现的频率相近,利用资源的能力和要求的生境因子也较为相似。这反映了睡菜和球尾花亦生长在土壤含水量较大的区域,与毛果苔草和漂筏苔草的生长分布较为相似,故与其生态位的重叠值较高。睡菜与小叶章和二歧银莲花,以及球尾花与小叶章和二歧银莲花的生态位重叠值都为 0,与实际调查情况相符,表明物种适应环境的方式完全不同。小叶章群落一般分布在季节性积水的区域,甚至更为干旱无积水的区域,二歧银莲花是其伴生种,它们之间的生态位重叠值也相对较大,表明二者对资源的利用具有一定的竞争性。从样方调查分析得,狭叶甜茅在小叶章群落中的

个体数要大于在毛果苔草-漂筏苔草群落中的个体数，表 11.9 的重要值就能说明问题，其与小叶章和二歧银莲花的生态位重叠值也较高，说明三者在对资源的利用性上具有一定的竞争性，当资源不足时，这种竞争更为强烈。生态位重叠值较高，说明植物之间在资源利用性上表现为强烈的竞争，因而对植物群落的结构和分布具有显著的影响，而生态位重叠值较低，表明各种植物种群能够充分分享群落环境资源，主要种群之间的关系比较协调和平衡，能够相互适应，群落往往处于相对稳定的状态。

**表 11.9　不同湿地植物种的生态位重叠**

| | Cl | Cp | Mt | Nt | Da | Gs | Ad |
|---|---|---|---|---|---|---|---|
| Cl | 1 | 0.486 | 0.603 | 0.603 | 0.268 | 0.366 | 0.268 |
| Cp | 0.512 | 1 | 0.596 | 0.596 | 0.320 | 0.401 | 0.320 |
| Mt | 0.346 | 0.325 | 1 | 0.500 | 0.000 | 0.147 | 0.000 |
| Nt | 0.346 | 0.325 | 0.500 | 1 | 0.000 | 0.147 | 0.000 |
| Da | 0.154 | 0.175 | 0.000 | 0.000 | 1 | 0.353 | 0.500 |
| Gs | 0.359 | 0.374 | 0.251 | 0.251 | 0.604 | 1 | 0.604 |
| Ad | 0.154 | 0.175 | 0.000 | 0.000 | 0.500 | 0.353 | 1 |

环境条件的改变降低了物种的生存适合度，可使物种对资源的利用分化或生态位发生移动，从而使物种间的生态位重叠程度降低，在环境资源范围变窄时，泛化种往往扩展其生态位，而特化种一般收缩其生态位。三江平原典型沼泽湿地土壤水分状况和营养状况是该区植物生长至关重要的生态因子，影响着植物的生长和分布，植物物种对环境生态位适应的程度，在这些因素的长期影响下，表现出自身的生态适应特征。

# 参 考 文 献

[1] Aerts R, Caluwe H D, Betman B. Is the relation between nutrient supply and biodiversity codetermined by the type of nutrient limitation[J]. Oikos,2003,101:489-498.

[2] Braakhekke W G, Hooftman D A P. The resource balance hypothesis of plant species diversity in

grassland[J]. Journal of Vegetation Science, 1999, 10: 187-200.

[3] Güsewell S, Koerselman W. Variation in nitrogen and phosphorus concentrations of wetland plants [J]. Perspectives in Plant Ecology, Evolution and Systematics, 2002, 5: 37-61.

[4] Koeselman W, Meuleman A F M. The vegetation N : P ratio: a new tool to detect the nature of nutrient limitation[J]. Journal of Applied Ecology, 1996, 33: 1441-1450.

[5] Roem W J, Klees H, Berendse F. Effects of nutrient addition and acidification on plant species diversity and seed germination in heathland[J]. Journal of Applied Ecology, 2002, 39: 937-948.

[6] Tessier J T, Raymer D J. Use of nitrogen to phosphorus ratio in plant tissue as an indicator of nutrient limitation and nitrogen saturation[J]. Journal of Applied Ecology, 2003, 40: 523-534.

[7] 肖笃宁，李秀珍，等. 景观生态学[M]. 北京：科学出版社，2003.

# 第十二章　湿地生态与环境的风险管理

## 第一节　三江平原湿地环境中碳、氮、硫、磷的暴露分布

### 一、三江平原湿地土壤中碳、氮等的暴露分布

三江平原典型环形湿地和河滨湿地小叶章草甸土壤剖面 SOC 含量的垂直分布特征一致，自上而下均沿土壤剖面呈递减趋势。典型洼地小叶章湿草甸（XD）、小叶章沼泽化草甸（XZ）和河滨湿地（HB）土壤剖面 SOC 含量分别变化在 0.61%～3.16%、0.99%～9.39%和 2.62%～18.96%，其剖面平均含量后者分别比前两者高出 4.78 倍和 1.59 倍。土壤剖面平均 SOC 密度分别为 19.98 $kg/cm^3$、20.97 $kg/cm^3$ 和 53.95 $kg/cm^3$，0～60 cm 深度 SOC 储量分别为 10.32 $kg/cm^3$、11.75 $kg/cm^3$ 和 32.37 $kg/cm^3$，HB 分别高出 XD、XZ 2.14 倍和 1.75 倍。无论是 SOC 含量还是储量，在湿地类型间均表现为 HB＞XZ＞XD，说明河滨湿地较典型洼地更具有明显的有机碳累积效应，这主要与水分条件和外源物质输入有关。

三江平原湿地土壤有机碳（SOC）主要以 DOC、MBC、$CO_2$、$CH_4$ 等形态暴露于湿地环境中，但它们之间或与环境因子之间都有密切相关关系。

植物地下生物量是湿地土壤剖面 SOC 含量（%）及其分布的主要制约因素，二者具有明显的线性关系：$SOC = 0.0297BIB + 5.033$（$R^2 = 0.879$，$P < 0.001$）；TN 含量（mg/kg）是湿地 SOC 含量水平分布的主要影响因素，二者具有明显的线性关系：$SOC = 0.0147TN - 4.752$（$R^2 = 0.948$，$P < 0.001$）；C/N 反映了水分条件与营养水平的综合效果，是影响湿地土壤 SOC 富集程度的关键因素，二者具有较为明显的指数关系：$SOC = 5.281e^{0.174C/N}$（$R^2 = 0.395$，$P < 0.05$）；pH 是影响土壤有机碳空间分布的重要

环境因子，湿地土壤 pH 与 SOC 含量具有弱负相关关系（$r = -0.381$）。多元逐步(Stepwise)回归分析发现，湿地 SOC 与 TN 和 C/N 之间存在明显的线性关系：SOC $= -45.58 + 0.011$TN $+ 4.232$C/N（$R^2_{Adj} = 0.986, P<0.001$），说明 TN 和 C/N 是影响湿地 SOC 累积的主导因素。

小叶章草甸土壤活性有机碳含量均具有明显的时空变化规律。MBC(mg/kg)和DOC(mg/kg)的剖面变化均随深度的增加呈递减趋势，其剖面季节均值分别变化在78.4～858.9(XD)、274.3～430.7(XZ)和244.2～344.0(XD)、93.3～2641.7(XZ)，MBC 在5月、6月、9月较高，7月、8月较低，DOC 则在5月、7月、9月较高，6月、8月较低。地下生物量是影响 MBC 剖面分布的关键因素（$R^2 = 0.856, P<0.001$），而MBC 的季节变化可能与有机质输入的数量和质量有关。DOC 的剖面分布与腐殖酸含量显著相关（$r_1 = 0.680, r_2 = 0.968, P<0.05$），而水分条件对 DOC 的季节变化影响较大。回归分析表明，MBC 与 DOC 之间存在明显的线性关系：DOC $= 266.38 + 0.054$MBC（$R^2 = 0.526, P<0.01$）。说明湿地土壤中 DOC 的产生量与微生物的活性密切相关。与各营养因子的 Pearson 相关分析表明，MBC 与 SOC、TN、TP、$NH_4^+$ 和 $NO_3^-$ 含量呈显著正相关（$r>0.423, P<0.01$），而与 C/N 无明显相关性（$r = 0.294, P>0.05$）。多元逐步(Stepwise)回归分析发现，MBC 与 SOC 和 $NO_3^-$(mg/kg)含量存在显著线性关系：MBC $= -310.24 + 301.76$SOC $+ 541.48NO_3^-$（$R^2_{Adj} = 0.825, P<0.001$），说明土壤 SOC 基质数量和氮素可利用水平是影响 MBC 的关键因素。DOC 与上述各项因子亦均呈显著正相关关系（$r>0.512, P<0.01$），与C/N 无明显相关性（$r = 0.045, P>0.05$）。多元逐步(Stepwise)回归分析发现，DOC 与 TN 和 $NO_3^-$ 之间存在显著线性关系：DOC $= 227.33 + 0.02$TN $+ 72.55NO_3^-$（$R^2_{Adj} = 0.592, P<0.001$），说明土壤中 DOC 含量主要受氮素总量及其可利用水平的影响，而基质 SOC 数量不再是主要制约因素。总之，氮素的可利用性水平，特别是 $NO_3^-$ 含量是影响湿地土壤活性有机碳数量的决定性因素。

三江平原主要流域不同河段河滨小叶章湿地土壤氮的空间分布和储量以及流域湿地土壤各形态氮含量的分布状况均存在较大差异。河滨湿地土壤(0～30 cm)氮的含量以浓江河流域最高，别拉洪河流域次之，挠力河流域最低。环形洼地小叶章湿地土壤各形态氮随深度增加而降低，从表层向下依次降低，但其水平变异性因氮的形态而异。各土层不同形态氮的水平变异性，一般来说以 $NO_3^-$-N 较高，$NH_4^+$-N 次之。不同土层的 $NH_4^+$-N、OR-N、TN、K-N 含量均表现出向洼地中心倾斜方向形成较为明显的斑块高值区，边缘则形成斑块低值区的特征。从土壤类型来看，腐殖质沼泽土(0～80 cm)氮的储量(1.94 kg/m²)明显高于草甸沼泽土(1.38 kg/m²)。前者的氮储量主要集中在0～40 cm 土层(1.06 kg/m²，占76.36%)，而后者主要集中在0～30 cm

土层(1.15 kg/m$^2$,占59.10%)。河滨小叶章湿地和环形洼地小叶章湿地0～30 cm土层的氮储量存在较大差异,其中别拉洪河流域下游、浓江河流域上游和下游土壤氮的储量明显高于环形洼地土壤。另外,环形洼地小叶章湿地土壤不同土层的各形态氮均有明显的季节性变化特征,其中OR-N和TN的季节变化特征较为一致。

对于河滨小叶章湿地土壤,在同一流域不同河段,各形态硫的分布存在差异,挠力河流域各形态硫含量分布是上游<下游,别拉洪河流域为上游>下游,浓江河流域为上游>下游>中游。而各河流流域硫含量均为浓江河>挠力河>别拉洪河。湿地土壤中各形态硫含量在土壤剖面上具有明显分层性,挠力河和浓江河流域表现为从上至下逐渐减少,即硫主要富集在表层,而别拉洪河流域则表现为从上至下逐渐增加,这两种分布均受制于土壤有机质的分布。在环形洼地小叶章湿地中,土壤总硫含量分别为391.62 mg/kg和513.03 mg/kg,均低于世界土壤平均含量(700 mg/kg),但在世界土壤硫含量范围内(30～10000 mg/kg)。各种形态硫主要富集在土壤上层,且主要以有机硫形态存在。有机硫在总硫中所占比例约为90%,而在有机硫中又以碳键硫所占比例最大,占总硫比例分别为47.48%和38.83%。沼泽化草甸小叶章湿地土壤各形态硫的含量均高于典型草甸小叶章湿地,同一种湿地土壤中各形态硫都具有明显的垂直分布特征和空间变异特征,这主要与其土壤空间分布、土壤理化性质、有机质含量、水文条件等因素有关。不同土壤层次中总硫、有机硫和无机硫含量均有明显的季节变化特征,其中植物生长过程是影响其季节变化的重要因素,典型草甸小叶章湿地0～60 cm土壤无机硫储量为19.55～25.28 mg/kg,有机硫储量为214.5～279.37 mg/kg;沼泽化草甸小叶章湿地0～60 cm土壤中无机硫储量为16.17 mg/kg,有机硫储量为222.05～262.05 mg/kg。土壤中硫主要以有机硫的形态存在,有机硫在总硫中所占比例高达90%以上。

## 二、三江平原湿地植物中碳、氮等的暴露分布

三江平原植物体碳累积表现为从植物生长期至成熟期,随着时间的推移,碳累积量呈"S"形增长,10月达最大碳累积量。在生长初期植物体碳累积主要集中于地上部分,随着植物的生长,碳累积逐渐偏向于地下部分。根据干物质累积特征及植物体碳含量,计算出小叶章湿地地上、地下及植物年净碳累积量(gC/m$^2$)分别为373.8和272.1、698.2和768.8以及1072.2和1040.9,说明两类湿地年C输入量相当。生长季根系C累积动态与N含量具有一定的正相关关系($r=0.78$, $P=0.06$; $r=0.976$, $P<0.05$),而与P含量的相关性较差,说明两类小叶章C累积均受N的限制。生长季两类小叶章植物体C累积量无显著差异($P=0.067$),可利用性N水平及氧化还原

电位的综合作用可能是主要原因。

三江平原两类草甸湿地中地表枯落物残留动态均表现为快-慢交替的周期性变化特征，27 个月分别损失初始重的 32.5%（XD）和 34.7%（XZ），二者分解损失率无显著差异（$P>0.05$）。整个试验期间小叶章枯落物在两类湿地间的平均分解速率分别为 0.0179/month 和 0.0188 /month，年均分解速率分别为 0.215 g/(g·a) 和 0.226 g/(g·a)，95%分解需要的时间分别为 13.9 a 和 13.3 a。分解过程中枯落物 C 的浓度呈先升后降的变化趋势，而其绝对量则呈单调下降趋势。分解过程中，枯落物相对分解速率与 C/N 具有线性正相关关系，即残体中 N 的相对累积量越高，其分解速率越小。不同水分梯度带上地表枯落物的分解速率差异明显（$P<0.001$），与 5 cm 和 10 cm 深土壤（水）温度以及水深呈显著正相关关系（$r>0.95$，$P<0.05$），与沼泽水 pH 具有弱负相关关系（$r=-0.885$，$P>0.05$），而与沼泽水营养物质浓度之间的相关性较差（$|r|<0.5$，$P>0.05$），表明土壤（水）温度和水深是影响小叶章枯落物分解速率的主要因素。根系的分解速率分别为 0.0435 /month（XD）和 0.0204 /month（XZ），明显高于其地上枯落物的分解速率（0.0158 /month 和 0.0175 /month），在残体类型（$P=0.005$）和类型 + 水分带间（$P=0.012$）差异显著，说明残体的性质和所处环境的水分条件是影响残体分解的主要因素。小叶章湿地植物残体 C 库现存量分别为 3209.7 gC/m$^2$（XD）和 4591 gC/m$^2$（XZ），其中地上植物残体 C 库的现存量为 1823.6 gC/m$^2$ 和 1244.9 gC/m$^2$，地下残体 C 库的现存量为 1386.1 gC/m$^2$ 和 3346.1 gC/m$^2$。

三江平原湿地的植物多为维管束植物，不同植物凋落物有不同的分解速率，维管束植物中易降解的非木质素，在沉积数日至数周内被利用，维管束植物束可作为导管增加 $CH_4$ 从沉积物向大气中的排放通量，其通量值可占沼泽湿地生态系统 $CH_4$ 排放总量的 75%～90%，同时维管束植物与其他植物相比，它能向根部输送更多的氧，对土壤 $CH_4$ 的氧化也产生重要影响。另外，Whitting 和 Chanton（1993）发现湿地 $CH_4$ 排放通量与生态系统净生产能力之间存在相关关系。$CH_4$ 排放率与湿地植物类型有较大相关性，深水无植物区与相邻湿生植物生长区相比，$CH_4$ 释放量相差 3～30 倍。$CH_4$ 在根层以上土壤层中迁移，受植物生长状态、根层深度以及植物传导气体的效率影响。

三江平原典型草甸小叶章和沼泽化草甸小叶章地上各器官及枯落物的 TN 含量均呈单调递减变化，符合指数衰减模型。两种小叶章地上各器官的 TN 含量均表现为叶＞叶鞘＞茎，但其差异不显著（$P>0.05$）。二者各器官的 $NH_4^+$-N 和 $NO_3^-$-N 含量变化较大且 $NH_4^+$-N /$NO_3^-$-N＞1。二者不同器官的氮累积量动态变化明显，其累积量在生长期均表现为根＞叶＞叶鞘＞茎，成熟期表现为根＞叶＞茎＞叶鞘，根是氮的重要储库。前者地上部分的氮累积量在各个时期均高于后者（1.26～2.32 倍），但地下部分则相反(1.80～3.24 倍);二者枯落物的氮累积量随时间逐渐增加,且前者要高于后者(1.18～3.20 倍)。典型草甸小叶章和沼泽化草甸小叶章湿地地上器官及枯落物的氮累积速率($V_N$)均有明显的季节变化,并与地下部分表现出相反的变化趋势,反映了地上与地下部分氮的养分供给方面的密切联系。典型草甸小叶章和沼泽化草甸小叶章不同部分的氮分配比在各个时期差异明显,根在不同时期均是二者的重要氮库,其分配比分别高达 59.38% ± 12.86% 和 84.58% ± 3.38%($n$ = 10)。二者地上部分各器官的氮分配比均以叶最高(24.28% ± 12.09% 和 8.18% ± 3.32%),茎和叶鞘相对较低。二者枯落物的氮分配比均呈递增变化,均于末期达到最高值(9.71% 和 7.01%)。

典型草甸小叶章和沼泽化草甸小叶章的 N/P＞14,表明氮是影响二者生长的限制性养分,后者的 N/P 值明显高于前者,表明氮对前者生长的限制程度要高于后者。据计算,典型草甸小叶章和沼泽化草甸小叶章的枯落物现存量分别为 2571.85 $g/m^2$ 和 2071.25 $g/m^2$,枯落物 N 库存量的稳定值分别是 12.75 $g/m^2$ 和 8.29 $g/m^2$,枯落物向土壤 N 库的年归还量分别大于 1.95 $g/(m^2 \cdot a)$ 和 2.25 $g/(m^2 \cdot a)$。两种小叶章湿地类型枯落物及根系的氮含量与 C/N 均呈极显著负相关($P<0.01$),而与 C/P 大多呈较弱的负相关。这表明 C/N 对枯落物及根系分解过程中氮养分的调控作用更为重要。试验表明枯落物中的氮在 DZL、XI、WL、MG、PF 5 个分解小区表现出释放-累积的交替变化特征,但仍以释放为主。在Ⅻ 分解小区,氮在整个时期一直表现为释放。根系的氮在各个分解小区一直表现为释放,但不同分解小区间的释放模式差别较大。

两种小叶章植物体各器官中总硫含量具有明显的季节变化规律。生长季地上各器官总硫含量均呈波动性变化,但总体上呈递减趋势。根中硫含量的变化与植物的生长节律相一致,二者对硫的累积量均有根＞叶＞茎＞叶鞘,由此可见,硫主要在根中累积,即根是硫的重要储库。两种小叶章类型相比,沼泽化草甸小叶章当年硫的累积量高于典型草甸小叶章当年硫的累积量。两种小叶章立枯物的季节变化符合指数增长方程,而立枯物中总硫含量的变化符合指数衰减方程。典型草甸小叶章和沼泽化草甸小叶章立枯物当年输入量分别为 1070.39 $g/m^2$ 和 740.68 $g/m^2$,二者立枯物中总硫储量分别为 0.992 $g/m^2$ 和 0.311 $g/m^2$。两种小叶章湿地中地上枯落物残体的现存量分别为 5943.84 $g/m^2$ 和 3533.22 $g/m^2$,枯落物残体中硫库存量分别为 2.73 $g/m^2$ 和 0.97 $g/m^2$。试验表明,小叶章枯落物和根中硫含量均呈波动变化,分解 450 天后,枯落物残体中硫的含量在典型草甸小叶章样点和沼泽化草甸小叶章样点依次为 0.588 g/kg 和 0.508 g/kg,均低于初始浓度,根中硫含量在乌拉苔草样点和毛果苔草样点依次为 0.697 g/kg 和 0.701 g/kg,均高于初始浓度。枯落物中硫的释放模式为淋溶-固持-释放，其中枯落物残体中 C/S 是决定其释放模式的主要因素。当 C/S＞1620.20～1956.17 时，外源性硫被固持；当 C/S＞798.7～805.17 时，枯落物中的硫被释放。根中硫的释放模式为固持-释放。当 C/S＞1159.45 时，外源性硫被固持；当 C/S＞476.09～524.37 时，根中的硫被矿化释放出来。植物枯落物残体和根中硫的固持和释放主要受水文因素的影响，在分解过程中硫的最大固持量沿着水位梯度由蝶形洼地边缘到中心（从沼泽化草甸小叶章样点至漂筏苔草样点）依次为 81.36%、53.23%、49.89%、45.65%、41.84%，呈逐渐减少的趋势。经过 450 天的分解后，枯落物中总硫的残留率依次为 60.44%、49.26%、36.71%、32.30%、26.96%，释放量逐渐增加，这可能与沼泽水可以为分解者提供有利的环境条件和营养物质有关。

## 第二节　三江平原湿地退化及其对碳、氮、硫、磷暴露的影响

### 一、天然湿地的退化

地表过湿或经常积水是湿地形成的首要条件。湿地植物群落形成后随地表水文状况、土壤理化性质等变化而变化，区域水文状况和土壤的理化性质又成为湿地植物群落演替的主要生态因素。湿地是一种非常不稳定的景观系统，它有许多不确定性因素，极易受到自然因素和人为活动的干扰，生态平衡很容易被破坏。如气候变化，洪水频率及周期变化，人类活动诸如农业和城市开发、排水、堤坝建设等改变了湿地的水位、水量、流速和土壤中水分状况，都可导致湿地景观和生态系统，即主要是植物群落组成的变化（刘红玉，2005）。如果气候变暖，水位降低，水量减少，即由湿润向干旱气候发展，湿地景观的植物群落将由原来的漂筏苔草群落和毛果苔草群落向禾草湿草甸群落和丛桦－杂类草群落演替。反之，如其气候由干旱气候向湿润气候发展，则植物群落将由杂类草草甸群落向毛果苔草群落演替（图 12.1）。但近几年来，由于气候变暖，三江平原气候由湿润向较干旱发展，植物群落由毛果苔草群落向杂类草草甸群落和丛桦－杂类草群落演替，甚至出现岛状林，生长白桦、山杨、杂类草等旱生植物（易富科等，1988 ）。由于气候变暖，河滨湿地和碟形洼地水位降低，面积逐渐缩小，常年积水的沼泽变为季节性积水，许多季节性积水沼泽消失，湿地功能衰退、水位降低、生物多样性减少，大范围农业活动造成的湿地非点源污染，以及沼泽湿地管理措施不当等外在的扰动，导致湿地面积逐年减少，从 1949 年的 534 万公顷下降到

2000年的90.69万公顷，这进一步促使三江平原地区的气温明显升高，土壤有机质分解速率加快，导致湿地土壤有机质含量大大降低，致使湿地土壤由碳库汇向碳的释放源转变，向大气排放的温室气体如$CO_2$等增加。

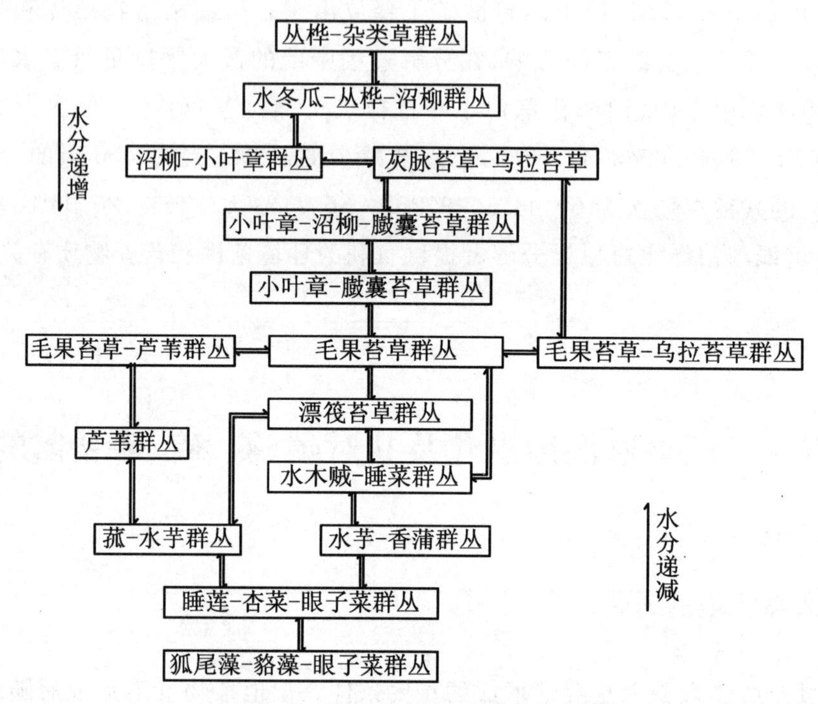


**图12.1 三江平原湿地植物群落演替**

引自易富科等，《三江平原植被类型的研究》(黄锡筹主编，《中国沼泽研究》，科学出版社，1988，162～171页

## 二、人类活动进一步促使湿地退化

三江平原曾经是一片人迹罕至的原始湿地荒原，尽管经过历代农业开垦活动，至1949年该地区已有耕地78.6万公顷，但各类湿地面积仍有534万公顷，集中连片的湿地还是当地的主要自然景观。自1949年以来，随着人口的增加和国家对粮食需求的增长，该区经历了4次开荒高潮，人类活动强度的增加，导致了该区湿地面积的急剧减少(表12.1)，由1949年的534万公顷减少到2000年的90.69万公顷。与此同时，耕地面积则由1949年的78.6万公顷增加到1996年的366.8万公顷(刘兴土，2000)。近年来，随着农业开发和人类活动干扰强度的增大，该地区湿地面积进一步缩小，湿地生态系统改变，湿地生态功能下降，湿地生物多样性降低，生态环境恶化，农业环境脆弱化和农业环境污染等问题日益突出。土地利用方式的变化必然导致湿地原有水热条件的改变，进而造成营养元素(如碳、氮、硫、磷等)循环过程以及形态组

成的变化(Mironga, 2005)。此外,湿地的开发导致的一系列相关元素生物地球化学过程的改变必然对区域生态环境产生重要影响。这些都进一步加剧了该地区气候的变化,气温明显升高,促使湿地土壤由碳储库变为碳的释放源,温室气体如 $CO_2$ 等的排放率显著增加。

**表 12.1　三江平原湿地与耕地面积的变化**

| 年 | 湿地 | | 耕地 | |
|---|---|---|---|---|
| | 面积(万 $hm^2$) | 湿地率(%) | 面积(万 $hm^2$) | 湿地率(%) |
| 1949 | 534 | 49.04 | 78.60 | 7.22 |
| 1975 | 244 | 22.41 | 204.8 | 18.81 |
| 1983 | 227.57 | 20.90 | 352.1 | 32.33 |
| 1996 | 94.66 | 8.69 | 366.8 | 33.68 |
| 2000 | 90.69 | 8.33 | — | — |

注:孙志高,2007。

## 三、三江平原湿地碳、氮、硫、磷浓度变化对湿地退化的响应

由于全球气候变暖,人类活动的频繁干扰,三江平原湿地管理不善,将大面积的湿地变为农田用地,增强了环境中碳、氮、硫、磷的排放功能,特别是温室气体如 $CO_2$、$CH_4$、$N_2O$ 等排放量大大增加,提高了大气中温室气体的浓度,进一步加剧了全球气候变暖,恶化了人类生存的环境。湿地生态系统碳循环及储量的变化与其自然状况和土地利用方式有密切关系,土地管理方式对碳循环模式的影响主要是通过对湿地水文条件的影响而发生作用,若改变了湿地地表水及地下水的赋存状态、水流模式及土壤水分含量条件,就会影响湿地碳的循环过程与营养物质的输入和输出量。湿地土壤有机碳是土壤质量的核心,如果湿地土壤处在淹水条件(长期或季节性淹水)下,土壤有机质就不易被分解,大量有机质累积在土壤中。但土壤处于厌氧-还原状态,土壤释放 $CH_4$ 和 $N_2O$ 等温室气体。若土壤由淹水条件转变为非淹水条件如由湿地转为农田,变为较干旱条件,湿地土壤就由厌氧-还原环境转变为好氧-氧化环境,从而加速土壤有机质的分解,同时也导致温室气体排放量增加。土壤有机碳损失主要是有机质输入量减少,植物有机残体分解速率增加。而土壤有机碳的损失率与土壤的物理结构、化学和生物特性有密切关系,有机碳含量常与 $<5\ \mu m$ 的矿物颗粒呈正相关关系(Post, Kwon,2000)。湿地开垦变为农田生态系统后,由于土壤有机质输入

量相对减少，分解和侵蚀作用增强，土壤有机碳含量不断降低，向大气中排放的$CO_2$不断增加。影响湿地土壤中碳累积过程的重要控制因子是植物群落、水分条件和温度，它们直接影响氧的可利用性、气体的扩散率及微生物的活性，是确定湿地土壤为$CH_4$的排放者还是吸收者的决定性因素(Dise,1993；Moore，et. al.,1998)。同时还直接影响湿地生态系统中营养物质的有效性、沉积物的性质和营养物质的输出还是输入。由于湿地特殊的水文环境，湿地土壤长期处于水分过饱和及厌氧状态，土壤中动植物残体分解缓慢，有机质在土壤中不断累积，有时形成泥炭层或泥炭地，泥炭累积率主要取决于生产和分解间的物质平衡关系。据此，可进一步预测泥炭湿地对温室气体组成的潜在变化的贡献(陈泮勤等,2004)。

三江平原天然湿地和弃耕地小叶章植物体地上部分当年全部枯死归还，而地下部分的年周转率分别为44.3%(XZ)、63.2%(XD)和53.8%(QG)，据此可计算出植物C库向土壤C库的年总输入量分别为$9.98\times10^3$ kgC/(hm$^2$·a)、$10.14\times10^3$ kgC/(hm$^2$·a)和$6.72\times10^3$ kgC/(hm$^2$·a)，其中植物地下C库的输入量分别占77.0%、68.9%和62.9%。由此可见，湿地开垦13年后，植物C库的输入量减少了67%，而弃耕7年后植物C库输入量恢复为原来水平的61%，其中植物地下C库输入量的变化是主要因素。

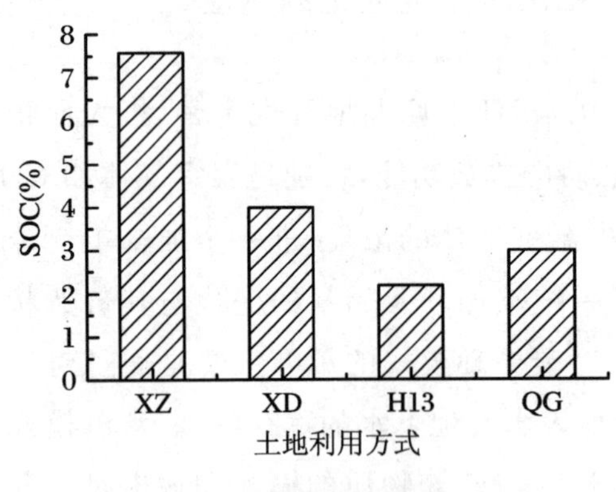

图 12.2 不同土地利用方式下土壤SOC含量的变化

不同土地利用方式下土壤SOC含量的变化如图12.2所示。从图中可知，农田土壤SOC的含量分别为两类天然湿地土壤含量的28.7%和54.6%，开垦使土壤SOC含量明显下降。弃耕7年后，土壤SOC含量有所恢复，其值为2.99%，较农田提高了37.6%，而分别恢复至两类天然湿地的39.5%和75.2%。这主要是因为耕地弃耕后，一方面，自然植被的恢复，提高了土壤C库的输入量；另一方面，由于扰动减少，土壤物理特性得以恢复，土壤颗粒对有机质的保护性增强(黄耀等，2001；Jacinthe，Lal，2005)，致使有机质的分解速率减缓，土壤SOC的累积量相对增加。

Pearson相关分析(表12.2)表明，不同土地利用方式下SOC与TN、C/N显著相关，逐步(Stepwise)回归分析发现，SOC(%)与TN(mg/kg)之间存在明显线性关系：$SOC=0.205+0.001TN$($R^2_{Adj}=0.984$，$P=0.005$)。这说明，不同土地利用方式下土壤的TN含量水平是SOC含量的主要决定因素。

表 12.2　不同土地利用方式下土壤 SOC、MBC 和 DOC 与营养含量及总生物量的 Pearson 相关系数

| | TN | $NO_3^-$ | $NH_4^+$ | TP | C/N | TBIM | SOC | BMC | DOC |
|---|---|---|---|---|---|---|---|---|---|
| SOC | 0.955** | −0.104 | 0.548 | 0.916 | 0.990** | 0.933 | — | 0.972* | 0.999** |
| MBC | 0.991* | −0.324 | 0.432 | 0.872 | 0.995** | 0.834 | 0.972* | — | 0.979* |
| DOC | 0.997** | −0.136 | 0.528 | 0.910 | 0.994** | 0.924 | 0.999** | 0.979* | — |

注：*，0.05 水平上显著相关(2-tailled)；**，0.01 水平上显著相关(2-tailled)。

不同土地利用方式下土壤 MBC 的变化趋势与 SOC 一致(图 12.3 中 A)。农田土壤 MBC 含量为 315.5 mg/kg，分别为两类天然湿地土壤的 15.4% 和 64.5%，开垦使土壤 MBC 含量也发生了明显的下降。这与 Saggar 等(2001)的研究结果一致。Saggar 等在研究耕作对土壤生物性质和 SOC 动态的影响时发现，垦殖 25 年后，土壤总 SOC 减少 60%，MBC 减少 83%。弃耕后，由于 SOC 在一定程度上的得以恢复，其营养状况得到改善，可供微生物利用的能源和营养基质的数量增加，从而促进了微生物量的上升。弃耕 7 年后，MBC 含量为 476.9 mg/kg，恢复到小叶章沼泽化草甸土壤水平的 23.2%，而与小叶章湿草甸土壤接近。Saggar 等(2001)的研究也表明，当农田恢复为草地时，MBC 出现了明显的增长趋势。

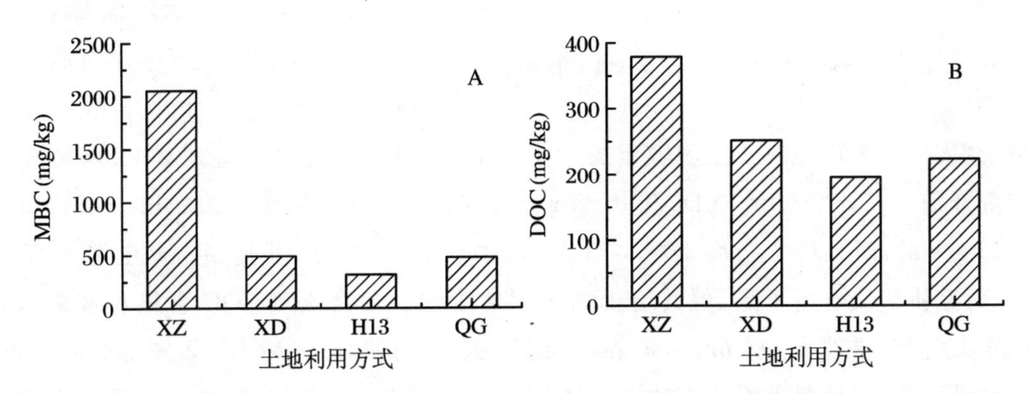


图 12.3　不同土地利用方式下 MBC(A)和 DOC(B)含量的变化

不同土地利用方式下土壤 DOC 的变化趋势亦与 SOC 一致(图 12.3 中 B)。天然湿地土壤 DOC 的含量较高，开垦为农田后，由于土壤质量下降，新鲜凋落物输入量降低，DOC 含量降为 195.1 mg/kg，分别为两类天然湿地水平的 51.5% 和 77.6%。Gregorich 等(2000)的研究表明，森林或草地转变为农田，土壤水溶性有机碳含量明显降低，并随着耕作年数的增长，其减少趋势更加明显。本研究结论与此一致。弃耕后，植物有机质输入量增加，土壤质量上升，DOC 含量恢复到 223.2 mg/kg，较农田增加 14.4%。上述结果说明，湿地垦殖使土壤 SOC 的数量和质量明显下降，弃耕则有

利于 SOC 数量和质量的恢复。

MBC 和 DOC 均为土壤 SOC 的活性组分，其含量对土壤有机质及营养水平变化的响应较为敏感（王志明等，2003；Sinsabaugh，et al.，2004；Stapleton，et al.，2005）。Pearson 相关分析（表 12.2）表明，不同土地利用方式下 MBC 与 SOC、TN 和 C/N 显著正相关，DOC 与 SOC、TN、C/N 和 MBC 显著正相关，逐步（Stepwise）回归分析发现，MBC（mg/kg）与 C/N 存在显著线性关系：MBC = − 1684.5 + 168.7C/N（$R^2_{Adj}$ = 0.986，$P$ = 0.005）；DOC（mg/kg）与 SOC（%）存在显著线性关系：DOC = 119.6 + 34.08SOC（$R^2_{Adj}$ = 0.998，$P$ = 0.001）。这说明，不同土地利用方式下土壤 SOC 的数量和质量是影响 MBC 和 DOC 含量高低的决定性因素。

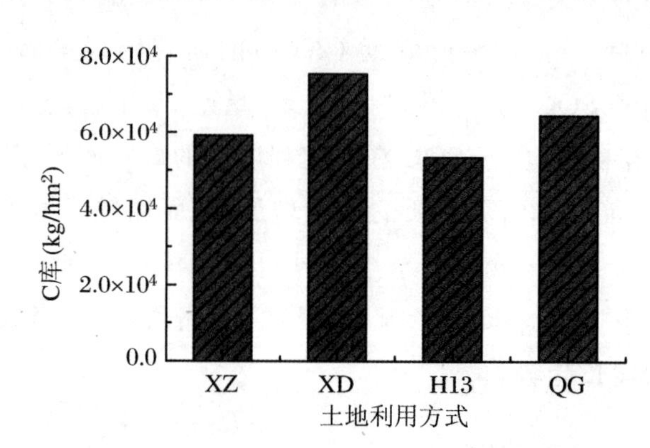


图 12.4　不同土地利用方式下土壤有机 C 库的变化

不同土地利用方式下 0～20 cm 土壤 SOC 的变化如图 12.4 所示。湿地开垦后，土壤 0～20 cm SOC 库存量为 $5.35\times10^4$ kg/hm²，较天然湿地下降 9.5%（XZ）和 29%（XD）；而弃耕 7 年后，SOC 的库存量增加到 $6.47\times10^4$ kg/hm²，恢复到 XD 水平的 85.8%，略高于 XZ 的库存量。SOC 库存量的变化，一方面取决于不同土地利用方式下土壤 SOC 的含量水平，另一方面取决于土壤容重的大小。本研究中，两类天然湿地 0～20 cm 土壤容重分别为 0.39 g/cm³（XD）和 0.95 g/cm³（XZ），开垦 13 年后的农田土壤容重为 1.23 g/cm³，而弃耕 7 年后土壤容重为 1.08 g/cm³。可见，开垦使湿地土壤容重增加，而弃耕后又有所下降，但其值仍高于天然湿地。综合土壤 SOC 含量和容重两者因素，致使弃耕地 0～20 cm SOC 的库存量较农田增加，而略高于 XZ 湿地的库存量。该结果说明，湿地垦殖农田弃耕对于恢复土壤有机碳的累积量，减少区域碳损失方面具有积极意义。

图 12.5 中 A 为开垦 1 年（H1）和 13 年（H13）的农田土壤 $CO_2$ 释放的季节动态。由图可看出，H1 和 H13 的 $CO_2$ 释放动态具有较好的一致性：自 5 月底，随着气温的升高和降雨量的增加，二者 $CO_2$ 的释放速率开始逐渐上升，并于 8 月中旬分别达最大排放值 1514.12 mg/(m² · h）和 1328.71 mg/(m² · h)。之后，气温下降，$CO_2$ 释放速率快速下降。生长季 H1 和 H13 $CO_2$ 释放速率的季节均值分别为 717.69 mg/(m² · h) 和 606.31 mg/(m² · h)，平均为天然湿地土壤呼吸速率的 2.25 倍和 1.89 倍，开垦使土壤 $CO_2$ 释放速率明显增加（$P$ = 0.0017）（图 12.5 中 B）。具体表现为，湿地开垦后

土壤 $CO_2$ 释放速率明显上升，而随开垦年限的增加，其上升幅度下降。这主要是因为湿地开垦后，改变了土壤的水热条件，如排水耕作不但降低了湿地土壤的水分含量，改变了土壤的氧化-还原条件(Minkkinen, et al., 1997)，而且在一定程度上使同期土壤温度较湿地升高(宋长春等，2004)，使微生物活性增强，其结果致使土壤有机质的分解速率加快，$CO_2$ 的释放增强。然而随着开垦时间的延长，土壤有机质难分解组分的比例上升，致使 $CO_2$ 释放速率较开垦早期下降，但由于秸秆及根系的归还，每年仍有相当数量的新鲜有机质输入，而农田土壤中的这部分有机质分解较快，结果使其 $CO_2$ 释放速率仍高于天然湿地。

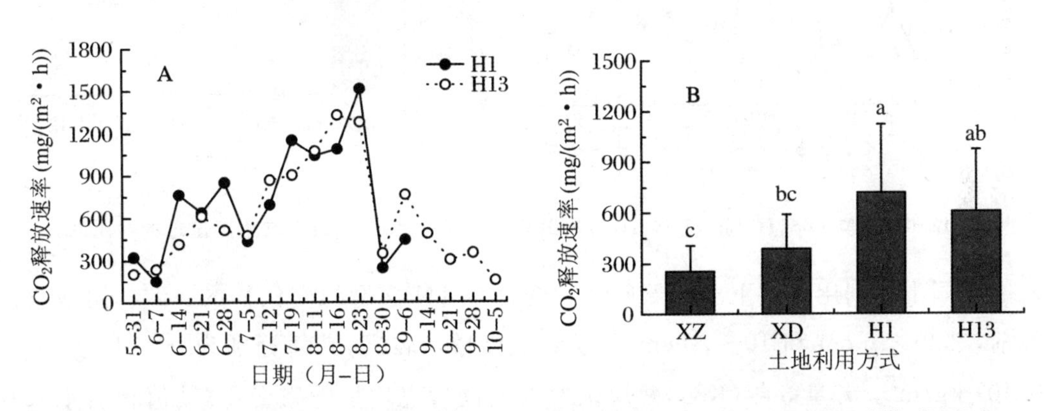


**图 12.5　开垦 1 年(H1)和 13 年(H13)农田 $CO_2$ 的释放速率(A)及其与沼泽湿地的对比(B)**

图 12.6 中 A 为开垦 1 年(H1)和 13 年(H13)的农田土壤 $CH_4$ 释放的季节动态。由图可看出，H1 和 H13 的 $CH_4$ 释放动态并非完全一致：开垦 1 年后，土壤 $CH_4$ 的排放通量呈现出多峰型的变化趋势，释放与消耗交替进行。7 月中旬出现最大排放速率 0.649 mg/(m² · h)，7 月上旬出现最大吸收速率 −0.188 mg/(m² · h)，体现了水分条件的变化对 $CH_4$ 产生和氧化消耗的影响。开垦 13 年后，农田土壤 $CH_4$ 通量在 6～8 月表现为氧化消耗，7 月中旬出现最大消耗速率 −0.211 mg/(m² · h)，9 月为排放，最大排放速率 0.144 mg/(m² · h)。H1 和 H13 $CH_4$ 通量的季节均值分别为 0.0614 mg/(m² · h) 和 −0.0284 mg/(m² · h)，均低于天然湿地通量值(XD: 0.104 mg/(m² · h)；XZ: 1.542 mg/(m² · h))(图 12.6 中 B)。这表明，湿地开垦降低了土壤 $CH_4$ 释放，且随开垦年限的延长土壤转而氧化消耗大气中的 $CH_4$，成为 $CH_4$ 的汇。这主要是因为湿地开垦后水热条件发生变化，土壤氧化条件增强，一方面氧化环境不利于 $CH_4$ 的产生，另一方面土壤中产生的 $CH_4$ 在向大气排放的过程中被氧化消耗，此外，土壤 $CH_4$ 浓度的降低，使大气 $CH_4$ 向土壤中渗透而被氧化。

不同土地利用方式对土壤氮含量变化的影响较大。湿地未开垦前，土壤表层 0～10 cm 和 10～20 cm 土层 TN 含量均较高，其值分别高达 13884.08 mg/kg 和

10714.08 mg/kg。开垦3年后，两层土壤TN含量均呈骤减变化，其值相对于未开垦前分别下降了78.56%和73.89%。开垦5～8年，两层土壤TN含量亦呈递减变化，但递减幅度不大，其值相对于开垦3年时分别仅下降5.59%和7.70%。开垦8～21年，两层土壤TN含量开始趋于平稳，其值相对于开垦8年时变化不大。

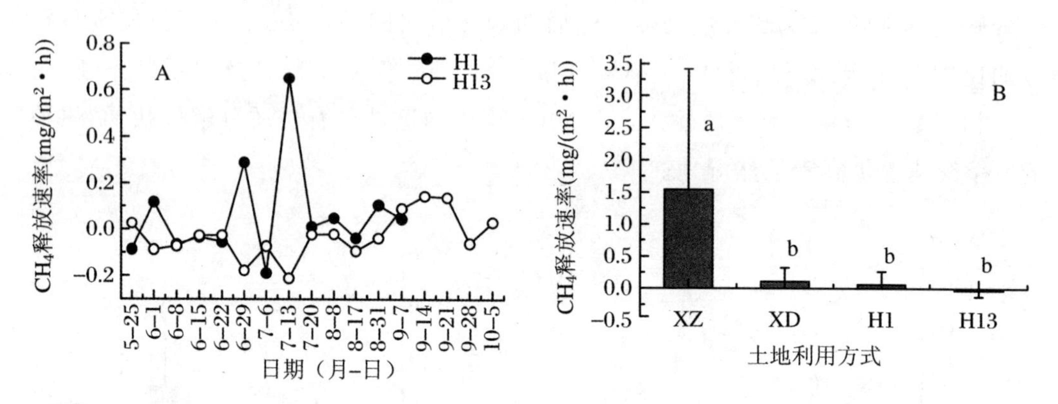


**图12.6 开垦1年(H1)和13年(H13)农田$CH_4$的释放速率(A)及其与沼泽湿地的对比(B)**

不同土地利用方式下土壤氮储量的变化与TN含量的变化基本一致。湿地未开垦前，其0～10 cm和10～20 cm土层的氮储量均较高，其值分别为0.444 kg/m²和0.407 kg/m²。开垦3年(K3)，两层土壤的氮储量也均呈骤减变化，其值相对于未开垦前分别下降了42.38%和40.91%。开垦5～8年(K5～K8)，两层土壤的氮储量亦呈递减变化，但递减幅度降低，其值相对于开垦3年(K3)时仅下降8.59%和11.14%。开垦8～21年(K8～K21)，两层土壤的氮储量均相对于开垦8年(K8)时趋于平缓。湿地火烧和耕地弃耕后，0～10 cm和10～20 cm土层的氮储量均呈现出相反的变化规律。就火烧地而言，火烧导致了土壤氮储量的显著降低，连续火烧5年后，两土层的氮储量相对于未火烧湿地土壤分别下降了65.86%和61.63%。与之相比，弃耕导致了氮储量的升高。弃耕7年后，两土层的氮储量已恢复到高于其值相对于开垦3年时的水平(均高出0.02 kg/m²)，且其值分别为未开垦湿地氮储量水平的62.15%和64.09%。

不同土地利用方式下的土壤无机磷变化表现为：以NaOH-$P_i$所占比重最大并和D.HCl-$P_i$均为土壤有效磷主要的源和汇。不同土地利用方式下各无机磷形态间差异显著。其中活性无机磷含量差异最小；农田土壤NaOH-$P_i$和C.HCl-$P_i$含量最高，湿地中最低；D.HCl-$P_i$在湿地中含量较高，农田中最少。林地和弃耕地之间无机磷含量差异较小。不同土地利用方式间差异主要受农田施肥和土壤水分状况的影响，弃耕地和林地中无机磷形态含量的变化基本是趋向恢复到原有湿地状况(图12.7)。

湿地土地利用方式改变后各有机磷组分含量均大幅下降，其中稳定态有机磷

C. HCl-$P_o$在各土壤 P 库中所占比重最小但降幅最大。弃耕后土壤有机磷略有恢复，但十分缓慢(图 12.8)。

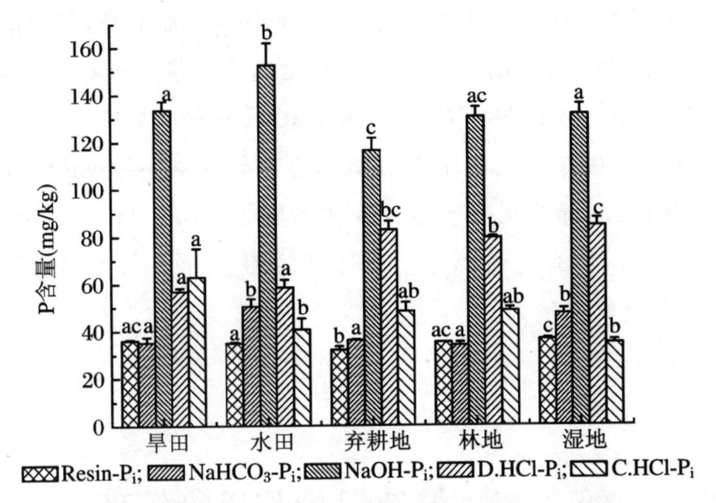


**图 12.7 不同土地利用方式下土壤无机磷($P_i$)含量**

同一 P 形态标示不同字母代表不同土地利用方式间差异显著($P<0.05$)

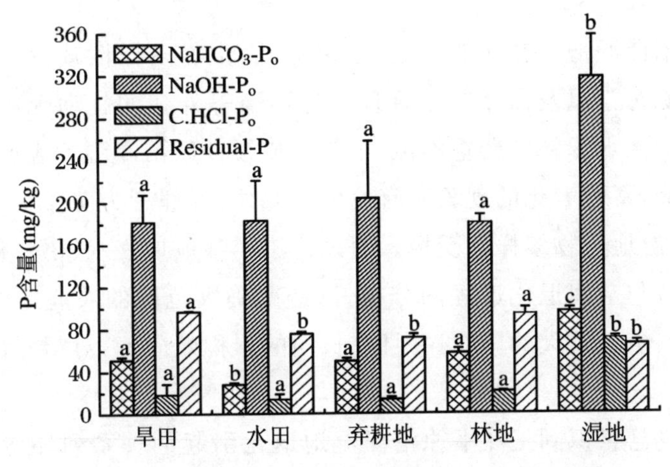


**图 12.8 不同土地利用方式下土壤有机磷($P_o$)含量**

改变湿地土地利用方式后土壤 $TP_i$、$TP_o$下降，$TP_i$含量变化不大，但 $TP_i$占 TP 比重明显上升。各类土壤中水田土壤 $TP_o$的比重降幅最大，同时 $TP_i$的比重增加最多；林地 $TP_o$降低幅度最小。表明农田中的管理和利用方式可影响有机磷的输出和矿化，弃耕地中有机磷缓慢恢复，林地具有较高有机磷水平。土壤 Residual-P 含量在开垦后升高，开垦可造成 P 以稳定的形态在土壤中累积。

从 P 形态占土壤 TP 比重看，开垦使较稳定形态无机磷的比重较天然湿地上升，有机磷大幅下降，同时还促进了土壤的磷的固定，停止耕作扰动后的土壤(如弃耕地、林地)，土壤磷的恢复也主要体现在较稳定磷形态的增加，这可能是因为土壤中活性磷形态是一个动态平衡的养分库,而较稳定形态磷库起到土壤磷源和汇的作用,通过不同形态间的相互转化而维持了土壤有效养分库。

开垦3年(G3)时土壤总无机磷($TP_i$)较湿地土壤大幅上升,其中活性和中等活性无机磷增幅最大,而总有机磷明显下降。土壤无机磷含量随开垦年限增加而下降,耕作8年(G8)土壤中Resin-P、$NaHCO_3$-$P_o$和NaOH-$P_i$分别仅为G3土壤的28.18%、42.87%和45.90%。耕作过程中土壤有机磷逐渐增加,但仅NaOH-$P_o$升幅较明显。弃耕后土壤P的组成向湿地状况发展。弃耕后除了Conc. HCl-$P_i$含量略有下降外,其他P形态均有上升,但有机磷形态上升速度缓慢。开垦和弃耕过程中中等活性P(NaOH浸提P)含量变幅最大。

## 第三节 湿地保护与风险管理

三江平原沼泽湿地存在功能衰退、水位降低、生物多样性减少、大范围农业活动造成湿地非点源污染以及沼泽湿地管理措施不当等外在的扰动现象。目前,三江平原部分湿地保护区水源补给严重不足,不仅造成缓冲区沼泽湿地表面干涸,而且核心区积水水位下降,富营养化的现象时有发生。此外,管理者为防止火灾经常提前放火烧荒,致使沼泽湿地生物多样性受损。通过对沼泽湿地地表水、沼泽湿地土壤和沼泽湿地植物的季节与空间退化过程的分析,已经明确大范围的农业施肥和喷施农药对沼泽湿地退化产生了较大的影响,并且在长期的累积效应下,对沼泽湿地退化的影响更大。

众多学者也已意识到三江平原沼泽湿地退化引起的一系列环境问题,对该区域环境恶化进行了描述和说明,但从本质上对沼泽湿地退化进行评价研究的尚不多见。目前尚没有建立公认的湿地评价指标体系,也没有专门用于沼泽湿地评价的系统方法、理论和模型,在退化沼泽湿地方面开展的工作更少,从而增加了退化沼泽湿地恢复与重建的盲目性和风险性,使退化沼泽湿地的恢复与重建缺乏标准和指导。三江平原沼泽湿地正面临着湿地面积锐减、景观类型发生改变、生物多样性减少以及水质富营养化等退化威胁,恢复与重建工作任务相当繁重,亟需进行退化沼泽湿地的恢复与重建,以保证沼泽湿地的生物多样性和区域生态安全。进行三江平原退化沼泽湿地恢复的前提是必须建立一套科学、定量的沼泽湿地评价指标体系,以评价沼泽湿地资源现状、生态系统结构和功能、受损程度、敏感性和稳定性以及区域内社会经济状况等，从而为退化沼泽湿地的恢复以及提高沼泽湿地生态服务价值提供科学依据和技术保证。因此针对三江平原湿地的现状提出初步的管理模式及湿地恢复过程的管理模式(图12.9、图12.10)。该模式主要是通过对水文指标、化学指标和生物指标的选取，分析各自要素，对湿地进行功能设计划分，然后根据功能划分制定出其实际应用范围，并辅以响应的技术方法，对不同的湿地生态系统进行科学合理的应用和管理。通常选择生态系统中能典型反映生态系统功能的状况，并通过试验测试在生境地存活和生长的几个目标物种与生物类群来开展调查，进行生物检验。在管理中进行以下生物检验：植被恢复；生物多样性的恢复和发育；影响植被繁殖的因素。以实地调查为基础，建立"生物检验"的数据库，科学分析评价退化湿地的生态恢复现状。

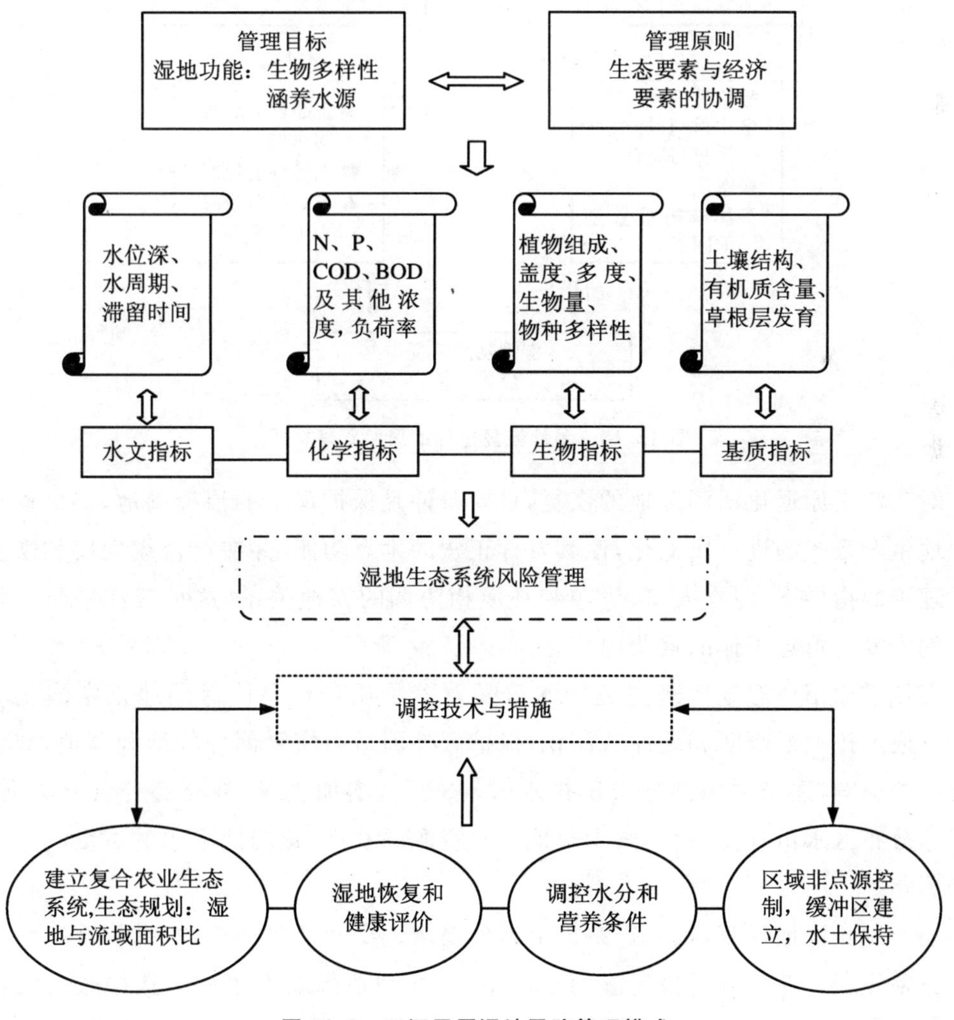


**图12.9　三江平原湿地风险管理模式**

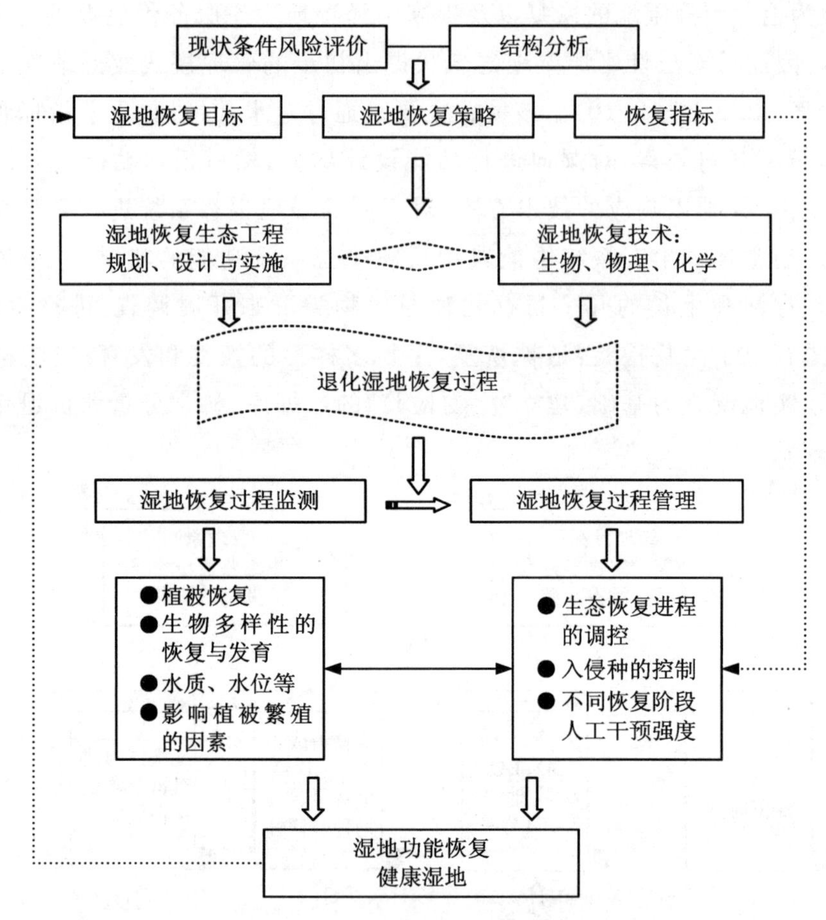


**图 12.10 湿地恢复过程的风险管理模式**

对三江平原退化沼泽湿地的恢复,首要条件是保护现有的沼泽湿地,避免现有沼泽湿地生态系统的进一步退化,使其发挥正常的生态功能,并在可持续发展和恢复生态学理论的指导下,建立人口、资源和环境相协调的人地关系,这是三江平原退化沼泽湿地恢复与重建工作的重要内容。

三江平原沼泽湿地管理过程中水分及营养物质条件是确保湿地正常演化的关键。可通过扩大汇水区和缓冲区面积、保护区外围适当恢复部分林地和草地,减少对核心区的影响;适当利用部分农田排水(7～8 月),增加水量,补充部分营养物质;控制湿地分布区水田开发面积,减少对地下水资源的利用,减弱地下水的过度利用对湿地的影响。

切实制止湿地垦荒,在一定基础上做到退耕还湿和退耕还草,以确保现存沼泽湿地的正常发育。在相应退耕还湿的措施中,可变动地采取次生林改造中较为成功的边缘效应带和效应岛理论,人为地使单一系统成为多个相互联系的异质系统。

充分认识到大范围农业施肥与喷洒农药活动对沼泽湿地污染的严重性,采取相应的措施削弱其对沼泽湿地的污染。有必要建立沼泽湿地与农田交界处的沼泽湿地缓冲地带,并且规定在缓冲带内不允许进行大规模的农业活动和其他人为活动,沼泽湿地缓冲带的外围农田不可施用过量化肥和农药,或者建议发展生态农业,以减少对沼泽湿地的化肥与化学农药污染。而在沼泽湿地周围建立各种缓冲地带时,应根据各区域的实际情况进行分析。在各种空间信息技术以及现有沼泽湿地与农田的适宜性评价基础上,定量划分出沼泽湿地外围的缓冲地带,为退化沼泽湿地提供自然或人为恢复的空间发育基础。

加强生态环境的动态监测与评价,进一步完善地面监测和卫星遥感监测相结合的生态环境立体监测体系,为三江平原退化沼泽湿地恢复与重建提供连续、立体和动态的监测数据。建立沼泽湿地退化的各种驱动力(如气候变化、农业垦荒、人口变化、农业施肥和施药、社会政策等)动态监测系统和沼泽湿地动态变化信息系统,同时建立沼泽湿地水环境、土壤环境以及植被条件的动态监测系统,定期采样、分析,为退化沼泽湿地的恢复与重建提供技术上的保障和科学数据的累积与支持。

在退化沼泽湿地的监测手段方面,应实现沼泽湿地动态变化的自动连续监测,如引进湿地多功能水质自动观测仪、湿地水文实验室和湿地水样采样器等仪器以及湿地自动气候观测站、各种湿地环境介质的分析仪器。同时注重应用空间技术在退化沼泽湿地的调查、编目、功能评价等方面的应用,以实现大尺度空间范围内的沼泽湿地退化监测。这些国际先进仪器的引进和使用,不仅可减少传统沼泽湿地研究和监测对沼泽湿地的破坏性采样,而且将有利于实现我国在退化沼泽湿地监测和分析标准方面同国际同类研究的接轨,便于数据的比较以及提高我国在国际生态安全领域的地位。

# 参 考 文 献

[1] 陈泮勤,黄耀,于贵瑞.地球系统碳循环[M].北京:科学出版社,2004:272-292.

[2] Dise N B. Methane emission from Minnesota peatlands:spatial and seasonal variability[J]. Global Biogeochemical Cycles,1993,7(1):123-142.

[3] Gregorich E G, Liang B C, Drury C F, et al. Elucidation of the source and turnover of water soluble and microbial biomass carbon in agricultural soils[J]. Soil Biology & Biochemistry,2000, 32:581-587.

[4] 黄耀,刘世梁,沈其荣,等.农田土壤有机碳动态模拟模型的建立[J].中国农业科学,2001, 34(5):

465-468.

[5] 刘红玉,吕宪国,张世奎.三江平原流域湿地景观破碎化过程研究[J].应用生态学报,2005,16(2):289-295.

[6] 刘兴土,马学惠.三江平原大面积开荒对自然环境影响及区域生态环境保护[J].地理科学,2000,20(1):14-19.

[7] Jacinthe P-A,Lal R R. Labile carbon and methane uptake as affected by tillage intensity in a Mollisol[J]. Soil & Tillage Research,2005,80:35-45.

[8] Mironga J M. Effect of farming practices on wetlands of Kisii district, Kenya[J]. Applied Eecology and Environmental Research,2005,3(2):81-91.

[9] Minkkinen K,Laine J,Nykänen H,et al. Importance of drainage ditches in emissions of methane from mires drained for forestry[J]. Can. J. For. Res.,1997,27:949-952.

[10] Moore T R,Roulet N T,Waddington J M. Uncertainty in predicting the effect of climatic change on the carbon cycling of Canadian peatlands[J]. Climatic Change,1998,40:229-245.

[11] Post W M,Kwon K C. Soil carbon sequestration and land-use change:processes and potential[J]. Global Change Biology,2000,6:317-328.

[12] Saggar S,Yeates G W,Shepherd T G. Cultivation effects on soil biological properties,microfauna and organic matter dynamics in Eutric Gleysol and Gleyic Luvisol soils in New Zealand[J]. Soil & Tillage Research,2001,58:55-68.

[13] Sinsabaugh R L, Zak D R, Gallo M, et al. Nitrogen deposition and dissolved organic carbon production in northern temperature forests[J]. Soil Biology & Biochemistry, 2004,36:1509-1515.

[14] Stapleton L M,Crout N M J,Säwström C,et al. Microbial carbon dynamics in nitrogen amended Arctic tundra soil: Measurement and model testing[J]. Soil Biology & Biochemistry, 2005, 37: 2088-2098.

[15] 孙志高.三江平原小叶章湿地系统氮素生物地球化学过程研究[D].中国科学院研究生院,2007.

[16] 王志明,朱培立,黄东迈,等.水旱轮作条件下土壤有机碳的分解及土壤微生物量碳的周转特征[J].江苏农业学报,2003,1:33-36.

[17] Whitting G J,Chanton J P. Primary production control of methane emission from wetlands[J]. Nature,1993,364:794-795.